ELEMENTE DER ZWEITEN NEBENGRUPPE

ZINK · CADMIUM · QUECKSILBER

BEARBEITET

VON

HERBERT FUNK · MARGARETE LEHL-THALINGER
ERICH POHLAND

MIT 46 ABBILDUNGEN

BERLIN
SPRINGER-VERLAG
1945

ISBN-13:978-3-642-88896-0 e-ISBN-13:978-3-642-90751-7
DOI: 10.1007/978-3-642-90751-7

SOFTCOVER REPRINT OF THE HARDCOVER 1ST EDITION 1945

HANDBUCH DER ANALYTISCHEN CHEMIE

HERAUSGEGEBEN

VON

R. FRESENIUS UND **G. JANDER**

WIESBADEN GREIFSWALD

DRITTER TEIL

QUANTITATIVE BESTIMMUNGS- UND TRENNUNGSMETHODEN

BAND IIb

ELEMENTE DER ZWEITEN NEBENGRUPPE

BERLIN

SPRINGER-VERLAG

1945

Inhaltsverzeichnis.

Verzeichnis der Zeitschriften und ihrer Abkürzungen.

Abkürzung	Zeitschrift
A.	LIEBIGS Annalen der Chemie; bis **172** (1874): Annalen der Chemie und Pharmacie.
Acc. Sci. med. Ferrara	Accademia delle scienze mediche di Ferrara.
A. Ch.	Annales de Chimie; vor 1914: Annales de Chimie et de Physique.
Acta Comment. Univ. Tartu	Acta et Commentationes Universitatis Tartuensis (Dorpatensis).
Acta med. Scand.	Acta Medica Scandinavica.
Agricultura	Agricultura.
Am. Chem. J.	American Chemical Journal; seit 1917 vereinigt mit Am. Soc.
Am. Fertilizer	The American Fertilizer.
Am. J. Physiol.	American Journal of Physiology.
Am. J. Sci.	American Journal of Science.
Am. Soc.	Journal of the American Chemical Society.
Analyst	The Analyst.
An. Argentina	Anales de la asociación química Argentina.
An. Españ.	Anales de la sociedad española de física y química.
An. Farm. Bioquim.	Anales de farmacia y bioquímica (Buenos Aires).
Angew. Ch.	Angewandte Chemie; vor 1932: Zeitschrift für angewandte Chemie.
Ann. Acad. Sci. Fenn.	Annales academiae scientiarum fennicae.
Ann. agronom.	Annales agronomiques.
Ann. Chim. anal.	Annales de Chimie analytique et de Chimie appliquée.
Ann. Chim. applic.	Annali di chimica applicata.
Ann. Falsific.	Annales des Falsifications et des Fraudes.
Ann. Phys.	Annalen der Physik (GRÜNEISEN und PLANCK).
Ann. Sci. agronom. Franç.	Annales de la Science agronomique française et étrangère; nach 1930: Annales agronomiques.
Ann. Soc. Sci. Bruxelles	Annales de la société scientifique de Bruxelles, Série A: Sciences mathématiques; Série B: Sciences physiques et naturelles.
Anz. Krakau. Akad.	Anzeiger der Akademie der Wissenschaften, Krakau.
Apoth. Z.	Apotheker-Zeitung.
Ar.	Archiv der Pharmazie.
Arch. Eisenhüttenw.	Archiv für Eisenhüttenwesen
Arch. exp. Pathol.	Archiv für experimentelle Pathologie und Pharmakologie (NAUNYN-SCHMIEDEBERG).
Arch. Néerland. Physiol.	Archives Néerlandaises de Physiologie de l'Homme et des Animaux.
Arch. Phys. biol.	Archives de Physique biologique et de Chimie-Physique des Corps organisés.
Arch. Physiol.	Archiv für die gesamte Physiologie des Menschen und der Tiere (PFLÜGER).
Arch. Sci. biol.	Archivio di scienze biologiche (Italy).
Arch. Sci. phys. nat. Genève	Archives des Sciences physiques et naturelles, Genève.
Atti Accad. Lincei	Atti della Reale Accademia nazionale dei Lincei.
Atti Accad. Sci. Torino	Atti della Reale Accademia delle Scienze di Torino.
Atti Congr. naz. Chim. pura applic.	Atti del congresso nazionale di chimica pura ed applicata.
Austr. J. exp. Biol. med. Sci.	Australian Journal of Experimental Biology and Medical Science.
B.	Berichte der Deutschen Chemischen Gesellschaft.
Ber. Dtsch. pharm. Ges.	Berichte der Deutschen Pharmazeutischen Gesellschaft.
Ber. oberhess. Ges. Naturk.	Bericht der oberhessischen Gesellschaft für Natur- und Heilkunde.
Ber. Wien. Akad.	Sitzungsberichte der Akademie der Wissenschaften, Wien.

Abkürzung	Zeitschrift
Betriebslab.	Betriebslaboratorium; russ.: Sawodskaja Laboratorija.
Biochem. J.	Biochemical Journal.
Biol. Bl.	Biological Bulletin of the Marine Biological Laboratory; seit 1930: Biological Bulletin.
Bio. Z.	Biochemische Zeitschrift.
Bl.	Bulletin de la Société chimique de France; vor 1907: Bulletin de la Société chimique de Paris.
Bl. Acad. Roum.	Bulletin de la section scientifique de l'Académie Roumaine.
Bl. Acad. Russie	Bulletin de l'Académie des Sciences de Russie; seit 1925: Bl. Acad. URSS.
Bl. Acad. Sci. Pétersb.	Bulletin de l'Académie impériale des Sciences, Pétersbourg; seit 1917: Bl. Acad. Russie.
Bl. Acad. URSS.	Bulletin de l'Académie des Sciences de l'U[nion des] R[épubliques] S[oviétiques] S[ocialistes].
Bl.agric.chem.Soc.Japan	Bulletin of the Agricultural Chemical Society of Japan.
Bl. Am. phys. Soc.	Bulletin of the American Physical Society.
Bl. Biol. pharm.	Bulletin des Biologistes pharmaciens.
Bl. Bur. Mines Washington	Bulletin, Bureau of Mines, Washington.
Bl. Inst. physic. chem. Res. (Abstr.) Tôkyô	Bulletin of the Institute of Physical and Chemical Research, Abstracts, Tôkyô.
Bl. Sci. pharmacol.	Bulletin des Sciences pharmacologiques.
Bl. Soc. chim. Belg.	Bulletin de la Société chimique de Belgique.
Bl. Soc. Chim. biol.	Bulletin de la Société de Chimie biologique.
Bl. Soc. chim. Paris	Vgl. Bl.
Bl. Soc. Min.	Bulletin de la Société française de Minéralogie.
Bl. Soc. Mulhouse	Bulletin de la Société industrielle de Mulhouse.
Bl.Soc.Pharm.Bordeaux	Bulletin des Travaux de la Société de Pharmacie de Bordeaux.
Bl. Soc. România	Buletinul societatii de chimie din România.
Bodenkunde Pflanzenernähr.	Bodenkunde und Pflanzenernährung; 1. Folge (Band **1** bis **45**) heißt: Zeitschrift für Pflanzenernährung, Düngung und Bodenkunde.
Boll. chim. farm.	Bolletino chimico-farmaceutico.
Brit. chem. Abstr.	British Chemical Abstracts.
Bur. Stand. J. Res.	Bureau of Standards Journal of Research.
C.	Chemisches Zentralblatt.
Canadian J. Res.	Canadian Journal of Research.
Časopis českoslov. Lékárn.	Časopis československého, Lékárnictva.
Cereal Chem.	Cereal Chemistry.
Chem. Abstr.	Chemical Abstracts.
Chem. Age	Chemical Age.
Chem. eng. min. Rev.	Chemical Engineering and Mining Review.
Chem. Ind.	Chemistry and Industry.
Chemist-Analyst	The Chemist-Analyst.
Chem. J. Ser. A	Chemisches Journal Serie A, Journal für allgemeine Chemie; russ.: Chimitscheski Shurnal Sser. A, Shurnal obschtschei Chimii.
Chem. J. Ser. B	Chemisches Journal Serie B, Journal für angewandte Chemie; russ.: Chimitscheski Shurnal Sser. B, Shurnal prikladnoi Chimii.
Chem. Listy	Chemické Listy pro vedu a prumysl.
Chem. N.	Chemical News.
Chem. Obzor	Chemický Obzor.
Chem. social. Agric.	Chemisation of socialistic Agriculture; russ.: Chimisazia ssozialistitscheskogo Semledelija.
Chem. Weekbl.	Chemisch Weekblad.
Ch. Fabr.	Die chemische Fabrik.
Chim. Ind.	Chimie & Industrie.
Chim. Ind. 17. Congr. Paris	Chimie & Industrie, 17. Congrès, Paris.
Ch. Ind.	Die chemische Industrie.
Ch. Z.	Chemiker-Zeitung.
Ch. Z. Chem. techn. Übersicht	Chemiker-Zeitung, Chemisch-technische Übersicht.

Abkürzung	Zeitschrift
Ch. Z. Repert.	Chemiker-Zeitung, Repertorium.
Coll. Trav. chim. Tchécosl.	Collection des Travaux chimiques de Tchécoslovaquie.
C. r.	Comptes rendus de l'Académie des Sciences.
C. r. Acad. URSS.	Comptes rendus (Doklady) de l'académie des sciences de l'U[union des] R[épubliques] S[oviétiques] S[ocialistes].
C. r. Carlsberg	Comptes rendus des Travaux du Laboratoire de Carlsberg.
C. r. Soc. Biol.	Comptes rendus de la Société de Biologie.
Dansk Tidsskr. Farm.	Dansk Tidsskrift for Farmaci.
Dingl. J.	DINGLERS Polytechnisches Journal.
Dtsch. med. Wchschr.	Deutsche medizinische Wochenschrift.
Dtsch. tierärztl. Wchschr.	Deutsche tierärztliche Wochenschrift.
Fenno-Chem.	Fenno-Chemica.
Finska Kemistsamfundets Medd.	Finska Kemistsamfundets Meddelanden; fortgesetzt unter der Bezeichnung: Fenno-Chemica.
Fr.	Zeitschrift für analytische Chemie (FRESENIUS).
G.	Gazzetta chimica italiana.
Gas- und Wasserfach	Das Gas- und Wasserfach; vor 1922: Journal für Gasbeleuchtung sowie für Wasserversorgung.
Giorn. Chim. ind. ed applic.	Giornale di Chimica industriale ed applicata.
Glückauf	Glückauf, berg- und hüttenmännische Zeitschrift.
H.	Zeitschrift für physiologische Chemie (HOPPE-SEYLER).
Helv.	Helvetica chimica acta.
Ind. Chemist	The Industrial Chemist and Chemical Manufacturer.
Ind. chimica	L'Industria chimica, mineraria e metallurgica.
Ind. eng. Chem.	Industrial and Engineering Chemistry.
Ind. eng. Chem. Anal. Edit.	Industrial and Engineering Chemistry, Analytical Edition.
Internat. Sugar J.	International Sugar Journal.
J. agric. Sci.	Journal of Agricultural Science.
J. Am. ceram. Soc.	Journal of the American Ceramic Society.
J. Am. Leather Chem.	Journal of the American Leather Chemists' Association.
J. Am. med. Assoc.	Journal of the American Medical Association.
J. Am. Soc. Agron.	Journal of the American Society of Agronomy.
J. Am. Water Works Assoc.	Journal of the American Water Works Association.
J. Assoc. offic. agric. Chem.	Journal of the Association of Official Agricultural Chemists.
J. Biochem.	Journal of Biochemistry (Japan).
J. biol. Chem.	Journal of Biological Chemistry.
Jbr.	Jahresberichte über die Fortschritte der Chemie (LIEBIG u. KOPP), 1847—1910.
Jb. Radioakt.	Jahrbuch der Radioaktivität und Elektronik.
J. Chem. Education	Journal of Chemical Education.
J. chem. Ind.	Journal der chemischen Industrie; russ.: Shurnal Chimitschesko Promyschlennosti.
J. chem. Soc. Japan	Journal of the Chemical Society of Japan.
J. Chim. phys.	Journal de Chimie physique; seit 1931: ... et Revue générale des Colloides.
J. chos. med. Assoc.	Journal of the Chosen Medical Association (Japan).
Jernkont. Ann.	Jernkontorets Annaler.
J. ind. eng. Chem.	Journal of Industrial and Engineering Chemistry; seit 1923: Ind. eng. Chem.
J. Indian chem. Soc.	Journal of the Indian Chemical Society.
J. Indian Inst. Sci.	Journal of the Indian Institute of Science.
J. Inst. Brew.	Journal of the Institute of Brewing.
J. Inst. Petrol. Tech.	Journal of the Institution of Petroleum Technologists.
J. Labor. clin. Med.	Journal of Laboratory and Clinical Medicine.
J. Landwirtsch.	Journal für Landwirtschaft.
J. opt. Soc. Am.	Journal of the Optical Society of America.
J. Pharm. Belg.	Journal de Pharmacie de Belgique.
J. Pharm. Chim.	Journal de Pharmacie et de Chimie.
J. pharm. Soc. Japan	Journal of the Pharmaceutical Society of Japan.

Abkürzung	Zeitschrift
J. physic. Chem.	Journal of Physical Chemistry.
J. Physiol.	Journal of Physiology.
J. pr.	Journal für praktische Chemie.
J. Pr. Austr. chem. Inst.	Journal and Proceedings of the Australian Chemical Institute.
J. Res. Nat. Bureau of Standards	Journal of Research of the National Bureau of Standards, früher: Bur. Stand. J. Res.
J. Russ. phys.-chem. Ges.	Journal der russischen physikalisch-chemischen Gesellschaft.
J. S. African chem. Inst.	Journal of the South African Chemical Institute.
J. Sci Soil Manure	Journal of the Science of Soil and Manure (Japan).
J. Soc. chem. Ind.	Journal of the Society of Chemical Industry (Chemistry and Industry).
J. Soc. chem. Ind. Japan (Suppl.)	Journal of the Society of Chemical Industry, Japan. Supplement.
J. Zucker-Ind.	Journal der Zuckerindustrie; russ.: Shurnal Sakharnoi Promyschlennosti.
Keem. Teated	Keemia Teated (Tartu).
Kem. Maanedsbl. nord. Handelsbl. kem. Ind.	Kemisk Maanedsblad og Nordisk Handelsblad for Kemisk Industri.
Klin. Wchschr.	Klinische Wochenschrift.
Kolloid-Z.	Kolloid-Zeitschrift.
Lantbruks-Akad. Handl. Tidskr.	Kungl. Lantbruks-Akademiens Handlingar och Tidskrift.
Lantbruks-Högskol. Ann.	Lantbruks-Högskolans Annaler.
L. V. St.	Landwirtschaftliche Versuchsstationen.
M.	Monatshefte für Chemie.
Magyar Chem. Folyóirat	Magyar Chemiai Folyóirat (Ungarische chemische Zeitschrift).
Malayan agric. J.	Malayan Agricultural Journal.
Medd. Centralanst. Försöksväs. jordbruks., landwirtsch.-chem. Abt.	Meddelande från Centralanstalten för Försöksväsendet på Jordbruksområdet, landbrukskemi.
Medd. Nobelinst.	Meddelanden från K. Vetenskapsakademiens Nobelinstitut.
Med. Doswiadczalna i Spoleczna	Medycyna Doswiadczalna i Spoleczna.
Mem. Sci. Kyoto Univ.	Memoirs of the College of Science, Kyoto Imperial University.
Met. Erz	Metall und Erz.
Mikrochim. A.	Mikrochimica acta.
Milchw. Forsch.	Milchwirtschaftliche Forschungen.
Mitt. berg- u. hüttenmänn. Abt. kgl. ung. Palatin-Joseph-Universität Sopron	Mitteilungen der berg- und hüttenmännischen Abteilung der königlich ungarischen Palatin-Joseph-Universität, Sopron.
Mitt. Kali-Forsch.-Anst.	Mitteilungen der Kali-Forschungsanstalt.
Nachr. Götting. Ges.	Nachrichten der Kgl. Gesellschaft der Wissenschaften, Göttingen; seit 1923 fällt „Kgl." fort.
Nature	Nature (London).
Naturwiss.	Naturwissenschaften.
Natuurwetensch. Tijdschr.	Natuurwetenschappelijk Tijdschrift.
Nederl. Tijdschr. Geneesk.	Nederlandsch Tijdschrift voor Geneeskunde.
Neues Jahrb. Mineral. Geol.	Neues Jahrbuch für Mineralogie, Geologie und Paläontologie.
NewZealand J. Sci. Tech.	New Zealand Journal of Science and Technology.
Öst. Ch. Z.	Österreichische Chemiker-Zeitung.
Onderstepoort J. Vet. Sci.	Onderstepoort Journal of Veterinary Science and Animal Industry.
P. C. H.	Pharmazeutische Zentralhalle.
Ph. Ch.	Zeitschrift für physikalische Chemie.
Pharm. Weekbl.	Pharmaceutisch Weekblad.
Pharm. Z.	Pharmazeutische Zeitung.
Phil. Mag.	Philosophical Magazine and Journal of Science.
Phil. Trans.	Philosophical Transactions of the Royal Society of London.
Phys. Rev.	Physical Review.
Phys. Z.	Physikalische Zeitschrift.
Plant Physiol.	Plant Physiology.

Abkürzung	Zeitschrift
Pogg. Ann.	Annalen der Physik und Chemie, herausgegeben von POGGENDORFF (1824—1877); dann Wied. Ann. (1877—1899); seit 1900: Ann. Phys.
Pr. Am. Acad.	Proceedings of the American Academy of Arts and Sciences, Boston.
Pr. chem. Soc.	Proceedings of the Chemical Society (London).
Pr. internat. Soc. Soil Sci.	Proceedings of the International Society of Soil Science.
Pr. Leningrad Dept. Inst. Fert.	Proceedings of the Leningrad Departmental Institute of Fertilizers.
Pr. Roy. Soc. Edinburgh	Proceedings of the Royal Society of Edinburgh.
Pr. Roy. Soc. London Ser. A	Proceedings of the Royal Society (London). Serie A: Mathematical and Physical Sciences.
Pr. Soc. Cambridge	Proceedings of the Cambridge Philosophical Society.
Problems Nutrit.	Problems of Nutrition; russ.: Woprossy Pitanija.
Pr. Oklahoma Acad. Sci.	Proceedings of the Oklahoma Academy of Science.
Pr. Roy. Soc. New South Wales	Proceedings of the Royal Society of New South Wales.
Pr. Soc. exp. Biol. Med.	Proceeding of the Society for Experimental Biology and Medicine.
Pr. Utah Acad. Sci.	Proceedings of the Utah Academy of Sciences.
Przemysl Chem.	Przemysl Chemiczny.
Publ. Health Rep.	Public Health Reports.
R.	Recueil des Travaux chimiques des Pays-Bas.
Radium	Le Radium; seit 1920: Journal de Physique et Le Radium.
Rep. Connecticut agric. Exp. Stat.	Report of the Connecticut Agricultural Experiment Station.
Repert. anal. Chem.	Repertorium der analytischen Chemie (1881—1887).
Répert. Chim. appl.	Répertoire de Chimie pure et appliquée (von 1864 ab: Bulletin de la Société chimique de France).
Rev. Centro Estud. Farm. Bioquim.	Revista del centro estudiantes de farmacia y bioquímica.
Rev. Mét.	Revue de Métallurgie.
Roczniki Chem.	Roczniki Chemji.
Rev. univ. des Min.	Revue universelle des Mines.
Schweiz. Apoth. Z.	Schweizerische Apotheker-Zeitung.
Schweiz. med. Wchschr.	Schweizerische medizinische Wochenschrift.
Schw. J.	SCHWEIGGERS Journal für Chemie und Physik (Nürnberg, Berlin 1811—1833, 68 Bde.).
Science	Science (New York).
Sci. Pap. Inst. Tôkyô	Scientific Papers of the Institute of Physical and Chemical Research Tôkyô.
Sci. quart. nat. Univ. Peking	Science Quarterly of the National University of Peking.
Skand. Arch. Physiol.	Skandinavisches Archiv für Physiologie.
Soc.	Journal of the Chemical Society of London.
Soc. chem. Ind. Victoria (Proc.)	Society of Chemical Industry of Victoria, Proceedings.
Soil Sci.	Soil Science.
Sprechsaal	Sprechsaal für Keramik-Glas-Email.
Stahl Eisen	Stahl und Eisen.
Svensk Tekn. Tidskr.	Svensk Teknisk Tidskrift.
Techn. Mitt. Krupp	Technische Mitteilungen KRUPP.
Tôhoku J. exp. Med.	Tôhoku Journal of Experimental Medicine.
Trans. Am. electrochem. Soc.	Transactions of the American Elektrochemical Society.
Trans. Butlerov Indst. chem. Technol. Kazan	Transactions of the BUTLEROV Institute (seit 1935: KIROV Institute) for Chemical Technology of Kazan.
Trans. Dublin Soc.	Scientific Transactions of the Royal Dublin Society.
Trans. Faraday Soc.	Transactions of the FARADAY Society.
Trans. Roy. Soc. Edinburgh	Transactions of the Royal Society of Edinburgh.
Trans. sci. Inst. Fert.	Transactions of the Scientific Institute of Fertilizers and Insectofungicides (USSR.).

Abkürzung	Zeitschrift
Trans. Sci. Soc. China	Transactions of the Science Society of China.
Trav. Lab. biogéochim. Acad. Sci. URSS.	Travaux du laboratoire biogéochimique de l'académie des sciences de l'U[nion des] R[épubliques] S[oviétiques] S[ocialistes].
Uchen. Zapiski Kazan. Gosud. Univ.	Uchenye Zapiski Kazanskogo Gosudarstvennogo Universiteta (USSR.).
Ukrain. chem. J.	Ukrainian Chemical Journal (Journal chimique de l'Ukraine).
Union pharm.	Union pharmaceutique.
Union S. Afrika Dept. Agric.	Union of South Africa, Department of Agriculture.
Univ. Illinois. Bl.	University of Illinois, Bulletin.
U. S. Dept. Agric. Bl.	United States Department of Agriculture, Bulletins.
Verh. phys. Ges.	Verhandlungen der Deutschen physikalischen Gesellschaft.
Wchschr. Brauerei	Wochenschrift für Brauerei.
Wied. Ann.	Annalen der Physik und Chemie, herausgegeben von WIEDEMANN; s. Pogg. Ann.
Wien. klin. Wchschr.	Wiener klinische Wochenschrift.
Wien. med. Wchschr.	Wiener medizinische Wochenschrift.
Wiss. Nachr. Zucker-Ind.	Wissenschaftliche Nachrichten der Zuckerindustrie (ukrain.).
Wiss. Veröffentl. Siemens-Konzern	Wissenschaftliche Veröffentlichungen aus dem SIEMENS-Konzern (seit 1935: aus den SIEMENS-Werken).
Z. anorg. Ch.	Zeitschrift für anorganische und allgemeine Chemie.
Zbl. Min. Geol. Paläont. Abt. A	Zentralblatt für Mineralogie, Geologie und Paläontologie, Abt. A: Mineralogie und Petrographie.
Z. Chem. Ind. Kolloide	Zeitschrift für Chemie und Industrie der Kolloide; seit 1913: Kolloid-Zeitschrift.
Z. El. Ch.	Zeitschrift für Elektrochemie.
Zentr. wiss. Forsch.-Inst. Leder-Ind.	Zentrales wissenschaftliches Forschungsinstitut für die Lederindustrie; russ.: Zentralny nautschno-issledowatelski Institut koshewennoi Promyschlennosti, Sbornik Rabot.
Z. ges. Brauw.	Zeitschrift für das gesamte Brauwesen.
Z. Hygiene	Zeitschrift für Hygiene und Infektionskrankheiten.
Z. klin. Med.	Zeitschrift für klinische Medizin.
Z. Kryst.	Zeitschrift für Krystallographie und Mineralogie.
Z. landw. Vers.-Wes. Österr.	Zeitschrift für das landwirtschaftliche Versuchswesen in Deutsch-Österreich; 1925—1933 genannt: Fortschritte der Landwirtschaft.
Z. Lebensm.	Zeitschrift für Untersuchung der Lebensmittel; bis 1925: Zeitschrift für Untersuchung der Nahrungs- und Genußmittel sowie der Gebrauchsgegenstände.
Z. öffentl. Ch.	Zeitschrift für öffentliche Chemie.
Z. Pflanzenernähr. Düng. Bodenkunde	Vgl. Bodenkunde Pflanzenernähr.
Z. Phys.	Zeitschrift für Physik.
Z. pr. Geol.	Zeitschrift für praktische Geologie.
Zprávy česk. keram. společnosti	Zprávy československé keramické společnosti.

Abkürzungen oft benutzter Sammelwerke.

Abkürzung	Sammelwerk
Berl-Lunge	BERL-LUNGE: Chemisch-technische Untersuchungsmethoden, 8. Aufl. Berlin 1931—1934. Bis zur 7. Aufl. „LUNGE-BERL“ genannt.
GM.	GMELINS Handbuch der anorganischen Chemie, 8. Aufl. Berlin.
Handb. Pflanzenanal.	Handbuch der Pflanzenanalyse (KLEIN).
Lunge-Berl	Vgl. BERL-LUNGE.

Zink.

Zn, Atomgewicht 65,38, Ordnungszahl 30.

Von H. FUNK, München.

Mit 14 Abbildungen.

Inhaltsübersicht.

Bestimmungsmöglichkeiten.

I. Für die **gewichtsanalytische Bestimmung** kommen in erster Linie folgende Abscheidungsformen in Betracht:

1. Zinksulfid § 1, S. 22.
2. Zinkammoniumphosphat § 2, S. 41.
3. Metallisches Zink (durch Elektrolyse) § 3, S. 49.
4. Zinkoxinat (BERG) § 6, S. 109.
5. Zinkanthranilat (FUNK und DITT) § 7, S. 121.
6. Zinkchinaldinat (RÂY und BOSE) § 8, S. 125.
7. Zinkquecksilberrhodanid (COHN) § 9, S. 130.

Von geringerer Bedeutung sind

8. Die Bestimmung durch Verflüchtigung § 12, S. 160.
9. Die Abscheidung als Zinkpyridinrhodanid (SPACU) § 10, S. 133.
10. Die Abscheidung als Zinksulfat § 13, S. 169.
11. Die Abscheidung als Zinkoxyd bzw. Zinkhydroxyd § 14, S. 170.

Außerdem wurden als Abscheidungsformen des Zinks vorgeschlagen:

12. Zinkcarbonat § 15, S. 172.
13. Zinkoxalat § 16, S. 174.
14. Calciumzinkat (BERTRAND und JAVILLIER) § 20, S. 191.
15. Zinkcyanamid (MARCKWALD und GEBHARDT) § 20, S. 190.
16. Zinkdithizonat (WASSERMANN und SSUPRUNOWITSCH) § 11, S. 155.
17. Zinkborneolglucuronat (QUICK) § 20, S. 193.

II. Die **maßanalytische Bestimmung** ist nach folgenden Verfahren möglich:

Acidimetrisch oder alkalimetrisch. 1. Unmittelbare Titration der Zinksalze mit Lauge § 20, S. 194.

2. Titration mit Natriumcarbonat gegen Phenolphthalein § 20, S. 194.
3. Lösen des Zinkammoniumphosphats in eingestellter Schwefelsäure und Titration des Säureüberschusses mit Lauge § 2, S. 46.
4. Titration der bei der Fällung einer Zinksalzlösung mit o-Oxychinolin freiwerdenden Säure (HAHN und HARTLEB) § 6, S. 114.
5. Titration mit Natriumsulfid gegen Methylrot oder Phenolphthalein § 20, S. 194.

Oxydimetrisch. 1. Lösen des gefällten Zinkoxalats in verdünnter Schwefelsäure und Titration der Oxalsäure mit Kaliumpermanganat (WARD) § 16, S. 175.

2. Fällung mit Kaliumferrocyanid und Titration des überschüssigen Ferrocyanids mit Kaliumpermanganat (RENARD) § 4, S. 83, 91.
3. Fällung mit o-Oxychinolin, Lösen des Zinkoxinats in Schwefelsäure und Titration des o-Oxychinolins mit Kaliumpermanganat (RASSKIN) § 6, S. 114.

Argentometrisch. 1. Fällung als Zinksulfid, Umsetzung desselben mit einer gemessenen Menge Silbernitrat und Titration des überschüssigen Silbernitrats mit Ammoniumrhodanid (BALLING) § 1, S. 33.

2. Umsetzung des gefällten Zinksulfids mit Silberchlorid und Bestimmung des entstandenen Zinkchlorids nach VOLHARD (MANN) § 1, S. 33.
3. Umsetzung des gefällten Zinksulfids mit QuecksilberI-chlorid und Bestimmung des entstandenen Zinkchlorids nach VOLHARD (CHIAROTTINO) § 1, S. 34.

Jodometrisch. 1. Umsetzung des gefällten Zinksulfids mit Salzsäure und jodometrische Bestimmung des entstandenen Schwefelwasserstoffs (v. BERG; MÜLLER) § 1, S. 34.

2. Fällung mit Natriumsulfid und jodometrische Bestimmung des überschüssigen Natriumsulfids (KIEPER) § 5, S. 107.
3. Zersetzung von Zinkammoniumphosphat mit eingestellter Hypobromitlösung und jodometrische Bestimmung des überschüssigen Hypobromits (ARTMANN) § 2, S. 47.
4. Fällung mit Kaliumferricyanid in Gegenwart von Kaliumjodid und Titration des in Freiheit gesetzten Jods (LANG) § 17, S. 176.

5. Titration von Zinkquecksilberrhodanid mit Kaliumjodat in salzsaurer Lösung (JAMIESON) § 9, S. 131.
6. Umsetzung von Zinkquecksilberrhodanid mit Natriumsulfid und jodometrische Bestimmung des gebildeten Quecksilbersulfids (BOSSIN und JOFAN) § 9, S. 132.
7. Abscheidung als Zinkpyridinrhodanid und jodometrische Bestimmung des Rhodangehaltes (PAGEL und AMES) § 10, S. 135.
8. Fällung als Arsenat und jodometrische Bestimmung desselben (MEADE) § 20, S. 200.

Bromometrisch. 1. Lösen des Zinkoxinats in Säure und bromometrische Bestimmung des o-Oxychinolins (BERG) § 6, S. 111.

2. Lösen des Zinkanthranilats in Säure und bromometrische Bestimmung der Anthranilsäure (FUNK und DITT) § 7, S. 124.

Fällungsanalytisch. 1. Titration mit Kaliumferrocyanid (GALLETTI) § 4, S. 78.

2. Titration mit Natriumsulfid (SCHAFFNER) § 5, S. 100.
3. Titration mit Kaliumcyanid (RUPP; GROSSMANN und HÖLTER; TREADWELL) § 20, S. 197.

Besondere Methoden.

1. *Potentiometrische* Bestimmung:
   a) Titration mit Natriumsulfid (HILTNER und GRUNDMANN) § 5, S. 105.
   b) Titration mit Kaliumferrocyanid (KOLTHOFF; BRENNECKE u. a.) § 4, S. 94.
   c) Fällung mit Kaliumferrocyanid und Titration des überschüssigen Kaliumferrocyanids mit CerIV-sulfat (STURGES) § 4, S. 96.
   d) Titration mit o-Oxychinolin (ATANASIU und VELCULESCU) § 6, S. 113.
   e) Titration mit Kaliumcyanid (MÜLLER) § 20, S. 199.
   f) Fällung mit Tetraphenylarsoniumchlorid und jodometrische Titration des Reagensüberschusses (WILLARD und SMITH) § 20, S. 200.
2. *Konduktometrische* Bestimmung:
   a) Titration mit Lauge (G. JANDER und PFUNDT) § 20, S. 196.
   b) Titration mit Natriumsulfid und Salzsäure (G. JANDER und SCHORSTEIN) § 20, S. 197.

III. Die colorimetrischen Methoden beruhen hauptsächlich auf der Extraktion des Zinks mit Dithizon-Tetrachlorkohlenstoff-Lösung als rotes Zinkdithizonat (FISCHER und LEOPOLDI) § 11, S. 137.

Ferner sind zu erwähnen:

1. Abscheidung als Zinkoxinat und Bildung tief blau gefärbter Verbindungen durch Behandlung des Niederschlags mit dem Reagens von FOLIN-DENIS (TEITELBAUM) § 6, S. 115.
2. Zerlegung des Zinkoxinats mit Salzsäure und Bestimmung des entstandenen o-Oxychinolinchlorhydrats auf Grund der bekannten Extinktionskoeffizienten (DABROWSKI und MARCHLEWSKI) § 6, S. 116.
3. Fällung des Zinks mit 5-Nitrochinaldinsäure, Reduktion des Niederschlags mit ZinnII-chlorid und Colorimetrierung der dabei entstehenden orangefarbenen Verbindung (LOTT) § 20, S. 202.

IV. Die nephelometrischen Verfahren beruhen im wesentlichen auf der Fällung des Zinks mit Kaliumferrocyanid § 4, S. 96.

Zu erwähnen sind ferner die Fällung als Zinksulfid (§ 1, S. 35) und die Fällung mit Natriumdiäthyldithiocarbamat § 20, S. 203.

V. Polarographische Bestimmung § 18, S. 179.

VI. Spektralanalytische Bestimmung § 19, S. 182.

Eignung der wichtigsten Verfahren.

Für **Makrobestimmungen** (> 20 mg Zink) kann man in erster Linie die in dem Abschnitt „Bestimmungsmöglichkeiten“ unter I, 1 bis 11 genannten *gewichtsanalytischen* Verfahren verwenden. Die Abscheidung als *Zinksulfid* wird im allgemeinen hauptsächlich dann in Betracht kommen, wenn es sich darum handelt, das Zink von anderen Metallen zu trennen bzw. kleinere Zinkmengen neben viel Alkalisalzen und dergleichen zu erfassen.

Die *maßanalytische* Bestimmung mit Kaliumferrocyanid (Methode von GALLETTI, § 4, S. 78) und insbesondere die Titration mit Natriumsulfid (SCHAFFNER-Verfahren, § 5, S. 100) setzen eine gewisse Erfahrung und Übung voraus. Sie sind deshalb weniger für zufällige Einzelbestimmungen als vielmehr für fortlaufende *Serienbestimmungen* geeignet.

Zur **Bestimmung kleinerer Zinkmengen** (< 20 mg) kann man ebenfalls die Abscheidung als Sulfid benutzen. Wenn die oben angegebenen Gründe nicht zu dieser Arbeitsweise zwingen, wird man sich aber einfacher eines der organischen Fällungsmittel, wie o-Oxychinolin, Anthranilsäure und Chinaldinsäure, bedienen oder das Zink als Zinkquecksilberrhodanid bzw. als Zinkpyridinrhodanid fällen.

Als **Mikromethoden** sind *gewichtsanalytisch* die Fällungen mit o-Oxychinolin, Anthranilsäure und Chinaldinsäure verwendbar. Ferner sind hier die *mikroelektrolytischen* Verfahren zu erwähnen. Auch die Abscheidung als *Zinkammoniumphosphat* oder *Zinkpyridinrhodanid* kann zur Bestimmung kleiner Zinkmengen benutzt werden.

Maßanalytisch lassen sich kleine Zinkmengen durch bromometrische Bestimmung des Oxinats oder Anthranilats oder durch Titration mit Kaliumferricyanid und Kaliumjodid nach LANG, § 17, S. 176, erfassen.

Zur **Bestimmung kleinster Zinkmengen** (1 bis 100 γ) verwendet man entweder die *colorimetrischen* Methoden, in erster Linie das *Dithizonverfahren,* oder man bestimmt das Zink *polarographisch* oder *spektralanalytisch.* Auch das auf Verflüchtigung des metallischen Zinks beruhende Verfahren von LUX, § 12, S. 164, gestattet die Bestimmung kleinster Zinkmengen.

Auflösung des Untersuchungsmaterials.

Die Zinksalze der anorganischen und organischen Säuren lösen sich fast alle leicht in Wasser oder Mineralsäuren. Zinkferrocyanid ist durch Abrauchen mit konzentrierter Schwefelsäure aufzuschließen. Die zinkhaltigen Legierungen lösen sich ebenfalls meist leicht in Säuren.

Auch die Zinkerze lassen sich fast ausnahmslos leicht aufschließen. Im allgemeinen genügt es, das feinst gepulverte Material mit konzentrierter Salzsäure oder, wenn es sulfidischer Natur ist, mit Königswasser zu erhitzen.

Bei bestimmten Erzen können die gewöhnlichen Aufschlußmethoden allerdings unter Umständen versagen. WARING stellte das für gewisse mexikanische Zinkerze (Willemit und Franklinit) und JENSCH bei einer steiermärkischen, zinksilicathaltigen Blende fest. WARING empfiehlt, den Aufschluß des säureunlöslichen Anteils mit Kaliumhydrogensulfat auszuführen, während JENSCH sein Material mit Kaliumnatriumcarbonat schmilzt.

Literatur.

JENSCH, E.: Angew. Ch. **5**, 155 (1894).
WARING, W. G.: Am. Soc. **26**, 4 (1904).

Bestimmungsmethoden.

§ 1. Bestimmung unter Abscheidung als Zinksulfid.

ZnS, Molekulargewicht 97,44.

Allgemeines.

Diese altbewährte Methode, die auf der Schwerlöslichkeit des Zinksulfids beruht, gehört bei entsprechender Arbeitsweise zu den genauesten Verfahren der Zinkbestimmung. Mit ihr lassen sich Zinkmengen von wenigen Milligrammen bis zu 0,2 oder 0,3 g bestimmen. Außerdem ermöglicht sie nicht nur die Bestimmung des Zinks bei Gegenwart von Alkali- und Erdalkalimetallen, sondern bei Einhaltung einer bestimmten Acidität auch die Trennung von den anderen Metallen der Ammoniumsulfidgruppe. Gewisse Schwierigkeiten, wie die widersprechenden Angaben über die exakten Fällungsbedingungen des Zinksulfids und die schlechte Filtrierbarkeit der Sulfidniederschläge sind, wie weiter unten dargelegt wird, durch neuere Untersuchungen völlig oder mindestens weitgehend beseitigt worden.

Eigenschaften des Zinksulfids. Künstlich dargestelltes Zinksulfid ist ein weißes, staubiges Pulver.

Krystallform. Zinksulfid krystallisiert entweder regulär (Blende) oder hexagonal (Wurtzit). Das durch Fällen einer alkalischen Lösung mit Schwefelwasserstoff erhaltene Sulfid ist amorph. Desgleichen fällt Ammoniumsulfid wasserhaltiges, amorphes Zinksulfid. Entgegen früheren Behauptungen ist nach ALLEN und CRENSHAW auch das mit Schwefelwasserstoff aus neutralen oder sauren Lösungen bei Temperaturen bis zu 200° gefällte Zinksulfid stets amorph.

Dichte. Amorphes Zinksulfid (bei 110° getrocknet) hat die Dichte 2,25, künstliche Blende die Dichte 4,084, künstlicher Wurtzit die Dichte 4,093.

Löslichkeit in Wasser. WEIGEL (a), (b) fand durch Leitfähigkeitsmessungen gesättigter Lösungen bei 18° für künstliche Blende eine Löslichkeit von $6{,}63 \cdot 10^{-6}$ Mol/l, für künstlichen Wurtzit eine solche von $28{,}82 \cdot 10^{-6}$ Mol/l und für gefälltes Zinksulfid (aus Zinksulfat und Ammoniumsulfid) eine solche von $70{,}6 \cdot 10^{-6}$ Mol/l.

Löslichkeit in verdünnten Säuren. Krystallisiertes Zinksulfid, insbesondere natürliches, ist in verdünnten Säuren viel schwerer löslich als gefälltes. Aus alkalischen Lösungen gefälltes Zinksulfid ist etwa 4,6mal leichter löslich als aus sauren Lösungen gefälltes (GLIXELLI).

Verhalten beim Erhitzen an der Luft. Zinksulfid wird durch Glühen an der Luft zwischen 850° und 950° in Zinkoxyd übergeführt. (Einzelheiten s. weiter unten.)

Kolloidbildung. Zinksulfid neigt zur Bildung kolloider Lösungen; z. B. geht frisch gefälltes Zinksulfid beim Auswaschen mit Wasser oder durch längeres Behandeln der wäßrigen Suspension mit Schwefelwasserstoff kolloid in Lösung.

Bestimmungsverfahren.

A. Gewichtsanalytische Bestimmung.

1. Wägung als Zinksulfid.

Vorbemerkung. Über die quantitative Abscheidung des Zinks als Sulfid findet sich bereits in der älteren Literatur eine ganze Anzahl Arbeiten, von denen hier lediglich die von DELFFS, von SCHNEIDER, von HAMPE (a), (b), (c), von BEILSTEIN, von v. BERG (a), von BRAGARD, von NEUMANN, von DÖHLER, von MÜHLHAUSER und von WEISS erwähnt seien[1]. Die Angaben dieser Autoren sind teilweise nicht miteinander in Einklang zu bringen, weil bisweilen wesentlichen Umständen, wie der Gegenwart von Salzen bei der Fällung und dergleichen, keine genügende Beachtung geschenkt wurde. Diese älteren Arbeiten klärten zwar die Verhältnisse mehr oder

[1] Arbeiten weiterer Autoren werden S. 24 erwähnt.

weniger weitgehend vom empirischen Standpunkt, konnten jedoch keine Begründung für die häufig einander scheinbar widersprechenden Erscheinungen bei der Fällung des Zinks als Sulfid aus verschiedenen Lösungen geben.

Erst GLIXELLI zeigte in einer ausführlichen Arbeit, daß die Reaktion zwischen Zink- und Sulfid-Ion nicht ohne weiteres zu einem echten Gleichgewicht führt. Später stellten FALES und WARE fest, daß das Zink bei den in der quantitativen Analyse gebräuchlichen Konzentrationen nicht mehr völlig als Sulfid gefällt wird, wenn die Wasserstoff-Ionen-Konzentration größer als $10^{-1,9}$ wird, und daß es am zweckmäßigsten ist, die Fällung bei einer Wasserstoff-Ionen-Konzentration zwischen 10^{-2} und 10^{-3} auszuführen, wobei die Abscheidung eines gut filtrierbaren Niederschlages erfolgt, während bei einer Wasserstoff-Ionen-Konzentration von 10^{-3} oder kleiner zwar auch eine quantitative Fällung erreicht wird, der Niederschlag aber schwer filtrierbar ist. — Die beigefügte graphische Darstellung (Abb. 1) und die nachfolgende Tabelle 1 (nach FALES) veranschaulichen diese Verhältnisse.

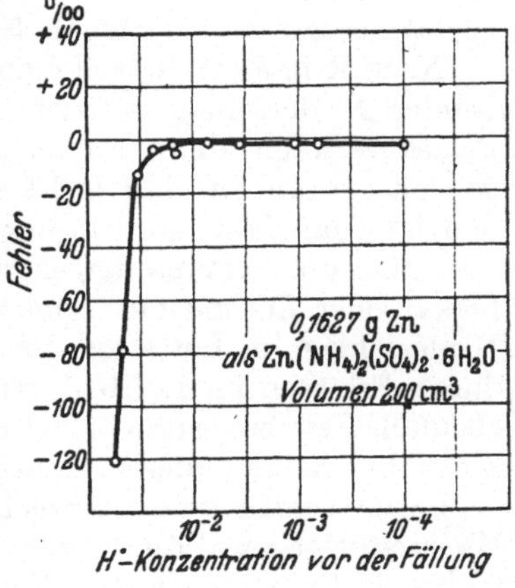

Abb. 1.

Diese Versuche, bei denen das Volumen jeweils 200 cm³ betrug, zeigen die Unvollständigkeit der Fällung als eine Funktion der Wasserstoff-Ionen-Konzentration. Wird dieselbe jedoch durch Pufferung mittels Formiats und Ameisensäure auf einen Wert zwischen 10^{-2} und 10^{-3} gebracht, so wird die Fällung quantitativ (s. Tabelle 2).

Tabelle 1.

Molarität der Schwefelsäure	Anfängliche H˙-Konzentration	Gegeben $ZnSO_4$ g	Gefunden $ZnSO_4$ g	Fehler °/oo
0,050	$10^{-1,22}$	0,4021	0,3642	121
0,050	$10^{-1,29}$	0,4019	0,3431	
0,037	$10^{-1,36}$	0,4023	0,3721	79
0,037	$10^{-1,31}$	0,4021	0,3688	
0,025	$10^{-1,45}$	0,4023	0,3975	10
0,025	$10^{-1,46}$	0,4023	0,3989	
0,005	$10^{-1,81}$	0,4022	0,4012	4
0,005	$10^{-1,96}$	0,4020	0,3999	

In neuerer Zeit sind die Bedingungen für die Fällung des Zinks als Sulfid noch von FRERS ausführlich untersucht worden. Nach ihm ist das wesentlich regulierende Prinzip bei der Zinksulfidfällung die Wasserstoff-Ionen-Konzentration. Die Wasserstoff-Ionen wirken aber viel stärker, als nach dem Massenwirkungsgesetz erwartet werden sollte. Dies erklärt sich, wie schon GLIXELLI (s. oben) fand, dadurch, daß kein echtes Gleichgewicht vorliegt, sondern daß die Reaktionsgeschwindigkeit durch die Wasserstoff-Ionen bedeutend verzögert wird. Dazu kommt noch, was GLIXELLI ebenfalls schon beobachtete, daß viele Stoffe, z. B. Zinksulfid selbst, noch mehr Kupfersulfid, ferner Kieselsäure und, wie FRERS zeigt, auch Filtrierpapierbrei, die Fällung katalytisch beschleunigen.

Tabelle 2.

Anfängliche H˙-Konzentration	Gegeben $ZnSO_4$ g	Gefunden $ZnSO_4$ g	Fehler °/oo
$10^{-2,45}$	0,4022	0,4015	1
$10^{-2,45}$	0,4023	0,4021	

Was die Wirkung zugesetzter Neutralsalze anbetrifft, so zeigte sich, daß der Zusatz größerer Mengen Ammoniumchlorid nicht günstig wirkt. Die von ZIMMERMANN (a), (b) vorgeschlagene Zugabe von Ammoniumrhodanid wird von FRERS ganz verworfen (ebenso von G. JANDER und STUHLMANN). Dagegen zeigte sich, daß Zusatz von Ammoniumsulfat die Fällung sehr stark fördert.

Ein anderer Umstand, dem auch bereits von den älteren Autoren immer wieder Aufmerksamkeit geschenkt wurde, ist die Erzeugung eines leicht filtrierbaren Zinksulfidniederschlages. Allerdings ist der Wert der diesbezüglichen älteren Vorschläge teilweise fragwürdig.

LOHR (a), (b) gibt an, daß man einen gut filtrierbaren Niederschlag erhält, wenn man die Fällung in der Hitze vornimmt, nach 1stündigem Einleiten etwas Natriumacetat zusetzt und nochmals Schwefelwasserstoff einleitet.

Nach RIBAN (a), (b) soll man die Zinklösung mit Soda neutralisieren, bis ein bleibender Niederschlag auftritt. Diesen soll man durch einige Tropfen verdünnte Salzsäure lösen, dann Natriumthiosulfat im Überschuß zusetzen und die Lösung so weit verdünnen, daß in 100 cm^3 Flüssigkeit nicht mehr als 0,1 g Zink vorhanden ist. Man fällt dann in der Kälte mit Schwefelwasserstoff.

THIEL und KIESER umgehen die Filtration ganz. Sie fällen das Zink aus ammoniakalischer Lösung mit Ammoniumsulfid und dampfen die Flüssigkeit mit dem Niederschlag im Luftstrom im Fällungskölbchen ein. Die Ammoniumsalze werden durch Erhitzen im Luftbad verflüchtigt. — Abgesehen davon, daß diese Methode ebenfalls Zeit beansprucht, ist sie natürlich nur dann anwendbar, wenn außer dem Zinksulfid keine anderen nichtflüchtigen Bestandteile vorhanden sind.

FARUP schlägt vor, nach genügendem Einleiten von Schwefelwasserstoff 10 cm^3 Wasserstoffperoxydlösung zuzusetzen und das Einleiten noch 4 bis 5 Min. bei 60 bis 70° fortzusetzen. Der Niederschlag sammelt sich dann in großen Flocken, die sich leicht filtrieren lassen.

LIEBSCHUTZ fügt zur zinkhaltigen Flüssigkeit einige Tropfen Bleiacetatlösung und fällt beide Metalle gemeinsam als Sulfide. Das Sulfidgemisch, welches sich leicht filtrieren läßt, behandelt er mit heißer, verdünnter Salzsäure, um schließlich das Zink mit Kaliumferrocyanid zu titrieren.

GRUND verfährt so, daß er zu der verdünnten, neutralen Zinksalzlösung vor dem Einleiten des Schwefelwasserstoffs am Rande des Glases vorsichtig 50 bis 100 cm^3 stark schwefelwasserstoffhaltiges Wasser zufließen läßt. An der Berührungsstelle bildet sich sogleich eine Zone von Zinksulfid, welches sich allmählich in größeren Flocken zu Boden setzt. Erst dann (nach etwa ½ Std.) wird ½ bis 1 Std. lang Schwefelwasserstoff eingeleitet. Nach dem Absitzen kann in 1 bis 2 Std. filtriert werden.

SCHILLING versetzt die saure Zinklösung mit überschüssiger Kalilauge und dann mit einem Überschuß von Benzolmonosulfosäure, so daß sich deren Kaliumsalz bildet. Die Lösung wird dann zum Sieden erhitzt und Schwefelwasserstoff bis zum völligen Erkalten eingeleitet.

MURMANN versetzt die Zinklösung mit konzentrierter Sublimatlösung (10 cm^3 auf etwa 0,17 g Zink) und fällt mit Ammoniumsulfid.

BORNEMANN fällt aus monochloressigsaurer bzw. stark essigsaurer Lösung bei Gegenwart von schwefliger Säure. (Die Fällung aus monochloressigsaurer Lösung ist bereits von v. BERG empfohlen worden.)

MOSER und BEHR erhalten ein leicht filtrierbares Zinksulfid, indem sie die Fällung aus schwach schwefelsaurer Lösung unter Druck vornehmen.

CALDWELL und MOYER bewirken eine augenblickliche Flockung des kolloiden Zinksulfids durch einen geringfügigen Gelatinezusatz.

(Einzelheiten über die vier zuletzt genannten Verfahren s. weiter unten.)

ZSIGMONDY und G. JANDER schlagen vor, zur Filtration des Zinksulfids Membranfilter zu benutzen.

Arbeitsvorschrift. Als Fällungsmittel dient Schwefelwasserstoff, der meist durch Einwirkung verdünnter Salz- oder Schwefelsäure auf Schwefeleisen dargestellt wird. Zur Entfernung mitgerissener Säure leitet man das Gas durch ein oder zwei mit Wasser beschickte Waschflaschen.

Wenn es nicht darauf ankommt, das Zink von den anderen Metallen seiner Gruppe zu trennen, kann man die Fällung des Zinksulfides in schwach essigsaurer Lösung vornehmen. Der MURMANNsche Kunstgriff (s. oben), einen leicht filtrierbaren Sulfidniederschlag zu erhalten, kann auch in diesem Falle mit Vorteil angewendet werden.

Abscheidung und Bestimmung. Zu der schwach mineralsauren Zinksalzlösung gibt man etwas Ammoniumacetat und fällt das Zink durch Einleiten von Schwefelwasserstoff. Nach längerem Einleiten klärt man die trübe Flüssigkeit durch Zusatz von Sublimatlösung. Man verwendet auf je 200 mg Zink eine Lösung von 50 bis 100 mg Sublimat in 10 cm^3 Wasser, die man in einem Gusse unter starkem Rühren zur Zinksulfidfällung gibt. Der graue bis schwarze Sulfidniederschlag läßt sich leicht filtrieren. — Es hat keinen Zweck, die Sublimatlösung vor der Fällung des Zinksulfids zuzusetzen, weil dann die Sulfide nacheinander ausfallen.

Bemerkungen. **I. Genauigkeit und Anwendungsbereich.** Die Abscheidung des Zinks als Sulfid gehört zu den besten Methoden und gestattet, eine Genauigkeit von 0,05 bis 0,2% zu erreichen. Auf diese Weise können Zinkmengen von wenigen Milligrammen bis zu etwa 0,3 g bestimmt werden.

II. Waschflüssigkeit. Man wäscht den Zinksulfidniederschlag mit schwefelwasserstoffgesättigter 2- bis 4%iger Essigsäure. Auch verschiedene andere Waschflüssigkeiten haben sich bewährt. Betreffs Einzelheiten hierüber vgl. Bem. IV.

III. Überführung des gefällten Zinksulfids in eine zur Wägung geeignete Form. Bereits ROSE hat vorgeschlagen, das getrocknete Zinksulfid mit reinem Schwefel im Wasserstoffstrom zu glühen.

Nach MAYR verfährt man so, daß man das im Filtertiegel befindliche, ausgewaschene Sulfid zunächst im Trockenschrank bei 100 bis 120° trocknet und dann mit etwas reinem Schwefel bestreut und im Wasserstoffstrom glüht.

Man benutzt aus Schwefelkohlenstoff umkrystallisierten Schwefel, welcher rückstandslos verdampfbar sein soll. Nach den Angaben THIELS ist die Verdampfung im Wasserstoffstrom vorzunehmen, weil die aus etwa vorhandenen organischen Verbindungen sich bildenden Kohlereste andernfalls übersehen werden können, da sie bei Luftzutritt unter Oxydation verschwinden.

Das Glühen wird in folgender Weise vorgenommen: Man glüht den Tiegel, ohne ein Glühschälchen zu benutzen, im Wasserstoffstrom schwach mit halb aufgedrehtem BUNSEN-Brenner, bis der Schwefel verschwunden ist. Nach dem Erkalten im Wasserstoffstrom läßt man den Tiegel noch 1/4 Std. im Exsiccator stehen und wägt dann.

CLASSEN gibt an, daß es unzweckmäßig ist, das Zinksulfid im Wasserstoffstrom zu stark zu glühen, da zu heftiges Glühen Verluste herbeiführen kann. Dies bestätigen G. JANDER und STUHLMANN auch für den Fall, daß man trockenen, völlig säurefreien Wasserstoff verwendet.

Nach THIEL gibt einerseits feuchter Wasserstoff bei Abwesenheit von Schwefel leicht Zinkoxyd, welches weiterhin zu Zink reduziert und verflüchtigt werden kann, wodurch beträchtliche Verluste entstehen können. Andererseits wird Zinkoxyd zwar durch Glühen mit Schwefel im Wasserstoffstrom in Zinksulfid umgewandelt, aber bei der während der Verdampfung des Schwefels herrschenden ziemlich niedrigen Temperatur bleibt diese Reaktion selbst bei 3/4stündigem Erhitzen oft unvollständig. THIEL hält es für das einfachste und beste, im Schwefelwasserstoffstrom zu glühen. Da Schwefelwasserstoff beim Erhitzen teilweise in Schwefel und Wasserstoff zerfällt, gestattet diese Methode eine bequeme Anwendung von Schwefeldampf bei beliebig hoher Temperatur. Zugleich stellt dieser aus Schwefelwasserstoff erhaltene Schwefeldampf eine außerordentlich reine Form des Schwefels dar.

Man verfährt dabei so, daß man zunächst längere Zeit im Schwefelwasserstoffstrom glüht. Der Schwefelwasserstoff wird dann ohne Unterbrechung der Erhitzung durch Wasserstoff verdrängt und das Glühen in diesem noch 10 Min. fortgesetzt. Man läßt im Wasserstoffstrom erkalten. — Der Schwefelwasserstoff ist mit Calciumchlorid, der Wasserstoff sorgfältig mit Calciumchlorid und konzentrierter Schwefelsäure zu trocknen.

FRERS gibt folgende Arbeitsvorschrift: Das Zinksulfid wird auf einen Berliner Porzellanfiltertiegel A 1 abfiltriert und ausgewaschen. Der Tiegel wird dann in ein Schutzschälchen gestellt und der Niederschlag im langsamen Schwefelwasserstoffstrom (30 bis 40 Blasen/Min.) 5 Min. bei kleiner Flamme getrocknet. Dann wird der Schutzschalenboden 5 Min. auf Rotglut erhitzt, wobei die Blasenzahl auf 100 bis 140 Blasen in der Minute erhöht wird. Hierauf wird die Flamme für 4 Min. so vergrößert, daß sie den ganzen Tiegel einhüllt. Nunmehr wird der Tiegel noch 1 Min. auf Rotglut erhitzt, 5 Min. im Schwefelwasserstoffstrom abgekühlt, in den Exsiccator gebracht und nach einiger Zeit gewogen. Das Verfahren wird bis zur Gewichtskonstanz wiederholt. Meist wird diese gleich nach der ersten Behandlung erreicht.

IV. Sonstige Arbeitsweisen. Die im folgenden beschriebenen Verfahren bedienen sich großenteils gepufferter Lösungen, was besonders dann von Bedeutung ist, wenn es sich darum handelt, durch die Abscheidung des Zinks als Sulfid gleichzeitig eine Trennung von den anderen Metallen der Ammoniumsulfidgruppe zu bewerkstelligen (s. auch „Trennungsverfahren", S. 38).

Bei den älteren Arbeiten über die Fällung des Zinks als Sulfid aus ameisensaurer, monochloressigsaurer und schwach mineralsaurer Lösung beobachtet man vielfach weitgehende Verschiedenheit in den Angaben bezüglich der zu verwendenden Säuremengen, der einzuhaltenden Raummengen usw. Dies ist zum guten Teil wohl darauf zurückzuführen, daß die Wirkung der gleichzeitig vorhandenen Salzmengen nicht oder jedenfalls nicht genügend berücksichtigt wird. Deshalb werden nachfolgend in erster Linie solche Verfahren beschrieben. bei denen in dieser Hinsicht genaue Angaben vorliegen.

a) Fällung aus ameisensaurer Lösung.

Die Fällung des Zinks aus ameisensaurer bzw. formiathaltiger Lösung ist verschiedentlich vorgeschlagen worden, zuerst wohl von DELFFS, der auch bereits darauf hinwies, daß auf diese Weise die Trennung von den übrigen Metallen der Gruppe möglich sei. Während BEILSTEIN dies Verfahren nicht für brauchbar hielt, haben andere Autoren diese Arbeitsweise mit Erfolg benutzt, wobei allerdings die Angaben über die zu verwendenden Säuremengen und die sonstigen Umstände auseinandergehen.

HAMPE (d) übersättigt die Zinklösung mit Ammoniak, gibt dann Ameisensäure bis zur Wiederauflösung des Niederschlags zu und dann noch weitere 15 bis 20 cm³ (D 1,2) auf 250 bis 500 cm³ Flüssigkeit. Das Zink wird dann in der Hitze durch Schwefelwasserstoff gefällt.

Nach BRAGARD sind außer der absoluten Säuremenge auch deren Verhältnis zum Flüssigkeitsvolumen und die absolute Zinkmenge von Bedeutung. Er gibt z. B. an, daß auf 0,0325 g Zink in 200 cm³ Flüssigkeit höchstens 15 cm³ Ameisensäure (D 1,1136) zugesetzt werden dürfen, wenn die Fällung vollständig sein soll.

α) Methode von v. BERG (a). Dieser Autor verwendet dagegen viel weniger Ameisensäure.

Arbeitsvorschrift. Die Zinklösung, deren Volumen 100 bis 300 cm³ betragen kann, wird auf 50 bis 60° erwärmt und mit der Hälfte der dem vorhandenen Zinksulfat äquivalenten Menge Natriumacetat oder besser Natriumformiat versetzt. Dann fügt man 1 bis 5 cm³ Ameisensäure (D 1,2) zu und fällt das Zink durch einen langsamen Schwefelwasserstoffstrom. Sobald die Flüssigkeit sich einigermaßen geklärt hat, wird filtriert und mit Schwefelwasserstoffwasser, das 1% Ameisensäure enthält, ausgewaschen. Bei Anwendung von 0,2940 g Zinkoxyd erhielt v. BERG (a)

Differenzen von $-0,06$ bis $+0,33$ mg. Verwendet man mehr Ameisensäure, als oben angegeben ist, so treten merkliche negative Fehler auf.

β) Methode von FALES. Schließlich hat FALES die puffernde Wirkung eines Ammoniumformiat-Ammoniumsulfat-Ameisensäure-Gemisches benutzt, um eine für die Fällung und Abtrennung des Zinks geeignete Wasserstoff-Ionen-Konzentration herzustellen. Durch Zugabe von Citronensäure und die damit verbundene Komplexbildung soll ein Mitfallen der anderen Metalle möglichst vermieden werden.

Arbeitsvorschrift. Die Zinklösung, deren Volumen etwa 125 cm³ betragen soll, wird in der Kälte mit 6 mol Ammoniaklösung versetzt, bis der zunächst entstehende Niederschlag sich eben wieder gelöst hat.

Sodann gibt man 25 cm³ 1 mol Citronensäurelösung (200 g Citronensäure im Liter) zu, ferner einige Tropfen Methylorange und dann 6 mol Ammoniaklösung, bis die Flüssigkeit neutral reagiert. Weiterhin werden 25 cm³ Formiatgemisch (s. Bem.) zugesetzt und schließlich noch 20 cm³ 24 mol Ameisensäure. Das Volumen der Lösung soll dann etwa 200 cm³ betragen. Durch die genannten Zusätze wird die richtige Wasserstoff-Ionen-Konzentration eingestellt und auch während der Fällung aufrechterhalten.

Die Fällung wird in einem ERLENMEYER-Kolben ausgeführt, der mit einem doppelt durchbohrten Stopfen verschlossen ist. Vor Beginn des Einleitens von Schwefelwasserstoff wird die Flüssigkeit auf 60 bis 70° erwärmt. Wenn die Luft aus dem Gefäß verdrängt ist und die Lösung fast siedet, verschließt man das Gasableitungsrohr und läßt unter Schwefelwasserstoffdruck erkalten, wobei man des öfteren umschüttelt, um die Sättigung mit Schwefelwasserstoff zu begünstigen. Nach dem Abkühlen auf 25 bis 30° wird die Schwefelwasserstoffzufuhr abgestellt. Nachdem der Niederschlag sich abgesetzt hat, was einige Zeit beansprucht, wird er auf ein quantitatives Filter abfiltriert und sorgfältig mit 0,1 mol schwefelwasserstoffgesättigter Ameisensäure ausgewaschen.

Bemerkungen. *Das Formiatgemisch.* Das zur Pufferung verwendete Formiatgemisch besteht aus 200 cm³ 24 mol Ameisensäure (D 1,2), 30 cm³ 15 mol Ammoniaklösung und 200 g Ammoniumsulfat. Die Lösung wird mit destilliertem Wasser zu einem Liter aufgefüllt.

b) Fällung aus monochloressigsaurer Lösung.

α) Methode von v. BERG (a). Arbeitsvorschrift. Die Lösung wird auf 450 cm³ verdünnt und auf 50 bis 60° erwärmt. Man gibt dann 4 cm³ 2 n Ammoniaklösung und 7 cm³ 4 n Monochloressigsäurelösung (378 g Monochloressigsäure im Liter) zu und fällt das Zink durch einen langsamen Schwefelwasserstoffstrom. Das ausgeschiedene Sulfid wird sofort nach der Fällung abfiltriert und ausgewaschen, was infolge der günstigen Beschaffenheit des Niederschlages keine Schwierigkeiten macht. Als Waschflüssigkeit dient schwefelwasserstoffhaltiges Wasser, dem man etwas Monochloressigsäure zusetzt.

Bemerkungen. Bisweilen beobachtet man beim Einleiten des Schwefelwasserstoffes das Auftreten einer Gelbfärbung und eines penetranten Geruches. Diese Erscheinungen stören die Bestimmung in keiner Weise.

β) Methode von BORNEMANN. Arbeitsvorschrift. Die zu fällende Lösung darf 0,005 bis höchstens 0,5 g Zinkoxyd enthalten. Das Zink kann auch als Chlorid vorliegen, und es dürfen noch bis zu 5 g Natriumchlorid zugegen sein. Das Volumen der Lösung kann je nach der Zinkmenge 250 bis 500 cm³ betragen. Die saure Lösung wird mit Sodalösung versetzt, bis eine eben bleibende Trübung entsteht. Nun fügt man 2 cm³ konzentriertes Ammoniak (spez. Gew. 0,92) zu und säuert entweder mit 40 cm³ Eisessig oder mit 11 bis 12 cm³ Monochloressigsäurelösung an (400 g krystallisierte Säure im Liter). Sodann setzt man Natriumhydrogensulfitlösung (s. Bem. II) zu und leitet bei Zimmertemperatur wenigstens 20 Min. lang einen stürmischen Schwefelwasserstoffstrom ein. Statt dessen kann man auch so verfahren, daß man die Lösung auf 50° erwärmt und dann 50 Min. lang mit einem mittelstarken Schwefelwasserstoffstrom fällt. Man filtriert nach 1stündigem Stehen durch ein leicht durchlässiges Filter (SCHLEICHER & SCHÜLL, Schwarzband) und wäscht den Niederschlag mit einer 1%igen Ammoniumnitratlösung aus. Das an den Gefäßwänden haftende Zinksulfid ist mit einer Gummifahne leicht zu entfernen.

Bemerkungen. *I. Genauigkeit.* BORNEMANNS Resultate sind vorzüglich und ergeben fast theoretische Werte.

II. Zusatz der schwefligen Säure. Derselbe kann durch Zufügen wäßriger schwefliger Säure oder durch Zusatz von Natriumhydrogensulfit erfolgen. Benutzt man eine Natriumhydrogensulfitlösung, die etwa 0,1 g Schwefeldioxyd in 1 cm³ enthält, so benötigt man für eine mit Monochloressigsäure angesäuerte Lösung, deren Volumen 250 cm³ beträgt, 3 cm³ Natriumhydrogensulfitlösung. Dabei ist es gleichgültig, ob die Zinkmenge 0,4 g oder nur 0,04 g beträgt. Bei Zinkspuren oder Mengen von nur einigen Milligrammen ist es besser, nur einige Tropfen Hydrogensulfitlösung zu nehmen. Arbeitet man mit essigsaurer Lösung, so ist es zweckmäßig, den Natriumhydrogensulfitzusatz etwas größer zu wählen. — Verwendet man eine bei Zimmertemperatur gesättigte wäßrige Lösung von Schwefeldioxyd, so entspricht etwa ⅔ cm³ derselben 1 cm³ obiger Natriumhydrogensulfitlösung.

γ) Methode von MAYR. *Dieselbe beruht darauf, daß unter Verwendung von Chloressigsäurepuffer eine quantitative Abscheidung des Zinks als Sulfid bei einer Wasserstoff-Ionen-Konzentration von $10^{-2,6}$ erreicht wird.*

Arbeitsvorschrift. Die Lösung, die bis zu 0,3 g Zink als Chlorid, Nitrat oder Sulfat enthalten kann, wird zunächst von der überschüssigen Säure befreit, indem sie fast vollkommen zur Trockne eingedampft wird. Man nimmt dann mit 10 bis 20 cm³ Wasser auf und versetzt tropfenweise mit 2 n Sodalösung, bis eine bleibende Trübung entsteht. Nun setzt man 10 cm³ Chloressigsäurelösung (s. Bem. II) zu und schwenkt um. Nachdem wieder völlige Klärung der Flüssigkeit eingetreten ist, fügt man 10 cm³ Natriumacetatlösung zu, verdünnt mit heißem Wasser auf ein Gesamtvolumen von 150 cm³ und leitet 10 bis 15 Min. lang einen kräftigen Schwefelwasserstoffstrom ein. Nach 10 bis 20 Min. langem Stehen setzt sich der Niederschlag schön weiß und körnig zu Boden und kann leicht abfiltriert werden. Die Filtration erfolgt durch einen Berliner Porzellanfiltertiegel A 2, der durch schwaches Glühen zur Gewichtskonstanz gebracht wurde. — Als Waschflüssigkeit verwendet man 4%ige mit Schwefelwasserstoff gesättigte Essigsäure. Wenn man die Waschflüssigkeit jedesmal ganz ablaufen läßt, so genügt bei Zinkmengen bis zu 0,3 g 4maliges Waschen. Der Tiegel mit dem Zinksulfid wird im Trockenschrank bei 100 bis 120° vorgetrocknet. Dann bestreut man den Niederschlag mit etwas reinem, aus Schwefelkohlenstoff umkrystallisiertem Schwefel und glüht, ohne ein Glühschälchen zu benutzen, mit halb aufgedrehtem BUNSEN-Brenner im Schwefelwasserstoffstrom schwach bis zum Verschwinden des Schwefels. Nach dem Erkalten im Schwefelwasserstoffstrom läßt man den Tiegel noch ¼ Std. im Exsiccator stehen und wägt.

Bemerkungen. *I. Genauigkeit.* Bei Zinkmengen von 0,1174 bis 0,2943 g erhielt MAYR Werte, die höchstens um etwa ± 0,2% von den angewendeten Mengen abwichen.

II. Pufferlösungen. Man bereitet sich zwei Lösungen, und zwar eine 2 n Monochloressigsäurelösung, welche man durch Auflösen von 190 g krystallisierter Chloressigsäure in destilliertem Wasser und Auffüllen auf 1000 cm³ erhält, sowie eine 1 n Natriumacetatlösung, indem man 136 g krystallisiertes Natriumacetat zum Liter löst. Die Anwendung von je 10 cm³ dieser beiden Lösungen genügt noch, um etwa 0,3 g Zink quantitativ abzuscheiden.

III. Entfernung der Chloressigsäure aus dem Filtrat. Sollen im Filtrat noch andere Metalle bestimmt werden, so wird dasselbe auf dem Wasserbad eingeengt und nach Entfernung des Schwefelwasserstoffs mit je 10 cm³ Bromwasser und konzentrierter Salzsäure versetzt. Nach dem Eindampfen wiederholt man diese Operation. Der jetzt verbleibende Trockenrückstand ist frei von Monochloressigsäure, und die Bestimmung der noch vorhandenen Metalle kann in beliebiger Weise erfolgen.

c) Fällung aus schwefelsaurer Lösung.

α) Methode von MOSER und BEHR. *Das Verfahren beruht darauf, daß durch Fällung aus schwach schwefelsaurer Lösung unter Druck eine quantitative Abscheidung des Zinks als leicht filtrierbares Sulfid erreicht wird.*

Arbeitsvorschrift. Neutrale Zinksulfatlösungen beliebiger Konzentration werden mit Schwefelsäure so stark angesäuert, daß die Acidität von $n/_{16}$ nicht überschritten wird. (Man verwendet also z. B. auf 100 cm³ Lösung 3 cm³ 2 n Schwefelsäure.) Sodann sättigt man sie in einer Druckflasche in der Kälte (bei 10 bis 12°) mit Schwefelwasserstoff, verschließt die Flasche und erhitzt sie 2 bis 3 Std. im Wasserbad. Die Fällung ist unbedingt quantitativ, falls die angegebene Acidität nicht überschritten wird. Das Zinksulfid setzt sich sehr rasch ab und ist äußerst leicht zu filtrieren. Ein weiterer Vorteil dieser Arbeitsweise besteht darin, daß der Zusatz großer Salzmengen, die das Auswaschen des Niederschlages erschweren, vermieden wird.

Bemerkungen. *I. Einfluß der Konzentration.* Je konzentrierter eine Zinksulfatlösung ist, aus desto stärker saurer Lösung läßt sich das Zink durch Schwefelwasserstoff unter Druck abscheiden. Da man den Gehalt der zu fällenden Lösung meist nicht genau kennt, wird man vorsichtshalber aus schwach schwefelsaurer Lösung fällen. In Anbetracht dessen ergibt sich obige Arbeitsvorschrift.

II. Genauigkeit. Von den vielen bei verschiedenen Zinkkonzentrationen ausgeführten und sehr gut stimmenden Beleganalysen der genannten Autoren seien hier zwei Beispiele angeführt:

Konzentration der Lösung: 0,1 g Zinksulfat in 100 cm³; Acidität: $n/_{16}$ an Schwefelsäure. Berechnet: 0,06055 g Zinksulfid; Fehler (bei 3 Bestimmungen): ± 0,05 mg Zinksulfid.

Konzentration der Lösung: 0,2 g Zinksulfat in 100 cm³; Acidität: $n/_4$ an Schwefelsäure. Berechnet: 0,1211 g Zinksulfid; Fehler (bei 3 Bestimmungen): ± 0,1 mg Zinksulfid.

III. Entsprechende Arbeitsweise von W. D. TREADWELL *sowie von* URBASCH. TREADWELL einerseits und URBASCH andererseits haben bereits vor MOSER und BEHR die Fällung unter Druck empfohlen. Nach W. D. TREADWELL nimmt man auf 100 cm³ Lösung 3 bis 5 cm³ 1 n Schwefelsäure, sättigt kalt mit Schwefelwasserstoff und erwärmt dann in der Druckflasche auf 40°.

Nach URBASCH sollen in 100 cm³ Lösung nicht mehr als etwa 0,15 bis 0,2 g Zink vorhanden sein. Man versetzt auf je 100 cm³ Lösung mit je 2 cm³ 1 n Schwefelsäure und fällt in der beschriebenen Weise unter Druck bei 70°.

Bei der Fällung aus salzsaurer Lösung soll dieselbe in 100 cm³ höchstens 0,15 g Zink enthalten. Man versetzt mit 1 cm³ 1 n Salzsäure und fällt mit Schwefelwasserstoff unter Druck.

β) Methode von MAJDEL. *Das Verfahren beruht darauf, daß das Zink aus ammoniumsulfathaltiger, schwach schwefelsaurer Lösung als Sulfid gefällt wird.*

Arbeitsvorschrift. Die Lösung, welche höchstens 0,3 g, besser nur 0,2 g Zink als Sulfat enthält, wird in der Kälte zunächst mit starkem Ammoniak (1:1), schließlich tropfenweise mit verdünntem Ammoniak (1n oder 2n) genau neutralisiert, entweder bis zur ersten bleibenden Trübung oder durch Tüpfeln auf Kongopapier bis zum Umschlag in Violett. War vor dem Neutralisieren wenig freie Schwefelsäure vorhanden, so muß so viel Ammoniumsulfat zugefügt werden, daß in der Lösung wenigstens 3 g Ammoniumsulfat vorhanden sind. Nunmehr fügt man aus einer Meßpipette 8 cm³ 0,5 n Schwefelsäure zu und bringt das Volumen der Lösung auf 300 cm³. Man erwärmt auf 70° und leitet ½ Std. lang einen schnellen Schwefelwasserstoffstrom (etwa 2 Blasen/Sek.) ein. Nach dem Einleiten läßt man den Niederschlag wenigstens 1 Std. lang absitzen. Zum Dekantieren und Auswaschen des Niederschlages verwendet man eine mit Schwefelwasserstoff gesättigte Lösung von 1 g Ammoniumsulfat in 100 cm³ Wasser.

γ) Methode von JEFFREYS und SWIFT. *Die Methode beruht darauf, daß das Zink aus einer mit Natriumsulfat-Natriumhydrogensulfat gepufferten Lösung als Sulfid gefällt wird.*

Arbeitsvorschrift. Die neutrale Lösung, welche das Zink als Sulfat enthält und deren Volumen nach Zusatz der Pufferlösung (s. Bem. II) für 250 mg Zink etwa 250 cm³ betragen soll, wird auf 60° erwärmt. Sodann wird ein lebhafter Schwefelwasserstoffstrom eingeleitet und das Erwärmen fortgesetzt, bis die Temperatur auf 90 bis 95° gestiegen ist. Während des Abkühlens wird weiter Schwefelwasserstoff eingeleitet, bis der Niederschlag sich rasch abzusetzen beginnt, und schließlich wird die kalte Flüssigkeit noch mit Schwefelwasserstoff gesättigt. Die Filtration erfolgt erst, nachdem die Fällung so lange im verschlossenen Gefäß gestanden hat, daß die überstehende Flüssigkeit völlig klar geworden ist. Der Sulfidniederschlag wird mit 0,01 n Schwefelsäure ausgewaschen.

Bemerkungen. *I. Genauigkeit.* Bei entsprechender Pufferung (vgl. Bem. II) wird alles Zink bis auf Spuren gefällt.

II. Pufferung. Die Pufferung erfolgt durch Zusatz von Natriumsulfat und Natriumhydrogensulfat im molaren Verhältnis von etwa 3:1. Man verwendet so viel von den Salzen, daß der Gesamtgehalt der zu fällenden Lösung etwa 0,35 mol ist. — Als Beispiel sei folgender Versuch angegeben, dessen Bedingungen die Verfasser als besonders zweckmäßig bezeichnen: Es wurden 257 mg Zink aus 250 cm³ Lösung abgeschieden. Zugefügt wurden 22,8 Millimol Natriumhydrogensulfat und 66 Millimol Natriumsulfat. Der Anfangs-p_H-Wert betrug 1,78, der End-p_H-Wert 1,62. Im Filtrat wurde nur eine Spur Zink (weniger als 0,1 mg) gefunden.

III. Arbeitsweise bei sauren Lösungen. Flüchtige Säuren können durch vorsichtiges Abrauchen mit Schwefelsäure entfernt werden. Lösungen, welche überschüssige, freie Schwefelsäure enthalten, können mit Natronlauge neutralisiert werden, wobei zweckmäßig Methylrot als Indicator benutzt wird. Bei Gegenwart von Aluminium verwendet man besser Methylorange.

IV. Störung durch Chloride. Größere Mengen von Chloriden wirken sich ungünstig aus, da sie die Induktionsperiode bis zum Fällungsbeginn verlängern, die Fällung verlangsamen, die Acidität bei gleichem Pufferzusatz gegenüber Sulfatlösungen erhöhen und die Löslichkeit des Zinksulfides auf das Drei- bis Vierfache steigern.

δ) Methode von FRERS. *Das Verfahren beruht auf der Fällung des Zinks als Sulfid aus ammoniumsulfathaltiger, schwach schwefelsaurer Lösung.*

Arbeitsvorschrift. Die Lösung, die höchstens 0,5 g Zink und am besten nur sulfate enthalten soll, wird auf 400 cm³ verdünnt, nachdem man so viel Ammoniumsulfat zugesetzt hat, daß sie davon etwa 4 g auf 100 cm³ enthält. Darauf wird die Flüssigkeit mit verdünnter Ammoniaklösung bzw. mit verdünnter Schwefelsäure gegen Methylorange auf eben saure Reaktion eingestellt. Man versetzt sie nun mit einem Viertel einer fein zerfaserten Filtrierpapier-Tablette (SCHLEICHER & SCHÜLL) oder statt dessen mit der Hälfte eines fein zerfaserten 11 cm-Filters. Nunmehr erhitzt man zum Sieden und leitet, ohne weiter zu erhitzen, in die heiße Lösung unter häufigem Umrühren einen lebhaften Schwefelwasserstoffstrom ein. Man benutzt ein weites Einleitungsrohr, das gleichzeitig als Rührer dient. Das Einleiten wird 40 Min. fortgesetzt, während die Flüssigkeit abkühlt. Man filtriert auf ein 11 cm-Blaubandfilter (SCHLEICHER & SCHÜLL), das 1 Std. mit destilliertem Wasser gefüllt im Trichter gestanden hat. Zweckmäßiger ist die Filtration durch einen Berliner Porzellanfiltertiegel A 1, wodurch die Filtrationsdauer erheblich abgekürzt wird. Den Niederschlag wäscht man mit 4%iger, schwefelwasserstoffgesättigter Ammoniumsulfatlösung, die mit verdünnter Schwefelsäure gegen Methylorange angesäuert ist.

Bemerkungen. *Genauigkeit.* Bei Zinkmengen von rund 0,08 bis 0,25 g, die übrigens von entsprechenden Aluminiummengen abgetrennt wurden, erhielt FRERS Werte, die im ungünstigsten Fall um $\pm$ 0,4% von der vorhandenen Zinkmenge abwichen. Meist war der Fehler jedoch wesentlich geringer.

ε) Methode von CALDWELL und MOYER. *Das Verfahren beruht ebenfalls auf der Abscheidung des Zinks als Sulfid aus ammoniumsulfathaltiger, schwach schwefelsaurer Lösung. Das Charakteristische dieser Methode ist die Erzeugung eines sehr leicht filtrierbaren Sulfidniederschlags durch Zusatz einer geringen Menge eines geeigneten Kolloides. Als solches hat sich besonders reine Gelatine bewährt.*

Arbeitsvorschrift. Die chloridfreie Lösung, welche etwa 0,25 g Zink und 6 bis 8 g Ammoniumsulfat enthält, wird auf 250 bis 300 cm³ verdünnt und nötigenfalls so weit neutralisiert, daß sie gegen Methylorange gerade sauer reagiert. Nun wird in der Kälte 30 Min. lang ein lebhafter Schwefelwasserstoffstrom eingeleitet. Sodann gibt man unter starkem Rühren 5 bis 10 cm³ einer 0,02%igen Gelatinelösung zu und läßt den Niederschlag absitzen. Es tritt eine augenblickliche und völlige Flockung des Niederschlags ein. Nach 15 Min. ist die überstehende Flüssigkeit praktisch klar und wird durch ein quantitatives Filter (SCHLEICHER & SCHÜLL, Blauband) dekantiert. Der Niederschlag läßt sich leicht durch Dekantieren mit kaltem Wasser auswaschen. Eine Peptisation ist dabei nicht zu beobachten.

Bemerkungen. *I. Genauigkeit.* Bei 5 Bestimmungen dieser Art unter Anwendung von 0,3160 g Zinkoxyd lagen die Abweichungen zwischen + 0,6 und — 0,4 mg.

II. Die Gelatine. Man benutzt reine, möglichst aschenarme (weniger als 0,1%) Gelatine. Obwohl dieselbe von dem Niederschlag adsorbiert wird, ist neben der gewichtsanalytischen Bestimmung auch eine maßanalytische Bestimmung durch Titration mit Kaliumferrocyanid möglich.

III. Chloridhaltige Lösungen. Liegen salzsaure bzw. chloridhaltige Lösungen vor, so benutzt man das Verfahren von MAYR (s. oben) und bewirkt auch in diesem Falle die Flockung des Sulfidniederschlags durch Zusatz von Gelatine. Man kann den Niederschlag dann mit Wasser auswaschen.

d) Fällung aus alkalischer Lösung.

Der Abscheidung des Zinks als Sulfid durch Fällung in alkalischer Lösung kommt nur geringe Bedeutung zu, da sie erstens einen schlechter filtrierbaren Niederschlag liefert, zweitens aber auch die beim Arbeiten in sauren Lösungen bestehenden Trennungsmöglichkeiten ausschließt.

α) Methode von TALBOT. Arbeitsvorschrift. Man fällt die siedend heiße, neutrale Lösung mit Natrium- oder Ammoniumsulfid und kocht, bis der Niederschlag die gewünschte körnige Form hat.

β) Methode von LOWE. Arbeitsvorschrift. Man bringt die zu fällende neutrale Lösung auf ein Volumen von 750 cm³ und erhitzt sie bis fast zum Sieden. Dann fällt man mit 10 cm³ einer frisch bereiteten Lösung von farblosem Ammoniumsulfid (NH_4HS) und kocht noch 2 bis 3 Min., wodurch sich der schleimige Niederschlag in einen körnigen verwandelt.

γ) Methode von SEELIGMANN. Arbeitsvorschrift. Die neutrale oder nötigenfalls mit Ammoniak neutralisierte Lösung, welche auf 100 bis 200 cm³ etwa 0,5 g Zink enthält, wird mit einem großen Überschuß von Ammoniak versetzt (etwa 10 bis 20 cm³ 25%iges Ammoniak auf 100 cm³ Flüssigkeit). Nach dem Umrühren wird auf 60 bis 80° erwärmt und Ammoniumsulfid bis zur Gelbfärbung zugesetzt. Dann wird so lange — meist genügen einige Minuten — gekocht, bis sich der Niederschlag zusammengeballt hat, worauf man absitzen läßt und filtriert. Man erhält einen grobflockigen, leicht filtrierbaren Niederschlag.

δ) Methode von MURMANN. Arbeitsvorschrift. Die entsprechend verdünnte Lösung wird mit konzentrierter Sublimatlösung versetzt (10 cm³ auf etwa 0,17 g Zink) und dann mit Ammoniumsulfid gefällt. Der gemischte Sulfidniederschlag läßt sich leicht filtrieren und wird nach dem Auswaschen mit Schwefelwasserstoffwasser im Abzug verglüht.

2. Wägung als Zinkoxyd.

Anstatt das Zinksulfid als solches zu bestimmen, kann man es in Zinkoxyd umwandeln und dieses zur Wägung bringen. Zur Umwandlung des Zinksulfids in Oxyd kann man sich verschiedener Methoden bedienen, von denen die als „Abrösten" bezeichnete die einfachste und wichtigste ist.

a) Überführung des Zinksulfids in Zinkoxyd durch Abrösten. Arbeitsvorschrift. Nach Angabe verschiedener Autoren (JEFFREYS und SWIFT; FRERS) wird das getrocknete Zinksulfid mit dem Filter möglichst langsam und bei möglichst niedriger Temperatur verascht, da so — vorausgesetzt, daß reduzierende Flammengase abgehalten werden — keine Reduktion zu Metall und Verflüchtigung desselben zu befürchten ist. Auch BORNEMANN kommt zu dem Ergebnis, daß das Filter mit dem Sulfidniederschlag ohne den geringsten Fehler verascht werden kann. Falls man einen Porzellantiegel verwendet, kann ein gewöhnlicher mit voller Flamme brennender Brenner benutzt werden, während bei Verwendung eines Platintiegels mit einiger Vorsicht mit kleiner Flamme erhitzt werden muß. Nach völliger Veraschung ist es ratsam, die niedrige Temperatur noch einige Zeit zu halten, bis eine etwaige Graufärbung des Rückstandes ganz schwach geworden oder überhaupt verschwunden ist.

Bemerkungen. *I. Glühen des Niederschlags.* Beim Abrösten bildet sich stets etwas Zinksulfat. Die Zersetzung desselben beginnt bei 675° und ist erst bei 935° vollständig [FRIEDRICH (a), (b)]. Jedoch soll man nicht wesentlich über 1000 bis 1050° erhitzen, da in solchem Falle einerseits Verschlackung mit der Tiegelglasur eintritt (BORNEMANN), andererseits Zinkoxyd oberhalb 1000° schon etwas flüchtig sein soll (HILLEBRAND und LUNDELL). Es ist also empfehlenswert, das Glühen in einem elektrischen Ofen vorzunehmen und die Temperatur zu kontrollieren.

Benutzt man ein Gebläse, so soll die Gebläseflamme von unten senkrecht gegen den Tiegelboden gerichtet und möglichst heiß und oxydierend sein. Der Tiegel ist während des Glühens zu bedecken. 15 bis 20 Min. lange Einwirkung des Gebläses genügt.

II. Genauigkeit. Der Fehler, welcher dadurch verursacht wird, daß durch Glühen über dem Gebläse die vollkommene Zersetzung des entstandenen Zinksulfats nicht ganz erreicht wird, beträgt nach RICHARDS und ROGERS für 1 g Zinkoxyd + 0,00025 g. Er ist demnach so gering, daß er bei gewöhnlichen Analysen mit Substanzmengen von 0,1 bis 0,2 g wohl außer acht gelassen werden kann. Wird jedoch das Glühen bei zu niedriger Temperatur vorgenommen, so kann dieser Fehler natürlich merklich größer werden.

b) Überführung des Zinksulfids in Zinkoxyd nach VOLHARD. Man löst das ausgewaschene Zinksulfid in verdünnter Salzsäure, dampft die Lösung ein, um den Schwefelwasserstoff völlig zu vertreiben, setzt dann Quecksilberoxyd zu, dampft zur Trockne und glüht. (Näheres s. § 14, S. 170.)

c) Überführung des Zinksulfids in Zinkoxyd nach SCHMIDT. Man bringt den ausgewaschenen Sulfidniederschlag samt Filter in einen Platintiegel und gibt so viel einer in der Kälte gesättigten Lösung von Quecksilbercyanid in konzentriertem Ammoniak zu, daß Filter und Niederschlag gerade davon bedeckt werden. Dann dampft man zur Trockne ein und glüht schließlich bis zur Gewichtskonstanz.

d) Überführung des Zinksulfids in Zinkoxyd nach LANGMUIR. Das ausgewaschene Zinksulfid wird auf dem Filter in verdünnter Salpetersäure gelöst und das Filter mit Salpetersäure ausgewaschen. Die Zinknitratlösung wird zur Trockne eingedampft und der Rückstand zu Zinkoxyd verglüht.

3. Wägung als Zinksulfat.

a) Überführung des Zinksulfids in Zinksulfat nach SULLIVAN und TAYLOR. Man löst das ausgewaschene Zinksulfid in verdünnter Salzsäure und kocht den Schwefelwasserstoff weg. Die Lösung wird dann in einem gewogenen Porzellantiegel mit etwas mehr als der berechneten Menge Schwefelsäure eingedampft. Die überschüssige Schwefelsäure wird zunächst im Luftbad und schließlich durch schwaches Glühen vertrieben. (Näheres über die Bestimmung des Zinks als Sulfat s. § 13.) Nach den genannten Autoren beträgt die Genauigkeit dieser Methode 0,1 bis 0,2%.

b) Überführung des Zinksulfids in Zinksulfat nach FALES. Das ausgewaschene Zinksulfid wird mit dem Filter in einen gewogenen Porzellantiegel gebracht und das Filter verkohlt, was zweckmäßig in der Weise geschieht, daß man den Tiegel auf eine Quarzplatte stellt, die man mit einem MEKER-Brenner stark erhitzt. Die Veraschung des Filters soll langsam und vorsichtig über dem BUNSEN-Brenner erfolgen, damit möglichst nur Zinksulfat und nicht Zinkoxyd gebildet wird. Den Rückstand befeuchtet man vorsichtig mit einigen Tropfen 9 mol Schwefelsäure, deren Überschuß man im Luftbad vertreibt. Nun glüht man schwach über dem BUNSEN-Brenner, bis alle Kohlereste entfernt sind. Nach dem Erkalten wird der Rückstand mit konzentrierter Schwefelsäure befeuchtet und deren Überschuß wieder im Luftbad vertrieben. Diese Behandlung wird wiederholt, bis konstantes Gewicht erreicht ist. — Hat man beim Verglühen der Kohlereste zu stark erhitzt, so daß Zinkoxyd gebildet wurde, so kann bei Zugabe der konzentrierten Schwefelsäure starke Erhitzung eintreten, derart, daß Teilchen des Niederschlags aus dem Tiegel geschleudert werden. — FALES erhielt nach dieser Methode bei Zinkmengen von 0,160 g eine Genauigkeit von 0,05 bis 0,1%.

B. Maßanalytische Bestimmung.

Die maßanalytische Bestimmung des Zinksulfids kann durch argentometrische, jodometrische oder acidimetrische Titration erfolgen. Wenn diese zum Teil älteren Verfahren keinen Eingang in die analytische Praxis gefunden haben, so liegt dies, wie bereits G. JANDER und STUHLMANN, die eine Anzahl dieser Methoden geprüft haben, feststellen, zum Teil wohl daran, daß man früher immer mit dem Übelstand der schwierigen Filtrierbarkeit der Zinksulfidniederschläge zu kämpfen hatte, zum Teil aber auch daran, daß manche dieser Methoden völlig unzulänglich sind. Dies gilt z. B. auch für die Vorschläge zur oxydimetrischen Bestimmung.

Die acidimetrische Methode von G. JANDER und STUHLMANN ist in § 20, S. 195 wiedergegeben.

1. Argentometrische Bestimmung.

***Arbeitsvorschrift von* BALLING.** Das ausgewaschene Zinksulfid wird mit überschüssiger, eingestellter Silbernitratlösung ½ Std. lang digeriert. Hierauf wird das Silbersulfid abfiltriert, ausgewaschen und im Filtrat das überschüssige Silber mit Ammoniumrhodanid titriert.

Man kann vorteilhaft auch so verfahren, daß man das Silbersulfid, nachdem es ausgewaschen ist, in Salpetersäure löst und nach Entfernung der Schwefelwasserstoffreste das Silber titriert. Man braucht dann nur eine eingestellte Rhodanidlösung.

Bemerkung. **Genauigkeit.** BALLING fand anstatt 0,076 g Zink 0,0757 bzw. 0,076 g.

***Arbeitsvorschrift von* MANN.** Das ausgewaschene Zinksulfid wird nach Zugabe von 30 bis 40 cm³ Wasser mit überschüssigem feuchten Silberchlorid gekocht, bis die über dem Niederschlag stehende Flüssigkeit klar geworden ist. Nach Zugabe von 5 bis 6 Tropfen verdünnter Schwefelsäure ist die Umsetzung in einigen Minuten beendet. Der Niederschlag wird abfiltriert, ausgewaschen und das entstandene Zinkchlorid nach VOLHARD titriert.

Bemerkung. **Genauigkeit.** In Übereinstimmung mit C. R. FRESENIUS fanden G. JANDER und STUHLMANN, daß diese Methode durchaus brauchbare Werte gibt. So wurden z. B. anstatt 0,1436 bzw. 0,1303 g Zink 0,1431 bzw. 0,1301 g gefunden.

Arbeitsvorschrift von **CHIAROTTINO.** Dieser Autor verfährt ganz ähnlich, nur benutzt er an Stelle des Silberchlorids QuecksilberI-chlorid: Die Lösung, welche 0,08 bis 0,1 g Zink enthalten kann, soll höchstens ein Volumen von 50 cm³ haben. Man macht sie essigsauer und fällt sie heiß mit Schwefelwasserstoff, bis sie nach dem Absitzen klar bleibt. Der Niederschlag wird nach dem Dekantieren mit Wasser gewaschen (etwa 35 bis 40 cm³ im ganzen). Filter und Niederschlag bringt man auf eine Schicht Filtrierpapier, um die anhaftende Flüssigkeit zu entfernen. In einem 250 cm³-Kolben versetzt man das Zinksulfid dann mit 50 cm³ Wasser und frisch gefälltem feuchten QuecksilberI-chlorid, erhitzt einige Minuten auf dem Wasserbad und säuert mit einigen Tropfen verdünnter Schwefelsäure an. Sodann filtriert man durch ein Faltenfilter und wäscht bis zum Verschwinden der Reaktion auf Chlor-Ionen aus. Das mit dem Waschwasser vereinigte Filtrat wird mit Salpetersäure angesäuert, mit überschüssiger, eingestellter Silbernitratlösung versetzt und deren Überschuß mit Ammoniumrhodanid zurückgemessen.

2. Jodometrische Bestimmung.

POUGET hat das aus acetathaltiger Lösung gefällte Zinksulfid nach dem Wegkochen des überschüssigen Schwefelwasserstoffes und dem Erkalten der Flüssigkeit mit überschüssiger, eingestellter Jodlösung versetzt und nach einigen Minuten den Jodüberschuß mit Natriumthiosulfat zurücktitriert.

KNAPS hat diese Methode modifiziert, indem er die Fällung des Zinksulfids bei Gegenwart von fein verteiltem Bariumsulfat vornahm. Hierdurch wollte er erreichen, daß einerseits das Zinksulfid sich nicht zu größeren, schwer angreifbaren Partikelchen vereinigt und daß andererseits der bei der Umsetzung mit Jod entstehende Schwefel nicht noch vorhandenes Zinksulfid umhüllt.

Beide Arbeitsweisen sind von KÜSTER und ABEGG als völlig unbrauchbar befunden worden. Auch G. JANDER und STUHLMANN, welche die POUGET-KNAPSschen Angaben nochmals nachprüften und modifizierten, erhielten keine brauchbaren Ergebnisse, da eine quantitative Umsetzung nicht zu erreichen war. Ebenso konnte durch Zugabe von nicht zu verdünnter Schwefelsäure keine völlige Umsetzung herbeigeführt werden.

Es ist infolgedessen auffallend, daß v. BERG (b) bzw. MULLER in salzsaurer Lösung brauchbare Resultate erhalten.

Arbeitsvorschrift von **v. BERG (b).** Das ausgewaschene Zinksulfid wird in eine Stöpselflasche gespült, die — nachdem daraus die Luft durch Kohlendioxyd verdrängt wurde — mit 800 cm³ frisch ausgekochtem und unter Luftabschluß erkaltetem Wasser beschickt ist. Das Filter wird ebenfalls hineingegeben und das Ganze stark durchgeschüttelt, wodurch das Zinksulfid fein verteilt wird. Darauf fügt man mäßig konzentrierte Salzsäure zu, mischt durch Umschwenken und gibt dann eingestellte Jodlösung im Überschuß zu. Nach kurzem Umschwenken ist die Reaktion beendet, was an der gleichbleibenden Farbe der Lösung erkannt wird. Bei dieser Arbeitsweise scheidet sich der Schwefel in feiner Verteilung aus, und die Reaktion ist infolgedessen vollständig. Das überschüssige Jod muß sogleich mit Thiosulfat zurücktitriert werden, weil die Resultate nach längerem Stehenlassen nicht konstant bleiben. Die ganze Operation vom Einbringen des Zinksulfids bis zur Titration mit Thiosulfat soll nur etwa 5 Min. beanspruchen.

Bemerkung. **Genauigkeit.** Bei Anwendung von 0,3077 g Zinkoxyd fand v. BERG (b) bei 6 Bestimmungen im Mittel 99,43% der angewendeten Menge.

Arbeitsvorschrift von **MULLER.** Das Zink wird aus acetathaltiger, schwach essigsaurer Lösung als Sulfid gefällt. Der überschüssige Schwefelwasserstoff wird bei 50° unter Durchleiten von Kohlendioxyd vertrieben, wobei nach ½ stündiger Behandlung auch geringe Mengen von Natriumhydrogensulfid, die sich aus dem Acetat gebildet haben können, zerstört sind. Das Zinksulfid löst man dann in überschüssiger Salzsäure, fügt sofort danach eingestellte überschüssige Jodlösung zu, verschließt das Gefäß und schüttelt einige Minuten lebhaft.

Bemerkung. **Genauigkeit.** MÜLLER fand bei Beleganalysen, bei denen Mengen von 8,5 bis rund 100 mg Zink bestimmt wurden, zwischen — 0,2 und + 0,4 mg liegende Fehler.

C. Nephelometrische Bestimmung.

Die Schätzung kleiner Zinkmengen auf Grund der bei der Fällung als Zinksulfid auftretenden Trübung ist von verschiedenen Autoren zur Bestimmung des Zinks in Wasserproben, Nahrungsmitteln und biologischem Material angewendet worden. An die Genauigkeit dieser Verfahren darf man keine zu großen Anforderungen stellen, zumal wenn der Vergleich der Trübung nur nach Augenschein erfolgt.

1. Schätzung des Zinkgehalts in Wasser nach MELDRUM.

Arbeitsvorschrift. Drei graduierte 100 cm³-Zylinder oder NESSLER-Gefäße werden auf eine schwarze Unterlage gestellt. Das erste Gefäß wird mit Leitungswasser gefüllt, das zweite mit destilliertem Wasser und das dritte mit der Probe. In jedes der Gefäße gibt man 1 cm³ starke Salzsäure und mischt gut durch. Nun bringt man in das zweite Gefäß 1 cm³ einer Standard-Zinklösung, welche 1 g Zink im Liter enthält, und mischt wieder gut durch. Sodann gibt man in alle Gefäße 2 cm³ Ammoniumsulfid und mischt wiederum. Dann läßt man 15 Min. ruhig stehen. Nach Ablauf dieser Zeit ist im zweiten Gefäß, das die Standardlösung enthält, eine deutliche, aber schwache Opalescenz erschienen, im Gegensatz zum ersten Gefäß, das kein Zink enthält. Wenn im dritten Gefäß, welches die Probe enthält, innerhalb dieser Zeit keine Trübung auftritt, so kann daraus geschlossen werden, daß der etwaige Zinkgehalt der Probe unter 1:100000 liegt.

Tritt bei der Probelösung tatsächlich eine Trübung auf, so wird deren Intensität mit der jener Trübung verglichen, die im zweiten Gefäß bei Zusatz steigender Mengen Standardlösung eintritt. Zu diesem Zweck verdünnt man die Standardlösung auf das Zehnfache, so daß 1 cm³ 0,1 mg Zink enthält. Man beobachtet am besten bei guter, indirekter Beleuchtung in horizontaler Sicht aus einiger Entfernung.

Bemerkungen. Wesentlich ist die Zugabe von so viel Säure, daß die in der Wasserprobe vorhandenen alkalischen Salze neutralisiert werden und die Flüssigkeit sauer wird, wofür die oben angegebene Menge Säure meistens ausreichen wird. Andererseits muß natürlich genügend Ammoniumsulfid zugefügt werden, um die überschüssige Säure zu binden und auch noch die Fällung des Zinks zu bewirken.

Andere Metalle, die durch Ammoniumsulfid gefällt werden, dürfen nicht zugegen sein. Eisen und Aluminium werden in der Weise entfernt, daß 200 cm³ des zu untersuchenden Wassers mit 1 cm³ starker Salzsäure versetzt und auf 80 cm³ eingedampft werden. Dann fügt man 1 cm³ konzentriertes Ammoniak hinzu und filtriert die Hydroxyde auf ein kleines quantitatives Filter ab. Da der Niederschlag mehr oder weniger Zink mitreißt, löst man ihn in 5 cm³ verdünnter Salzsäure, wäscht das Filter mit 4 bis 5 cm³ Wasser aus, fällt die Hydroxyde nochmals, filtriert und wäscht den Niederschlag. Das Filtrat, welches bei kleinen Eisen- und Aluminiummengen höchstens 10 cm³ beträgt, gibt man zum ersten Filtrat, füllt auf 100 cm³ auf und gibt dann 2 cm³ Ammoniumsulfid zu.

Man kann in dieser Weise den Zinkgehalt von Wässern schätzen, wenn die Konzentration höher als 1:100000 ist. Bei dieser Konzentration liegt die Grenze des Verfahrens. Bei zu hoher Konzentration des Zinks, z. B. 1:10000, erfolgt flockige Fällung des Zinksulfids, und die Methode ist dann ebenfalls nicht mehr anwendbar.

2. Schätzung des Zinkgehalts in Wasser nach Winkler.

Arbeitsvorschrift. 1 l Wasser versetzt man mit 2 g reinem Ammoniumchlorid, einigen Tropfen Natriumsulfidlösung oder frischem Ammoniumsulfid, dann mit 0,2 g Alaun und erhitzt auf dem Dampfbad bis zum Flockigwerden des Niederschlages. Handelt es sich um sehr weiches Wasser, so werden zunächst pro Liter etwa 0,5 g reines Kaliumhydrogencarbonat gelöst.

Die Flüssigkeit wird durch Watte geseiht, der Niederschlag mit Bromwasser und Salzsäure gelöst, die Lösung mit einigen Tropfen Salpetersäure versetzt und in einer kleinen Glasschale auf dem Dampfbad zur Trockne verdampft. Man löst den blasigen Rückstand nochmals in Salzsäure und verdampft wieder zur Trockne. Der nun krystalline Rückstand wird so lange auf dem Dampfbad erhitzt, bis er nicht mehr im geringsten nach Salzsäure riecht. Man löst ihn unter gelindem Erwärmen in 1 cm^3 1 n Salzsäure, gibt ihn in einen 25 cm^3 fassenden Erlenmeyer-Kolben und spült die erkaltete Schale mit 10 cm^3 starkem Schwefelwasserstoffwasser in den Erlenmeyer-Kolben aus, den man dann verkorkt über Nacht stehen läßt. Wenn die angegebenen Konzentrationsverhältnisse eingehalten werden, fallen etwa vorhandenes Blei und Kupfer praktisch vollkommen aus, während Zink in Lösung bleibt. — Tags darauf wird durch ein sehr kleines Filter filtriert, mit 10 cm^3 frischem Schwefelwasserstoffwasser nachgewaschen und das Filtrat mit 2 cm^3 konzentrierter Essigsäure versetzt.

Während man bei größeren Zinkmengen so verfährt, daß man das Zink durch Zusatz von 2 bis 3 cm^3 15%iger Ammoniumacetatlösung als Sulfid abscheidet und dieses durch Lösen in verdünnter Salzsäure und wiederholtes Abdampfen mit Salpetersäure und Glühen in Oxyd überführt und als solches zur Wägung bringt, begnügt man sich bei Zinkmengen von weniger als 0,5 mg im Liter mit der schätzungsweisen Bestimmung.

Zu diesem Zweck beschickt man einige Erlenmeyer-Kölbchen von 50 cm^3 Inhalt mit je 10 cm^3 destilliertem Wasser, ebensoviel Schwefelwasserstoffwasser, 1 cm^3 1 n Salzsäure und 2 cm^3 konzentrierter Essigsäure. Dann fügt man bekannte Zinkmengen hinzu. Man benutzt eine Zinksulfatlösung, die in 1 cm^3 1 mg Zink enthält, indem man die Kölbchen der Reihe nach mit 0,1, 0,2, 0,3 cm^3 beschickt. Endlich wird in allen Kölbchen, auch in dem, welches das von der Probelösung stammende Filtrat enthält, die Fällung des Zinksulfides durch Zufügen von 2 bis 3 cm^3 15%iger Ammoniumacetatlösung hervorgerufen. Durch Vergleich der Trübungen läßt sich die Zinkmenge bis auf etwa 0,1 mg schätzen, vorausgesetzt, daß sie nicht mehr als einige Zehntelmilligramme beträgt.

3. Schätzung des Zinkgehalts nach Järvinen.

Arbeitsvorschrift. Nach Järvinen werden 25 cm^3 der zinkhaltigen Lösung mit 3 cm^3 2 n Salzsäure, 25 cm^3 Alkohol und 0,5 cm^3 10 n Natriumsulfidlösung versetzt. Dann wird mit 6 cm^3 2 n Natriumacetatlösung essigsauer gemacht und die Trübung gegen Standardlösungen verglichen.

Bemerkungen. Der Alkoholzusatz soll eine Schwefelabscheidung in der schwefelwasserstoffhaltigen Flüssigkeit verhindern. Probe- und Vergleichslösung sollen von möglichst gleicher Beschaffenheit sein.

4. Zinkbestimmung in organischem Material nach Brück.

Arbeitsvorschrift. **Bereitung der Probelösung.** Ungefähr 2 g im Faust-Heimschen Apparat getrocknetes Organ wägt man genau ab, übergießt die Probe dann in einem Mikro-Kjeldahl-Kolben von 50 cm^3 Inhalt mit 2 bis 3 cm^3 konzentrierter Schwefelsäure und fügt so lange konzentrierte Salpetersäure tropfenweise hinzu, als noch eine merkliche Reaktion auftritt. Man läßt am besten über Nacht stehen, erhitzt dann zunächst mit kleiner Flamme bis zum Verschwinden der Stickoxyde, nachher stärker, wenn nötig unter Zufügen von 1 cm³ Perhydrol, bis eine fast farblose Flüssigkeit zurückbleibt. Diese wird zwecks völliger Verjagung der Stickoxyde 2mal mit Wasser aufgekocht. Das überschüssige Wasser wird wieder verdampft. Der Inhalt des Kolbens wird nun unter Nachspülen mit Wasser in eine Quarzschale übergeführt, abgedampft und die überschüssige Schwefelsäure abgeraucht. Der Rückstand wird mit 5 cm³ verdünnter Salzsäure (1 Teil konzentrierte Salzsäure und 1,5 Teile Wasser) unter Nachspülen mit genügend Wasser in ein 25 cm³ fassendes Zentrifugenglas gebracht, zentrifugiert und der Rückstand mit verdünnter Salzsäure und dann mit Wasser ausgewaschen. — Die überstehenden Lösungen vereinigt man in einem ERLENMEYER-Kölbchen von 50 cm³ Inhalt, erwärmt auf dem Wasserbad und leitet bis zum Erkalten Schwefelwasserstoff ein, worauf das Kölbchen verkorkt wird und über Nacht stehen bleibt. Durch Zusatz von etwas Äther wird die Abscheidung der Sulfide der zweiten Gruppe beschleunigt. Man filtriert dann durch ein gehärtetes Filter in ein 50 cm³ fassendes Becherglas, wäscht mit Schwefelwasserstoffwasser aus und verjagt den überschüssigen Schwefelwasserstoff aus der Flüssigkeit durch Erwärmen. Die im Filtrat vorhandenen EisenII-verbindungen oxydiert man durch 6 Tropfen konzentrierte Salpetersäure und spült die nun 2 bis 4 cm³ betragende Flüssigkeitsmenge quantitativ in ein Zentrifugenglas von 25 cm³ Inhalt über. Man macht mit 30%iger Natronlauge alkalisch, darauf mit Essigsäure sauer, rührt gut um und zentrifugiert nach dem Absitzenlassen des Niederschlags. Der gallertartige Rückstand wird in wenig verdünnter Salzsäure gelöst, die salzsaure Lösung wieder mit Natronlauge und Essigsäure behandelt, zentrifugiert und dieses Verfahren so oft wiederholt, bis ein nur vom Eisen herrührender rotbrauner Niederschlag zurückbleibt.

Die auf diese Weise gewonnenen essigsauren Lösungen werden in einem 50 cm³ fassenden ERLENMEYER-Kolben vereinigt; dann wird Schwefelwasserstoff eingeleitet, der Kolben verkorkt und über Nacht stehen gelassen. Nach Zusatz von etwas Äther wird das abgeschiedene Zinksulfid auf ein gehärtetes Filter abfiltriert, mit schwach essigsaurem Schwefelwasserstoffwasser ausgewaschen und sodann mit dem Filter verascht und geglüht.

Um noch etwa vorhandene Spuren Eisen abzutrennen, spült man die Asche mit 2 cm³ 2%iger Essigsäure in ein 20 cm³ fassendes Zentrifugenglas über, spült mit wenig Wasser nach, zentrifugiert, wäscht den Niederschlag mit wenig Essigsäure und Wasser nochmals nach und nimmt in den vereinigten Zentrifugaten die nephelometrische Bestimmung des Zinks vor.

Ausführung der Bestimmung. Ist der Zinkgehalt der zu untersuchenden Substanz nur gering, dann verwendet man die ganze Menge der erhaltenen Lösung; wird ein höherer Gehalt erwartet, so füllt man die Flüssigkeit auf ein bestimmtes Volumen auf und nimmt einen aliquoten Teil.

Zur Bestimmung bringt man in zwei Meßzylinder von 15 oder 25 cm³ Inhalt je 5 cm³ gesättigtes Schwefelwasserstoffwasser, 1 cm³ 1 n Salzsäure und 2 cm³ Eisessig. Man gibt dann in den einen Zylinder die zu untersuchende Lösung, in den anderen die ungefähr entsprechende Menge der Standardlösung, setzt noch je 2 cm³ 15%ige Ammoniumacetatlösung zu, füllt, wenn nötig, auf gleiches Volumen auf, mischt durch und vergleicht nach 15 Min. die entstandenen Trübungen im Nephelometer.

Bemerkungen. Die Berechnung erfolgt in der üblichen Weise. Die Empfindlichkeit beträgt 0,03 mg in 15 cm³ Flüssigkeit.

Als Standardlösung benutzt man entweder eine Lösung von

$$6{,}79\ \mathrm{g}\ K_2SO_4 \cdot ZnSO_4 \cdot 6\ H_2O \quad \text{oder} \quad 4{,}40\ \mathrm{g}\ ZnSO_4 \cdot 7\ H_2O$$

in 1 l destilliertem Wasser. 1 cm³ dieser Lösungen enthält 1 mg Zink.

Trennungsverfahren.

A. Trennung des Zinks von den Alkali- und Erdalkalimetallen.

Die Trennung des Zinks von den Alkali- und Erdalkalimetallen durch Fällung mit Schwefelwasserstoff aus schwach saurer Lösung bietet keine Schwierigkeiten und kann nach einer der oben beschriebenen Methoden ausgeführt werden. *Bei Gegenwart der schwer lösliche Sulfate bildenden Erdalkalimetalle ist der* von JEFFREYS und SWIFT benutzte *Sulfatpuffer natürlich nicht verwendbar.*

B. Trennung des Zinks von den übrigen Metallen der Ammoniumsulfidgruppe.

Die Trennung des Zinks von diesen Metallen kann durch Fällung mit Schwefelwasserstoff in entsprechend gepufferten Lösungen oder durch Fällung aus schwach schwefelsaurer Lösung unter Druck vorgenommen werden. Die Trennung von Aluminium, Chrom und Mangan verläuft recht glatt; schwieriger gestaltet sich die Trennung von Eisen und Nickel, und eine befriedigende Trennung von Kobalt ist durch eine einfache Fällung überhaupt nicht zu erreichen, sofern dieses in etwas größerer Menge vorhanden ist.

a) Methode von FALES (vgl. S. 27). Nach FALES wird Zink quantitativ gefällt, während die übrigen Metalle nur in unbedeutender Menge ausfallen, wenn die Wasserstoff-Ionen-Konzentration möglichst nahe bei $10^{-2,1}$ liegt. Dies wird erreicht, indem bei einem Gesamtvolumen von 200 cm³ 25 cm³ Formiatmischung, 20 cm³ 24 mol Ameisensäure und 25 cm³ 1 mol Ammoniumcitratlösung zugesetzt werden. Letztere hat den Zweck, durch Komplexbildung dazu beizutragen, die übrigen Metalle in Lösung zu halten.

Das Verfahren gibt bei Anwesenheit von Mangan sehr gute, bei Anwesenheit von Nickel und Eisen weniger gute und bei Gegenwart von Kobalt schlechte Resultate.

b) Methode von MAYR (vgl. S. 28). Hierbei kann genau so verfahren werden wie bei einer Einzelbestimmung. Der Niederschlag von Zinksulfid wird zunächst 4 mal mit einer Waschflüssigkeit gewaschen, die man erhält, indem man 10 cm³ der Chloressigsäure- und Natriumacetatlösung zu 150 cm³ Wasser gibt und diese Lösung in der Kälte mit Schwefelwasserstoff sättigt. Danach wäscht man noch 4 mal mit schwefelwasserstoffgesättigter, 4%iger Essigsäure.

Um die Chloressigsäure aus dem Filtrat zu entfernen, engt man dieses auf dem Wasserbad ein und versetzt es, nachdem der Schwefelwasserstoff vertrieben ist, mit je 10 cm³ gesättigtem Bromwasser und konzentrierter Salzsäure. Nach dem Eindampfen wiederholt man diese Operation. Der nun verbleibende Trockenrückstand ist frei von Chloressigsäure, und die Bestimmung der noch vorhandenen Metalle kann auf beliebige Weise erfolgen.

Die Resultate sind sehr gut. Lediglich bei der Trennung von Kobalt treten Schwierigkeiten auf. Die Trennung muß bereits wiederholt werden, wenn die Kobaltmenge nur 6% der Zinkmenge beträgt.

c) Methode von MAJDEL (vgl. S. 29). Diese Arbeitsweise ermöglicht eine Trennung von allen Metallen dieser Gruppe bis auf Kobalt, bei dessen Gegenwart die Resultate weniger gut sind.

d) Methode von JEFFREYS und SWIFT (vgl. S. 30). Nach diesem Verfahren kann das Zink ebenfalls von Aluminium, Chrom, Mangan, Eisen und Nickel getrennt werden, nicht aber von Kobalt.

Falls Eisen zugegen ist, muß man beachten, daß EisenIII-salze zunächst mit schwefliger Säure zu reduzieren sind, deren Überschuß dann durch Kochen entfernt wird. — Die Neutralisation solcher Lösungen, die durch Kobalt- oder Nickelsalze stark gefärbt sind, erfolgt in der Weise, daß man Natronlauge zugibt, bis eben eine bleibende Trübung auftritt. — Bei Gegenwart großer Metallmengen (besonders größerer Mengen Aluminium) soll die an diese Metalle gebundene Schwefelsäure berücksichtigt werden.

Die Trennung des Zinks von Aluminium, Chrom und Mangan gibt nach dieser Methode sehr gute, die Trennung von Eisen bzw. Nickel etwas weniger gute Resultate.

e) Methode von Caldwell und Moyer (vgl. S. 31). Nach dieser Methode kann das Zink wiederum von den Metallen der Ammoniumsulfidgruppe mit Ausnahme des Kobalts getrennt werden. Die Trennung von letzterem kann aber in befriedigender Weise durch eine modifizierte Arbeitsweise (s. weiter unten) erreicht werden.

Bei der Trennung einer Zinkmenge, welche 0,3160 g Zinkoxyd entsprach, von jeweils 0,25 g der anderen Metalle betrug die Mitfällung dieser Metalle bei Aluminium, Chrom, Mangan und Nickel höchstens 0,1 mg, bei Eisen 0,2 bis 0,3 mg, bei Kobalt jedoch 5,8 bzw. 7,0 mg.

EisenIII-salze müssen zunächst durch schweflige Säure reduziert werden, deren Überschuß durch Einleiten von Kohlendioxyd vertrieben wird.

Trennung des Zinks von Kobalt. *Die Methode beruht darauf, daß durch einen geringen Zusatz von Acrolein die Nachfällung des Kobalts weitgehend verhindert wird.*

Arbeitsvorschrift. Die Acidität der chloridfreien Lösung, welche 0,25 g Zink und bis zu 0,5 g Kobalt enthalten kann, wird so eingestellt, daß die Hydroxyde gerade noch nicht gefällt werden. Dann fügt man 6 bis 8 g Ammoniumsulfat zu, verdünnt auf 250 bis 300 cm^3 und versetzt mit 0,2 cm^3 Acrolein. Nun leitet man bei Zimmertemperatur 30 Min. lang einen lebhaften Schwefelwasserstoffstrom ein. Dann gibt man 5 bis 10 cm^3 einer 0,02%igen Gelatinelösung zu und filtriert nach 15 bis 20 Min. Eine etwaige geringe Trübung des Filtrates beruht auf der Bildung geringer Mengen harzartiger Produkte durch Reaktion des Acroleins mit dem Schwefelwasserstoff.

Wird das Filtrat noch benötigt, so wird es stark angesäuert und auf ein Drittel seines Volumens eingekocht. Hierbei wird das Acrolein größtenteils vertrieben. Etwa in geringer Menge abgeschiedene gelbe Flocken werden abfiltriert.

Bemerkungen. Bei der Trennung von 0,2539 g Zink von 0,5 g Kobalt enthält der Zinksulfidniederschlag bei Zusatz von Acrolein 0,2 bis 0,4 mg Kobalt, ohne Zusatz von Acrolein dagegen 6 bis 10 mg!

Wenn man nicht in sulfathaltiger Lösung arbeiten will, kann man die Methode von Mayr (s. oben) benutzen. Auch in diesem Fall bewährt sich der Acroleinzusatz bei der Trennung des Zinks vom Kobalt, wenn die Fällung mit Schwefelwasserstoff in der Kälte vorgenommen wird.

f) Methode von Moser und Behr (vgl. S. 29). Man verfährt wie bei der einfachen Zinkbestimmung. Bei der Trennung von Mangan soll die Lösung an Schwefelsäure $n/_{16}$ sein.

Bei der Trennung von Nickel darf der Gehalt der Lösung an Zinksulfat nicht schwächer als $n/_{40}$ sein, während der Gehalt an Schwefelsäure mindestens $n/_8$ betragen soll.

Die Trennung des Zinks von Eisen und Kobalt kann in $n/_{16}$ schwefelsaurer Lösung vorgenommen werden, aber nur dann, wenn die Menge dieser Metalle höchstens den zehnten Teil der Zinkmenge beträgt.

Unter diesen Bedingungen beläuft sich der Fehler bei Auswagen von rund 0,1 bis 0,3 g Zinksulfid auf höchstens $\pm$ 0,4 mg Zinksulfid. Bei der Trennung von Mangan sind die Resultate noch besser, auch dann, wenn dessen Menge ein Mehrfaches der vorhandenen Zinkmenge ist.

g) Methode von SCHNEIDER-FINKENER[1]. Bei diesem Verfahren, welches sich zum Beispiel zur Bestimmung des Zinks in Blende eignet, wo es hauptsächlich auf eine Trennung des Zinks von Eisen ankommt, verfährt man wie folgt: Nach der Entfernung der Metalle der Schwefelwasserstoffgruppe wird das Filtrat gekocht, bis aller Schwefelwasserstoff vertrieben ist. Dann wird es mit Ammoniak gegen Methylorange genau neutralisiert. Hierauf fügt man 1 cm^3 1 n Schwefelsäure zu und verdünnt so weit, daß 100 cm^3 nicht mehr als 100 mg Zink enthalten. Sodann leitet man 1½ bis 2 Std. lang Schwefelwasserstoff ein. Beim Stehen über Nacht scheidet sich das Zinksulfid in gut filtrierbarer Form ab.

Literatur.

ALLEN, E. F. u. J. L. CRENSHAW: Z. anorg. Ch. **79**, 125 (1913).

BALLING, C. A. M.: Ch. Z. **5**, 80 (1881). — BEILSTEIN, F.: B. **11**, 1715 (1885). — BERG, P. v.: (a) Fr. **25**, 512 (1886); (b) **26**, 23 (1887). — BILTZ, H. u. W. BILTZ: Ausführung quantitativer Analysen, 3. Aufl., S. 81. Leipzig 1940. — BLOUNT, B.: Ch. Z. **17**, 918 (1893). — BORNEMANN, K.: Z. anorg. Ch. **82**, 216 (1913). — BRAGARD, M.: Diss. Berlin 1887. — BRÜCK, E.: Bio. Z. **265**, 58 (1933).

CALDWELL, R. u. H. V. MOYER: Am. Soc. **57**, 2373 (1935). — CHIAROTTINO, A.: Ind. chimica **9**, 468 (1934); durch C. **105 II**, 1655 (1934). — CLASSEN, A.: Fr. **4**, 421 (1865).

DELFFS: Jbr. **1860**, 643. — DÖHLER, E.: Ch. Z. **23**, 399 (1899).

FALES, H. A.: Inorganic Quantitative Analysis, S. 250ff. New York 1925. — FALES, H. A. u. G. M. WARE: Am. Soc. **41**, 487 (1919). — FARUP, P.: Tidsskr. for Kemi, Farmaci og Terapi Nr. 15 (1907); durch Ch. Z. Repert. **32**, 85 (1908). — FREBS, J. N.: Fr. **95**, 1 (1933). — FRESENIUS, C. R.: Anleitung zur quantitativen chemischen Analyse, 6. Aufl., Bd. 2, S. 371. Braunschweig 1877/87. — FRIEDRICH, K.: (a) Metallurgie **66**, 175 (1909); (b) Stahl Eisen **31 II**, 1915, 2042 (1911). — FUNK, W.: Fr. **46**, 93 (1907).

GLIXELLI, S.: Z. anorg. Ch. **55**, 297 (1907). — GRUND, R.: Öst. Z. Berg- u. Hüttenw. **58**, 591 (1910).

HAMPE, W.: (a) Fr. **17**, 362 (1878); (b) Z. Berg-, Hütten- u. Salinenw. **25**, 253 (1877); (c) Berg- u. hüttenm. Z. **44**, 195 (1885); (d) Ch. Z. **9**, 543 (1885). — HATTENSAUR, G.: Ch. Z. **29**, 1037 (1905). — HILLEBRAND, W. F. u. G. E. F. LUNDELL: Applied Inorganic Analysis, S. 333. New York 1929.

JÄRVINEN, K. K.: Z. Lebensm. **45**, 183 (1923). — JANDER, G. u. H. C. STUHLMANN: Fr. **60**, 289 (1921). — JEFFREYS, C. E. P. u. E. H. SWIFT: Am. Soc. **54**, 3219 (1932).

KNAPS, P.: Ch. Z. **25**, 539 (1901). — KÜSTER, F. W. u. FR. ABEGG: Ch. Z. **26**, 1129 (1902).

LANGMUIR, A. C.: Am. Soc. **21**, 115 (1899). — LIEBSCHUTZ, M.: Chem. N. **102**, 213 (1910). — LOHR, A.: (a) Ber. d. öst. Chem. Ges. **5** (1833); (b) Dingl. J. **248**, 302 (1888). — LOWE, W. F.: J. Soc. chem. Ind. **11**, 131 (1892).

MCARTHUR, R.: Chem. N. **47**, 159 (1893). — MAJDEL, J.: Fr. **76**, 204 (1929). — MANN, C.: Fr. **18**, 163 (1879). — MAYR, C.: Fr. **92**, 166 (1933). — MELDRUM, R.: Chem. N. **116**, 271 (1917). — MEUNIER, I.: C. r. **124**, 1151 (1897). — MOSER, L. u. M. BEHR: Z. anorg. Ch. **134**, 49 (1924). — MÜHLHAUSER, O.: Angew. Ch. **15**, 731 (1902). — MULLER, J. A.: Bl. [4] **1**, 13 (1907). — MURMANN, E.: M. **19**, 404 (1898).

NEUMANN, B.: Fr. **28**, 57 (1889).

POUGET: C. r. **129**, 45 (1899).

RIBAN, I.: (a) C. r. **107**, 341 (1888); (b) **110**, 1196 (1890). — RICHARDS, TH. W. u. E. F. ROGERS: Z. anorg. Ch. **10**, 1 (1895). — ROSE, H.: Ann. Phys. [3] **110**, 128 (1860).

SCHILLING, H.: Ch. Z. **36**, 1352 (1912). — SCHMIDT, F. W.: B. **27**, 1624 (1894). — SCHNEIDER, L.: Öst. Z. Berg- u. Hüttenw. **29**, 523 (1881). — SEELIGMANN, F.: Fr. **53**, 594 (1914). — SULLIVAN, E. C. u. W. C. TAYLOR: Ind. eng. Chem. **1**, 476 (1909).

TALBOT, I. H.: Am. J. Sci. [2] **50**, 244 (1870). — THIEL, A.: Z. anorg. Ch. **33**, 1 (1902). — THIEL, A. u. A. M. KIESER: Z. anorg. Ch. **34**, 198 (1903). — TREADWELL, F. P.: Z. anorg. Ch. **26**, 104 (1901). — TREADWELL, W. D.: Ch. Z. **38**, 1230 (1914).

URBASCH, ST.: Ch. Z. **46**, 101, 125 (1922).

VOLHARD, J.: A. **198**, 331 (1879).

WARING, W. G.: Am. Soc. **26**, 26 (1904). — WEIGEL, O.: (a) Nachr. Götting. Ges. **1906**, 525; (b) Ph. Ch. **58**, 294 (1907). — WEISS, G.: Diss. München 1906. — WINKLER, L. W.: Angew. Ch. **26**, 38 (1913).

ZIMMERMANN, C.: (a) A. **199**, 1 (1879); (b) **204**, 226 (1880). — ZSIGMONDY, R. u. G. JANDER: Fr. **58**, 266 (1919).

[1] Durch L. SCHNEIDER: Öst. Z. Berg- u. Hüttenw. **29**, 523 (1881); Fr. **22**, 562 (1883).

§ 2. Bestimmung unter Abscheidung als Zinkammoniumphosphat.

$ZnNH_4PO_4$, Molekulargewicht 178,40.

Allgemeines.

Das Verfahren beruht auf der Schwerlöslichkeit des Zinkammoniumphosphats. Erstmalig wurde es von Tamm (1871) vorgeschlagen und in der Folge von einer ganzen Anzahl Autoren geprüft, hauptsächlich mit dem Ziel, die genauen Bedingungen für eine quantitative Abscheidung der reinen Verbindung zu ermitteln. Als wichtigste dieser Arbeiten seien hier die von Lösekann und Meyer, von Austin (a), (b), von Dakin, von Artmann (a), (b) sowie von Ball und Agruss genannt. Während Tamm und einige ältere Autoren Dinatriumphosphat oder Natriumammoniumphosphat als Fällungsmittel benutzen, weist Dakin darauf hin, daß es vorteilhaft ist, Diammoniumphosphat zu verwenden. Artmann (a) hat u. a. die Löslichkeit des Zinkammoniumphosphates bestimmt, und Ball und Agruss haben die Abhängigkeit der Fällung von der Konzentration der Wasserstoff-Ionen untersucht.

Diese einfache und genaue Methode erfährt eine weitgehende Einschränkung dadurch, daß sie nur bei Abwesenheit anderer Metalle benutzt werden kann. Sogar die Anwesenheit größerer Mengen von Alkalimetallen, besonders von Kalium, gibt zu Störungen Anlaß (s. weiter unten).

Eigenschaften des Zinkammoniumphosphats. Das Salz stellt ein farbloses Krystallpulver dar. Bei Zimmertemperatur bildet es ein Hydrat von der Formel $ZnNH_4PO_4 \cdot 1\,H_2O$, welches in kleinen, farblosen, rechtwinkligen Täfelchen oder Prismen mit geraden Endflächen krystallisiert.

Verhalten beim Erhitzen. Durch Trocknen bei 100 bis 105° erhält man das wasserfreie Salz, welches auch bei merklich höherer Temperatur noch beständig ist. Beim Glühen geht dieses unter Abspaltung von Wasser und Ammoniak in Zinkpyrophosphat, $Zn_2P_2O_7$, über. Nach Pan und Chiang beginnt diese Umwandlung bei 350°.

Löslichkeit. Nach Artmann (a) lösen sich in reinem *Wasser* bei 17,5° im Liter 0,0145 g Zinkammoniumphosphat, entsprechend 0,0053 g Zink. Bei Siedetemperatur ist die Löslichkeit merklich größer. Es lösen sich nach Artmann (a) beim Auswaschen mit 1 l siedend heißem Wasser 0,0224 g Zinkammoniumphosphat, entsprechend 0,0082 g Zink. Außerdem erfolgt durch heißes Wasser offenbar eine teilweise Zersetzung des Salzes, da man in der Lösung das Drei- bis Vierfache jener Ammoniakmenge nachweisen kann, welche dem in Lösung gegangenen Zink entspricht. Hiermit steht allerdings die auffallende Angabe von Travers und Perron im Widerspruch, welche behaupten, daß das Zinkammoniumphosphat in Wasser nicht löslich sei und sogar mit siedend heißem (!) Wasser ausgewaschen werden könne.

Zinkammoniumphosphat löst sich ferner in *Ammoniak* und in *Säuren.* Auch in *Ammoniumchlorid-* und in *Monoammoniumphosphatlösungen,* besonders aber in Gemischen beider ist es merklich löslich [Luff (a)].

Bestimmungsverfahren.

A. Gewichtsanalytische Bestimmung.

1. Wägung als Zinkammoniumphosphat.

Arbeitsvorschrift. **Fällungsmittel.** Bereits Tamm hat festgestellt, daß der Niederschlag leicht Natrium enthält, wenn die Fällung mit Dinatriumphosphat ausgeführt wird. Nach Dakin ist auch die Fällung mit Natriumammoniumphosphat nicht zweckmäßig, sondern Diammoniumphosphat als Fällungsmittel am geeignetsten. Von letzterem benutzt man etwa die 10fache Menge des zu fällenden Zinks.

Abscheidung und Bestimmung. Als Fällungsgefäß verwendet man ein Jenaer Becherglas. Zu der sauren Lösung, die das Zink als Chlorid, Nitrat oder Sulfat enthalten kann, fügt man tropfenweise konzentrierte Ammoniaklösung, bis die Flüssigkeit gegen Lackmus neutral reagiert. Falls sich bei der Neutralisation nicht bereits genügend Ammoniumsalz gebildet hat, fügt man noch 2 bis 3 g Ammoniumchlorid hinzu. Nunmehr säuert man mit verdünnter Schwefelsäure eben schwach an, verdünnt mit Wasser auf 150 cm³ und erhitzt auf dem Wasserbad oder mit freier Flamme fast bis zum Sieden. Zu der heißen, jedoch nicht siedenden Lösung gibt man reichlich 10 mal soviel Diammoniumphosphat, als Zink vorhanden ist. Das Diammoniumphosphat wird zunächst in wenig Wasser gelöst, die Lösung filtriert und nach Zugabe 1 Tropfens Phenolphthaleinlösung mit Ammoniak bis zur beginnenden Rötung versetzt. Nach Zugabe des Diammoniumphosphates erhitzt man noch ¼ Std. auf dem Wasserbad. Die Reaktion der Lösung ist nun schwach alkalisch, und der zuerst abgeschiedene, amorphe Niederschlag wird während des Erhitzens fein krystallin. Nach kurzem Absitzen saugt man ihn in einen Filtertiegel ab.

Bemerkungen. **I. Genauigkeit und Anwendungsbereich.** Nach dieser Methode bestimmt man im allgemeinen Zinkmengen von 20 bis 200 mg, jedoch hat DAKIN noch Mengen bis zu 350 mg mit gutem Erfolg bestimmt. Seine sehr befriedigenden Werte zeigen höchstens eine Abweichung von $\pm 0,3\%$. Nur dann, wenn sehr viel Ammoniumchlorid zugegen war, traten etwas größere positive Fehler auf.

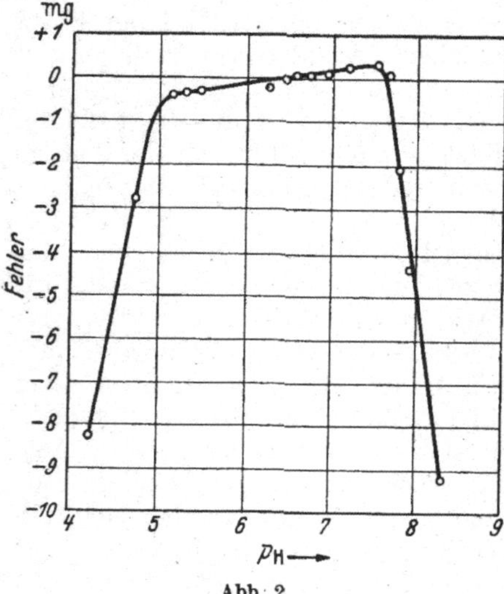

Abb. 2.

II. Das Fällungsmittel. Käufliches Diammoniumphosphat enthält bisweilen beträchtliche Mengen Monoammoniumphosphat. Deshalb verfährt man nach LUFF (a) so, daß man eine filtrierte Lösung des Salzes mit 1 Tropfen Phenolphthaleinlösung versetzt und tropfenweise so viel Ammoniak zugibt, bis sich die Flüssigkeit schwach rosa färbt.

Eine Lösung des Fällungsmittels kann man sich nach WINKLER auch in der Weise herstellen, daß man 100 cm³ 20%ige reine Phosphorsäure mit 42 cm³ 20%iger Ammoniaklösung verrührt. Die schwach nach Ammoniak riechende Lösung vom spezifischen Gewicht 1,13 läßt man über Nacht an einem kühlen Ort stehen und filtriert sie dann.

Nach ARTMANN (a) erhält man eine 10%ige Lösung des Fällungsmittels, indem man 57 cm³ sirupöse Phosphorsäure (D 1,7) mit 800 cm³ Wasser verdünnt und allmählich mit 140 cm³ konzentriertem Ammoniak (D 0,91) versetzt. Die Lösung darf Phenolphthalein nur ganz schwach rosa färben.

Im allgemeinen stimmen die Autoren darin überein, daß das Diammoniumphosphat in beträchtlichem Überschuß zuzusetzen ist, und meistens verwendet man nach der Arbeitsweise DAKINS etwa das Zehnfache der zu fällenden Zinkmenge. Nach ARTMANN (b) genügt es, die 6fache Menge zu benutzen.

III. Abhängigkeit der Fällung vom p_H-Wert. BALL und AGRUSS stellten fest, daß man gute Ergebnisse erhält, wenn man innerhalb des p_H-Gebietes von 6,4 bis 6,9 arbeitet, und sie betrachten den p_H-Wert 6,6 als optimalen (s. Abb. 2). Bei p_H-Werten über 7,0 ist die Fällung nicht krystallin und läßt sich nur schwierig aus dem Fällungsgefäß entfernen. Bei p_H-Werten unterhalb 5,1 und oberhalb 7,7 sind die Ergebnisse viel zu niedrig.

IV. Einfluß der Ammoniumsalze. Ammoniumsalze, z. B. Ammoniumchlorid begünstigen das Krystallinwerden des Niederschlags. Man pflegt also der zu fällenden

Lösung Ammoniumchlorid zuzusetzen, falls es nicht schon bei der Neutralisation der sauren Lösung in genügender Menge entstanden ist. BOYD (a), (b) bezeichnet einen größeren Überschuß an Ammoniumsalzen, besonders in der Hitze, als schädlich, während AUSTIN (a), (b) für die vollständige Fällung einen sehr großen Überschuß an Ammoniumchlorid für nötig hält (20 bzw. 10 g auf 100 bis 200 cm³ Lösung mit etwa 0,34 g Zink, je nachdem, ob sofort oder erst nach einigen Stunden filtriert wird). Demgegenüber zeigte DAKIN, daß man mit wesentlich geringeren Mengen (1 bis 10 g auf 0,1 bis 0,35 g Zink) auskommt. Nach LANGLEY und ebenso nach STONE (a), (b), (c) sind Ammoniumsalze ohne Einfluß, wenn mindestens das Dreifache der theoretischen Menge an Diammoniumphosphat zugegen ist. WINKLER gibt an, daß Ammoniumsalze in einer Konzentration bis zu 12 g in 100 cm³ nicht schaden und daß bei Abwesenheit derselben die Resultate zu niedrig ausfallen.

V. Auswaschen des Niederschlags. Nach DAKIN ist es gleichgültig, ob der Niederschlag vor der Filtration ½ Std. oder 24 Std. steht. Das Auswaschen des Niederschlags pflegt man nach seiner Vorschrift mit heißer, 1 % iger Diammoniumphosphatlösung vorzunehmen, bis im Filtrat Chlor-Ion nicht mehr nachzuweisen ist. Danach wird noch mit kaltem Wasser nachgewaschen. Dabei ist nach ARTMANN (a) eine Korrektur von 0,0005 g Zink für je 100 cm³ Waschwasser in Anrechnung zu bringen. Indessen wird diese Korrektur in neueren Arbeiten teilweise nicht angebracht, was wohl um so eher zu rechtfertigen ist, wenn man mit wenig Wasser nachwäscht. BALL und AGRUSS bemerken z. B., daß das Auswaschen mit kaltem Wasser zufriedenstellende Resultate liefere, und TRAVERS und PERRON behaupten sogar, daß man mit siedendem Wasser auswaschen könne.

Es ist auch damit zu rechnen, daß die geringe Löslichkeit des Niederschlags durch positive Fehler ausgeglichen werden kann. So gibt LUFF (a) z. B. an, daß das Zinkammoniumphosphat stets geringe Mengen Kieselsäure enthält. Deshalb nehmen einzelne Autoren die Fällung in Platinschalen vor. Jedoch dürfte dieser Fehler sich durch Verwendung reiner kieselsäurefreier Reagenzien und widerstandsfähiger Jenaer Glasgefäße auf ein Minimum reduzieren lassen. — Bisweilen wird vorgeschlagen, nach dem Auswaschen mit Wasser noch mit etwas (5 cm³) Alkohol nachzuwaschen, wodurch die Trocknung des Niederschlags beschleunigt wird.

VI. Trocknen des Niederschlags. Die Trocknung des Zinkammoniumphosphates erfolgt bei 100 bis 105° bis zur Gewichtskonstanz. Sorgfältige Einhaltung der Temperatur ist nicht unbedingt erforderlich, denn nach einer Angabe von LUFF (a) kann die Trocknung sogar bei 150° vorgenommen werden, und selbst bei 180° ist noch keine Zersetzung des Salzes zu bemerken.

VII. Prüfung des Niederschlags auf Reinheit. Ist die Fällung bei Gegenwart von viel Ammoniumchlorid ausgeführt worden, so tut man gut, den Niederschlag in verdünnter Salpetersäure zu lösen und mit Silbernitrat auf Chlor-Ionen zu prüfen. Es darf höchstens eine ganz schwache Opalescenz auftreten.

VIII. Störender Einfluß anderer Stoffe. Wie eingangs schon erwähnt wurde, darf die Fällung als Zinkammoniumphosphat nur bei Abwesenheit anderer Metalle vorgenommen werden. Selbst Alkalimetalle können, wenn sie in größerer Menge vorhanden sind, Störungen verursachen. Diese bestehen darin, daß Zinknatriumphosphat bzw. Zinkkaliumphosphat mitfallen kann und daß der Niederschlag keine definierte Zusammensetzung hat. DEDE hat diese Verhältnisse für Natriumchlorid näher untersucht und festgestellt, daß die Anwesenheit reichlicher Mengen Ammoniumchlorid diesen Störungen entgegen wirkt. Einheitliche Niederschläge lassen sich jedoch nur dann erhalten, wenn der Gehalt an Natriumchlorid weniger als 3 % beträgt und genügend Ammoniumchlorid zugesetzt wird. Bisweilen werden richtige Resultate dadurch erhalten, daß der positive Fehler durch die größere Löslichkeit des Zinknatriumphosphates beim Auswaschen ausgeglichen wird. Größere Mengen Natriumchlorid verzögern übrigens das Krystallinwerden des Niederschlags stark.

FINLAY und CUMMING sowie LUDWIG stellen gleichfalls die störende Wirkung der Natrium- und besonders der Kaliumsalze fest. Letzterer schlägt vor, den Niederschlag in verdünnter Salzsäure zu lösen und nochmals zu fällen. Man erhält so brauchbare, aber immer noch etwas zu hohe Werte. Nach WINKLER verursachen die Natriumsalze nur geringe Fehler, wenn man den nur getrockneten Niederschlag zur Wägung bringt, während Kaliumsalze einen merklichen positiven Fehler bedingen, der noch größer wird, wenn man den geglühten Niederschlag, also Zinkpyrophosphat, auswägt. Bei Gegenwart größerer Mengen Natriumchlorid verfährt man nach DEDE so, daß man die zu untersuchende Lösung bis zur beginnenden Krystallisation des Natriumchlorids eindampft und in die erkaltete Lösung Chlorwasserstoff bis zur Sättigung einleitet. Das ausgeschiedene Natriumchlorid wird auf einer SCHOTTschen Glasnutsche abgesaugt und 4 mal mit wenig konzentrierter Salzsäure (D 1,19) nachgewaschen. Aus dem Filtrat wird der größte Teil der Salzsäure durch Eindampfen entfernt. Der Rest des Filtrates wird mit Wasser verdünnt und das Zink, wie üblich, nach Neutralisation mit Ammoniak bestimmt.

IX. Sonstige Arbeitsmethoden. a) Arbeitsvorschrift von BALL und AGRUSS. Die neutrale Zinksalzlösung (etwa 0,1 g Zink) wird mit 5 g Ammoniumchlorid und 10 cm³ 2 n Natriumacetatlösung versetzt, auf 140 cm³ verdünnt und auf dem Wasserbad erhitzt. Zur heißen Lösung fügt man 10 cm³ 10%ige Diammoniumphosphatlösung, die zuvor mit so viel Ammoniak versetzt worden ist, daß mit Phenolphthalein schwache Rosafärbung eintritt. Die Fällung bleibt im bedeckten Becherglas 2 Std. auf dem Wasserbad stehen, wobei der p_H-Wert von anfänglich 7,5 auf 6,9 bis 6,4 fällt. Der Niederschlag wird dann in einen Filtertiegel abgesaugt, mit etwa 150 cm³ kaltem Wasser und danach mit 5 cm³ Alkohol ausgewaschen.

b) Schnellmethode von DICK. Man erhitzt die neutrale oder gegen Methylorange eben noch saure Zinksalzlösung auf dem Wasserbad oder mit freier Flamme bis fast zum Sieden, setzt 2 bis 5 g Ammoniumchlorid zu und fällt mit Diammoniumphosphat, von dem man die 10- bis 20fache Menge des vermutlich vorhandenen Zinks benutzt. Danach erhitzt man noch weitere 10 bis 15 Min. auf dem Wasserbad. (Nach der Fällung ist weiteres Erhitzen mit freier Flamme nicht ratsam, weil die Flüssigkeit dabei stößt.) Der nunmehr schön krystalline Niederschlag wird nach etwa ½ Std. bei geringem Druck in einen Filtertiegel abgesaugt und zunächst mit warmer 0,1%iger Ammoniumphosphatlösung bis zum Verschwinden der Chlorreaktion ausgewaschen. Man läßt den Tiegel etwas abkühlen, wäscht dann einige Male mit kalter 0,1%iger Ammoniumphosphatlösung und entfernt die Reste des Phosphats durch 4- bis 5maliges Auswaschen mit wenig Wasser. Nunmehr wäscht man reichlich mit 95%igem Alkohol und schließlich gut mit Äther aus. Sodann saugt man einige Minuten lang ab, oder besser man verflüchtigt den Äther ebensolange im Vakuumexsiccator bei Zimmertemperatur. Hierauf wischt man die Außenwände des Tiegels mit einem faserfreien Tuch ab und wägt. Eine solche Bestimmung ist in etwa 1 Std. ausführbar. — Falls das Filtrieren aus irgendeinem Grunde langsam vonstatten geht, so kann man durch Umrühren mit einem dünnen Glasstab, der dann durch Abspritzen mit warmem, ammoniumphosphathaltigem Wasser oder Alkohol vom anhaftenden Niederschlag befreit wird, sowohl das Filtrieren als auch das Auswaschen beschleunigen. — Bei 12 Analysen von reinem wasserhaltigen Zinksulfat fand DICK 22,65 bis 22,81% (berechnet 22,73%).

c) „Watte-Verfahren" von WINKLER. Die 100 cm³ betragende 0,10 bis 0,01 g Zink enthaltende, gegen Methylorange eben saure Lösung wird mit 2 g Ammoniumchlorid versetzt und in einem Becherglase von 200 cm³ Fassungsvermögen bis zum Aufkochen erhitzt. Sodann werden unter Umschwenken in dünnem Strahl 10 cm³ 20%ige Diammoniumphosphatlösung zugefügt, wobei anfänglich amorphes, jedoch rasch krystallin werdendes Zinkammoniumphosphat ausfällt. Die schwach nach Ammoniak riechende Flüssigkeit bleibt über Nacht stehen. Der Niederschlag wird dann über Watte filtriert. Den in einem Kelchtrichter befindlichen Wattebausch tränkt man mit starkem Methylalkohol, saugt den Alkohol ab und saugt dann noch 5 Sek. lang einen kräftigen Luftstrom durch den Wattebausch. Der abfiltrierte Niederschlag wird zunächst mit 50 cm³ kaltem, mit Zinkammoniumphosphat gesättigtem Wasser gewaschen. Nach Entfernung der letzten Wasserreste wäscht man 2mal mit je 2 bis 3 cm³ Methylalkohol, saugt diesen völlig ab und saugt noch 5 Sek. lang einen Luftstrom durch den Niederschlag. Man trocknet 1 Std. bei 130°. Bei der Berechnung der Resultate verwendet WINKLER folgende Verbesserungswerte (Tabelle 3):

Tabelle 3.

Gewicht des Niederschlags g	Korrektur bei getrocknetem Niederschlag mg	Korrektur bei geglühtem Niederschlag mg
0,30	+ 0,3	+ 0,9
0,20	+ 0,3	+ 0,9
0,10	+ 0,5	+ 1,1
0,05	+ 1,0	+ 1,4
0,01	+ 2,0	+ 1,9

Mikrobestimmung nach KROUPA.

Sie erfolgt durch Abscheidung des Zinks als Zinkammoniumphosphat und Wägung des bei 103° getrockneten Niederschlags.

Arbeitsvorschrift. Die schwach salzsaure Zinksalzlösung, deren Volumen etwa 5 cm³ beträgt, versetzt man unter gelindem Umschwenken mit Ammoniak (1:1), bis eine Trübung auftritt, die mit Salzsäure (1:1) wieder in Lösung gebracht wird, wozu in der Regel ein einziger Tropfen genügt. Nach Zusatz einer Lösung von 0,1 g Ammoniumchlorid in 0,5 cm³ Wasser wird der Filterbecher mit der Flüssigkeit in dem Glaseinsatz eines siedenden Wasserbades nach REICH-ROHRWIG[1] erwärmt und mit der 20fachen Menge Diammoniumphosphat, bezogen auf die vorhandene Zinkmenge, versetzt. Bei Verwendung einer 10%igen Lösung von Diammoniumphosphat sind auf je 1 mg Zink 0,2 cm³ Reagens erforderlich. Man erwärmt den anfangs flockigen Niederschlag auf dem Wasserbad, bis er krystallin wird, was im allgemeinen nach ¼ Std. der Fall ist. Dann läßt man einige Minuten abkühlen, filtriert und wäscht 4 mal mit je 1 cm³ heißer 1%iger Ammoniumphosphatlösung und hierauf noch 4mal mit je 1 cm³ kaltem Wasser. Nach 1- bis 2stündigem Trocknen bei 103° ist der Niederschlag in der Regel gewichtskonstant. Man überzeugt sich hiervon durch nochmaliges kurzes Trocknen bei derselben Temperatur.

Bemerkung. **Genauigkeit.** Bei der Bestimmung von Zinkmengen von 0,58 bis 5,8 mg, welche zuvor von 0,5 bis 12 mg Uran abgetrennt wurden, betrugen die maximalen Abweichungen — 0,2 bis + 1%.

2. Wägung als Zinkpyrophosphat.

$Zn_2P_2O_7$, Molekulargewicht 304,72.

Vorbemerkung. *Anstatt das Zinkammoniumphosphat nach dem Trocknen als solches zur Wägung zu bringen, kann man es auch durch Glühen in Zinkpyrophosphat überführen und dieses als Wägungsform benutzen.* Während TAMM glaubte, daß sich das Zinkammoniumphosphat nicht ohne Zinkverluste in Pyrophosphat umwandeln lasse, zeigte DAKIN, daß man bei geeigneter Arbeitsweise sehr gute Resultate erhält.

Die Umsetzung des Zinkammoniumphosphates zu Zinkpyrophosphat beginnt nach PAN und CHIANG bereits bei 350° und ist nach 2stündigem Erhitzen auf 370° beendet. Bei 1½ stündigem Erhitzen auf 520° fanden sie eine durchschnittliche Abweichung von nur 0,05% vom theoretischen Wert. Höhere Temperaturen sind nach den genannten Autoren wegen geringer Flüchtigkeit unzulässig. Aus diesem Grunde zieht es FALES vor, als Zinkammoniumphosphat zu wägen.

Arbeitsvorschrift. Der Filtertiegel mit dem bei 100 bis 105° getrockneten Zinkammoniumphosphat wird in einen größeren Platintiegel gestellt und zunächst über

[1] REICH-ROHRWIG, W.: Mikrochemie 12, 189 (1933).

einer sehr kleinen Flamme erhitzt, wobei man sorgfältig darauf achtet, reduzierende Gase auszuschließen. Der Tiegel soll unbedeckt bleiben, damit Ammoniak und Wasser frei entweichen können. Nachdem diese größtenteils entwichen sind, wird bei aufgelegtem Deckel kurze Zeit in der vollen Flamme des BUNSEN-Brenners erhitzt. Praktischer ist es, einen elektrischen Tiegelofen zu verwenden, den man langsam anheizt. In diesem Falle kann man auch den oben erwähnten Platintiegel entbehren. Es genügt, den Filtertiegel in einen sogenannten Tiegelschuh zu stellen.

Das verbleibende Pyrophosphat soll völlig weiß sein. Eine spurenweise Graufärbung an der Oberfläche zeigt eine leichte Reduktion an. Wenn dieselbe nicht auf die Anwesenheit reduzierend wirkender Stoffe, wie Flammengase, Filterkohle usw., zurückzuführen ist, so kann sie nach DAKINS Meinung dadurch veranlaßt sein, daß das Ammoniak bei höherer Temperatur reduzierend wirkt. Deshalb soll das Ammoniak zunächst bei möglichst niedriger Temperatur ausgetrieben werden.

Bemerkungen. **I. Genauigkeit.** Nach DAKIN stimmen die so gewonnenen Resultate fast völlig mit den bei der Wägung der getrockneten Niederschläge erhaltenen überein.

II. Störender Einfluß anderer Stoffe. Während die Gegenwart großer Mengen Ammoniumchlorid sich bei der Auswage als Zinkammoniumphosphat insofern unangenehm bemerkbar macht, als sie das Auswaschen erschwert, wodurch leicht zu hohe Resultate entstehen, schadet die Anwesenheit von Ammoniumchlorid nichts, wenn man als Pyrophosphat zur Wägung bringt. Dagegen treten die bereits früher erwähnten Störungen durch Alkalisalze in diesem Falle besonders in Erscheinung, da diese beim Glühen nicht flüchtig sind.

Mikrobestimmung nach STREBINGER und POLLAK.

Sie erfolgt durch Abscheidung des Zinks als Zinkammoniumphosphat und Wägung des Niederschlags nach Überführung in Pyrophosphat.

Arbeitsvorschrift. Die schwach ammoniakalische Zinksalzlösung, deren Volumen bei einem Gehalt von 0,57 bis 2,25 mg Zink 3 bis 4 cm^3 nicht überschreiten soll, wird im Fällungsgefäß mit 1 bis 2 cm^3 einer 5%igen Diammoniumphosphatlösung und 1 Tropfen einer sehr verdünnten neutralen Lackmuslösung versetzt. Unter Durchleiten eines schwachen Luftstromes läßt man dann aus einer Mikropipette so lange 0,02 n Salzsäure zutropfen, bis der Farbumschlag nach Violett eintritt. Dann erhitzt man im Wasserbad, wobei der anfangs flockige Niederschlag krystallin wird und sich am Boden des Gefäßes absetzt. Nach ½ Std. wird in kaltes Wasser gestellt und nach 1stündigem Stehen in einen Mikro-NEUBAUER-Tiegel abfiltriert. Das Auswaschen erfolgt abwechselnd mit 1%iger Ammoniumnitratlösung und mit 50%igem Alkohol. Zuletzt werden einige Tropfen Alkohol durchgesaugt. Der Mikro-NEUBAUER-Tiegel wird hierauf in einen größeren Quarztiegel eingesetzt und im elektrischen Ofen bei bedecktem Quarztiegel langsam auf Rotglut erhitzt. — Man kann anstatt des elektrischen Ofens auch eine durch einen BUNSEN-Brenner geheizte Quarzmuffel verwenden. Wegen der reduzierenden Flammengase muß die Muffel beiderseits durch Deckel verschlossen sein.

Bemerkung. **Genauigkeit.** Für die oben genannten Zinkmengen betragen die Abweichungen im Mittel $\pm$ 0,01 mg.

B. Maßanalytische Bestimmung.

Die maßanalytische Bestimmung der Menge des abgeschiedenen Zinkammoniumphosphats kann entweder durch acidimetrische Titration oder mittels bromometrischer Oxydation des Ammoniaks erfolgen.

1. Acidimetrische Titration.

Arbeitsvorschrift von **WALKER.** Das gefällte Zinkammoniumphosphat wird mit kaltem Wasser ausgewaschen, in überschüssiger 1 n Schwefelsäure gelöst, wobei man das Fällungsgefäß benutzt, und der Überschuß dann unter Verwendung von Methylorange als Indicator mit 1 n Natronlauge zurücktitriert. 1 cm³ 1 n Säure entspricht 32,69 mg Zink.

Bemerkungen. Genau so arbeitet DAKIN, nur benutzt er 0,1 n Lösungen. DAKIN, welcher WALKERS Resultate bestätigt, erhielt bei Zinkmengen von 0,0366 bzw. 0,0735 g Abweichungen von maximal + 0,3 mg bis — 0,6 mg.

Arbeitsvorschrift von SPRINGER. Die Arbeitsweise SPRINGERS weicht nur wenig von der oben wiedergegebenen ab. Das in der üblichen Weise gefällte Zinkammoniumphosphat wird auf ein doppeltes Papierfilter (SCHLEICHER & SCHÜLL, Weißband) abfiltriert und mit heißer 1%iger Ammoniumphosphatlösung und danach mit kaltem Wasser gut ausgewaschen. Sodann bringt man den Niederschlag samt Filter in das Fällungsgefäß zurück und schlämmt ihn in Wasser auf, so daß das Volumen mindestens 300 cm³ beträgt. Man titriert nun unter Verwendung von Methylorange als Indicator entweder direkt mit 0,5 n Salzsäure, oder — was unbedingt vorzuziehen ist — man setzt einen Überschuß an 0,5 n Säure zu und titriert mit 0,5 n Lauge zurück. Es entsprechen wiederum 2 Äquivalente Säure 1 Atom Zink.

Bemerkung. **Genauigkeit.** SPRINGER führt nur eine Beleganalyse an, wobei er anstatt 0,2500 g Zink 0,25044 g fand, und bemerkt, daß diese Genauigkeit einige Male festgestellt wurde.

2. Bromometrisch-jodometrische Bestimmung.

Diese von ARTMANN (a) angegebene *Methode beruht darauf, daß das im Zinkammoniumphosphat enthaltene Ammoniak durch alkalische Hypobromitlösung zu Stickstoff oxydiert und das überschüssige Hypobromit jodometrisch zurücktitriert wird.*

Arbeitsvorschrift von ARTMANN. Der ausgewaschene Niederschlag von Zinkammoniumphosphat wird mit verdünnter heißer Schwefelsäure vom Filter in das Fällungsgefäß zurückgelöst, die Lösung abgekühlt und mit ammoniakfreier Natronlauge übersättigt, bis sich der entstandene Niederschlag gerade wieder gelöst hat. Dann wird mit eingestellter Hypobromitlauge im Überschuß versetzt und dieser Überschuß jodometrisch zurücktitriert. Das Eintreten des Nachbläuens, das durch Spuren Stickoxyd, die sich bei der Zersetzung des Ammoniaks bilden, veranlaßt wird, läßt sich um 6 Min. bis über ¼ Std. hinausschieben, wenn man in folgender Weise arbeitet: Nach der Einwirkung des Hypobromits gibt man 10 bis 15 cm³ 4 n Sodalösung und hierauf Kaliumjodid zu. Dann säuert man vorsichtig mit 6 n Schwefelsäure an, wobei das Gefäß mit einem Uhrglas bedeckt ist, welches dann abgespült wird. Ein Jodverlust wurde bei dieser Arbeitsweise von ARTMANN (a) nicht beobachtet.

Bemerkungen. **I. Genauigkeit.** ARTMANN (a) erhielt bei Zinkmengen von 0,0272 g bis 0,1091 g Abweichungen von maximal — 0,4 mg bis + 0,6 mg.

II. Die Reagenzien. Die alkalische Bromlauge erhält man, indem man 40 g Brom in 1 l 1,5 n Natronlauge allmählich unter Rühren und Kühlen einfließen läßt. Sie wird auf jodometrischem Wege eingestellt.

Die benötigte Natronlauge und die oben erwähnte Sodalösung werden aus reinsten Reagenzien hergestellt und müssen insbesondere frei von Ammoniak sein. Die Schwefelsäure muß ammoniak- und nitritfrei sein. Nötigenfalls erhält man sie durch Destillation konzentrierter Schwefelsäure, wobei nur das mittlere Drittel des Destillates Verwendung findet.

Trennungsverfahren.

1. Trennung des Zinks von Magnesium.

Die von VOIGT (a), (b) angegebene *Methode beruht darauf, daß aus der stark ammoniakalisch gemachten Lösung der beiden Metalle durch Zusatz von Phosphat wohl das Magnesium, aber nicht das Zink ausfällt.*

Arbeitsvorschrift. Die ammoniumsalzhaltige Lösung wird durch Zusatz von konzentriertem Ammoniak stark ammoniakalisch gemacht und Magnesium, wie üblich, mit Ammoniumphosphat gefällt. Bei genügendem Überschuß von Ammoniak fällt es stets zinkfrei aus. Nach 6stündigem Stehen wird der Niederschlag abfiltriert, mit verdünntem Ammoniak ausgewaschen und in der bekannten Weise weiterbehandelt. — Das Filtrat wird auf dem Wasserbad eingedampft, bis es nicht mehr nach Ammoniak riecht und die Reaktion gegen Lackmus amphoter geworden ist. Alsdann ist alles Zink als schwerer krystalliner Niederschlag von Zinkammoniumphosphat ausgefallen. VOIGT (a), (b) gibt an, daß im Filtrat der Zinkfällung durch Ammoniumsulfid meist nicht der geringste Niederschlag entsteht.

Bemerkungen. LUFF (b) prüfte diese Methode und fand sie durchaus brauchbar. Nach DORNAUF besitzt sie, besonders, wenn fremde Metalle nur in geringer Menge vorhanden sind, große Vorzüge. Jedoch genügt nach seiner Meinung das Vertreiben des Ammoniaks auf dem Wasserbad nicht, da im Filtrat der Zinkfällung stets Zink als Zinksulfid nachweisbar ist. Er verfährt so, daß er das Magnesium mit einem möglichst geringen Phosphatüberschuß fällt, das Filtrat des Magnesiumniederschlags mit Methylrot versetzt und es dann mit verdünnter Salzsäure bis zum Umschlag neutralisiert. Nunmehr fällt er das Zink in der üblichen Weise durch reichlichen Phosphatzusatz.

Bei der Trennung des Zinks von Magnesium (bzw. von Aluminium) betrug der negative Fehler der Zinkwerte im Mittel 0,1 bis 0,2%.

2. Trennung des Zinks von Mangan.

Diese von LUFF (b) beschriebene *Methode beruht auf demselben Prinzip wie die oben beschriebene Trennung des Zinks vom Magnesium.*

Arbeitsvorschrift. Die gegen Methylorange schwach saure Lösung wird in einem Kolben mit 20 g Ammoniumchlorid versetzt und hierauf Wasserstoff eingeleitet, wobei das Einleitungsrohr nicht in die Flüssigkeit eintauchen soll. Nun setzt man ¼ des Volumens an Ammoniak (D 0,923) zu und unmittelbar darauf so viel festes Diammoniumphosphat, daß es auch für die Fällung des Zinks ausreicht. Nunmehr sperrt man den Wasserstoffstrom ab, verschließt den Kolben durch einen Gummistopfen, schüttelt leicht um, damit das Phosphat sich löst, und läßt 2 bis 3 Std. in einem nicht zu kalten Raum stehen. Der anfangs amorphe, weiße Niederschlag ist dann fleischfarben und krystallin geworden. Er wird abfiltriert, mit verdünntem Ammoniak gewaschen, getrocknet, geglüht und als Manganpyrophosphat gewogen. Aus dem mit der Waschflüssigkeit vereinigten Filtrat wird das überschüssige Ammoniak durch Erwärmen vertrieben und so das Zink gefällt.

Bemerkung. **Genauigkeit.** Die von LUFF (b) auf diese Weise erhaltenen Zinkwerte sind merklich zu niedrig (0,5 bis 1,8%), was nach der Angabe von DORNAUF (s. oben) verständlich ist.

3. Trennung des Zinks von Eisen bzw. Aluminium.

Diese ebenfalls von LUFF (b) herrührende *Methode beruht darauf, daß in stark essigsaurer Lösung durch Phosphat wohl Eisen und Aluminium abgeschieden werden, nicht aber Zink gefällt wird.*

Arbeitsvorschrift. Zur schwach sauren, ammoniumchloridhaltigen Lösung gibt man $^1/_5$ ihres Volumens Eisessig, ferner etwas Natriumacetat und dann reichlich Diammoniumphosphat. Die Flüssigkeit läßt man dann im verschlossenen Kolben einige Stunden oder über Nacht stehen. Das Eisenphosphat wird abfiltriert, mit heißem Wasser gewaschen, samt Filter im Porzellantiegel verascht und als Eisenphosphat, $FePO_4$, gewogen. Das zinkhaltige Filtrat wird einige Zeit gekocht und dann mit Ammoniak gegen Lackmus neutralisiert. Wenn der Niederschlag von Zinkammoniumphosphat krystallin geworden ist, läßt man erkalten, filtriert und behandelt ihn in der üblichen Weise weiter.

Bemerkung. **Genauigkeit.** Die wenigen Analysen, die LUFF (b) mitteilt, lassen die Methode nicht besonders vorteilhaft erscheinen. Die Zinkwerte sind zu niedrig, die Werte für die andern Metalle zu hoch. Verwendet man weniger Essigsäure, als oben angegeben wurde, so treten diese Fehler noch mehr hervor.

Literatur.

ARTMANN, P.: (a) Fr. **54**, 89 (1915); (b) **62**, 8 (1922). — AUSTIN, M.: (a) Am. J. Sci. **8**, 206 (1899); (b) Z. anorg. Ch. **22**, 212 (1900).

BALAREW, D.: Fr. **60**, 442 (1921). — BALL, T. R. u. M. S. AGRUSS: Am. Soc. **52**, 120 (1930). — BOYD, R. C.: (a) School of Mines Quarterly **11**, 355 (1890); (b) J. Soc. chem. Ind. **9**, 963 (1890). — BRAGARD, M.: Diss. Berlin 1887; durch Fr. **27**, 212 (1888).

CLARK, D. J.: J. Soc. chem. Ind. **15**, 866 (1896).

DAKIN, H. D.: Fr. **39**, 273 (1900). — DEDE, L.: B. **61**, 2463 (1928). — DICK, J.: Fr. **82**, 401 (1930). — DORNAUF, I.: B. **55**, 3434 (1922).

FALES, H. A.: Inorganic Quantitative Analysis, S. 257. New York 1925. — FINLAY, T. M. u. A. C. CUMMING: Soc. **103**, 1004 (1913).

GARRIGUES, W. E.: Am. Soc. **19**, 936 (1897).

JAWEIN, L.: Ch. Z. **11**, 347 (1887).

KROUPA, E.: Mikrochemie **27**, 1 (1939).

LANGLEY, R. W.: Am. Soc. **31**, 1051 (1909). — LÖSEKANN, G. u. TH. MEYER: Ch. Z. **10**, 729 (1886). — LUDWIG, A.: Z. anorg. Ch. **122**, 252 (1922). — LUFF, G.: (a) Ch. Z. **45**, 613 (1921); (b) **46**, 365 (1922).

PAN, Z. H. u. C. H. CHIANG: J. Chin. chem. Soc. **3**, 118 (1935); durch C. **107 I**, 1273 (1936).

SCHOELLER, W. R. u. A. R. POWELL: Analyst **41**, 125 (1916). — SPRINGER, I. W.: Angew. Ch. **37**, 1120 (1924). — STONE, G. C.: (a) Am. Soc. **4**, 26 (1882); (b) **5**, 67 (1883); (c) Berg- u. hüttenm. Z. **48**, 296 (1882). — STREBINGER, R. u. J. POLLAK: Mikrochemie **4**, 15 (1926).

TAMM, H.: Chem. N. **24**, 148 (1871). — TRAVERS u. PERRON: (a) A. Ch. [10] **1**, 298 (1924); (b) [10] **2**, 43 (1924).

VOIGT, K.: (a) Angew. Ch. **22**, 2282 (1909); (b) Fr. **49**, 613 (1910).

WALKER, P.: Chem. N. **26**, 515 (1902). — WINKLER, L. W.: Angew. Ch. **34**, 235 (1921).

§ 3. Bestimmung durch elektrolytische Abscheidung als metallisches Zink.

Elektrolytisches Potential $\varepsilon_{0_h} = -0{,}76$ Volt.

Allgemeines.

Lediglich der hohen Überspannung des Wasserstoffs am Zink (0,70 Volt bei kleinster Stromdichte) ist es zuzuschreiben, daß es gelingt, das Zink trotz seines negativen Normalpotentials von — 0,76 Volt aus wäßriger und sogar aus saurer Lösung abzuscheiden.

Da die Überspannung des Wasserstoffs von der Natur und von der physikalischen Beschaffenheit des Kathodenmaterials abhängt, kann auch die Abscheidung des Zinks von diesen Umständen stark beeinflußt werden. Beispielsweise scheidet sich Zink aus saurer Lösung auf glattem Kupfer sehr gut ab, dagegen überhaupt nicht auf schwammigem Kupfer oder auf Platin, wenn die Stromstärke klein ist. Erhöht man die Stromdichte bis zum Überschreiten des Gleichgewichtspotentials, so scheidet sich auch Zink ab, und wenn die Elektrode einmal einen schwachen, aber lückenlosen Zinküberzug aufweist, hört die Wasserstoffabscheidung auf, weil die Überspannung des Zinks für Wasserstoff sich bemerkbar macht.

Treten jedoch im Verlauf der Elektrolyse Änderungen in der Oberflächenbeschaffenheit der Elektrode und somit der Überspannung ein, etwa durch Abscheidung des Metalls in schwammiger Form oder Abscheidung von Metallen mit kleiner Überspannung, so hat dies Störungen zur Folge, die sich gegebenenfalls sogar in einer lebhaften Wiederauflösung des bereits niedergeschlagenen Zinks äußern können.

Salpetersaure Lösungen wird man wegen der depolarisierenden Wirkung der Salpetersäure, welche die Abscheidung des Zinks verzögert oder verhindert, möglichst nicht verwenden.

Chloridlösungen wird man ebenfalls möglichst ausschließen, denn — sofern sie sauer sind — liefern sie an der Anode Chlor, sofern sie alkalisch sind, geben sie Hypochlorit und Chlorat, deren Mengenverhältnis je nach der Hydroxyl-Ionen-Konzentration wechselt. Diese Salze sind ebenfalls starke Depolarisatoren und führen zu den gleichen Schwierigkeiten.

Die quantitative Abscheidung des Zinks kann sowohl aus saurer als auch aus alkalischer Lösung erfolgen. Für beide Möglichkeiten sind zahlreiche Arbeitsweisen vorgeschlagen worden. Im allgemeinen dürfen die Verfahren zur Abscheidung aus essigsaurer Lösung einerseits und zur Abscheidung aus ätzalkalischer Lösung andererseits als zweckmäßigste und demzufolge wichtigste Methoden angesehen werden.

Vielfach sind zur Abscheidung des Zinks auch Lösungen komplexer Salze als Elektrolyte vorgeschlagen worden, da sich viele Metalle erfahrungsgemäß aus den Lösungen ihrer komplexen Salze häufig in besonders guter, d. h. dichter und festhaftender Form abscheiden, oder da sich auf diese Weise gewisse Trennungsmöglichkeiten ergeben. Dabei ist jedoch zu beachten, daß in solchen Elektrolyten die Kathodenpotentiale viel veränderlicher sind als in den Lösungen einfacher Metallsalze. Außerdem sind die Anionen komplexer Salze stets durch Elektrolyse erheblich veränderlich, indem sie teils anodisch oxydierbar, teils kathodisch reduzierbar, teils beides sind.

Foerster ist demzufolge der Meinung, daß man bei den Metallen, die sich — wie z. B. das Zink — aus ihren Sulfatlösungen bei geeigneter Wasserstoff-Ionen-Konzentration leicht quantitativ abscheiden lassen, die Verwendung komplexer Salze tunlichst vermeiden und die sauren oder alkalischen Lösungen der Sulfate möglichst bevorzugen sollte.

Die Elektroden. Ohne auf die Form der Elektroden, d. h. die verschiedenen vorgeschlagenen Elektrodentypen einzugehen, soll im folgenden die Frage des Elektrodenmaterials gestreift werden.

Das meistgebrauchte und beste Elektrodenmaterial ist zweifellos Platin mit einem gewissen Iridiumzusatz. Bei den Platinelektroden, wie z. B. der vielbenutzten Winklerschen Netzelektrode, ist dem Umstand Rechnung zu tragen, daß sich Zink mit Platin ziemlich fest legiert. Infolgedessen wird die Elektrode beim Weglösen des Zinkniederschlags durch oberflächliche Auflockerung schwarz. Man vermeidet diesen Übelstand durch Verwendung versilberter oder verkupferter Elektroden. Die Verkupferung begünstigt außerdem die Entstehung eines guten Zinkniederschlags.

Treadwell hält allerdings die Versilberung oder Verkupferung für entbehrlich. Nach seiner Meinung genügt es, die Elektrode nach baldiger Ablösung des Zinkniederschlags in einem guten Teclu-Brenner oder in der Besenflamme des Gebläses auszuglühen, um ihr wieder eine glatte und glänzende Oberfläche zu verleihen. Immerhin bedeutet ein öfteres derartiges Ausglühen wohl zum mindesten eine mechanische Beanspruchung des Elektrodenmaterials.

An Stelle des Platins ist für die Bestimmung des Zinks auch eine Anzahl anderer Metalle als Elektrodenmaterial vorgeschlagen worden.

Das Kathodenmaterial. Als erster hat wohl Gibbs die Amalgambildung zur quantitativen Metallbestimmung benutzt. Nach ihm hat sich eine ganze Anzahl Forscher mit diesem Problem beschäftigt und die Apparatur und die Arbeitstechnik, die wegen des flüssigen Aggregatzustandes des Quecksilbers ihre Besonderheiten aufweisen, vielfach modifiziert. Es sei in diesem Zusammenhang lediglich auf die Arbeiten von Smith hingewiesen sowie auf die kritischen Untersuchungen von Böttger (a), ferner von Alders und Stähler bzw. von Baumann. Den Vorteilen der flüssigen Quecksilberelektrode stehen einige Nachteile gegenüber, die sich zwar durch sorgfältiges Arbeiten bei entsprechender Übung vermeiden lassen, für den weniger Geübten aber wohl die Wahl einer anderen Elektrode empfehlenswert erscheinen lassen.

Die starre Quecksilberelektrode von Paweck (a), (b) ist aus der Arbeitsweise Vortmanns hervorgegangen, welcher der Zinksalzlösung eine bekannte Menge Quecksilbersalz zusetzt, so daß sich die beiden Metalle gleichzeitig als Amalgam abscheiden. Paweck (a), (b) benutzt dagegen ein verquicktes Messingdrahtnetz als Kathode.

Alemany verwendet eine ähnliche Elektrode, indem er eine Kupferdrahtnetzelektrode zunächst versilbert und dann amalgamiert.

Eine silberplattierte Kupfergazeelektrode benutzt auch Barnebey. Mit Kupfer plattierte Aluminiumschalen empfehlen Formánek und Peč, während Sherwood und Alleman Zinnschalen verwenden.

Tantalkathoden hat Brunck (a), (b) mit gutem Erfolg zur Abscheidung des Zinks aus Zinkatlösungen benutzt. Die Tantalkathode hat den Vorzug, daß man Zink darauf ohne Schutzschicht niederschlagen kann; dagegen ist ein Ausglühen natürlich nicht angängig. Die Mißerfolge, die Wegelin mit Tantalelektroden hatte, führt Brunck darauf zurück, daß man die für Platinnetzelektroden geltenden Bedingungen nicht ohne weiteres auf kompakte Tantalblechelektroden, wie sie Wegelin benutzt, übertragen darf, und er betont, daß man zweckmäßig Tantaldrahtnetzelektroden verwendet. Fetkenheuer und Cremer konnten Zink aus essigsaurer natriumacetathaltiger Lösung in guter Beschaffenheit auf einer Tantalkathode abscheiden. Unbefriedigende Ergebnisse treten dann auf, wenn die Oberfläche der Tantalkathode teilweise oxydiert ist. Diese Oxydschicht läßt sich nicht durch Säure entfernen, wohl aber durch mechanische Reinigung mittels eines Sandstrahlgebläses. Nach Flade-Schall eignen sich Tantalkathoden auch für die schnellelektrolytische Abscheidung des Zinks aus essigsaurer acetathaltiger Lösung, während die Abscheidung aus alkalischer Lösung in der für verkupferte Platinelektroden üblichen Zeit zu niedrige Werte liefert. Calhane und Alber geben an, daß die Tantalkathode anfangs unregelmäßige und ungenaue Werte gibt, nach längerem Gebrauch aber der Platinkathode gleichwertig wird. Auch Niobkathoden sind ihrer Meinung zufolge den Platinkathoden nicht nachzustellen und haben wie jene aus Tantal den Vorzug, daß man das Zink ohne Schutzschicht darauf niederschlagen kann.

Netzelektroden aus V2A-Stahl haben sich nach Schleicher und Toussaint sowie anderen Autoren auch für die Abscheidung des Zinks als brauchbar erwiesen.

Als *Anodenmaterial* verwendet man im allgemeinen meist Platin. Tantal ist für diesen Zweck nicht brauchbar. Nach Guzmán kann man in alkalischen Lösungen auch Anoden aus passiviertem oder nicht passiviertem Eisen und in sauren Lösungen solche aus nicht rostendem Stahl benutzen.

Vorbehandlung der Elektrode. Um gleichmäßige Metallniederschläge zu erhalten, muß man darauf achten, daß die Elektroden völlig frei von Fett sind. Man vermeide deshalb, die Drahtnetze mit den Fingern zu berühren. Sollte eine Verunreinigung durch Fett vorliegen, so taucht man die Elektrode einige Minuten in Chromschwefelsäure, die man allenfalls etwas erwärmt.

Waschen und Trocknen der Elektrode. Während man früher die mit Wasser benetzte Elektrode nacheinander mit Alkohol und Äther zu waschen pflegte, ist es nach Böttger (b) ratsamer, zur Verdrängung des Wassers Aceton zu verwenden, da Äther häufig Äthylperoxyd enthält, welches leicht die Bildung einer Oxydschicht auf dem abgeschiedenen Metall zur Folge hat. Außerdem ist das Waschen mit Aceton weniger gefahrvoll als das Arbeiten mit Äther. Wenn man über völlig reines Aceton verfügt, so genügt es, die Elektrode nach dem Abspülen mit demselben einfach an der Luft zu trocknen. Andernfalls, oder wenn es auf besondere Genauigkeit ankommt, kann man die Elektrode noch in ein genügend hoch erhitztes Gefäß, z. B. einen Vitreosilbecher, halten und nach Abkühlung abermals wägen. Daß eine mit reinem Aceton gewaschene und durch bloßes Abdunsten getrocknete Elektrode beim Erwärmen auf obige Weise keine Gewichtsabnahme zeigt, wird durch folgendes Versuchsprotokoll von Böttger (b) bewiesen:

eine Platinelektrode wog nach Erhitzen im Vitreosilbecher und Abkühlen . . . 15,2552 g,
nach Waschen mit Wasser und Behandeln mit reinem Aceton . . . . 15,2551 g,
nach gleicher Behandlung, aber mit gewöhnlichem Aceton . . . . 15,2551 g,
nach Erhitzen im Vitreosilbecher und Abkühlen . . . . 15,2550 g,
nach Waschen mit Wasser und Behandeln mit Aceton, dem 10% Wasser zugesetzt waren . . . . 15,2550 g,
und nach Erhitzen im Quarzbecher . . . . 15,2550 g.

Für die Prüfung und Reinigung des Acetons gibt BÖTTGER (b) folgende Vorschriften: Um sich von der Brauchbarkeit des Acetons zu überzeugen, gibt man einige Kubikzentimeter auf ein gewogenes Uhrglas, läßt verdunsten und stellt fest, ob ein wägbarer bzw. fremdartig riechender Rückstand hinterbleibt.

Man kann auch so verfahren, daß man eine durch Erwärmen getrocknete und gewogene Elektrode mit Wasser benetzt und die Hauptmenge desselben durch Abtupfen mit Filtrierpapier entfernt. Dann betropft man die Elektrode mit Aceton und wägt sie nach dem Verdunsten des letzteren. Ein zu hoher Gehalt des Acetons an Wasser oder anderen schwerer flüchtigen Stoffen gibt sich durch eine Gewichtszunahme zu erkennen bzw. durch eine Gewichtsabnahme beim Erwärmen der zunächst an der Luft getrockneten Elektrode.

Die Reinigung des Acetons nimmt man nach SCHUHKNECHT in folgender Weise vor: Man läßt das Aceton des Handels etwa zwei Tage lang unter öfterem Umschütteln über wasserfreiem Kaliumcarbonat und etwas Permanganat stehen. Sodann gießt man es vom festen Salz ab und destilliert es langsam. Je ein Viertel des Destillates stellt man als Vor- und Nachlauf beiseite und benutzt diese Anteile zum Vortrocknen der Elektroden, während man den mittleren ganz reinen Anteil zur endgültigen Behandlung der Elektroden verwendet. Bei der Behandlung mit dem reinen Aceton werden etwaige Verunreinigungen, welche beim Verdunsten des weniger reinen Acetons auf der Elektrode zurückgeblieben sind, entfernt.

Bestimmungsverfahren.

A. Abscheidung des Zinks aus alkalischer Lösung.

1. Fällung aus rein ätzalkalischer Lösung.

Vorbemerkung. Bereits REINHARDT und IHLE haben darauf hingewiesen, daß die Fällung kleiner Zinkmengen aus rein ätzalkalischer Lösung möglich ist. Später erhielt VORTMANN (a) aus alkalischer Tartratlösung bei wechselndem Überschuß an Natriumhydroxyd gut haftende Niederschläge. Auf Versuchen von MILLOT sowie v. FOREGGER fußend, zeigte dann AMBERG, daß zur Erzielung einer gut haftenden Zinkfällung lediglich eine ätzalkalische Zinksulfatlösung ohne jeden Zusatz anderer Elektrolyte nötig ist. Schließlich hat SPITZER die Fällung des Zinks aus Zinkatlösung eingehend untersucht und dabei gefunden, daß der von AMBERG geforderte große Überschuß von Alkalihydroxyd (40 g KOH auf 0,5 g Zink!) keineswegs nötig ist. Nach SPITZER genügt es, wenn die zugefügte Menge Alkalihydroxyd groß genug ist, um die Lösung für die Dauer der Analyse klar zu halten. Dies ist dann der Fall, wenn auf 1 Molekül Zinksulfat wenigstens 10 Moleküle Ätzalkali vorhanden sind.

Durch die Zinkatbildung wird die Konzentration der Zink-Ionen sehr stark verringert. Dennoch wird das Zink durch den elektrischen Strom leicht quantitativ abgeschieden, weil die Entladung der Wasserstoff-Ionen in der stark alkalischen Lösung einen noch größeren Energieaufwand erfordert.

Die Abscheidung des Zinks aus der Zinkatlösung stellt eine der einfachsten und zuverlässigsten elektrolytischen Bestimmungsmethoden des Zinks dar.

a) Abscheidung aus ruhendem Elektrolyten.

Arbeitsvorschrift von SPITZER. Nach SPITZER versetzt man die Zinksulfatlösung mit so viel reinster, etwa 4 mol Natronlauge, daß man eine bleibend klare Lösung erhält. Hierzu sind wenigstens 10 Mol NaOH auf 1 Mol $ZnSO_4$ nötig.

Man elektrolysiert mit versilberter WINKLERscher Netzelektrode bei gewöhnlicher Temperatur mit 0,8 Ampere Stromstärke bei etwa 4 Volt Spannung. Das abgeschiedene Zink ist schön hellgrau und fest haftend. Das Auswaschen der Elektrode samt dem Niederschlag kann nach Stromunterbrechung geschehen. Das Trocknen erfolgt bei 70 bis 80°. Auf derselben Kathode können mehrere Fällungen hintereinander niedergeschlagen werden. Die Abscheidung von 0,3 g Zink beansprucht etwa 2 Std.

***Bemerkungen.* I. Genauigkeit.** Auf Grund seiner Untersuchungen mit verschiedenen Elektrolyten empfiehlt SPITZER die Abscheidung aus ätzalkalischer Lösung als einfach und genau. Bei seinen Beleganalysen, die mit rund 0,16 bzw. 0,32 g Zink ausgeführt wurden, betragen die Fehler kaum mehr als 0,2 mg (vgl. jedoch die Angaben von TREADWELL; s. Bem. IV).

II. Laugenzusatz. An Stelle von Natronlauge kann auch Kalilauge verwendet werden, jedoch verdient erstere — wenigstens bei stärker schwefelsauren Lösungen — den Vorzug wegen der größeren Löslichkeit des Natriumsulfates. Ein sorgfältiges Abmessen des Laugenzusatzes ist nicht nötig, da ein Überschuß nicht schadet. Die Lauge soll rein, d. h. insbesondere frei von Chloriden und von Eisen sein.

III. Störung durch andere Stoffe. Chloride, Nitrate und Ammoniumsalze stören. Chloride und Nitrate kann man durch Abdampfen mit 2 n Schwefelsäure entfernen, oder man kann, bei Anwesenheit von Nitraten, auch die Methode von BREISCH (s. S. 54) benutzen. Ammoniumsalze werden durch Kochen mit Lauge beseitigt.

IV. Sonstige Arbeitsweisen. α) Arbeitsvorschrift von TREADWELL. Die neutrale Zinksulfatlösung, die weder Chloride, Nitrate noch Ammoniumsalze enthalten darf, wird auf 0,1 g Zink mit wenigstens 7 cm^3 2 n Natronlauge (= 0,6 g NaOH) oder 7 cm^3 2 n Kalilauge (= 0,9 g KOH) versetzt und auf 120 bis 150 cm^3 verdünnt. Man elektrolysiert bei gewöhnlicher Temperatur mit 0,5 bis 1 Ampere, einer Klemmenspannung von 3 bis 4,4 Volt entsprechend. Man benutzt am besten eine WINKLERsche Drahtnetzelektrode. Es ist zweckmäßig, in den ersten Minuten, bis das Netz vollständig mit Zink überzogen ist, nur mit 0,3 Ampere zu elektrolysieren und erst dann die vorgeschriebene, höhere Stromstärke anzuwenden. Fällungen über Nacht führt man zweckmäßig mit 0,5 Ampere aus. Zwecks Unterbrechung des Stromes hebt man das Netz allmählich aus dem Bad und spritzt gleichzeitig vom oberen Rand her mit destilliertem Wasser ab. Nach nochmaligem gründlichen Waschen mit destilliertem Wasser spült man mit absolutem Alkohol ab, trocknet bei möglichst tiefer Temperatur und wägt nach 10 Min.

Mit 1 Ampere werden 0,5 g Zink in 3 Std. gefällt.

Bemerkungen. *Genauigkeit.* Mit den angeführten Fällungsbedingungen erhält man bei der Abscheidung von etwa 0,1 g Zink im Durchschnitt um etwa 0,3 mg zu hohe Werte. Die Neigung der Resultate, etwas zu hoch auszufallen, hat ihren Grund wahrscheinlich in einer geringfügigen Oxydation. Trotzdem hält TREADWELL die Abscheidung aus Zinkatlösung für eine der zuverlässigsten und genauesten elektrolytischen Bestimmungsmethoden des Zinks.

β) Abscheidung aus nitrathaltiger Lösung nach SPRINGER. Arbeitsvorschrift. Die salpetersaure oder nitrathaltige Zinklösung neutralisiert man mit Natronlauge und setzt dann noch so viel Lauge zu, daß 10 g Ätznatron im Überschuß vorhanden sind. Man erhitzt bis nahe zum Siedepunkt und elektrolysiert mit einem Strom von 4 Ampere unter lebhaftem Rühren. Man wäscht die Elektrode mit dem abgeschiedenen Zink ohne Stromunterbrechung aus, spült die Kathode dann mit Alkohol ab und trocknet bei 70 bis 80°.

Bemerkungen. *I. Genauigkeit.* Nach den Angaben SPRINGERS sind die Resultate gut und zeigen nur geringe Abweichungen vom Sollwert. Beleganalysen führt der Autor nicht an.

II. Die Elektroden. Als Kathode empfiehlt SPRINGER eine amalgamierte Messingdrahtnetzelektrode nach PAWECK (a), (b). Die Amalgamierung derselben wird in folgender Weise vorgenommen: Zunächst wird die Netzelektrode mit Salpetersäure blank geätzt und dann in einer Lösung, die aus 0,6 g Sublimat, 5 cm³ konzentrierter Salpetersäure und 200 cm³ Wasser besteht, durch ¾- bis 1stündige Elektrolyse mit 0,2 Ampere Stromstärke amalgamiert, wobei man als Anode einen Platindraht benutzt. Als Anode für die Zinkabscheidung verwendet man eine WINKLERsche Drahtspirale.

III. Das Rühren. Der Rührer wird mit 800 bis 1000 Umdr./Min. betrieben. Er kann nach SPRINGER einfach aus einem im unteren Teil U-förmig umgebogenen Glasstab bestehen, dessen längeres Ende in der Achse der Spiralanode liegt, während das untere umgebogene Ende flach gedrückt ist, und zwar so, daß die breite Seite quer zur Bewegungsrichtung liegt. Die Abmessungen des Rührers und der Spirale müssen natürlich so gewählt werden, daß eine Bewegungsbehinderung nicht eintritt.

γ) Abscheidung aus nitrathaltiger Lösung nach BREISCH. Die Methode beruht darauf, daß die Salpetersäure durch Paraformaldehyd (Polyoxymethylen) nach folgender Gleichung entfernt wird: $4\,HNO_3 + CH_2O = CO_2 + 3\,H_2O + 4\,NO_2$. Da das Stickstoffdioxyd sehr rasch vom Wasserdampf ausgetrieben wird, bleiben also keine Reaktionsprodukte in der Lösung zurück. Die Lösung muß wenigstens 8 Gew.-% Salzsäure oder 11 Gew.-% Schwefelsäure enthalten, da andernfalls die Reaktion nicht zu Ende verläuft oder bei verdünnten Lösungen überhaupt nicht einsetzt. Trotz der eintretenden Verharzung wird der Formaldehydüberschuß rasch und einfach durch Oxydation mit Wasserstoffperoxyd in alkalischer Lösung entfernt.

Arbeitsvorschrift. Die salpetersaure Zinklösung, deren Volumen etwa 150 cm³ betragen soll, wird in einem zur Schnellelektrolyse geeigneten Becherglas von 500 cm³ Inhalt mit 50 cm³ konzentrierter Salzsäure versetzt und zum Kochen erhitzt. Vor Beginn des Siedens werden in kurzen Zeitabständen kleine Mengen Trioxymethylenpulver zugegeben, bis die Reaktion einsetzt, welche von lebhaftem Kochen begleitet ist, so daß nötigenfalls die Flamme öfters entfernt werden muß. Weitere Zusätze werden beim Nachlassen der NO_2-Entwicklung so lange gemacht, bis Flüssigkeit und Dampfraum farblos sind. Nach wenigen Minuten ist die Reaktion beendet. Man kühlt nun rasch ab und macht alkalisch. Die nun wieder heiße Flüssigkeit wird bei aufgelegtem Uhrglas sehr vorsichtig mit 10 cm³ auf das Dreifache verdünntem Perhydrol versetzt. Zur Zerstörung des überschüssigen Wasserstoffperoxyds wird noch kurz gekocht und heiß elektrolysiert. Die Stromdichte (ND_{100}) beträgt 3 Ampere, die Badspannung 4 bis 5 Volt, die Geschwindigkeit des Rührers etwa 500 Umdr./Min. Die Abscheidungsdauer beträgt für Zinkmengen bis zu 0,25 g höchstens 30 Min. Beim Trocknen der Elektrode ist Vorsicht geboten. Nach dem Eintauchen in Alkohol soll nur die unbedingt nötige Zeit bei etwa 80° getrocknet werden.

Bemerkungen. *I. Genauigkeit.* Bei Zinknitratlösungen mit einem Gehalt von 5 bis 10 cm³ konzentrierter Salpetersäure wurden im Mittel 0,0533 g Zink gefunden anstatt 0,0531 g, die der Autor durch Abscheidung als Zinksulfid nach Abdampfen mit Schwefelsäure erhalten hatte. Bei der Analyse einer Bronze wurden 1,31 bzw. 1,34% Zink gefunden anstatt 1,28 bzw. 1,30% (die letzteren Werte wurden wieder durch Abscheidung als Sulfid ermittelt).

II. Die Kathode. Silberdrahtnetzkathoden bewähren sich gut. Sie sind verkupferten Platinkathoden besonders dann vorzuziehen, wenn man sie nur teilweise in die Flüssigkeit eintaucht, um die Beendigung der Abscheidung zu erkennen, indem man durch tieferes Eintauchen der Elektroden oder durch Auffüllen von etwas Wasser ein weiteres Auftreten des hellgrauen Zinkbelages beobachtet. Der Kupferbelag verkupferter Elektroden wird unter diesen Bedingungen, d. h. bei Gegenwart von Luftsauerstoff, von der alkalischen Flüssigkeit stark angegriffen. — Das Ablösen des Zinkniederschlags erfolgt am besten durch längeres Stehenlassen der Kathode in kalter konzentrierter Salzsäure.

III. Die Alkalilauge. Das zu verwendende Alkalihydroxyd soll eisenfrei sein, da andernfalls zu hohe Zinkwerte erhalten werden. Nötigenfalls bereitet man sich in einem verschließbaren Gefäß aus Jenaer Glas eine möglichst konzentrierte Lauge und gießt nach 1tägigem Stehen die klare Flüssigkeit ab, die man verwendet.

b) Abscheidung aus bewegtem Elektrolyten.

Für die schnellelektrolytische Bestimmung des Zinks in ätzalkalischer Lösung sind zahlreiche Arbeitsweisen vorgeschlagen worden, von denen die wesentlichsten unten in Form einer tabellarischen Übersicht erwähnt werden (Tabelle 4).

α) Arbeitsvorschrift von **BÖTTGER (b).** Die unverdünnte Zinksulfatlösung wird mit so viel 30%iger Natronlauge versetzt, daß der zunächst entstehende Niederschlag wieder in Lösung geht (auf 0,2 g Zink verwendet man 6 bis 8 cm^3 Lauge). Die Elektrolyse kann sowohl bei gewöhnlicher als auch bei höherer Temperatur durchgeführt werden. Man beginnt sie mit einer Stromstärke von 1 Ampere, steigert diese nach 10 Min. auf 1,5 und nach weiteren 10 Min. auf 2 Ampere. Die Abscheidung dauert etwa 30 Min. Der Zinkniederschlag ist graublau und von guter Beschaffenheit. Man wäscht unter Stromdurchgang aus, verdrängt das Wasser durch Aceton und trocknet bei Zimmertemperatur. Man kann die Elektrode nach der Wägung noch einige Minuten in einen erhitzten Vitreosilbecher setzen und kontrollieren, ob dabei eine Gewichtsabnahme zu beobachten ist.

Bemerkungen. **I. Genauigkeit.** Die Abscheidung ist in der Regel nicht ganz vollständig. Es bleiben leicht einige Zehntelmilligramme in Lösung.

II. Zusatz von Alkalihydroxyd. Es können auch größere als die angegebenen Mengen Alkalihydroxyd verwendet werden. Dies ist sogar nötig, wenn bei höherer Temperatur gearbeitet wird. — Die Verwendung von Natriumhydroxyd ist zweckmäßiger als die von Kaliumhydroxyd, weil sich bei Zugabe von letzterem zu Lösungen, die freie Schwefelsäure enthalten, Kaliumsulfat abscheiden kann. Die Natronlauge soll eisenfrei sein. Man bereitet sie längere Zeit vorher und gießt die klare Flüssigkeit von etwa ausgeschiedenem Eisenhydroxyd ab.

III. Störung durch andere Stoffe. Bei Gegenwart von Ammoniumsalzen werden zu hohe Resultate erhalten. Man beseitigt erstere daher durch Erwärmen der Lösung mit Lauge.

Chloride stören ebenfalls. Man entfernt sie durch Abdampfen der Lösung mit 2 n Schwefelsäure, von der man etwa doppelt soviel benutzt, als dem vorhandenen Zink entspricht.

Nitrate verzögern die Abscheidung; größere Mengen können sie unvollständig machen. Man zerstört die Nitrate vorher elektrolytisch nach SAND oder mit Polyoxymethylen nach BREISCH (s. Abschnitt A, 1, a, γ).

β) Arbeitsvorschrift von **TREADWELL.** Die neutrale Zinksulfatlösung wird auf 0,1 g Zink mit mindestens 7 cm^3 2 n Natronlauge versetzt und auf 120 bis 150 cm^3 verdünnt. Die Elektrolyse wird bei Zimmertemperatur mit 3 bis 4 Ampere/dm^2, entsprechend einer Klemmenspannung von etwa 4 Volt, ausgeführt, wobei man den Strom allmählich im Verlauf von 2 bis 3 Min. auf den vorgeschriebenen Betrag steigert. Man arbeitet am besten mit einer rasch rotierenden (800 Umdrehungen/Min.) Netzkathode, aber auch eine Schalenkathode und eine rasch rotierende Scheibe als Anode sind verwendbar.

Bemerkungen. **I. Genauigkeit.** Bei vollständiger Abscheidung sind die Resultate offenbar infolge von Oxydation um einige Zehntelmilligramme zu hoch. Aus diesem Grund soll der Niederschlag während der Abscheidung nicht mit der Luft in Berührung kommen.

II. Störung durch andere Stoffe. S. die vorstehende Arbeitsvorschrift von BÖTTGER, Bem. III.

Tabelle 4.

Autor	Elektrodenform	Rührgeschwindigkeit Umdr./Min.	Angewendete Zn-Menge	Volumen der Lösung cm^3	Angewendet Alkalihydroxyd	Ampere	Volt	Temperatur	Dauer Min.
Exner	Platinschale u. Spiralanode	600—800	0,5 g als Sulfat	125	5—12 g NaOH	5	5—6	heiß	15
Ingham	Platinschale u. Spiralanode	230	0,25 g als Sulfat	125	6 g NaOH	5	8	heiß	20
Frary	Nickeldrahtnetzelektrode	elektromagnetische Rührvorrichtung	0,1 g als Natriumzinkat	100—125	8 g NaOH	4,5	4—4,6	Kühlung	30
Fischer u. Boddaert	Platinschale u. Scheibenanode	600—1000	0,25 g als Sulfat	125	20 g KOH	4	3	95°	15
Price	Platinnetzelektroden	600	0,2 g als Sulfat	50—60	4 g NaOH	2	2,5—4	kalt oder heiß	20
Kemmerer	Nickeldrahtnetzkathode und rotierende Anode	600	etwa 0,3 g als Sulfat	100	20—25 g NaOH	6	4,4	heiß	15
Spear und Strahan	rotierende Nickeldrahtnetzkathode				12 g KOH	3		heiß	30
Fischer (c)	Netzelektroden mit gitterförmigem Rührer	800—1000	0,2 g als Sulfat	100	3—5 g NaOH	2	4	kalt angesetzt; Temperatur steigt bis 60°	30

III. Sonstige Arbeitsweisen. Die Zusammenstellung (Tabelle 4) zeigt, daß nicht nur die Alkalihydroxydmengen, sondern auch die übrigen Bedingungen weitgehend variiert werden können.

Was die Genauigkeit dieser Methoden anbetrifft, so ist zu sagen, daß bei vollständiger Abscheidung meist Werte erhalten werden, die um einige Zehntelmilligramme zu hoch sind. Die Dauer der Abscheidung, die im allgemeinen 15 bis 30 Min. beträgt, kann durch Verwendung starker Ströme noch wesentlich abgekürzt werden. So kann man nach Fischer (c) 0,4 g Zink bei einer Stromstärke von 6 bis 10 Ampere und starkem Rühren (800 bis 1000 Umdr./Min.) in 5 Min. an einer feststehenden Netzkathode abscheiden. Nach den Erfahrungen Treadwells erfolgt diese sehr schnelle Fällung jedoch leicht auf Kosten der Genauigkeit der Resultate, da das Zink gegen Schluß der Elektrolyse in pulvriger, sehr leicht oxydabler Form niedergeschlagen wird.

*γ) **Mikrobestimmung nach*** Wenger, Cimerman ***und*** Tschanun. ***Arbeitsvorschrift.*** Die 2 bis 3 cm^3 betragende, neutrale oder schwach saure Lösung, die 0,5 bis

3 mg Zink als Sulfat enthält, wird in einem Reagensglas von 15 mm Durchmesser und 110 mm Länge tropfenweise mit 10%iger Natronlauge versetzt, bis das zuerst ausfallende Zinkhydroxyd sich wieder gelöst hat. Man fügt so viel destilliertes Wasser zu, daß die Flüssigkeit den oberen Rand der Platinnetzkathode erreicht.

Man benutzt den PREGLschen Apparat zur Mikroelektrolyse und elektrolysiert in der Kälte mit 0,2 bis 0,8 Ampere und 5 bis 6 Volt. Während der Elektrolyse erwärmt sich die Lösung. Nach 10 Min. spült man die Wandungen des Gefäßes und den Kühler mit destilliertem Wasser ab. Die Flüssigkeit steht dann 2 bis 3 mm über der Kathode. Während der letzten 5 Min. kühlt man das Gefäß, indem man es in ein kleines mit Wasser gefülltes Becherglas stellt. Die Abscheidung dauert 20 Min.

Dann entfernt man die Elektroden, wäscht die Kathode mit Wasser, Alkohol und Äther und erhitzt das äußerste Ende ihres Stieles auf Rotglut, um die Quecksilberspuren, welche vom Quecksilberkontakt herrühren, zu entfernen. Man trocknet die Kathode hoch über einer BUNSEN-Flamme, läßt sie 5 Min. auf einem Nickelblock neben der Waage stehen und wägt sie dann.

Bemerkungen. **I. Genauigkeit.** Bei Zinkmengen von 0,501 bis 3,009 mg beträgt der Fehler im Maximum $\pm$ 0,009 mg.

II. Verkupferung der Kathode. In ein kleines Elektrolysengefäß (s. oben) bringt man 4 cm^3 einer Kupfersulfatlösung, die 4 g $CuSO_4 \cdot 5\,H_2O$ im Liter enthält. Man fügt 2 Tropfen konzentrierte Schwefelsäure, 2 Tropfen konzentrierte Salpetersäure und so viel destilliertes Wasser zu, daß das Flüssigkeitsniveau 2 bis 3 mm höher steht als später das der zu analysierenden Lösung. Man elektrolysiert 2 bis 3 Min. mit 3 bis 4 Volt. Dann entfernt man die Kathode und behandelt sie weiter wie bei der Zinkbestimmung.

δ) Mikrobestimmung nach NEUMANN-SPALLART. ***Arbeitsvorschrift.*** Die Zinksulfatlösung wird im Elektrolysengefäß tropfenweise mit verdünnter Natronlauge versetzt, bis sich das zunächst ausfallende Zinkhydroxyd wieder gelöst hat. Ein größerer Überschuß an Lauge ist zu vermeiden, da infolge der Löslichkeit des Zinks in Lauge Verluste eintreten können. Vor dem Einschalten des Stromes wird zunächst bis fast zum Sieden erhitzt. Man elektrolysiert etwa 10 Min. lang unter Verwendung einer versilberten Kathode mit einer Stromdichte von 4 bis 5 Ampere und einer Spannung von 4 bis 5 Volt. Ohne den Strom zu unterbrechen, kühlt man das Elektrolysengefäß 5 Min. mit Wasser. Dann taucht man die Kathode nacheinander in Wasser, Alkohol und Äther und trocknet sie schließlich vorsichtig über einer Flamme.

Bemerkung. **Genauigkeit.** Die Resultate sind um ein Geringes zu tief. Bei Zinkmengen von 0,975 bis 4,876 mg beträgt die Abweichung nach NEUMANN-SPALLART im Maximum 0,005 mg.

ε) Mikrobestimmung nach CLARKE ***und*** HERMANCE. CLARKE und HERMANCE scheiden das Zink ebenfalls aus alkalischer Lösung ab. Sie verwenden eine verkupferte Kathode und arbeiten bei einer Kaliumhydroxydkonzentration von 10% und einer Temperatur von 25° mit einer Spannung von 3 Volt. Ihre apparative Anordnung ist verschieden, je nachdem, ob es sich darum handelt, kleine Zinkmengen aus einem kleinen oder einem großen Flüssigkeitsvolumen abzuscheiden.

2. Fällung aus alkalischer, tartrathaltiger Lösung.

Vorbemerkung. Ein besonderer Vorzug ist dem Zusatz weinsaurer Salze zu einem ätzalkalischen Elektrolyten nicht zuzuschreiben. VORTMANN (a) erwähnt allerdings, daß man beim Zusatz von Weinstein oder Seignettesalz auch bei Gegenwart von Alkalicarbonaten ohne Mühe klare Lösungen erhalte, aus denen sich das Zink leicht und schnell als gut haftender Niederschlag abscheide, gleichgültig ob viel oder wenig überschüssige Natronlauge vorhanden sei.

Paweck (a) scheidet das Zink aus einer tartrathaltigen Lösung an einer starren Quecksilberkathode mit gutem Erfolg ab. Die Erfahrungen von Böttger und Mitarbeitern (s. Bem. IV) stehen allerdings hiermit in gewissem Widerspruch.

***Arbeitsvorschrift von* Paweck (a).** Die Zinksulfatlösung, die bei einem Volumen von 200 cm³ bis zu 0,5 g Zink enthalten kann, wird z. B. für 0,35 g Zink mit 7 g Seignettesalz und 5 g Ätznatron (für 0,5 g Zink mit 7 g Seignettesalz und 7 g Ätznatron) versetzt und mit 0,1 bis 0,2 Ampere bei 2,6 bis 3,6 Volt Badspannung elektrolysiert. Nach beendeter Fällung wird die Elektrode rasch aus dem Bad genommen, kurze Zeit in bereit gestelltem, destilliertem Wasser auf und ab bewegt, dann mit destilliertem Wasser, Alkohol und Äther nicht allzu scharf abgespritzt und hoch über einer heißen Asbestplatte getrocknet.

***Bemerkungen.* I. Genauigkeit.** Paweck (a) fand bei der Analyse von Zinksulfat 22,54 bis 22,76% Zink. Die berechnete Menge beträgt 22,74%. Vgl. jedoch Bem. IV

II. Dauer der Abscheidung und Form des Niederschlags. Die Abscheidung obiger Mengen beansprucht 3 bis 4 Std. Das Zinkamalgam ist bei genügender Quecksilbermenge silberglänzend, festhaftend und krystallinisch. Bei Quecksilbermangel scheidet sich eine mehr oder weniger große Menge Zink als solches mit grauer Farbe ab. Bei Quecksilberüberschuß tropft dieses während der Elektrolyse ab.

III. Die starre Quecksilberkathode. Die ursprünglich von Paweck (a), (b), (c) benutzte Kathode bestand aus zwei scheibenförmigen Messingdrahtnetzen von 6 cm Durchmesser, welche in einem Abstand von 12 mm an einem Draht von 1 mm Durchmesser befestigt waren. Als Anode verwendete er eine durchlochte Platinelektrode. Die scheibenförmigen Netze wurden später durch solche von der üblichen Zylinderform ersetzt. Als Anode diente nunmehr eine rotierende Spirale. Betreffs Herstellung und Behandlung der starren Quecksilberelektrode vgl. S. 62, Abschnitt B, 1, d, Bem. III.

IV. Bildung von Alkaliamalgam. Wie Böttger, Block und Michoff durch eine ausführliche Untersuchung festgestellt haben, eignet sich die starre Quecksilberelektrode besonders zur Abscheidung des Zinks aus saurer Lösung. Bei der Abscheidung aus alkalischer Lösung kann es zur Bildung von Alkaliamalgam kommen. Man muß deshalb durch genügend langes Waschen mit Wasser dafür sorgen, daß das Alkaliamalgam zersetzt wird. Von der Vollständigkeit der Zersetzung kann man sich am besten überzeugen, wenn man Wasser benutzt, das mit Phenolphthalein versetzt ist. Außerdem soll man die Elektrolyse nach deutlicher Verstärkung der Wasserstoffentwicklung nicht unnötig lange fortsetzen, damit eine erhebliche Bildung von Alkaliamalgam vermieden wird. Dagegen muß die Elektrolyse jedoch nach Erreichung der maximalen Wasserstoffentwicklung noch eine ausreichende Zeit, d. h. etwa 10 Min. mit 2 Ampere, fortgeführt werden, um das Zink möglichst vollständig abzuscheiden.

Die Bildung von Alkaliamalgam kann sowohl positive als auch negative Fehler zur Folge haben, wobei die positiven auf unvollständiger Zersetzung desselben und die häufigeren, negativen Fehler darauf beruhen, daß bei der Zersetzung Teilchen des abgeschiedenen Metalls und Quecksilbertröpfchen mit abgelöst werden.

3. Fällung aus cyankalischer Lösung.

Vorbemerkung. Die elektrolytische Abscheidung des Zinks aus cyankalischer Lösung ist bereits 1879 von Beilstein und Jawein und in der Folge noch von anderen Autoren [z. B. von Millot, von Vortmann (a) und von Neumann] vorgeschlagen worden. Spitzer, der u. a. auch die Abscheidung aus cyankalischer Lösung eingehend untersucht hat, faßt seine diesbezüglichen Erfahrungen wie folgt zusammen:

Bei der Elektrolyse cyankalischer Zinklösungen werden die Platinanoden angegriffen, und das anodisch gelöste Platin scheidet sich an der Kathode mit ab. (Die Menge des gelösten Platins beträgt im Mittel 1 mg, kann aber unter Umständen auch mehrere Milligramme betragen.) Unter Berücksichtigung dieser Fehlermöglichkeit können gute Resultate erhalten werden.

Der kathodischen Abscheidung des Zinks ist ein Gehalt des Elektrolyten an Kaliumcyanid hinderlich. Die Abscheidung schreitet daher nur in dem Maße fort, wie der Cyangehalt der Lösung durch anodische Oxydation beseitigt wird.

Die letzten Spuren Zink werden aus nahezu oder ganz cyanfreien Lösungen abgeschieden. Deshalb beansprucht die quantitative Abscheidung des Zinks aus cyankalischer Lösung lange Zeit.

Alle Umstände, welche die anodische Cyanidzerstörung hindern oder verlangsamen, hindern oder verlangsamen demgemäß auch die quantitative Abscheidung des Zinks.

Die anodische Oxydation des Kaliumcyanids vollzieht sich bei einer geringen Alkalität (etwa 0,2 n) am schnellsten; bei stärkerer Alkalität (1,0 n) oder bei völligem Fehlen des freien Alkalis verläuft die Oxydation nur langsam.

Im allgemeinen ist der Zusatz von Kaliumcyanid eine ganz überflüssige Komplikation der Versuchsbedingungen für die quantitative elektrolytische Abscheidung des Zinks.

Aus den genannten Gründen ist die Methode nicht sehr zu empfehlen. Immerhin leistet sie nach den Erfahrungen von TREADWELL bei der Analyse chloridhaltiger Lösungen gute Dienste.

Arbeitsvorschrift von **TREADWELL.** Die Lösung von Zinksulfat oder Zinkchlorid, welche mehrere Gramme Alkalichlorid enthalten kann, versetzt man mit Natronlauge, bis ein bleibender Niederschlag von Zinkhydroxyd auftritt. Unter beständigem Umschwenken fügt man nun Kaliumcyanidlösung hinzu, bis der Niederschlag wieder gelöst ist, versetzt mit 20 cm^3 konzentriertem Ammoniak und verdünnt auf 100 bis 150 cm^3. Man elektrolysiert mit einem Strom von 0,5 Ampere Stärke unter Benutzung von WINKLERschen Netzelektroden oder von Schale und Scheibe. Bei ungenügender Leitfähigkeit setzt man dem Bad einige Gramme Natriumsulfat in gelöster Form zu. Das Zink fällt als hellgrauer, dichter Niederschlag aus.

Bemerkungen. **I. Genauigkeit.** Die Resultate fallen stets um einige Zehntelmilligramme zu hoch aus; es wurden z. B. anstatt 0,2294 g Zink (bei Gegenwart von 5 g Ammoniumchlorid) 0,2298 g gefunden.

II. Dauer der Abscheidung. Die Fällung von 0,2 g Zink dauert 2 bis 3 Std. Es ist wesentlich, mit einem schwach alkalischen Elektrolyten zu arbeiten und einen unnötigen Überschuß von Kaliumcyanid zu vermeiden, da andernfalls die Abscheidung stark verzögert wird. Man überzeugt sich von der Vollständigkeit der Fällung, indem man eine angesäuerte Probe des Elektrolyten mit Kaliumferrocyanid versetzt. Es darf sich keine Spur einer Trübung zeigen.

III. Angreifbarkeit der Anode. Es hat sich gezeigt, daß Platinanoden verschiedener Herkunft merklich verschiedene Widerstandsfähigkeit besitzen können. Nach TREADWELL wird die Anode um so weniger angegriffen, je geringer die Stromdichte ist. Es empfiehlt sich daher, die Elektrolyse über Nacht mit 0,2 Ampere auszuführen.

IV. Neutralisation bei Gegenwart von Ammoniumsalzen. In Anwesenheit von Ammoniumsalzen fällt beim Zusatz der Natronlauge kein Niederschlag aus. Man neutralisiert in diesem Fall unter Verwendung von Phenolphthalein als Indicator und setzt hierauf so viel Kaliumcyanid zu, als der vierfachen Menge des vorhandenen Zinks entspricht.

4. Fällung aus ammoniakalischer Lösung.

Ammoniakalische Zinklösungen geben beim Arbeiten mit stationärem Elektrolyten meist zur Wägung unbrauchbare, schwammige Niederschläge. TREADWELL fand jedoch, daß man in Gegenwart von Ammoniumrhodanid hinreichend gut haftende Fällungen erhält.

a) Abscheidung aus ruhendem Elektrolyten.

***Arbeitsvorschrift von* TREADWELL.** Man versetzt die Lösung des Sulfats oder Chlorids mit 5 bis 7 g Ammoniumrhodanid, fügt 2 bis 5 cm^3 konzentriertes Ammoniak und 1 bis 2 g Hydrazinsulfat hinzu und verdünnt auf 100 bis 150 cm^3. Man elektrolysiert bei 80° mit WINKLERschen Netzelektroden mit langsam von 0,3 bis 1 Ampere ansteigender Stromstärke, entsprechend etwa 4 Volt Badspannung. Die verdampfende Flüssigkeit ersetzt man durch konzentriertes Ammoniak. Kühlung durch ein auf das Elektrolysengefäß gestelltes, wasserdurchflossenes Kölbchen ist zweckmäßig. Die Abscheidung von 0,2 g Zink beansprucht etwa 2 Std.

***Bemerkung.* Genauigkeit.** Anstatt 0,1844 g Zink (angewendet als Sulfat) fand TREADWELL 0,1842 g.

b) Abscheidung aus bewegtem Elektrolyten.

***Arbeitsvorschrift von* INGHAM.** Die Lösung, die bei einem Volumen von 125 cm^3 etwa 0,24 g Zinksulfat enthält, wird mit 5 cm^3 Salzsäure (D 1,21), darauf mit 25 cm^3 Ammoniak (D 0,95) und mit 1 g Ammoniumchlorid versetzt. Man elektrolysiert mit einem Strom von 5 Ampere und 5 bis 6 Volt. Die Abscheidung ist in 20 Min. beendet.

***Bemerkungen.* I. Genauigkeit.** Die Analyse einer Zinkblende, deren Zinkgehalt nach übereinstimmenden, gravimetrischen und volumetrischen Bestimmungen zu 65,70% ermittelt worden war, ergab nach diesem Verfahren 65,63 bis 65,75%.

II. Die Elektroden. INGHAM benutzt als Kathode die versilberte Platinschale und als Anode eine flache Platinspirale von etwa 50 mm Durchmesser, die schwach gewölbt ist, damit sie sich der Oberfläche der bewegten Flüssigkeit anpaßt.

III. Rührgeschwindigkeit. Die Anode rotiert mit 230 Umdr./Min.

IV. Ammoniumchloridzusatz. Ein Gehalt der Lösung an Ammoniumchlorid wirkt nicht ungünstig, sondern günstig infolge Erhöhung der Leitfähigkeit des Elektrolyten. Eine schädliche Einwirkung des Chlors auf die Anode findet nicht statt.

V. Zuverlässigkeit der Methode. TREADWELL findet, daß bei vorsichtigem Arbeiten nach dieser Methode brauchbare Resultate erhalten werden. Im übrigen sei gegen das Verfahren jedoch einzuwenden, daß es leicht schwammige Fällungen liefere.

VI. Modifiziertes Verfahren nach TREADWELL. Arbeitsvorschrift. Die das Zink als Sulfat oder Chlorid enthaltende Lösung wird mit 5 g Ammoniumsulfat und 25 cm^3 konzentriertem Ammoniak versetzt und auf 100 bis 150 cm^3 verdünnt. Man erwärmt auf 50° und elektrolysiert mit rasch rotierender Netz- oder Zylinderkathode mit langsam ansteigender Stromstärke bis auf den Höchstwert von 2,5 Ampere, entsprechend etwa 4 Volt Badspannung. Der Niederschlag ist hellgrau. Die letzten Milligramme fallen auch bei vorsichtigem Arbeiten meist etwas pulvrig aus. Die Fällung von 0,2 g Zink beansprucht 20 Min.

Bemerkungen. *I. Rührgeschwindigkeit.* 600 bis 800 Umdr./Min.

II. Störung durch andere Stoffe. Nitrite, Nitrate und Bromide verhindern die Fällung durch ihre depolarisierende Wirkung. Chloride stören nicht.

B. Abscheidung des Zinks aus saurer Lösung.

Aus schwach sauren Lösungen läßt sich das Zink schon bei mäßigen Stromdichten quantitativ abscheiden infolge der hohen Überspannung, mit welcher der Wasserstoff an glattem Zink entladen wird. Depolarisatoren, wie z. B. Nitrate, Nitrite usw., stören allerdings bereits in sehr kleinen Mengen, desgleichen Spuren edlerer Metalle in schwammiger Form.

Bei zu hohem Säuregehalt scheidet sich das Zink nicht quantitativ ab. Der zulässige Säuregehalt ist im allgemeinen um so höher, je tiefer die Temperatur des Elektrolyten gehalten wird. Das Ansäuern nimmt man zweckmäßig mit schwachen organischen Säuren vor, wobei man gleichzeitig deren Alkalisalze zusetzt, um die Wasserstoff-Ionen-Konzentration im Elektrolyten genügend zu vermindern. Vorzugsweise benutzt man hierzu Essigsäure und Natriumacetat.

1. Fällung aus mineralsaurer Lösung.

Vorbemerkung. Bei der Abscheidung des Zinks aus mineralsaurer Lösung kommen im wesentlichen schwefelsaure Lösungen in Frage. Die Fällung aus mineralsaurer Lösung wurde schon von Wrightson und später von Denso, allerdings ohne Erfolg, versucht. Sie gelingt nur, wenn die Konzentration der Säure hinreichend niedrig gehalten wird. Man arbeitet zweckmäßig mit bewegtem Elektrolyten.

Benutzt man jedoch eine Quecksilberkathode, d. h. erteilt man der Überspannung des Wasserstoffs einen besonders hohen Wert, dann kann eine praktisch quantitative Abscheidung des Zinks auch aus stärker schwefelsaurer Lösung erreicht werden.

a) Verfahren von* Price *und* Judge. *Arbeitsvorschrift. Die saure Zinksulfatlösung, deren Volumen 50 bis 60 cm³ bei einem Zinkgehalt von etwa 0,2 g beträgt, wird in einem scheidetrichterähnlichen Gefäß von 100 cm³ Inhalt mit einer versilberten Netzkathode elektrolysiert. Letztere soll 300 bis 500 Umdr./Min. machen. Man beginnt die Elektrolyse mit einer Stromstärke von 0,25 Ampere und steigert diese von 5 zu 5 Min. um 0,5 Ampere bis zur schließlichen Stärke von 2 Ampere. Die Abscheidung der genannten Zinkmenge dauert so etwa 40 Min.

Bemerkungen. **I. Genauigkeit.** Die Resultate fallen im allgemeinen etwas zu niedrig aus. Price und Judge fanden 0,2261 bis 0,2275 g Zink anstatt der angewendeten Menge von 0,2275 g.

II. Acidität und Temperatur. Der Gehalt der Lösung an freier Schwefelsäure darf zu Beginn der Elektrolyse nicht höher als n/6 sein. Die Temperatur des Elektrolyten darf 14° nicht überschreiten. Man muß ihn deshalb mit Eis oder Eiswasser kühlen.

Wenn man von einer Zinksulfatlösung ausgeht, die keine freie Schwefelsäure enthält, und ihr 2 bis 3 g Natriumsulfat und 1 g Natriumacetat zusetzt, darf die Temperatur bis auf 45° steigen. Setzt man lediglich Natriumacetat zu, so erhält man Zinkniederschläge von schlechter Beschaffenheit.

b) Verfahren von* Treadwell. *Arbeitsvorschrift. Die Zinksulfatlösung, deren Gehalt an freier Schwefelsäure 0,2 n sein kann, wird mit 2 bis 3 Ampere/dm² unter Verwendung einer rasch rotierenden Zylinderkathode (1000 bis 1200 Umdrehungen) elektrolysiert. Die Temperatur des Elektrolyten soll 0° betragen. Die Abscheidung von 0,2 g Zink beansprucht unter den genannten Umständen 17 Min.

Bemerkung. **Genauigkeit.** Der anfangs sehr dichte hellgraue Niederschlag wird gegen Ende der Abscheidung leicht pulvrig, wodurch die Fällung der letzten Spuren unsicher bleibt.

***c) Verfahren von* Kollock *und* Smith *bzw.* Price *und* Judge.** Kollock und Smith (a), (b) benutzen zur Abscheidung die flüssige Quecksilberkathode. Price und Judge, welche diese Methode prüften, stellen fest, daß die Konzentration der freien Schwefelsäure im Elektrolyten ein gewisses Maß nicht überschreiten darf.

***Arbeitsvorschrift von* Price *und* Judge.** Die Zinksulfatlösung, deren Volumen 10 cm³ beträgt, wird in einem kleinen, scheidetrichterähnlichen Gefäß mit einem Strom von 5 Ampere, entsprechend 7 Volt, elektrolysiert.

Bemerkungen. **I. Genauigkeit.** Bei Einhaltung des zulässigen Säuregehaltes und der Mindestdauer der Elektrolyse (vgl. Bem. II) werden gute Resultate erhalten. Bei Zinkmengen von 0,23 bis 0,33 g erhielten PRICE und JUDGE Fehler von maximal + 0,2 bzw. — 1,2 mg.

II. Acidität des Elektrolyten und Dauer der Abscheidung. Gute Resultate erhält man, wenn 10 cm³ Lösung mit einem Zinkgehalt von rund 0,23 bis 0,33 g nicht mehr als 2 Tropfen (= 0,15 cm³) konzentrierte Schwefelsäure enthalten. Die Abscheidung beansprucht wenigstens 8 bis 10 Min.

III. Die Elektroden. Das mit Alkohol und Äther gewaschene Quecksilber wird in einem Porzellantiegel abgewogen und in das Elektrolysengefäß gebracht. Die Anode besteht aus einem rotierenden Platindraht.

IV. Behandlung des Amalgams. Nach Beendigung der Abscheidung wird das Amalgam durch den Hahn wieder in den Tiegel abgelassen und mit Alkohol und Äther gewaschen. Es ist nicht unbedingt nötig, vor dem Ablassen des Amalgams den Elektrolyten abzuhebern und durch destilliertes Wasser zu ersetzen, wennschon diese Vorsicht angebracht ist.

***d) Verfahren von* PAWECK *und* WALTHER.** An Stelle der flüssigen Quecksilberkathode benutzen PAWECK und WALTHER die starre Quecksilberkathode. Diese hat nach BÖTTGER (b) zweifellos den Vorzug vor der flüssigen Kathode. Bei letzterer können beim Waschen des flüssigen Amalgams Verluste an Zink und Quecksilber infolge Oxydation eintreten, was bei der starren Quecksilberkathode nicht in demselben Maße der Fall ist.

Arbeitsvorschrift. Die schwach schwefelsaure Zinksulfatlösung (vgl. Bem. II), deren Volumen 100 cm³ beträgt, wird bei Zimmertemperatur mit einem Strom von 3 Ampere (ND_{100} = 5 Ampere), entsprechend 6 bis 8 Volt, elektrolysiert.

Bemerkungen. **I. Genauigkeit.** Die Werte fallen meistens etwas zu niedrig aus. PAWECK und WALTHER erhielten bei Zinkmengen von rund 0,3 g Fehler von höchstens ± 0,3 mg.

II. Acidität des Elektrolyten und Dauer der Abscheidung. Bei dem angegebenen Volumen von 100 cm³ soll die Lösung höchstens 6 bis 8 Tropfen konzentrierte Schwefelsäure enthalten. Die Abscheidung dauert 25 bis 30 Min. Der Niederschlag wird unter Strom gewaschen.

III. Die Elektroden. Als Anode dient eine rotierende Platinspirale. Die starre Quecksilberkathode besteht aus einem verquickten Messingdrahtnetz von der üblichen Zylinderform mit einem Messingdraht von 12 cm Länge und 1 mm Dicke als Stiel. Das Netz hat eine Fläche von 60 cm², eine Drahtstärke von 0,2 bis 0,3 mm und 99 bzw. 64 Maschen/cm².

V e r q u i c k u n g d e s N e t z e s. Das durch Beizen mit warmer verdünnter Schwefelsäure (1:10) gereinigte und mit Wasser gewaschene Netz bringt man unter Stromschluß in 200 cm³ einer QuecksilberII-chlorid- oder QuecksilberI-nitratlösung, die mit 2 bis 3 cm³ Salpetersäure versetzt worden ist, und elektrolysiert darauf 1 bis 1½ Std. lang bei einer Stromdichte von 0,2 bis 0,3 Ampere/100 cm². Bei längerer Elektrolyse scheidet sich Quecksilber in Tropfenform ab. Tropfenförmig abgeschiedenes Quecksliber muß vor der Verwendung der Elektrode abgeklopft werden, da es während der Elektrolyse abfallen kann, so daß unkontrollierbare Gewichtsänderungen eintreten können. — Das verquickte Netz wird mit Wasser gewaschen und dann in heiße verdünnte Salzsäure getaucht, wodurch der graue und matte Quecksilberniederschlag silberglänzend wird. Die Elektrode wird nun mit Wasser, Alkohol und Äther gewaschen und bei mäßiger Temperatur über einer Asbestplatte getrocknet. Nachdem man sie 10 Min. lang in einem Exsiccator aufbewahrt hat, wird sie gewogen.

Das abgeschiedene Zink wird mit verdünnter Salzsäure von der Elektrode abgelöst, die dann in der beschriebenen Weise gewaschen und getrocknet wird. Sie kann ohne neuerliche Verquickung für eine weitere Analyse benutzt werden, aber möglichst nur für das gleiche Metall.

Über die Herrichtung und Behandlung der starren Quecksilberelektrode machen Böttger, Block und Michoff an Hand ihrer Untersuchungen folgende Feststellungen: Ein allzu feinmaschiges Drahtnetz bietet keinen Vorteil. Ein Netz mit 81 Maschen/cm² bewährt sich gut. Es wird mit feinem Messingdraht an einem 1,5 bis 2,2 mm dicken Messingdraht, den man an diesen Stellen breitschlägt, befestigt. Es ist nicht empfehlenswert, den Rand des Netzes umzubiegen, weil sich daraus bei der Abscheidung eines Metalls aus alkalischer Lösung Störungen ergeben können.

Die wichtigste Vorbedingung für eine gute Verquickung der Elektrode ist vollkommene Reinheit der Netzoberfläche. Böttger, Block und Michoff erreichen dies durch Beizen des Messings mit warmer alkoholischer Lauge, wodurch das Fett entfernt wird, und durch anschließende elektrolytische Reduktion etwa vorhandener Oxyde. Dieselbe wird so ausgeführt, daß man die Elektrode zur Kathode macht und an ihr 3 Min. lang mit einer Stromstärke von 2 Ampere Wasserstoff entwickelt, wobei der Elektrolyt aus 0,5 n Schwefelsäure besteht. — Das Reinigen des Netzes durch Behandeln mit Chromschwefelsäure ist nicht so geeignet, da hierbei an der Netzoberfläche Oxydationsprodukte gebildet werden, die sich schwer entfernen lassen.

Zur Verquickung verwendet man 50 cm³ einer Lösung, die 10 g QuecksilberI-nitrat in 500 cm³ Wasser enthält, dem 5 cm³ Salpetersäure (D 1,4) zugesetzt sind. Die Verquickung wird mit einer Stromstärke von 0,3 bis 0,5 Ampere 3 Min. lang ausgeführt.

Um den Elektroden, die nach der Verquickung zunächst matt und grau aussehen, eine silberweiße Farbe und der Quecksilberschicht eine möglichst gleichmäßige Beschaffenheit zu geben, taucht man sie etwa 5 Min. lang in 85 bis 90° heiße 0,5 n Salpetersäure. Dabei tritt lebhafte Gasentwicklung ein, und es löst sich etwas mehr Messing, als wenn man die Elektrode nach Paweck und Walther in heiße verdünnte Salzsäure bringt.

Schließlich wird die Elektrode vorsichtig mit Wasser abgespritzt und dieses durch Aceton verdrängt. Man trocknet sie, indem man das Aceton an der Luft verdunsten läßt. Das Trocknen durch Erwärmen ist nicht ratsam, weil dabei Verluste an Quecksilber auftreten können. Die getrocknete Elektrode bringt man bald, d. h. nach 10 bis 15 Min., zur Wägung. Wenn das nicht möglich ist, bewahrt man sie auf einem Uhrglas im Exsiccator auf, weil andernfalls, auch in schwach bewegter Luft, recht merkliche Quecksilberverluste auftreten können.

Von einer gebrauchten Elektrode wird das abgeschiedene Zink abgelöst, indem man sie mit heißer 2 n Salz- oder Salpetersäure behandelt, bis eine weitere Einwirkung nicht zu beobachten ist. Eine zu lange Behandlung mit Säure greift die Elektrode nur übermäßig an, und die letzten Zinkspuren sind auch durch mehrstündige Einwirkung nicht zu entfernen. Eine häufiger benutzte Elektrode kann man durch eine kürzere Zeit dauernde Verquickung wieder in brauchbaren Zustand versetzen.

e) Abscheidung des Zinks auf einer nicht verquickten Messingdrahtnetzelektrode. Arbeitsvorschrift von **Paweck (a).** Die neutrale Zinksulfatlösung, deren Volumen 200 cm³ beträgt, wird mit einigen Tropfen konzentrierter Schwefelsäure und zur Erhöhung der Leitfähigkeit mit Kalium- oder Natriumsulfat versetzt. Man elektrolysiert entweder bei Zimmertemperatur mit einem Strom von 0,3 Ampere, entsprechend einer Badspannung von 3,4 Volt, oder bei 50 bis 60° mit 0,7 Ampere und 3,55 Volt. Das Zink scheidet sich mit grauer Farbe gleichmäßig und festhaftend ab. Der Stromschluß erfolgt gleichzeitig mit dem Einsetzen der Messingelektrode, wobei die Spannung durch vorherige Einstellung eines Regulierwiderstandes auf etwa 3,5 Volt festgelegt wird. Nach Stromschluß stellt man dann auf 3,6 Volt ein;

im Verlauf der Elektrolyse sinkt die Spannung auf 3,5 Volt. Die geeignete Stromstärke ergibt sich so von selbst.

Bemerkung. **Genauigkeit.** PAWECK (a) fand bei der Analyse von Zinksulfat, $ZnSO_4 \cdot 7\,H_2O$, 22,49 bzw. 22,57% Zink gegenüber dem berechneten Wert von 22,74%.

***f) Verfahren von* ALEMANY.** Der Autor benutzt zur Abscheidung des Zinks aus schwefelsaurer Lösung eine versilberte und dann verquickte Kupferdrahtnetzelektrode. Nach seiner Angabe soll es möglich sein, das Zink noch bei einer Konzentration von 36 g Schwefelsäure in 100 cm^3 abzuscheiden.

Arbeitsvorschrift. Die saure Lösung wird zunächst 20 Min. mit einem Strom von 0,7 Ampere und 3,6 bis 4,3 Volt, dann 10 Min. mit einem Strom von 1 Ampere und 3,9 bis 4,7 Volt und endlich 10 Min. mit einem Strom von 1,5 Ampere und 4,4 bis 5,2 Volt elektrolysiert. Die Temperatur soll 45° nicht überschreiten.

Bemerkungen. **Die Elektroden.** Die Kathode besteht aus einem Kupferdrahtnetz mit einer Nickelstange. Es wird zunächst unter Verwendung cyankalischer Lösung elektrolytisch mit 1 g Silber bedeckt. Zur nachfolgenden Verquickung benutzt man eine Lösung, die man erhält, indem man 20%ige Salpetersäure mehrere Tage mit überschüssigem Quecksilber stehen läßt. Zur Verquickung elektrolysiert man unter Verwendung einer Graphitanode mit 1,2 bis 1,5 Volt, bis der untere Teil der Kathode sich trübe beschlägt. Nach dem Abschütteln des überschüssigen Quecksilbers wird die Kathode mit Wasser, Alkohol und Äther gewaschen, zunächst im Luftstrom und dann im Exsiccator getrocknet. Von einer gebrauchten Kathode wird das ausgeschiedene Zink durch mehrtägiges Eintauchen der Elektrode in verdünnte Säure abgelöst. Nötigenfalls wird die Kathode nachamalgamiert. Die rotierende Anode besteht aus Eisen oder Platin.

***g) Verfahren von* BELASIO *und* MELLANA.** Diese beiden Autoren scheiden das Zink aus schwach schwefelsaurer Lösung ab unter Verwendung einer Anode aus Bleidioxyd und einer verkupferten Kathode oder besser einer Kathode aus verquicktem Messing.

Arbeitsvorschrift. Die saure Zinksulfatlösung, die bis zu 1 g Zinksulfat enthalten kann, wird mit Natronlauge oder Ammoniak neutralisiert, mit Schwefelsäure unter Verwendung von Methylorange als Indicator angesäuert und auf 250 bis 300 cm^3 verdünnt. Man elektrolysiert bei gewöhnlicher Temperatur mit 0,4 bis 0,5 Ampere; man erhöht die Stromstärke nach 3 bis 4 Std. auf 0,7 Ampere. Nach 1 Std. gibt man zu 1 cm^3 des Elektrolyten 1 Tropfen Kaliumferrocyanidlösung hinzu, und wenn nach 10 Min. keine Trübung erscheint, ersetzt man das Elektrolysengefäß rasch, ohne den Strom zu unterbrechen, durch ein Becherglas mit destilliertem Wasser und entfernt nach 5 bis 10 Min. die Kathode.

Bemerkungen. **Die Bleidioxydanode.** Man erhält sie durch Elektrolyse einer kalt gesättigten Lösung von Bleinitrat mit einem Strom von 0,1 bis 0,2 Ampere/cm^2 Stärke unter Verwendung einer langsam rotierenden Platindrahtnetzelektrode (in Zylinderform) oder einer feststehenden Platinspirale als Anode.

Man kann auch einen mit einer dünnen Schicht von Bleidioxyd überzogenen Platindrahtnetzzylinder benutzen. Das Überziehen desselben mit Bleidioxyd erfolgt durch ½ stündige Elektrolyse einer Lösung von etwa 40 g Bleinitrat in 100 cm^3 Wasser bei einer Stromdichte von 0,2 Ampere/cm^2.

***h) Verfahren von* GIORDANI.** Da die bei der Arbeitsweise von BELASIO und MELLANA verwendete Bleidioxydanode (s. oben) von der bei der Elektrolyse entstehenden Überschwefelsäure, $H_2S_2O_8$, angegriffen wird, sucht GIORDANI diese durch reduzierende Substanzen zu beseitigen. Für diesen Zweck bewährt sich am besten Glucose.

Arbeitsvorschrift. Die 250 cm^3 betragende Zinksulfatlösung, welche etwa 0,6 g Zink enthalten kann, neutralisiert man mit Ammoniak und setzt dann 20 cm^3

0,5 n Schwefelsäure, 5 g Natriumsulfat und 12 g Glucose zu. Man elektrolysiert mit einem Strom von 0,3 Ampere Stärke bei etwa 3,8 Volt. Als Kathode verwendet man ein Bleinetz und als Anode eine Spirale aus Bleidraht (Dicke 2 mm, Länge 18 cm).

Bemerkung. **Genauigkeit.** Die gefundenen Zinkwerte stimmen mit den theoretischen sehr gut überein.

i) Verfahren von **Engelenburg.** Nach Engelenburg läßt sich das Zink bei Gegenwart von Hydroxylaminchlorhydrat auch aus salzsaurer Lösung abscheiden. Bei hohen Wasserstoff-Ionen-Konzentrationen ist die Fällung allerdings unvollständig; sie wird jedoch um so vollständiger, je weniger Säure vorhanden ist.

Arbeitsvorschrift. Auf 1 g Zinksulfat verwendet man 1,5 cm^3 konzentrierte Salzsäure und 2 g Hydroxylaminchlorhydrat. Die unter Rühren durchzuführende Elektrolyse beginnt man mit einer Stromstärke von 4 Ampere, die man auf 6 bis 8 Ampere steigert. Dabei ist dauernd zu kühlen, da die Temperatur 18° nicht übersteigen darf. Die Abscheidung von Zinkmengen bis zu 0,18 g dauert etwa 15 Min.

Bemerkungen. **I. Genauigkeit.** Die Resultate sind etwas zu niedrig. Bei der Analyse von Zinksulfat, $ZnSO_4 \cdot 7\,H_2O$, wurden 22,34 bis 22,39% Zink gefunden, während die berechnete Menge 22,74% betrug.

II. Ersatz des Hydroxylaminchlorhydrats. Nach Angabe der Verfasserin läßt sich das Hydroxylaminchlorhydrat auch durch die entsprechende Menge Hydrazinsulfat ersetzen.

2. Fällung aus essigsaurer Lösung.

a) Abscheidung aus ruhendem Elektrolyten.

Die Abscheidung des Zinks aus essigsaurer Lösung wurde bereits von Riche vorgeschlagen, der die saure Zinksalzlösung mit Ammoniak in geringem Überschuß übersättigt und dann mit Essigsäure ansäuert. Parodi und Mascazzini (a), (b) versetzen die Zinksulfatlösung mit Ammoniumacetat und Citronensäure, während Rüdorff (a) die saure Sulfatlösung mit Soda nahezu neutralisiert, mit Natriumacetat und einigen Tropfen Essigsäure versetzt und in der Kälte mit 0,07 bis 0,20 Ampere elektrolysiert. Smith (a), der ebenfalls eine schwach essigsaure, natriumacetathaltige Lösung benutzt, arbeitet in der Wärme mit 0,36 bis 0,7 Ampere und 4 bis 5 Volt. Schließlich hat Spitzer durch zahlreiche Versuche die zweckmäßigsten Bedingungen für die Abscheidung des Zinks aus essigsaurer Lösung festgestellt, und Treadwell erhielt unter den von ihm angegebenen Arbeitsbedingungen befriedigende Resultate.

Arbeitsvorschrift von **Spitzer.** Die Zinksulfatlösung, deren Volumen 100 cm^3 beträgt, wird mit 5 g krystallisiertem Natriumacetat versetzt und mit 0,3 bis höchstens 0,5 cm^3 Eisessig angesäuert. Man elektrolysiert in der Kälte mit 0,5 Ampere. Nach Treadwell empfiehlt es sich, in den ersten 5 Min., bis das Netz dicht mit Zink überzogen ist, die Stromstärke auf 0,2 bis 0,3 Ampere zu halten und sie erst dann auf 0,5 Ampere zu steigern.

Bemerkungen. **I. Genauigkeit.** Die Resultate fallen im allgemeinen etwas zu hoch aus, für Mengen von 0,1 bis 0,2 g Zink im Mittel um 0,2 mg.

II. Einfluß anderer Stoffe. Chloride und Nitrate sollen nicht zugegen sein, auch die Gegenwart von viel Ammoniumsalz wirkt sich ungünstig aus. Alkalisulfate dagegen begünstigen die Fällung.

III. Dauer der Abscheidung. Die Abscheidung von 0,16 g Zink beansprucht 2 bis 2½ Std.

b) Abscheidung aus bewegtem Elektrolyten.

Für die schnellelektrolytische Fällung des Zinks aus saurer Lösung empfiehlt sich die Verwendung einer schwachen Säure, wie der Essigsäure, wegen der geringeren lösenden Wirkung. Dementsprechend sind eine ganze Reihe Vorschläge zur Schnellfällung aus essigsaurer, acetathaltiger Lösung gemacht worden. Die wichtigsten derselben sind weiter unten in Form einer Übersicht (Tabelle 5) zusammengefaßt.

***Arbeitsvorschrift von* Böttger (b).** Die neutrale Zinksulfatlösung, deren Volumen etwa 80 bis 100 cm³ betragen kann, wird mit 4 g Natriumacetat und 10 Tropfen Eisessig versetzt. Man elektrolysiert in der Kälte je 10 Min. mit einem Strom von 1, 1,5 und schließlich von 2 Ampere Stärke. Das Auswaschen erfolgt zweckmäßig unter Strom, das Verdrängen des Wassers durch Aceton (s. unter „Allgemeines", S. 51).

***Bemerkungen.* I. Genauigkeit.** Obwohl Spuren von Zink leicht der Abscheidung entgehen, sind die Resultate, infolge von Oxydation, meistens etwas zu hoch.

II. Saure Lösungen. Lösungen, die freie Schwefelsäure enthalten, werden zunächst mit Natron- oder Kalilauge neutralisiert und dann, wie oben beschrieben, weiter behandelt.

III. Anwesenheit von Alkalisulfat. Nach den Erfahrungen von Price hat sich ein Zusatz von 2 g Natriumsulfat als sehr zweckmäßig erwiesen. Dagegen ist es nicht günstig, das Natriumacetat durch Ammoniumacetat zu ersetzen, da man dann dunkle Abscheidungen erhält, die sich leichter oxydieren.

IV. Störung durch andere Stoffe. Vgl. Abschnitt B, 2, a, Bem. II.

V. Ähnliche Methode. Arbeitsvorschrift von Treadwell. Die Zinksulfatlösung, deren Volumen für 0,3 bis 0,5 g Zink 100 bis 150 cm³ beträgt, wird mit 5 g Natriumacetat und 1 cm³ Eisessig versetzt. Man setzt die Elektrolyse an, ohne zu erwärmen, unter Verwendung einer verkupferten Platinnetzkathode oder auch einer verkupferten Platinschale bei einer Klemmenspannung von etwa 4 Volt mit 2 bis 3 Ampere, wobei die Stromstärke allmählich auf den vollen Betrag gesteigert wird. Das Rühren erfolgt mit einer Geschwindigkeit von 600 bis 800 Umdrehungen/Min. Die Abscheidung dauert 30 Min.

VI. Sonstige Arbeitsweisen. Zur folgenden Übersicht (Tabelle 5) ist zu bemerken, daß die Abscheidung des Zinks aus essigsaurer Lösung zweckmäßig in der Kälte vorgenommen wird. Exner sowie Ingham arbeiten zwar in der Hitze, jedoch benutzt Exner einen sehr schwach sauren Elektrolyten. Nach Sand darf die Temperatur bei einem merklichen Gehalt an freier Säure 30° nicht überschreiten. Ebenso schreibt Fischer (c) eine Temperatur von weniger als 30° vor, und auch Price spricht sich gegen das Erhitzen des Elektrolyten aus. Was die Genauigkeit der erwähnten Arbeitsweisen anbetrifft, so ist festzustellen, daß trotz des Umstandes, daß die letzten Zinkspuren sich oft der Abscheidung entziehen, meist um einige Zehntelmilligramme zu hohe Werte erhalten werden, infolge der Oxydation der Zinkniederschläge.

3. Fällung aus ameisensaurer Lösung.

a) Abscheidung aus ruhendem Elektrolyten.

***Arbeitsvorschrift von* Nicholson *und* Avery.** Die Zinksulfatlösung, deren Volumen bei einem Gehalt von etwa 0,06 g Zink 150 cm³ beträgt, wird mit 4 bis 5 cm³ Ameisensäure und 1 bis 1,5 g Natriumcarbonat versetzt und 3 Std. lang mit einem Strom von 0,125 bis 1 Ampere Stärke elektrolysiert.

***Arbeitsvorschrift von* Chancel.** Die schwefelsaure Zinksulfatlösung wird unter Verwendung von Methylorange als Indicator mit Ammoniak genau neutralisiert. Sodann wird sie mit 0,25 cm³ 1 n Schwefelsäure angesäuert und für 0,1 g Zink mit 0,2 g (besser mit etwas weniger) Natriumformiat versetzt. Das Gesamtvolumen soll 30 cm³ betragen. Man elektrolysiert 2 bis 3 Std. mit einer Stromdichte von 4 bis 5 Ampere/dm² und verwendet am besten eine amalgamierte Kathode. Bei zu starker Wärmeentwicklung ist zu kühlen.

***Bemerkungen.* I. Genauigkeit.** Bei vollständiger Fällung ist stets Übergewicht zu beobachten. Dieses beträgt im Mittel 0,2%, kann jedoch gelegentlich auch wesentlich höher sein.

II. Zusatz des Natriumformiats. Das Formiat wird als 20%ige Lösung zugesetzt. Der Elektrolyt soll ferner etwa 2 g Ammoniumsulfat enthalten, die zuzufügen sind,

Tabelle 5.

Autor	Elektrodenform	Rührgeschwindigkeit Umdr.-/Min.	Angewendete Zn-Menge	Volumen der Lösung cm³	Zusammensetzung des Elektrolyten	Ampere	Volt	Temperatur	Dauer Min.
EXNER . . .	Platinschale u. Spiralanode	600—800	0,25—0,5 g als Sulfat	125	1—3 g Na-acetat, 0,2 cm³ 30% ige Essigsäure	4	10—18	heiß	10—15
FISCHER u. BODDAERT	Platinschale u. Scheibenanode	600—800	0,25—0,5 g als Sulfat	125	3 g Na-acetat, 0,2 cm³ 30% ige Essigsäure	4	6,5—8,7	20°	15
INGHAM	Platinschale u. Spiralanode	230—560	0,25—0,5 g als Sulfat	125	3 g Na-acetat, 4—6 cm³ 30% ige Essigsäure	4	12—17	heiß	10—15
SAND . . .	Netzkathode u. rotierende Netzanode	600—800	0,25 g als Sulfat	85—100	3 cm³ H_2SO_4 (konz.), 5,5 g NaOH, 1,25 cm³ Eisessig	3—4	3,6—4,2	kalt	13
SAND . . .	Netzkathode u. rotierende Netzanode	600—800	0,60 g als Sulfat	85—100	1,5 cm³ H_2SO_4(konz.), 3,5 g NaOH (konz.), 1,5 cm³ Eisessig	3	4—4,5	kalt	30
SAND . . .	Netzkathode u. rotierende Netzanode	600—800	0,50 g als Sulfat	85—100	1,25 g H_2SO_4 (konz.), 4,5 g NH_4OH(konz.), 2,5 cm³ Eisessig, 2,5 g NH_4-acetat	3—4	3,6—4,2	kalt	30
PRICE . . .	Netzelektroden	600—700		50—60	3 g Na-acetat, 2 Tropfen Eisessig, 2 g Na_2SO_4	2	6—7	kalt	14
FISCHER (c) .	Netzelektroden mit gitterförmigem Rührer	1200	0,4 g als Sulfat	100	1 cm³ H_2SO_4 (konz.), 3,5 g NH_4OH (konz.), 1,5 cm³ Eisessig, 2,5 g NH_4-acetat	3	4,1—4,2	< 30°	30
BRENNECKE:	FISCHERsche Elektroden				4 g Na-acetat, 10 Tropfen Eisessig, 3—5 g $(NH_4)_2SO_4$	je 10 Min. mit 1, 1,5 u. 2 Ampere		kalt	30
KIYOTA . .	Platinschale u. Scheibenanode	1500	0,5—1 g	etwa 125	0,15—0,33 n an Essigsäure, Na_2SO_4 u. $(NH_4)_2SO_4$ stören nicht in Konzentrationen < 0,15 n	0,5—0,6, zum Schluß noch 10 Min. mit 3—4 Ampere		kalt	40—80

falls sie nicht schon bei der oben erwähnten Neutralisation entstanden sind. Wenn sich ein Niederschlag bildet, erwärmt man bis zur Wiederauflösung desselben und beginnt die Elektrolyse in mäßiger Wärme, solange die Lösung noch klar ist.

b) Abscheidung aus bewegtem Elektrolyten.

***Arbeitsvorschrift von* INGHAM.** Die Lösung, welche in 125 cm³ etwa 0,25 g Zink als Sulfat enthält, wird mit einer Lösung von 5 g Natriumcarbonat in etwas Wasser und mit 4,6 cm³ Ameisensäure (D 1,22) versetzt. Man elektrolysiert in der Hitze mit einem Strom von 5 Ampere Stärke und 8 Volt Klemmenspannung unter Verwendung einer Schalenkathode und einer Spiralanode, welche 300 Umdrehungen/Min. macht. Nach FISCHER (c) ist der Zinkniederschlag auf einer Netzelektrode gleichmäßiger.

***Bemerkung.* Genauigkeit.** Anstatt der angewendeten Menge von 0,2490 g Zink fand INGHAM bei einer Anzahl Bestimmungen 0,2486 bis 0,2490 g.

4. Fällung aus saurer, oxalathaltiger Lösung.

Die Abscheidung des Zinks aus den Lösungen seiner komplexen Alkalioxalate wurde zuerst von CLASSEN und v. REIS und unabhängig von ihnen von REINHARDT und IHLE empfohlen.

a) Abscheidung aus ruhendem Elektrolyten.

***Arbeitsvorschrift von* CLASSEN *und* v. REIS.** Man löst das Zinksalz in einem Becherglas unter Erwärmen in möglichst wenig Wasser, fügt etwa 4 g Kalium- oder die gleiche Menge Ammoniumoxalat zu und bringt unter Erwärmen und nötigenfalls durch Zusatz kleiner Mengen Wasser alles in Lösung. Die klare Lösung, deren Volumen etwa 120 cm³ betragen soll, erwärmt man in einer verkupferten Elektrolysenschale auf 50 bis 60°. Man elektrolysiert zunächst ohne Zusatz von Säure 3 bis 5 Min. lang mit einem Strom von 0,5 bis 1 Ampere bei 3,5 bis 4,8 Volt. Bei der weiteren Elektrolyse ist nun darauf zu achten, daß die Flüssigkeit stets sauer bleibt. Zum Ansäuern verwendet man entweder eine bei gewöhnlicher Temperatur gesättigte Lösung von Oxalsäure oder besser eine Lösung von 3 Teilen Weinsäure in 50 Teilen Wasser. Man läßt die Säure aus einer Bürette tropfenweise (etwa 10 Tropfen in der Minute) auf das die Schale bedeckende Uhrglas fallen, durch dessen Durchbohrung sie in die Lösung gelangt. Das ausgeschiedene Zink ist von dichter, glänzender Beschaffenheit. Die Abscheidung des Zinks ist nach etwa 2 Std. beendet (Prüfung des Elektrolyten mit Kaliumferrocyanid!) Man wäscht die Elektrode mit dem Niederschlag ohne Stromunterbrechung aus, spült mit Alkohol ab und trocknet bei 70 bis 80° im Luftbad.

***Bemerkungen.* I. Genauigkeit.** Die Resultate fallen leicht etwas zu hoch aus, was nach SPEAR und Mitarbeitern auf die Bildung von Zinkhydroxyd zurückzuführen ist. CLASSEN und v. REIS fanden bei der Analyse von Zinkammoniumsulfat 16,42 bzw. 16,44% Zink gegenüber einer berechneten Menge von 16,28%.

II. Störung durch fremde Stoffe. Chloride dürfen nicht zugegen sein. Bei Gegenwart von Nitraten oder Ammoniumsalzen scheidet sich, wie REINHARDT und IHLE angeben, das Zink leicht pulvrig ab.

III. Ähnliche Methode. Verfahren von WAGNER (a), (b). WAGNER hat sich mit der CLASSENschen Methode befaßt und weist auf einige Schwierigkeiten derselben hin. Zunächst betont er, daß man, um eine klare Lösung zu erhalten, nicht nach CLASSENS Angabe das Oxalat zur Zinklösung, sondern umgekehrt die Zinklösung zur Oxalatlösung geben müsse (s. die Arbeitsvorschrift von v. MILLER und KILIANI). Ferner weist er darauf hin, daß eine solche Elektrolyse dauernder Aufsicht bedarf, wegen der Neigung des Elektrolyten, alkalisch zu werden.

Arbeitsvorschrift. Die Zinksulfatlösung, deren Volumen etwa 40 cm³ betragen kann, wird nach und nach vorsichtig zu einer Lösung von 4 g Ammoniumoxalat in

60 cm³ Wasser gegeben. Das Gemisch, welches völlig klar bleibt, wird auf 55 bis 60° erwärmt und zunächst bei Abwesenheit von Weinsäure mit einem Strom von 0,2 Ampere elektrolysiert. Nach 15 Min. kann man wagen, 5 cm³ 6%ige Weinsäurelösung zuzugeben, wobei, sofern man in der Schale arbeitet, nichts auf die horizontal liegende Anode gegossen werden darf.

Die Abscheidung eines unlöslichen Tartrates, welche unfehlbar eintritt, wenn die Elektrolyse sogleich in weinsaurer Lösung begonnen wird, ist jetzt kaum noch zu befürchten. Innerhalb der nächsten 2 Std. werden noch 5mal je 5 cm³ Weinsäure zugesetzt, da die Flüssigkeit fortwährend Neigung zeigt, alkalisch zu werden. Die Stromstärke beträgt 0,4 bis 0,5 Ampere bei 3 bis 3,2 Volt Elektrodenspannung.

Die Abscheidung beansprucht 2 bis 2½ Std. Das Auswaschen des Zinkniederschlags erfolgt bei geschlossenem Strom. Nach dem Spülen mit Alkohol wird bei 70° getrocknet.

Bemerkungen. *Genauigkeit.* WAGNER (a), (b) fand bei der Analyse von Zinksulfat 22,60 bis 22,72% Zink. Die berechnete Menge betrug 22,74%.

***Arbeitsvorschrift von* v. MILLER *und* KILIANI.** Man löst in der verkupferten Platinschale 4 g Kaliumoxalat und 3 g Kaliumsulfat in Wasser und fügt hierzu (nicht umgekehrt!) die sorgfältig mit Kalilauge neutralisierte, höchstens 0,3 g Zink enthaltende Lösung von Zinksulfat oder Zinknitrat. Man elektrolysiert bei gewöhnlicher Temperatur mit einem Strom von $ND_{100} = 0{,}3$ Ampere. Die Abscheidung dauert 2 bis 3 Std.

b) Abscheidung aus bewegtem Elektrolyten.

Während FISCHER und BODDAERT bei Verwendung oxalathaltiger, weinsaurer Lösungen keine guten Resultate erhielten, beschreibt MEDWAY (a), (b) die erfolgreiche Schnellfällung auf einer rotierenden Tiegelkathode.

***Arbeitsvorschrift von* MEDWAY (a), (b).** Die Zinksulfatlösung, deren Volumen 50 cm³ beträgt, wird mit 4 g Kaliumoxalat versetzt und mit einem Strom von 2 bis 2,5 Ampere, entsprechend $ND_{100} = 6{,}6$ bis 8,3 Ampere, in der Kälte elektrolysiert. Die Kathode macht 650 bis 700 Umdrehungen/Min.

***Bemerkungen.* I. Genauigkeit.** Bei Zinkmengen von 0,05 bis 0,1 g erhielt MEDWAY (a), (b) Fehler von − 0,2 bis + 0,3 mg.

II. Störung durch Ammoniumsalze. Ammoniumoxalat verzögert die Abscheidung. Etwa vorhandene Ammoniumsalze müssen also zuvor durch Alkalihydroxyd zersetzt werden.

III. Die Kathode. Das Verkupfern oder Versilbern der rotierenden Platinkathode ist nach MEDWAY (a), (b) unnötig, da das niedergeschlagene Zink sich ohne Bildung schwarzer Flecke von ihr entfernen läßt.

5. Fällung aus weinsaurer Lösung.

Betreffs der Abscheidung des Zinks aus alkalischer, tartrathaltiger Lösung vgl. Abschnitt A, 2, aus oxalathaltiger, weinsaurer Lösung Abschnitt B, 4.

***Arbeitsvorschrift von* NISSENSON *und* DANNEEL.** NISSENSON und DANNEEL scheiden das Zink im Verlauf der Analyse von Zinkerz aus weinsaurer Lösung ab. Die nach der Fällung der Metalle der Schwefelwasserstoffgruppe, nachfolgender Oxydation mit Persulfat oder Natriumperoxyd und doppelter Fällung von Eisen, Mangan und Aluminium mit der gerade hinreichenden Menge Ammoniak verbleibende, zinkhaltige Lösung wird mit 5 g Weinsäure versetzt. Man elektrolysiert in der Hitze mit einem Strom von 1,6 Ampere Stärke und 3,6 Volt Spannung und verwendet eine Kathode aus verquicktem Messingdrahtnetz. Die Abscheidung ist tadellos, wenn kein freies Ammoniak zugegen ist. Die Abscheidung von 0,6 g Zink dauert 1¼ Std.

6. Fällung aus milchsaurer Lösung.

JORDIS hat die Abscheidung des Zinks mit gutem Erfolg aus milchsaurer Lösung vorgenommen. Besondere Vorteile dürfte diese Methode jedoch kaum bieten.

***Arbeitsvorschrift von* JORDIS.** Die neutrale Zinksulfatlösung, die nicht unter 0,3 bis 0,5 g Zink enthalten soll, wird mit 2 g Ammoniumsulfat, 5 bis 7 g Ammoniumlactat sowie einigen Tropfen Milchsäure versetzt. Das Volumen der Lösung soll etwa 120 cm³ betragen. Man elektrolysiert unter Rühren mit einer Stromdichte von $ND_{100} = 1$ bis 1,5 Ampere, entsprechend einer Spannung von etwa 4 bis 5 Volt. Zur beschleunigten Abscheidung der letzten Zinkspuren gießt man die Lösung nach etwa 40 bis 60 Min. in eine zweite verkupferte Schale um und führt die Elektrolyse in 20 bis 25 Min. mit gleicher Stromdichte zu Ende. Infolge des Nachspülens der ersten Schale beträgt das Volumen des Elektrolyten dabei ungefähr 150 cm³. Die Milchsäure kann auch durch Glykolsäure ersetzt werden.

***Bemerkung.* Genauigkeit.** Bei der Analyse von Zinksulfat, $ZnSO_4 \cdot 7\,H_2O$, fand JORDIS 22,62 bzw. 22,79% Zink gegenüber einer berechneten Menge von 22,74%.

7. Fällung aus citronensaurer Lösung.

Die Fällung des Zinks aus citronensaurer Lösung ist verschiedentlich vorgeschlagen worden, z. B. von PARODI und MASCAZZINI (a), (b), von SMITH (c) und von SAND und SMALLEY. Nach WINCHESTER und YNTEMA ist es wesentlich, bei einem p_H-Wert von 4 bis 5 zu arbeiten.

***Arbeitsvorschrift von* WINCHESTER *und* YNTEMA.** Die Zinksulfatlösung, die bei einem Volumen von 175 cm³ etwa 0,2 g Zink enthalten kann, wird mit 1,5 g Citronensäure und so viel 40%iger Natronlauge versetzt, daß sie gegen Methylrot-Methylenblau neutral oder ganz schwach sauer reagiert. Man verdünnt auf 200 cm³ und elektrolysiert unter Verwendung einer verkupferten Kathode und einer rotierenden Anode bei Zimmertemperatur mit einer Stromstärke von 1 Ampere/dm² 1½ bis 2 Std. lang. Eine Probe des Elektrolyten von 1 cm³ darf dann mit ½ cm³ gesättigtem Schwefelwasserstoffwasser nur eine schwache Opalescenz geben. Der Zinkniederschlag wird gut gewaschen, in Aceton getaucht und bei 85° getrocknet.

***Bemerkungen.* I. Genauigkeit.** Bei Zinkmengen von etwa 0,2 g beträgt der Fehler + 0,1 bis + 0,3 mg.

II. Störung durch andere Stoffe. Die Gegenwart von anderen Metallen, insbesondere von Schwermetallen, wirkt störend. Eine Ausnahme bilden Zinn-, ChromIII-, Aluminium- und Ammoniumsalze. — Störend wirken ferner Nitrat, Harnstoff und Dimethylglyoxim.

Trennungsverfahren.

A. Trennung des Zinks von den Alkali- und Erdalkalimetallen.

Die Fällung des Zinks wird durch die Metalle dieser Gruppen nicht beeinflußt.

B. Trennung des Zinks von den Metallen der Ammoniumsulfidgruppe.

1. Trennung des Zinks von Aluminium.

Zur Trennung des Zinks von Aluminium ist von CLASSEN die Fällung aus oxalathaltiger Lösung und von BRAND die Abscheidung aus pyrophosphathaltiger Lösung vorgeschlagen worden. Zweckmäßig verfährt man jedoch nach BREISCH unter Verwendung ätzalkalischer Lösung. Hierbei benutzt man dieselbe Arbeitsweise wie bei der Elektrolyse einer reinen Zinkatlösung, nur ist, der Aluminiummenge entsprechend, ein größerer Überschuß von Alkalihydroxyd zu verwenden. Selbst wenn 20mal soviel Aluminium wie Zink zugegen ist, tritt nur eine unwesentliche Erhöhung des Gewichtes des abgeschiedenen Zinks auf. Es ist jedoch zu beachten, daß jedes technische Aluminium einige Zehntelprozente Eisen enthält; infolgedessen fallen bei derartigem Material ausgeführte Zinkbestimmungen immer etwas zu hoch aus (vgl. Trennung des Zinks von Eisen, Abschnitt 3, S. 71).

CRAIGHEAD verfährt bei der Analyse von Spritzgußlegierungen mit Zinkbasis so, daß er das Zink durch Elektrolyse abscheidet und in der auf diese

Weise vom Zink befreiten Lösung Aluminium und Magnesium gewichtsanalytisch bestimmt.

Arbeitsvorschrift von **Craighead.** 2 g der Legierung werden in 20 cm³ Schwefelsäure (1:1) und 100 cm³ Wasser gelöst; die Lösung wird mit dem ungelösten Kupfer in das Elektrolysiergefäß übergeführt. Bei Verwendung einer Quecksilberkathode legiert sich das Kupfer mit dem Quecksilber. Die Lösung wird dann 5 Std. unter Rühren mit 1 Ampere/6,25 cm² elektrolysiert. Sodann hebert man die Lösung ab, wäscht Gefäß und Elektrode 3mal ohne Stromunterbrechung und schüttelt schließlich das Quecksilber nach Stromunterbrechung noch mit 25 cm³ Wasser. In der so vom Zink befreiten Lösung werden Aluminium und Magnesium nach einer der üblichen Methoden bestimmt.

2. Trennung des Zinks von Mangan.

Nach Classen elektrolysiert man die mit 6 g Ammoniumoxalat und freier Oxalsäure versetzte Lösung bei 50 bis 60°. Neumann erhielt jedoch nach dieser Methode keine genauen Resultate. Brand benutzt zur Trennung die mit 15% konzentriertem Ammoniak versetzte Lösung der Pyrophosphate; aber auch diese Methode ist nach Neumann nicht zu empfehlen. Am besten verfährt man so, daß man das Zink aus essigsaurer Lösung, wie bei der Einzelbestimmung beschrieben wurde, abscheidet und dabei 0,5 bis 1 g Hydrazinsulfat zusetzt. Hierdurch wird die Abscheidung von Braunstein, welcher leicht Zink einschließt, verhindert. Von den übrigen Arbeitsvorschriften sollen hier nur die von Scholl sowie von Riederer wiedergegeben werden.

Arbeitsvorschrift von **Scholl.** Der Autor erhielt die besten Resultate folgendermaßen: Die Lösung, die etwa 0,1 g Mangan und 0,1 g Zink in Form der Sulfate enthält, wird mit 10 cm³ Ameisensäure (D 1,06) und 5 cm³ Ammoniumformiatlösung (erhalten durch Neutralisation der Ameisensäure mit Ammoniak) versetzt und elektrolysiert. Bei einer Stromdichte von ND_{100} = 1 Ampere, entsprechend 5,4 Volt, dauert die Abscheidung bei Verwendung einer Schalenkathode 11 Std.

Arbeitsvorschrift von **Riederer.** Riederer hat die Abscheidung des Zinks aus milchsaurer Lösung vorgeschlagen. Die Lösung, welche zweckmäßig bei einem Volumen von 230 cm³ etwa 0,11 g Zink als Sulfat enthält, wird mit 5 g Ammoniumlactat, 0,75 g Milchsäure (1 cm³ der angewendeten Säure enthält 0,937 g reine Milchsäure) und 2 g Ammoniumsulfat versetzt. Als Elektroden verwendet man eine versilberte Platinschale und eine rotierende Anode. Der Abstand der Elektroden voneinander soll etwa 0,5 cm betragen. Die Abscheidung dauert bei einer Stromdichte von ND_{100} = 0,2 bis 0,24 Ampere und einer Spannung von etwa 3,8 Volt 4 bis 5½ Std. Die Temperatur des Elektrolyten soll zwischen 15 und 28° liegen. Bei tieferer Temperatur verläuft die Abscheidung zu langsam, bei höherer scheidet sich das Zink krystallinisch oder schwammförmig ab. Der Mangangehalt der Lösung kann zwischen 0,03 und 0,4 g liegen. Je mehr Mangan zugegen ist, desto dunkler amethystfarben wird die Lösung bei der Elektrolyse. Chloride und Nitrate dürfen nicht zugegen sein.

3. Trennung des Zinks von Eisen.

Zur Trennung des Zinks von Eisen auf elektrolytischem Wege ist eine Anzahl verschiedener Vorschläge gemacht worden. Nach Weiner (s. weiter unten) läßt sich aber nach keiner dieser Methoden eine exakte Trennung erzielen. Deshalb sollen die einzelnen Arbeitsweisen hier nur kurz angedeutet werden.

Nach einer Angabe von Paweck (b) soll es möglich sein, Zink aus schwefelsaurer Lösung von kleinen Eisenmengen durch langsame Fällung zu trennen. Weiner bestreitet diese Möglichkeit.

Jene hat vorgeschlagen, das Zink aus Zinkatlösung bei Gegenwart des suspendierten EisenIII-hydroxyds zu fällen. Fischer (c) verwirft diese Methode, da einerseits die Mitabscheidung von Eisen zu befürchten ist, andererseits Zink von dem Eisenhydroxyd zurückgehalten wird.

CURRIE fällt das Zink aus weinsaurer bzw. oxalsaurer Lösung bei Gegenwart von Hydroxylaminsulfat.

VORTMANN (a), (b) versetzt die Lösung, welche das Eisen in 2wertiger Form enthält, mit so viel Kaliumcyanid, daß der zunächst gebildete Niederschlag wieder als Kaliumferrocyanid in Lösung geht. Nach dem Zusatz von Natronlauge wird mit 0,3 bis 0,6 Ampere elektrolysiert. Nach TREADWELL enthält das so abgeschiedene Zink leicht geringe Mengen Eisen.

Cyanidhaltige Lösungen benutzen ferner HOLLARD und BERTIAUX (a), (d) sowie BREISCH.

***Arbeitsvorschrift von* BREISCH.** Zunächst wird das Eisen reduziert, indem man eine Lösung von 5g Natriumsulfit, $Na_2SO_3 \cdot 7\,H_2O$, zu der auf 80° erwärmten Flüssigkeit zugießt und bis zum beginnenden Sieden erhitzt. Das zurückbleibende, grauweiße Eisen II-hydroxyd löst man unter kräftigem Umschwenken durch tropfenweisen Zusatz einer Kaliumcyanidlösung (10 cm³ enthalten 2 g KCN), wobei Kaliumferrocyanid gebildet wird. Bei der Elektrolyse der so vorbereiteten Lösung entsteht jedoch Kaliumferricyanid, dessen depolarisierende Wirkung stört. Es wird durch Zusatz von Natriumsulfit unschädlich gemacht. Vor der Elektrolyse setzt man dementsprechend 10 g Natriumsulfit, $Na_2SO_3 \cdot 7\,H_2O$, in 20 cm³ heißem Wasser gelöst, zu. Bei einer Stromdichte von $ND_{100} = 3$ Ampere ist nach 25 bis 30 Min. nochmals die gleiche Menge zuzusetzen. Während der Elektrolyse wird mit 500 Umdr./Min. gerührt. Infolge des geringen Cyanidüberschusses dauert die Abscheidung von 0,2 g Zink etwa 45 bis 50 Min. Aluminium stört selbst in größeren Mengen nicht, nur muß entsprechend mehr Alkalihydroxyd zugesetzt werden.

Ergebnisse der Untersuchung von WEINER. WEINER hat in einer ausführlichen Untersuchung festgestellt, daß eine exakte quantitative Trennung von Eisen und Zink auf elektrolytischem Wege weder in schwach saurer noch in rein alkalischer, noch in cyanidhaltiger Lösung möglich ist. Die Analyse des kathodisch abgeschiedenen Zinks ergab in fast allen Fällen die Mitabscheidung von Eisen, die besonders an Quecksilberelektroden und aus saurer Lösung oft quantitativ erfolgt. Die Abscheidung des Zinks wird schon durch geringe Eisenmengen ungünstig und durch steigende Zusätze von Eisen in immer stärkerem Maße in der Richtung unvollständiger Ausfällung beeinflußt. Saure Lösungen sind völlig ungeeignet, und auch ätzalkalische sind nicht brauchbar. In cyanidhaltigen Lösungen ist die Aufnahme von Eisen durch das abgeschiedene Zink meist geringer, und es werden — auch bei höheren Eisengehalten — häufig Auswagen erhalten, die den angewendeten Zinkmengen einigermaßen entsprechen. Die eingehende Untersuchung hat jedoch bewiesen, daß diese günstigen Resultate nur durch die gegenseitige teilweise Kompensation verschiedener Fehler vorgetäuscht werden. WEINER kommt infolgedessen zu dem Schluß, daß für eine genaue elektrolytische Bestimmung des Zinks bei Gegenwart von Eisen eine vorherige Entfernung des letzteren auf rein chemischem Wege erforderlich ist.

4. Trennung des Zinks von Nickel.

a) VORTMANN (a) trennt das Zink von Nickel durch Fällung aus einer alkalischen Seignettesalzlösung.

***Arbeitsvorschrift von* VORTMANN.** Die alkalische Lösung, deren Volumen 120 cm³ beträgt, wird für je 0,2 g der Metalle mit 5 bis 6 g Kaliumnatriumtartrat versetzt und in der Kälte mit einer Stromdichte von $ND_{100} = 0{,}3$ bis 0,6 Ampere bei einer Spannung von 2,1 Volt elektrolysiert. Die Abscheidung des Zinks ist nach 2½ bis 3½ Std. beendet. Aus der von Zink befreiten Lösung wird das Nickel nach dem Ansäuern mit Schwefelsäure und nach Zusatz von Ammoniak gefällt.

b) v. FOREGGER fällt zuerst das Nickel auf folgende Weise.

***Arbeitsvorschrift von* v. FOREGGER.** Die Lösung, welche die beiden Metalle als Sulfate enthält, wird mit 10 g Ammoniumsulfat, 10 g Ammoniumcarbonat und 10 cm³ starkem Ammoniakwasser versetzt, auf 150 cm³ verdünnt und zunächst mit 0,3 bis 0,5 Ampere, schließlich mit 1 bis 1,5 Ampere elektrolysiert. Hierbei soll eine Temperatur von 50 bis 60° eingehalten werden. Die verbleibende Zinklösung wird mit Natronlauge übersättigt und das Zink mit 0,8 bis 1 Ampere gefällt.

c) HOLLARD und BERTIAUX (b), (c) fällen ebenfalls zuerst das Nickel aus der Lösung der Sulfate, der sie Ammoniumsulfat, Ammoniak und schweflige Säure zusetzen. Diese Methode wurde von FOERSTER modifiziert.

***Arbeitsvorschrift von* FOERSTER.** Man neutralisiert die Lösung der Sulfate mit starkem Ammoniak. Falls wenig freie Schwefelsäure vorhanden ist, setzt man noch so viel Ammoniumsulfat zu, daß dessen Menge 5 g beträgt. Sodann fügt man 30 bis 35 cm³ konzentriertes Ammoniak (D 0,91) und 0,5 bis 1 g krystallisiertes Natriumsulfit zu, verdünnt auf 250 bis 300 cm³ und erwärmt auf 90 bis 92°. Mit einem Strom von 0,1 Ampere werden 0,15 g Nickel auf einer Drahtnetzelektrode in etwa 2 Std. abgeschieden. Zeigt eine Probe des Elektrolyten mit Ammoniumsulfid keine Nickelreaktion mehr, dann hebt man die Elektroden unter beständigem Abspritzen aus der Flüssigkeit heraus.

Das Zink kann aus der nickelfreien Lösung ohne weiteres mit einer Stromstärke von 0,3 bis 0,5 Ampere auf einer verkupferten Drahtnetzelektrode abgeschieden werden. Die Fällung von 0,16 g Zink dauert ungefähr 3 Std.

Bemerkungen. Nach einer Untersuchung von FOERSTER und TREADWELL wird auf diese Weise zwar eine Trennung der beiden Metalle erzielt, jedoch nimmt das Nickel hierbei Schwefel auf, dessen Menge unter den obigen Versuchsbedingungen bei einer Nickelmenge von etwa 0,11 g 1,4 bis 2% beträgt. Der Schwefelgehalt des abgeschiedenen Nickels wird um so größer, je mehr Sulfit man zusetzt, je höher die Temperatur ist und je länger man die Elektrolyse über die erforderliche Zeit ausdehnt. Das gefällte Nickel muß also wieder gelöst und ohne Sulfitzusatz nochmals abgeschieden werden.

d) FISCHER (b), (c) scheidet das Nickel schnellelektrolytisch ab. Der durch die Aufnahme von Schwefel bedingte Fehler läßt sich auf ein Minimum reduzieren, wenn man das Kathodenpotential mittels einer Hilfselektrode kontrolliert.

***Arbeitsvorschrift von* FISCHER.** Die Lösung, die je etwa 0,15 g der beiden Metalle enthält, wird mit 5 g Ammoniumsulfat, 1 bis 3 g krystallisiertem Natriumsulfit und 30 cm³ Ammoniak (D 0,91) versetzt. Das Gesamtvolumen der Flüssigkeit soll 250 bis 300 cm³ betragen. Bei einem Potential der Kathode gegen die 2 n Quecksilber I-sulfatelektrode von 1,35 Volt beginnt man die Elektrolyse mit einer Stromstärke von 0,8 bis 1,0 Ampere und setzt diese nach Maßgabe des Kathodenpotentials schließlich auf 0,07 bis 0,10 Ampere herab. Die Temperatur des Elektrolyten ist auf 90 bis 92° zu halten. Nach FISCHER (b), (c) benutzt man konzentrisch angeordnete Netzelektroden und rührt mit 600 bis 800 Umdrehungen/Min. Die Abscheidung von 0,15 g Nickel dauert etwa 20 Min.

Das Zink kann nach FOERSTER direkt aus der vom Nickel befreiten Lösung abgeschieden werden. Wenn man mit bewegtem Elektrolyten und einer Stromstärke von 1,4 bis 1,6 Ampere arbeitet, beansprucht die Fällung von 0,15 g Zink ungefähr 30 Min. — Man kann auch das überschüssige Natriumsulfit durch Wasserstoffperoxyd oxydieren und das Zink aus der mit Alkalihydroxyd und 2 bis 3 g Weinsäure versetzten, von Ammoniak durch Erhitzen befreiten Flüssigkeit unter Rühren mit einem Strom von 2,5 Ampere Stärke in 45 Min. abscheiden. Man erhält dabei zwar dunkel gefärbtes Metall, aber gute Resultate.

***Bemerkungen.* I. Genauigkeit.** Bei Anwendung von je etwa 0,15 g der beiden Metalle beträgt der Fehler für jedes der Metalle im Mittel etwa $\pm$ 0,2 mg.

II. Ersatz des Ammoniumsulfats durch Natriumsulfat. Verwendet man an Stelle des Ammoniumsulfats Natriumsulfat, so ist das abgeschiedene Nickel hellweiß und enthält keine Spur Schwefel. Die Elektrolyse verläuft auch in diesem Falle ganz glatt, nur bildet sich auf der Oberfläche des Elektrolyten eine dünne, unwägbare Haut von Zinkhydroxyd, die jedoch in keiner Weise stört. Bei Anwendung von Ammoniumsulfat ist dagegen zu beachten, daß man die Elektrolyse unterbrechen muß, sobald die Stromstärke etwa 8 Min. lang auf ihrem tiefsten Wert gestanden hat, da das Nickel andernfalls noch nachträglich etwas Schwefel aufnimmt. Bei richtigem Verlauf der Elektrolyse enthält das hellgraue Nickel jedoch nur Spuren von Schwefel. Im ungünstigsten Fall beträgt dessen Menge auf 0,15 g Nickel 0,4 mg.

e) Nach TREADWELL erhält man ganz reine Nickelniederschläge, wenn man der ammoniakalischen Lösung der Chloride 3 bis 4 g Hydrazinchlorhydrat als Depolarisator zusetzt.

***Arbeitsvorschrift von* TREADWELL.** Die Lösung, welche beispielsweise 0,4450 g Nickel und 0,2 g Zink in Form der Chloride enthält, wird mit 20 cm³ konzentriertem Ammoniak und 4 cm³ Hydrazinhydrat versetzt und auf ein Volumen von 150 cm³ gebracht. Man elektrolysiert die gelinde siedende Lösung unter Verwendung einer WINKLERschen Netzelektrode mit einem Strom von 0,2 bis 0,1 Ampere Stärke. Die oben genannte Nickelmenge scheidet sich dabei im Verlauf von 3 Std. als tadelloser, platinfarbiger Niederschlag ab.

Das Zink kann direkt aus der von Nickel befreiten ammoniakalischen Lösung unter Verwendung einer rotierenden Elektrode gefällt werden.

Man kann auch in der heißen ammoniakalischen Lösung das Sulfit durch Perhydrol zu Sulfat oxydieren und dann das Zink in schwach saurer Lösung abscheiden.

f) Bei der Methode von BREISCH wird das Nickel als Hydroxyd, $Ni(OH)_3$, gefällt und in Gegenwart des Niederschlags das Zink elektrolytisch abgeschieden.

***Arbeitsvorschrift von* BREISCH.** Die höchstens 100 cm³ betragende Lösung der beiden Metalle, die nicht stark salzsauer sein darf, wird mit 5 cm³ Perhydrol versetzt und in eine auf etwa 80° erwärmte, 50%ige Lösung von 20 bis 25 g Kaliumhydroxyd, die sich in einem 500 cm³ fassenden, zur Elektrolyse geeigneten Becherglas befindet, langsam eingegossen. Wegen des Schäumens wird hierbei möglichst mit einem Uhrglas bedeckt gehalten. Nach raschem Nachspülen und kräftigem Umschwenken erhitzt man kurze Zeit, bis die Sauerstoffentwicklung fast aufgehört hat. Dann elektrolysiert man die heiße Flüssigkeit unter Verwendung einer Silberdrahtnetzelektrode. Nach 45 Min. prüft man durch Auffüllen auf vollständige Abscheidung. Über die Stromstärke und die Spannung macht BREISCH keine Angaben.

Das in der vom Zink befreiten Flüssigkeit zurückbleibende Nickel III-hydroxyd kann nach dem Abfiltrieren ohne Auswaschen in verdünnter Säure gelöst und das Nickel titrimetrisch oder elektrolytisch bestimmt werden.

***Bemerkung.* Genauigkeit.** Bei Anwendung von 0,0523 g Zink und 0,0270 bis 0,0540 g Nickel erhielt BREISCH für das Zink Werte, die im Mittel um 0,3 mg zu niedrig sind.

5. Trennung des Zinks von Kobalt.

Führt man die Trennung in ammoniakalischer, sulfithaltiger Lösung wie bei der Trennung von Nickel aus (s. **Abschnitt 4**), so erhält man tief schwarze, sehr stark mit Schwefel verunreinigte Niederschläge. Erhöhung des Ammoniakgehaltes begünstigt die Trennung. Spuren von Kobalt bleiben hierbei jedoch meistenteils in Lösung.

Arbeitet man in chloridhaltiger Lösung mit Hydrazinchlorhydrat als Depolarisator, dann bleibt die Fällung bei einer Stromstärke von 0,1 Ampere unvollständig.

VORTMANN (b) führt die Trennung in ätzalkalischer, tartrathaltiger Lösung aus. Die Methode wurde von WALLER geprüft und als zuverlässig befunden.

***Arbeitsvorschrift von* VORTMANN.** Die Lösung der Sulfate wird mit 6 g Seignettesalz, 1 bis 1,5 g Kaliumjodid und 10 cm³ 20 bis 30% iger Natronlauge versetzt, so daß sie alkalisch ist. Sodann wird auf 150 cm³ verdünnt und bei 60 bis 65° bei einer Stromdichte von ND_{100} = 0,05 bis 0,1 Ampere und einer Spannung von 2 Volt elektrolysiert. Der Zusatz von Kaliumjodid soll die Abscheidung von Kobalt III-oxyd an der Anode verhindern, indem das Jodid zu Jodat oxydiert wird, während andernfalls Kobalt II-oxyd in Kobalt III-oxyd übergeht. Trotzdem ist eine geringe Abscheidung von Kobalt III-oxyd nicht zu vermeiden. Deshalb wird nach beendeter Analyse auch die Anode vorsichtig mit Wasser abgespült und im Luftbad bei 110° getrocknet. Die dem Oxyd entsprechende Menge Kobalt addiert man zum Gewicht des abgeschiedenen Metalls.

C. Trennung des Zinks von den Metallen der Schwefelwasserstoffgruppe.

Da die Metalle dieser Gruppe alle wesentlich edler als das Zink sind, stellt ihre elektrolytische Abscheidung eine naturgegebene Trennungsmöglichkeit dar.

1. Trennung des Zinks von Arsen.

In Gegenwart von Alkaliarsenat kann man das Zink aus ätzalkalischem, rasch bewegtem Elektrolyten als hellgrauen, fest haftenden Niederschlag ohne merkliches Übergewicht abscheiden. Die Stromstärke soll 1 Ampere betragen, entsprechend einer Badspannung von 3,2 bis 3,4 Volt.

Es ist jedoch zu beachten, daß hierbei merkliche Mengen von Arsen als Arsenwasserstoff verflüchtigt werden können. Molybdate, Wolframate und Phosphate stören.

2. Trennung des Zinks von Silber.

Die Trennung läßt sich ohne Schwierigkeit ausführen, indem man das Silber aus schwefelsaurer oder salpetersaurer Lösung in bekannter Weise abscheidet.

Auch in cyankalischer Lösung läßt sich diese Trennung ausführen.

***Arbeitsvorschrift von* Heidenreich.** Die Lösung, die in 120 cm³ 0,2 bis 0,25 g Silber und 0,16 g Zink enthalten kann, wird mit 2 bis 2,5 g Kaliumcyanid versetzt und bei 60 bis 70° mit einem Strom von 0,05 bis 0,02 Ampere Stärke und einer Badspannung von 1,9 bis 2 Volt elektrolysiert.

3. Trennung des Zinks von Quecksilber.

Die Trennung gelingt durch Abscheidung des Quecksilbers aus salpetersaurer Lösung.

Die Trennung kann nach Heidenreich auch wie die von Silber und Zink in cyankalischer Lösung mit einem Strom von 0,08 bis 0,03 Ampere Stärke und 1,65 bis 1,75 Volt Spannung ausgeführt werden; jedoch leiden die Platinschalen unter der gleichzeitigen Einwirkung von Kaliumcyanid und Quecksilber.

4. Trennung des Zinks von Wismut.

Das Wismut wird in salpetersaurer Lösung abgeschieden und das Zink in der wismutfreien Lösung nach dem Alkalischmachen gefällt.

5. Trennung des Zinks von Blei.

Die Trennung erfolgt durch anodische Abscheidung des Bleis als Bleidioxyd in salpetersaurer Lösung. Während das abgeschiedene Bleidioxyd bei Gegenwart der meisten anderen Metalle ein zu hohes Gewicht aufweisen soll, trifft diese Angabe nach Böttger (b) keineswegs für alle Metalle zu, unter anderem auch nicht für Zink.

Moldenhauer trennt die beiden Metalle, indem er das Blei als Sulfat fällt und das Zink aus der schwefelsauren Lösung mit Bleisulfat als Bodenkörper unter Verwendung einer Quecksilberkathode abscheidet.

***Arbeitsvorschrift von* Moldenhauer.** Die Lösung der beiden Metalle (je etwa 0,1 g) wird mit 10 cm³ 2 n Schwefelsäure versetzt. Ihr Volumen soll 40 bis 50 cm³ betragen. Nach dem Absitzen des Niederschlags bringt man die gewogene Löffelkathode vorsichtig, ohne den Niederschlag aufzurühren, in den Elektrolyten und scheidet das Zink bei einer Temperatur von 50° im ruhenden Elektrolyten ab. Die Fällung von 0,1 g Zink dauert 1¾ bis 2 Std. Die Entfernung der aus den Nitraten stammenden Salpetersäure ist nicht nötig.

***Bemerkung.* Genauigkeit.** Die Resultate sind um 0,1 bis 0,2% zu niedrig.

6. Trennung des Zinks von Kupfer.

Infolge des elektrochemisch verschiedenen Verhaltens der beiden Metalle in saurer Lösung bietet die Trennung keine Schwierigkeiten. Bei bewegtem Elektrolyten lassen sich wesentlich größere Stromstärken anwenden als bei ruhendem. Jedoch kommt es bei hohen Stromdichten bereits beim Nachlassen der Rührgeschwindigkeit oder beim Sinken der Temperatur zur Abscheidung von Zink. Schon sehr kleine Zinkmengen sind auf dem Kupferniederschlag durch ihre hellgraue Farbe sichtbar und können meist ohne Schädigung des Kupferniederschlages durch Umpolen in einigen Sekunden wieder entfernt werden.

Trennung in schwefelsaurer Lösung bei ruhendem Elektrolyten nach Treadwell. Die Lösung wird mit 10 cm³ 6 n Schwefelsäure angesäuert. Ihr Volumen soll 150 cm³ betragen. Man fällt dann in 1 bis 1¼ Std. das Kupfer bei einer Temperatur von 60° mit einem Strom von 0,4 Ampere Stärke und 2 Volt Spannung. Die vom Kupfer befreite Flüssigkeit wird alkalisch gemacht und aus ihr das Zink abgeschieden, dessen Menge beliebig groß sein kann.

Chloride stören und müssen zuvor durch Abdampfen mit Schwefelsäure entfernt werden.

Abscheidung des Kupfers aus bewegtem, schwefelsaurem Elektrolyten nach Ashbrook. Die Lösung, welche bei einem Volumen von 125 cm³ beispielsweise 0,3 g Kupfer und 0,25 g Zink enthält, wird mit 1 cm³ Schwefelsäure (spez. Gew. 1,83) versetzt und in der Hitze mit einem Strom von 3 bis 5 Ampere bei einer Klemmenspannung von 5 Volt und einer Rührgeschwindigkeit von 600 bis 800 Umdrehungen elektrolysiert. Die Abscheidung des Kupfers beansprucht 10 Min.

Abscheidung des Kupfers aus bewegtem, schwefelsaurem Elektrolyten nach Fischer (c). Die Lösung, deren Volumen 110 cm³ beträgt, wird mit 1 cm³ konzentrierter Schwefelsäure angesäuert. Man elektrolysiert unter Verwendung von Netzelektroden und eines gitterförmigen Rührers mit 8 bis 9 Ampere, sinkend bis 0,1 Ampere, und einem Kathodenpotential von 0,7 bis 0,75 Volt. Die Temperatur soll 80° betragen und die Rührgeschwindigkeit 1000 bis 1200 Umdrehungen. Die Abscheidung des Kupfers dauert 8 bis 10 Min.

Trennung in salpetersaurer Lösung bei ruhendem Elektrolyten nach Treadwell. Die Lösung, deren Volumen 100 cm³ betragen soll, wird mit 3 cm³ stickoxydfreier konzentrierter Salpetersäure versetzt und in der Kälte mit einem Strom von 0,8 bis 0,2 Ampere Stärke und 2 bis 2,5 Volt Spannung das Kupfer gefällt, was bei einer Menge von 0,4 g 4 bis 5 Std. dauert. Man kann die Elektrolyse auch bei einer Stromstärke von 0,3 bis 0,1 Ampere über Nacht laufen lassen, wobei man, um den Widerstand des Stromkreises etwas zu erhöhen, anstatt der Winklerschen Spiralanode einen geraden Platindraht gleicher Dicke verwendet. Es ist zu beachten, daß bei der Abscheidung geringer Kupfermengen von einigen Milligrammen die erforderliche Zeit nicht entsprechend kürzer ist, sondern reichlich bemessen werden muß, da die letzten Spuren nur langsam gefällt werden.

Schnellfällung des Kupfers aus salpetersaurer Lösung nach Fischer (a), (c). Die Lösung, die bei einem Volumen von 120 cm³ beispielsweise 0,3 g Kupfer und 0,2 g Zink enthält, wird mit 0,5 bis 1 cm³ Salpetersäure (spez. Gew. 1,2) versetzt und mit 3 bis 2 Ampere und einer Klemmenspannung von 7 bis 9 Volt bei einer Temperatur von 95° und einer Rührgeschwindigkeit von 1000 bis 1200 Umdrehungen/Min. elektrolysiert.

Trennung in ammoniakalischer Lösung. Hierbei können die beiden Metalle sowohl als Sulfate als auch als Nitrate oder Chloride vorliegen.

a) Arbeitsweise in ruhendem Elektrolyten. Die Lösung, welche bei einem Volumen von 100 cm³ etwa 0,2 bis 0,3 g Kupfer enthält, wird mit 10 cm³ konzentriertem Ammoniak und 3 g Ammoniumsulfat (6 cm³ einer gesättigten Lösung) versetzt und mit einem durch das Bad kurz geschlossenen Akkumulator in der Kälte 4 bis 5 Std. lang oder über Nacht elektrolysiert.

b) Arbeitsweise in bewegtem Elektrolyten. Die Lösung, deren Volumen 100 cm³ betragen soll, wird mit 10 bis 15 cm³ konzentriertem Ammoniak versetzt und bei Zimmertemperatur mit 0,7 bis 0,1 Ampere und 1,7 bis 2 Volt und einer Rührgeschwindigkeit von 200 Umdrehungen/Min. elektrolysiert. Es ist darauf zu achten, daß die Kathode ganz von der Flüssigkeit bedeckt ist und daß keine Luftblasen in die Flüssigkeit eingewirbelt werden. Die Abscheidung von 0,2 g Kupfer dauert 30 Min.

Aus der vom Kupfer befreiten, ammoniakalischen Flüssigkeit wird das Zink am besten in bewegtem Bad gefällt (vgl. Einzelbestimmung des Zinks).

7. Trennung des Zinks von Cadmium.

Methoden zur Trennung von Zink und Cadmium finden sich im Kapitel „Cadmium"

Literatur.

ALDERS, H. u. A. STÄHLER: B. **42**, 2685 (1909). — ALEMANY, J.: An. Españ. II, **17**, 174 (1920); durch C. **91 II**, 120 (1920). — AMBERG, R.: B. **36**, 2489 (1903). — ASHBROOK, D. S.: Am. Soc. **26**, 1383 (1904).

BARNEBEY, O. L.: Am. Soc. **36**, 1144 (1914). — BAUMANN, P.: Z. anorg. Ch. **47**, 315 (1912). — BEILSTEIN, F. u. L. JAWEIN: B. **12**, 446 (1879). — BELASIO, R. u. E. MELLANA: Ann. Chim. applic. **17**, 336 (1927); durch C. **98 II**, 1871 (1927). — BÖTTGER, W.: (a) B. **42**, 1824 (1909); (b) Elektroanalyse, in: Physikalische Methoden der analytischen Chemie, herausgegeben von W. BÖTTGER, 2. Teil, S. 129, 223, 224, 232. Leipzig 1936. — BÖTTGER, W., N. BLOCK u. M. MICHOFF: Fr. **93**, 401 (1933). — BRAND, A.: Fr. **28**, 605 (1889). — BREISCH, K.: Fr. **64**, 13 (1924). — BRENNECKE, E.: Fr. **75**, 321 (1928). — BRUNCK, O.: (a) Ch. Z. **36**, 1233 (1912); (b) **38**, 565 (1914).

CALHANE, D. F. u. C. M. ALBER: Trans. Am. electrochem. Soc. **63**, 173 (1933). — CHANCEL, F.: Bl. [4] **19**, 59 (1916). — CLARKE, B. L. u. H. W. HERMANCE: Am. Soc. **54**, 877 (1932). — CLASSEN, A.: B. **14**, 2771 (1881). — CLASSEN, A. u. M. A. v. REIS: B. **14**, 1622 (1881). — CRAIGHEAD, C. M.: Ind. eng. Chem. Anal. Edit. **2**, 188 (1930). — CURRIE, E. G.: Chem. N. **91**, 247 (1905).

DANNEEL, H.: Z. El. Ch. **9**, 760 (1903). — DENSO, P.: Z. El. Ch. **9**, 463 (1903).

ENGELENBURG, A. J.: Fr. **62**, 276 (1923). — EXNER, FR. F.: Am. Soc. **25**, 896 (1903).

FETKENHEUER, B. u. E. CREMER: Wiss. Veröffentl. Siemens-Konzern **12**, 168 (1932). — FISCHER, A.: (a) Ch. Z. **31**, 25 (1907); (b) **32**, 185 (1908); (c) „Die chemische Analyse", Bd. 4/5: Elektroanalytische Schnellmethoden. Stuttgart 1908. — FISCHER, A. u. R. J. BODDAERT: Z. El. Ch. **10**, 945 (1904). — FLADE-SCHALL, B. M.: Durch W. BÖTTGER, Elektroanalyse, in: Physikalische Methoden der analytischen Chemie, herausgegeben von W. BÖTTGER, 2. Teil, S. 131. Leipzig 1936. — FOERSTER, F.: Z. El. Ch. **12**, 1842 (1906); **13**, 561 (1907). — FOERSTER, F. u. W. TREADWELL: Z. El. Ch. **14**, 89 (1908). — FOREGGER, v.: Diss. Bern 1896. — FORMÁNEK, J. u. F. PEČ: Ch. Z. **33**, 1282 (1909). — FRARY, F. C.: Angew. Ch. **20**, 2247 (1907).

GIBBS, W.: Chem. N. **42**, 291 (1880); durch Fr. **22**, 558 (1883). — GIORDANI, M.: Ann. Chim. applic. **18**, 63 (1928); durch C. **99 I**, 2848 (1928). — GUZMÁN, J.: An. Españ. **30**, 433 (1932). — GUZMÁN, J. u. J. S. D'ANGLADA: An. Españ. **32**, 1053 (1934); durch C. **106 I**, 2050 (1935). — GUZMÁN, J. u. P. POCH: An. Españ. **15**, 235 (1917). — GUZMÁN, J. u. A. RANCAÑO: An. Españ. **31**, 348 (1933); durch C. **104 II**, 913 (1933).

HEIDENREICH, M.: B. **29**, 1585 (1896). — HOLLARD, A. u. L. BERTIAUX: (a) C. r. **136**, 1266 (1903); (b) **137**, 853 (1903); (c) **138**, 1605 (1904); (d) Bl. [3] **31**, 900 (1904).

INGHAM, L. H.: Am. Soc. **26**, 1269 (1904).

JENE, K.: Ch. Z. **29**, 803 (1905). — JORDIS, E.: Z. El. Ch. **2**, 138, 655 (1896).

KEMMERER, G.: Ind. eng. Chem. **2**, 375 (1910). — KIYOTA, H.: Mem. Sci. Kyoto Univ. Ser. A **15**, 301 (1932); durch C. **104 I**, 1326 (1933). — KOLLOCK, L. G. u. E. F. SMITH: (a) Am. Soc. **27**, 1255 (1905); (b) **29**, 797 (1907).

MEDWAY, H. E.: (a) Am. J. Sci. [4] **18**, 56 (1904); (b) Z. anorg. Ch. **42**, 114 (1904). — MILLER, W. v. u. H. KILIANI: Kurzes Lehrbuch der analytischen Chemie, 3. Aufl. S. 104. München

1897. — MILLOT, A.: Bl. [N. S.] 37, 339 (1882). — MOLDENHAUER, W.: Angew. Ch. 42, 331 (1929).

NEUMANN, B.: Theorie und Praxis der analytischen Elektrolyse der Metalle, S. 121 u. 198. Halle 1897. — NEUMANN-SPALLART, K.: Mikrochemie 2, 157 (1924). — NICHOLSON, H. u. S. AVERY: Am. Soc. 18, 654 (1896). — NISSENSON, H. u. H. DANNEEL: Z. El. Ch. 9, 760 (1903).

PARODI, G. u. A. MASCAZZINI: (a) G. 7, 222 (1877); durch C. 48, 146, 457 (1877) u. B. 10, 84, 1098 (1877); (b) G. 8, 169 (1878); durch C. 49, 663 (1878) u. B. 11, 1384 (1878). — PAWECK, H.: (a) Z. El. Ch. 5, 221 (1898); (b) Öst. Z. Berg- u. Hüttenw. 46, 570 (1898); (c) Ch. Z. 24, 856 (1900). — PAWECK, H. u. E. WALTHER: Fr. 64, 89 (1924). — PRICE, T. Sl.: Chem. N. 97, 89, 99 (1908). — PRICE, T. Sl. u. A. W. T. HYDE: J. Soc. chem. Ind. 30, 391 (1911). — PRICE, T. Sl. u. G. H. B. JUDGE: Chem. N. 94, 18 (1906).

REINHARDT, H. u. R. IHLE: J. pr. [N. F.] 24, 193 (1881). — RICHE, A.: C. r. 85, 226 (1877). — RIEDERER, E. J.: Am. Soc. 21, 789 (1899). — RÜDORFF, FR.: (a) Angew. Ch. 5, 197 (1892); (b) 7, 388 (1894).

SAND, H. J. S.: Soc. 91, 373 (1907). — SAND, H. J. S. u. W. SMALLEY: Chem. N. 103, 14 (1911). — SCHLEICHER, A. u. L. TOUSSAINT: Angew. Ch. 39, 822 (1926). — SCHOLL, G. P.: Am. Soc. 25, 1045 (1903). — SCHUHKNECHT, W.: Durch W. BÖTTGER: Elektroanalyse, in: Physikalische Methoden der analytischen Chemie, herausgegeben von W. BÖTTGER, 2. Teil, S. 136. Leipzig 1936. — SHERWOOD, L. T. u. G. ALLEMAN: Chem. N. 97, 137 (1908). — SMITH, E. F.: (a) Am. Soc. 24, 1073 (1902); (b) 25, 883 (1903); (c) Electroanalysis, 4. Aufl., S. 109. Philadelphia 1907. — SPEAR, E. B. u. S. STRAHAN: Ind. eng. Chem. 4, 889 (1912). — SPEAR, E. B., E. B. WELLS u. B. DYER: Am. Soc. 32, 530 (1910). — SPITZER, F.: Z. El. Ch. 11, 391 (1905). — SPRINGER, J. W.: Fr. 65, 315 (1924/25).

TREADWELL, W. D.: Elektroanalytische Methoden, S. 130ff. u. S. 195. Berlin 1915.

VORTMANN, G.: (a) M. 14, 536 (1893); (b) Elektroch. Z. 1894, 6; durch Z. El. Ch. 1, 141 (1894/95); (c) A. 351, 283 (1907).

WAGNER, E.: (a) Z. El. Ch. 2, 613 (1896); (b) 3, 19 (1896). — WALLER, A.: Z. El. Ch. 4, 243 (1897). — WEGELIN, G.: Ch. Z. 37, 989 (1913). — WEINER, R.: Z. El. Ch. 41, 153 (1935). — WENGER, P., CH. CIMERMAN u. G. TSCHANUN: Mikrochim. A. 1, 51 (1937). — WINCHESTER, R. u. L. F. YNTEMA: Ind. eng. Chem. Anal. Edit. 9, 254 (1937). — WRIGHTSON, F.: Fr. 15, 297 (1876).

§ 4. Bestimmung unter Abscheidung als Kaliumzinkferrocyanid.

A. Maßanalytische Bestimmung.

Allgemeines.

Diese in der Technik viel benutzte Methode beruht auf der Fällung des Zinks als Kaliumzinkferrocyanid:

$$2\,K_4Fe(CN)_6 + 3\,Zn^{\cdot\cdot} = K_2Zn_3[Fe(CN)_6]_2 + 6\,K^{\cdot},$$

wobei der Endpunkt der Titration mit Hilfe eines geeigneten Indicators erkannt wird.

Als erster hat GALLETTI das Zink mit Ferrocyanid maßanalytisch bestimmt. Er titrierte in essigsaurer Lösung bei 40° bis zu einem milchähnlichen Aussehen der Flüssigkeit. In der Folge ist für diese Arbeitsweise eine große Zahl von mehr oder weniger weitgehenden Abänderungsvorschlägen gemacht worden. Von diesen betreffen viele nur die Vorbereitung der Erzlösung, die Entfernung störender Bestandteile usw.

Von den wichtigeren Arbeiten ist die von FAHLBERG zu erwähnen, welcher vorschlug, in salzsaurer Lösung bei Gegenwart von reichlich Ammoniumchlorid zu titrieren und den Endpunkt durch Tüpfeln mit Uranylnitrat festzustellen, wobei sich braunes Uranylferrocyanid bildet.

Die Zusammensetzung des mit Kaliumferrocyanid ausfallenden Niederschlags, die in der älteren Literatur viel umstritten ist, wurde durch DE KONINCK und PROST erforscht. Diese stellten fest, daß sogleich das Doppelsalz $K_2Zn_3\,[Fe\,(CN)_6]_2$ entsteht, anfangs allerdings in gallertiger Form, welche noch mit Uranylsalzen reagiert. Allmählich geht diese in eine pulvrige Modifikation gleicher Zusammensetzung über, die nicht mehr mit Uranylnitrat reagiert. Dieser Übergang wird durch Erwärmen und auch durch überschüssiges Kaliumferrocyanid beschleunigt. Deshalb schlagen DE KONINCK und PROST vor, mit überschüssigem Kaliumferrocyanid zu versetzen und den Überschuß nach 15 Min. mit Zinklösung gegen Uranylsalz als Indicator zurückzutitrieren.

Was die Indicatoren anbetrifft, so wurde außer dem bereits von FAHLBERG benutzten Uranylnitrat von NISSENSON und KETTEMBEIL noch Ammoniummolybdat vorgeschlagen, während SCOTT die Titration in salzsaurer Lösung mit Ferrosalz als Indicator ausführt. Die Zinklösung wird in diesem Fall bei Zusatz von Ferrocyanid blau, und die Farbe schlägt nach „Erbsengrün" um, sobald ein Überschuß von Ferrocyanid vorhanden ist. Die Ferrocyanidlösung soll ein wenig Ferricyanid enthalten.

KOLTHOFF (c) konnte allerdings nach SCOTTS Vorschrift keine brauchbaren Resultate erhalten. Eine Prüfung der Empfindlichkeit der beiden anderen genannten Indicatoren ergab nach KOLTHOFF (c) folgende Resultate:

Die Untersuchungen wurden in folgender Weise ausgeführt. I. Die Versuche wurden im Reagensglas angestellt. 5 cm³ der neutralen bzw. sauren Ferrocyanidlösung wurden mit 3 Tropfen 1%iger Uranylnitratlösung versetzt. Die Farbe wurde dann mit der bei einem Blindversuch erhaltenen verglichen. Eine schwache Braunfärbung zeigte die Anwesenheit von Ferrocyanid an.

II. 1 Tropfen der neutralen oder sauren Ferrocyanidlösung wurde mit 1 Tropfen 1%iger Uranylnitratlösung auf einer Porzellan-Tüpfelplatte gemischt und die Farbe beurteilt.

III. Die Reaktion wurde mit Filtrierpapier ausgeführt, das zuvor mit 1%iger Uranylnitratlösung getränkt war.

Tabelle 6. Empfindlichkeit der Uranreaktion auf Ferrocyanid.

Acidität der Lösung	I $K_4[Fe(CN)_6]$-Gehalt mg/l	II $K_4[Fe(CN)_6]$-Gehalt mg/l	III $K_4[Fe(CN)_6]$-Gehalt mg/l
Neutral	10	25	25
0,4 n Essigsäure .	5	25	25
0,4 n Salzsäure .	250	125	125
0,4 n Schwefelsäure	250	250	250

Bei Verwendung von Ammoniummolybdat als Indicator muß die Lösung sauer sein. In essigsaurer Lösung tritt hierbei eine gelbe Färbung auf und in mineralsaurer Lösung, je nach der Verdünnung, eine rotbraune bzw. orangegelbe oder gelbe Färbung. Mit sehr verdünnten Ferrocyanidlösungen ist nur ein schwach gelber Farbton zu beobachten.

Die unter I angeführten Versuche wurden im Reagensglas, die unter II angegebenen auf der Tüpfelplatte ausgeführt. Die benutzte Ammoniummolybdatlösung war 0,9%ig. — Falls man Molybdat als Indicator verwenden will, muß die zu titrierende Lösung farblos sein, weil sonst die gelbe Farbe im Endpunkt überhaupt nicht zu erkennen ist. KOLTHOFF (c) kommt infolgedessen zu dem Schluß, daß Uranylnitrat im allgemeinen der geeignetere der beiden Indicatoren ist.

Tabelle 7. Empfindlichkeit der Molybdatreaktion auf Ferrocyanid.

Acidität der Lösung	I $K_4[Fe(CN)_6]$-Gehalt mg/l	II $K_4[Fe(CN)_6]$-Gehalt mg/l
0,4 n Essigsäure .	50	100
0,4 n Salzsäure .	25	50
0,4 n Schwefelsäure	25	50

URBASCH (c) verwendet eine andere Art der Endpunktsanzeige, welche die Nachteile des Tüpfelns vermeidet. Sie beruht darauf, daß eine Zinklösung, die sehr wenig Ferrisalz enthält, beim Zusatz von Kaliumferrocyanid so lange blau bleibt, als noch Zink in der Lösung vorhanden ist, dagegen gelblich wird, wenn alles Zink verbraucht ist.

Bei der Methode von CONE und CADY wird durch den Zusatz der „inneren“ Indicatoren Diphenylamin bzw. Diphenylbenzidin die Endpunktsermittelung mittels Tüpfelung ebenfalls durch eine direkte Titration bis zum Farbumschlag der zu titrierenden Lösung ersetzt.

Der Umschlag ist teilweise (besonders beim Tüpfeln) nicht ganz leicht zu erkennen. Die Titration erfordert also Übung und gute Beleuchtung (Tageslicht). Da die Zusammensetzung des Niederschlags mit den Fällungsbedingungen etwas wechselt, muß man, um gute Resultate zu erhalten, die Titerstellung und die eigentliche Bestimmung unter in jeder Hinsicht möglichst gleichen Verhältnissen ausführen.

Kupfersulfat, Kobaltnitrat und Alkaliwolframat, die auch als Indicatoren vorgeschlagen worden sind, haben sich in der Praxis nicht bewährt.

Der Titer der Kaliumferrocyanidlösung verändert sich mit der Zeit, besonders im Licht, und muß deshalb öfters kontrolliert werden. MOLDENHAUER (b) empfiehlt, 1 bis 2 g Alkalihydroxyd auf 1 l zuzusetzen, während KORTE 7 g krystallisiertes Natriumsulfit zum Liter zufügt, wenn dasselbe 21,63 g Kaliumferrocyanid enthält. KOLTHOFF (c) konserviert eine $^1/_{40}$ mol Lösung durch Zusatz von 0,1% Kaliumferricyanid, so daß sie sich monatelang in einer braunen Flasche hält.

Bestimmungsverfahren.

I. Titration in saurer Lösung.

Nach SCOTT ist die Titration in saurer Lösung besonders für Materialien geeignet, die wenig Kieselsäure, Aluminium, Eisen und Mangan enthalten, während bei solchen mit hohem Gehalt an den genannten Stoffen — wenigstens von einem weniger geübten Analytiker — leicht fehlerhafte Resultate erhalten werden.

1. Methode von KOLTHOFF (c).

Auf Grund systematischer Untersuchungen hat KOLTHOFF (c) nachfolgende ***Arbeitsvorschrift*** als besonders zweckmäßig befunden: 25 cm³ der etwa $^1/_{20}$ mol Zinksalzlösung säuert man mit 10 Tropfen 4 n Salzsäure an; verdünnt mit 25 cm³ Wasser, erhitzt auf 40 bis 60° und titriert mit einer $^1/_{40}$ mol Kaliumferrocyanidlösung. In der Nähe des Endpunktes, den man zuvor durch eine Rohtitration annähernd festgestellt hat, bringt man 1 Tropfen der Flüssigkeit mit 1 Tropfen 1%iger Uranylnitratlösung auf einer Tüpfelplatte zusammen und prüft die Farbe nach etwa 30 Sek. Eine schwache Rotbraunfärbung zeigt den Endpunkt an. Der notwendige Überschuß an Titerlösung beträgt etwa 0,25 cm³ $^1/_{40}$ mol Kaliumferrocyanidlösung.

Bemerkungen. **I. Genauigkeit.** NISSENSON und KETTEMBEIL haben in einer größeren Anzahl von Analysen unter Verwendung verschiedenster Materialien das Verfahren der maßanalytischen Bestimmung des Zinks mit Ferrocyanid sowohl mit der gewichtsanalytischen Bestimmung durch Abscheidung als Zinksulfid als auch mit der elektrolytischen Bestimmung und dem SCHAFFNERschen Verfahren (§ 5, S. 100) verglichen, mit dem Ergebnis, daß diese Methoden praktisch gleichwertig sind. In der Tat weichen die von ihnen durch Titration mit Kaliumferrocyanid ermittelten Werte höchstens um 0,2% von den gewichtsanalytisch durch Fällung als Zinksulfid ermittelten Resultaten ab.

II. Einfluß der Acidität. Größere Mengen Mineralsäuren erhöhen den Verbrauch an Ferrocyanid. Bei Gegenwart von Weinsäure und Citronensäure wird etwas zuviel Ferrocyanid verbraucht. Mit Oxalsäure bildet sich beim Erwärmen Zinkoxalat, das während der Titration kaum noch mit Ferrocyanid reagiert.

III. Einfluß anderer Metalle. Selbst große Mengen Kaliumsulfat, Kaliumchlorid und Ammoniumchlorid haben keinen Einfluß auf das Resultat, und auch die Wirkung von Ammoniumsulfat und -nitrat ist nur gering, so daß sie vernachlässigt werden kann. In Anwesenheit von 5 g Natriumsulfat werden jedoch 2,5% zuviel und in Anwesenheit von 5 g Natriumchlorid etwa 0,75% zu wenig Ferrocyanid verbraucht. Große Mengen Calciumchlorid und Magnesiumsulfat setzen den Reagensverbrauch ebenfalls um etwa 1% herab. Besonders störend sind Aluminiumsalze, selbst in Spuren, weil in ihrer Gegenwart kein scharfer Umschlag mehr wahrzunehmen ist. Ferner stören Mangan und andere Metalle, die schwerlösliche Ferrocyanidkomplexsalze bilden, weshalb es zweckmäßig ist, sie vor der Titration zu entfernen.

IV. Störung durch Oxydationsmittel. Substanzen, welche Ferrocyanid oxydieren, wie Chlor, Brom, Jod, Nitrit usw., stören. Nach DE KONINCK und PROST kann man ihre Wirkung verhindern, indem man etwas Sulfit oder schweflige Säure zusetzt.

V. Titerstellung. Entsprechend den vorstehenden Bemerkungen müssen Titerstellung und eigentliche Bestimmung nicht nur hinsichtlich der Zinkmenge, sondern auch bezüglich des Gehaltes an Säure, Salzen usw. unter möglichst gleichen Verhältnissen vorgenommen werden.

VI. Bereitung der Erzlösung. 1 g feinst gepulvertes Erz wird in einer mit einem Uhrglas bedeckten Porzellankasserolle mit Königswasser oder mit 10 cm³ konzentrierter Salzsäure unter schließlicher Zugabe einer Messerspitze Kaliumchlorat (SEAMAN sowie DEMOREST) in der Wärme gelöst. Dann wird die Flüssigkeit mit 5 cm³ Schwefelsäure (1 : 1) eingedampft, bis keine Schwefelsäuredämpfe mehr entweichen. Den Rückstand nimmt man mit 5 cm³ Salzsäure (D 1,19) und 30 cm³ Wasser auf, erwärmt, bis die Salze gelöst sind, und fügt nach dem Erkalten 75 cm³ gesättigtes Schwefelwasserstoffwasser hinzu. Bei Proben, die sehr viel Blei oder Eisen enthalten, leitet man noch kurze Zeit Schwefelwasserstoff ein. Dann läßt man in gelinder Wärme stehen, bis der Niederschlag sich zusammengeballt hat und filtriert. Den Niederschlag wäscht man mit einer lauwarmen Lösung aus, die auf 1000 cm³ 50 cm³ Salzsäure (D 1,19) und etwas Schwefelwasserstoffwasser enthält. Hierauf verjagt man den Schwefelwasserstoff durch Kochen (Siedesteinchen!). Nach Verkochen des Schwefelwasserstoffs oxydiert man mit starkem Bromwasser unter Zusatz von 5 cm³ Salzsäure (D 1,19) und verkocht das überschüssige Brom vollständig. Nun gibt man bei gelinder Wärme 25 cm³ Ammoniak (D 0,91) und — falls Mangan vorhanden ist — reines 3% iges Wasserstoffperoxyd zu, wobei man einen Überschuß vermeidet. Dann kocht man kurze Zeit auf und filtriert. Den Niederschlag wäscht man mit ammoniakhaltigem heißen Wasser aus, wofür 40 cm³ genügen. Der Niederschlag wird nun mit Wasser in das Fällungsgefäß zurückgespült, mit 10 cm³ Salzsäure (1 : 1) in der Wärme gelöst, mit 20 cm³ Ammoniak (D 0,91) und gegebenenfalls Wasserstoffperoxyd wieder ausgefällt, nach kurzem Aufkochen wieder auf dasselbe Filter zurückgebracht und nochmals mit 40 cm³ Waschflüssigkeit gewaschen. Nötigenfalls wird die Fällung noch ein drittes Mal wiederholt. Zu den gesammelten Filtraten gibt man 5 cm³ Salzsäure (D 1,19), verkocht das noch überschüssige Ammoniak, fügt darauf genau 10 cm³ Salzsäure hinzu und verdünnt auf 400 bis 500 cm³. Die Lösung wird dann möglichst bei Siedehitze titriert.

Man kann auch so verfahren, daß man 2,5 g Erz einwägt und die Lösung schließlich auf genau 500 cm³ auffüllt. Für die Rohtitration verwendet man dann je 100 cm³ (0,5 g Einwage) und für die endgültige Bestimmung 200 cm³ (1 g Einwage).

Die Vorschrift für die Vorbereitung der Lösung weicht übrigens bei den verschiedenen Autoren in den Einzelheiten vielfach voneinander ab.

VII. Sonstige Arbeitsweisen.

α) Bei der Methode von v. SCHULZ und LOW (a), (b), die sich seinerzeit bei einer Prüfung durch die COLORADO SCIENTIFIC SOCIETY in *Pueblo* als die damals beste bewährte, wird bei der Titration ein kleiner Teil der zu titrierenden Flüssigkeit zurückbehalten und der Hauptmenge erst dann zugefügt, wenn die Tüpfelprobe einen Überschuß an Ferrocyanid anzeigt. Auf diese Weise kann man die Menge der noch benötigten Titerlösung abschätzen, so daß ein Übertitrieren leicht vermieden werden kann.

Arbeitsvorschrift von v. SCHULZ und LOW. Die *Herstellung der Probelösung* wird nach v. SCHULZ und LOW (a), (b) wie folgt vorgenommen: 1 g Erz wird mit 25 cm³ einer gesättigten Lösung von Kaliumchlorat in konzentrierter Salpetersäure zunächst mäßig, dann stärker erwärmt, bis alle Säure abgeraucht ist. (Hierbei wird vorhandenes Mangan in ManganIV-oxyd übergeführt.) Zu dem Rückstand gibt man 7 g Ammoniumchlorid, 15 cm³ Ammoniak und 25 cm³ heißes Wasser. Dann kocht man 1 Min. lang, filtriert und wäscht mehrmals mit einer 1%igen Ammoniumchloridlösung nach. Wenn Kupfer zugegen ist, säuert man mit 25 cm³ konzentrierter Salzsäure an und fällt das Kupfer dann durch 40 g reines granuliertes Blei. Die *Titration* erfolgt mit einer gegen eine Zinklösung bekannten Gehaltes eingestellten Kaliumferrocyanidlösung. 1 cm³ dieser Lösung soll etwa 0,01 g Zink entsprechen.

Bemerkungen. Diese Arbeitsweise ist wieder verschiedentlich modifiziert worden, z. B. bei den von EILERS erwähnten Methoden von JONES, von HAWKINS und von MENTZEL. Da der Eisenhydroxydniederschlag Zink mitreißt, ist es nach HINMAN nötig, ihn nochmals zu fällen, nachdem man ihn in Salpetersäure gelöst hat. Nach der Vorschrift dieses Autors schließt man schwer lösliche Erze mit Königswasser und einen etwaigen Rückstand durch Schmelzen mit Soda und Salpeter auf. Die Salzsäure ist dann durch Erhitzen mit Salpetersäure zu vertreiben und nun erst die Behandlung mit Salpetersäure und Kaliumchlorat vorzunehmen. Ferner empfiehlt HINMAN, die Lösung vor der Titration zu neutralisieren und dann stets die gleiche Menge Salzsäure zuzusetzen.

Die Arbeitsweisen von PATTINSON und REDPATH sowie die von SEAMAN lehnen sich ebenfalls an die Methode von v. SCHULZ und LOW an. SEAMAN benutzt zur Ausfällung der störenden Metalle Aluminium anstatt Blei, da letzteres seiner Meinung nach den Verbrauch an Kaliumferrocyanid vergrößert. Der Wert dieses Vorschlages erscheint fragwürdig, da gerade das Aluminium nach Angabe verschiedener Autoren [MILLER und HALL; KOLTHOFF (c)] sehr störend bei der Titration wirkt.

β) In einem von STONE und WARING erstatteten Bericht eines AMERIKANISCHEN KOMITEES FÜR ZINKERZANALYSEN wird als allgemein anwendbare Methode ein Verfahren angegeben, das darauf beruht, daß nach dem Lösen des Erzes Kupfer, Blei usw. durch Aluminium gefällt werden, während das Zink durch Schwefelwasserstoff abgeschieden wird, nachdem die Flüssigkeit ameisensauer gemacht worden ist. Das Zinksulfid wird dann in Salzsäure gelöst und die Lösung nach dem Verkochen des Schwefelwasserstoffs mit Kaliumferrocyanid titriert, wobei der Endpunkt durch Tüpfeln mit Ammoniummolybdat ermittelt wird.

Arbeitsvorschrift von STONE und WARING. Die Erzprobe wird durch Säuren oder durch Schmelzen zersetzt. Wenn zur Zersetzung Salpetersäure benutzt wurde, so muß diese durch 2maliges Abdampfen mit Schwefelsäure vollständig entfernt werden, wobei man jedesmal so weit erhitzen muß, daß reichlich Schwefelsäuredämpfe entweichen. Der Rückstand wird in 25 bis 40 cm³ Wasser gelöst, mit so viel Schwefelsäure versetzt, daß die Lösung 10 bis 15% freie Säure enthält, und mit einem Stück dicken Aluminiumbleches 10 Min. lang bzw. bis zur völligen Reduktion gekocht. Man filtriert sodann durch ein Filter, das ein Stück Aluminium enthält in ein Becherglas, in dem sich ein Streifen Aluminiumblech oder ein Aluminiumstab als Rührer befindet. Nach dem Abkühlen gibt man 1 Tropfen Methylorange zu und neutralisiert vorsichtig zunächst mit Natronlauge und schließlich mit Natriumhydrogencarbonat, bis die Färbung hellgelb geworden ist. Jetzt setzt man tropfenweise 20%ige Ameisensäure zu, bis die Färbung nach Rosa umschlägt, und dann noch weitere 5 Tropfen. Nun verdünnt man für je 0,1 g schätzungsweise vorhandenen Zinks auf 100 cm³ und setzt bei Anwesenheit von viel Eisen noch 2 bis 4 g

Ammoniumrhodanid zu. Sodann entfernt man den Aluminiumstreifen, erhitzt bis fast zum Sieden und sättigt mit Schwefelwasserstoff. Hierbei wird lediglich das Zink gefällt. Nach kurzem Absitzen wird der Niederschlag abfiltriert, mit heißem Wasser ausgewaschen und samt Filter in ein großes Becherglas gebracht. Nun löst man ihn durch Erhitzen mit verdünnter Salzsäure (8 bis 10 cm³ konzentrierte Säure und 30 bis 40 cm³ Wasser). Sodann entfernt man den Schwefelwasserstoff durch Erhitzen und beseitigt die letzten Reste allenfalls durch etwas Natriumsulfit. Hiernach ist die Lösung zur Titration bereit.

Bemerkung. *Genauigkeit.* 19 nach dieser Arbeitsweise von 11 Analytikern ausgeführte Bestimmungen des Zinkgehaltes eines Erzes stimmten innerhalb 0,2% mit dem wahrscheinlichsten Resultat (31,41%) überein.

γ) Arbeitsvorschrift von Nissenson und Kettembeil. Man wägt 0,5 g, bei zinkarmen Erzen 1 g, Substanz ein und kocht mit 7 cm³ konzentrierter Salzsäure zur Verjagung des Schwefelwasserstoffs auf. Dann raucht man mit 10 cm³ eines Gemisches aus 7 Teilen verdünnter Schwefelsäure (1 : 2) und 3 Teilen Salpetersäure ab, bis Schwefelsäuredämpfe entweichen. Den Rückstand nimmt man mit heißem Wasser auf und fällt dann mit Natriumthiosulfat oder, wenn Cadmium zugegen ist, mit Schwefelwasserstoff. Nach dem Filtrieren wird das Filtrat mit Bromwasser oxydiert und nun das Eisen mit einer eben hinreichenden Menge Ammoniak abgeschieden. Man wiederholt die Fällung und läßt nach der Filtration die vereinigten Filtrate in einem Erlenmeyer-Kolben über Nacht stehen, damit möglichst viel Ammoniak verdunstet. Am nächsten Tag wird die Lösung mit 10 cm³ verdünnter Salzsäure versetzt, gut aufgekocht und heiß titriert.

Als Indicator verwendet man entweder eine 1%ige Uranylnitratlösung oder eine Ammoniummolybdatlösung, die 9 g im Liter enthält. Vor der Probenahme muß stets unter Umschütteln kurze Zeit gewartet werden.

Zur Herstellung der Titerlösung löst man 0,2 bis 0,3 g reinstes Zink in 10 cm³ verdünnter Salzsäure, verdünnt die Lösung auf etwa 200 cm³, versetzt sie mit 10 cm³ Ammoniak und läßt sie ebenfalls über Nacht in der Wärme stehen. Anderntags gibt man wie bei der Probelösung 10 cm³ verdünnte Salzsäure zu und titriert heiß.

δ) Fällung mit überschüssigem Kaliumferrocyanid und Rücktitration des Überschusses. Nach Kolthoff (c) erhält man sehr gute Resultate, wenn man das Zink mit überschüssigem Ferrocyanid fällt und den Überschuß mit Permanganat bestimmt. Diese Arbeitsweise ist besonders bei Einzelbestimmungen im Laboratorium zu empfehlen. Sie wurde bereits von Renard und auch von Meurice vorgeschlagen. Letzterer führt die Rücktitration mit Permanganat nach dem Filtrieren in stark verdünnter Lösung bei Gegenwart von viel freier Schwefelsäure aus.

Nach einer Arbeitsvorschrift von Rupp bestimmt man den Überschuß direkt im Fällungsgemisch jodometrisch: die Zinksulfatlösung wird mit überschüssigem Ferrocyanid versetzt. Dann läßt man 30 Min. stehen und gibt nunmehr überschüssige 0,1 n Jodlösung zu und titriert nach 1 Std. in Gegenwart von Stärkelösung zurück. Die Reaktionsdauer mit dem Ferrocyanid soll nicht unter 30 Min., die Dauer der Oxydation mit Jod nicht wesentlich über 1 Std. betragen. Der Titer der Ferrocyanidlösung wird ebenfalls jodometrisch bestimmt.

Bemerkung. *Genauigkeit.* Rupp fand auf diese Weise 99,64% und 100,08% der angewendeten Zinkmenge.

2. Zinkbestimmung in Zinkerzen nach Urbasch.

Diese Methode vermeidet die Nachteile der Endpunktsbestimmung durch Tüpfeln. Sie beruht darauf, daß eine Zinklösung, die sehr wenig Ferrisalz enthält, beim Zusatz von Kaliumferrocyanid blau wird und diese Farbe so lange beibehält, als noch Zink in der Lösung vorhanden ist. Wenn alles Zink ausgefällt ist, erfolgt der Umschlag in einen schwach gelblichen Farbton. Der Grund für das Verschwinden der Blaufärbung ist nicht sicher bekannt.

Arbeitsvorschrift[1].

Aufschluß der Zinkerze. 1,5 g feinst zerriebenes Erz versetzt man in einem 300 cm³ fassenden Becherglas, das mit einem Uhrglase bedeckt ist, zunächst mit etwa 20 cm³ Salzsäure (D 1,19). Bei Rohblenden erhitzt man gelinde, bis kein Schwefelwasserstoff mehr entweicht. Dann fügt man 3 cm³ Salpetersäure (D 1,4) zu und erhitzt bei gelinder Wärme weiter, bis die Gasentwicklung nachgelassen hat. Bei gerösteten Erzen fügt man nach vorherigem Anschlämmen des Erzes mit wenig Wasser, zur Vermeidung von Klumpenbildung, 25 cm³ Salzsäure (D 1,19) zu und erhitzt bei mäßiger Wärme etwa ½ Std. Alsdann gibt man nur einige Tropfen Salpetersäure zu und erwärmt weiter, bis die Gasentwicklung aufgehört hat. Es ist unnötig, ja sogar unzweckmäßig, bei gerösteten Erzen mehr Salpetersäure zuzufügen, da ja das Erz durch das Rösten schon fast ganz oxydiert ist und durch viel Salpetersäure viel Salzsäure zerstört wird. Nun erfolgt bei Roh- und Rösterz Zusatz von 10 cm³ Schwefelsäure (1 : 1). Man läßt die Probe noch so lange bedeckt auf dem Sandbad stehen, bis keine Gasentwicklung mehr wahrzunehmen ist. Jetzt wird das Uhrglas abgenommen, das durch die kondensierten Dämpfe genügend abgespült ist. Nun wird vorsichtig weiter eingedampft, bis sich H_2SO_4-Dämpfe zeigen. Alsdann wird stärker erhitzt, bis die gesamte Schwefelsäure abgeraucht ist. Dieses völlige Abrauchen ist besonders bei stark kieselsäurehaltigen Röstblenden erforderlich, da andernfalls merkliche Mengen Zink in der Kieselsäure unaufgeschlossen bleiben [URBASCH (a)]. Bei Kieselzinkerz wird die Kieselsäure zweckmäßig in einer Platinschale mit Flußsäure abgeraucht. Man kann auch Röstblenden unter Zusatz von einigen Tropfen Flußsäure direkt im Glasgefäß aufschließen, jedoch darf dabei kein zinkhaltiges Glas verwendet werden [URBASCH (b)]. Bewährt hat sich hierbei böhmisches Geräteglas. Immerhin darf nicht ohne vorherige Prüfung des Glases auf Zinkfreiheit mit Flußsäure gearbeitet werden.

Durchführung der Bestimmung. Das abgerauchte Erz wird mit 7 cm³ Schwefelsäure (1 : 1) [oder 3,5 cm³ Schwefelsäure (D 1,84)] und 30 cm³ Wasser versetzt und zunächst etwa 10 Min. gelinde erwärmt, um basisches Eisensulfat zu zersetzen; alsdann fügt man noch 70 cm³ Wasser zu, erwärmt die Probe auf etwa 80 bis 100° und leitet Schwefelwasserstoff ein. Es fällt nach Reduktion des Ferrisulfats zunächst etwa vorhandenes Kupfer, Arsen und Antimon aus, während die geringen Cadmiummengen vorerst gelöst bleiben. Nach etwa 5 Min. langem Einleiten von Schwefelwasserstoff werden die Proben in kaltes Wasser gestellt, während weiter Schwefelwasserstoff bis zur Sättigung eingeleitet wird, wobei darauf zu achten ist, daß die Lösungen bis auf Zimmertemperatur abgekühlt werden (am besten wendet man fließendes Wasser an). Es wurde nämlich durch besondere Versuche festgestellt, daß die in Zinkerzen vorhandenen kleinen Cadmiummengen (in der Regel Spuren bis etwa 0,2%) erst bei völliger Abkühlung und Sättigung der Lösung mit Schwefelwasserstoff ausfallen. Durch nicht ausgefälltes Cadmium sind schon oft Differenzen bei der Zinkbestimmung entstanden[2]. Bei etwaigem höheren Cadmiumgehalt muß der zinkhaltige Cadmiumsulfidniederschlag nochmals gelöst und die Fällung wiederholt werden, aber in der Regel kann man darauf verzichten. Der Schwefelwasserstofffällung ist jedenfalls größte Sorgfalt zuzuwenden. Nachdem die mit Schwefelwasserstoff gesättigte Lösung noch ½ bis 1 Std. bedeckt gestanden hat, wird der Niederschlag abfiltriert und das Filtrat in einem amtlich geeichten 300 cm³-Meßkolben (Kolben möglichst dünnwandig) aufgefangen. Der Niederschlag und das

[1] Nach einer persönlichen Mitteilung von URBASCH an die Herausgeber.

[2] Beim Arbeiten nach der Belgischen Methode, Fällen des Cadmiums, Bleis usw. aus salzsaurer Lösung mit 100 cm³ H_2S-Wasser, kann ein Teil des Cadmiums gelöst bleiben.

Becherglas werden mit einer Lösung ausgewaschen, die aus 50 cm³ gesättigtem H_2S-Wasser, 50 cm³ Wasser und 1 cm³ Schwefelsäure (1 : 1) besteht. Die Lösung wird auf etwa 50° erwärmt.

Das ungefähr 200 cm³ betragende Filtrat wird nach Zusatz von einigen Sandkörnchen (zur Vermeidung des Siedeverzugs) erhitzt, bis der Schwefelwasserstoff entwichen ist und die Filtratmenge nicht mehr als höchstens 170 cm³ beträgt. (Dies ist etwa nach 10 Min. langem Sieden der Fall.) Nun läßt man den Meßkolben zunächst etwas an der Luft und dann unter fließendem Wasser völlig abkühlen. Bei der alltäglichen Analyse von Zinkerzen kommt man noch erheblich schneller und bequemer bis zu diesem Punkt, wenn man an Stelle von 1,5 g Erz 2,0 g aufschließt, nach dem Abrauchen mit 10 cm³ Schwefelsäure(1 : 1) versetzt, zunächst 50 cm³, dann noch 100 cm³ Wasser zufügt und bei einem Volumen von 150 cm³ die H_2S-Fällung, wie beschrieben, durchführt. Man bringt dann Lösung und Fällung in einen 200 cm³-Meßkolben, wäscht mit einer Lösung von 50 cm³ H_2S-Wasser und 1 cm³ Schwefelsäure das Becherglas aus, wobei man bei einem beträchtlichen Niederschlag von Bleisulfat und Metakieselsäure die Hauptmenge abdekantiert, so daß der Fehler, der durch das Volumen dieser Niederschläge entstehen könnte, nicht in Betracht kommt. Man filtriert 150 cm³ (entsprechend 1,5 g Erz) durch ein trockenes Faltenfilter (absolut klar) in einen Meßkolben von 150 cm³, führt in einen Meßkolben von 300 cm³ Fassungsvermögen über, wäscht den 150 cm³-Meßkolben 3mal mit 10 cm³ Wasser aus und kocht aus wie beschrieben. Die vollkommen erkaltete Lösung wird nun mit Brom (nicht Bromwasser) bis zu deutlicher Braunfärbung versetzt. Sind größere Manganmengen zugegen, z. B. 5 bis 10%, so fügt man 1 bis 2 cm³ Brom hinzu und bei allen Erzen stets 20 g Ammoniumchlorid, wodurch die Lösung noch weiter abgekühlt wird. (Die Lösung wird geschüttelt, bis alles Brom gelöst ist. In Gegenwart von Ammoniumchlorid ist Brom schneller und leichter löslich als in Abwesenheit von Ammoniumchlorid.) Dies ist von besonderer Wichtigkeit, denn in warmer Lösung reagiert das Brom zu schnell mit Ammoniak, und es könnte Mangan in Lösung bleiben [Urbasch (c)]. Die Manganfällung ist nach der beschriebenen Methode stets quantitativ. Wasserstoffperoxyd versagt in Gegenwart von viel Ammoniumsalz, weil die ausfallende manganige Säure das Wasserstoffperoxyd sofort katalytisch zersetzt. Nun werden 100 cm³ Ammoniak (D 0,91) zur Fällung von Eisen, Aluminium und Mangan zugefügt. Die Fällung bleibt etwa 1 Std. stehen, worauf nach dem Abkühlen zur Marke aufgefüllt wird. 100 cm³ des Filtrates gibt man in einen 500 bis 600 cm³ fassenden Erlenmeyer-Kolben, fügt einen kleinen Papierschnitzel zu, setzt einen kleinen Trichter, der durch ein Glashäkchen unterlegt ist, damit die Dämpfe bequem entweichen können, auf den Kolben, worauf die Lösung zum Sieden erhitzt und in kräftigem Sieden erhalten wird. In etwa 20 Min. ist fast alles Ammoniak verflüchtigt. Man kocht so lange, bis die Lösung nur noch ganz schwach nach Ammoniak riecht und etwa in Lösung befindliches Aluminiumhydroxyd ausgefallen ist. Ohne Rücksicht auf eine etwa vorhandene von Aluminiumhydroxyd herrührende Trübung kühlt man die Lösung in Wasser ab, fügt so viel Methylorange zu, daß die Gelbfärbung eben zu erkennen ist (etwa 1 bis 2 Tropfen einer Lösung von 0,1 g Methylorange je Liter). Nun wird mit verdünnter Salzsäure genau neutralisiert bis zum Umschlag in Rot. Um ein Inlösunggehen auch von Spuren Aluminium zu vermeiden, wird die Lösung nicht weiter angesäuert. Die neutrale Zinklösung verdünnt man alsdann auf 250 cm³, fügt als Indicator 1 cm³ einer Eisenlösung hinzu, die 0,3 g Eisen in 1 l enthält (vgl. Bem. III), erhitzt zum Sieden, nimmt den Kolben von der Heizplatte und titriert nunmehr mit Kaliumferrocyanid. Man verwendet für Erze zweckmäßig eine Lösung, bei der ein Verbrauch von 1 cm³ einer Zinkmenge von 0,005 g entspricht. Unter fortgesetztem Schwenken der Zinklösung läßt man bei halbgeöffnetem Hahn die $K_4Fe(CN)_6$-Lösung zufließen. Die zu untersuchende Lösung zeigt zunächst einen ganz schwachblauen Farbton. Allmählich verstärkt sich die bläuliche Färbung etwas mehr. Späterhin läßt man die Kaliumferrocyanidlösung schnell zutropfen. An der Einfallstelle kann man an der Verbreiterung der rahmgelben Zone gut erkennen, daß man sich langsam dem Endpunkt nähert. Zuletzt läßt man die Kaliumferrocyanidlösung nur langsam zutropfen. Sobald die Lösung abzublassen beginnt, hört man mit dem Zusatz auf und wartet etwa 10 Sek. Tritt dann nicht der allmähliche Umschlag (Verblassen in Rahmgelb) ein, dann setzt man noch 1 bis 2 Tropfen Kaliumferrocyanidlösung zu. *Man vermeide unter allen Umständen ein Übertitrieren um mehr als 0,1 bis 0,2 cm³* $K_4Fe(CN)_6$-Lösung, da sonst ein geringer Mehrverbrauch an Kaliumferrocyanid entsteht [URBASCH (d)]. Nach einiger Übung kann die Titration spielend leicht ausgeführt werden. Vermeidet man einen nennbaren Überschuß an Kaliumferrocyanid, dann fallen die Resultate äußerst genau aus. Der geringe Überschuß an $K_4Fe(CN)_6$-Lösung wird nun mit neutraler äquivalenter Zinklösung zurücktitriert, bis zum Farbumschlag in schwach Bläulich. Dieser Umschlag ist äußerst scharf. Man kann auf deutlich Bläulich titrieren, oder nur so weit, daß die Lösung eben einen Stich ins Bläuliche bekommt. Es bleibt dem Analytiker überlassen, auf welchen Farbton er titrieren will. Auffällig ist die Tatsache, daß beim Titrieren mit $K_4Fe(CN)_6$-Lösung gegen Ende der Umschlag (die Abblassung) allmählich erfolgt, während beim Rücktitrieren die Reaktion augenblicklich eintritt. Wenn man sehr gute Augen hat, kann man den Endpunkt auch ohne Rücktitration genau treffen. Jedoch ist das Rücktitrieren unbedingt vorzuziehen. Ammoniumsalze verzögern die Reaktion etwas, jedoch kann man selbst in Gegenwart eines großen Ammoniumchloridüberschusses, z. B. von 20 g in 250 cm³, noch haarscharf titrieren, auch in Gegenwart von fixen Salzen [URBASCH (e)]. Titer- und Erzlösung sollen annähernd die gleichen Mengen Ammoniumsalze enthalten, jedoch braucht man dabei nicht zu ängstlich zu sein.

Für Zinkaschen, die ja in der Regel 50 bis 90% Zink enthalten, wählt man am besten eine Sonderlösung von Kaliumferrocyanid, bei der 1 cm³ 0,007 g Zink entspricht. Stellt man die Lösung nicht äquivalent mit der Zinklösung ein, so hat man eine besonders für die Praxis lästige Rechnerei. Bei Zinkerzen kann man den Gehalt direkt an der Bürette ablesen.

Bemerkungen. **I. Einstellung der Titerlösung.** Zur Titerstellung wägt man die einem Gehalt von 50% annähernd entsprechende Menge chemisch reines Zink ein, fügt 8 cm³ Schwefelsäure (1 : 1), etwa 20 cm³ Wasser und 35 cm³ Salzsäure (D 1,19) hinzu. Man löst zweckmäßig das Zink (etwa 0,75 g) direkt im 300 cm³-Meßkolben auf. Nach völligem Lösen verdünnt man mit etwa 200 cm³ Wasser, neutralisiert die Lösung unter Verwendung von Methylorange als Indicator, kühlt ab und füllt zur Marke auf. Man mißt 2mal je 100 cm³ in einem Meßkölbchen ab und titriert wie beschrieben. Man kann auch etwa 1,25 g Zink in einem 500 cm³-Kolben auflösen und 4mal 100 cm³ abmessen; die vier Anteile der Lösung reichen dann unbedingt aus, um die $K_4Fe(CN)_6$-Lösung so einzustellen, daß 1 cm³ davon genau 0,005 g Zink entspricht. Das Abmessen der Zinklösungen in der Bürette ist nicht so genau wie das Arbeiten mit Meßkolben. Folgende Korrekturen sind anzubringen, wenn der Zinkgehalt der Erze geringer als 50% ist [URBASCH (f)]:

Tabelle 8.

Zinkgehalt der Titerlösung %	Zinkgehalt der Erzlösung %	Korrektur %
50	40	± 0
50	30	− 0,05
50	20	− 0,10
50	10	− 0,12

II. Herstellung der zur Rücktitration nötigen Zinklösung. Man löst genau 5 g chemisch reines Zink in 25 cm³ Salzsäure (D 1,19), fügt jedoch zur Mäßigung der Reaktion die gleiche Wassermenge und 25 g Ammoniumchlorid zu. In Gegenwart von Ammoniumchlorid erfolgt das Lösen erheblich schneller, und die spätere Neutralisation der Lösung wird dadurch erleichtert, daß kein Zinkhydroxyd ausfällt.

Nach dem Lösen des Zinks wird wenig Methylorange zugefügt und die Lösung bis zum Umschlag in Gelb mit Ammoniak neutralisiert, worauf man verdünnte Salzsäure bis zum Umschlag in Rot zufügt und im Meßkolben auf 1000 cm^3 auffüllt. 1 cm^3 enthält 0,005 g Zink.

III. Herstellung der Eisenindicatorlösung. Zur Bereitung der Indicatorlösung benutzt man am zweckmäßigsten Ferriammoniumsulfat. Hat man dieses Salz nicht zur Hand, so kann man auch Ferrosulfat oder MOHRsches Salz verwenden. Da letzteres fast genau $^1/_7$ seines Gewichtes an Eisen enthält, wägt man 2,1 g davon ein (die Lösung soll 0,3 g Eisen im Liter enthalten), löst sie in Wasser, setzt einige Tropfen Salz- oder Schwefelsäure zu, oxydiert mit Brom oder Wasserstoffperoxyd, verjagt bzw. zerstört das überschüssige Oxydationsmittel durch Kochen und füllt die Lösung zum Liter auf.

IV. Herstellung der Kaliumferrocyanidlösung. Man löst 21,7 g chemisch reines Kaliumferrocyanid je Liter Wasser auf und stellt die Lösung so ein, daß 1 cm^3 genau 0,005 g Zink entspricht (theoretisch sind hierfür 21,63 g je Liter erforderlich). Bei häufig vorkommenden Zinkbestimmungen stellt man 10 bis 20 l von dieser Lösung her und bewahrt sie in einer schwarz lackierten, mit einem Wasserstoffentwicklungsapparat in Verbindung stehenden Flasche auf.

V. Einfluß von Konzentrationsunterschieden bei Titer- und Erzlösung. Die Behauptung von DARIUS, daß bei der Tüpfelmethode mit Kaliumferrocyanid Abweichungen zwischen Titer- und Erzlösung das Resultat nicht beeinflussen, ist nicht zutreffend. Selbst bei der Methode von URBASCH, bei der doch mit innerem Indicator titriert wird, ist noch eine kleine Abweichung festzustellen. Dagegen gibt DARIUS an, daß bei der Methode von URBASCH Titer und Erz möglichst gleich sein müssen. URBASCH (d) hat diese Frage genau erörtert und findet, daß bei allen Tüpfelmethoden, bei denen ja nur Bruchteile der Reaktionslösung außerhalb der Lösung mit dem Indicator in Reaktion treten, Abweichungen zwischen Titer- und Erzlösung sich recht empfindlich auswirken. URBASCH hat diesbezügliche Versuche mit der Tüpfelmethode nach GALLETTI unter Anwendung von Uran- bzw. Molybdänsalz als Indicator ausgeführt[1].

VI. Einfluß der Anwesenheit von Aluminium auf die Titration. Da Zinkaschen in der Regel wenig Eisen enthalten, aber oftmals beträchtliche Mengen Tonerde, ist es zweckmäßig, etwa die 5fache Menge des vorhandenen Aluminiums an Eisen zuzufügen, wodurch nur wenig Tonerde gelöst bleibt. Fällt man mit weniger Ammoniak, dann findet man erheblich zu wenig Zink. Jedenfalls darf man die Zinklösung nicht ansäuern, da sonst Aluminiumhydroxyd gelöst wird und einen zu hohen Zinkgehalt vortäuscht [URBASCH (c)].

Man muß deshalb immer die ammoniakalische Zinklösung so lange kochen, bis etwa gelöste Tonerde ausgefallen ist. Wie URBASCH durch Beleganalysen nachgewiesen hat, findet man dann nie zuviel Zink, im Gegenteil, bei höherem Aluminiumgehalt, etwas zu wenig. Bei Anwendung der SCHAFFNERschen Kompensationsmethode (vgl. § 5, S. 100), bei der man so viel Eisen zusetzt, wie Aluminium vorhanden ist, erhält man in diesem Falle erhebliche negative Fehler.

VII. Anwendungsbereich der Methode. Die Methode von URBASCH ist für Schiedsanalysen besonders gut geeignet. In der Sitzung des CHEMIKERFACHAUSSCHUSSES DER GESELLSCHAFT DEUTSCHER METALLHÜTTEN- UND BERGLEUTE in Jena (1924), in der die Methode URBASCHs zur Diskussion stand, wurde nur die Titration einstimmig anerkannt, die übrige Ausführung aber „wegen der nur einmaligen Eisenfällung" abgelehnt. Inzwischen aber hat die Methode in ihrer Gesamtausführung immer größere Anerkennung von seiten der Chemiker und immer mehr Eingang in die Praxis gefunden. Bei zahlreichen kontradiktorischen Analysen hat sich er-

[1] Die Versuche sind nicht veröffentlicht.

wiesen, daß bei der hohen Ammoniumsalz- und Ammoniakkonzentration, die bei der Methode von URBASCH vorgeschrieben ist (30 g Ammoniumchlorid + 100 cm³ Ammoniak in 300 cm³ Lösung), sich bei 1maliger Eisenfällung alles Zink im Filtrat befindet. (Der Eisenniederschlag wird nicht ausgewaschen.)

VIII. Kontrolle der gewichtsanalytischen Bestimmung auf maßanalytischem Wege. Zur Kontrolle der gewichtsanalytischen Bestimmung kann man auch das ausgewogene Zinkoxyd oder Zinksulfid in verdünnter Salzsäure auflösen (was ja ohnehin zur Reinheitsprüfung immer angezeigt ist). Nach dem Versetzen mit Ammoniak und dem Abfiltrieren eines etwa vorhandenen geringen Niederschlags von EisenIII-hydroxyd und Metakieselsäure kann man das Filtrat nach Zusatz von Ammoniumchlorid in entsprechender Menge titrieren und das Resultat mit dem bei der Auswage erhaltenen vergleichen. In vielen Fällen wird man ohnedies genötigt sein, das Zink als Sulfid abzuscheiden, insbesondere wenn erhebliche Mengen von Nickel oder Kobalt zugegen sind. Dann kann man das Zinksulfid vorteilhaft, anstatt es im Wasserstoffstrom zu glühen oder in Oxyd überzuführen, in verdünnter Salzsäure auflösen, die Lösung mit Ammoniak versetzen, nachdem der Schwefelwasserstoff restlos weggekocht und ein wenig Bromwasser zugefügt worden ist, gegebenenfalls vorhandene kleine Mengen Eisen usw. abfiltrieren und das Zink titrieren. Man kommt so erheblich schneller zum Ziel und braucht das Auswaschen des Zinksulfids bei Gegenwart von fixen Salzen nicht so sorgfältig auszuführen, was gerade für die Technik von besonderem Wert ist.

IX. Arbeitsweise in besonderen Fällen. a) Zinkbestimmung in an Zink hochprozentigem Material (z. B. technisch reinem Zinkoxyd). Selbst ganz hochprozentiges Material, wie z. B. technisch reines Zinkoxyd, kann man haarscharf auf Zink titrieren. Hierbei verfährt URBASCH genau wie bei der Silberbestimmung nach GAY-LUSSAC, indem er 98 bis 99% des Zinks mit einer abgemessenen Menge $K_4Fe(CN)_6$-Lösung ausfällt und den Rest mit einer Sonderlösung titriert. Er benutzt an Stelle einer Pipette ein 100 cm³-Kölbchen (auf Einguß geeicht), um jeden Meßfehler, der durch Nachfluß entstehen könnte, auszuschalten. Man kann auch eine Vollpipette mit unterer Marke verwenden. Nur muß man, wie bei allen auf Ausfluß geeichten Meßgefäßen, die Ablaufzeit genau einhalten. Bei sehr hochprozentigem Material machen sich kleine Meßfehler schon empfindlich bemerkbar. In manchen Fällen ist sogar das Auswägen eines aliquoten Teiles der Lösung der Messung vorzuziehen. Die $K_4Fe(CN)_6$-Lösung gießt man zunächst langsam in die zum Sieden gebrachte Zinklösung unter kräftigem Umschwenken der letzteren ein und titriert dann mit der Kaliumferrocyanidlösung wie üblich weiter. Wenn man genau die Zeit einhält, ist für diesen Sonderzweck auch eine Bürette mit einer Marke bei genau 100 cm³ und mit einer weiteren Teilung (möglichst auf 0,02 cm³) in dem sehr verjüngten Unterteil gut verwendbar. Wenn man beim Arbeiten mit der üblichen Bürette (URBASCH verwendet eine Bürette von 75 cm³ Inhalt und einer Teilung in 0,1 cm³) mit der Lupe abliest und durch Einhaltung derselben Ablesezeit bei Titerstellung und Analyse (nach URBASCH 3 Min.) den Fehler, der durch Nachfluß entstehen könnte, vermeidet, erhält man Resultate von einer Genauigkeit, die auch durch die mit aller Vorsicht ausgeführte gewichtsanalytische Bestimmung des Zinks nicht übertroffen werden kann. Zum Rücktitrieren verwendet URBASCH eine Meßpipette von 1 cm³ Inhalt mit einer Teilung in 0,01 cm³. Da die Reaktion, der Umschlag von Rahmgelb in schwach Bläulich, äußerst empfindlich ist, kann man auch mit Vorteil zum Rücktitrieren eine Zinklösung verwenden, die an Stelle von 0,005 g Zink nur 0,001 g Zink anzeigt. Auf alle Fälle ist es zu empfehlen, die Kaliumferrocyanidlösung immer ganz genau auf einen bestimmten Wirkungswert (0,005 g Zn/cm³) einzustellen, denn die Lösung ist unter Wasserstoffgas[1]

[1] Kohlendioxyd hat sich nicht bewährt, da die $K_4Fe(CN)_6$-Lösung selbst gegen Kohlendioxyd empfindlich ist.

und Lichtabschluß absolut titerbeständig. Man muß höchstens Temperaturschwankungen berücksichtigen, die man aber auf ein Minimum beschränken kann, indem man die Flasche, die die Lösung enthält, gut isoliert.

b) Titration von Zinklösungen mit sehr geringer Zinkkonzentration. Handelt es sich um die Titration von Zinklösungen, die viel Ammoniumsalz enthalten [z. B. bei Abgängen (Bergen) von der Erzaufbereitung] und bei denen die Abscheidung als Zinksulfid nicht unbedingt erforderlich, die vorhandene Zinkmenge aber sehr gering ist, dann fügt man der Untersuchungslösung zweckmäßig 10 cm³ Zinklösung zu. Da man den Verbrauch von Kaliumferrocyanid für die zugefügten 10 cm³ Zinklösung haarscharf feststellen kann, sind die Resultate absolut genau. Man darf nicht versäumen, für restlose Entfernung aller fällbaren Metalle zu sorgen. In der Regel arbeitet man im Meßkolben, so daß immer etwas Lösung übrigbleibt. Diese prüfe man mit Natriumsulfid- oder Ammoniumsulfidlösung. An der Farbe des Zinksulfids kann man leicht erkennen, ob fremde Metalle zugegen sind oder nicht. Insbesondere muß man auf Nickel achten. Dieses wird am besten aus der schwach ammoniakalischen Lösung mit Dimethylglyoxim entfernt. Der Überschuß des Fällungsmittels muß in schwach saurer Lösung mit Brom zerstört werden. Nach dem Abfiltrieren des Nickelniederschlags säuert man das Filtrat schwach an, setzt einige Tropfen Brom bis zum Auftreten einer starken Braunfärbung zu, verjagt das Brom durch Kochen, macht eben ammoniakalisch, erhält einen Augenblick im Sieden, kühlt ab und behandelt die Lösung wie üblich weiter. Wenn Fremdmetalle, wie Kupfer, Cadmium, Nickel und Kobalt zugegen sind, auch in sehr geringer Menge, erkennt man dies sofort daran, daß die Farbe beim Titrieren nicht in reines Rahmgelb umschlägt, sondern ein schwach grünlicher Ton bestehen bleibt. Für technische Analysen schadet das nicht, da man bei einiger Übung auch dann noch von schwach Grünlich auf deutlich Bläulich titrieren kann, aber für absolut genaue Analysen müssen störende Metalle stets restlos entfernt werden. Lästig ist besonders Kobalt. Sind Nickel und Kobalt in merklicher Menge zugegen, dann muß das Zink vorher als Sulfid abgeschieden werden [Urbasch (g)]. Jedoch kann die Zinktitration auch ohne vorherige Anreicherung durch Zusatz von Zinklösung direkt erfolgen, wenn das Zink vorher als Zinksulfid abgeschieden werden muß, wie z. B. bei der Analyse von Reinmetallen, in denen Zink nur in minimaler Menge vorhanden ist. Das Zinksulfid (etwa 1 bis 5 mg) löst man in wenigen Tropfen verdünnter Salzsäure, wäscht das Filter mit wenig Wasser aus, verkocht den Schwefelwasserstoff, neutralisiert mit Salzsäure, fügt 0,2 cm³ Eisenindicatorlösung (entsprechend 0,02 mg Eisen) hinzu und titriert die etwa 30 bis 50 cm³ betragende Lösung heiß [Urbasch (d)].

3. Zinkbestimmung in Weichblei nach Urbasch[1].

Urbasch bestimmt das Zink bei Weichbleianalysen, bei denen Zinkmengen von 1 bis 5 mg zu ermitteln sind, in folgender Weise: Er scheidet das Zink als Sulfid ab, löst dieses in wenig Salzsäure, kocht den Schwefelwasserstoff weg, kühlt die Lösung ab, neutralisiert sie unter Zugabe einer minimalen Menge Methylorange, setzt 0,2 cm³ Eisenindicator (0,3 g Fe/l) zu und titriert 30 bis 50 cm³ der Lösung bei Siedehitze langsam mit Kaliumferrocyanidlösung. 1 cm³ Kaliumferrocyanidlösung entspricht 0,001 g Zink.

4. Methode von Cone und Cady.

Vorbemerkung. *Diese Methode ersetzt die Endpunktsbestimmung nach dem Tüpfelverfahren durch den Gebrauch „innerer" Indicatoren, die der zu titrierenden Lösung zugesetzt werden.* Als solche dienen *Diphenylamin* oder *Diphenylbenzidin.* Diese Redoxindicatoren werden in saurer Lösung durch Kaliumferricyanid dunkel-

[1] Nach einer persönlichen Mitteilung von Urbasch an die Herausgeber.

blau bis violett gefärbt. Diese Färbung bleibt jedoch aus, wenn die Ferricyanidlösung nur 0,01 Mol-% Ferrocyanid enthält. Entzieht man ihr aber das Ferrocyanid auf irgendeine Weise, so kehrt die ursprüngliche blauviolette Farbe wieder. Dieser Farbumschlag findet besonders scharf und reversibel in Gegenwart der Kaliumzinkferrocyanidfällung statt.

KOLTHOFF (b), (c), der diese Methode prüfte, fand, daß man bei genauer Befolgung der Arbeitsweise von CONE und CADY gewöhnlich zuviel Ferrocyanid verbraucht. Der Fehler beträgt etwa 1,5 bis 2,5% und hängt von der Geschwindigkeit ab, mit der man in der Nähe des Äquivalenzpunktes das Reagens hinzufügt. Man kann allerdings den Ferrocyanidüberschuß mit einer eingestellten Zinklösung zurücktitrieren und hierdurch den Mehrverbrauch auf 0,3 bis 0,5% reduzieren. Nach der Erfahrung von KOLTHOFF (b), (c) ist es jedoch besser, in der Wärme (bei 50 bis 60°) direkt zu titrieren.

***Arbeitsvorschrift in der Ausführungsweise von* KOLTHOFF (b), (c).** Zu 25 cm³ der Zinklösung fügt man 10 cm³ 4 n Schwefelsäure zu, ferner 1 bis 5 g Ammoniumsulfat und 2 Tropfen Indicatorlösung, erwärmt auf 60° und titriert mit Ferrocyanidlösung. Anfangs ist die Flüssigkeit blau und wird mit fortschreitender Titration zunehmend dunkler. Wenn noch etwa 0,5 cm³ an dem Gesamtverbrauch fehlen, schlägt die Farbe plötzlich in Gelbgrün um. Nach einigen Sekunden geht der Umschlag zurück. Die Flüssigkeit nimmt dann eine charakteristische hellblauviolette Farbe an. Nun titriert man tropfenweise weiter, bis sich die Farbe auch nach 20 Sek. langem Stehen nicht mehr nach Blauviolett ändert. Der Umschlag ist auf 1 Tropfen genau zu beobachten. Ein Übertitrieren ist also leicht zu vermeiden, weil die beschriebenen Farberscheinungen die Nähe des Endpunktes rechtzeitig ankündigen. Nötigenfalls läßt sich ein etwaiger Überschuß der Titerlösung gut mit eingestellter Zinklösung zurückmessen.

***Bemerkungen.* I. Genauigkeit.** Die Genauigkeit beträgt 0,2 bis 0,3%.

II. Indicatorlösung. Als Indicator benutzt man eine 1%ige Lösung von Diphenylamin oder Diphenylbenzidin in konzentrierter Schwefelsäure. Titriert man mit Diphenylbenzidin als Indicator, so ist nach CONE und CADY der Verbrauch an Maßlösung von der angewendeten Indicatormenge ganz unabhängig, was auch KOLTHOFF (c) bestätigt. Beim Gebrauch von Diphenylamin müssen 0,033 cm³ 0,025 mol Kaliumferrocyanidlösung je Tropfen (0,023 cm³) 1%iger Indicatorlösung addiert werden. Trotzdem ist Diphenylamin vorzuziehen, weil der Umschlag mit Diphenylbenzidin bisweilen weniger scharf ist.

III. Ferrocyanidlösung. Man verwendet eine 0,025 mol Kaliumferrocyanidlösung, die außerdem 150 mg Kaliumferricyanid im Liter enthält. 1 cm³ derselben entspricht 2,45 mg Zink.

IV. Säurezusatz. Anstatt mit Schwefelsäure kann man auch mit Salzsäure ansäuern, wenn man gleichzeitig Ammoniumsulfat zusetzt, jedoch ist der Umschlag in schwefelsaurer Lösung schärfer, und ohne Ammoniumsulfat ist er in salzsaurer Lösung überhaupt nicht zu erkennen.

V. Titration sehr verdünnter Lösungen. Nach obiger Vorschrift kann man noch eine 0,005 mol Zinklösung genau titrieren, wenn die Kaliumferrocyanidlösung 0,0025 mol ist und außerdem 150 mg Ferricyanid im Liter enthält. Zinklösungen, die verdünnter als 0,002 mol sind, lassen keinen deutlichen Umschlag mehr erkennen.

VI. Störung durch andere Metalle. Metalle, die unlösliche Ferrocyanide bilden, wie Kupfer, Cadmium, Nickel, Kobalt usw., stören und müssen zuvor entfernt werden. Dies gilt auch für Aluminium, welches ebenfalls stört. Calcium- und Magnesiumsalze sind dagegen ohne Einfluß auf die Bestimmung; Blei wird als Sulfat gefällt und stört dann ebenfalls nicht.

II. Titration in neutraler Lösung.

Methode von TANANAEW und GEORGOBIANI.

Vorbemerkung. *Die Methode beruht darauf, daß eine neutrale Zinksalzlösung unter Verwendung von Methylrot als Adsorptionsindicator mit Kaliumferrocyanid titriert wird.* Setzt man z. B. zu einer Zinksulfatlösung eine zur Fällung des Zinks nicht ausreichende Menge Kaliumferrocyanid hinzu, so daß in der Lösung noch Zink-Ionen verbleiben, dann adsorbiert der ausfallende Niederschlag Methylrot und nimmt eine rosa Farbe an. Arbeitet man bei erhöhter Temperatur und setzt die Ferrocyanidlösung langsam zu, so zeigt das Verschwinden der Rosafärbung den Endpunkt der Titration an.

Arbeitsvorschrift. Die neutrale, auf 60 bis 70° erwärmte 0,02 bis 0,05 mol Zinksulfatlösung wird mit einigen Tropfen Methylrotlösung versetzt und dann mit Kaliumferrocyanidlösung titriert. Bereits nach Zugabe der ersten Tropfen fällt ein rosa gefärbter Niederschlag aus. Bei weiterem Zusatz von $K_4Fe(CN)_6$-Lösung nimmt sowohl die Menge des Niederschlags als auch die Intensität der Färbung zu. Wenn die Rosafärbung verschwindet, setzt man noch einige Tropfen Methylrot zu und verfährt in dieser Weise weiter, bis die Rosafärbung der Lösung im ganzen oder der sich absetzenden festen Phase verschwindet und sprunghaft in Gelb übergeht. Durch Zusatz einiger weiterer Tropfen Methylrotlösung überzeugt man sich von der Beendigung der Titration. Gleichzeitig mit dem Verschwinden der Farbe tritt Solbildung ein. Der Umschlag ist nicht reversibel.

Bemerkungen. **I. Genauigkeit.** Die Resultate sind um 0,8% zu niedrig.

II. Einfluß der Acidität. In saurer Lösung ist die Titration nicht möglich, da der Indicator die Farbe nicht wechselt. In alkalischem Medium fällt Zinkhydroxyd aus, was einen verfrühten Äquivalenzpunkt vortäuscht. Die Titration ist also nur in neutraler Lösung ausführbar. Nötigenfalls ist die Lösung daher zuvor zu neutralisieren, indem man sie ansäuert und dann in Anwesenheit von Methylrot mit verdünnter Lauge vorsichtig bis zum Umschlag neutralisiert.

III. Einfluß der Konzentration. Die besten Ergebnisse erhält man bei der Titration von 0,01 bis 0,1 mol Zinksulfatlösungen mit 0,05 bis 0,1 mol Ferrocyanidlösungen.

IV. Menge des Indicators. Bei der beschriebenen Reaktion wird das Methylrot in verhältnismäßig großen Mengen adsorbiert (15 bis 20 Tropfen Methylrotlösung bei der Titration von 10 cm^3 0,05 mol Zinksulfatlösung). Bei Anwendung einer ungenügenden Menge Methylrot tritt ein scheinbares Ende der Reaktion ein, denn die Rosafärbung verschwindet und erscheint wieder bei neuerlichem Zusatz des Indicators. Bei der Titration muß man daher von Zeit zu Zeit Methylrotlösung solange zusetzen, bis die in die Lösung einfallenden Tropfen den Niederschlag nicht mehr rosa färben. Gewöhnlich tritt der endgültige Umschlag mittels 1 Tropfens 0,05 mol Kaliumferrocyanidlösung ein.

V. Einfluß anderer Ionen. Natrium-, Calcium-, Magnesium-, Strontium- und Bariumsalze stören die Bestimmung nicht, sofern die Lösung neutral bleibt. Ammoniumsalze sind schädlich. In Anwesenheit von Aluminium ist die Titration möglich, wenn dieses nur in geringer Menge zugegen ist und wenn die Lösung nach Zusatz von Methylrot und zweckmäßig in Gegenwart geringer Mengen Natriumfluorid mit Lauge neutralisiert wird. 3wertiges Eisen stört. Blei kann durch Zusatz eines Überschusses an Kaliumsulfat unschädlich gemacht werden. Die übrigen Schwermetalle stören.

III. Titration in ammoniakalischer Lösung.

1. Titration in rein ammoniakalischer Lösung.

Vorbemerkung. RENARD hat als erster die Titration in ammoniakalischer Lösung beschrieben. Er versetzt in der Wärme mit überschüssigem Kaliumferrocyanid und bestimmt den Überschuß nach dem Filtrieren und Ansäuern durch

Titration mit Kaliumpermanganat. Kupfer und Mangan stören bei dieser Arbeitsweise.

Nach MOLDENHAUER (a), (b) wird die Titration ebenfalls in ammoniakalischer Lösung in der Wärme vorgenommen, nachdem Blei zuvor als Sulfat entfernt worden ist. Zur Endpunktsbestimmung benutzt MOLDENHAUER (a), (b) ein zur Hälfte mit Kupfersulfat getränktes Filtrierpapier, wobei an der Berührungsstelle des Probetropfens mit dem Kupfersulfat rotbraunes Kupferferrocyanid entsteht. Kupfer und Mangan stören bei seiner Methode ebenfalls. Deshalb schlägt er vor, das Mangan gesondert mit Kaliumpermanganat zu bestimmen und die entsprechende Menge Kaliumferrocyanid in Abzug zu bringen.

Der später von dem gleichen Autor gemachte Vorschlag, Mangan durch Zusatz von Natriumphosphat zu entfernen, wird von BLUM als zwecklos abgelehnt, weil einerseits Manganphosphat in der ammoniumsalzhaltigen Flüssigkeit löslich ist und andererseits die Gefahr besteht, daß auch Zink mit ausfällt. BLUM empfiehlt, bei Gegenwart von Mangan die Titration nach vorheriger Oxydation mit Brom in ammoniakalischer Lösung vorzunehmen. Hierauf gründet sich die Arbeitsweise von SPRINGER.

***Arbeitsvorschrift von* SPRINGER.** 2 bis 5 g des Materials werden in einem bedeckten Becherglas mit 20 bis 25 cm^3 konzentrierter Salzsäure erwärmt, bis der Schwefelwasserstoff vertrieben ist. Dann wird unter Zusatz von 10 bis 25 cm^3 Salpetersäure weiter erwärmt, bis Lösung eingetreten ist. Nach Entfernung des Uhrglases verdampft man zur Trockne, durchfeuchtet den Rückstand mit Salzsäure und dampft nochmals ein, um alle Salpetersäure zu entfernen. Nun nimmt man den Rückstand mit 20 bis 50 cm^3 Salzsäure auf, spült die Lösung in einen 250 oder 500 cm^3 fassenden Kolben über, verdünnt auf etwa 200 bzw. 400 cm^3, erhitzt zum Sieden und leitet Schwefelwasserstoff ein, bis die Lösung kalt geworden ist. Nach dem Erkalten füllt man bis zur Marke des Kolbens auf und filtriert. 50 cm^3 des Filtrates behandelt man in einem Becherglas mit Bromwasser, erwärmt, bis klare Lösung eingetreten ist, fällt Mangan und Eisen mit 25 cm^3 Ammoniak und erhitzt wieder zum Sieden. Beim Beginn des Siedens wird die Flamme entfernt und mit Ferrocyanidlösung titriert, bis 1 Tropfen der Flüssigkeit mit essigsaurer EisenIII-chloridlösung getüpfelt eine Blaufärbung ergibt. Das Volumen der zu titrierenden Lösung soll annähernd gleich dem bei der Titerbestimmung sein.

***Bemerkungen.* I. Genauigkeit.** Die Differenzen zwischen den bei verschiedenen Materialien erhaltenen Resultaten und den entsprechenden nach SCHAFFNERS Methode, § 5, S 100, erhaltenen Werten betragen bis zu 0,5%.

II. Titerstellung. 0,25 g reinstes Zink löst man in 4 bis 5 cm^3 Salzsäure, versetzt die Lösung mit 25 cm^3 Ammoniak, erhitzt zum Sieden und titriert mit einer Lösung von 32,49 g Kaliumferrocyanid im Liter. In alkalischer Lösung entsteht die Verbindung $Zn_2Fe(CN)_6$. Der Wirkungswert der Lösung ist also hier ein anderer als in saurem Medium.

III. Essigsaure Eisenchloridlösung. Die Lösung enthält auf 100 cm^3 0,05 g EisenIII-chlorid und 10 cm^3 Essigsäure.

2. Titration in ammoniakalischer, tartrathaltiger Lösung.

Vorbemerkung. Die Titration in ammoniakalischer, tartrathaltiger Lösung wurde erstmalig von GIUDICE beschrieben. *Die Methode beruht darauf, daß das Zink auch aus ammoniakalischer, tartrathaltiger Lösung durch Kaliumferrocyanid vollständig gefällt wird,* daß dagegen Blei, Eisen, Aluminium, Calcium usw. nicht abgeschieden werden. Der Endpunkt der Titration wird daran erkannt, daß 1 Tropfen der Lösung beim Ansäuern mit Essigsäure Berliner Blau gibt.

DONATH und HATTENSAUR, die diese Methode prüften, fanden sie durchaus brauchbar und die Einwände BRAGARDS nicht bestätigt.

***Arbeitsvorschrift von* DONATH *und* HATTENSAUR.** 3 bis 4 g der Erzprobe löst man in Salzsäure oder in Königswasser, füllt die Lösung — gegebenenfalls ohne zu filtrieren — auf ein bestimmtes Volumen auf und pipettiert aliquote Teile ab. Die entnommene Probe versetzt man mit 20 bis 25 cm³ konzentrierter Weinsäurelösung, macht schwach ammoniakalisch, erwärmt auf etwa 80° und titriert dann. Der Endpunkt wird durch Tüpfeln mit konzentrierter Essigsäure festgestellt, wobei eine Blaufärbung bzw. ein blauer Niederschlag entsteht. Falls die zu untersuchende Probe sehr wenig Eisen enthält, muß etwas EisenIII-chlorid zugesetzt werden.

Die Titerstellung erfolgt mit eisenchloridhaltiger Zinklösung. Hierbei soll das Verhältnis von Zink zu Eisen möglichst dasselbe sein wie bei der Probelösung.

Bemerkungen. Eine größere Anzahl gewichtsanalytischer Bestimmungen des Zinks in verschiedenen Zinkerzen gab eine „vollständig befriedigende" Übereinstimmung mit den nach dieser Methode erhaltenen Resultaten.

VOIGTs Arbeitsweise ist fast die gleiche. Er setzt lediglich an Stelle der konzentrierten Weinsäurelösung je nach der Menge des vorhandenen Eisens 5 bis 10 g Kaliumtartrat zu. Kupfer und Mangan stören bei beiden Verfahren.

3. Titration in ammoniakalischer, citrathaltiger Lösung.

Von verschiedenen Autoren ist ferner die Titration in ammoniakalischer, citrathaltiger Lösung vorgeschlagen worden.

***Arbeitsvorschrift von* SCOTT. Reagenslösungen.** Die *Kaliumferrocyanidlösung* enthält 34,8 g Ferrocyanid im Liter. 1 cm³ entspricht etwa 0,01 g Zink. Die Lösung soll vor der Benutzung 4 Wochen stehen. Der Titer ist alle 10 Tage nachzuprüfen. Eine Temperaturerhöhung von 5° genügt, um den Faktor um 0,2% zu verkleinern.

Die *EisenIII-nitratlösung* enthält 1 Teil Salz in 6 Teilen Wasser. Man fügt etwas Salpetersäure zu, um Hydrolyse zu verhindern.

Die *Citronensäurelösung* enthält 1 Teil Säure in 3 Teilen Wasser. Auf 1 l derselben fügt man 100 cm³ Salpetersäure zu, um Moderbildung zu verhindern.

Bereitung der Erzlösung. Die Einwage soll bei einem Zinkgehalt von mehr als 50% 1 g, bei 10 bis 50% 2 g, bei 5 bis 10% 4 g, bei weniger als 5% 10 g betragen. Man bringt die gewogene Probe in ein 400 cm³ fassendes Becherglas, bedeckt sie mit Wasser und gibt 25 cm³ konzentrierte Salzsäure unter Umschwenken zu, damit kein Zusammenbacken eintritt. Falls Sulfide vorhanden sind, muß auch noch Salpetersäure zugesetzt werden. Dann wird auf der Heizplatte oder dem Dampfbad zur Trockne gedampft. Die Temperatur soll dabei 120° nicht überschreiten, damit keine Verflüchtigung von Zinkchlorid eintritt. Nun gibt man 50 cm³ konzentrierte Salpetersäure zu, bedeckt mit einem Uhrglas und kocht, bis alle Stickoxyde entfernt sind. Dann setzt man etwa 3 bis 4 g Kaliumchlorat zu und kocht, bis alles Chlor vertrieben ist. Nun kühlt man ab, spült Uhrglas und Becherwandungen ab, verdünnt auf etwa 100 cm³, spült in einen 500 cm³-Kolben über und füllt bis zur Marke auf. Nachdem man gut durchgeschüttelt hat, filtriert man durch ein trockenes Filter und benutzt 250 cm³ des Filtrates zur Titration.

Durchführung der Bestimmung. Die vorbereitete Erzlösung wird, falls sie wenig Eisen enthält, mit so viel EisenIII-nitratlösung versetzt, daß der Eisengehalt 300 bis 400 mg beträgt. Dann gibt man 15 cm³ Citronensäurelösung zu und macht schwach ammoniakalisch (Lackmuspapier als Indicator). Nun fügt man einen abgemessenen Überschuß an Ammoniak hinzu (s. Bem. II), erhitzt zu vollem Sieden und titriert sofort langsam mit Ferrocyanid unter sorgfältigem Rühren. Der Endpunkt ist erreicht, wenn 1 Tropfen der Flüssigkeit mit 1 Tropfen 50%iger Essigsäure auf der Tüpfelplatte eine blaugrüne Färbung gibt.

***Bemerkungen.* I. Anwendungsmöglichkeit.** Das Verfahren ist für rasches, routiniertes Arbeiten geeignet, und zwar für Erzabbrände, besonders für solche, die viel Kieselsäure, Eisen, Aluminium und Mangan enthalten. Für nicht abgeröstete, sulfidische, kupfer- und cadmiumhaltige Erze sollte man es nur benutzen, wenn man über viel Erfahrung verfügt.

II. Titerstellung. Der Faktor der Standardlösung variiert etwas je nach der Zinkmenge, d. h. je nach der Menge der verbrauchten Ferrocyanidlösung, so daß man am besten 3 Faktoren festlegt: einen für den Verbrauch von 40 cm³, einen für den von 20 cm³ und einen für den von 10 cm³ Ferrocyanidlösung.

Zur Titerstellung wird die Zinkprobe in verdünnter Salpetersäure gelöst. Dann kocht man die Stickoxyde weg und verdünnt die Lösung auf 250 cm³. Nun versetzt man mit 10 cm³ EisenIII-nitratlösung und mit 15 cm³ Citronensäurelösung und macht schwach ammoniakalisch. Sodann gibt man einen abgemessenen Überschuß an Ammoniak zu, nämlich bei Anwendung des 40 cm³-Faktors 20 cm³ Überschuß, bei Anwendung des 20 cm³-Faktors 10 bis 12 cm³ Überschuß, während man für kleinere Mengen nur schwach ammoniakalisch macht. Man erhitzt dann zum vollen Sieden und titriert, wie oben beschrieben wurde.

III. Bestimmung des Zinks in mit Zinkchlorid imprägniertem Holz. Bateman benutzt die Titration in citrathaltiger Lösung zur Bestimmung des Zinks in mit Zinkchlorid imprägniertem Holz.

Arbeitsvorschrift. 5 g des fein gepulverten Materials werden in einem 500 cm³ fassenden Rundkolben aus Jenaer Glas mit 50 cm³ einer frisch bereiteten, gesättigten Lösung von Kaliumchlorat in konzentrierter Salpetersäure in der Kälte gemischt und stehen gelassen. Wenn die sofort einsetzende Reaktion nachgelassen hat und Abkühlung eingetreten ist, gibt man 10 cm³ Schwefelsäure (D 1,8) hinzu und schüttelt kräftig um. Nach einiger Zeit entsteht eine tief rote Lösung, welche 1 bis 1½ Std. lang unter öfterem Zufügen obiger Kaliumchloratlösung gekocht wird. Dann wird mit 100 cm³ Wasser verdünnt und mit 2 cm³ EisenIII-chloridlösung, 10 cm³ verdünnter Salpetersäure und 1 g Citronensäure versetzt. Nach dem Abkühlen macht man mit Ammoniak schwach alkalisch, verdünnt auf 200 cm³ und titriert bei 80°. Der Endpunkt ist erreicht, wenn 1 Tropfen der Flüssigkeit mit 1 Tropfen eines Gemisches von Eisessig und Glycerin (1 : 1) eine blaue oder grünliche Färbung gibt. Bei Analysen von Proben bekannter Zusammensetzung betrug der mittlere Fehler + 0,9%.

IV. Potentiometrische bzw. konduktometrische Bestimmung.

1. Direkte Titration.

Vorbemerkung. Mit der potentiometrischen Bestimmung des Zinks durch Fällung mit Kaliumferrocyanid haben sich zunächst Knauth, ferner Russell und v. Bichowsky sowie Hedrich beschäftigt. Müller hat später die von Hedrich erhaltenen guten Resultate bestätigt und auch Reissaus kommt zu recht guten Werten.

Demgegenüber stellt Kolthoff (a) fest, daß die Resultate etwa 1% zu niedrig ausfallen. Um den Widerspruch zu klären, hat Brennecke das Verfahren einer sorgfältigen Prüfung unterzogen. Brennecke faßt ihre Ergebnisse dahingehend zusammen, daß die Behauptung von Kolthoff (a) zu Recht besteht, indem die Titration bei 70° stets zu wenig Zink liefert. Der Fehler beträgt — 9,8%. Er verringert sich auf — 7,3%, wenn man die Fällung in der Hauptsache in der Kälte bei Gegenwart eines sehr kleinen Überschusses an Zink-Ionen vornimmt und schließlich bei 65 bis 70° austitriert. In Übereinstimmung mit Kolthoff (a) ergab sich weiter, daß die umgekehrte Titration von Ferrocyanid mit Zinklösung genauer ist. Die Abweichung beträgt hier nur — 4,6%. Allerdings scheint diese Verbesserung zum Teil auf einer Zersetzung des Ferrocyanids zu beruhen.

Saitō (a), (b), (c) hat festgestellt, daß bei der Titration einer Zinksulfatlösung mit Kaliumferrocyanid zunächst die Verbindung $Zn_2Fe(CN)_6$ gebildet wird, die dann irreversibel in die Verbindung $K_2Zn_3Fe(CN)_6$ übergeht. Da der Übergang sehr rasch erfolgt, ist die erste Verbindung früher wohl übersehen worden. Sie tritt besonders in essigsaurer Lösung auf, während die Bildung des Kaliumzinkferrocyanids durch Essigsäure verzögert, durch Mineralsäure jedoch beschleunigt wird. Der Endpunkt der ersten Reaktion wird beobachtet, wenn die Essigsäurekonzentration größer als 0,1 n ist, der Endpunkt der zweiten, wenn die Konzentration der Mineralsäure größer als 0,1 n ist. Gibt man jedoch Zinksulfatlösung zu Kaliumferrocyanidlösung, so wird nur der Endpunkt beobachtet, welcher der Bildung des Kaliumzinkferrocyanids entspricht, ganz unabhängig von der Acidität der Lösung. Die Beobachtungen von SAITŌ (a), (b), (c) wurden von KAMIENSKI und KARCZEWSKI bestätigt.

***Arbeitsvorschrift von* HILTNER. Bereitung der Erzlösung.** Zur Bereitung der Probelösung empfiehlt HILTNER folgende Arbeitsweise: 2 g fein gepulverte Zinkblende werden in 15 cm³ konzentrierter Salzsäure unter schließlicher Zugabe einer Messerspitze Kaliumchlorat in der Wärme gelöst. Dann wird mit 10 cm³ konzentrierter Schwefelsäure bis zum Entweichen dichter, weißer Dämpfe abgeraucht. Nach dem Abkühlen wird mit Wasser verdünnt und nach neuerlichem Abkühlen filtriert. Falls Kupfer anwesend ist, wird die noch nicht filtrierte Lösung mit etwa 1 g krystallisiertem Natriumthiosulfat einige Minuten gekocht, bis sich das ausfallende Kupfersulfid absetzt, und erst dann wird filtriert und mit siedendem Wasser ausgewaschen.

Falls mit Thiosulfat gefällt wurde, wird das Filtrat durch 5 cm³ Wasserstoffperoxyd oxydiert und dann mit 30 cm³ konzentriertem Ammoniak gefällt. War kein Kupfer zugegen, dann unterbleibt die Oxydation mit Wasserstoffperoxyd. Der Niederschlag, welcher Eisen und Mangan enthält, wird mit wenig heißer Salzsäure vom Filter gelöst und nochmals mit 10 cm³ konzentriertem Ammoniak gefällt. Die vereinigten Filtrate werden zwecks Zerstörung des restlichen Wasserstoffperoxyds wenigstens 10 Min. lang gekocht, dann mit konzentrierter Salzsäure gegen Lackmus annähernd neutralisiert und, nach Zugabe von 10 cm³ Salzsäure und Abkühlen, auf 500 cm³ aufgefüllt. Zur Bestimmung verwendet man 100 cm³ dieser Lösung.

Die **Titration** wird bei 65 bis 75° vorgenommen. Als Elektrodenpaar dient das Paar Platin—Silberjodid.

***Bemerkungen.* I. Genauigkeit.** Das Verfahren ist nicht sehr genau, liefert aber brauchbare Ergebnisse, wenn die Titerstellung der Ferrocyanidlösung in der unten angegebenen Weise vorgenommen wird.

II. Titerstellung der Ferrocyanidlösung. Die Titerstellung erfolgt zweckmäßig durch Titration einer Lösung bekannten Zinkgehaltes unter den gleichen Bedingungen wie bei der Bestimmung.

III. Sonstige Arbeitsweisen. KOLTHOFF (a) empfiehlt, die Titration in schwach schwefelsaurer Lösung auszuführen und eine Platinnetzelektrode zu verwenden. Bei Gegenwart von genügend Kaliumsulfat soll der Fehler nur 0,4 bis 0,5% betragen; diese Angabe wird von BRENNECKE allerdings nicht bestätigt. Die Ferrocyanidlösung kann man nach KOLTHOFF (a) durch Zusatz von 1 g Ferricyanid je Liter konservieren, so daß sie sich in einer braunen Flasche monatelang hält.

Bei Anwesenheit größerer Mengen Natrium-, Magnesium- und Calciumsalze erniedrigen sich die Ergebnisse. Auch die Gegenwart von Ammoniumchlorid vergrößert die Fehler. Mangan, Cadmium und Kupfer stören und müssen entfernt werden, während Eisenverbindungen durch Zusatz von Ammoniumfluorid und Schwefelsäure unschädlich gemacht werden können.

BRENNECKE hat bei ihren Untersuchungen die Titration in praktisch neutraler Lösung unter Verwendung einer PERKINschen Netzelektrode vorgenommen.

2. Rücktitration des überschüssigen Ferrocyanids.

a) Arbeitsweise von Tananaew. Nach TANANAEW wird die siedend heiße Zinklösung mit überschüssigem Ferrocyanid versetzt und der Überschuß in Gegenwart von Kaliumhydrogensulfat mit Kaliumpermanganat zurücktitriert. Der Potentialsprung ist dann sehr ausgeprägt und tritt momentan ein. Die Genauigkeit soll bei dieser Arbeitsweise 0,1 bis 0,15% betragen.

b) Arbeitsweise von Sturges. STURGES verwendet zum Zurücktitrieren des überschüssigen Ferrocyanids CerIV-sulfat.

Die Zinkprobe wird in Salzsäure gelöst und die Lösung (für 0,1 g Zink) auf 150 cm³ verdünnt. Sie wird dann mit Ammoniak neutralisiert, mit Schwefelsäure (1 : 1) angesäuert und in der Kälte mit überschüssiger Ferrocyanidlösung versetzt. Man läßt 15 Min. stehen und titriert den Überschuß bei Zimmertemperatur unter Verwendung eines Platin—Wolfram-Elektrodenpaares mit CerIV-Ammoniumsulfat zurück.

Bestimmung neben Blei und Silber.

Zur Bestimmung des Zinks neben Blei verfährt man nach MÜLLER und GÄBLER so, daß man zunächst in einer Probe mit Kaliumferrocyanid die Summe der beiden Metalle bestimmt (Indicatorelektrode aus Platin). In einer zweiten Probe fällt man das Blei durch Schwefelsäure als Sulfat und titriert dann das Zink allein mit Ferrocyanid. Die Differenz aus den bei den beiden Bestimmungen erhaltenen Resultaten ergibt die Bleimenge. Beide Titrationen werden bei 75° ausgeführt. Auf 100 cm³ der zu titrierenden Lösung setzt man 1 cm³ 0,1 mol Kaliumferricyanidlösung zu.

Die Bestimmung des Zinks neben Silber wird nach MÜLLER und HENTSCHEL so ausgeführt, daß man in der auf 75° erwärmten Lösung zunächst das Silber mit einer Natriumbromidlösung unter Verwendung einer Indicatorelektrode aus Silber titriert. Dann tauscht man diese gegen eine Platinelektrode aus und titriert anschließend das Zink mit Kaliumferrocyanid.

Durch sinngemäße Kombination beider Arbeitsweisen können auch Silber, Blei und Zink nebeneinander bestimmt werden.

Indirekte konduktometrische Titration nach G. JANDER, PFUNDT und SCHORSTEIN.

Die direkte konduktometrische Titration des Zinks mit Kaliumferrocyanidlösung gibt keine guten Kurven. Brauchbare Ergebnisse erhält man jedoch, wenn man Kaliumferrocyanidlösung mit einer Zinkchloridlösung titriert, die keine überschüssige Säure enthält. Hieraus ergibt sich die Möglichkeit einer Zinkbestimmung durch Zugeben eines Überschusses der Reagenslösung zu der zu bestimmenden Zinksalzlösung und Rücktitrieren des Überschusses mit eingestellter Zinksalzlösung. Die Titration muß bei 100° erfolgen. Man erhält eine Leitfähigkeitskurve mit zwei sehr flachen Knicken und einem scharfen Knick; der letzte zeigt das Ende der Titrationsreaktion an. Bei den Versuchen der genannten Autoren war die Kaliumferrocyanidlösung etwa 0,24 mol; 3 bis 6 cm³ dieser Lösung wurden in das Leitfähigkeitsgefäß eingemessen und auf etwa 50 cm³ verdünnt; die Zinkchloridlösung, mit der titriert wurde, war etwa 0,58 mol. Der Knick in der Titrationskurve ergab sich bei einem Verbrauch von 1,77 bis 3,54 cm³ der Zinkchloridlösung.

B. Nephelometrische Bestimmung.

Vorbemerkung. MYLIUS hat bereits die durch Kaliumferrocyanid in sehr verdünnten Zinksalzlösungen verursachte Trübung zur Bestimmung des Zinks in Brunnenwässern mit einem Gehalt von weniger als 0,05 g Zink im Liter benutzt. Er verfuhr dabei so, daß er in einen Zylinder von 4 cm Weite 200 cm³ des zu untersuchenden Wassers, in einen zweiten 200 cm³ zinkfreies Wasser füllte.

Dann gab er in jeden Zylinder die gleiche Menge Salzsäure und Ferrocyanidlösung und nun zu der zinkfreien Lösung in Pausen von 5 Min. tropfenweise so viel Zinklösung von bekanntem Gehalt, daß die gleiche Trübung wie bei der Probelösung erzielt wurde. Nach diesem Vorversuch führte er eine zweite Bestimmung aus, bei der er wieder 200 cm³ Probelösung und je 200 cm³ von fünf Vergleichslösungen verwendete, von denen zwei etwas weniger, zwei etwas mehr Zink enthielten, als bei dem Vorversuch ermittelt worden war, während in der fünften Vergleichslösung, die im Vorversuch gefundene Zinkmenge vorhanden war. Nachdem alle Zylinder ½ Std. vor direktem Tageslicht geschützt gestanden hatten, verglich er die Trübungen, die ihm erlaubten, den Zinkgehalt auf 1 mg/l genau zu schätzen. Eisen darf nicht vorhanden sein, da es stört.

Im allgemeinen werden aber die Verhältnisse nicht so einfach liegen wie bei Trinkwässern, bei denen die Salzkonzentration und die Menge der störenden Metalle meist nur gering sind. Deshalb verfahren spätere Autoren so, daß sie das Zink zunächst als Sulfid abscheiden und es dann wieder in Salzsäure lösen. Eine von BREYER stammende Arbeitsweise, die auch von MELDRUM in ähnlicher Form benutzt wurde, hat BIRCKNER zur Bestimmung des Zinks in Nahrungsmitteln verwendet.

Nach BIRCKNER verfährt man so, daß man das Zink zunächst aus ameisensaurer Lösung als Sulfid abscheidet und nach dem Auswaschen in Salzsäure löst. Der Trübungsvergleich erfolgt in NESSLER-Gefäßen. Wenn die Menge des Zinks über 0,5 mg beträgt, wird ein aliquoter Teil der Lösung benutzt. Nach BIRCKNER gibt diese Methode zuverlässige Resultate, und bei sorgfältigem Arbeiten beträgt der Fehler höchstens $\pm$ 0,05 mg.

1. Methode von BODANSKY.

Die BIRCKNERsche Arbeitsweise ist von BODANSKY, der sie ebenfalls zur Bestimmung des Zinks in organischem Material benutzt, hauptsächlich dadurch modifiziert worden, daß er die Fällung des Zinksulfids in citronensaurer Lösung bei Gegenwart von Calciumcitrat vornimmt, wodurch er, vermutlich infolge Adsorption des kolloiden Zinksulfids durch das Calciumcitrat, das Zink praktisch vollständig erfassen kann.

Arbeitsvorschrift. Den Veraschungsrückstand extrahiert man mehrfach mit heißer verdünnter Salzsäure und dampft die vereinigten Filtrate dann zur Trockne ein. Der Rückstand wird in 2 cm³ konzentrierter Salzsäure und 50 cm³ destilliertem Wasser gelöst. Nun wird das Kupfer als Sulfid gefällt, das Filtrat durch Kochen vom Schwefelwasserstoff befreit, abgekühlt, mit Ammoniak neutralisiert und mit 10 cm³ 50%iger Citronensäure versetzt. Dann wird neuerlich zum Sieden erhitzt und, falls nicht schon infolge genügenden Calciumgehaltes der Probe Calciumcitrat ausfällt, so viel reinstes Calciumcarbonat in kleinen Anteilen zugesetzt, daß sich etwa 1 g Calciumcitrat abscheidet. Nun leitet man einen lebhaften Schwefelwasserstoffstrom durch die Flüssigkeit, bis sie erkaltet ist. Dann läßt man einige Stunden, zunächst auf dem Wasserbad, dann bei Zimmertemperatur stehen, bis die überstehende Flüssigkeit klar ist. Dann wird filtriert und der Niederschlag mit 2%iger Ammoniumrhodanidlösung ausgewaschen. Nunmehr wird das Zinksulfid auf dem Filter in heißer verdünnter Salzsäure gelöst und das Filtrat im Fällungsgefäß aufgefangen. Eine etwaige Rotfärbung zeigt die Anwesenheit von Eisen an. Die Fällung muß dann wiederholt werden. Eine allenfalls vorhandene Trübung durch kolloiden Schwefel kann durch Kochen beseitigt werden. Wenn die Flüssigkeit klar und farblos ist, kann sie zur nephelometrischen Bestimmung verwendet werden.

Die Lösung oder ein aliquoter Teil derselben wird mit destilliertem Wasser auf 45 cm³ aufgefüllt und in ein 50 cm³ fassendes NESSLER-Rohr gebracht. Weitere

NESSLER-Gefäße werden mit abgemessenen Mengen Zinklösung (1 cm³ enthält 0,1 mg Zink) und 3 cm³ konzentrierter Salzsäure beschickt und mit destilliertem Wasser auf 45 cm³ aufgefüllt. Wesentlich ist, daß die Probelösung die gleiche Menge Salzsäure enthält wie die Vergleichslösungen. Nun gibt man in jedes Gefäß gleichviel (5 cm³) Ferrocyanidlösung (34,8 g/l). Man mischt rasch und nimmt den Trübungsvergleich vor.

Bemerkungen. **Anwendungsbereich und Genauigkeit.** Die Methode eignet sich besonders zur Bestimmung von Zinkmengen unter 5 mg. Bestimmungen, die in Gegenwart von 5 mg Eisenchlorid unter mehrfacher Fällung des Zinks als Sulfid ausgeführt wurden, ergaben folgende Werte:

Angewendete Zinkmenge (mg)	0,1	0,2	0,3	0,5	1,0
Gefundene Zinkmenge (mg)	0,10	0,17	0,28	0,47	0,98

2. Methode von FAIRHALL und RICHARDSON.

FAIRHALL und RICHARDSON haben die nephelometrische Bestimmung des Zinks mittels Kaliumferrocyanids einer eingehenden Untersuchung unterzogen, wobei sie hauptsächlich der zuverlässigen Trennung des Zinks von den anderen Metallen (insbesondere von Eisen) sowie dem Säuregehalt und der Salzkonzentration der Lösung Beachtung schenkten. Sie setzen der zinkhaltigen Lösung etwas Kupfersulfat zu und fällen beide Metalle gemeinsam als Sulfide. Ihr Verfahren verwenden sie zur Bestimmung des Zinks in biologischem Material.

Arbeitsvorschrift. Man verascht das Material bei möglichst niedriger Temperatur und löst die verbleibende Asche in 6 n reinster Salzsäure und heißem Wasser. Dann verdünnt man (bei Mengen, die etwa der Asche von 100 cm³ Blut entsprechen) auf 75 cm³, gibt 5 g reines Natriumcitrat, 2 mg Kupfer in Form von Kupfersulfat und eine genügende Menge Thymolblau als Indicator zu. Nun versetzt man mit verdünnter Kalilauge, bis die Lösung gelb wird, und gibt dann Bromchlorphenolblau zu. Wenn die Lösung jetzt bläulich gefärbt ist, versetzt man mit verdünnter Salzsäure, bis die gelbe Farbe gerade wieder hergestellt ist. Die Lösung wird dann in der Kälte mit Schwefelwasserstoff gesättigt, das Gemisch von Zink- und Kupfersulfid abfiltriert und gut ausgewaschen. Die Sulfide löst man nun in Salz- und Salpetersäure, dampft die Lösung 2mal mit Salzsäure zur Trockne, löst den Rückstand in Salzsäure und wiederholt obige Arbeitsweise ohne Zugabe von Natriumcitrat. In Abwesenheit des Puffers erfordert die Einstellung der Acidität naturgemäß größere Sorgfalt. — Der Sulfidniederschlag wird wieder in der gleichen Weise gelöst, die Lösung, wie oben beschrieben, eingedampft und der Rückstand mit 5 cm³ 6 n Salzsäure und 20 cm³ Wasser aufgenommen. Diese Lösung wird in der Kälte mit Schwefelwasserstoff gesättigt und das ausgeschiedene Kupfersulfid abfiltriert und ausgewaschen. Das Filtrat, welches das Zink als Chlorid enthält, wird zur Trockne gedampft und der Rückstand mit 4 bis 5 Tropfen 6 n Salzsäure und wenig Wasser aufgenommen, wobei man zunächst den Rückstand mit der Säure durchfeuchtet, dann leicht erwärmt und nun erst das Wasser zusetzt. Dann bringt man die Lösung in ein 25 cm³-Kölbchen und füllt bis zur Marke auf.

Zu einem aliquoten Teil (5 oder 10 cm³) dieser Lösung gibt man 10 cm³ 0,1341 n Kalilauge und neutralisiert deren Überschuß genau mit 0,1 n Salzsäure, von der man dann noch genau 1 cm³ im Überschuß zusetzt. Nun verdünnt man auf nicht ganz 50 cm³, setzt 1 cm³ 2%ige Kaliumferrocyanidlösung zu, füllt auf genau 50 cm³ auf und mischt sofort sorgfältig. Die Lösung ist nun in bezug auf die Säure 0,002 n und in bezug auf Kaliumchlorid 0,0268 mol. Die Vergleichslösungen sollen der Probelösung in bezug auf die Acidität und die Salzkonzentration genau entsprechen. Sie werden im Bereich von 0,05 bis 0,5 mg Zink um je 0,05 mg abgestuft. Man verwendet völlig farblose NESSLER-Gefäße, die einen geschwärzten Boden und einen schwarzen Streifen in Höhe des Meniskus besitzen.

Bemerkungen. **I. Genauigkeit.** Bei 33 Analysen, die mit Lösungen ausgeführt wurden, deren Gehalt an Salzen der Asche von 100 cm³ Blut entsprach, und denen Zinkmengen von 0,5 bis 1,4 mg zugesetzt waren, betrug der mittlere Fehler ± 0,06 mg.

II. Einfluß der Acidität. Kleine Verschiedenheiten im Säuregehalt verursachen bedeutende Unterschiede der Trübung trotz gleicher Zinkmenge. FAIRHALL und RICHARDSON ermittelten durch besondere Versuche, daß eine Wasserstoff-Ionen-Konzentration von $10^{-2,3}$ sich für die nephelometrische Bestimmung am besten eignet.

III. Einfluß der Salzkonzentration. Durch weitere Versuche (unter Verwendung von Kaliumchlorid) wurde festgestellt, daß erhöhte Salzmengen die Trübung verstärken und einen gelblichen Farbton verursachen, der den Vergleich erschwert. Bei hohen Salzkonzentrationen können neben der verstärkten Trübung auch Flockungserscheinungen auftreten, die dann das ganze Erscheinungsbild verändern. Auf Grund ihrer diesbezüglichen Beobachtungen schlagen die Autoren vor, mit Lösungen zu arbeiten, die in bezug auf Kaliumchlorid 0,0268 mol sind.

IV. Zeitdauer des Versuches. Bei Versuchen mit Zinkmengen von 0,1 bis 0,4 mg in 50 cm³ Flüssigkeit variiert die Zeit, die bis zur Entwicklung der maximalen Trübung nötig ist, zwischen 3½ Min. für die kleineren und 6 Min. für die größeren Mengen. Jedenfalls ist das Maximum der Trübung bei den erwähnten Zinkmengen bestimmt nach 10 Min. erreicht und bleibt dann weitere 20 Min. lang unverändert bestehen.

V. Einfluß des Lichtes. Wenn derartige Trübungen ½ Std. oder länger dem direkten Sonnenlicht ausgesetzt werden, findet eine gewisse Zersetzung des Ferrocyanids statt. Man führt die Bestimmung deshalb in gedämpftem Tageslicht aus. Von der Verwendung künstlicher Beleuchtung ist abzuraten.

Literatur.

BATEMAN, E.: Ind. eng. Chem. **6**, 16 (1914). — BIRCKNER, V.: J. biol. Chem. **38**, 191 (1919). — BLUM, L.: Fr. **31**, 60 (1892). — BODANSKY, M.: Ind. eng. Chem. **13**, 696 (1921). — BRAGARD, M.: Berg- u. hüttenm. Z. **46**, 100 (1887). — BRENNECKE, E.: Fr. **86**, 175 (1931). — BREYER, F. G.: Durch W. W. SCOTT: Standard Methods of Chemical Analysis, 2. Aufl., S. 487. New York 1917.

COLORADO SCIENTIFIC SOCIETY: Chem. N. **67**, 5, 17 (1893). — CONE, W. H. u. L. C. CADY: Am. Soc. **49**, 356 (1927).

DARIUS, G.: Berl-Lunge, Bd. 2, S. 1707. Berlin 1932. — DEMOREST, D. J.: Ind. eng. Chem. **5**, 302 (1913). — DONATH, E. u. G. HATTENSAUR: Ch. Z. **14**, 323 (1890).

EILERS, C.: Berg- u. hüttenm. Z. **52**, 337, 347 (1893).

FAHLBERG, C.: Fr. **13**, 379 (1874). — FAIRHALL, L. T. u. J. R. RICHARDSON: Am. Soc. **52**, 938 (1930).

GALLETTI, M.: Bl. [2] **2**, 83 (1864). — GIUDICE, G.: Giorn. Farm. Chim. **31**, 337 (1882); durch Ch. Z. **6**, 1034 (1882).

HAWKINS, E. N.: Durch EILERS a. a. O. sowie COLORADO SCIENTIFIC SOCIETY a. a. O. — HEDRICH, G.: Diss. Dresden 1919. — HILTNER, W.: Ausführung potentiometrischer Analysen, S. 126. Berlin 1935. — HINMAN, B. C.: Chem. N. **67**, 30 (1893).

JONES, L. W. W.: Durch EILERS a. a. O. sowie COLORADO SCIENTIFIC SOCIETY a. a. O.

KAMIEŃSKI, B. u. K. KARCZEWSKI: Roczniki Chem. **11**, 577 (1931); durch C. **103 I**, 843 (1932). — KNAUTH, W.: Diss. Dresden 1915). — KOLTHOFF, I. M.: (a) R. **41**, 425 (1922); (b) Chem. Weekbl. **24**, 203 (1927); (c) Die Maßanalyse, 2. Aufl., 2. Teil, S. 262. Berlin 1931. — KOLTHOFF, I. M. u. E. S. A. VERZYL: Z. anorg. Ch. **132**, 318 (1923). — KONINCK, L. L. DE u. E. PROST: Angew. Ch. **9**, 460, 564 (1896). — KORTE, R.: Angew. Ch. **23**, 235 (1910).

LOW, A. H.: Am. Soc. **22**, 198 (1900).

MELDRUM, R.: Chem. N. **116**, 295, 308 (1917). — MENTZEL, F.: Durch EILERS a. a. O. sowie COLORADO SCIENTIFIC SOCIETY a. a. O. — MEURICE, R.: Ann. Chim. anal. **18**, 342 (1913); durch C. **84 II**, 1518 (1913). — MILLER, E. H. u. E. J. HALL: Columbia School of Mines Quarterly **21**, 267 (1900); durch C. **71 II**, 146 (1900). — MOLDENHAUER, D. F.: (a) Ch. Z. **13**, 1220 (1889); (b) **15**, 223 (1891). — MÜLLER, F.: Z. anorg. Ch. **128**, 125 (1923). — MÜLLER, E. u. K. GÄBLER: Fr. **62**, 29 (1922), — MÜLLER, E. u. H. HENTSCHEL: Fr. **72**, 188 (1927). — MYLIUS, E.: Corr.-Blatt d. Ver. analyt. Chem. **2**, 11 (1880); durch Fr. **19**, 101 (1880).

NISSENSON, H. u. W. KETTEMBEIL: Ch. Z. **29**, 953 (1905).

PATTINSON, H. S. u. G. C. REDPATH: J. Soc. chem. Ind. **24**, 228 (1905).

RENARD, A.: C. r. **67**, 450 (1868). — REISSAUS, G. G.: Fr. **69**, 450 (1868). — RUPP, E.: Ar. **241**, 331 (1903). — RUSSELL, F. u. v. BICHOWSKY: Ind. eng. Chem. **9**, 668 (1917).
SAITŌ, S.: (a) Bl. Inst. physic. chem. Res. (Abstr.) Tôkyô **2**, 107 (1929); durch C. **101 I**, 1010 (1930); (b) Bl. Inst. physic. chem. Res. (Abstr.) Tôkyô **10**, 36 (1931); durch C. **102 II**, 6 (1931); (c) Sci. Pap. Inst. Tôkyô **24**, 226 (1935); durch C. **106 I**, 192 (1935). — v. SCHULZ u. A. H. LOW: (a) J. Soc. chem. Ind. **11**, 846 (1892); (b) Chem. N. **67**, 5, 17 (1893). — SCOTT, W. W.: Standard Methods of Chemical Analysis, 4. Aufl., 1. Bd., S. 600. New York 1925. — SEAMAN, W. H.: Am. Soc. **29**, 205, 209 (1907). — SPRINGER, J. W.: Angew. Ch. **30**, 173 (1917). — STONE, G. C. u. W. G. WARING: Am. Soc. **29**, 262 (1907). — STURGES, D. G.: Ind. eng. Chem. Anal. Edit. **11**, 267 (1939).
TANANAEW, I.: Chem. J. Ser. B **5**, 86 (1932). — TANANAEW, I. u. M. GEORGOBIANI: Fr. **107**, 92 (1936).
URBASCH, ST.: (a) Ch. Z. **46**, 7 (1922); (b) **46**, 29 (1922); (c) **46**, 53 (1922); (d) **46**, 98 (1922); (e) **46**, 55 (1922); (f) **46**, 97 (1922); (g) **46**, 126 (1922).
VOIGT, A.: Angew. Ch. **2**, 307 (1889).

§ 5. Bestimmung des Zinks durch Titration mit Natriumsulfid.

Allgemeines.

Das von SCHAFFNER (a), (b), (c) vorgeschlagene *Verfahren beruht darauf, daß die ammoniakalische Zinklösung nach Zusatz von etwas EisenIII-chlorid mit einer eingestellten Lösung von Natriumsulfid titriert wird. Das EisenIII-hydroxyd dient als Indicator, indem es in schwarzes Eisensulfid übergeht, wenn alles Zink gefällt ist.*

Diese Arbeitsweise ist in der Folge vielfach abgeändert worden. Die träge Reaktion des EisenIII-hydroxyds führte zunächst zu Vorschlägen, dasselbe in besonderer Weise herzustellen (THUM; MINOR) oder mit EisenIII-chlorid getränkte Papierstreifen (STRENG) bzw. Biscuitporzellan-Scheibchen (BARRESWILL) zu verwenden. DONATH ersetzte das Eisenhydroxyd durch ammoniakalische, tartrathaltige EisenIII-salzlösung, welche mit Zinksulfid nicht reagiert, aber durch Natriumsulfid geschwärzt wird.

C. R. FRESENIUS tüpfelt in besonderer Weise auf Filtrierpapier gegen Bleiacetat, während MOHR alkalische Bleilösung verwendet. Noch eine ganze Anzahl anderer Indicatoren sind vorgeschlagen worden, z. B. Kobaltnitrat (DEUS), Nickelchlorid (GROLL; KÜNZEL), Nitroprussidnatrium (CODA), Brechweinstein (PROTHIÈRE), Thalliumnitrat (SCHRÖDER) und Cadmiumnitrat (KOPENHAGUE), wobei meist so verfahren wird, daß Papierstreifen mit der betreffenden Lösung getränkt werden. BALLARD bringt 1 Tropfen der zu prüfenden Lösung auf ein blankes Silberblech. BRAGARD stellte folgende Reihenfolge für die Empfindlichkeit einiger der genannten Reagenzien auf: Thallium, Blei, Kobalt, Nickel, Eisen und Nitroprussidnatrium, das am langsamsten reagiert.

Am meisten hat sich das von SCHOTT vorgeschlagene Polkapapier, ein steifes mit Bleicarbonat überzogenes und geglättetes Papier, eingeführt.

Was die Ausführung des SCHAFFNERschen Verfahrens betrifft, so sind im wesentlichen drei Arbeitsweisen zu unterscheiden, nämlich

1. Das Deutsche Verfahren (Trennung des Eisens vom Zink durch mehrfache Fällung; Titration von Probe- und Titerlösung nacheinander mit derselben Bürette).

2. Das Belgische Verfahren (Trennung des Eisens vom Zink durch einfache Fällung; Titration von Probe- und Titerlösung nebeneinander mit zwei Büretten).

3. Das Kompensationsverfahren, bei dem der Einfluß des Eisens durch einen entsprechenden Eisenzusatz bei der Titerstellung ausgeglichen wird.

Es ist viel darüber diskutiert worden, welcher der genannten Methoden der Vorzug zu geben sei. Obwohl einzelne Autoren die jeweils von ihnen befürwortete Arbeitsweise durch recht gute Analysenzahlen belegen, steht doch so viel fest, daß alle diese Methoden viel Erfahrung und Einarbeitung voraussetzen, wenn man gute Resultate erhalten will. BECKURTS meint sogar, daß man auch dann noch mit

Fehlern bis zu 1% des gefundenen Resultates rechnen müsse und daß die vielen Fehlerquellen die Bestimmung des Zinks durch Titration mit Natriumsulfid zu einer weniger genauen Methode machen.

Bestimmungsverfahren.

A. Bestimmung durch Titration nach SCHAFFNER (a), (b), (c), (d).

1. Deutsche Methode.

Arbeitsvorschrift. 1 g Erz (wenn die Probe mehr als 30% Zink enthält, verwendet man 0,5 g) wird mit wenig Wasser aufgeschlämmt, wobei sich keine Klümpchen bilden sollen, und dann zunächst mit 30 cm³ Salzsäure (1:1) schwach erwärmt. Wenn die Hauptreaktion vorüber ist, gibt man 20 cm³ einer Mischung von 500 cm³ konzentrierter Salpetersäure, 250 cm³ konzentrierter Schwefelsäure und 250 cm³ Wasser zu, steigert die Temperatur langsam bis zum Auftreten von Schwefelsäuredämpfen und raucht schließlich ab. Den Rückstand, der weiß sein soll, nimmt man mit 30 cm³ verdünnter Salzsäure (1:5) auf und erhitzt zum Sieden, damit sich alle ausgeschiedenen Salze lösen. Die salzsaure Lösung versetzt man mit 75 cm³ gesättigtem Schwefelwasserstoffwasser und schwenkt um, damit die Sulfide sich zusammenballen. Den Sulfidniederschlag filtriert man ab und wäscht ihn gut mit sehr verdünnter Salzsäure (1:19) aus, der man etwas Schwefelwasserstoffwasser zugesetzt hat. Im allgemeinen wird man mit 100 bis 120 cm³ Waschflüssigkeit auskommen.

Das Filtrat wird nach dem Wegkochen des Schwefelwasserstoffs mit Salpetersäure und Bromwasser oxydiert, mit 25 cm³ konzentriertem Ammoniak versetzt und aufgekocht. Man filtriert den Hydroxydniederschlag ab, löst ihn mit 20 cm³ warmer verdünnter Salzsäure (1:1) auf dem Filter, fällt nochmals mit 20 cm³ konzentriertem Ammoniak, kocht auf, filtriert den Niederschlag ab und wäscht ihn aus. Die Filtrate werden vereinigt und auf 500 cm³ aufgefüllt. Man läßt etwa 12 Std. stehen und titriert dann mit Natriumsulfidlösung, wobei der Endpunkt durch Tüpfeln auf Polkapapier ermittelt wird. Die Titration ist beendet, wenn bei gleich langer Einwirkungsdauer (etwa 20 Sek.) des Probetropfens der braune Fleck bei Probe- und Titerlösung den gleichen Farbton hat.

Bemerkungen. **I. Genauigkeit.** NISSENSON und KETTEMBEIL haben mit dieser Arbeitsweise Resultate erhalten, welche mit den auf gravimetrischem Wege bzw. mit der GALLETTIschen Methode (vgl. § 4, S. 78) erhaltenen Werten ausgezeichnet übereinstimmen. Im allgemeinen wird jedoch die Deutsche Methode wegen der ihr anhaftenden subjektiven Fehler als weniger zuverlässig angesehen, besonders wenn der Ausführende nicht über genügend Erfahrung verfügt.

II. Die Natriumsulfidlösung. Man löst 35 bis 40 g krystallisiertes Natriumsulfid ($Na_2S \cdot 9\,H_2O$) in Wasser und verdünnt die nötigenfalls filtrierte Lösung zum Liter. Da die Lösung infolge Oxydation durch den Luftsauerstoff ihren Titer schnell ändert, muß man sie öfters erneuern. Nach NISSENSON ist es zweckmäßig, eine Messerspitze Natriumhydrogencarbonat auf 1 l der Lösung zuzusetzen. DONATH und HATTENSAUR ziehen der aus käuflichem Natriumsulfid hergestellten Lösung eine selbstbereitete vor. Man erhält sie durch Sättigen eines Volumens Natronlauge mit Schwefelwasserstoff und Zugabe des gleichen Volumens derselben Natronlauge. Eine solche Lösung soll haltbarer sein und auf Bleipapier energischer einwirken, so daß ein Überschuß leichter und schärfer zu erkennen ist.

III. Erkennung des Endpunkts. Mittels eines Glasrohres, das man zugleich zum Umrühren benutzt, bringt man 1 Tropfen der Flüssigkeit auf das wagrecht gehaltene Polkapapier. Nach 15 bis 20 Sek. (man zählt z. B. bis 20) gibt man einen zweiten Tropfen hinzu, so daß die von der Flüssigkeit benetzte Stelle vergrößert wird, und läßt die Flüssigkeit sogleich wieder zur Hauptmenge zurückfließen. Man prüft nun, ob ein brauner Fleck entstanden ist. Der zweite Tropfen wird zugesetzt, um die Umgebung des durch den ersten Tropfen entstandenen braunen Flecks zu benetzen, damit das Auge nicht durch den Unterschied getäuscht wird, der zwischen dem befeuchteten und dem trockenen Papier besteht. Eine wesentliche Schwierigkeit bei der Erkennung des Endpunktes entsteht dadurch, daß der Grad der Bräunung je nach der Menge des überschüssigen Natriumsulfids von kaum sichtbarem Hellbraun bis zu Dunkelbraun wechseln kann. Man muß also stets auf den gleichen Farbton titrieren.

IV. Titerstellung. Zur Titerstellung werden 0,2 bis 0,25 g reinstes Zink in einem dickwandigen Becherglas mit 12 cm³ Salzsäure (1:2) + 3 cm³ Salpetersäure gelöst; die Lösung wird verdünnt und mit 20 cm³ konzentriertem Ammoniak versetzt. Dann verdünnt man auf 500 cm³ und läßt etwa 12 Std. stehen, bevor man titriert. Man nimmt bei der Deutschen Methode nicht zu jeder Probe- eine Titerlösung, sondern titriert bei einer Serie von 10 bis 15 Bestimmungen nur 2 bis 3 Titerlösungen, und zwar eine zu Beginn und eine am Schluß. Zur Berechnung des Zinkgehalts nimmt man dann den Mittelwert der ermittelten Titer. Der Farbvergleich zwischen Titer- und Probelösung ist also bei dieser Arbeitsweise kein unmittelbarer, so daß nur bei entsprechender Übung gute Resultate zu erwarten sind.

V. Einfluß der Ammoniakkonzentration. Nach NISSENSON läßt sich der Endpunkt bei Gegenwart größerer Mengen freien Ammoniaks mit Bleipapier schlecht erkennen. DECKERS behauptet, daß größere Mengen Ammoniak einen Mehrverbrauch an Natriumsulfid verursachen. BOY meint, daß die Einwände gegen die Deutsche Methode darauf beruhen, daß die Lösungen wechselnde Mengen Ammoniak enthalten, je nachdem, ob bei der mehrfachen Fällung des Eisens mehr oder weniger Ammoniak weggekocht wird. Infolgedessen kann man der Titerlösung nicht die gleiche Ammoniakmenge zugeben, da man auf Schätzung angewiesen ist. BOY schlägt deshalb vor, nach der letzten Eisenfällung die vereinigten Filtrate so lange einzudunsten, bis das freie Ammoniak verschwunden ist. Das durch Zinkhydroxyd schwach getrübte Filtrat wird mit 5 cm³ Salzsäure (1:1) und dann mit 15 cm³ Ammoniak versetzt und über Nacht stehen gelassen. Durch diese Arbeitsweise enthalten Probe- wie Titerlösung nahezu gleiche Mengen an Salzen und freiem Ammoniak, und die Reaktion mit Bleipapier ist bei dem geringen Ammoniakgehalt wesentlich schärfer.

VI. Einfluß der Ammoniumsalze. DECKERS gibt an, daß größere Mengen von Ammoniumsalzen einen Mehrverbrauch von Natriumsulfid verursachen, da sie frisch gefälltes Zinksulfid zersetzen, besonders wenn viel freies Ammoniak vorhanden ist. HASSREIDTER (a) stellt dagegen fest, daß ein Überschuß von Ammoniumsalzen das Ende der Reaktion beschleunigt und der Verbrauch an Natriumsulfid in diesem Fall also zu klein ist. PATEK endlich behauptet, daß die verschiedenen Ammoniumsalze (Sulfat, Chlorid, Bromid und Nitrat) das Resultat nicht beeinflussen. Es ist nach seiner Meinung gleichgültig, welche derselben in Probe- und Titerlösung vorhanden sind. Selbst Mengen, die weit über das für die Praxis in Betracht kommende Maß hinausgehen, sollen auf die Genauigkeit keinen Einfluß haben. Im Gegensatz zu DECKERS konnte PATEK zwischen frisch gefälltem Zinksulfid und Ammoniumsalzen weder in neutraler noch in ammoniakalischer Lösung eine Umsetzung unter Bildung von Ammoniumsulfid feststellen. PATEKs Ergebnisse sind allerdings verschiedentlich kritisiert worden, z. B. von ORLIK, von HASSREIDTER, von FENNER und ROTHSCHILD. BUCHERER und MEIER beobachteten, daß das ausgeschiedene Zinksulfid bei zunehmendem Gehalt an Ammoniumsalzen kolloidal bleibt. Bei Anwesenheit größerer Mengen färbt sich die Lösung dunkel unter Auftreten eines deutlichen Ammoniumsulfidgeruches. Aus ihren Versuchen geht hervor, daß steigende Mengen von Ammoniumsalzen die Zinkbestimmung in ammoniakalischer Lösung immer stärker beeinflussen.

VII. Oxydation und Abscheidung des Eisens. Nach PATEK ist es gleichgültig, ob die Oxydation des Eisens mit Salpetersäure, Bromwasser oder Wasserstoffperoxyd erfolgt, was ORLIK bestätigt. Jedoch müssen oxydierende Substanzen (überschüssiges Wasserstoffperoxyd, Hypobromit und dgl.) vor der Titration durch Kochen beseitigt werden.

Das mit Ammoniak gefällte EisenIII-hydroxyd enthält stets Zink, welches durch Auswaschen nicht zu entfernen ist. Das gleiche gilt für eine allenfalls vorhandene Manganfällung, besonders wenn zur Oxydation Wasserstoffperoxyd benutzt wurde (JANNASCH und MC GREGORY; FRIEDHEIM und BRÜHL; DONATH).

PROST und HASSREIDTER erhielten beispielsweise mit Zinklösungen bekannten Gehalts und bekannten Eisenmengen nebenstehende Ergebnisse (s. Tabelle 9).

Tabelle 9.

Bei einem Eisengehalt von %	Zinkgehalt Gegeben % 30	% 40	% 45	% 50
	Gefunden			
10	29,95	39,9	44,9	49,85
20	29,55	39,45	44,40	49.40
30	29,15	39,20	44,20	49,00

Bei einer anderen Versuchsreihe mit geringerem Ammoniakgehalt waren die Fehler noch größer.

COPALLE fand, daß die vom EisenIII-hydroxyd adsorbierte Zinkmenge sowohl von der in der Probe vorhandenen Zink- als auch von der Eisenmenge abhängt. Durch doppelte Fällung kann der Fehler sehr reduziert werden, aber selbst nach 3facher Fällung kann der Eisenniederschlag unter ungünstigen Verhältnissen noch merkliche Mengen Zink enthalten, wie HASSREIDTER (b) festgestellt hat. COPALLES Ansicht, daß der Fehler durch 1malige Fällung mit Natriumacetat vermieden werden könne, wurde durch HAMPE und FRAATZ widerlegt. Diese konnten zeigen, daß die erste Eisenfällung recht beachtliche Zinkmengen enthält und daß selbst in der zweiten Fällung noch bestimmbare Zinkmengen vorhanden sind.

Die Behauptung CODAS, daß eine Adsorption des Zinks an das EisenIII-hydroxyd nicht eintritt, wenn genügend Ammoniumsulfat vorhanden ist und mit ammoniumcarbonathaltigem Ammoniak gefällt wird, konnte von PROST und HASSREIDTER nicht bestätigt werden.

VIII. Einfluß der Temperatur. NISSENSON und NEUMANN sowie HASSREIDTER (b) stellten fest, daß auch die Temperatur Einfluß auf die Schärfe der Endreaktion hat. Sie soll möglichst nicht über 20° betragen. Bei höherer Temperatur wird die Endreaktion weniger scharf.

IX. Störung durch andere Stoffe. Wie PROST und HASSREIDTER fanden, wirkt Aluminium in demselben Sinne wie Eisen. Auf die Störung durch Mangan wurde oben bereits hingewiesen. Beide Metalle werden ja immer gemeinsam mit dem Eisen entfernt. Auch Kieselsäure kann bei der Fällung mit Ammoniak sehr störend wirken. Man muß sie deshalb durch mehrmaliges Abdampfen mit Säure unlöslich machen und abfiltrieren.

2. Belgische Methode.

Arbeitsvorschrift. 1,25 g fein gepulvertes Erz werden mit 25 cm³ konzentrierter Salzsäure (D 1,19) langsam erwärmt, bis keine Schwefelwasserstoffentwicklung mehr zu beobachten ist. Dann setzt man 10 cm³ konzentrierte Salpetersäure (D 1,4) zu und dampft vorsichtig zur Trockne. (Bei oxydischem Material genügen zum Aufschluß 15 cm³ Salzsäure.) Bei kieselsäurehaltigem Material wird mit 10 cm³ verdünnter Schwefelsäure (1:1) zur Trockne gedampft. Der Rückstand wird sodann mit 5 cm³ konzentrierter Salzsäure und 20 cm³ heißem Wasser aufgenommen, aufgekocht und mit 75 cm³ gesättigtem Schwefelwasserstoffwasser versetzt. Nachdem der Niederschlag sich zusammengeballt hat, filtriert man, sammelt das Filtrat in einem 500 cm³-Meßkolben und wäscht den Niederschlag mit 150 cm³ Wasser aus, das 5 cm³ konzentrierte Salzsäure und etwas Schwefelwasserstoff enthält. Man entfernt nun den Schwefelwasserstoff durch Kochen und oxydiert das Eisen mit 10 cm³ konzentrierter Salpetersäure. Wenn das Erz manganhaltig ist, gibt man noch 1 bis 2 cm³ 3% iges Wasserstoffperoxyd zu. Nunmehr versetzt man den Kolbeninhalt mit 60 cm³ konzentriertem Ammoniak, schwenkt gut um und läßt über Nacht stehen. Am andern Morgen füllt man bis zur Marke auf, schüttelt gut durch und filtriert durch ein trockenes Faltenfilter in ein trockenes Gefäß. Von der filtrierten Lösung verwendet man 200 cm³ zur Titration, nachdem man sie auf 300 cm³ verdünnt hat.

Man titriert die Probelösung gleichzeitig mit der Titerlösung unter Verwendung zweier übereinstimmender Büretten, die mit der gleichen Natriumsulfidlösung gefüllt sind. Das Tüpfeln erfolgt gleichzeitig auf demselben Streifen Bleipapier. Man läßt den Tropfen jeweils 10 bis 15 Sek. auf das Papier einwirken und bewirkt durch entsprechende Zugabe von Natriumsulfidlösung zu Titer- und Probelösung, daß die Bräunung bei beiden Flecken die gleiche ist.

***Bemerkungen.* I. Genauigkeit.** Diese Titrationsart ist wesentlich sicherer als die deutsche Arbeitsweise, da die subjektiven Fehler, die bezüglich der Zeitdauer der Titration einerseits und der Einwirkungsdauer des Probetropfens auf das Bleipapier andererseits sowie bei der Beurteilung des Farbtons der Flecken auftreten können, weitgehend ausgeschaltet sind.

II. Bereitung der Titerlösung. Zur Bereitung der Titerlösung wägt man eine dem Zinkgehalt der Probe entsprechende Menge metallisches Zink in einen 500 cm³-Kolben ein und löst sie in 10 cm³ konzentrierter Salzsäure, fügt 10 cm³ konzentrierte Salpetersäure zu, verdünnt auf 250 cm³ und versetzt mit 60 cm³ konzentriertem Ammoniak. Dann füllt man so weit mit Wasser auf, daß das Volumen dem der Probelösung entspricht, und läßt ebenfalls über Nacht stehen. Am andern Morgen wird bis zur Marke aufgefüllt und gut umgeschüttelt. Dann werden 200 cm³ in ein dickwandiges Becherglas abgemessen, auf 300 cm³ verdünnt und, wie oben beschrieben, gleichzeitig mit der Probe titriert.

Falls der Zinkgehalt des Erzes nicht ungefähr bekannt ist, muß er in einer Vorprobe annähernd ermittelt werden.

3. Kompensationsmethode.

Die Kompensationsmethode unterscheidet sich von der Belgischen Methode nur dadurch, daß man der Titerlösung eine der Summe des Eisen-, Aluminium- und Mangangehaltes der Einwage entsprechende Menge Eisen entweder in Form von Eisendraht oder Eisenammoniumalaun zusetzt. Nach HASSREIDTER (c) berechnet man die benötigte Eisenmenge wie folgt: $(Fe_2O_3 + Al_2O_3 + Mn_3O_4) \cdot 0{,}70$. Der Gehalt der Probe an diesen Stoffen muß also nötigenfalls annähernd bestimmt werden.

Durch den Eisenzusatz wird der Fehler, der bei der Belgischen Methode dadurch entsteht, daß der Hydroxydniederschlag Zink adsorbiert, durch dieselbe Adsorption in der Titerlösung ausgeglichen. Die sonstige Behandlung der Titerlösung ist hierbei die gleiche wie die der Probe und die Titrationsart dieselbe wie bei dem Belgischen Verfahren.

Bei Erzen bekannter Herkunft und im wesentlichen gleichbleibender Art kann man einen Korrekturwert ermitteln, dessen Anwendung den Eisenzusatz zur Titerlösung erspart.

***Bemerkungen.* Besondere Arbeitsweise.** Normal-SCHAFFNER-Methode. Dieser im Jahre 1920 vom CHEMIKERFACHAUSSCHUSS DER GESELLSCHAFT DEUTSCHER METALLHÜTTEN- UND BERGLEUTE angenommenen Arbeitsweise liegt folgendes Prinzip zugrunde:

Das Zinkerz wird derartig mit Säure aufgeschlossen, daß ein zinkfreier Rückstand bleibt. Es wird eine ammoniakalische Zinklösung hergestellt, die frei ist von Bestandteilen, die bei der Titration mit Natriumsulfid stören. Das Eisen wird nur 1 mal gefällt. Der durch die 1malige Eisenfällung bedingte Zinkverlust wird durch Zusatz von Eisen zur Titerlösung ausgeglichen. Titer- und Probelösung werden gleichzeitig nebeneinander titriert.

Arbeitsvorschrift von BULLNHEIMER. *Bereitung der Erzlösung.* 1,25 g des fein gepulverten und bei 100° getrockneten Erzes werden zunächst mit Königswasser aufgeschlossen und dann mit 5 cm³ Schwefelsäure (1 : 1) eingedampft, bis keine Schwefelsäuredämpfe mehr entweichen. Den Trockenrückstand nimmt man mit 5 cm³ konzentrierter Salzsäure (D 1,19) und 20 bis 30 cm³ Wasser auf, erwärmt, bis die Salze gelöst sind, und fügt dann starkes Schwefelwasserstoffwasser hinzu, um Kupfer, Blei usw. zu fällen. Man verwendet etwa 100 cm³ gesättigtes Schwefelwasserstoffwasser. Man läßt einige Zeit bei gelinder Wärme stehen (nicht kochen!), bis der Niederschlag sich zusammengeballt hat, und filtriert dann durch ein glattes Filter in einen geeichten 500 cm³-Meßkolben. Den Sulfidniederschlag wäscht man mit einer lauwarmen Mischung von 5 cm³ konzentrierter Salzsäure (D 1,19) und 100 cm³ Wasser aus, dem man etwas Schwefelwasserstoffwasser zugesetzt hat. Hierauf bringt man den Kolbeninhalt zum Sieden (Siedesteinchen!), um den Schwefelwasserstoff zu verjagen. Zu der noch heißen Lösung gibt man 5 cm³ konzentrierte Salzsäure (D 1,19) und 5 cm³ konzentrierte Salpetersäure (D 1,4) hinzu, um das Eisen zu oxydieren. Nunmehr läßt man abkühlen. Nach dem Erkalten fügt man unter Umschütteln nach und nach 60 cm³ konzentriertes Ammoniak (D 0,91) hinzu und, sofern Mangan vorhanden ist, 5 bis 10 cm³ 3% iges Wasserstoffperoxyd. Sodann läßt man über Nacht stehen. Bei manganfreien Erzen unterbleibt der Zusatz von Wasserstoffperoxyd. Am andern Morgen füllt man bis zur Marke auf, mischt und filtriert 200 cm³ (entsprechend 0,5 g Einwage) durch ein Faltenfilter ab, bringt die Lösung in ein Titriergefäß und spült den Meßkolben mit 100 cm³ Wasser nach.

Bereitung der Titerlösung. Wenn der annähernde Zinkgehalt der Probe nicht bekannt ist, muß er durch eine Vorprobe ermittelt werden. — Man wägt so viel chemisch reines Zink ab, daß Erz- und Titerlösung nicht mehr als 3% im Zinkgehalt verschieden ausfallen, ferner eine dem Gehalt des Erzes an Eisen, Mangan und Aluminiumoxyd entsprechende Menge Eisendraht, berechnet die für das Lösen des Zinks annähernd nötige Menge Säure und fügt diese sowie die gleiche Menge Säure, die bei der Behandlung des Erzes gebraucht wird, hinzu. Nach dem Auflösen verdünnt man und fällt mit 60 cm³ konzentriertem Ammoniak. Ein Wasserstoffperoxydzusatz ist hier nicht nötig. Ist der Gehalt des Erzes an Eisen, Mangan und Aluminium nicht bekannt, so muß er durch eine Vorprobe ermittelt werden. — Die Titerlösung wird dann genau wie die Erzlösung behandelt, so daß schließlich ebenfalls 200 cm³ und 100 cm³ Spülflüssigkeit in ein Titriergefäß gebracht werden.

Titration. Man titriert Titer- und Probelösung aus zwei geeichten Büretten nebeneinander unter Verwendung von glänzendem Bleipapier als Indicator, indem man das Tüpfeln gleichzeitig auf demselben Streifen des Reagenspapieres vornimmt. Man läßt die Tropfen etwa 10 Sek. auf das Papier einwirken, spült dann ab und setzt die Titration fort, bis die Flecken von Titer- und Probelösung gleich starke Färbung aufweisen. Nach dem Ablesen überzeugt man sich von der Gleichwertigkeit von Titer- und Probelösung dadurch, daß man einseitig 0,2 cm³ Natriumsulfidlösung hinzufügt, wodurch eine Übertitration sich bemerkbar machen muß. Die Natriumsulfidlösung wird in solcher Stärke hergestellt, daß 1 cm³ etwa 0,005 g Zink (1%) entspricht.

B. Potentiometrische Bestimmung.

Wie HILTNER und GRUNDMANN (a), (b) gezeigt haben, läßt sich Zink recht genau durch potentiometrische Titration mit Natriumsulfid bestimmen.

Arbeitsvorschrift. Die neutrale Zinklösung wird mit 20 bis 30 cm³ 2 n Natriumacetatlösung versetzt und unter Verwendung einer Silbersulfidelektrode als Indicatorelektrode und einer stabilisierten Silberelektrode als Vergleichselektrode mit 0,1 n Natriumsulfidlösung in der Kälte bis zum Potentialsprung titriert.

***Bemerkungen.* I. Genauigkeit.** Bei Zinkmengen von 0,0157 bis 0,0674 g beträgt der Fehler $\pm$ 0,1 bis 0,2 mg.

II. Titerstellung der Natriumsulfidlösung. Die Titerstellung der Natriumsulfidlösung kann mit 0,1 n Jodlösung und Stärke oder potentiometrisch gegen 0,1 n Silbernitratlösung erfolgen. Beide Arbeitsweisen ergeben genau gleiche Werte.

III. Bestimmung des Zinks neben anderen Metallen. Bestimmung neben Silber. Die Titration erfolgt, wie oben angegeben wurde, in neutraler mit etwa 20 bis 30 cm³ 2 n Natriumacetatlösung versetzter Lösung. Der erste Sprung tritt nach der Fällung des Silbers, der zweite nach der Fällung des Zinks ein.

Bestimmung neben Silber und Kupfer. Diese Bestimmung wird ebenso ausgeführt wie die von Silber neben Zink. Es treten nacheinander drei Potentialsprünge auf: der erste nach der Fällung des Silbers, der zweite nach der Fällung des Kupfers und der dritte nach der Fällung des Zinks. Man muß in der Kälte und nicht zu langsam titrieren.

Bestimmung neben Nickel. Die Nickel und Zink enthaltende Lösung wird mit einem Überschuß an Ammoniumcarbonat versetzt. Dann titriert man zunächst das Nickel mit einer eingestellten Kaliumcyanidlösung bis zum Potentialsprung [$Ni^{\cdot\cdot} + 4\,CN' = Ni\,(CN)_4''$]. Es schadet nichts, wenn man mit einer 0,1 n Kaliumcyanidlösung einige Tropfen über den Äquivalenzpunkt hinaus titriert. Anschließend wird in derselben Lösung das Zink mit einer 0,1 n Natriumsulfidlösung bis zum Auftreten des zweiten Potentialsprunges titriert.

Enthält die Lösung viel Zink neben wenig Nickel, so verfährt man besser so, daß man die Lösung teilt und in dem einen Teil zunächst das Nickel und in dem anderen darauf das Zink bestimmt. Zur Nickelbestimmung versetzt man die Lösung mit einem reichlichen Überschuß an Ammoniak, wodurch die Zink-Ionen-Konzentration infolge Komplexbildung stark vermindert wird, und titriert dann mit Kaliumcyanidlösung bis zum Potentialsprung.

Zum zweiten Teil der Lösung gibt man dann für die Zinkbestimmung zunächst die vorher ermittelte Menge Kaliumcyanidlösung hinzu, um das Nickel komplex zu binden. Sodann titriert man mit einer 0,1 n Natriumsulfidlösung bis zum Potentialsprung. — Um bei größeren Nickelmengen eine Abscheidung von Nickelcyanid, welches sich dann nur langsam mit Kaliumcyanid umsetzt, zu vermeiden, gibt man zu der Lösung etwas Natriumtartrat hinzu.

Bestimmung neben Kobalt. Da — im Gegensatz zum Nickel — die cyanometrische Bestimmung des Kobalts in Gegenwart von Ammoniak nicht möglich ist und auch in Gegenwart von Zink-Ionen nicht unmittelbar durchgeführt werden kann, muß das Kobalt in einem Teil der zu untersuchenden Lösung zunächst mittelbar titriert werden. Zu diesem Zweck versetzt man die Lösung mit einem abgemessenen Überschuß einer eingestellten Kaliumcyanidlösung und titriert den Überschuß sodann mit Silbernitratlösung zurück. Bei der Rücktitration beobachtet man einen sehr deutlichen Potentialsprung, wenn die freien und die an Zink gebundenen Cyan-Ionen als Silbercyanid aus der Lösung entfernt sind. Das Kobalt maskiert bei dieser Reaktion das Cyan, und zwar entsprechen 1 Atom Kobalt 5 Moleküle Cyan. Zwar tritt vorher noch ein sehr flacher Potentialsprung auf, da 1 Atom Zink 2 Moleküle Cyan entsprechen. Da dieser Sprung aber nur sehr schwer zu erkennen ist, wird die Zinkbestimmung besser mit Natriumsulfid durchgeführt.

Hierzu versetzt man den zweiten Teil der zu untersuchenden Lösung mit der ermittelten Menge Kaliumcyanidlösung, um das Kobalt komplex zu binden und titriert dann das Zink mit 0,1 n Natriumsulfidlösung bis zum Potentialsprung.

C. Sonstige Titrationsverfahren.

1. Bestimmung nach der Filtrationsmethode von BUCHERER und MEIER.

Arbeitsvorschrift. **a) Bestimmung in ammoniakalischer Lösung.** Die neutrale Zinksulfatlösung wird mit 3 cm³ konzentriertem Ammoniak versetzt, auf 100 cm³ verdünnt und bei 15 bis 20° mit eingestellter Natriumsulfidlösung titriert, wobei der Endpunkt mittels der Filtrationsmethode (s. Bem. IV) bestimmt wird.

b) Bestimmung in saurer Lösung. Die schwach essigsaure Zinksulfatlösung, deren Volumen 100 cm³ betragen soll, wird mit 3 bis 5 g Natriumacetat versetzt und die Titration bei 15 bis 20° mittels der Filtrationsmethode durchgeführt.

Bemerkungen. **I. Genauigkeit.** Bei den Beleganalysen von BUCHERER und MEIER betragen die ausschließlich positiven Fehler rund 0,1 bis 0,3 mg bei Zinkmengen von 0,005 bis 0,080 g, wobei auffällt, daß die nicht nur relativ, sondern auch absolut größten Abweichungen bei den kleinen Zinkmengen auftreten.

II. Titerstellung der Natriumsulfidlösung. Die Titerstellung erfolgt in der Weise, daß eine Zinksulfatlösung bekannten Gehalts unter analogen Versuchsverhältnissen titriert wird.

III. Einfluß der Ammonium- und Alkalisalze. Zunehmende Mengen von Ammoniumsalzen bedingen, daß das Zinksulfid kolloidal bleibt und sich schlecht absetzt. In steigenden Mengen beeinflussen die Ammoniumsalze die Zinkbestimmung in ammoniakalischer Lösung in immer zunehmendem Maße ungünstig.

Alkalisalze fördern dagegen die Flockung des Zinksulfids und wirken deshalb in günstigem Sinn.

IV. Bestimmung des Endpunkts nach der Filtrationsmethode. Zu der zu untersuchenden Lösung fügt man so lange Fällungsreagens hinzu, als noch eine weitere Fällung bemerkbar ist. Sodann wird eine Probe von 2 cm³ entnommen, durch ein kleines Filterchen filtriert und das Filtrat in zwei Teile geteilt. Den einen Teil prüft man auf noch vorhandenes Zink und nötigenfalls den andern auf überschüssiges Reagens. Zur Prüfung auf Zink benutzt man zweckmäßig eine verdünnte Lösung von Kaliumferrocyanid. Fällt die Prüfung auf Zink positiv aus, so setzt man je nach der Stärke der Fällung zu der zu untersuchenden Lösung noch weiteres Natriumsulfid zu, entnimmt von neuem eine Probe, filtriert, prüft abermals usw. Hat man auf diese Weise den ungefähren Gehalt der Lösung ermittelt, dann führt man eine neue Bestimmung aus, die sich nun dem richtigen Wert rasch unter Entnahme nur weniger Titrationsproben nähert. Bei der Schlußtitration schließlich werden die durch eine oder zwei Titrationsproben verursachten Fehler vernachlässigt.

Eine andere Möglichkeit besteht darin, die bei der ersten Titration durch die Probenahmen entstandenen Fehler rechnerisch zu erfassen. Nach BUCHERER und MEIER kann das durch folgende Formel näherungsweise geschehen:

$$x = V'/V\,[(x - a_1) + (x - a_2) + \cdots\cdots (x - a_n)],$$

worin V das Ausgangsvolumen der Lösung, V' die bei den jeweiligen Filtrationsproben entnommene Flüssigkeitsmenge und $a_1, a_2, a_3 \ldots$ den jeweiligen Gesamtzusatz an Fällungsmittel vor der Entnahme der einzelnen Proben bezeichnet. Die Gesamtmenge des zugesetzten Fällungsmittels, bei der der Äquivalenzpunkt erreicht wird, ist dann die erste Annäherung an den gesuchten Gehalt und wird mit x bezeichnet.

Da die obige Formel die ungefähre Kenntnis des Gehalts der Lösung voraussetzt, ist es vorteilhaft, zunächst eine Vortitration zu machen, um in einer zweiten Titration schnell auf den wirklichen Äquivalenzpunkt zu kommen.

2. Methode von KIEPER.

KIEPER schlägt vor, die Zinklösung mit einem gemessenen Überschuß eingestellter Natriumsulfidlösung zu versetzen, zu erwärmen, wobei der Niederschlag sich zusammenballt, und im Filtrat das überschüssige Natriumsulfid nach dem Ansäuern mit Essigsäure mit 0,1 n Jodlösung zurückzutitrieren. Eine ganz ähnliche Arbeitsweise hat vor KIEPER schon REPITON angegeben.

3. Methode von HOUBEN.

Nach HOUBEN verfährt man so, daß man in die 200 cm³ betragende und etwa 0,3 g Zink enthaltende Lösung 30 Min. lang Schwefelwasserstoff einleitet, etwas reines EisenII-sulfat oder MOHRsches Salz zusetzt und die weiße Zinksulfidsuspension unter ständigem, kräftigem Umschwenken mit eingestellter Boraxlösung bis zum Eintritt einer bleibenden Milchkaffeefärbung titriert.

4. Argentometrische Verfahren unter Verwendung von Natriumsulfid.

Nach SCHOBER verfährt man so, daß man das Zink mit einer gemessenen Menge eingestellter Natriumsulfidlösung fällt und das überschüssige Natriumsulfid mit ammoniakalischer Silberlösung umsetzt. Die überschüssige Silberlösung wird dann mit Ammoniumrhodanid bestimmt.

Eine ähnliche Arbeitsweise gibt CLENNELL an: Die stark ammoniakalische oder natronalkalische Zinklösung wird mit 0,2%iger Natriumsulfidlösung im Überschuß gefällt, ein aliquoter Teil abfiltriert und ein Überschuß von Kaliumsilbercyanidlösung zugefügt (2 bis 3%ige Kaliumcyanidlösung wird bis zur beginnenden Fällung mit Silbernitrat versetzt).

Man filtriert, wäscht den Niederschlag aus und gibt zum Filtrat etwa 5 cm³ einer 1%igen Kaliumjodidlösung und titriert mit Silbernitrat bis zur bleibenden, gelblichen Trübung.

KOCH hat eine Methode angegeben, die darauf beruht, daß das Zink aus ammoniakalischer Lösung mit überschüssigem Natriumsulfid gefällt und dessen Überschuß in einem Teil der Flüssigkeit mit Silbernitrat und etwas Schwefelsäure zurückgemessen wird. Hierbei wird eine rasche und vollständige Klärung durch Schütteln mit Tetrachlorkohlenstoff erreicht.

(Über Verfahren, welche die Behandlung des gefällten Zinksulfids mit Silbernitrat, Silberchlorid usw. zur Grundlage haben, vgl. § 1, Abschnitt B, S. 33.)

5. Acidimetrische Verfahren unter Verwendung von Natriumsulfid.

Hinsichtlich dieser Verfahren vgl. § 20, S. 195.

Literatur.

BALLARD, E. G.: J. Soc. chem. Ind. **16**, 399 (1897). — BARRESWILL, CH.: Dingl. J. **140**, 114 (1856). — BECKURTS, H.: Die Methoden der Maßanalyse, S. 886. Braunschweig 1913. — BOY, C.: Ch. Z. **47**, 758 (1923). — BRAGARD, M.: (a) Diss. Berlin 1887; (b) Berg- u. hüttenm. Z. **46**, 100 (1887). — BUCHERER, H. Th. u. F. W. MEIER: Fr. **82**, 21 (1930). — BULLNHEIMER, F.: Met. Erz **17**, 454 (1920).

CLENNELL, J. E.: Chem. N. **87**, 121 (1903). — CODA, D.: Fr. **29**, 266 (1890). — COPALLE, A.: Ann. Chim. anal. **7**, 94 (1902).

DECKERS, A.: Bl. Soc. chim. Belg. **20**, 164 (1906); durch C. **58**, 365 (1887). — DEUS, A.: Fr. **9**, 465 (1871). — DONATH, E.: Ch. Z. **15**, 1085 (1891). — DONATH, E. u. G. HATTENSAUR: Ch. Z. **14**, 323 (1890).

FENNER, G. u. ROTHSCHILD: Fr. **56**, 384 (1917). — FRESENIUS, C. R.: Anleitung zur quantitativen chemischen Analyse, 5. Aufl., S. 814. Braunschweig 1862. — FRIEDHEIM, C. u. E. BRÜHL: Fr. **38**, 681 (1899).

GROLL, C.: Fr. **1**, 21 (1862).

HAMPE, W. u. FRAATZ: Z. Berg-, Hütten- u. Salinenw. **25**, 253 (1878); durch Fr. **17**, 354 (1878). — HASSREIDTER, V.: (a) Bl. Soc. chim. Belg. **20**, 373 (1906); durch C. **78 I**, 1459 (1907); (b) Fr. **56**, 311, 506 (1917); (c) Angew. Ch. **5**, 166 (1892). — HILTNER, W.: Ausführung potentiometrischer Analysen, S. 57, 64ff. Berlin 1935. — HILTNER, W. u. W. GRUNDMANN: (a) Ph. Ch. A **168**, 294 (1934); (b) Z. anorg. Ch. **218**, 1 (1934). — HOUBEN, I.: B. **52**, 1613 (1919).

JANNASCH, P. u. MCGREGORY: J. pr. [N. F.] **43**, 402 (1891).

KIEPER, K.: Ch. Z. **48**, 893 (1924). — KOCH, H.: Ch. Z. **32**, 124 (1908). — KOPENHAGUE, R.: Ann. Chim. anal. **16**, 10 (1911); durch C. **82 I**, 842 (1911). — KÜNZEL, C.: J. pr. **88**, 488 (1863).

MINOR, W.: Ch. Z. **13**, 1566 (1890). — MOHR, F.: Lehrbuch der chemisch-analytischen Titriermethoden, 2. Aufl., S. 377. Braunschweig 1862.
NISSENSON, H.: Ch. Z. **19**, 1626 (1895). — NISSENSON, H. u. W. KETTEMBEIL: Ch. Z. **29**, 953 (1905). — NISSENSON, H. u. B. NEUMANN: Ch. Z. **19**, 1624 (1895).
ORLIK, W.: Fr. **56**, 141 (1917).
PATEK, J.: Fr. **55**, 427 (1916). — PROST, E. u. V. HASSREIDTER: Angew. Ch. **5**, 166 (1892). — PROTHIÈRE, E.: J. Pharm. Chim. [6] **15**, 419 (1902).
REPITON, F.: Ann. Chim. anal. **12**, 183 (1907).
SCHAFFNER, M.: (a) Berg- u. hüttenm. Z. **15**, 231, 306 (1856); (b) **16**, 40 (1857); (c) Dingl. J. **143**, 263 (1857); (d) J. pr. **73**, 410 (1858). — SCHOBER, J. B.: Bayr. Ind.- u. Gewerbeblatt Nov.- u. Dez.-Heft 1878; durch Fr. **18**, 467 (1879). — SCHOTT, O.: Fr. **10**, 209 (1871). — SCHRÖDER, M.: Berg- u. hüttenm. Z. **41**, 4 (1882); durch C. **53**, 231 (1882). — STRENG, A.: Berg- u. hüttenm. Z. **18**, 16 (1859).
THUM, F. A.: Berg- u. hüttenm. Z. **35**, 225 (1876); durch C. **47**, 588 (1876).
URBASCH, ST.: Ch. Z. **46**, 133, 138 (1922).

§ 6. Bestimmung unter Abscheidung als Zinkoxinat.

$Zn(C_9H_6ON)_2$, Molekulargewicht 353,67.

Allgemeines.

Das Verfahren beruht auf der Schwerlöslichkeit des Zink-o-oxychinolinkomplexes. Wie BERG (a) gezeigt hat, bildet das o-Oxychinolin (Oxin) mit den meisten Metallen schwer lösliche, innere Komplexsalze. Obwohl also das Oxin kein spezifisches Reagens ist, läßt sich doch durch Einhaltung bestimmter Wasserstoff-Ionen-Konzentrationen eine weitgehende Trennung der Metalle erreichen. *Die quantitative Bestimmung der Metalle kann sowohl auf gewichtsanalytischem Wege durch direkte Wägung der getrockneten Niederschläge oder durch Wägung der zu Oxyd verglühten Niederschläge als auch auf maßanalytischem Wege durch bromometrische Titration erfolgen. Letzterer Weg führt schneller zum Ziel und liefert genauere Resultate.*

Eigenschaften des Zinkoxinats. Das Zinkoxinat bildet einen krystallinen, grünlichgelben Niederschlag, der, bei 100° getrocknet, der Formel $Zn(C_9H_6ON)_2 \cdot 1{,}5\,H_2O$ entspricht. Beim Erhitzen auf 130 bis 140° erhält man die wasserfreie Verbindung mit einem Gehalt von 18,49% Zink.

Empfindlichkeit der Reaktion. In essigsaurer, acetathaltiger Lösung kann man noch 1 γ Zink in 1 cm^3 Wasser nachweisen, in natronalkalischer, tartrathaltiger Lösung noch 7 γ in 1 cm^3.

Fällungsbereich: $p_H = 4{,}6$ bis 13,4.

Bestimmungsverfahren.

A. Gewichtsanalytische Bestimmung.

1. Wägung als wasserfreies Zinkoxinat.

a) Fällung aus essigsaurer Lösung.

Falls andere Stoffe nicht zugegen sind, ist die Fällung des Zinks in essigsaurer Lösung rasch und genau durchführbar. Sie ermöglicht außerdem eine Trennung von den Alkalimetallen, den Erdalkalimetallen sowie von Blei und Mangan.

Arbeitsvorschrift. **Fällungsmittel.** Als Fällungsmittel dient eine 3%ige alkoholische oder essigsaure Oxinlösung. Man verwendet „o-Oxychinolin für analytische Zwecke nach BERG"[1].

Abscheidung und Bestimmung. Die neutrale oder ganz schwach mineralsaure Zinklösung, welche 2 bis 150 mg Zink enthalten kann, wird je nach der Zinkmenge mit 1 bis 5 g Natrium- oder Ammoniumacetat versetzt. Man gibt dann so viel Essigsäure zu, daß die Lösung 2 bis 3%, höchstens aber 5% davon enthält (entsprechend einem p_H-Wert von 4 bis 6). Nun erwärmt man auf 60° und versetzt mit dem Fällungs-

---

[1] Bezugsquelle: „VANILLIN-FABRIK", *Hamburg-Billbrook,* Billbrookdeich.

mittel in geringem Überschuß. Nach kurzem Aufkochen läßt man absitzen und filtriert.

Bemerkungen. **I. Genauigkeit.** Die bei der Wägung des bei 140° getrockneten Niederschlags erhaltenen Werte sind etwas zu niedrig. Bei den Beleganalysen von BERG (b) beträgt der Fehler häufig nur 0,2 bis 0,3%, jedoch treten teilweise auch merklich größere Abweichungen auf.

II. Das Fällungsmittel. *Herstellung alkoholischer Oxinlösung:* 3 g Oxychinolin löst man in Methyl- bzw. Äthylalkohol und füllt auf 100 cm^3 auf. Vor Licht geschützt, hält sich diese Lösung etwa 10 Tage. Am besten wird sie frisch hergestellt.

Herstellung essigsaurer Oxinlösung: 3 g Oxychinolin löst man in möglichst wenig Eisessig, füllt mit Wasser auf 100 cm^3 auf und versetzt tropfenweise mit Ammoniak bis zur beginnenden schwachen Trübung. Sodann wird die Lösung mit verdünnter Essigsäure wieder geklärt. Eine auf diese Weise hergestellte Lösung ist nahezu unbegrenzt haltbar.

III. Filtration und Auswaschen des Niederschlags. Die Filtration erfolgt nach kurzem Absitzenlassen des Niederschlags durch einen Glasfiltertiegel G 3. Bei Zinkmengen unter 10 mg filtriert man erst nach dem Erkalten. Das Auswaschen des Niederschlags erfolgt mit heißem Wasser, bis das Filtrat farblos abläuft.

IV. Trocknen des Niederschlags. Das Trocknen geschieht am zweckmäßigsten bei 140° und nimmt geraume Zeit in Anspruch, besonders wenn größere Mengen Niederschlag vorliegen. Nach CIMERMAN, FRANK und WENGER läßt sich eine beschleunigte Trocknung zur Gewichtskonstanz bei 155 bis 158° erreichen.

V. Einfluß der Alkalisalze. Die Gegenwart größerer Mengen von Alkalisalzen, welche bekanntlich bei der Bestimmung des Zinks als Zinkammoniumphosphat stört, beeinflußt diese Bestimmung nicht.

VI. Mikrobestimmung nach CIMERMAN und WENGER. Arbeitsvorschrift. Die Zinksalzlösung, deren Volumen bei einem Gehalt von 1 bis 3 mg Zink etwa 1,5 cm^3 beträgt, versetzt man in einem Mikrobecher oder in einem Filterbecher (G 4) aus Jenaer Glas mit 1 Tropfen MERCKs Universalindicator, 2 Tropfen 10%iger Essigsäure und so viel Tropfen (etwa 6 bis 7) einer 40%igen Natriumacetatlösung, daß der Indicator einen p_H-Wert von 5 bis 6 anzeigt. Nun erwärmt man auf einem Kupferblock bis zum beginnenden Sieden und fügt mittels einer graduierten Mikropipette tropfenweise einen Überschuß von 0,1 bis 1 cm^3 der Reagenslösung zu. Man schwenkt leicht um und läßt 1 bis 2 Min. auf dem siedenden Wasserbad stehen. Sodann läßt man 10 Min. absitzen und filtriert mittels eines Porzellanfilterstäbchens oder eines Filterbechers[1]. Man wäscht den Niederschlag 5mal mit je 1 bis 2 cm^3 heißem, doppelt destilliertem Wasser aus und trocknet ihn 30 Min. in einem schwachen Luftstrom bei 155 bis 158°. — Becher und Filterstäbchen werden in der Apparatur von BENEDETTI-PICHLER[2] getrocknet. Für Filterbecher benutzt man zweckmäßig einen Spezial-Trockenofen[3].

Nach 15 Min. währendem Abkühlen werden die Gefäße in der üblichen Weise behandelt (Abwischen mit feuchtem Flanell und zwei Rehlederläppchen). Dann läßt man 15 Min. auf einem Nickelblock neben der Waage stehen, sodann 5 Min. auf einem Block im Innern der Waage und schließlich 5 Min. auf der Waagschale. In der 25. Min. nimmt man die Wägung vor. Der Faktor für die Berechnung ist 0,1849.

Bemerkungen. *I. Genauigkeit.* Die Resultate sind genau. Sie zeigen einen maximalen relativen Fehler von $\pm$ 0,3%.

II. Reagens und Ermittlung der nötigen Reagensmenge. Zur Fällung benutzt man eine frisch bereitete 1%ige alkoholische o-Oxychinolinlösung.

---

[1] SCHWARZ v. BERGKAMPF, E.: Fr. **69**, 336 (1926).

[2] BENEDETTI-PICHLER, A.: Mikrochemie, PREGL-Festschr., S. 6. 1929.

[3] Derselbe wird von der Firma PAUL HAACK, *Wien IX*, Garelligasse 4, geliefert.

Die benötigte Menge wird durch einen Vorversuch festgestellt. Hierzu behandelt man die entsprechende Menge der zu untersuchenden Lösung in einem Reagensgläschen aus Pyrexglas genau wie bei der eigentlichen Bestimmung und fällt das Zink in der Hitze durch tropfenweisen Zusatz der Reagenslösung. Dann zentrifugiert man 1 bis 2 Min. und prüft, ob die Fällung vollständig ist. Nötigenfalls wird die Abscheidung vervollständigt, nochmals zentrifugiert und wiederum auf Vollständigkeit der Fällung untersucht.

b) Fällung aus natronalkalischer, tartrathaltiger Lösung.

Diese Arbeitsweise ermöglicht die Trennung des Zinks von einer ganzen Anzahl von Metallen, deren Oxinkomplexe unter diesen Bedingungen löslich sind (s. §6, S. 118).

Arbeitsvorschrift. Als Fällungsmittel verwendet man eine 3%ige alkoholische oder acetonische Oxinlösung. Die Zinklösung wird mit 2 bis 5 g Weinsäure versetzt, mit starker Natronlauge gegen Phenolphthalein neutralisiert und dann durch Zusatz von 10 bis 15 cm³ 2 n Natronlauge alkalisch gemacht. Nachdem die Lösung auf 100 cm³ aufgefüllt worden ist, wird die Fällung in der Kälte vorgenommen. Bei kleinen Zinkmengen (2 bis 10 mg) tritt erst nach einigen Minuten ein Niederschlag auf. Man erwärmt auf etwa 60°, bis der Niederschlag krystallin wird, filtriert ihn ab und wäscht ihn mit heißem Wasser aus, bis das Filtrat farblos abläuft.

Bemerkungen. **I. Genauigkeit.** Berg (b), (d) erhielt nach dieser Arbeitsweise (und bromometrischer Bestimmung der gefällten Niederschläge) bei Zinkmengen von 0,0113 bis 0,0695 g Resultate, deren maximaler Fehler etwa ± 1% beträgt.

II. Das Fällungsmittel. Als Fällungsmittel benutzt man entweder alkoholische Oxinlösung (Herstellung s. unter a, Bem. II) oder acetonische Oxinlösung. Letztere erhält man durch Lösen von 3 g Oxychinolin in 100 cm³ reinem Aceton. Vor Licht geschützt, hält sich die Lösung etwa 10 Tage.

2. Wägung als Zinkoxyd nach Verglühen des Zinkoxinats mit Oxalsäure.

Man kann auch so verfahren, daß man den auf einem quantitativen Filter gesammelten feuchten Niederschlag mit 1 bis 3 g wasserfreier Oxalsäure überschichtet und ihn durch allmähliche Steigerung der Temperatur erst vortrocknet und dann glüht. Ohne Oxalsäurezusatz ist eine quantitative Bestimmung wegen der Flüchtigkeit der Oxinate nicht möglich. Selbstverständlich muß man reine Oxalsäure benutzen, die beim Verglühen keinen Rückstand hinterläßt.

B. Maßanalytische Bestimmung.

1. Bromometrische Bestimmung.

Die bromometrische Bestimmung beruht darauf, daß das o-Oxychinolin als Phenolderivat mit Brom unter Bildung von 5,7-Dibrom-8-oxychinolin reagiert. Der Bromüberschuß wird durch einen zugesetzten Indicator angezeigt und dann jodometrisch bestimmt. Die bromometrische Titration ist, wie oben erwähnt, der gewichtsanalytischen Bestimmung vorzuziehen, da sie schneller ausführbar ist und zuverlässigere Resultate gibt.

Arbeitsvorschrift. Das Zinkoxinat wird in 2 n Salzsäure gelöst, mit einigen Tropfen des Indicators (s. Bem. II) versetzt und bis zum Farbumschlag mit Bromat-Bromid-Lösung titriert. Hierauf setzt man noch 1 bis 2 cm³ Bromatlösung und unmittelbar darauf Kaliumjodid zu. Nach Zugabe des Kaliumjodids entsteht meistens ein schokoladenbrauner Niederschlag eines Jodadditionsproduktes, der sich beim darauf folgenden Titrieren mit Natriumthiosulfat wieder löst. Die Thiosulfatlösung wird so lange zugegeben, bis die Flüssigkeit wieder klar geworden ist. Sodann wird unter Verwendung von Stärkelösung als Indicator zu Ende titriert.

Bemerkungen. **I. Genauigkeit.** Berg (b) erhielt für Zinkmengen von 0,0290 bis 0,1440 g Resultate, die maximal um − 0,8 bis + 0,4% vom Sollwert abweichen.

II. Indicatoren. Bei der Titration mit Bromat-Bromid-Lösung verwendet man als Indicator entweder eine 1%ige wäßrige Lösung von Indigocarmin und titriert bis zum Umschlag (von Blau nach Gelb) oder — was besser ist — eine 0,2%ige alkoholische Lösung von Methylrot, die ebenfalls nach Gelb umschlägt.

III. Die Bromat-Bromid-Lösung. Je nach der zu bestimmenden Zinkmenge benutzt man eine 0,05, 0,1 oder 0,2 n Bromatlösung. Man kann sie herstellen, indem man die entsprechende, genau abgewogene Menge reinsten Kaliumbromats (Reaktionsgewicht 27,828) zum Liter löst. Kaliumbromat läßt sich durch Umkrystallisieren aus Wasser und Trocknen bei 180° leicht rein erhalten. Auf einen etwaigen Bromidgehalt prüft man wie folgt: Man versetzt 5 cm³ einer 1%igen Lösung mit 1 Tropfen einer 0,1 n Silbernitratlösung. Es darf keine Trübung oder Opalescenz auftreten. Noch empfindlicher ist folgende Probe: Man versetzt 5 cm³ einer 1%igen Lösung mit 2 cm³ 4 n Schwefelsäure und 1 Tropfen wäßriger 0,1%iger Lösung von Methylorange. Die rosarote Farbe darf nach 2 Min. nicht verschwinden. Ist man nicht im Besitze völlig reinen Bromates, so kontrolliert man den Wirkungswert der Lösung auf folgende Weise: Zu 25 cm³ 0,1 n Bromatlösung gibt man 5 cm³ 1 n Kaliumjodidlösung und mindestens 5 cm³ 4 n Salzsäure und titriert das ausgeschiedene Jod nach gutem Durchmischen in der üblichen Weise mit Natriumthiosulfatlösung.

Den für die bromometrische Bestimmung nötigen Bromidzusatz kann man so vornehmen, daß man der zu titrierenden Lösung etwa 0,5 g Kaliumbromid zusetzt. Man kann auch in der Weise verfahren, daß man bei der Herstellung der Bromatlösung zu derselben gleich eine entsprechende Menge Kaliumbromid hinzugibt.

IV. Acidität der Lösung. Falls sich bei der Titration mit Bromat-Bromid-Lösung eine krystalline, gelbe Bromsubstitutionsverbindung abscheidet, beweist dies, daß die Acidität der titrierten Lösung zu gering war. Eine solche Titration ist zu verwerfen. Wenn die Konzentration an Salzsäure nicht unter 7% liegt, ist auch nicht zu befürchten, daß das oben erwähnte Jodadditionsprodukt bei der Titration stört, sofern man nur die Rücktitration mit Thiosulfat unter lebhaftem Umschwenken unmittelbar nach dem Zusatz des Kaliumjodids vornimmt.

V. Sonstige Arbeitsweisen. Der Vorschlag von FLECK, GREENANE und WARD, die erwähnte Jodadditionsverbindung durch Zusatz von Schwefelkohlenstoff, Chloroform oder Tetrachlorkohlenstoff zu lösen, bietet nach BERG (d) keinen Vorteil.

a) Maßanalytische Mikrobestimmung nach CIMERMAN und WENGER.

α) *Abscheidung des Zinks aus saurer Lösung.*

Arbeitsvorschrift. Die Fällung des Zinks wird genau wie bei der mikrogravimetrischen Methode (vgl. Abschnitt A, 1, a, Bem. VI), jedoch in einem 50 cm³ fassenden ERLENMEYER-Kolben vorgenommen. Man verwendet 0,62 bis 0,89 cm³ der 1%igen alkoholischen Oxinlösung je Milligramm Zink. Den Niederschlag läßt man 10 Min. absitzen, wobei man in den letzten 5 Min. mit kaltem Wasser kühlt. Man filtriert mit einem Glasfilterstäbchen (Filter G 3) und wäscht den Niederschlag, wie bei der mikrogravimetrischen Bestimmung angegeben ist. Das Filterstäbchen wird mit 2 n Salzsäure ausgespült und diese Operation 3- bis 4 mal wiederholt, wobei man die Säurereste herausbläst. Hierzu benutzt man ein mit Watte gefülltes Glasröhrchen, das man mit einem Gummischlauch am Filterstäbchen anbringt. Die salzsaure Lösung gibt man in das ERLENMEYER-Kölbchen und löst dann den gesamten Niederschlag in einigen Kubikzentimetern 2 n Salzsäure. Insgesamt verbraucht man etwa 10 cm³ Salzsäure.

Zur so erhaltenen Lösung fügt man 1 Tropfen Indicatorlösung zu, bedeckt den Kolben mit einem durchbohrten Uhrglas und läßt aus einer Mikrobürette einen leichten Überschuß (10 bis 20%) einer Bromid enthaltenden 0,1 oder 0,2 n Bromatlösung (s. Bem. III) zutropfen, wobei man von Zeit zu Zeit umschwenkt. Der Farbumschlag tritt etwas vor dem Äquivalenzpunkt ein. Man gibt daher beim Beginn des Umschlags noch 0,15 bis 0,2 cm³ (bzw. 0,3 bis 0,4 cm³) Bromatlösung zu und dann noch einen Überschuß von 10 bis 20% der ganzen zugefügten Menge. Schließlich spült man die Auslauföffnung der Bürette mit etwas Wasser ab. Nun ersetzt man das durchbohrte Uhrglas durch ein nicht durchbohrtes, schwenkt 20 bis 30 Sek. um und fügt 1 cm^3 frisch bereitete 2%ige Kaliumjodidlösung zu. Sodann schwenkt man abermals 20 bis 30 Sek. um und titriert das ausgeschiedene Jod mit 0,1 oder 0,2 n Thiosulfatlösung bis zur schwachen Gelbfärbung und dann unter Zusatz von 3 Tropfen 1%iger Stärkelösung mit 0,01 n Thiosulfatlösung bis zum Umschlag. 1 cm^3 0,1 n Kaliumbromatlösung entspricht 0,8172 mg Zink.

Bemerkungen. *I. Genauigkeit.* Bei Zinkmengen von 2 bis 4 mg beträgt der relative Fehler höchstens $\pm$ 0,3%.

II. Der Indicator. Als Indicator dient eine 0,2%ige alkoholische Lösung von Methylrot.

III. Indicatorkorrektur. Wegen der Einwirkung des Broms auf den Indicator ist eine Korrektur nötig. Für 1 Tropfen der Indicatorlösung sind 0,0033 cm^3 0,1 n Bromatlösung in Abzug zu bringen.

β) Abscheidung des Zinks aus alkalischer Lösung.

Arbeitsvorschrift. Die neutrale oder schwach saure Lösung, die bei einem Volumen von 1 bis 5 cm^3 2 bis 3 mg Zink enthält, wird in einem 50 cm^3 fassenden ERLENMEYER-Kolben mit 1 cm^3 30%iger Weinsäure, 1 Tropfen Indicatorlösung (s. unter α, Bem. II) und 8%iger Natronlauge bis zum Umschlag nach Gelb versetzt.

Man fällt das Zink in der Kälte mit frisch bereiteter 1%iger alkoholischer Oxinlösung, die man im Überschuß zusetzt (0,62 bis 0,75 cm^3 auf 1 mg Zink). Der Niederschlag bildet sich langsam. Man läßt ihn 15 Min. in der Kälte absitzen, wobei man von Zeit zu Zeit umschwenkt. Dann erhitzt man 2 Min. auf einem 200° heißen Kupferblock. Um Stoßen zu vermeiden, schwenkt man nach 1 Min. um. Nachdem man den Kolben mit einem Uhrglas bedeckt hat, läßt man wiederum 45 Min. absitzen. Man filtriert dann mit einem Filterstäbchen aus Jenaer Glas (G 4). Das Auswaschen und Lösen des Niederschlags sowie die Titration werden in der gleichen Weise ausgeführt, wie oben für die Bestimmung in saurer Lösung beschrieben worden ist.

Bemerkungen. *Genauigkeit.* Diese Arbeitsweise ist nicht ganz so genau wie die vorher beschriebene. Der relative Fehler beträgt im Höchstfall $\pm$ 0,5%. Die Bestimmung in alkalischem Medium ist schwieriger als die in saurer Lösung. Man benutzt sie mit Vorteil dann, wenn die Gegenwart anderer Metalle eine Bestimmung in saurer Lösung nicht zuläßt.

Um genaue Resultate zu erhalten, muß man die Raummengen möglichst genau messen und die Lösungen sorgfältigst einstellen. Der Titer der Thiosulfatlösung ist von Zeit zu Zeit zu kontrollieren.

b) Potentiometrische Bestimmung nach ATANASIU und VELCULESCU.

Die Bestimmung beruht darauf, daß der Oxingehalt des Zinkoxinats auf potentiometrischem Wege durch direkte bromometrische Titration scharf ermittelt werden kann. Dabei wird unter den von den Autoren angegebenen Arbeitsbedingungen in Übereinstimmung mit BERG ein Dibromsubstitutionsprodukt gebildet.

Arbeitsvorschrift. Das nach einer der oben beschriebenen Methoden gefällte Zinkoxinat wird in Salzsäure gelöst. Die zur Titration fertige Lösung soll 10 bis 12% Säure enthalten. Die Titration wird bei 50 bis 55° ausgeführt. Bei Zimmertemperatur verläuft die Bromierung sehr langsam, der Äquivalenzpunkt ist verwischt und eine genaue Bestimmung nicht möglich. Bei Temperaturen über 70° erhält man keinen Potentialsprung mehr an der erwarteten Stelle, da bei dieser Temperatur ganz andere Bromierungsprodukte auftreten. Die Einstellung der Potentiale beansprucht eine gewisse Zeit. Deshalb wartet man vor jedem weiteren Reagenszusatz, bis sich das Potential auf seinen anfänglichen oder einen diesem naheliegenden Wert eingestellt hat. Eine Titration dauert etwa 10 bis 12 Min.

Bemerkungen. *I. Genauigkeit.* Ohne Anführung von Beleganalysen geben die genannten Autoren nur an, daß die Ergebnisse immer einwandfrei sind und im wesentlichen von der genauen Ausführung der Fällung und von dem sorgfältigen Auswaschen des Niederschlags von überschüssigem o-Oxychinolin abhängen.

II. Einfluß anderer Stoffe. Die Anwesenheit organischer Säuren oder fremder Salze stört die Titration nicht. In manchen Fällen, so z. B. bei Anwesenheit von Essigsäure, Acetaten und Sulfaten, erhält man im Äquivalenzpunkt sogar einen viel größeren Potentialsprung als bei einfachen Lösungen.

III. Apparatur. Die Autoren benutzen die gebräuchliche Anordnung, wobei sie ein Millivoltmeter dem Capillarelektrometer als Nullinstrument vorziehen, weil sich mit ersterem die Potentialschwankungen leichter verfolgen lassen.

2. Acidimetrische Bestimmung nach Hahn und Hartleb.

Die Methode beruht auf der Neutralisation der bei der Fällung einer Zinksalzlösung mit Oxin freiwerdenden Säure.

Arbeitsvorschrift. Die Zinksalzlösung, welche keine freie Säure enthält, wird mit 5%iger alkoholischer Oxinlösung gefällt, 5 bis 10 Min. auf kleiner Flamme gekocht und nach Zusatz des Indicators mit Lauge titriert. Wenn der Oxinüberschuß nicht sehr groß ist, und wenn man nur auf schwache Rötung titriert, so erhält man auf diese Weise bereits gute Werte. Ist der Umschlag aber wegen zu großen Oxinüberschusses nicht scharf erkennbar, oder will man möglichst genau arbeiten, dann titriert man mit Lauge über, mit Säure zurück, erwärmt noch kurze Zeit, kühlt dann ab und führt die Titration mit Lauge zu Ende.

Bemerkungen. **I. Genauigkeit.** Bei 12 Bestimmungen mit 6,5 bis 65 mg Zink betrug der mittlere Fehler + 0,15% und die größte Abweichung — 0,4 bzw. + 0,5%.

II. Indicatoren. Als Indicator verwendet man eine 0,1%ige Lösung von Phenolrot. Der Farbumschlag (Gelb nach Rot) ist so kräftig, daß er auch dann noch deutlich zu erkennen ist, wenn die Lösung viel Niederschlag von Zinkoxinat enthält. Bei Gegenwart von Nitrat oder anderen oxydierenden Stoffen kann es vorkommen, daß die oxinhaltige Lösung sich dunkler färbt, so daß sie anstatt des Farbtones einer Chromatlösung den des Dichromats annimmt, was die Erkennung des Umschlages erschwert. In diesem Falle benutzt man als Indicator Naphtholphthalein (0,1%ige Lösung in 50%igem Alkohol), das man zu der bereits Phenolrot enthaltenden Lösung zugeben kann. Benutzt man Naphtholphthalein allein, so erfolgt der Umschlag von Orange nach Blaugrün, benutzt man Phenolrot und Naphtholphthalein, so vollzieht sich ein Umschlag von Orange nach Blauviolett. Bei einiger Übung ist der Farbumschlag sehr gut zu erkennen. Äußerst scharf und deutlich wird er aber, wenn man der Lösung vor Beginn der Titration etwas Tetrachlorkohlenstoff zusetzt und sie damit kräftig durchschüttelt. Hierdurch werden der Niederschlag und der Oxinüberschuß der Lösung entzogen, so daß sie fast völlig klar wird und mit einem einzigen Tropfen Lauge im Endpunkt ihre Farbe sprunghaft ändert.

III. Titration saurer Lösungen. Lösungen, welche freie Säure enthalten, werden gegen Methylorange oder Phenolrot in der Kälte neutralisiert. Nach der Fällung mit Oxin kann anschließend die gebundene Säure bestimmt werden. Hat man zunächst gegen Methylorange neutralisiert, so muß zur Bestimmung der gebundenen Säure noch Phenolrot oder Naphtholphthalein zugegeben werden. Die Farbe des Methylorange stört die weitere Bestimmung nicht.

3. Oxydimetrische Bestimmung nach Rasskin.

Rasskin gibt an, daß man das Zinkoxinat in verdünnter Schwefelsäure lösen und dann das Oxin mit Kaliumpermanganat titrieren könne. Dabei verbraucht 1 Atom

Zink 6 Mole Permanganat nach folgender Gleichung:

$$(C_9H_7ON)_2 \cdot H_2SO_4 + 6\,KMnO_4 + 8\,H_2SO_4 = 2\,C_5H_3N(COOH)_2 + 3\,K_2SO_4 + 6\,MnSO_4 + 3\,CO_2 + HCOOH + 10\,H_2O\,.$$

4. Bestimmung nach der Filtrationsmethode von BUCHERER und MEIER.

Die Methode beruht auf der Schwerlöslichkeit des Zinkoxinats in essigsaurer, natriumacetathaltiger Lösung. (Betreffs der allgemeinen Grundlagen und der Ausführungsweise der Filtrationsmethode vgl. § 5, Abschnitt C, 1, S. 107.)

Arbeitsvorschrift. Die Zinksulfatlösung wird bei einem Gesamtvolumen von 100 cm³ auf eine Essigsäurekonzentration von 3 bis 6% gebracht. Dann wird auf 60° erwärmt und unter allmählicher Steigerung der Temperatur zur Siedehitze mit einer eingestellten Oxinacetatlösung gefällt, wobei der Endpunkt mittels der Filtrationsmethode bestimmt wird.

***Bemerkung.* Genauigkeit.** Die Resultate der genannten Autoren zeigen durchweg positive Fehler, die bei Zinkmengen von 5 bis 80 mg zwischen 0,17 und 0,39 mg liegen.

C. Optische Methoden.

1. Colorimetrische Bestimmung nach TEITELBAUM.

*Diese Methode zur **Bestimmung kleiner Zinkmengen** beruht darauf, daß das o-Oxychinolin ähnlich wie Phenol mit dem Reagens von* FOLIN-DENIS *(Phosphor-Wolfram-Molybdänsäure, bezüglich der Herstellung vgl. Bem. III) in alkalischer Lösung unter Bildung tief blau gefärbter, niederer Oxyde des Wolframs und Molybdäns reagiert. Da die Intensität der entstehenden Färbung der Menge des Oxins bzw. des Metalloxinats proportional ist, kann die Reaktion colorimetrisch ausgewertet werden.*

***Arbeitsvorschrift.* Abscheidung des Zinks.** Die gegen Methylorange neutrale Zinksalzlösung wird in einem Schleudergläschen mit 3 bis 4 Tropfen Oxinacetatlösung versetzt, auf 70° erwärmt und die Säure mit 0,3 cm³ gesättigter Natriumacetatlösung abgestumpft. Sodann wird aufgekocht und noch 15 bis 20 Min. lang auf dem Wasserbad erhitzt. Nach dem Abkühlen füllt man auf etwa 5 cm³ auf und zentrifugiert 10 Min. lang bei einer Umdrehungszahl von 2000 bis 2500/Min. (wirksamer Halbmesser der Zentrifuge 5 cm). Die überstehende, klare Lösung wird dekantiert oder abgehebert. Bei der Abtrennung der Lösung ist besonders darauf zu achten, daß keine Partikelchen mitgerissen werden. Nach Zugabe von 5 cm³ Wasser wird der Niederschlag mit einem fein ausgezogenen Glasstäbchen aufgewirbelt und nochmals zentrifugiert. Nötigenfalls wird das Auswaschen mit 2 cm³ Wasser wiederholt.

Colorimetrierung. Der ausgewaschene Niederschlag wird in 0,5 cm³ 2 n Salzsäure gelöst und mit 15 bis 20 cm³ Wasser in ein Kölbchen gespült. Man setzt nun 0,5 bis 1 cm³ FOLIN-DENIS-Reagens (Bem. III) und etwa 6 cm³ kalt gesättigte Sodalösung zu, worauf eine mehr oder weniger tiefe Blaufärbung entsteht. Die Lösung wird nun auf 30 cm³ verdünnt und nach 25 Min. gegen eine in derselben Weise gleichzeitig hergestellte Standardlösung colorimetriert.

***Bemerkungen.* I. Genauigkeit und Anwendungsbereich.** TEITELBAUM bestimmte nach dieser Methode Zinkmengen von 0,0837 bis 0,0081 mg. Bei noch kleineren Mengen traten Schwierigkeiten auf. Für die genannten Zinkmengen betrugen die Abweichungen zwischen — 0,0004 und + 0,0017 mg.

II. Das Fällungsmittel. Als Fällungsmittel dient eine 0,5%ige Oxinacetatlösung. Sie wird wie folgt hergestellt: Man wägt 1 g Oxychinolin „zu analytischen Zwecken" in ein Kölbchen ein, gibt 1 bis 2 cm³ Eisessig zu und erhitzt auf kleiner Flamme zum Sieden. Die entstandene Lösung wird unter Umrühren in etwa 180 cm³ heißes Wasser eingegossen und vom ungelösten Oxin abfiltriert. Diese Lösung ist, vor Licht geschützt, unbegrenzt haltbar.

III. Reagens von Folin-Denis. 4 g Phosphormolybdänsäure und 20 g Natriumwolframat werden mit 10 cm³ 85%iger Phosphorsäure (D 1,7) und 150 cm³ Wasser 2 Std. am Rückflußkühler zum Sieden erhitzt. Nach dem Abkühlen wird auf 200 cm³ verdünnt und nötigenfalls filtriert.

IV. Reinheit der Reagenzien. Alle benutzten Substanzen müssen von besonderer Reinheit sein („Für analytische Zwecke mit Garantieschein"). Insbesondere müssen sie frei von Kupfer und oxydierenden Bestandteilen sein. Letzterer Anforderung ist praktisch genügt, wenn die Jodstärke-Reaktion negativ ausfällt. Was das Kupfer anbetrifft (nach Eichholtz und Berg üben Kupfer und auch Gold einen ungünstigen katalytischen Einfluß bei dem Reduktionsprozeß aus), so ist zu beachten, daß auch das zur Auflösung und nachfolgenden Bestimmung benutzte destillierte Wasser kupferfrei sein muß. Da dies meistens nicht der Fall ist, verwendet man zweckmäßig nur ein aus Glas- oder besser aus Quarzgefäßen redestilliertes Wasser. Ebenso erfolgt die Abscheidung und Isolierung der Niederschläge vorteilhaft in Quarzgeräten.

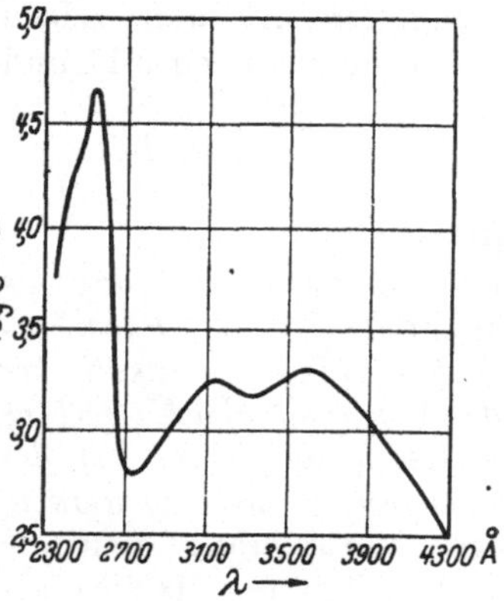

Abb. 3.

2. Bestimmung geringer Zinkmengen nach Dabrowski und Marchlewski.

Eine weitere Methode zur Bestimmung geringer Zinkmengen auf optischem Wege haben Dabrowski und Marchlewski angegeben. *Das Verfahren beruht darauf, daß das Zink mit o-Oxychinolin gefällt und das Zinkoxinat durch Salzsäure zerlegt wird. Das entstehende Oxychinolinchlorhydrat läßt sich auf Grund der bekannten Extinktionskoeffizienten leicht quantitativ bestimmen, so daß damit der Zinkgehalt berechnet werden kann.*

Vorbemerkung. Die Autoren haben die Absorption des ultravioletten Lichtes durch o-Oxychinolin in 0,2 n Salzsäure untersucht, wobei sie feststellten, daß das Beersche Gesetz für diese Lösungen gilt. Sie benutzten ein Hilger-Spekkersches Spektrophotometer und als Lichtquelle einen Funken von hoher Spannung zwischen Kohle-Wolfram-Elektroden.

Die Extinktionskurve (s. Abb. 3) zeigt drei Absorptionsbanden, und die entsprechenden Molarextinktionen betragen:

für Bande I mit dem Maximum	2510 Å	43750,
für Bande II „ „ „	3140 Å	1625,
für Bande III „ „ „	3610 Å	1750.

Arbeitsvorschrift. Die Zinklösung, die keine anderen unter diesen Bedingungen durch Oxin ebenfalls fällbaren Metalle enthalten darf, wird auf etwa 80 cm³ verdünnt, mit 2 cm³ 30%iger Essigsäure und 3 g Natriumacetat versetzt, auf 40° erwärmt und dann mit 5 cm³ einer Oxinacetatlösung gefällt. Letztere enthält 4 g Oxychinolin und 8 cm³ Eisessig in 100 cm³. Nach Zusatz des Reagenses erwärmt man auf 90° und läßt über Nacht bei Zimmertemperatur stehen. Der Niederschlag wird dann auf einem Filter gesammelt, gründlich mit Wasser ausgewaschen und in 2 n Salzsäure gelöst. Man bringt die Lösung auf ein bekanntes Volumen und untersucht entsprechende Mengen im Spektrophotometer. Mit Hilfe des so ermittelten Wertes α ergibt sich die Konzentration aus der Formel $\varepsilon = \alpha/c \cdot d$, wenn d die Schichtdicke bedeutet und für ε ein oder zwei der oben angegebenen Werte verwendet werden.

Bemerkungen. Dabrowski und Marchlewski benutzen das Verfahren zur Bestimmung geringer Zinkmengen in organischen Substanzen (Viscoseseide), die sie zunächst nach der Vorschrift von RIDGE, CORNER und CLIFF bei 500° in einer Quarzschale veraschen. Man erwärmt den Rückstand mit 1 cm³ reiner Salzsäure, verdünnt mit etwas Wasser und filtriert. Schale und Filter spült man mit wenig Wasser nach und verdünnt das Filtrat so weit, daß es in bezug auf die Salzsäure etwa 1 n ist. Die Flüssigkeit erhitzt man zum Sieden, behandelt sie 2 Min. mit Schwefelwasserstoff, um Kupfer zu fällen, und filtriert. Nachgewaschen wird mit verdünnter, schwefelwasserstoffgesättigter Salzsäure. — Das Filtrat wird auf dem Wasserbad auf 1 cm³ eingedampft, gegebenenfalls unter Durchleiten von Luft, um den Schwefelwasserstoff zu entfernen. Sodann versetzt man mit 0,25 cm³ 20%iger Citronensäure, neutralisiert das Gemisch mit Ammoniak gegen Methylorange und gibt nunmehr 0,25 cm³ einer Mischung zu, die in 100 cm³ 20 cm³ Ameisensäure, 3 cm³ Ammoniak (D 0,88) und 20 g Ammoniumsulfat enthält. Schließlich fügt man noch 0,2 cm³ Ameisensäure zu. Die Flüssigkeit wird sodann auf 40° erwärmt und Schwefelwasserstoff eingeleitet. Man erhitzt zum Sieden und läßt im Schwefelwasserstoffstrom erkalten. Der Niederschlag wird abfiltriert, mit Wasser gewaschen, in einer kleinen Menge 2 n Salzsäure gelöst und die Lösung etwas eingedampft, um den Schwefelwasserstoff zu entfernen. Sodann macht man die Lösung ammoniakalisch, entfernt das überschüssige Ammoniak durch Erwärmen, verdünnt auf 80 cm³ und führt die Fällung mit Oxin und die weitere Bestimmung aus, wie oben beschrieben wurde.

Als Beispiel führen die Autoren die Bestimmung von Zink in Garn an. (Einwage 100 g, bei 110° getrocknet.) Sie fanden bei der Bestimmung:

a)	Nach Bande I mit dem Maximum 2510 Å	0,7265 mg	Durchschnitt 0,6990 mg,
	Nach Bande III mit dem Maximum 3610 Å	0,6715 mg	
b)	Nach Bande I mit dem Maximum 2510 Å	0,6741 mg	Durchschnitt 0,6998 mg,
	Nach Bande III mit dem Maximum 3610 Å	0,7255 mg	
c)	Nach Bande I mit dem Maximum 2510 Å	0,7265 mg	Durchschnitt 0,7001 mg.
	Nach Bande III mit dem Maximum 3610 Å	0,6735 mg	

Trennungsverfahren.

A. Trennung des Zinks in essigsaurer Lösung von den Alkalimetallen, den Erdalkalimetallen, dem Magnesium, dem Mangan und dem Blei.

Die Fällung des Zinks mit Oxin in essigsaurer Lösung ermöglicht eine Trennung von den Alkali- und Erdalkalimetallen, von Magnesium sowie von Mangan und von Blei.

Trennung des Zinks von Magnesium.

Von besonderem Interesse ist die Trennung des Zinks von Magnesium. Durch Fällung in essigsaurer Lösung lassen sich sogar ganz geringe Mengen Zink von verhältnismäßig großen Magnesiummengen mit befriedigender Genauigkeit trennen. So fand BERG (b) z. B. bei der Trennung von 0,0025 g Zink von 0,1250 g Magnesium, wobei er das Zinkoxinat bromometrisch titrierte, 0,0024 g Zink und bei der Trennung von 0,0013 g Zink von 0,1000 g Magnesium 0,0011 g Zink. — Im Filtrat der Zinkfällung läßt sich das Magnesium ebenfalls mit Oxin bestimmen, indem man die Lösung mit genügend Ammoniumchlorid versetzt, um das Ausfallen des Hydroxyds zu verhindern, und dann durch Zusatz einiger Kubikzentimeter konzentrierten Ammoniaks ammoniakalisch macht. Man erwärmt dann auf 60 bis 70° und fällt das Magnesium unter allmählicher Steigerung der Temperatur bis zum Sieden mit einer 2%igen alkoholischen Oxinlösung in geringem Überschuß. Letzteren erkennt man an der Gelbfärbung der überstehenden Lösung, die auf der Bildung des intensiv gelb gefärbten Ammoniumoxinats beruht.

Trennung des Zinks von Mangan.

Arbeitsvorschrift. Die Lösung wird für je 50 mg Mangan mit 1 bis 2 g Alkaliacetat versetzt. Nach Zusatz einiger Tropfen schwefliger Säure oder von 0,1 bis 0,2 g

Hydroxylaminchlorhydrat macht man mit verdünntem Ammoniak gegen Phenolphthalein schwach alkalisch und entfärbt wieder mit verdünnter Essigsäure, wobei man einen Säureüberschuß möglichst vermeidet, da bereits bei einem Gehalt von 0,3% Säure ein lösender Einfluß zu erkennen ist. Bei 60 bis 70° fällt man dann mit einem Überschuß alkoholischer Oxinlösung, erhitzt zum Sieden und dann noch 5 bis 10 Min. auf dem Wasserbad, bis der Niederschlag krystallin geworden ist. Man filtriert durch einen Glasfiltertiegel G 3 und wäscht mit warmem Wasser aus. Die Menge des Niederschlags wird bromometrisch bestimmt.

Bemerkung. **Genauigkeit.** Die Trennung gelingt mit hinreichender Genauigkeit, wenn die Konzentration der beiden Metalle nicht mehr als 50 mg in je 100 cm³ Lösung beträgt. Nach den Resultaten von BERG (c) treten bei den Zinkwerten negative, bei den Manganwerten meist positive Fehler auf.

Bestimmung kleiner Zinkmengen neben viel Blei nach STAS.

Arbeitsvorschrift. Die Lösung wird mit 5 cm³ 10%iger Essigsäure und 2 g Natriumacetat versetzt und auf 50 cm³ aufgefüllt. Nach dem Erwärmen auf 60° wird sie mit 3 cm³ frisch bereiteter 2%iger Oxinlösung bis zur deutlichen Gelbfärbung versetzt, zum Sieden erhitzt und dann 24 Std. stehen gelassen. Dann wird der Niederschlag abfiltriert, mit heißem Wasser ausgewaschen, in 2 n Salzsäure gelöst und durch bromometrische Titration bestimmt.

Bemerkung. **Genauigkeit.** Die Resultate sind gut, wenn bei Anwesenheit geringer Mengen Essigsäure und Natriumacetat die Konzentration des Bleis 100 mg in 50 cm³ nicht übersteigt.

B. Trennung des Zinks in alkalischer Lösung von Aluminium, Chrom III, Eisen III, Blei, Arsen V, Antimon V und Wismut sowie von Kobalt, Nickel und Mangan.

Die früher beschriebene Fällung des Zinks in natronalkalischer Lösung gestattet die Trennung von Aluminium, Chrom III, Eisen III, Blei, Arsen V, Antimon V und Wismut, sofern deren Konzentration insgesamt nicht mehr als 200 mg in 100 cm³ Lösung beträgt.

Auch bei Gegenwart von Kobalt, Nickel und Mangan ist die Zinkbestimmung nach dieser Methode ausführbar, wenn die Menge dieser Metalle 50 mg in 100 cm³ nicht übersteigt. Andernfalls muß man das isolierte Zinkoxinat umfällen.

Bemerkung. **Genauigkeit.** Der absolute Fehler bei der Zinkbestimmung ist hier zwar unter Umständen ziemlich groß [BERG (b), (d) erhielt für Zinkmengen von 0,0228 bis 0,0600 g als größte Abweichung — 1,6 bzw. + 0,7 mg]; in Anbetracht der Menge der Begleitmetalle, die bei seinen Versuchen im Maximum das Zwanzigfache der Zinkmenge betrug, ist die Genauigkeit aber befriedigend.

C. Trennung des Zinks von Quecksilber.

Arbeitsvorschrift. Nach BERG (b), (d) wird die Lösung, die Zink (5 bis 50 mg) und Quecksilber (100 bis 200 mg) enthält, je nach dem Quecksilbergehalt mit 5 bis 10 cm³ 0,2 n Kaliumcyanidlösung versetzt. Man gibt dann etwa 3 g Weinsäure zu, neutralisiert mit Natronlauge gegen Phenolphthalein, fügt weiterhin 10 bis 15 cm³ 2 n Natronlauge zu und füllt auf 100 cm³ Gesamtvolumen auf. Die Fällung wird dann, wie auf S. 111 beschrieben, ausgeführt. Im Filtrat wird das Quecksilber in der üblichen Weise mit Schwefelwasserstoff gefällt.

D. Mikromethoden nach CIMERMAN und WENGER.

Das Zink kann von einer ganzen Anzahl von Metallen getrennt und nachfolgend bestimmt werden, indem man es nach den in Abschnitt A, 1, S. 109ff. beschriebenen Arbeitsweisen entweder in saurer oder in alkalischer Lösung fällt und die Menge des

Niederschlags maßanalytisch ermittelt. Im folgenden werden die bei Gegenwart der verschiedenen Metalle besonders zu beachtenden Umstände beschrieben.

a) Bestimmung in Gegenwart von Alkali- und Ammoniumsalzen. Die Fällung erfolgt in saurer Lösung.

Zunächst muß wegen der Anwesenheit der Fremdsalze das Volumen der zu fällenden Lösung größer sein. Es soll betragen:

5 bis 20 cm^3 für 1 bis 100 mg Fremdsalze,
10 bis 20 cm^3 für 100 bis 400 mg Fremdsalze,
20 cm^3 für mehr als 400 mg Fremdsalze.

Wenn die Menge der Fremdsalze 400 mg überschreitet, müssen auch die Essigsäure- und die Acetatmenge erhöht werden. Bei einer neutralen Lösung verwendet man 1 cm^3 10%ige Essigsäure anstatt 2 Tropfen und 0,7 g Natriumacetat, in wenig Wasser gelöst, anstatt einiger Tropfen einer 40%igen Lösung.

Außerdem muß man den Niederschlag 15 Min. anstatt 10 Min. absitzen lassen. In den letzten 5 Min. wird auch in diesem Fall mit kaltem Wasser gekühlt.

b) Bestimmung in Gegenwart von Magnesium. Die Fällung erfolgt in saurer Lösung. Für eine neutrale Lösung beliebigen Magnesiumgehaltes soll betragen:
das Volumen: 20 cm^3,
die Essigsäuremenge: 1 cm^3 (10%ig),
die Natriumacetatmenge: 0,7 g, in wenig Wasser gelöst.
Der Niederschlag setzt sich in 15 Min. ab.

c) Bestimmung in Gegenwart von Erdalkalimetallen. Die Fällung erfolgt in saurer Lösung. Das Volumen der Flüssigkeit soll 20 cm^3 betragen. Man läßt den Niederschlag 15 Min. absitzen.

d) Bestimmung in Gegenwart von Aluminium. Die Abscheidung des Zinks erfolgt in diesem Fall in alkalischer Lösung nach der hierfür beschriebenen Arbeitsvorschrift. Es ist lediglich zu beachten, daß die Menge des Aluminiums 15 bis 20 mg nicht überschreiten soll, da andernfalls die Resultate für Zink zu hoch werden.

e) Bestimmung in Gegenwart von ChromIII-salzen. Die Abscheidung des Zinks wird in diesem Fall in saurer Lösung vorgenommen; die Fällung in alkalischer Lösung ergibt zu niedrige Werte. Die Menge des vorhandenen Chroms soll 10 bis 12 mg nicht überschreiten, außerdem sind die im folgenden beschriebenen Arbeitsbedingungen einzuhalten.

Arbeitsvorschrift. Die in einem 50 cm^3 fassenden ERLENMEYER-Kolben befindliche Lösung darf höchstens 1 bis 2 mg Zink neben 12 mg Chrom enthalten. Man versetzt sie tropfenweise mit 4%iger Natronlauge, bis eine schwache Opalescenz auftritt, die man durch 2 bis 3 Tropfen 10%ige Essigsäure wieder beseitigt. Nun gibt man 6 Tropfen einer 40%igen Natriumacetatlösung zu und füllt mit doppelt destilliertem Wasser auf 5 cm^3 auf. Sodann erhitzt man auf dem Kupferblock bis zum beginnenden Sieden. Der Niederschlag, der sich nach Zusatz des Natriumacetats bildet, geht in der Wärme teilweise in Lösung, und die Flüssigkeit wird violett. Man fügt nun tropfenweise aus einer Mikrobürette frisch bereitete, 1%ige o-Oxychinolinlösung in starkem Überschuß zu (1,5 cm^3 Reagens je Milligramm Zink), gleichgültig, ob die Flüssigkeit klar oder trüb ist. Im übrigen verfährt man wie bei einer einfachen Zinkbestimmung.

f) Bestimmung in Gegenwart von Mangan. Die Fällung erfolgt in saurer Lösung. Diese Mikrotrennung ist schwierig. Sie ist jedoch unter den unten angegebenen, genau einzuhaltenden Arbeitsbedingungen durchführbar, wenn man die Fällung wiederholt und wenn die Menge des vorhandenen Mangans 5 mg nicht überschreitet. Die für die Bestimmung optimale Zinkmenge beträgt 2 mg.

Das Volumen der Lösung soll 20 cm^3 betragen und der Reagensüberschuß 250%, wenn 2 mg Zink anwesend sind. Man verwendet 1,1 cm^3 Eisessig, so daß der Gehalt an Essigsäure 5,5% beträgt. Ferner gibt man 3 g Natriumacetat zu. Bei Anwesenheit von etwa 3 mg Zink soll der Reagensüberschuß 165% betragen. Die Dauer der Fällung beträgt 30 Min.

g) Bestimmung in Gegenwart von EisenIII-salzen. Die Fällung wird in alkalischer Lösung vorgenommen. Als Indicator verwendet man an Stelle von Methylrot 2 Tropfen einer 0,1 %igen Lösung von Bromthymolblau in 20%igem Alkohol. Die Temperatur des Heizblocks soll 120 bis 130° betragen. Die Menge des vorhandenen Eisens soll 15 mg nicht überschreiten. Die Fehler sind durchweg negativ und betragen bei 2 mg Zink höchstens 0,008 mg.

h) Bestimmung in Gegenwart von Blei. In Gegenwart von Blei kann die Abscheidung des Zinks sowohl in saurer als auch in alkalischer Lösung vorgenommen werden.

Wenn man in saurer Lösung arbeitet, soll das Volumen der Flüssigkeit 20 cm³ betragen. Da der Niederschlag feinkrystallin ist, verwendet man Filterstäbchen G 4; außerdem muß man den Niederschlag 60 Min. lang absitzen lassen. Die vorhandene Bleimenge darf 30 mg nicht überschreiten.

Wird die Fällung des Zinks in alkalischer Lösung vorgenommen, so kann man genau wie bei einer Einzelbestimmung verfahren. Es ist nur zu beachten, daß die vorhandene Bleimenge 125 mg nicht überschreiten soll.

i) Bestimmung in Gegenwart von Wismut. Die Fällung wird in alkalischer Lösung vorgenommen. Bevor man den Niederschlag 5 mal mit heißem Wasser wäscht, muß er zunächst 1 mal mit 2 cm³ einer Waschflüssigkeit ausgewaschen werden, die sich wie folgt zusammensetzt: 1 cm³ 30%ige Weinsäure, 3,4 cm³ 8%ige Natronlauge, 0,5 cm³ Fällungsreagens und 5,1 cm³ doppelt destilliertes Wasser.

Die vorhandene Wismutmenge soll höchstens 100 mg betragen.

k) Bestimmung in Gegenwart von Quecksilber. Die Fällung des Zinks geschieht in alkalischer Lösung bei Gegenwart von Kaliumcyanid. Die Trennung ist schwierig, da ein Zuviel an Cyanid zu niedrige, ein Mangel an Cyanid zu hohe Resultate bedingt. Wenn das Quecksilber als QuecksilberII-chlorid vorliegt, ist je Milligramm Quecksilber genau 1 mg Kaliumcyanid zuzusetzen. Die vorhandene Quecksilbermenge muß also bekannt sein. Sie soll jedoch 40 mg nicht überschreiten. Die Temperatur des Heizblocks soll bei 120 bis 130° liegen. Die übrigen Arbeitsbedingungen entsprechen denen der Einzelbestimmung des Zinks.

l) Bestimmung in Gegenwart von 3- oder 5wertigem Arsen bzw. Antimon. Die Fällung wird in alkalischer Lösung vorgenommen. Die Temperatur des Heizblocks soll 120 bis 130° betragen. Es dürfen nicht mehr als 8 mg Arsen bzw. 20 mg Antimon zugegen sein.

Literatur.

ATANASIU, J. A. u. A. Z. VELCULESCU: Fr. **97**, 102 (1934).

BERG, R.: (a) J. pr. [2] **115**, 178 (1927); (b) Fr. **71**, 171 (1927); (c) **76**, 202 (1929); (d) „Die chemische Analyse", Bd. 34: Die analytische Verwendung von o-Oxychinolin und seiner Derivate, 2. Aufl., S. 40ff. Stuttgart 1938. — BUCHERER, H. TH. u. F. W. MEIER: Fr. **82**, 10 (1930).

CIMERMAN, CH., D. FRANK u. P. WENGER: C. r. Soc. Phys. Hist. Nat. Genève **53**, 57 (1936); durch R. BERG (d), S. 42. — CIMERMAN, CH. u. P. WENGER: Mikrochemie **24**, 148, 153, 162 (1938); (b) **27**, 76 (1939).

DABROWSKI, I. u. L. MARCHLEWSKI: Bio. Z. **282**, 387 (1935).

EICHHOLTZ, F. u. R. BERG: Bio. Z. **225**, 352 (1930).

FLECK, H. R., F. J. GREENANE u. A. M. WARD: Analyst **59**, 325 (1934).

HAHN, FR. L. u. E. HARTLEB: Fr. **71**, 225 (1927).

RASSKIN, L. D.: Betriebslab. **5**, 1129 (1936); durch C. **108 I**, 3679 (1937). — RIDGE, B. P., M. CORNER u. H. S. CLIFF: J. Text. Inst. **24** Trans. 293 (1933); durch C. **104 II**, 3511 (1933).

STAS, M. E.: Pharm. Weekbl. **68**, 93 (1931).

TEITELBAUM, M.: Fr. **82**, 366 (1930).

§ 7. Bestimmung unter Abscheidung als Zinkanthranilat.

$Zn(C_7H_6O_2N)_2$, Molekulargewicht 337,63.

Allgemeines.

Das von FUNK *und* DITT *angegebene Verfahren beruht auf der Schwerlöslichkeit des Zinkanthranilats. Es ist auch bei Gegenwart von Alkali- und Erdalkalimetallen anwendbar, da deren Anthranilate leicht löslich sind. Dagegen dürfen andere Metalle nicht anwesend sein.*

Eigenschaften des Zinkanthranilats. Das Zinkanthranilat bildet ein verhältnismäßig leichtes, weißes Krystallpulver. Es krystallisiert wasserfrei in sechsseitigen Blättchen.

Löslichkeit. Die Löslichkeit des Zinkanthranilats ist bei Gegenwart von überschüssigem Fällungsmittel (Natriumanthranilat) noch wesentlich geringer als in reinem Wasser. So geben beispielsweise 0,005 mg Zink in 5 cm^3 (entsprechend einer Konzentration von 1 : 10^6) mit 1 cm^3 einer 10%igen Lösung von Natriumanthranilat bei öfterem Durchschütteln nach 25 bis 30 Min. noch eine schwache, aber deutliche Trübung.

In Mineralsäuren, starker Essigsäure, Laugen und Ammoniakwasser ist das Zinkanthranilat leicht löslich.

Verhalten beim Erhitzen. Beim Erhitzen verkohlt das Zinkanthranilat und hinterläßt beim sehr vorsichtigen Verglühen reines Zinkoxyd in der berechneten Menge.

Bestimmungsverfahren.

A. Gewichtsanalytische Bestimmung.

Allgemeine Fällungsbedingungen. Als Fällungsmittel dient eine 3%ige Lösung von Natriumanthranilat. In der zu fällenden Lösung sollen keine Substanzen anwesend sein, welche die normalen Fällungsreaktionen des Zinks verhindern, ferner keine weiteren Metalle außer Alkali- und Erdalkalimetallen. Die Lösung soll außerdem keine freie Säure enthalten oder höchstens ganz schwach essigsauer sein (vgl. Bem. VIa). — Nach Angabe von GOTÔ erfolgt bei dem p_H-Wert 3,76 bereits keine Fällung mehr, und diese ist erst von dem p_H-Wert 4,72 ab vollständig.

Arbeitsvorschrift. Das Volumen der neutralen oder ganz schwach essigsauren Lösung soll für 0,1 g Zink etwa 150 cm^3 betragen. Die Lösung wird *in der Kälte* langsam unter Umrühren mit dem Reagens versetzt, von dem man für 0,1 g Zink etwa 25 bis 30 cm^3 verwendet. Man läßt ungefähr 20 Min. stehen, wobei sich der größte Teil des Niederschlags absetzt. Man filtriert ihn in einen Porzellanfiltertiegel ab und wäscht und trocknet ihn, wie in Bem. III und IV angegeben ist.

Zweckmäßiger führt man die Fällung *in der Hitze* aus, indem man die Lösung, die keine freie Säure enthalten soll, bis zum beginnenden Sieden erhitzt und dann unter Umrühren das Reagens zusetzt, wobei man einen Überschuß von etwa 30% verwendet, also auf 0,1 g Zink 20 cm^3. Nach dem Zusatz des Fällungsmittels läßt man nochmals eben aufkochen und filtriert noch heiß nach etwa 10 kis 15 Min. Das Auswaschen erfolgt in der gleichen Weise wie nach der Fällung in der Kälte.

Bemerkungen. **I. Anwendungsbereich und Genauigkeit.** Die Methode eignet sich zur Bestimmung von Zinkmengen von etwa 10 bis 100 mg; kleinere Mengen lassen sich nach dem Mikroverfahren (s. Bem. VIb) bestimmen.

Beim Fällen in der Kälte fallen die Resultate nach PRODINGER meist zu hoch aus. Beim Fällen in der Hitze weichen die Resultate im allgemeinen höchstens um $\pm$ 0,2% von den theoretischen Werten ab.

II. Das Fällungsmittel. Die als Fällungsmittel dienende, 3%ige Lösung des Natriumanthranilats erhält man, indem man 3 g reine Anthranilsäure in etwa 22 cm^3 1 n Natronlauge löst. Durch Prüfung mit Lackmuspapier überzeugt man sich davon, daß die Lösung nicht alkalisch ist, sondern schwach sauer reagiert. Nötigenfalls setzt man noch etwas Anthranilsäure zu. Man filtriert und verdünnt auf 100 cm³. Diese verdünnte Lösung soll farblos oder jedenfalls kaum gefärbt sein. Man bewahrt sie in einer braunen Flasche im Dunkeln auf. Unter diesen Umständen hält sie sich wochenlang. Gelb oder braun gefärbte Lösungen sollen nicht mehr benutzt werden.

Wenn man keine reine Anthranilsäure zur Verfügung hat, geht man von technischer Säure aus, was den Vorteil großer Billigkeit hat. Die technische Säure wird durch wiederholtes Umkrystallisieren aus Wasser unter Zusatz von Tierkohle und durch weiteres Umkrystallisieren aus wenig Alkohol so weit gereinigt, daß ein farbloses oder wenigstens fast farbloses Präparat vorliegt (Schmelzpunkt der reinen Säure 145°).

III. Auswaschen des Niederschlags. Zum Auswaschen des Niederschlags verwendet man eine verdünnte Lösung des Reagenses; man verdünnt die 3%ige Lösung desselben auf das Fünfzehn- bis Zwanzigfache. Wenn im Filtrat die ursprünglich vorhandenen Anionen nicht mehr nachweisbar sind, wäscht man noch einige Male mit Alkohol nach. Hierdurch werden einerseits die geringen Mengen des im Niederschlag verbliebenen Natriumanthranilats entfernt, da dieses in Alkohol löslich ist; andererseits läßt sich der mit Alkohol gewaschene Niederschlag sehr rasch trocknen. Mit Hilfe von etwas Alkohol und einer Feder- oder Gummifahne lassen sich auch etwa an den Gefäßwänden haftende Teile des Niederschlags sehr leicht entfernen.

IV. Trocknen des Niederschlags. Die Trocknung des Niederschlags erfolgt bei 105 bis 110° und geht sehr rasch vonstatten. Meist beobachtet man, daß das Gewicht nach 1maligem, ½stündigem Trocknen schon völlig konstant ist. Es ist nicht nötig, die Trockentemperatur sorgfältig einzuhalten.

V. Störender Einfluß anderer Stoffe. In den „allgemeinen Fällungsbedingungen" wurde schon erwähnt, daß außer Alkali- und Erdalkalimetallen keine anderen Metalle zugegen sein dürfen. Die Anwesenheit von Salzen dieser Metalle ist jedoch nicht ohne jeden Einfluß auf die Bestimmung, insofern als bei Gegenwart einiger Gramme Alkali- oder Ammoniumsalz die Resultate etwas zu niedrig ausfallen. Diese Wirkung nimmt in der Reihenfolge Kalium-, Natrium-, Ammonium-Ion einerseits und Nitrat-, Chlorid-, Sulfat- und Acetat-Ion andererseits zu. Dementsprechend ist also der Einfluß des Kalium- oder Natriumnitrats gering, der des Ammoniumsulfats oder der Acetate jedoch wesentlich stärker.

VI. Arbeitsweise in besonderen Fällen. a) Behandlung saurer Lösungen. Salpeter- oder salzsaure Lösungen werden auf dem Wasserbad bis auf wenige Tropfen, jedoch nicht zur Trockne, eingedampft, schwefelsaure Lösungen auf dem Sandbad zur Trockne gebracht. Sodann nimmt man mit Wasser auf und verdünnt auf das vorgeschriebene Volumen. Nun gibt man einige Tropfen Methylrotlösung hinzu und, falls die Flüssigkeit rosa erscheint, tropfenweise verdünnte Sodalösung (3 g $Na_2CO_3 \cdot 10H_2O$ in 100 cm³ Wasser) bis zum Umschlag nach Gelb. Hierzu sollen jedoch nur wenige Tropfen nötig sein. Sodann erhitzt man zum Sieden und nimmt die Fällung in der oben beschriebenen Weise vor.

b) Mikrobestimmung nach CIMERMAN und WENGER. Die Methode entspricht im Prinzip der Makrobestimmung.

α) Arbeitsvorschrift unter Verwendung der Methodik von PREGL[1]. *Fällungsmittel.* Als Fällungsmittel dient eine 1%ige Lösung von Natriumanthranilat.

Abscheidung und Bestimmung. Zur neutralen oder schwach essigsauren Lösung ($p_H = 5{,}5$ bis 7), deren Volumen 5 cm³ beträgt, fügt man tropfenweise frisch bereitetes Reagens, von dem man einen Überschuß von 0,33 cm³ verwendet. Die Fällung wird in einem Reagensglas aus Jenaer Glas ausgeführt, das eine Höhe von 10 cm und einen Durchmesser von 17 mm besitzt. Nach dem Zusatz des Fällungsmittels

[1] PREGL, F. u. H. ROTH: Die quantitative organische Mikroanalyse, 4. Aufl., S. 117. Berlin 1935.

schüttelt man um und läßt 15 Min. absitzen. Der abfiltrierte Niederschlag wird nach dem Auswaschen und Trocknen gewogen.

Bemerkungen. *I. Genauigkeit und Anwendungsbereich.* S. unter Bem. I zur Abscheidungs- und Bestimmungsmethode β).

II. Das Fällungsmittel. Zur Herstellung der 1%igen Natriumanthranilatlösung löst man 1 g reine Anthranilsäure in etwa 7 cm³ 1 n Natronlauge, verdünnt, filtriert und bringt mit verdünnter Essigsäure auf einen p_H-Wert von 5,5 bis 6,5. Die Einstellung erfolgt in einem aliquoten Teil mit MERCKs Universalindicator. Schließlich wird mit destilliertem Wasser so weit verdünnt, daß eine 1%ige Lösung vorliegt, die in einer braunen Flasche im Dunkeln aufbewahrt wird.

III. Filtration. Man filtriert mittels eines SCHOTTschen Filterröhrchens N 154 G 1, das mit Asbest präpariert ist, indem man schwach mit der Pumpe saugt.

IV. Auswaschen des Niederschlags. Man wächst den Niederschlag 1mal mit 1 bis 2 cm³ einer 0,1%igen Natriumanthranilatlösung und dann 5- bis 6mal mit Alkohol, von dem man jeweils 1 cm³ verwendet. Etwa an den Gefäßwänden haftende Teilchen des Niederschlags können mit dem Waschalkohol unter Benutzung des PREGLschen Federchens auf das Filter gebracht werden. Wenn sich der gesamte Niederschlag auf dem Filter befindet, wird er noch 4- bis 5mal mit Alkohol gewaschen. Im ganzen verwendet man 10 cm³ Alkohol zum Auswaschen.

V. Trocknen des Niederschlags. Man wischt das Filterröhrchen äußerlich ab, bringt es in den Trockenblock und saugt, nachdem man ein kleines Wattefilter vorgelegt hat, vorsichtig Luft durch. Man trocknet den Teil des Röhrchens, der den Niederschlag enthält, 10 Min. und den verjüngten Teil 5 Min. bei 110 bis 115°. Nach dem Abwischen mit feuchtem Flanell und zwei Rehlederläppchen läßt man das Röhrchen mit dem Niederschlag 15 Min. neben der Waage und 5 Min. in derselben verweilen und wägt in der 20. Min.

β) Arbeitsvorschrift unter Verwendung der Methodik von EMICH[1]. Das *Fällungsmittel* ist dasselbe wie unter α).

Auch *Abscheidung und Bestimmung* erfolgen in der gleichen Weise, mit dem einzigen Unterschied, daß man in diesem Falle einen Mikrobecher aus Jenaer Glas benutzt, der 55 mm hoch ist und einen Durchmesser von 18 mm hat.

Bemerkungen. *I. Genauigkeit und Anwendungsbereich.* Beide Arbeitsweisen ergeben sehr übereinstimmende Resultate. Der relative Fehler beträgt im Maximum ± 0,3%. Die Autoren verwenden die Methode bei Zinkmengen von 1 bis 3 mg.

II. Filtration. Zur Filtration verwendet man ein Porzellanfilterstäbchen.

III. Auswaschen und Trocknen des Niederschlags. Das Auswaschen geschieht in derselben Weise, wie es unter α) beschrieben wurde. Becher und Filterstäbchen werden dann im BENEDETTI-PICHLERschen Trockenofen[2] 15 Min. lang bei 110 bis 115° getrocknet und nach der üblichen Behandlung nach 20 Min. zur Wägung gebracht.

IV. Einfluß der Reagensmenge. Bei merklichem Reagensüberschuß erhält man zu hohe Werte, die z. B. bei Verwendung des Dreifachen der nötigen Menge um 1% zu hoch sein können. Zur Erzielung möglichst genauer Resultate muß also die theoretische Reagensmenge durch einen Vorversuch ermittelt werden. Man verfährt so, daß man im Vorversuch mit etwa der doppelten, schätzungsweise benötigten Reagensmenge fällt und den Niederschlag in der beschriebenen Weise weiterbehandelt. Von der gefundenen Zinkmenge zieht man 1% ab und berechnet für die so ermittelte Menge die Menge des zu verwendenden Reagenses. *Arbeitsbeispiel:* Es betrage das Volumen der zu fällenden Lösung 2 cm³, die zugefügte Reagensmenge 2 cm³ und das Gewicht des Niederschlags 10,522 mg, woraus man durch Multiplikation mit dem Faktor 0,1937 als vorhandene Zinkmenge 2,038 mg findet. Zieht man hiervon

---

[1] EMICH, F.: Lehrbuch der Mikrochemie, 2. Aufl., S. 84. München 1926.

[2] Vgl. die Fußnote 2 auf S. 110.

1% ab, so ergeben sich 2,038 − 0,020 = 2,018 mg. Die theoretische Menge Reagens (1%ig) für 1 mg Zink beträgt 0,46 cm^3, für 2,018 mg dementsprechend 0,93 cm^3. Für die endgültige Bestimmung verwendet man also 0,93 cm^3 + 0,3 cm^3 = 1,23 cm^3 Reagens.

B. Maßanalytische Bestimmung.

Die maßanalytische Bestimmung beruht auf der Bromierung der Anthranilsäure mittels eingestellter Kaliumbromat-Kaliumbromid-Lösung in salzsaurer Lösung und jodometrischer Bestimmung des Bromüberschusses.

1. Methode von Funk und Ditt.

Arbeitsvorschrift. Der Niederschlag von Zinkanthranilat wird nach dem Auswaschen in etwa 4 n Salzsäure gelöst und in einem Gefäß, das zweckmäßig durch einen Schliffstopfen verschließbar ist, mit eingestellter Kaliumbromat-Kaliumbromid-Lösung titriert. Als Indicator verwendet man ein Gemisch von Indigocarmin und Styphninsäure. Ohne sich um das ausfallende Bromierungsprodukt zu kümmern, titriert man, bis der Indicator über Grün gerade nach Gelb umschlägt, was einem ganz geringen Bromüberschuß entspricht. Man gibt nun *sofort* einige Kubikzentimeter 0,2 n Kaliumjodidlösung zu, verdünnt und titriert das ausgeschiedene Jod unter Verwendung von Stärkelösung als Indicator mit Natriumthiosulfatlösung zurück. 1 Atom Zink entsprechen 8 Atome Brom, oder 1 cm^3 0,1 n Bromatlösung 0,81725 mg Zink. Bei Zinkmengen über 30 mg verwendet man vorteilhaft 0,2 n Bromatlösung.

Bemerkungen. **I. Genauigkeit und Anwendungsbereich.** Bei Zinkmengen von 9,82 bis 51,3 mg betrugen die maximalen Fehler ± 0,2 mg.

II. Der Indicator. Man löst 0,2 g Indigocarmin und 0,2 g Styphninsäure (Trinitroresorcin) in 100 cm^3 destilliertem Wasser.

III. Einfluß der Säurekonzentration. Shennan und Mitarbeiter bestätigen die Beobachtung von Funk und Ditt, daß der Zustand völliger Dibromierung nicht augenblicklich erreicht wird, wenn die Salzsäurekonzentration geringer als 1,6 n ist. Nach ihrer Meinung erhält man unter den von Funk und Ditt angegebenen Bedingungen Resultate, die eine beginnende Tribromierung anzeigen, welche um so ausgesprochener wird, je größer der Bromüberschuß ist. Dies ist zweifellos der Fall, wenn man einen merklichen Bromüberschuß hinzufügt. Man muß also unbedingt bei Gegenwart des Indigocarmin-Styphninsäure-Indicators und nur gerade bis zu dessen Umschlag titrieren und dann sofort Kaliumjodid zusetzen.

2. Methode von Shennan, Smith und Ward.

Das Verfahren beruht auf der Tribromierung der Anthranilsäure nach Day *und* Taggart. Man löst das ausgewaschene Zinkanthranilat in Salzsäure, die wenigstens 1,6 n ist, versetzt mit überschüssiger Bromat-Bromid-Lösung und läßt im verschlossenen Gefäß wenigstens 30 Min. stehen. Dann gibt man Kaliumjodid zu und titriert das ausgeschiedene Jod mit Natriumthiosulfatlösung.

Trennungsverfahren.

Von den Metallen Magnesium, Strontium, Calcium und Barium kann das Zink getrennt werden, indem es, genau wie bei der einfachen Zinkbestimmung, als Anthranilat gefällt wird. In dem mit der Waschflüssigkeit vereinigten Filtrat können diese Metalle in der üblichen Weise bestimmt werden, d. h. Magnesium als Magnesiumammoniumphosphat, Calcium als Oxalat, Strontium und Barium als Sulfate. Selbst wenn die genannten Metalle stark überwiegen, erhält man noch recht brauchbare Werte für Zink. Ferner ist diese Methode auch bei Anwesenheit von Alkalisalzen anwendbar, wenn deren Menge nicht allzu groß ist (vgl. Abschnitt A, Bem. V).

Literatur.

CIMERMAN, CH. u. P. WENGER: Mikrochemie 18, 53 (1935).
DAY, A. R. u. W. T. TAGGART: Ind. eng. Chem. 20, 545 (1928).
FUNK, H.: Fr. 123, 241 (1942). — FUNK, H. u. M. DITT: Fr. 91, 332 (1932).
GOTÔ, H.: Sci. Rep. Tôhoku Univ. Ser. I 26, 677 (1938); durch C. 109 II, 3429 (1938).
PRODINGER, W.: „Die chemische Analyse", Bd. 37: Organische Fällungsmittel in der quantitativen Analyse, 2. Aufl., S. 32. Stuttgart 1939.
SHENNAN, R. I., H. F. SMITH u. A. M. WARD: Analyst 61, 395 (1936).

§ 8. Bestimmung unter Abscheidung als Zinkchinaldinat.

$Zn(C_{10}H_6NO_2)_2 \cdot 1H_2O$, Molekulargewicht 427,71.

Allgemeines.

Das von RÂY und BOSE (a) angegebene *Verfahren beruht auf der Schwerlöslichkeit des Zinkchinaldinats.* — Die Chinaldinsäure gibt mit einer ganzen Anzahl von Metallen schwer lösliche Niederschläge, die innere Komplexsalze mit einem fünfgliedrigen Ring darstellen. Durch Einhaltung bestimmter Fällungsbedingungen kann das Zink aber auch neben einer ganzen Reihe anderer Metalle bestimmt werden.

Eigenschaften des Zinkchinaldinats. Das Zinkchinaldinat ist eine weiße, körnige Substanz, die bei 170° schmilzt. Seiner geringen Löslichkeit entsprechend ist die Empfindlichkeit der Fällung sehr groß. Die Grenzkonzentration beträgt in neutraler wie auch in essigsaurer Lösung $1 : 2 \cdot 10^6$. — In Ammoniak und in Mineralsäuren ist das Zinkchinaldinat leicht löslich.

Bestimmungsverfahren.

Arbeitsvorschrift. **Fällungsmittel.** Als Fällungsmittel benutzt man eine Lösung von Natrium- oder Ammoniumchinaldinat.

Abscheidung und Bestimmung. Die neutrale Lösung des Zinksalzes, die zweckmäßig höchstens 0,1 g Zink enthält, wird auf 150 cm^3 verdünnt, mit 2 bis 5 cm^3 verdünnter Essigsäure angesäuert und zum Sieden erhitzt. Man versetzt sodann tropfenweise unter Rühren mit dem Reagens, bis die Fällung beendet ist. Nachdem der Niederschlag sich einige Minuten abgesetzt hat, wird er zunächst durch Dekantieren und dann auf dem Filtertiegel mit heißem Wasser bis zum Verschwinden des Reagensüberschusses ausgewaschen. Er wird bei 125° bis zur Gewichtskonstanz getrocknet. Er enthält dann 15,29% Zink.

Bemerkungen. **I. Genauigkeit.** Die Resultate sind sehr gut. Bei den Beleganalysen der Autoren treten (negative) Fehler von höchstens 0,2% auf.

II. Das Fällungsmittel. Als Fällungsmittel dient eine Lösung von Natrium- oder Ammoniumchinaldinat, entsprechend 5 g Chinaldinsäure, in 150 cm^3 Wasser. — Sofern man die Chinaldinsäure selbst darstellen will, kann dies nach der Vorschrift von HAMMICK geschehen. Der Schmelzpunkt der reinen Säure liegt bei 155 bis 156°. — Aus den Niederschlägen und Filtraten kann man die Säure zurückgewinnen. Zu diesem Zweck löst man die Zinkniederschläge in Schwefelsäure, verdünnt die Lösung, bis ein Niederschlag auszufallen beginnt, und fällt nun durch Zusatz von Kupfersulfat. Ebenso scheidet man aus den Filtraten die überschüssige Säure als Kupfersalz ab. Das Kupferchinaldinat wird abfiltriert, gewaschen und durch längeres Behandeln mit Schwefelwasserstoff zersetzt. Das entstandene Kupfersulfid wird abfiltriert, das Filtrat zur Trockne eingedampft und die Säure durch Umkrystallisieren aus Eisessig gereinigt.

III. Behandlung saurer Lösungen. Mineralsaure Lösungen werden mit Ammoniak neutralisiert, sodann, wie oben angegeben, essigsauer gemacht und gefällt.

IV. Störung durch andere Metalle. Wie eingangs schon erwähnt, gibt die Chinaldinsäure mit vielen Metallen schwer lösliche Niederschläge, so z. B. mit Kupfer,

Quecksilber, Blei, Silber, Cadmium, Mangan, Nickel, Kobalt. Durch geeignete Modifikation der Arbeitsweise (s. Trennungsverfahren) ist jedoch eine Bestimmung des Zinks neben einer ganzen Anzahl dieser Metalle möglich.

V. Arbeitsweise von SHENNAN. Nach SHENNAN wird die salpetersaure Lösung mit Sodalösung eben alkalisch gemacht, dann mit Essigsäure ganz schwach angesäuert und auf 2 l verdünnt. Die Fällung wird bei einem p_H-Wert von 2,3 bis 6,5 in der Siedehitze mit 2%iger wäßriger Natriumchinaldinatlösung vorgenommen. Nach ¾ Std. wird der Niederschlag in einen Glasfiltertiegel abfiltriert und nach dem Auswaschen bei 125° getrocknet und gewogen.

VI. Arbeitsweise in besonderen Fällen. a) Bestimmung des Zinks in Gegenwart von Phosphorsäure. Arbeitsvorschrift. Die Zink und Phosphat enthaltende Lösung, deren Volumen etwa 200 cm^3 betragen soll, wird mit 6 cm^3 Eisessig versetzt und erhitzt, bis der Niederschlag von Zinkphosphat sich löst. Nunmehr wird tropfenweise Reagenslösung zugesetzt bis zur Beendigung der Fällung. Man läßt einige Minuten absitzen und filtriert. Der Niederschlag wird mit heißem Wasser, das einige Tropfen Essigsäure und Reagens enthält, ausgewaschen.

Bemerkung. *Genauigkeit.* Die Resultate sind sehr gut.

b) Mikrobestimmung. Sie beruht auf demselben Prinzip wie die Makrobestimmung.

Arbeitsvorschrift. Die Zinksalzlösung, die bei einem Volumen von 1 bis 1,5 cm^3 etwa 0,1 bis 1 mg Zink enthalten kann, wird in einem Mikrobecher mit 0,02 bis 0,04 cm^3 Eisessig angesäuert und dann 1 Min. lang auf dem kochenden Wasserbad erhitzt. Das Zink wird nun aus der heißen Lösung durch tropfenweisen Zusatz des Fällungsmittels abgeschieden, wobei man das Gefäß häufig dreht. Man benutzt 0,2 bis 0,25 cm^3 Fällungslösung mehr als die theoretisch erforderliche Menge. Sodann erhitzt man wiederum 1 Min. auf dem Wasserbad, läßt den Niederschlag sich absetzen und auf der einen Seite des Bechers sammeln. Dann wird zunächst die überstehende Flüssigkeit abgesaugt, sodann der Niederschlag möglichst trocken gesaugt und schließlich 5- bis 6mal mit 0,5 bis 1 cm^3 heißem Wasser ausgewaschen. Das Gerät mit dem Niederschlag wird zunächst 1 Min. auf dem Wasserbad vorgetrocknet. Sodann trocknet man noch 10 Min. in einem Luftstrom bei 125° in der BENEDETTI-PICHLERschen Trockenapparatur. Die Wägung erfolgt nach der für Mikrobestimmungen üblichen Arbeitsweise.

Bemerkungen. *I. Genauigkeit und Anwendungsbereich.* Bei den Beleganalysen wurden Zinkmengen von ungefähr 0,086 bis 1 mg bestimmt. Die Abweichungen betragen etwa 0,2 bis 0,8%.

II. Das Fällungsmittel. Das Fällungsmittel besteht aus einer Lösung von Natriumchinaldinat, deren Gehalt 1 g Chinaldinsäure in 100 cm^3 entspricht.

Trennungsverfahren.

Die Trennung des Zinks von Magnesium, Calcium, Barium und Mangan mittels Chinaldinsäure beruht darauf, daß die Chinaldinate dieser Metalle im Gegensatz zum Zinkchinaldinat in Essigsäure löslich sind.

1. Trennung des Zinks von Magnesium.

Arbeitsvorschrift. Die Lösung, deren Volumen etwa 200 cm^3 betragen soll, wird mit 2 cm^3 Eisessig angesäuert und erhitzt. Die Fällung des Zinks und das Auswaschen des Niederschlags erfolgen wie bei der einfachen Zinkbestimmung. Im Filtrat kann das Magnesium in der üblichen Weise als Magnesiumammoniumphosphat bestimmt werden.

Bemerkung. **Genauigkeit.** Die Resultate sind sehr gut. RÂY und BOSE (a) erhielten höchstens eine Abweichung von + 0,2 mg auf 0,0625 g Zink.

2. Trennung des Zinks von Calcium bzw. Barium.

Arbeitsvorschrift. Diese Trennungen werden genau so ausgeführt wie die Trennung von Magnesium. Bei einem Volumen der zu fällenden Lösung von 170 cm³ werden 3 bis 6 cm³ Eisessig zugesetzt.

Bemerkung. **Genauigkeit.** Die Resultate der Beleganalysen sind auch in diesem Falle sehr gut.

3. Trennung des Zinks von Mangan.

Arbeitsvorschrift. Die Lösung der beiden Metalle wird auf ein Volumen von etwa 200 cm³ gebracht und mit 5 bis 10 cm³ Eisessig versetzt. Man erhitzt und läßt unter Umrühren tropfenweise Reagenslösung bis zum Überschuß einfließen. Nachdem man den Niederschlag einige Minuten hat absitzen lassen, dekantiert man ihn zunächst mit heißer, verdünnter Essigsäure (1 : 40), der man einige Tropfen Reagens zusetzt. Dann wäscht man mit heißem Wasser aus. Im Filtrat wird das Mangan als Sulfid gefällt.

Bemerkung. **Genauigkeit.** Die Resultate sind sehr gut. Der Fehler der Beleganalysen beträgt im Durchschnitt wenige Promille.

4. Trennung des Zinks von Eisen, Aluminium, Beryllium, Uran und Titan.

Die Trennung des Zinks von Eisen, Aluminium, Beryllium, Uran und Titan beruht darauf, daß diese Metalle in alkalischer, tartrathaltiger Lösung im Gegensatz zum Zink durch Chinaldinsäure nicht gefällt werden.

Arbeitsvorschrift. Die zu untersuchende Lösung wird mit 4 bis 5 g Seignettesalz und etwas Ammoniumchlorid versetzt. Sodann neutralisiert man sie mit verdünntem Ammoniak unter Verwendung eines Mischindicators von Methylrot und Methylenblau. Dann gibt man noch 1 Tropfen 2 n Ammoniak im Überschuß zu, verdünnt auf 150 bis 160 cm³ und erhitzt auf 50°. Unter ständigem Rühren fügt man nun tropfenweise die Fällungslösung zu, bis ein geringer Überschuß davon vorhanden ist. Man läßt absitzen und filtriert durch einen GOOCH-Tiegel. Der Niederschlag wird zunächst mit heißem Wasser dekantiert und dann noch auf dem Filter ausgewaschen. Die Trocknung erfolgt bei 125°.

Bemerkungen. **I. Genauigkeit.** Die Resultate sind sehr gut. Die Differenzen bei den Beleganalysen betragen etwa 0,1 bis 0,3%.

II. Arbeitsweise bei Gegenwart von Eisen. Bei Gegenwart von Eisen ist darauf zu achten, daß dieses als EisenIII-salz vorliegt. Nötigenfalls ist zunächst durch einige Tropfen konzentrierte Salpetersäure in der Wärme zu oxydieren.

III. Bestimmung der anderen Metalle im Filtrat. Eisen wird als Sulfid gefällt, dieses in EisenIII-chlorid übergeführt und dann das Eisen in der üblichen Weise als EisenIII-oxyd bestimmt.

Beryllium und Aluminium werden nach Zerstörung der Weinsäure durch Erhitzen mit konzentrierter Schwefelsäure in der üblichen Weise bestimmt. Uran wird nach Zerstörung der Weinsäure als Oxyd U_3O_8 ermittelt.

Titan bestimmt man nach Zerstörung der Weinsäure in der üblichen Weise als Titandioxyd.

IV. Störung durch Chrom. Chrom scheint die Fällung des Zinks durch Chinaldinsäure etwas zu beeinflussen. RÂY und MAJUNDAR erhielten bei Gegenwart von Chrom um 2 bis 3% zu niedrige Resultate.

5. Bestimmung des Zinks in Gegenwart von Kupfer, Silber und Quecksilber.

Die von RÂY und DUTT angegebene *Methode beruht darauf, daß diese Metalle* (Kupfer muß als KupferI-Ion vorliegen) *durch Thioharnstoff komplex gebunden werden.*

a) Bestimmung des Zinks neben Kupfer. Arbeitsvorschrift. Die Zink und Kupfer enthaltende Lösung wird neutralisiert und mit 2 bis 5 cm³ verdünnter Essigsäure versetzt. Dann wird eine frisch bereitete Lösung von 4 bis 8 g reinem Natriumhydrogensulfit, je nach der Menge des vorhandenen Kupfers, und darauf eine Lösung von 4 bis 8 g reinem Thioharnstoff, ebenfalls je nach der anwesenden Kupfermenge, zugesetzt. Durch Verdünnen mit Wasser wird das Gesamtvolumen auf 200 bis 300 cm^3 gebracht. Man erhitzt auf dem Wasserbad und fällt das Zink durch tropfenweisen Zusatz einer 5%igen, neutralen Lösung von Natriumchinaldinat im Überschuß und unter beständigem Rühren. Man läßt den Niederschlag auf dem Wasserbad absitzen und wäscht ihn durch 5- bis 6maliges Dekantieren mit heißem Wasser aus. Man filtriert zunächst die dekantierte Lösung und die dekantierten Waschwässer durch einen Filtertiegel, bringt zum Schluß den Niederschlag in den Tiegel und wäscht so lange mit heißem Wasser, bis der Niederschlag frei von Natriumchinaldinat ist.

Man trocknet den Niederschlag bei 125°. Er enthält dann 15,29% Zink.

Bemerkungen. *Genauigkeit.* Die Werte der Beleganalysen sind ausgezeichnet. Bei Zinkmengen von rund 14 bis 70 mg in Gegenwart von rund 0,24 bis 0,48 g Kupfer betragen die Fehler höchstens $\pm$ 0,1%.

b) Bestimmung des Zinks neben Quecksilber und Silber. Man verfährt genau, wie unter a) beschrieben ist; nur ist wegen der Abwesenheit des Kupfers der Zusatz von Natriumhydrogensulfit nicht nötig. Die Resultate sind ebenfalls sehr genau.

c) Bestimmung des Zinks neben Kupfer, Quecksilber und Silber. Arbeitsvorschrift. Die neutrale Lösung, die die genannten Metalle enthält, wird zunächst mit 8 g Kaliumjodid versetzt, dann eine frisch bereitete Lösung von 4 bis 8 g Natriumhydrogensulfit und hierauf eine Lösung von 4 bis 8 g Thioharnstoff zugegeben. Nach dem Vermischen fügt man noch 2 bis 5 cm^3 verdünnte Essigsäure hinzu und verdünnt auf 200 cm^3. Die Fällung des Zinks und die Behandlung des Niederschlags erfolgt in derselben Weise, wie unter a) beschrieben wurde.

Bemerkungen. Die Resultate sind auch bei großem Überschuß der anderen Metalle sehr genau. — Der Zusatz von Kaliumjodid soll das Quecksilber in komplexes QuecksilberII-jodid überführen und das Silber als Silberjodid fällen, da die Salze dieser Metalle andernfalls durch das zugesetzte Hydrogensulfit teilweise zu Metall reduziert würden. Das Silberjodid löst sich leicht bei Zugabe des Thioharnstoffes.

6. Mikrobestimmung des Zinks bei Gegenwart anderer Metalle.

Die S. 126 in Bem. VIb beschriebene Mikrobestimmung kann auch bei Gegenwart von Mangan, Erdalkalimetallen und Magnesium benutzt werden.

Die Mikrobestimmung des Zinks bei Anwesenheit von Eisen, Aluminium, Beryllium, Uran und Titan wird nach Rây und Bose (c) folgendermaßen ausgeführt:

Arbeitsvorschrift. Die Lösung, die 0,15 bis 1 mg Zink und das Eisen in 3wertiger Form enthält (andernfalls oxydiert man mit wenigen Tropfen Bromwasser), versetzt man in einem Mikrobecher mit 0,4 bis 1 cm^3 einer 5%igen Natriumtartratlösung und bläst dann Ammoniakdampf über die Oberfläche, bis dieselbe nach Ammoniak riecht. Das Zink wird nun durch tropfenweisen Zusatz von Natriumchinaldinat gefällt, wobei man den Becher während des Zusatzes des Fällungsmittels dreht. Man benutzt 0,2 bis 0,25 cm^3 Reagens mehr, als theoretisch erforderlich sind. Das überschüssige Ammoniak wird sodann entfernt, indem man mittels einer Capillare Luft über die Oberfläche der Flüssigkeit bläst, wobei man die Temperatur auf etwa 60° hält. Sobald das überschüssige Ammoniak entfernt ist, wird rasch abgekühlt und sogleich durch ein Asbestfilterstäbchen filtriert.

Der Niederschlag wird mit heißem Wasser ausgewaschen und in einem Luftstrom bei 125° in der Benedetti-Pichlerschen Apparatur getrocknet.

Bemerkungen. **I. Genauigkeit.** Bei Zinkmengen von rund 0,12 bis 1,0 mg erhielten die Autoren Werte, die im Mittel auf $\pm$ 0,3 bis 0,4% stimmen.

II. Arbeitsweise bei Gegenwart von Eisen. Während die Gegenwart von Beryllium, Aluminium, Titan und Uran keine besonderen Schwierigkeiten bereitet, muß bei Gegenwart von Eisen besonders sorgfältig gearbeitet werden. Das Eisen neigt dazu, in der alkalischen Tartratlösung teilweise reduziert zu werden, besonders bei längerem Erwärmen. Das entstehende EisenII-salz verbindet sich sofort mit der Chinaldinsäure zu dem charakteristischen, rotvioletten EisenII-chinaldinat, welches mit ausfällt und dem Zinkchinaldinat eine mehr oder weniger rote Farbe verleiht. Dieses Mitfällen muß man verhüten, indem man das überschüssige Ammoniak sorgfältig durch Überblasen von Luft bei möglichst niedriger Temperatur, die keinesfalls 50 bis 60° überschreiten soll, entfernt. Bei sorgsamem Arbeiten bleibt das Zinkchinaldinat auch bei Anwesenheit von Eisen weiß, und die Methode gibt ganz zufriedenstellende Resultate.

Die Mikrobestimmung des Zinks in Gegenwart von Kupfer bzw. Silber und Quecksilber beruht wie das S. 127 beschriebene Makroverfahren *auf der Anwendung von Thioharnstoff zur Maskierung der Reaktionen der Ionen der drei genannten Metalle, die mit dem Thioharnstoff in saurer Lösung beständige Komplexverbindungen bilden.* KupferII-salze müssen zuvor durch Natriumhydrogensulfit zu KupferI-salzen reduziert werden. Das Zink wird dann in der üblichen Weise in essigsaurer Lösung mit Natriumchinaldinat gefällt.

***Arbeitsvorschrift* von Rây *und* Sarkar.** Die Lösung, die bis zu 5 mg Zink und bis zu 4 mg Kupfer enthalten kann, wird in einem Mikrobecher mit 0,3 bis 0,5 cm^3 (je nach der vorhandenen Kupfermenge) frisch bereiteter Natriumhydrogensulfitlösung versetzt. Dann gibt man 1 bis 2 Tropfen (0,05 cm^3) Eisessig zu und 1 bis 1,5 cm^3 (wiederum je nach der Kupfermenge) 10%ige Thioharnstofflösung. Letztere wird tropfenweise unter Rühren zugesetzt, wobei ein weißer Niederschlag entsteht. Dieser löst sich in der Kälte langsam, rasch dagegen beim Erwärmen auf dem Wasserbad. Man erhitzt die Flüssigkeit auf dem Wasserbad und fällt das Zink mit überschüssiger Natriumchinaldinatlösung (1%ig in bezug auf Chinaldinsäure), von der man je nach der vorhandenen Zinkmenge 0,2 bis 1 cm^3 gebraucht. Man setzt das Reagens tropfenweise unter Rühren zu. Dann läßt man auf dem Wasserbad stehen, bis der Niederschlag sich abgesetzt hat, und filtriert durch ein Asbestfilterstäbchen. Man wäscht den Niederschlag 5- bis 6mal mit je 0,5 bis 1 cm^3 heißem Wasser und trocknet ihn in der üblichen Weise 10 Min. in einem Luftstrom von 125° im Benedetti-Pichlerschen Trockenofen.

Bei Anwesenheit von Silber und Quecksilber verfährt man in der oben beschriebenen Weise, unterläßt jedoch den Zusatz von Natriumhydrogensulfit. Ist auch noch Kupfer zugegen, dann ist der Hydrogensulfitzusatz natürlich nötig. Die reduzierende Wirkung des Hydrogensulfits auf die Silber- und Quecksilbersalze hebt man durch vorherigen Zusatz von Kaliumjodid auf. Dieser bei der Makroanalyse gangbare Weg zur Bestimmung des Zinks neben allen drei genannten Metallen [vgl. S. 128, Abschnitt 5, c)] führt bei der Mikroanalyse nicht zu befriedigenden Resultaten wegen der durch die verschiedenen Zusätze bedingten hohen Salzkonzentration und der Unmöglichkeit, diese Schwierigkeit durch beliebiges Verdünnen wie bei der Makroanalyse zu umgehen.

***Bemerkung.* Genauigkeit.** Bei der Bestimmung von rund 0,5 bis 5 mg Zink neben 2 bis 4 mg Kupfer betragen die fast durchweg positiven Fehler im Höchstfall 0,003 mg. Bei der Bestimmung von 0,8308 mg Zink neben 2,5 mg Quecksilber bzw. Silber wurden 0,8328 mg Zink gefunden.

Literatur.

Benedetti-Pichler, A.: Mikrochemie, Pregl-Festschr., S. 6. 1929.
Hammick, D. L.: Soc. **123**, 2882 (1923).
Rây, P. R. u. M. K. Bose: (a) Fr. **95**, 400 (1933); (b) Mikrochemie **17**, 11 (1935); (c) **18**, 89 (1935). — Rây, P. R. u. N. K. Dutt: Fr. **115**, 265 (1939). — Rây, P. R. u. A. K. Majundar: Fr. **100**, 324 (1935). — Rây, P. R. u. T. Ch. Sarkar: Mikrochemie **27**, 64 (1939).
Shennan, R. J.: Analyst **64**, 14 (1939).

§ 9. Bestimmung unter Abscheidung als Zinkquecksilberrhodanid.

$ZnHg(CNS)_4$, Molekulargewicht 498,30.

Allgemeines.

Die Methode beruht auf der Schwerlöslichkeit des Zinkquecksilberrhodanids. Sie wurde zuerst von COHN angewendet, der jedoch den Fehler machte, das gefällte Zinkquecksilberrhodanid mit Wasser auszuwaschen, ohne auf seine Löslichkeit Rücksicht zu nehmen. Außerdem verglühte er den Niederschlag unter Zusatz von Quecksilberoxyd zu Zinkoxyd, wodurch er sich auch noch des Vorteils begab, den eine Verbindung mit hohem Molekulargewicht als Wägungsform bietet. Bei der Bestimmung des Zinks als Zinkquecksilberrhodanid dürfen Cadmium, Kobalt, Kupfer, Wismut, Mangan und QuecksilberI-salze nicht zugegen sein, da sie ebenfalls gefällt werden.

Eigenschaften des Zinkquecksilberrhodanids. Die Verbindung bildet ein weißes, fein krystallines Pulver. In reinem Wasser ist das Salz merklich löslich, wesentlich weniger in kaliumquecksilberrhodanidhaltigem Wasser.

Löslichkeit. Die gesättigte Lösung des Zinkquecksilberrhodanids in Wasser ist $7{,}4 \cdot 10^{-4}$ n, in 0,0015 n, 0,003 n bzw. 0,006 n Kaliumquecksilberrhodanidlösung etwa $1{,}2 \cdot 10^{-4}$ n, $0{,}3 \cdot 10^{-4}$ n bzw. $0{,}1 \cdot 10^{-4}$ n.

Bestimmungsverfahren.

A. Gewichtsanalytische Bestimmung.

Arbeitsvorschrift. **Fällungsmittel.** Als Fällungsmittel dient eine Lösung von Kaliumquecksilberrhodanid. Man erhält sie nach LUNDELL und BEE, indem man 39 g Kaliumrhodanid und 27 g QuecksilberII-chlorid in 1 l Wasser löst. Die gleiche Vorschrift gibt JAMIESON, indem er erwähnt, daß man auch Ammoniumrhodanid benutzen könne.

Abscheidung und Bestimmung. Nach LUNDELL und BEE benutzt man zur Fällung für je 100 cm³ der Zinksalzlösung, die nicht mehr als 5% freie Säure enthalten soll, je 25 cm³ des Fällungsmittels. Die Lösung wird nach Zusatz des Reagenses sorgfältig umgerührt und der Niederschlag nach ½ Std. in einen Filtertiegel abfiltriert.

Ganz ähnlich verfährt JAMIESON. Er versetzt die Zinklösung ebenfalls mit 25 cm³ Reagens und rührt um. Nach 5 Min. wird nochmals lebhaft gerührt. Die Filtration des Niederschlags wird nach 1stündigem Stehen vorgenommen. Das Auswaschen des Niederschlags erfolgt mit einer Waschflüssigkeit, die aus 10 cm³ Reagens und 490 cm³ Wasser besteht. Man trocknet den Niederschlag 1 Std. lang bei 102 bis 108°.

Bemerkungen. **I. Genauigkeit.** JAMIESON bestimmte Zinkmengen von 2 bis 100 mg, wobei er recht gute Resultate erhielt. Die höchsten Differenzen betrugen $\pm$ 0,2 mg.

II. Berechnung des Zinkgehalts. Die Auswage ist nach JAMIESON zur Umrechnung auf Zink mit 0,13115 zu multiplizieren und nicht mit 0,1266, wie LUNDELL und BEE angeben, da das Salz nach dem Trocknen wasserfrei ist.

III. Störender Einfluß anderer Stoffe. Wie schon erwähnt, dürfen Cadmium, Kobalt, Kupfer, Wismut, Mangan und QuecksilberI-salze nicht zugegen sein, da sie ebenfalls gefällt werden. Größere EisenIII-salzmengen sind zuvor mit schwefliger Säure zu reduzieren.

IV. Arbeitsweise von VOSBURGH und Mitarbeitern. Nach diesen Autoren ist es wichtig, die Fällung so vorzunehmen, daß der Niederschlag die richtige Korngröße besitzt. Man erreicht dies auf folgende Weise: Einige Tropfen der zu fällenden Lösung bringt man mit Hilfe eines Glasstabes in ein kleines Reagensglas und gibt 1 bis 2 Tropfen 0,1 mol Reagenslösung dazu. Durch Umrühren und Reiben der Wandung wird die Krystallisation eingeleitet und der Inhalt des Reagensglases dann quantitativ zur Hauptmenge der Lösung gegeben. Wenn hierbei keine sichtbare Trübung eintritt, wird die Operation wiederholt. Dann wird die eigentliche Fällung durch tropfenweisen Reagenszusatz (2,5 cm³/Min.) unter mechanischem Rühren vorgenommen. Man läßt den Niederschlag wenigstens 1 Std. bei Zimmertemperatur stehen. Sodann filtriert man durch einen Filtertiegel, der zuvor mit Wasser oder Waschflüssigkeit benetzt wird. Man dekantiert zunächst die Mutterlauge durch den Tiegel, wäscht den zurückbleibenden Niederschlag 2mal durch Dekantation mit kalter 0,001 mol Waschflüssigkeit, bringt ihn dann in den Tiegel, wäscht ihn noch 2mal und trocknet ihn schließlich bei 105 bis 110°.

Das Reagens wird zweckmäßig mit einem Rhodanidüberschuß von 10% bereitet und als 0,1 mol Lösung verwendet. Als Waschflüssigkeit dient eine 0,001 mol Lösung desselben.

SARUDI empfiehlt, der Fällungs- und Waschflüssigkeit Alkohol zuzusetzen, um die Löslichkeit des Niederschlags zu vermindern.

B. Maßanalytische Bestimmung.

1. Jodometrische Titration.

Nach JAMIESON *verläuft die Titration des Zinkquecksilberrhodanids mit Kaliumjodat in stark salzsaurer Lösung nach folgender Gleichung:*

$$ZnHg(SCN)_4 + 6KJO_3 + 12HCl = ZnSO_4 + HgSO_4 + 2H_2SO_4 + 6JCl + 4HCN + 6KCl + 2H_2O.$$

Arbeitsvorschrift. Das Zink wird wie bei der gewichtsanalytischen Bestimmung (s. S. 130) gefällt, nach 1stündigem Stehen abfiltriert und ausgewaschen. Die Titration erfolgt in Gefäßen mit Glasstopfen. Zu dem Zinkniederschlag gibt man ein gut abgekühltes Gemisch von 35 cm³ konzentrierter Salzsäure, 10 cm³ Wasser und 7 bis 8 cm³ Chloroform und titriert sofort. Anfangs wird die Jodatlösung rasch zugegeben, wobei das Gefäß leicht bewegt wird. Wenn das Jod, welches im ersten Stadium der Reaktion frei wird, wieder verschwunden ist, wird das Gefäß verschlossen und der Inhalt durch ½ Min. langes Schütteln sorgfältig gemischt. Nunmehr darf die Titration nur langsam fortgesetzt werden, indem nach jedem Reagenszusatz das verschlossene Gefäß geschüttelt wird, bis die Jodfarbe im Chloroform schließlich verschwindet. Werden mehr als 50 cm³ Kaliumjodatlösung gebraucht, dann werden nochmals 10 bis 15 cm³ konzentrierte Salzsäure zugefügt, um Hydrolyse des Jodmonochlorids zu vermeiden.

***Bemerkungen.* I. Genauigkeit.** Die Resultate stimmen auf $\pm 0,3$ bis 0,4% mit den theoretischen Werten überein.

II. Kaliumjodatlösung und Indicator. Die Jodatlösung erhält man durch Lösen von 19,644 g reinstem Kaliumjodat zum Liter. 1 cm³ dieser Lösung entspricht nach der Gleichung 0,0010 g Zink. — Den Endpunkt der Titration erkennt man daran, daß zugesetztes Chloroform, welches zunächst durch freies Jod gefärbt ist, schließlich entfärbt wird.

2. Titration nach KOLTHOFF und VAN DYK.

Das Verfahren beruht darauf, daß das Zink mit überschüssiger, eingestellter Kaliumquecksilberrhodanidlösung gefällt und deren Überschuß mit 0,1 n QuecksilberII-nitratlösung bestimmt wird.

Arbeitsvorschrift. Die Zinklösung (vgl. Bem. III), die freie Salpetersäure oder Schwefelsäure enthalten kann, versetzt man mit 25 cm³ Reagens und füllt mit Wasser zu 100 cm³ auf. Man schüttelt um, filtriert nach kurzer Zeit und titriert 50 cm³ des Filtrats.

***Bemerkungen.* I. Genauigkeit.** Die Resultate sind wenigstens auf 0,5% genau, wenn die Lösung nicht zu verdünnt ist. Beim Arbeiten mit sehr verdünnten Lösungen sind die Resultate nicht sehr günstig, da sich unter diesen Umständen der Umschlag nur auf 0,2 bis 0,3 cm^3 0,01 n Maßflüssigkeit genau erkennen läßt. Ein weiterer Fehler entsteht, wenn die Löslichkeit des Zinkquecksilberrhodanids vernachlässigt wird. Aus diesen Gründen empfiehlt es sich, keine verdünnteren Zinklösungen als 0,02 n oder wenigstens die doppelte Reagensmenge zu verwenden. Der Überschuß an Reagenslösung soll mindestens einer Konzentration von 0,006 n entsprechen.

II. Das Fällungsmittel. Man löst 14,4 g Kaliumrhodanid in wenig Wasser, gibt 23,7 g Quecksilberrhodanid zu und schüttelt, nötigenfalls unter Erwärmen, bis alles gelöst ist. Dann füllt man mit Wasser zu 1 l auf und stellt die Lösung mit 0,1 n QuecksilberII-nitratlösung ein. 25 cm^3 der Fällungslösung verbrauchen ungefähr 37,5 cm^3 0,1 n Quecksilbernitratlösung.

Ein so hergestelltes Reagens ist nach Monasch auch nach 4 Monaten noch unverändert.

III. Einfluß der Konzentration. Ist die Konzentration des Zinks höher als 0,01 n, so ist die Fällung bereits in kürzester Zeit vollständig. Verdünntere Lösungen muß man jedoch vor dem Filtrieren etwa 24 Std. stehenlassen. In diesem Falle muß man nach Möglichkeit in neutralen Lösungen arbeiten, da freie Mineralsäure das Rhodanid zerstören und somit zu hohe Resultate verursachen würde.

IV. Störung durch andere Stoffe. Salzsäure stört diese Bestimmung; desgleichen stören Kupfer, Nickel, Kobalt, Mangan, EisenII, ChromIII und, in geringerem Maße, Wismut. Aluminium und EisenIII stören dagegen nicht. Ist außer Zink nur Kupfer zugegen, so kann man letzteres durch metallisches Aluminium fällen und im Filtrat das Zink in der beschriebenen Weise bestimmen.

3. Bestimmung kleiner Zinkmengen nach Bossin und Jofan.

Die Methode beruht darauf, daß das Zink als Zinkquecksilberrhodanid gefällt, dieses mit Natriumsulfid zersetzt und das entstandene Quecksilbersulfid jodometrisch bestimmt wird.

Arbeitsvorschrift. Die neutrale oder essigsaure Zinksalzlösung, deren Volumen 5 bis 8 cm^3 betragen kann, wird in einem Zentrifugengläschen mit 10 cm^3 Kaliumquecksilberrhodanidlösung versetzt. Das ausfallende Zinkquecksilberrhodanid wird zentrifugiert und gewaschen. Sodann gibt man einige Tropfen Natriumsulfidlösung zu und versetzt nun tropfenweise mit verdünnter Schwefelsäure. Das entstandene Quecksilbersulfid wird zentrifugiert und gewaschen. Nun fügt man 1 cm^3 Schwefelkohlenstoff zu und versetzt mit 0,1 n Jodlösung im Überschuß. Der Jodüberschuß wird mit 0,01 n Natriumthiosulfatlösung zurücktitriert.

Literatur.

Bossin, A. G. u. S. S. Jofan: Chem. J. Ser. B **10**, 367 (1937); durch C. **108 II**, 1626 (1937).
Cohn, R.: B. **34**, 3502 (1901).
Jamieson, G. S.: Am. Soc. **40**, 1036 (1918).
Kolthoff, I. M. u. van Dyk: Pharm. Weekbl. **58**, 549 (1921).
Lundell, G. E. F. u. K. Bee: Eng. Min. Journ. **99**, 701 (1915); durch Angew. Ch. **28 II**, 617 (1915).
Monasch, E.: Pharm. Weekbl. **58**, 1652 (1921).
Sarudi, I.: Öst. Ch. Z. **42**, 297 (1939).
Vosburgh, N. C., G. Cooper, W. J. Clayton u. H. Pfann: Ind. eng. Chem. Anal. Edit. **10**, 393 (1938).

§ 10. Bestimmung unter Abscheidung als Zinkpyridinrhodanid.

$Zn(C_5H_5N)_2(CNS)_2$, Molekulargewicht 339,73.

Allgemeines.

Die zuerst von Spacu *angegebene Methode beruht auf der Schwerlöslichkeit des Zinkpyridinrhodanids, das entweder direkt zur Wägung gebracht werden oder in Zinkoxyd übergeführt werden kann.*

Eigenschaften des Zinkpyridinrhodanids. In der Kälte gefällt, bildet es ein weißes, fein krystallines Pulver. Beim Abkühlen warmer Lösungen erhält man es in Form prismatischer, monokliner Nadeln.

Bestimmungsverfahren.

A. Gewichtsanalytische Bestimmung.

1. Wägung als Zinkoxyd.

Arbeitsvorschrift. Die neutrale Zinksalzlösung, deren Volumen für 0,1 g Zink höchstens 70 cm³ betragen soll, wird mit überschüssigem, festem Kaliumrhodanid (auf 0,1 g Zink 0,5 g Rhodanid) und hierauf unter Umrühren mit Pyridin (15 Tropfen für 0,1 g Zink) versetzt, so daß letzteres in geringem Überschuß vorhanden ist. Man läßt den Niederschlag nach kräftigem Umrühren ¼ Std. stehen und filtriert dann auf ein quantitatives Filter ab. Man wäscht den Niederschlag mit einer Lösung aus, die in 100 cm³ Wasser 0,3 g Ammoniumrhodanid, 0,2 g Ammoniumsulfat und 0,25 g Pyridin (6 Tropfen) enthält. Sind in der gefällten Lösung außer Zink nur Ammoniumsalze vorhanden, so benutzt man das Filtrat, um die Reste des Niederschlags auf das Filter zu spülen, und wäscht nicht aus.

Der Niederschlag wird im Luftbad allmählich auf 130 bis 140° und dann über der Flamme langsam weiter erhitzt, ohne daß eine Entzündung der entweichenden Gase eintritt. Dann glüht man über einem großen TECLU-Brenner und schließlich mit einem starken Gebläse 1 bis 2 Std.

Bemerkungen. **I. Genauigkeit.** SPACUS Werte stimmen mit den berechneten und den auf elektrolytischem Wege erhaltenen Werten gut überein. CONGDON und Mitarbeiter fanden ebenfalls, daß diese Methode sehr genaue Resultate gibt. Der Fehler beträgt nach ihren Versuchen etwa 0,2% oder weniger.

II. Störender Einfluß anderer Metalle. Kupfer, Cadmium, Nickel, Kobalt und Mangan dürfen nicht zugegen sein, da sie ebenfalls ausfallen.

2. Direkte Wägung als Zinkpyridinrhodanid.

Diese Arbeitsweise wurde von SPACU und DICK als Schnellmethode vorgeschlagen.

Arbeitsvorschrift. Die auf 50 bis 75 cm³ verdünnte, neutrale Zinksalzlösung wird mit etwa 0,5 bis 1 g Ammoniumrhodanid und dann in der Kälte mit 1 cm³ Pyridin versetzt. Nach kräftigem Umrühren setzt sich der fein krystalline, weiße Niederschlag ab. Man läßt 15 Min. stehen und rührt in dieser Zeit öfters um. Danach wird der Niederschlag in einen Porzellanfiltertiegel abfiltriert.

Bemerkungen. **I. Genauigkeit.** Anstatt 22,73% Zink wurden von SPACU und DICK 22,62 bis 22,76% gefunden. Die Resultate sind im allgemeinen um ein geringes zu niedrig, da der Niederschlag in dem pyridinhaltigen, absoluten Alkohol spurenweise löslich ist.

II. Vorbereitung der Filtertiegel. Die zu verwendenden Berliner Porzellanfiltertiegel werden zuvor mit Alkohol und Äther ausgewaschen, 3 Min. im Vakuum getrocknet und dann gewogen.

III. Auswaschen des Niederschlags. Man bereitet sich folgende Waschflüssigkeiten:

Lösung 1: 3 g Ammoniumrhodanid werden in 1 l Wasser gelöst, dem man 5 cm³ Pyridin zugesetzt hat.

Lösung 2: 13 cm³ 95%iger Alkohol, 85,5 cm³ Wasser und 1,5 cm³ Pyridin werden gemischt (das spezifische Gewicht des wäßrigen Alkohols bei 15° soll 0,9840 sein, entsprechend 10 Gew.-% Alkohol). In diesem Gemisch löst man 0,1 g Ammoniumrhodanid.

Lösung 3: 10 cm³ absoluten Alkohol versetzt man mit 1 cm³ Pyridin.

Lösung 4: 15 cm³ Äther versetzt man mit 2 Tropfen Pyridin.

Man bringt den Niederschlag mit der Waschflüssigkeit 1 auf den Filtertiegel, wäscht ihn dann 4mal mit der Lösung 2, spült die Tiegelwandungen 2mal mit je 1 cm^3 der Lösung 3 ab, um den Rest des Wassers zu entfernen, und wäscht schließlich 5- bis 6mal mit der Lösung 4 aus.

IV. Trocknen des Niederschlags. Der Niederschlag wird im evakuierten Exsiccator bis zur Gewichtskonstanz getrocknet, was durchschnittlich 15 Min. beansprucht. Durch Multiplikation der Auswage mit 0,1925 erhält man die gesuchte Menge Zink.

V. Arbeitsweise bei sauren Lösungen. Schwach saure Lösungen werden mit Ammoniumrhodanid versetzt, mit Pyridin neutralisiert und mit einem weiteren Kubikzentimeter Pyridin gefällt. — Stark saure Lösungen verdampft man zur Trockne, nimmt den Rückstand mit Wasser auf und fällt dann in der Lösung das Zink wie vorher angegeben.

VI. Störung durch andere Metalle. Wie oben schon erwähnt, dürfen Kupfer, Cadmium, Nickel, Kobalt und Mangan nicht zugegen sein. — Bei Gegenwart größerer Mengen Ammoniumsalz erhält man etwas zu niedrige Werte. Bei Anwesenheit von 3 g Ammoniumsalz beträgt der Fehler 0,4 bis 0,5%. — Größere Mengen Alkaliacetat stören ebenfalls.

VII. Sonstige Arbeitsmethoden. a) Arbeitsvorschrift von MILLER. Die neutrale Zinksalzlösung, die bei einem Volumen von 500 cm^3 nicht mehr als 0,3 g Zink enthalten soll, wird mit einer konzentrierten, wäßrigen Lösung von 4 g Ammoniumrhodanid und 2 g Pyridin gefällt. Der Niederschlag wird in einen GOOCH-Tiegel abfiltriert und, wie S. 133 beschrieben, nacheinander mit den dort angeführten Waschflüssigkeiten ausgewaschen. Der Niederschlag wird entweder bei 60 bis 70° oder im Vakuumexsiccator bei Zimmertemperatur getrocknet.

Bemerkung. *Genauigkeit.* Die Ergebnisse liegen im Mittel um 0,25% höher als bei der Fällung mit Phosphat.

b) Mikrobestimmung nach SPACU und RIPAN. *Die Methode beruht darauf, daß das Zinkpyridinrhodanid in einer geeigneten Apparatur mit Chloroform ausgeschüttelt und nach Verdunstung des Chloroforms und anschließender Trocknung direkt gewogen wird.*

Arbeitsvorschrift. *Der Extraktionsapparat.* Derselbe besteht aus einem etwa 35 cm^3 fassenden Schütteltrichter (äußerer Durchmesser 4 cm, Höhe 4,5 cm), der durch einen gut passenden Schliffstopfen verschlossen werden kann. Dieser Schütteltrichter ist durch einen Glashahn mit einem 5 cm^3 fassenden, zylindrischen Gefäß verbunden, das 4 cm hoch und 1,6 cm breit ist. Am oberen Ende dieses Gefäßes befindet sich eine seitliche Öffnung, die durch einen Schliffstopfen verschlossen werden kann, und am unteren Ende ein Glashahn, der in eine 2,5 cm lange Ausflußröhre endet. Alle Teile des Apparates müssen völlig dicht schließen, besonders die Glashähne, da sie nicht gefettet werden dürfen, sondern nur mit Chloroform zu befeuchten sind. Zu diesem Zweck entfernt man den Stopfen des Schütteltrichters und bringt etwas Chloroform in den Trichter. Dann gibt man dem Glashahn am Trichter etwas Spielraum, indem man das Kücken etwas herauszieht. Man drückt es sogleich wieder hinein und dreht es um. Hierdurch erreicht man, daß alle Teile des Hahnes mit Chloroform befeuchtet werden; zugleich tritt etwas Chloroform in das untere Gefäß, wo man es später in der gleichen Weise zum Befeuchten des unteren Glashahnes benutzt.

Abscheidung und Extraktion des Niederschlags. Die neutrale Lösung wird in den Schütteltrichter gebracht oder — wenn eine feste Substanz vorliegt — diese im Trichter in 10 cm^3 Wasser gelöst. Man setzt dann festes Ammoniumrhodanid zu, und zwar etwa die doppelte Menge des vorhandenen Zinksalzes. Nachdem ersteres sich gelöst hat, gibt man noch 1 bis höchstens 2 Tropfen Pyridin zu und schwenkt um. Wenn sich der Niederschlag von Zinkpyridinrhodanid gebildet hat, läßt man 1 bis 2 cm³ Chloroform zufließen und schwenkt den Apparat 1 bis 2 Min. lang um seine Achse. Hierbei löst sich der Niederschlag größtenteils oder ganz im Chloroform. Man läßt die Flüssigkeit nun kurze Zeit ruhig stehen und befeuchtet inzwischen den unteren Glashahn mit Chloroform, was in der gleichen Weise wie das Befeuchten des oberen Hahnes erfolgt. Durch Öffnen des oberen Hahnes läßt man nun die Chloroformlösung in das untere Gefäß fließen. Wenn sich der größte Teil der Lösung darin befindet, schließt man den Hahn wieder. Die Extraktion wird nun mit 1 bis 2 cm³ frischem Chloroform wiederholt. Die angesammelten Chloroformlösungen läßt man durch den unteren Hahn in einen gewogenen Porzellantiegel laufen und bringt auch den letzten Tropfen dazu, indem man die Abflußöffnung an der Tiegelwand abstreicht. Nachdem man den Hahn wieder geschlossen hat, gibt man von neuem Chloroform in den Schütteltrichter, verschließt ihn mit dem Stopfen und schüttelt nunmehr in der üblichen Weise. Das sich jetzt sammelnde Chloroform läßt man gleichfalls in den Tiegel fließen. Nunmehr spült man das untere Gefäß aus, indem man durch dessen seitliche Öffnung 1 cm³ Chloroform einführt, die Öffnung wieder verschließt, schüttelt und das Chloroform wiederum in den Tiegel gibt. Die Gesamtmenge des benötigten Chloroforms beträgt 8 bis 12 cm³ und hängt von der Menge des Niederschlags ab.

Die im Tiegel befindlichen Chloroformextrakte läßt man in einem allmählich auf 80° erhitzten Luftbad verdunsten und wägt den Rückstand schließlich nach dem Erkalten über Phosphorpentoxyd.

Bemerkung. *Genauigkeit.* Spacu und Ripan erhielten bei Auswagen von 12 bis 41 mg Zinkpyridinrhodanid durchaus befriedigende Resultate.

B. Maßanalytische Bestimmung.

Die maßanalytische Bestimmung nach Pagel und Ames *beruht auf der jodometrischen Bestimmung des Rhodangehaltes des Niederschlags von Zinkpyridinrhodanid.*

In schwach alkalischer Lösung reagiert das Rhodan-Ion mit Jod wie folgt:

$$CNS' + 4\,J_2 + 8\,OH' = SO_4'' + 7\,J' + 4\,H_2O + JCN\,.$$

Beim späteren Ansäuern wird das Jodcyan sofort reduziert, so daß für die Berechnung folgende Umsetzungsgleichung maßgebend ist:

$$CNS' + 3\,J_2 + 4\,H_2O = SO_4'' + HCN + 7\,H^{\cdot} + 6\,J'.$$

Durch Kochen des Niederschlags von Zinkpyridinrhodanid mit Boraxlösung erreicht man die Entfernung des Pyridins, das die jodometrische Bestimmung stören würde, und außerdem erhält man, wie erforderlich, eine schwach alkalische Lösung.

Arbeitsvorschrift. In der neutralen Lösung, die in 100 cm³ 3 bis 33 mg Zink enthalten darf, löst man 1 g Kaliumrhodanid. Darauf setzt man unter Umrühren 1 g Pyridin tropfenweise zu. Dann läßt man 1 Std. bei einer Temperatur unterhalb 20° stehen, wobei man gelegentlich schüttelt, um sicher zu sein, daß die Fällung vollständig ist. Der Niederschlag wird in einen Gooch-Tiegel abgesaugt, auf dessen Boden man eine Scheibe gehärtetes Filtrierpapier gelegt hat, deren Durchmesser so gewählt ist, daß die Peripherie leicht aufgebogen an der Innenwandung des Tiegels anliegt. Zum Überspülen des Niederschlages in den Tiegel und zum Auswaschen benutzt man eine 1% Kaliumrhodanid und 1% Pyridin enthaltende Lösung. Danach wird der Niederschlag mit höchstens 10 cm³ wasserfreiem Äther, der etwa 1% Pyridin enthält, bei einer unter 20° liegenden Temperatur gewaschen. Hierbei läßt man die Hauptmenge der Ätherlösung in feinem Strom an den Wandungen des Tiegels herunterlaufen. Der Tiegel wird sodann äußerlich mit einem Tuch abgewischt und in einen weithalsigen Erlenmeyer-Kolben von 500 cm³ Inhalt gebracht. Mittels eines feinen Drahtes wird nun das Filtrierpapier mit der Hauptmenge des Niederschlags vom Boden des Tiegels abgelöst. Der Tiegel wird dann sorgfältig abgespült und die Flüssigkeit im Kolben auf 150 cm³ aufgefüllt. Alsdann erhitzt man, bis der Niederschlag sich gelöst hat. Eine leichte flockige Abscheidung von Zinkhydroxyd bleibt unberücksichtigt. Man setzt nunmehr 6 g Borax zu und erhält etwa 10 Min. lang im Sieden. Die abgekühlte Lösung spült man quantitativ in einen zweiten Kolben, den man zuvor mit 50 cm³ 0,1 n Kaliumjodatlösung, 2 g Kaliumjodid und 10 cm³ 1 n Salzsäure beschickt hat. Man spült noch die Wandungen dieses Kolbens ab, verschließt ihn und läßt zur vollständigen Oxydation 10 bis 15 Min. stehen. Dann gibt man 10 cm³ 6 n Salzsäure zu und titriert anschließend langsam das überschüssige Jod mit Thiosulfat unter Verwendung von Stärkelösung als Indicator. — An Stelle des Jodat-Jodid-Gemisches kann man auch eingestellte Jodlösung benutzen.

Bemerkungen. **I. Genauigkeit.** Bei Zinkmengen von rund 8 bis 33 mg erhielten die Autoren Fehler von durchschnittlich $\pm$ 0,2 bis 0,3%; bei einer Zinkmenge von 3,286 mg betrug der Fehler $-$1,2%.

II. Jodüberschuß. Um innerhalb der vorgesehenen Zeit eine vollständige Oxydation zu erreichen, muß man wenigstens 5 cm³ 0,1 n Jodlösung im Überschuß zusetzen. Man vergewissert sich dessen durch Benutzung einer Vergleichslösung. Letztere erhält man, indem man 5 cm³ 0,1 n Kaliumjodatlösung auf 150 cm³ verdünnt, mit Kaliumjodid versetzt und ansäuert.

III. Jodverbrauch des Filters. Der Jodverbrauch durch das Filter und durch die etwaige Adsorption durch den Tiegel muß durch einen Blindversuch ermittelt werden. (PAGEL und AMES fanden einen Verbrauch von 0,4 cm³ 0,01 n Jodlösung.)

IV. Störung durch andere Stoffe. Während Kupfer, Cadmium, Kobalt, Nickel und Mangan nicht zugegen sein dürfen, stören Magnesium und die Erdalkalimetalle nicht. Ammoniumsalze erniedrigen die Resultate.

Bei Anwesenheit von Chloriden werden ebenfalls zu niedrige Werte gefunden. Nach KOLTHOFF dürfte sich diese Störung bei Anwesenheit der anderen Halogenide vermutlich noch mehr bemerkbar machen.

Literatur.

CONGDON, A., A. B. GUSS u. F. A. WINTER: Chem. N. **131**, 97, 113 (1925).
KOLTHOFF, I. M.: Die Maßanalyse, 2. Aufl., Bd. 2, S. 433. Berlin 1931.
MILLER, C. F.: Chemist-Analyst **20**, 8 (1931).
PAGEL, H. A. u. O. C. AMES: Am. Soc. **52**, 3093 (1930).
SPACU, G.: Bulet. Soc. Stiinte Cluj **1**, 361 (1922); durch Fr. **64**, 338 (1924). — SPACU, G. u. J. DICK: Bulet. Soc. Stiinte Cluj **4**, 177 (1928); durch Fr. **73**, 356 (1928). — SPACU, G. u. R. RIPAN: Bulet. Soc. Stiinte Cluj **1**, 576 (1923); durch Fr. **64**, 338 (1924).

§ 11. Bestimmung als Zink-Dithizon-Komplex.

Allgemeines.

Das von FISCHER (a), (b), (c), (d) in grundlegenden Arbeiten für analytische Zwecke eingeführte Diphenylthiocarbazon, kurz „Dithizon" genannt, bildet mit einer ganzen Anzahl von Metallen, die fast ausschließlich den Nebengruppen des periodischen Systems angehören, typisch innerkomplexe Verbindungen. Dieselben können unter verschiedenen Bedingungen in zwei tautomeren Formen, als Keto- und als Enolverbindungen, existieren.

Der Zink-Dithizon-Komplex bildet sich in alkalischer, neutraler oder in schwach saurer, acetatgepufferter Lösung. Durch Mineralsäuren wird er zersetzt. Die in alkalischem Milieu entstehende Enolform ist wasserlöslich. Die in saurer Lösung entstehende Ketoform löst sich nicht in Wasser, dagegen leicht und mit charakteristischer Farbe in organischen Lösungsmitteln, z. B. in Tetrachlorkohlenstoff mit violettroter Farbe.

Die bei den Dithizonverbindungen ungewöhnlich stark ausgeprägten Merkmale innerer Komplexverbindungen, wie völlige Wasserunlöslichkeit, Löslichkeit in organischen mit Wasser nicht mischbaren Flüssigkeiten und typische Färbung dieser Lösungen, bedingen eine dieser Eigenart besonders angepaßte Ausführungsform der Analyse. Sie erfolgt in der Weise, daß das nachzuweisende oder zu bestimmende Metall mit der grünen Lösung des Dithizons in Tetrachlorkohlenstoff aus der wäßrigen Lösung extrahiert wird. Hierbei nimmt die Tetrachlorkohlenstoffphase eine ganz bestimmte, charakteristische Färbung an (im Falle des Zinks ist diese, wie schon erwähnt, rot). Die bei diesen Extraktionsreaktionen eintretende Anreicherung ist wegen der günstigen Lage der Löslichkeitsverhältnisse noch viel weitgehender als bei Tüpfelreaktionen und anderen Mikroverfahren. Man erreicht daher durch extraktive Anreicherung mit Dithizonlösung kaum zu übertreffende Grenzkonzentrationen von 10^{-7} bis 10^{-8} g, und auch die Grenzverhältnisse beim Nachweis und bei der Bestimmung neben anderen Elementen sind äußerst günstig. *Diese Methoden eignen sich dementsprechend besonders zur Bestimmung sehr kleiner Mengen des gesuchten Metalles auch neben einem sehr großen Überschuß anderer Elemente.*

Nach Grubitsch und Sinigoj beansprucht unter den verschiedenen Bestimmungsverfahren mittels Dithizons das Mischfarbenverfahren wegen seiner Einfachheit und relativ großen Genauigkeit besonderes Interesse. Während die Absolutverfahren durch spurenweise Verunreinigung der Reagenzien und des Wassers mit Schwermetallen empfindlich gestört werden können, wozu noch der Umstand kommt, daß die Färbungen der reinen Dithizonlösung und der Metalldithizonate nicht beständig sind, ist das Mischfarbenverfahren dagegen ein ausgesprochenes Relativverfahren, bei dem sich sonst störende Fehler durch die Art der Versuchsmethodik kompensieren. Fischer empfiehlt die Mischfarbenmethode wegen ihres geringen Aufwandes an Mitteln und Vorbereitungen als Schnellverfahren, während die colorimetrischen Verfahren sich mehr für Serienanalysen und die maßanalytischen Verfahren für Einzelanalysen eignen.

Bestimmungsverfahren.

A. Colorimetrische Bestimmung des Zinks mit Dithizon.

1. Methode von Fischer und Leopoldi (a).

Die Methode beruht darauf, daß man die entsprechend gepufferte zinkhaltige Lösung mit Dithizon-Tetrachlorkohlenstoff-Lösung wiederholt extrahiert und die vereinigten Extrakte nach Entfernung des überschüssigen Dithizons gegen Standardlösungen colorimetriert.

Arbeitsvorschrift. Zur Bestimmung verwendet man etwa 10 bis 20 cm³ der zu untersuchenden Lösung mit einem Zinkgehalt zwischen 5 und 40 γ. Die Lösung soll nur schwach sauer sein (1 bis 3% Mineralsäure). Ein großer Säureüberschuß ist zunächst durch Abdampfen möglichst zu entfernen. Neutralisation mit Alkalien ist weniger zu empfehlen wegen der möglichen Verunreinigung durch Zink.

Die Lösung wird nun zunächst durch starkes Schütteln mit einigen Kubikzentimetern Dithizonlösung auf Anwesenheit von Kupfer, Quecksilber und von Edelmetallen geprüft. Sie darf höchstens Spuren dieser Metalle enthalten, die dann durch 1- bis 2malige Extraktion mit Dithizonlösung entfernt werden. Die Tetrachlorkohlenstoffschicht wird mit dem Scheidetrichter vorsichtig abgetrennt und die Lösung mit reinem Tetrachlorkohlenstoff nachgewaschen.

Zu der in einem etwa 100 cm³ fassenden Scheidetrichter befindlichen Lösung gibt man nun so viel verdünnte Natriumacetatlösung (5 g Natriumacetat in 100 cm³ Wasser), bis sich blaues Kongopapier rot färbt. Man fügt dann noch weiter Natriumacetat hinzu, und zwar die Hälfte des beim Umschlag vorhandenen Volumens.

Nunmehr wird die Flüssigkeit zunächst mit 3 cm³ Dithizonlösung extrahiert. Letztere färbt sich dabei, je nach der vorhandenen Zinkmenge, violett bis violettrot. Die Tetrachlorkohlenstoffschicht trennt man ab, wäscht mit reinem Tetrachlorkohlenstoff nach und füllt Extrakt sowie Waschflüssigkeit in einen Glaszylinder mit eingeschliffenem Stopfen. Die Extraktion wird mit kleinen Mengen Dithizonlösung so lange wiederholt, bis sich die grüne Farbe der Tetrachlorkohlenstoffschicht nicht mehr ändert.

Die vereinigten Dithizonauszüge werden dann 3mal mit jeweils etwa 5 cm³ Natriumsulfidlösung ausgewaschen, wodurch das überschüssige Dithizon entfernt wird. Die Natriumsulfidlösung erhält man durch Verdünnen von 40 cm³ einer 1%igen Vorratslösung mit 1000 cm³ destilliertem Wasser. Die purpurrote Lösung von Zinkdithizonat wird mit Tetrachlorkohlenstoff auf ein bestimmtes Volumen gebracht und ist dann zur colorimetrischen Bestimmung bereit. Dieselbe wird mit dem einfachen Keilcolorimeter von HELLIGE-AUTHENRIETH durchgeführt. Mit einem lichtelektrischen Colorimeter oder dem PULFRICH-Photometer könnte man eine noch höhere Genauigkeit erreichen, was aber bei den sehr kleinen Mengen meist gar nicht erforderlich ist. Das Absorptionsspektrum der purpurroten Lösung wurde von FISCHER und WEYL untersucht. Die Absorptionskurve ergibt ein sehr stark ausgeprägtes Maximum der Extinktion bei 5380 Å.

Bemerkungen. **I. Genauigkeit.** Bei Zinkmengen von 6,2 bis 37,4 γ erhielten die Autoren maximale Fehler von $-3{,}2$ bzw. $+6{,}4\%$.

II. Das Reagens. Das Reagens besteht aus einer Lösung von etwa 6 mg Dithizon in 100 cm³ Tetrachlorkohlenstoff. Man bereitet sich zunächst eine stärkere Dithizonlösung mit etwa 20 mg Dithizon in 100 cm³ Tetrachlorkohlenstoff, filtriert sie durch ein trockenes Papierfilter und schüttelt sie in einem Scheidetrichter mit etwa dem gleichen Volumen sehr verdünnter wäßriger Ammoniaklösung (1 Raumteil konzentriertes Ammoniak auf 200 Raumteile destilliertes Wasser). Hierbei geht alles Dithizon in die wäßrige Phase über, während das als Verunreinigung anwesende Oxydationsprodukt im Tetrachlorkohlenstoff gelöst bleibt. Die wäßrige Lösung wird nach dem Abtrennen der meist gelb gefärbten Tetrachlorkohlenstoffschicht im Scheidetrichter mit reinem Tetrachlorkohlenstoff unterschichtet, angesäuert und sofort geschüttelt. Hierbei geht das Dithizon wieder in die Tetrachlorkohlenstoffschicht über. Die so erhaltene Dithizonlösung wird mehrfach mit destilliertem Wasser gewaschen. Nach Abtrennung von der wäßrigen Schicht wird sie durch ein trockenes Papierfilter filtriert und durch Zugabe von Tetrachlorkohlenstoff auf die oben erwähnte Konzentration gebracht. Die Lösung wird zweckmäßig in einer Flasche aus dunklem Glas mit eingeschliffenem Stopfen unter eines Schicht verdünnter, etwa 1%iger Schwefelsäure aufbewahrt. Hierdurch wird sie vor einer Berührung mit Licht und Luft und somit vor Oxydation und Verdunstung geschützt. Vor dem Gebrauch wird die Säureschicht im Scheidetrichter von der Reagenslösung getrennt. Die Tetrachlorkohlenstofflösung filtriert man, nachdem sie mit destilliertem Wasser gewaschen ist, durch ein aschefreies Filter, das zuvor seinerseits mehrmals mit Reagenslösung gewaschen wurde.

III. Sonstige Reagenzien und Lösungsmittel. Zur Erzielung genauer Resultate ist natürlich die Verwendung zinkfreier Reagenzien und Lösungsmittel Voraussetzung. Auch ein spurenweiser Gehalt an anderen mit Dithizon reagierenden Metallen, wie Kupfer, Silber und Quecksilber, kann Fehler verursachen. Die Natriumacetatlösung darf keine Reaktion mit Dithizonlösung geben, andernfalls muß sie durch Extraktion mit Dithizonlösung gereinigt werden.

Bei der Prüfung der Natriumsulfidlösung mit dem Reagens soll die Tetrachlorkohlenstoffschicht entfärbt werden, sonst ist der Tetrachlorkohlenstoff durch Zink, Nickel oder Kobalt verunreinigt, die also in der Reagenslösung bereits als Dithizonate vorliegen. Spuren dieser Metalle, die in der Natriumsulfidlösung selbst vorhanden sind, stören nicht, denn sie werden nicht angezeigt, da die Sulfide dieser Metalle nicht mit Dithizon reagieren.

Für genaue Bestimmungen ist doppelt destilliertes Wasser (Apparatur aus Jenaer Glas oder aus Pyrexglas) zu benutzen, ebenso doppelt destillierter Tetrachlorkohlenstoff. Für weniger genaue Analysen ist eine zweite Destillation des Tetrachlorkohlenstoffes nicht nötig, wenn etwa 20 cm³ Natriumsulfidlösung mit 2 cm³ Dithizonlösung beim Schütteln höchstens eine schwache Rosafärbung der Tetrachlorkohlenstoffschicht geben, was Bruchteilen eines Gammas Zink entspricht.

Bei der Bestimmung sehr kleiner Zinkmengen (unter 10 γ) muß man auch den etwaigen Zinkgehalt der benutzten Säure berücksichtigen. Da man Säuren nicht durch Ausschütteln mit Dithizonlösung von Zinkspuren befreien kann, müssen Blindproben ausgeführt werden. Man verfährt so, daß man ein bestimmtes Volumen der Säure (man verwendet am besten Salzsäure oder Salpetersäure) auf dem Wasserbad verdampft und den Rückstand mit einer zuvor durch Dithizonbehandlung gereinigten Mischung von 0,5 cm³ 1 n Salzsäure und 5 cm³ 5%iger Natriumacetatlösung aufnimmt. Das Zink wird dann nach der oben gegebenen Vorschrift bestimmt und kann bei der Analyse in Rechnung gestellt werden.

Im allgemeinen ist der Zinkgehalt der handelsüblichen Säuren für analytische Zwecke sehr gering, so daß man ihn bei den geringen Säuremengen, die für die Mikrobestimmung gebraucht werden, meist vernachlässigen kann. So fanden Fischer und Leopoldi (a) in 100 cm³ konzentrierter Salzsäure etwa 5 γ Zink, in 100 cm³ konzentrierter Salpetersäure 3 bis 4 γ.

IV. Standardlösungen. Die Zinkdithizonatlösungen bekannten Zinkgehaltes, die man zur Aufstellung einer colorimetrischen Eichkurve bzw. zum Vergleich benötigt, stellt man sich in folgender Weise her: Man bereitet sich vorschriftsmäßig gepufferte Lösungen, die aus 4 bis 5 cm³ 5%iger Natriumacetatlösung und 0,5 cm³ 1 n Salzsäure bestehen. Diese Gemische werden durch Extraktion mit Dithizonlösung von Zink und Spuren anderer Metalle befreit. Zu den gereinigten Lösungen gibt man dann eine sehr verdünnte, neutrale Zinksalzlösung bekannten Zinkgehaltes in einer dem gewünschten Zinkgehalt entsprechenden Menge. Diese gepufferten Zinklösungen werden dann in derselben Weise weiter behandelt, wie es oben für die zu analysierende Lösung beschrieben wurde.

Gepufferte Zinklösung bekannten Gehaltes kann man in größerer Menge in einer Flasche aus Jenaer Glas vorrätig halten. Die purpurrote Lösung von Zinkdithizonat in Tetrachlorkohlenstoff kann in einer Flasche aus dunklem Glas mit eingeschliffenem Stopfen unter einer Schicht von verdünnter Natriumsulfidlösung einige Wochen praktisch unverändert aufbewahrt werden.

2. Methode von Deckert.

Die Methode beruht darauf, daß die zu untersuchende, zinkhaltige, neutrale Lösung mit einer wäßrigen Natriumdithizonatlösung versetzt und nach Auffüllung auf ein bestimmtes Volumen gegen Standardlösungen gleichen Volumens colorimetriert wird.

Arbeitsvorschrift. Durch Vorproben ist zunächst der ungefähre Zinkgehalt der zu untersuchenden Lösung festzustellen. Man verfährt dabei wie folgt: Zunächst wird die zu untersuchende Lösung auf ein bestimmtes Volumen aufgefüllt. Sodann gibt man 1 Tropfen der Dithizonlösung in eine Porzellanschale und fügt 1 Tropfen der zinkhaltigen Lösung hinzu. Wenn sofort ein kirschroter Niederschlag entsteht, ist die Größenordnung der Zinkmenge im Tropfen größer als 10 γ Zink. Beobachtet man lediglich eine kirschrote Färbung ohne Niederschlagsbildung, so ist die Zinkmenge im Tropfen von der Größenordnung 1 bis 10 γ. Eine schwächere Rotfärbung zeigt einen Gehalt von weniger als 1 γ im Tropfen an. — War die Reaktion stark positiv (Niederschlag oder Rotfärbung), dann verdünnt man 1 cm³ der Zinklösung auf ein angemessenes Volumen. Bei geringem Zinkgehalt unterbleibt das Verdünnen.

Man stellt sich nun vier Vergleichslösungen von je 100 cm³ Volumen aus einer Standardzinklösung her, die etwa 10 γ Zink im Kubikzentimeter in Form von Zinksulfat enthält. Die Standardlösungen sollen der Reihe nach 0 γ, 1 γ, 2 γ, 3 γ Zink und je 1 cm³ Dithizonreagens enthalten. In einen fünften Zylinder bringt man 50 cm³ destilliertes Wasser und 1 cm³ Dithizonreagens und fügt nun vorsichtig, wobei man nach jedem Zusatz schüttelt, von der Zinklösung unbekannten Gehaltes so viel hinzu, daß ein Farbton erzielt wird, der 1 γ, 2 γ oder 3 γ Zink genau entspricht. Nach dem Auffüllen auf 100 cm³ kann das Schätzen des Zinkgehaltes erfolgen. Das Ergebnis wird durch eine Wiederholung der Bestimmung kontrolliert. Hat es sich gezeigt, daß es sich um größere Zinkmengen, etwa von mehr als 100 γ Zink handelt, dann ist es zweckmäßig, bei der Kontrolle Vergleichslösungen mit einem Gehalt von 6, 7, 8 und 9 γ Zink unter Zusatz von 3 cm³ Dithizonreagens herzustellen und die Versuchslösung, nachdem man ihr ebenfalls 3 cm³ Dithizonreagens zugefügt hat, auf 7 oder 8 γ Zink einzustellen.

Bemerkungen. **I. Genauigkeit und Anwendungsbereich.** Es gelingt, mittels dieser Methode Zinkmengen von 1 bis 1000 γ mit einem durchschnittlichen Schätzungsfehler von ± 10% zu bestimmen.

II. Das Reagens. Als Reagens dient eine bei Zimmertemperatur gesättigte Lösung von Dithizon in 0,01 n Natronlauge. Zur Herstellung der Reagenslösung schüttelt man 0,5 g Dithizon („Diphenylthiocarbazon für analytische Zwecke" der Firma SCHERING-KAHLBAUM) mit 100 cm³ 0,01 n Natronlauge 3 Min. lang kräftig und filtriert dann die Flüssigkeit. Diese Lösung ist intensiv orangefarben, von derselben Färbung wie eine Methylorangelösung 1 : 1000. Sie ist nur verwendbar, solange sie einigermaßen klar und durchsichtig bleibt. Nach 24- bis 48stündigem Stehen beginnt sie sich in zunehmendem Maße zu trüben und gibt dann eine allmählich immer schwächer werdende Reaktion mit Zink. 1 cm³ dieser Dithizonlösung entspricht etwa 3 γ Zink. Eine größere Zinkmenge ruft keine weitere Vertiefung des Farbtons hervor.

III. Einfluß der Alkalität. Die vorstehend beschriebene Dithizonlösung ist jedoch nicht ohne weiteres für die Colorimetrierung verwendbar. Ihre an sich zu starke orangegelbe Eigenfärbung dominiert um so mehr über das Kirschrot des Zinkdithizonates, je alkalischer die Lösung ist. Man muß das Reagens also stark verdünnen. Zweckmäßig verdünnt man 1 cm³ desselben in einem Standzylinder mit zinkfreiem, destilliertem Wasser auf etwa 90 cm³ und fügt dann von der neutralen Zinklösung unbekannten Gehaltes so viel tropfenweise hinzu, daß nach dem Umschütteln eine Färbung entsteht, die 1 bis 3 γ Zink entspricht. Dann füllt man auf 100 cm³ auf und colorimetriert mit den entsprechenden Vergleichslösungen. Die bei dieser Arbeitsweise erreichte Alkalität (0,0001 n) ist optimal. Es kommt jedoch weniger auf ein äußerst genaues Einhalten dieser Alkalität an, als darauf, daß die Alkalität der Vergleichslösungen gleich der der Untersuchungslösung ist. Das zum Verdünnen benutzte destillierte Wasser muß natürlich zinkfrei sein, was praktisch dann der Fall ist, wenn 100 cm³ mit 1 cm³ des Dithizonreagenses nur einen reingelben Farbton geben. Die Notwendigkeit, ungleiche Alkalität einerseits und einen größeren Überschuß an Dithizonreagens andererseits zu vermeiden, erlaubt ein Colorimetrieren nur in einem engen Konzentrationsbereich der Vergleichslösungen, z. B. bei Anwendung von 1 cm³ Dithizonreagens nur in dem Bereich von 0 bis 3 γ Zink, oder bei Anwendung von 2 cm³ Dithizonreagens in dem Bereich von 3 bis 6 γ Zink usw. Innerhalb dieser Bereiche ist jedoch eine sehr genaue gestufte Abschätzung möglich. Aus diesem Grunde ist daher, wie oben beschrieben wurde, stets zunächst der ungefähre Zinkgehalt der zu untersuchenden Lösung zu ermitteln.

IV. Zinkbestimmung in biologischem Material. DECKERT verwendet diese Methode zur Bestimmung des Zinks in biologischem Material, speziell zur Bestimmung des Zinks in Urin und in den Faeces.

10 bis 100 cm³ Urin oder 1 bis 10 g Faeces werden mit 1 bis 10 cm³ konzentrierter Schwefelsäure und der nötigen Menge rauchender Salpetersäure verascht. Nach-

dem die Stickoxyde entfernt sind, verdünnt man die Aschelösung mit Wasser auf das Zehnfache und entfernt dann die Kupferspuren, die stören würden. Da die Kupfermenge meistens nicht ausreicht, um durch Schwefelwasserstoff abgeschieden zu werden, fügt man 2 Tropfen 10%ige Kupfersulfatlösung zu und leitet 20 Min. lang Schwefelwasserstoff ein. Sodann filtriert man sofort, wäscht kurz nach, dampft das Filtrat ein und raucht die freie Schwefelsäure fast vollständig ab. Den Rückstand nimmt man mit wenig Wasser auf, filtriert durch ein kleines Filter, wäscht nach und bringt das Filtrat auf ein bestimmtes Volumen (etwa 20 cm^3). Ein kleines Teilvolumen dieser nur schwach schwefelsauren Aschelösung wird mit 0,01 n Natronlauge titriert, so daß der Rest ohne Indicatorzusatz genau neutralisiert werden kann. Sodann ist die Aschelösung zur colorimetrischen Bestimmung fertig.

Wenn störende Mengen irgendeines Metalles der Ammoniumsulfidgruppe in der Aschelösung vorhanden sein sollten, was man an einer in diesem Falle eintretenden Trübung der alkalischen Aschelösung durch ausgeschiedenes Hydroxyd erkennen kann, so darf man das Hydroxyd keinesfalls durch Filtration entfernen, weil dies zu erheblichen Zinkverlusten führen würde. Man trennt in diesem Falle das Zink durch Abscheidung als Sulfid ab, was bei Zinkmengen über 500 γ ohne weiteres möglich ist. Geringere Mengen scheidet man am besten in Gemeinschaft mit Kupfer ab.

B. Bestimmung des Zinks mit Dithizon nach der Mischfarbenmethode.

1. Methode von Fischer und Leopoldi (a).

Das von Fischer und Leopoldi angegebene *Verfahren beruht darauf, daß die zu untersuchende Lösung mit Dithizonlösung extrahiert und die Färbung der vereinigten Extrakte mit der Färbung verglichen wird, die ein entsprechendes Volumen Dithizonlösung nach Zusatz geeignet großer, bekannter Zinkmengen gibt.*

Arbeitsvorschrift. Man extrahiert das Zink aus der vorliegenden Lösung mit Dithizonreagens quantitativ in der in Abschnitt A beschriebenen Weise. Die vereinigten Extrakte besitzen dann einen zwischen Purpur und Grün liegenden Farbton. Als Vergleichslösung benutzt man ein gleiches Volumen Reagenslösung wie zur Extraktion. Gegebenenfalls kann man beide Lösungen noch mit abgemessenen Raummengen Reagens oder Tetrachlorkohlenstoff versetzen, um eine für den Vergleich besonders geeignete Färbung zu erhalten.

Für den Farbvergleich verwendet man gleich große Glaszylinder mit eingeschliffenem Stopfen, wobei man bei Zinkmengen unter 20 γ zweckmäßig Zylinder von 25 cm^3 Inhalt, für Zinkmengen zwischen 20 und 50 γ solche von 50 cm^3 Inhalt benutzt. Zu der für den Vergleich dienenden Reagenslösung gibt man zunächst ein vorschriftsmäßig gepuffertes und zinkfrei gemachtes Lösungsgemisch aus Natriumacetat und Salzsäure von gleicher Zusammensetzung und gleichem Volumen zu, wie oben (S. 139, Bem. IV) beschrieben wurde. Nun setzt man unter starkem Schütteln anteilweise kleine Mengen Zinksalzlösung bekannten Gehaltes zu der Vergleichslösung. — Unter ständigem Vergleich der Farbtöne der zu untersuchenden und der zum Vergleich dienenden Lösung wird letzterer so lange Zinklösung zugesetzt, bis ihr Farbton mit dem der zu analysierenden Lösung übereinstimmt. Diejenige Zinkmenge, die die Gleichheit im Farbton herbeiführt, entspricht der gesuchten.

Bei visueller Beobachtung kann die Ermittlung dieses Punktes in der Weise geschehen, daß man die Zinkmengen feststellt, die eine gerade noch unterhalb und soeben oberhalb dieses Punktes liegende Abweichung von der Übereinstimmung im Farbton bewirken. Das Mittel zwischen beiden Werten kommt dem gesuchten Wert sehr nahe. Der Farbvergleich kann natürlich auch in einem Colorimeter durchgeführt werden.

Bemerkung. Genauigkeit. Bei den Beleganalysen der Autoren betragen die maximalen Fehler $-4{,}8\%$ bzw. $+3{,}2\%$ für Zinkmengen von 4,1 bis 33,2 γ.

2. Methode von GRUBITSCH und SINIGOJ.

GRUBITSCH und SINIGOJ arbeiten nach demselben Prinzip wie FISCHER und LEOPOLDI (a), jedoch titrieren sie auf die „empfindliche Mischfarbe".

Wenn man nämlich steigende Zinkmengen, z. B. 3,3 bis 14,4 γ, mit einer konstanten Dithizonmenge, etwa 20 cm³ einer Lösung von 2,5 mg Dithizon in 100 cm³ Tetrachlorkohlenstoff, bestimmt, so ändert sich der Farbton der Tetrachlorkohlenstoffschicht von Grün über Neutralgrau mit grünlichem Ton bis Neutralgrau mit rötlichem Ton nach Rot. Bei Titration auf diesen grauen Farbton, die „empfindliche Mischfarbe", ist ein Minimum des Fehlers zu beobachten.

Wird also die Titration so ausgeführt, daß man der zu titrierenden Lösung nach Zugabe der erforderlichen Reagenzien (s. oben) aus einer Bürette allmählich Dithizonlösung unter Schütteln zusetzt, bis die „empfindliche Mischfarbe" auftritt und dann dasselbe so ermittelte Volumen Dithizonlösung unter gleichen Bedingungen mit einer Zinklösung bekannten Gehaltes auf dieselbe Mischfarbe titriert, so kann man, wie die Autoren durch Beleganalysen dartun, eine Genauigkeit von $\pm 2{,}5\%$ erreichen. Hierbei sind die Resultate in weiten Grenzen von der Konzentration des Zinks in der untersuchten Probe unabhängig.

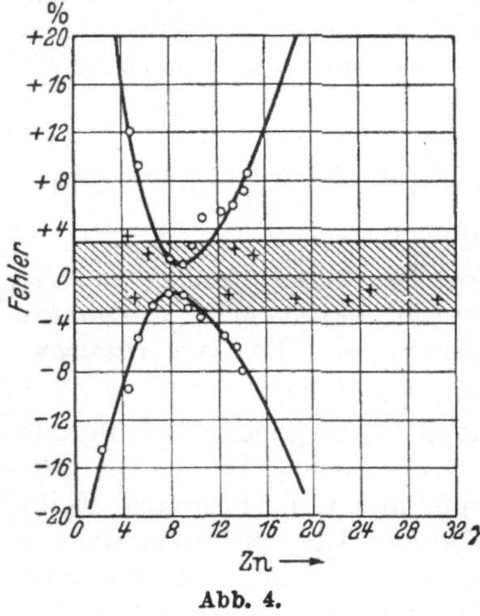

Abb. 4.

Weiterhin erhält man, wie bereits FISCHER und LEOPOLDI festgestellt haben, sehr gute Resultate, wenn man — bei beliebiger Mischfarbe — die Titration so ausführt, daß man die Werte mittelt, die man erhält, wenn einerseits Farbgleichheit in der Vergleichsprobe eben noch nicht eingetreten ist und wenn andererseits nach Durchschreiten eines Intervalles von Farbgleichheit der Beginn einer Farbverschiedenheit eben wieder sichtbar wird.

Die Kurve der Empfindlichkeit der Farbänderung (Farbänderung: Metallzusatz) bzw. die Kurve der Fehlerprozente, bei denen man eine eben erkennbare Abweichung von der Vergleichsfarbe feststellen kann, ist eine Doppelparabel, deren Scheitelpunkte sich bei jenem Verhältnis von Metalldithizonat zu freiem Dithizon befinden, das der „empfindlichen Mischfarbe" entspricht (Abb. 4).

Für den Farbvergleich hat sich die Konzentration von 2 bis 3 mg Dithizon in 100 cm³ Tetrachlorkohlenstoff als besonders günstig erwiesen.

Es ist ferner vorteilhaft, zu den Dithizonlösungen in den Schüttelzylindern so viel doppelt destilliertes Wasser zuzugeben, daß das Volumen der wäßrigen Phase gleich dem Volumen der Tetrachlorkohlenstoffphase wird. Bei diesen Volumverhältnissen verläuft der Ausschüttelvorgang am raschesten.

Man kann auch bei künstlichem Licht arbeiten, jedoch liegt die „empfindliche Mischfarbe", entsprechend der spektralen Zusammensetzung des verwendeten Lichtes bei einem anderen Verhältnis der Farbkomponenten.

C. Bestimmung des Zinks durch direkte Titration mit Dithizon.

Die Methode beruht auf dem Prinzip der „extraktiven Titration" der Zinklösung mit einer Lösung von Dithizon in Tetrachlorkohlenstoff, die auf eine Zinklösung bekannten Gehaltes eingestellt ist.

***Arbeitsvorschrift von* FISCHER *und* LEOPOLDI (a).** Die neutrale Zinklösung extrahiert man im Scheidetrichter unter kräftigem Schütteln anteilweise mit kleinen Mengen der Dithizonlösung. Die Tetrachlorkohlenstoffschicht wird, solange sie noch die reine Purpurfärbung des Zinkkomplexes aufweist, abgelassen. Die Extraktion wird fortgesetzt, bis eine Veränderung des Farbtones nach Violett durch eine geringe Menge überschüssigen Dithizons auftritt. Die verbrauchte Menge der vorher in derselben Weise gegen eine Zinklösung bekannten Gehaltes eingestellten Reagenslösung entspricht dem gesuchten Zinkgehalt. Dabei ist zu beachten, daß 1 Atom Zink sich mit 2 Molekülen Dithizon verbindet.

Eine recht genaue Ermittlung des Endpunktes gelingt dadurch, daß man die Titration wiederholt und die Reagenszusätze in der Nähe des Umschlages feiner abstuft.

***Bemerkungen.* I. Genauigkeit.** Bei Zinkmengen von 23,4 bis 46,8 γ erhielten FISCHER und LEOPOLDI (a) maximale Fehler von — 1,3%, bzw. + 3,8%. Bei einer Menge von nur 2,3 γ wurden einmal 2,7 γ (+ 17,4%) und einmal 2,5 γ (+ 8,7%) gefunden.

II. Das Reagens. S. S. 138, Bem. II.

III. Einfluß des p_H-Wertes der Lösung. Obige Arbeitsweise ist in ihrer Brauchbarkeit an einen bestimmten, engen p_H-Bereich gebunden. Man kann die Titration z. B. nicht in einer schwach sauren, mit Acetat gepufferten Lösung ausführen, da hier zur quantitativen Abtrennung des Zinks ein von Schwankungen der Acidität stark abhängiger Überschuß von Dithizon erforderlich ist. Bei einem p_H-Wert von 5,1 verbraucht man aus diesem Grunde noch merklich mehr Dithizon, als der Äquivalenz entspricht. Bei einem p_H-Wert von 7,5 findet man richtige Resultate, während bei einem p_H-Wert von 7,7 bis 7,8 bereits zu wenig Dithizon verbraucht wird. In diesem Fall geht in der Nähe des Endpunktes bereits Dithizon als gelb gefärbtes Alkalisalz in die wäßrige Schicht über und beteiligt sich also nicht mehr am Umsatz. Bei Anwendung von Chloroform anstatt Tetrachlorkohlenstoff ist der Einfluß des p_H-Wertes geringer.

D. Bestimmung des Zinks durch indirekte Titration mit Dithizon.

Die Methode beruht darauf, daß das Zink aus der zu untersuchenden Lösung als Dithizonat extrahiert und dieses nach Entfernung des überschüssigen Dithizons durch verdünnte Salpetersäure zerlegt wird. Das dabei freiwerdende Dithizon wird mit Silbernitratlösung bekannten Gehaltes in Silberdithizonat übergeführt und das überschüssige Silber mit Dithizon titriert.

Arbeitsvorschrift. Diese Arbeitsweise erfordert zunächst die gleichen Vorbereitungen wie die colorimetrische Methode (s. oben), d. h. Extraktion aus acetatgepufferter Lösung, Entfernung des Dithizonüberschusses durch Waschen mit Natriumsulfidlösung. Der Extrakt wird zur Beseitigung anhaftender Sulfidreste mindestens 2mal mit destilliertem Wasser gewaschen und dann mit etwa 1%iger Salpetersäure zersetzt. Für die weitere Bestimmung wird nun die Tetrachlorkohlenstoffschicht, welche das dem Zink äquivalente Dithizon enthält, verwendet. Man setzt zu der von der wäßrigen Phase abgetrennten Lösung ein bestimmtes Volumen einer sehr verdünnten, schwach salpetersauren Silbernitratlösung bekannten Silbergehaltes zu und schüttelt gut durch. Die Menge Silbernitratlösung wird so bemessen, daß bei vollständiger Bindung des Dithizons zu gelb gefärbtem Silberdithizonat noch ein geringer Silberüberschuß verbleibt, der dann mit gegen Silberlösung eingestellter Dithizonlösung zurücktitriert wird. Daß ein solcher Überschuß vorhanden ist, erkennt man daran, daß die gelbe Farbe der Tetrachlorkohlenstoffschicht bei Zusatz einer weiteren abgemessenen Menge Silberlösung unverändert bleibt. Vor der Rücktitration mit Dithizonlösung wird die silberhaltige, wäßrige Schicht von der Silberdithizonatlösung getrennt.

Zur ungefähren Ermittlung des Umschlagspunktes wird zunächst eine Vortitration mit anteilweisem Zusatz von einigen Kubikzentimetern Reagens durchgeführt. Die Titration erfolgt im Scheidetrichter. Nach jedesmaligem Zusatz von Reagenslösung wird gut durchgeschüttelt. Solange der Umschlagspunkt noch nicht erreicht ist, wandelt sich die Grünfärbung der Tetrachlorkohlenstoffschicht stets in die reingelbe Farbe des Silberdithizonates um. Nach jedesmaligem Zusatz trennt man die Tetrachlorkohlenstoffschicht nach kurzem Absitzenlassen von der wäßrigen Schicht und läßt erstere in ein Reagensglas fließen. Ihr Farbton kann gegebenenfalls mit der Farbe der vorhergehenden Stufe oder mit reiner Silberdithizonatlösung verglichen werden. Erscheint sie im Vergleich zu dieser grünlich, so ist der Umschlagspunkt überschritten. Beim Schütteln mit einer weiteren Reagensmenge tritt dann eine reine Grünfärbung der Tetrachlorkohlenstoffphase auf.

Nachdem die zur Erreichung des Umschlagspunktes annähernd erforderliche Reagensmenge ermittelt worden ist, wird die Titration wiederholt. Man setzt zunächst unter gründlichem Schütteln größere Anteile Reagenslösung hinzu, bis man diejenige Menge erreicht hat, die bei der Vortitration gerade noch mit Sicherheit reine Gelbfärbung der Tetrachlorkohlenstoffschicht ergab. Nach dem Abtrennen wird die wäßrige Schicht mit ein wenig reinem Tetrachlorkohlenstoff nachgewaschen. Von nun an werden kleinere Reagensmengen zugesetzt. Je nach der bereits verbrauchten Reagensmenge und der gewünschten Genauigkeit kann man die Zusätze abstufen. So wird man bei einem Verbrauch von bereits mehr als 10 cm^3 z. B. je 0,2 cm^3 zusetzen, bei mehr als 5 cm^3 je 0,1 cm^3, bei mehr als 1 cm^3 je 0,05 cm^3 usw. Bei derart kleinen Silbermengen wird man an Stelle einer gewöhnlichen Bürette eine Mikrobürette verwenden. Vor jedem Zusatz der kleinen Reagensmenge versetzt man die Lösung mit 0,2 bis 0,5 cm^3 Tetrachlorkohlenstoff, je nach Größe der Stufe. Um die sehr kleinen Mengen Dithizon noch umzusetzen, muß äußerst sorgfältig durchgeschüttelt werden (½ Min.).

Nach dem Abtrennen eines jeden Anteils Dithizonlösung wird stets mit reinem Tetrachlorkohlenstoff nachgespült. Man titriert bis zum ersten Auftreten einer grünlichen Färbung. Für die Bestimmung des Endpunktes wird die Hälfte des beim ersten Auftreten der Farbtonänderung zugesetzten Anteils Reagenslösung als Grenzwert angenommen und zu dem bei der Titration bereits verbrauchten Volumen hinzugerechnet. Die Änderung der Färbung wird bei einiger Übung leicht erkannt. Anfangs kann man sich zum Vergleich rein gelbe Silberdithizonatlösung in etwa der gleichen Verdünnung mit Tetrachlorkohlenstoff herstellen.

Bemerkungen. **I. Genauigkeit.** Bei Zinkmengen von 7,8 bis 83 γ erhielt FISCHER (a) maximale Fehler von + 2,6% bzw. − 1%, während er bei der Bestimmung von 4,2 γ Zink 4,5 γ (entsprechend einem Fehler von + 7,1%) fand.

II. Das Reagens. Über die Herstellung der Reagenslösung vgl. S. 138, Bem. II. Bei der Einstellung der Reagenslösung gegen eine Silberlösung bekannten Gehaltes verfährt man genau so wie bei der Titration einer unbekannten Silberlösung.

III. Empfindlichkeit verdünnter Reagenslösungen. Bei der Titration ist die verhältnismäßig leichte Veränderlichkeit der sehr verdünnten Reagenslösungen in dünnen Schichten, z. B. in der Bürette, am Licht zu berücksichtigen. Es ist nicht zweckmäßig, im direkten Sonnenlicht oder in ungewöhnlich heißen Räumen zu titrieren. Unter Umständen ist es ratsam, eine Bürette aus braunem Glas zu verwenden. An warmen Tagen darf der nach der Titration in der Bürette verbliebene Rest der Reagenslösung nicht in der Bürette stehengelassen werden, sofern nicht sofort weiter titriert wird. Man bringt ihn wieder in die Vorratsflasche oder in eine kleine Flasche aus braunem Glas. Ordnungsgemäß aufbewahrt, ändert die Lösung ihren Titer nur wenig und ist nach einem Monat noch durchaus verwendbar.

IV. Die Silbernitratlösung. Für die Zwecke der Titerstellung verwendet man eine schwach salpetersaure Lösung von Silbernitrat, deren bekannter Gehalt an

Silbernitrat etwa das Zwanzigfache des bei der Titration erforderlichen ist (z. B. 0,24 mg/cm³). Aus dieser Lösung, die man in einer braunen Flasche aufbewahrt, wird die zur Titration benötigte Lösung vor dem Gebrauch durch entsprechendes Verdünnen mit chlorfreiem destillierten Wasser hergestellt.

V. Sonstige Reagenzien. Alle übrigen Reagenzien müssen ebenso wie das destillierte Wasser chlorfrei sein. Sie dürfen selbstverständlich kein Silber, Quecksilber oder Gold enthalten. Jedenfalls darf beim Schütteln der Reagenzien in schwach saurer Lösung mit Dithizonlösung keine gelbliche Färbung der grünen Tetrachlorkohlenstofflösung eintreten. Die verdünnte Salpetersäure muß frei von salpetriger Säure sein, die die grüne Dithizonlösung unter Gelbfärbung oxydiert.

E. Bestimmung des Zinks nach HIBBARD.

Die Methode beruht ebenfalls auf dem Verfahren der Extraktion, für die HIBBARD nicht wie FISCHER eine Tetrachlorkohlenstoff-, sondern eine *Chloroform-Dithizon-Lösung* verwendet. *In den Chloroformextrakten wird das Zink entweder colorimetrisch oder durch Titration mit Brom bestimmt.*

Arbeitsvorschrift. **Die Extraktion.** Die zinkhaltige Lösung gibt man in einen Scheidetrichter, der wenigstens das Doppelte der benutzten Flüssigkeitsmenge faßt, und macht sie mit verdünnter Ammoniaklösung alkalisch. Falls ein Niederschlag entsteht, löst man ihn in verdünnter Salzsäure, setzt 1 bis 2 cm³ Ammoniumcitratlösung zu und macht die Flüssigkeit wieder ammoniakalisch, wobei sie nunmehr klar bleiben muß. Man gibt einige Tropfen Dithizonreagens und 5 cm³ Chloroform zu und schüttelt einige Sekunden lang ziemlich lebhaft. Dann läßt man 1 Min. ruhig stehen, damit die Flüssigkeiten sich trennen. Bei Gegenwart von Zink färbt sich das Chloroform rot, und zwar um so stärker, je mehr Zink vorhanden ist. Man gibt nun mehr Dithizonlösung zu, schüttelt abermals und wiederholt diese Operation, bis das Chloroform eine purpurne oder bläuliche Färbung bekommt, die von überschüssigem Dithizon herrührt, während die wäßrige Schicht durch das überschüssige Dithizon gelb gefärbt wird. Die Färbung der wäßrigen Schicht bleibt allerdings bei Gegenwart von viel Ammoniumsalzen fast aus. — Wenn man festgestellt hat, daß überschüssiges Dithizon vorhanden ist, läßt man die Chloroformschicht in einen zweiten Scheidetrichter fließen und gibt zum wäßrigen Anteil wiederum Chloroform und Dithizon und schüttelt. Den Chloroformextrakt bringt man wieder in den zweiten Scheidetrichter. Dieser zweite Extrakt soll grün oder höchstens ganz schwach rötlich sein, was bedeutet, daß praktisch das gesamte Zink bei der ersten Extraktion entfernt wurde.

Bei dieser Arbeitsweise können die Mengen Dithizon, Chloroform, Wasser und Ammoniak beträchtlich variieren, ohne das endgültige Resultat wesentlich zu beeinflussen, vorausgesetzt, daß man einen Überschuß von Dithizon verwendet und somit alles Zink extrahiert.

Der zweite Scheidetrichter enthält die Chloroformlösung des Zink-Dithizon-Komplexes und überschüssiges Dithizon. Letzteres entfernt man, indem man die Flüssigkeit 2- oder 3mal mit dem Dreifachen ihres Volumens an schwach ammoniakalischem Wasser (etwa 0,02 n) ausschüttelt. Nachdem die Chloroformschicht sich abgesetzt hat, wird jedesmal die wäßrige Schicht abgehebert, neue Waschflüssigkeit zugegeben und wieder 5 bis 10 Sek. lang heftig geschüttelt. Wenn die wäßrige Schicht farblos bleibt und die Chloroformschicht einen rein roten Farbton zeigt, ist genügend ausgewaschen.

Bestimmung des Zinkgehaltes im Chloroformextrakt. a) Colorimetrische Bestimmung. Bei Zinkmengen von 0 bis 10 γ ist die Intensität der Färbung des Chloroformextraktes der Zinkmenge proportional. Bei wesentlich größeren Zinkmengen ist der Farbvergleich schwierig. Der Farbvergleich kann nach einer der üblichen colorimetrischen Methoden erfolgen. Der rote Farbton läßt sich jedoch nicht ganz leicht vergleichen, und man erleichtert sich den Vergleich, indem man ein blaues Lichtfilter vor den Komparator schaltet. — Im allgemeinen wird es genügen, die Vergleichsgefäße mit Zinkmengen von 1, 2, 4, 6 und 10 γ Zink in 10 cm³ zu beschicken. Da diese Vergleichslösungen mit der Zeit verblassen und auch ihren Farbton etwas ändern, ist es nötig, sie täglich oder mindestens jeden zweiten Tag zu erneuern.

Rohe Schätzungen lassen sich auch durch Vergleich mit rot gefärbten Cellophanstücken ausführen, die auf bekannte Zinkmengen geeicht sind.

Von den Farbstoffen kann lediglich Amaranth 107 der National Aniline and Chemical Company für den Vergleich benutzt werden. In wäßriger Lösung genügt er den Ansprüchen bei Zinkmengen bis zu 5 γ in 10 cm³ ganz gut; jedoch wird auch hier eine große Ähnlichkeit der wäßrigen Farbstofflösung mit der Lösung des Zinkdithizonats in Chloroform nicht erreicht wegen des großen Dichteunterschiedes und der verschiedenen Brechungsexponenten der Lösungen.

b) Bestimmung durch bromometrische Titration. Die zu titrierende Lösung des Zinkdithizonats in Chloroform wird in einen 60 cm³ fassenden, mit Glasstopfen versehenen Kolben gebracht und die Bromlösung langsam unter häufigem, gutem Durchschütteln hinzugefügt, bis die rote Farbe der Zinklösung verschwindet oder bei größeren Zinkmengen in einen gelblichen Farbton übergeht. Da der Endpunkt nicht scharf ist, gibt man einen Bromüberschuß zu. Dann setzt man nach 1 Min. 1 cm³ 20%ige Kaliumjodidlösung zu, ferner etwas Stärkelösung und 5 cm³ 1%ige Natriumhydrogencarbonatlösung. Das freie Jod wird sodann mit 0,001 n Natriumthiosulfatlösung titriert.

Bemerkungen. **I. Genauigkeit und Anwendungsbereich.** Die Genauigkeit der colorimetrischen Bestimmung beträgt 5 bis 10%. Die Genauigkeit der bromometrischen Bestimmung beträgt bei Zinkmengen von 5 bis 20 γ ebenfalls 5 bis 10%. Die bromometrische Bestimmung ist bei Zinkmengen von 3 bis 30 γ anwendbar. Bei Mengen unter 3 γ ist sie zu unsicher, so daß man in diesem Fall auf die colorimetrische Methode angewiesen ist.

II. Die Reagenzien. *Dithizonlösung.* Man löst 15 mg Dithizon in 100 cm³ Chloroform. Verfügt man nicht über reines Dithizon, so kann man es nach Wilkins und Mitarbeitern auf folgende Weise reinigen: Man löst 0,1 g des unreinen Präparates in 30 cm³ Chloroform und extrahiert diese Lösung in einem großen Scheidetrichter mit 900 cm³ 0,5%iger Ammoniaklösung. Nach Abtrennung der Chloroformschicht wird die wäßrige Lösung mit 10%iger Salzsäure gegen Lackmus neutralisiert und das dabei ausfallende gereinigte Dithizon mit Chloroform extrahiert. Diese Chloroformlösung wird dann durch Zusatz weiteren Chloroforms auf die gewünschte Konzentration gebracht. — *Chloroform.* Das zu verwendende Chloroform soll das Dithizon leicht und mit tief grüner Farbe lösen. Beim starken Verdünnen der Lösung mit Chloroform soll sich nur die Intensität, aber nicht die Tönung der Farbe ändern. Unreines Chloroform wird durch Destillation gereinigt. Vor derselben setzt man etwas Natriumthiosulfatlösung und sehr wenig Natronlauge zu. Die Destillation wird mit dem gleichen Zusatz wiederholt und der Wassergehalt des Destillates durch Ausfrieren entfernt. — Nach Biddle kann man für Zinkbestimmungen gebrauchtes Chloroform wiedergewinnen, indem man es zunächst von Resten wäßriger Lösung trennt, dann mit (5 bis 10% seines Volumens) Schwefelsäure bis zur Farblosigkeit auswäscht und darauf mit Kalk behandelt. Man destilliert schließlich bei Gegenwart von überschüssigem Kalk ab und setzt dem Destillat 1 bis 1,5% Alkohol zu, um es haltbar zu machen. — *Ammoniumcitratlösung.* Eine 10%ige Citronensäurelösung wird mit Ammoniak alkalisch gemacht und wiederholt mit Dithizon-Chloroform-Lösung ausgeschüttelt, bis sie zinkfrei ist. — *Salzsäure.* Die zu verwendende Salzsäure soll möglichst zinkfrei sein. Eine zinkhaltige Säure kann nicht durch Destillation gereinigt werden, weil das Zink mit übergeht. Eine fast zinkfreie Säure kann man erhalten, wenn man Salzsäure in konzentrierte Schwefelsäure eintropfen läßt und den entstehenden Chlorwasserstoff in zinkfreiem Wasser löst. — *Zinkfreies Wasser.* Man erhält es am besten durch nochmalige Destillation von destilliertem Wasser in einer Apparatur aus Pyrexglas, die mit einem sicher wirkenden Tropfenfänger versehen ist. Der Destillierkolben ist öfters zu reinigen, damit sich Zink oder andere Metalle in ihm nicht anhäufen. — Man kann das destillierte Wasser auch dadurch zinkfrei machen, daß man es mit Dithizonlösung erschöpfend extrahiert. — *Bromlösung.* Zur bromometrischen Titration des Zinkdithizonates benutzt man eine Lösung von Brom in Tetrachlorkohlenstoff, die so viel Brom enthält, daß 1 cm^3 etwa 10 γ Zink entspricht. Eine solche blaßgelbe Lösung ist einer 0,001 n Natriumthiosulfatlösung ungefähr äquivalent.

III. Störung durch andere Stoffe. Abgesehen von den Störungen, die durch die Gegenwart anderer Schwermetalle und oxydierender Stoffe entstehen können, treten häufig noch solche auf, die durch Emulsions- oder Niederschlagsbildung und durch Zurückhalten durch das Filtermaterial verursacht werden.

Emulsionsbildung tritt beim Schütteln des Chloroforms mit der wäßrigen Lösung besonders dann leicht auf, wenn organische Substanz oder fein verteilte feste Stoffe zugegen sind. Häufig läßt sich eine solche Emulsion leicht dadurch beseitigen, daß man nach möglichster Entfernung der überstehenden wäßrigen Schicht mehr Chloroform zugibt und vorsichtig schüttelt.

Andernfalls gibt man die Emulsion langsam durch ein Glasrohr, das am unteren Ende durch ein feinmaschiges Gewebe (Seide) verschlossen ist. Die Emulsion entmischt sich, und die Flüssigkeiten können dann im Scheidetrichter getrennt werden.

Niederschläge, die beim Alkalischmachen der zu untersuchenden Lösung entstehen (z. B. wenn EisenIII-, Calcium- oder Phosphat-Ionen vorhanden sind), dürfen nicht einfach abfiltriert werden, da sie Zink mitreißen. Durch Zufügen von 1 bis 2 cm^3 10%iger Ammoniumcitratlösung kann man die Niederschlagsbildung meist verhindern.

Zurückhalten geringer Zinkmengen durch das Filtermaterial tritt nicht nur bei Papierfiltern, sondern bei jedem Filtermaterial ein. Infolgedessen ist es am besten, etwaige Niederschläge durch Sedimentation oder durch Zentrifugieren zu entfernen.

IV. Bereitung der zu analysierenden Lösung bei der Untersuchung organischer Substanzen. Pflanzliche oder tierische Substanz wird zweckmäßig unterhalb Rotglut verascht. Sofern die Asche sich schwer weiß brennt oder eine leicht schmelzende Asche hinterbleibt, ist es nützlich, ein wenig Magnesiumnitrat vor der Veraschung zuzusetzen. — Bei der Verbrennung auf nassem Wege mit Salpetersäure oder Perchlorsäure können übrigens ebenfalls Zinkverluste durch Verflüchtigung eintreten. Hinzu kommt, daß diese Oxydationsmittel vor der Dithizonbehandlung vollkommen entfernt werden müssen, was unter Umständen nicht leicht ist. — In vielen Fällen verursachen Spuren organischer Substanz keine schwerwiegende Störung bei der Bestimmung des Zinks mit Dithizon.

F. Bestimmung des Zinks in biologischen Materialien, Nahrungsmitteln, Wässern usw.

1. Bestimmung des Zinks in Nahrungsmitteln nach SYLVESTER und HUGHES.

Die Methode beruht darauf, daß nach Zerstörung der organischen Substanz die Lösung der Asche auf einen p_H*-Wert von ungefähr 4,5 gebracht und mit einer Lösung von Dithizon in Chloroform ausgeschüttelt wird. Hierbei werden der Flüssigkeit die Metalle Silber, Quecksilber, Kupfer, Wismut, Cadmium und Zink entzogen. Durch Behandlung des Chloroformextraktes mit verdünnter Salzsäure kann man Zink, Cadmium und Wismut abtrennen, während Silber als Silberchlorid gefällt wird. Da Cadmium und Wismut normalerweise in Nahrungsmitteln nicht vorhanden sind, wird auf diese Weise das Zink isoliert.*

Die Bestimmung des Zinks führen die Autoren nach zwei Methoden aus. Die eine besteht darin, daß nach Zerstörung des Dithizons das Zink, ähnlich wie nach CONE und CADY, unter Verwendung von Diphenylbenzidin als inneren Indicator mit Kaliumferrocyanid titriert wird, wobei jedoch bei diesen kleinen Zinkmengen nicht in mineralsaurer, sondern in essigsaurer Lösung gearbeitet wird, um eine scharfe Festlegung des Endpunktes zu erreichen. Diese Methode eignet sich zur Bestimmung größerer Zinkmengen (0,2 bis 1,0 mg).

Die zweite Methode benutzt die Reaktion von LANG, nach der Zink bei Gegenwart von Kaliumferricyanid aus Kaliumjodid die äquivalente Menge Jod freimacht. Diese den Umständen angepaßte Arbeitsweise eignet sich zur Bestimmung kleinerer Zinkmengen bis zu 0,3 mg.

Arbeitsvorschrift. **Veraschung des Untersuchungsmaterials.** Die zu verwendenden Materialmengen werden zweckmäßig so bemessen, daß sie zwischen 0,1 und 1 mg Zink enthalten. Das Material wird in einer Quarzschale im Muffelofen bei 500 bis 550° verascht, bis eine kohlefreie Asche hinterbleibt. Bei schwierig zu veraschenden Nahrungsmitteln können geringe Mengen Schwefelsäure und Salpetersäure zur Beschleunigung benutzt werden.

Herstellung der Aschelösung. Die Asche wird mit 5 cm³ 5 n Salzsäure behandelt, zum Sieden erhitzt, mit 10 cm³ Wasser verdünnt und wieder gekocht, bis sie sich völlig gelöst hat. Nach dem Erkalten spült man in einen Scheidetrichter über und setzt 10 cm³ Wasser sowie 10 cm³ 5 n Ammoniumacetatlösung zu.

Extraktion. Die im Scheidetrichter befindliche, gepufferte Lösung schüttelt man stark mit 5 cm³ Dithizonreagens (s. Bem. III), läßt die Flüssigkeiten sich trennen und bringt den Chloroformextrakt in einen zweiten Scheidetrichter, während man die wäßrige Flüssigkeit in dem ersten beläßt.

Der Extrakt wird gewaschen, indem man ihn mit einer Mischung von 6 cm³ 5 n Ammoniumacetatlösung, 3 cm³ 5 n Salzsäure und 10 cm³ Wasser schüttelt. Nach erfolgter Trennung der Flüssigkeiten bringt man die Chloroformlösung in einen dritten Trichter, wäscht sie mit 20 cm³ destilliertem Wasser und bringt den Chloroformauszug in einen vierten Trichter, während man die Waschflüssigkeiten im zweiten und dritten Trichter beläßt.

Die Flüssigkeit im ersten Scheidetrichter wird wiederum mit 5 cm³ Dithizonreagens extrahiert. Mit diesem Extrakt wiederholt man obige Operationen, indem man die beim ersten Extrakt benutzten Waschflüssigkeiten in der gleichen Reihenfolge verwendet.

Wenn nötig, werden Extraktion und Waschen so lange wiederholt, bis das Zink aus der Lösung im ersten Gefäß völlig extrahiert ist, was man daran erkennt, daß sich die Farbe der Reagenslösung beim Schütteln nicht mehr ändert. Sämtliche Extrakte werden nach dem Waschen im vierten Gefäß vereinigt.

Zu diesen vereinigten Extrakten fügt man 10 cm³ 0,5 n Salzsäure und schüttelt. Nach Abtrennung der Chloroformphase wird die saure Lösung in einen 100 cm³ fassenden Becher aus Pyrexglas gebracht. Der Scheidetrichter wird mit etwa 10 cm³ destilliertem Wasser ausgewaschen und die Waschflüssigkeit ebenfalls in den Becher gegeben. Die Behandlung der Chloroformlösung mit verdünnter Salzsäure wird wiederholt und ebenso das Auswaschen des Trichters mit 10 cm³ Wasser. Die salzsaure Lösung und das Waschwasser gibt man wieder in den Becher.

Weitere Behandlung der Lösung. Der Inhalt des Bechers wird zur Trockne gebracht. Dann werden 5 Tropfen reine Überchlorsäure und 5 Tropfen 100 Vol.-%iges Wasserstoffperoxyd zugefügt, und es wird auf einer Heizplatte wieder zur Trockne verdampft. Diese Behandlung wird wiederholt, bis alle organische Substanz zerstört ist und ein weißer Rückstand hinterbleibt. Man spült die Wandungen des Bechers mit destilliertem Wasser ab und verdampft nochmals zur Trockne.

Titrimetrische Bestimmung des Zinks in diesem Rückstand. α) *Titration mit Kaliumferrocyanid.* Man fügt zum Rückstand 1 cm³ Wasser, 1 cm³ Eisessig, 1 cm³ Isopropylalkohol, 5 Tropfen Diphenylbenzidinreagens und 2 Tropfen Ferricyanidlösung hinzu. Bei Gegenwart von Zink entsteht eine blaue bzw. schmutzig grüne Farbe, wenn nur sehr wenig Zink vorhanden ist (z. B. im Blindversuch mit den Reagenzien). Die Lösung wird sodann mit eingestellter Ferrocyanidlösung titriert, wobei gut gerührt wird. Die letzten Tropfen müssen vorsichtig und unter sorgfältigem Rühren zugefügt werden. Die titrierte Flüssigkeit ist blaßgelb, wenn Eisen völlig abwesend ist. Bereits sehr kleine Eisenmengen beeinträchtigen die endgültige Farbe und können die Feststellung des Endpunktes fast unmöglich machen. Deshalb müssen die Waschvorschriften sorgfältig eingehalten werden. Ferner muß man für peinlichste Sauberkeit der Gefäße Sorge tragen.

β) *Titration nach der Methode von* LANG. Zum Rückstand fügt man 0,1 cm³ Eisessig und etwa 0,01 g saures Ammoniumfluorid, ferner 2 cm³ 5%ige Kaliumjodidlösung und 2 Tropfen 1%ige Stärkelösung. Tritt nach dem Zufügen derselben Blaufärbung ein, so setzt man 0,002 n Natriumthiosulfatlösung gerade bis zum Verschwinden der Farbe zu. Man gibt nun etwa 0,5 cm³ der Ferricyanidlösung zu, rührt um und titriert mit 0,002 n Natriumthiosulfatlösung aus. Der Jodstärke-Komplex kann durch das Zinkferrocyanid adsorbiert werden. In diesem Falle dient der Niederschlag als Indicator. Die nach einigen Minuten auftretende Nachbläuung bleibt unbeachtet.

Bemerkungen. **I. Anwendungsbereich.** Methode α) eignet sich zur Bestimmung von Zinkmengen von 0,2 bis 1 mg, Methode β) für Zinkmengen unter 0,3 mg.

II. Störung durch Cadmium und Wismut. Die Bestimmung nach α) wird durch Cadmium gestört, ebenso durch Wismut, wenn mehr als 2 mg zugegen sind. Bei der Arbeitsweise β) stören Cadmium und Wismut nicht. Jedoch dürfen keine Mineralsäuren und keine merklichen Mengen von Ammoniumsalzen anwesend sein.

III. Die Reagenzien. *Dithizonreagens.* Man verwendet eine 0,15%ige Lösung in Chloroform. — *0,5 n Salzsäure.* Salzsäure wird in einer Glasapparatur destilliert und entsprechend verdünnt. Sie muß eisenfrei sein. — *Kaliumferricyanidlösung.* Etwa 1 g des reinen Salzes wird in 100 cm³ Wasser gelöst. Die Lösung ist jeweils frisch zu bereiten. — *Diphenylbenzidinlösung.* 0,05 g Diphenylbenzidin werden in 100 cm³ reinem Eisessig unter Zusatz einiger Tropfen Schwefelsäure und unter Erwärmen gelöst. Nötigenfalls ist zur Erzielung einer klaren Lösung zu filtrieren. — *Kaliumjodidlösung.* Durch Auflösen der entsprechenden Menge des reinen Salzes in ausgekochtem, erkaltetem Wasser bereitet man eine 5%ige Lösung. Diese ist jeweils frisch herzustellen und in einer braunen Flasche zu verwahren. — *Standardkaliumferrocyanidlösung.* 3,24 g des reinen Salzes werden in Wasser gelöst, die Lösung wird auf 200 cm³ aufgefüllt. 10 cm³ dieser Lösung werden auf 250 cm³ verdünnt. Diese Lösung ist oft zu erneuern. — *0,002 n Natriumthiosulfatlösung.* Eine 0,1 n Lösung wird mit ausgekochtem, erkaltetem Wasser entsprechend verdünnt. Diese Lösung soll im Dunkeln aufbewahrt und nur am Tage der Herstellung benutzt werden.

2. Bestimmung des Zinks in biologischem Material nach SCHWAIBOLD, BLEYER und NAGEL.

Die Methode beruht darauf, daß das Zink nach vorsichtiger Veraschung der organischen Substanz mit Dithizonlösung extrahiert und der Zinkgehalt der Extraktionslösung im Stufenphotometer gemessen wird.

Arbeitsvorschrift. 100 cm³ der zu untersuchenden, etwa neutralen Lösung werden mit 5 cm³ 10%iger Schwefelsäure angesäuert und mit kleinen Mengen Dithizonlösung (6 mg Dithizon in 100 cm³ Tetrachlorkohlenstoff) wiederholt ausgeschüttelt, bis die grüne Färbung unverändert bleibt. Nachdem auf diese Weise das Kupfer abgetrennt ist, wird die verbleibende Flüssigkeit mit 3 cm³ 20%iger

Seignettesalzlösung und 9 bis 10 cm³ 5%iger Ammoniaklösung (Umschlag von Thymolblaupapier nach Blau) versetzt und dann so lange mit Dithizonlösung (12 mg Dithizon in 100 cm³ Tetrachlorkohlenstoff) ausgeschüttelt, bis diese farblos oder schwach grün bleibt. Die vereinigten Auszüge werden mit Tetrachlorkohlenstoff auf 60 cm³ aufgefüllt.

Ein Teil dieses Extraktes kann nach entsprechender Weiterbehandlung zur Bestimmung des Bleis dienen. Ein weiterer Teil wird mit je 10 cm³ Natriumsulfidlösung bis zur Farblosigkeit der Waschflüssigkeit gewaschen. Dadurch werden neben Blei alle anderen in Betracht kommenden Dithizon-Metall-Komplexe (außer denen des Nickels und Kobalts) zersetzt. Auch Cadmium wird, wenn es nicht in sehr großen Mengen vorliegt, vollständig entfernt. Die so verbleibende Lösung des Zinkkomplexes wird mit dem Filter S 53 im Stufenphotometer gemessen.

Bemerkungen. **I. Genauigkeit.** Die Fehlergrenze beträgt etwa ± 10%.

II. Die Reagenzien. Das zu verwendende Dithizon soll rein grüne Lösungen geben und nach dem Ausschütteln derselben mit verdünntem Ammoniak keine gefärbten Verunreinigungen im Tetrachlorkohlenstoff hinterlassen. Im übrigen sind möglichst reine Reagenzien zu verwenden, und ihr Zinkgehalt muß durch einen Blindversuch ermittelt und bei den Analysen in Rechnung gesetzt werden.

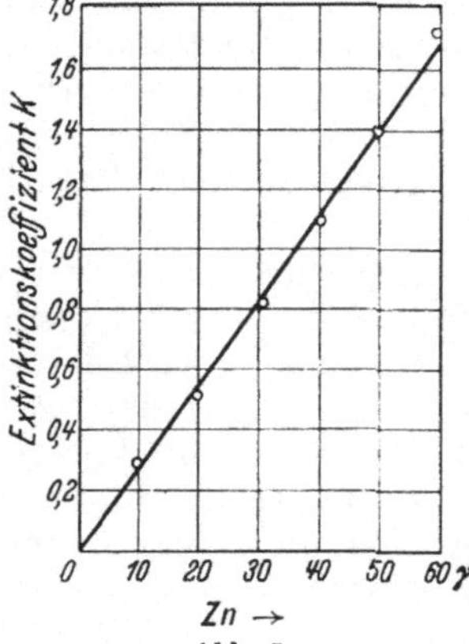

Abb. 5.

III. Die Auswertungskurve (Abb. 5). Zur Festlegung der Auswertungskurve werden Lösungen mit einem entsprechenden Gehalt an Zinksulfat, $ZnSO_4 \cdot 7\,H_2O$, nach Zusatz von 1% einer 2%igen Ammoniaklösung mit kleinen Mengen Dithizonlösung so oft ausgeschüttelt, bis dieselbe schwach grün gefärbt bleibt bzw. vollständig farblos wird, da die alkalische, wäßrige Flüssigkeit das Dithizon leicht aufnimmt. Die vereinigten Extrakte werden mit Tetrachlorkohlenstoff auf 60 cm³ aufgefüllt und mit Ammoniak (1 : 1000) bis zur Farblosigkeit der Waschflüssigkeit gewaschen. Die Messung im Stufenphotometer wird mit dem Filter S 53 vorgenommen. Die Berechnung erfolgt nach der Formel $K : K_1 = \gamma : \gamma_x$.

IV. Die Veraschung. Nach SCHWAIBOLD und LESMÜLLER benutzt man zur Veraschung des Untersuchungsmaterials Quarzschalen. Jedoch sollen Schalen, deren Boden durch häufigere Benutzung nicht mehr ganz glatt ist, nicht weiter verwendet werden, da sie erfahrungsgemäß Metallspuren, insbesondere Kupferspuren, zurückhalten. — Das Material wird zunächst bei nicht zu hoher Temperatur (etwa 400°) vollständig verkohlt, der Rückstand mit einigen Tropfen Salpetersäure befeuchtet, abgeraucht und dann bei 500 bis 600° völlig verascht. Die Asche wird zur Auflösung etwa reduzierter Metalle mit wenig Salpetersäure abgeraucht.

3. Bestimmung des Zinks in Wässern, Limonaden usw. nach STROHECKER, RIFFART und HABERSTOCK.

Die Methode beruht darauf, daß das Zink aus der sauren, acetatgepufferten Flüssigkeit mit Dithizonlösung ausgeschüttelt und dann stufenphotometrisch bestimmt wird.

Arbeitsvorschrift. Falls mit der Anwesenheit von Kupfer und Blei zu rechnen ist, verfährt man wie folgt: 100 cm³ der zu untersuchenden Flüssigkeit werden mit verdünnter 0,5%iger Ammoniaklösung gegen Lackmuspapier neutralisiert, mit 2 cm³ 10%iger Schwefelsäure angesäuert und mit Dithizonlösung (6 mg Dithizon in 100 cm³ Tetrachlorkohlenstoff) so lange ausgeschüttelt, bis alles Kupfer entfernt ist. Dies ist dann der Fall, wenn das Reagens rein grün bleibt. Sodann wird die wäßrige Lösung filtriert, mit 0,5 g Citronensäure versetzt, wieder mit 0,5%iger

Ammoniaklösung neutralisiert und nach Zugabe von 0,5 bis 1 cm³ 5%iger Kaliumcyanidlösung mit Dithizonlösung ausgeschüttelt, bis keine Verfärbung der Reagenslösung mehr eintritt; d. h. bis alles Blei entfernt ist. Die wäßrige Lösung enthält nun lediglich das Zink als komplexes Cyanid. Sie wird filtriert, mit verdünnter Salzsäure angesäuert und auf etwa $^1/_{10}$ ihres Volumens eingedampft. Hierdurch wird die Blausäure völlig entfernt, und das Zink kann in der wieder auf 100 cm³ aufgefüllten Lösung bestimmt werden. Hierzu wird die Lösung abermals mit 0,5%igem Ammoniak gegen Lackmuspapier neutralisiert, dann mit 2 cm³ 2%iger Salzsäure angesäuert und mit 5%iger Natriumacetatlösung bis zum Umschlag von blauem Kongopapier nach deutlich Rot gepuffert. Nun schüttelt man im Scheidetrichter mehrmals mit je 5 cm³ Dithizonlösung aus, bis die grüne Reagenslösung keine Verfärbung mehr zeigt. Die rot gefärbten Tetrachlorkohlenstofflösungen läßt man jeweils in einen Sammelzylinder ab und füllt sie schließlich mit reinem Tetrachlorkohlenstoff auf 60 cm³ auf. Um diese Lösung von überschüssigem Dithizon zu befreien, schüttelt man sie so lange mit verdünnter Ammoniaklösung (1 : 1000), bis die ammoniakalische Waschflüssigkeit sich nicht mehr färbt. Die so gereinigte Lösung wird dann im Stufenphotometer unter Anwendung des Filters S 61 gegen reinen Tetrachlorkohlenstoff gemessen.

Sind in der zu untersuchenden Lösung Kupfer und Blei nicht vorhanden, so kann man die saure, acetatgepufferte Lösung sofort mit Dithizon extrahieren.

***Bemerkungen.* I. Anwendungsbereich und Genauigkeit.** Nach dieser Methode lassen sich Zinkmengen von 0,1 bis 1 mg/l bestimmen. STROHECKER und Mitarbeiter erhielten z. B. folgende Resultate (Tabelle 10):

Tabelle 10.

	Gegeben Zink mg/l	Gefunden Zink mg/l
Mineral- oder Leitungswasser	0,10	0,08
	0,30	0,29
	0,70	0,68
	1,00	0,97
In gefärbten Limonaden[1]	0,30	0,29
	0,70	0,68
	1,00	0,97

II. Die Reagenslösung. Zur Herstellung der Reagenslösung werden 20 mg Dithizon in 100 cm³ Tetrachlorkohlenstoff gelöst. Diese Lösung muß von den meist vorhandenen gelb gefärbten Oxydationsprodukten befreit werden. Zu diesem Zweck schüttelt man sie mit verdünnter Ammoniakflüssigkeit aus (1 cm³ konzentriertes Ammoniak auf 200 cm³ doppelt destilliertes Wasser). Hierbei geht das Dithizon in die wäßrige Phase, während die gelb gefärbten Oxydationsprodukte im Tetrachlorkohlenstoff verbleiben. Man läßt die Tetrachlorkohlenstofflösung ab, setzt etwas frischen Tetrachlorkohlenstoff zu und probiert, ob er sich beim Schütteln nicht mehr färbt. Fällt diese Probe negativ aus, dann setzt man 100 cm³ reinen Tetrachlorkohlenstoff zu, säuert die ammoniakalische Dithizonlösung im Scheidetrichter mit verdünnter Salzsäure an und schüttelt durch, wobei das reine Dithizon wieder in den Tetrachlorkohlenstoff übergeht. Durch mehrmaliges Ausschütteln mit doppelt destilliertem Wasser wird die Dithizonlösung von der überschüssigen Salzsäure befreit und dann abgelassen und filtriert. Man verdünnt sie dann mit Tetrachlorkohlenstoff auf einen Gehalt von 6 mg Dithizon in 100 cm³. Bei längerem Stehen oxydiert sich die Lösung sehr leicht. Sie muß dann vor dem Gebrauch wieder in der angegebenen Weise gereinigt werden.

III. Aufstellung der Eichkurve (Abb. 6). Zur Aufstellung der Kurve werden reine Zinklösungen in Konzentrationen von 0,1 bis 1 mg Zink/l aus reinem Zinksulfat und doppelt destilliertem Wasser hergestellt und wie folgt untersucht: 100 cm³ der Zinklösung werden mit verdünnter Ammoniakflüssigkeit (1 Teil konzentriertes Ammoniak auf 1000 Teile Wasser) gegen Lackmus neutralisiert und dann mit 2 cm³ 2%iger Salzsäure angesäuert. Nun versetzt man mit 5%iger Natriumacetat-

[1] Voraussetzung ist, daß die betreffenden Farben sich nicht in Tetrachlorkohlenstoff lösen.

lösung, bis blaues Kongopapier deutlich rot gefärbt wird. Dann schüttelt man die Lösung mit jeweils 5 cm³ Reagenslösung im Scheidetrichter so oft aus, bis keine Verfärbung mehr eintritt. Die im Sammelzylinder aufgefangenen Tetrachlorkohlenstofflösungen werden mit reinem Tetrachlorkohlenstoff auf 60 cm³ verdünnt. Um die Lösung von überschüssigem Dithizon zu befreien, wird sie nun mit sehr verdünntem Ammoniak (s. oben) ausgeschüttelt, bis die ammoniakalische Waschflüssigkeit sich nicht mehr färbt. Dann wird die Tetrachlorkohlenstoffschicht abgetrennt, filtriert und im Stufenphotometer unter Verwendung des Filters S 61 gegen reinen Tetrachlorkohlenstoff gemessen. — Wie aus Abb. 6 hervorgeht, sind die Extinktionskoeffizienten den Konzentrationen direkt proportional, entsprechen also dem LAMBERT-BEERschen Gesetz.

IV. Störung durch andere Metalle. Die Bestimmung des Zinks nach dieser Arbeitsweise wird durch Blei, Kupfer, Cadmium, 2wertiges Zinn, Quecksilber und die Edelmetalle gestört. Abgesehen von Blei und Kupfer, ist aber mit der Anwesenheit dieser Metalle in Wässern usw. im allgemeinen nicht zu rechnen. Die Gegenwart von Blei und Kupfer wurde in der oben gegebenen Arbeitsvorschrift schon berücksichtigt.

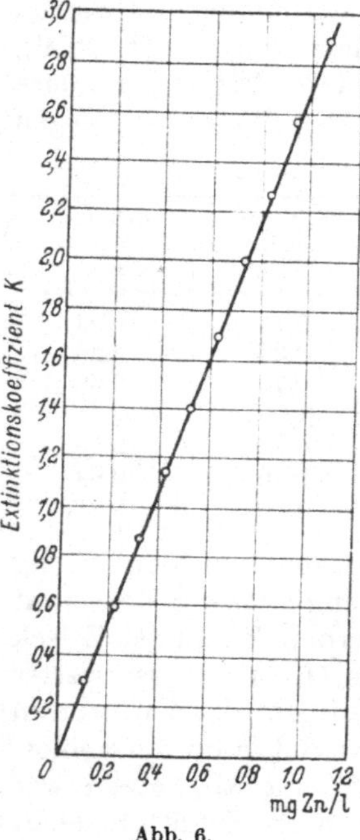

Abb. 6.

4. Bestimmung des Zinks in pflanzlichem Material, Organteilen und Böden nach WESTERHOFF.

Die Methode beruht darauf, daß das Zink aus schwach-ammoniakalischer Lösung mit Dithizon ausgeschüttelt, das Zinkdithizonat mit Salzsäure zersetzt und die Bestimmung im Stufenphotometer vorgenommen wird.

Arbeitsvorschrift. 1 bis 5 cm³ der Aschelösung (vgl. Bem. IV) werden mit 1 cm³ 10%iger Natriumhydrogensulfitlösung und hierauf mit 1 cm³ 50%iger Ammoniumacetatlösung versetzt. Dann macht man mit verdünntem Ammoniak (5 cm³ konzentrierte Ammoniaklösung mit Wasser auf 1000 cm³ verdünnt) alkalisch, fügt 2 cm³ Dithizonlösung (in der Meßpipette abgemessen) und 6 cm³ reinen Tetrachlorkohlenstoff hinzu und schüttelt ordentlich durch. Die rote Tetrachlorkohlenstoffschicht wird abgelassen und das Ausschütteln mit 6 cm³ reinem Lösungsmittel noch 2mal wiederholt. Die vereinigten Tetrachlorkohlenstofflösungen, deren Volumen genau 20 cm³ beträgt, werden dann 2 mal mit sehr verdünntem Ammoniak (s. oben) ausgeschüttelt. Die nun reine Zinkdithizonatlösung wird abgetrennt und durch Schütteln mit 10 cm³ Salzsäure (1 : 1) zersetzt. Die nun wieder grüne Lösung wird durch ein trockenes Filter filtriert und mit dem Stufenphotometer untersucht.

Bemerkungen. **I. Genauigkeit und Anwendungsbereich.** Mengen von 1 bis 20 γ Zink können mit einem mittleren Fehler von $\pm$ 10% bestimmt werden.

II. Das Reagens. 40 mg käufliches Dithizon werden in etwa 100 cm³ Tetrachlorkohlenstoff gelöst. Zur Reinigung wird diese Lösung mit sehr verdünntem Ammoniak (5 cm³ konzentriertes Ammoniak in 1000 cm³ Wasser) ausgeschüttelt, wobei das Dithizon in die wäßrige Phase geht, während die Verunreinigungen im Tetrachlorkohlenstoff bleiben. Die Tetrachlorkohlenstofflösung wird abgelassen und die ammoniakalische Lösung mit 100 cm³ reinem Tetrachlorkohlenstoff unterschichtet. Dann wird mit Salzsäure angesäuert und das freigesetzte Dithizon durch Schütteln im Tetrachlorkohlenstoff gelöst. Die grüne Lösung wird schließlich noch einige Male mit Wasser gewaschen. (Es ist stets doppelt destilliertes, schwermetallfreies Wasser zu verwenden.)

III. Die Eichtabelle. Zur Herstellung der Eichtabelle werden Lösungen des Sulfats $ZnSO_4 \cdot 5\,H_2O$ verwendet, die in 1 bis 20 cm³ 1 bis 20 γ Zink enthalten. Sie werden, wie in der Arbeitsvorschrift beschrieben, behandelt.

IV. Herstellung der zu untersuchenden Lösung. 10 g pflanzliches Material werden in einer Porzellanschale im elektrischen Ofen bei 500° verascht. Höhere Temperaturen sind zwecks Vermeidung von Zinkverlusten nicht anzuwenden. Organteile werden in entsprechender Menge zunächst bei 100° vorgetrocknet und dann verascht. Die Asche wird mit etwas Wasser angefeuchtet, mit einigen Kubikzentimetern Salpetersäure versetzt und auf dem Wasserbad zur Trockne eingedampft. Nach Zusatz von 10 bis 15 cm³ 10%iger Schwefelsäure wird nochmals eingedampft und schließlich auf dem Drahtnetz bis zum Entweichen weißer Schwefelsäurenebel erhitzt. Um die letzten Reste organischer Substanz zu zerstören, dampft man nun auf dem Wasserbad nochmals mit einigen Kubikzentimetern verdünntem Wasserstoffperoxyd zur Trockne. Nunmehr nimmt man mit heißem Wasser auf und filtriert in ein Kölbchen von 50 oder 100 cm³ Fassungsvermögen. Das Filter wird mit heißem Wasser und bei Anwesenheit von Blei 2mal mit je 5 cm³ 10%iger Ammoniumacetatlösung und dann nochmals mit heißem Wasser gewaschen. Nach dem Abkühlen wird bis zur Marke aufgefüllt.

Bei der Untersuchung von Böden werden 50 g Material mit 200 cm³ verdünnter Salpetersäure (190 cm³ Wasser und 10 cm³ konzentrierte Salpetersäure) unter öfterem Umschütteln zwei Tage lang bei Zimmertemperatur stehen gelassen; die Flüssigkeit wird dann durch ein Faltenfilter filtriert. 20 cm³ des Filtrates verdampft man zur Trockne und führt den Rückstand durch Eindampfen mit etwa 10 cm³ 10%iger Schwefelsäure in die Sulfate über.

V. Störung durch andere Metalle. In den fraglichen Materialien kommen im wesentlichen nur Kupfer, Blei, Eisen und Mangan als störende Metalle in Betracht. Etwa vorhandenes Kupfer entfernt man zunächst, indem man mit 10%iger Schwefelsäure ansäuert und das Kupfer aus der sauren Lösung mit Dithizon ausschüttelt.

3wertiges Eisen stört nur dann nicht, wenn weniger als 0,1 mg davon vorhanden ist. Größere Eisenmengen verursachen eine etwas dunklere Färbung der zu colorimetrierenden Lösung. Diese Farbvertiefung ist jedoch der vorhandenen Eisenmenge proportional, wenigstens bei Eisenmengen bis zu 3 mg, so daß es möglich ist, eine entsprechende Korrektur anzubringen.

Die Störung durch Mangan wird durch das zugesetzte Natriumhydrogensulfit im Verein mit der stets im Material vorhandenen Phosphorsäure beseitigt.

Sind Blei und Zink in einer Lösung zu bestimmen, dann verfährt man am besten so, daß man mittels Dithizons die Summe der Extinktionswerte beider Metalle ermittelt und hiervon den der Bleimenge entsprechenden Extinktionswert in Abzug bringt. Letzterer kann durch Extraktion des Bleis in cyankalischer Lösung, wobei Zink nicht reagiert, ermittelt werden.

5. Bestimmung von Zinkspuren in biologischem Material und natürlichen Wässern nach Allport und Moon.

Arbeitsvorschrift. Pflanzliches oder sonstiges Material wird zunächst in einem Quarztiegel bei 500 bis 550° vorsichtig verascht. Der Rückstand wird in wenig 10 n Salzsäure gelöst, auf 100 cm³ verdünnt und mit 0,2 g Weinsäure versetzt. Sodann bringt man die Lösung in einen Scheidetrichter, fügt 1 cm³ 10%ige alkoholische Resorcinlösung, Thymolblau als Indicator und 5 n Ammoniaklösung zu, bis ein p_H-Wert von etwa 9 erreicht ist. Nunmehr wird die Flüssigkeit mit jeweils 10 cm³ gut gereinigter Dithizonlösung extrahiert, bis die Dithizonlösung grün bleibt. Die vereinigten Extrakte werden mit Wasser gewaschen und dann 4mal mit 10 cm³ einer 0,1 n Salzsäure behandelt. Das Zink befindet sich dann in der salzsauren Lösung. Nachdem die Flüssigkeit schwach essigsauer gemacht worden ist, wird das Zink mit

Natriumchinaldinat gefällt (vgl. § 8, S. 125). Der Niederschlag wird zentrifugiert, mehrmals mit Aceton gewaschen und im Zentrifugenglas bei 100° getrocknet. Dann wird er unter leichtem Erwärmen in 2 cm³ Eisessig, der wenigstens 99,5% ig sein soll, gelöst und in einen 50 cm³ fassenden Rundkolben gebracht. Man gibt nun 1 g Phthalsäureanhydrid, 1,5 g Naphthalin und 0,5 g Zinkspäne zu und kocht 20 Min. lang am Rückflußkühler. Die Lösung wird in einen 25 cm³-Meßzylinder dekantiert, der Kolben mit einem Gemisch aus gleichen Teilen Aceton und 95% igem Alkohol gewaschen und die klare gelbe Lösung colorimetriert. Gleichzeitig setzt man in entsprechender Weise eine Vergleichslösung mit den benutzten Reagenzien an.

Von natürlichen Wässern verwendet man 250 oder 500 cm³, säuert mit 2,5 cm³ 10 n Salzsäure an und kocht 5 Min. Nach dem Abkühlen versetzt man mit 0,2 g Weinsäure und 1 cm³ einer 10% igen alkoholischen Resorcinlösung für je 100 cm³. Man bringt nunmehr in einen Scheidetrichter, stellt einen p_H-Wert von etwa 9 ein und verfährt weiter, wie oben beschrieben wurde.

***Bemerkungen.* I. Die Reagenzien.** *Dithizonlösung.* 0,1 g Dithizon in 100 cm³ Chloroform. — *Natriumchinaldinatlösung.* 0,2 g Chinaldinsäure werden in Wasser gelöst und mit 0,1 n Natronlauge gegen Phenolphthalein neutralisiert.

II. Störung durch andere Metalle. Kobalt und Nickel stören, Mangan dagegen stört nicht. Ebensowenig stören Phosphat-Ion und andere Anionen.

6. Bestimmung von Zinkspuren in Mineralwässern nach Heller, Kuhla und Machek.

Nach dieser Methode werden die Schwermetallspuren zunächst durch Extraktion mit Dithizonlösung angereichert. Die Dithizonkomplexe werden dann durch konzentrierte Salzsäure zerlegt und die Lösungen eingedampft; die organische Substanz wird zerstört und im Rückstand das gesuchte Metall polarographisch bestimmt.

Arbeitsvorschrift. Eine genügende Menge des zu untersuchenden Wassers wird auf 100 cm³ eingeengt. Diese Lösung wird mit Salzsäure angesäuert und in einem 250 cm³ fassenden Scheidetrichter mit 15 cm³ Dithizonlösung (5 mg Dithizon in 100 cm³ Tetrachlorkohlenstoff) ausgeschüttelt. Die Tetrachlorkohlenstoffschicht wird in einen trockenen Erlenmeyer-Kolben abgelassen und das Ausschütteln wiederholt, bis die grüne Farbe der Lösung bestehen bleibt. Zur Sicherheit wird dann nochmals mit 5 cm³ Dithizonlösung ausgeschüttelt.

Die so vom Kupfer befreite Lösung wird durch Zusatz 10% iger, mit Dithizon gereinigter Sodalösung soweit neutralisiert, daß eine schwache bleibende Trübung von EisenIII-hydroxyd auftritt (p_H etwa = 6). Nun wird mit 15 cm³ Dithizonlösung so oft ausgeschüttelt, bis die grüne Farbe längere Zeit bestehen bleibt, um dann einer nicht charakteristischen Färbung, die durch die Oxydation des Dithizons bedingt ist, Platz zu machen. Nun setzt man 1 Tropfen konzentrierte Salzsäure zu, schüttelt mit neuer Dithizonlösung aus und fährt so fort, bei immer neuem Salzsäurezusatz (bis zur Auflösung des Eisenhydroxyds) durch jeweiliges Ausschütteln die Metalle Wismut, Blei, Cadmium, Zink, Nickel und Kobalt in den Tetrachlorkohlenstoffextrakten anzureichern. Wenn größere Metallmengen zu extrahieren sind, verwendet man zweckmäßig zunächst eine konzentriertere Dithizonlösung mit einem Gehalt von 10 bis 20 mg Dithizon in 100 cm³ Tetrachlorkohlenstoff.

Das Rückschütteln der Metalle aus den vereinigten Extrakten erfolgt in der Weise, das dieselben in einen passenden Scheidetrichter gegossen werden, wobei man den Kolben einige Male mit wenig konzentrierter Salzsäure nachspült. Beim Schütteln gehen die Metalle in die salzsaure Lösung. Dieses Rückschütteln wird noch 2 mal mit kleinen Mengen konzentrierter Salzsäure (etwa $^1/_{10}$ vom Volumen der Tetrachlorkohlenstofflösung) wiederholt. Die Tetrachlorkohlenstoffschicht wird hierbei grün, die Salzsäureschicht dunkelviolett. Die vereinigten salzsauren Auszüge werden auf dem Wasserbad in einem 25 cm³ fassenden Becherglas eingedampft. Um die organische Substanz zu zersetzen, wird der Rückstand auf 300 bis 350° erhitzt. Durch

Zusatz von 1 cm³ Wasser und 1 Tropfen Brom wird die Zersetzung vervollständigt. Man nimmt den Rückstand mit Salzsäure auf, dampft nochmals ein und erhält so einen Rückstand, der sich leicht in Lösung bringen läßt. Er wird mit 2 cm³ 0,3 mol Salpetersäure behandelt, quantitativ in ein graduiertes Reagensglas übergeführt und auf 11 cm³ aufgefüllt. In Proben von 0,1 cm³ können polarographisch Cadmium sowie Blei und Wismut bestimmt werden.

Zur Bestimmung des Zinks werden von der verbleibenden Lösung genau 10 cm³ verwendet. Diese werden nach dem Vertreiben der Säure quantitativ in einen 100 cm³ fassenden Scheidetrichter gebracht. Man setzt sodann 0,5 g krystallisiertes Ammoniumoxalat und 2 Tropfen konzentriertes Ammoniak zu und schüttelt mit Dithizonlösung aus. Die Tetrachlorkohlenstofflösungen werden wieder, wie oben beschrieben, mit Salzsäure behandelt und eingedampft; die organische Substanz wird zerstört und der schließlich verbleibende Rückstand mit 5 cm³ 0,1 mol Kaliumchloridlösung versetzt. Die polarographische Aufnahme zeigt neben den von Wismut, Blei und Cadmium hervorgerufenen Stufen eine gut ausgebildete Zinkstufe.

Der Zinkwert berechnet sich nach folgender Formel:

$$w = \frac{M \cdot a \cdot m \cdot St_P \cdot E_T \cdot 1000}{St_T \cdot E_P}$$

Hierbei bedeutet M das Molekulargewicht des zu bestimmenden Stoffes, a das Gesamtvolumen der Probe in Kubikzentimetern, m die Molarität der Standardlösung, E_P die Galvanometerempfindlichkeit bei der Probeaufnahme, E_T diejenige bei der Standardaufnahme, St_P und St_T bezeichnen die entsprechenden Höhen der Stufen, und w gibt die Anzahl Gamma des gesuchten Stoffes an. Der so ermittelte Wert w ist noch mit $^{11}/_{10}$ zu multiplizieren.

Bemerkung. **Genauigkeit.** Die Methode gestattet, eine Anzahl von Schwermetallen, wie Zink, Nickel, Kobalt, Cadmium, Wismut, Kupfer und Blei, in Mineralwässern in Mengen bis zu 10 γ nebeneinander mit einer Fehlerbreite von $\pm$ 20% zu bestimmen, und zwar in Gegenwart der in den Wässern vorhandenen wesentlich größeren Mengen anderer Stoffe, wie der Alkalimetalle, Erdalkalimetalle, des Eisens, Mangans usw. Von den Metallen Kupfer, Wismut, Blei, Cadmium, Zink, Nickel und Kobalt kann jedes auch dann quantitativ ermittelt werden, wenn alle anderen der genannten Metalle in etwa der 10fachen Menge des gesuchten vorhanden sind.

7. Bestimmung des Zinks in Wasser nach Gad und Naumann.

Arbeitsvorschrift. Man verdünnt 5 cm³ des zu untersuchenden Wassers mit zinkfreiem, destilliertem Wasser auf 50 cm³ und setzt unter Umschütteln nacheinander 0,5 cm³ 10%ige Seignettesalzlösung, 1 cm³ 20%ige Kaliumhydrogencarbonatlösung und 0,5 cm³ einer 0,05%igen Lösung von Dithizon in absolutem Alkohol zu und vergleicht mit gleich behandelten Lösungen bekannten Zinkgehaltes. Der günstigste Meßbereich liegt bei 0,02 bis 1 mg Zink.

Bemerkungen. Bis zu 10 mg Eisen oder Blei im Liter stören nicht, ebenso wenig bis zu 3 mg Mangan. Bei Anwesenheit von mehr als 1 mg Kupfer im Liter muß dieses zuerst aus der angesäuerten Lösung ausgeschüttelt werden, oder man muß einen Ausgleich der Färbung durch Zusatz der gesondert ermittelten Kupfermengen bewirken.

G. Gewichtsanalytische Bestimmung des Zinks nach Wassermann und Ssuprunowitsch.

Die Methode beruht darauf, daß die Zinksalzlösung mit einer Lösung von Dithizon in 0,1 n Lauge gefällt wird. Nach kurzem Stehen wird das ausgeschiedene Komplexsalz abfiltriert, 2- bis 3mal mit verdünntem Ammoniak und dann mit Wasser aus gewaschen bis zum Verschwinden der Rotfärbung des Waschwassers. Der Niederschlag wird im Vakuumexsiccator über Schwefelsäure bis zur Gewichtskonstanz getrocknet und dann gewogen. Die Resultate sollen sehr genau sein.

H. Bestimmung des Zinks neben anderen Metallen.

Die Bestimmung des Zinks neben Elementen, die mit Dithizon keine Komplexverbindungen bilden (wie z. B. Magnesium, Mangan, Eisen III, Chrom III, Arsen), läßt sich ohne weiteres nach den verschiedenen beschriebenen Verfahren durchführen. Bei den colorimetrischen Verfahren und bei den maßanalytischen Verfahren ist es zweckmäßig, die vereinigten Extrakte vor ihrer Weiterverarbeitung 1- bis 2mal mit destilliertem Wasser zu waschen, um anhaftende Reste der Begleitmetalle zu entfernen. Es ist so möglich, das Zink noch in Gehalten von 10^{-2} bis 10^{-3}% mit recht guter Übereinstimmung zu bestimmen. Jedoch ist auch die Bestimmung von Zehntelprozenten und Prozenten durchaus möglich.

Die Ausführung der Zinkbestimmung nach den oben gegebenen Vorschriften können folgende Metalle hindern: Kupfer, Quecksilber und die Edelmetalle, ferner Wismut, Cadmium, Zinn II, Thallium I, Kobalt und, in größeren Mengen, auch Blei und Nickel.

1. Bestimmung neben Kupfer, Quecksilber und den edlen Metallen.

Die Bestimmung läßt sich durchführen, indem man die genannten Metalle zunächst durch Reduktion mit unterphosphoriger Säure (oder deren Salzen) abscheidet.

Arbeitsvorschrift. 10 bis 20 cm³ der schwach mineralsauren Lösung, die Zink und das reduzierbare Metall enthält, versetzt man mit etwa 1 bis 2 cm³ einer 10%igen Natriumhypophosphitlösung, die zuvor mit Dithizon zinkfrei gemacht wurde, und erhitzt unter Umrühren zum Sieden. Man hält einige Minuten bei Siedetemperatur, bis das ausgeschiedene Metall sich grobflockig zusammengeballt hat. Dann filtriert man durch ein aschefreies Filter und wäscht mit etwas Wasser nach. Das mit dem Waschwasser vereinigte Filtrat wird mit einigen Kubikzentimetern einer stärkeren Dithizonlösung (z. B. 10 mg Dithizon in 100 cm³ Tetrachlorkohlenstoff) extrahiert, bis das Reagens rein grün bleibt. Hierdurch werden die in der Lösung verbliebenen Reste des edleren Metalles entfernt. Nachdem die wäßrige Lösung anschließend mit Natriumacetatlösung in der in Abschnitt A beschriebenen Weise gepuffert worden ist, kann das Zink quantitativ extrahiert und bestimmt werden. Für die Bestimmung eignen sich die colorimetrische Methode und die Mischfarbenmethode am besten. Bei der indirekten Titration mit Silbernitrat muß das anhaftende Hypophosphit mit destilliertem Wasser vollständig ausgewaschen werden, was etwas unbequem ist.

Bemerkungen. Die **Genauigkeit** ist etwas geringer als bei den übrigen Zinkbestimmungen, was wohl darauf beruht, daß meistens eine geringe Menge Zink von den Metallniederschlägen mitgerissen wird. Mit einem Fehler von — 5% bis — 10% sind die Ergebnisse in den meisten Fällen durchaus befriedigend, wenn man berücksichtigt, daß Zinkmengen von rund 6 bis 37 γ neben 10 mg Kupfer bzw. 15 mg Quecksilber bzw. 100 mg Silber bestimmt wurden.

Die Bestimmung des Zinks neben Gold und Palladium dürfte sich auch auf diese Weise ausführen lassen.

2. Bestimmung neben Silber, Quecksilber, Kupfer, Wismut und Blei.

Die Bestimmung gelingt nach Tarnung dieser Metalle mit Natriumthiosulfat. Infolge teilweiser Komplexbildung mit dem Thiosulfat reagiert das Zink allerdings träger als bei Abwesenheit dieses Salzes. Man muß also bei der Extraktion besonders sorgfältig durchmischen, indem man z. B. kurz vor Beendigung der Extraktion, beim ersten Auftreten der Grünfärbung, 1 Min. lang schüttelt.

Die Vorbereitungen zur Extraktion sind dieselben wie bei den oben geschilderten Verfahren. Die zur Tarnung erforderliche Menge Thiosulfat gibt man zu der mit Acetat gepufferten Lösung in Form einer Lösung von 50 g krystallwasserhaltigem Natriumthiosulfat in 100 cm³ Wasser zu. Die Thiosulfatlösung wird vorher mit Dithizon zinkfrei gemacht. Man verwendet zweckmäßig auf

1 mg Kupfer . .	etwa 500 bis 600 mg Thiosulfat
1 mg Quecksilber	„ 650 bis 750 „ „
1 mg Wismut . .	„ 300 bis 350 „ „
1 mg Silber . . .	„ 50 bis 60 „ „
1 mg Blei . . .	„ 32 bis 40 „ „

Es ist übrigens empfehlenswert, auch in solchen Fällen eine geringe Menge (250 mg) Thiosulfat zuzusetzen, wo die genannten Metalle nicht als Hauptbestandteile der zu untersuchenden Substanz vorliegen. Gewisse Metalle, besonders Kupfer, treten sehr häufig spurenweise als Verunreinigungen auf. Bei Anwendung des Thiosulfatzusatzes ist die vorherige Extraktion mittels Dithizons aus mineralsaurer Lösung zur Abtrennung dieser Verunreinigungen nicht nötig.

Die durch die Extraktion erhaltenen, vereinigten Extrakte dürfen zunächst nicht mit destilliertem Wasser gewaschen werden. Da nämlich die tarnende Wirkung des Thiosulfates mit zunehmendem p_H-Wert stark abnimmt, um in neutralen oder alkalischen Lösungen überhaupt zu verschwinden, würde beim Waschen mit Wasser eine verdünnte, nahezu neutrale Lösung der noch anhaftenden Metallmengen entstehen, die nun trotz Anwesenheit von Natriumthiosulfat mit Dithizon reagieren würde. Bei den edleren Metallen könnte sogar der Fall eintreten, daß diese sich mit dem Zinkdithizonat umsetzen und somit das Zink aus der Tetrachlorkohlenstoffphase verdrängen.

Daher verwendet man zum Auswaschen eine schwach saure Thiosulfatlösung: Man mischt 300 cm³ 5%ige Natriumacetatlösung, 10 cm³ 50%ige Natriumthiosulfatlösung und 40 cm³ 10%ige Salpetersäure. Das Gemisch wird mit Dithizon gereinigt.

Mit dieser Waschflüssigkeit werden die vereinigten Extrakte 2- bis 3mal gewaschen, wobei jedesmal 5 cm³ verwendet werden. Soll das Zink nach dem colorimetrischen Verfahren, welches bei Anwendung von Thiosulfat den anderen Methoden vorzuziehen ist, bestimmt werden, dann muß noch 1mal mit destilliertem Wasser und wenigstens 2mal mit Natriumsulfidlösung nachgewaschen werden.

Im Falle der indirekten Titration muß nach der Behandlung mit Natriumsulfidlösung so lange mit destilliertem Wasser nachgewaschen werden, bis die abgetrennte wäßrige Schicht sulfidfrei ist. Dieses mehrmalige Auswaschen macht das Verfahren unbequem.

Die Mischfarbenmethode gibt bei Anwesenheit von Natriumthiosulfat leicht unsichere Werte. Es ist häufig nicht zu verhindern, daß ganz geringe Mengen der Dithizonate der zu tarnenden Metalle entstehen und in den Extrakt gelangen. Die dadurch bewirkte Veränderung des Farbtones erschwert die quantitative Bestimmung des Zinks mit Hilfe der Mischfarben.

Bei der Bestimmung des Zinks neben Thiosulfat bildet sich mitunter etwas Metallsulfid als Sol oder flockige Trübung durch Zersetzung des komplexen Thiosulfates. Die Extraktion des Zinks wird aber durch diese Erscheinung nicht beeinträchtigt, wenn man die Tetrachlorkohlenstoffphase möglichst sauber ohne Mitnahme von Sulfidteilchen abtrennt. Anhaftende Reste der Tetrachlorkohlenstofflösung werden durch Nachwaschen mit reinem Tetrachlorkohlenstoff erfaßt.

Es gelingt, nach Tarnung mit Natriumthiosulfat in den genannten Metallen noch Zinkgehalte von 10^{-2} bis 10^{-3}% zu bestimmen.

Arbeitet man nach HIBBARD mit einer Dithizon-Chloroform-Lösung, so ist es nicht möglich, Zink neben Blei dadurch zu bestimmen, daß man die Extraktion bei bestimmten p_H-Werten ausführt, da sich die p_H-Gebiete, innerhalb deren diese Metalle durch Dithizon-Chloroform-Lösung extrahiert werden, überschneiden.

Man verfährt wie folgt: Die Lösung wird ammoniakalisch gemacht und in der üblichen Weise mit Dithizonlösung extrahiert. Nachdem das überschüssige Dithizon mit 0,02 n Ammoniaklösung ausgewaschen ist, wird die Chloroformlösung mit 2 cm^3 einer 5%igen Kaliumrhodanidlösung geschüttelt und dann abgetrennt. Das Blei verbleibt in der Chloroformschicht, die mit wenig Wasser gewaschen und dann abgetrennt wird. Die Waschflüssigkeit wird zur wäßrigen Rhodanidlösung gegeben, welche das Zink enthält. Diese wäßrige Lösung verdampft man auf dem Wasserbad zur Trockne. Zum trockenen Rückstand gibt man 1 bis 2 cm^3 1 n Salzsäure und etwas Wasser und erhitzt einige Minuten. Nach dem Erkalten kann das Zink in der üblichen Weise mit Dithizon bestimmt werden.

Bei der Bestimmung von Zink neben Kupfer arbeitet man nach HIBBARD zunächst wie bei der einfachen Zinkbestimmung. Dabei werden Zink und Kupfer gleichzeitig extrahiert. Dann entfernt man die Hauptmenge des überschüssigen Dithizons durch Schütteln mit 0,02 n Ammoniak, schüttelt hierauf die Chloroformlösung mit etwa 5 cm^3 0,5 n Salzsäure und läßt sie in einen zweiten Scheidetrichter fließen. Die im ersten Trichter verbliebene Säure wäscht man mit etwas Chloroform, das man dann zur ersten Chloroformlösung gibt. Die vereinigten Chloroformlösungen werden nochmals mit 5 cm^3 0,5 n Salzsäure geschüttelt. Dann läßt man die Chloroformschicht, die das Kupfer enthält, ab und vereinigt die beiden wäßrigen, sauren Lösungen, die das Zink enthalten. Dieses kann dann in der beschriebenen Weise mit Dithizon bestimmt werden. Die Trennung ist allerdings nicht ganz exakt, insofern als eine Spur Zink beim Kupfer und umgekehrt eine Spur Kupfer beim Zink zu bleiben scheint.

Eine einfachere, aber weniger genaue Trennung ist bei Abwesenheit von Eisen, Calcium usw. möglich, indem man die Lösung auf den p_H-Wert 3 bringt, mit 2 cm^3 einer 25%igen Natriumacetatlösung versetzt und 3- bis 4mal mit Dithizonlösung extrahiert, wobei das Kupfer entfernt wird, während das Zink in der wäßrigen Lösung verbleibt.

3. Bestimmung neben Cadmium, Zinn, Nickel, Kobalt, Thallium und Aluminium.

Beim Cadmium führt die Tarnung mit Natriumthiosulfat nicht zum Ziel. Neben einem geringen Cadmiumüberschuß (z. B. 70 γ Cadmium neben 6 bis 20 γ Zink) kann das Zink jedoch direkt ohne Tarnung colorimetrisch einwandfrei bestimmt werden. Man muß aber den Zink und Cadmium enthaltenden Extrakt zur vollständigen Entfernung des Cadmiums 5- bis 6mal mit Natriumsulfidlösung waschen. 2wertiges Zinn, das ähnlich wie Zink reagiert, wird durch Abrauchen mit einem Gemisch von Brom und Bromwasserstoffsäure als 4wertiges Zinn verflüchtigt. Zu diesem Zweck wird das als Metall oder ZinnII-chlorid vorliegende Zinn mit einer Lösung von 20 cm^3 Brom in 100 cm^3 konzentrierter Bromwasserstoffsäure auf dem Wasserbad zur Trockne abgeraucht. Auf 100 mg Zinn verwendet man 5 cm^3 der Brom-Bromwasserstoff-Lösung. Der Rückstand wird mit 1 cm^3 Königswasser aufgenommen und nochmals abgeraucht. Man löst dann in 0,5 cm^3 10%iger Salpetersäure, verdünnt etwas mit destilliertem Wasser, puffert in der üblichen Weise mit Natriumacetat und bestimmt das Zink. Ein Gehalt von 10^{-3}% Zink läßt sich noch bequem bestimmen.

Die Bestimmung des Zinks neben einem größeren Überschuß an Nickel ist möglich, wenn man eine doppelte Extraktion ausführt. Man extrahiert zunächst unter den üblichen Bedingungen, bis die Dithizonlösung keinen violetten, sondern ständig einen schmutzig braungrünen Ton zeigt. Die vereinigten Extrakte wäscht man mit destilliertem Wasser und dann 2mal mit je etwa 2,5 cm^3 verdünnter Salzsäure. Bei der Behandlung mit Säure geht das Zink wieder in die wäßrige Schicht über. Man trennt die saure Schicht sorgfältig ab und verdampft sie auf dem Wasserbad zur Trockne. Sodann nimmt man den Rückstand mit 0,5 cm³ 1 n Salzsäure auf, setzt 6 cm³ 5% ige Natriumacetatlösung zu und bestimmt das Zink in dieser Lösung in der üblichen Weise.

Auf diesem Wege lassen sich noch Zehntelprozente Zink im Nickel bestimmen. Bei noch geringeren Zinkgehalten muß die Bestimmung in Gegenwart von Cyanid wie folgt ausgeführt werden:

Man neutralisiert die schwach saure Lösung annähernd mit verdünnter Ammoniaklösung, deren Zinkgehalt durch eine Blindprobe zu ermitteln ist. Dann gibt man so viel 5% ige Kaliumcyanidlösung zu, daß der entstandene Niederschlag wieder gelöst wird. Man säuert nun durch tropfenweisen Zusatz von 15% iger Salpetersäure vorsichtig an, bis Kongopapier soeben wieder blau wird, und gibt Natriumacetatlösung zu (etwa die Hälfte des Volumens der zu untersuchenden Lösung im Umschlagspunkt). — Es ist darauf zu achten, daß beim Ansäuern ein Säureüberschuß über die Acidität beim Umschlagspunkt vermieden wird. Der sonst unter Umständen ausfallende schleimige Niederschlag reißt leicht das vorhandene Zink fast vollständig mit, so daß die Extraktion des Zinks mißlingt. Bei vorsichtigem Ansäuern bleibt die Lösung jedoch klar, und die quantitative Bestimmung des Zinks kann ohne Schwierigkeit erfolgen.

Die Trennung der beiden Schichten geht etwas langsamer vor sich als bei Abwesenheit von Kaliumcyanid. Man läßt deshalb im Scheidetrichter einige Minuten stehen. — Für die Tarnung von 100 mg Nickel reichen etwa 13 cm³ einer 5% igen Kaliumcyanidlösung aus.

Die Bestimmung des Zinks neben Kobalt geschieht in der gleichen Weise wie neben Nickel. Zur Tarnung von 100 mg Kobalt braucht man 14 cm³ der 5% igen Kaliumcyanidlösung.

Bei der Bestimmung des Zinks neben größeren Mengen Thallium arbeitet man zweckmäßig mit doppelter Extraktion, wie oben für die Bestimmung neben Nickel beschrieben wurde.

Die Bestimmung des Zinks neben Aluminium bereitet keine grundsätzlichen Schwierigkeiten, da das Aluminium kein komplexes Dithizonat bildet. Jedoch erfolgt die Extraktion des Zinks in der vorschriftsmäßig gepufferten, aluminiumhaltigen Lösung langsamer als unter gewöhnlichen Bedingungen. Man muß deshalb sehr sorgfältig durchschütteln. Bei Anwesenheit sehr großer Aluminiummengen (100 mg und mehr) extrahiert man besser aus einer tartrathaltigen, schwach ammoniakalischen Lösung (Nähe des Lackmusumschlages). Nötigenfalls muß der Zinkgehalt der Ammoniaklösung durch einen Blindversuch ermittelt werden. Die Extraktion des Zinks und etwa vorhandener anderer Schwermetalle erfolgt bei dieser Arbeitsweise sehr rasch. Der Extrakt wird mit verdünnter Mineralsäure gewaschen, wobei das Zink quantitativ in die wäßrige Schicht übergeht. Diese wird abgetrennt und mit Acetat gepuffert. Das Zink wird dann in der üblichen Weise extrahiert und bestimmt.

Literatur.

ALLPORT, N. L. u. C. O. B. MOON: Analyst **64**, 395 (1939).
BIDDLE, D. A.: Ind. eng. Chem. Anal. Edit. **8**, 99 (1936).
CONE, W. H. u. L. C. CADY: Am. Soc. **49**, 2214 (1927).
DECKERT, W.: Fr. **100**, 385 (1935).
FISCHER, H.: (a) Angew. Ch. **42**, 1025 (1929); (b) **46**, 442 (1933); (c) **47**, 685 (1934); (d) **50**, 919 (1937). — FISCHER, H. u. G. LEOPOLDI: (a) Fr. **107**, 241 (1936); (b) Met. Erz **35**, 86, 119 (1938). — FISCHER, H. u. W. WEYL: Wiss. Veröffentl. Siemens-Konzern **14**, 41 (1935).
GAD, G. u. K. NAUMANN: Gas- und Wasserfach **82**, 168 (1939). — GRUBITSCH, H. u. J. SINIGOJ: Fr. **114**, 30 (1938).
HELLER, K., G. KUHLA u. F. MACHEK: Mikrochemie **18**, 193 (1935). — HIBBARD, P. L.: Ind. eng. Chem. Anal. Edit. **9**, 129 (1937).

KENT-JONES, D. W. u. C. W. HERD: Analyst **58**, 152 (1933).
LANG, R.: Fr. **79**, 161 (1929).
SCHWAIBOLD, J., B. BLEYER u. G. NAGEL: Bio. Z. **297**, 324 (1938). — SCHWAIBOLD, J. u. A. LESMÜLLER: Bio. Z. **300**, 331 (1938/39). — SCHWAIBOLD, J. u. G. NAGEL: Vorratspflege u. Lebensm.-Forschg. **2**, 231 (1939). — STROHECKER, R., H. RIFFART u. J. HABERSTOCK: Z. Lebensm. **74**, 155 (1937). — SYLVESTER, N. D. u. E. B. HUGHES: Analyst **61**, 734 (1936).
WASSERMANN, I. S. u. I. B. SSUPRUNOWITSCH: Ukrain. chem. J. **9**, 330 (1934); durch C. **106 II**, 3268 (1935). — WESTERHOFF, H.: Bodenkunde Pflanzenernähr. **7**, 370 (1938). — WILKINS, V. E. S., C. E. WILLOUGHBY, E. O. KRAEMER u. F. L. SMITH: Ind. eng. Chem. Anal. Edit. **7**, 33 (1935). — WÖLBLING, H. u. B. STEIGER: Angew. Ch. **46**, 279 (1933).

§ 12. Bestimmung des Zinks unter Verflüchtigung als Metall.

Allgemeines.

Das Zink zeigt wie das Cadmium eine Flüchtigkeit, die es gestattet, diese Metalle ohne Mühe zu verdampfen und auch ohne besondere Maßnahmen wieder völlig zu kondensieren. *Es ist also naheliegend, das Zink durch Verdampfung von schwer flüchtigen Metallen zu trennen und so zu bestimmen. Die Verdampfung kann hierbei im Vakuum oder im Wasserstoffstrom erfolgen.*

Die Verflüchtigung durch Erhitzen im Wasserstoffstrom wurde bereits 1853 von BOBIERRE zur Bestimmung des Zinks in Messing und Bronze vorgeschlagen. Während BOBIERRE behauptete, daß das Blei sich nicht mit verflüchtige, stellte später BURSTYN fest, daß dies doch der Fall ist.

Mit der Bestimmung des Zinks durch Verdampfungsanalyse haben sich ferner PERCY und später MAKINS sowie ROSE und auch SHIBATA und KAMIFUKU befaßt. Nach den Arbeitsvorschriften dieser Autoren wird eine gewogene Menge der Zinklegierung, gewöhnlich mit einem Zusatz von Zinn, in Kohle eingebettet erhitzt und das zurückbleibende Metallkorn ausgewogen.

Während eine Bestimmung nach diesen älteren Methoden längere Zeit in Anspruch nimmt, konnte TURNER die Analyse im Vakuum in 45 Min. durchführen, und BOGDANDY und POLANYI gelang es sogar, die Erhitzungszeit auf 6 Min. zu verringern, dadurch daß sie eine geeignete Temperatur und Hochvakuum benutzten.

Bestimmungsverfahren.

A. Bestimmung unter Verflüchtigung im Vakuum.

1. Methode von BOGDANDY und POLANYI.

Auf Grund der Tatsache, daß beim Schmelzpunkt des Kupfers (1083°) der Dampfdruck des Zinks 5 Atmosphären, der des Bleis 5 mm, der des Kupfers und Eisens nur 0,001 mm beträgt, läßt sich das Zink in Messing durch Verflüchtigung im Vakuum leicht und genau bestimmen.

***Arbeitsvorschrift.* Apparatur.** Die Autoren benutzen dazu den abgebildeten Apparat (Abb. 7), der aus einem zylindrischen Behälter *c* aus Quarzglas besteht und einen engeren Bodenansatz *b* besitzt, in den das Quarzwägeröhrchen *a* mit der Substanz gebracht wird. Dieser Behälter wird mittels Schliffs und einer kühlbaren Dichtungsmuffe *d* an eine Hochvakuumpumpe angeschlossen. Die Heizung des Teiles *b* erfolgt durch einen elektrischen Ofen.

Arbeitsweise. Das Wägeröhrchen *a* wird mit einer Probe von 150 bis 200 mg, die aus Bohrspänen oder Granalien bestehen kann, beschickt, in den Behälter *b* gebracht und der Apparat an die Pumpe angeschlossen. Man wartet einige Augenblicke, bis der Apparat evakuiert ist, und schiebt dann den auf 1190° vorgeheizten Ofen über den Gefäßteil *b*. Das Erhitzen soll so geregelt werden, daß die Probe in etwa 4 Min. geschmolzen ist, während innerhalb weiterer 2 bis 3 Min. keine Spur eines Kupferspiegels außerhalb des Wägeröhrchens entstehen darf. Nach 6 Min. entfernt man den Ofen, kühlt den Behälter mit Wasser ab, nimmt das Wägeröhrchen heraus und wägt es. Der Gewichtsverlust entspricht dem vorhandenen Zink.

***Bemerkungen.* I. Genauigkeit.** Bei der Analyse einer Messingprobe mit einem Gehalt von 49,46% Zink wurden 49,44 bis 49,52% gefunden.

II. Arbeitsweise bei Anwesenheit von Blei. Das Blei wird mit dem Zink gemeinsam verflüchtigt. Entsprechend seiner geringeren Flüchtigkeit scheidet sich das Blei gleich über der Ofenmündung ab, das Zink dagegen in dem vom Ofen entfernteren Rohrteil. Dies Verhalten kann man benutzen, um die beiden Metalle zu trennen. Zu diesem Zweck wird das Wägeröhrchen mit der Substanz in ein einseitig geschlossenes Einsatzrohr aus Quarz gebracht, welches etwa die Länge des Teiles *b* hat (s. Abb. 7). Das so beschickte Einsatzrohr wird in den Apparat gebracht und die Analyse in der beschriebenen Weise ausgeführt. In dem aus dem Ofen herausragenden Teil des Einsatzrohres befinden sich dann das gesamte Blei und ein Teil des Zinks. Man kann dieses von dem Blei trennen, indem man den Teil *b* und somit das Einsatzrohr ganz in den Ofen bringt, der hierbei eine Temperatur von 600° haben soll. Etwa beim Blei verbliebene Zinkreste verflüchtigen sich, während das Blei zurückbleibt und durch Wägung des Einsatzrohres bestimmt wird.

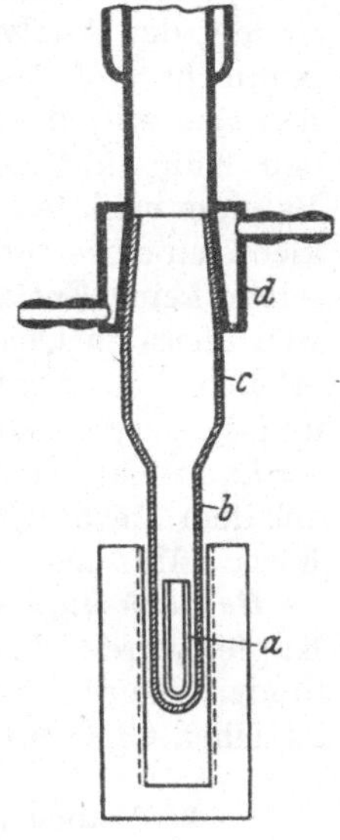

Abb. 7.

2. Modifizierte Methode von Schuhknecht.

Schuhknecht hat festgestellt, daß das Analysenmaterial häufig verspritzt und daß überdies regelmäßig Kupferverluste durch Verdampfen eintreten. Um diese zu vermeiden, wird das Temperaturgefälle des elektrischen Ofens so ausgenutzt, daß das Messing wohl über seine Zersetzungstemperatur erhitzt wird, das Ende des Wägeröhrchens jedoch stets eine Temperatur hat, bei welcher der Kupferdampf praktisch vollständig kondensiert wird, Zink- und Bleidampf dagegen aber sich noch nicht verdichten. Dies wird dadurch erreicht, daß der Quarztiegel nur so tief in den auf 1190° erhitzten Ofen eingeführt wird, daß sich das obere Ende des Wägerohres mit dem Rande des Ofens in gleicher Höhe befindet. Am unteren Ende des Wägerohres wurde hierbei im luftgefüllten Apparat 1085°, am oberen Ende 620° gemessen.

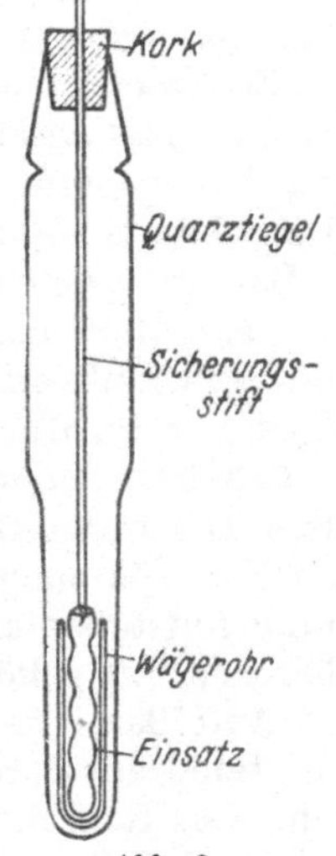

Abb. 8.

Um das Spritzen des Analysenmaterials zu vermeiden, wird die Stauung des Dampfes über dem Messing vergrößert. Hierdurch erfolgt eine Bremsung der anfangs zu heftigen Zinkdampfbildung. Man erreicht dies, indem man über das Analysengut einen Einsatzkörper in das Wägeröhrchen bringt. Dieser Einsatzkörper besteht aus einem unten geschlossenen, mit mehreren Einschnürungen versehenen Quarzröhrchen (Abb. 8). Durch einen Sicherungsstift aus Quarz, der in einem durchbohrten, seitlich eingeschnittenen Kork verschiebbar ist, wird das Einsatzröhrchen in seiner Lage festgehalten. Obwohl das Entweichen des Zinkdampfes dadurch erschwert ist, genügen 6 Min. zum Zersetzen von 0,1 bis 0,2 g Legierung.

Während neue Quarzröhrchen gegen Zinkdampf ziemlich widerstandsfähig sind, beobachtet man nach längerer Einwirkung, d. h. wenn die Oberfläche rauh und krystallin geworden ist, daß die Röhrchen vom Zinkdampf unter Gewichtsverminderung angegriffen werden. Diese Gewichtsverminderung kann man verhindern, wenn man das Quarzrohr und den Einsatz vor jeder Bestimmung im Leuchtgas-Sauerstoff-Gebläse kurze Zeit ausglüht, wobei die Oberfläche des Quarzes sintert.

Arbeitsvorschrift. Man erhitzt zunächst das Wägerohr und einen passenden Einsatz in der Flamme des Leuchtgas-Sauerstoff-Gebläses bis zur beginnenden Weißglut. Nach dem Erkalten wird das Rohr mit dem Einsatz gewogen. Sodann wird das Wägeröhrchen mit 0,1 bis 0,2 g der Legierung beschickt und nach dem Einführen des Einsatzkörpers abermals gewogen. Letzterer soll bequem im Rohr Platz finden; das Analysengut darf also nur den untersten Teil des Rohres einnehmen. Nunmehr wird das Wägeröhrchen mit einer Glasschaufel in den waagerecht gehaltenen Quarztiegel eingeführt und mittels des Sicherungsstiftes gesichert. Man setzt in den Kühlschliff ein und evakuiert mit einer Diffusions-Stufenstrahlpumpe. Das Vakuum prüft man mit einem Entladungsrohr, dessen Elektroden mit den Sekundärklemmen eines Induktoriums von 3 cm Schlagweite verbunden sind. Wenn in demselben keine Entladungen mehr übergehen, wird der auf 1190° angeheizte Ofen so weit über den Quarztiegel geschoben, daß sich sein Rand in gleicher Höhe mit dem offenen Ende des Wägerohres befindet. Nach 6 Min. wird der Ofen wieder entfernt und der Tiegel sodann durch Eintauchen in Wasser abgeschreckt. Etwa 30 Sek. später kann man das Vakuum aufheben. Man nimmt das Wägeröhrchen samt Einsatz aus dem Tiegel heraus und läßt auf einem Kupferblock neben der Waage erkalten. Etwa 5 Min. nach der Unterbrechung des Versuches wird gewogen.

Bemerkung. **Genauigkeit.** Bei der Analyse eines Messingbleches mit 63,98% Kupfer wurden bei einer Erhitzungsdauer von 6 Min. 63,84 bis 63,95% Kupfer gefunden. Wurde das Erhitzen auf 9 bis 15 Min. ausgedehnt, so lagen die Resultate zwischen 63,85 und 64,09%.

3. Bestimmung des Zinks in Erzen und Hüttenprodukten nach Töpelmann.

Töpelmann benutzt als Reaktionsgefäß ein einseitig geschlossenes Eisenröhrchen von 80 mm Länge, 7 mm lichter Weite, 1 mm Wandstärke und 3 mm dickem Boden. Als Reduktionsmittel dient eine Mischung von 9 Teilen Eisenpulver (ferrum reductum pro analysi) und 1 Teil reinem gepulverten Zinn. Dieses macht die Reaktionsmasse dünnflüssiger und verhindert, daß sie am Eisenröhrchen anbäckt. Um das Verspritzen der Substanz zu vermeiden, wird das Reaktionsgemisch mit einer mehrere Zentimeter hohen Schicht von gekörntem Quarz bedeckt. Dann wird ein durchlochtes Porzellanscheibchen aufgesetzt, das durch ein 0,2 mm dickes Stahldrähtchen festgehalten wird, das man durch vier Löcher dicht unter dem oberen Rand des Eisenrohres spannt.

Das Analysenmaterial darf geringe Mengen (bis etwa 1%) Wasser oder Kohlensäure enthalten, die durch Vorerhitzen im Vakuum entfernt werden, ohne daß dabei merkliche Zinkverluste eintreten. Größere Mengen flüchtiger Bestandteile müssen jedoch vor der Analyse durch Erhitzen entfernt werden.

Arbeitsvorschrift. Ein Teil des zinkhaltigen Erzes oder Hüttenproduktes wird mit 4 Teilen des Reduktionsgemisches im Achatmörser verrieben. Dann wird das leere Eisenröhrchen gewogen. Man füllt etwa 2 g der Mischung ein und wägt abermals. Durch Aufstoßen auf den Tisch wird das Pulver zusammengerüttelt und dann das Röhrchen mit gekörntem Quarz vollgefüllt. Nach mehrmaligem Zusammenrütteln und Auffüllen legt man das Porzellanscheibchen auf und befestigt es, indem man den Stahldraht durch die Löcher des Eisenrohres zieht und seine Enden zusammendreht. Das Röhrchen wird nun zum dritten Male gewogen und dann an dem Stahldraht in den Quarztiegel der Hochvakuumapparatur nach Bogdandy und Polanyi eingehängt, und zwar so, daß sein unteres Ende sich 2 bis 3 mm über dem Boden des Quarztiegels befindet. Zum Aufhängen dient ein an einem Korken befestigtes Glasröhrchen, das in ein Häkchen endet.

Nun werden zunächst durch schwaches Erhitzen die letzten Spuren Feuchtigkeit und Kohlensäure aus der Substanz entfernt. Zu diesem Zweck setzt man den Quarztiegel in den Kühlschliff ein, stellt das Vakuum her und führt den Tiegel so weit in den auf 1200° geheizten Ofen ein, daß der Boden des Eisenrohres sich in gleicher Höhe mit dem Ofenrand befindet. Nach 5 Min. schiebt man den Ofen höher, so daß das Eisenrohr 20 mm in den Ofen eingesenkt ist. Wenn im GEISSLER-Rohr keine Entladungen mehr auftreten, dann ist die Gasabgabe beendet. Spätestens 10 Min. nach dem Einsenken auf 20 mm entfernt man den Ofen, sperrt das Vakuum ab, kühlt den Quarztiegel durch kaltes Wasser ab und läßt durch einen Vierweghahn und eine Capillarleitung Stickstoff in den Quarztiegel strömen, bis die Entladungen im GEISSLER-Rohr einen Druck von 1 bis 3 mm anzeigen. Nach und nach läßt man mehr Stickstoff einströmen, so daß 7 Min. nach Entfernung des Ofens der Druck auf 10 bis 20 mm gestiegen ist. Nun läßt man durch den Vierweghahn trockene Luft einströmen, bis nach weiteren 3 Min. Atmosphärendruck erreicht ist. Dann wird der Quarztiegel aus dem Kühlschliff entfernt, das Eisenrohr herausgenommen und gewogen.

Das Röhrchen wird nunmehr wieder in den Quarztiegel eingehängt und dieser evakuiert. Dann schiebt man den auf 1200° geheizten Ofen so weit über den Quarztiegel, daß das Eisenrohr 50 mm tief in den Ofen eintaucht. Die Stromstärke des Ofens wird so weit erhöht, daß er nach 3 Min. wieder eine Temperatur von 1200° erreicht hat, die man konstant hält. Während der ersten Minuten entweichen nochmals Gasspuren. Nach etwa 6 Min. bildet sich im erweiterten Teil des Quarztiegels der Zinkspiegel. Nach 40 Min. ist praktisch alles Zink ausgetrieben. Dann wird, wie oben beschrieben, gekühlt und das Rohr zurückgewogen.

***Bemerkungen.* I. Genauigkeit.** Nach dieser Arbeitsweise werden brauchbare Ergebnisse auch mit bleihaltigem Material erhalten, da das Blei praktisch vollständig in der Quarzfüllung des Eisenröhrchens zurückgehalten wird. Die Methode versagt jedoch bei der Analyse von feinpulvrigem Material mit geringem Schüttgewicht (z. B. bei reinem Zinkoxyd und Zinkcarbonat des Handels). Hierbei werden zu tiefe Werte erhalten. Das Verfahren bedarf noch der weiteren experimentellen Erprobung.

Es wurden z. B. folgende Resultate erhalten:

Willemit mit 49,4% Zink; gefunden 49,20 bis 49,80%;
Galmei mit 50,5% Zink; gefunden 50,23 bis 50,89%;
Hüttenrückstand mit 13,8% Zink; gefunden 13,79 bis 13,95%;
Technische Zinkasche mit 73,1% Zink; gefunden 72,58 und 72,68%.

II. Korrekturwert. Durch einen Leerversuch, bei dem nur das Reduktionsgemisch in gleicher Weise wie bei der Analyse erhitzt wird, stellt man fest, welche Korrektur für die Abgabe von gasförmigen Verunreinigungen und eine geringfügige Verflüchtigung von Zinn und Eisen aus dem Reduktionsgemisch anzubringen ist.

III. Behandlung der Geräte. Neue Eisenröhrchen müssen vor der Verwendung 2 bis 3 Std. mit dem Reduktionsgemisch und zink- oder bleihaltiger Substanz im Hochvakuum erhitzt werden. Die Röhrchen halten 10 bis 15 Bestimmungen aus, bis sie durch Bildung einer Eisen-Zinn-Legierung brüchig werden.

Der Quarztiegel und das Porzellanscheibchen sind nach dem Reinigen mit Salzsäure und Wasser und nach dem Trocknen mit Aceton wieder gebrauchsfähig.

IV. Der Stickstoff. Der Stickstoff kann einer Bombe entnommen werden, wobei es nicht nötig ist, die letzten Sauerstoffspuren zu entfernen, da sie bei dem geringen Druck keine merkliche Oxydation hervorrufen können.

B. Bestimmung unter Verflüchtigung in einer Wasserstoffatmosphäre.

WEINSTEIN und BENEDETTI-PICHLER verfahren bei der Mikroanalyse von Messing so, daß sie die Legierung bei Atmosphärendruck im Wasserstoffstrom zersetzen. Ihre Arbeitsweise beansprucht etwa 40 Min., liefert jedoch Ergebnisse, die im Mittel um 0,5% zu hoch sind, wobei die Einzelwerte bis zu 1,5% vom Sollwert abweichen.

1. Methode von SCHUHKNECHT.

SCHUHKNECHT stellte fest, daß man Messing in ruhender Wasserstoffatmosphäre zersetzen kann bei einem Druck von 12 mm Quecksilber. Man benutzt hierzu die oben (S. 161) beschriebene Apparatur, die durch mehrmaliges, abwechselndes Evakuieren und Einströmenlassen von Wasserstoff mit letzterem gefüllt wird. Man verfährt im übrigen nach der Arbeitsvorschrift für Hochvakuum. Jedoch ist auf das Ausglühen der Wägeröhrchen besonderer Wert zu legen, da diese in einer Wasserstoffatmosphäre besonders rasch altern. Bleiarme Legierungen lassen sich in 6 bis 8 Min. zersetzen, für bleireiche ist dagegen viel längere Zeit erforderlich. Die Resultate weichen bis zu 0,3% vom Sollwert ab.

Beim Arbeiten mit Wasserstoff ist die Apparatur einfacher, da die Hochvakuumpumpe wegfällt. Trotzdem ist nach TÖPELMANN das Hochvakuumverfahren vorzuziehen, da es rascher, genauer und eleganter ist.

2. Methode von LUX.

Die Methode, die zur Bestimmung kleiner und kleinster Zinkmengen (200 bis 0,001 γ) in biologischem Material dient, *beruht auf der Reduktion zu metallischem Zink im Wasserstoffstrom und der Verflüchtigung des gebildeten Metalls.* Dieses wird in der Spitze einer ausgezogenen Capillare zu einem kleinen Metallkegel vereinigt, welcher unter dem Mikroskop vermessen wird, so daß die Zinkmenge rechnerisch ermittelt werden kann.

In Anbetracht der Tatsache, daß bei der Abtrennung so kleiner Zinkmengen von teils viel größeren, teils aber noch kleineren Mengen anderer Elemente alle Trennungen auf nassem Wege sehr mühsam und recht unsicher werden, verfährt LUX wie folgt: Nach der Veraschung der Probe wird das Zink durch Schwefelwasserstoff zusammen mit Schwefel als Spurenfänger als Sulfid gefällt. Der Niederschlag, der alles Zink als Sulfid, außerdem andere Metalle, Phosphate, Schwefel usw. enthält, wird in einem Filterröhrchen gesammelt und an der Luft geglüht, wobei das Zinksulfid in Oxyd übergeht und etwa vorhandenes Quecksilber sich verflüchtigt. Das verbleibende Zinkoxyd wird in einem Strom reinen Wasserstoffs zu metallischem Zink reduziert, das quantitativ abdestilliert, während die anderen Metalle zurückbleiben.

***Arbeitsvorschrift.* Die Veraschung.** Die Veraschung der organischen Substanz erfolgt im elektrischen Ofen durch Erhitzen bis 550°. Kleine Kohlerückstände verbrennen rasch, wenn man sie durch Zugeben einiger Tropfen verdünnter Schwefelsäure oder Salpetersäure von der Hauptmenge der Asche befreit. Obwohl Salpetersäure leichter zinkfrei zu erhalten ist, eignet sie sich weniger, da sie ein Verpuffen der Kohle beim Erhitzen verursacht.

Abscheidung des Zinks als Sulfid. Reagenzien und Gerätschaften. Zur Durchführung der Analyse braucht man Wasser, Calciumcarbonat, Asbest und wenig Salpetersäure. Alle Reagenzien sollen möglichst zinkfrei sein. Besonders das destillierte Wasser enthält häufig Zink. Calciumcarbonat und Asbest lassen sich durch Erhitzen im Wasserstoffstrom von Zinkspuren befreien. Auch die verwendeten Glasgerätschaften müssen möglichst frei von Zink sein. Gegebenenfalls ist ein durch Leeranalyse zu ermittelnder Blindwert in Rechnung zu stellen.

Den zur Filtration benötigten Asbest behandelt man in folgender Weise: Man trennt GOOCH-Tiegelasbest durch Schlämmen in einen groben Anteil, der sich nach 1 Min. absetzt, einen feinen Anteil, der sich erst nach 10 bis 30 Min. absetzt, und einen feinsten, der mehr als 30 Min. zum Absetzen braucht. Nach dem Schlämmen wird der Asbest mit konzentrierter Salpetersäure gekocht, gewaschen und geglüht.

Die Filterröhrchen stellt man sich her, indem man gereinigte Rohre aus Supremaxglas von 1 mm Wandstärke und 7 mm Durchmesser zu der in Abb. 9 und 10 wiedergegebenen Form auszieht. Das Rohrstück $a-b$ muß in das unten beschriebene Destillationsrohr hineinpassen. Man schneidet bei a an, verjüngt in 20 mm Abstand bei *b*, biegt bei *c* zu einem spitzen Winkel um und bricht bei *a* ab. Von hier aus wird eine kurze Schicht groben Asbests bis zur Verengung eingeschoben und dort festgedrückt. Darauf saugt man eine etwa 3 mm lange Schicht feinen Asbests und schließlich eine dünne Schicht von feinstem Asbest an. Das Stück *a* — *c* des Filterröhrchens darf nicht mit den Fingern berührt werden.

Ausführung der Fällung. Nach völliger Veraschung nimmt man den Rückstand mit einigen Tropfen konzentrierter Salpetersäure auf, bringt die Lösung in einem Zentrifugengläschen auf dem Wasserbad zur Trockne, befeuchtet mit 1 Tropfen 1 n Salpetersäure und gibt 2 bis 3 cm^3 Wasser, etwa 15 mg Calciumcarbonat (Merck, gefällt, zur Analyse) und so viel feinen Asbest zu, daß das Filterröhrchen zu etwa ⅔ gefüllt wird. Nach Zusatz von 1 Tropfen Schwefeldioxydlösung (1:4) wird bei 70° 15 Min. lang Schwefelwasserstoff eingeleitet. Damit kein Schwefel an der Oberfläche bleibt, wird die Lösung mit einigen Tropfen Alkohol überschichtet und kurze Zeit zentrifugiert.

Mit dem Ende *a* des Filterröhrchens rührt man den im Zentrifugengläschen befindlichen Niederschlag auf, sammelt ihn durch schwaches Saugen unter Nachspülen mit einigen Tropfen Alkohol quantitativ im Filterröhrchen und wäscht mit Schwefelwasserstoffwasser nach.

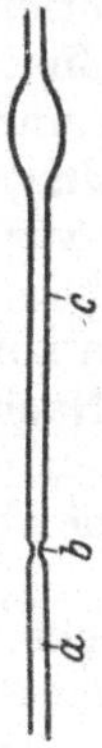

Abb. 9.

Bemerkung über den Zweck der verschiedenen Zusätze. Der Zusatz von Calciumcarbonat dient einerseits zur Einstellung einer geeigneten Acidität, andererseits zur Vermeidung von Störungen, die darin bestehen, daß unter Umständen schwerlösliche Hydrogenphosphate ausfallen, die beim Erhitzen im Wasserstoffstrom Phosphor liefern, der das Zinkdestillat verunreinigt.

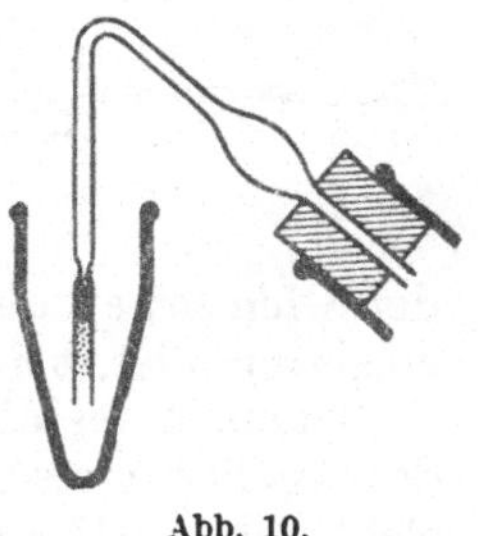
Abb. 10.

Der Zusatz von schwefliger Säure bedingt beim Einleiten von Schwefelwasserstoff die Abscheidung fein verteilten Schwefels, welcher als Spurenfänger dient. Trotzdem wäre das quantitative Sammeln des Zinksulfids, dessen Menge bisweilen nur Bruchteile von einem Gamma beträgt, nicht möglich. Es gestaltet sich aber einfach, wenn man den als Spurenfänger dienenden Schwefel sich auf fein geschlämmten Asbest niederschlagen läßt. Dadurch entsteht eine leicht quantitativ aufzunehmende und abzufiltrierende Masse. Außerdem bewirkt der Asbest eine für die weiteren Maßnahmen vorteilhafte, feine Verteilung des Niederschlags.

Überführung des Zinksulfids in Zinkoxyd. Nachdem alle Flüssigkeit abgesaugt ist, vertreibt man durch vorsichtiges Fächeln mit der Flamme unter stetem Durchsaugen von Luft zunächst den Rest des Wassers, dann allen Schwefel und erhitzt zur Überführung des Sulfids in Oxyd den Teil *a*—*b* 10 Min. lang in einem elektrischen Öfchen auf 650°. Dasselbe ist 100 mm lang; sein Nickelkern hat eine lichte Weite von 6,5 mm und eine Wandstärke von 2 mm. Er ist mit etwa 2 m Megapyrdraht von 0,35 mm Durchmesser bewickelt. Bei 110 Volt Spannung nimmt dieses Öfchen etwa 400 Watt auf, so daß es sehr rasch angeheizt werden kann. Die Temperatur wird mit einem Platin/Platin-Rhodium-Thermoelement gemessen.

Reduktion des Zinkoxyds zu metallischem Zink und Destillation des letzteren. Zur Destillation dienen 20 cm lange, blasenfreie Rohre aus Supremaxglas mit 3 bis 4 mm Durchmesser und 0,3 mm Wandstärke. Die Rohre werden durch Erhitzen in Dichromat-Schwefelsäure und Durchblasen von Wasserdampf gereinigt und vor dem Gebrauch unter Durchleiten von Luft geglüht.

Etwa in der Mitte des Rohres bei *c* (s. Abb. 11) erzeugt man eine Verengung, und etwas weiter vom ausgeglühten Ende entfernt zieht man das Rohr zur Capillare *d* (etwa 0,8 mm weit) aus, die zur Bestimmung des Zinks dient und auf deren gleichmäßige Beschaffenheit man besonders achtet. Nun führt man das den Niederschlag enthaltende Röhrchen ein. Zu diesem Zweck trennt man den Teil des Filterröhrchens, der den Niederschlag enthält, an der Stelle ab, an der grober und feiner Asbest aneinander grenzen, und klemmt das abgetrennte Stück mit leichtem Druck an der Verengung *c* fest. Mittels eines vorn etwas gekrümmten Glasfadens befördert man den Inhalt in den weiteren Teil des Destillationsrohres. Nach Ausziehen der kräftigen, etwa 20 cm langen Capillare *b* wird das Rohr mit weißem Siegellack über das zum Wasserstoffentwickler[1] führende Rohr *a* gekittet.

Das Destillationsrohr samt Beschickung wird unter Durchleiten von 3 bis 4 Blasen Wasserstoff in der Sekunde von *b* ab kurze Zeit auf etwa 200° erwärmt, um es völlig zu trocknen. Dann beginnt man mit der Destillation des Zinks, wobei sich der Ofen in der in Abb. 11 angegebenen Stellung befindet. Unter dauerndem Durchleiten von Wasserstoff wird die Temperatur während 20 Min. von 550° auf 650°, dann in 5 Min. auf 800° gesteigert und noch einige Minuten auf dieser Temperatur belassen, bis keine Spur eines Beschlages mehr entsteht. Damit schon niedergeschlagenes Zink beim Ansteigen der Ofentemperatur nicht wieder erwärmt wird, verschiebt man den an seinen Enden durch Asbestscheibchen abgedeckten Ofen in dem Maße, wie die Destillation fortschreitet, ein wenig nach links. Will man sich davon überzeugen, daß der Zinkbeschlag völlig frei von Oxyd ist, so läßt man das Öfchen auf 500° abkühlen und destilliert den Beschlag bei dieser Temperatur etwas weiter vor, was nur wenige Minuten beansprucht. Etwa vorhandene, leicht erkennbare Spuren Oxyd können durch Erwärmen auf 650° rasch reduziert werden. Nach beendeter Destillation schiebt man den Ofen soweit als möglich nach links und schmilzt, sobald Temperaturausgleich eingetreten ist, bei *b* und *e* ab.

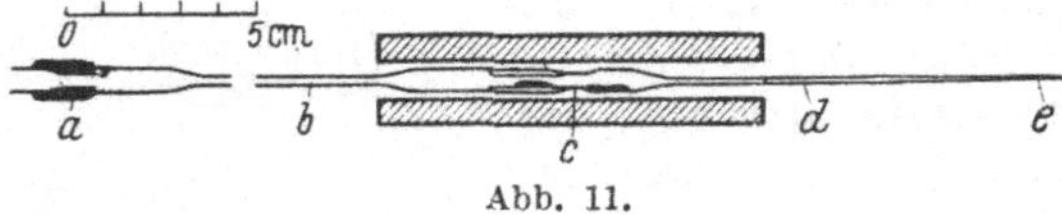

Abb. 11.

Sammeln des Zinks in der Spitze des ausgezogenen Capillarrohres. Das Ausziehen des Capillarrohres zu einer genau kegelförmigen Spitze bei *d* erfolgt mit Hilfe eines elektrischen Glühdrahtes. Als solcher dient ein 0,6 mm starker Megapyrdraht, der zu einer 4 mm weiten Spule von etwa 6 mm Höhe aufgewickelt wird. Die durch aufsteigende Luft gekühlten unteren Windungen erhalten etwas geringeren Abstand. Das Rohr spannt man in Tischhöhe über den Boden in eine kleine Klammer so ein, daß sich der Zinkbeschlag wenigstens 10 mm über dem Glühdraht befindet. An das untere Ende schmilzt man ein etwa 0,3 g schweres Glasstückchen als Gewicht an und bringt den Draht rasch auf helle Glut. Sogleich nach dem Herabfallen des unteren Teiles unterbricht man den Strom. Zur Beschleunigung der Destillation evakuiert man das Röhrchen mit einer Kapselpumpe. Zu diesem Zweck zerbricht man nach dem Anschalten der Pumpe die Capillare *b* im Schlauch und schmilzt das den Zinkbeschlag enthaltende Rohrstück kurz darauf ab.

Die Vereinigung des Metalles in der kegelförmigen Spitze erfolgt durch Einbringen des so erhaltenen Röhrchens in einen durch elektrische Heizung auf 500° gehaltenen Nickelblock. Nach etwa 1 Std. ist die Destillation selbst bei den größten hier in Betracht kommenden Metallmengen beendet.

Der Nickelblock hat einen Durchmesser von 15 mm und eine Höhe von 70 mm. Die Wicklung besteht aus 2,50 m Megapyrdraht von 0,25 mm Durchmesser (bei 110 Volt etwa 150 Watt). Eine axiale Bohrung von 1,2 mm Durchmesser dient zur Aufnahme des Röhrchens, eine zweite seitliche dient zur Temperaturmessung. Der Block ruht, durch Asbest isoliert, auf einer Messingplatte, die unten der Luft ausgesetzt ist. Inmitten der Platte ragt ein 10 mm langer, 3 mm starker, kupferner Kühl-

[1] Der zu verwendende Wasserstoff muß völlig trocken sein. Man erzeugt ihn in einem KIPPschen Apparat, leitet ihn durch einen Blasenzähler, sodann über Natronkalk, Phosphorpentoxyd-Glaswolle und zuletzt durch ein auf 500° gehaltenes Rohr aus Supremaxglas, das mit einer Lage blanken Magnesiumdrahtes beschickt ist.

stift nach oben, der 0,5 mm unterhalb der axialen Bohrung des Blockes endet. Als Führung des Stiftes dient ein Quarzrohr, das in die Asbestmasse eingebettet ist. Diese besteht aus einer Mischung von Asbestpapierbrei und wenig Wasserglaslösung.

Ausmessen des Zinkkegels und Berechnung der Zinkmenge. Zur Ausmessung bringt man die Spitze des Röhrchens unter ein Deckgläschen (Abb. 12) und füllt den Zwischenraum mit einer Flüssigkeit, die den gleichen Brechungsquotienten wie Supremaxglas hat (z. B. Zedernholzöl oder eine geeignete Ölmischung nach Löwe), aus. Mit Hilfe eines Okularmikrometers bestimmt man bei etwa 60facher Vergrößerung den Durchmesser (d), die Höhe (h) und die Kuppenhöhe (k) des Metallkegelchens. Wenn ein Skalenteil des Okularmikrometers 146 μ entspricht und die Dichte reinsten destillierten Zinks bei 16,3°, bezogen auf Wasser von 4°, D = 7,14 gesetzt wird, so ergibt sich die Hauptmenge des Zinks ohne Kuppe zu

$$\frac{7{,}14 \cdot 146^3 \cdot \pi \cdot d^2 \cdot h}{12 \cdot 10^6} = 5{,}82 \cdot d^2 \cdot h = x \text{ Gamma Zink}.$$

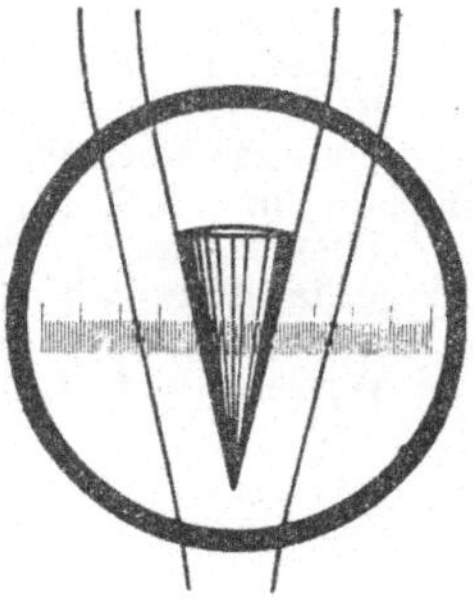

Die Berücksichtigung der gleichmäßig gekrümmten Kuppe ergibt weitere 5 bis 10% der Gesamtmenge nach der Formel

$$5{,}82 \cdot 2 \cdot k \cdot (0{,}75 \cdot d^2 + k^2) = x \text{ Gamma Zink}.$$

Da das Verhältnis von Durchmesser zu Höhe stets ungefähr dasselbe ist, kann man ohne merklichen Fehler in der ersten Formel an Stelle von h den empirischen Wert $h + 1{,}6\,k$ setzen und erhält dann nach der Formel

$$5{,}82 \cdot d^2 \cdot (h + 1{,}6\,k)$$

sofort die Gesamtmenge des Zinks.

Abb. 12.

***Bemerkungen.* I. Genauigkeit.** Wenn man kleine Zinkmengen in Kegelform mißt, sie im Wasserstoffstrom destilliert und die Messung wiederholt, weicht das Endergebnis um nicht mehr als $\pm 2\%$ vom richtigen Wert ab. Mengen zwischen 1 und 100 γ wurden innerhalb der angegebenen Fehlergrenze stets wiedergefunden. Probeanalysen, bei denen man von salpetersaurer Zinknitratlösung ausging, die nach obiger Arbeitsvorschrift behandelt wurde, ergaben bei einer Zinkmenge von 50 γ Werte, die zwischen 48,7 und 50,6 γ lagen. Bei Anwendung von 5 γ Zink wurden 5,1 bzw. 5,0 γ Zink gefunden, und bei Anwendung von 0,5 γ Zink ergaben sich 0,53 bzw. 0,51 γ.

Bei der Analyse von 1,00 g Rindfleisch wurden 47,5 γ Zink gefunden. Nach Zusatz von 50 γ Zink ergaben sich 95,3 γ Zink (berechnet 97,5 γ). Bei der Analyse von 1,00 g Weißbrot ergaben sich 5,5 γ Zink. Nach Zusatz von 50 γ Zink wurden 55,0 γ gefunden (berechnet 55,5 γ).

II. Anwesenheit von Cadmium. Obwohl es ungewiß ist, ob kleine Mengen Cadmium bei dem beschriebenen Trennungsverfahren das Zink bis zuletzt begleiten, ist es gegebenenfalls zweckmäßig, das Zink auf einen etwaigen Cadmiumgehalt zu prüfen. Man benutzt hierzu die Abscheidung des Cadmiums durch metallisches Zink. Die kleinen Zinkkügelchen, die man beim Destillieren des Zinks im Wasserstoffstrom erhält, eignen sich hierzu sehr gut. Bringt man ein solches Zinkkügelchen in eine Cadmium enthaltende Zinkchloridlösung, so entsteht ein Cadmiumbaum, welcher nach etwa 1 Std. seine volle Größe erreicht. Erst wenn das Zinkkügelchen sich ganz gelöst hat, verschwindet er rasch. In saurer Lösung ist der Nachweis weniger empfindlich. Man verfährt zweckmäßig so, daß man den Objektträger nach dem Abdampfen der Salzsäure 3 Min. auf einen Heizblock von 300° legt. Um die säurehaltige Laboratoriumsluft fernzuhalten, bedeckt man ihn nach dem Abkühlen mit einem innen durch verdünnte Natronlauge benetzten Schälchen. Die Zinkkügelchen müssen über Natronkalk aufbewahrt werden, da sie sich sonst alsbald in wäßrige Tröpfchen verwandeln. — Die Größe des Cadmiumbaumes kann als ungefähres Maß für die Menge des Metalles dienen. Enthält der Tropfen neben 100 γ Zink nur 0,3 γ Cadmium, so setzt die Bildung von Auswüchsen augenblicklich ein. Man erhält ein Gebilde, das etwa die 30fache Fläche bedeckt wie das Kügelchen von 0,03 mm Durchmesser vorher. 0,1% Cadmium sind auch bei kleineren Zinkmengen noch sicher erkennbar.

Bei der Untersuchung einer Anzahl von Zinkkegelchen, die bei der Analyse von Fleisch und Brot erhalten worden waren, konnte LUX auf diese Weise kein Cadmium nachweisen.

Literatur.

BOBIERRE, A.: C. r. **36**, 224 (1853); durch C. **24**, 176 (1853). — BOGDANDY, H. u. M. POLANYI: Z. Metallkunde **19**, 164 (1927). — BURSTYN, M.: Fr. **11**, 175 (1872).

LÖWE, F.: Optische Messungen des Chemikers und des Mediziners, 3. Aufl., S. 92ff. Dresden u. Leipzig 1939. — LUX, H.: Z. anorg. Ch. **226**, 1 (1936).

MAKINS, G. H.: Manual of Metallurgy, S. 524. Philadelphia 1873.

PERCY, J.: Metallurgy: Fuel, Copper, Zinc etc., S. 956. London 1861.

ROSE, T. K.: J. Soc. chem. Ind. **33**, 170 (1914).

SCHUHKNECHT, W.: Diss., S. 74ff. Leipzig 1934. — SHIBATA, T. u. B. KAMIFUKU: Mem. Sci. Kyoto Univ. A **8**, 167 (1925).

TÖPELMANN, H.: Schnellanalyse anorganischer Stoffe durch Verdampfen auf trockenem Wege, in: Physikalische Methoden der analytischen Chemie, herausgegeben von W. BÖTTGER, 3. Teil, S. 101. Leipzig 1939. — TURNER, TH.: J. Inst. Met. **7**, 105 (1912).

WEINSTEIN, L. I. u. A. A. BENEDETTI-PICHLER: Mikrochemie **11**, 301 (1932).

§ 13. Bestimmung als Zinksulfat.

$ZnSO_4$, Molekulargewicht 161,44.

Allgemeines.

Das bereits im Handbuch von ROSE-FINKENER erwähnte *Verfahren beruht darauf, daß die betreffende Zinkverbindung durch Abrauchen mit Schwefelsäure in Zinksulfat übergeführt und dieses nach Vertreibung der überschüssigen Schwefelsäure als wasserfreies Sulfat zur Wägung gebracht wird.*

Eigenschaften des Zinksulfats. Das wasserhaltige Zinksulfat, $ZnSO_4 \cdot 7\,H_2O$, bildet farblose, glänzende Krystalle, die an der Luft leicht verwittern; die Krystalle sind normalerweise rhombisch-bisphenoidisch; Dichte bei 16° 1,9661.

Löslichkeit. Bei 15° enthalten 100 g Lösung 33,72 g Zinksulfat. Es neigt zur Bildung übersättigter Lösungen. Oberhalb 39° scheidet sich das Sulfat $ZnSO_4 \cdot 6H_2O$ aus.

Entwässerung. Das wasserhaltige Sulfat gibt beim Überleiten trockener Luft bei Wasserbadtemperatur 6 Moleküle Wasser ab. Vollständige Entwässerung wird nach FRIEDRICH (a), (b) bei 300° erreicht. Nach MOSTOWITSCH ist zur vollständigen Entwässerung 1 bis 2stündiges Erhitzen auf etwa 400° im trockenen Luftstrom erforderlich.

Wasserfreies Zinksulfat. Das wasserfreie Sulfat ist ein weißes Pulver und krystallisiert rhombisch. Das künstlich dargestellte, wasserfreie Sulfat hat bei 18° die Dichte 3,74. Es löst sich langsam in kaltem, schnell in heißem Wasser.

Verhalten beim Erhitzen. Bei gelindem Glühen ist wasserfreies Zinksulfat hitzebeständig. Nach HOFMAN und WANJUKOW beginnt es im trockenen Luftstrom sich bei 702° zu zersetzen. Nach HEDVALL und HEUBERGER beginnt die Zersetzung erst bei 830°. Nach BORNEMANN zersetzt es sich unter dem Druck der darüber lastenden, nicht in Bewegung befindlichen Atmosphäre bei etwa 840° in schneller Reaktion zu basischem Sulfat, $3\,ZnO \cdot 2\,SO_3$, das unter gleichen Bedingungen erst bei 935° schnell in Oxyd überzugehen vermag. Nach FRIEDRICH (a), (b) dagegen beginnt die Zersetzung bereits bei 675° und ist erst bei 935° vollständig. Jedoch muß das Zinksulfat auf wenigstens 500° erhitzt werden, damit es die theoretische Zusammensetzung zeigt.

Bestimmungsverfahren.

***Arbeitsvorschriften.* a) Arbeitsweise von Euler.** Die Lösung, die außer Zink keine anderen Metalle und nur solche Säuren enthalten darf, die beim Abrauchen mit Schwefelsäure flüchtig sind, wird zunächst in einem Platintiegel mit überschüssiger, verdünnter Schwefelsäure eingedampft. Man erhitzt dann — zweckmäßig mit einem kleinen Ringbrenner — den oberen Tiegelrand bis zur beginnenden Rotglut, bis alle Schwefelsäure verjagt ist, und dann noch 5 bis 10 Min. so, daß etwa das obere Drittel des Tiegels hellrot glüht. Man überzeugt sich von der Gewichtskonstanz des Zinksulfats, indem man das Glühen in gleicher Weise wiederholt.

b) Arbeitsweise von Gutbier und Staib. Die Zinksulfatlösung wird in einem Platin- oder Porzellantiegel (Quarztiegel sind weniger zu empfehlen) in einer von Gooch und Austin angegebenen Vorrichtung[1] eingedunstet. Der Tiegel steht dabei auf einem Asbest- oder Porzellanring so in einem größeren Tiegel, daß er überall etwa 1 cm vom äußeren Tiegel entfernt ist. Man erhitzt sodann stärker und erreicht mit einem guten Bunsen-Brenner nach ungefähr 20 bis 30 Min. konstantes Gewicht. Zu einer Überhitzung des inneren Tiegels kommt es nicht, da die Temperatur von 675°, bei der die Dissoziation des Zinksulfats beginnt, bei der beschriebenen Apparatur im innern Tiegel nicht erreicht wird. — Wird das Zinksulfat mit konzentrierter Schwefelsäure abgeraucht, so fallen die Werte etwas zu hoch aus. Die letzten Reste der hartnäckig anhaftenden Schwefelsäure lassen sich aber völlig entfernen, wenn man das erkaltete Sulfat nochmals mit etwas Wasser durchfeuchtet und nach dem Verdunsten der geringen Flüssigkeitsmenge abermals im Luftbad erhitzt.

***Bemerkungen.* I. Genauigkeit.** Bei sorgfältiger Ausführung gibt die Methode zuverlässige Resultate. So fand Euler bei 4 Bestimmungen anstatt 0,0983 g Zink im Mittel 0,09842 g. Gutbier und Staib erhielten für Zinkmengen von 0,0354 bis 0,1061 g Werte, die im Durchschnitt auf $\pm$ 0,2% stimmten.

II. Kontrollbestimmung. An die Bestimmung des Zinks als Sulfat läßt sich, wie schon Euler bemerkt und Gutbier und Staib bestätigen, leicht eine Kontrollbestimmung anschließen, indem man das Zinksulfat durch starkes Glühen in Zinkoxyd umwandelt. Dies kann man nach Gutbier bereits mit einem guten Teclu-Brenner bewerkstelligen. Besser ist es jedoch, ein Gebläse oder einen elektrischen Ofen zu benützen, da man eine Temperatur von wenigstens 935° erreichen soll. — Euler stellte bereits fest, daß man in dem hinterbleibenden Zinkoxyd stets spurenweise Sulfat-Ion nachweisen kann. Auch Richards und Rogers fanden, daß die Zersetzung des Zinksulfates nicht absolut quantitativ verläuft. Nach ihrer Angabe beträgt der Fehler 0,00025 mg für 1 g Zinkoxyd. Dieser Fehler ist demnach so gering, daß er bei gewöhnlichen Analysen mit Substanzmengen von 0,1 bis 0,2 g wohl außer acht gelassen werden kann.

Literatur.

Bornemann, K.: Z. anorg. Ch. **82**, 216 (1913).

Euler, W.: Z. anorg. Ch. **25**, 146 (1900).

Friedrich, K.: (a) Metallurgie **6**, 175 (1909); **7**, 331 (1910); (b) Stahl Eisen **31**, 1915, 2042 (1911).

Gutbier, A. u. K. Staib: Fr. **61**, 97 (1922).

Hedvall, J. A. u. J. Heuberger: Z. anorg. Ch. **128**, 1 (1923). — Hofman, H. O. u. W. Wanjukow: Bl. Am. Inst. Min. Eng. **1912**, 889.

Mostowitsch, Wl.: Metallurgie **8**, 766 (1911).

Richards, Th. W. u. E. F. Rogers: Z. anorg. Ch. **10**, 1 (1895). — Rose, H. u. R. Finkener: Handbuch der analytischen Chemie, 6. Aufl., Bd. 2, S. 117. Leipzig 1871.

[1] Gooch, F. A. u. M. Austin: Z. anorg. Ch. **17**, 264 (1898).

§ 14. Bestimmung als Zinkoxyd.

ZnO, Molekulargewicht 81,38.

Allgemeines.

Die Bestimmung des Zinks als Oxyd kommt besonders dann in Frage, wenn Verbindungen vorliegen, die beim Glühen oder Veraschen lediglich Zinkoxyd hinterlassen. Auch beim Eindampfen von Zinkchloridlösungen mit Quecksilberoxyd und anschließendem Glühen bleibt reines Zinkoxyd zurück.

Eigenschaften des Zinkoxyds. Zinkoxyd ist ein weißes, amorphes oder krystallines Pulver, das beim Erhitzen oberhalb 250° zunehmend gelb wird. Nach anhaltendem, starkem Glühen behält es die gelbe Farbe noch wochenlang bei.

Krystallform. Sowohl das natürliche als auch das künstlich dargestellte Zinkoxyd krystallisiert dihexagonal pyramidal. Durch Erhitzen von Zinkhydroxyd oder Zinkcarbonat erhält man amorphes Zinkoxyd (Brügelmann), durch Erhitzen von Zinknitrat im Porzellantiegel jedoch stets mikrokrystallines Zinkoxyd.

Dichte. Die Dichte des Zinkoxyds ist je nach der Herkunft bzw. Vorbehandlung verschieden. Für krystallisiertes, durch Erhitzen des Nitrats erhaltenes Oxyd ist sie 5,78, für amorphes, durch Glühen des Hydroxyds oder Carbonats erhaltenes Oxyd 5,47.

Löslichkeit. Dieselbe ist ebenfalls je nach der Herkunft bzw. Darstellungsweise verschieden. Dupré jun. und Bialas fanden für ein nicht näher definiertes Oxyd aus Leitfähigkeitsmessungen eine Löslichkeit von 1 Teil in 236000 Teilen Wasser bei 18°; nach gewichtsanalytischen Bestimmungen betrug die Löslichkeit 1 Teil Zinkoxyd in 217000 Teilen Wasser. Die mit Hilfe des Äquivalentleitvermögens bestimmte Löslichkeit von Zinkoxydpräparaten verschiedener Darstellungsart liegt nach Kohlschütter und d'Almendra bei 18° zwischen $8{,}2\cdot10^{-6}$ und $1{,}2\cdot10^{-6}$ g im Liter. Krystallisiertes Zinkoxyd ist schwerer löslich als amorphes.

Chemisches Verhalten. Zinkoxyd nimmt an der Luft Wasser und Kohlendioxyd auf. Die Geschwindigkeit der Aufnahme ist um so größer, je feiner verteilt das Oxyd ist. Sie wächst außerdem mit steigender Temperatur. Lockere amorphe Präparate halten Wasser viel hartnäckiger zurück als krystalline. Zu beachten ist ferner noch die Reduzierbarkeit des Zinkoxyds durch Wasserstoff und Kohlenoxyd (Flammengase!) einerseits und durch Kohlenstoff (Filterkohle!) andererseits.

Bestimmungsverfahren.

1. Überführung in Zinkoxyd durch Glühen oder Veraschen der Substanz.

Einige Zinkverbindungen lassen sich durch einfaches Glühen ohne weiteres in Zinkoxyd überführen, z. B. das Hydroxyd, das Carbonat, das Nitrat und das Sulfid (für dieses vgl. jedoch § 1, S. 32), ferner das Acetat und das Oxalat.

Auch bei Salzen, bei denen das Zink nicht an Essigsäure oder Oxalsäure, sondern an andere organische Säuren gebunden ist, läßt es sich nach v. Ritter in Zinkoxyd überführen, indem man die Substanz bei möglichst niedriger Temperatur mit konzentrierter Salpetersäure abraucht und den Rückstand, nachdem man ihn noch einige Zeit getrocknet hat, zunächst vorsichtig mit freier Flamme erhitzt und schließlich glüht, bis er nach dem Erkalten rein weiß aussieht und konstantes Gewicht aufweist. — Bei Zinksalzen aromatischer Säuren scheint sich dies Verfahren weniger zu bewähren; wenigstens erhielt v. Ritter für das Zinkbenzoat keine guten Resultate. In diesem Falle muß überdies der nach dem Abrauchen mit Salpetersäure verbleibende Rückstand sehr vorsichtig erhitzt werden, da er sehr zur Verpuffung neigt.

2. Überführung von Zinkchlorid in das Oxyd mit Hilfe von Quecksilberoxyd.

Die von Volhard (a), (b) stammende *Methode beruht darauf, daß eine Lösung von Zinkchlorid bei Eindampfen mit Quecksilberoxyd und anschließendem Glühen das Zink als Oxyd hinterläßt.*

***Arbeitsvorschrift.* Das Quecksilberoxyd.** Das zur Abscheidung des Zinkoxyds zu verwendende Quecksilberoxyd erhält man, indem man eine Lösung reinsten Sublimats mit reinster Kalilauge fällt, das Quecksilberoxyd abfiltriert und sorgfältig auswäscht, bis es völlig alkalifrei ist. 3 bis 5 g des trockenen Oxyds dürfen weder einen wägbaren noch einen sichtbaren Rückstand beim Glühen hinterlassen.

Ausführung der Bestimmung. Nach SMITH und HEYL verfährt man so, daß man die Zinkchloridlösung in einem Platintiegel auf ein kleines Volumen einengt. Sodann gibt man Quecksilberoxyd in genügendem Überschuß zu, um die ganze Flüssigkeit aufzunehmen, und bestreut auch die feuchten Wandungen des Tiegels mit Quecksilberoxyd. Nunmehr wird zur Trockne verdampft und der Rückstand noch 10 Min. lang getrocknet. Schließlich wird der Tiegel im Abzug stark erhitzt.

3. Abscheidung des Zinks als Hydroxyd.

a) Fällung mit Ammoniak nach VAUBEL. Arbeitsvorschrift. Die saure Zinksalzlösung wird zunächst mit Alkalilauge oder Soda unter Benutzung von Lackmuspapier möglichst genau neutralisiert. Dann gibt man 1 Tropfen Phenolphthaleinlösung hinzu und hierauf Ammoniak bis zur Rotfärbung. Man erhitzt nun zum Kochen, bis eine vollständige Fällung erreicht ist, was nicht lange dauert, wenn nur ein kleiner Ammoniaküberschuß vorhanden ist. Ein großer Ammoniaküberschuß ist zu vermeiden, da dann zwar auch durch längeres Kochen eine Abscheidung zu erreichen ist, der Niederschlag aber fest am Glase haftet. — Die oben erwähnte Neutralisation darf nicht mit Ammoniak ausgeführt werden, da Ammoniumsalze die Fällung unvollständig machen oder ganz verhindern.

b) Fällung mit organischen Basen nach HERZ (a), (b). Zur Fällung des Zinks kann man Dimethylamin oder Piperidin benutzen.

α) Fällung mit Dimethylamin. Arbeitsvorschrift. Verwendet man Dimethylamin, so wird die Lösung des Zinksalzes mit wäßriger Dimethylaminlösung in geringem Überschuß versetzt und 2 Std. in der Kälte stehen gelassen. Ein etwaiger größerer Überschuß von Dimethylamin ist vorher durch Erhitzen zu beseitigen. Der Niederschlag wird dann abfiltriert, getrocknet und sorgfältig vom Filter getrennt. Das Filter wird verascht; sodann werden Asche und Niederschlag kurze Zeit über dem TECLU-Brenner geglüht.

Bemerkung. *Genauigkeit.* Bei der Analyse des Sulfats $ZnSO_4 \cdot 7\,H_2O$ fand HERZ (a) bei 3 Bestimmungen im Mittel 22,8 anstatt 22,7%.

β) Fällung mit Piperidin. Arbeitsvorschrift. Verwendet man Piperidin, so wird die wäßrige Lösung des Zinksalzes in der Kälte mit genügend Piperidin versetzt und der Niederschlag nach einigem Stehen abfiltriert. Der ausgewaschene Niederschlag wird getrocknet, das Filter für sich verascht; hierauf werden Asche und Niederschlag zusammen geglüht.

Bemerkung. Da leicht geringe Mengen des Niederschlags durch das Filter gehen, fallen die Resultate unter Umständen zu niedrig aus.

c) Fällung mit Morpholin nach MALOWAN. Das cyclische Amin Morpholin, (C_4H_9NO), ist eine farblose, leicht bewegliche Flüssigkeit mit scharfem, ammoniakalischem Geruch. Die Verbindung ist mit Wasser in jedem Verhältnis mischbar und gibt mit den Lösungen vieler Metallsalze bei gewöhnlicher Temperatur krystalline Niederschläge, die leicht auszuwaschen sind und sich in einem Überschuß der Base nicht lösen. Mit einer Lösung von Zinkchlorid gibt Morpholin noch in einer Konzentration von 1 : 100000 eine deutliche Trübung.

Arbeitsvorschrift. Die Zinksalzlösung wird mit einer 25%igen Lösung von Morpholin versetzt, bis sie deutlich alkalisch ist. Nach ½stündigem Stehen wird der Niederschlag abfiltriert und mit heißem Wasser ausgewaschen, dem man eine geringe Menge Morpholin zusetzt. Der Niederschlag wird getrocknet und dann vorsichtig verascht.

Literatur.

Brügelmann, G.: Wied. Ann. **4**, 238 (1878); durch Fr. **19**, 283 (1880).
Dupré jun. u. J. Bialas: Angew. Ch. **16**, 54 (1903).
Herz, W.: (a) Z. anorg. Ch. **26**, 90 (1901); (b) **27**, 310 (1901).
Kohlschütter, V. u. A. d'Almendra: B. **54**, 1961 (1921).
Malowan, L. S.: Mikrochemie **26**, 319 (1939).
Ritter, G. v.: Fr. **35**, 311 (1896).
Schaum, K. u. H. Wüstenfeld: Z. wiss. Phot. **10**, 218 (1912). — Smith, E. F. u. P. Heyl: Z. anorg. Ch. **7**, 82 (1894).
Vaubel, W.: Angew. Ch. **22**, 1716 (1909). — Volhard, J.: (a) A. **198**, 331 (1879); (b) **199**, 6 (1879).

§ 15. Bestimmung des Zinks unter Abscheidung als basisches Carbonat.

Allgemeines.

Die Methode beruht auf der Schwerlöslichkeit der bei der Fällung einer Zinksalzlösung mit Alkalicarbonat entstehenden Niederschläge und ihrer Überführbarkeit in Zinkoxyd durch Glühen. Wegen der ihr anhaftenden Unzulänglichkeiten besitzt die Methode heutigentags nur noch geringe Bedeutung. Die Mängel bestehen darin, daß fast alle Fremdmetalle mit ausfallen, daß Ammoniak oder Ammoniumsalze die Fällung unvollständig machen oder ganz verhindern, daß ferner aus sulfathaltigen Lösungen sulfathaltige Niederschläge entstehen und daß die Niederschläge Alkali einschließen, von dem sie sich auch durch sorgfältiges Auswaschen nicht völlig befreien lassen.

Eigenschaften des Niederschlags. Schon Rose hat festgestellt, daß die durch Fällung von Zinksalzlösungen mit Natrium- oder Kaliumcarbonat entstehenden Niederschläge je nach der Fällungstemperatur, den Mengen der aufeinander einwirkenden Bestandteile und ihrer Art sowie je nach der Dauer des Auswaschens verschiedene Zusammensetzung zeigen. Nach Kraut sind die in dieser Weise erzeugten Niederschläge Gemenge aus der Verbindung $ZnCO_3 \cdot 1\,H_2O$ und dem basischen Salz $5\,ZnO \cdot 2\,CO_2 \cdot 4\,H_2O$. Nach Angaben des gleichen Autors entsteht beim Zufügen von Alkalicarbonat zu Zinksulfatlösung in der Kälte zunächst stets amorphes Zinkcarbonat. Dieses verwandelt sich je nach den Umständen in beständiges krystallisiertes $ZnCO_3 \cdot 1\,H_2O$ oder unter Freiwerden von Kohlendioxyd in das basische Salz $5\,ZnO \cdot 2\,CO_2 \cdot 4\,H_2O$ bzw. in Gemenge beider Verbindungen. Bei längerem Kochen mit überschüssigem Natrium- bzw. Kaliumcarbonat gehen diese Niederschläge zum Teil in Zinkoxyd über, und zwar um so weitgehender, je größer der Überschuß an Alkalicarbonat ist.

Bestimmungsverfahren.

Arbeitsvorschrift. Die Fällung wird nach Classen am besten in einer Platinschale oder in einer guten Porzellanschale vorgenommen. Man versetzt die kochende Zinksalzlösung mit einem geringen Überschuß an Natriumcarbonat, erhält noch einige Minuten im Kochen und läßt absitzen. Der Niederschlag wird zunächst einige Male mit Wasser ausgekocht und dann auf dem Filter mit heißem Wasser gründlich ausgewaschen. Das Filter wird zusammengedrückt, in einem bedeckten Platintiegel langsam über kleiner Flamme getrocknet und dann so lange gelinde erhitzt, als noch Dämpfe auftreten. Nunmehr verbrennt man die Filterkohle bei möglichst niedriger Temperatur im offenen, schräg gestellten Tiegel und glüht endlich bis zur Gewichtskonstanz.

Bemerkungen. **I. Genauigkeit.** Wie oben schon bemerkt wurde, dürfen an die Genauigkeit keine besonderen Anforderungen gestellt werden. Schirm erhielt z. B. trotz sorgfältigen Arbeitens um 2 bis 3% zu hohe Werte.

II. Prüfung des Zinkoxyds auf Reinheit. Das nach dem Glühen des Niederschlags verbleibende Zinkoxyd wird mit Wasser befeuchtet und seine Reaktion geprüft. Ist sie alkalisch, so muß das Oxyd nochmals ausgewaschen und wieder geglüht werden.

III. Störung durch andere Stoffe. Auf die Störungen, die bei Gegenwart von andern Metallen, Ammoniumsalzen oder Sulfaten auftreten, wurde eingangs schon hingewiesen.

IV. Sonstige Arbeitsmethoden. a) Modifikation des Verfahrens durch SCHIRM bzw. durch CARNOT (a), (b), (c). SCHIRM variiert die Fällungsmethode in der Weise, daß er die Zinksalzlösung zunächst in der Kälte mit Sodalösung fällt, den Niederschlag dann in 20%iger Ammoniumcarbonatlösung löst und bis zur völligen Entfernung des Ammoniaks kocht. Er erhält auf diese Weise einen sehr leicht filtrierbaren und bei Gegenwart von Sulfaten sogar sulfatfreien Niederschlag, der aber ebenfalls Alkali einschließt, so daß die Resultate zu hoch werden. Es erübrigt sich deshalb, diese Methode näher zu beschreiben.

CARNOT gibt — offenbar ohne die Arbeit von SCHIRM zu kennen — einige Jahre später fast die gleiche Arbeitsweise an.

b) Fällung mit Trimethylphenylammoniumcarbonat nach SCHIRM. *Das Prinzip dieser Methode besteht darin, daß die Störung durch Alkalieinschluß dadurch umgangen wird, daß man die Abscheidung des Zinks mit Trimethylphenylammoniumcarbonat vornimmt.*

Arbeitsvorschrift. Die neutrale oder schwach saure Zinksalzlösung (die auch Sulfat enthalten darf), deren Volumen auf 0,1 g Zink etwa 200 cm^3 beträgt, wird in der Kälte mit einer wäßrigen Trimethylphenylammoniumcarbonatlösung versetzt, bis das Zink quantitativ ausgefallen ist. Dann wird so viel 20%ige Ammoniumcarbonatlösung zugesetzt, daß der Niederschlag sich wieder löst, und nunmehr bis zum Sieden erhitzt. Eine hierbei auftretende Trübung wird durch weiteren Zusatz von Ammoniumcarbonat wieder beseitigt und die Flüssigkeit dann im bedeckten Glase bis zur völligen Entfernung des Ammoniaks gekocht. Der Niederschlag wird nach dem Auswaschen und Trocknen zu Zinkoxyd verglüht. — Die organische Base wird übrigens ebenfalls vom Niederschlag eingeschlossen, was aber beim Verglühen nicht schadet.

Bemerkungen. *I. Genauigkeit.* Die Beleganalysen mit einer Zinkmenge von 0,1339 g zeigen Differenzen von $\pm$ 0,2 bis 0,3%.

II. Das Reagens. Man verwendet eine 15 bis 20%ige Lösung von Trimethylphenylammoniumcarbonat. Diese Lösung erhält man, indem man eine wäßrige Lösung des Trimethylphenylammoniumjodids mit frisch gefälltem Silbercarbonat umsetzt. Bei dieser Umsetzung wendet man zweckmäßig etwas weniger als die theoretische Menge Silbercarbonat an, da die Anwesenheit von überschüssigem Jodid der Base in der Lösung nicht störend wirkt, wohl aber die Gegenwart von Silber.

III. Gegenwart von Sulfat. Die Bestimmung kann auch bei Gegenwart von Sulfaten ausgeführt werden. Die Schwefelsäure kann im Filtrat bestimmt werden, was durch *tropfenweisen* Zusatz von Bariumchlorid zur heißen Lösung geschehen muß, da andernfalls zu hohe Werte erhalten werden.

c) Fällung mit Guanidincarbonat nach GROSSMANN und SCHÜCK. Arbeitsvorschrift. Die Zinksalzlösung, die keine Ammoniumsalze enthalten darf, wird mit einem geringen Überschuß einer Lösung von Guanidincarbonat versetzt. Der anfangs voluminöse Niederschlag setzt sich nach kurzem Erhitzen und 6stündigem Stehen gut ab und ist dann leicht filtrierbar. Der ausgewaschene Niederschlag wird nach dem Trocknen durch Glühen in Zinkoxyd übergeführt.

Bemerkungen. *Genauigkeit.* Die wenigen Beleganalysen lassen nicht auf besondere Genauigkeit schließen. Bei der Analyse des Sulfats $ZnSO_4 \cdot 7H_2O$ wurden 22,27%, 23,51% und 22,98% Zink anstatt der berechneten 22,74% gefunden.

d) Fällung bei Gegenwart von Ammoniumsalzen nach TANANAJEW und JEREMENKO. Die ammoniakalische Zinklösung wird zur Entfernung der Ammoniumsalze nach Zusatz von Phenolphthalein mit Formaldehyd und Natronlauge versetzt, bis sie sich rot färbt und Formaldehydgeruch auftritt. Dann gibt man Salzsäure bis zur schwach sauren Reaktion zu, füllt mit Wasser auf 100 cm³ auf und erhitzt zum beginnenden Sieden. Nun wird mit heißer Sodalösung (man verwendet die 1½fache Gewichtsmenge der Einwage in 500 cm³ Wasser) unter Rühren gefällt. Der Niederschlag setzt sich in krystalliner Form langsam ab und kann leicht abfiltriert und mit heißem Wasser ausgewaschen werden. Nach dem Trocknen wird er durch Glühen in Zinkoxyd übergeführt. — Auf diese Weise kann Zink neben viel Ammoniumsalzen quantitativ gefällt werden. Der Niederschlag soll keine Fremdsalze einschließen.

Literatur.

CARNOT, A.: (a) C. r. **166**, 245 (1918); (b) **166**, 329 (1918); (c) Ann. Chim. anal. **23**, 69 (1918). — CLASSEN, A.: Ausgewählte Methoden der analytischen Chemie, Bd. 1, S. 330. Braunschweig 1901.

GROSSMANN, H. u. B. SCHÜCK: Ch. Z. **30**, 1205 (1906).

KRAUT, K.: Z. anorg. Ch. **13**, 12 (1897).

MIKUSCH, H.: Z. anorg. Ch. **56**, 371 (1908).

ROSE, H.: Pogg. Ann. **85**, 107 (1852).

SCHAUM, K. u. H. WÜSTENFELD: Z. wiss. Phot. **10**, 221 (1912). — SCHIRM, E.: Ch. Z. **35**, 1177, 1193 (1911).

TANANAJEW, N. A. u. L. T. JEREMENKO: Betriebslab. **3**, 114 (1934); durch C. **107 I**, 120 (1936).

§ 16. Bestimmung unter Abscheidung als Zinkoxalat.

$ZnC_2O_4 \cdot 2H_2O$, Molekulargewicht 189,43.

Allgemeines.

Das zuerst von CLASSEN (a), (c), (d) angegebene *Verfahren beruht auf der Schwerlöslichkeit des Zinkoxalats.* Gegenüber den neueren, exakten Methoden hat es an Bedeutung verloren, zumal bei ihm immer die Gefahr des Mitfallens von Kaliumoxalat besteht.

Eigenschaften des Zinkoxalats. Zinkoxalat krystallisiert mit 2 Molekülen Wasser und bildet ein weißes Krystallpulver. Bei 17,5° hat es die Dichte 2,582.

Löslichkeit. Die Löslichkeit in Wasser berechnete KOHLRAUSCH (a), (b) aus der Leitfähigkeit wie folgt:

Temperatur t°	9,76	18	26,15
mg in 1 l Wasser	5,7	6,4	7,2

Zinkoxalat löst sich leicht in Mineralsäuren, ferner unter Komplexbildung in Ammoniumoxalat- und Alkalioxalatlösungen.

Verhalten beim Erhitzen. Beim langsamen Erwärmen auf 140° gibt das wasserhaltige Salz sein Krystallwasser ab. Beim Glühen liefert es gleiche Raummengen Kohlendioxyd und Kohlenoxyd und hinterläßt Zinkoxyd.

Bestimmungsverfahren.

A. Gewichtsanalytische Bestimmung.

Das Verfahren kommt nur dann in Betracht, wenn keine anderen Metalle vorhanden sind, die ebenfalls schwer lösliche Oxalate bilden.

Arbeitsvorschrift. **Fällungsmittel.** Als Fällungsmittel dient eine Lösung von neutralem Kaliumoxalat (1 : 3).

Abscheidung und Bestimmung. Die möglichst säurefreie, konzentrierte Lösung, deren Volumen etwa 25 cm³ betragen soll, wird mit so viel Kaliumoxalatlösung versetzt, daß der Niederschlag von Zinkoxalat sich unter Komplexbildung wieder löst. Die kochende Lösung wird nach und nach mit einer ihrem Volumen wenigstens gleichen Menge 80 bis 90%iger Essigsäure versetzt und hierauf unter Umrühren noch einige Zeit gekocht. Nach dem Absitzen des Niederschlags prüft man, ob durch ferneren Zusatz von Essigsäure noch eine Fällung entsteht. Man läßt das bedeckte Gefäß etwa 6 Std. lang bei ungefähr 50° stehen und filtriert dann. Das Auswaschen des Niederschlags erfolgt mit einer Mischung aus gleichen Raumteilen konzentrierter Essigsäure, Alkohol und Wasser. Man wäscht so lange, bis 1 Tropfen des Filtrats beim Verdampfen auf dem Platinblech keinen Rückstand hinterläßt. Bei ungenügendem Auswaschen ist das nach dem Glühen verbleibende Zinkoxyd durch Kaliumcarbonat verunreinigt.

Der bei 140° getrocknete Niederschlag wird in einen Platintiegel gebracht und das Filter für sich am Platindraht verbrannt. Der Niederschlag wird dann im bedeckten Tiegel erhitzt, und zwar zunächst sehr vorsichtig und unter allmählicher Steigerung der Temperatur, damit die entweichenden Gase keine festen Teilchen mitreißen.

Bemerkungen. **I. Genauigkeit.** Die Beleganalysen von CLASSEN (a) zeigen recht gute Werte, die für Zinkmengen von 0,0695 bis 0,1528 g kaum mehr als 0,1 mg Fehler aufweisen. Bei Gegenwart von Ammoniumchlorid treten negative Fehler auf. Während KOFAHL sowie NASS die Brauchbarkeit der Methode bestätigen, stellt WARD fest, daß die Fällung des Zinks zwar vollständig, der Niederschlag aber stets durch viel Kaliumoxalat verunreinigt ist.

II. Behandlung saurer Lösungen. Enthält die zu fällende Zinklösung freie Säure, so entfernt man diese vorher durch Eindampfen.

III. Prüfung des Zinkoxyds auf Reinheit. Man übergießt den Glührückstand mit Wasser und prüft mit Lackmuspapier. Reagiert er alkalisch, so muß man ihn einige Zeit mit heißem Wasser digerieren und die letzten Alkalireste durch Auswaschen mit heißem Wasser entfernen.

IV. Störung durch andere Stoffe. Wie eingangs schon erwähnt, dürfen natürlich keine Metalle zugegen sein, die ebenfalls schwer lösliche Oxalate bilden. Von den Metallen der Ammoniumsulfidgruppe fallen unter den gleichen Bedingungen auch Mangan, Kobalt und Nickel aus, während Eisen und Aluminium in Lösung bleiben.

V. Arbeitsweise von NASS. Diese Arbeitsweise weicht nur wenig von der CLASSENschen Vorschrift ab. NASS fällt die Zinklösung, die ein Volumen von etwa 25 cm^3 hat, ebenfalls mit Kaliumoxalatlösung (1 : 3), und zwar benutzt er 11 cm^3 derselben für eine Zinkmenge, die 0,3945 g Zinkoxyd entspricht. Die heiße Lösung versetzt er mit 75 cm^3 85%iger Essigsäure und wäscht den Niederschlag mit einem Gemisch von 1 Volumen 85%iger Essigsäure, 1 Volumen Alkohol (D 0,795) und 1 Volumen Wasser aus. Er verascht den Niederschlag feucht, wäscht den Rückstand nochmals mit kochendem Wasser aus und glüht ihn im Platintiegel.

B. Maßanalytische Bestimmung.

Das von WARD angegebene *Verfahren beruht darauf, daß das Zinkoxalat in verdünnter Schwefelsäure gelöst und die Oxalsäure mit Permanganat titriert wird.*

Arbeitsvorschrift. Die Zinklösung, die keine freie Mineralsäure enthalten soll, wird auf 100 cm^3 verdünnt, zum Sieden erhitzt und mit einem Überschuß (2 g) krystallisierter Oxalsäure versetzt. Nach dem Abkühlen gibt man das gleiche Volumen Essigsäure zu und läßt über Nacht absitzen. Man filtriert dann durch einen Filtertiegel und wäscht den Niederschlag mit kleinen Mengen Wasser aus. Sodann löst man ihn unter Erwärmen in 25 cm^3 Schwefelsäure (1 : 4) und verdünnt die Lösung auf 200 cm^3. Die Titration der Oxalsäure erfolgt in der üblichen Weise.

Bemerkung. **Genauigkeit.** Bei Zinkmengen von 0,0055 bis 0,1370 g erhielt WARD positive Fehler von maximal 0,5 mg.

Trennungsverfahren.

Trennung des Zinks von Aluminium und Eisen.

CLASSEN (b) benutzt seine Methode zur Trennung des Zinks von Aluminium und Eisen, da diese Metalle bei der Fällung des Zinks als komplexe Oxalate in Lösung bleiben.

Arbeitsvorschrift. Sofern die Lösung freie Säure enthält, wird sie zur Trockne eingedampft und der Rückstand mit einigen Tropfen verdünnter Salpetersäure oder mit Bromwasser versetzt und kurze Zeit auf dem Wasserbad digeriert, damit man sicher ist, daß alles Eisen oxydiert ist. Dann fügt man neutrale Kaliumoxalatlösung (1 : 3) im Überschuß zu (etwa das Siebenfache der nötigen Menge) und bringt den ungelösten Rest des Eisenoxyds durch tropfenweisen Zusatz von Essigsäure zur Auflösung. Bei genügendem Zusatz von Kaliumoxalat entsteht eine vollkommen klare Lösung. Man erhitzt sodann zum Sieden und versetzt unter Umrühren mit mindestens dem gleichen Volumen 80%iger Essigsäure. Die Flüssigkeit mit dem Niederschlag läßt man noch etwa 6 Std. im bedeckten Becherglas bei 50° stehen und filtriert schließlich heiß. Das Auswaschen und Verglühen des Niederschlags erfolgt in gleicher Weise wie bei der oben angegebenen Einzelbestimmung des Zinks.

Bemerkung. **Genauigkeit.** Die zahlreichen Beleganalysen CLASSENS lassen die Methode nicht sehr zuverlässig erscheinen: Neben ziemlich guten Werten findet man andere, die starke positive oder negative Fehler zeigen.

Literatur.

CLASSEN, A.: (a) Fr. **18**, 189 (1879); (b) **18**, 373 (1879); (c) Ausgewählte Methoden der analytischen Chemie, Bd. 1, S. 330. Braunschweig 1901; (d) B. **10**, 1315 (1877).

KOFAHL, H.: Diss. Berlin 1890. — KOHLRAUSCH, F.: (a) Ph. Ch. **50**, 356 (1904); (b) **64**, 165 (1908).

NASS, G.: Angew. Ch. **7**, 506 (1894).

WARD, H. L.: Z. anorg. Ch. **77**, 273 (1912).

§ 17. Jodometrische Bestimmung des Zinks nach dem Kaliumferricyanidverfahren von LANG.

Allgemeines.

Das Verfahren beruht auf folgender Reaktion:

$$3\,Zn^{\cdot\cdot} + 2\,K^{\cdot} + 2\,Fe(CN)_6''' + 2\,J' = Zn_3K_2[Fe(CN)_6]_2 + J_2$$

sowie deren zeitlicher Trennung von dem Vorgang

$$2\,Fe(CN)_6''' + 2\,J' = 2\,Fe(CN)_6'''' + J_2\,.$$

Die erste Reaktion verläuft gegen das Ende der Zinkfällung dann rasch, wenn die zu titrierende Lösung reichliche Mengen Kaliumsulfat enthält.

Die zweite Reaktion tritt in neutraler Lösung nur in kaum angebbarem Umfang ein. Mit steigender Wasserstoff-Ionen-Konzentration wird sie beschleunigt, so daß sich die beiden Vorgänge bei Überschreitung einer gewissen Acidität zeitlich nicht mehr gegeneinander abgrenzen lassen. Immerhin läßt sich die Titration auch in saurer Lösung ausführen, da die zweite Reaktion in Lösungen, die bei einem Volumen von 100 cm³ neben 10 g Kaliumsulfat noch bis zu 10, allenfalls auch 15 cm³ 5 n Schwefelsäure enthalten, noch genügend weit hinter der ersten Reaktion zurückbleibt, um einen deutlichen Haltepunkt am Ende dieser Reaktion erkennen zu lassen.

Es wird also aus einer Zinksulfatlösung, die Kaliumsulfat und Kaliumjodid enthält, durch überschüssiges Kaliumferricyanid nur so viel Jod in Freiheit gesetzt, wie der ersten Gleichung entspricht. Die Menge desselben hängt von der Zusammensetzung des ausfallenden Zink-Kalium-Ferrocyanides ab. Dieser Niederschlag enthält nun etwas mehr Zink als der Formel $Zn_3K_2[Fe(CN)_6]_2$ entspricht. Infolgedessen

ist bei der Berechnung anstatt des theoretischen Gewichtes von 9,805 g Zink für 1 l 0,1 n Natriumthiosulfatlösung das empirisch bestimmte Gewicht von 9,965 g zu verwenden.

Bestimmungsverfahren.

Arbeitsvorschrift. Die chloridfreie Zinksulfatlösung, die etwa 3 bis 5 cm^3 konzentrierte Schwefelsäure enthält, wird mit Kalilauge oder besser mit Ammoniak (s. weiter unten) unter Verwendung von Methylorange als Indicator neutralisiert. Sodann macht man mit verdünnter Schwefelsäure wieder deutlich sauer, verdünnt auf 100 cm^3 und fügt 2 g Kaliumjodid und schließlich Stärkelösung hinzu. Die erkaltete Lösung versetzt man nun mit einer geringen Menge (etwa 2 bis 5 cm^3) 0,2 mol Kaliumferricyanidlösung und titriert unter Umschwenken mit 0,1 n Natriumthiosulfatlösung so weit, daß die Blaufärbung nicht ganz verschwindet. Sodann gibt man wieder etwas Ferricyanid- und danach Thiosulfatlösung zu und fährt mit diesen Zusätzen abwechselnd fort, bis sich an der Einfallstelle der Thiosulfatlösung bleibende Gelbfärbung zeigt. Wenn dieser Punkt erreicht ist, titriert man mit der Thiosulfatlösung scharf aus. Der Farbumschlag erfolgt von Grünlichgrau in ein helles Schwefelgelb.

Bemerkungen. **I. Genauigkeit.** Langs Beleganalysen zeigen sehr gute Resultate; der Fehler beträgt etwa $\pm$ 0,1% der vorhandenen Zinkmenge.

Aster erhielt nach dieser Methode Werte, die mit der gewichtsanalytischen Bestimmung als Anthranilat gute Übereinstimmung zeigten.

Während nach Lang 1 cm^3 0,1 n Thiosulfatlösung 9,965 mg Zink entspricht, fand Raadsveld bei der Nachprüfung der Methode, daß 1 cm^3 0,1 n Thiosulfatlösung in den meisten Fällen 9,91 mg Zink entsprach. Aus den beobachteten Schwankungen ist nach seiner Ansicht auf noch unbekannte Einflüsse zu schließen, die das Verfahren ungenau machen.

II. Die Ferricyanidlösung. Die 0,2 mol Ferricyanidlösung erhält man durch Lösen von 66 g Kaliumferricyanid zum Liter. Die Lösung bewahrt man zweckmäßig in einer Flasche aus dunklem Glas auf, worin sie sich unbegrenzte Zeit hält. Die einzelnen Ferricyanidzusätze bei der Titration brauchen nicht abgemessen zu werden.

III. Acidität der Lösung. Die Titration kann auch in neutraler Lösung vorgenommen werden. Dies ist sogar die ursprüngliche Arbeitsweise, die Lang anwendete. Jedoch treten hierbei negative Fehler auf, wenn man das Kaliumsulfat durch Kaliumnitrat oder Natriumsulfat ersetzt bzw. wenn Salze schwacher Säuren, wie Essigsäure, Oxalsäure, Weinsäure usw., vorhanden sind. Diese Störungen bleiben jedoch aus, wenn man in saurer Lösung arbeitet. Die Menge der Schwefelsäure, die man zufügen kann, hängt von der Menge des vorhandenen neutralen Sulfats ab. Jedenfalls sollte man einer Lösung, die bei einem Anfangsvolumen von 100 cm^3 10 g Kaliumsulfat enthält, nicht mehr als 10 oder allerhöchstens 15 cm^3 5 n Schwefelsäure zusetzen.

IV. Einfluß verschiedener Ammonium- und Alkalisalze. An Stelle des Zusatzes von Kaliumsulfat tritt zweckmäßig ein solcher von Ammoniumsulfat, weil dieses leichter löslich ist. 100 cm^3 der zu titrierenden Lösung sollen wenigstens 5 g Ammoniumsulfat und 0,5 g Kaliumjodid enthalten.

Kaliumnitrat und Ammoniumnitrat geben in saurer Lösung ebenfalls richtige Werte. Das gleiche gilt für Kalium- und Ammoniumrhodanid, die in neutraler Lösung ebenfalls stören. Kaliumbromid beeinflußt die Reaktion in keiner Weise. — Anders verhalten sich Kalium- und Ammoniumchlorid. Zwar sind geringe Mengen (unter 1 g) dieser Salze praktisch ohne Wirkung. Mit steigender Chloridmenge nehmen die Zinkwerte jedoch ab. Bei einer gewissen Konzentration der Chloride steigert sich diese Wirkung aber nicht weiter. Am zweckmäßigsten ist es, salzsaure oder chloridhaltige Lösungen vor der Titration durch Abrauchen mit Schwefelsäure ganz oder weitgehend von Chlor-Ion zu befreien.

Wie oben schon erwähnt, rufen in saurer Lösung auch schwache Säuren und ihre Alkalisalze keine Störung hervor.

V. Einfluß anderer Metalle. Magnesium und Aluminium stören in keiner Weise. Calcium, Barium und Blei fallen als Sulfate aus und stören nicht, wenn nicht mehr als etwa 0,1 g des betreffenden Metalls vorhanden ist. Größere Mengen der Sulfatniederschläge verzögern die Jodausscheidung etwas, und es ist dann zweckmäßiger, sie durch Filtration abzutrennen.

In sulfatfreien Lösungen, die an Stelle von Kalium- oder Ammoniumsulfat Kaliumnitrat enthalten, tritt auch bei größeren Calcium- und Bariummengen keine Störung auf, jedoch ist dann für je 10 cm^3 0,1 n Thiosulfatlösung eine Korrektur von + 0,025 cm^3 anzubringen. Beträgt die Calciummenge aber mehrere Gramme, dann erhält man Überwerte, weil auch Calciumferrocyanid ausfällt.

Mangan stört nicht in Mengen bis zu 0,02 g. Man arbeitet in diesem Fall in saurer Lösung und titriert bei einem Volumen von 200 cm^3.

Kobalt und Nickel bilden schwer lösliche Ferrocyanide. Bei Kobalt läßt sich diese Störung vermeiden, wenn man es durch Kaliumcyanid komplex bindet, den Cyanidüberschuß durch Kochen mit Wasserstoffperoxyd oxydiert und darauf mit Schwefelsäure neutralisiert. — Nickel darf nur in Mengen von einigen Milligrammen zugegen sein.

EisenIII-salze stören nicht, wenn man nach der Neutralisation überschüssiges Kaliumhydrogenfluorid zufügt. Man gibt zunächst so viel Kaliumhydrogenfluorid zu, daß Entfärbung eintritt, und dann noch 1 bis 2 g. Wenn man zu wenig Kaliumhydrogenfluorid anwendet, bildet sich Berlinerblau. Das Kaliumhydrogenfluorid läßt sich nicht durch Ammoniumhydrogenfluorid ersetzen, da letzteres zu rasches Nachbläuen verursacht. Bei Gegenwart größerer Eisenmengen fällt auf Zusatz von Kaliumhydrogenfluorid Kaliumeisenfluorid als feinpulvriger Niederschlag aus, der etwas Zink adsorbiert. Wenn die Lösung neben Eisen noch Aluminium, Calcium oder Magnesium enthält, wird von den schwer löslichen Fluoriden dieser Metalle ebenfalls Zink adsorbiert. In solchem Fall empfiehlt es sich, der Adsorption durch veränderte Reihenfolge in der Zugabe der Reagenzien vorzubeugen: Man stumpft die 3 bis 5 cm^3 konzentrierte Schwefelsäure enthaltende Zinksalzlösung mit Ammoniak ab, bis ein bleibender Niederschlag entsteht, fügt nun überschüssige Kaliumferricyanidlösung und erst danach Kaliumhydrogenfluorid und Kaliumjodid hinzu und titriert dann das ausgeschiedene Jod.

Ein anderes Mittel, um EisenIII-salze unschädlich zu machen, besteht darin, Metaphosphorsäure zuzusetzen. Mit einem Zusatz von 5 g derselben kann die störende Wirkung von 0,5 g Ferrieisen beseitigt werden. Man neutralisiert die schwefelsaure Lösung zunächst wieder wie oben beschrieben, fügt sodann 10 bis 15 cm^3 5 n Schwefelsäure und 5 bis 10 g vorher in Wasser gelöste glasige Phosphorsäure zu, trägt 2 g Kaliumjodid ein und titriert in der beschriebenen Weise mit Kaliumferricyanid und Thiosulfat, bis in der austitrierten Lösung die Blaufärbung auch nach ½ Min. nicht wiederkehrt. Die Bestimmung verläuft in diesem Fall insofern etwas anders, als die Lösung gegen Ende der Titration statt einer rein schwefelgelben eine mehr grünliche Färbung zeigt. Der Endpunkt ist trotzdem scharf zu erkennen.

Quecksilber- und Silbersalze stören nicht, da sie durch Kaliumjodid in Lösung gehalten bzw. gefällt werden.

Cadmium, das ein schwer lösliches Ferrocyanid bildet, trennt man am besten zuvor quantitativ ab.

VI. Titration mit sehr verdünnten Lösungen. Die Titration mit 0,02 n Natriumthiosulfatlösung läßt sich bei einem Endvolumen von 150 cm^3 noch genau durchführen. Soll jedoch eine Titration mit 0,01 n Thiosulfatlösung noch auf den Tropfen genau sein, dann darf das Endvolumen höchstens 70 cm^3 betragen.

Kleine Zinkmengen (unter 5 mg) wird man also in dieser Weise titrieren, wobei es sich übrigens noch empfiehlt, die Reaktion durch einen Keim der Fällung oder durch Zusatz einer bekannten Zinkmenge einzuleiten.

Literatur.

Aster, E.: Verfkroniek **6**, 236 (1933); durch C. **105 I**, 88 (1934).
Lang, R.: Fr. **79**, 161 (1929); Fr. **93**, 21 (1933). — Lang, R. u. J. Reifer: Fr. **93**, 161 (1933).
Raadsveld, Ch. W.: Chem. Weekbl. **32**, 655 (1935).

§ 18. Polarographische Bestimmung.

Allgemeines.

Die polarographische Methode ist durch besondere Empfindlichkeit ausgezeichnet, die es gestattet, noch in Verdünnungen von 1 Grammäquivalent auf 10^5 bis 10^6 l gleichzeitig mehrere Bestandteile in einer Lösung zu bestimmen. Hierzu kommt, daß ein Flüssigkeitsvolumen von 0,1 cm³ genügt, um die Bestimmung auszuführen. Dementsprechend kann man unter geeigneten Bedingungen noch 10^{-8} bis 10^{-9} g der meisten Stoffe bestimmen. Da die Lösung hierbei nicht wesentlich verändert wird, kann die Bestimmung beliebig oft wiederholt werden.

Die Methode eignet sich also besonders für solche Fälle, in denen entweder wegen der großen Verdünnung oder wegen der kleinen Menge der zur Verfügung stehenden Lösung, die eine Trennung der Bestandteile usw. nicht zuläßt, eine andere Arbeitsweise nicht möglich ist. Da die eigentliche Bestimmung, d. i. die Aufnahme der Stromspannungskurve, nach der entsprechenden Vorbereitung der Lösung nur sehr wenig Zeit beansprucht, wird man diese Methode vorteilhaft bei fortlaufenden Reihenuntersuchungen verwenden. Die erreichbare Genauigkeit beträgt etwa $\pm$ 2%.

Bei Stoffen, deren Reduktionspotentiale sehr nahe beieinander liegen, treten Koinzidenzen auf. Dieser Fall liegt z. B. bei Zink und Nickel vor. Die entsprechenden Halbstufenpotentiale sind in neutraler oder schwach saurer Lösung für Zink — 1,06 Volt, für Nickel — 1,09 Volt.

Diese beiden Metalle lassen sich dementsprechend in schwach saurer Lösung nicht direkt nebeneinander bestimmen. Durch Zufügen geeigneter komplexbildender Stoffe gelingt es jedoch, eines der beiden Metalle auszuschalten. Wenn man also unter Verwendung geeigneter Lösungen in einer Probe die Summe der beiden Metalle und in einer anderen Probe die Menge eines der beiden Bestandteile allein bestimmt, ergibt sich die Menge des zweiten aus der Differenz.

Bestimmungsverfahren.

1. Bestimmung des Zinks in Messing nach Hohn.

***Arbeitsvorschrift von* Hohn (a), (c).** 0,5 g des zu untersuchenden Materials wägt man in Form von Spänen genau ab und löst sie in einem bedeckten Bechergläschen in einigen Kubikzentimetern konzentrierter Salpetersäure. Die Lösung dampft man auf dem Sandbad zur Trockne und nimmt den Rückstand mit 5 cm³ konzentrierter Salpetersäure und heißem Wasser auf. Die ausgeschiedene Zinnsäure filtriert man ab und bestimmt sie nach dem Auswaschen in der üblichen Weise gewichtsanalytisch, da sie, um polarographisch bestimmbar zu sein, erst wieder aufgeschlossen werden müßte. Das Filtrat, das neben den Hauptmetallen noch Eisen, Nickel und Blei in kleineren Mengen enthält, versetzt man mit 15 cm³ konzentriertem Ammoniak und zwecks vollständiger Abscheidung des Bleis mit 5 cm³ 2 n Ammoniumcarbonatlösung, filtriert kalt und wäscht mit ammoniakhaltigem Wasser bis zum Verschwinden der blauen Kupferamminfarbe. Für die Filtration und das Auswaschen ist die Verwendung von Glasfiltern mit seitlichem Absaugrohr, die auf die Schliffe der Meßkolben passen, am zweckmäßigsten. Letztere müssen in diesem Fall, um druckfest zu sein, einen runden Boden besitzen. Das Filtrat, das Kupfer, Zink und Nickel enthält, wird auf 250 cm^3 aufgefüllt.

5 cm^3 dieser Lösung werden mit 10 cm^3 der Grundlösung A (s. Bem. II) vermischt und polarographiert (Kupfer: Spannungsbereich 0,2 bis 1,0 Volt, Empfindlichkeit[1] etwa $^1/_{100}$; Zink: Spannungsbereich 1,0 bis 1,6 Volt, Empfindlichkeit etwa $^1/_{50}$).

Die Zinkstufe folgt in der Grundlösung A nach der Kupferstufe. Die Nickelstufe koinzidiert mit der Zinkstufe, so daß man bei der Ausarbeitung der Eichdiagramme die Zahl der Millimeter feststellen muß, die bei einem bestimmten Nickelgehalt von der Höhe der Gesamtstufe abzuziehen sind, um die reine Zinkstufe zu erhalten.

5 cm^3 der oben erhaltenen Lösung vermischt man mit je 5 cm^3 der Grundlösungen B_1 bis B_3 (s. Bem. II) und bestimmt darin das Nickel (Spannungsbereich 0,4 bis 0,8 Volt, Empfindlichkeit etwa $^1/_{20}$).

Bemerkungen. **I. Genauigkeit.** Die Genauigkeit beträgt etwa $\pm$ 2%.

II. Grundlösungen. *Grundlösung A.* Sie besteht aus 200 cm^3 konzentriertem Ammoniak, 200 g Ammoniumchlorid, 40 g Tylosepaste (Tylose S, Viscositätszahl 100, als 10%ige Paste käuflich) und 1800 cm^3 Wasser.

Grundlösung B besteht aus den Teillösungen B_1, B_2 und B_3, die zu gleichen Teilen (je 5 cm^3) gemischt werden. Da die Mischung nicht lange haltbar ist, soll die polarographische Aufnahme der Proben bald nach dem Vermischen erfolgen.

Lösung B_1. 260 g Kaliumcyanid und 2000 cm^3 destilliertes Wasser.

Lösung B_2. 400 g Ammoniumchlorid, 200 cm^3 konzentriertes Ammoniak und 1800 cm^3 destilliertes Wasser.

Lösung B_3. 500 g krystallisiertes Natriumsulfit und 2000 cm^3 destilliertes Wasser.

Da die Nickelstufe mit steigender Cyan-Ionen-Konzentration höher wird, muß die Lösung B_1 genau mit einer Pipette abgemessen werden, und zwar in der Reihenfolge B_3, B_1, B_2.

III. Schnellbestimmung nach Hohn (a), (c). Sollen nur die Hauptmetalle, d. h. Kupfer und Zink, bestimmt werden, so genügt eine Einwage von 0,1 g Messing. Man löst die Probe mit 1 cm^3 konzentrierter Salpetersäure in einem 25 cm^3-Meßkölbchen und füllt mit destilliertem Wasser bis zur Marke auf. Ohne Rücksicht auf einen etwaigen Niederschlag von Zinnsäure pipettiert man 5 cm^3 dieser Lösung zu 10 cm^3 der Grundlösung A. Sodann macht man eine Aufnahme im Spannungsbereich 0,2 bis 1 Volt mit einer Empfindlichkeit von etwa $^1/_{100}$ zur Bestimmung des Kupfers und im Bereich 1,0 bis 1,6 Volt mit einer Empfindlichkeit von etwa $^1/_{50}$ zur Bestimmung des Zinks. Für die Zinkaufnahme ist die Kompensation der Kupferwelle zu empfehlen. Etwa vorhandenes Nickel ist, wie oben beschrieben, in Grundlösung B aufzunehmen und bei der Ermittlung der Zinkkonzentration in Rechnung zu stellen. Die Dauer dieser Schnellmethode beträgt nur etwa 10 Min. bei gleicher Genauigkeit wie bei der Gesamtanalyse.

Mit der Analyse des Messings haben sich noch Mnich sowie Schwarz befaßt. Bei der Bestimmung des Zinks verfahren sie wie Hohn. Ihre Abänderungen bzw. Ergänzungen betreffen hauptsächlich die Bestimmung der Beimetalle.

Nach Gull läßt sich das Zink in Konzentrationen von 0 bis 1% auch in Magnesiumlegierungen mit einer Genauigkeit von $\pm$ 2% bestimmen.

2. Bestimmung des Zinkoxyds in Lithopone nach Knoke.

Arbeitsvorschrift. Etwa 0,5 g Lithopone wägt man in einen 25 cm^3 fassenden Meßzylinder mit Glasstopfen genau ein und fügt 20 cm^3 der in Bem. III angegebenen Grundlösung hinzu und schüttelt von Zeit zu Zeit kräftig durch. Die Bestimmung darf erst 15 Min. nach dem ersten Durchschütteln erfolgen. Sie wird in der Weise

[1] Das Galvanometer besitzt nach Hohn (c), S. 12, eine Empfindlichkeit von etwa $3 \cdot 10^{-9}$ Ampere für 1 mm Ausschlag, wenn die Entfernung des Galvanometerspiegels vom Beleuchtungsspalt der Registriertrommel etwa 80 cm beträgt.

durchgeführt, daß man den Inhalt des Meßzylinders mitsamt der aufgeschwemmten Lithopone auf das Anodenquecksilber in ein 50 cm^3-Becherglas bringt und die Tropfelektrode einführt, die man vorher in destilliertem Wasser zum Tropfen gebracht hat. Der Spannungsbereich beträgt etwa 1,0 bis 1,5 Volt. Die einzustellende Empfindlichkeit richtet sich nach dem Zinkoxydgehalt der Lithopone. Bei guten Sorten mit einem Zinkoxydgehalt von weniger als 1% wird bei Anwendung der angegebenen Arbeitsvorschrift etwa die Empfindlichkeit $^1/_{20}$ bis $^1/_{100}$ zu wählen sein.

Bemerkungen. **I. Genauigkeit.** KNOKE erhielt bei verschiedenen Proben folgende Werte: Polarographisch: 0,86; 0,23; 0,09; 0,41; 0,25; 0,18; 0,17% ZnO.

Maßanalytisch nach Extraktion mit 5%iger Essigsäure: 0,82; 0,28; 0,14; 0,49; 0,24; 0,16; 0,16% ZnO.

II. Die Eichung. Die Eichung erfolgt mit einer Zinkchloridlösung bekannten Zinkgehalts, indem man z. B. 1 cm^3 0,1 n Zinkchloridlösung mit der in Bem. III angegebenen Grundlösung auf 20 cm^3 auffüllt und die polarographische Bestimmung durchführt. Dann ergibt der Vergleich mit den Lithoponeaufnahmen, bei denen das gelöste Zink in der gleichen Gesamtmenge Lösung vorliegt, ohne weiteres den gesuchten Gehalt an Zinkoxyd, wobei natürlich die benutzte Galvanometerempfindlichkeit berücksichtigt werden muß. Man kann aber auch einer Lithoponelösung die Zinkchloridlösung als Eichsatz beifügen. Die Eichung bleibt stets gültig, wenn an der Apparateaufstellung, der Tropfcapillare usw. nichts geändert wird.

III. Die Grundlösung. Die Grundlösung enthält 10% Ammoniumchlorid, 2,5% Ammoniak und 0,4% Tylose S 100.

3. Bestimmung des Zinks neben Nickel nach PRAJZLER bzw. nach STOUT und LEVY.

Wie schon oben erwähnt, lassen sich die beiden Metalle wegen der Koinzidenz nicht ohne weiteres direkt nebeneinander bestimmen. PRAJZLER hat darauf hingewiesen, daß diese Schwierigkeit durch Zusatz von Ammoniumoxalat behoben werden kann, das mit dem Nickel einen stabileren Komplex bildet, so daß man das Zink direkt bestimmen und das Nickel dann durch Differenzbildung aus der Summe der beiden Metalle und der Zinkmenge ermitteln kann. HOHN (c) benutzt für diesen Zweck eine Grundlösung, die 100 g Ammoniumoxalat in 2000 cm^3 gesättigter Kaliumchloridlösung enthält. Die untere Grenze des Spannungsbereiches liegt bei 1,0 Volt. Nach STOUT und LEVY erfolgt die Bestimmung des Zinks neben Nickel in einer Pufferlösung, die an Ammoniumacetat 0,1 n ist und deren p_H-Wert durch Ammoniak zwischen 8,5 und 9,5 gehalten wird. Bei dem p_H-Wert 8,5 differieren die Abscheidungspotentiale von Zink und Nickel um 0,3 Volt. Es treten keine Maxima auf den polarographischen Wellen auf, wenn die Zink- und Nickelkonzentrationen unterhalb 10^{-3} n liegen. Bei dem p_H-Wert 9,5 tritt ein ausgeprägtes Maximum auf, das durch das Zink hervorgerufen wird. Das Maximum wird durch Zugabe von 2 Tropfen 1%iger Methylviolettlösung zu 5 cm^3 der zu polarographierenden Lösung völlig unterdrückt. Im Konzentrationsbereich zwischen 10^{-3} n und 10^{-4} n beträgt der Meßfehler bei der Bestimmung $\pm 2\%$.

4. Bestimmung des Zinks in pflanzlichem Material nach STOUT, LEVY und WILLIAMS bzw. nach HELLER, KUHLA und MACHEK.

STOUT, LEVY und WILLIAMS bestimmen das Zink in Pflanzenasche neben Nickel, Kobalt, Cadmium, Blei, Kupfer und Wismut in folgender Weise: Aus der Aschenlösung werden zunächst die genannten Schwermetalle einschließlich des Zinks durch Extraktion mit Dithizon-Chloroform-Lösung vollständig von Eisen, Mangan, Calcium, Magnesium und den Alkalimetallen getrennt. Nach Zerstörung der organischen Substanz wird das Zink in Gegenwart der anderen Metalle in einer an Ammoniumacetat 0,1 n und an Kaliumrhodanid 0,025 n Lösung polarographisch bestimmt. Die Zinkwelle wird in diesem Fall durch die anderen Metalle nicht gestört.

Ähnlich verfahren HELLER, KUHLA und MACHEK. (Wegen der diesbezüglichen Einzelheiten vgl. § 11, S. 154.)

Literatur.

GULL, H. C.: J. Soc. chem. Ind. 56, 177 (1937).

HELLER, K., G. KUHLA u. F. MACHEK: Mikrochemie 18, 193 (1935). — HOHN, H.: (a) Z. El. Ch. 43, 127 (1937); (b) Ch. Z. 62, 77 (1938); (c) Chemische Analysen mit dem Polarographen. Berlin 1937.

KNOKE, S.: Angew. Ch. 50, 728 (1937).

MNICH, E.: Z. El. Ch. 44, 132 (1938). — MÜLLER, R. H. u. J. F. PETRAS: Am. Soc. 60, 2990 (1938).

PRAJZLER, J.: Coll. Trav. chim. Tchécosl. 3, 406 (1931); durch C. 103 I, 499 (1932).

SCHWARZ, K.: Fr. 115, 161 (1939). — STOUT, P. R. u. J. LEVY: Coll. Trav. chim. Tchécosl. 10, 136 (1938); durch C. 109 II, 1546 (1938). — STOUT, P. R., J. LEVY u. L. C. WILLIAMS: Coll. Trav. chim. Tchécosl. 10, 129 (1938); durch C. 109 II, 1546 (1938).

§ 19. Spektralanalytische Bestimmung.

Allgemeines.

Die spektralanalytische Bestimmung des Zinks wird vor allen Dingen dann in Frage kommen, wenn es sich darum handelt, sehr geringe Mengen dieses Metalls in irgendeiner Grundsubstanz zu bestimmen. Die anzuwendende Methode richtet sich einerseits nach dem zu erwartenden Prozentgehalt, andererseits nach der gewünschten Genauigkeit.

Hat man z. B. in einer Legierung einen Zinkgehalt von 0,1 bis 10% (Gehalte über 10% sollen durch chemische Analyse bestimmt werden), so wählt man am besten die Anregung durch hochgespannten Wechselstrom und kondensierten Funken. Der Vergleich der Linien kann nach der Methode der homologen Linienpaare nach GERLACH und SCHWEITZER erfolgen, die die Tatsache ausnützt, daß eine Linie der Grundsubstanz mit einer Linie des Zusatzelementes nur bei einer ganz bestimmten Konzentration intensitätsgleich wird. Für jede Konzentration muß also ein Linienpaar gefunden werden, und die Entladungsbedingungen (Elektrodenabstand, Kapazität, Selbstinduktion) müssen konstant gehalten werden. Trotz visueller Beobachtung ist die Relativgenauigkeit größer als 10%.

Verfügt man über ein Spektrallinienphotometer, so verwendet man das Dreilinienverfahren von SCHEIBE und SCHNETTLER sowie von SCHEIBE, LINSTRÖM und SCHNETTLER, das wie die Methode der homologen Linienpaare gehandhabt wird, mit dem Unterschied, daß die Intensitätsverhältnisse photometrisch gemessen werden, wobei jedem Intensitätsverhältnis eine bestimmte Konzentration zugehört. Die Genauigkeit beträgt hier 1 bis 2%. Ein besonderer Vorteil liegt darin, daß nur wenige Linien nötig sind und daß die Konzentrationen kontinuierlich gemessen werden können.

Wenn bei linienarmen Spektren ein geeignetes Paar von Grundsubstanzlinien mit konstantem Intensitätsverhältnis nicht zu finden ist, wendet man das Zweilinienverfahren von SCHÖNTAG an.

Betragen die zu bestimmenden Konzentrationen weniger als 0,1%, so verwendet man zur Anregung mit Vorteil den Abreißbogen nach PFEILSTICKER (a), (b) sowie WA. GERLACH und WE. GERLACH. Diese Arbeitsweise bietet den Vorteil hoher Nachweisempfindlichkeit (für Zink etwa 10^{-4}%); die Genauigkeit bei der quantitativen Bestimmung ist jedoch geringer als bei der Funkenanregung und beträgt etwa 10%.

Liegen die zu untersuchenden Stoffe in Form einer Lösung vor, so kann man nach dem Verfahren von LUNDEGARDH arbeiten, wobei die Lösung in einem Quarzzerstäuber fein verteilt und einer Flamme zugeführt wird. Einfacher ist es jedoch, nach dem Verfahren von SCHEIBE und RIVAS die Lösungen auf spektralreine Kohlen zu bringen und im Hochspannungsfunken anzuregen. Die erzielbare Genauigkeit beträgt 2 bis 4%.

Die Vorteile bei der Untersuchung von Lösungen bestehen darin, daß die zur Aufstellung der Eichkurve benötigten Vergleichslösungen leicht herzustellen sind und daß die ermittelten Werte mit den bei der chemischen Analyse erhaltenen gut übereinstimmen, weil die bei festen Substanzen häufig vorhandenen Inhomogenitäten hier keine Rolle spielen. Bei der photometrischen Auswertung der Intensitätsverhältnisse hat sich bei diesem Verfahren der direkte Vergleich der Photometerausschläge bewährt, was ein etwas schnelleres Arbeiten erlaubt.

Die wichtigsten für das Zink in Betracht kommenden Linien sind:

4810,5 Å,
4722,2 Å Triplett,
4680,1 Å,
3345,0 Å,
3302,6 Å Triplett,
3282,3 Å,
2138,5 Å Grundlinie,
2061,9 Å,
2025,5 Å Dublett (Grundlinien des Funkenspektrums).

Bestimmungsverfahren.

A. Bestimmung des Zinks in Lösungen.

1. Methode von Thurnwald.

Vorbemerkung. Die Bestimmung wird nach dem Testverfahren ausgeführt. Dieses beruht auf folgendem Prinzip: Man stellt eine größere Anzahl von Lösungen her, die das zu bestimmende Element (im vorliegenden Fall also Zink) in bekannter, aber jeweils verschiedener Konzentration enthalten. Diesen Lösungen werden dann der Reihe nach bekannte Konzentrationen eines zweiten zweckmäßig gewählten Elementes (hier Silber in Form von Silbernitrat) zugesetzt. Die Konzentrationen des zugesetzten Silbers werden so gewählt, daß zwei benachbarte Linien der beiden Metalle (am vorteilhaftesten zwei „letzte" Linien) in allen Aufnahmen intensitätsgleich erscheinen.

Wenn nun in einer Lösung die Zinkkonzentration zu bestimmen ist, so wird dieser Lösung auf Grund entsprechender Versuchsreihen so viel Silberlösung zugesetzt, daß wiederum für die gewählten Linien Intensitätsgleichheit besteht. Auf Grund der oben beschriebenen Eichung ist es dann möglich, die Konzentration des Zinks anzugeben.

Zum Vergleich werden die absolut empfindliche Zinklinie von der Wellenlänge 3345 Å und die ebenfalls absolut empfindliche Silberlinie von der Wellenlänge 3383 Å benutzt. (Die Zinklinie ist zwar eine Mehrfachlinie, wird aber in einem Spektrographen geringer Dispersion als eine Linie beobachtet.) Beide Linien sind Bogenlinien und wie Thurnwald durch besondere Versuche feststellte, tritt eine Änderung der Intensitätsgleichheit der Linien bei Variierung der Versuchsbedingungen (Selbstinduktion, Kapazität, Stromstärke usw.) nicht ein.

Wie aus der beigefügten Tabelle 11, S. 184, ersichtlich ist, entspricht einer jeden in der ersten Spalte angeführten Zinkkonzentration eine ganz bestimmte ebenfalls in der ersten Spalte angegebene Silberkonzentration, die zugesetzt werden muß, um das invariante Linienpaar stets intensitätsgleich zu erhalten.

Man kann demnach mittels dieses Testverfahrens die Konzentrationsunterschiede feststellen bzw. solche Zinkkonzentrationen bestimmen, die in der vierten Spalte verzeichnet sind.

Arbeitsvorschrift. Zur Ermittlung einer unbekannten Zinkkonzentration (die jedoch nicht mehr als 1% betragen soll) in reiner wäßriger Zinknitratlösung müssen zunächst 15 Silbernitratlösungen auf Vorrat hergestellt werden, die jeweils die doppelte Silberkonzentration besitzen wie die in Tabelle 11 in der ersten Spalte angegebenen.

Nun setzt man z. B. zu je 2 cm^3 der zu untersuchenden Lösung jeweils 2 cm^3 der angeführten Silberlösungen der Reihe nach zu und nimmt die Spektren der so erhaltenen Lösungen auf. Aus der Intensitätsgleichheit des erwähnten Linienpaares und der zugesetzten Silberkonzentration kann man aus der vierten Spalte der Tabelle den prozentualen Zinkgehalt der ursprünglichen Lösung direkt ablesen.

Bemerkungen. Bei diesem Verfahren ist es völlig gleichgültig, ob die Zinklinie auf allen Aufnahmen bei derselben Konzentration die gleiche Schwärzung hat, da sich die Intensität der Silberlinie nach dem gleichen Gesetz ändert. Die Schwärzung darf jedoch nicht allzu stark sein, um den Sättigungswert der Platte oder beginnende Polarisation zu vermeiden. Sie darf aber auch nicht allzu schwach sein, um die Nähe des Grenzwertes der Plattenempfindlichkeit nicht zu erreichen. Am besten lassen sich die Intensitäten vergleichen, wenn die Linien mittlere Schwärzung haben. Mit abnehmender Konzentration muß natürlich stärker belichtet werden.

Der Vorteil des Verfahrens gegenüber dem Verdünnungsschema von HARTLEY liegt darin, daß es von der strengen Reproduzierbarkeit des Funkens und der genauen Einhaltung der Versuchsbedingungen unabhängig ist, und daß kleinere Konzentrationsintervalle festzustellen, also genauere quantitative Bestimmungen auszuführen sind. Der Nachteil, den das Verfahren mit der Methode HARTLEYS teilt, ist der Einfluß der Qualität und Quantität derjenigen Stoffe, die sonst noch an der Strahlung beteiligt sind.

Bei Zusatz gleicher molarer Mengen von Kalium bzw. Nickel oder Eisen ist die Tabelle 11 nicht direkt zu gebrauchen, da die Zinklinie viel mehr abgeschwächt wird als die Silberlinie. Ähnliche Beobachtungen machten bei anderer Gelegenheit BALZ sowie SEITH und KEIL.

Tabelle 11. Quantitative Zinkbestimmung nach dem Testverfahren.

g Zn	g Ag	Intensitätsgleichheit des invarianten Linienpaares Zn λ 3345 Å — Ag λ 3383 Å	Bemerkungen	g Zn in 100 cm³
in 100 cm³				
0,5	0,025	Intensitätsgleich	Kurz belichten, da bei mittlerer Schwärzung bessere Vergleichsmöglichkeit	1
0,4	0,02	„		0,8
0,3	0,015	„		0,6
0,2	0,01	„		0,4
0,15	0,0075	„		0,3
0,1	0,005	„		0,2
0,075	0,00375	„		0,15
0,05	0,0025	„	Mäßig belichten	0,1
0,04	0,002	„		0,08
0,03	0,0015	„		0,06
0,02	0,001	„		0,04
0,015	0,00075	„	Länger belichten	0,03
0,01	0,0005	„		0,02
0,0075	0,000375	„		0,015
0,005	0,00025	„		0,01

2. Methode von SANNIE und POREMSKI.

Arbeitsvorschrift. SANNIE und POREMSKI bestimmen sehr kleine Zinkmengen, die sich in Lösung befinden, in der Weise, daß sie dieselben, ebenso wie die zum Vergleich dienenden Mengen, elektrolytisch auf Kupferdraht oder Graphitstäbchen von 2 mm Durchmesser niederschlagen und dann spektroskopieren. Die Intensitäten werden auf das Mikrophotometer übertragen; danach wird die Eichkurve gezeichnet und der Wert der zu bestimmenden Zinkmenge abgelesen.

Bemerkungen. Die Methode ist bei Zinkmengen von 0,25 bis 10 γ zuverlässig. Die Elektrolyse soll in möglichst konzentrierter Lösung und unter Kühlung vorgenommen werden. Der Elektrolyt besteht aus 2 cm³ konzentrierter Natriumsulfatlösung, 2 cm³ einer Lösung mit 1% Natriumcitrat und 1% Citronensäure und 1 cm³ Untersuchungslösung. Man elektrolysiert 6 Std. mit 10 Volt und 350 Milliampere unter Verwendung einer Kupferkathode. Essigsäure, Ammoniak und Ammoniumsalze stören.

Zum Vergleich werden die Linien 2558 Å und 2502 Å benutzt.

3. Methode von Twyman und Hitchen.

Arbeitsvorschrift. Diese Autoren verfahren bei der Analyse von Lösungen so, daß sie als obere Elektrode einen zugespitzten Graphitstab von 0,6 cm Durchmesser benutzen, während die untere Elektrode von der zu untersuchenden Lösung gebildet wird. Diese fließt aus einem Vorratsgefäß langsam durch einen Quarzzylinder von 2 cm Länge und 0,2 mm lichter Weite, der oben zwecks Überlauf auf 3 mm Länge geschlitzt ist. Ein zentral angeordneter Golddraht vermittelt die Stromzufuhr. Die Lösungen werden durch Zusatz von Säure oder Alkali gut leitend gemacht. Man benutzt einen Transformator, der eine Spannung von 8000 bis 15000 Volt liefert und eine Kapazität von 0,006 Mikrofarad besitzt, parallel zur Funkenstrecke. Als Bezugslinien zur Auswertung der Spektren werden von den letzten Linien diejenigen gewählt, die in ihrer Intensität möglichst unabhängig von den Entladungsbedingungen sind.

Bemerkungen. Unter anderen wurden salzsaure (mit 5% Salzsäure) Zinklösungen im Konzentrationsbereich 0,01 bis 1% untersucht. Die **Genauigkeit** wird auf 0,5% der gefundenen Menge geschätzt.

Wenn mehrere Metalle vorhanden sind, so können sie sich gegenseitig beeinflussen, was bei der Auswertung der Spektren zu berücksichtigen ist.

B. Bestimmung des Zinks in Metallen und Legierungen.

1. Bestimmung des Zinks in Blei.

a) Verfahren von Brownsdon und van Someren. Die Anregung erfolgt durch kondensierte Funken (Induktor betrieben mit 2,8 Ampere und 90 Volt primär, Kapazität 0,002 Mikrofarad. Veränderung der Selbstinduktion bis die Linie Pb 3137,8 Å mit der Linie Pb 3220,54 Å intensitätsgleich ist).

b) Verfahren von Guenther mittels der Methode der homologen Linienpaare. Als Fixierungspaar dienen Pb 2562 Å und Pb 2657 Å, d. h. die Erregungsbedingungen des elektrischen Funkens werden so gewählt, daß die Pb-Funkenlinie 2562 Å eine gleiche Schwärzung auf der photographischen Platte hervorruft wie die Pb-Bogenlinie 2657 Å. Transformator: 15 Kilovolt, 1,5 Kilowatt; Kapazität: 4 Leydener Flaschen von je 0,0035 Mikrofarad.

Tabelle 12. Tabelle der homologen Linienpaare.

Zinklinien Å	Bleilinien Å	Intensitätsgleich bei Gew.-% Zink
2138,5	2175,6	0,0025
2061,9	2052	0,005
3345,0	3220,54	0,06

Die in Tabelle 13, S. 186 angegebenen Werte sind auf etwa 10% genau, jedoch läßt sich beim Einhalten gleicher Belichtungszeit, gleicher Elektrodenabstände und der Verwendung gleichgeschnittener Elektroden bei photometrischer Auswertung eine wesentlich größere Genauigkeit erreichen.

2. Bestimmung des Zinks in Aluminium und Aluminiumlegierungen.

Nach Clermont ergeben sich bei der Benutzung der Zinklinien 3303 Å und 3345 Å zur quantitativen Bestimmung des Zinks in Aluminium Schwierigkeiten, da ihre Intensität im Verhältnis zur Konzentration ziemlich schnell absinkt, so daß die Grenze der Nachweisbarkeit von Zink in Aluminium schon bei etwa 0,03% Zink erreicht ist. Bei Gehalten von 0,03 bis 0,19% sind die erwähnten Linien zu schwach, als daß eine Photometrierung der zahlreichen möglichen Paare in Frage käme. Bei hohen Zinkgehalten (7,19 bis 10,53%) sind dagegen die Zinklinien derart stark, daß bei Anwendung des Kopplungspaares Al 2653 Å — Cu 2618 Å die Kupferhilfslinien — mit einer einzigen Ausnahme — zu schwach sind, somit ein Intensitätsvergleich ebenfalls nicht möglich ist. Die auf S. 187 folgende Tabelle 14 bedient sich deshalb anderer Linien.

Tabelle 13.

Gleichheit der Linien bei Gew.-% Zink	Wellenlängen der Linien (in Å)	Intensität nach KAYSER		Liniencharakteristik		
		Bogen	Funken	Stärke*	Invarianz	Empfindlichkeit
1,9**	Zn 2558 Zn II Pb 2628	8 2 R	10 2	mittel	mäßig	gut
0,4	Zn 3075 Zn II Pb 3119	8 R 3	6 0	schwach	gut	ziemlich
0,3	Zn 2502 Zn II Pb 2389	8 3 R	10 1	schwach	mäßig	gut
0,25	Zn 3036 Zn I Pb 2980	10 R 2	6 0	sehr schwach	sehr gut	sehr gut
0,25	Zn 3282 Zn I Pb 3220	8 R 4	10 1	mittel	sehr gut	sehr gut
0,12	Zn 3036 Zn I Pb 2926	10 R 3	6 0	sehr schwach	gut	gut
0,11	Zn 4678 Pb 5043	10 R 0	10 2	schwach	mäßig	gut
0,08	Zn 3303 Pb 3220	8 R 4	10 1	mittel	mäßig	mäßig
0,035	Zn 3345 Zn II Pb 3220	10 R 4	10 1	mittel	sehr gut	gut
0,015	Zn 3303 Pb 3262	8 R 4	10 1	mittel	ziemlich gut	gut
0,0075	Zn 3303 Pb 2657	8 R 2	10 0	schwach	gut	gut
0,0075	Zn 3345 Zn II Pb 3262	10 R 4	10 1	schwach	mäßig	gut
0,005	Zn 3345 Zn II Pb 2657	10 R 2	10 0	sehr schwach	sehr gut	gut

* Unter Stärke ist die Schwärzung auf der Platte bei mittlerer Belichtungszeit zu verstehen.
** Wert extrapoliert.

BALZ bemerkt, daß der Nachweis kleiner Mengen Zink in Aluminium mit dem kondensierten Funken wegen des starken Untergrundes bei der Linie 3300 Å schlecht durchzuführen ist. Ferner verhindert die starke Oxydation des Aluminiums bei Anregung mit dem Abreißbogen nach WA. GERLACH und WE. GERLACH schon nach einigen Zündungen den weiteren Stromübergang. Mit dem Abreißbogen nach PFEILSTICKER (a), (b) kann man jedoch bequem Zink in Aluminium auch bei niedrigen Gehalten bestimmen. STRIGANOW hat Zink in Konzentrationen von 0,02 bis 0,1% in Aluminium bestimmt.

Die folgende Zusammenstellung der homologen Paare des Systems Aluminium —Zink ist einer Arbeit von CLERMONT entnommen.

3. Bestimmung des Zinks in Elektron.

WWEDENSKI und MANDELSTAM bestimmen unter anderem auch Zink in Elektronmetall. Für die visuelle Bestimmung benutzen sie das Linienpaar Fe 4860 Å—Zn I 4811 Å. Für die photometrische Bestimmung (Interpolationsmethode) verwenden sie die Linien Mg I 3330 Å—Zn I 3345 Å.

Tabelle 14. **Übersicht über die homologen Paare des Systems Aluminium-Zink.** Analysentabelle zum Nachweis von Zink in Aluminium.

I. Reproduktion der Entladungsbedingungen:

Al . . . . . 2816 Å
Al . . . . . 2575 Å } müssen intensitätsgleich sein.

(Die Kapazität im Entladungskreis beträgt 8000 cm.)

II. Fixierung des Hilfsspektrums (Cu) durch das „Kopplungspaar":

Al . . . . . 2653 Å
Cu . . . . . 2618 Å } müssen intensitätsgleich sein.

III. Verhältnis der Belichtungszeiten:

$$B_{Al+a\%Zn} : B_{Cu} = 5:1 \text{ bis } 3{,}5:1.$$

(Die eingeklammerten Ziffern bedeuten unsichere Dezimalen.)

Vergleichspaare:

Wellenlängen der Linien (in Å)	Intensitätsgleich bei Gew.-% Zink	Linienabstand $\Delta\lambda$	Bemerkungen
Zn 2502,0 Cu 2441,6	10,2	60,4	Sehr scharf. Empfindlichkeit gut. Invarianz gut. Lange belichten.
Zn 2502,0 Cu 2489,6	10,2 (5)	12,4	Empfindlichkeit sehr gut. Sehr scharf. Invarianz gut. Reichlich belichten.
Zn 2502,0 Cu 2492,2	dicht über 10,5	9,8	Sehr scharf. Empfindlichkeit sehr gut. Invarianz gut. Reichlich belichten.
Zn 2502,0 Cu 2506,4	10,53	4,4	Scharf. Empfindlichkeit sehr gut. Ziemlich invariant. Lange belichten.
Zn 2502,0 Cu 2529,4	7,85	27,4	Mäßig scharf. Empfindlichkeit sehr gut. Invarianz gut. Reichlich belichten.
Zn 2502,0 Cu 2544,9	über 10,5	42,9	Sehr scharf. Empfindlichkeit recht gut. Invarianz ziemlich gut. Reichlich belichten.
Zn 2502,0 Cu 2392,6	8,8	109,4	Ziemlich scharf. Empfindlichkeit gut. Invarianz ziemlich gut. Reichlich belichten.
Zn 2502,0 Cu 2400,1	über 10,5	101,9	Scharf. Empfindlichkeit gut. Invarianz ziemlich gut. Lange belichten.
Zn 2502,0 Cu 2403,4	8,7	98,6	Ziemlich scharf. Empfindlichkeit gut. Invarianz ziemlich gut. Lange belichten.
Zn 2558,0 Cu 2506,4	8,1	51,6	Scharf. Empfindlichkeit recht gut. Invarianz mäßig. Lange belichten.
Zn 2558,0 Cu 2544,9	10,53	13,1	Sehr scharf. Empfindlichkeit sehr gut. Ziemlich invariant. Lange belichten.
Zn 2558,0 Cu 2618,4	über 10,5	60,4	Sehr scharf. Empfindlichkeit recht gut. Ziemlich invariant. Lange belichten. Visuell Fixpunkt etwas tiefer.
Zn 2558,0 Cu 2489,6	8,9	68,4	Sehr scharf. Empfindlichkeit sehr gut. Invarianz gut. Lange belichten.
Zn 2558,0 Cu 2492,2	9,3 (5)	65,8	Sehr scharf. Empfindlichkeit sehr gut. Invarianz gut. Reichlich belichten.
Zn 2771 (Triplett) Cu 2689,5	10,0	81,5	Ziemlich scharf. Empfindlichkeit sehr gut. Invarianz gut. Reichlich belichten.
Zn 2771,0 Cu 2701,1	über 10,5	69,9	Ziemlich scharf. Empfindlichkeit sehr gut. Invarianz gut. Lange belichten.
Zn 2771,0 Cu 2703,3	7,2	67,7	Ziemlich scharf. Empfindlichkeit sehr gut. Ziemlich invariant. Reichlich belichten. Visuelle Schätzung des Fixpunktes meist etwas höher.
Zn 2771,0 Cu 2713,6	10,5	57,4	Ziemlich scharf. Empfindlichkeit gut. Invarianz gut. Reichlich belichten. Visuelle Schätzung etwas höher.

Tabelle 14 (Fortsetzung).

Wellenlängen der Linien (in Å)	Intensitätsgleich bei Gew.-% Zink	Linienabstand $\Delta\lambda$	Bemerkungen
Zn 2771,0 Cu 2882,9	über 10,5	111,9	Ziemlich scharf. Invarianz ziemlich gut. Empfindlichkeit gut. Lange belichten.
Zn 2771,0 Cu 2768,7	über 10,5	2,3	Ziemlich scharf. Invarianz gut. Empfindlichkeit gut. Lange belichten.
Zn 2800,8 Cu 2689,5	8,8	111,3	Ziemlich scharf. Mäßig invariant. Empfindlichkeit gut. Reichlich belichten.
Zn 2800,8 Cu 2701,1	10,3	99,7	Ziemlich scharf. Invarianz gut. Empfindlichkeit gut. Lange belichten.
Zn 2800,8 Cu 2713,6	8,6 (5)	87,2	Mäßig scharf. Invarianz ziemlich gut. Empfindlichkeit gut. Reichlich belichten.
Zn 2800,8 Cu 2768,7	10,3	32,1	Scharf. Invarianz ziemlich gut. Empfindlichkeit gut. Lange belichten.
Zn 2800,8 Cu 2882,9	9,4	82,1	Ziemlich scharf. Invarianz gut. Empfindlichkeit gut. Lange belichten.
Zn 3282,3 Cu 3308,0	über 10,5	25,7	Sehr scharf. Sehr invariant. Empfindlichkeit gut. Ziemlich lange belichten.
Zn 3303,0 Cu 2961,2	9,4	341,8	Sehr scharf. Empfindlichkeit ziemlich gut. Sehr invariant. Kurz belichten.
Zn 3345,0 Cu 2961,2	7,2	383,8	Sehr scharf. Empfindlichkeit ziemlich gut. Invarianz sehr gut. Kurz belichten.
		Direkte homologe Paare Al—Zn.	
Zn 2502,0 Al 2568,0	etwa 12,7	66,0	Sehr scharf. Empfindlichkeit gut. Recht invariant. Ziemlich lange belichten.
Zn 2558,0 Al 2568,0	etwa 12,2	10,0	Sehr scharf. Empfindlichkeit gut. Ziemlich invariant. Nicht zu lange belichten. Extrapoliert.
Zn 3303,0 Al 2652,5	etwa 6,7	650,5	Sehr scharf. Empfindlichkeit gut. Mäßig invariant. Nicht zu lange belichten. Extrapoliert.
Zn 3345,0 Al 2652,5	etwa 6,5	692,5	Sehr scharf. Empfindlichkeit gut. Mäßig invariant. Nicht zu lange belichten. Extrapoliert.
Zn 3303,0 Al 2660,4	etwa 9,8	642,6	Sehr scharf. Empfindlichkeit gut. Recht invariant. Interpoliert. Nicht zu lange belichten.
Zn 3345,0 Al 2660,4	7,19	684,6	Sehr scharf. Empfindlichkeit gut. Recht invariant. Nicht zu lange belichten.

Die Fixpunkte der angegebenen direkten homologen Paare beanspruchen keine große Genauigkeit; sie können nur zur annähernden Orientierung dienen.

4. Bestimmung des Zinks in Kobalt, Kupfer, Cadmium und Zinn.

Breckpot (a), (b) hat nach der Methode der homologen Linienpaare unter Verwendung des Bogenspektrums Zink im Konzentrationsbereich von 0,01 bis 1% in Kobalt und in Kupfer bestimmt, während Lamb unter Vergleich mit Standardlösungen Zink in Cadmium bestimmt und Smith Zink (außerdem Aluminium und Cadmium) in Mengen von 0,001 bis 1% als Verunreinigung in Zinn ermittelt hat.

C. Bestimmung des Zinks in pflanzlichem Material.

1. Methode von Rogers.

Die Bestimmung erfolgt mittels der Zinklinie 2138,5 Å, die sich für diesen Zweck besser eignet als die Linien 4810,534 Å und 3345,0 Å, die bei sehr kleinen Zinkkonzentrationen nicht empfindlich genug sind. Als Bezugselement dient Tellur, das der Asche in Form von Tellursäure zugesetzt wird. Verwendet wird die Tellurlinie 2143,0 Å.

Arbeitsvorschrift. Das Pflanzenmaterial wird getrocknet und unterhalb 450° in einem Platingefäß verascht. Der Asche wird 1 cm³ Tellursäurelösung je Gramm zugesetzt (5 g $H_2TeO_4 \cdot 2\, H_2O$ löst man in 1 Liter Wasser und filtriert).

Dann wird die Asche getrocknet, pulverisiert und sorgfältig gemischt. Sodann werden 5 Proben spektrographiert, indem etwa 20 mg in den Krater der unteren (positiven) Elektrode gebracht und in einem Bogen mit 9 Ampere und 125 Volt völlig verdampft werden. Man verwendet Elektroden aus ACHESON-Graphit von 0,63 cm Durchmesser und 3,8 cm Länge, die eine Bohrung von 0,32 cm Tiefe und 0,436 cm Durchmesser besitzen.

Bemerkungen. Die Methode gibt für Zinkgehalte von 0,1 bis 0,005% gute Werte. Die untere Grenze, die durch Extrapolation der Eichkurve erreicht werden kann, liegt bei einem Zinkgehalt von 0,002%.

Abgesehen von der Vorbereitung der Proben können 10 Spektrogramme (also zwei Proben je 5fach) leicht in 2 Std. aufgenommen werden. Für die Photometrierung und Berechnung benötigt man etwa weitere 1½ Std.

ROGERS und GALL, die 40 Pflanzenaschen auf chemischem und spektralanalytischem Weg untersuchten, führen die teilweise größeren Differenzen darauf zurück, daß bei der chemischen Analyse beim Extrahieren des Rückstandes mit Salzsäure Zink zurückgehalten wird.

2. Methode von VANSELOW und LAURANCE.

Die salzsaure Lösung der Asche wird mit Cadmiumsulfat versetzt. Dann werden Zink und Cadmium gemeinsam als Sulfide gefällt; der getrocknete Sulfidniederschlag wird spektrographiert. Benutzt werden die Linien Zn 3345,0 Å und Cd 3252,5 Å.

Arbeitsvorschrift. Die Eichkurve wird mit Mischungen der Sulfide von bekanntem Gehalt aufgenommen, wobei jeweils 2,5 mg des trockenen Sulfidpulvers auf die Elektrode gebracht und in der beschriebenen Weise spektrographiert werden.

Vorbereitung des Materials und Abscheidung der Sulfide. 2 bis 4 g des pflanzlichen Materials werden in einem Quarzschiffchen unter Verwendung eines elektrischen Ofens sorgfältig bei 450° verascht. Die Asche wird in einer kleinen Schale mit 20 cm³ 1 n Salzsäure versetzt und diese auf die Hälfte eingedampft. Dann wird filtriert und das Filtrat mit der Waschflüssigkeit auf etwa 25 cm³ eingeengt. In einem 125 cm³ fassenden ERLENMEYER-Kolben wird die Lösung mit 10 cm³ Cadmiumsulfatlösung, die 0,2 mg Cadmium im Kubikzentimeter enthält, versetzt. Unter Verwendung von Bromphenolblau als Indicator wird die Lösung mit gesättigter Kalilauge auf einen p_H-Wert von etwa 3,6 gebracht. Nunmehr werden ½ cm³ 50%ige Ameisensäure (D 1,2) und 3 bis 5 cm³ Citratpufferlösung zugefügt. Dieselbe enthält im Liter etwa 120 g Natriumcitrat ($2\, Na_3C_6H_5O_7 \cdot 11\, H_2O$) und 230 g Citronensäure ($C_6H_8O_7 \cdot 1\, H_2O$) und wird auf den p_H-Wert 3,0 eingestellt.

Das Volumen der zu fällenden Lösung soll etwa 40 cm³ und ihr p_H-Wert 2,8 bis 3,0 betragen. Man erhitzt auf 60 bis 70° und leitet währenddessen einen langsamen Schwefelwasserstoffstrom ein. Nach Erreichen der Siedetemperatur wird die Heizquelle entfernt, das Gasableitungsrohr verschlossen und die Flüssigkeit unter Schwefelwasserstoffdruck der Abkühlung überlassen. Nach dem Erkalten verschließt man den Kolben völlig und läßt noch etwa ½ Std. stehen. Sodann wird der Inhalt in ein 50 cm³-Zentrifugenglas gebracht, der Kolben mit wenigen Kubikzentimetern mit Schwefelwasserstoff gesättigter 0,05 n Ameisensäure nachgespült und die Flüssigkeit zentrifugiert. Nach dem Abgießen der überstehenden klaren Lösung wäscht man den Niederschlag 1mal mit 10 bis 15 cm³ schwefelwasserstoffhaltiger Ameisensäure, zentrifugiert wieder und gießt die überstehende Lösung ab. Der Niederschlag wird über Nacht in einem evakuierten Calciumchloridexsiccator getrocknet.

Das Auswaschen und das Trocknen bei Raumtemperatur sind durchaus wesentlich, da man sonst keinen lockeren, pulvrigen Niederschlag erhält, der sich leicht in den Krater der Elektrode bringen läßt.

Bestimmung. Der trockene Sulfidniederschlag wird in den Krater der positiven Elektrode gebracht und in einem Bogen von 7 Ampere und 150 Volt völlig verdampft. Die Flüchtigkeit der beiden Sulfide ist so ähnlich, daß sie gleichzeitig verdampfen. Cadmium kommt in pflanzlichem Material nur in so minimaler Menge vor, daß eine merkbare Vermehrung der zugesetzten Cadmiummenge dadurch nicht eintritt. Man verwendet Graphitelektroden von 0,64 cm Durchmesser und einer Bohrung von 0,32 cm Durchmesser und Tiefe.

Tabelle 15.

Zugesetzte Zn-Menge mg	Gefunden bei Zusatz des Zinks vor der Veraschung mg	Gefunden bei Zusatz des Zinks nach der Veraschung mg
—	0,006 bzw. 0,010	— bzw. —
0,05	0,058 „ 0,062	0,057 „ 0,048
0,10	0,096 „ 0,108	0,108 „ 0,096
0,15	0,152 „ —	0,144 „ 0,152
0,20	0,193 „ 0,176	0,212 „ 0,203

Bemerkungen. **Anwendungsbereich und Genauigkeit.** Die untere Grenze der Methode liegt bei etwa 0,005 mg Zink (bei Verwendung eines Gitterspektrographen), die obere vermutlich höher als bei 0,2 mg Zink. Nebenstehende Tabelle 15 gibt einen Überblick über die erreichte Genauigkeit.

Literatur.

BALZ, G. W.: Metallwirtschaft **17**, 1226 (1938). — BRECKPOT, R.: (a) Ann. Soc. Sci. Bruxelles Ser. I **57**, 129 (1937); durch C. **108 II**, 1238 (1937); (b) Natuurwetensch. Tijdschr. **16**, 139 (1934); durch C. **106 I**, 598 (1935). — BRECKPOT, R. u. A. MEWIS: Ann. Soc. Sci. Bruxelles Ser. B **54**, 99 (1934); durch C. **106 I**, 754 (1935). — BROWNSDON, H. W. u. E. H. S. VAN SOMEREN: J. Inst. Met. **46**, 97 (1931); durch C. **103 I**, 1293 (1932).

CLERMONT, J.: Fr. **90**, 321 (1932).

GERLACH, WA. u. WE. GERLACH: Die chemische Emissionsspektralanalyse, Bd. 2, S. 3. Leipzig 1933. — GERLACH, W. u. W. ROLLWAGEN: Metallwirtschaft **15**, 837 (1936). — GERLACH, W. u. E. SCHWEITZER: Die chemische Emissionsspektralanalyse, S. 61. Leipzig 1930. — GUENTHER, A.: Z. anorg. Ch. **200**, 409 (1931).

HARTLEY, W. N.: Soc. **41**, 90 (1884).

KAYSER, H.: Tabelle der Hauptlinien der Linienspektra aller Elemente, 2. Aufl. Berlin 1926.

LAMB, F. W.: Pr. Am. Soc. Testing Materials **35 II**, 71 (1935); durch C. **107 II**, 344 (1936). — LUNDEGÅRDH, H.: Die quantitative Spektralanalyse der Elemente, 1. Teil. Jena 1929.

PFEILSTICKER, K.: (a) Z. El. Ch. **43**, 718 (1937); (b) Z. Metallkunde **30**, 211 (1938).

RAO, A. L. S.: Sci. and Cult. **4**, 362 (1938); durch C. **110 II**, 3157 (1939). — ROGERS, L. H. Ind. eng. Chem. Anal. Edit. **7**, 421 (1935). — ROGERS, L. H. u. O. E. GALL: Ind. eng. Chem. Anal. Edit. **9**, 42 (1937).

SANNIE, C. u. V. POREMSKI: Bl. [5] **6**, 1401 (1939). — SCHEIBE, G., F. LINSTRÖM u. O. SCHNETTLER: Angew. Ch. **44**, 145 (1931). — SCHEIBE, G. u. A. RIVAS: Angew. Ch. **49**, 443 (1936). — SCHEIBE, G. u. O. SCHNETTLER: Naturwiss. **18**, 753 (1930); **19**, 134 (1931). — SCHÖNTAG, A.: Diss. München 1936. — SEITH, W. u. A. KEIL: Z. El. Ch. **42**, 219 (1936). — SMITH, D. M.: Intern. Tin Res. Development Council Techn. Publ. Ser. A No. **46**, 3 durch C. **108 II**, 1238 (1937). — STRIGANOW, A. R.: Betriebslab. **6**, 972 (1937); durch C. **109 II**, 1645 (1938).

THURNWALD, H.: Fr. **76**, 335 (1929). — TWYMAN, F. u. C. ST. HITCHEN: Pr. chem. Soc. A **133**, 72 (1931).

VANSELOW, A. P.: Ind. eng. Chem. Anal. Edit. **8**, 400 (1936). — VANSELOW, A. P. u. B. M. LAURANCE: Ind. eng. Chem. Anal. Edit. **8**, 240 (1936).

WWEDENSKI, L. J. u. S. L. MANDELSTAM: Betriebslab. **5**, 972 (1936); durch C. **108 I**, 2415 (1937).

§ 20. Sonstige Verfahren.

A. Bestimmung unter Abscheidung als Zinkcyanamid.

$ZnCN_2$, Molekulargewicht 105,41.

Die von MARCKWALD und GEBHARDT angegebene *Methode beruht auf der Schwerlöslichkeit des Zinkcyanamids.* Da der Niederschlag nicht genau obiger Formel entspricht (anstatt der berechneten 62,04% Zink wurden 60,54% bzw. 60,73% gefunden), wird er *durch Veraschen in Zinkoxyd übergeführt* und dieses zur Wägung gebracht.

Bestimmungsverfahren.

Arbeitsvorschrift. Zu der nahezu neutralen Zinksalzlösung setzt man für je 0,1 g Zink etwa 1 bis 2 g Ammoniumsalz, und zwar am besten Ammoniumacetat hinzu, weiter so viel verdünnte Ammoniaklösung, daß das entstehende Zinkhydroxyd sich wieder löst und die Flüssigkeit schwach alkalisch reagiert. Ein unnötiger Überschuß von Ammoniak ist jedoch zu vermeiden. Dann wird die Lösung auf 100 bis 700 cm^3 verdünnt und mit Cyanamidlösung (vgl. Bem. II) in reichlichem Überschuß gefällt. Man digeriert den feinen Niederschlag einige Zeit auf dem Dampfbad, damit er sich rascher absetzt. Sodann wird er auf ein Barytfilter oder in einen Porzellanfiltertiegel abfiltriert. Der Niederschlag wird mit ganz schwach ammoniakalischem Wasser ausgewaschen. Er wird nach dem Auswaschen getrocknet und entweder mit dem Filter verascht oder im Filtertiegel geglüht.

Bemerkungen. **I. Genauigkeit.** Bei den von den Autoren angeführten Beleganalysen betragen die maximalen Fehler $\pm$ 0,4%. Im Durchschnitt wurden 0,32666 g Zink anstatt 0,3268 g gefunden.

II. Das Fällungsmittel. Man bereitet von reinem Cyanamid eine 5%ige wäßrige Lösung, der man einige Tropfen Essigsäure zusetzt, um die Polymerisation des Cyanamids hintanzuhalten. Eine solche Lösung verändert sich nur sehr langsam. (Nach sechsmonatiger Aufbewahrung einer solchen Lösung war der Cyanamidtiter nur um 7% zurückgegangen.)

Trennungsverfahren.

1. Trennung des Zinks von Magnesium.

Arbeitsvorschrift. Die Abscheidung und Bestimmung des Zinks erfolgt auf dieselbe Weise, wie oben für die einfache Bestimmung angegeben wurde. Im Filtrat kann das Magnesium als Magnesiumammoniumphosphat abgeschieden werden.

2. Trennung des Zinks von Nickel.

Arbeitsvorschrift. Man versetzt die auf 100 bis 500 cm^3 verdünnte Lösung auf je 0,1 g Nickel + Zink mit 0,5 bis 1 g Ammoniumrhodanid oder -acetat, gibt einen Überschuß von Cyanamidlösung zu und versetzt tropfenweise mit verdünnter Ammoniaklösung, bis die Flüssigkeit rotes Lackmuspapier bläut. Ein größerer Ammoniaküberschuß ist jedoch zu vermeiden. Die Lösung soll jedenfalls noch grün und nicht blau gefärbt sein. Hat man zu viel Ammoniak zugefügt, so löst man den entstandenen Niederschlag in Essigsäure und fällt ihn nochmals vorsichtig mit Ammoniak. Man läßt den Niederschlag bei Zimmertemperatur absitzen, filtriert ihn ab und wäscht ihn mit Ammoniumacetat enthaltendem Wasser aus.

Im Niederschlag läßt sich zwar Nickel mit Dimethylglyoxim nachweisen, doch beträgt dessen Menge im ungünstigsten Falle höchstens einige Zehntelmilligramme.

Im Filtrat der Zinkfällung kann das Nickel in bekannter Weise mit Dimethylglyoxim abgeschieden werden.

B. Bestimmung kleiner Zinkmengen unter Abscheidung als Calciumzinkat.

Die von Bertrand und Javillier angegebene *Methode beruht auf der Schwerlöslichkeit des Calciumzinkats,* die es gestattet, geringe Zinkmengen auch aus Lösungen sehr kleiner Zinkkonzentration abzuscheiden. *Nach der Trennung des Cal-*

ciums vom Zink wird letzteres in Zinksulfat übergeführt und als solches gewogen. Das verhältnismäßig umständliche Verfahren ist wohl durch moderne, zuverlässigere Methoden (Dithizonverfahren) überholt.

1. Abscheidung des Zinks als Calciumzinkat und nachfolgende Trennung des Calciums vom Zink durch Fällung des Calciums als Oxalat aus stark ammoniakalischer Lösung.

Arbeitsvorschrift. Die Zinksalzlösung, die z. B. 1 mg Zink in 500 cm^3 enthält, wird mit einigen Kubikzentimetern Kalkmilch oder mit wenigstens 50 cm^3 Kalkwasser versetzt. Dann gibt man 10 bis 15% des Volumens an konzentriertem Ammoniak zu und filtriert falls nötig. Nunmehr bringt man die Flüssigkeit zum Sieden, welches man so lange unterhält, als noch Ammoniak entweicht. Dann läßt man erkalten und bringt den Niederschlag, der aus Calciumzinkat und Calciumcarbonat besteht, auf ein kleines Filter. Man löst ihn sodann in Salzsäure, verdampft die Lösung, um die überschüssige Säure zu verjagen, nimmt den Rückstand in wenig Wasser auf und fällt das Calcium in stark ammoniakalischer Lösung als Oxalat. Das Filtrat, welches das Zink enthält, wird abgedampft, mit Schwefelsäure abgeraucht und das Zink als Sulfat zur Wägung gebracht.

Bemerkungen. **I. Genauigkeit.** Bei Zinkmengen von 1 bis 10 mg fanden BERTRAND und JAVILLIER im Mittel etwa 93% der angewendeten Zinkmenge.

II. Reagenzien. Um gute Resultate zu erhalten, muß man möglichst zinkfreie Reagenzien benutzen. Das zur Fällung des Calciums verwendete Ammoniumoxalat muß beim Glühen rückstandslos flüchtig sein.

III. Fehlerquellen. Für genaue Bestimmungen ist zu beachten, daß das Calciumoxalat nicht ganz unlöslich ist und daß die Reagenzien Spuren anderer löslicher Substanzen enthalten können (z. B. aus den zur Aufbewahrung dienenden Glasgefäßen), die dann einen erhöhten Betrag an Zinksulfat vortäuschen. Bei ihren Beleganalysen haben die Genannten diese Punkte berücksichtigt.

2. Abscheidung des Zinks als Calciumzinkat und nachfolgende Trennung des Zinks vom Calcium durch Fällung des Zinks als Sulfid.

Arbeitsvorschrift. Man löst die zu untersuchende Substanz in Königswasser, dampft die Lösung zur Trockne ein und nimmt den Rückstand wieder in verdünnter Salzsäure auf. Die salzsaure Lösung behandelt man nötigenfalls mit Schwefelwasserstoff, filtriert einen etwaigen Niederschlag ab und vertreibt im Filtrat den Schwefelwasserstoff durch Kochen. Man gießt die Flüssigkeit dann in so viel Ammoniaklösung, daß das Gemisch 4 bis 5% freies Ammoniak, also etwa 20 bis 25% gesättigte Ammoniaklösung enthält. Etwa vorhandenes Mangan wird durch Zusatz von Wasserstoffperoxyd gefällt. Der Niederschlag wird abfiltriert, wieder in Salzsäure gelöst, wiederum mit Ammoniak und Wasserstoffperoxyd gefällt und dieser Prozeß nochmals wiederholt. Die vereinigten ammoniakalischen Filtrate enthalten das gesamte Zink. Man erhitzt sie zum Sieden und fügt so viel Kalkmilch hinzu, daß alles Ammoniak in Freiheit gesetzt und das Zink als Calciumzinkat gefällt wird. Man kocht so lange, bis kein Ammoniak mehr entweicht, und vergewissert sich durch nochmaligen Zusatz von Kalkmilch, daß alles Ammoniak entfernt ist. — Nun bringt man den Niederschlag auf ein Filter, wäscht ihn mit gesättigtem Kalkwasser, löst ihn in reiner Salzsäure und dampft die Lösung in einer Platinschale zur Trockne. Den aus Zinkchlorid und Calciumchlorid bestehenden Rückstand nimmt man in einigen Kubikzentimetern 5%iger Natriumacetatlösung auf und sättigt die Lösung mit Schwefelwasserstoff. Nach wenigstens 24stündigem Stehen bringt man das Zinksulfid auf ein Filter und wäscht es gut mit Schwefelwasserstoffwasser, dem etwas Essigsäure zugesetzt ist. Man löst sodann das Zinksulfid auf dem Filter in wenig 5%iger Schwefelsäure, dampft die Lösung in einer Platinschale zur Trockne, verjagt die überschüssige Säure und wägt als Zinksulfat.

C. Bestimmung unter Abscheidung als borneolglucuronsaures Zink.

$Zn(C_{16}H_{25}O_7)_2 \cdot 2\,H_2O$, Molekulargewicht 760,12.

Das Verfahren beruht auf der Schwerlöslichkeit des borneolglucuronsauren Zinks.

Eigenschaften des borneolglucuronsauren Zinks. Das borneolglucuronsaure Zink ist ein weißes, glänzendes Krystallpulver. — Eine 0,03%ige Zinksalzlösung gibt mit einer 5%igen wäßrigen Lösung der Säure noch einen charakteristischen, krystallinen Niederschlag.

Methode von QUICK.

QUICK gibt in seiner Arbeit eine eigentliche Arbeitsvorschrift und Beleganalysen nicht an. Es wird nur erwähnt, daß die Fällung aus neutraler oder saurer (essigsaurer?) Lösung erfolgen kann. Der Niederschlag stellt bereits die Wägungsform dar. Man kann den Niederschlag aber auch 15 Min. lang mit 1 n Salzsäure kochen. Hierbei wird die Borneolglucuronsäure gespalten, und die dabei entstehende Glucuronsäure kann nach einer der üblichen Zuckerbestimmungsmethoden, zweckmäßig nach SHAFFER und HARTMANN, bestimmt und daraus das Zink berechnet werden. — Da die Borneolglucuronsäure schwer zugänglich ist, dürfte diese Methode kaum viel benutzt werden.

D. Acidimetrische bzw. alkalimetrische Bestimmung des Zinks.

Der acidimetrischen Bestimmung des Zinks in Zinksalzen kommt insofern nur beschränkte Bedeutung zu, als sie zur Voraussetzung hat, daß die betreffenden Lösungen weder andere Schwermetalle noch Ammoniumsalze enthalten.

Als erste haben wohl BENEDIKT und CANTOR eine derartige Methode angegeben. Sie versetzen die Zinksalzlösung mit überschüssiger eingestellter Lauge, erhitzen zum Sieden und titrieren mit eingestellter Säure unter Verwendung von Phenolphthalein als Indicator zurück. Später fanden BARTHE und auch HOWDEN, daß die Titration von Zinksulfatlösungen nicht glatt verläuft. DE KONINCK und auch HANAK stellten jedoch fest, daß auch Zinksulfatlösungen sich gut acidimetrisch titrieren lassen, wenn man nur in der Hitze arbeitet.

1. Methode von BENEDIKT und CANTOR.

Arbeitsvorschrift. Die verdünnte Lösung des Zinksalzes, die etwa 0,1 g Zinkoxyd in 50 cm^3 enthalten kann, wird mit Phenolphthalein und dann mit eingestellter Natronlauge bis zur intensiven Rotfärbung versetzt. Man fügt noch einige Kubikzentimeter Natronlauge hinzu, erhitzt einige Minuten zum Sieden und titriert mit eingestellter Salzsäure zurück. Den Farbumschlag erkennt man am deutlichsten nach dem Absitzen des Niederschlags.

Bemerkungen. Bei der Analyse des Doppelsulfats $K_2SO_4 \cdot ZnSO_4 \cdot 6\,H_2O$ fanden die Genannten 18,36 bzw. 18,47% ZnO anstatt der berechneten 18,27%.

BALLING (a) titriert ebenfalls bei Siedehitze mit Phenolphthalein als Indicator, verwendet jedoch Sodalösung.

Nach BENEDIKT und CANTOR soll sich auch das durch Fällung erhaltene basische Zinkcarbonat acidimetrisch bestimmen lassen, wenn man den ausgewaschenen Niederschlag noch feucht mit warmem Wasser in einen geräumigen Kolben spült und unter Verwendung von Methylorange als Indicator mit eingestellter Salzsäure titriert. Es erscheint jedoch fraglich, ob hierbei genaue Resultate zu erzielen sind, wenn man die bekannte Neigung dieses Niederschlages, Alkali einzuschließen, in Betracht zieht.

2. Methode von DE KONINCK.

Während BARTHE bei der Titration von Zinksulfatlösungen einen Minderverbrauch von Lauge beobachtete und deshalb die Bildung eines basischen Sulfats annahm, stellte DE KONINCK fest, daß die Titration glatt verläuft, wenn man in siedend heißer Lösung arbeitet.

Man verfährt nach DE KONINCK so, daß man die Zinksulfatlösung mit Phenolphthalein und überschüssiger, eingestellter Natronlauge versetzt, zum Sieden erhitzt und den Laugenüberschuß mit eingestellter Kaliumzinksulfatlösung zurücktitriert. Nach DE KONINCK gibt diese Methode exakte Resultate, ist aber zur Erzanalyse nicht verwendbar.

3. Methode von HOWDEN.

Die saure Zinksalzlösung wird mit Natronlauge gegen Methylorange neutralisiert und dann das Zink mit Natronlauge unter Verwendung von Phenolphthalein als Indicator titriert. HOWDEN erwähnt, daß sich diese Methode bei Zinkchloridlösungen bewährt, daß sie dagegen bei Zinksulfatlösungen nicht brauchbar ist.

HANAK hat demgegenüber festgestellt, daß sich das Zink nicht nur in salzsaurer, sondern auch in salpetersaurer oder schwefelsaurer Lösung mit gleicher Genauigkeit bestimmen läßt, wenn man die Titration in siedender Lösung ausführt (vgl. die Methode von DE KONINCK). Wie schon erwähnt, ist die Abwesenheit von Schwermetallen und Ammoniumsalzen dabei Voraussetzung. Nach HANAK stören aber auch organische Säuren und schwache anorganische Säuren, wie Kohlensäure und besonders Schwefelwasserstoff. Erdalkalimetalle verursachen jedoch keine Störung.

4. Methode von LESCOEUR (a), (b).

Arbeitsvorschrift. Die Zinksalzlösung, die 0,1 n an Zink, aber auch wesentlich schwächer sein kann, wird mit einem Überschuß eingestellter, carbonatfreier Lauge versetzt. Nun wird mit 0,1 n Salzsäure zurücktitriert bis zur Entfärbung von Phenolphthalein und dann weiter bis zur Rotfärbung von Methylorange. Die Differenz entspricht der vom Zink verbrauchten Lauge (1 Zn = 2 KOH). Auf 10 cm^3 Zinksulfatlösung (0,1 n) wurden 10 bzw. 10,1 cm^3 0,1 n Salzsäure verbraucht.

Bemerkungen. Eine **ähnliche Arbeitsvorschrift** teilt DEMENTJEW mit. Man löst die Zinkverbindung in eingestellter Natronlauge und teilt die Lösung in zwei gleiche Teile. In der einen Hälfte titriert man die überschüssige Lauge, indem man Phenolphthalein als Indicator benutzt, in der anderen die Summe der Basen unter Verwendung von Tropäolin 00 als Indicator. Die Differenz der beiden Bestimmungen ergibt die Menge des Zinks.

5. Methode von JELLINEK und KREBS.

Arbeitsvorschrift. Die saure Zinksalzlösung wird so lange mit 0,1 n Natronlauge versetzt, bis Methylorange deutlich gelb erscheint. Zu der neutralisierten Lösung fügt man 10 Tropfen 1%ige alkoholische Phenolphthaleinlösung und einen Überschuß 0,1 n Sodalösung hinzu und erhitzt 2 bis 3 Min. zum Sieden. Nunmehr erst tritt Rotfärbung ein. Dann wird unter dauerndem Sieden so lange neutrale 0,1 n Zinksulfatlösung zugesetzt, bis die Rotfärbung verschwindet. Man benutzt eine Vergleichsflüssigkeit, die man sich bereitet, indem man eine entsprechende Fällung ohne Phenolphthaleinzusatz ausführt. 1 cm^3 0,1 n Sodalösung entspricht 3,269 mg Zink.

Bemerkung. **Genauigkeit.** Die Beleganalysen der Genannten zeigen vorwiegend positive Fehler, die bis zu 1% betragen.

6. Titration mit Natriumsulfidlösung.

Weiterhin ist eine Anzahl Methoden beschrieben worden, bei denen Natriumsulfid zur Titration verwendet wird.

THORNEWELL schlägt z. B. vor, die Zinklösung mit überschüssiger Natriumsulfidlösung bekannten Gehaltes zu fällen und auf ein bestimmtes Volumen aufzufüllen. Wenn die Flüssigkeit sich geklärt hat, wird ein aliquoter Teil derselben mit überschüssiger 0,1 n Schwefelsäure versetzt, der Schwefelwasserstoff durch

Kochen entfernt und der Säureüberschuß mit 0,1 n Natronlauge unter Verwendung von Methylorange als Indicator zurücktitriert.

BALLING (b) titriert dagegen die Zinklösung direkt mit Natriumsulfid gegen Phenolphthalein, nachdem er sie zuvor gegen Rosolsäure neutralisiert hat. Ammoniak und organische Säuren wirken bei seiner Arbeitsweise störend.

Ähnliche Methoden haben JELLINEK und KREBS sowie JELLINEK und KÜHN beschrieben:

***Arbeitsvorschrift von* JELLINEK *und* KREBS.** *Die Methode beruht darauf, daß die neutrale Zinksalzlösung unter Verwendung von Methylrot als Indicator mit eingestellter Natriumsulfidlösung titriert wird.*

Ausführung der Bestimmung. Die saure Zinksalzlösung versetzt man in einem ERLENMEYER-Kolben mit 1 bis 2 Tropfen Methylorange und gibt so lange Natronlauge zu, bis die Flüssigkeit deutlich gelb ist. Zu der neutralisierten Lösung setzt man 10 Tropfen einer gesättigten, alkoholischen Methylrotlösung zu und fügt dann 0,1 n Natriumsulfidlösung hinzu, bis das Methylrot deutlich nach Gelb umschlägt. Dabei ist zu beachten, daß die Lösung sich nach dem Auftreten der ersten Gelbfärbung nach wenigen Sekunden nochmals schwach rötet. Diese Rötung ist abermals wegzutitrieren. Die Flüssigkeit bleibt sodann rein gelb. — Die zu titrierende Lösung soll in ihrer Zinkkonzentration nicht wesentlich unter 0,1 n sinken, und das Flüssigkeitsvolumen soll allerhöchstens 150 cm³ betragen, da andernfalls der Umschlag nicht scharf erkennbar ist.

***Bemerkungen.* I. Genauigkeit.** Die Genannten fanden bei der Analyse eines Weißmetalles nach Abtrennung der anderen Metalle 89,77% Zink anstatt 89,51%, wobei der letztere Wert durch Elektrolyse bzw. durch Titration mit Ferrocyanid erhalten worden war. In einem Rotguß fanden sie 3,76% Zink anstatt 3,6%.

II. Die Natriumsulfidlösung. Die Natriumsulfidlösung wird mit Methylrot auf chemisch reines Zink oder allenfalls mit Methylorange auf 0,1 n Salzsäure eingestellt. Die Lösung ist gut verschlossen aufzubewahren und der Faktor alle zwei Wochen nachzuprüfen.

***Arbeitsvorschrift von* JELLINEK *und* KÜHN.** *Die Methode beruht darauf, daß die neutrale Zinklösung in der Siedehitze unter Verwendung von Phenolphthalein als Indicator mit Natriumsulfidlösung bis zur beständigen Rotfärbung titriert wird.* Dabei ergibt sich ein Mehrverbrauch von 8% Natriumsulfid gegenüber der Theorie. Es empfiehlt sich also, in diesem Falle die Natriumsulfidlösung empirisch auf reinstes Zink in der Siedehitze unter Verwendung von Phenolphthalein einzustellen.

Ausführung der Bestimmung. Die saure Zinksalzlösung wird unter Verwendung von Methylorange als Indicator neutralisiert, mit 5 Tropfen Phenolphthaleinlösung versetzt und zum Sieden erhitzt. Man läßt dann unter dauerndem Schütteln eingestellte Natriumsulfidlösung zufließen bis zum ersten Auftreten einer Blaßrosafärbung. Man erhitzt nun wieder zum Sieden, wobei die Farbe verschwindet, setzt wiederum Natriumsulfid bis zur Rosafärbung zu und fährt so fort, bis die schwache Rosafärbung einige Minuten bestehen bleibt. Auf die Erreichung der Siedetemperatur im Umschlagspunkt ist besonders zu achten.

7. Methode von G. JANDER und STUHLMANN.

Die Methode beruht darauf, daß das Zink zunächst als Sulfid gefällt, dann das ausgewaschene Zinksulfid in der Siedehitze in eingestellter Säure gelöst und der Säureüberschuß zurücktitriert wird.

Arbeitsvorschrift. Man löst das Zinksulfid, das zwecks Zeiteinsparung zweckmäßig auf ein Membranfilter abfiltriert und auf demselben ausgewaschen wird, unter Erwärmung in überschüssiger 0,2 n Salzsäure und vertreibt den Schwefelwasserstoff völlig durch Sieden. Sodann wird die überschüssige Säure unter Verwendung von Methylorange als Indicator mit 0,2 n Natronlauge zurücktitriert. Man kann die Auflösung des Zinksulfids auch durch verdünnte Schwefelsäure vornehmen, jedoch ist Salzsäure vorzuziehen, da man von dieser Säure weniger benötigt und mit ihr schneller zum Ziel kommt. — Sind zur Auflösung größerer Mengen Zinksulfid größere Mengen Salzsäure nötig, so empfiehlt es sich, die Lösung auf ein bestimmtes Volumen aufzufüllen und aliquote Teile zu titrieren.

Bemerkungen. **Genauigkeit und Anwendung der Methode.** Die Methode gibt überraschend genaue Resultate, was die Autoren darauf zurückführen, daß sich die geringe Flüchtigkeit der Salzsäure beim Sieden und der Einfluß der hydrolytischen Spaltung des Zinkchlorids gerade kompensieren. Bei Zinkmengen von 0,1286 bis 0,1894 g erhielten die Genannten höchstens eine Differenz von 0,1 mg.

Awe bestätigt die Angaben von G. Jander und Stuhlmann und verwendet diese Methode zur Bestimmung des Zinks in toxikologischen Fällen.

8. Bestimmung des Zinks durch Leitfähigkeitstitration mit visueller Beobachtung nach G. Jander und Pfundt.

Diese Methode kann zur Bestimmung des Zinks in Zinkchloridlösungen, bei der weiter unten beschriebenen Arbeitsweise nach G. Jander und Schorstein in beliebigen anderen Lösungen dienen. Die Titration von Zinkchloridlösungen geschieht mit z. B. 0,5 n Natronlauge, die acidimetrisch unter Verwendung von p-Nitrophenol als Indicator — oder, vielleicht besser, konduktometrisch gegen eine Zinkchloridlösung bekannten Gehalts — eingestellt ist. Zur Titration benutzten die angegebenen Autoren die von ihnen ausgearbeiteten Apparate und Methoden zur Leitfähigkeitstitration mit *visueller* Beobachtung. Die Widerstandskapazität des verwendeten Leitfähigkeitsgefäßes war etwa 1, die normale Füllung 50 bis 60 cm³.

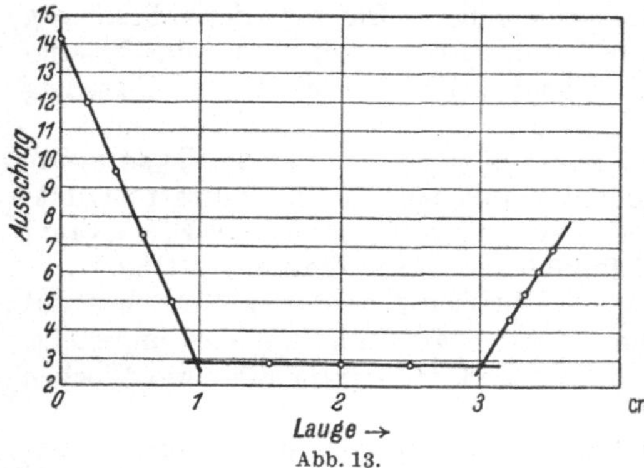

Abb. 13.

Arbeitsvorschrift. Von der Zinkchloridlösung wird so viel eingemessen, daß im Leitfähigkeitsgefäß etwa 20 bis 70 mg Zink enthalten sind. Die Lösung im Leitfähigkeitsgefäß wird auf ein dem Gefäß angepaßtes Volumen verdünnt, bei den Versuchen von G. Jander und Pfundt auf etwa 50 bis 60 cm³. Es soll ein geringer Überschuß an Salzsäure vorhanden sein, zweckmäßig wenigstens so groß, daß zur Neutralisation nicht unter 1 cm³ Lauge verbraucht wird. Während der Neutralisation des Säureüberschusses fällt die Leitfähigkeit ab, um dann, so lange das Zink gefällt wird, konstant zu bleiben; nach Beendigung der Fällung steigt die Leitfähigkeit durch die im Überschuß zugefügte Lauge wieder an. Abb. 13 zeigt eine solche Titrationskurve. Das mittlere Stück entspricht der Zinkfällung; seine Projektion auf die Reagensachse ergibt den entsprechenden Laugenverbrauch, der zur Berechnung der Zinkmenge dient. — Die Lösungen dürfen nicht zuviel freie Säure enthalten, da sonst die Knicke der Titrationskurve flach und ungenau werden. — Zinkatbildung macht sich unter den angegebenen Bedingungen noch nicht bemerkbar.

Bemerkungen. **I. Genauigkeit.** G. Jander und Pfundt erreichten bei Anwendung von etwa 0,4 bzw. 0,5 n Natronlauge mit ihrer Apparatur bei Anwesenheit eines Überschusses von bis zu 6 cm³ 0,5 n Salzsäure und einem Reagensverbrauch von 1,00 bis 4,00 cm³ eine Genauigkeit von 0,01 cm³, so daß die vorhandene Zinkmenge mit einer Genauigkeit von 0,25 bis 1,0% bestimmt werden konnte. — Schwefelsäure und Sulfate dürfen bei der Bestimmung höchstens in geringer Menge zugegen sein, da sonst, wahrscheinlich infolge der Bildung basischer Sulfate, die Ergebnisse zu niedrig ausfallen. Bei diesbezüglichen Versuchen von PFUNDT waren 0,25 cm³ 0,1 n Schwefelsäure ohne Einfluß; 2,5 cm³ derselben Säure verursachten einen Minderverbrauch an Lauge von 5%, 10 cm³ einen solchen von 10%. — Wird eine Lösung von Zink in Salpetersäure nach dem angegebenen Verfahren titriert, so wird ein zu hohes Ergebnis gefunden, wahrscheinlich dadurch, daß sich beim Lösen des Zinks Ammoniumnitrat bildet und dieses mitbestimmt wird. In derartigen Lösungen muß das Ammoniumsalz vor der Titration durch Lauge zerstört und das Ammoniak entfernt werden. Das Zink wird dann in der wieder angesäuerten Lösung titrimetrisch bestimmt.

II. Arbeitsweise von G. JANDER und SCHORSTEIN. *Diese Arbeitsweise beruht darauf, daß man die Zinksalzlösung in einen gemessenen Überschuß von eingestellter, carbonatfreier, schwach alkalisch gemachter Natriumsulfidlösung einfließen läßt und den Überschuß an Natriumsulfid — ohne die Flüssigkeit zu filtrieren — bei Zimmertemperatur konduktometrisch mit Salzsäure zurücktitriert.*

Hierbei bildet sich zunächst Natriumhydrogensulfid, dann Schwefelwasserstoff:

$$Na_2S + HCl = NaHS + NaCl$$
(Strecke *a* in Abb. 14)

$$NaHS + HCl = H_2S + NaCl$$
(Strecke *b* in Abb. 14)

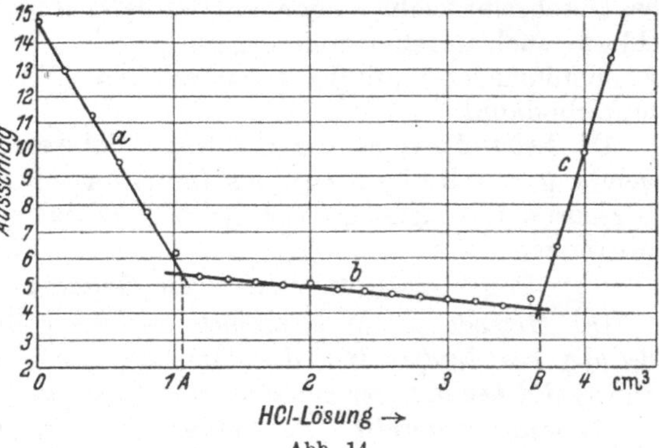

Abb. 14.

Der ansteigende Ast *c* der Kurve (Abb. 14) entspricht einem Überschuß an Salzsäure. Aus der Strecke *A*—*B* ergibt sich die noch vorhandene Menge Natriumsulfid; hieraus kann die zur Fällung des Zinks verbrauchte Menge und daraus die Zinkmenge selbst berechnet werden. Der Anfang der Kurve braucht nicht aufgenommen zu werden, da sonst die Strecke *a* unnötig lang wird. — Das zum Verdünnen der Lösung verwendete destillierte Wasser muß kohlensäurefrei sein.

Blei und Eisen müssen vor der Bestimmung des Zinks entfernt werden. Das Blei wird aus saurer Lösung mit Schwefelwasserstoff gefällt und das Bleisulfid abfiltriert. Nachdem der Schwefelwasserstoff aus dem Filtrat vollständig ausgetrieben ist, wird das Eisen oxydiert und mit Ammoniak gefällt. Im Filtrat werden die Ammoniumsalze durch Natronlauge zerstört; das Ammoniak wird quantitativ durch Kochen verjagt. Danach muß aus der angesäuerten Lösung die Kohlensäure ausgetrieben werden. Nachdem die Lösung auf Zimmertemperatur abgekühlt ist, erfolgt die Bestimmung des Zinks in der oben beschriebenen Weise.

E. Cyanometrische Bestimmung des Zinks.

Die cyanometrische Bestimmung des Zinks beruht auf der Bildung des löslichen, komplexen Kaliumzinkcyanides $K_2Zn(CN)_4$, wobei 1 Atom Zink 4 Moleküle Kaliumcyanid entsprechen. Je nachdem, ob man vorgelegte Cyanidlösung mit Zinksalzlösung oder umgekehrt vorgelegte Zinksalzlösung mit Cyanidlösung titriert, erkennt man den Endpunkt der Titration an dem Auftreten oder Verschwinden einer Trübung von Zinkcyanid.

1. Methode von RUPP.

Arbeitsvorschrift. 10 oder 20 cm³ einer etwa 0,5 n Kaliumcyanid- oder Natriumcyanidlösung werden mit wenig Wasser und 0,3 bis 0,5 g Ammoniumchlorid in ein ERLENMEYER-Kölbchen gespült und unter Umschwenken so lange mit der säurefreien, etwa 0,2 bis 0,8%igen Zinksalzlösung versetzt, bis eine bleibende Trübung auftritt.

Bemerkungen. **I. Genauigkeit.** Die Genauigkeit beträgt etwa 99,8 bis 100% der angewendeten Menge.

II. Die Cyanidlösung. Man benutzt eine etwa 0,5 n Lösung von Kaliumcyanid oder Natriumcyanid. Zur Einstellung der Cyanidlösung verwendet man eine Lösung von 35,944 g krystallisiertem Zinksulfat im Liter und titriert mit dieser 20 cm³ der Cyanidlösung, nachdem man derselben 0,3 g Ammoniumchlorid zugesetzt hat. Ist die Cyanidlösung genau 0,5 n, so entsprechen 20 cm³ der einen Lösung 20 cm³ der anderen und 1 cm³ der Cyanidlösung entspricht 0,0081725 g Zink. Verfügt man über reinstes Cyanid, so kann man auch 20 cm³ der Cyanidlösung mit 1 bis 0,25 n Salzsäure unter Verwendung von Methylorange als Indicator titrieren.

III. Zusatz von Ammoniumchlorid. Der Zusatz von Ammoniumchlorid bewirkt, daß vorübergehende Trübungen während der Titration überhaupt nicht auftreten; erst beim Endpunkt der Titration stellt sich eine gegen dunklen Untergrund oder bei Durchsicht leicht erkennbare, weiße Trübung ein. Während man das Ammoniumchlorid auch durch Ammoniumsulfat oder Ammoniumcarbonat ersetzen kann, ist Ammoniumacetat durchaus unbrauchbar. Ebenso stört nach TREADWELL Ammoniumrhodanid.

IV. Behandlung saurer Lösungen. Schwefelsaure Lösungen werden unter Verwendung von Methylorange als Indicator mit verdünnter Natronlage neutralisiert, salzsauren Lösungen ist vor der Neutralisation noch etwa 1 g Ammoniumchlorid zuzusetzen.

2. Methode von GROSSMANN und HÖLTER.

Die Methode beruht prinzipiell auf der gleichen Grundlage, nur wird zur Feststellung des Endpunktes der Titration das Verschwinden eines Niederschlags von Silberjodid benutzt, der zuvor in der Flüssigkeit erzeugt wurde.

Arbeitsvorschrift. Die Zinksalzlösung wird mit 2 bis 5 cm³ Ammoniumchloridlösung sowie 1 cm³ Kaliumjodidlösung und 0,5 bis 1 cm³ Silbernitratlösung versetzt. Es wird dann mit eingestellter Kaliumcyanidlösung nur so weit titriert, daß die Trübung von Silberjodid gerade verschwindet. Vom Gesamtverbrauch an Cyanidlösung wird die dem angewendeten Silbernitrat entsprechende Menge in Abzug gebracht. Um den Endpunkt genau zu treffen, empfiehlt es sich, gegen Ende der Reaktion, bei langsamer Aufhellung der Flüssigkeit, vor jedem weiteren Hinzufügen von Cyanidlösung, etwa ¼ Min. lang kräftig zu schütteln.

Bemerkungen. **I. Genauigkeit.** Bei der Analyse von Zink-Kaliumsulfat, $ZnSO_4 \cdot K_2SO_4 \cdot 6\,H_2O$, wurden von den Autoren anstatt der berechneten 14,65% Zink 14,61 bis 14,81%, im Durchschnitt bei 6 Bestimmungen 14,72% Zink gefunden.

II. Die benötigten Lösungen. Die Ammoniumchloridlösung soll 250 g Ammoniumchlorid im Liter enthalten, die Silbernitratlösung 5,85 g Silbernitrat im Liter. Die Kaliumjodidlösung soll 20%ig sein; die Kaliumcyanidlösung wird mit 0,1 n Silbernitratlösung eingestellt.

III. Behandlung saurer Lösungen. Saure Lösungen müssen zunächst unter Verwendung von Methylorange als Indicator neutralisiert werden.

3. Methode von TREADWELL.

Arbeitsvorschrift. Man versetzt die neutrale Zinksalzlösung tropfenweise mit einer eingestellten Lösung reinen Kaliumcyanids, bis die anfänglich starke Trübung eben wieder verschwindet. Das Volumen der Lösung soll möglichst nicht mehr als 100 cm³ betragen, ihre Temperatur 10 bis 20°. Man arbeitet am besten in einem ERLENMEYER-Kolben mit eingeschliffenem Stopfen und versäume nicht, gegen Schluß der Reaktion nach jedem Kaliumcyanidzusatz ¼ Min. kräftig zu schütteln. —

Die Erkennung des Endpunktes erfordert eine gewisse Übung. Man erleichtert sich das Arbeiten wesentlich, wenn man eine Anordnung trifft, die es ermöglicht, die zu titrierende Lösung senkrecht zum einfallenden Licht zu beobachten.

Bemerkungen. **I. Genauigkeit.** TREADWELL erhielt auch in sehr verdünnten Lösungen recht gut stimmende Resultate. Bei Zinkmengen von 0,1 bis 0,01 g in 40 bis 100 cm^3 Lösung betrug der mittlere Fehler 0,3 mg. Bei Zinkmengen von höchstens 6 mg waren die Resultate bei Zimmertemperatur etwas unsicher und schwankend. Wurde die Lösung jedoch auf etwa 5° C abgekühlt, so konnte auch in diesem Falle eine hinreichende Übereinstimmung der Resultate erreicht werden.

II. Behandlung saurer Lösungen. Saure Lösungen müssen zunächst möglichst genau mit Lauge neutralisiert werden, wobei man nach RUPP Methylorange als Indicator benutzt. Die Lösung darf hierbei keine Salze schwacher Säuren enthalten, da sonst der Neutralpunkt nicht scharf getroffen werden kann.

4. Potentiometrische Bestimmung des Zinks mit Kaliumcyanid und Silbernitrat.

Wenn man eine mit überschüssigem Kaliumcyanid versetzte Zinksulfatlösung an einer Indicatorelektrode aus Silber mit Silbernitratlösung titriert, so tritt ein Potentialsprung mit ausgeprägtem Maximum des Richtungskoeffizienten bereits ein ganzes Stück früher auf, als in einer entsprechenden reinen Kaliumcyanidlösung. Man hat daraus berechnet, daß 1 Mol Zink 2 Mole Cyan gegenüber der Reaktion $Ag^{\cdot} + 2\,CN' = Ag(CN)_2'$ maskiert. Beim Weitertitrieren tritt ein zweiter Sprung auf, der mit dem der reinen Kaliumcyanidlösung zusammenfällt. Dies ermöglicht eine einfache Bestimmung des Zinks.

Arbeitsvorschrift. Man versetzt die Zinksalzlösung mit soviel etwa 0,1 n Kaliumcyanidlösung, bis sie klar ist. Dabei vermeidet man einen größeren Überschuß, um einen unnötigen Silberverbrauch zu umgehen. Dann titriert man mit eingestellter Silbernitratlösung. Verbraucht man von dieser a cm^3 bis zum ersten und b cm^3 bis zum zweiten Potentialsprung, so beträgt die gesuchte Zinkmenge $x = \frac{65{,}38}{107{,}88}\left[\frac{b}{2} - a\right] \cdot n$ Gramme Zink, wenn 1 cm^3 der Silbernitratlösung n Gramme Silber enthält.

Die Umschlagspotentiale sind $\varepsilon_{u_1} = -0{,}185$ Volt und $\varepsilon_{u_2} = +0{,}22$ Volt. Obwohl man den Gehalt der Kaliumcyanidlösung nicht zu kennen braucht, wird man bei einer größeren Zahl von Bestimmungen, um Silber zu sparen, besser eine bekannte Menge einer einmal gegen Silber eingestellten Kaliumcyanidlösung nehmen, so daß man nur a zu bestimmen braucht, während $\frac{b}{2}$ ein für allemal bekannt ist.

Bemerkungen. **I. Genauigkeit.** Die von MÜLLER unter Verwendung von Zinksulfat erhaltenen Resultate sind durchweg etwas zu niedrig (etwa um 0,2 bis 0,5%), jedoch bis zu 0,005 mol Lösungen befriedigend. Bei größeren Verdünnungen wächst der Fehler schnell, was wohl auf die Hydrolyse des Zinkcyanides zurückzuführen ist. Die Gegenwart von Cadmium stört die Zinkbestimmung.

II. Auswertung der Titration. HILTNER und GRUNDMANN bemerken, daß wegen des flachen Potentialsprunges die praktische Auswertung dieser Zinktitration nur dann möglich ist, wenn der Potentialverlauf graphisch dargestellt wird und wenn im Gebiete des Äquivalenzpunktes möglichst viele Potentialmessungen durchgeführt werden, was insofern einen Nachteil bedeutet, als die Dauer der Analyse dadurch wesentlich verlängert wird.

III. Bestimmung von Zink und Silber nebeneinander. Nach MÜLLER eignet sich diese Methode zur schnellen Bestimmung von Zink und Silber in einer Lösung.

Man titriert zunächst eine etwa 0,1 n Kaliumcyanidlösung mit einer Silbernitratlösung bekannten Gehaltes potentiometrisch bis zum zweiten Sprung, wobei 1 cm^3 Kaliumcyanidlösung v cm^3 Silbernitratlösung entspricht. Nunmehr wird die Zink und Silber enthaltende Lösung mit dieser Kaliumcyanidlösung bis zum ersten Sprung titriert, wobei v_1 cm³ verbraucht werden. Wenn 1 cm³ der oben erwähnten Silberlösung m g Silber enthält, dann berechnet sich der in der zu untersuchenden Lösung vorhandene Silbergehalt zu $v_1\, m v$ g. Man läßt nun weiter von der Kaliumcyanidlösung zufließen, bis alles gelöst ist, wozu im ganzen v_2 cm³ gebraucht werden mögen, und titriert sodann mit der eingestellten Silberlösung bis zum ersten Sprung, wobei man v_3 cm³ verbraucht. Die gefundene Zinkmenge beträgt dann $\frac{65{,}38}{107{,}88}\left[\frac{v_2 v}{2} - (v_1 \cdot v + v_3)\right]$ g.

F. Jodometrische Bestimmung nach Fällung als Zinkammoniumarsenat.

Arbeitsvorschrift. Nach diesem von MEADE stammenden Verfahren wird die schwach salzsaure Lösung mit überschüssigem Ammoniak und 50 cm³ 10%iger Natriumarsenatlösung versetzt. Dann wird auf 750 cm³ verdünnt, erwärmt, mit Salpetersäure versetzt, bis eine leichte Trübung entsteht, und nun Essigsäure hinzugefügt, bis schwach saure Reaktion eingetreten ist. Das zunächst flockig ausfallende Zinkammoniumarsenat wird beim Erwärmen schwer und körnig. Man filtriert den Niederschlag ab, spült ihn mit Wasser und verdünnter Salzsäure in ein Becherglas über und löst ihn auf. Die kalte Lösung, deren Volumen 75 bis 100 cm³ betragen soll, wird mit 2 bis 3 g Kaliumjodid versetzt und nach einigen Minuten mit Natriumthiosulfat titriert.

G. Indirekte Bestimmung des Zinks nach BACOVESCU und VLAHUTA (a), (b).

Das Verfahren beruht darauf, daß die Zinksulfatlösung, die keine freie Säure enthalten darf, *mit Mangancarbonat gekocht wird. Hierbei bildet sich Zinkcarbonat und eine entsprechende Menge Mangansulfat, das mit Permanganat titriert wird.*

H. Bestimmung des Zinks unter Abscheidung mit Tetraphenylarsoniumchlorid.

In salzsaurer, natriumchloridhaltiger Lösung gibt Zinkchlorid mit Tetraphenylarsoniumchlorid einen weißen, krystallinen Niederschlag von Tetraphenylarsoniumchlorozinkat $(C_6H_5)_4As\,ZnCl_4$. Bei einer hinreichenden Konzentration von Natriumchlorid und genügendem Reagensüberschuß ist die Fällung quantitativ. In reinem Wasser ist der Niederschlag jedoch löslich.

Die Methode beruht nun darauf, daß das Zink in Form von Tetraphenylarsoniumchlorozinkat abgeschieden und im Filtrat der Reagensüberschuß mit Jod potentiometrisch bestimmt wird. — Cadmiumchlorid, QuecksilberII-chlorid und ZinnIV-chlorid reagieren in ähnlicher Weise wie Zinkchlorid.

***Arbeitsvorschrift.* Abscheidung des Zinks.** Die Zinkchloridlösung, deren Volumen möglichst klein zu halten ist, soll nur so viel Salzsäure enthalten, daß deren Konzentration bei einem schließlichen Gesamtvolumen von 60 cm³ 0,3 n ist. Man setzt nun so viel reines Natriumchlorid zu, daß dessen Konzentration 3 oder besser 3,5 mol ist. Dann gibt man einen Überschuß von Tetraphenylarsoniumchloridlösung zu, füllt nötigenfalls mit Wasser auf 60 cm³ auf und rührt lebhaft um. Man läßt 3 Std. stehen und filtriert sodann durch einen GOOCH-Tiegel. Der Niederschlag wird mit konzentrierter Natriumchloridlösung ausgewaschen.

Potentiometrische Bestimmung des Reagensüberschusses bzw. Titerstellung der Reagenslösung. Die Bestimmung der überschüssigen Reagensmenge in dem mit der Waschflüssigkeit vereinigten Filtrat bzw. die Titerstellung der Reagenslösung erfolgt durch potentiometrische Titration mit Jod-Jodkalium-Lösung nach folgender Gleichung: $(C_6H_5)_4As^{\cdot} + J_2 + J' = (C_6H_5)_4AsJ_3$ unter Bildung eines rostbraunen Niederschlags.

Zur Titerstellung mißt man 5 bis 10 cm³ der wäßrigen Tetraphenylarsoniumchloridlösung, die 0,01 bis 0,03 mol sein kann, genau ab und verdünnt mit Wasser oder gesättigter Kochsalzlösung auf etwa 100 cm³. Als Indicatorelektrode verwendet man einen blanken Platindraht, als Bezugselektrode eine Kalomelelektrode. Langsam und unter beständigem Rühren titriert man mit einer Jodlösung, die bezüglich ihrer Konzentration der Reagenslösung annähernd entspricht und außerdem 8 g Kaliumjodid im Liter enthält. Bei Zusatz der Jodlösung nimmt das Potential ständig bis zu einem Minimum ab. Wenn dieses erreicht ist, wird die Jodlösung tropfenweise zugesetzt, wobei man jeweils wartet, bis das Gleichgewicht sich einstellt. Sobald eine äquivalente Jodmenge zugesetzt ist, tritt ein plötzlicher starker Potentialanstieg auf, der 25 bis 30 Millivolt für 0,01 cm³ einer 0,02 n Jodlösung beträgt. In der Nähe des Endpunktes muß die Lösung völlig mit Kochsalz gesättigt werden, bevor die Titration beendet wird. Obwohl man gleich von Anfang an in an Kochsalz gesättigter Lösung arbeiten kann, ist es doch mehr zu empfehlen, die Sättigung erst kurz vor dem Endpunkt vorzunehmen. Bei der Titration soll eine Temperatur von 20 bis 30° eingehalten, jedenfalls eine solche von 40 bis 45° keinesfalls überschritten werden. Die Bestimmung dauert 20 bis 30 Min.

Auf diese Weise können 4 bis 100 mg Tetraphenylarsoniumchlorid bestimmt werden. Die optimale Konzentration beträgt 10 bis 50 mg in 100 cm³ Flüssigkeit.

Bemerkungen. **I. Genauigkeit und Anwendungsbereich.** Bei einer Zinkmenge von 15,4 mg, die in Gegenwart von 1 bis 3 g Alkali- oder Erdalkalisalzen abgeschieden wurden, erhielten WILLARD und SMITH Resultate, die höchstens um $\pm$ 0,1 mg vom Sollwert abweichen. — Bei Zinkmengen über 45 mg wird die Menge des Niederschlags unhandlich. Zinkmengen unter 0,3 mg eignen sich wegen des durch die Löslichkeit bedingten Fehlers und des in diesem Fall relativ großen Zeitaufwandes ebenfalls nicht zur Bestimmung nach dieser Methode.

II. Das Reagens. Man verwendet eine 0,01 bis 0,03 mol wäßrige Lösung von Tetraphenylarsoniumchlorid. Diese erhält man, indem man 5 bis 10 g der Verbindung in 1 l Wasser löst und den Gehalt der Lösung durch potentiometrische Bestimmung mit Jod ermittelt.

III. Die Reagensmenge. Der Reagensüberschuß darf die Menge Reagens nicht übersteigen, die sich in dem gegebenen Volumen 3,5 mol Natriumchloridlösung löst; das sind etwa 9 cm³ 0,015 mol Lösung.

Tabelle 16. Löslichkeit des Tetraphenylarsoniumchlorids in Natriumchloridlösungen bei 30°.

NaCl Mol/l	$(C_6H_5)_4AsCl$ g/cm³	$(C_6H_5)_4AsCl$ Mol/l
0	32,5	0,776
1	10,43	0,240
2	1,27	0,038
2,5	0,459	0,011
3	0,205	0,0049
3,5	0,101	0,0024
4,5	0,034	0,00081
gesättigte Lösung	0,011	0,00026

IV. Säure- und Salzkonzentration. Die Konzentration der Salzsäure soll nicht größer als 0,4 mol sein. Wenn sie nur 0,3 mol ist, muß sicherheitshalber ein etwas größerer Reagensüberschuß benutzt werden, und der Niederschlag muß vor der Filtration länger stehen.

Wenn die Konzentration an anderen Salzen ungewöhnlich groß ist, wird die Natriumchloridkonzentration auf 2,5 mol erniedrigt, um ein Aussalzen des Reagensüberschusses zu vermeiden.

V. Störung durch andere Stoffe. Die beschriebene Bestimmung wird leider durch eine größere Anzahl von Kationen und Anionen gestört, was ihre Anwendbarkeit sehr einschränkt. Die Störungen beruhen teils darauf, daß solche Ionen mit dem Reagens ebenfalls schwer lösliche Niederschläge geben, teils darauf, daß sie die jodometrische Titration stören.

In erster Linie stören Cadmium, Quecksilber und Zinn. Kleinere Mengen Zinn können durch Zusatz von 2 bis 4 g Alkalitartrat unschädlich gemacht werden. Ebenso können die Störungen durch die nachfolgend genannten Metalle in vielen Fällen durch Zusatz einiger Gramme geeigneter Alkalisalze (jeweils in Klammern beigefügt) weitgehend behoben werden. Solche störende Metalle sind Gold, Platin, Arsen, Antimon, Kupfer (Citrat), Kobalt (Tartrat oder Citrat), Nickel (Tartrat), EisenIII [Phosphat und Phosphorsäure (1,5 mol)], Mangan (Acetat, Tartrat oder Phosphat).

Störend wirken ferner Bromid, Jodid, Rhodanid, Perchlorat, Perjodat, Perrhenat, Permanganat und Nitrat sowie überhaupt alle Stoffe, welche durch Reduktion oder Oxydation die nachfolgende jodometrische Bestimmung stören.

J. Colorimetrische Mikrobestimmung des Zinks mittels 5-Nitrochinaldinsäure nach Lott.

Die Methode beruht darauf, daß das Zink mittels 5-Nitrochinaldinsäure gefällt und der Niederschlag nach dem Abfiltrieren durch Reduktion mit ZinnII-chlorid in eine wasserlösliche, orangefarbene Verbindung übergeführt wird, die eine colorimetrische Bestimmung ermöglicht.

Arbeitsvorschrift. Die Lösung, die 0,05 bis 1 mg Zink enthalten kann, wird in einem 30 cm^3 fassenden Bechergläschen durch Eindampfen oder Verdünnen — je nachdem — auf ein Volumen von 5 bis 10 cm^3 gebracht. Dann setzt man 1 Tropfen Methylrotlösung zu und macht mit 3 n Ammoniaklösung eben alkalisch. Nunmehr wird die Lösung durch 1 bis 2 Tropfen 50%ige Essigsäure deutlich sauer gemacht, fast bis zum Sieden erhitzt und das Zink durch eine Lösung von 5-Nitrochinaldinsäure gefällt, die man in geringem Überschuß zusetzt. Nach der Fällung läßt man noch 30 Min. auf der Heizplatte stehen, ohne jedoch bis zum Sieden zu erhitzen. Sodann filtriert man mittels eines Asbestfilterröhrchens und wäscht den Becher und den Niederschlag 5mal mit siedend heißem Wasser aus. Der Niederschlag wird nun in 5 cm^3 heißer ZinnII-chloridlösung gelöst und die Flüssigkeit zum Sieden erhitzt. Etwa darin vorhandener Asbest wird abfiltriert. Nachdem die Lösung abgekühlt ist, wird sie im Colorimeter mit Standardlösungen verglichen, die aus Zinklösungen bekannten Gehaltes in derselben Weise erhalten werden. Bei der Messung müssen die Lösungen die gleiche Temperatur besitzen.

Bei Verwendung eines lichtelektrischen Colorimeters ist es sehr bequem, die Zinkmengen graphisch zu ermitteln. Zu diesem Zweck trägt man bei der Messung der Standardlösungen die abgelesenen Milliampere als Ordinaten und die Zinkwerte als Abszissen auf. Aus der so ermittelten Kurve können die den späteren Messungen entsprechenden Zinkwerte abgelesen werden, ohne daß es nötig ist, jeweils neue Standardlösungen zu bereiten.

Bemerkungen. **I. Genauigkeit und Anwendungsbereich.** Bei Zinkmengen von 0,20 bzw. 0,50 mg betragen die Fehler höchstens $\pm$ 0,002 mg. Die Methode eignet sich am besten für Mengen von 0,05 bis 1 mg Zink.

II. Das Fällungsmittel. 0,75 g der bei 105° getrockneten 5-Nitrochinaldinsäure, die dann 2 Moleküle Krystallwasser enthält (die Darstellung der Säure kann nach der Vorschrift von Besthorn und Ibele erfolgen), werden in 100 cm^3 warmem 95%igen Alkohol gelöst. 1 cm^3 dieser Lösung entspricht etwa 1 mg Zink.

III. p_H-Bereich und Indicator. Quantitative Fällung erfolgt innerhalb eines Bereiches von $p_H = 2,5$ bis 8. Obige Arbeitsvorschrift genügt dieser Bedingung. Als Indicator verwendet man eine Lösung von 0,1 g Methylrot in 100 cm^3 95%igem Alkohol.

IV. Die ZinnII-chloridlösung. 12,5 g ZinnII-chlorid, $SnCl_2 \cdot 2\,H_2O$, werden in 100 cm^3 Salzsäure (D 1,21) gelöst, die Lösung wird auf 500 cm^3 verdünnt. Um die Lösung haltbar zu machen, gibt man ein Stückchen metallisches Zinn zu.

V. Störung durch andere Stoffe. 5-Nitrochinaldinsäure liefert mit vielen Schwermetallen in schwach saurer Lösung schwer lösliche Niederschläge, z. B. mit Silber, Quecksilber, Blei, Kupfer, Kobalt, Nickel, Eisen und Mangan. Diese müssen also vorher abgetrennt werden. Ammoniumchlorid und Natriumchlorid verhindern die quantitative Abscheidung des Zinks, wenn ihre Konzentration größer als 0,7 n ist.

VI. Einfluß verschiedener Bedingungen auf die Farbintensität. Die Farbintensität des Reduktionsproduktes der 5-Nitrochinaldinsäure ist von der Säurekonzentration unabhängig, sofern diese kleiner als 0,8 n ist.

Sie ist ferner unabhängig von der Konzentration des ZinnII-chlorids, wenn diese zwischen 0,075 und 0,40% $SnCl_2 \cdot 2\,H_2O$ liegt.

Dagegen ist die Farbintensität stark von der Temperatur abhängig, und zwar sind die Lösungen bei höherer Temperatur intensiver gefärbt. Beim Colorimetrieren ist also auf Temperaturgleichheit der zu vergleichenden Lösungen besonders zu achten Im übrigen ist die Färbung beständig, so daß die Lösungen nach 24stündigem Stehen dieselben Resultate geben wie kurz nach der Reduktion.

Die gefärbten Lösungen absorbieren im sichtbaren Teil des Spektrums zwischen 4000 und 6000 Å, während sie Licht größerer Wellenlänge fast vollständig durchlassen.

K. Colorimetrische Bestimmung des Zinks mittels Urobilins.

Dieses von LUTZ stammende Verfahren ist durch die Dithizonmethode überholt. Es beruht darauf, daß das Zink nach der Veraschung des organischen Materials durch Fällung als Zinksulfid in essigsaurer, natriumacetathaltiger Lösung unter Zusatz von Kupfersulfat als Spurenfänger abgetrennt wird. Die schließlich erhaltene Zinklösung wird mit einer Urobilinlösung vermischt und die dabei auftretende grüne Fluorescenz mit denen bekannter Standardlösungen verglichen. Nach LUTZ gelingt es, Zinkmengen von 0,01 mg bis 0,5 mg auf 10% genau zu bestimmen.

L. Nephelometrische Bestimmung des Zinks mittels Natriumdiäthyldithiocarbamats.

Zur Bestimmung des Zinks in Wasser verwendet ATKINS (a), (b) 10 cm^3 wäßrige 0,1%ige Lösung des Reagenses auf 100 cm^3 Wasser. Die Trübung ist beständig und wird bei geringen Zinkgehalten nach längerem Stehen deutlicher. Auf Zusatz von Ammoniak verschwindet sie. Die Methode kann zur Bestimmung von Gehalten von 0,05 bis 25 mg Zink/l verwendet werden.

Literatur.

ATKINS, W. R. G.: (a) Analyst **60**, 400 (1935); (b) J. Marine biol. Ass. United Kingdom [N. S.] **20**, 625 (1936); durch C. **108 II**, 833 (1937). — AWE, W.: Ber. Dtsch. pharm. Ges. **265**, 147 (1927).

BACOVESCU, A. u. E. VLAHUTA: (a) B. **42**, 2638 (1909); (b) Bl. Soc. de Stiinte din Bucaresti **18**, 175 (1909); durch C. **81 I**, 766 (1910). — BALLING, C. A. M.: (a) Ch. Z. **5**, 395 (1881); (b) **7**, 453 (1883). — BARTHE, L.: Bl. [3] **13**, 82, 472 (1895). — BENEDIKT, R. u. M. CANTOR: Angew. Ch. **1**, 236 (1888). — BERTRAND, G.: C. r. **115**, 939, 1028 (1893). — BERTRAND, G. u. M. JAVILLIER: C. r. **143**, 900 (1906). — BESTHORN, E. u. S. IBELE: B. **39**, 2333 (1906).

DEMENTJEW, K.: Ch. Z. **20**, 327 (1896).

GROSSMANN, H. u. L. HÖLTER: Ch. Z. **39**, 181 (1910).

HANAK, A.: Ch. Z. **43**, 691 (1919). — HILTNER, W. u. W. GRUNDMANN: Z. anorg. Ch. **218**, 1 (1934). — HOWDEN, R.: Chem. N. **117**, 322 (1918).

JANDER, G. u. O. PFUNDT: Angew. Ch. **39**, 1557 (1926). — JANDER, G. u. H. SCHORSTEIN: Angew. Ch. **45**, 701 (1932). — JANDER, G. u. C. STUHLMANN: Fr. **60**, 289 (1921). — JELLINEK, K. u. P. KREBS: Z. anorg. Ch. **130**, 307 (1923). — JELLINEK, K. u. W. KÜHN: Z. anorg. Ch. **138**, 109 (1924).

KOLTHOFF, I. M. u. H. C. VAN DIJK: Pharm. Weekbl. **58**, 538 (1921). — KONINCK, L. L. DE: Ch. Z. **20**, 55 (1896).

LESCOEUR, H.: (a) Bl. [3] 13, 280 (1895); (b) [3] 17, 41 (1897). — LESCOEUR, H. u. CL. LEMAIRE: Bl. [3] 13, 880 (1895). — LOTT, W. L.: Ind. eng. Chem. Anal. Edit. 10, 335 (1938). — LUTZ, E.: J. Ind. Hygiene 7, 273 (1925); durch C. 96 II, 1545 (1925).

MARCKWALD, W. u. H. GEBHARDT: Z. anorg. Ch. 147, 42 (1925). — MEADE, R. K.: Am. Soc. 21, 353 (1900). — MÜLLER, E.: Z. El. Ch. 34, 121 (1910).

PFUNDT, O.: Angew. Ch. 46, 218 (1933).

QUICK, A. J.: Ind. eng. Chem. Anal. Edit. 5, 26 (1933).

RUPP, E.: Ch. Z. 34, 121 (1910).

SHAFFER, P. u. A. HARTMANN: J. biol. Chem. 45, 365 (1920/21).

THORNEWELL, A. R.: The Chemist and Druggist 71, 413 (1907); durch C. 78 II, 1269 (1907). — TREADWELL, W. D.: Ch. Z. 38, 1230 (1914).

WILLARD, H. H. u. G. M. SMITH: Ind. eng. Chem. Anal. Edit. 11, 186, 269 (1939).

§ 21. Übersicht über die wichtigsten Trennungen.

A. Trennung des Zinks von den Alkalimetallen.

Die Trennung des Zinks von den Alkalimetallen kann durch Abscheidung als Zinksulfid mittels Ammoniumsulfids oder mittels Schwefelwasserstoffs in schwach saurer Lösung bewirkt werden (vgl. § 1, S. 38). Die Verwendung Alkalisalze enthaltender Pufferlösungen ist naturgemäß nicht angängig, wenn die in der Probe vorhandenen Alkalimetalle ebenfalls bestimmt werden sollen. Die Trennung kann auch mittels o-Oxychinolins in essigsaurer Lösung erfolgen (vgl. § 6, S. 117).

Handelt es sich darum, nur das Zink in Gegenwart von Alkalisalzen zu bestimmen, so ist auch eine ganze Anzahl anderer Verfahren geeignet, z. B. die Fällung mit Natriumchinaldinat (§ 8, S. 126) oder mit Natriumanthranilat (§ 7, S. 121), ferner die Abscheidung als Zinkquecksilberrhodanid u. a. Neben den elektrolytischen können auch die maßanalytischen Methoden in diesem Fall fast ausnahmslos benutzt werden.

Es sei noch darauf hingewiesen, daß die Bestimmung als Zinkammoniumphosphat durch die Gegenwart größerer Mengen Alkali-, insbesondere Kaliumsalze, gestört wird (vgl. § 2, S. 43).

B. Trennung des Zinks von Magnesium und den Erdalkalimetallen.

1. Trennung des Zinks von Magnesium.

a) Abscheidung des Zinks als Oxinat aus essigsaurer Lösung, Bestimmung des Magnesiums im Filtrat ebenfalls als Oxinat, nachdem die Lösung ammoniakalisch gemacht worden ist (§ 6, S. 117).

b) Abscheidung des Zinks als Anthranilat, des Magnesiums im Filtrat als Magnesiumammoniumphosphat (§ 7, S. 121).

c) Abscheidung des Zinks als Chinaldinat aus essigsaurer Lösung und des Magnesiums aus dem Filtrat als Magnesiumammoniumphosphat (§ 8, S. 126).

d) Abscheidung des Zinks als Zinkcyanamid und des Magnesiums aus dem Filtrat als Magnesiumammoniumphosphat (§ 20, S. 191).

e) Abscheidung des Magnesiums aus stark ammoniakalischer Lösung als Magnesiumammoniumphosphat und des Zinks aus dem Filtrat als Zinkammoniumphosphat, nach Vertreibung des überschüssigen Ammoniaks (§ 2, S. 47).

f) Abscheidung des Zinks als Sulfid durch Ammoniumsulfid aus alkalischer oder durch Schwefelwasserstoff aus schwach saurer Lösung (§ 1, S. 38).

2. Trennung des Zinks von Calcium.

a) Abscheidung des Zinks als Oxinat aus essigsaurer Lösung (§ 6, S. 117).

b) Abscheidung des Zinks als Chinaldinat aus essigsaurer Lösung (§ 8, S. 127).

c) Abscheidung des Zinks als Anthranilat (§ 7, S. 121).

d) Abscheidung des Zinks als Sulfid mit Schwefelwasserstoff aus schwach saurer Lösung oder mit Ammoniumsulfid (§ 1, S. 38). Das zu verwendende Ammoniumsulfid muß völlig frei von Carbonat sein.

e) Nach DE KONINCK kann auch die Abscheidung des Calciums zunächst aus ammoniakalischer Lösung als Oxalat erfolgen.

3. Trennung des Zinks von Strontium.

Diese Trennung kann im wesentlichen wie die Trennung des Zinks von Calcium ausgeführt werden. Das dort unter e) angeführte Verfahren ist hier nicht anwendbar.

4. Trennung des Zinks von Barium.

Es gilt dasselbe wie für die Trennung von Strontium. Nach NISSENSON ist es am einfachsten, zunächst das Barium in bekannter Weise als Sulfat abzuscheiden und im Filtrat das Zink zu bestimmen.

C. Trennung des Zinks von den Metallen der Ammoniumsulfidgruppe.

1. Trennung des Zinks von Nickel.

a) Abscheidung des Zinks als Sulfid durch Fällung mit Schwefelwasserstoff aus schwach saurer Lösung (§ 1, S. 38ff.). Ergänzend sei bemerkt, daß man die Fällung nach LUDWIG auch bei Gegenwart von neutralem Ammoniumtartrat bei 60 bis 70° vornehmen kann.

Arbeitsvorschrift. Die schwach saure Lösung, die bei einem Volumen von 150 bis 200 cm³ je 0,1 g der beiden Metalle enthalten kann, wird mit Sodalösung neutralisiert, bis eine geringe Trübung entsteht. Diese bringt man durch vorsichtigen Zusatz verdünnter Salzsäure wieder zum Verschwinden. Sodann setzt man auf je 100 cm³ der Lösung 8 bis 12 cm³ 0,1 n Salzsäure und im ganzen 0,5 bis 1 g Ammoniumtartrat zu und erwärmt auf 60 bis 70°. Nun leitet man in raschem Strom Schwefelwasserstoff bis zur Sättigung ein (etwa 6 bis 10 Min. lang) und läßt auf dem Wasserbad bei 60° absitzen (nicht höher erhitzen!). Nach vollständiger Klärung wird heiß filtriert und der Niederschlag mit heißem, mit Schwefelwasserstoff gesättigtem Wasser, das im Liter 1 bis 2 g Tartrat enthält, gewaschen. Die ersten 30 bis 50 cm³ des Filtrats fängt man gesondert auf und gibt sie nochmals durch das Filter. Das Zinksulfid ist rein weiß, gut filtrierbar und enthält nur sehr geringe Spuren Nickel, so daß 1malige Fällung genügt. Das Nickel kann im Filtrat nach Vertreibung des Schwefelwasserstoffs mit Dimethylglyoxim gefällt oder elektrolytisch bestimmt werden.

Bemerkungen. KATÔ hat festgestellt, daß die Trennung des Zinks vom Nickel mittels Schwefelwasserstoffs am besten bei dem p_H-Wert 2,4 ausgeführt wird.

Man verfährt so, daß man die saure Lösung der beiden Metalle mit Sodalösung bis zur Bildung eines bleibenden Niederschlages versetzt und diesen durch einige Tropfen 2 n Salzsäure wieder löst. Dann fügt man eine Pufferlösung vom p_H-Wert 2,4 zu (3 Teile Monochloressigsäure und 2 Teile monochloressigsaures Natrium) und leitet Schwefelwasserstoff ein.

b) Trennung durch Elektrolyse (§ 3, S. 72ff.). Hierbei kann man je nach der Zusammensetzung des Bades entweder das Zink oder auch das Nickel zuerst abscheiden.

c) Abscheidung des Zinks als Zinkcyanamid (§ 20, S. 191) und Fällung des Nickels im Filtrat mit Dimethylglyoxim.

d) Ausschütteln des Zinks als komplexes Rhodanid nach ROSENHEIM und HULDSCHINSKY.

Arbeitsvorschrift. Die Lösung der beiden Metalle wird zur Trockne eingedampft, der Rückstand mit 12 g Ammoniumrhodanid gemischt und mit höchstens 50 cm³ Wasser aufgenommen. Die Lösung wird dann in einem ROTHEschen Apparat mit Amylalkohol-Äther (1:25) ausgeschüttelt, wobei das Zink in das Alkohol-Äther-Gemisch geht. Nach der Abtrennung von der wäßrigen Flüssigkeit destilliert man das Lösungsmittel ab, nimmt den Rückstand mit etwas Salzsäure auf und bestimmt dann das Zink.

Das in der wäßrigen Lösung befindliche Nickel kann entweder mit Dimethylglyoxim gefällt oder elektrolytisch abgeschieden werden. Im letzteren Fall zerstört man das Rhodanid, indem man die Lösung eindampft, den Rückstand glüht und dann in verdünnter Salpetersäure löst.

Saure Lösungen sind vor dem Ausschütteln mit 2%iger Sodalösung zu neutralisieren, da andernfalls keine scharf getrennten Schichten entstehen. Etwa vorhandene Ionen des 3wertigen Eisens und des 2wertigen Kobalts gehen beim Ausschütteln mit dem Zink.

e) Abscheidung des Zinks als Zinkammoniumphosphat bei Gegenwart von neutralem Ammoniumtartrat nach LUDWIG.

Arbeitsvorschrift. Die neutrale oder schwach saure Lösung der beiden Metalle versetzt man mit 1,5 bis 2 g Ammoniumchlorid und 3 g Ammoniumtartrat, verdünnt auf 150 bis 200 cm^3, erhitzt zum Sieden und fällt mit dem Fünfzehn- bis Zwanzigfachen der für Zink berechneten Menge von Diammoniumphosphat. Der zunächst amorphe Niederschlag wird auf dem Wasserbad nach ¼ bis ½ Std. krystallin. Er enthält jedoch noch geringe Mengen Nickelammoniumphosphat, was sich durch stark blaugrüne Färbung kenntlich macht. Deshalb wird der Niederschlag nach dem Filtrieren und Auswaschen mit heißer 1%iger Diammoniumphosphatlösung auf dem Filter in heißer verdünnter Salzsäure gelöst, das Filter mit heißem Wasser ausgewaschen und das Waschwasser zu dem Filtrat in das Fällungsgefäß gegeben.

Die saure Lösung wird sodann mit Ammoniak neutralisiert, bis eine kleine Trübung entsteht, die man durch Zusatz einer geringen Menge verdünnter Salzsäure wieder beseitigt, so daß die Lösung schwach sauer reagiert. Je nach der Intensität der Blaufärbung des ersten Niederschlags setzt man nun 1 bis 2 g Ammoniumtartrat zu, erhitzt zum Sieden und wiederholt die Fällung mit der 10- bis 12fachen Menge Diammoniumphosphat.

Der nun ausfallende Niederschlag von Zinkammoniumphosphat ist rein weiß und frei von Nickel. Sofern er nur ganz geringe Spuren von Nickel enthält, ist er in nassem Zustand blaß himmelblau bis grünlichblau. Diese Färbung ermöglicht einen ebenso empfindlichen Nachweis des Nickels wie mit Dimethylglyoxim, so daß man hieraus einen Schluß auf die Reinheit des Niederschlags ziehen kann.

f) Abscheidung des Nickels als Nickel-Dimethylglyoxim.

Arbeitsvorschrift von SPRING. Nach SPRING wird die Trennung so ausgeführt, daß das Nickel aus neutraler, ammoniumchloridhaltiger Lösung mit Dimethylglyoxim abgeschieden wird. Das Filtrat, das etwa 0,1 g Zink enthält, wird mit Salzsäure zunächst schwach angesäuert, dann noch mit 10 cm^3 konzentrierter Salzsäure versetzt und 10 Min. gekocht, um das überschüssige Dimethylglyoxim zu zersetzen. Nach der Neutralisation mit Ammoniak wird das Zink als Zinkammoniumphosphat gefällt.

Arbeitsvorschrift von TREADWELL. Der Autor schlägt vor, das Nickel aus schwach salzsaurer, ammoniumchloridhaltiger Lösung mit einer 1%igen alkoholischen Dimethylglyoximlösung abzuscheiden und das Zink im Filtrat als Sulfid zu fällen, indem man die Lösung essigsauer macht und heiß mit Schwefelwasserstoff fällt.

g) Abscheidung des Nickels als Nickel-Dicyandiamidin nach GROSSMANN und SCHÜCK.

Arbeitsvorschrift. Die möglichst säurefreie Lösung der beiden Metalle versetzt man mit einer konzentrierten Lösung von 2 g Kaliumnatriumtartrat und macht mit konzentriertem Ammoniak alkalisch. Nun gibt man eine konzentrierte Lösung von 5 bis 6 g Dicyandiamidinsulfat zu und hierauf 40 bis 50 cm^3 2 n Kalilauge, wobei ein nicht besonders deutlicher Farbumschlag nach Gelb eintritt. Nach 24 Std. filtriert man den gelben Niederschlag ab und wäscht ihn mit ammoniakhaltigem Wasser gut aus. Zur Wägung kann man ihn durch Trocknen, Glühen und Abrauchen mit Schwefelsäure in Nickelsulfat überführen. Besser ist es, die Bestimmung nach FLUCH maßanalytisch mit Salzsäure unter Verwendung von Methylrot als Indicator vorzunehmen, wobei 1 Grammatom Nickel 4 Mole Salzsäure verbraucht.

Das Zink wird im Filtrat des Nickelniederschlags als Sulfid gefällt.

h) Abscheidung des Nickels als Nickel-Benzildioxim mit α-Benzildioxim nach GROSSMANN und MANNHEIM.

Arbeitsvorschrift. Die Lösung, die nicht über 0,025 g Nickel enthalten soll, wird für je 0,01 g Nickel mit 0,08 bis 0,1 g α-Benzildioxim (in Aceton gelöst) versetzt. Man macht schwach ammoniakalisch und erhitzt einige Minuten auf dem Wasserbad. Der Niederschlag wird in einem Filtertiegel gesammelt, mit Alkohol ausgewaschen und bei 110 bis 120° getrocknet. Er enthält 10,93% Nickel.

2. Trennung des Zinks von Kobalt.

a) Abscheidung des Zinks als Sulfid aus schwach saurer Lösung (§ 1, S. 38ff.). Diese Trennung des Zinks von Kobalt ist schwieriger als die entsprechende Trennung von Nickel.

b) Abscheidung des Zinks als Sulfid nach Überführung des Kobalts in Kalium-KobaltIII-cyanid.

Arbeitsvorschrift. Die schwach salzsaure Lösung der beiden Metalle wird mit so viel Kaliumcyanid versetzt, daß der zunächst entstehende Niederschlag sich wieder löst. Sodann fügt man noch etwas mehr hinzu und kocht einige Zeit, wobei man zuweilen 1 oder 2 Tropfen Salzsäure zugibt, ohne die Lösung dabei sauer werden zu lassen. Nach dem Erkalten digeriert man einige Zeit mit etwas Brom zwecks vollständiger Oxydation des Kobalts. Dann macht man die Lösung salzsauer und kocht sie in einem schiefstehenden Kolben, bis der Niederschlag gelöst und die Blausäure vertrieben ist. Nunmehr macht man mit Natron- oder Kalilauge alkalisch, kocht, bis man eine klare Lösung erhalten hat, und fällt aus derselben das Zink mit Schwefelwasserstoff.

Um im Filtrat das Kobalt zu bestimmen, muß man das komplexe Cyanid zerstören, indem man mit konzentrierter Schwefelsäure bis zum Auftreten dichter weißer Dämpfe abraucht.

c) Elektrolytische Abscheidung des Kobalts (§ 3, S. 74).

d) Abscheidung des Kobalts als Kobalt-α-Nitroso-β-naphthol nach ILINSKI und v. KNORRE bzw. nach v. KNORRE (a), (b).

Arbeitsvorschrift. Die Lösung, die die beiden Metalle als Chloride oder Sulfate, aber keine anderen Schwermetalle enthalten soll, wird mit einigen Kubikzentimetern Salzsäure versetzt und erwärmt. Sodann fügt man eine heiße Lösung von α-Nitroso-β-naphthol in 50%iger Essigsäure in genügendem Überschuß zu, läßt den Niederschlag absitzen und prüft nach dem Erkalten durch Zusatz einiger Tropfen des Fällungsmittels, ob die Abscheidung des Kobalts vollständig war. Der Niederschlag wird nach einigen Stunden abfiltriert, zunächst mit kalter, dann mit warmer etwa 12%iger Salzsäure und schließlich mit Wasser ausgewaschen. Nach dem Trocknen führt man ihn durch Verglühen mit etwas wasserfreier, reinster Oxalsäure in Oxyd und dieses durch Reduktion mit Wasserstoff in metallisches Kobalt über.

e) Abscheidung des Kobalts als Kaliumkobaltinitrit.

Arbeitsvorschrift. Die Lösung der beiden Metalle wird durch Einengen möglichst konzentriert, sodann durch Zutropfen von wenig frisch bereiteter, reiner, konzentrierter Kalilauge gefällt und der Niederschlag durch Zufügen der gerade ausreichenden Menge etwa 50%iger Essigsäure wieder gelöst. Nun fügt man eine

50%ige, mit Essigsäure eben angesäuerte und filtrierte Kaliumnitritlösung hinzu, so daß die Gesamtlösung etwa 15% Kaliumnitrit enthält. Hierauf setzt man noch 10 Tropfen verdünnte Essigsäure zu. Nun läßt man im bedeckten Gefäß bei sehr mäßiger Wärme längere Zeit stehen. Nach 12 bis 24 Std. filtriert man den gelben Niederschlag ab und wäscht ihn mit wenig 10%iger Ammoniumacetatlösung, der ein wenig Kaliumnitrit zugesetzt ist.

Das Filtrat ist auf Vollständigkeit der Fällung zu prüfen. Um in demselben das Zink zu bestimmen, wird es mit Salzsäure angesäuert und gekocht, bis die Stickoxyde entfernt sind. Die Bestimmung des Zinks kann dann nach einer der beschriebenen Methoden erfolgen.

3. Trennung des Zinks von Eisen.

a) Abscheidung des Zinks als Oxinat aus natronalkalischer Lösung (§ 6, S. 118).

b) Abscheidung des Zinks als Chinaldinat aus alkalischer, tartrathaltiger Lösung (§ 8, S. 127).

c) Abscheidung des Zinks als Sulfid mit Schwefelwasserstoff aus schwach saurer Lösung (§ 1, S. 38ff.).

d) Abscheidung des Zinks als Zinkquecksilberrhodanid; wenn das Eisen in 3wertiger Form vorliegt, ist es zunächst zu reduzieren (§ 9, S. 130).

e) Abscheidung des Eisens als EisenIII-hydroxyd mittels Ammoniaks. Die Fällung muß mehrmals mit jeweils großem Ammoniaküberschuß wiederholt werden (vgl. § 4, S. 81, 85 und § 5, S. 102). Diese Arbeitsweise eignet sich besonders zur Abtrennung kleiner Eisenmengen.

f) Abscheidung des Eisens als basisches Acetat nach dem Acetatverfahren von BRUNCK bzw. von FUNK.

Arbeitsvorschrift. Die zu analysierende Lösung wird mit so viel Kaliumchlorid versetzt, daß sich die entsprechenden Doppelchloride des Eisens und des Zinks bilden können. Obwohl ein unnötiger Überschuß an Kaliumchlorid vermieden werden soll, genügt eine angenäherte Berechnung, da ein gewisser Überschuß nicht schadet.

Die Lösung wird dann auf dem Wasserbad zur Trockne eingedampft und der Rückstand in wenig Wasser gelöst. Da geringe Spuren Säure in der trockenen Salzmasse bei Wasserbadtemperatur haften bleiben, erhält man auf diese Weise gerade die erwünschte, ganz schwach saure Lösung. Diese versetzt man mit einer frisch bereiteten, filtrierten und mit wenigen Tropfen verdünnter Essigsäure schwach angesäuerten Lösung von Natriumacetat. Von diesem verwendet man etwa das Doppelte der überschlagsweise berechneten Menge, bei großen Eisenmengen etwas weniger. Die tief rote Lösung wird nunmehr stark verdünnt und bis fast zum Sieden erhitzt. Bei einer bestimmten Temperatur scheidet sich das braunrote basische Eisenacetat als gut filtrierbarer Niederschlag ab. Die Filtration der fast siedend heißen Flüssigkeit und das Auswaschen mit heißem Wasser sind bei richtiger Arbeitsweise in ziemlich kurzer Zeit ausführbar. Bei größeren Eisenmengen ist die Trennung zu wiederholen.

Der Eisenniederschlag ist zur Befreiung von Alkalisalz mit Ammoniak umzufällen. Das dabei anfallende Filtrat wird durch Einengen vom Ammoniak befreit und mit dem Filtrat der Acetatfällung vereinigt.

Zur Zinkbestimmung werden die vereinigten Filtrate eingedampft. Falls sich hierbei noch einige Flöckchen Eisenhydroxyd abscheiden, werden sie mit der Hauptmenge des Eisenniederschlags vereinigt. In der eingeengten Flüssigkeit kann sodann das Zink als Zinkammoniumphosphat oder auf andere Weise bestimmt werden.

4. Trennung des Zinks von Aluminium.

a) Abscheidung des Zinks als Sulfid mittels Schwefelwasserstoffs aus schwach saurer Lösung (§ 1, S. 38ff.).

b) Elektrolytische Abscheidung des Zinks aus alkalischer Lösung (§ 3, S. 70).

c) Abscheidung des Zinks als Oxinat aus natronalkalischer Lösung (§ 6, S. 118).

d) Abscheidung des Zinks als Chinaldinat aus alkalischer, tartrathaltiger Lösung (§ 8, S. 127).

e) Abscheidung des Zinks als Zinkquecksilberrhodanid (§ 9, S. 130).

f) Abscheidung des Aluminiums als Hydroxyd nach der Acetatmethode. Diese Trennung wird genau so ausgeführt wie die entsprechende Trennung des Zinks von Eisen. Sie ist aber etwas schwieriger, weil der p_H-Wert für die Fällung des Zinkhydroxyds näher bei dem des Aluminiumhydroxyds als bei dem des Eisenhydroxyds liegt. Die Abscheidung des Aluminiums ist nach TREADWELL meistens nicht vollkommen, besonders wenn dasselbe vorherrscht. Nach KLING und LASSIEUR erfolgt die vollständige Fällung des Eisens bei dem p_H-Wert 4,1, die des Zinks bei dem p_H-Wert 6,0, während Zink und Aluminium zweckmäßig bei dem p_H-Wert 5,2 getrennt werden. Die Genannten empfehlen, Methylrot als Indicator zu verwenden (Umschlagsgebiet $p_H = 4{,}4$ bis 6,2). Zusatz von Natriumchlorid soll die Filtration erleichtern.

g) Abscheidung des Aluminiums als Lithiumaluminat. Diese von FISH und SMITH angegebene Trennung beruht darauf, daß das Aluminium nach DOBBINS und SANDERS als Lithiumaluminat gefällt wird.

Arbeitsvorschrift. Die Zink und Aluminium enthaltende Lösung, deren Volumen etwa 100 cm³ betragen soll, wird mit einem Überschuß 10%iger Lithiumchloridlösung, 5 g festem Ammoniumacetat und einigen Tropfen Phenolphthaleinlösung versetzt. Dann gibt man unter starkem Umrühren tropfenweise Ammoniak bis zur schwachen Rosafärbung zu. Nach dem Filtrieren und Auswaschen löst man den Niederschlag in möglichst wenig verdünnter Salpetersäure und wiederholt die Fällung. Man wäscht den Niederschlag nach der Filtration zunächst mit 2%iger Ammoniumacetatlösung und dann mit Wasser aus. Nach dem Trocknen wird er bei 900 bis 950° geglüht und als Doppeloxyd $2\,Li_2O \cdot 5\,Al_2O_3$ ausgewogen. Die Lösung soll nicht mehr als 0,1 g Aluminium enthalten, da der Niederschlag sonst unhandlich ist.

Das Zink kann im Filtrat nach der Phosphatmethode bestimmt werden.

h) Abscheidung des Aluminiums als Hydroxyd nach der Carbonatmethode.

Arbeitsvorschrift. Man fällt das Aluminium, indem man die verdünnte und mit Sodalösung annähernd neutralisierte Flüssigkeit mit überschüssigem, in Wasser aufgeschlämmtem Bariumcarbonat versetzt und bei Zimmertemperatur unter häufigem Umschütteln 24 Std. stehen läßt. Der Niederschlag wird zunächst durch Dekantieren und dann auf dem Filter mit kaltem Wasser gewaschen.

Die Methode hat den Nachteil, daß sowohl Aluminium als auch Zink sodann von Barium zu trennen sind.

Bestimmung des Zinks in Reinaluminium und in Aluminium-Leichtmetall-Legierungen. Arbeitsvorschrift von BHATTACHARYYA. Das Aluminium wird als Phosphat abgeschieden, indem man die Lösung, die in 100 cm³ etwa 0,1 g Aluminium enthalten kann, mit 1 g Natriumphosphat, Na_3PO_4, versetzt, auf 200 cm³ verdünnt und dann Ammoniak bis zum Auftreten eines Niederschlags zugibt, der in 1 bis 2 Tropfen Salzsäure wieder gelöst wird. Nun wird zum Sieden erhitzt, überschüssige Natriumthiosulfatlösung zugefügt und gekocht, bis kein Geruch nach Schwefeldioxyd mehr festzustellen ist. Nach dem Absitzen wird der Niederschlag abfiltriert und mit siedendem Wasser ausgewaschen, bis im Filtrat kein Natriumphosphat mehr nachweisbar ist.

Man vereinigt Filtrat und Waschflüssigkeit und bestimmt darin das Zink nach der Phosphatmethode.

Arbeitsvorschrift von BÖHM. Nach den Mitteilungen des CHEMIKERFACHAUSSCHUSSES DER GESELLSCHAFT DEUTSCHER METALLHÜTTEN- UND BERGLEUTE erfolgt die Abscheidung des Zinks nach der Behandlung des Aluminiums mit Natronlauge [5 bis 10 g Aluminiumspäne werden in zinkfreier Natronlauge (1:3) gelöst] als Sulfid. BÖHM stellt nun fest, daß stets auch Zink in dem in Natronlauge nicht löslichen Rückstand verbleibt. Er löst ihn deshalb in Brom-Salzsäure. Nach dem Vertreiben des Broms wird das Kupfer mit Schwefelwasserstoff gefällt und abfiltriert. Das Filtrat wird eingedampft, unter Zusatz von Methylorange mit Ammoniak neutralisiert und mit Ameisensäure schwach angesäuert. Dann wird Schwefelwasserstoff bis zur Sättigung eingeleitet. Das abgeschiedene Zinksulfid wird in Zinkoxyd übergeführt, das auf Reinheit zu prüfen ist.

Arbeitsvorschrift von SELIGMANN und WILLOTT. In einem mit einem Uhrglas bedeckten, 400 cm³ fassenden Becherglas werden 0,5 g der Legierung in Form von Spänen in 25 cm³ 25%iger Natronlauge unter anfänglichem Erwärmen gelöst. Dann wird mit kochendem Wasser auf 300 cm³ aufgefüllt. Man läßt das Ungelöste absitzen und gießt die klare Lösung ab. Der Rückstand wird 2mal durch Dekantieren gewaschen.

Um das im Rückstand enthaltene Zink zu erfassen, wird derselbe in einigen Tropfen konzentrierter Salzsäure gelöst, die Lösung auf 20 cm³ verdünnt, mit Natronlauge in geringem Überschuß versetzt und erwärmt. Die Hydroxyde werden abfiltriert und das Filtrat sowie die Waschwässer zur Hauptlösung gegeben.

In derselben wird das Zink durch Fällung mit Schwefelwasserstoff vom Aluminium getrennt. Man leitet so lange Schwefelwasserstoff ein, bis Aluminium mitgefällt wird.

Eine geringe Mitfällung des Aluminiums (bis zu 10%) stört die maßanalytische Bestimmung des Zinks nicht. — Man läßt den Zinksulfidniederschlag, der meist durch eine Spur Eisen schwach gefärbt ist, absitzen und gießt die überstehende, klare Flüssigkeit ab. Sodann wird der Niederschlag abfiltriert. Er braucht nicht ausgewaschen zu werden. Man löst ihn nunmehr auf dem Filter in Salzsäure und fängt das Filtrat in dem zur Fällung benutzten Gefäß auf. Man verdünnt mit siedendem Wasser auf 250 cm³, kocht den Schwefelwasserstoff weg, fügt 5 g Ammoniumchlorid hinzu und titriert das Zink mit Kaliumferrocyanid.

Arbeitsvorschrift von SCHUBIN. 5 bis 10 g Aluminium löst man in 150 bis 250 cm³ 20%iger Natronlauge in der Wärme, verdünnt mit Wasser auf 250 bis 400 cm³ und filtriert. Das mit der Waschflüssigkeit vereinigte Filtrat wird mit 10 bis 15 cm³ NaSH-Lösung versetzt und auf 300 bzw. 600 cm³ eingekocht und dann abgekühlt. Sodann wird filtriert und der Niederschlag zunächst mit einer verdünnten Lösung von Natriumhydrogensulfid und dann mit Wasser gewaschen. Sodann löst man den Niederschlag auf dem Filter in heißer Schwefelsäure (5 bis 7 cm³ konzentrierte Schwefelsäure und 20 bis 25 cm³ Wasser). Nach dem Wegkochen des Schwefelwasserstoffs wird noch kurz mit einigen Tropfen 10%igen Wasserstoffperoxyds gekocht und das Zink schließlich aus der ammoniakalischen, sulfathaltigen Lösung elektrolytisch auf einer Platinnetzelektrode abgeschieden.

Arbeitsvorschrift von PACHE. 1,25 g der Legierung löst man in 50 cm³ 10%iger Natronlauge, verdünnt mit 50 cm³ Wasser, säuert vorsichtig mit verdünnter Schwefelsäure (1:1) an, setzt 3 cm³ 3%iges Wasserstoffperoxyd zu und kocht so lange, bis alle Hydroxydflocken gelöst sind.

Die möglicherweise durch abgeschiedenes Bleisulfat getrübte Lösung verdünnt man mit 100 cm³ Wasser und versetzt sie mit 30 cm³ einer 10%igen Natriumsulfidlösung. Kupfer, Blei, Zinn und Antimon fallen als Sulfide aus. Der zunächst kolloide Niederschlag wird durch kurzes Einleiten von Schwefelwasserstoff zum Ausflocken gebracht und sofort auf ein doppeltes qualitatives Filter abfiltriert. Man wäscht ihn 6mal mit schwefelwasserstoffhaltigem Wasser, das mit einigen Tropfen Schwefelsäure angesäuert ist. Das Filtrat wird durch Kochen vom Schwefelwasserstoff befreit und mit 2 cm³ Wasserstoffperoxyd oxydiert. Dann gießt man es nach und nach unter kräftigem Umschütteln in einen 500 cm³-Meßkolben, der 200 cm³ 25% ige Natronlauge enthält.

Nachdem die Lösung auf Zimmertemperatur abgekühlt und bis zur Marke aufgefüllt worden ist, mischt man gut und filtriert die abgeschiedenen Hydroxyde von Magnesium, Mangan, Eisen usw. auf ein doppeltes Faltenfilter ab, während man das wasserhelle Filtrat in einem trockenen Becherglas sammelt. Von dem Filtrat nimmt man eine abgemessene Menge und scheidet das als Zinkat vorliegende Zink elektrolytisch auf einer verkupferten Platinkathode ab.

Bei Legierungen, die keine Metalle der Schwefelwasserstoffgruppe enthalten, erübrigt sich naturgemäß die Behandlung mit Natriumsulfid und Schwefelwasserstoff. Man gießt in diesem Fall die schwefelsaure Lösung sofort in den Meßkolben zur 25% igen Natronlauge.

Bemerkung. Steinhäuser empfiehlt, das Zink nach der Entfernung des Kupfers aus der schwefelsauren Lösung als Zinkquecksilberrhodanid abzuscheiden und entweder gewichts- oder maßanalytisch zu bestimmen (vgl. § 9, S. 130).

5. Trennung des Zinks von Chrom.

a) Abscheidung des Zinks als Sulfid aus schwach saurer Lösung (§ 1, S. 38ff.).

b) Abscheidung des Zinks als Oxinat aus natronalkalischer Lösung (§ 6, S. 118).

c) Abscheidung des Zinks als Carbonat, nachdem das Chrom zuvor in alkalischer Lösung mit Wasserstoffperoxyd zu Chromat oxydiert worden ist.

6. Trennung des Zinks von Mangan.

a) Abscheidung des Zinks als Sulfid aus schwach saurer Lösung (§ 1, S. 38ff.).

b) Abscheidung des Zinks als Oxinat aus essigsaurer Lösung (§ 6, S. 117).

c) Abscheidung des Zinks als Chinaldinat (§ 8, S. 127).

d) Elektrolytische Abscheidung des Zinks (§ 3, S. 71).

e) Abscheidung des Mangans als Manganammoniumphosphat aus ammoniakalischer Lösung und des Zinks aus dem Filtrat nach Vertreiben des überschüssigen Ammoniaks als Zinkammoniumphosphat (weniger genau; vgl. § 2, S. 48).

7. Trennung des Zinks von Uran.

a) Abscheidung des Zinks als Sulfid mit Ammoniumsulfid bei Gegenwart von überschüssigem Ammoniumcarbonat.

b) Abscheidung des Zinks als Oxinat nach Wiggins und Wood.

Arbeitsvorschrift. Die schwach essigsaure Lösung der Metalle wird mit alkalischer Tartratlösung (50 g Natriumkaliumtartrat und 200 cm³ 1 n Natronlauge im Liter) versetzt, bis eine Trübung auftritt, die durch einige Tropfen verdünnte Essigsäure wieder beseitigt wird. Zu der heißen Lösung gibt man sodann einen geringen Überschuß 2% iger, alkoholischer Oxinlösung. Das Zinkoxinat, das nach dem Auswaschen völlig uranfrei ist, wird bromometrisch bestimmt.

Man kann auch so verfahren, daß man die neutrale Lösung der beiden Metalle mit 100 cm³ alkalischer Malatlösung (82 g Äpfelsäure und 49,5 g Natriumhydroxyd im Liter) versetzt, auf 60° erwärmt und mit überschüssiger Oxinlösung wie oben fällt.

c) Abscheidung des Zinks als Chinaldinat aus alkalischer, tartrathaltiger Lösung (§ 8, S. 127).

d) Abscheidung des Zinks als Sulfid mit Schwefelwasserstoff aus schwachsaurer Lösung. Nach KROUPA läßt sich diese Arbeitsweise zur Mikrotrennung benutzen.

Arbeitsvorschrift. Die Zink und Uran als Nitrate oder Chloride enthaltende Lösung wird in einem Berliner Porzellantiegel C 1 eingedampft und der Rückstand mit 1 Tropfen Salzsäure (1:1) und etwa 1 cm³ Wasser aufgenommen. Sodann wird die Lösung mittels einer Mikropipette tropfenweise mit einer etwa 2 n Natriumcarbonatlösung (0,1 g wasserfreies Natriumcarbonat auf 1 cm³ Wasser) versetzt, bis sich der entstehende Niederschlag beim Umschwenken nicht mehr löst. Nun fügt man 0,5 cm³ 2 n Monochloressigsäure zu (9,5 g Monochloressigsäure in 50 cm³ Wasser), wobei der Niederschlag in Lösung geht. Ferner gibt man noch 0,5 cm³ 1 n Natriumacetatlösung zu (6,8 g $CH_3COONa \cdot 3\,H_2O$ in 50 cm³ Wasser) und verdünnt mit heißem Wasser (etwa 90°) auf 8 cm³. Nunmehr leitet man durch einen Gaseinleitungstrichter nach HECHT und REICH-ROHRWIG 10 Min. lang in mäßig raschem Tempo (1 Blase/Sek.) Schwefelwasserstoff ein.

Das Zinksulfid läßt man ¹/₄ Std. absitzen und spült sodann das Innere der Einleitungscapillare und die Unterseite des gewölbten Deckels mittels einer Mikrospritzflasche gut aus bzw. ab. Der Gaseinleitungstrichter wird beiseite gestellt und die Flüssigkeit durch ein Porzellanfilterstäbchen abgesaugt. Man wäscht 4mal mit je 1,5 bis 2 cm³ Waschflüssigkeit unter gründlichem Aufwirbeln des Niederschlags nach. Die Waschflüssigkeit besteht aus einer Mischung von 30 cm³ Wasser, 2 cm³ 2 n Monochloressigsäure und 2 cm³ 1 n Natriumacetatlösung und wird mit Schwefelwasserstoff gesättigt.

Zur Auflösung des Zinksulfids wird der Porzellantiegel samt dem Filterstäbchen mit einem durchbohrten Uhrglas bedeckt und nach Zusatz von 2 cm³ Salzsäure (1:5) auf dem Wasserbad erwärmt. Nach Beendigung der Schwefelwasserstoffentwicklung wird das Uhrglas mit heißem Wasser abgespült, worauf man auch den vorher beiseite gestellten Gaseinleitungstrichter mit heißer Salzsäure (1:1) und heißem Wasser in den Tiegel abspritzt.

Die Lösung wird dann zur Trockne eingedampft, der Rückstand mit 2 Tropfen Salzsäure (1:1) und 1,5 cm³ heißem Wasser aufgenommen und die Flüssigkeit durch das Filterstäbchen in einen gewogenen Jenaer Mikrofilterbecher abgesaugt. Man spült mehrmals mit geringen Mengen heißen Wassers unter 1maligem Zusatz von 1 Tropfen Salzsäure (1:1) nach. Das Endvolumen soll etwa 5 cm³ betragen. Sodann wird das Zink als Zinkammoniumphosphat bestimmt (vgl. § 2, S. 41).

e) Abscheidung des Urans als Bariumuranylcarbonat mittels Bariumcarbonats.

8. Trennung des Zinks von Beryllium.

a) Abscheidung des Zinks als Chinaldinat aus alkalischer, tartrathaltiger Lösung (§ 8, S. 127).

b) Abscheidung des Zinks als Sulfid mit Schwefelwasserstoff aus schwach saurer Lösung.

c) Nach NISSENSON läßt sich die Trennung ebenfalls durch Abscheidung des Berylliums als Hydroxyd mit überschüssigem Ammoniak ausführen.

9. Trennung des Zinks von Titan.

a) Abscheidung des Zinks als Sulfid mit Ammoniumsulfid bei Gegenwart von Weinsäure.

b) Abscheidung des Zinks als Chinaldinat aus alkalischer, tartrathaltiger Lösung (§ 8, S. 127).

c) Abscheidung des Titans als Metatitansäure durch Kochen der stark mit Essigsäure angesäuerten, ammoniumacetathaltigen Lösung.

d) Abscheidung des Titans als Metatitansäure durch Kochen mit Natriumthiosulfat.

e) Abscheidung des Titans als Metatitansäure, indem man die schwefelsaure Lösung mit Ammoniak nahezu neutralisiert, stark verdünnt und kocht.

10. Trennung des Zinks von Zirkon.

a) Abscheidung des Zirkons als Hydroxyd mit überschüssigem Ammoniak.

b) Abscheidung des Zirkons als basisches Thiosulfat durch Kochen mit Natriumthiosulfat.

c) Abscheidung des Zirkons als Zirkonsalz der Phenylarsinsäure nach RICE, FOGG und JAMES.

Arbeitsvorschrift. Die Lösung der beiden Metalle, die 10% Salzsäure enthalten soll, wird auf 100 cm³ verdünnt, für 0,1 g Zirkon mit 10 bis 15 cm³ 10%iger Phenylarsinsäurelösung versetzt und zum Sieden erhitzt. Nach 1 Min. langem Kochen wird heiß filtriert, der Niederschlag mit 1%iger Salzsäure gewaschen, getrocknet, vorsichtig verglüht, dann im Wasserstoffstrom erhitzt und schließlich vor dem Gebläse geglüht und als Zirkondioxyd gewogen.

d) Abscheidung des Zirkons als Zirkon-Cupferron-Komplex.

11. Trennung des Zinks von Thorium.

a) Abscheidung des Zinks als Sulfid mit Ammoniumsulfid bei Gegenwart von Weinsäure.

b) Abscheidung des Thoriums als Hydroxyd mit überschüssigem Ammoniak.

c) Abscheidung des Thoriums als basisches Thiosulfat mit Natriumthiosulfat. Man versetzt die Lösung der Chloride, welche keine freie Säure enthält, mit überschüssigem Natriumthiosulfat und kocht. Es scheidet sich ein gelber Niederschlag von basischem Thoriumthiosulfat und Schwefel ab.

d) Abscheidung des Thoriums als Jodat mit Kaliumjodat aus stark salpetersaurer Lösung.

12. Trennung des Zinks von Gallium.

a) Verflüchtigung des Zinks im Vakuum oder im Wasserstoffstrom nach BROWNING und UHLER, wenn beide Elemente in metallischer Form vorliegen (vgl. § 12, S. 160).

b) Abscheidung des Galliums als Hydroxyd-Tannin-Komplex mittels Tannins nach MOSER und BRUKL (a).

Arbeitsvorschrift. Die schwach saure Lösung der beiden Metalle wird mit Ammoniumacetat versezt, so daß sie etwa 1% Essigsäure enthält. Stärker saure Lösungen sind zunächst mit Ammoniak zu neutralisieren. Auf ein Volumen von 100 cm³ fügt man 2 g Ammoniumnitrat zu, erhitzt zum Sieden und fällt mit 10%iger Gallusgerbsäurelösung. Die Menge der Gerbsäure wird etwa 10mal so groß gewählt wie die zu erwartende Menge Galliumhydroxyd. Man filtriert und wäscht mit heißem Wasser aus, dem man etwas Ammoniumnitrat und einige Tropfen Essigsäure zusetzt. Dann wird der Niederschlag in heißer, verdünnter Salzsäure gelöst und die Fällung wiederholt.

In den vereinigten Filtraten wird das Zink mit Schwefelwasserstoff gefällt. Das Zinksulfid ist bisweilen durch Oxydationsprodukte der Gerbsäure braun gefärbt. Diese verbrennen jedoch beim Glühen des Zinksulfids.

Bei Galliummengen über 0,1 g scheidet man vorteilhaft zunächst die Hauptmenge des Galliums als basisches Acetat ab.

c) Abscheidung des Galliums als Hydroxyd mit Ammoniumhydrogensulfit nach PORTER und BROWNING.

Arbeitsvorschrift. Die neutrale oder schwach saure Lösung, deren Volumen 200 cm³ betragen soll, wird mit 4 bis 5 cm³ Ammoniumhydrogensulfitlösung 3 bis 5 Min. lang erhitzt. Der körnige Niederschlag setzt sich rasch zu Boden. Man dekantiert und löst in wenigen Tropfen Salzsäure, verdünnt mit 200 cm³ Wasser und wiederholt die Fällung. Der körnige Niederschlag wird abfiltriert und als Galliumoxyd bestimmt. Wird die Umfällung nicht vorgenommen, so sind die Resultate zu hoch infolge Gegenwart von Zink.

d) Abscheidung des Galliums als Camphorat mittels Camphersäure nach ATO.

Arbeitsvorschrift. Das Gallium wird in essigsaurer Lösung durch Natriumcamphorat gefällt. Die zu fällende Lösung soll 2% Ammoniumnitrat enthalten. Der Niederschlag wird mit einer gesättigten Camphersäurelösung ausgewaschen. Nach dem Trocknen und Veraschen wägt man als Galliumoxyd.

Das Zink wird im Filtrat durch potentiometrische Titration mit Kaliumferrocyanid bestimmt (vgl. § 4, S. 94).

13. Trennung des Zinks von Indium.

a) Abscheidung des Indiums als Hydroxyd durch Hydrolyse des zunächst gebildeten Zink-Ammoniak-Komplexes mit Kaliumcyanat nach MOSER und SIEGMANN.

Arbeitsvorschrift. Die schwach saure Lösung wird mit so viel Ammoniumchlorid versetzt, wie zur Bildung des $Zn(NH_3)_6$-Komplexes erforderlich ist. Nach Zusatz einiger Tropfen Methylorange wird mit Kaliumcyanatlösung versetzt, bis die Farbe in Gelb umschlägt. Nach dem Erhitzen zum Sieden wird das ausgefällte Indiumhydroxyd abfiltriert, heiß ausgewaschen, getrocknet und nach dem Glühen als Oxyd gewogen. Wenn mehr als die 10fache Menge Zink vorhanden ist, muß die Fällung wiederholt werden.

b) Mehrfache Fällung des Indiums als Hydroxyd mit Natronlauge. Nach DENNIS und BRIDGMAN erhält man bei wiederholter Fällung des Indiums mit Natronlauge zinkfreies Indiumhydroxyd. Zur Entfernung von eingeschlossenem Alkali wird der Niederschlag in Salzsäure gelöst und nochmals mit Ammoniak gefällt. Nach sorgfältigem Auswaschen, Trocknen und Glühen erfolgt die Auswaage als Indiumoxyd.

D. Trennung des Zinks von den Metallen der Schwefelwasserstoff- bzw. Salzsäuregruppe.

1. Trennung des Zinks von Arsen.

a) Elektrolytische Abscheidung des Zinks (§ 3, S. 75).

b) Abscheidung des Zinks als Oxinat aus alkalischer Lösung (§ 6, S. 118).

c) Abscheidung des Arsens als Sulfid mit Schwefelwasserstoff aus salzsaurer Lösung.

d) Abdestillieren des Arsens als Arsentrichlorid.

2. Trennung des Zinks von Antimon.

a) Abscheidung des Zinks als Oxinat aus alkalischer Lösung (§ 6, S. 118).

b) Abscheidung des Antimons als Sulfid mit Schwefelwasserstoff aus salzsaurer Lösung.

3. Trennung des Zinks von Zinn.

a) Abscheidung des Zinns als Sulfid mit Schwefelwasserstoff aus salzsaurer Lösung.

b) Abscheidung des Zinns als Metazinnsäure, wenn die Metalle als Legierung vorliegen, indem man dieselbe mit starker Salpetersäure behandelt.

c) Abscheidung des Zinns als Zinn-Cupferron-Komplex nach FURMAN.

Arbeitsvorschrift. Man fällt das Zinn aus salzsaurer Lösung mit einer 10%igen Cupferronlösung. Nach der Fällung läßt man den Niederschlag unter öfterem Umrühren 30 bis 45 Min. stehen, wobei er aus der weißen emulsionsartigen Form in eine gelbe, feste und leicht zerreibliche übergeht. Nach dem Filtrieren wäscht man mit kaltem Wasser aus, trocknet, glüht und wägt als Zinndioxyd.

Bemerkungen. Zur Bestimmung des Zinks ist das Verfahren weniger geeignet. Man kann das Zink nach vorheriger Fällung als Sulfid als Zinkammoniumphosphat abscheiden.

4. Trennung des Zinks von Silber.

a) Abscheidung des Zinks als Chinaldinat bei Gegenwart von Thioharnstoff (§ 8, S. 127).

b) Abscheidung des Silbers als Chlorid.

c) Elektrolytische Abscheidung des Silbers (§ 3, S. 75).

d) Abscheidung des Silbers als Metall mittels unterphosphoriger Säure nach MOSER und KITTL.

Arbeitsvorschrift. Die Lösung, die in bezug auf Silber höchstens 0,05 n sein soll, wird auf dem Wasserbad erwärmt und das Silber mit dem Doppelten der theoretisch nötigen Menge unterphosphoriger Säure gefällt. Dann läßt man auf dem Wasserbad stehen, bis die über dem Niederschlag befindliche Flüssigkeit völlig klar ist, was etwa $^1/_2$ Std. dauert. Sodann filtriert man auf ein Blaubandfilter ab und wäscht mit heißem Wasser aus, bis eine größere Menge des Filtrates einen halben Tropfen 0,1 n Kaliumpermanganatlösung nicht mehr entfärbt. — Das Zink wird im Filtrat als Zinksulfid abgeschieden.

5. Trennung des Zinks von Quecksilber.

a) Abscheidung des Zinks als Oxinat aus cyankalischer, tartrathaltiger Lösung (§ 6, S. 120).

b) Abscheidung des Zinks als Chinaldinat bei Gegenwart von Thioharnstoff (§ 8, S. 127).

c) Abscheidung des Quecksilbers als Sulfid mit Schwefelwasserstoff aus saurer Lösung.

d) Elektrolytische Abscheidung des Quecksilbers (§ 3, S. 75).

e) Abscheidung des Quecksilbers als QuecksilberI-chlorid.

f) Abscheidung des Quecksilbers als Metall mittels unterphosphoriger Säure nach MOSER und NIESSNER.

Arbeitsvorschrift. Die salpetersäurefreie Lösung, die das Quecksilber als QuecksilberII-chlorid enthält, versetzt man mit einem Überschuß etwa 0,5 mol unterphosphoriger Säure, erwärmt auf dem Wasserbad unter Umschwenken und gibt dann 8 bis 10 cm³ konzentrierte Salzsäure zu. Nach einiger Zeit bildet der Niederschlag Quecksilberkügelchen. Man filtriert durch ein Blauband- oder Asbestfilter und wäscht zunächst mit Salzsäure (1:5) und dann mit heißem Wasser säurefrei. Dann wäscht man mit Alkohol und Äther nach, trocknet bei 30° und wägt im verschlossenen Wägegläschen.

Das Zink wird im Filtrat als Zinkammoniumphosphat abgeschieden.

6. Trennung des Zinks von Blei.

a) Abscheidung des Zinks als Oxinat aus essigsaurer bzw. natronalkalischer Lösung (§ 6, S. 117, 118).

b) Verflüchtigung des Zinks (§ 12, S. 160).

c) Abscheidung des Bleis als Sulfat.

d) Abscheidung des Bleis als Sulfid aus salzsaurer Lösung.

e) Elektrolytische Abscheidung des Bleis (§ 3, S. 75).

f) Abscheidung des Bleis als Bleidioxyd mit ammoniakalischem Wasserstoffperoxyd nach JANNASCH und LESINSKY.

Arbeitsvorschrift. Die schwach salpetersaure Lösung der Nitrate, deren Volumen etwa 50 cm^3 beträgt, wird in der Kälte mit einer Mischung von 40 cm^3 2- bis 3%igem Wasserstoffperoxyd und 15 cm^3 konzentriertem Ammoniak und schließlich mit 5 cm^3 Ammoniumcarbonatlösung versetzt. Die rötlichgelbe Fällung läßt man unter öfterem Umrühren einige Minuten stehen, filtriert den Niederschlag dann ab, wäscht ihn zunächst mit verdünntem Ammoniak und dann mit kaltem Wasser aus.

Zur Bestimmung des Zinks kochen JANNASCH und LESINSKY das Filtrat mit 5 g reinem Natriumhydroxyd, bis es nicht mehr nach Ammoniak riecht, säuern mit Salzsäure an und fällen das Zink als Carbonat. Wegen der bekannten Mängel dieser Fällungsweise dürfte es vorteilhafter sein, das Filtrat mit Salzsäure anzusäuern, das überschüssige Wasserstoffperoxyd durch Kochen zu beseitigen und das Zink nach der Phosphatmethode zu bestimmen.

7. Trennung des Zinks von Wismut.

a) Abscheidung des Zinks als Oxinat aus natronalkalischer Lösung (§ 6, S. 118).

b) Abscheidung des Wismuts als Sulfid aus salzsaurer Lösung.

Nach KOLTHOFF und GRIFFITH ist eine quantitative Trennung möglich, wenn die Salzsäurekonzentration nach der Fällung des Wismuts 0,3 n ist und das Wismutsulfid unmittelbar nach der Fällung abfiltriert wird, um eine Nachfällung von Zinksulfid zu vermeiden. Aus dem Gemisch mit Wismutsulfid soll sich überdies das Zinksulfid mit 2 n Salzsäure leicht extrahieren lassen.

c) Elektrolytische Abscheidung des Wismuts.

d) Abscheidung des Wismuts als Phosphat aus salpetersaurer Lösung.

Arbeitsvorschrift. Die salpetersaure Lösung wird siedend heiß mit 10%iger Natriumphosphatlösung gefällt, von der so viel zu verwenden ist, daß ihr Natriumgehalt der vorhandenen Salpetersäure äquivalent ist. Der Niederschlag wird in einem Filtertiegel gesammelt, mit 1% iger Salpetersäure, die etwas Ammoniumnitrat enthält, ausgewaschen und nach dem Trocknen bei 120° und nach dem Glühen als Wismutphosphat, $BiPO_4$, ausgewogen.

Im Filtrat wird das Zink nach der Phosphatmethode bestimmt.

e) Abscheidung des Wismuts als Wismutsäure ($HBiO_3$) mit Ammoniak und Wasserstoffperoxyd nach JANNASCH und ROSE.

8. Trennung des Zinks von Kupfer.

a) Abscheidung des Zinks als Chinaldinat bei Gegenwart von Thioharnstoff (§ 8, S. 127).

b) Verflüchtigung des Zinks (§ 12, S. 160).

c) Elektrolytische Abscheidung des Kupfers (§ 3, S. 76).

d) Abscheidung des Kupfers als Sulfid mit Schwefelwasserstoff aus salzsaurer Lösung. Hierbei ist zu beachten, daß mit dem Kupfer leicht auch Zink ausfällt. Nach KOLTHOFF und PEARSON handelt es sich um Nachfällung. Diese wird durch organische Substanzen mit polaren Schwefelgruppen, wie Thioharnstoff und Cystin, verzögert bzw. verhindert. Nach CALDWELL und MOYER setzt ein kleiner Zusatz von Crotonaldehyd das Mitfallen von Zinksulfid weitgehend herab.

KOLTHOFF und VAN DIJK empfehlen, möglichst kurz Schwefelwasserstoff einzuleiten. Die Fällung des Kupfers soll entweder in wenigstens 0,5 n schwefelsaurer Lösung bei Zimmertemperatur oder in 0,5 n salzsaurer Lösung bei Siedehitze vorgenommen werden.

Nach SCHERINGA nimmt die Mitfällung des Zinksulfids mit steigender Salzsäurekonzentration ab und tritt bei höherer Temperatur (50°) fast überhaupt nicht auf.

LARSSEN sowie BERGLUND weisen darauf hin, daß das Kupfersulfid zunächst mit salzsäurehaltigem Schwefelwasserstoffwasser und erst dann mit verdünntem reinen Schwefelwasserstoffwasser gewaschen werden muß.

DEDERICHS empfiehlt, die Fällung des Kupfers aus einer Lösung mit einem Gehalt an Salzsäure von 2 bis 3% vorzunehmen.

Nach der Arbeitsvorschrift von H. BILTZ und W. BILTZ verfährt man so, daß man das Kupfer aus ziemlich stark salzsaurer Lösung (etwa 5% Chlorwasserstoff) fällt. Hierbei fällt die Hauptmenge des Kupfers, aber kein Zink. Nach $^1/_2$ Std. verdünnt man mit siedend heißem Wasser langsam auf das Doppelte, wobei man mit dem Einleitungsrohr umrührt, und setzt dann die Fällung fort. Nach einer weiteren halben Stunde ist dann das restliche Kupfer quantitativ abgeschieden, ohne daß merkliche Mengen Zink mitgerissen werden. Nach dem Abfiltrieren wäscht man den Niederschlag zunächst mit etwa 2 n, sodann mit schwächerer, schwefelwasserstoffhaltiger Salzsäure und schließlich mit schwefelwasserstoffhaltigem Wasser aus, dem etwas Essigsäure zugesetzt ist.

Für besonders genaue Bestimmungen ist eine Wiederholung der Fällung nötig.

e) Abscheidung des Kupfers als KupferI-sulfid mittels Natriumthiosulfats nach VORTMANN (a), (b).

Arbeitsvorschrift. Die schwach salz- oder schwefelsaure Lösung wird mit so viel Natriumthiosulfatlösung versetzt, daß sie völlig entfärbt wird. Dann kocht man, bis sich die über dem Niederschlag stehende Flüssigkeit klärt.

Im Filtrat wird das Thiosulfat mit Brom zerstört und dann das Zink in beliebiger Weise bestimmt.

Bemerkungen. Nach SARUDI ist diese Arbeitsweise sehr zu empfehlen. Der Niederschlag filtriert sich vorzüglich und kann mit Wasser ausgewaschen werden, da es sich dabei weder oxydiert noch peptisiert.

f) Abscheidung des Kupfers als KupferI-rhodanid.

Arbeitsvorschrift. Die schwach salz- oder schwefelsaure Lösung, die keine oxydierenden Stoffe enthalten soll, wird mit überschüssiger schwefliger Säure und hierauf unter beständigem Umrühren mit Ammoniumrhodanid in geringem Überschuß tropfenweise versetzt. Man läßt den Niederschlag längere Zeit absitzen, filtriert ihn in einen Filtertiegel ab und wäscht ihn zunächst mit SO_2-haltigem, sodann mit reinem Wasser aus, bis das Filtrat nur noch eine schwache Rötung mit EisenIII-chlorid gibt. Nach dem Trocknen bei 110 bis 120° wird der Niederschlag gewogen.

g) Abscheidung des Kupfers als KupferI-jodid nach BRINTZINGER.

Arbeitsvorschrift. In der Lösung, die die beiden Metalle als Sulfate oder Acetate enthält, wird das Kupfer in der bekannten Weise jodometrisch titriert. Das ausgeschiedene KupferI-jodid wird auf ein Glasfilter abfiltriert und mit Wasser ausgewaschen. Filtrat und Waschwasser werden vereinigt, ammoniakalisch gemacht und mit Essigsäure schwach angesäuert; das Zink wird als Zinkammoniumphosphat gefällt.

9. Trennung des Zinks von Cadmium.

Vgl. hierzu auch das Kapitel „Cadmium“.

a) Abscheidung des Cadmiums als Sulfid mittels Schwefelwasserstoffs aus salzsaurer oder besser schwefelsaurer Lösung.

b) Elektrolytische Abscheidung des Cadmiums.

c) Abscheidung des Cadmiums als Reineckat nach MAHR und OHLE mittels REINECKE-Salz in Gegenwart von Thioharnstoff.

d) Abscheidung des Cadmiums als cadmiumjodwasserstoffsaures Naphthochinolin nach BERG und WURM.

10. Trennung des Zinks von Thallium.

a) Abscheidung des Zinks als basisches Carbonat mit Natriumcarbonat, wobei Thallium in Lösung bleibt.

b) Abscheidung des Thalliums als ThalliumI-chromat nach MOSER und BRUKL (b).

Arbeitsvorschrift. Die ammoniakalische Lösung wird zum Sieden erhitzt und mit so viel Kaliumchromat versetzt, daß eine etwa 2%ige Lösung entsteht. Nach 12stündigem Stehen dekantiert man, sammelt den Niederschlag in einem Filtertiegel und wäscht ihn zunächst mit 1%iger Kaliumchromatlösung und dann mit 50%igem Alkohol sorgfältig aus, bis die Flüssigkeit nicht mehr gelb abläuft. Dann trocknet man bei 120° und wägt.

Zur Bestimmung des Zinks wird das Filtrat bis zur Entfernung des Ammoniaks gekocht und sodann das Zink als Zinkammoniumphosphat gefällt. Die Fällung ist zu wiederholen, um eingeschlossenes Chromat zu entfernen.

Bemerkung. Die häufig empfohlene Abscheidung des Thalliums als ThalliumI-jodid ist nach MOSER und BRUKL (b) weniger zu empfehlen, da dasselbe doch merklich löslich ist und sich wegen seiner feinen Verteilung schwer filtrieren läßt.

c) Abscheidung des Thalliums als Thionalat mit Thionalid nach BERG und FAHRENKAMP. Nach dieser Methode kann das Thallium bequem neben einer ganzen Anzahl von Metallen, u. a. auch neben Zink, bestimmt werden.

11. Trennung des Zinks von Germanium.

Die Trennung kann durch Abdestillieren des Germaniums als GermaniumIV-chlorid aus der salzsauren Lösung im Chlorstrom nach BUCHANAN (a), (b) bzw. DENNIS und Mitarbeitern erfolgen.

12. Trennung des Zinks von Vanadin.

a) Abscheidung des Zinks als Sulfid mit überschüssigem Ammoniumsulfid, wobei Vanadin als Sulfosalz in Lösung bleibt.

b) Abscheidung des Vanadins als Vanadin-Cupferron-Komplex nach TURNER.

Arbeitsvorschrift. Die Lösung, die in 100 cm³ etwa 12 cm³ konzentrierte Schwefelsäure enthalten soll, wird nötigenfalls mit 0,1 n Kaliumpermanganatlösung bis zur schwachen Rosafärbung versetzt, um Vanadin zu oxydieren, und bei 10° durch einen Überschuß 6%iger wäßriger Cupferronlösung gefällt. Nach Zugabe von etwas Papierfaserbrei wird filtriert und mit 100 cm³ einer wäßrigen Lösung von 10 cm³ konzentrierter Schwefelsäure und 0,15 g Cupferron gewaschen. Der Niederschlag wird geglüht und als Vanadinpentoxyd gewogen.

13. Trennung des Zinks von Molybdän.

a) Abscheidung des Zinks als Sulfid in der Wärme mit überschüssigem Ammoniumsulfid, wobei Molybdän als Sulfosalz in Lösung bleibt.

b) Abscheidung des Molybdäns als Sulfid mit Schwefelwasserstoff aus schwefelsaurer Lösung unter Druck.

Arbeitsvorschrift. Nach MOSER und BEHR muß die Lösung hierbei mindestens 5 n schwefelsauer sein und darf nicht mehr als 0,1 g Molybdäntrioxyd auf 100 cm^3 enthalten. Man sättigt sie bei Zimmertemperatur mit Schwefelwasserstoff und erhitzt sie in einer Druckflasche 2 bis 3 Std. im Wasserbad.

14. Trennung des Zinks von Wolfram.

Diese Trennung wird am einfachsten durch Abscheidung des Wolframs als gelbe Wolframsäure ausgeführt. Diese ist in verdünnten Säuren nicht völlig unlöslich; durch 1- oder höchstens 2maliges Einengen des Filtrats läßt sich aber das restliche Wolfram quantitativ erfassen.

15. Trennung des Zinks von Gold, Palladium und Platin.

Die Trennung von Gold läßt sich nach JANNASCH und v. MAYER ausführen, indem man dasselbe in neutraler, saurer oder alkalischer Lösung durch Hydrazinchlorhydrat als metallisches Gold abscheidet.

Nach JANNASCH und BETTGES gelingt auch die Abscheidung des Palladiums sowohl in saurer als auch in alkalischer Lösung mittels Hydrazinsalzen.

Arbeitsvorschrift. Man verfährt so, daß man die Flüssigkeit in der Wärme mit höchstens 0,5 g Hydrazinsulfat versetzt und dann noch $^1/_4$ Std. über kleiner Flamme kocht. Der zunächst schwammartige Niederschlag wird dadurch pulvrig und gut auswaschbar. Der Niederschlag wird in einem Asbestglühröhrchen gesammelt, nach dem Auswaschen bei 120 bis 130° getrocknet und im Wasserstoffstrom zu Metall reduziert.

Im Gegensatz zu Palladium läßt sich Platin nach den Angaben von JANNASCH und STEPHAN nicht in entsprechender Weise mit Hydrazinsalzen fällen, da das Zink die vollständige Abscheidung des Platins verhindert.

Schließlich sei noch darauf hingewiesen, daß die Bestimmung des Zinks neben anderen Metallen in vielen Fällen vorteilhaft mittels des Dithizonverfahrens (§ 11, S. 136) oder auf polarographischem Wege (§ 18, S. 179) oder spektralanalytisch erfolgen kann (§ 19, S. 182).

Literatur.

ATO, S.: Sci. Pap. Inst. Tôkyô **15**, 289 (1930/31); durch C. **102 II**, 1033 (1931).

BEILSTEIN, F.: B. **11**, 1715 (1878). — BERG, R. u. E. S. FAHRENKAMP: Fr. **109**, 310 (1937). — BERG, R. u. O. WURM: B. **60**, 1664 (1927). — BERGLUND, E.: Fr. **22**, 184 (1883). — BHATTACHARYYA, H. P.: Chem. N. **109**, 38 (1914). — BILTZ, H. u. W. BILTZ: Ausführung quantitativer Analysen, 3. Aufl., S. 229. Leipzig 1940. — BÖHM, W.: Fr. **71**, 243 (1927). — BRINTZINGER, H.: Fr. **86**, 157 (1931). — BROWNING, P. E. u. H. S. UHLER: Am. J. Sci. [4] **41**, 352 (1916). — BRUNCK, O.: Ch. Z. **28**, 514 (1904). — BUCHANAN, G. H.: (a) Ind. eng. Chem. **8**, 586 (1916); (b) **9**, 662 (1917).

CALDWELL, J. R. u. H. V. MOYER: Am. Soc. **59**, 90 (1937). — CARTER, O. C. S.: Chem. N. **47**, 273 (1883). — CHEMIKERFACHAUSSCHUSS DER GESELLSCHAFT DEUTSCHER METALLHÜTTEN- UND BERGLEUTE: Mitteilungen des CHEMIKERFACHAUSSCHUSSES DER GESELLSCHAFT DEUTSCHER METALLHÜTTEN- UND BERGLEUTE, 1. Teil, S. 107. Berlin 1924.

DEDERICHS, W.: Pharm. Z. **44**, 198 (1889). — DENNIS, L. M. u. J. A. BRIDGMAN: Am. Soc. **40**, 1556 (1918). — DENNIS, L. M. u. E. B. JOHNSON: Am. Soc. **45**, 1389 (1923). — DENNIS, L. M. u. J. PAPISH: (a) Am. Soc. **43**, 2140 (1921); (b) Z. anorg. Ch. **120**, 18 (1921). — DOBBINS, J. T. u. J. P. SANDERS: Am. Soc. **54**, 178 (1932).

FISH, F. H. u. J. M. SMITH: Ind. eng. Chem. Anal. Edit. **8**, 349 (1936). — FLUCH, P.: Fr. **69**, 232 (1926). — FUNK, W.: **45**, 181 (1906). — FURMAN, N. H.: Ind. eng. Chem. **15**, 1070 (1923).

GROSSMANN, H. u. J. MANNHEIM: B. **50**, 708 (1917). — GROSSMANN, H. u. B. SCHÜCK: Ch. Z. **31**, 535, 911 (1907).

HECHT, F. u. W. REICH-ROHRWIG: Mikrochemie **12**, 288 (1933).

ILINSKI, M. u. G. v. KNORRE: B. **18**, 699 (1885).

JANNASCH, P. u. W. BETTGES: B. **37**, 2210 (1904). — JANNASCH, P. u. J. LESINSKY: B. **26**, 2334 (1893). — JANNASCH, P. u. O. v. MAYER: B. **38**, 2129 (1905). — JANNASCH, P. u. E. ROSE: B. **27**, 2227 (1894). — JANNASCH, P. u. C. STEPHAN: B. **37**, 1985 (1904).

KATÔ, H.: Sci. Rep. Tôhoku Univ. Ser. I **26**, 714 (1938); durch C. **109 II**, 2797 (1938). — KLING, A. u. A. LASSIEUR: C. r. **178**, 1551 (1924). — KNORRE, G. v.: (a) B. **20**, 283 (1887); (b) Angew. Ch. **6**, 264 (1893). — KOLTHOFF, I. M. u. I. C. VAN DIJK: Pharm. Weekbl. **59**, 1351 (1922). — KOLTHOFF, I. M. u. F. S. GRIFFITH: J. physic. Chem. **42**, 531 (1938). — KOLTHOFF, I. M. u. E. A. PEARSON: J. physic. Chem. **36**, 549 (1932). — KONINCK, L. L. DE: Lehrbuch der qualitativen und quantitativen Mineralanalyse. Deutsche Ausgabe von C. MEINEKE, 1. Bd., S. 601. Berlin 1904. — KROUPA, E.: Mikrochemie **27**, 1 (1939).

LARSSEN, G.: Fr. **17**, 312 (1878). — LUDWIG, A.: Z. anorg. Ch. **122**, 239 (1922).

MAHR, C. u. H. OHLE: Fr. **109**, 1 (1937). — MOSER, L. u. M. BEHR: Z. anorg. Ch. **134**, 69 (1924). — MOSER, L. u. A. BRUKL: (a) M. **50**, 181 (1928); (b) **47**, 709 (1926). — MOSER, L. u. TH. KITTL: Fr. **60**, 145 (1921). — MOSER, L. u. M. NIESSNER: Fr. **63**, 240 (1923). — MOSER, L. u. F. SIEGMANN: M. **55**, 19 (1930).

NISSENSON, H.: „Die chemische Analyse", Bd. 2: Die Untersuchungsmethoden des Zinks, S. 105. Stuttgart 1907.

PACHE, E.: Ch. Z. **62**, 585 (1938). — PORTER, L. E. u. P. E. BROWNING: Am. Soc. **41**, 1491 (1919).

RICE, A. C., H. C. FOGG u. C. JAMES: Am. Soc. **48**, 895 (1926). — ROSENHEIM, A. u. E. HULDSCHINSKY: B. **34**, 3913 (1902).

SARUDI, I.: Fr. **115**, 260 (1939). — SCHERINGA, K.: Pharm. Weekbl. **55**, 431 (1918). — SCHUBIN, M. I.: Nichteisenmetalle (russ.) **1932**, 147; durch C. **103 II**, 2212 (1932). — SELIGMANN, A. u. F. P. WILLOTT: J. Soc. chem. Ind. **24**, 1278 (1905). — SPRING, LA VERNE W.: Ind. eng. Chem. **3**, 255 (1911). — STEINHÄUSER, K.: Angew. Ch. **51**, 35 (1938).

TREADWELL, F. P.: Kurzes Lehrbuch der analytischen Chemie, Bd. 2, 11. Aufl., S. 127. Leipzig u. Wien 1923. — TURNER, W. A.: Am. J. Sci. [4] **41**, 339 (1916).

UHLER, H. S. u. P. E. BROWNING: Am. J. Sci. [4] **42**, 397 (1916).

VORTMANN, G.: (a) M. **1**, 952 (1881): (b) Fr. **20**, 416 (1881).

WIGGINS, W. R. u. C. E. WOOD: J. Soc. chem. Ind. **53**, 254 (1934).

Cadmium.

Cd, Atomgewicht 112,41, Ordnungszahl 48.

Von **H. FUNK**, München.

Mit 13 Abbildungen.

Inhaltsübersicht.

Bestimmungsmöglichkeiten.

I. Für die **gewichtsanalytische Bestimmung** kommen in erster Linie folgende Abscheidungsformen in Betracht:

1. Cadmiumsulfat § 1, S. 234.
2. Metallisches Cadmium (durch Elektrolyse) § 2, S. 235.
3. Cadmiumsulfid § 3, S. 267.
4. Cadmiumammoniumphosphat § 4, S. 281.
5. Cadmiumoxinat (BERG) § 5, S. 283.
6. Cadmiumchinaldinat (RÂY und BOSE) § 6, S. 286.
7. Cadmiumanthranilat (FUNK und DITT) § 7, S. 287.
8. Cadmium-Mercaptobenzthiazol-Komplex (SPACU und KURAŠ) § 9, S. 292.
9. Cadmiumpyridinrhodanid (SPACU und DICK) § 10, S. 294.
10. Cadmium-Thioharnstoff-Reineckat (MAHR und OHLE) § 11, S. 297.
11. Cupraen-Cadmiumjodid (SPACU und SUCIU) § 12, S. 298.
12. Cadmiumtetramminquecksilberjodid (TAURINŠ) § 13, S. 299.

Von geringerer Bedeutung sind:

13. Die Bestimmung als Cadmiumoxyd § 15, S. 307.
14. Die Abscheidung als Cadmiummolybdat (WILEY) § 16, S. 309.
15. Die Abscheidung als Cadmiumoxalat § 17, S. 310.
16. Die Abscheidung als Cadmiumpyridinchlorid (KRAGEN) § 18, S. 312.
17. Die Bestimmung durch Verflüchtigung § 22, S. 330.

Außerdem wurden als Abscheidungsformen des Cadmiums vorgeschlagen:

18. Ammoniumcadmiumferrocyanid (LUFF) § 19, S. 313.
19. Nitroprussidcadmium (FONZES-DIACON und CARQUET) § 22, S. 331.
20. Die Verbindung $(C_6H_5)_4AsCdCl_4$ (Fällung mit Tetraphenylarsoniumchlorid nach WILLARD und SMITH) § 22, S. 331.
21. Die Verbindung $[(CH_3O)_2C_{21}H_{20}O_2N_2]_2CdBr_2 \cdot 2\,HBr$ (Fällung mit Brucin und Kaliumbromid nach NIKITINA) § 22, S. 332.
22. Die Verbindung $CdJ_2[(CH_2)_6N_4C_3H_5J]_2$ (Fällung mit Jodurotropin nach EVRARD) § 22, S. 333.
23. Cadmiumhydrazinjodid bzw. Cadmiumhydrazinrhodanid § 22, S. 333.

II. Die **maßanalytische Bestimmung** ist nach folgenden Verfahren möglich:

Acidimetrisch oder alkalimetrisch. 1. Fällung mit Lauge und Titration des Laugeüberschusses mit Schwefelsäure (JELLINEK und KREBS) § 22, S. 333.

2. Fällung als Carbonat, Lösen des Niederschlags in überschüssiger Schwefelsäure und Titration des Säureüberschusses mit Lauge (FIALKOW und GORODISSKI) § 22, S. 334.
3. Fällungshydrolytische Titration (JELLINEK und KREBS; v. ZOMBORY und POLLÁK) § 22, S. 334.
4. Lösung des Cadmiumammoniumphosphats in Schwefelsäure und Titration des Säureüberschusses (DAKIN) § 4, S. 283.
5. Acidimetrische Bestimmung des Pyridingehaltes in Dipyridincadmiumchlorid (KRAGEN) § 18, S. 312.

Oxydimetrisch. 1. Titration des Cadmiumoxalats § 17, S. 311.

2. Umsetzung von Cadmiumsulfid mit EisenIII-sulfat und Titration des entstandenen EisenII-salzes (FLEISCHER) § 3, S. 270.

Argentometrisch. 1. Umsetzung von Cadmiumsulfid mit Silbernitrat (ENELL; CERNATESCO) § 3, S. 270.

2. Abscheidung als Cadmiumpyridinrhodanid und Titration des Rhodanidüberschusses (RIPAN; SPACU und KURAŠ) § 10, S. 295.

Jodometrisch. 1. Jodometrische Titration nach Abscheidung als cadmiumjodwasserstoffsaures Naphthochinolin (BERG und WURM; BERG; LANG) § 8, S. 290, 291.

2. Jodometrische Titration nach Abscheidung als Cadmium-Thioharnstoff-Reineckat (MAHR und OHLE) § 11, S. 297.
3. Umsetzung von Cadmiumsulfid mit Säure und jodometrische Titration des entstandenen Schwefelwasserstoffs (v. BERG; KRAUS) § 3, S. 269.
4. Abscheidung als Arsenat und jodometrische Titration des Arsenatüberschusses (VALENTIN) § 22, S. 335.

Bromometrisch. 1. Lösen des Cadmiumoxinats in Säure und bromometrische Titration des o-Oxychinolins (BERG) § 5, S. 284.

2. Lösen des Cadmiumanthranilats in Säure und bromometrische Titration der Anthranilsäure (FUNK und DITT) § 7, S. 290.

Fällungsanalytisch. 1. Titration mit Kaliumferrocyanid (WEIL) § 19, S. 313.

2. Titration mit Ammoniummolybdat (WILEY) § 16, S. 309.
3. Abscheidung mit Nitroprussidnatrium und Titration mit Schwefelwasserstoff (FONZES-DIACON und CARQUET) § 22, S. 331.

Besondere Methoden. 1. *Potentiometrische* Bestimmung:

a) Titration mit Natriumsulfid (HILTNER und GRUNDMANN) § 3, S. 270.
b) Titration mit Natriumferrocyanid (TREADWELL und CHERVET; FR. MÜLLER; E. MÜLLER und PRÉE) § 19, S. 314.
c) Fällung mit Tetraphenylarsoniumchlorid und jodometrische Titration des Reagensüberschusses (WILLARD und SMITH) § 22, S. 331.

2. *Konduktometrische* Bestimmung:

a) Titration mit Schwefelwasserstoff (IMMIG und JANDER) § 3, S. 271.
b) Titration mit Kaliumferricyanid (KOLTHOFF) § 22, S. 335.

III. Die **colorimetrischen Methoden** beruhen auf der Colorimetrierung der durch Extraktion des Cadmiums mit Dithizon-Tetrachlorkohlenstoff-Lösung als Cadmiumdithizonat erhaltenen Lösung (FISCHER und LEOPOLDI) § 14, S. 300, bzw. auf der

Colorimetrierung von Cadmiumsulfidsolen (FAIRHALL und PRODAN; JUZA und LANGHEIM) § 3, S. 273ff.

oder der Colorimetrierung der REINECKE-Verbindung (MAHR) § 11, S. 298.

IV. Polarographische Bestimmung § 20, S. 315.

V. Spektralanalytische Bestimmung § 21, S. 318.

Eignung der wichtigsten Verfahren.

Zur **Makrobestimmung** (> 20 mg Cadmium) kann man in erster Linie die in dem Abschnitt „Bestimmungsmöglichkeiten" unter I, 1 bis 13 genannten *gewichtsanalytischen* Verfahren verwenden. Die Abscheidung als *Cadmiumsulfid* wird hauptsächlich dann in Betracht kommen, wenn es sich darum handelt, das Cadmium von anderen Metallen zu trennen.

Die Bedeutung der direkten *maßanalytischen* Verfahren tritt bei der Bestimmung des Cadmiums zurück; von den indirekten Verfahren sind jene die wichtigsten, die auf der bromometrischen bzw. jodometrischen Titration verschiedener schwer löslicher Cadmiumverbindungen (z. B. des Oxinats, Anthranilats, Thioharnstoff-Reineckats und des cadmiumjodwasserstoffsauren Naphthochinolins) nach deren Auflösung in Salzsäure beruhen.

Zur **Bestimmung kleinerer Cadmiummengen** (< 20 mg) kann man ebenfalls die Abscheidung als Sulfid benutzen. Wenn der oben angeführte Grund nicht zu dieser Arbeitsweise zwingt, wird man sich aber einfacher eines der im Abschnitt „Bestimmungsmöglichkeiten" unter I, 5 bis 13 genannten komplexbildenden, meist organischen Fällungsmittel bedienen. Da die hierbei entstehenden Cadmiumverbindungen durchweg ein ziemlich hohes Molekulargewicht und dementsprechend ein günstiges Umrechnungsverhältnis aufweisen, wird man bei ihrer Anwendung selbst für eine Makrobestimmung kaum mehr als 50 mg Cadmium benötigen.

Als **Mikromethoden** kommen neben der *elektrolytischen* Abscheidung hauptsächlich die *gewichtsanalytischen* Bestimmungen mit o-Oxychinolin, Anthranilsäure und Mercaptobenzthiazol in Betracht. Aber auch mit den übrigen im Abschnitt „Bestimmungsmöglichkeiten" unter I, 5 bis 13 genannten Verfahren lassen sich kleine Cadmiummengen bestimmen. So werden z. B. von MAHR und OHLE (§ 11, S. 297) 12 mg Cadmium als *Cadmium-Thioharnstoff-Reineckat*, von TAURINŠ (§ 13, S. 299) 8 mg Cadmium als *Cadmiumtetramminquecksilberjodid* und von BERG und WURM (§ 8, S. 290) noch 6 mg Cadmium als *cadmiumjodwasserstoffsaures Naphthochinolin* ermittelt.

Maßanalytisch lassen sich kleine Cadmiummengen bequem durch bromometrische Titration des Oxinats oder Anthranilats bzw. durch jodometrische Titration der Naphthochinolinverbindung bestimmen. Auch die potentiometrische Titration mit Jodlösung nach Abscheidung mit Tetraphenylarsoniumchlorid ermöglicht die Bestimmung kleiner Mengen.

Noch **kleinere Cadmiummengen** (0,2 bis 1 mg) kann man *colorimetrisch* als Sulfid bestimmen.

Zur **Bestimmung kleinster Mengen** (1 bis 100 γ) verwendet man vorteilhaft das *Dithizonverfahren* oder man bestimmt das Cadmium auf *polarographischem* oder *spektralanalytischem* Wege. Bei Mengen bis herab zu 20 γ und weniger kann man die *konduktometrische* Titration mit Schwefelwasserstoff benutzen.

Auflösung des Untersuchungsmaterials.

Die Cadmiumsalze der anorganischen und organischen Säuren lösen sich fast alle leicht in Wasser oder Mineralsäuren. Die cadmiumhaltigen Legierungen lösen sich ebenfalls meist leicht in Säuren. Desgleichen lassen sich die Cadmiummineralien fast alle leicht aufschließen. Man kann hierbei im allgemeinen so verfahren, wie es im Kapitel „Zink", S. 21, für Zinkerze beschrieben ist.

Bestimmungsmethoden.

§ 1. Bestimmung als Cadmiumsulfat.

$CdSO_4$, Molekulargewicht 208,47.

Allgemeines.

Eigenschaften des Cadmiumsulfats. Das wasserfreie Cadmiumsulfat bildet ein weißes aus kleinen Prismen bestehendes Pulver.

Die Dichte des ohne Schmelzen entwässerten Salzes beträgt etwa 4,7. Der Schmelzpunkt liegt bei 1000°.

Mit Wasser bildet das Salz verschiedene Hydrate. Aus gesättigten wäßrigen Lösungen krystallisiert bei Temperaturen zwischen 0 und 70° beim Verdunsten oder Eindampfen das Hydrat $3\,CdSO_4 \cdot 8\,H_2O$ aus.

Löslichkeit. 100 g der gesättigten Lösung des Hydrates $3\,CdSO_4 \cdot 8\,H_2O$ enthalten bei 0° 43,01%, bei 20° 43,37% und bei 72° 46,2% Cadmiumsulfat (berechnet auf wasserfreies Salz). Bei 74° tritt Umwandlung in das Hydrat $CdSO_4 \cdot 1\,H_2O$ ein.

Verhalten beim Erhitzen. Das wasserfreie Cadmiumsulfat kann unzersetzt bis zur dunklen Rotglut erhitzt werden. BAUBIGNY fand, daß 3,0639 g wasserfreies Sulfat nach 3stündigem Erhitzen auf 600° noch 3,0633 g wogen. Selbst bei 700° verläuft die Zersetzung nach seiner Erfahrung noch sehr langsam.

Bestimmungsverfahren.

***Arbeitsvorschrift von* TREADWELL.** Wenn das Cadmium an eine flüchtige Säure gebunden ist, so behandelt man die Verbindung in einem gewogenen Porzellantiegel mit verdünnter Schwefelsäure in geringem Überschuß, dampft auf dem Wasserbad so weit als möglich ein und verjagt die überschüssige Schwefelsäure durch Erhitzen im Luftbad, indem man den Tiegel in einen größeren, mit einem Asbestring versehenen Tiegel stellt. Man erhitzt zunächst gelinde und steigert die Temperatur allmählich, bis keine Schwefelsäuredämpfe mehr entweichen. Den äußeren Tiegel kann man mit der vollen Flamme eines TECLU-Brenners erhitzen, ohne befürchten zu müssen, daß sich das Cadmiumsulfat zersetzt. Es ist jedoch nicht nötig, so hoch zu erhitzen. Sobald keine Schwefelsäuredämpfe mehr entweichen und das Gewicht konstant ist, ist die Operation beendet.

***Bemerkungen.* I. Genauigkeit.** Nach TREADWELL gibt die Methode vorzügliche Ergebnisse und ist nächst der elektrolytischen Abscheidung eine der besten Bestimmungsmethoden für Cadmium. Diese Meinung vertreten auch HILLEBRAND und LUNDELL. Nach KOHNER sind die Resultate bei kleinen Cadmiummengen nicht so gut wie bei größeren.

II. Die Erhitzungstemperatur. HILLEBRAND und LUNDELL schreiben ein Erhitzen auf 500° vor und empfehlen, das Sulfat nach dem Erkalten in wenig Wasser zu lösen, die Lösung wieder einzudampfen und den Rückstand bis zu konstantem Gewicht zu erhitzen. Das so erhaltene Sulfat soll völlig weiß sein. Eine gelbliche oder bräunliche Färbung deutet auf teilweise Zersetzung. In solchem Fall befeuchtet man mit verdünnter Schwefelsäure und verfährt nochmals in der beschriebenen Weise, wobei man aber weniger stark erhitzt.

III. Störung durch andere Stoffe. Wie oben schon erwähnt, ist die Methode nur brauchbar, wenn das Cadmium an eine flüchtige Säure gebunden ist. Das Verfahren ist natürlich auch dann nicht anwendbar, wenn irgendwelche anderen nicht flüchtigen Stoffe zugegen sind.

Literatur.

BAUBIGNY, H.: C. r. **142**, 959 (1906).
HILLEBRAND, W. F. u. G. E. F. LUNDELL: Applied Inorganic Analysis, S. 204ff. New York 1929.
KOHNER, A.: Diss. Berlin 1886; durch Fr. **27**, 213 (1888).
TREADWELL, F. P.: Kurzes Lehrbuch der analytischen Chemie, Bd. 2, 11. Aufl., S. 157. Leipzig u. Wien 1923.

§ 2. Bestimmung durch elektrolytische Abscheidung als metallisches Cadmium.

Elektrolytisches Potential $\varepsilon_{0_h} = -0{,}40$ Volt.

Allgemeines.

In neutraler Lösung ist das Potential des Wasserstoffs ungefähr genau so groß wie das Normalpotential des Cadmiums. Daß sich das letztere trotzdem aus saurer Lösung abscheiden läßt, hat seinen Grund in der hohen Überspannung des Wasserstoffs am Cadmium.

Das Cadmium neigt zu verästelter Ausscheidung und zur Schwammbildung, aber doch nicht in dem Maße wie das Zink. Für die Analyse kommen hauptsächlich schwefelsaure, essigsaure und cyankalische Lösungen in Betracht.

Die Elektroden. Elektrodenmaterial. Bei der Abscheidung in saurer Lösung verwendet man verkupferte Platinnetzelektroden. Nach GUZMÁN und POCH bzw. GUZMÁN und RANCAÑO eignen sich auch Netzelektroden aus Kupferdraht, die man zuvor mit einem Überzug aus Cadmium bedeckt. Nach ALEMANY lassen sich auch sehr gut versilberte Elektroden aus Kupferdrahtnetz verwenden. Versilberte Netzelektroden empfiehlt auch BÖTTGER zur Abscheidung des Cadmiums aus cyankalischer Lösung. Zur Abscheidung aus saurer Lösung ist neben der Quecksilberkathode auch Tantal als *Kathodenmaterial* verwendbar. BRUNCK benutzte es zur Elektrolyse saurer Cadmiumsulfatlösungen, und FETKENHEUER und CREMER geben an, daß sich Cadmium auch aus cyankalischer Lösung gut auf Tantalkathoden abscheiden läßt. Ferner sind noch Legierungen als Kathodenmaterial vorgeschlagen worden. So benutzen PAWECK und WEINER WOODsches Metall oder LIPOWITZ-Metall, während SCHLEICHER und TOUSSAINT (a) V2A-Stahl verwenden.

Als *Anodenmaterial* benutzt man Platin. Nach GUZMÁN und Mitarbeitern ist jedoch auch passiviertes Eisen verwendbar. Tantal ist als Anodenmaterial nicht zu gebrauchen, da es sich bei der Elektrolyse mit einer nicht leitenden Oxydschicht bedeckt.

Bestimmungsverfahren.

A. Abscheidung des Cadmiums aus saurer Lösung.

1. Fällung aus schwefelsaurer Lösung.

a) Abscheidung aus ruhendem Elektrolyten.

Für die Abscheidung des Cadmiums aus saurer, insbesondere aus schwefelsaurer Lösung ist eine ganze Anzahl Arbeitsweisen vorgeschlagen worden. LUCKOW fällte das Cadmium zunächst aus neutraler Sulfatlösung. E. F. SMITH (a), ferner WIELAND sowie NEUMANN verwenden bereits saure Lösungen. DENSO konnte 0,2 g Cadmium aus 0,05 n schwefelsaurer Lösung mit einem Strom von 0,045 bis 0,25 Ampere Stärke bei 1,6 bis 3,3 Volt Spannung über Nacht quantitativ abscheiden. Es gelang ihm ferner, 0,1 g Cadmium aus 1 n schwefelsaurer Lösung mit 0,16 Ampere und 2,6 Volt in 3¾ Std. zu fällen, während die gleiche Cadmiummenge aus 2 n saurer Lösung (etwa 10% Schwefelsäure) bei 0,29 Ampere und 2,7 Volt 5 Std. zur Abscheidung brauchte.

Nach FOERSTER stellt beim Cadmium, ähnlich wie beim Zink, die Lösung des Sulfats einen durchaus geeigneten Elektrolyten dar, sofern sie frei von Chlor- und Nitrat-Ion, sowie von negativeren Metallen ist. Die Überspannung des Wasserstoffs am Cadmium ist so groß, daß es für den Erfolg der Elektrolyse auf den Säuregehalt der Lösung nur insofern ankommt, als dieselbe nicht mehr als 10% freie Schwefelsäure enthalten soll. Die Stromdichte ist nur dadurch begrenzt, daß bei den höchst zulässigen Säuregehalten ihr Wert nicht allzu gering (nicht unter 0,5 Ampere) sein darf, sofern die Abscheidung quantitativ sein soll und nicht über 0,8 Ampere steigen darf, wenn man vermeiden will, daß Teile des Cadmiums in locker haftenden Krystallen niedergeschlagen werden.

Arbeitsvorschrift von TREADWELL. Die neutrale Cadmiumsulfatlösung, die am besten frei von Ammoniumsalzen ist, wird mit 5 g Kaliumhydrogensulfat versetzt oder mit Schwefelsäure 0,5 n sauer gemacht und unter Benutzung von WINKLERschen Netzelektroden in der Kälte der Elektrolyse unterworfen. Man elektrolysiert zunächst 2 bis 3 Std. mit 0,1 bis 0,2 Ampere und hierauf noch 1 Std. mit 0,5 Ampere, um auch die letzten Cadmiumspuren zu fällen. Die Temperatur des Elektrolyten soll 20° nicht wesentlich übersteigen. Eine WINKLERsche Netzelektrode kann 0,3 g Cadmium aufnehmen. Bei Bestimmung von Mengen unter 0,05 g muß die Netzelektrode zuvor mit einer glatten Schicht von Cadmium überzogen werden. Hinsichtlich der Unterbrechung der Elektrolyse und der Behandlung des Niederschlags vgl. Bem. II.

Bemerkungen. **I. Genauigkeit.** Der mittlere Fehler beträgt etwa —0,2 mg.

II. Unterbrechung der Elektrolyse und Behandlung des Niederschlags. Man unterbricht die Elektrolyse erst dann, wenn die Prüfung einer Probe des Elektrolyten mit Schwefelwasserstoffwasser negativ ausfällt. Man hebt sodann das Netz allmählich unter gleichzeitigem Abspritzen mit destilliertem Wasser aus der Lösung heraus, wäscht den Niederschlag nochmals reichlich mit Wasser, hierauf mit Alkohol, trocknet über einer Flamme und wägt.

Die Stromunterbrechung soll nicht unter Abhebern und gleichzeitigem Nachfüllen von destilliertem Wasser geschehen, weil dadurch die Stromdichte vorzeitig unter die zulässige Grenze herabgehen kann, so daß von dem noch sauren Bad etwas Cadmium gelöst werden kann.

Man soll nicht versäumen, nach Beendigung der Elektrolyse den gesamten Elektrolyten mit Schwefelwasserstoffwasser auf Cadmium zu prüfen. Hierbei darf sich nach ¼ Std. höchstens eine gerade wahrnehmbare Gelbfärbung von kolloidem Cadmiumsulfid zeigen.

III. Beschaffenheit des Niederschlags. Der Niederschlag ist hellgrau und fest haftend.

IV. Abscheidung kleiner Mengen. Wie oben erwähnt, ist es zweckmäßig, bei der Abscheidung kleiner Cadmiummengen die Netzelektrode mit einem Cadmiumüberzug zu versehen. Nach HOLLARD erzeugt man diesen am besten in cyankalischer Lösung, da man so einen silberweißen, dichten Überzug von Cadmium erhält, der die erforderliche Oberflächenbeschaffenheit besitzt, um auch aus sehr verdünnten Cadmiumlösungen das Metall quantitativ aufzunehmen. Nachdem die Netzelektrode mit einem Cadmiumüberzug versehen worden ist, wird sie in der üblichen Weise gewaschen, getrocknet und gewogen.

V. Ähnliche Arbeitsweise. Schnellelektrolyse nach BENNER. Nach BENNER fällt man das Cadmium unter Verwendung einer Quecksilberelektrode und einer ruhenden Anode aus schwach schwefelsaurer Lösung mit einem Strom von 3 bis 4 Ampere Stärke (ND_{100} = 35 bis 40 Ampere). Die Abscheidung von etwa 0,5 g Cadmium beansprucht ungefähr 10 Min. Vor Beendigung der Analyse ist die Anode durch Auf- und Abbewegen in der Flüssigkeit von anhaftenden Quecksilbertröpfchen zu befreien. Der Fehler beträgt bei Cadmiummengen von rund 0,5 bis 0,96 g etwa ± 0,6 mg.

b) Abscheidung aus bewegtem Elektrolyten.

Für die Schnellfällung des Cadmiums aus schwefelsaurer Lösung gibt es ebenfalls eine Reihe verschiedener Vorschriften, die etwa 0,02 bis 0,15 n saure Lösungen und Stromdichten zwischen 3 und 9 Ampere/dm² benutzen. Die Einzelheiten sind in der folgenden Tabelle 1 zusammengefaßt.

Die Fehler betragen bei den angegebenen Arbeitsweisen im Maximum ± 0,5 mg. Fischer und Krayer konnten jedoch nach keiner der angeführten Methoden befriedigende Niederschläge erhalten. Ein festhaftendes, weißes Metall erhielten sie nach folgender

Arbeitsvorschrift. Die Lösung soll bei einem Volumen von 50 cm³ etwa 0,1 g Cadmium als Sulfat und 15 Tropfen Schwefelsäure (1:4) enthalten. Man elektrolysiert in der Kälte mit rotierendem Netz (600 Umdrehungen/Min.) und Spiralanode mit einem Strom von 1,5 bis 1,4 Ampere Stärke und 4,5 bis 4,8 Volt Spannung. Nach 15 Min. setzt man eine der Cadmiummenge äquivalente Menge Natronlauge zu. Die Abscheidung von 0,1 g Cadmium beansprucht 20 Min.

Bemerkungen. **I. Genauigkeit.** Bei einer angewendeten Menge von 0,1196 g Cadmium wurden 0,1195 bzw. 0,1196 g gefunden.

II. Ähnliche Arbeitsverfahren. α) Verfahren von Büttgenbach. Nach Büttgenbach nimmt man die Regelung der Acidität am besten durch Zusatz von Kaliumhydrogensulfat vor. Außerdem empfiehlt es sich, bei Cadmiummengen unter 0,03 bis 0,04 g in 100 cm³ Flüssigkeit entweder mit ruhenden Elektroden zu arbeiten oder die Kathode vorher mit einer Cadmiumschicht zu überziehen (vgl. S. 236, Bem. IV).

Die Abhängigkeit der Analysendauer bzw. der Stromdichte von dem Kaliumhydrogensulfatzusatz ist aus

Tabelle 1.

Autor	Elektrodenform	Rührgeschwindigkeit Umdr./Min.	Angewendete Cd-Menge	Volumen der Lösung cm³	Zusammensetzung des Elektrolyten	Ampere	Klemmenspannung Volt	Temperatur	Dauer Min.
Exner	Platinschale und Spiralanode	600	0,25—0,55 g als Sulfat	120	1—3 cm³ H_2SO_4 (1:10), vor Schluß mit Ammoniak versetzen	5	8—9	heiß	10—15
Medway	Rotierender Tiegel und Anodenblech	650—700	0,10 g als Sulfat	50	10 Tropfen H_2SO_4 (1:10), vor Schluß mit Ammoniak versetzen	5—6,6 auf 100 cm²	—	kalt	15
Flora (a), (b)	Rotierender Tiegel und Anodenblech	650—700	0,1—0,15 g als Sulfat	65—75	12 Tropfen H_2SO_4 (1:4)	6—9 auf 100 cm²	8	kalt	35
Flora (a), (b)	Rotierender Tiegel und Anodenblech	650—700	0,1—0,15 g als Sulfat	45—50	15 Tropfen H_2SO_4 (1:4)	3,0 auf 100 cm²	8	kalt	20
Flora (a), (b)	Rotierender Tiegel und Anodenblech	600	0,1 g als Chlorid	45	10 Tropfen H_2SO_4 (1:4)	6—9	7,8	kalt	15
Davison	Platinschale und Spiralanode	630	0,25—0,61 g als Sulfat	90—125	0,5 cm³ H_2SO_4 (1:10)	3 bzw. 4	12 bzw. 14	siedend begonnen	8—9

den beigefügten Kurven (Abb. 1 und 2) zu ersehen, die für Lösungen mit einem Gehalt von 0,2 g Cadmium als Sulfat aufgenommen worden sind. Aus denselben folgt, daß das Optimum der Abscheidung bei Zusatz von 6 g Kaliumhydrogensulfat (lufttrocken auf der Handwaage gewogen) erreicht ist. Ein höherer Zusatz verursacht Störungen. Bei größeren Cadmiummengen muß jedoch auch die Menge des Kaliumhydrogensulfats entsprechend erhöht werden.

Arbeitsvorschrift. Die Lösung, die in 150 bis 200 cm³ etwa 0,2 g Cadmium enthält, wird mit 2 cm³ konzentrierter Schwefelsäure (D 1,84) und dann mit soviel 10- bis 15%iger Natronlauge versetzt, daß eine leichte Trübung auftritt. Nach Zusatz von 6 g Kaliumhydrogensulfat wird bei Zimmertemperatur mit einem Strom von 3,8 Volt Spannung elektrolysiert, wobei man die Scheibenanode mit 300 Umdrehungen/Min. rotieren läßt. Die Elektrolyse dauert 40 Min. Der ohne Stromunterbrechung ausgewaschene Niederschlag wird wie üblich getrocknet und gewogen.

Bemerkungen. Die vorgeschriebene Spannung ist möglichst konstant zu halten. Erhöhung derselben führt zu schwammiger Abscheidung, Erniedrigung verlängert die Analysendauer. Durch Erhöhung der Tourenzahl kann dieselbe zwar verkürzt werden, die Niederschläge werden dabei aber grobkrystallin und müssen

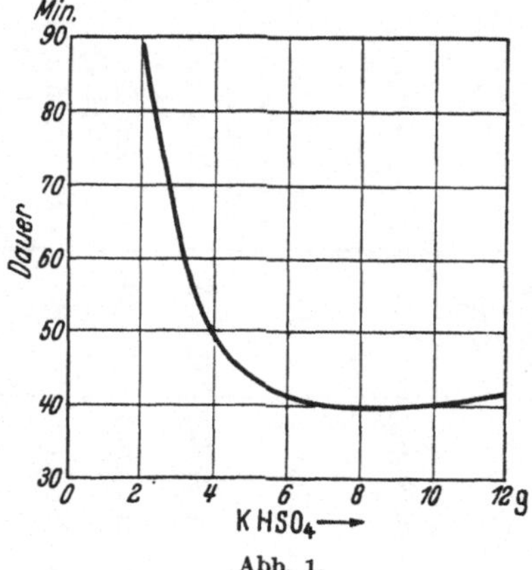

Abb. 1.

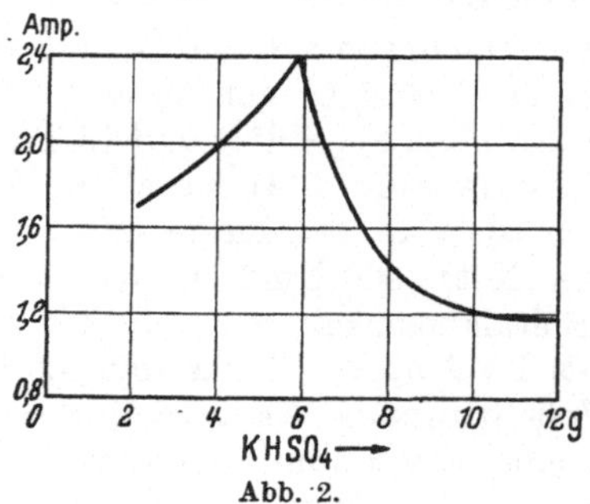

Abb. 2.

dann 30 bis 45 Min. bei 130° getrocknet werden, bis Gewichtskonstanz erreicht ist.

Genauigkeit. Bei Anwendung von 0,1985 g Cadmium wurden 0,1982 bis 0,1983 g, bei Anwendung von 0,3970 g Cadmium 0,3967 bis 0,3968 g gefunden.

β) Verfahren von Treadwell. Die neutrale Lösung, die das Cadmium als Sulfat und am besten keine Ammoniumsalze enthält, wird mit 5 g Kaliumhydrogensulfat oder mit Schwefelsäure 0,5 n sauer gemacht. Man elektrolysiert sie dann bei Zimmertemperatur mit einer Platinschale als Kathode und einer rotierenden Scheibe als Anode oder besser mit einer Netzanode und einer rasch rotierenden (600 bis 800 Umdrehungen/Min.) Zylinderkathode mit einer Stromdichte von 1,5 bis 0,7 Ampere/dm². Bei 60 dm² Kathodenfläche werden 0,2 g Cadmium in 20 Min. gefällt.

γ) Verfahren von Brennecke. Arbeitsvorschrift. Auf 110 cm³ der Cadmiumsulfatlösung fügt man etwa 10 cm³ 2 n Schwefelsäure zu und elektrolysiert unter Verwendung Fischerscher Doppelnetzelektroden zunächst mit einer Spannung von 3 Volt, die man nach 1 bis 2 Min. auf 2,8 Volt erniedrigt. (Diese Angaben können nicht ohne weiteres auf die Kombination Perkin-Elektrode und Netzelektrode übertragen werden.) Kurz vor Beendigung der Elektrolyse fügt man mit Phenolphthalein versetzte Ammoniaklösung hinzu, bis alkalische Reaktion eintritt. Auf diese Weise können 0,05 bis 0,23 g Cadmium in 20 Min. abgeschieden werden. Nach dem Auswaschen mit Wasser wird zur Verdrängung des letzteren an Stelle von Alkohol und Äther besser reines Aceton verwendet (vgl. Kapitel „Zink“, § 3, S. 51).

Bemerkung. *Genauigkeit.* Die Resultate fallen leicht etwas zu hoch aus, obwohl immer eine merkliche Menge Cadmium (0,4 bis 0,8 mg) in Lösung bleibt (vgl. S. 236).

δ) Bei der Abscheidung an der flüssigen Quecksilberkathode treten ähnliche Schwierigkeiten auf wie bei der Abscheidung des Zinks, wenn auch nicht in dem gleichen Maße (vgl. Kapitel „Zink", § 3, S. 50). Die Abscheidung des Cadmiums an der PAWECKschen Quecksilberkathode ist nach BÖTTGER, BLOCH und MICHOFF nicht so sicher wie die des Zinks. Ferner wird dabei nach BRENNECKE weder die Angreifbarkeit des abgeschiedenen Metalls durch den sauren Elektrolyten noch die Oxydierbarkeit durch die Luft merklich verringert. Außerdem ist es empfehlenswert, von einem Zusatz von Ammoniumsulfat abzusehen, um etwaige Störungen durch Bildung von Ammoniumamalgam zu vermeiden.

2. Fällung aus salzsaurer Lösung.

a) Methode von SCHOCH und BROWN. SCHOCH und BROWN, die sich mit der Abscheidung verschiedener Metalle aus salzsaurer Lösung beschäftigt haben, erwähnen gelegentlich einer Trennung des Zinns vom Cadmium auch die Bestimmung des letzteren in salzsaurer Lösung. Nach ihrer Angabe verfährt man dabei so, daß man aus der salzsauren, mit Hydroxylaminchlorhydrat versetzten Lösung zunächst das Zinn mit einem Strom von 1,5 Ampere Stärke bei einer Temperatur von 35° abscheidet, bis das Kathodenpotential —0,70 Volt beträgt, und sodann die Spannung nicht über dieses Potential wachsen läßt. Hierauf wird auf einer zweiten in die gleiche Lösung eingesetzten Kathode das Cadmium bei einer Temperatur von 55 bis 70° mit einem Strom von 1 Ampere Stärke ausgefällt.

ENGELENBURG konnte die Angaben von SCHOCH und BROWN bestätigen. Bei Durchführung der Elektrolyse bei 70 bis 75° mit einem Strom von 1 Ampere Stärke und 1,8 Volt Spannung konnten 0,3 g Cadmium in 40 bis 60 Min. abgeschieden werden.

b) Methode von ENGELENBURG. ENGELENBURG hat die Fällung nach der von CLASSEN (a), (b) vorgeschlagenen Oxalatmethode mit der Fällung aus salzsaurer Lösung kombiniert:

Arbeitsvorschrift. Das Cadmiumsalz wird in 10 cm³ Salzsäure gelöst, die Lösung auf 20 cm³ verdünnt und bei einer Stromstärke von 1 Ampere während 20 Min. elektrolysiert. Danach versetzt man die Lösung mit 20 g Ammoniumoxalat und 10 bis 20 g Oxalsäure und elektrolysiert bei einer Stromstärke von 1,2 Ampere. Aus der oxalsauren Lösung ist der Rest des Cadmiums in 40 Min. quantitativ gefällt.

Bemerkungen. Bei Cadmiummengen von rund 0,2 bis 0,4 g betrug der Fehler ± 0,1%. — Nach SCHLEICHER bewährt sich jedoch ein salzsaurer, oxalsäurehaltiger Elektrolyt nicht.

c) Methode von LASSIEUR. LASSIEUR fällt das Cadmium aus salzsaurer Lösung unter Verwendung einer rotierenden Anode und einer Hilfselektrode.

Tabelle 2.

Volumen der Lösung cm³	Angewendete Cd-Menge g	Potential der Hilfselektrode Millivolt	Acidität	Ampere	Dauer Min.
250	etwa 0,11	620	Umschl. von Thymolblau nach Rot	1,2—0,2	25
250	etwa 0,11	620	Wie bei Versuch 1; dazu noch 5 cm³ HCl (D 1,19)	2—1,3	20
200	etwa 0,11	650	Wie bei Versuch 1; dazu noch 20 cm³ HCl (D 1,19)	1,2	30

Der Fehler beträgt für die angegebene Menge — 0,5 mg.

Nach seiner Angabe verfährt man dabei so, daß man die Acidität der Cadmiumchloridlösung so einstellt, daß Thymolblau nach Rot umschlägt, und dann unter Umständen noch Salzsäure zusetzt. Bei steigender Acidität ist es allerdings zweckmäßig, das Potential der Hilfselektrode zu erhöhen. Die Arbeitsbedingungen sind in der vorstehender Tabelle 2 zusammengestellt.

3. Fällung aus phosphorsaurer Lösung.

Nach E. F. Smith (b) versetzt man die Cadmiumlösung mit Dinatriumphosphat, löst den Niederschlag in Phosphorsäure und unterwirft die Lösung dann der Elektrolyse. Heidenreich konnte auf diese Weise selbst mit einem Strom von 1 Ampere Stärke das Cadmium nicht quantitativ fällen.

a) Methode von Wallace und Smith sowie von Smith und Wallace (a). Nach Untersuchungen dieser Autoren verfährt man zweckmäßig folgendermaßen:

Arbeitsvorschrift. Die Cadmiumlösung wird mit 1,5 cm^3 Phosphorsäure (D 1,347) und einem Überschuß von Dinatriumphosphat versetzt und auf 100 cm^3 verdünnt. Sodann elektrolysiert man bei 50° mit einer Stromdichte von 0,06 Ampere/dm^2 bei 3 Volt Spannung. Nach 4 Std. wird der Strom auf 0,35 Ampere und 7 Volt verstärkt. Nach 7 Std. ist die Abscheidung quantitativ.

Bemerkung. Wie Brand angibt, soll sich auch eine Lösung von Cadmiumpyrophosphat in Phosphorsäure zur Abscheidung des Cadmiums eignen.

b) Methode von Flora (a), (b). Flora hat über die Abscheidung des Cadmiums mit Hilfe einer rotierenden Kathode sowohl aus dem von E. F. Smith (b) als auch aus dem von Brand angewendeten Elektrolyten Versuche angestellt. Nach seiner Erfahrung verfährt man dabei am besten folgendermaßen:

Arbeitsvorschrift a [Elektrolyt nach E. F. Smith (b)]. Die Cadmiumlösung, deren Volumen 75 cm^3 betragen soll, wird mit 0,25 g Dinatriumphosphat versetzt, der Niederschlag in 5 cm^3 Phosphorsäure (1:7) gelöst und die Lösung mit einem Strom von 8 Volt Spannung elektrolysiert. Wenn die normale Stromdichte 9 Ampere nicht übersteigt, ist das Cadmium nach 30 Min. vollständig und in guter Form gefällt. Die Umdrehungszahl der Kathode in der Minute beträgt 600.

Bemerkungen. Die Bedingungen müssen genau eingehalten werden, da sonst entweder die Abscheidung unvollständig oder das niedergeschlagene Metall schwammig ist.

Genauigkeit. Für 0,1 bis 0,2 g Cadmium betragen die meist positiven Fehler $-0,3$ bis $+1$ mg.

Arbeitsvorschrift b (Elektrolyt nach Brand). Die 0,15 bis 0,2 g Cadmium enthaltende Lösung wird mit 1 g Natriumpyrophosphat gefällt und der Niederschlag in 1 cm^3 Phosphorsäure (D 1,7) gelöst. Die Lösung wird sodann mit einem Strom von 1 Ampere Stärke ($ND_{100} = 3$ Ampere) und 8 Volt Spannung elektrolysiert. Die Abscheidung der genannten Mengen dauert 30 Min.

Bemerkungen. *Genauigkeit.* Der Fehler betrug $+0,2$ bzw. $+0,5$ mg. In einem Fall war die Fällung nicht quantitativ.

4. Fällung aus essigsaurer Lösung.

E. J. Smith elektrolysierte Lösungen von Cadmiumacetat (1:50), die er erhielt, indem er Cadmiumoxyd in Essigsäure löste und die überschüssige Essigsäure in der Wärme vertrieb. Heidenreich konnte jedoch in essigsaurer Lösung nach E. J. Smith keine brauchbaren Ergebnisse erzielen. Auch Avery und Dales halten einen acetathaltigen, essigsauren Elektrolyten nicht für geeignet. Balachowskys Ergebnisse lassen ebenfalls zu wünschen übrig.

Die Schnellfällung in essigsaurer Lösung ist verschiedentlich untersucht worden, zuerst von Sand (a), der bei begrenztem Kathodenpotential brauchbare Niederschläge erhielt. Nach der Erfahrung von Flora (a), (b) ist es nicht zweckmäßig, mehr als

0,15 g Cadmium abzuscheiden, und ein schwammiger Niederschlag ist nur zu vermeiden, wenn die normale Stromdichte nicht mehr als 3 Ampere beträgt. Die Versuchsbedingungen verschiedener Autoren sind in der nebenstehenden Tabelle 3 zusammengestellt.

Die Resultate, die die genannten Autoren erhielten, sind im allgemeinen um einige Zehntelmilligramme zu hoch.

Bei der Arbeitsweise von SAND kann man nach TREADWELL bei passend gewählter Badspannung auf die Beobachtung des Kathodenpotentials verzichten.

***Arbeitsvorschrift von* TREADWELL.** Man versetzt die neutrale Cadmiumsulfatlösung mit 3 g Kaliumhydrogensulfat und 3 g Natriumacetat, erhitzt auf etwa 70° und nimmt bei rasch rotierender (800 bis 1000 Umdrehungen/Min.) Kathode die Abscheidung mittels zweier durch das Bad kurz geschlossener EDISON-Zellen (2,4 Volt) vor. Anfangs schaltet man etwas Widerstand ein und geht erst nach und nach im Lauf von 5 Min. durch allmähliches Ausschalten des Widerstands zur maximalen Stromstärke über.

***Bemerkungen.* I. Genauigkeit.** Die Methode leistet besonders zur Bestimmung kleinerer Cadmiummengen bis zu maximal 0,1 g gute Dienste. Der Fehler beträgt 0,1 bis 0,2 mg.

II. Beschaffenheit des Niederschlags. Der Niederschlag ist hellgrau die letzten Anteile sind zu weilen etwas pulverig.

Tabelle 3.

Autor	Elektrodenform	Rührgeschwindigkeit Umdr./Min.	Angewendete Cd-Menge	Volumen der Lösung cm³	Zusammensetzung des Elektrolyten	Ampere	Klemmenspannung Volt	Kathodenpotential Volt	Temperatur	Dauer Min.
DAVISON	Platinschale und Spiralanode	580	0,2—0,4 g als Sulfat	90—120	3 g Na-acetat, 0,25 cm³ Essigsäure	5,0	9	—	zu Beginn heiß	4
FLORA (a), (b)	Rotierender Tiegel und Anodenblech	600	0,1—0,15 g als Sulfat	60—65	0,5 g Na-acetat, 1 g K_2SO_4	3 auf 100 cm²	8	—	kalt	15—20
FLORA (a), (b)	Rotierender Tiegel und Anodenblech	600	0,1—0,15 g als Sulfat	60—65	0,2—0,5 g NaOH + Essigsäure (Elektrolyt gerade sauer), 0,5—0,2 g K_2SO_4	2,4—3 auf 100 cm²	8—12	—	kalt	15—20
SAND (a)	Netzkathode und rotierende Netzanode	600—800	bis 0,15 g als Sulfat	85—100	2 cm³ H_2SO_4 (konz.), 3,33 g NaOH, 1,25—2 cm³ Eisessig	4—1 bzw. 3—1	2,6—2	1,12—1,20	70° bzw. 80°	13
SAND (a)	Netzkathode und rotierende Anode	600—800	bis 0,08 g als Sulfat	85—100	3 cm³ H_2SO_4 (konz.), 10 cm³ Ammoniak (konz.), 4,5 cm³ Eisessig	2—0,4	—	1,15—1,20	45°	8
FISCHER	Netzelektroden mit gitterförmigem Rührer	1200	0,1 g als Sulfat	85	2 cm³ H_2SO_4 (konz.), 3,33 g NaOH, 1,25 cm³ Eisessig	2,0—0,4	2,4—2,6	1,12—1,20	80°	10—15
HOLMES und DOVER	Platinschale und Spiralanode	—	0,17 g als Acetat	125	2 g NH_4-acetat, 1 cm³ Essigsäure	0,3	2,4—3	—	kalt	60

5. Fällung aus ameisensaurer Lösung.

WARWICK erhielt aus Cadmiumformiatlösungen, die zugleich noch freie Ameisensäure enthielten, gut haftende und glänzend weiße Niederschläge.

a) Methode von AVERY und DALES. Die beiden Autoren empfehlen ebenfalls ameisensaure Lösungen. Sie geben folgende

Arbeitsvorschrift. Die Lösung, die nicht mehr als 0,1 g Cadmium enthalten soll, versetzt man mit 6 cm³ Ameisensäure (D 1,2) und gibt Kaliumcarbonat zu bis zur bleibenden Trübung, die man durch etwas Ameisensäure wieder beseitigt. Sodann fügt man noch 1 cm³ Ameisensäure hinzu, verdünnt auf 150 cm³ und elektrolysiert in der Schale mit 0,15 bis 0,20 Ampere Stromstärke und nicht mehr als 3,4 Volt Spannung. Die Dauer der Elektrolyse beträgt 24 Std.

b) Schnellfällung nach FLORA (a), (b). FLORA, der mit einer rotierenden Kathode arbeitete, konnte in kaliumformiathaltigen Lösungen, die zugleich etwas freie Ameisensäure enthielten, keine brauchbaren Ergebnisse erhalten. Bei Gegenwart selbst geringster Mengen Kaliumformiat waren die Niederschläge stets schwammig. Dagegen wurde das Cadmium aus Lösungen mit freier Ameisensäure in guter Beschaffenheit abgeschieden, allerdings erst nach längerer Dauer der Elektrolyse.

Arbeitsvorschrift. Die Lösung, die bei einem Volumen von 60 cm³ 0,1 bis 0,12 g Cadmium enthält, wird mit 1,5 cm³ Ameisensäure versetzt und mit einem Strom von 0,5 bis 1 Ampere Stärke (ND_{100} = 1,5 bis 3 Ampere) und 12 Volt Spannung 1 Std. lang elektrolysiert. Die Umdrehungszahl der Kathode beträgt 600/Min.

Bemerkungen. *I. Genauigkeit.* Für die genannten Mengen betrug der Fehler +0,3 bzw. −0,5 mg.

II. Cadmiumchloridlösungen. Bei Verwendung von Cadmiumchloridlösungen werden keine befriedigenden Resultate erhalten.

c) Methode von HOLMES und DOVER. Die beiden Autoren, die ebenfalls bewegten Elektrolyten anwenden, geben folgende

Arbeitsvorschrift. Die Lösung, die etwa 0,2 g Cadmium als Sulfat enthält, wird mit 2 g Ammoniumphosphat und 0,5 cm³ Ameisensäure versetzt, auf 125 cm³ verdünnt und zum Sieden erhitzt. Man elektrolysiert 1 Std. lang mit einem Strom von 0,3 Ampere Stärke und 0,8 bis 1 Volt Spannung. Der Niederschlag ist gut auszuwaschen.

Bemerkungen. *I. Genauigkeit.* Angewendet wurden 0,1968 g Cadmium, gefunden 0,1968 und 0,1970 g.

II. Beschaffenheit des Niederschlags. Es ist wesentlich, daß das Cadmium als Sulfat vorliegt, da man nur in diesem Fall Niederschläge von guter Beschaffenheit erhält. Verwendet man z. B. an Stelle von Cadmiumsulfat Cadmiumformiat, dann ist die Beschaffenheit des abgeschiedenen Cadmiums nicht so gut.

6. Fällung aus oxalsaurer Lösung.

Die Abscheidung des Cadmiums aus oxalsaurer Lösung ist von CLASSEN (a), (b) bzw. von CLASSEN und v. REIS vorgeschlagen worden.

***Arbeitsvorschrift von* CLASSEN.** Man löst das Cadmiumsalz, das höchstens 0,15 g Cadmium enthalten soll, in der zur Elektrolyse dienenden Platinschale unter Erwärmen in 20 bis 25 cm³ Wasser, gibt eine heiße Lösung von 10 g Ammoniumoxalat in 80 bis 100 cm³ Wasser zu und elektrolysiert bei 70 bis 75° mit einem Strom von der Stromdichte ND_{100} = 0,5 bis 1 Ampere bei 3 bis 3,4 Volt Spannung. Während der Elektrolyse ist das Bad durch Zusatz kalt gesättigter Oxalsäurelösung dauernd schwach sauer zu halten. Die Dauer der Fällung beträgt etwa 3 Std. Der Niederschlag muß ohne Stromunterbrechung ausgewaschen werden.

***Bemerkungen.* I. Genauigkeit.** Bei Cadmiummengen von rund 0,04 bis 0,23 g betrugen die Abweichungen maximal −0,6 bzw. + 0.8 mg.

II. Sonstige Arbeitsverfahren. α) Verfahren von VORTMANN. Nach VORTMANN kann man das Cadmium aus ammoniumoxalathaltiger Lösung bei Gegenwart von QuecksilberII-chlorid als Amalgam abscheiden (vgl. auch S. 248), nachdem man die Lösung in der Kälte noch mit 5 g Ammoniumoxalat versetzt und nach dem Umrühren so weit als möglich verdünnt hat. Allerdings eignet sich dieser Elektrolyt nur für kleinere Cadmiummengen bis zu 0,3 g.

β) Verfahren von TREADWELL und GUITERMAN. TREADWELL und GUITERMAN verwenden die Oxalsäuremethode zur Trennung des Cadmiums von Zink, wobei sie bemerken, daß die Methode zwar umständlich, aber recht genau sei und den Vorteil besitze, daß Chloride nicht stören. Nach ihrer Angabe nimmt man die Fällung bei einer Temperatur von 70 bis 80° mit einer Stromstärke von 0,03 bis 0,035 Ampere und einer Klemmenspannung von 1,4 bis 1,6 Volt vor. Während der Elektrolyse werden 0,3 bis 0,5 g Oxalsäure zugegeben. Die Abscheidung von 0,1 g Cadmium dauert 4 bis 5 Std.

γ) Verfahren von PAWECK und WEINER. PAWECK und WEINER fällen das Cadmium aus oxalsaurer Lösung in der Hitze unter Verwendung einer Kathode aus einer leicht schmelzenden Legierung, wie WOODschem Metall oder LIPOWITZ-Metall.

Arbeitsvorschrift. Die neutrale oder ganz schwach schwefelsaure Cadmiumsulfatlösung wird nach dem Einsetzen der Kathode in das Elektrolysengefäß übergespült und mit 10 g Ammoniumoxalat versetzt. Man elektrolysiert bei 80° mit einem Strom von 2 bis 3 Ampere Stärke bei einer anfänglichen Spannung von 4,5 bis 6 Volt, die im Verlauf der Elektrolyse allmählich steigt. Das Volumen des Elektrolyten soll 70 cm³ betragen.

Nachdem die Apparatur (s. Bem. II) zusammengestellt, die Kathode eingelegt und unter Spannung gesetzt ist, wird der vorbereitete Elektrolyt etwa 80 bis 90° heiß in das Elektrolysengefäß gegossen, wobei sofort die Elektrolyse beginnt. Da das Schmelzen der Legierung einige Minuten dauert, setzt sich zunächst eine geringe Menge des zu fällenden Metalls samtartig auf der Kathode ab. Sobald diese aber flüssig wird, verschwindet der Niederschlag, indem er sich in der Kathode glatt auflöst. Wenn die Legierung flüssig geworden ist, wird die Stromstärke auf den vorgeschriebenen Wert gebracht, wobei die zum Flüssighalten der Elektrode nötige Temperatur durch den Strom selbst aufrecht erhalten wird. Nötigenfalls wird der Strom vorübergehend verstärkt. Durch die lebhafte Gasentwicklung wird eine genügende Durchmischung des Elektrolyten bewirkt.

Bemerkungen. *I. Genauigkeit.* Von fünf Bestimmungen ergaben drei genau die angewendete Menge von 0,2968 g Cadmium, zwei weitere je 0,2967 g.

II. Apparatur. Zunächst ist zu bemerken, daß im Verhalten von WOODschem Metall und von LIPOWITZ-Metall kein grundsätzlicher Unterschied besteht. Was also hier für WOODsches Metall gesagt ist, gilt in gleicher Weise für LIPOWITZ-Metall.

Vorbereitung der Elektrode. Für eine Kathode werden etwa 25 g WOODsches Metall abgewogen und zunächst zur Reinigung umgeschmolzen. Zu diesem Zweck erhitzt man in einer Porzellanschale Wasser zum Sieden, entfernt die Flamme und gibt die Legierung hinein. Hierauf gibt man einige Kubikzentimeter konzentrierte Salzsäure hinzu. Dadurch werden die an der Oberfläche gebildeten Oxyde und Verunreinigungen gelöst, und die Legierung zieht sich etwas zusammen. Durch leichtes Schwenken der Schale oder Durchrühren des Gemisches mit einem Glasstab wird die Reinigung befördert. Nach dem Blankwerden der Oberfläche wird am Rand der Schale kaltes Wasser eingegossen, wodurch die Legierung zu einem flachen, runden Kuchen erstarrt und nun in festem Zustand mit Wasser, Alkohol und Äther gewaschen werden kann. Bei sehr starker Verunreinigung kann es zweckmäßig sein, das Umschmelzen zu wiederholen. Die zuletzt mit Äther gewaschene Legierung wird im Trockenschrank kurze Zeit bei 50 bis 60° getrocknet und, nach dem Erkalten im Exsiccator, gewogen.

Das Elektrolysengefäß. Als Elektrolysengefäß (vgl. Abb. 3) kann irgendein geeignetes Gefäß verwendet werden, z. B. ein Becherglas von etwa 4 cm Durchmesser und 11 cm Höhe. Die gewogene Legierung bringt man in fester Form auf den Boden des Gefäßes, ordnet darüber eine Platinspirale als Anode an, nimmt sodann die ganze Schaltung in der üblichen Weise vor und setzt schließlich die Elektroden unter Spannung. Erst dann wird der heiße Elektrolyt eingegossen und der Strom auf die richtige Stärke reguliert. Das Becherglas darf etwa bis zur Hälfte mit dem Elektrolyten gefüllt sein. Vorsichtshalber wird es in der üblichen Weise mit einem geteilten Uhrglas bedeckt.

Stromzuführung. Als Stromzuführung für die Kathode dient ein Platindraht von 0,5 mm Durchmesser, der in ein enges Glasrohr so eingeschmolzen ist, daß er am eingeschmolzenen Ende 1 bis 2 mm, am anderen, offenen Ende 2 bis 3 cm hervorragt. Das kurze herausragende Stück berührt zunächst das feste Kathodenmetall und vermittelt so die Stromzuführung. Nachdem die Legierung flüssig geworden ist, soll es in die Schmelze eintauchen. Nach Beendigung der Analyse ist dieser Stromzuführungsdraht aus der noch flüssigen Kathode herauszuziehen. Da hierbei ein dünnes Metallhäutchen an ihm haften bleibt, muß er später gemeinsam mit der Kathode gewogen werden.

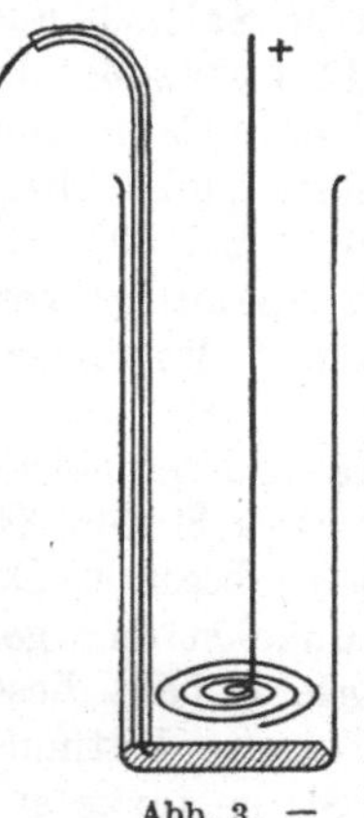

Abb. 3. –

III. Unterbrechung der Elektrolyse. Die Unterbrechung geschieht in der Weise, daß der Elektrolyt noch während des Stromdurchganges abgehebert und ständig durch heißes Wasser ersetzt wird, so daß die Kathode flüssig bleibt. Nachdem der Elektrolyt durch reines Wasser ersetzt ist, wird die Stromzuführung aus der Kathode gezogen und diese durch Aufgießen von kaltem Wasser zum Erstarren gebracht. Nach gründlichem Waschen mit Wasser, Alkohol und Äther wird sie bei 60° getrocknet und, nach dem Erkalten im Exsiccator, gemeinsam mit der Stromzuführung gewogen. Einfacher und ebenso genau verfährt man in der Weise, daß man die Stromzuführung sofort aus der Kathode zieht und das Becherglas mit kaltem Wasser vollfüllt. Die erstarrte Kathode wird dann wie oben weiter behandelt.

Durch die ständige Wiederbenutzung der Legierung reichert sich das niedergeschlagene Metall in ihr an, und nach wiederholter Verwendung wird die Kathode unter Umständen nicht mehr dünnflüssig wie anfangs, sondern nur mehr teigig. Aber auch in diesem Zustand nimmt sie das abgeschiedene Metall ebensogut auf wie in dünnflüssiger Form. Die Grenze der Aufnahmefähigkeit liegt ungefähr bei einem Gehalt an Fremdmetall von 10 bis 20%.

IV. Untersuchung der Abscheidungsbedingungen durch Fischer *und* Boddaert *sowie durch* Flora (a), (b). Versuche von Fischer und Boddaert, das Cadmium unter Verwendung einer rotierenden Anode aus oxalsaurer Lösung abzuscheiden, führten zu dem Ergebnis, daß ammoniumoxalathaltige, oxalsaure Lösungen sich für diese Arbeitsweise gar nicht eignen.

Flora (a), (b) unternahm Versuche zur Schnellfällung mit einer rotierenden Kathode. Er konnte aber ebenfalls mit der Oxalatmethode auf keine Weise brauchbare Ergebnisse erhalten. Bei Anwesenheit von Ammoniumoxalat, sogar in geringen Mengen, war das abgeschiedene Metall sehr schwammig. Wurde Natriumoxalat allein angewendet, so fielen die Ergebnisse viel zu hoch aus, auch dann, wenn nur die zur Erzeugung des komplexen Oxalats unbedingt nötige Menge benutzt wurde.

7. Fällung aus milchsaurer Lösung.

Mit der Fällung des Cadmiums aus milchsaurer Lösung haben sich Davison sowie Holmes und Dover beschäftigt. Sie arbeiten in bewegtem Elektrolyten.

***Arbeitsvorschrift von* Holmes *und* Dover.** Man versetzt die Lösung, die etwa 0,2 g Cadmium als Sulfat enthält, mit 2 cm³ Milchsäure und 1 cm³ Ammoniaklösung, verdünnt auf 125 cm³ und erhitzt zum Sieden. Sodann elektrolysiert man 1 Std. lang mit einem Strom von 0,3 Ampere Stärke bei 2,6 bis 3 Volt Spannung.

***Bemerkungen.* I. Genauigkeit.** Angewendet wurden 0,1968 g Cadmium, gefunden 0,1964 bzw. 0,1966 g.

II. Beschaffenheit des Niederschlags. Wenn das Cadmium als Sulfat vorliegt, ist der Niederschlag von ausgezeichneter Beschaffenheit, silberweiß und leicht auszuwaschen. Bei Abwesenheit von Sulfat-Ion, z. B. bei Verwendung von Cadmiumlactat, ist der Niederschlag von schlechterer Beschaffenheit.

B. Abscheidung des Cadmiums aus alkalischer Lösung.

1. Fällung aus cyankalischer Lösung.

a) Abscheidung aus ruhendem Elektrolyten.

Von den Methoden, die einen basischen Elektrolyten verwenden, ist diejenige, bei der die Fällung des Cadmiums in cyankalischer Lösung vorgenommen wird, bei weitem die wichtigste. Sie stammt von Beilstein und Jawein und ist verschiedentlich geprüft und für gut befunden worden (z. B. von Rimbach, von Miller und Page, von Wallace und Smith u. a.). Diese Arbeitsweise hat den Vorteil, daß sie eigentlich bei jeder Elektrodenform und -anordnung glänzende, silberweiße und dichte Niederschläge liefert, sowie den, daß das Cadmium sowohl als Sulfat als auch als Chlorid oder Nitrat vorliegen kann. Nach Treadwell ist jedoch zu beachten, daß lang dauernde, hohe Strombelastung der Anode zur Auflösung von Platin führt und folglich vermieden werden muß. Auch die Kathode wird etwas angegriffen, und Böttger empfiehlt, sie zu versilbern. Treadwell schreibt vor, der Lösung nur wenig Kaliumcyanid mehr zuzusetzen, als zur Bildung des komplexen Kaliumcadmiumcyanids nötig ist. Durch einen größeren Überschuß an Kaliumcyanid wird die Fällung verlangsamt, da sie nur in dem Maße fortschreitet, in dem das Cyan anodisch zerstört wird. Bei der normalen Dauer der Analyse bleibt die Fällung in solchem Fall unvollständig; bei langer Fällungsdauer erhält man leicht etwas zu hohe Werte. Es ist vorteilhaft, der Lösung etwas Natriumhydroxyd zuzufügen, um das Braunwerden und Schäumen des Elektrolyten möglichst zu unterbinden.

***Arbeitsvorschrift von* Treadwell.** Der Lösung des Cadmiumsalzes setzt man reine, verdünnte Natronlauge zu, bis eine bleibende Fällung entsteht, und dann noch weitere 2 bis 3 cm³. Unter dauerndem Umschwenken wird sodann reinstes Kaliumcyanid in kleinen Anteilen zugegeben, bis der Niederschlag wieder gelöst und ein Überschuß von etwa 0,5 g zugefügt ist. Man elektrolysiert unter Verwendung von Netzelektroden oder mit Schale und Scheibe 3 bis 4 Std. lang (bei Cadmiummengen von 0,2 bis 0,3 g) in der Kälte bei 0,5 Ampere Stromstärke und dann noch 1 Std. bei einer solchen von 1 Ampere, um möglichst auch die letzten Cadmiumspuren zu fällen. — Elektrolysiert man über Nacht, so genügen 0,2 bis 0,3 Ampere, um die Hauptmenge des Cadmiums zu fällen. Bei 50 bis 60° wird die Abscheidung bei gleichen Stromstärken wesentlich beschleunigt. Wenn sich der Elektrolyt als cadmiumfrei erweist, hebt man die Netzelektrode unter gleichzeitigem Abspritzen mit destilliertem Wasser heraus. Bei Verwendung einer Platinschale gießt man den Elektrolyten rasch aus und spült die Schale sofort mit Wasser nach. Sodann wird die Elektrode mit dem Niederschlag mit Alkohol gewaschen und bei mäßiger Temperatur über einer Flamme getrocknet. Nach dem Abkühlen im Exsiccator kann die Elektrode gewogen werden. — Nach Unterbrechung der Elektrolyse prüft man nochmals den ganzen Elektrolyten mit Schwefelwasserstoffwasser. Wenn auch in diesem Fall die von kolloidem Cadmiumsulfid herrührende Gelbfärbung ausbleibt, ist sicher nicht mehr als 0,1 mg Cadmium in der Flüssigkeit vorhanden.

Bemerkungen. **I. Genauigkeit.** Beilstein und Jawein fanden z. B. 0,1676 g Cadmium anstatt des Sollwertes von 0,1679 g. Rimbach fand 99,76 bis 100,4% der angewendeten Menge bei Cadmiummengen von rund 0,20 bis 0,44 g.

II. Prüfung auf Beendigung der Fällung. Die Fällung ist beendet, wenn 1 cm³ des farblosen Elektrolyten beim Versetzen mit Schwefelwasserstoffwasser im Laufe von einigen Minuten keine Gelbfärbung zeigt.

III. Störungen. Während der Elektrolyse soll die Lösung völlig farblos bleiben. Falls sich — durch Zersetzungsprodukte des Kaliumcyanids verursacht — eine Gelbfärbung bemerkbar macht, gibt man etwas Natronlauge zu, worauf die Färbung beim Fortsetzen der Elektrolyse bald wieder verschwindet.

Wie oben schon erwähnt, kann das Cadmium sowohl als Sulfat als auch als Chlorid oder Nitrat vorliegen. Im letzteren Fall dauert die Fällung etwas länger, als oben angegeben wurde. Größere Mengen von Chloriden oder Nitraten sollen jedoch nicht zugegen sein.

IV. Sonstige Arbeitsweisen. Arbeitsvorschrift von Böttger. Die Lösung des Sulfats bzw. Chlorids oder Nitrats versetzt man mit Phenolphthalein und 2 n Kalilauge bis zur bleibenden Rötung. Der Niederschlag von Cadmiumhydroxyd wird durch 10%ige Kaliumcyanidlösung wieder in Lösung gebracht, wobei man einen kleinen Überschuß von 0,3 bis 0,5 g Kaliumcyanid anwenden darf. Nachdem man die Lösung mit heißem Wasser auf 80 bis 100 cm³ verdünnt hat, elektrolysiert man 10 Min. lang bei 1 Ampere, weitere 10 Min. bei 1,5 Ampere und schließlich bei 2 Ampere Stromstärke. Man verwendet eine versilberte Elektrode. Mit einer geringen Abnahme des Gewichts der Anode ist zu rechnen.

Bemerkung. Der Niederschlag ist von ausgezeichneter Beschaffenheit, und die Resultate sind sehr zuverlässig.

Arbeitsvorschrift von Benner und Ross. Die Genannten scheiden das Cadmium an einer Netzelektrode aus ruhendem Elektrolyten unter Verwendung stärkerer Ströme in kurzer Zeit ab. Ihre Netzelektroden haben eine Höhe von 3,5 bzw. 4 cm und einen Durchmesser von 2,5 bzw. 3,5 cm.

Die Cadmiumlösung wird mit Kalilauge bis zur alkalischen Reaktion und dann mit Kaliumcyanid bis zur Auflösung des Niederschlages versetzt. Ein Überschuß an Kaliumcyanid schadet nicht. Das Gesamtvolumen soll 60 cm³ betragen. Man elektrolysiert mit einem Strom von 3 bis 5 Ampere Stärke und 5 bis 7 bzw. 8 bis 11 Volt Spannung. 0,18 g Cadmium werden in 30 Min., 0,36 g in 50 bis 70 Min. gefällt.

Bemerkung. *Genauigkeit.* Für obige Mengen betrugen die maximalen Abweichungen −0,8 bzw. +0,6 mg.

b) Abscheidung aus bewegtem Elektrolyten.

Mit der Schnellfällung des Cadmiums aus cyankalischer Lösung haben sich u. a. Exner, ferner Davison sowie Flora (a), (b) beschäftigt und gute Ergebnisse erzielt. Die Daten ihrer Arbeitsvorschriften sind in der folgenden Tabelle 4 zusammengestellt.

Die Resultate sind im allgemeinen um 0,1 bis 0,2 mg zu niedrig. Nach Fischers Erfahrung läßt sich der Tiegel ohne Änderung der angegebenen Versuchsdaten durch eine Netzelektrode ersetzen.

Infolge der hohen Stromdichten werden jedoch die Elektroden merklich angegriffen. Davison beobachtete nach 20maliger Elektrolyse einen Gewichtsverlust von 4 mg je Elektrode, Fischer sogar je Versuch eine Gewichtsabnahme von etwa 0,8 mg für die Schale und von 0,2 mg für die Anode. Treadwell hält es infolgedessen für empfehlenswerter, die Fällung mit mäßigen Stromdichten vorzunehmen.

Man benutzt hierbei den gleichen Elektrolyten, der im Abschnitt a) beschrieben wurde, und elektrolysiert mit einer Stromdichte von 3 bis 4 Ampere/dm² bei einer Tourenzahl von 600 bis 800/Min. Während der Fällung erhitzt sich das Bad durch die JOULEsche Stromwärme. Die Abscheidung von 0,2 g Cadmium beansprucht 20 bis 30 Min. Es lassen sich jedoch bis zu 0,5 g Cadmium in gut haftender Form abscheiden. Der durchschnittliche Fehler beträgt ± 0,3 mg.

2. Fällung aus alkalischer, tartrathaltiger Lösung.

Nach SAND (a) kann man für die Abscheidung bei begrenztem Kathodenpotential eine mit Natriumhydroxyd und Natriumtartrat versetzte Cadmiumsulfatlösung verwenden. Hierbei ist zu beachten, daß das Natriumtartrat durch den Strom zu Natriumoxalat oxydiert wird, das die Abscheidung der letzten Cadmiumspuren sehr erschwert bzw. verhindert. Deshalb ist es nötig, den Elektrolyten gegen Ende der Elektrolyse mit Schwefelsäure schwach anzusäuern und darauf mit Ammoniak wieder schwach alkalisch zu machen. Hiernach werden auch die letzten Mengen, allerdings in etwas pulvriger Form, abgeschieden. Man arbeitet bei Zimmertemperatur, da in der Hitze ein unlösliches Cadmiumsalz abgeschieden wird.

***Arbeitsvorschrift von* SAND.** Die Lösung soll bei einem Volumen von 85 bis 100 cm³ 2 cm³ konzentrierte Schwefelsäure, 8 g Natriumtartrat und 5 g Natriumhydroxyd enthalten. Man elektrolysiert unter Verwendung einer Netzkathode und einer rotierenden Netzanode (600 Umdr./Min.) mit einem Strom von 5 bis 0,3 Ampere Stärke bei einer Klemmenspannung von 2,9 bis 2,3 Volt und einem Kathodenpotential von 1,45 bis 1,60 Volt. Die Elektrolyse dauert 10 bis 15 Min.

Bemerkung. **Genauigkeit.** Bei Cadmiummengen von rund 0,4 bis 0,5 g beträgt der Fehler −0,2 bis + 0,3 mg.

3. Fällung aus ammoniakalischer Lösung.

a) Abscheidung aus ruhendem Elektrolyten.

CLARKE konnte Cadmium zwar aus ammonikalischer Lösung vollständig fällen,

Tabelle 4.

Autor	Elektrodenform	Rührgeschwindigkeit Umdr./Min.	Angewendete Cd-Menge	Volumen der Lösung cm³	Zusammensetzung des Elektrolyten	Ampere	Klemmenspannung Volt	Temperatur	Dauer Min.
EXNER	Platinschale und Spiralanode	600	0,55 g als Sulfat	120	5 g NaOH, 2 g KCN	5	8	heiß	10—15
FLORA (a), (b)	Rotierender Tiegel und Anodenblech	600	0,15 g als Sulfat	70	1—1,5 g NaOH, 0,5—1 g KCN	7,5 auf 100 cm²	8	kalt	30—35
FLORA (a), (b)	Rotierender Tiegel und Anodenblech	600	0,15 g als Chlorid	65	1,0 g NaOH, 1,5 g KCN	12 auf 100 cm²	7,8	kalt	35—40
FLORA (a), (b)	Rotierender Tiegel und Anodenblech	600	0,10 g als Nitrat	65	0,5 g NaOH, 0,7—1,5 g KCN	7,5—12 auf 100 cm²	7,6—7,8	kalt	30—45
DAVISON	Platinschale und Spiralanode	600	0,35 g	90—125	2 g NaOH, 4 g KCN	5	4	heiß	15
DAVISON	Platinschale und Spiralanode	600	0,35—0,45 g	90—125	1 g NaOH, 3 g KCN	5	5,5	heiß	20

es schied sich jedoch in schwammiger Form ab, und die Ergebnisse waren stets um einige Prozente zu hoch.

BRAND verfährt so, daß er das Cadmium mit Natriumpyrophosphat fällt, den Niederschlag in einem reichlichen Überschuß von Ammoniak löst und die Lösung dann der Elektrolyse unterwirft. Nach seiner Angabe soll ein solcher Elektrolyt für die Abscheidung des Cadmiums sehr geeignet und das abgeschiedene Metall dicht und silberweiß sein. FLORA (a), (b) prüfte die Anwendbarkeit dieses Verfahrens bei Verwendung einer rotierenden Kathode (vgl. weiter unten). E. F. SMITH (c) nimmt die Fällung in ammoniumsalzhaltiger, schwach ammoniakalischer Lösung vor mit einem Strom von 5 Ampere/dm² Stromdichte. Nähere Angaben über die Versuchsbedingungen fehlen.

Nach VORTMANN versetzt man die Cadmiumlösung mit QuecksilberII-chlorid (4- bis 6fache Menge Quecksilber bezogen auf Cadmium) und sodann mit etwa 3 g Weinsäure. Hierauf gibt man Ammoniak zu, bis die Flüssigkeit stark danach riecht, und unterwirft sie nach vorherigem Verdünnen der Elektrolyse, bis eine Probe beim Versetzen mit Ammoniumsulfid klar bleibt.

b) Abscheidung aus bewegtem Elektrolyten.

TREADWELL und GUITERMAN erwähnen, daß sich Cadmium aus heißer, ammoniakalischer, ammoniumsalzhaltiger Lösung gut haftend niederschlagen läßt, wenn man mit rotierender Elektrode arbeitet. Für die analytische Praxis ist der Elektrolyt jedoch nach ihrer Meinung nicht sehr geeignet.

***Arbeitsvorschrift von* TREADWELL.** Die neutrale Lösung, die das Cadmium als Sulfat, Chlorid oder Nitrat enthalten kann (auch kleine Mengen Nitrit schaden nicht), wird mit 5 g Ammoniumsulfat und 20 cm³ konzentriertem Ammoniak versetzt, auf 120 cm³ verdünnt und auf 40 bis 50° erwärmt. Man elektrolysiert unter Verwendung einer Netzanode und einer rasch rotierenden (800 bis 1000 Touren/Min.) Zylinderkathode oder einer Schale und einer rotierenden Scheibe, wobei darauf zu achten ist, daß der Niederschlag ständig vom Elektrolyten bedeckt bleibt. Man verwendet zwei durch das Bad kurz geschlossene EDISON-Zellen. Die Stromdichte soll sich etwa zwischen 2 und 0,7 Ampere/dm² bewegen. Die Fällung von 0,2 bis 0,3 g Cadmium dauert etwa 20 Min.

***Bemerkungen.* I. Genauigkeit.** Die Methode liefert mindestens ebenso genaue Resultate wie die Schnellfällung aus cyankalischem Bad.

II. Beschaffenheit des Niederschlags. Anfangs erhält man einen dichten, hellgrauen Niederschlag, der gegen Ende der Elektrolyse leicht etwas pulvrig wird.

III. Sonstige Arbeitsweisen. α) Arbeitsweise von FLORA (a), (b). FLORA benutzt den BRANDschen Elektrolyten (vgl. oben) unter Anwendung einer rotierenden Kathode. Bei Cadmiummengen von rund 0,15 bis 0,2 g benötigt man zur Fällung 0,5 g Natriumpyrophosphat und löst den Niederschlag in 15 cm³ Ammoniak (1:4) oder auch in 15 cm³ konzentriertem Ammoniak und führt die Elektrolyse bei einer Stromdichte ND_{100} = 1,2 bis 4,5 Ampere und einer Spannung von 8 Volt aus. Die Abscheidung beansprucht dann für die erwähnten Mengen 15 Min. Die Fehler der Beleganalysen betragen −0,2 bis + 0,7 mg.

β) Mikrobestimmung nach OKÁČ. OKÁČ nimmt die Elektrolyse in ammoniakalischer Lösung vor und bewirkt das Rühren durch Einleiten von Kohlendioxyd.

Arbeitsvorschrift. Hinsichtlich der Apparatur vgl. Bem. III. Die Lösung, die bei einem Gesamtvolumen von 6 cm³ 1 bis 3 mg Cadmium als Sulfat und 1,5 cm³ konzentriertes Ammoniak enthält, wird 10 Min. lang bei einer Anfangsspannung von 3 Volt und einem Strom von 20 bis 30 Milliampere (0,1 bis 0,15 Ampere/dm²) elektrolysiert, wobei man Kohlendioxyd einleitet.

Bemerkungen. *I. Genauigkeit.* Bei Cadmiummengen von 1 bis 3 mg betrug der Fehler —0,01 bis —0,02 mg. Diese Angaben werden von MACHEK bestätigt.

II. Konzentration der Cadmiumlösung. Es empfiehlt sich nicht, die Konzentration an Cadmium unter 1 mg in 5 bis 6 cm³ Lösung zu erniedrigen, da sonst das Cadmium an der Kathode einen gelben Schein bekommt und die Ergebnisse zu hoch werden.

III. Apparatur. (S. Abb. 4.) Als Elektrolysengefäß benutzt man ein kleines Reagensgläschen *G* aus Jenaer Glas (Höhe 8 cm, Durchmesser 1,5 bis 1,8 cm), in dessen obere Hälfte seitlich ein Röhrchen *B* eingeschmolzen ist, das durch einen Gummischlauch mit dem etwa 6 cm langen Abflußrohr *C* verbunden ist. Als Kathode dient eine mit Glaskugeln versehene Mikrodrahtnetzkathode nach PREGL.

Als Anode verwendet man einen Platindraht von 0,5 mm Durchmesser, der an den Stellen *1*, *2* und *3* in die Röhre *R* so eingeschmolzen ist, daß er sich zwischen

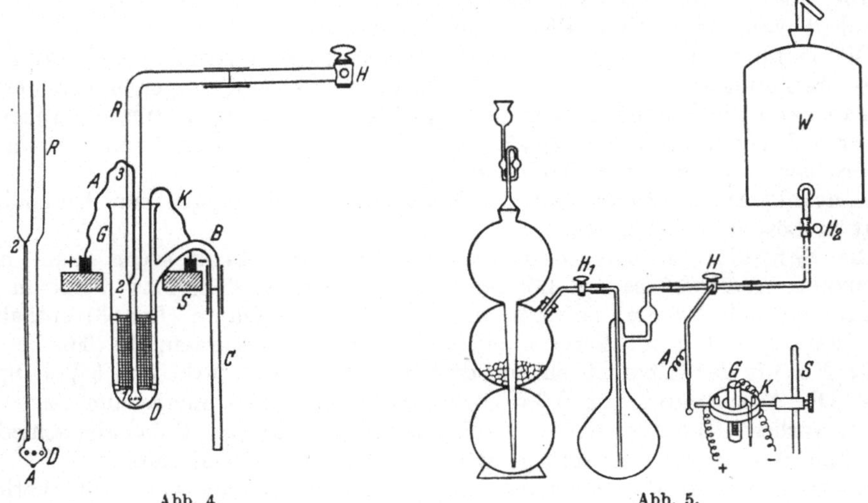

Abb. 4. Abb. 5.

den Punkten *2* und *3* innerhalb und zwischen *2* und *1* außerhalb der Röhre befindet. Die Röhre *R* hat einen Durchmesser von 5 bis 6 mm und ist, 4 bis 5 cm vom oberen Ende entfernt, zu einer Capillare von 1,5 bis 2 mm Durchmesser ausgezogen, an deren Oberfläche die Anode liegt. Das untere Ende *D* der Capillare ist birnenförmig erweitert und besitzt sechs feine Öffnungen in einer horizontalen Ebene und eine siebente unten. Der obere Teil der Röhre *R* ist rechtwinklig umgebogen und mit einem Dreiwegehahn H verbunden, der einerseits die Verbindung mit dem KIPPschen Apparat ermöglicht, andererseits mit einer Flasche W mit destilliertem Wasser in Verbindung steht (vgl. Abb. 5). Bei dieser Anordnung kann man in das Elektrolysengefäß mit Hilfe des Hahnes *H* entweder Kohlendioxyd oder Wasser einlassen, wobei die Hähne H_1 und H_2 zum Regulieren bzw. Absperren dienen.

Die Röhre *R* mit der Anode ist fest mit dem Dreiwegehahn H verbunden, der durch ein Hilfsstativ in unveränderlicher Höhe gehalten wird. Das Elektrolysengefäß *G* mit der Kathode *K* läßt sich in dem PREGLschen Stativ beliebig verschieben.

Wenn die zu analysierende Lösung vorbereitet ist, bringt man das Gefäß *G* mit der Kathode unter die frei stehende Anode und hebt es, so daß die Anode die Achse der Drahtnetzkathode bildet und dabei bis zum Boden des Gefäßes reicht. — Nach Beendigung der Analyse und nach dem Abspülen der Kathode schaltet man durch einfaches Senken des Gefäßes *G* den Strom aus, ohne eine Berührung der Elektroden befürchten zu müssen.

Neue Elektrolysengefäße werden vor der ersten Benutzung mit Chromschwefelsäure ausgekocht, mit Wasser ausgespült und in konzentriertes Ammoniak gelegt, in dem sie nach dem Erhitzen bis zum Sieden 24 Std. liegen bleiben. Sodann werden sie aus der Ammoniaklösung herausgenommen und mit Wasser abgespült. Sie sind dann gebrauchsfertig.

Trennungsverfahren.

A. Trennung des Cadmiums von den Alkalimetallen.

Die Abscheidung des Cadmiums wird durch die Anwesenheit dieser Metalle nicht beeinflußt.

B. Trennung des Cadmiums von den Erdalkalimetallen und von Magnesium.

Die Abscheidung des Cadmiums aus essigsaurer Lösung wird durch die Anwesenheit von Erdalkalimetallen nicht beeinflußt.

Die Trennung in bewegtem Elektrolyten kann nach HOLMES und DOVER in essigsaurer, ameisensaurer oder auch in milchsaurer Lösung vorgenommen werden.

Man kann die Trennung auch in schwefelsaurer Lösung ausführen, wobei die schwer löslichen Sulfate zweckmäßig vorher entfernt werden. Wenn man in der Platinschale arbeitet, muß dies unbedingt geschehen.

In cyankalischer Lösung muß das Magnesium durch Zugabe von Ammoniumsulfat in Lösung gehalten werden.

Die Schnelltrennung des Cadmiums von Magnesium kann nach ASHBROOK in schwefelsaurer Lösung vorgenommen werden. Das Volumen des Elektrolyten soll 125 cm³ betragen und 1 cm³ Schwefelsäure (D 1,83) enthalten. Man elektrolysiert unter Verwendung von Schale- und Spiralanode (600 bis 800 Umdr./Min.) in der Hitze mit einem Strom von 5 Ampere Stärke und 5 Volt Spannung. Die Abscheidung von 0,3 g Cadmium neben 0,25 g Magnesium (beide als Sulfate vorliegend) dauert 10 Min. Nach ASHBROOKS Angabe soll das abgeschiedene Cadmium zwar etwas schwammig, aber trotzdem festhaftend sein.

KOLLOCK nimmt die Trennung unter Verwendung der Quecksilberkathode mit einem Strom von 3 Ampere Stärke und 7 Volt Spannung vor. Man arbeitet mit einem Gesamtvolumen von 10 cm³ bei Gegenwart einiger Tropfen konzentrierter Schwefelsäure. Die Abscheidung von 0,25 g Cadmium neben 0,1 g Magnesium beansprucht 25 Min. Nach HOLMES gelingt die Schnelltrennung auch in essigsaurer Lösung.

C. Trennung des Cadmiums von den Metallen der Ammoniumsulfidgruppe.

Die Fällbarkeit des Cadmiums aus schwefelsaurer Lösung gestattet zugleich die Abscheidung neben Nickel, Kobalt, Eisen, Mangan, Zink, Aluminium und wenig Chrom. Man kann hierbei nach Abschnitt A, 1, a), S. 235 verfahren. Durch Zusatz von 0,5 bis 1 g Hydrazinsulfat läßt sich die depolarisierende Wirkung von Eisen und wenig Chrom aufheben und auch die anodische Fällung des Mangans als Dioxyd verhindern. Die Trennung des Cadmiums von Aluminium, Chrom, Mangan und Zink kann auch in essigsaurer Lösung erfolgen.

1. Trennung des Cadmiums von Zink.

Unter den Trennungen des Cadmiums von den Metallen der Ammoniumsulfidgruppe ist diese weitaus die wichtigste. Man wird sie im allgemeinen in schwefelsaurer oder essigsaurer Lösung vornehmen; es sind jedoch auch andere Elektrolyte verwendbar. Über die elektrolytische Trennung des Cadmiums von Zink findet sich in der Literatur eine ganze Anzahl Arbeiten; von diesen Untersuchungen seien hier die von YVER, von ELIASBERG, von SMITH (c), von E. F. SMITH und KNERR, von WARWICK, von FREUDENBERG, von WOLMANN, von WALLER, von DENSO, von ASHBROOK, von BEYER, von BAUMANN, von HOLMES, von TREADWELL und GUITERMAN sowie von ENGELENBURG genannt. Schließlich hat BRENNECKE die Bedingungen dieser Trennung sehr ausführlich untersucht.

Trennung in schwefelsaurer Lösung.

Da die Werte für die Zersetzungsspannung der Sulfatlösungen der beiden Metalle weit genug (in 1 n Lösungen um 0,3 Volt) auseinander liegen, ist eine Trennung mittels begrenzter Badspannung möglich. Infolge der hohen Überspannung des Wasserstoffs am Cadmium kann die Trennung überdies in ziemlich stark saurer Lösung ausgeführt werden.

BRENNECKE fand unter Verwendung FISCHERscher Elektroden folgende Abscheidungsspannungen für Zink und Cadmium bei verschiedenen Schwefelsäurekonzentrationen:

Zn-Konzentration mol	Säurekonzentration n	Intervall der Abscheidungsspannung	Intervall der Stromstärke
$^1/_{20}$	0,02	2,74—2,80 Volt	0,27—0,32 Ampere
$^1/_{20}$	0,1	2,70—2,76 „	0,28—0,55 „
$^1/_{20}$	0,5	2,74—2,80 „	etwa 0,61 „

Cd-Konzentration mol	Säurekonzentration n	Intervall der Abscheidungsspannung	Intervall der Stromstärke
$^1/_{20}$	0,02	2,38—2,42 Volt	0,15—0,17 Ampere
$^1/_{20}$	0,1	2,28—2,34 „	0,18—0,20 „
$^1/_{20}$	0,5	2,28—2,34 „	0,17—0,21 „

Nach BEYER kann die **Trennung mit ruhenden WINKLERschen Elektroden** in 1 n schwefelsaurer Lösung erfolgen, vorausgesetzt, daß die Menge des Zinks nicht größer als die des Cadmiums ist und letztere nicht mehr als 0,25 g bei einer Konzentration von 0,1 g auf 100 cm³ beträgt. Man fällt die Hauptmenge des Cadmiums bei Zimmertemperatur mit 0,1 Ampere Stromstärke in 3 bis 4 Std. oder über Nacht. Dann erhöht man die Stromstärke für $^1/_2$ Std. auf etwa 0,5 Ampere, um die letzten Cadmiumspuren zu fällen. Man unterbricht die Elektrolyse nicht durch Abhebern, sondern durch allmähliches Herausheben des Netzes unter gleichzeitigem Abspritzen mit destilliertem Wasser.

Die **Trennung in bewegtem Elektrolyten** ist diesen einschränkenden Bedingungen nicht in gleichem Maße unterworfen.

Arbeitsvorschrift von TREADWELL und GUITERMAN. Man versetzt die neutrale Lösung der Sulfate, deren Volumen 100 bis 120 cm³ betragen soll, mit 5 g Natriumhydrogensulfat und elektrolysiert in der Kälte bei 2,6 Volt Badspannung mit Schale und rotierender Scheibe (Stromstärke 0,13 bis 0,03 Ampere) oder mit Netzanode und rotierender Zylinderkathode aus Kupfer (Stromstärke 0,3 bis 0,05 Ampere). Man erhält gut haftende, hellgraue Niederschläge. Die Fällung von 0,2 g Cadmium dauert bei Anwendung einer Zylinderkathode 30 bis 60 Min. Sie dauert um so länger, je mehr Zink vorhanden ist. Es lassen sich Cadmiummengen von 0,04 bis 0,2 g von der 50fachen Zinkmenge trennen. Hauptbedingung für das Gelingen der Trennung ist die Verwendung reiner Sulfatlösungen.

Bemerkung. *Genauigkeit.* Bei Cadmiummengen von 0,1 bis 0,2 g neben 2,6 bzw. 4,6 g Zink beträgt der Fehler höchstens $\pm$ 0,2 mg.

Arbeitsweise von BRENNECKE. BRENNECKE arbeitet mit FISCHERschen Netzelektroden, von denen eine verkupfert ist, und mit einem Glasgitterrührer. Sie stellte folgendes fest: 0,2 g Cadmium lassen sich von einer gleich großen Zinkmenge in einer Lösung, die in 110 cm³ 10 cm³ 2 n Schwefelsäure enthält, befriedigend, wenn auch nicht vollständig trennen, indem man 2 Min. mit 3,0 und 25 Min. mit-

2,8 Volt Badspannung elektrolysiert. Das Cadmium enthält meist eine geringe Menge Zink, und in der verbleibenden Zinklösung läßt sich stets etwas Cadmium nachweisen; z. B. enthielt ein Cadmiumniederschlag von 0,2262 g 0,3 mg Zink, während 0,4 mg Cadmium in Lösung verblieben.

Bemerkungen. Es wurden beispielsweise bei Anwendung von 0,2253 g Cadmium und 0,1755 g Zink 0,2245 bis 0,2255 g Cadmium und 0,1762 bis 0,1780 g Zink gefunden, wobei bei den Zinkwerten das in Lösung gebliebene Cadmium nicht in Abzug gebracht ist.

Um 0,05 g Cadmium von etwa 0,16 g Zink zu trennen, empfiehlt es sich, entweder nach Zusatz von 12 cm³ 2 n Schwefelsäure nur mit 2,80 Volt Badspannung 25 Min. lang, oder aber nach Zusatz von 10 cm³ 2 n Schwefelsäure 6 Min. mit 2,80 Volt und 35 Min. mit 2,70 Volt zu elektrolysieren. Auch in diesem Fall finden sich meist einige Zehntelmilligramme Zink im Cadmium, während eine geringe Menge des letzteren in Lösung bleibt.

Um 0,05 g Cadmium von 1 g Zink zu trennen, elektrolysiert man nach Zusatz von 12 cm³ 2 n Schwefelsäure 10 Min. mit 2,74 Volt und 20 Min. mit 2,70 Volt. Auf diese Weise lassen sich auch 4,5 mg Cadmium von etwa 0,16 g Zink trennen.

Bei Cadmiummengen von etwa 0,4 g wird leicht zu wenig gefunden, da das Cadmium sich in diesem Fall lockerer abscheidet, wodurch die Überspannung des Wasserstoffs zu niedrig wird. Außerdem entsteht mehr Säure bei der Elektrolyse als bei der kleinerer Cadmiummengen.

Alle diese für FISCHERsche Elektroden ermittelten Bedingungen lassen sich nicht auf Netzelektroden oder PERKIN-Elektroden übertragen.

Trennung in essigsaurer Lösung.

Nach YVER versetzt man die 100 cm³ betragende Lösung der beiden Metalle (hinsichtlich der Konzentration vgl. „Bemerkungen") mit etwa 3 g Natriumacetat und einigen Tropfen Essigsäure und fällt das Cadmium in der annähernd auf 70° erwärmten Lösung mit einem Strom von $ND_{100} = 0{,}10$ Ampere Stromdichte und 2,2 Volt Spannung. Die Abscheidung von 0,2 g Cadmium dauert ungefähr 4 Std.

Arbeitsvorschrift von SAND (a). SAND hat die Schnelltrennung in essigsaurer Lösung mit rasch rotierender Netzkathode (600 bis 800 Umdr./Min.) unter Einhaltung eines Kathodenpotentials von 0,115 bis 0,12 Volt gegen die 2 n QuecksilberII-sulfat-Elektrode ausgeführt. Der Elektrolyt soll bei einem Volumen von 85 cm³ 2 cm³ konzentrierte Schwefelsäure, 3¹/₃ g Natriumhydroxyd und 1 cm³ Eisessig bzw. 2 cm³ konzentrierte Schwefelsäure, 4 g Natriumhydroxyd, 1 g Ammoniumacetat und 1,5 cm³ Eisessig enthalten. Man elektrolysiert bei 35 bis 37° mit 2 bis 0,5 Ampere Stromstärke und einer Klemmenspannung von 3 bis 2,6 Volt. Die Abscheidung von 0,08 g Cadmium dauert etwa 12 Min.

Bemerkungen. Bei Anwendung von 0,0777 g Cadmium und 0,4943 g Zink fand SAND (a) 0,0778 g bzw. 0,0770 g Cadmium und 0,4938 g bzw. 0,4958 g Zink.

Nach TREADWELL gelingt die Trennung aus der mit 5 cm³ Essigsäure und 5 g Natriumacetat versetzten Lösung der Sulfate oder Chloride mit zwei durch das Bad kurz geschlossenen EDISON-Zellen ohne Meßinstrumente. 0,1 g Cadmium wird so in etwa 30 Min. gefällt.

Trennung in oxalsaurer Lösung.

Für die Trennung kleiner Cadmiummengen von Zinkmengen unter 1 g kann man nach ELIASBERG sowie WALLER die Oxalatmethode verwenden. Man versetzt die neutrale Lösung der Sulfate oder Chloride, deren Volumen etwa 120 cm³ betragen soll, mit 8 g Kaliumoxalat und 2 g Ammoniumoxalat, erwärmt auf 80 bis 85° und fällt das Cadmium unter Verwendung von WINKLERschen Netzelektroden bei 0,01 bis 0,03 Ampere Stromstärke, wobei die Spannung nicht über 2,4 Volt gehen darf. Die Fällung von 0,1 g Cadmium dauert 4 bis 5 Std.

Nach TREADWELLs Erfahrung ist es nötig, 0,3 bis 0,5 g Oxalsäure zuzusetzen, wenn man gut haftende, graue Niederschläge erhalten will. Das Auswaschen des Cadmiumniederschlags wird bei Stromdurchgang vorgenommen.

Trennung in salzsaurer Lösung.

Nach ENGELENBURG läßt sich die Trennung so ausführen, daß man das Cadmium unter Verwendung FISCHERscher Elektroden aus stark salzsaurer Lösung bei Gegenwart von 2 g Hydroxylaminchlorhydrat mit einem Strom von 1 Ampere Stärke in 40 bis 60 Min. abscheidet, dann das Elektrolysat mit Natronlauge neutralisiert, 1,5 cm^3 konzentrierte Salzsäure zusetzt und nun das Zink mit 2 Ampere Stromstärke beginnend und schließlich auf 8 Ampere hinaufgehend fällt. Jedes der beiden Metalle soll hierbei frei von dem andern ausfallen. BRENNECKE erhielt bei dieser Arbeitsweise einen schwammigen Cadmiumniederschlag mit einer um 2,3 mg zu niedrigen Auswage. SCHLEICHER und TOUSSAINT (b) konnten übrigens die Angaben ENGELENBURGs für die entsprechenden Einzelbestimmungen auch nicht bestätigen.

Arbeitsvorschrift von LASSIEUR. Nach LASSIEUR verfährt man so, daß man die Acidität der salzsauren Lösung so einstellt, daß Thymolblau nach Rot umschlägt. Das Volumen des Elektrolyten soll 200 cm^3 betragen. Man elektrolysiert bei Zimmertemperatur mit einer Zylinderkathode aus Platin und einer rotierenden Anode (dünner Platindraht) mit einem „Hilfspotential" von 650 Millivolt. Unter Hilfspotential versteht LASSIEUR die Potentialdifferenz an den Enden des Stromkreises Kathode—Elektrolyt—Hilfselektrode. Als Hilfselektrode benutzt man eine Flasche, die 1 cm hoch mit metallischem Quecksilber und im übrigen mit 1 n Kaliumchloridlösung gefüllt ist. Das Hilfspotential wird mit Hilfe von Widerständen konstant gehalten.

Bemerkung. *Genauigkeit.* Bei Anwendung von 0,1435 und 0,1425 g Cadmium und in Anwesenheit von 0,282 bzw. 0,505 g Zink fand LASSIEUR 0,1458 und 0,1415 g Cadmium.

Trennung in phosphorsaurer und in pyrophosphathaltiger Lösung.

Die Vorschläge zur Trennung in phosphorsaurer Lösung [E. F. SMITH (b)] und in pyrophosphathaltiger Lösung (BRAND) dürften keine besondere praktische Bedeutung besitzen.

Trennung in alkalischer Lösung.

TREADWELL gibt für kleine Cadmium- und Zinkmengen (bis 0,1 g) folgende Arbeitsweise an: Man versetzt die Lösung der Nitrate der beiden Metalle mit 1 g Ammoniumnitrat, 4 g Ammoniumsulfat und 15 cm^3 konzentriertem Ammoniak, verdünnt auf 100 cm^3 und elektrolysiert die 50° warme Lösung unter Verwendung einer rotierenden Platinnetzelektrode 20 bis 30 Min. lang mit einem Strom von 0,4 bis 0,2 Ampere Stärke.

BRENNECKE erhielt jedoch bei der Elektrolyse von 0,05 g Cadmium und 0,04 g Zink (als Sulfat) nach dieser Methode nach 11 Min. bei 0,4 Ampere Stromstärke noch kein Cadmium auf der Elektrode.

SMITH und FRANKEL (b) sowie FREUDENBERG benutzen die cyankalische Lösung zur Trennung. Die neutrale Lösung der beiden Metalle wird mit 4 bis 5 g Kaliumcyanid versetzt, auf 150 cm^3 verdünnt und der Elektrolyse unterworfen, wobei die Spannung unter 2,6 Volt bleiben soll. Die Fällung geht sehr langsam vonstatten und dauert für 0,3 g Cadmium 18 bis 20 Std.

Trennung durch „innere Elektrolyse".

Unter innerer Elektrolyse versteht man die elektrolytische Fällung von Metallen innerhalb eines galvanischen Elements durch dessen elektromotorische Kraft. Man ver-

wendet diese Arbeitsweise zur Bestimmung kleiner Mengen eines Metalls neben größere: Mengen eines anderen.

Die Methode ist zuerst von ULLGREN für quantitative Zwecke benutzt, späte1 von HOLLARD sowie von FRANÇOIS angewendet und besonders von SAND (b) sowie von COLLIN entwickelt worden, von denen auch die Bezeichnung „innere Elektrolyse" stammt.

Während die erstgenannten Autoren und auch SAND sowie COLLIN verhältnismäßig komplizierte Apparaturen benutzten, bei denen Anoden- und Kathodenraum durch eine halbdurchlässige Scheidewand getrennt waren, konnten KOLOSZOW und LURJE bei der Bestimmung von Wismut in metallischem Blei zeigen, daß man bei einem bestimmten p_H-Wert die halbdurchlässige Scheidewand entbehren kann, indem man ein gewöhnliches Platinnetz durch einen Draht mit der Bleiplatte verbindet.

Verfahren von LURJE und TROITZKAJA (a), (b). Die beiden Autoren haben eine Methode zur Bestimmung von Cadmium in metallischem Zink und in Zinkkonzentraten unter Verwendung einer ganz einfachen Apparatur angegeben.

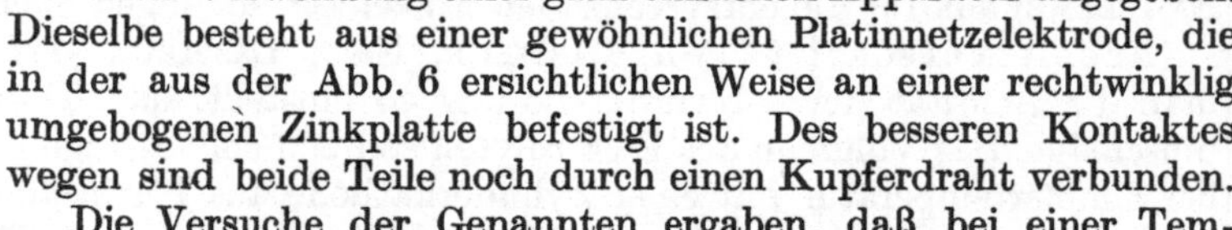

Dieselbe besteht aus einer gewöhnlichen Platinnetzelektrode, die in der aus der Abb. 6 ersichtlichen Weise an einer rechtwinklig umgebogenen Zinkplatte befestigt ist. Des besseren Kontaktes wegen sind beide Teile noch durch einen Kupferdraht verbunden.

Die Versuche der Genannten ergaben, daß bei einer Temperatur von 75 bis 80° und einem p_H-Wert von 4,0 fast kein Cadmium gefällt wurde, während bei p_H-Werten von 4,2 bis 4,4 noch geringe Mengen in Lösung verblieben. Vollständige Fällung wurde bei p_H-Werten zwischen 4,6 und 5,6 erreicht, während bei den p_H-Werten 5,8 und 6,0 sich zwar ebenfalls alles Cadmium, aber auch etwas Zink abschied.

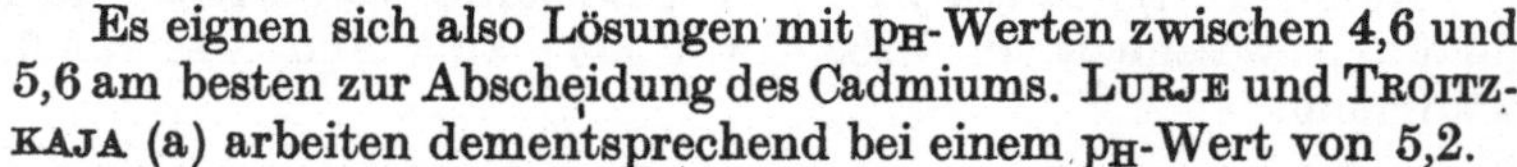

Abb. 6.

Es eignen sich also Lösungen mit p_H-Werten zwischen 4,6 und 5,6 am besten zur Abscheidung des Cadmiums. LURJE und TROITZKAJA (a) arbeiten dementsprechend bei einem p_H-Wert von 5,2.

Die Einstellung dieses p_H-Wertes erfolgt in der Weise, daß man auf 250 cm³ Lösung 1,65 cm³ 85%ige Essigsäure und 5,9 g Natriumacetat zufügt.

Um eine teilweise Lösung des abgeschiedenen Cadmiums zu vermeiden, muß die Beendigung der Analyse und das Waschen des Cadmiumniederschlags in folgender Weise vorgenommen werden: Man hebt die beiden miteinander verbundenen Elektroden aus der Lösung, wobei man sie mit Gummihandschuhen anfaßt, stellt sie in ein Gefäß mit 200 bis 250 cm³ Wasser von 80°, dem 2 bis 3 Tropfen Essigsäure zugesetzt worden sind, und stellt das Gefäß 20 bis 30 Min. lang auf ein heißes Wasserbad. Sollte etwas Cadmium in Lösung gegangen sein, so schlägt es sich während dieser Zeit wieder auf der Netzelektrode nieder. Dann hebt man die Elektroden heraus, trennt sie voneinander, wäscht die Netzelektrode durch Eintauchen in starken 80- bis 96%igen Alkohol und trocknet sie dann bei 90 bis 100°. Verdünnter Alkohol darf keinesfalls verwendet werden, da sich das Cadmium teilweise darin löst. Bei dieser Arbeitsweise erhält man quantitative Niederschläge.

Bemerkungen. Bei Anwesenheit von 0,68 g Zink ergab die Bestimmung von 20 mg Cadmium 20,0 bis 20,4 mg, die Bestimmung von 10 mg Cadmium 10,0 bis 10,2 mg; bei der Bestimmung von 1 mg und von 0,5 mg Cadmium trat nur ausnahmsweise eine Abweichung von 0,1 mg auf.

Nach den Erfahrungen von MÜLLER und SIEVERTS bewährt sich das Verfahren gut. Allerdings fanden die Genannten, daß die vorgeschriebene Waschflüssigkeit (2 bis 3 Tropfen Essigsäure auf 250 cm³ Wasser bei 80°) Cadmium auflöst, das sich — offenbar infolge der geringen Leitfähigkeit der sehr verdünnten Essigsäure — auch in 20 bis 30 Min. nicht wieder niederschlägt. Durch Zusatz von 1 g Kaliumlfat zu der schwachen Essigsäure wird diese Schwierigkeit aber behoben. Das erfahren erlaubt so neben 10 g Zink nach vorheriger Anreicherung noch 0,01 g admium mit einem Fehler zu bestimmen, der nicht größer ist als der Wägefehler. Sie ermittelten neben 10 g Zink 10,0, bzw. 19,9, bzw. 29,9 mg Cadmium und fanden 10,0 und 10,3, bzw. 19,7 und 20,2, bzw. 29,9 und 29,6 mg.

Bestimmung des Cadmiums in metallischem Zink.

Die Bestimmung des Cadmiums in metallischem Zink wird durch die ziemlich starke Konzentration der Zink-Ionen und das dementsprechend recht geringe Normalpotential (Zn/Zn$^{\cdot\cdot}$) an der Zinkelektrode erschwert, da dieses Potential zur völligen Abscheidung des Cadmiums nicht genügt. Man verfährt deshalb so, daß man zunächst den größten Teil des Zinks auf dem gewöhnlichen Wege vom Cadmium trennt.

Arbeitsvorschrift. Man löst die Probe in einem ERLENMEYER-Kolben in verdünnter Salpetersäure. Für 2 g Einwage nimmt man 20 cm^3 Salpetersäure (D 1,4) und 25 cm^3 Wasser, bei 10 g Einwage die doppelten Mengen. Wenn sich alles gelöst hat, bringt man die Flüssigkeit in einen 750 cm^3-Kolben, gibt Ammoniak hinzu, bis ein etwa entstandener Niederschlag von Zinkhydroxyd sich wieder völlig gelöst hat, verdünnt mit heißem Wasser auf 500 cm^3 und fügt unter starkem Umschwenken 50 cm^3 einer 2 %igen Natriumsulfidlösung zu. Auf diese Weise werden etwa 0,5 g Zink mitgefällt, was nötig ist, damit die nachfolgende Elektrolyse unter normalen Bedingungen erfolgen kann. Bei zu geringem Zinkgehalt der Lösung würde nämlich die elektromotorische Kraft des galvanischen Elements erhöht, und es träte dadurch die Möglichkeit ein, daß sich an dem Platinnetz kleine Mengen Zink mit dem Cadmium niederschlagen.

Die Lösung mit dem Sulfidniederschlag stellt man für 1 Std. auf ein Wasserbad, gießt dann die klare Flüssigkeit ab und bringt sodann den Niederschlag auf ein Filter. Man löst ihn, ohne auszuwaschen, auf dem Filter durch tropfenweise Zugabe von Salpetersäure (1 : 1), wobei man die Lösung in einem kleinen Kolben sammelt. Das Filter wird sorgfältig mit Wasser nachgewaschen, das mit Salpetersäure angesäuert ist. Zur Lösung gibt man 7 cm^3 konzentrierte Schwefelsäure zu und dampft bis zum Auftreten weißer Dämpfe ein.

Nach dem Abkühlen verdünnt man die Flüssigkeit mit 75 cm^3 Wasser und kocht bis zur Auflösung der Sulfate. Dann kühlt man auf 60 bis 70° ab, gibt 1 Tropfen Methylrotlösung und darauf Ammoniak bis zum Umschlag des Indicators zu und versetzt nun mit 10 cm^3 einer gesättigten Lösung von schwefliger Säure und 1,5 cm^3 einer 5 %igen Kupfersulfatlösung (da kleine Mengen Kupfer schwer quantitativ zu fällen sind). Man läßt die Mischung 10 Min. auf einem warmen Wasserbad stehen und fällt dann das Kupfer durch Zugabe von 5 cm^3 einer 2 %igen Lösung von Ammoniumrhodanid in gesättigter schwefliger Säure. Nach Zusatz von Papiermasse kocht man 5 Min. lang und filtriert nach dem Abkühlen auf Zimmertemperatur das gefällte KupferI-rhodanid ab und wäscht den Niederschlag mit 5 %iger Ammoniumsulfatlösung aus. Nachdem man das Filtrat durch Kochen von der schwefligen Säure befreit hat, löst man darin 0,5 g Alaun (zwecks besserer Koagulation des EisenIII-hydroxyds und zur völligen Entfernung von Antimon, Wismut, Blei und Arsen), gibt 2 g Ammoniumpersulfat zu und zersetzt den Überschuß durch 10 Min. langes Kochen. Dann fällt man Eisen, Aluminium usw. mit einem geringen Überschuß von Ammoniak und filtriert, sobald sich der Niederschlag zusammengeballt hat, durch ein Schwarzbandfilter. Den Niederschlag wäscht man 5- bis 6mal mit 2 %iger Ammoniumsulfatlösung aus. Das mit der Waschflüssigkeit vereinigte Filtrat dampft man auf 200 cm^3 ein, säuert es mit Schwefelsäure an und bringt es in ein Gefäß von 6,5 bis 7 cm Durchmesser. Sodann neutralisiert man es wieder mit Ammoniak gegen Methylrot bis zu hellgelber Färbung, gibt 1,65 cm^3 85 %ige Essigsäure (oder die entsprechende Menge verdünnter Essigsäure) und 5,9 g Natriumacetat zu und verdünnt auf 250 cm³.

Nun erwärmt man die Lösung auf 70 bis 80°, taucht das Elektrodensystem ein, läßt es 30 Min. in der Lösung stehen, hebt es dann in der oben beschriebenen Weise heraus und wägt zuletzt die Netzelektrode, an der sich das Cadmium abgeschieden hat. Nach jeder Bestimmung muß die Zinkplatte sorgfältig mit Schmirgelpapier gereinigt werden.

Bemerkung. *Genauigkeit.* Bei 4maliger Ausführung der Analyse einer Zinkprobe, deren Cadmiumgehalt nach der Schwefelwasserstoffmethode zu 0,11% ermittelt worden war, ergaben drei Bestimmungen ebenfalls 0,11%, die vierte 0,10% Cadmium.

Bestimmung des Cadmiums in Zinkkonzentraten.

Arbeitsvorschrift. Die Einwage von 1 bis 3 g der Probe bringt man in einen 250 cm³ fassenden ERLENMEYER-Kolben, feuchtet sie mit Wasser an, gibt 5 bis 10 cm³ Salpetersäure (D 1,42) zu und bedeckt den Kolben mit einem Uhrglas. Sobald die anfangs stürmische Reaktion beendet ist, erwärmt man den Kolben auf einem Sandbad bis zur Vertreibung der Hauptmenge der Stickoxyde. Nun kühlt man leicht ab, gibt 7 bis 10 cm³ Schwefelsäure (D 1,84) zu und erhitzt bis zum Auftreten von Schwefelsäuredämpfen. Nach dem Abkühlen auf 50 bis 60° verdünnt man mit 100 cm³ Wasser und erwärmt bis zur völligen Lösung der Sulfate. Der ungelöst bleibende Rückstand besteht aus Gangart und Bleisulfat.

Die Lösung kühlt man auf 60 bis 70° ab und neutralisiert sie ohne vorherige Filtration bis zum Auftreten einer schwachen Trübung von EisenIII-hydroxyd, die man durch Zugabe von 20 cm³ (bei einer Einwage von 1 g) bzw. 30 cm³ (bei einer Einwage von 3 g) einer gesättigten Lösung von schwefliger Säure entfernt. Man stellt die Lösung auf ein bis nahe zum Kochen erhitztes Wasserbad, bis die gelbe Farbe der EisenIII-salze verschwunden ist, und gibt dann auf je 0,025 g Kupfer 5 cm³ einer 2%igen Lösung von Ammoniumrhodanid in gesättigter schwefliger Säure zu. Sodann fügt man wenig Papiermasse hinzu, kocht 5 Min. lang, setzt nochmals 5 cm³ schweflige Säure zu und kühlt auf Zimmertemperatur ab. Wenn der Niederschlag sich zusammengeballt und abgesetzt hat, filtriert man unter Dekantieren durch ein dichtes Filter (Blauband) von 11 cm Durchmesser, bringt den Niederschlag auf das Filter und wäscht ihn 6- bis 8mal mit kleinen Mengen einer 5%igen Ammoniumsulfatlösung aus. Das Filtrat kocht man bis zur Beseitigung der schwefligen Säure (Glasperlen zugeben!) und oxydiert sodann das Eisen durch Zugabe von 5 g Ammoniumpersulfat, dessen Überschuß man zerstört, indem man 15 bis 20 Min. lang kocht. Hierbei fällt häufig Mangan als Dioxydhydrat aus. Die erhaltene Lösung, deren Volumen nicht mehr als 200 cm³ betragen soll, gießt man in dünnem Strahl unter häufigem Umschwenken in 100 cm³ verdünntes Ammoniak (30 cm³ 25%iges Ammoniak und 70 cm³ Wasser). Nachdem der Niederschlag sich zusammengeballt hat, filtriert man durch ein gewöhnliches Filter (Schwarzband) von 12,5 cm Durchmesser und wäscht 8- bis 10mal mit heißem Wasser aus.

Der Niederschlag von EisenIII-hydroxyd enthält quantitativ alles Antimon, Wismut und Arsen, das etwa vorhanden ist, dagegen enthält er, wie LURJE und TROITZKAJA (a) fanden, kein Cadmium, was bei den geringen Cadmiummengen, die in den Zinkkonzentraten vorhanden sind, verständlich ist. Ein Umfällen des Niederschlags ist also unnötig.

Das nach dem Abfiltrieren der Eisenfällung erhaltene Filtrat kocht man zur Entfernung des Ammoniaks, säuert es mit Schwefelsäure an, dampft es auf 200 cm³ ein, bringt es in das Elektrolysengefäß und verfährt weiter nach der oben für die Bestimmung des Cadmiums in metallischem Zink gegebenen Vorschrift.

Bemerkungen. Die Cadmiumbestimmung in einem ungerösteten Zinkkonzentrat, dessen Cadmiumgehalt nach der Schwefelwasserstoffmethode zu 0,10% ermittelt worden war, ergab 0,10 bis 0,11% Cadmium bei Einwagen von 1,0 bis 3,0 g. Der Analysengang für ein geröstetes Zinkkonzentrat unterscheidet sich von dem für ein nicht geröstetes nur durch die Verwendung von Salzsäure bei der Auflösung der Probe, da sich geröstete Konzentrate in Salpetersäure allein schlecht lösen.

2. Trennung des Cadmiums von Nickel.

Die Trennung kann nach E. F. Smith (c) so ausgeführt werden, daß man die Lösung der Sulfate mit 2 bis 3 cm³ Schwefelsäure (D 1,09) ansäuert, auf 125 cm³ verdünnt und unter Erwärmen auf 65° mit einem Strom von der Dichte $ND_{100} = 0{,}08$ Ampere und von 2,6 Volt Spannung elektrolysiert.

Die Schnelltrennung kann nach Ashbrook sowohl in schwefelsaurer als auch in phosphorsaurer Lösung erfolgen.

Trennung in schwefelsaurer Lösung. Das Volumen des Elektrolyten soll 125 cm³ betragen; er soll 1 cm³ Schwefelsäure (D 1,83) enthalten. Man elektrolysiert in der Hitze mit Schalenkathode und Spiralanode (600 bis 800 Umdr./Min.) mit 5 Ampere Stromstärke und einer Klemmenspannung von 5 Volt. Die Abscheidung von 0,3 g Cadmium dauert 10 Min.

Bemerkung. *Genauigkeit.* Bei der Bestimmung von 0,2727 g Cadmium neben 0,25 g Nickel wurden 0,2726 g Cadmium gefunden.

Trennung in phosphorsaurer Lösung. Das Volumen des Elektrolyten beträgt 125 cm³; er soll 10 cm³ Phosphorsäure (D 1,083) enthalten. Die Elektrolyse erfolgt wie oben in der Hitze mit einem Strom von 5 Ampere Stärke und 7 Volt Spannung. 0,4 g Cadmium werden in 10 Min. abgeschieden.

Trennung in Alkalihydroxyd und Kaliumcyanid enthaltender Lösung. Während die Trennung nach dem Befund verschiedener Autoren in rein cyankalischer Lösung nicht ausführbar ist, kann man nach Smith und Frankel (a) so verfahren, daß man die Lösung, die etwa 0,17 g Cadmium und 0,16 g Nickel enthalten darf, mit 2 g Kalium- oder Natriumhydroxyd und 3 g Kaliumcyanid versetzt und auf 175 cm³ verdünnt. Man elektrolysiert bei 40° bei einer Stromdichte $ND_{100} = 0{,}03$ bis 0,04 Ampere und bei 2,25 bis 3 Volt Spannung. — Die vom Cadmium befreite Lösung wird mit Schwefelsäure angesäuert und gekocht, um die Cyanide zu zerstören. Sodann neutralisiert man mit Ammoniak, gibt noch 25 cm³ Ammoniak (D 0,91) und 4 bis 5 g Ammoniumsulfat zu und fällt das Nickel mit einem Strom von 0,7 bis 1 Ampere Stärke.

Nach Holmes ist die Trennung auch in essigsaurer, natriumacetathaltiger Lösung in bewegtem Elektrolyten ausführbar.

3. Trennung des Cadmiums von Kobalt.

In schwefelsaurer Lösung gelingt die Trennung nach Freudenberg nach folgender

***Arbeitsvorschrift von* Freudenberg.** Man versetzt die Lösung der Sulfate, die 0,2 g Cadmium enthalten kann, mit 3 bis 4 cm³ konzentrierter Ammoniumsulfatlösung sowie mit 2 bis 3 cm³ verdünnter Schwefelsäure und elektrolysiert mit einer Maximalspannung von 2,8 bis 2,9 Volt.

Die schnellelektrolytische Trennung nach Spacu beruht auf der verschiedenen Zersetzungsspannung der Verbindungen $K_3Co(CN)_6$ und $K_2Cd(CN)_4$.

***Arbeitsvorschrift von* Spacu.** Zu der Lösung, die Cadmium und Kobalt als Sulfate (jedoch kein Nickel!) enthält, fügt man unter Umrühren 30%ige Kaliumcyanidlösung bis zum Auflösen des Niederschlags und dann noch 1 bis 2 cm³ im Überschuß zu. Man oxydiert nun mit 6 bis 10 Tropfen Bromwasser und vertreibt das überschüssige Brom auf dem Wasserbad. Sodann verdünnt man auf 150 cm³, fügt noch 1 cm³ Kaliumcyanidlösung hinzu (nicht mehr!), erwärmt auf 62 bis 65° und elektrolysiert mit 2,3 bis 2,4 Ampere und 3,6 bis 4 Volt in bewegtem Elektrolyten (500 bis 700 Umdr./Min.). Die Temperatur darf nicht unter 50° sinken.

Bemerkung. **Genauigkeit.** Der Fehler beträgt ± 0,1% für Cadmium.

4. Trennung des Cadmiums von Eisen.

Die Trennung kann nach FREUDENBERG in schwefelsaurer Lösung in derselben Weise erfolgen, wie oben (Abschnitt 2) für die Trennung von Nickel beschrieben wurde. Auch die dort beschriebene Schnelltrennung von Nickel nach ASHBROOK kann in gleicher Weise zur Schnelltrennung des Cadmiums von Eisen dienen.

Nach STORTENBECKER kann man die Trennung auch in cyankalischer Lösung ausführen, indem man das Eisen in Kaliumferrocyanid überführt.

***Arbeitsvorschrift von* STORTENBECKER.** Die Lösung der Sulfate in 100 cm³ Wasser wird mit einigen Tropfen verdünnter Schwefelsäure versetzt und mit 2 bis 3 g Kaliumcyanid bis zur Erzielung einer klaren Lösung erwärmt. Sodann verdünnt man auf 200 bis 250 cm³ und elektrolysiert mit einer Stromdichte von ND_{100} = 0,05 bis 0,1 Ampere.

Bemerkungen. Wenn neben dem EisenII-salz nicht allzuviel EisenIII-salz vorhanden ist, so scheidet sich zwar während der Elektrolyse EisenIII-hydroxyd ab. Dies ist aber ohne wesentlichen Nachteil. Wenn jedoch sehr viel EisenIII-salz zugegen ist, reduziert man die angesäuerte Lösung vor dem Zusatz des Kaliumcyanids mit Natriumsulfit.

5. Trennung des Cadmiums von Mangan.

E. F. SMITH (c) führt die gleichzeitige Abscheidung des Cadmiums auf der Kathode und des Mangans auf der Anode in folgender Weise aus: Man säuert die Lösung mit 2 bis 3 cm³ Schwefelsäure (D 1,09) an, verdünnt auf 125 cm³ und elektrolysiert, indem man die mattierte Schale zur Anode macht, bei einer Temperatur von 65° mit einem Strom von ND_{100} = 0,08 Ampere Stromdichte und 2,6 Volt Spannung.

Nach ASHBROOK kann die Schnelltrennung des Cadmiums von Mangan sowohl in schwefelsaurer als auch in phosphorsaurer Lösung ausgeführt werden. Die Bedingungen sind die gleichen wie bei der entsprechenden Schnelltrennung von Nickel (vgl. Abschnitt 2). Bei der Bestimmung von 0,3600 g Cadmium (in phosphorsaurer Lösung) neben 0,25 g Mangan wurden 0,3600 bzw. 0,3599 g Cadmium gefunden.

Nach WARWICK sowie HOLMES läßt sich die Trennung auch in ameisensaurer Lösung ausführen.

6. Trennung des Cadmiums von Chrom.

Nach ASHBROOK kann die Trennung in phosphorsaurer Lösung unter denselben Bedingungen erfolgen, wie sie im Abschnitt 2 für die Trennung von Nickel beschrieben worden sind. Auch E. F. SMITH (c) sowie HOLMES benutzten phosphorsaure Lösungen.

Nach KOLLOCK und SMITH läßt sich die Trennung bei Verwendung einer Quecksilberkathode auch in bewegtem, schwefelsaurem Bad ausführen. Die Elektrolyse wird bei einem Gesamtvolumen von 10 cm³ und bei Gegenwart von 3 cm³ konzentrierter Schwefelsäure mit einem Strom von 3 Ampere Stärke und 7 Volt Spannung vorgenommen. Die Abscheidung von 0,25 g Cadmium dauert 25 Min.

7. Trennung des Cadmiums von Aluminium.

Nach ASHBROOK läßt sich die Schnelltrennung des Cadmiums von Aluminium in schwefelsaurer Lösung in derselben Weise ausführen wie die im Abschnitt B beschriebene Trennung von Magnesium.

Nach KOLLOCK und SMITH kann man die Trennung unter Verwendung einer Quecksilberkathode und eines Elektrolytvolumens von 10 cm³ bei Gegenwart einiger Tropfen konzentrierter Schwefelsäure mit einem Strom von 3 Ampere Stärke und 7 Volt Spannung vornehmen. 0,25 Cadmium werden in 10 Min. gefällt.

Nach HOLMES gelingt die Trennung auch mit rotierender Anode in essigsaurer, ammoniumacetathaltiger Lösung mit geringer Stromstärke.

D. Trennung des Cadmiums von den Metallen der Schwefelwasserstoffgruppe.

1. Trennung des Cadmiums von Arsen.

Nach FREUDENBERG fällt das Cadmium aus cyankalischer Lösung arsenfrei aus, wenn die Lösung nur wenig überschüssiges Kaliumcyanid enthält und das Arsen in 5wertiger Form vorliegt. Die Spannung darf 2,6 bis 2,7 Volt nicht überschreiten.

Nach TREADWELL gelingt die Trennung des Cadmiums von 5wertigem Arsen in rasch bewegtem, ammoniakalischem Bad.

***Arbeitsvorschrift von* TREADWELL.** Man bringt die Lösung, die 0,3 g Cadmium enthalten darf, auf einen Gehalt von 3 bis 4 g Ammoniumsulfat in 100 cm³, fügt dann noch 20 Vol.-% konzentrierte Ammoniaklösung hinzu und setzt die Elektrolyse bei 60° mit zwei durch das Bad kurz geschlossenen EDISON-Zellen (einer Badspannung von 2,4 bis 2,6 Volt entsprechend) in Gang. Im Verlauf der Fällung bewegt sich die Stromstärke etwa zwischen 1 und 0,2 Ampere. Die Tourenzahl beträgt 500 bis 600. Die Abscheidung von 0,3 g Cadmium erfolgt in der Schale sowie auf der Zylinderkathode in 30 Min. und wird durch die Anwesenheit von 0,5 g Kaliumarsenat nicht beeinträchtigt.

2. Trennung des Cadmiums von Antimon.

***Arbeitsvorschrift von* SCHMUCKER (a), (b).** Nach SCHMUCKER verfährt man so, daß man die Lösung, die etwa 0,1 g Cadmium und ebensoviel Antimon (in 5wertiger Form) enthält, mit 5 g Weinsäure und 15 cm³ Ammoniakwasser versetzt und auf 175 cm³ verdünnt. Man elektrolysiert über Nacht mit geringer Stromstärke.

Bemerkungen. Der Niederschlag neigt zur Schwammbildung. Bei der Bestimmung von 0,0916 g Cadmium neben 0,1 g Antimon fand SCHMUCKER (a), (b) 0,0920 bzw. 0,0925 g Cadmium.

3. Trennung des Cadmiums von Zinn.

SCHOCH und BROWN geben zur Substanz 8 bis 10 cm³ konzentrierte Salzsäure (D 1,2) und ebensoviel Wasser zu, versetzen mit 2 g Hydroxylaminchlorhydrat, erwärmen auf 70°, verdünnen auf 150 bis 200 cm³ und scheiden das Zinn unter Beobachtung des Kathodenpotentials ab. ENGELENBURG bestätigt, daß sich das Zinn mit 1,5 Ampere Stromstärke und 2 Volt Gesamtspannung bei 35° in 30 Min. abscheiden läßt, ohne daß Cadmium mitfällt, wenn das Kathodenpotential 0,7 Volt nicht überschreitet.

Zur Abscheidung des Cadmiums bringt man die gewogene Elektrode in die gleiche Lösung und fällt das Cadmium bei 55 bis 70° mit einem Strom von 1 Ampere und 1,8 Volt in 40 bis 60 Min.

Nach LASSIEUR soll die Lösung bei einem Volumen von 150 cm³ 15 cm³ Salzsäure (D 1,19) und 1 g Hydroxylaminchlorhydrat enthalten. Man scheidet zunächst das Zinn bei einem „Hilfspotential" (vgl. S. 253, Trennung des Cadmiums von Zink in salzsaurer Lösung) von 480 Millivolt ab. Danach neutralisiert man die Lösung bis zum Farbumschlag von Thymolblau nach Gelb und stellt nun durch Zugabe von Salzsäure auf den roten Farbton ein. Sodann scheidet man das Cadmium bei einem Hilfspotential von 650 Millivolt ab.

4. Trennung des Cadmiums von Silber.

Die Trennung kann in der Weise erfolgen, daß man das Silber in der üblichen Weise in salpetersaurer Lösung mit einer Maximalspannung von 1,35 bis 1,38 Volt fällt. Aber auch andere Elektrolyte, z. B. cyankalische Lösungen, können für diese Trennung benutzt werden. So nehmen SMITH und WALLACE (b) die Fällung des Silbers in cyankalischer Lösung bei 65° bei einer Stromdichte $ND_{100} = 0{,}04$ Ampere vor. Ähnlich arbeiten FULWEILER und SMITH, die bei einer Badspannung von 2,5 bzw. 1,2 Volt und einer Stromdichte $ND_{100} = 0{,}015$ bis 0,04 Ampere fällen.

5. Trennung des Cadmiums von Quecksilber.

***Arbeitsvorschrift von* CLASSEN *und* DANNEEL.** Die Lösung, die auf 125 cm³ 1 cm³ konzentrierte Schwefelsäure enthalten soll, wird auf 65° erwärmt und das Quecksilber mit einem Strom von $ND_{100} = 0{,}5$ Ampere Stromdichte und 3,5 Volt Spannung gefällt. Der Niederschlag wird in der Schale ohne Unterbrechung des Stromes ausgewaschen. In der durch Eindampfen konzentrierten Flüssigkeit kann das Cadmium nach den bei der Einzelbestimmung gegebenen Vorschriften direkt oder nach Umwandlung in eine cyankalische Lösung bestimmt werden.

***Arbeitsvorschrift von* SAND (a).** Nach SAND gelingt die Schnelltrennung in salpetersaurer Lösung unter Beobachtung des Kathodenpotentials. Die Lösung soll bei einem Volumen von 85 cm³ etwas weniger als 1 cm³ konzentrierte Salpetersäure enthalten. Man elektrolysiert in der Siedehitze unter Anwendung einer rotierenden Netzelektrode (600 Umdr./Min.) und eines Potentials der Hilfselektrode (Kalomelelektrode) von 0,15 Volt.

***Arbeitsvorschrift von* KOLLOCK.** KOLLOCK nimmt die Trennung in cyankalischem Bad vor. Die Lösung wird zu diesem Zweck mit 2,5 g reinem Kaliumcyanid versetzt, auf 125 cm³ aufgefüllt und bei 65° mit einem Strom von $ND_{100} = 0{,}018$ Ampere Stromdichte und 1,7 Volt Spannung zuerst das Quecksilber gefällt, was etwa 7 Std. dauert. Dann wird das Cadmium mit stärkerem Strom (vgl. Einzelbestimmung) abgeschieden.

Bemerkung. Auch FREUDENBERG nimmt die Trennung in cyankalischem Elektrolyten vor.

6. Trennung des Cadmiums von Blei.

Die Trennung erfolgt in der Weise, daß man das Blei als BleiIV-oxyd aus salpetersaurer Lösung abscheidet. Die Lösung soll hierbei 15 bis 20% Salpetersäure (D 1,35 bis 1,38) enthalten.

7. Trennung des Cadmiums von Wismut.

Die Trennung kann so ausgeführt werden, daß man das Wismut nach BRUNCK in salpetersaurer Lösung fällt.

***Arbeitsvorschrift von* BAUMANN.** BAUMANN verwendet eine Quecksilberkathode und elektrolysiert die 35 cm³ betragende Lösung mit einem Strom von 0,15 bis 0,01 Ampere und 1,6 bis 1,75 Volt. 0,2 g Wismut werden so in 70 Min. abgeschieden.

Da das Cadmium aus ziemlich stark salpetersaurer Lösung nicht oder jedenfalls nicht vollständig abgeschieden wird, dampft man dieselbe zur Trockne und nimmt den Rückstand mit 2 bis 4 Tropfen konzentrierter Schwefelsäure und Wasser auf.

Bemerkung. BAUMANN erwähnt, daß bei der Wismutabscheidung leicht Dioxyd an der Anode gebildet wird, das aber nicht haftet, sondern sich in Flocken auf dem Quecksilber absetzt. Wenn es sich bereits gebildet hat, gelingt seine Reduktion selten vollständig.

***Arbeitsvorschrift von* KAMMERER.** Nach KAMMERER trennt man das Wismut von Cadmium, indem man die salpetersaure Lösung, die 0,1 bis 0,15 g Wismut enthält, mit 2 cm³ Schwefelsäure (D 1,84) und 1 g Kaliumsulfat versetzt, auf

150 cm^3 verdünnt und 8 bis 9 Std. mit einem Strom von 0,02 Ampere und in der letzten Stunde mit einem solchen von 0,04 Ampere und 1,8 Volt bei einer Temperatur von 45 bis 50° elektrolysiert. Als Kathode verwendet man eine polierte Platinschale, als Anode einen Zylinder aus Platingaze.

***Arbeitsvorschrift von* SAND (a).** Nach SAND wird die Trennung in bewegtem Elektrolyten unter Kontrolle des Kathodenpotentials in der Weise ausgeführt, daß man die Lösung, die etwa 0,38 g Wismut und die gleiche Menge Cadmium enthält, mit 2,5 cm^3 konzentrierter Salpetersäure und 18 g Weinsäure versetzt, auf 80° erhitzt und das Potential der Hilfselektrode auf 0,43 Volt einstellt. Bei einer Badspannung von etwa 1,7 Volt soll die anfängliche Stromstärke 3 Ampere betragen. Das Potential der Hilfselektrode läßt man auf 0,53 Volt steigen. Nach 10 Min. ist das Wismut gefällt, wobei die Stromstärke bis auf 0,2 Ampere herabsinkt. Die vom Wismut befreite Lösung wird mit 17 g Natriumhydroxyd alkalisch gemacht und in der Kälte mit einem Strom von 2 Ampere Stärke bei 2,7 Volt Badspannung elektrolysiert. Die Abscheidung des Cadmiums dauert etwa 18 Min.

***Arbeitsvorschrift von* RICHARDSON.** RICHARDSON führt die Trennung bei Gegenwart von Milchsäure aus. Man elektrolysiert die Lösung, die etwa 0,1 g Wismut und ebensoviel Cadmium enthält, nach Zusatz von 1 cm^3 Milchsäure bei Zimmertemperatur bei einer Spannung von 2,1 Volt. Dabei sinkt die Stromstärke allmählich von etwa 1 Ampere auf 0,015 Ampere und wird schließlich am Ende der Elektrolyse konstant.

***Arbeitsvorschrift von* RAUNERT.** Für die Trennung in saurem Bad löst man in der Flüssigkeit, die 1 cm^3 konzentrierte Salpetersäure enthalten soll, 15 g Weinsäure. Dann beginnt man die Elektrolyse bei 50° mit 2 Volt, bis die Stromstärke auf $^1/_3$ des anfänglichen Wertes gesunken und das charakteristische Schwanken am Voltmeter zu beobachten ist. Sodann wird die Spannung auf 1,9 Volt erniedrigt und die Abscheidung zu Ende geführt. In 1 bis $1^1/_2$ Std. ist das Wismut abgeschieden. Es besitzt platinähnliches Aussehen. Cadmium konnte RAUNERT darin nicht nachweisen.

Zur Abscheidung des Wismuts aus alkalischem Bad wird die Lösung mit 15 g Kaliumnatriumtartrat, 5 cm^3 30%iger Natronlauge und 30 cm^3 10%iger Kaliumcyanidlösung versetzt. Das Gesamtvolumen soll 80 bis 90 cm^3 betragen. Die Elektrolyse, die mit 1,75 Volt vorgenommen wird, dauert etwa 2 Std. Erwärmen begünstigt die elektrolytische Abscheidung.

8. Trennung des Cadmiums von Kupfer.

***Arbeitsvorschrift von* FOERSTER.** Die Trennung erfolgt am besten, indem man das Kupfer aus der 10 Vol.-% 2 n Schwefelsäure enthaltenden Lösung bei 70 bis 80° mit einer Spannung von 1,9 bis 2 Volt (Bleiakkumulator als Stromquelle) abscheidet. — Während größere Mengen Schwefelsäure nicht schaden, darf freie Salpetersäure nicht vorhanden sein.

Bemerkungen. Nach Angaben von TREADWELL läßt sich auf diese Weise das Kupfer auch von verhältnismäßig großen Cadmiummengen glatt trennen. So wurden bei der Bestimmung von 0,1840 g Kupfer neben 10 g Cadmium in 0,1 bzw. 0,2 n schwefelsaurer Lösung (Volumen 150 cm^3) 0,1846 bzw. 0,1841 g Kupfer gefunden. Die Fällung wurde bei ruhendem Elektrolyten unter Verwendung WINKLERscher Netzelektroden vorgenommen. Bei einer Abscheidungstemperatur von 60° war sie in $3^1/_2$ Std. beendet. — Die Abscheidung des Cadmiums kann nach einer der bei der Einzelbestimmung beschriebenen Methoden erfolgen.

***Arbeitsvorschrift von* TREADWELL. (Trennung in salpetersaurer Lösung.)** Aus salpetersaurer Lösung fällt man das Kupfer am einfachsten unter Benutzung zweier durch das Bad kurz geschlossener EDISON-Zellen. Die Lösung kann auf

100 cm³ etwa 3 cm³ konzentrierte Salpetersäure enthalten. Man elektrolysiert in der Kälte mit einem Strom von 0,8 bis 0,2 Ampere und 2,2 bis 2,5 Volt. Die Unterbrechung des Stromes wird bei Verwendung einer Netzkathode durch allmähliches Herausheben derselben aus der Flüssigkeit und gleichzeitiges Abspritzen mit destilliertem Wasser, bei Verwendung der Schale durch rasches Ausgießen und sofortiges Abspülen mit destilliertem Wasser und nicht durch Abhebern bewirkt.

Die nachfolgende Bestimmung des Cadmiums kann in ammoniakalischer oder cyankalischer Lösung erfolgen.

***Arbeitsvorschrift von* Treadwell. (Trennung in chloridhaltiger Lösung.)** In Gegenwart von Chloriden kann die Fällung des Kupfers in ammoniakalischer, ammoniumsalzhaltiger Lösung mittels einer durch das Bad kurz geschlossenen Bleizelle erfolgen. — Bei der Bestimmung von 0,0925 g Kupfer neben 1,4 g Cadmium (wobei die Lösung 5 g Ammoniumchlorid und 15 cm³ konzentrierte Ammoniaklösung im Überschuß enthielt) fand Treadwell 0,0922 g Kupfer. Die Dauer der Abscheidung betrug 3½ Std. Bei noch größerem Cadmiumgehalt der Lösung werden gegen Ende der Kupferfällung merkliche Mengen Cadmium mit niedergeschlagen.

Das Kupfer kann auch in cyankalischer Lösung von Cadmium getrennt werden. Die nötigenfalls mit Kalilauge neutralisierte Lösung der beiden Metalle wird mit Kaliumcyanidlösung versetzt, bis sich der zunächst entstehende Niederschlag wieder gelöst hat. Sodann fügt man noch einen Überschuß von 3 bis 4 g Kaliumcyanid zu, verdünnt und elektrolysiert bei einer 2,6 bis 2,7 Volt nicht übersteigenden Spannung.

***Schnelltrennung nach* Treadwell.** Die Schnelltrennung in salpetersaurer Lösung wird nach Treadwell in einfachster Weise mit zwei durch das Bad kurz geschlossenen Edison-Zellen ohne Anwendung von Meßinstrumenten vorgenommen. Man verwendet eine Netz- oder Zylinderkathode (800 Umdr./Min.). Auf 100 cm³ der zu analysierenden Lösung können nach Treadwell 1 bis 3 cm³ konzentrierte Salpetersäure vorhanden sein. Böttger rät, jedoch nicht mehr als 2 cm³ Salpetersäure (D 1,4) auf 100 cm³ zu verwenden und das Leitvermögen eher durch Zusatz von 4 bis 5 g Ammoniumsulfat, gegebenenfalls auch von Ammoniumnitrat, zu erhöhen. Man elektrolysiert in der Kälte oder Hitze mit einem Strom von 3,3 bis 0,6 Ampere Stärke und einer Klemmenspannung von 2,0 bis 2,5 Volt. 0,4 g Kupfer werden in 10 bis 15 Min. abgeschieden.

Bemerkungen. Der Fehler beträgt etwa 0,1 bis 0,2 mg.

Wie Sand (a) und auch Fischer gezeigt haben, kann man die Stromstärke bis auf 10 Ampere erhöhen. Nach Treadwell ist der Zeitgewinn jedoch nicht groß und die Genauigkeit jedenfalls geringer als bei obiger Arbeitsweise.

***Arbeitsvorschrift von* Ashbrook.** Ashbrook führt die Trennung unter Verwendung der Platinschale als Kathode und einer mit 300 bis 400 Umdr./Min. rotierenden Platinspirale als Anode aus. Die Lösung, die auf 125 cm³ 1 cm³ Salpetersäure (D 1,43) enthält, wird mit einem Strom von $ND_{100} = 3$ Ampere Stromdichte und 4 bis 5 Volt Spannung elektrolysiert. 0,27 g Kupfer werden in 20 Min. abgeschieden.

***Arbeitsvorschrift von* Denso.** Denso nimmt die Trennung in schwefelsaurem Bad vor. Aus der Lösung, die etwa 0,13 g Kupfer und 0,1 g Cadmium enthält und 2 n schwefelsauer ist, wird zunächst mit einer Spannung von 2 Volt (durch das Bad kurz geschlossener Akkumulator) das Kupfer abgeschieden. Als Kathode dient ein Drahtnetzzylinder und als Anode ein schraubenförmig gewundener platinierter Platindraht, der an dem Klöppel einer elektrischen Klingel befestigt ist, so daß er sich rasch hin und her bewegt. Die Fällung des Kupfers dauert etwa 1 Std. Aus der vom Kupfer befreiten Lösung scheidet man das Cadmium mit einem Strom von 0,57 Ampere und 2,6 Volt ab.

9. Trennung des Cadmiums von Gold und Osmium.

Nach MILLER gelingt die Trennung von Gold in cyankalischer Lösung nicht, jedoch in phosphorsaurer, phosphathaltiger Lösung. TREADWELL dagegen ist der Ansicht, daß nur der cyankalische Elektrolyt praktisches Interesse besitzt. Da zur Abscheidung des Goldes aus cyankalischer Lösung bei etwa 60° eine Badspannung von 2 Volt und eine Stromstärke von einigen Hundertstelampere/dm² ausreichen, besteht die Möglichkeit der Trennung von zahlreichen Metallen, u. a. auch von Cadmium.

Während in cyankalischer Lösung nach SMITH und FRANKEL (a) die Trennung von Palladium und nach SMITH und MUHR auch die Trennung von Platin nicht gelingt, ist die Trennung von Osmium nach SMITH und WALLACE (c) in diesem Elektrolyten ausführbar, jedoch soll der Cyanidgehalt der Lösung nicht zu groß sein. Man verwendet für eine Lösung, die auf 150 cm³ etwa 0,17 g Cadmium und 0,15 g Osmium enthält, 1,5 g Kaliumcyanid.

10. Trennung des Cadmiums von Molybdän und Wolfram.]

Wie SMITH und FRANKEL (a) festgestellt haben, werden Molybdän und Wolfram aus den mit Kaliumcyanid versetzten Lösungen von Ammoniummolybdat und Ammoniumwolframat nicht gefällt, so daß es möglich ist, hierauf eine elektrolytische Trennung der beiden Metalle von Cadmium zu gründen. Nach TREADWELL verfährt man zur Trennung von Wolfram so, daß man die Lösung, die bei einem Gesamtvolumen von 90 cm³ etwa 0,2 g Cadmium neben 0,3 g Natriumwolframat enthält, mit 4 g Ammoniumsulfat und 20 cm³ konzentriertem Ammoniak versetzt. Man elektrolysiert in der Schale mit rotierender Scheibe mit einer Badspannung von 2,6 Volt und einer Stromstärke von 0,7 bis 0,2 Ampere. Die Abscheidung des Cadmiums dauert 30 Min. Anstatt der angewendeten 0,2175 g Cadmium wurden 0,2180 g gefunden.

Literatur.

ALEMANY, J.: An. Españ. II, **17**, 174 (1920); durch C. **91 II**, 120 (1920). — ASHBROOK, D. S.: Am. Soc. **26**, 1383 (1904). — AVERY, S. u. B. DALES: Am. Soc. **19**, 379 (1897).

BALACHOWSKY, D.: C. r. **131**, 385 (1890). — BAUMANN, P.: Z. anorg. Ch. **74**, 315 (1912). — BEILSTEIN, F. u. L. JAWEIN: B. **12**, 759 (1879). — BENNER, R. C.: Am Soc. **32**, 1231 (1910). — BENNER, R. C. u. W. H. ROSS: Am Soc. **33**, 1106 (1911). — BEYER, A.: Diss. Dresden 1906. — BÖTTGER, W.: Elektroanalyse, in: Physikalische Methoden der analytischen Chemie, herausgegeben von W. BÖTTGER, 2. Teil, S. 220ff. Leipzig 1936. — BÖTTGER, W., N. BLOCK u. M. MICHOFF: Fr. **93**, 401 (1933). — BRAND, A.: Fr. **28**, 581 (1889). — BRENNECKE, E.: Fr. **75**, 321 (1928). — BRUNCK, O.: Ch. Z. **36**, 1233 (1912). — BÜTTGENBACH, E.: Fr. **65**, 452 (1924/25).

CLARKE, F. W.: Am. J. Sci. [3] **16**, 200 (1878). — CLASSEN, A.: (a) B. **17**, 2467 (1884); (b) **27**, 2060 (1894). — CLASSEN, A. u. H. DANNEEL: Quantitative Analyse durch Elektrolyse, 7. Aufl., S. 183. Berlin 1927. — CLASSEN, A. u. M. A. v. REIS: B. **14**, 1662 (1881). — COLLIN, E. M. Analyst **55**, 312, 495 u. 680 (1930).

DAVISON, A. L.: Am. Soc. **27**, 1275 (1905). — DENSO, P.: Z. El. Ch. **9**, 468 (1903).

ELIASBERG, S.: Fr. **24**, 548 (1885). — ENGELENBURG, A. J.: Fr. **62**, 257 (1923). — EXNER, Fr. F.: Am. Soc. **25**, 896 (1903).

FETKENHEUER, B. u. E. CREMER: Wiss. Veröffentl. Siemens-Konzern **12**, 168 (1932). — FIFE: J. G.: Analyst **61**, 681 (1936). — FISCHER, A.: „Die chemische Analyse", Bd. 4/5: Elektroanalytische Schnellmethoden, S. 141ff. Stuttgart 1908. — FISCHER, A. u. R. J. BODDAERT: Z. El. Ch. **10**, 945 (1904). — FISCHER, A. u. K. KRAYER: Vgl. FISCHER a. a. O., S. 144. — FISCHER, A. u. A. SCHLEICHER: „Die chemische Analyse", Bd. 4/5: Elektroanalytische Schnellmethoden, 2. Aufl., S. 194ff. Stuttgart 1926. — FLORA, CH. P.: (a) Z. anorg. Ch. **47**, 1, 20 (1905); (b) Am. J. Sci. [4] **20**, 268, 392, 454 (1905). — FOERSTER, F.: Angew. Ch. **19**, 1890 (1906). — FOGELSSON, J. I. u. N. W. KALMYKOWA: Betriebslab. **6**, 884 (1937); durch C. **109 II**, 1823 (1938). — FRANÇOIS, M.: A. Ch. [9] **12**, 178 (1919). — FREUDENBERG, H.: Ph. Ch. **12**, 97 (1893). — FULWEILER, W. H. u. E. F. SMITH: Am. Soc. **23**, 582 (1901).

GUZMÁN, J. u. P. POCH: An. Españ. **15**, 235 (1917). — GUZMÁN, J. u. A. RANCANO: An. Españ. **31**, 348 (1933); durch C. **104 II**, 913 (1933).

HEIDENREICH, M.: B. **29**, 1585 (1896). — HOLLAND, A.: Bl. [3] **29**, 217 (1903). — HOLMES, M. E.: Am. Soc. **30**, 1865 (1908). — HOLMES, M. E. u. M. V. DOVER: Am. Soc. **32**, 1251 (1910).

KAMMERER, A. L.: Am. Soc. 25, 83 (1903). — KOLLOCK, L. G.: Am. Soc. 21, 911 (1899). — KOLLOCK, L. G. u. E. F. SMITH: Am. Soc. 29, 797 (1907). — KOLOSŻOW, W. I. u. J. J. LURJE: Handelsstandard S. S. S. R. Farbige Metalle, Ausgabe 45; durch LURJE, J. J. u. M. I. TROITZKAJA (a).

LASSIEUR, A.: Bl. [4] 39, 1167 (1926). — LUCKOW, C.: Fr. 19, 1 (1880). — LURJE, J. J. u. M. I. TROITZKAJA: (a) Fr. 107, 34 (1936); (b) Ann. Chim. anal. [3] 20, 61 (1938).

MACHEK, F.: Durch HELLER, K. u. F. MACHEK, Mikrochemie 19, 147 (1935/36). — MEDWAY, H. E.: Am. J. Sci. [4] 18, 56, 180 (1904). — MILLER, S. P.: Am. Soc. 26, 1255 (1904). — MILLER, E. H. u. R. W. PAGE: Z. anorg. Ch. 28, 233 (1901). — MOORE, TH.: Chem. N. 53, 209 (1886). — MÜLLER, W. u. A. SIEVERTS: Spectrochim. A. 1, 332 (1940).

NEUMANN, B.: Theorie und Praxis der analytischen Elektrolyse der Metalle, S. 129. Halle 1897.

OKÁČ, A.: Fr. 89, 106 (1932).

PAWECK, H.: Z. El. Ch. 5, 221 (1898/99). — PAWECK, H. u. R. WEINER: Fr. 72, 225 (1927).

RAUNERT, M.: Diss. Jena 1929. — RICHARDSON, B. P.: Z. anorg. Ch. 84, 277 (1914). — RIMBACH, E.: 37, 284 (1898).

SAND, H. J. S.: (a) Soc. 91, 373 (1907); (b) Analyst 55, 309 (1930). — SCHLEICHER, A.: Met. Erz 24, 386 (1927). — SCHLEICHER, A. u. L. TOUSSAINT: (a) Angew. Ch. 39, 822 (1926); (b) durch A. FISCHER und A. SCHLEICHER a. a. O., S. 208. — SCHMUCKER, S. C.: (a) Am. Soc. 15, 195 (1893); (b) Z. anorg. Ch. 5, 199 (1894). — SCHOCH, E. P. u. D. J. BROWN: Am. Soc. 38, 1660 (1913). — SMITH, E. F.: (a) Am. Chem. J. 2, 41 (1880/81); (b) 12, 329 (1890); (c) Quantitative Elektroanalyse. Deutsche Ausgabe von A. STÄHLER, S. 85, 204ff. Leipzig 1908. — SMITH, E. F. u. L. K. FRANKEL: (a) Am. Chem. J. 12, 104, 428 (1890); (b) Chem. N. 60, 9, 262 (1890). — SMITH, E. F. u. E. B. KNERR: Am. Chem. J. 8, 210 (1886). — SMITH, E. F. u. F. MUHR: B. 24, 2175 (1891). — SMITH, E. F. u. D. L. WALLACE: (a) Z. El. Ch. 5, 167 (1898/99); (b) 2, 312 (1895/96); (c) B. 25, 779 (1892). — SMITH, E. J.: B. 11, 2048 (1878). — SPACU, G.: Bl. Soc. Stiinte Cluj 2, 23 (1924); durch C. 95 I, 1696 (1924). — STORTENBECKER, W.: Z. El. Ch. 4, 409 (1898).

TREADWELL, W. D.: Elektroanalytische Methoden, S. 123ff. Berlin 1915. — TREADWELL, W. D. u. K. S. GUITERMAN: Fr. 52, 459 (1913).

ULLGREN, CL.: Fr. 7, 442 (1868).

VORTMANN, G.: B. 24, 2749 (1891).

WALLACE, D. L. u. E. F. SMITH: Am. Soc. 19, 870 (1897). — WALLER, A.: Z. El. Ch. 4, 241 (1897). — WARWICK, H. S.: Z. anorg. Ch. 1, 285 (1892). — WIELAND, J.: B. 17, 1612 (1884). — WOLMANN, L.: Z. El. Ch. 3, 537 (1896/97).

YVER, A.: Bl. [2] 34, 18 (1880).

§ 3. Bestimmung unter Abscheidung als Cadmiumsulfid.

CdS, Molekulargewicht 144,47.

Allgemeines.

Im Gegensatz zum Zinksulfid entspricht die Zusammensetzung des aus schwefelsaurer und besonders des aus salzsaurer Lösung gefällten Cadmiumsulfids nicht genau der Formel. Man verfährt deshalb im allgemeinen so, daß man das Sulfid nach dem Auswaschen in verdünnter Salzsäure löst, die Lösung mit Schwefelsäure abraucht und das Cadmium als Sulfat zur Wägung bringt.

Eigenschaften des Cadmiumsulfids. Das Cadmiumsulfid ist je nach den Bedingungen, unter denen es sich bildet, eine amorphe oder krystalline Substanz, deren Farbe von Hellgelb bis Ziegelrot wechseln kann. Nach EGERTON und RALEIGH erhält man gelbes Sulfid im allgemeinen durch Fällung kalter alkalischer, rotes durch Fällung heißer, saurer Lösungen. Die gelbe Form wird beim Erhitzen orangerot und beim Abkühlen wieder gelb[1]. Auch durch Reiben und durch Druck wird Farbveränderung bewirkt.

Während FOLLENIUS die verschiedenen Färbungen auf wechselnde Mengen eingeschlossener Verunreinigungen zurückführt, nimmt BUCHNER an, daß zwei verschiedene, nicht nachweisbar krystallisierte Formen in dem gefällten Sulfid vorliegen, eine citronengelbe α-Form und eine mennigrote β-Form, die bei der gewöhn-

[1] Nach C. R. FRESENIUS (Anleitung zur qualitativen chemischen Analyse, 17. Aufl., S. 271. Braunschweig 1919) wird sowohl durch Schwefelwasserstoff als auch durch Ammoniumsulfid aus alkalischen, neutralen und sauren Lösungen lebhaft gelbes (je nach Säureüberschuß und Temperatur auch orangegelbes bis rotes) Cadmiumsulfid gefällt.

lichen Darstellung auf nassem Wege meist nebeneinander entstehen. Nach ALLEN und CRENSHAW (a), (b) hängen jedoch die verschiedenen Färbungen hauptsächlich von der amorphen oder krystallinen Beschaffenheit und dem Verteilungszustand und in geringerem Maße von der Form und der Natur der Oberfläche ab.

Dichte. Die Dichteangaben weichen stark voneinander ab. Nach v. KLOBUKOW beträgt die Dichte gelber Präparate, die bei 105 bis 107° getrocknet worden sind, bei 17,5° 3,906 bis 3,927, die der orange gefärbten Form 4,492 bis 4,513. Natürliches Cadmiumsulfid (Greenockit) hat die Dichte 4,8.

Löslichkeit in reinem Wasser. Nach WEIGEL ist die aus Leitfähigkeitsmessungen an gesättigten Lösungen bestimmte molare Löslichkeit in reinem Wasser unter Annahme quantitativer Hydrolyse des gelösten Sulfids für gefälltes Sulifd bei 18° $9{,}00 \cdot 10^{-6}$, für künstlichen Greenockit $8{,}99 \cdot 10^{-6}$. Nach BILTZ beträgt die molare Löslichkeit bei 16 bis 18° (ultramikroskopisch bestimmt) $6{,}6 \cdot 10^{-6}$. Das Löslichkeitsprodukt ist nach BRUNER und ZAWADZKI für ein Sulfid, das aus Cadmiumchloridlösung gefällt ist, $7{,}1 \cdot 10^{-28}$, für ein aus Cadmiumsulfatlösung gefälltes $5{,}1 \cdot 10^{-28}$.

Löslichkeit in verdünnten Säuren. Von verdünnten Säuren wird frisch gefälltes Cadmium teilweise gelöst, und zwar von Salzsäure wesentlich leichter als von Schwefelsäure, wobei Schwefelwasserstoff entwickelt wird. Salpetersäure löst unter Abscheidung von Schwefel, der zum Teil wieder oxydiert wird. Geglühtes Cadmiumsulfid wird von verdünnten Säuren nur oberflächlich angegriffen.

Löslichkeit in Ammoniumsulfidlösung. In Ammoniumsulfidlösung soll sich Cadmiumsulfid nach DITTE mit steigender Temperatur zunehmend bis zu 2 g im Liter lösen. Nach anderen Autoren ist jedoch die Löslichkeit in Ammoniumsulfid sehr gering. Nach FRESENIUS beträgt sie bei 60° nur 0,0706 g im Liter, und nach NOYES und BRAY ist das Cadmiumsulfid in Ammoniumsulfid unlöslich.

Löslichkeit in Alkali- oder Ammoniumchloridlösung. In konzentrierter, schwach saurer Alkali- oder Ammoniumchloridlösung ist Cadmiumsulfid nach Angaben von CUSHMAN sowie von BAXTER und HINES löslich.

Verhalten beim Erhitzen an der Luft. Wie bereits FOLLENIUS angibt, oxydiert sich das Cadmiumsulfid beim gelinden Erhitzen an der Luft kaum. Das in der Kälte aus schwach saurer Lösung gefällte Sulfid oxydiert sich nach BAUBIGNY bei 350° leicht, während krystallisiertes Sulfid sich bei 450 bis 480° kaum verändert.

Bestimmungsverfahren.

Vorbemerkung. Die Fällung des Cadmiumsulfids hängt sowohl bezüglich der äußeren Form und der Zusammensetzung des Niederschlags als auch besonders hinsichtlich der Geschwindigkeit der Abscheidung stark von der Zusammensetzung der Lösung ab. Dementsprechend weichen die Angaben der verschiedenen Autoren über die zweckmäßigsten Fällungsbedingungen häufig voneinander ab.

MANCHOT, GRASSL und SCHNEEBERGER haben Versuche zur Festlegung des Gebietes völliger, teilweiser und ausbleibender Fällung bei wechselnder Salzsäurekonzentration ausgeführt. Sie benutzten dabei eine Lösung, die in 110 cm³ 0,2226 g Cadmium enthielt, also 0,018 mol war. Die Fällung nahmen sie bei 20° mit einem Schwefelwasserstoffüberdruck von 35 cm Wassersäule vor. Sie betonen, daß die Trägheit der Abscheidung im Gebiet der teilweisen Fällung eine ganz genaue Festlegung eben dieses Gebietes verhindert. In manchen Fällen dauerte es Tage, bis überhaupt der erste Niederschlag sichtbar wurde, und wiederum Tage, bis sich die Menge desselben nicht mehr zu vermehren schien. Tabelle 5, S. 266 gibt die Verhältnisse wieder.

Wie die dort angegebenen Werte zeigen, muß für die quantitative Fällung einer etwa 0,02 mol Cadmiumlösung die Salzsäurekonzentration kleiner als rund 1,38 n sein, und von einer Salzsäurekonzentration von rund 2,74 n an bleibt die Fällung überhaupt aus.

Tabelle 5. Fällung einer salzsauren 0,018 mol Cadmiumlösung bei 20°.

HCl-Konzentration n	In Lösung gebliebenes Cadmium g/100 cm³	Induktionszeit[1]	Versuchsdauer
0,0949	0,0000		
0,960	0,0000		
1,251	0,0000		
1,378	0,0000	10 bis 12 Min.	10 Std.
1,484	0,0044	etwa 30 Min.	16 Std.
1,740	0,0096	„ 2 Std.	1 Tag
1,983	0,0220	„ 6 Std.	2 Tage
2,250	0,0442	„ 2 Tage	5 Tage
2,377	0,0698	„ 3 Tage	7 Tage
2,414	0,0817	„ 4 Tage	9 Tage
2,538	0,1866	„ 5 Tage	10 Tage
2,737	0,2226	—	16 Tage

KRISHNAMURTI hat die bei 25° zur Verhinderung der Fällung mindestens erforderliche Salzsäurekonzentration für Lösungen stark verschiedener Cadmiumchloridkonzentration ermittelt, indem er 6 Std. lang Schwefelwasserstoff einleitete. Seine Ergebnisse werden durch die folgende Tabelle 6 veranschaulicht.

Bei Gegenwart von Alkali- oder Erdalkalichloriden wirken bereits etwas niedrigere Salzsäurekonzentrationen als die in Tabelle 6 angeführten fällungsverhindernd.

Zusammenfassend kann gesagt werden, daß die Fällungsweise von wesentlichem Einfluß auf die Fällungsgeschwindigkeit ist. Langes Einleiten von Schwefelwasserstoff ist viel vorteilhafter als langes Stehenlassen der mit Schwefelwasserstoff gesättigten Lösung. Temperaturerhöhung wirkt der Fällbarkeit entgegen. MANCHOT, GRASSL und SCHNEEBERGER erzielten aus einer Lösung, die 4,53 Vol.-% Salzsäure enthielt, bei 50° auch nach einigen Stunden noch keine Fällung. Erst beim Abkühlen fiel das Cadmiumsulfid langsam aus. FOLLENIUS gibt an, daß bei 70° die Abscheidung von etwa 0,25 g Cadmium aus 100 cm³ Flüssigkeit bereits in 0,4 n Salzsäure unvollständig wird und daß zur vollständigen Fällung die Salzsäurekonzentration 0,33 n nicht überschreiten dürfe.

Tabelle 6.

$CdCl_2$-Konzentration mol	HCl-Konzentration n	$CdCl_2$-Konzentration mol	HCl-Konzentration n
0,005	1,50	0,10	4,50
0,01	2,05	0,20	5,20
0,03	3,20	0,30	5,40
0,05	3,80	0,50	5,55
0,08	—	0,70	5,65
—	—	1,00	5,75

Tabelle 7.

Säurekonzentration	Ammoniumsalzkonzentration g/100 cm³	Temperatur bei Fällungsbeginn
0,49 n HCl	—	30—40°
0,49 n HCl	20 g $(NH_4)_2SO_4$	90—95°
0,35 n HCl	—	85°
0,35 n HCl	10 g NH_4Cl	25°
0,35 n HCl	20 g NH_4Cl	auch nach längerem Einleiten bei 20° keine Fällung
2,5 n H_2SO_4	—	70—75°
2,5 n H_2SO_4	5 g $(NH_4)_2SO_4$	70°
2,5 n H_2SO_4	20 g $(NH_4)_2SO_4$	75°
1,3 n H_2SO_4	—	80—85°
1,3 n H_2SO_4	10 g NH_4Cl	25°
1,3 n H_2SO_4	20 g NH_4Cl	auch nach längerem Einleiten bei 20° keine Fällung

Aus chloridfreier, schwefelsaurer Lösung fällt das Cadmiumsulfid bedeutend leichter aus als aus salzsaurer Lösung. Dies hängt offenbar mit der Neigung des Cadmiums zusammen, Chlor-Ionen komplex zu binden. Dementsprechend sind bei der quantitativen Abscheidung des Cadmiums aus schwefelsaurer Lösung höhere Säurekonzentrationen zulässig als bei der Abscheidung aus salzsaurer Lösung. Die höchstens zulässige Säurekonzentration beträgt

[1] Unter Induktionszeit ist die Zeit zu verstehen, die bis zum ersten Auftreten eines Niederschlags verstreicht.

bei Zimmertemperatur für eine etwa 0,02 mol Cadmiumlösung ungefähr 6,2 n, bei 70° dagegen nur etwas über 2 n. Die aus schwefelsaurer Lösung gefällten Niederschläge sind rot sowie schwerer und körniger als das aus salzsaurer Lösung gefällte Sulfid; auch neigen sie viel weniger dazu, Zink mitzureißen.

Nicht nur die Säurekonzentration, sondern auch die Anwesenheit von Alkali- und Ammoniumsalzen beeinflußt die Fällbarkeit des Cadmiumsulfids stark. Während einerseits die Anwesenheit von Sulfaten die Fällung aus salzsaurer Lösung begünstigt, wird andererseits die Abscheidung aus schwefelsaurer Lösung durch Chloride gehemmt. LUFF fällte 0,01 g Cadmium aus 100 cm³ Lösung bei Gegenwart von Ammoniumsalzen. Seine Versuche sind in Tabelle 7, S. 266 zusammengestellt.

Die fällungshindernde Wirkung der Chloride bestätigen auch TREADWELL und GUITERMAN, die fanden, daß etwa 0,2 g Cadmium in 100 cm³ 6 n Schwefelsäure in Gegenwart von 5 g Natrium- oder Ammoniumchlorid bei $^1/_2$stündigem Einleiten von Schwefelwasserstoff keine Fällung geben, daß ferner neben 10 g dieser Chloride bereits in 3 n Schwefelsäure keine Fällung mehr erfolgt.

A. Gewichtsanalytische Bestimmung.

1. Wägung als Cadmiumsulfid.

Arbeitsvorschrift. Am zweckmäßigsten nimmt man die Fällung in heißer schwefelsaurer Lösung vor. Bei einer Schwefelsäurekonzentration von 2 bis 2,5 n darf der Sulfidniederschlag erst nach dem Erkalten der Flüssigkeit abfiltriert werden. Ist die Säurekonzentration jedoch höchstens 1,25 n, so kann die Filtration auch in der Hitze erfolgen. — Aus salzsaurer Lösung fällt man das Cadmium bei einer Säurekonzentration von etwa 0,75 n, indem man in die heiße Lösung Schwefelwasserstoff einleitet und während des Einleitens erkalten läßt. Bei Anwesenheit größerer Mengen von Chloriden oder Sulfaten sind die Säurekonzentrationen entsprechend dem in der Vorbemerkung Gesagten sinngemäß abzuändern.

***Bemerkungen.* I. Genauigkeit.** FOLLENIUS beobachtete bei der Bestimmung von 279,4 mg Cadmium (Wägung als Sulfid) Fehler von — 0,3 bis — 0,7 mg.

II. Auswaschen des Niederschlags. Cadmiumsulfidniederschläge von günstiger Beschaffenheit können mit kaltem, unter Umständen sogar mit heißem Wasser ausgewaschen werden. Für feiner verteilte Sulfidniederschläge verwendet man als Waschflüssigkeit schwach angesäuertes, mit Schwefelwasserstoffwasser versetztes Wasser. Nötigenfalls kann man die Filtrierbarkeit auch durch Verwendung von Filterbrei verbessern.

III. Überführung des gefällten Sulfids in eine zur Wägung geeignete Form. Die direkte Wägung des abgeschiedenen Cadmiumsulfids nach etwaigem Trocknen und dgl. ist nicht ohne weiteres möglich, da sowohl das aus salzsaurer als auch das aus schwefelsaurer Lösung abgeschiedene Sulfid niemals rein ist, sondern Chlorid bzw. Sulfat in wechselnder Menge, je nach den Arbeitsbedingungen enthält. Die direkte Wägung eines derartigen bei 110 bis 130° getrockneten Sulfids ergibt infolgedessen stets Werte, die um einige Prozente zu hoch sind.

Die Überführung eines solchen Niederschlags in reines, als Wägungsform verwendbares Cadmiumsulfid ist nur dann möglich, wenn die Fällung in chloridfreier bzw. salzsäurefreier Lösung erfolgte und der bei etwa 110° vorgetrocknete Niederschlag im Schwefelwasserstoffstrom geglüht wird. Hierbei sich bildende geringe Schwefelmengen können durch kurzes, gelindes Erhitzen an der Luft oder durch Behandeln mit Schwefelkohlenstoff entfernt werden.

Durch Glühen eines chloridhaltigen Sulfids im Schwefelwasserstoffstrom kommt man nicht zum Ziel, da die Verflüchtigung von Cadmiumchlorid auch im Schwefelwasserstoffstrom nicht ganz zu vermeiden ist.

IV. Sonstige Arbeitsweisen. a) Schnellverfahren von WINKLER. Das oben geschilderte etwas umständliche Erhitzen des Cadmiumsulfids im Schwefelwasserstoffstrom vermeidet WINKLER, indem er das in bestimmter Weise gefällte Sulfid bei 130° trocknet und den eingeschlossenen Verunreinigungen durch einen Korrekturfaktor Rechnung trägt.

Arbeitsvorschrift. Die 100 cm³ betragende, 0,01 bis 0,25 g Cadmium enthaltende neutrale oder schwach saure Cadmiumsulfatlösung wird mit 1 Tropfen 1 n Salzsäure und mit 3 cm³ konzentrierter Schwefelsäure versetzt und in einem ERLENMEYER-Kolben von 150 cm³ Fassungsvermögen bis zum Aufkochen erhitzt. In die heiße Lösung leitet man in ruhigem Strom durch eine dünn ausgezogene Glasröhre ¹/₄ Std. lang Schwefelwasserstoff ein. Dann wird der Kolben in kaltes Wasser gestellt und das Gaseinleiten noch ¹/₄ Std. fortgesetzt. Sodann verschließt man den Kolben und läßt über Nacht stehen.

Der Niederschlag wird dann in einen Kelchtrichter, der einen etwa 0,5 g schweren, dichten Wattebausch enthält, abgesaugt. Vor der Bestimmung wird der Wattebausch mit Methylalkohol getränkt, dieser abgesaugt und der Kelchtrichter 1 Std. lang bei 130° getrocknet. Der abfiltrierte Niederschlag wird mit 50 cm³ Wasser, dem man einige Tropfen Eisessig und etwas Schwefelwasserstoffwasser zugesetzt hat, ausgewaschen. Nach dem Absaugen der letzten Reste der Waschflüssigkeit wäscht man den Niederschlag 2mal mit je 2 bis 3 cm³ Methylalkohol, mit dem man gleichzeitig die Trichterwandungen abspült. Hierbei darf keinesfalls gesaugt werden, da sonst der Niederschlag durch das Filter geht. Nach dem Abtropfen des Alkohols trocknet man 1 Std. bei 130³. Die korrigierte Sulfidmenge berechnet sich aus dem Gewicht a des Niederschlags nach folgender Beziehung:

$$CdS_{korr.} = (a + 1{,}0\ mg) \cdot 0{,}9806 .$$

Bemerkungen. Nach dieser Arbeitsweise fand WINKLER an Stelle von 142,83 bzw. 57,13 und 11,43 mg Cadmiumsulfid als Mittel mehrerer Versuche 142,2, 57,6 und 11,5 mg. Für genauere Bestimmungen wird man sich dieser Methode kaum bedienen.

Liegen salz- oder salpetersaure Lösungen vor, so werden sie zweckmäßig in schwefelsaure umgewandelt. Zu diesem Zweck werden *salzsaure* Lösungen mit 3 cm³ konzentrierter Schwefelsäure versetzt, auf dem Dampfbad möglichst eingeengt und noch 1 bis 2 Std. auf dem Dampfbad belassen. Die Salzsäure ist alsdann völlig vertrieben. Nach dem Verdünnen auf 100 cm³ muß man nun wieder 1 Tropfen 1 n Salzsäure zufügen, bevor man die Fällung vornimmt.

Bei *Gegenwart von Salpetersäure* verfährt man ähnlich, gibt aber, nachdem der größte Teil derselben vertrieben ist, zu der eingeengten Flüssigkeit 1 bis 2 cm³ starke Salzsäure hinzu und erwärmt noch 1 bis 2 Std. lang auf dem Dampfbad.

Alkalisulfate stören die Bestimmung nicht merklich. Auch in Gegenwart der Metalle der Ammoniumsulfidgruppe sind die Ergebnisse zufriedenstellend. Lediglich, wenn Zink zugegen ist, muß die Fällung wiederholt werden, indem man das gefällte Sulfid in Salzsäure löst, die Salzsäure dann in der oben beschriebenen Weise vertreibt und dann das Cadmium nochmals fällt. Die gewogene Niederschlagsmenge ist in diesem Fall vor dem Multiplizieren mit dem Faktor 0,9806 um 2,0 mg zu vermehren.

b) Fällung des Cadmiumsulfids aus alkalischer Lösung. Die Fällung des Cadmiumsulfids aus alkalischer Lösung ist weniger zu empfehlen, da sich die hierbei erhaltenen Niederschläge schwer filtrieren lassen. Außerdem treten nach v. HOBOKEN auch bei Fällung in alkalischer Lösung zu hohe Werte auf, obwohl die Niederschläge von Chlorid und Sulfat frei sind. — MINOR, der das Cadmium mit Natriumsulfid in ammoniakalischer Lösung fällt, bemerkt, daß der Niederschlag beim Trocknen eine harte, hornartige Masse bildet, die das Wasser schwer völlig abgibt, so daß man mehrere Stunden bei 140 bis 145° trocknen muß, um Gewichtskonstanz zu erreichen.

c) Fällung des Cadmiumsulfids mit Natriumthiosulfat. Nach DONATH verfährt man hierbei in folgender Weise: Die Cadmiumchlorid- oder -sulfatlösung übersättigt man mit Ammoniak, gibt dann Essigsäure in reichlichem Überschuß zu, erhitzt zum Sieden und trägt in die kochende Lösung gepulvertes Natriumthiosulfat ein. Nach $^1/_2$stündigem Kochen unter zeitweiligem Zutropfen von Essigsäure ist alles Cadmium als Sulfid, mit Schwefel vermischt, gefällt.

2. Wägung als Cadmiumsulfat.

Am zweckmäßigsten ist es, das Cadmiumsulfid in Sulfat umzuwandeln und als solches zu wägen.

Arbeitsvorschrift. Nachdem man das Sulfid ausgewaschen hat, bringt man den größten Teil des Niederschlags in einen geräumigen Porzellantiegel, den man mit einem Uhrglas bedeckt, nachdem man Salzsäure (1:3) zugesetzt hat. Man erwärmt dann auf dem Wasserbad, bis der Niederschlag sich gelöst hat und die Schwefelwasserstoffentwicklung beendet ist. Sodann spült man das Uhrglas in den Tiegel ab, stellt den Tiegel unter den Trichter und löst die Reste des am Filter haftenden Niederschlags durch Auftröpfeln heißer Salzsäure (1:3). Dann wäscht man das Filter mit heißem Wasser aus, gibt zu der erhaltenen Lösung noch etwas verdünnte Schwefelsäure hinzu, verdampft auf dem Wasserbad und verfährt weiter wie in § 1, S. 234 angegeben.

Bemerkungen. **Genauigkeit.** BAUBIGNY fand z. B. anstatt 0,1804 g Cadmiumsulfat 0,1801 g und anstatt 0,3732 g angewendeten Sulfats 0,3731 bzw. 0,3728 g.

ZÖLLNER fand bei der Bestimmung von 0,2050 g Cadmium 0,2049 bis 0,2052 g.

B. Maßanalytische Bestimmung.

1. Jodometrische Bestimmung.

Die jodometrische Bestimmung beruht darauf, daß das Cadmiumsulfid durch Salzsäure zersetzt und der entstehende Schwefelwasserstoff jodometrisch bestimmt wird.

***Arbeitsvorschrift von* v. BERG.** Das ausgewaschene Cadmiumsulfid wird sogleich in eine mit Glasstopfen verschließbare Flasche gespült, die, nachdem die Luft durch Kohlendioxyd verdrängt worden ist, mit etwa 800 cm^3 frisch ausgekochtem und in einer verschlossenen Flasche erkaltetem Wasser beschickt ist. Man bringt das Filter ebenfalls hinein und schüttelt dann kräftig durch, um eine möglichst feine und gleichmäßige Verteilung des Sulfids zu bewirken. Sodann fügt man mäßig konzentrierte Salzsäure hinzu, mischt durch Umschwenken und gibt nun einen Überschuß eingestellter Jodlösung hinzu. Nach kurzem Umschwenken ist die Reaktion beendet. Das überschüssige Jod muß sogleich mit Natriumthiosulfat zurücktitriert werden, da nach längerem Stehenlassen die Resultate nicht konstant bleiben. Der ganze Vorgang soll etwa 5 Min. beanspruchen. 1 cm^3 0,1 n Jodlösung entspricht 5,62 mg Cadmium.

Bemerkungen. **Genauigkeit.** Anstatt der angewendeten Menge von 0,1936 g Cadmium fand v. BERG bei mehreren Bestimmungen im Mittel 0,1928 g. Nach KOHNER liefert die jodometrische Bestimmung sehr genaue Resultate, wenn die Jodlösung genügend verdünnt ist. Hingegen halten HILLEBRAND und LUNDELL die Methode nicht für zuverlässig.

***Arbeitsvorschrift von* KRAUS.** Nach KRAUS verfährt man so, daß man das ausgewaschene Sulfid samt Filter in eine Flasche mit Glasstopfen bringt, dann (für eine Cadmiummenge von 0,2275 g) 15 cm^3 0,5 n Jodlösung und 20 cm^3 konzentrierte Salzsäure dazu bringt und verschlossen 4 Min. stehen läßt. Dann wird mit 300 cm^3 Wasser verdünnt und das überschüssige Jod mit 0,1 n Thiosulfatlösung zurücktitriert. Der etwaige Jodverbrauch durch das Filter wird durch einen Blindversuch mit einem Filter gleicher Größe und gleicher Qualität ermittelt.

2. Argentometrische Bestimmung.

Die Methode beruht darauf, daß man das ausgewaschene Cadmiumsulfid entsprechend der Gleichung

$$CdS + 2\,AgNO_3 = Ag_2S + Cd(NO_3)_2$$

umsetzt und das überschüssige Silbernitrat mit Ammoniumrhodanid titriert.

***Arbeitsvorschrift von* ENELL.** Die Lösung, die das Cadmium als Sulfat enthalten soll, wird in der Kälte mit Schwefelwasserstoff gefällt; dann stellt man das Becherglas mit der Fällung 15 bis 20 Min. in ein siedendes Wasserbad und versetzt nach dem Abkühlen auf 40 bis 50° unter Umrühren mit 1 g Ammoniumsulfat. Wenn der Niederschlag sich zum größten Teil abgesetzt hat, filtriert man ihn auf ein Filter ab, wobei darauf zu achten ist, daß das Filtrat völlig klar ist. Man wäscht den Niederschlag dann gründlich mit einer 40 bis 50° warmen 2%igen Lösung von Ammoniumsulfat aus, die auf 250 bis 300 cm³ 20 Tropfen 10%ige Schwefelsäure enthält. Im Filtrat darf schließlich keine Spur von Schwefelwasserstoff mehr nachzuweisen sein.

Das Filter mit dem Niederschlag wird in eine weithalsige Glasstöpselflasche gebracht, die etwa 200 cm³ faßt. Nach Zugabe von 50 cm³ Wasser wird kräftig geschüttelt, so daß das Filter zu einer formlosen Masse zerfällt. Sodann gibt man (für 0,2 g Cadmium) 20 cm³ 0,1 n Silbernitratlösung zu und schüttelt wieder kräftig um. Zu der nunmehr schwarzen Masse fügt man 5 cm³ 25%ige Salpetersäure hinzu, schüttelt nochmals um und läßt einige Minuten stehen. Der Niederschlag wird dann abfiltriert und gut mit Wasser ausgewaschen, bis in der ablaufenden Flüssigkeit kein Silber mehr nachzuweisen ist. Im Filtrat wird das überschüssige Silbernitrat mit Ammoniumrhodanid unter Verwendung von Eisenalaun als Indicator titriert.

Bemerkungen. Chloride stören die Bestimmung. CERNATESCO verfährt in ähnlicher Weise, nimmt jedoch die Umsetzung zwischen dem Cadmiumsulfid und dem Silbernitrat in der Hitze vor. Ferner erwähnt er, daß das Verfahren von MANN (Umsetzung von Zinksulfid mit Silberchlorid, vgl. Kapitel „Zink“, § 1, S. 33) auch beim Cadmiumsulfid anwendbar ist.

3. Oxydimetrische Bestimmung.

Nach FLEISCHER behandelt man das ausgewaschene Cadmiumsulfid mit einer schwefelsauren Lösung von EisenIII-sulfat und titriert das im Sinne der Gleichung $CdS + Fe_2(SO_4)_3 = CdSO_4 + 2\,FeSO_4 + S$ entstandene EisenII-sulfat mit Kaliumpermanganat.

4. Potentiometrische Bestimmung des Cadmiums durch Titration mit Natriumsulfid.

Wie HILTNER und GRUNDMANN gezeigt haben, läßt sich Cadmium recht genau durch potentiometrische Titration mit Natriumsulfid bestimmen, wenn die Titration mit Hilfe eines Röhrenpotentiometers rasch durchgeführt wird.

Arbeitsvorschrift. Die Cadmiumsalzlösung mit 55 bis 110 mg Cadmium, die keine freie Säure enthalten darf, wird mit etwa 30 cm³ 2 n Natriumacetatlösung versetzt und unter Verwendung einer Silbersulfidelektrode als Indicatorelektrode und einer stabilisierten Silberelektrode als Vergleichselektrode mit 0,1 n Natriumsulfidlösung in der Kälte bis zum Potentialsprung titriert.

***Bemerkungen.* I. Genauigkeit.** Bei Cadmiummengen von 0,0552 bzw. 0,1104 g betrug der Fehler — 0,2 bis + 0,4 mg.

II. Titerstellung der Sulfidlösung. Die Titerstellung der Natriumsulfidlösung kann mit 0,1 n Jodlösung und Stärke oder potentiometrisch gegen 0,1 n Silbernitratlösung erfolgen. Beide Arbeitsweisen ergeben genau gleiche Werte.

III. Bestimmung des Cadmiums neben anderen Metallen. Nach obiger Vorschrift läßt sich auch Silber bzw. Kupfer neben Cadmium bestimmen. Liegen alle drei Metalle nebeneinander vor, so erhält man drei Potentialsprünge, indem zuerst Silbersulfid, dann Kupfersulfid und schließlich Cadmiumsulfid gefällt wird.

Eine entsprechende Bestimmung des Cadmiums neben Blei ist nicht möglich, da Bleisulfid und Cadmiumsulfid zusammen ausfallen. Liegt Cadmium neben Zink vor, so fällt zwar das Cadmium vor dem Zink, aber nicht quantitativ. Die Fällung ist erst dann quantitativ, wenn bereits ein Überschuß an Natriumsulfid vorhanden ist, wobei also auch Zinksulfid ausfällt.

Bestimmung des Cadmiums neben Nickel. Die Nickel und Cadmium enthaltende Lösung wird mit einem Überschuß an Ammoniumcarbonat versetzt. Dann titriert man zunächst das Nickel mit einer eingestellten Kaliumcyanidlösung bis zum Potentialsprung. Es schadet nichts, wenn man mit einer 0,1 n Kaliumcyanidlösung einige Tropfen über den Äquivalenzpunkt hinaus titriert.

Anschließend wird in derselben Lösung das Cadmium mit einer 0,1 n Natriumsulfidlösung bis zum Auftreten des zweiten Potentialsprunges titriert.

Enthält die Lösung viel Cadmium neben wenig Nickel, so verfährt man besser so, daß man die Lösung teilt und in dem einen Teil zunächst das Nickel und in dem anderen darauf das Cadmium bestimmt. Zur Nickelbestimmung versetzt man die Lösung mit einem reichlichen Überschuß an Ammoniak und titriert dann mit Kaliumcyanidlösung bis zum Potentialsprung.

Zum zweiten Teil der Lösung gibt man dann für die Cadmiumbestimmung zunächst die vorher ermittelte Menge Kaliumcyanidlösung hinzu, um das Nickel komplex zu binden. Sodann titriert man mit einer 0,1 n Natriumsulfidlösung bis zum Potentialsprung. — Um bei größeren Nickelmengen eine Abscheidung von Nickelcyanid, das sich nur langsam mit Kaliumcyanid umsetzt, zu vermeiden, gibt man zu der Lösung etwas Natriumtartrat hinzu.

Bestimmung des Cadmiums neben Kobalt. Man versetzt die Lösung, die beide Metalle enthält, mit einem gemessenen Überschuß eingestellter Kaliumcyanidlösung und titriert den Überschuß dann mit Silbernitratlösung zurück. Man erhält bei der Rücktitration einen sehr deutlichen Potentialsprung, wenn die freien und die an Cadmium gebundenen Cyan-Ionen als Silbercyanid aus der Lösung entfernt sind. 1 Atom Kobalt maskiert 5 Moleküle Cyan gegenüber dieser Reaktion.

In einem zweiten Teil der Lösung bestimmt man das Cadmium, indem man zunächst die ermittelte Menge Kaliumcyanid zusetzt, um das Kobalt komplex zu binden, und dann mit 0,1 n Natriumsulfidlösung bis zum Potentialsprung titriert.

5. Konduktometrische Titration sehr kleiner Cadmiummengen mittels Schwefelwasserstofflösung.

Die von Immig und Jander angegebene *Methode beruht darauf, daß bestimmte Metalle, u. a. auch Cadmium, aus hoch verdünnten Lösungen mit Schwefelwasserstoff sofort ausfallen und Niederschläge genau definierter Zusammensetzung geben.*

Näheres über die theoretischen Grundlagen des Verfahrens siehe in der Arbeit der genannten Autoren.

Arbeitsvorschrift. Von der zu untersuchenden Lösung wird eine bestimmte Menge mit einer Pipette abgemessen, in ein geeignetes Leitfähigkeitsgefäß gebracht und mit kohlensäurefreiem Wasser aufgefüllt (für 0,5 bis 0,02 mg Cadmium auf 40 cm^3). Während der Titration soll die zu einer Capillare ausgezogene Spitze der die Schwefelwasserstofflösung enthaltenden Bürette ständig in die Flüssigkeit eintauchen, die von einem elektrischen Rührer gut durchgemischt wird. Nach jeder Reagenszugabe ist die Leitfähigkeit sofort konstant, und der Ausschlag des Instruments kann gleich abgelesen werden, so daß die Titration in kürzester Zeit ausführbar ist.

Titrationen von 20 γ bis herab zu 1 γ Cadmium werden in einem Mikroleitfähigkeitsgefäß mit halbkreisförmigen Elektroden ausgeführt. In diesem Fall muß für alle Lösungen Leitfähigkeitswasser (s. Bem. III) benutzt werden. Vor und während der Titration muß zur Verdrängung der Luft ein Stickstoffstrom in das Reaktionsgefäß geleitet werden.

***Bemerkungen.* I. Genauigkeit.** Für Cadmiummengen von 110 bis 560 γ beträgt der Fehler $\pm$ 1,2%, für solche von 11 bis 56 γ beträgt er + 0,5 bis — 1%, für solche von 1 bis 5,6 γ schließlich + 3 bis — 10%.

II. Apparatur. Bei der Bestimmung von bis herab zu 10 γ Cadmium kann eine Anordnung nach JANDER und SCHORSTEIN mit einem Wechselstromgalvanometer benutzt werden. Bei der Titration noch kleinerer Mengen verwendet man nach JANDER und PFUNDT eine Synchron-Gleichrichterapparatur. Als Galvanometer dient in diesem Fall ein Instrument von SIEMENS & HALSKE mit verstellbarem Meßbereich, einer maximalen Empfindlichkeit von 10^{-6} Ampere/1° und einem inneren Widerstand von 100 Ohm.

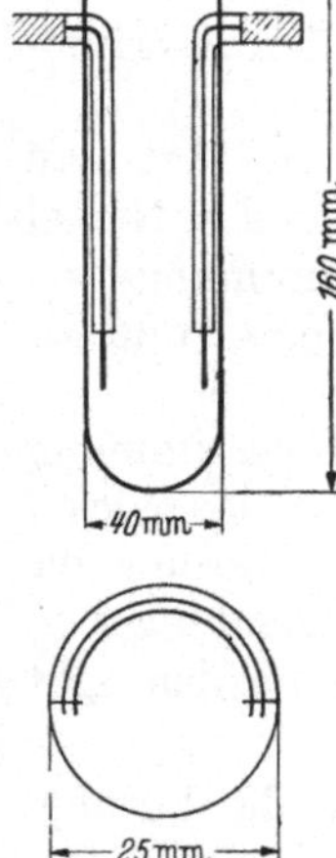

Abb. 7.

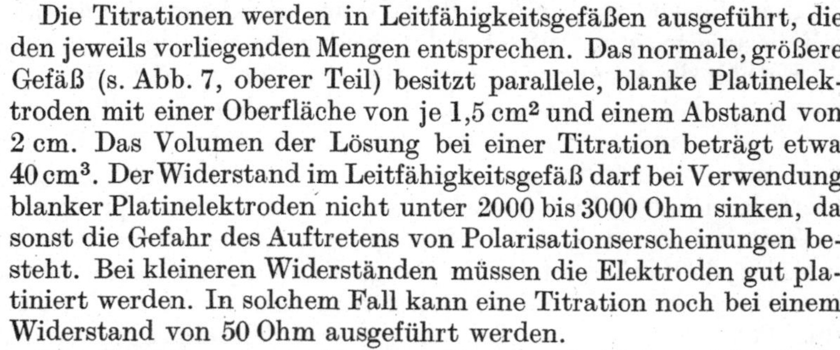

Die Titrationen werden in Leitfähigkeitsgefäßen ausgeführt, die den jeweils vorliegenden Mengen entsprechen. Das normale, größere Gefäß (s. Abb. 7, oberer Teil) besitzt parallele, blanke Platinelektroden mit einer Oberfläche von je 1,5 cm² und einem Abstand von 2 cm. Das Volumen der Lösung bei einer Titration beträgt etwa 40 cm³. Der Widerstand im Leitfähigkeitsgefäß darf bei Verwendung blanker Platinelektroden nicht unter 2000 bis 3000 Ohm sinken, da sonst die Gefahr des Auftretens von Polarisationserscheinungen besteht. Bei kleineren Widerständen müssen die Elektroden gut platiniert werden. In solchem Fall kann eine Titration noch bei einem Widerstand von 50 Ohm ausgeführt werden.

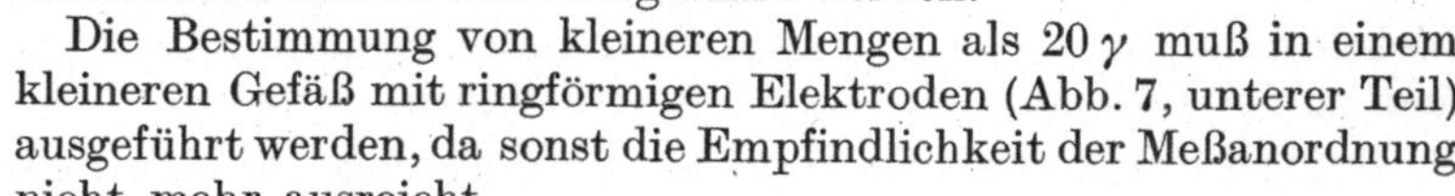

Die Bestimmung von kleineren Mengen als 20 γ muß in einem kleineren Gefäß mit ringförmigen Elektroden (Abb. 7, unterer Teil) ausgeführt werden, da sonst die Empfindlichkeit der Meßanordnung nicht mehr ausreicht.

Die zur Titration benötigte Schwefelwasserstofflösung muß in einem luftdicht verschlossenen Gefäß aufbewahrt werden. Als solches dient eine mit zwei Schliffen versehene, starkwandige Flasche (WOULFEsche Flasche). In die beiden Öffnungen ist mit Kappenschliffen eine 50 cm³ bzw. eine 5 cm³ fassende Bürette eingesetzt. Die Flüssigkeit wird immer unter Stickstoffdruck gehalten. Durch Öffnen des entsprechenden Hahnes steigt sie in der Bürette empor. Die Büretten sind am oberen Ende durch einen kleinen Glaskolben verschlossen, der den Zutritt von Luftsauerstoff verhindert. Beim Hochsteigen der Lösung in der Bürette entsteht in dem Kolben ein kleiner Überdruck, der während der Titration ein glattes Ausfließen aus der zu einer Capillare ausgezogenen Spitze der Bürette bewirkt. Die Vorratsflasche wird zum Schutz gegen eine Einwirkung des Lichts mit schwarzem Papier umklebt. Wenn die Büretteneinrichtung vollkommen dicht ist, kann man mit 1 l Lösung 40 bis 50 Titrationen ausführen, ohne den Stickstoffüberdruck erneuern zu müssen. Der Titer der Lösung bleibt während dieser Zeit konstant.

III. Reagenzien. *Beschaffenheit des zu verwendenden Wassers.* Für Titrationen bis herab zu 50 γ kann ausgekochtes destilliertes Wasser sowohl zur Herstellung der Lösungen als auch zum Auffüllen der in das Leitfähigkeitsgefäß eingemessenen Flüssigkeitsmenge verwendet werden. Das ausgekochte Wasser wird in einem verschließbaren ERLENMEYER-Kolben aufbewahrt. Zur Bestimmung kleinerer Mengen muß sorgfältig gereinigtes, 2fach destilliertes Wasser (Leitfähigkeitswasser) verwendet werden.

Die Schwefelwasserstofflösung. Die Schwefelwasserstofflösung wird in folgender Weise hergestellt: Der einem KIPPschen Apparat entnommene Schwefelwasserstoff wird in eine Aufschlämmung von gebrannter Magnesia in Wasser geleitet. Hierbei wird Magnesiumhydrogensulfid gebildet, das beim Erwärmen auf 70° unter Entwicklung von reinem Schwefelwasserstoff zerfällt. Das so gewonnene Gas leitet man in Leitfähigkeitswasser ein und stellt eine konzentrierte Lösung her. Aus dieser ungefähr 0,4 n Lösung wird durch Verdünnen einer geeigneten Menge im Vorratsgefäß der Titriereinrichtung die endgültig zu verwendende Lösung hergestellt. Eine so bereitete, nicht zu verdünnte Lösung kann mit Hilfe der 50 cm³ fassenden Bürette jodometrisch eingestellt werden. Für die konduktometrische Titration wird jedoch nur die 5 cm³-Bürette benutzt.

Mit der Konzentration der Schwefelwasserstofflösung unter 0,00005 n herabzugehen, ist nicht ratsam, da die Gefahr einer Titeränderung durch Einwirkung von Licht oder durch Sauerstoffspuren zu groß ist. — Es enthält z. B. 1 l einer 0,0001 n Lösung nur noch 1,7 mg Schwefelwasserstoff gelöst. Die Flüssigkeit ist fast geruch- und geschmacklos.

IV. Niederschlagsbildung. Bei der Titration sehr kleiner Cadmiummengen darf man keine sichtbare Niederschlagsbildung, ja nicht einmal eine Färbung der Flüssigkeit erwarten. Die Flüssigkeit bleibt dem Anblick nach völlig klar und farblos.

C. Colorimetrische Bestimmung.

Sehr verdünnte Cadmiumsalzlösungen — nach MELDRUM z. B. Lösungen mit einem Gehalt von weniger als 0,015% Cadmiumsulfat — geben beim Behandeln mit Schwefelwasserstoff kolloides Cadmiumsulfid. Die colorimetrische Bestimmung des Cadmiums als Sulfid hat HESSEL zur Bestimmung des Cadmiums in tierischem Gewebe verwendet. Die Methode ist von FAIRHALL und PRODAN wesentlich verbessert worden, die den Farbvergleich im Licht einer Quecksilberlampe vornehmen, wobei das Cadmiumsulfid eine so leuchtend gelbe Farbe zeigt, daß noch Konzentrationsunterschiede von 0,01 mg Cadmium in 50 cm³ Flüssigkeit festgestellt werden können.

1. Methode von FAIRHALL und PRODAN.

Arbeitsvorschrift. Nach vorsichtiger Veraschung der organischen Substanz mit Salpetersäure und Abdampfen mit Schwefelsäure bis zum starken Rauchen verdünnt man auf 75 cm³ und fügt 0,5 mg Kupfer und 2 g Natriumcitrat hinzu. Die Lösung neutralisiert man sodann mit Ammoniak und stellt mit Hilfe von Thymolblau und Bromchlorphenol eine Wasserstoff-Ionen-Konzentration von ungefähr 10^{-3} ein. Nunmehr leitet man 5 bis 10 Min. lang Schwefelwasserstoff ein, gibt 1 Tropfen 5%ige Aluminiumchloridlösung zu und läßt schließlich 6 bis 12 Std. stehen. Sodann filtriert man, löst den Niederschlag in Salpetersäure und Salzsäure und verdampft sorgfältig zur Trockne. Die Sulfidfällung wird 2mal wiederholt, wobei man beim letztenmal den Zusatz von Natriumacetat wegläßt und die Wasserstoff-Ionen-Konzentration mit verdünnter Kalilauge auf 10^{-2} einstellt. Die schließlich erhaltene Lösung der Chloride wird sorgfältig zur Trockne eingedampft, der Rückstand in Wasser gelöst und die Lösung in einem Meßkolben auf ein geeignetes Volumen aufgefüllt. Aliquote Teile der Lösung bringt man dann in NESSLER-Gefäße, gibt in jedes Gefäß noch 5 Tropfen 10%ige Kaliumcyanidlösung und 5 cm³ Schwefelwasserstoffwasser hinzu und füllt gegebenenfalls noch mit Wasser auf. Nach sorgfältigem Durchmischen vergleicht man im ultravioletten Licht mit entsprechend behandelten Standardlösungen. Die Flüssigkeiten sollen im Quecksilberlicht eine leuchtende, rein gelbe Farbe zeigen. Ein dunkler oder trüber Farbton deutet auf unvollständige Entfernung des Eisens hin. Untersuchungs- und Vergleichslösung sollen gleichzeitig bereitet werden, da eine merkliche Farbvertiefung eintritt, wenn die Lösungen längere Zeit, z. B. über Nacht, stehen. In zweifelhaften Fällen ist es jedoch bisweilen vorteilhaft, die Lösungen vor dem Vergleich einige Stunden stehenzulassen.

Bemerkungen. **I. Genauigkeit.** Es gelingt auf diese Weise Cadmiummengen von 0,40 bis 1,00 mg mit einer Genauigkeit von ± 4% zu bestimmen.

II. Die Reagenzien. Während die Reagenzien im allgemeinen cadmiumfrei sind, enthalten sie bisweilen Spuren von Blei, die entfernt werden müssen.

2. Methode von JUZA und LANGHEIM (a), (b).

Sehr eingehende Untersuchungen über die colorimetrische Bestimmung des Cadmiums als Cadmiumsulfid haben JUZA und LANGHEIM ausgeführt. Durch Zusatz von Gelatine als Schutzkolloid erreichen sie, daß die Extinktionswerte konstant und reproduzierbar sind. Das Arbeiten in cyankalischer Lösung bietet den Vorteil, daß die in erster Linie interessierenden Begleitmetalle Zink, Kupfer, Nickel und Kobalt innerhalb gewisser Grenzen nicht stören.

Arbeitsvorschrift. Die neutrale oder schwach ammoniakalische Cadmiumlösung wird mit 1 cm³ 1%iger Ammoniaklösung, 4 cm³ 10%iger Kaliumcyanidlösung, 1 cm³ 10%iger Ammoniumsulfatlösung und 1 cm³ 1%iger Gelatinelösung versetzt. Dann füllt man auf etwa 30 cm³ auf und gibt die Flüssigkeit in einen 50 cm³ fassenden Meßkolben, in dem sich 5 cm³ gesättigtes Schwefelwasserstoffwasser befinden. (Es hat sich nicht bewährt, das Schwefelwasserstoffwasser zu der Cadmiumlösung zufließen zu lassen.) Der Meßkolben wird bis zur Marke aufgefüllt. Nach 15 Min. kann man colorimetrieren.

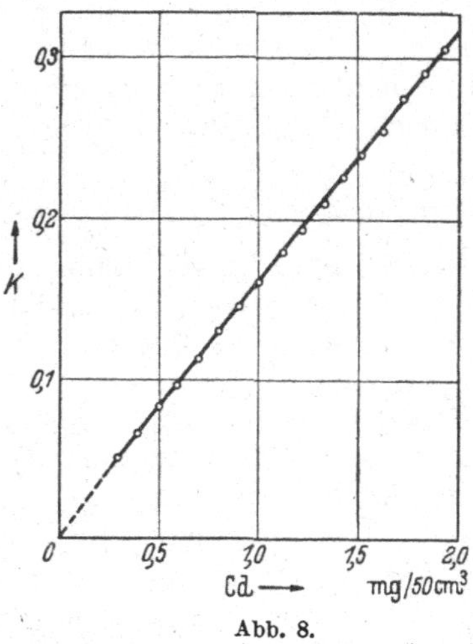

Abb. 8.

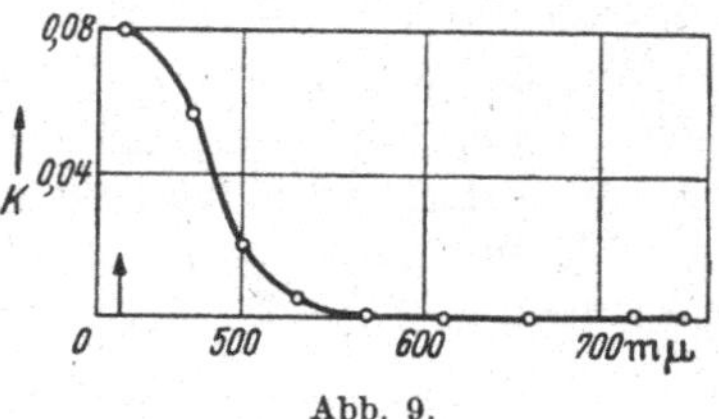

Abb. 9.

Bei Verwendung eines Stufenphotometers der Firma ZEISS colorimetriert man mit dem blauen Filter S 43 gegen Wasser.

Bemerkungen. **I. Genauigkeit.** Fünf nach dieser Arbeitsvorschrift ausgeführte Bestimmungen ergaben einen mittleren Fehler der Einzelmessung von ± 0,6%. Bei einem nicht eingearbeiteten Experimentator betrug die Abweichung ± 1,0%. Diese Genauigkeit erhält man mit einem PULFRICH-Stufenphotometer, wenn man in dem Extinktionsgebiet von 0,3 bis 0,8 arbeitet. Für eine Messung sind dann 0,2 bis 0,5 mg Cadmium erforderlich. Unnötige Unregelmäßigkeiten sollen bei der Durchführung der Bestimmung vermieden werden.

II. Die Reagenszusätze. Die bei den Reagenszusätzen oben mitgeteilten Kubikzentimeter- und Prozentangaben brauchen nur angenähert eingehalten zu werden. Die Zugabe von Ammoniumsulfat erübrigt sich, wenn Ammoniumsalze schon vorhanden sind.

III. Eichkurve und Farbfilter. Die Messungen zur Aufstellung der Eichkurve (s. Abb. 8) ergaben die Gültigkeit des LAMBERT-BEERschen Gesetzes bei Cadmiumsulfidsolen.

Da die Extinktionswerte bei dem Filter S 43 am größten sind, muß dieses Filter verwendet werden, obwohl das Arbeiten mit kurzwelligem Licht nicht sehr günstig ist, da blaues Licht stärker gestreut wird und das Auge in diesem Wellenbereich auf Helligkeitsunterschiede nicht so genau anspricht (vgl. Farbkurve, Abb. 9).

IV. Der Gelatinezusatz. Man verwendet die hochgereinigte Gelatine No. 3028 der „DEUTSCHEN GELATINEFABRIKEN, *Schweinfurt (Main)*. Die nachfolgende Tabelle zeigt, daß man bereits mit kleinen Gelatinezusätzen reproduzierbare und konstante Extinktionswerte erhält, während dieselbe Arbeitsweise ohne Gelatinezusatz Lösungen liefert, die schlecht reproduzierbare Extinktionswerte geben und nach einigen Stunden ausflocken.

Tabelle 8. Abhängigkeit des Extinktionskoeffizienten der Cadmiumsulfidsole von der zugesetzten Gelatinemenge und der seit Versuchsbeginn verstrichenen Zeit.

cm^3 1%ige Gelatinelösung auf 50 cm^3 Cadmiumsulfidsol	Extinktionskoeffizient *k* nach 15 Min.	Extinktionskoeffizient *k* nach 4 Std.	Extinktionskoeffizient *k* nach 24 Std.
0	0,175	0,198	—
0	0,167	0,181	—
0	0,166	0,185	—
0	0,174	0,248	—
0	0,190	0,215	—
0,25	0,158	0,159	0,159
0,5	0,159	0,159	0,159
1,0	0,160	0,161	0,160
2,5	0,160	0,159	0,161
5,0	0,160	0,161	0,160

V. Einfluß der Zeit. Unmittelbar nach dem Zusammenbringen der Cadmiumlösung mit dem Schwefelwasserstoffwasser sind die kolloiden Cadmiumsulfidlösungen nur schwach gefärbt. Nach etwa 15 Min. erreichen sie jedoch eine konstante Färbung, die, wie aus obiger Tabelle hervorgeht, bei Zusatz von Gelatine innerhalb von 24 Std. konstant bleibt.

VI. Einfluß der Temperatur. Innerhalb des in Frage kommenden Temperaturgebietes hat die Temperatur keinen Einfluß auf den Extinktionswert.

VII. Einfluß der Reagensmengen. *Schwefelwasserstoff.* Ein Überschuß von Schwefelwasserstoff hat keinen Einfluß.

Ammoniak und Ammoniumsulfat. Eine Änderung der Ammoniakzusätze von 0,25 bis 10 cm^3 1%iger Lösung und der Ammoniumsulfatzusätze von 0 bis 15 cm^3 10%iger Lösung je 50 cm^3 ist ebenfalls ohne Einfluß.

Kaliumcyanid. Die Menge des zugesetzten Kaliumcyanids hat, wie Abb. 10 zeigt, Einfluß auf die Extinktionswerte. Gibt man weniger als 200 mg Kaliumcyanid auf 50 cm^3 Lösung zu, so erhält man zu niedrige Extinktionswerte. Bei Zugabe von 200 bis 600 mg Kaliumcyanid sind die Extinktionswerte konstant. Fügt man mehr als 600 mg Kaliumcyanid hinzu, dann sind die Werte schlecht reproduzierbar. Bei Zusatz von etwa 800 mg Kaliumcyanid auf 50 cm^3 erhält man überhaupt keine Färbung mehr. Die in der Arbeitsvorschrift angegebene Menge Kaliumcyanid (in Abb. 10 durch einen Pfeil angedeutet) ist so gewählt, daß sich beim Zusatz derselben Schwankungen von 50% gegenüber der angegebenen Menge noch nicht auswirken würden.

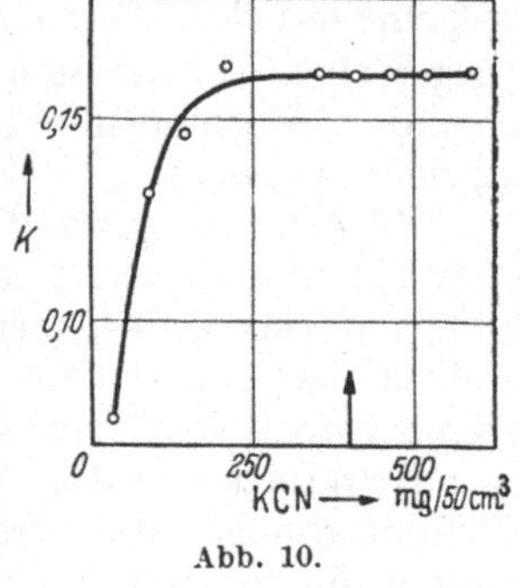

Abb. 10.

VIII. Bestimmung des Cadmiums neben anderen Metallen. Die Bestimmung des Cadmiums neben Kupfer, Nickel und Kobalt ist ohne vorherige Abtrennung durchführbar, wenn die Menge dieser Metalle nicht mehr als das Zehn- bzw. Hundertfache der Cadmiummenge beträgt. Besonders wichtig ist aber, daß in der cyankalischen Sulfidlösung etwa das Tausendfache der Cadmiummenge an Zink vorhanden sein darf.

Bestimmung des Cadmiums neben Zink. Zu der annähernd neutralen Lösung der beiden Metalle gibt man 1 cm^3 Ammoniak- und 1 cm^3 Ammoniumsulfatlösung (man verwendet die oben in der Arbeitsvorschrift angegebenen Lösungen) und titriert dann mit der Kaliumcyanidlösung so lange, bis sich der Zinkniederschlag wieder gelöst hat. Sodann fügt man noch 4 cm^3 Kaliumcyanidlösung im Überschuß hinzu. Die weitere Behandlung ist die gleiche wie in der oben gegebenen Arbeitsvorschrift.

Einen Überblick über die Resultate bei wechselnden Zinkmengen gibt die folgende Tabelle 9, bei der sich die Mengenangaben auf den Küvetteninhalt beziehen.

Bestimmung des Cadmiums neben Kupfer. Man arbeitet wie bei der Bestimmung neben Zink (vgl. den vorhergehenden Abschnitt), titriert jedoch mit Kaliumcyanidlösung bis zur Entfärbung der zunächst blauen Lösung und setzt dann noch weitere 4 cm^3 Kaliumcyanidlösung zu. Man colorimetriert auch hier gegen Wasser. Es dürfen nicht merklich mehr als 5 mg Kupfer auf 25 cm^3 Lösung vorhanden sein; bei größeren Mengen tritt eine Trübung auf. Das bei der Bestimmung von 0,5 mg Cadmium zulässige Verhältnis von Kupfer zu Cadmium ist demnach 10 : 1. Bei Anwendung kleinerer Cadmiummengen kann es sich noch etwas günstiger gestalten.

Tabelle 9.

Gegeben Cadmium mg	Gegeben Zink mg	Gefunden Cadmium mg	Fehler %
0,500	25	0,500	±0
0,500	50	0,495	−1
0,500	75	0,500	±0
0,500	100	0,495	−1
0,500	125	0,505	+1
0,500	150	0,515	+3
0,500	175	0,503	+1
0,100	125	0,097	−3
0,125	125	0,125	±0
0,150	125	0,150	±0

Bestimmung des Cadmiums neben Nickel. Man verfährt ähnlich, wie im vorhergehenden Abschnitt beschrieben worden ist. Beim Titrieren mit Kaliumcyanid ist die Lösung zunächst blau, wird sodann heller und schließlich farblos oder ganz schwach gelb; bei weiterem Kaliumcyanidzusatz wird sie stärker gelb. Bei der colorimetrischen Bestimmung titriert man zunächst mit Kaliumcyanid auf den Umschlagspunkt geringster Färbung und gibt dann weitere 4 cm^3 Kaliumcyanidlösung zu. Den Umschlagspunkt muß man genau feststellen, weil die Gelbfärbung des Nickel-Cyan-Komplexes von der Menge des überschüssigen Kaliumcyanids abhängig ist.

Es wird gegen eine Nickelkaliumcyanidlösung gleicher Konzentration colorimetriert (der Extinktionskoeffizient k einer solchen Lösung mit 10 mg Nickel in 50 cm^3 hat den Wert 0,014). Wenn die Nickelmenge nicht bekannt ist, kann man gegen einen Teil der unbekannten Lösung colorimetrieren, den man zwar mit Kaliumcyanid, jedoch nicht mit Schwefelwasserstoff versetzt. Bei Anwesenheit von etwa gleich viel Nickel und Cadmium kann man noch gegen Wasser colorimetrieren.

Bestimmung des Cadmiums neben Kobalt. Man verfährt ebenso wie bei der Bestimmung des Cadmiums neben Nickel. Der Kobalt-Cyan-Komplex ist allerdings stärker gefärbt als der Nickelkomplex (k einer Lösung von 10 mg Kobalt in 50 cm^3 hat den Wert 0,120). Man kann die Bestimmung deshalb neben höchstens 5 mg Kobalt in 25 cm^3 Lösung ausführen.

Bestimmung des Cadmiums neben Zink, Kupfer, Nickel und Kobalt. Zu der annähernd neutralen Lösung gibt man die angegebenen Reagenzien, titriert mit Kaliumcyanidlösung, bis die Lösung klar bzw. farblos ist, und gibt dann noch einen Überschuß von 4 cm^3 hinzu. Hierauf versetzt man mit Schwefelwasserstoff, wie oben angegeben ist, und colorimetriert gegebenenfalls gegen Nickel- und Kobaltlösungen gleicher Konzentration. Wenn man den Nickel- und Kobaltgehalt nicht kennt, so kann man auch hier gegen einen Teil der unbekannten Lösung, der jedoch nur mit Kaliumcyanid versetzt ist, colorimetrieren. Bei Anwendung von 0,1 bis 0,25 mg Cadmium neben 25 mg Zink und je 2,5 mg der anderen Metalle betrugen die maximalen Fehler − 3% bis + 2,4%.

Trennungsverfahren.

Durch Fällung als Sulfid aus saurer Lösung läßt sich das Cadmium ohne weiteres von den Alkalimetallen, den Erdalkalimetallen und den Metallen der Ammoniumsulfidgruppe trennen; lediglich die Trennung von Zink erfordert größere Sorgfalt. Aus den früher erörterten Gründen ist es zweckmäßig, die Fällung des Cadmiumsulfids nach Möglichkeit in schwefelsaurer Lösung vorzunehmen.

Trennung des Cadmiums von Zink.

Die Trennung des Cadmiums von Zink beansprucht deshalb größere Aufmerksamkeit, weil bei zu geringer Säurekonzentration Zinksulfid in beträchtlicher Menge mitfallen kann, bei zu hoher Säurekonzentration aber die Fällung des Cadmiumsulfids unvollständig bleibt. Aus den Versuchen von TREADWELL und GUITERMAN geht hervor, daß es sich bei dem Mitfallen des Zinksulfids im wesentlichen um eine Nachfällung handelt. Es ist also nicht zweckmäßig, die Fällung vor der Filtration längere Zeit stehenzulassen.

a) Methode von TREADWELL und GUITERMAN. Man verfährt nach den genannten Autoren so, daß man die Fällung des Cadmiums bei einer Schwefelsäurekonzentration[1] von etwa 2 bis 4 n — allenfalls auch bei einer Salzsäurekonzentration von 0,5 bis 0,75 n — vornimmt, wobei man den Schwefelwasserstoff in die heiße Lösung einleitet, die man während der Fällung auf Zimmertemperatur abkühlen läßt. Der Niederschlag wird mit schwefelwasserstoffgesättigter Säure gleicher Konzentration ausgewaschen. Wenn die Menge des Zinks etwa ebenso groß oder größer als die vorhandene Cadmiummenge ist, dann ist es nötig, die Fällung ein zweites Mal auszuführen. Hierzu löst man das ausgewaschene Sulfid in verdünnter Salzsäure, beseitigt diese durch Abrauchen mit Schwefelsäure und wiederholt die Fällung unter denselben Bedingungen. Die Anwesenheit von größeren Mengen von Chloriden oder Sulfaten ist tunlichst zu vermeiden, da diese, wie früher schon erwähnt, die Fällungsbedingungen stark beeinflussen. Nach URBASCH kann sogar die zweite Cadmiumsulfatfällung unter ungünstigen Bedingungen (geringe Säurekonzentration, große Zinkmenge, längeres Stehenlassen) noch Zink enthalten.

b) Methode von MEIGEN und SCHARSCHMIDT. Nach diesen beiden Autoren beträgt der zulässige Höchstgehalt an Säure für die Fällung in der Hitze 3,4 cm^3 konzentrierte Schwefelsäure auf 100 cm^3 Lösung, während der Säuregehalt in der Kälte bis zu 8,6 cm^3 konzentrierter Schwefelsäure ansteigen kann. Sie verfahren folgendermaßen:

Arbeitsvorschrift. Man verwendet am besten 8 cm^3 konzentrierte Schwefelsäure auf je 100 cm^3 Lösung, leitet zunächst in die heiße Lösung Schwefelwasserstoff ein und läßt unter weiterem Einleiten erkalten. Auf diese Weise erhält man einen sehr dichten, rotgelben, körnigen Niederschlag, der sich gut filtrieren läßt und nur wenig Zink mitreißt. Um den Niederschlag völlig zinkfrei zu erhalten, muß die Fällung wiederholt werden. Zu diesem Zweck löst man das ausgewaschene Cadmiumsulfid in warmer, verdünnter Salpetersäure, die mit einigen Tropfen Salzsäure versetzt ist (das von F. P. TREADWELL vorgeschlagene Lösen in reiner Salzsäure erfordert viel größere Flüssigkeitsmengen). Die Lösung wird mit einer gemessenen Menge Schwefelsäure versetzt, zuerst auf dem Wasserbad und dann auf dem Luftbad eingedampft, bis Schwefelsäuredämpfe entweichen. Nachdem so alle Salpetersäure entfernt ist, wird das Cadmium nach Zusatz der erforderlichen Menge Wasser nochmals mit Schwefelwasserstoff wie vorher gefällt. Der Niederschlag wird wieder in Salpetersäure gelöst und nach Zusatz von Schwefelsäure die Lösung eingedampft und das Cadmium als Sulfat bestimmt.

c) Methode von ZÖLLNER. ZÖLLNER kam durch Umrechnung der älteren Angaben von FOLLENIUS zu dem Schluß, daß das Cadmiumsulfid noch aus wesentlich stärker schwefelsaurer Lösung fällbar sein müsse, als F. P. TREADWELL angibt, nämlich noch bei einem Gehalt von 17,6 cm^3 Schwefelsäure (D 1,84) in 100 cm^3 Lösung. Durch Versuche stellte er fest, daß das Cadmium in der Tat bei einem Gehalt von 15 cm^3 konzentrierter Schwefelsäure auf 100 cm^3 Lösung noch quantitativ als Sulfid abgeschieden werden kann, das sich in diesem Fall sogar als besonders gut filtrierbar erweist. In dieser stark sauren Lösung läßt sich das Cadmium auch durch einmalige Fällung als Sulfid von Zink trennen.

[1] Nach KATÔ erfolgt die Trennung am besten in 3,5 bis 4 n schwefelsaurer Lösung.

Arbeitsvorschrift. Die neutrale Lösung der Sulfate wird mit 15 cm³ konzentrierter Schwefelsäure versetzt und auf 100 cm³ verdünnt. Dann wird zum Sieden erhitzt und Schwefelwasserstoff bis zum Erkalten eingeleitet. Der rotgelbe bis orangerote Niederschlag, der nicht stundenlang stehen darf, wird möglichst bald auf einem Glasfiltertiegel 1 G 3 gesammelt und mit schwach schwefelsäurehaltigem Schwefelwasserstoffwasser nachgewaschen. Dann wird der Niederschlag, ohne zu saugen, vorsichtig mit heißer 25%iger Salzsäure gelöst, wobei man den Tiegel mit einem Uhrglas bedeckt. Mit der zu verwendenden Salzsäure kann man zweckmäßig vorher das zur Fällung benutzte Becherglas ausspülen, um die etwa an den Wandungen haftenden Reste des Sulfids zu entfernen. Die Lösung wird dann durch den Filtertiegel gesaugt und dieser mit heißem Wasser nachgewaschen. Die Lösung wird nunmehr mit 25 cm³ verdünnter (etwa 15%iger) Schwefelsäure eingedampft und das Cadmium als Sulfat bestimmt.

Tabelle 10.

Angewendet		Gefunden	
Cadmium g	Zink g	Cadmium g	Zink g
0,2050	0,0504	0,2052	0,0504
0,2050	0,0504	0,2054	0,0502
0,2050	0,0504	0,2051	0,0503
0,2050	0,2018	0,2054	0,2018
0,2050	0,2018	0,2054	0,2014
0,05126	0,2018	0,0512	0,2020
0,05126	0,2018	0,0511	0,2017

Bemerkungen. *Genauigkeit.* Die Ergebnisse, die ZÖLLNER bei wechselndem Verhältnis der Cadmium- zur Zinkmenge erhielt, sind in der nebenstehenden Tabelle 10 zusammengestellt.

d) Methode von Fox. Nach Fox ist die Trennung des Cadmiums von Zink auch in trichloressigsaurer Lösung durchführbar, wenn man wenigstens 10 g Trichloressigsäure auf 100 cm³ Lösung verwendet. Ein Überschuß an Trichloressigsäure schadet nichts. Im Filtrat kann das Zink nach dem Abstumpfen der Säure als Sulfid bestimmt werden. Einen besonderen Vorteil dürfte diese Methode kaum bieten, da bei größeren Zinkmengen eine doppelte Fällung nötig ist.

e) Methode von CHALUPNY und BREISCH. Die beiden Autoren versuchten, die Trennung in cyankalischer Lösung durch Fällung des Cadmiums mit Kaliumsulfid auszuführen, erhielten aber keine befriedigenden Ergebnisse. Sie gelangten jedoch zum Ziel, als sie den Sulfidzusatz gewissermaßen dosierten, indem sie das Kaliumsulfid durch Zersetzung von Thioharnstoff in der heißen alkalischen Lösung langsam entstehen ließen. Der Vorgang verläuft vermutlich nach folgender Gleichung:

$$CS(NH_2)_2 + 2\,KOH = CO(NH_2)_2 + K_2S + H_2O\,.$$

Das Cadmium wird so bei Gegenwart von Kaliumcyanid in kurzer Zeit quantitativ als dunkelorangegelbes, leicht filtrierbares Sulfid abgeschieden, während das Zink selbst bei geringem Überschuß an Kaliumcyanid auch bei längerem Kochen nicht als Sulfid gefällt wird.

Arbeitsvorschrift. Die in einem großen ERLENMEYER-Kolben befindliche Lösung der beiden Metalle wird mit Kalilauge neutralisiert, bis ein geringer Niederschlag in der Flüssigkeit bestehen bleibt. Dann setzt man so viel von einer filtrierten Kaliumcyanidlösung (100 g gepulvertes Kaliumcyanid löst man zu 300 cm³) hinzu, bis klare Lösung eingetreten ist, und gibt nun für 1 g Zink mindestens 4 g Kaliumcyanid im Überschuß zu (man verwendet obige Lösung). Hierauf versetzt man noch mit 10 cm³ 4 n Kalilauge und erhitzt zum Kochen. Knapp vor Beginn desselben gibt man bei Cadmiummengen bis zu 0,1 g etwa 0,5 g bis 1 g Thioharnstoff zu und läßt die Flüssigkeit, vom Beginn der Fällung an gerechnet, ungefähr 30 Min. kochen (Vorsicht, bisweilen Siedeverzug!). Man filtriert dann den Niederschlag sofort ab, spült den Fällungskolben mit etwas Kaliumcyanidlösung, die man mit der mehrfachen Menge heißen Wassers verdünnt, aus und dekantiert auf diese Weise mehrmals den auf dem Filter befindlichen Niederschlag. Das weitere Auswaschen nimmt man mit heißem, ammoniumnitrathaltigem Wasser vor. — Nach dem Auswaschen wird der Niederschlag mit heißer verdünnter Salzsäure in den Fällungskolben zurückgelöst und die Lösung nach Zusatz einer geringen Menge Perhydrol zur Zerstörung des Schwefelwasserstoffs gekocht. Dann wird wieder mit Lauge neutralisiert und die Fällung mit Schwefelwasserstoff nochmals mit einem entsprechenden Überschuß an Kaliumcyanid vorgenommen. Das Cadmiumsulfid kann man schließlich in Sulfat überführen oder die salzsaure Lösung desselben nach dem Beseitigen des Schwefelwasserstoffs mit Kalilauge neutralisieren, den gebildeten Niederschlag mit möglichst wenig Kaliumcyanid lösen und das Cadmium elektrolytisch bestimmen.

Bemerkung. *Genauigkeit.* CHALUPNY und BREISCH fanden nach dieser Methode bei Anwendung von 0,0369 g Cadmium neben 8 g Zink 0,0368 bis 0,0372 g Cadmium.

f) Zur Bestimmung kleiner Cadmiummengen neben sehr viel Zink wird das Cadmium zunächst angereichert.

Nach MYLIUS und FROMM verfährt man z. B. zur Bestimmung des Cadmiums in gereinigtem Zink nach folgender

Arbeitsvorschrift. 100 g des Metalls werden mit 200 cm³ Wasser übergossen; dann wird die zur Lösung nötige Menge Salpetersäure zugefügt. Die Lösung wird mit Ammoniak versetzt, bis sich das abgeschiedene Zinkhydroxyd wieder gelöst hat. Nach dem Auffüllen auf etwa 2 l wird eine verdünnte Lösung von Ammoniumsulfid in kleinen Anteilen zugesetzt, bis der ausfallende Niederschlag rein weiß gefärbt ist. Dann erwärmt man auf dem Wasserbad auf 80° und filtriert schließlich nach der freiwilligen Klärung. (Das Filtrat muß auf erneuten Zusatz von Ammoniumsulfid einen rein weißen Niederschlag geben, in dem kein Cadmium mehr nachweisbar ist.) Der Niederschlag wird auf dem Filter in verdünnter Salzsäure gelöst, die Lösung mit Schwefelsäure eingedampft und durch Zusatz von Wasser und Alkohol das Blei in der üblichen Weise abgeschieden. Aus dem Filtrat beseitigt man den Alkohol durch Erwärmen und fällt nach entsprechender Verdünnung des Filtrats das Cadmium als Sulfid. Zur völligen Trennung von Zink wiederholt man die Fällung in schwefelsaurer Lösung, verwandelt schließlich das Cadmiumsulfid in Sulfat und bestimmt es als solches.

Bemerkungen. Eine ähnliche Vorschrift gibt auch MERR.

Nach FAIRCHILD bestimmt man kleine Cadmiummengen (1 bis 2 mg) in Gegenwart von viel Zink (1 g), indem man die 0,3 n schwefelsaure Lösung, die keine Alkalisalze enthalten darf, in der Kälte mit Schwefelwasserstoff sättigt und den Niederschlag von Cadmiumsulfid und Zinksulfid 1 Std. lang absitzen läßt. Der mit Schwefelwasserstoffwasser gewaschene Niederschlag wird dann auf dem Filter mit kalter Salzsäure (1 : 1) gelöst, die Lösung zur Trockne gedampft und mit 50 cm³ 0,3 n Schwefelsäure aufgenommen. Die Fällung mit Schwefelwasserstoff wird — wenn nötig 2mal — wiederholt und das Cadmium schließlich als Sulfat bestimmt.

g) Zur Bestimmung des als Verunreinigung in metallischem Cadmium enthaltenen Zinks verfährt man nach SCACCIATI nach folgender

Arbeitsvorschrift. 10 g metallisches Cadmium löst man in 120 cm³ konzentrierter Salzsäure und 1 bis 2 cm³ konzentrierter Salpetersäure, verdünnt die Lösung mit 50 cm³ Wasser und setzt 6 g Aluminium in Schuppenform in drei oder vier Anteilen zu. Nach Zugabe von 50 cm³ Wasser wird das ausgeschiedene Cadmium abfiltriert und mit angesäuertem Wasser ausgewaschen. Das Filtrat wird bis zur Wiederauflösung des zunächst ausfallenden Niederschlags mit Natronlauge versetzt. Dann wird mit Natriumsulfid gefällt und der Niederschlag nach dem Abfiltrieren und Auswaschen in Salzsäure gelöst. Die Lösung wird mit 5 cm³ Schwefelsäure versetzt und bis zum Rauchen eingedampft. Sodann verdünnt man mit

200 cm³ Wasser, leitet Schwefelwasserstoff ein und filtriert das ausgeschiedene Cadmiumsulfid ab. Das Filtrat neutralisiert man nach dem Verjagen des Schwefelwasserstoffs mit Ammoniak und fällt das Aluminium durch Erhitzen mit Ammoniumacetat in der bekannten Weise. Nach dem Filtrieren und Auswaschen wird das Filtrat schwach essigsauer gemacht und nun das Zink mit Schwefelwasserstoff gefällt. Das Zinksulfid wird durch Glühen in Oxyd umgewandelt und als solches gewogen.

Auch HASTINGS sowie LURJE und NEKLJUTINA scheiden die Hauptmenge des Cadmiums durch Aluminium ab. Letztere geben folgende

Arbeitsvorschrift. 10 g Cadmium werden in 120 cm³ Salzsäure (1 : 3) unter 2maligem Zusatz von 2 bis 3 cm³ Salpetersäure (D 1,4) gelöst. In die Lösung gibt man 4 g Aluminiumfolie oder -späne. Nach 20 Min. fügt man nochmals 1 g Aluminium zu, rührt um und fügt nach weiteren 10 bis 20 Min. das letzte Gramm Aluminium hinzu.

Das überschüssige Aluminium und das abgeschiedene Cadmium werden auf gewöhnliche Watte abfiltriert und mit 2%iger Salzsäure ausgewaschen. Das Filtrat wird mit 15 bis 20 cm³ Schwefelsäure (D 1,84) versetzt und bis zum Auftreten von Schwefelsäuredämpfen eingedampft. Nach dem Abkühlen gibt man 150 bis 200 cm³ Wasser sowie 4 bis 5 g Citronensäure oder Weinsäure zu, neutralisiert mit Ammoniak gegen Methylorange und säuert so mit Schwefelsäure an, daß 100 cm³ der Lösung 5 cm³ freie Säure enthalten. Darauf wird das Cadmium mit Schwefelwasserstoff gefällt und das Cadmiumsulfid abfiltriert. Das Filtrat wird mit Ammoniak neutralisiert, dann mit 5 cm³ Essigsäure oder Ameisensäure auf je 100 cm³ Flüssigkeit versetzt und das Zink durch Schwefelwasserstoff gefällt. Das noch Aluminium enthaltende Zinksulfid wird wieder in Salzsäure gelöst, das Aluminium mit Ammoniak gefällt und schließlich das Zink wieder mit Schwefelwasserstoff abgeschieden und nach dem Glühen des Sulfidniederschlags als Zinkoxyd bestimmt.

Literatur.

ALLEN, E. T. u. J. L. CRENSHAW: (a) Am. J. Sci. [4] **34**, 341 (1912); (b) Z. anorg. Ch. **79**, 154 (1913).

BAUBIGNY, H.: C. r. **142**, 577, 792, 959 (1906). — BAXTER, G. P. u. M. A. HINES: Z. anorg. Ch. **44**, 160 (1905). — BERG, P. v.: Fr. **26**, 23 (1887). — BILTZ, W.: Ph. Ch. **58**, 291 (1907). — BRUNER, L. u. J. ZAWADZKI: Anz. Krakau. Akad. **1909**, 292; C. **81 I**, 5 (1910). — BÜCHNER, G.: Ch. Z. **11**, 1087, 1107 (1887).

CERNATESCO, R.: Bl. Acad. Roum. **8**, 43 (1922/23); durch C. **94 IV**, 563 (1923). — CHALUPNY, K. u. K. BREISCH: Ch. Z. **48**, 349 (1924). — CUSHMAN, A. S.: Fr. **34**, 371 (1905).

DITTE, A.: C. r. **85**, 402 (1877). — DONATH, E.: Fr. **40**, 142 (1901).

EGERTON, A. C. u. F. V. RALEIGH: Soc. **123**, 3019 (1923). — ENELL, H.: Fr. **54**, 537 (1915).

FAIRCHILD, J. G.: Chemist-Analyst **20**, 5 (1931); durch C. **102 II**, 2762 (1931). — FAIRHALL, L. T. u. L. PRODAN: Am. Soc. **53**, 1321 (1931). — FLEISCHER, E.: Die Titriermethode, 2. Aufl., S. 90ff. Leipzig 1876. — FOLLENIUS, O.: Fr. **13**, 411 (1874). — FOX, J. J.: Soc. **91**, 964 (1907). — FRESENIUS, H.: Fr. **20**, 236 (1881).

GRASSL, G.: Diss. München 1925.

HASTINGS, J. H.: Eng. Mining J.-Press **120**, 1020 (1925); durch C. **97 I**, 1861 (1926). — HESSEL, G.: Bio. Z. **177**, 146 (1926). — HILLEBRAND, W. F. u. E. F. LUNDELL: Applied Inorganic Analysis, S. 207. London 1929. — HILTNER, W. u. W. GRUNDMANN: Ph. Ch. **168**, 291 (1934); s. auch HILTNER, W.: Ausführung potentiometrischer Analysen, S. 48ff. Berlin 1935. — HOBOKEN, K. v.: Diss. Marburg 1929.

IMMIG, H. u. G. JANDER: Z. El. Ch. **43**, 207 (1937).

JANDER, G. u. O. PFUNDT: Z. El. Ch. **35**, 206 (1929). — JANDER, G. u. H. SCHORSTEIN: Angew. Ch. **45**, 701 (1932). — JUZA, R. u. R. LANGHEIM: (a) Angew. Ch. **50**, 255 (1937); (b) Fr. **110**, 262 (1937).

KATÔ, H.: Sci. Rep. Tôhoku Univ. Ser. I **28**, 544 (1940); durch C. **111 II**, 2347 (1940). — KLOBUKOW, N. v.: J. pr. [N. F.] **39**, 414 (1889). — KOHNER, A.: Diss. Berlin 1886; durch Fr. **27**, 213 (1888). — KRAUS, E. J.: Ch. Z. **50**, 281 (1926). — KRISHNAMURTI, S.: Soc. **1926**, 1549.

LUFF, G.: Fr. **65**, 97 (1924/25). — LURJE, J. J. u. W. F. NEKLJUTINA: Betriebslab. **5**, 587 (1937); durch C. **108 I**, 1741 (1937).

MANCHOT, W., G. GRASSL u. A. SCHNEEBERGER: Fr. **67**, 177 (1925/26). — MEIGEN, W. u. O. SCHARSCHMIDT: Fr. **64**, 212 (1924). — MELDRUM, R.: Chem. N. **79**, 170 (1899). — MERR, H. N.: Metal Ind. London **33**, 53 (1928); durch C. **99 II**, 922 (1928). — MINOR, W.: Ch. Z. **14**, 439 (1890). — MYLIUS, F. u. O. FROMM: Z. anorg. Ch. **9**, 144 (1895).

NOYES, A. A. u. W. C. BRAY: Am. Soc. **29**, 137 (1907).

SCACCIATI, G.: Chim. e Ind. **22**, 269 (1940); durch C. **111 II**, 1908 (1940).

TREADWELL, F. P.: Kurzes Lehrbuch der analytischen Chemie, Bd. 2, 11. Aufl., S. 158. Leipzig u. Wien 1923. — TREADWELL, W. D.: Ch. Z. **38**, 1232 (1914). — TREADWELL, W. D. u. K. S. GUITERMAN: Fr. **52**, 459 (1913).

URBASCH, ST.: Ch. Z. **46**, 101 (1922).

WEIGEL, O.: Ph. Ch. **58**, 294 (1907). — WINKLER, L. W.: Angew. Ch. **34**, 383 (1921).

ZÖLLNER, C.: Fr. **114**, 8 (1938).

§ 4. Bestimmung unter Abscheidung als Cadmiumammoniumphosphat.

$Cd(NH_4)PO_4 \cdot 1\,H_2O$, Molekulargewicht 243,45.

Allgemeines.

Die quantitative Abscheidung des Cadmiums als Cadmiumammoniumphosphat wurde zuerst von CARNOT und PROROMONT beschrieben.

Eigenschaften des Cadmiumammoniumphosphats. Das Cadmiumammoniumphosphat ist eine weiße, in dünnen Blättchen krystallisierende Substanz, die sich ohne Zersetzung auf 105 bis 110° erhitzen läßt. Beim Glühen entsteht quantitativ Cadmiumpyrophosphat, $Cd_2P_2O_7$. Durch Säuren und Ammoniak wird das Cadmiumammoniumphosphat gelöst. Beim Kochen mit der Fällungsflüssigkeit gibt es nach MILLER und PAGE Ammoniak und Wasser ab.

Bestimmungsverfahren.

A. Gewichtsanalytische Bestimmung.

Vorbemerkung. Während AUSTIN (a), (b) die Abscheidung des Cadmiums in der Hitze bei Gegenwart von reichlich Ammoniumchlorid mit Natriumammoniumphosphat vornimmt, fällen DAKIN sowie MILLER und PAGE mit Diammoniumphosphat, wobei DAKIN nur vor der Fällung erhitzt, MILLER und PAGE überhaupt nicht erwärmen. MILLER und PAGE lehnen die AUSTINsche Arbeitsweise als unzweckmäßig ab, da sie nach derselben stets niedrige Resultate erhielten und im Filtrat des Cadmiumniederschlags jeweils merkliche Mengen Cadmium nachweisen konnten. Sie halten insbesondere das Erhitzen und den Zusatz von Ammoniumchlorid für unstatthaft.

***Arbeitsvorschrift von* AUSTIN.** Die neutrale Cadmiumsalzlösung wird bei einem Volumen von 100 bis 150 cm³ mit 10 g Ammoniumchlorid versetzt und in der Hitze mit Natriumammoniumphosphat (Phosphorsalz) gefällt und so lange weiter erhitzt, bis der Niederschlag krystallin geworden ist. Vor dem Filtrieren läßt man einige Stunden stehen. Man wäscht den Niederschlag mit ammoniakhaltigem Wasser.

***Arbeitsvorschrift von* MILLER *und* PAGE.** Die auf 150 cm³ verdünnte und kaum salzsaure Lösung des Cadmiumsalzes wird in der Kälte mit einer Lösung von Diammoniumphosphat (man verwendet etwa die 15fache Menge des vorhandenen Cadmiums) versetzt und über Nacht stehen gelassen. Man sammelt den Niederschlag auf einem Porzellanfiltertiegel. (MILLER und PAGE benutzten anstatt der damals gebräuchlichen Asbestfiltertiegel bei 150° getrocknete und alsdann gewogene Filter, da sich zeigte, daß der Asbest teilweise von Ammoniumphosphat angegriffen wurde.) Der Niederschlag wird zunächst mit einer 1%igen Lösung von Diammoniumphosphat ausgewaschen und dann mit 60%igem Alkohol nachgewaschen. Der Niederschlag wird bei 100 bis 103° bis zur Gewichtskonstanz getrocknet. Der Umrechnungsfaktor ist 0,4617.

Bemerkungen. **I. Genauigkeit.** Bei der Bestimmung von rund 0,2 g Cadmium erhielten MILLER und PAGE Werte, die im Höchstfall 0,3 mg zu hoch waren.

II. Überführung des Cadmiumammoniumphosphats in Cadmiumpyrophosphat. Man glüht den getrockneten Niederschlag im elektrischen Ofen bei 800 bis 900° bis zur Gewichtskonstanz. Der Umrechnungsfaktor ist dann 0,5638. Bei dieser Operation sind dieselben Gesichtspunkte zu beachten wie bei der Überführung des Zinkammoniumphosphats in Zinkpyrophosphat (vgl. das Kapitel „Zink", § 2, S. 45).

III. Störung durch andere Stoffe. Die Methode kann nur bei Abwesenheit anderer Metalle ausgeführt werden. Größere Mengen Ammoniumchlorid wirken in geringem Maße lösend auf den Niederschlag. Größere Mengen von Alkalisalzen dürften ähnliche Störungen verursachen wie bei der Abscheidung des Zinks als Zinkammoniumphosphat (vgl. das Kapitel „Zink", § 2, S. 43).

IV. Sonstige Arbeitsweisen. α) „Watte-Verfahren" von WINKLER. Arbeitsvorschrift. Die gegen Methylorange eben sauer reagierende Lösung, die bei einem Volumen von 100 cm³ 0,01 bis 0,15 g Cadmium enthalten kann, wird mit 2 g Ammoniumchlorid versetzt und bis zum Aufkochen erhitzt. Dann läßt man unter Umschwenken aus einer Bürette in dünnem Strahl 10 cm³ 20%ige Diammoniumphosphatlösung zufließen. Während der ersten Stunde wird der Niederschlag durch Schwenken des Becherglases einige Male aufgerührt. Dann läßt man im bedeckten Glas über Nacht stehen und sammelt dann den Niederschlag in einem mit einem Wattebausch beschickten Kelchtrichter. Der Wattebausch wird vor der Bestimmung mit Methylalkohol getränkt, dieser dann abgesaugt und nun noch 5 Sek. lang ein kräftiger Luftstrom durchgesaugt. Der so vorbereitete Trichter wird sodann 2 Std. bei 100° getrocknet. Zum Auswaschen des Niederschlags verwendet man 50 cm³ kaltes, mit Cadmiumammoniumphosphat gesättigtes Wasser. Nach dem Absaugen der letzten Anteile der Waschflüssigkeit wäscht man noch 2mal mit je 2 bis 3 cm³ Methylalkohol, saugt ab und saugt noch 5 Sek. lang kräftig Luft durch den Trichter. Sodann trocknet man 2 Std. lang bei 100°. Bei der Berechnung der Resultate verwendet WINKLER folgende Verbesserungswerte (Tabelle 11).

Tabelle 11.

Gewicht des Niederschlags g	Korrektur	
	Bei Trocknen des Niederschlags mg	Bei Glühen des Niederschlags mg
0,30	+ 0,2	+ 0,4
0,20	+ 0,2	+ 0,4
0,10	+ 0,3	+ 0,4
0,05	+ 0,4	+ 0,4
0,01	+ 1,9	+ 1,5

Ammoniumchlorid, -nitrat und -sulfat in Mengen bis zu 5 g in 100 cm³ stören nicht. Ammoniumchlorid wirkt sogar günstig, weil es die Krystallisation fördert. Nur übertrieben große Mengen wirken schädlich. Natriumchlorid verursacht fast keine Störung, desgleichen Kaliumchlorid, wenn es nicht in zu großer Menge vorhanden ist.

β) Schnellmethode von DICK. Die neutrale Cadmiumsalzlösung wird auf dem Wasserbad erhitzt und mit einer Lösung von Ammoniumphosphat gefällt, wobei man von letzterem die 10- bis 20fache Menge des vermutlich vorhandenen Cadmiums anwendet. Sodann erhitzt man noch weitere 10 bis 15 Min. auf dem Wasserbad, jedoch nicht länger, und läßt schließlich völlig abkühlen, wobei der anfangs amorphe Niederschlag langsam krystallinisch wird. Nach frühestens 1 bis 1½ Std. wird die Flüssigkeit durch einen Porzellanfiltertiegel filtriert und sodann der Niederschlag mit einer 0,1%igen Ammoniumphosphatlösung in den Filtertiegel gebracht und mit der gleichen Lösung gut ausgewaschen. Dann wäscht man öfters mit 65%igem, hierauf mit 95%igem Alkohol und schließlich mit reinem Äther aus. Nun trocknet man den Niederschlag einige Minuten im Vakuumexsiccator bei Zimmertemperatur, wischt die Außenwände des Tiegels mit einem faserfreien Tuch ab und wägt. Der Umrechnungsfaktor ist 0,4616. Die Bestimmung beansprucht etwa 2 Std. Ammoniumsalze dürfen nicht oder jedenfalls nur in kleineren Mengen zugegen sein. Bei der Analyse des Sulfats $3\,CdSO_4 \cdot 8\,H_2O$ fand DICK 43,72 bis 43,91% Cadmium (berechnet 43,82%).

B. Maßanalytische Bestimmung.

***Arbeitsvorschrift von* DAKIN.** Nach DAKIN wird der Niederschlag von Cadmiumammoniumphosphat in einer gemessenen Menge 0,1 n Schwefelsäure gelöst $[Cd(NH_4)PO_4 + H_2SO_4 = CdSO_4 + (NH_4)H_2PO_4]$ und die überschüssige Säure mit 0,1 n Natronlauge unter Verwendung von Methylorange als Indicator zurücktitriert. Zum Lösen des Niederschlags verwendet man einen beträchtlichen Säureüberschuß, verdünnt und titriert bei einer Temperatur, die nur wenig über Zimmertemperatur liegt.

***Bemerkung.* Genauigkeit.** Bei der Titration von 0,1 bis 0,2 g Cadmiumammoniumphosphat $[Cd(NH_4)PO_4 \cdot 1\,H_2O]$ betrugen die durchweg negativen Fehler im Mittel etwa 0,2 mg (bezogen auf Cd) und nur in einem Fall 0,7 mg.

Literatur.

AUSTIN, M.: (a) Z. anorg. Ch. **22**, 207 (1899); (b) **32**, 366 (1902).
CARNOT, A. u. P. M. PROROMONT: C. r. **101**, 59 (1885).
DAKIN, H. D.: Fr. **41**, 279 (1902). — DICK, J.: Fr. **82**, 401 (1930).
MILLER, E. H. u. W. PAGE: Z. anorg. Ch. **28**, 233 (1901).
WINKLER, L. W.: Angew. Ch. **34**, 466 (1921).

§ 5. Bestimmung unter Abscheidung als Cadmiumoxinat.

$Cd(C_9H_6ON)_2$, Molekulargewicht 400,70.

Allgemeines.

Das Verfahren beruht auf der Schwerlöslichkeit des Cadmiumoxinats. Wie BERG (b) gezeigt hat, bildet das o-Oxychinolin, auch kurz Oxin genannt, mit den meisten Metallen schwer lösliche, innere Komplexsalze. Obwohl also das Oxin kein spezifisches Reagens ist, läßt sich doch durch Einhaltung bestimmter Wasserstoff-Ionen-Konzentrationen eine weitgehende Trennung der Metalle erreichen. — *Die quantitative Bestimmung des Cadmiums kann sowohl auf gewichtsanalytischem Wege durch direkte Wägung des getrockneten Niederschlags als auch auf maßanalytischem Wege durch bromometrische Titration erfolgen.* Letzterer Weg führt schneller zum Ziel.

Eigenschaften des Cadmiumoxinats. Das Cadmiumoxinat bildet einen gelben, krystallinen Niederschlag, der lufttrocken die Zusammensetzung $Cd(C_9H_6ON)_2 \cdot 2\,H_2O$ besitzt. Bei 100° entweicht ein halbes Mol Wasser, und durch längeres Trocknen bei 130° erhält man die wasserfreie Verbindung.

In essigsaurer, acetathaltiger Lösung kann man in einem Gesamtvolumen von 5 cm³ noch 0,012 mg Cadmium nachweisen, in natronalkalischer, tartrathaltiger Lösung in der Wärme noch 0,048 mg.

Bestimmungsverfahren.

A. Gewichtsanalytische Bestimmung.

1. Fällung aus essigsaurer Lösung.

Die Abscheidung ermöglicht zugleich eine Trennung des Cadmiums von den Alkali- und Erdalkalimetallen einschließlich dem Magnesium.

Arbeitsvorschrift. Die neutrale bzw. schwach mineralsaure Lösung wird mit Sodalösung bis zur Trübung versetzt und sodann durch Zusatz von wenig Essigsäure geklärt (die Essigsäurekonzentration soll 0,5% nicht übersteigen). Man erwärmt auf 60° und fällt mit alkoholischer Oxinlösung (vgl. Bem. II) in geringem

Überschuß. Nunmehr erhitzt man zu kurzem Sieden, läßt absitzen und filtriert auf einen Glasfiltertiegel G 3 ab. Der Niederschlag wird zuerst mit warmem und dann mit kaltem Wasser gewaschen und bei 130° bis zur Gewichtskonstanz getrocknet. Der Umrechnungsfaktor ist 0,2805.

***Bemerkungen.* I. Genauigkeit.** Bei Auswage der wasserfreien Verbindung erhielt BERG (a), (c) bei Anwendung von 100 bis 250 mg Cadmium Abweichungen von maximal + 0,5 bzw. — 0,9 mg. Wenn man nur bei 100 bis 105° trocknet, so daß die Verbindung noch 1½ Moleküle Wasser enthält, sind die Resultate etwas weniger genau.

II. Das Reagens. 3 g o-Oxychinolin werden in Methyl- bzw. Äthylalkohol gelöst; die Lösung wird auf 100 cm³ aufgefüllt. Vor Licht geschützt, hält sich diese Lösung etwa 10 Tage. Am besten wird sie frisch hergestellt.

III. Andere Arbeitsweise. Mikrobestimmung nach WENGER, CIMERMAN und WYSZEWIANSKA. Arbeitsvorschrift. Die neutrale oder schwach saure Lösung, die in einem Volumen von 2 cm³ 1 bis 3 mg Cadmium enthält, wird in einen 18 mm weiten und 55 mm hohen Mikrobecher aus Jenaer Glas gebracht, mit 1 Tropfen MERCKS Universalindicator, 1 Tropfen 3%iger Sodalösung und 2 bis 3 Tropfen 3%iger Essigsäure versetzt, um die durch das Carbonat verursachte Trübung zu beseitigen. Nunmehr fügt man 6 bis 10 Tropfen 40%ige Natriumacetatlösung zu, bis der Indicator einen p_H-Wert von 6 bis 7 anzeigt. Nachdem man auf der Heizplatte auf 80 bis 90° erhitzt hat, fügt man tropfenweise die Reagenslösung im Überschuß zu (ungefähr das Dreifache der theoretisch nötigen Menge). Man schwenkt um, erhitzt bis zum beginnenden Sieden, läßt 15 Min. absitzen und filtriert mit Hilfe eines Filterstäbchens aus Porzellan, indem man mit der Pumpe schwach saugt. Der Niederschlag wird 2mal mit je 1 cm³ heißem und 2mal mit je 1 cm³ kaltem Wasser ausgewaschen. Becher und Filterstäbchen werden dann 15 Min. lang bei 120 bis 130° in der Apparatur von BENEDETTI-PICHLER[1] getrocknet. Nach dem Abkühlen wird der Becher mit einem feuchten Flanelltuch und mit zwei Rehlederläppchen abgewischt. Sodann läßt man 15 Min. lang auf einem Nickelblock neben der Waage, hierauf weitere 5 Min. in der Waage stehen und nimmt in der 20. Min. die Wägung vor. — Als Reagens dient eine 2%ige alkoholische Lösung von o-Oxychinolin.

Bemerkung. *Genauigkeit.* Der Fehler bei den Beleganalysen beträgt bei Anwendung von etwa 1 mg Cadmium + 0,001 mg, bei Anwendung von 2 bis 3 mg Cadmium höchstens — 0,003 bzw. + 0,007 mg.

2. Fällung aus natronalkalischer, tartrathaltiger Lösung.

Arbeitsvorschrift. Die Lösung versetzt man für je 100 cm³ Gesamtvolumen mit 2 bis 5 g Weinsäure, neutralisiert mit starker Natronlauge gegen Phenolphthalein und gibt für je 100 cm³ Gesamtvolumen noch 10 bis höchstens 12 cm³ 2 n Natronlauge zu. Die Fällung erfolgt mit 3%iger alkoholischer Oxinlösung in der Kälte. Je nach der Menge des vorhandenen Cadmiums tritt die Fällung erst nach 1 bis 5 Min. ein. Sodann wird auf etwa 60° erwärmt und filtriert.

***Bemerkung.* Genauigkeit.** Bei Cadmiummengen bis zu 70 mg erhielt BERG (a), (c) Resultate, die höchstens um + 0,5 bzw. — 0,1 mg von der vorhandenen Menge abwichen (Niederschlag bromometrisch titriert).

B. Maßanalytische Bestimmung.

Die maßanalytische Bestimmung beruht darauf, daß das o-Oxychinolin als Phenolderivat mit Brom unter Bildung von 5,7-Dibrom-8-Oxychinolin reagiert. Der Bromüberschuß wird durch einen zugesetzten Indicator angezeigt und dann jodometrisch

[1] BENEDETTI-PICHLER, A.: Mikrochemie, PREGL-Festschr., S. 6. 1929.

bestimmt. Die bromometrische Bestimmung ist der gewichtsanalytischen vorzuziehen, da sie schneller ausführbar ist und zuverlässigere Resultate gibt.

Arbeitsvorschrift. Die Ausführung der maßanalytischen Bestimmung des Cadmiumoxinats erfolgt in genau derselben Weise wie die bromometrische Bestimmung des Zinkoxinats. (Betreffs der Einzelheiten vgl. das Kapitel „Zink“, § 6, S. 111.)

1 cm^3 einer 0,1 n Kaliumbromat-Kaliumbromid-Lösung entspricht 0,001405 g Cadmium.

Bemerkung. **Genauigkeit.** Bei Cadmiummengen von 2 bis 100 mg und unter Fällung in saurer Lösung betragen die Fehler der Beleganalysen kaum mehr als ± 0,2 mg.

Trennungsverfahren.

1. Trennung des Cadmiums von den Alkali- und Erdalkalimetallen.

Die Trennung von den Alkali- und Erdalkalimetallen einschließlich dem Magnesium kann, wie schon erwähnt, durch Fällung des Cadmiums in essigsaurer Lösung ausgeführt werden.

2. Trennung des Cadmiums von Aluminium, Chrom, Eisen, Arsen, Antimon, Zinn und Wismut.

Die Trennung des Cadmiums von Aluminium, Chrom, Eisen, Arsen, Antimon, Zinn und Wismut erfolgt durch Abscheidung des Cadmiums in natronalkalischer, tartrathaltiger Lösung nach der oben gegebenen Vorschrift. Bei Anwesenheit größerer Mengen (über 200 mg) an Fremdmetallen ist es nötig, den Cadmiumniederschlag umzufällen.

3. Trennung des Cadmiums von Kupfer.

Diese Trennung beruht auf der Schwerlöslichkeit des Kupferoxinats in 10%iger Essigsäure.

Arbeitsvorschrift. Aus der neutralen Lösung der beiden Metalle wird nach Zusatz von 3 g Natriumacetat und 10 cm^3 Eisessig auf je 100 cm^3 Gesamtvolumen zunächst das Kupfer in der Kälte mit einem geringen Überschuß von Oxychinolin gefällt. Der feinkrystalline Niederschlag wird auf ein Asbest- oder ein Papierfilter abfiltriert und mit heißem Wasser ausgewaschen. Im Filtrat wird die überschüssige Essigsäure mit Natronlauge oder Sodalösung abgestumpft und dann das Cadmium aus der schwach sauren Lösung in der oben beschriebenen Weise gefällt.

4. Trennung des Cadmiums von Quecksilber.

Die Trennung der beiden Metalle beruht darauf, daß das Quecksilber durch Zusatz von überschüssigem Kaliumcyanid in das gegen Oxychinolin stabile Quecksilbercyanid übergeführt wird.

Arbeitsvorschrift. Die schwach saure Lösung, die neben 0,0020 bis 0,1 g Cadmium bis zu 0,2 g Quecksilber enthalten kann, wird mit 20 cm^3 0,2 n Kaliumcyanidlösung versetzt. Dann gibt man 2 n Sodalösung bis zur Trübung zu, klärt mit verdünnter Essigsäure und fällt nach dem Erwärmen das Cadmium in der oben beschriebenen Weise.

Literatur.

Berg, R.: (a) Fr. **71**, 321 (1927); (b) J. pr. **115**, 178 (1927); (c) „Die Chemische Analyse“, Bd. 34: Die analytische Verwendung von o-Oxychinolin und seiner Derivate, S. 44. Stuttgart 1938.

Wenger, P., Ch. Cimerman u. M. Wyszewianska: Mikrochemie **18**, 182 (1935).

§ 6. Bestimmung unter Abscheidung als Cadmiumchinaldinat.

$Cd(C_{10}H_6NO_2)_2$, Molekulargewicht 456,72.

Allgemeines.

Die von RÂY *und* BOSE *angegebene Methode beruht auf der Schwerlöslichkeit des Cadmiumchinaldinats.* Ähnlich wie das o-Oxychinolin bildet die Chinaldinsäure mit einer ganzen Anzahl von Schwermetallen schwer lösliche innerkomplexe Salze.

Eigenschaften des Cadmiumchinaldinats. Das Cadmiumchinaldinat ist weiß und krystallin. In Wasser ist das Salz auch in der Hitze nur sehr wenig löslich. Noch bei einer Konzentration von $1:8\cdot10^5$ entsteht ein erkennbarer Niederschlag, und bei einer Konzentration von $1:15\cdot10^5$ tritt in neutraler Lösung des Reagenses noch eine Trübung auf. In Ammoniak und in Säuren ist das Cadmiumchinaldinat jedoch leicht löslich. Durch heißes Wasser wird es teilweise hydrolysiert. Es schmilzt bei 150°.

Bestimmungsverfahren.

Arbeitsvorschrift. Die neutrale Cadmiumsalzlösung, deren Volumen bei Cadmiummengen von 25 bis 50 mg etwa 150 cm³ betragen kann, wird kurze Zeit auf dem Wasserbad erwärmt. Dann gibt man tropfenweise unter kräftigem Rühren das Reagens bis zur vollständigen Fällung zu und neutralisiert die Lösung vorsichtig entweder mit Ammoniak oder mit Natronlauge. Den weißen, körnigen Niederschlag läßt man absitzen. Nach dem Absitzen und Abkühlen wird der Niederschlag zunächst mit kaltem Wasser dekantiert, dann in einen Filtertiegel abfiltriert und mit Wasser bis zum Verschwinden des Reagenses gewaschen. Man trocknet bei 125° bis zur Gewichtskonstanz. Der Umrechnungsfaktor beträgt 0,2461.

Bemerkungen. **I. Genauigkeit.** Die Beleganalysen der genannten Autoren stimmen sehr gut. Bei Cadmiummengen von 24,4 bis 48,7 mg beträgt der Fehler höchstens — 0,1 mg.

II. Das Reagens. Man verwendet eine Lösung von 5 g Chinaldinsäure in 150 cm³ Wasser. Statt dessen kann auch eine Natriumchinaldinatlösung entsprechender Konzentration benutzt werden.

Trennungsverfahren.

Trennung des Cadmiums von Kupfer.

Die Trennung beruht darauf, daß aus saurer Lösung zunächst nur das Kupfer, im Filtrat nach dem Neutralisieren das Cadmium gefällt wird.

***Arbeitsvorschrift 1 von* RÂY *und* BOSE.** Die Lösung der beiden Metalle wird auf 150 cm³ verdünnt, mit 2 bis 10 cm³ 2 n Schwefelsäure angesäuert (nach MAJUNDAR ist die Trennung im p_H-Bereich 2,15 bis 2,01 vollständig) und das Kupfer bei Siedehitze mit einer Lösung von Natriumchinaldinat gefällt. Der grüne krystalline Niederschlag wird zunächst durch Dekantieren mit heißem Wasser und dann weiter in dem Filtertiegel so lange gewaschen, bis alle Spuren des Reagenses entfernt sind. Dann wird bei 125° bis zur Gewichtskonstanz getrocknet und als Kupferchinaldinat, $Cu(C_{10}H_6NO_2)_2\cdot2\,H_2O$, gewogen.

Filtrat und Waschwasser der Kupferfällung werden auf etwa 160 cm³ eingedampft und mit Ammoniak unter Rühren neutralisiert. Zur vollständigen Fällung des Cadmiums wird noch etwas Natriumchinaldinat zugesetzt. Der Niederschlag wird dann wie bei einer Einzelbestimmung weiterbehandelt.

***Arbeitsvorschrift 2 von* RÂY *und* BOSE.** Die Trennung kann auch so ausgeführt werden, daß man die verdünnte Lösung der beiden Metalle mit 2 bis 3 cm³ Eisessig ansäuert und dann das Kupfer mit einer Lösung der freien Chinaldinsäure fällt. Der Kupferniederschlag wird in diesem Fall zunächst mit heißem, essigsaurem Wasser (1 Tropfen Essigsäure auf 30 cm³ Wasser) und dann mit heißem Wasser allein ausgewaschen. Die Abscheidung des Cadmiums erfolgt in derselben Weise wie in der ersten Vorschrift.

***Bemerkungen zu den Arbeitsvorschriften von* RÂY *und* BOSE. Genauigkeit.** Die Trennung nach der ersten Arbeitsvorschrift gibt sehr gute Werte, gleichgültig, ob das eine oder das andere der beiden Metalle überwiegt. Die Abweichungen betragen nur $\pm$ 0,1 mg. Nach der zweiten Arbeitsvorschrift erhielten RÂY und BOSE etwas größere Fehler. Nach MAJUNDAR werden bei dieser Arbeitsweise zu hohe Werte für Kupfer erhalten, da Cadmium teilweise mitfällt.

Literatur.

MAJUNDAR, A. K.: Analyst **64**, 874 (1939).
RÂY, P. u. M. K. BOSE: Fr. **95**, 400 (1933).

§ 7. Bestimmung unter Abscheidung als Cadmiumanthranilat.

$Cd(C_7H_6O_2N)_2$, Molekulargewicht 384,66.

Allgemeines.

Das von FUNK *und* DITT *angegebene Verfahren beruht auf der Schwerlöslichkeit des Cadmiumanthranilats.* Es ist auch bei Gegenwart von Alkali- und Erdalkalimetallen anwendbar, dagegen dürfen andere Metalle nicht anwesend sein.

Eigenschaften des Cadmiumanthranilats. Das Cadmiumanthranilat bildet ein feines, weißes Krystallpulver.

Empfindlichkeit der Fällung. 0,005 mg Cadmium in 5 cm³ Wasser (entsprechend einer Konzentration von 1 : 10^6) geben mit 1 cm³ einer 10% igen Lösung von Natriumanthranilat bei öfterem Durchschütteln nach etwa 15 Min. noch eine deutliche Trübung.

Löslichkeit. In Säuren und Ammoniakwasser ist das Cadmiumanthranilat leicht löslich, durch Laugen wird es zersetzt unter Abscheidung von Cadmiumhydroxyd.

Beim Erhitzen verkohlt das Cadmiumanthranilat und hinterläßt beim Glühen Cadmiumoxyd, allerdings nicht in der berechneten Menge, da offenbar eine teilweise Reduktion zu Metall eintritt, das verflüchtigt wird.

Bestimmungsverfahren.

A. Gewichtsanalytische Bestimmung.

Wägung als Cadmiumanthranilat.

***Arbeitsvorschrift.* Allgemeine Fällungsbedingungen.** Die zu fällende Lösung soll keine Substanzen enthalten, die die normalen Fällungsreaktionen des Cadmiums verhindern, ferner keine weiteren Metalle außer Alkali- und Erdalkalimetallen. Sie soll außerdem keine freie Säure enthalten. Saure Lösungen dampft man am besten auf dem Wasserbad bzw. schwefelsaure auf dem Sandbad zur Trockne und nimmt den Rückstand mit Wasser auf. Nach GOTÔ ist für die quantitative Fällung mindestens ein p_H-Wert von 5,23 erforderlich, während unterhalb $p_H = 4,25$ keine Fällung eintritt.

Abscheidung und Bestimmung. Man erhitzt die Cadmiumsalzlösung, die keine freie Säure enthalten darf und deren Volumen für 0,1 g Cadmium 150 cm³ betragen soll, zum Sieden. Sodann setzt man unter Umrühren die Reagenslösung zu, von der man für die genannte Menge Cadmium 25 cm³ verwendet. Nach Zusatz des Fällungsmittels läßt man nochmals eben aufkochen. Nachdem die Flamme entfernt wurde, läßt man bis zum völligen Erkalten, wenigstens aber 1 Std., stehen und filtriert dann durch einen Porzellanfiltertiegel. Das Auswaschen und Trocknen erfolgt in der unten angegebenen Weise.

Bemerkungen. **I. Anwendungsbereich und Genauigkeit.** Die Methode eignet sich zur Bestimmung von Cadmiummengen von 10 bis 100 mg. Kleinere Mengen lassen sich nach dem Mikroverfahren (s. weiter unten) bestimmen.

Die Resultate weichen im allgemeinen höchstens um ± 0,2% von den theoretischen Werten ab.

II. Das Fällungsmittel. Die als Fällungsmittel dienende 3%ige Lösung des Natriumanthranilats erhält man, indem man 3 g reine Anthranilsäure (vgl. das Kapitel „Zink", § 7, S. 121) in 1 n Natronlauge löst, wozu etwa 22 cm³ nötig sind. Durch Prüfung mit Lackmuspapier überzeugt man sich davon, daß die Lösung nicht alkalisch ist, sondern schwach sauer reagiert. Nötigenfalls setzt man noch etwas Anthranilsäure zu. Man filtriert und verdünnt auf 100 cm³. Diese verdünnte Lösung soll farblos oder jedenfalls kaum gefärbt sein. Man bewahrt sie in einer braunen Flasche im Dunkeln auf.

III. Auswaschen des Niederschlags. Zum Auswaschen des Niederschlags verwendet man eine verdünnte Lösung des Reagenses; man verdünnt die 3%ige Lösung desselben auf das Fünfzehn- bis Zwanzigfache. Sodann wäscht man noch einige Male mit Alkohol nach. Mit Hilfe von etwas Alkohol und einer Feder- oder Gummifahne lassen sich auch etwa an den Gefäßwänden haftende Teile des Niederschlags leicht entfernen.

IV. Trocknen des Niederschlags. Das Trocknen des Niederschlags erfolgt bei 105 bis 110° und geht sehr rasch vonstatten. Meist beobachtet man, daß das Gewicht nach 1maligem, ½stündigem Trocknen schon völlig konstant ist. Es ist nicht nötig, die Trockentemperatur sorgfältig einzuhalten.

V. Störung durch andere Stoffe. Oben wurde schon erwähnt, daß außer Alkali- und Erdalkalimetallen keine anderen Metalle zugegen sein dürfen. Die Anwesenheit einiger Gramme Alkali- oder Ammoniumsalze macht sich im allgemeinen in ähnlicher Weise bemerkbar wie bei der Bestimmung des Zinks (vgl. das Kapitel „Zink", § 7, S. 122. Bem. V). Eine Ausnahme machen die Chloride, die die Abscheidung des Cadmiums weitgehend verhindern.

VI. Arbeitsweise in besonderen Fällen. Mikrobestimmung nach Wenger und Masset. Die Mikromethode entspricht im Prinzip der Makrobestimmung und kann, wie aus dem Folgenden hervorgeht, unter Verwendung verschiedener mikrochemischer Arbeitstechniken ausgeführt werden.

Bei den unter α, β und γ beschriebenen Arbeitsweisen wird die Bestimmung von 2 mg Cadmium durch die Anwesenheit von 10 mg Natriumacetat bzw. 5 mg Kalium- oder Natriumchlorid oder 100 mg Kaliumnitrat oder 20 mg[1] Kaliumsulfat nicht beeinflußt.

Bei Lösungen unbekannter Cadmiumkonzentration muß dieselbe zwecks Ermittlung des benötigten Reagensüberschusses zunächst annähernd bestimmt werden.

α) Arbeitsvorschrift unter Verwendung der Methodik von Schwarz v. Bergkampf. In einen gewogenen Jenaer Filterbecher G 4 besonderer Form nach Schwarz v. Bergkampf[2] mißt man 1,5 cm³ der zu untersuchenden Cadmiumlösung ab, die neutral oder ganz schwach sauer sein soll ($p_H = 6$), jedoch nicht salzsauer oder essigsauer. Der Cadmiumgehalt kann 1 bis 3 mg betragen. Man erhitzt die Lösung auf einem 170° heißen Kupferblock bis zum Sieden und fügt dann tropfenweise 0,55 cm³ einer frisch bereiteten 2%igen Lösung von Natriumanthranilat zu. Beim Umrühren achte man darauf, das Filter nicht mit der Lösung zu benetzen. Nach der Fällung erhitzt man nochmals bis zum beginnenden Sieden, läßt 50 Min. abkühlen und filtriert unter sehr vorsichtigem Saugen mit der Pumpe.

---

[1] In der Arbeit von Wenger und Masset [Helv. 23, 37 (1940)], in der 20 g Kaliumsulfat angegeben werden, muß an dieser Stelle ein Druckfehler unterlaufen sein.

[2] Schwarz v. Bergkampf, E.: Fr. 69, 336 (1926).

Das Auswaschen erfolgt so, daß man zunächst 2mal mit je 1 cm³ 0,2%iger Natriumanthranilatlösung (Reagenslösung auf das Zehnfache verdünnt) und dann 2mal mit je 1 cm³ 96%igem Alkohol wäscht.

Zur Trocknung saugt man den Niederschlag sorgfältig ab, bevor man ihn in den auf 135 bis 140° geheizten Trockenofen bringt. Man trocknet 20 Min. unter langsamem Durchsaugen von Luft und läßt den Filterbecher dann außerhalb des Ofens unter langsamem Durchsaugen von Luft erkalten.

Zur Wägung wischt man zunächst mit einem feuchten Flanelltuch und danach mit zwei Rehlederläppchen ab und läßt dann 15 Min. auf einem Nickelblock neben der Waage, 5 Min. innerhalb der Waage und 5 Min. auf der Waagschale stehen und nimmt die Wägung in der 25. Min. vor.

Die oben erwähnte Reagensmenge von 0,55 cm³ liegt zwischen der oberen und unteren Grenze des zweckmäßigen Reagensüberschusses. Dieser beträgt für 1 mg Cadmium 175 bis 400%, für 2 mg 107 bis 206% und für 3 mg 45 bis 60%.

Bemerkungen. Diese Arbeitsweise eignet sich zur Bestimmung von 1 bis 3 mg Cadmium bei einer Konzentration von etwa 2 mg im Kubikzentimeter. Die Fehler der Beleganalysen betragen im Maximum — 0,05 bzw. + 0,3%.

β) Arbeitsvorschrift unter Verwendung der Methodik von Emich. In einen Mikrobrecher aus Jenaer Glas, der eine Höhe von 55 mm und einen Durchmesser von 18 mm besitzt, mißt man 1,5 cm³ der zu untersuchenden Lösung ab. Der Cadmiumgehalt darf 1 bis 3 mg betragen. Für die Acidität der Lösung und die Ausführung der Fällung gilt das unter α) Gesagte. Nach der Fällung läßt man völlig abkühlen, was etwa 15 bis 20 Min. beansprucht, und filtriert mittels eines Filterstäbchens, das ganz fettfrei sein muß (nicht mit den Fingern berühren!).

Das Auswaschen erfolgt wie unter α) beschrieben.

Zur Trocknung werden Becher und Stäbchen 30 Min. unter langsamem Durchsaugen von Luft bei 125 bis 130° im Trockenofen von Benedetti-Pichler[1] belassen.

Zur Wägung läßt man 15 Min. lang außerhalb des Ofens abkühlen und verfährt dann weiter, wie unter α) beschrieben wurde.

Bemerkungen. Diese Arbeitsweise eignet sich zur Bestimmung von 1 bis 3 mg Cadmium bei einer Konzentration von etwa 1 mg im Kubikzentimeter. Der Fehler beträgt höchstens — 0,14 bzw. + 0,24%.

γ) Arbeitsvorschrift unter Verwendung der Methodik von Pregl. In ein Reagensglas aus Jenaer Glas (100 bis 150 mm Länge und 37 mm Durchmesser) bringt man 5 cm³ der zu untersuchenden Lösung, die 4 bis 7 mg Cadmium enthalten kann. Die Acidität soll dieselbe sein, wie unter α) angegeben wurde. Man erhitzt bis zum Sieden, wobei sich der Boden des Gefäßes 0,5 cm über dem Drahtnetz befinden soll, damit keine Überhitzung eintritt. Nach Entfernung der Heizquelle fällt man tropfenweise mit einer 2%igen Lösung von Natriumanthranilat. Für Cadmiummengen von 4 bis 7 mg soll der Reagensüberschuß 90 bis 140% der theoretisch nötigen Menge betragen. Zweckmäßig verwendet man 0,25 cm³ der Reagenslösung je Milligramm Cadmium. (Beträgt das anfängliche Volumen der zu fällenden Lösung jedoch 10 cm³, dann muß der Reagensüberschuß 350% betragen. Man verwendet dann 0,55 cm³ Reagenslösung je Milligramm Cadmium.)

Man rührt um, erhitzt nochmals bis zum beginnenden Sieden und läßt dann 15 Min. stehen, wobei man während der letzten 5 Min. mit kaltem Wasser kühlt. Sodann filtriert man durch ein Jenaer Filterröhrchen G 3 oder G 4, wobei man schwach saugt, ohne aber zunächst die Flüssigkeit ganz abzusaugen, um die Filtration nicht zu erschweren.

Man wäscht 1- bis 2mal mit je 1 cm³ 0,2%igem Reagens und dann 2mal mit je 1 cm³ Alkohol aus. Die an den Gefäßwänden haftenden Teile des Niederschlags

[1] Benedetti-Pichler, A.: Mikrochemie, Pregl-Festschr., S. 6. 1929.

werden mit dem Federchen unter kubikzentimeterweiser Verwendung von 6 cm³ Alkohol auf das Filter gebracht. Federchen und Gefäß werden mit 1 cm³ Alkohol gespült. Man überzeugt sich, daß die Spülflüssigkeit zum Schluß völlig klar ist, entfernt den Heber und spült die Wandungen des Filterröhrchens 2mal mit je 1 cm³ Alkohol ab. Nachdem das Röhrchen äußerlich abgewischt wurde, bringt man es in einen Trockenblock, in dem man den Teil des Röhrchens, der den Niederschlag enthält, 10 Min. lang bei 130° und dann das ganze Röhrchen 5 Min. lang bei derselben Temperatur trocknet. Während des Trocknens wird unter den üblichen Vorsichtsmaßregeln Luft durchgesaugt.

Nachdem man das Röhrchen kurze Zeit außerhalb des Blocks hat abkühlen lassen, wird es in der oben beschriebenen Weise mit Flanell und Rehlederläppchen abgewischt. Man läßt 15 Min. neben der Waage und 5 Min. auf der Waagschale stehen und wägt dann.

Bemerkungen. Diese Arbeitsweise eignet sich zur Bestimmung von 4 bis 7 mg Cadmium in etwas größeren Flüssigkeitsmengen. Für Mengen von 4 bis 7,6 mg Cadmium betrug der Fehler höchstens ± 0,3%.

B. Maßanalytische Bestimmung.

Die maßanalytische Bestimmung beruht auf der Bromierung der Anthranilsäure mittels eingestellter Kaliumbromat-Kaliumbromid-Lösung in salzsaurer Lösung und jodometrischer Bestimmung des Bromüberschusses. Die Arbeitsweise ist genau die gleiche wie bei der maßanalytischen Bestimmung des Zinkanthranilats (vgl. das Kapitel „Zink", § 7, B, S. 124).

Trennungsverfahren.

Von den *Alkalimetallen* sowie von *Magnesium, Calcium, Strontium* und *Barium* kann das Cadmium getrennt werden, indem es in der beschriebenen Weise als Anthranilat gefällt wird. In dem mit der Waschflüssigkeit vereinigten Filtrat können die Erdalkalimetalle in der üblichen Weise bestimmt werden. Auch dann, wenn die genannten Metalle stark überwiegen, erhält man noch recht brauchbare Werte für Cadmium.

Literatur.

Funk, H.: Fr. **123**, 241 (1942). — Funk, H. u. M. Ditt: Fr. **91**, 332 (1933).
Gotô, H.: J. Chem. Soc. Japan **55**, 1156 (1934); durch C. **109 II**, 3429 (1938).
Schwarz v. Bergkampf, E.: Fr. **69**, 321 (1926). — Shennan, R. I., I. H. F. Smith u. A. Ward: Analyst **61**, 395 (1936).
Wenger, P. u. E. Masset: Helv. **23**, 34 (1940).

§ 8. Bestimmung unter Abscheidung als cadmiumjodwasserstoffsaures Naphthochinolin.

$(C_{13}H_9N)_2H_2CdJ_4$, Molekulargewicht 980,53.

Allgemeines.

Die von Berg und Wurm beschriebene *Methode beruht auf der Schwerlöslichkeit des cadmiumjodwasserstoffsauren Naphthochinolins.* — Sowohl α- als auch β-Naphthochinolin liefern in Gegenwart von Halogen-Ionen in stark mineralsaurer Lösung mit einer Anzahl von Metallen schwer lösliche Niederschläge (mit Quecksilber, Wismut, Kupfer, Cadmium, Zink, Uran und 3wertigem Eisen).

Eigenschaften des cadmiumjodwasserstoffsauren Naphthochinolins. Die Verbindung bildet einen weißen, krystallinen Niederschlag, der in verdünnter Schwefelsäure und Salpetersäure schwer, in Salzsäure dagegen leicht löslich ist und durch Basen zersetzt wird. Der Niederschlag löst sich ferner leicht in organischen Lösungsmitteln wie Ketonen und Pyridin, schwerer in Alkoholen und ist in Äther und Benzol unlöslich. Die Verbindung kann ohne Zersetzung auf 130° erhitzt werden.

Die Empfindlichkeit der Reaktion beträgt in 0,2 n schwefelsaurer Lösung 1 : 532000 und wird durch Chlor-Ionen auf 1 : 355000 herabgesetzt.

Bestimmungsverfahren.

Arbeitsvorschrift. **Abscheidung des Niederschlags.** Die Lösung des Cadmiumsalzes in 0,3 n Schwefelsäure wird mit 50 cm³ 2 n Schwefelsäure und 50 cm³ einer 10%igen Natriumtartratlösung versetzt. Dann gibt man eine ausreichende Menge einer 2,5%igen β-Naphthochinolinlösung zu sowie einige Tropfen einer verdünnten Lösung von Schwefeldioxyd, die die Oxydation bzw. Verharzung des Fällungsmittels verhindert. Sodann fällt man das Cadmium durch Zusatz einer genügenden Menge einer etwa 0,2 n Kaliumjodidlösung. Das Gesamtvolumen der Flüssigkeit soll etwa 150 cm³ betragen. Der Niederschlag wird nach 15 bis 20 Min. in einen Filtertiegel abfiltriert, möglichst trocken gesaugt und dann mit der angegebenen, frisch bereiteten Waschflüssigkeit (vgl. Bem. III) gewaschen. Den Niederschlag saugt man dann abermals möglichst trocken, zersetzt ihn durch Zugabe von 20 cm³ 2 n Natronlauge oder Ammoniak und bringt die Lösung nach dem Ansäuern mit Schwefelsäure oder Salzsäure auf eine Säurekonzentration von etwa 5% und nimmt dann die **maßanalytische Bestimmung** folgendermaßen vor.

a) Cyanidmethode von LANG. *Die Methode beruht darauf, daß Jodide in Gegenwart von Cyanwasserstoff durch starke Oxydationsmittel* (Jodat, Bromat, Permanganat) *zu farblosem Jodcyan oxydiert werden, entsprechend folgender Gleichung:*

$$JO_3' + 2\,J' + 3\,HCN + 3\,H^{\cdot} = 3\,JCN + 3\,H_2O\,.$$

Arbeitsvorschrift. Die Lösung des Jodids versetzt man mit dem gleichen Volumen, mindestens aber mit 50 cm³ 2,5 n Salzsäure bzw. 4 bis 5 n Schwefelsäure. Dann gibt man 6 bis 8 cm³ 0,5 n Kaliumcyanidlösung und etwas Stärkelösung zu und titriert nun mit $^1/_{40}$ mol Kaliumjodatlösung bis zum Verschwinden der Blaufärbung.

b) Jod-Aceton-Methode von BERG. *Die Methode beruht auf der Oxydation des Jodwasserstoffs mit Bromat oder Jodat in Gegenwart von Aceton.* Bei Verwendung von Jodat verläuft sie nach folgender Gleichung:

$$2\,HJ + HJO_3 + 3\,C_3H_6O = 3\,C_3H_5JO + 3\,H_2O\,.$$

Arbeitsvorschrift. Die Jodidlösung wird mit Wasser auf 50 bis 60 cm³ aufgefüllt und nach Zusatz von 20 bis 30 cm³ Aceton mit 50%iger Schwefelsäure auf eine 2 bis 2,5 n Säurekonzentration gebracht, wobei man ein Gesamtvolumen von etwa 100 cm³ erreicht. Nun titriert man unter Verwendung von Stärke als Indicator tropfenweise mit einer 0,1 n (bei kleinen Jodidmengen schwächeren) Kaliumjodatlösung. Die Titrationsgeschwindigkeit muß dabei so geregelt werden, daß der Jodstärkefarbton, der durch die vorübergehend auftretende unterjodige Säure eine schmutzig-bräunliche Nuance aufweist, eine rein blaue Färbung annimmt, wodurch das herannahende Ende der Titration angezeigt wird. Jeder weitere Tropfen der zugesetzten Jodatlösung bewirkt nun ein immer schnelleres Verblassen der Blaufärbung, deren völliges Verschwinden das Ende der Titration anzeigt.

Bemerkungen. *I. Genauigkeit.* Bei Cadmiummengen von 5,82 bis 26,18 mg betrugen die größten Abweichungen — 0,23 bzw. + 0,18 mg.

II. Das Fällungsmittel. 2,5 g Naphthochinolin werden in 100 cm³ 0,5 n Schwefelsäure gelöst.

III. Die Waschflüssigkeit. 10 cm³ der 2,5%igen schwefelsauren Naphthochinolinlösung werden mit destilliertem Wasser auf 90 cm³ verdünnt und 10 cm³ 0,2 n Kaliumjodidlösung hinzugefügt.

Trennungsverfahren.

Trennung des Cadmiums von den Metallen der Ammoniumsulfidgruppe.

Durch Fällung mit Naphthochinolin läßt sich das Cadmium neben den Metallen der Ammoniumsulfidgruppe mit großer Genauigkeit bestimmen. Die Arbeitsweise ist dieselbe wie bei einer einfachen Cadmiumbestimmung. Soll bei einer Cadmium-Zink-Trennung auch das Zink bestimmt werden, so wird es im Filtrat der Cadmiumfällung mit o-Oxychinolin abgeschieden. Da diese Fällung in essigsaurer Lösung erfolgt, muß das mineralsaure Filtrat zunächst mit Ammoniak neutralisiert werden. Das sich hierbei abscheidende Naphthochinolin wird durch tropfenweisen Zusatz von Essigsäure wieder in Lösung gebracht. Selbst neben recht großen Zinkmengen läßt sich auf diese Weise das Cadmium noch glatt bestimmen. So wurden bei Anwendung von 2,91 mg Cadmium neben 3,0 g Zink 3,00 mg Cadmium und bei 2,07 mg Cadmium neben 4,0 g Zink 2,34 mg Cadmium gefunden.

Pass und Ward, die diese Methode nachprüften, erhielten ebenfalls recht genaue Resultate. Ferner stellten Müller und Sieverts fest, daß man nach Bergs Methode 10 bis 30 mg Cadmium neben 10 g Zink sehr zuverlässig bestimmen kann. Die Genannten bestimmten neben 10 g Zink 10,0 bzw. 19,9 und 29,9 mg Cadmium und fanden 10,2 und 10,4 bzw. 20,2 und 20,2 bzw. 30,1 und 30,2 mg.

Trennung des Cadmiums von Antimon und Zinn.

Arbeitsvorschrift. Die Lösung soll in bezug auf ihren Säuregehalt etwa 2 n sein. Die Abscheidung des Cadmiums erfolgt nach der oben gegebenen Vorschrift, jedoch gibt man zur Verhinderung der Hydrolyse die doppelte Menge Natriumtartrat bzw. Ammoniumoxalat zu. Zur Fällung des Cadmiums verwendet man eine 10%ige Kaliumjodidlösung. Nach dem Filtrieren wäscht man den Niederschlag zunächst 3- bis 4mal mit einer Waschflüssigkeit aus, die sich wie folgt zusammensetzt: 10 cm^3 Reagenslösung werden mit 50 cm^3 2 n Schwefelsäure, 50 cm^3 10%iger Natriumtartratlösung und 20 cm^3 Kaliumtartratlösung sowie 20 cm^3 0,2 n Kaliumjodidlösung versetzt. — Zum Schluß wäscht man noch mit der S. 291, Bem. III angegebenen Waschflüssigkeit aus.

Literatur.

Berg, R.: Fr. **69**, 369 (1926). — Berg, R. u. O. Wurm: B. **60**, 1664 (1927).
Lang, R.: Z. anorg. Ch. **122**, 332 (1922).
Müller, W. u. A. Sieverts: Spectrochim. A. **1**, 332 (1940).
Pass, A. u. A. M. Ward: Analyst **58**, 667 (1933).

§ 9. Bestimmung unter Abscheidung als Cadmium-Mercaptobenzthiazol-Komplex.

$Cd(NH_3)_2(C_7H_4NS_2)_2$, Molekulargewicht 444,87.

Allgemeines.

Die von Spacu und Kuraš beschriebene *Methode beruht auf der Schwerlöslichkeit des Cadmium-Mercaptobenzthiazol-Komplexes.* — Mercaptobenzthiazol gibt mit einer Anzahl von Metallen (Gold, Silber, Quecksilber, Wismut, Kupfer, Blei, Thallium und Cadmium) unlösliche Niederschläge. Während das auch aus schwach essigsaurer Lösung fällbare Kupfersalz wahrscheinlich ein inneres Komplexsalz darstellt, ist die aus ammoniakalischer Lösung fällbare Cadmiumverbindung ein Ammoniakat von der oben gegebenen Zusammensetzung.

Eigenschaften des Cadmium-Mercaptobenzthiazol-Komplexes. Die Cadmiumverbindung ist eine weiße, krystalline Substanz, die beim Trocknen bei 110 bis 120° das Ammoniak quantitativ abgibt und in das einfache Salz $Cd(C_7H_4NS_2)_2$ übergeht

Bestimmungsverfahren.

Arbeitsvorschrift. Man versetzt die Cadmiumsalzlösung mit überschüssigem Ammoniak, bis sich der zunächst ausfallende Niederschlag völlig gelöst hat. Dann gibt man zu dieser Lösung eine ammoniakalische Lösung des Reagenses (Bem. II) zu. Dabei entsteht sogleich eine dichte, milchige Trübung, die sich beim Umrühren oder Erwärmen in einen krystallinen Niederschlag verwandelt. Man saugt diesen in einen Filtertiegel ab. Man wäscht den Niederschlag mit ammoniakhaltigem Wasser aus und trocknet ihn bei 110 bis 120° bis zur Gewichtskonstanz, was im allgemeinen ½ bis 1 Std. beansprucht. Der Umrechnungsfaktor beträgt 0,2527.

Bemerkungen. **I. Genauigkeit.** Bei der Analyse von Cadmiumsulfat, $3CdSO_4 \cdot 8H_2O$, fanden SPACU und KURAŠ 43,75 bis 43,83% Cadmium (der theoretische Wert beträgt 43,82%). Das Verfahren ist auch zur Mikrobestimmung verwendbar. Bei Anwendung von 7,41 bis 18,585 mg des Sulfats $3\,CdSO_4 \cdot 8\,H_2O$ wurden 43,72 bis 43,88% Cadmium gefunden.

II. Das Fällungsmittel. Man verwendet eine ammoniakalische Lösung von reinem Mercaptobenzthiazol. Dieses kann man aus dem unter den Namen „Vulkacit-Mercapto", „Kaptax" im Handel erhältlichen, technischen Produkt darstellen, indem man dessen Lösung in Natriumcarbonatlösung mit Salzsäure fällt und so bei mehrmaliger Wiederholung dieser Operation die Verbindung rein erhält. Das reine Präparat bildet große, weiße Nadeln und schmilzt bei 180°.

III. Störung durch andere Metalle. Abgesehen von jenen Metallen, die durch Ammoniak gefällt werden, stören auch diejenigen, die mit dem Reagens ebenfalls Niederschläge geben (s. „Allgemeines").

Trennungsverfahren.

Trennung des Cadmiums von Kupfer.

Arbeitsvorschrift. Die neutrale Lösung, die beide Metalle enthält, wird mit einer 5%igen alkoholischen Lösung von Mercaptobenzthiazol versetzt. Das ausfallende Kupfersalz wird abfiltriert und gut mit heißem Wasser ausgewaschen. Nach dem Trocknen wird der Niederschlag verascht und zu Kupferoxyd verglüht.

Das Filtrat vom Kupferniederschlag wird mit überschüssigem Ammoniak versetzt (etwa im Filtrat auskrystallisierendes überschüssiges Mercaptobenzthiazol geht hierbei wieder in Lösung) und gut umgerührt. Nötigenfalls fügt man noch einige Kubikzentimeter der ammoniakalischen Reagenslösung zu. Die weitere Behandlung des Niederschlags ist dieselbe wie die oben für die einfache Bestimmung des Cadmiums beschriebene.

Bemerkung. Außer den oben (vgl. Bem. III) erwähnten Metallen wirken auch Nickel und Zink störend.

Literatur.

KURAŠ, M.: Chem. Obzor **14**, 145 (1939); durch C. **110 II**, 3605 (1939).
SPACU, G. u. M. KURAŠ: Fr. **102**, 108 (1935).

§ 10. Bestimmung unter Abscheidung als Cadmiumdipyridinrhodanid bzw. als Cadmiumtetrapyridinrhodanid.

I. Bestimmung unter Abscheidung als Cadmiumdipyridinrhodanid.

$Cd(C_5H_5N)_2(CNS)_2$, Molekulargewicht 386,76.

Allgemeines.

Die von SPACU und DICK angegebene *Methode beruht auf der Schwerlöslichkeit des Cadmiumdipyridinrhodanids.* — Versetzt man eine Cadmiumsalzlösung mit Ammoniumrhodanid und Pyridin, so erhält man in der Kälte einen weißen, feinkrystallinen Niederschlag von Cadmiumtetrapyridinrhodanid. Diese Verbindung gibt bei Zimmertemperatur langsam, bei 40 bis 45° in 1 bis 2 Std. 2 Moleküle Pyridin ab, indem sie in das sehr beständige Cadmiumdipyridinrhodanid übergeht. Letztere Verbindung entsteht sofort, wenn man eine rhodanidhaltige Cadmiumsalzlösung in der Hitze mit Pyridin fällt.

Eigenschaften des Cadmiumdipyridinrhodanids. Die Verbindung bildet glänzende, farblose Prismen und ist sehr beständig.

Löslichkeit. In pyridin- und rhodanidhaltigem Wasser, in pyridin- und rhodanidhaltigem, 25% igem Alkohol und in pyridinhaltigem Äther ist die Verbindung unlöslich; in pyridinhaltigem, absolutem Alkohol ist sie nur spurenweise löslich.

Bestimmungsverfahren.

A. Gewichtsanalytische Bestimmung.

Arbeitsvorschrift. Die neutrale Cadmiumsalzlösung, deren Volumen etwa 50 bis 100 cm^3 betragen soll, wird in der Kälte mit 0,5 bis 1 g festem Ammoniumrhodanid versetzt. Man erhitzt zum Sieden, fällt in der Hitze mit 1 cm^3 Pyridin, rührt einige Male um und läßt erkalten. Nach dem völligen Abkühlen, das durch Kühlung beschleunigt werden kann, filtriert man durch einen Filtertiegel, wobei man den Niederschlag mit Pyridin und Ammoniumrhodanid enthaltendem Wasser in den Filtertiegel bringt. Dann wäscht man ihn 4- bis 5mal mit ammoniumrhodanid- und pyridinhaltigem, etwa 25% igem Alkohol, danach 1- bis 2mal mit je 1 cm^3 pyridinhaltigem absoluten Alkohol aus, wobei man zugleich die Tiegelwände abspült, und schließlich 5- bis 6mal mit pyridinhaltigem Äther, den man zum Schluß völlig absaugt.

Das anfangs zu verwendende Waschwasser enthält 5 cm^3 Pyridin und 3 g Ammoniumrhodanid auf 1 l.

Den 25% igen Alkohol erhält man, indem man 25 cm^3 95% igen Alkohol mit 73 cm^3 Wasser mischt und dann 2 cm^3 Pyridin und 0,1 g Ammoniumrhodanid zusetzt. Der pyridinhaltige absolute Alkohol enthält auf 10 cm^3 1 cm^3 Pyridin. Der zum Schluß zu benutzende pyridinhaltige Äther soll auf 15 cm^3 2 Tropfen Pyridin enthalten.

Nachdem der Äther abgesaugt ist, trocknet man den Niederschlag etwa 10 Min. im Vakuum und wägt ihn dann. Der Umrechnungsfaktor beträgt 0,2906. Die Bestimmung ist gut in 1 Std. ausführbar.

Bemerkungen. **I. Genauigkeit.** Bei der Analyse von Cadmiumsulfat, $3\,CdSO_4 \cdot 8\,H_2O$, ergab eine größere Zahl von Bestimmungen 43,74 bis 43,91% Cadmium (theoretischer Wert 43,82%).

II. Behandlung saurer Lösungen. Stark saure Lösungen verdampft man zur Trockne, nimmt den Rückstand mit Wasser auf und verfährt weiter, wie oben angegeben. Schwach saure Lösungen versetzt man mit Ammoniumrhodanid und dann mit Pyridin, bis ein Niederschlag gerade eben auftritt, erhitzt, bis sich derselbe wieder löst, und fällt in der Hitze durch weiteren Zusatz von 1 cm^3 Pyridin.

III. Arbeitsweise bei konzentrierten Cadmiumlösungen. Aus konzentrierten Cadmiumlösungen fällt bei Zugabe von Pyridin der Niederschlag sofort. Er ist in diesem Fall durch Cadmiumtetrapyridinrhodanid verunreinigt. Man verdünnt unter solchen Umständen mit Wasser, kocht, bis sich der Niederschlag fast völlig gelöst hat, und läßt erkalten.

IV. Störung durch andere Stoffe. Alkali-, Erdalkali- und Magnesiumsalze stören nicht. Die Anwesenheit von Ammoniumsalzen beeinflußt die Genauigkeit der Bestimmung im allgemeinen nicht, lediglich bei Gegenwart von Ammoniumchlorid ist der Niederschlag etwas und bei Gegenwart von Ammoniumacetat ist er ziemlich löslich. Bei Anwesenheit von Ammoniumchlorid oder Salzsäure dampft man einige Male mit Salpetersäure zur Trockne und fällt dann in der beschriebenen Weise. — Im übrigen stören solche Metalle, die unter den Arbeitsbedingungen ebenfalls Niederschläge geben, z. B. Nickel, Kobalt, Mangan und Zink.

B. Maßanalytische Bestimmung.

Die maßanalytische Bestimmung kann nach RIPAN in der Weise erfolgen, daß man die Cadmiumsalzlösung mit einem gemessenen Überschuß 0,1 n Ammoniumrhodanidlösung und Pyridin fällt, den Niederschlag abfiltriert und im Filtrat den Überschuß an Ammoniumrhodanid mit 0,1 n Silbernitratlösung titriert.

Nach SPACU und KURAS führt man die Titration zweckmäßig in folgender Weise unter Verwendung von Diphenylcarbazon als Indicator aus.

***Arbeitsvorschrift von* SPACU *und* KURAŠ.** Zu der Cadmiumsalzlösung, die sich in einem 100 cm^3-Meßkolben befindet, fügt man eine bestimmte Menge (Überschuß) 0,1 n Ammoniumrhodanidlösung und sodann einen kleinen Überschuß an Pyridin hinzu. Wenn sich der entstandene Niederschlag abgesetzt hat, füllt man den Kolben bis zur Marke, schüttelt gut um, filtriert durch ein trockenes, quantitatives Filter direkt in eine Bürette und verwendet eine gemessene Menge des Filtrats zur Bestimmung. — Das überschüssige Pyridin wird mit verdünnter Salpetersäure gegen α-Dinitrosophenol als Indicator bis zur schwach gelblichen, gerade noch erkennbaren Färbung neutralisiert. Dann fügt man 20 Tropfen der Diphenylcarbazonlösung zu und titriert nun mit 0,1 n Silbernitratlösung. Zunächst entsteht eine milchige Trübung, die sich gegen Ende der Reaktion zu einem Niederschlag zusammenzuballen beginnt. Der erste überschüssige Tropfen Silbernitratlösung verursacht eine violette Färbung der Flüssigkeit, die beim Umschütteln von dem gebildeten Silberrhodanidniederschlag schnell adsorbiert wird und durch die Färbung den Endpunkt der Titration anzeigt. Die Flüssigkeit wird dabei entfärbt. 1 cm^3 0,1 n Ammoniumrhodanidlösung entspricht 5,6205 mg Cadmium.

***Bemerkungen.* I. Genauigkeit.** Bei der Analyse von Cadmiumsulfat, $3CdSO_4 \cdot 8H_2O$, wurden 43,73 bis 43,98% Cadmium gefunden (theoretischer Wert 43,83%).

II. Die Diphenylcarbazonlösung. Man verwendet eine 1%ige alkoholische Lösung.

G. SPACU und P. SPACU verfahren so, daß sie das Cadmium als Dipyridinrhodanid fällen und das überschüssige Kaliumrhodanid mit Silbernitrat potentiometrisch zurücktitrieren.

***Arbeitsvorschrift von* G. SPACU *und* P. SPACU.** In einem 100 cm^3-Meßkolben wird die Cadmiumlösung mit einem gemessenen Volumen einer bekannten 0,1 mol Kaliumrhodanidlösung versetzt, so daß letztere im Überschuß vorhanden ist, und dann mit 0,5 bis 1 cm^3 Pyridin behandelt. Nach dem Absetzen des Niederschlags füllt man bis zur Marke mit destilliertem Wasser auf, schüttelt gut um und filtriert dann durch ein quantitatives Filter. Von dieser Lösung mißt man mittels einer Bürette 50 cm^3 ab und bringt sie mit Salpetersäure auf schwach saure Reaktion (Methylorange als Indicator). Sodann fügt man 30 bis 40 cm^3 Wasser hinzu und titriert das überschüssige Kaliumrhodanid mit einer 0,1 mol Silbernitratlösung nach der üblichen potentiometrischen Methode.

***Bemerkungen.* Genauigkeit und Anwendungsbereich.** Der absolute Fehler dieser Methode überschreitet nicht den Wert von 0,1%. Die Arbeitsweise kann zur Cadmiumbestimmung in 0,1 bis 0,01 mol Lösungen angewendet werden.

II. Bestimmung unter Abscheidung als Cadmiumtetrapyridinrhodanid.

$Cd(C_5H_5N)_4(CNS)_2$, Molekulargewicht 544,96.

Allgemeines.

Nach VORNWEG läßt sich das Cadmium sehr gut als Cadmiumtetrapyridinrhodanid bestimmen. Im Gegensatz zur Angabe SPACUS ist diese Verbindung nach seiner

Erfahrung sowohl im Vakuum als auch an der Luft beständig. Zwar findet eine Umwandlung der Krystallmodifikation statt, indem die langen, charakteristischen Nadeln, die sich beim Erkalten einer Lösung des Salzes bilden, in eine feinkrystalline Modifikation übergehen, wobei aber die Zusammensetzung unverändert bleibt. Der Vorteil des Verfahrens gegenüber der Bestimmung als Cadmiumdipyridinrhodanid besteht darin, daß das Cadmiumtetrapyridinrhodanid in einem Überschuß von Pyridin unlöslich ist, während das Cadmiumdipyridinrhodanid sich darin löst und dann 2 Moleküle Pyridin anlagert. Außerdem beträgt der Cadmiumgehalt der Tetrapyridinverbindung nur 20,63% gegenüber 29,06% bei der Dipyridinverbindung.

Bestimmungsverfahren.

Arbeitsvorschrift. Zu der neutralen Cadmiumlösung gibt man 1 g Ammoniumrhodanid hinzu und fällt in der Siedehitze mit einem großen Überschuß von Pyridin (10 bis 15 cm³). Hierbei entsteht ein Niederschlag von Cadmiumtetrapyridinrhodanid, während nach SPACU und DICK bei sonst gleicher Arbeitsweise, aber unter Verwendung von wenig (1 cm³) Pyridin, Cadmiumdipyridinrhodanid erhalten wird. Nach dem Erkalten wird der Niederschlag auf einem Porzellanfiltertiegel (A 1) gesammelt. Das Auswaschen erfolgt in derselben Weise wie bei der Bestimmung als Cadmiumdipyridinrhodanid nach SPACU und DICK. Man trocknet 20 Min. im Exsiccator.

Trennungsverfahren.

Trennung des Cadmiums von Quecksilber nach ROTTER.

Die Trennung beruht darauf, daß QuecksilberII-salze mit Alkalirhodaniden lösliche Komplexsalze geben, die durch Pyridin nicht gefällt werden.

Arbeitsvorschrift. Die neutrale Lösung versetzt man mit Ammoniumrhodanid im Überschuß, erwärmt schwach und fügt nach dem Erkalten verdünntes Pyridin (1 : 3) hinzu. Nach mindestens 1stündigem Stehen in der Kälte wird die Flüssigkeit dekantiert und der Niederschlag auf ein mit pyridin- und ammoniumrhodanidhaltigem Wasser befeuchtetes Filter abfiltriert und mit dieser Waschflüssigkeit gut ausgewaschen. — Da der Niederschlag stets geringe Mengen Quecksilbersalz zurückhält, löst man ihn in möglichst wenig Salzsäure (1 : 10) auf, neutralisiert die freie Säure mit Ammoniak, bis der Pyridingeruch gerade wieder auftritt, setzt Ammoniumrhodanid zu, wobei der Niederschlag in der Regel wieder ausfällt, und vervollständigt die Fällung durch Zusatz von Pyridin. Man läßt absitzen, dekantiert, filtriert und wäscht, wie oben angegeben wurde.

Aus den vereinigten Filtraten kann das Quecksilber durch Schwefelwasserstoff in der üblichen Weise abgeschieden werden.

Der Cadmiumniederschlag wird auf dem Filter in verdünnter Salpetersäure gelöst, die Lösung in einem gewogenen Quarztiegel zur Trockne eingedampft und die organische Substanz durch gelindes Glühen zerstört. Sodann raucht man mit Schwefelsäure ab und bestimmt das Cadmium als Sulfat (vgl. § 1, S. 234).

Literatur.

RIPAN, R.: Bl. Soc. Stiinte Cluj **2**, 211 (1924); durch C. **95 II**, 2684 (1924). — ROTTER, G.: Fr. **64**, 102 (1924).

SPACU, G.: Bl. Soc. Stiinte Cluj **1**, 318, 538 (1922); durch C. **94 IV**, 187 (1923). — SPACU, G. u. J. DICK, Fr. **73**, 279 (1928). — SPACU, G. u. M. KURAŠ: Fr. **99**, 26 (1934). — SPACU, G. u. P. SPACU: Fr. **97**, 263 (1934).

VORNWEG, G.: Fr. **120**, 243 (1940).

§ 11. Bestimmung unter Abscheidung als Cadmium-Thioharnstoff-Reineckat.

$Cd[CS(NH_2)_2]_2\left[Cr\begin{matrix}(CNS)_4\\(NH_3)_2\end{matrix}\right]_2$, Molekulargewicht 901,42.

Allgemeines.

Die von Mahr und Ohle beschriebene *Methode beruht auf der Schwerlöslichkeit des Cadmium-Thioharnstoff-Reineckats.* Sie gestattet, das Cadmium von einer Anzahl von Metallen, u. a. auch von Zink, zu trennen. Die Verbindung stellt einen rosa gefärbten, feinkrystallinen Niederschlag dar.

Bestimmungsverfahren.

A. Gewichtsanalytische Bestimmung.

Arbeitsvorschrift. Die zu fällende Lösung darf in bezug auf freie Mineralsäure bis zu 1 n sein. Neutrale Lösungen sind entsprechend anzusäuern. Man versetzt die Lösung mit soviel 5%iger, filtrierter Thioharnstofflösung, daß der Gehalt an Thioharnstoff etwa 1% beträgt. Sodann gibt man eine filtrierte, ebenfalls etwa 1% Thioharnstoff enthaltende Lösung von Reinecke-Salz in mäßigem Überschuß hinzu. Man läßt nunmehr ½ bis 1 Std. unter gelegentlichem Umschwenken in Eiswasser stehen und filtriert dann den Niederschlag in einen Glasfiltertiegel ab. Fällungsgefäß und Niederschlag wäscht man mit eiskalter, 1%iger Thioharnstofflösung aus und verdrängt den Thioharnstoff der Waschflüssigkeit zuletzt durch 3- bis 4maliges Auswaschen mit kleinen Mengen eiskalten, absoluten Alkohols. Der Niederschlag wird bei 110 bis 120° getrocknet. Der Umrechnungsfaktor beträgt 0,1247. Wegen des geringen Cadmiumgehalts des Niederschlags können Cadmiummengen bis zu 10 mg herab auf einer gewöhnlichen Analysenwaage ausgewogen werden.

Bemerkung. **Genauigkeit.** Bei Anwendung von rund 12 bis 50 mg Cadmium fanden die Genannten höchstens Abweichungen von + 0,21 bzw. — 0,30 mg.

B. Maßanalytische Bestimmung.

Die maßanalytische Bestimmung beruht darauf, daß das im Niederschlag enthaltene Chrom zu Chromat oxydiert und dieses jodometrisch bestimmt wird.

Arbeitsvorschrift 1. Die Abscheidung des Cadmiums nimmt man in der oben beschriebenen Weise vor, wobei man jedoch das Auswaschen mit Alkohol unterläßt. Man gibt vielmehr auf den mit Thioharnstofflösung ausgewaschenen Niederschlag etwas festes Kaliumcyanid und löst ihn durch aufgespritztes, heißes Wasser auf. Die entstandene Lösung versetzt man mit 1 cm³ 1 n Salzsäure, ½ cm³ 1%iger Mangansulfatlösung und so viel Schwefelsäure, daß die Flüssigkeit daran etwa 1 n ist. Nun fügt man 2 g Kaliumbromat hinzu und kocht, bis kein Brom mehr entweicht. Sodann filtriert man das ausgeschiedene Mangandioxyd ab, versetzt das Filtrat mit 5 g Ammoniumsulfat und zerstört durch längeres Kochen das überschüssige Bromat. Nach dem Abkühlen titriert man nach Zusatz von Kaliumjodid das ausgeschiedene Jod in bekannter Weise mit Natriumthiosulfatlösung. 1 cm³ 0,1 n Thiosulfatlösung entspricht 1,8735 mg Cadmium.

Ebenso rasch führt folgende ***Arbeitsvorschrift 2*** zum Ziel: Man filtriert den Niederschlag auf ein quantitatives Filter ab, wäscht ihn mit 1%iger Thioharnstofflösung aus, verascht das Filter mit dem Niederschlag in einem kleinen Nickeltiegel und glüht schwach, um die organische Substanz zu zerstören. Den Rückstand schmelzt man mit einer kleinen Menge Natriumperoxyd. Die chromathaltige Schmelze löst man in Wasser und kocht die verdünnte Lösung zur Zerstörung des überschüssigen Peroxyds ¼ Std. lang. Sodann versetzt man mit Kaliumjodid, säuert mit Salzsäure oder Schwefelsäure an und titriert das ausgeschiedene Jod mit Natriumthiosulfatlösung. Bei kleinen Cadmiummengen empfiehlt es sich naturgemäß, die Thiosulfatlösung verdünnter als 0,1 n zu wählen.

Bemerkung. **Genauigkeit.** Bei Cadmiummengen von rund 1 bis 10 mg betrug die maximale Abweichung + 0,031 bzw. — 0,01 mg.

C. Colorimetrische Bestimmung.

Das Cadmium-Thioharnstoff-Reineckat löst sich leicht in organischen Lösungsmitteln von Ketoncharakter. Die rot gefärbte Lösung besitzt im Bereich der Filter F 5 = 509 mμ und F 6 = 531 mμ des Leitz-Colorimeters bzw. in der Nähe des Filters S 53 = 530 mμ des Zeissschen Stufenphotometers ein flaches Absorptionsmaximum. Die Messungen werden daher mit den genannten Filtern durchgeführt.

Arbeitsvorschrift. Man fällt das Cadmium in der oben beschriebenen Weise, filtriert den Niederschlag auf ein Glasfilter ab, wäscht ihn aus und löst ihn in noch feuchtem Zustand durch Zusatz von Thioharnstoff und Auftropfen von Methyläthylketon, das 2% Thioharnstoff gelöst enthält. Nachdem man die rote Lösung mit Methyläthylketon auf ein bestimmtes Volumen aufgefüllt hat, bestimmt man die Farbstärke photometrisch.

Tabelle 12.

Mit Leitz-Colorimeter:		Mit Pulfrich-Photometer (Mikroküvette mit 150 mm Schichtlänge):	
Gegebene Cadmiummenge mg	Gefundene Cadmiummenge mg	Gegebene Cadmiummenge mg	Gefundene Cadmiummenge mg
6,78	6,85	0,498	0,503
10,16	10,1	0,398	0,406
12,08	12,1	0,348	0,336
27,10	27,3	0,298	0,301
		0,199	0,201
		0,0995	0,0973

Bemerkungen. **I. Genauigkeit.** Über die Genauigkeit der Methode gibt Tabelle 12 Aufschluß.

Es ist empfehlenswert, die eigene Arbeitsweise und die verwendeten Apparaturen durch Probebestimmung bekannter Substanzmengen zu eichen.

II. Das Lösungsmittel. Beimengungen von Alkohol oder Aceton im Methyläthylketon sind ohne merkliche Einwirkung auf die Absorption, selbst bei einem Gehalt von 10 bis 20%. Ebenso sind geringe Wassermengen unschädlich; sie fördern im Gegenteil die glatte Auflösung des Niederschlags.

Trennungsverfahren.

Nach der oben gegebenen Vorschrift läßt sich das Cadmium durch einmalige Fällung von *Arsen, Antimon, Nickel, Kobalt, Eisen, Mangan, Chrom, Aluminium* sowie von den *Erdalkali-* und *Alkalimetallen* trennen. Insbesondere gelingt es ohne weiteres, noch 1 mg Cadmium neben 1 g *Zink* durch 1malige Fällung genau zu bestimmen. So wurden z. B. bei der Bestimmung von je 5,09 mg Cadmium neben 1 bzw. 2,5 g Zink 5,21 mg bzw. 5,08 mg Cadmium gefunden.

Literatur.

Mahr, C.: Angew. Ch. **53**, 257 (1940). — Mahr, C. u. H. Ohle: Fr. **109**, 1 (1937).

§ 12. Bestimmung als Cupraencadmiumjodid.

$[Cu(NH_2 \cdot CH_2 \cdot CH_2 \cdot NH_2)_2][CdJ_4]$, Molekulargewicht 803,86.

Allgemeines.

Die von Spacu und Suciu beschriebene *Methode beruht auf der Schwerlöslichkeit des Cupraencadmiumjodids* (Kupferdiäthylendiamincadmiumjodid).

Eigenschaften des Cupraencadmiumjodids. Das Cupraencadmiumjodid ist eine blauviolette, krystallinische Verbindung.

Löslichkeit. In einer wäßrigen Lösung, die 1% Kaliumjodid und 0,3 bis 0,5% Cupraennitrat (Kupferdiäthylendiaminnitrat) enthält, ist die Verbindung unlöslich, ebenso in 95 bis 100%igem Alkohol und in Äther.

Bestimmungsverfahren.

Arbeitsvorschrift. Die neutrale Cadmiumsalzlösung, deren Volumen 100 bis 300 cm^3 betragen kann, wird mit einem Überschuß von Kaliumjodid versetzt, zum Sieden erhitzt und mit einer heißen, konzentrierten Lösung von Cupraennitrat (vgl. Bem. II) gefällt. Während des Abkühlens scheidet sich der Niederschlag in schönen, großen Krystallen aus, die man nach dem völligen Erkalten in einen Porzellanfiltertiegel abfiltriert. Man bringt den Niederschlag mit einer wäßrigen Lösung, die 1% Kaliumjodid und 0,3% Cupraennitrat enthält, in den Filtertiegel und wäscht mit dieser Waschflüssigkeit noch einige Male nach. Dann wäscht man 4- bis 6mal mit je 2 cm^3 96- bis 100%igem Alkohol und schließlich 3- bis 4mal mit je 2 cm^3 Äther aus. Man trocknet 5 bis 10 Min. im Vakuum und wägt. Der Umrechnungsfaktor ist 0,1395.

Bemerkungen. **I. Genauigkeit.** Bei der Analyse von Cadmiumsulfat, $3CdSO_4 \cdot 8H_2O$, wurden bei 20 Bestimmungen 43,75 bis 43,94% Cadmium gefunden (theoretischer Wert 43,82%).

II. Das Reagens. Das Cupraennitrat $[Cu\,en_2](NO_3)_2 \cdot 2\,H_2O$ (en = Äthylendiamin) wird folgendermaßen dargestellt: Man erhitzt auf einem Wasserbad ein Gemisch von Kupfernitrat und Äthylendiamin im Verhältnis 1 Cu : 2 en, bis sich an der Oberfläche eine Kruste bildet. Nach dem Abkühlen filtriert man und wäscht mit Alkohol und Äther aus. Das Präparat darf kein freies Äthylendiamin enthalten.

III. Behandlung saurer Lösungen. Stark saure Lösungen verdampft man zur Trockne, nimmt mit Wasser auf und verfährt, wie oben angegeben. Schwach saure Lösungen werden unter Verwendung von Methylorange als Indicator mit Ammoniak neutralisiert.

IV. Störung durch Ammoniak, Ammoniumsalze und Äthylendiamin. In stark ammoniakalischen Lösungen oder bei Gegenwart von viel Äthylendiamin löst sich der Niederschlag teilweise auf. Die Anwesenheit größerer Mengen von Ammoniumsalzen verursacht ebenfalls zu niedrige Resultate.

Literatur.

SPACU, G. u. G. SUCIU: Fr. 77, 340 (1929).

§ 13. Bestimmung als Cadmiumtetramminquecksilberjodid.

$[Cd(NH_3)_4][HgJ_3]_2$, Molekulargewicht 1343,27.

Allgemeines.

Die von TAURINŠ angegebene *Methode beruht auf der Schwerlöslichkeit des Cadmiumtetramminquecksilberjodids*, das ausfällt, wenn man eine ammoniakalische Cadmiumsalzlösung mit einer Lösung von Kaliumquecksilberjodid versetzt. Noch bei einer Grenzkonzentration von 1 : 200000 entsteht nach 3 bis 4 Min. eine geringe weiße Trübung.

Eigenschaften des Cadmiumtetramminquecksilberjodids. Die Verbindung bildet einen blaßgelben, mikrokrystallinen Niederschlag, der durch Wasser zersetzt wird, in ammoniakalischer Lösung und bei Gegenwart von Kaliumquecksilberjodid jedoch beständig ist. Durch Trocknen bei höherer Temperatur tritt ebenfalls Zersetzung ein.

Bestimmungsverfahren.

Arbeitsvorschrift. Die neutrale oder schwach saure Cadmiumsalzlösung wird bei einem möglichst kleinen Volumen mit so viel 2 n Ammoniaklösung versetzt, daß für 10 mg Cadmium 7 bis 10 cm³ Ammoniak verwendet werden und das Gesamtvolumen 15 bis 20 cm³ nicht überschreitet. Das Fällungsmittel (vgl. Bem. II) wird bei Zimmertemperatur aus einer Bürette tropfenweise in geringem Überschuß (1,7 bis 2 cm³ für 10 mg Cadmium) hinzugefügt. Nach 10 Min. wird der Niederschlag in einen Porzellanfiltertiegel abgesaugt; die im Fällungsgefäß verbleibenden Reste werden mit Hilfe einiger Kubikzentimeter des Filtrats ebenfalls in den Tiegel gebracht. Sodann saugt man scharf ab, wäscht 4- bis 5mal mit 2 bis 3 cm³ alkoholischer Waschflüssigkeit (vgl. Bem. III) und schließlich 2- bis 3mal mit je 3 cm³ Äther. Man trocknet dann 5 bis 10 Min. lang im Vakuumexsiccator und wägt. Der Cadmiumgehalt wird mit Hilfe des Faktors 0,08375 berechnet.

Bemerkungen. **I. Genauigkeit.** Bei den mit 8 bis 100 mg Cadmium ausgeführten Beleganalysen betragen die maximalen Abweichungen etwa $\pm$ 0,5% der vorhandenen Menge.

II. Das Fällungsmittel. 3,5 g QuecksilberII-chlorid werden in 100cm³ Wasser gelöst und 12 g Kaliumjodid hinzugefügt. Die Lösung enthält überschüssiges Kaliumjodid, was daran zu erkennen ist, daß 3 n Ammoniak keinen Niederschlag erzeugt, wie dies in einer Lösung, die kein überschüssiges Kaliumjodid enthält, der Fall wäre.

III. Die alkoholische Waschflüssigkeit. Da der Niederschlag, wie oben erwähnt wurde, durch Wasser zersetzt wird, benutzt man zum Auswaschen 96% igen Alkohol und Äther. Weil die Verbindung in Alkohol ein wenig löslich ist, muß derselbe zunächst damit gesättigt werden. Wesentlich ist, daß die gesättigte alkoholische Lösung erst kurz vor dem Gebrauch vom ungelösten Teil abfiltriert werden darf, da sie sich beim Stehen schon nach kurzer Zeit unter Ausscheidung eines Niederschlags trübt.

Literatur.

TAURINŠ, A.: Fr. **97**, 27 (1934).

§ 14. Bestimmung unter Abscheidung als Cadmium-Dithizon-Komplex.

$Cd(C_{13}H_{11}N_4S)_2$, Molekulargewicht 623,03.

Allgemeines.

Betreffs Allgemeines über die Dithizon-Komplex-Verbindungen s. Kapitel „Zink", § 11. — Das Cadmiumdithizonat löst sich mit roter Farbe in beschränktem Maße in Tetrachlorkohlenstoff und wesentlich leichter in Chloroform. Während es durch Säuren zersetzt wird, wobei die Lösungen grün werden (freies Dithizon), ist es gegen starke Laugen beständig.

Bestimmungsverfahren.

A. Colorimetrische Bestimmung.

Arbeitsvorschrift. Man verwendet etwa 5 bis 10 cm³ einer annähernd neutralen, wäßrigen Lösung, die zweckmäßig ungefähr 3 bis 40 γ Cadmium enthalten kann. Zunächst versetzt man sie mit dem gleichen Volumen 10%iger Natronlauge. Bei Anwesenheit von Elementen, die mit Lauge fällbar sind, muß vorher eine gerade ausreichende Menge Seignettesalzlösung zugegeben werden. Das anzuwendende Volumen Natronlauge richtet sich in diesem Fall nach dem Volumen der zu untersuchenden Lösung einschließlich des Volumens der zugesetzten Seignettesalzlösung. Man extrahiert sodann in einem Scheidetrichter so lange mit Dithizonlösung (vgl. Bem. II), bis die Schicht des organischen Lösungsmittels nicht mehr rot gefärbt ist, sondern farblos erscheint.

Da das Cadmiumdithizonat in Tetrachlorkohlenstoff nur beschränkt löslich ist, können bei Cadmiumgehalten über 35 bis 40 γ in dem rot gefärbten Tetrachlorkohlenstoffauszug gelbe Flocken der ungelösten Cadmiumverbindung auftreten. In

Chloroform ist der Cadmiumkomplex zwar viel leichter löslich und auch länger haltbar, doch eignet sich eine solche Lösung nicht zur Bestimmung des Cadmiums neben dem häufig vorkommenden Zink.

Die verschiedenen Extrakte werden in einem Zylinder mit eingeschliffenem Stopfen gesammelt. Zur Entfernung der letzten Dithizonatreste aus der wäßrigen Lösung wird zuletzt mit einer kleinen Menge reinen Tetrachlorkohlenstoffs nachgewaschen. Etwa vorhandene Flocken von ungelöstem Cadmiumdithizonat müssen im Scheidetrichter gemeinsam mit der Tetrachlorkohlenstoffschicht sorgfältig von der wäßrigen Schicht abgetrennt werden. Beim Nachwaschen mit reinem Tetrachlorkohlenstoff gehen sie meist schon vollständig in Lösung.

Die vereinigten Extrakte werden 2 mal mit 2%iger Natronlauge und 1 mal mit Wasser gewaschen und nach dem Abtrennen von der wäßrigen Schicht mit Tetrachlorkohlenstoff auf ein bestimmtes Volumen, z. B. 20 cm^3, aufgefüllt.

Wenn man Chloroform verwendet hat, kann zwar die rote Lösung direkt zur colorimetrischen Bestimmung dienen; die Farbtöne der Vergleichslösung und der zu untersuchenden Lösung weichen jedoch manchmal etwas voneinander ab. Deshalb ist es zweckmäßiger, statt der roten Lösung des Cadmiumdithizonats die grüne Lösung des freien Dithizons zu verwenden, die beim Behandeln mit Säure aus jener erhalten wird und gute Farbübereinstimmung ergibt. Bei Anwendung von Tetrachlorkohlenstoff muß auf jeden Fall die grüne Lösung verwendet werden, da sich das rote Cadmiumdithizonat in diesem Lösungsmittel sehr rasch zersetzt.

Man wäscht dementsprechend den Tetrachlorkohlenstoff- oder Chloroformextrakt mit 1 n Salzsäure, wobei sofort die beständige, grüne Lösung des reinen Dithizons entsteht. Etwa vorhandene Flocken von ungelöstem Cadmiumdithizonat werden hierbei ebenfalls zerlegt.

Die Vergleichslösungen für die colorimetrische Bestimmung können ebenso wie die zu untersuchende Lösung bereitet werden. Die Colorimetrierung kann mit Hilfe eines einfachen Keilcolorimeters von HELLIGE-AUTHENRIETH erfolgen.

Bemerkungen. **I. Genauigkeit.** Bei der Bestimmung von Cadmiummengen von 5,8 bis 33,3 γ betrug der maximale Fehler $-0,3$ und $+0,4\,\gamma$ bzw. $-1,6\%$ und $+3,6\%$.

Nötigenfalls können auch noch kleinere Cadmiummengen (bis zu 1 γ) bestimmt werden, indem man die Tetrachlorkohlenstoffextrakte auf ein kleineres Volumen als 20 cm^3 auffüllt.

II. Das Reagens. Als Reagens dient eine Lösung von etwa 4 mg Dithizon in 100 cm^3 reinstem Tetrachlorkohlenstoff (oder Chloroform). Das handelsübliche Dithizon muß vorher gereinigt werden (vgl. das Kapitel „Zink“, § 11, S. 138, Bem. II). Die Lösung kann in einer Flasche aus braunem Glas mit eingeschliffenem Stopfen unter verdünnter, etwa 1%iger Schwefelsäure wochenlang unverändert aufbewahrt werden. Vor Gebrauch wird die Reagenslösung im Scheidetrichter von der Schwefelsäureschicht getrennt und mit doppelt destilliertem Wasser gewaschen.

III. Sonstige Reagenzien. Das verwendete destillierte Wasser darf mit Dithizon keine Reaktion ergeben (Zinkspuren im Wasser und in den sonstigen Reagenzien stören jedoch nicht). Zum Verdünnen von Lösungen sollte daher, wenn sehr geringe Mengen Cadmium (etwa unter 10 γ) bestimmt werden sollen, stets doppelt destilliertes Wasser verwendet werden. Zum Waschen des Extraktes dient 2%ige Natronlauge. Beim Schütteln derselben mit Dithizonlösung muß die Tetrachlorkohlenstoffschicht vollständig entfärbt werden. Das gleiche gilt für die zur Reaktionseinstellung benutzte 10%ige Natronlauge, die vor der Prüfung mit dem gleichen Volumen Wasser verdünnt wird.

Zur Verhinderung der Ausfällung störender Hydroxyde dient eine etwa 20%ige Seignettesalzlösung. Auch sie darf nicht mit Dithizon (in der Tetrachlorkohlenstoffschicht) reagieren, wenn eine Blindprobe mit dem Reagens unter Zusatz des gleichen Volumens 10%iger Natronlauge gemacht wird.

IV. Störung durch andere Metalle. Neben den Elementen, die keine komplexen Dithizonate bilden, wie Alkali- und Erdalkalimetalle, Aluminium, Mangan, Eisen, Arsen, Antimon usw., kann das Cadmium unmittelbar bestimmt werden. Von den Schwermetallen, die Dithizonkomplexe bilden können, stören Blei, Zinn, Wismut, Thallium und Zink die Bestimmung nicht, da die Dithizonate dieser Metalle zum Unterschied vom Cadmiumdithizonat in Gegenwart starker (etwa 5%iger) Alkalilauge nicht existenzfähig sind oder sich (bei Zink) in Lauge lösen und somit in die wäßrige Phase übergehen. Dagegen wird die Reaktion des Cadmiums durch Anwesenheit von Kupfer, Silber, Gold, Quecksilber, Palladium, Nickel und Kobalt völlig verhindert, da diese Metalle ebenfalls meist alkalibeständige Dithizonate geben (mit Ausnahme des Nickels und des Kobalts), die bevorzugt vor dem Cadmiumdithizonat entstehen.

V. Arbeitsweise in besonderen Fällen. a) Bestimmung des Cadmiums in Silicatgesteinen nach SANDELL. Arbeitsvorschrift. 0,5 g Gesteinspulver befeuchtet man in einem Platintiegel mit einigen Kubikzentimetern Wasser, setzt 1 cm³ 70%ige Perchlorsäure und 5 cm³ Flußsäure zu und verdampft zur Trockne. Sodann fügt man nochmals 0,5 cm³ Perchlorsäure und einige Kubikzentimeter Wasser zum Rückstand hinzu und dampft wieder zur Trockne ein. Der Rückstand wird nun mit 1 cm³ konzentrierter Salzsäure befeuchtet und nach Zugabe von 5 cm³ Wasser zum Sieden erhitzt, bis sich alle löslichen Salze gelöst haben.

Man fügt 10 cm³ Natriumcitratlösung und 0,1 g Hydroxylaminchlorhydrat zu, neutralisiert mit konzentriertem Ammoniak (Lackmuspapier) und gibt 2 Tropfen im Überschuß zu. Wenn die Flüssigkeit nun merklich trübe ist, gibt man sie durch ein kleines Filter, wäscht mit wenig Wasser nach und verascht das Filter bei niedriger Temperatur. Der Veraschungsrückstand wird mit 0,15 bis 0,2 g wasserfreier Soda im Achatmörser verrieben, in einen Platintiegel gebracht und geschmolzen. Die Schmelze wird mit Wasser behandelt, filtriert und mit einigen Kubikzentimetern Wasser nachgewaschen. Das Unlösliche wird vom Filter gespült und mit verdünnter Salzsäure erhitzt, um möglichst vollständige Lösung zu erzielen. Dann fügt man 2 bis 3 cm³ Natriumcitratlösung und einen kleinen Krystall Hydroxylaminchlorhydrat zu, neutralisiert mit Ammoniak und gibt 2 Tropfen im Überschuß zu.

Die vom Aufschluß mit Flußsäure herrührende Hauptlösung wird, wie folgt, extrahiert: Man schüttelt im Scheidetrichter mit 5 cm³ 0,02%iger Dithizonlösung ½ bis 1 Min. lang. Nachdem die Tetrachlorkohlenstoffschicht sich abgetrennt hat, zieht man sie in einen anderen Scheidetrichter ab. Dann gibt man nochmals 2 bis 3 cm³ Dithizonlösung zu, schüttelt wieder, trennt den Extrakt ab und fährt so fort, bis die zugesetzte Dithizonlösung auch nach 1 Min. langem Schütteln noch grün bleibt. In entsprechender Weise wird die von der Sodaschmelze herrührende Lösung extrahiert, wobei man in diesem Fall jeweils 1 cm³ Dithizonlösung verwendet.

Alle Dithizonextrakte werden vereinigt und mit 5 cm³ Wasser gewaschen. Nachdem die wäßrige Schicht abgetrennt ist, wird die Tetrachlorkohlenstoffschicht 2 Min. lang kräftig mit 5 cm³ 0,01 n Salzsäure geschüttelt. Dann wird die Tetrachlorkohlenstoffschicht abgezogen und das Ausschütteln mit 5 cm³ frischer Salzsäure wiederholt. Man vereinigt die Salzsäureextrakte und verwirft die Tetrachlorkohlenstoffschicht. Nun werden die Salzsäureextrakte mit kleinen Tetrachlorkohlenstoffmengen geschüttelt, um jegliche gefärbte Tetrachlorkohlenstofftröpfchen zu entfernen. Zum Schluß soll der Tetrachlorkohlenstoff völlig von der wäßrigen Schicht getrennt werden. Es ist besonders dafür Sorge zu tragen, daß auf der Oberfläche der wäßrigen Schicht kein Tetrachlorkohlenstoff-Film zurückbleibt. Der Verlust von 1 oder 2 Tropfen der wäßrigen Phase verursacht keinen Schaden.

Nun bringt man die wäßrige Lösung in ein zylindrisches Glasgefäß von 1,8 cm Durchmesser und 15 cm Länge, das einen ebenen Boden besitzt und durch einen eingeschliffenen Stopfen verschließbar ist. Der Scheidetrichter wird mit 1 oder 2 cm³ Wasser nachgespült. In entsprechenden Gefäßen bereitet man eine Serie von Vergleichslösungen mit bekannten, abgestuften Cadmiummengen. Diese Lösungen verdünnt man mit 0,01 n Salzsäure auf das gleiche Volumen wie die zu untersuchende Lösung und mischt durch. Dann gibt man in jedes Gefäß 2,5 cm³ 25% ige Natronlauge und mischt wieder. Nun fügt man je 1 cm³ 0,001% ige Dithizonlösung zu und schüttelt 10- bis 15 mal kräftig durch. Hierauf werden die Färbungen der Tetrachlorkohlenstoffschichten verglichen, indem man sie gegen einen weißen Hintergrund betrachtet. Der Farbton der unbekannten Lösung soll mit einer der Vergleichslösungen übereinstimmen. Da die Färbungen beim Stehen verblassen und auch die Farbtöne sich verändern, muß der Farbvergleich sofort nach dem Schütteln vorgenommen werden. — Man versäume nicht, Blindversuche mit den Reagenzien zu machen, wobei man die doppelte Menge wie bei der eigentlichen Bestimmung verwendet.

Bemerkungen. *I. Genauigkeit.* Vergleichsversuche wurden in der Weise ausgeführt, daß Granodiorit in obiger Weise extrahiert wurde, um das vorhandene Cadmium zu entfernen. Die Lösungen wurden dann mit bekannten Cadmiummengen versetzt. Die Bestimmungen ergaben eine maximale Abweichung von höchstens $\pm 0{,}5 \cdot 10^{-5}$% bei einem Gehalt von 1 bis $4 \cdot 10^{-5}$% Cadmium.

II. Die Reagenzien. (1) Dithizonlösung. a) 20 mg Dithizon in 100 cm³ Tetrachlorkohlenstoff. b) 1 mg Dithizon in 100 cm³ Tetrachlorkohlenstoff. 1 cm³ der letzteren Lösung soll mit 10 cm³ 2fach destilliertem Wasser und 2 bis 3 cm³ 25%iger Natronlauge beim Schütteln eine farblose Tetrachlorkohlenstoffschicht geben. Diese Lösung soll erst kurz vor dem Gebrauch durch Verdünnen der stärkeren Lösung hergestellt werden. — *(2) 10%ige Natriumcitratlösung.* Die Lösung wird von Schwermetallen befreit, indem man auf 100 cm³ einige Tropfen konzentriertes Ammoniak zugibt und dann so lange mit kleinen Mengen 0,01 oder 0,02%iger Dithizonlösung ausschüttelt, bis nur noch eine ganz schwache Rosafärbung auftritt. — *(3) Salzsäure (etwa 0,01 n).* Die Säure ist mit einigen Kubikzentimetern 0,01%iger Dithizonlösung zu schütteln und vor Gebrauch davon zu trennen. — *(4)* Die *Natronlauge* soll 25 g Natriumhydroxyd in 100 cm³ Lösung enthalten.

III. Störung durch andere Metalle. Kupfer, Blei, Kobalt und Zink stören nicht, wenigstens nicht in den Mengen, in denen sie in magmatischen Gesteinen auftreten. Ebenso sind kleine Mengen Zinn, Wismut, Silber und Thallium ohne Einfluß. Mangan verhindert die völlige Extraktion des Cadmiums. Diese Schwierigkeit wird aber durch Zusatz von Hydroxylaminchlorhydrat behoben. Am meisten stört Nickel. Hiervon dürfen nur Spuren vorhanden sein, sonst erhält die Tetrachlorkohlenstoffschicht eine braune Farbe, welche die rote Cadmiumfarbe verdunkelt, so daß die Bestimmung unmöglich wird. Man muß also bestrebt sein, möglichst kein Nickel aus der ammoniakalischen Citratlösung mit zu extrahieren. Wenn die Lösung kaum ammoniakalisch gemacht wird, bleibt die Hauptmenge des Nickels in der wäßrigen Phase, und alles oder fast alles Cadmium wird extrahiert. Wenn ein Ammoniaküberschuß vermieden wird, ist die Anwesenheit von 0,03 bis 0,04% Nickel in der Probe ohne Einfluß. Größere Nickelmengen stören jedoch, so daß die Methode nicht für alle Gesteinsproben anwendbar ist.

b) Arbeitsweise von Heller, Kuhla und Machek. Diese Autoren kombinieren das Dithizonverfahren mit der polarographischen Methode. Betreffs Einzelheiten vgl. das Kapitel „Zink", § 11, S. 154, Abschnitt 6.

B. Maßanalytische Bestimmung.

Für die Bestimmung des Cadmiums eignet sich auch das indirekte Titrationsverfahren (Umsetzung mit Silbernitrat), das bei der Zinkbestimmung (vgl. das Kapitel „Zink", § 11) beschrieben wurde.

Arbeitsvorschrift. Man verfährt dabei so, daß man das Cadmium unter den gleichen Bedingungen wie bei dem colorimetrischen Verfahren extrahiert. Allerdings ist es in diesem Fall unzweckmäßig, Chloroform als Lösungsmittel zu verwenden, da es leicht spurenweise Salzsäure abspaltet und somit unter Umständen eine störende Nebenreaktion mit der Silbersalzlösung gibt.

Die Lösung des Cadmiumdithizonats in Tetrachlorkohlenstoff wird, nachdem sie durch Waschen mit verdünnter Natronlauge von überschüssigem Dithizon befreit worden ist, mit etwa 1%iger Salpetersäure geschüttelt. Dabei zersetzt sich der Cadmium-Dithizon-Komplex unter Bildung von freiem, grün gefärbtem Dithizon, während das Cadmium in die wäßrige Schicht übergeht.

Die Lösung des freien Dithizons, das der extrahierten Cadmiummenge entspricht, dient zur maßanalytischen Bestimmung. Man trennt die Dithizonlösung im Scheidetrichter von der wäßrigen Schicht ab, versetzt sie in einem zweiten Scheidetrichter mit einem bestimmten Volumen einer sehr verdünnten, schwach salpetersauren Silbernitratlösung bekannten Silbergehalts und schüttelt gut durch. Die zugesetzte Menge Silberlösung wird so bemessen, daß bei vollständiger Umsetzung des Dithizons zu gelb gefärbtem Silberdithizonat noch ein geringer Silberüberschuß verbleibt, der dann mit gegen Silber eingestellter Dithizonlösung zurücktitriert wird. Das Vorhandensein eines Silberüberschusses erkennt man daran, daß sich die gelbe Färbung der Tetrachlorkohlenstoffschicht bei Zusatz eines weiteren abgemessenen Volumens Silberlösung nicht mehr ändert.

Die Titration der silberhaltigen Lösung mit Dithizonlösung erfolgt nach dem Abtrennen der durch Silberdithizonat gelb gefärbten Tetrachlorkohlenstoffschicht nach der im Kapitel „Zink" (§ 11, Abschnitt 4) ausführlich wiedergegebenen Vorschrift.

Die Silberlösung stellt man sich aus konzentrierterer Vorratslösung mit etwa 0,2 bis 0,3 mg Silber im Kubikzentimeter durch Verdünnen auf das 20fache Volumen mit chlorfreiem, destilliertem Wasser zweckmäßig kurz vor Ausführung der Bestimmung her.

Bemerkung. **Genauigkeit.** Bei der Bestimmung von 25,9 bis 1,1 γ Cadmium betrug der vorwiegend negative Fehler im Maximum 0,4 γ, meist aber weniger.

Bestimmung in Gegenwart anderer Metalle.

1. Bestimmung des Cadmiums neben den nicht mit Dithizon reagierenden Metallen und neben Zink.

Wie schon oben erwähnt wurde, läßt sich die colorimetrische Bestimmung des Cadmiums neben jenen Elementen, die keine Dithizonverbindungen bilden, ohne weiteres durchführen. Die Dithizonate von Blei, Wismut und Zinn werden von starker Alkalilauge zersetzt. Das Zinkdithizonat endlich löst sich in Lauge leichter als in Tetrachlorkohlenstoff, so daß sich beim Schütteln einer stark alkalischen zinkhaltigen Lösung mit Dithizon-Tetrachlorkohlenstoff-Lösung die wäßrige Schicht rot färbt, während sich die Tetrachlorkohlenstoffschicht je nach der vorhandenen Zinkmenge nur wenig oder überhaupt nicht rötet. In Chloroform ist Zinkdithizonat, wie erwähnt, wesentlich leichter löslich als in Tetrachlorkohlenstoff. Infolgedessen läßt sich Zink, selbst in geringem Überschuß gegenüber Cadmium, mit Chloroform-Dithizon-Lösung viel schwerer von Cadmium trennen als mit Tetrachlorkohlenstoff-Dithizon-Lösung.

Da auch bei mehrfacher Extraktion einer zinkhaltigen Lösung eine Rotfärbung der Tetrachlorkohlenstoffschicht bestehen bleiben kann, die aber unter Umständen gar nicht mehr von Cadmium, sondern bereits von Zink herrührt, läßt sich die vollständige Abtrennung des Cadmiums häufig nicht am Verschwinden der Rotfärbung der Tetrachlorkohlenstoffschicht erkennen. Zur Erkennung des Endpunktes prüft man in solchem Fall den rot gefärbten Extrakt auf Beständigkeit gegen

Natronlauge. Verschwindet die Rotfärbung des letzten Extraktes beim Schütteln mit dem ungefähr gleichen Volumen 2%iger Natronlauge, so kann man annehmen, daß die Extraktion des Cadmiums bereits beendet ist. Andernfalls wiederholt man die Probe nach erneuter Extraktion. Alle cadmiumhaltigen Auszüge werden dann in einem Scheidetrichter vereinigt und so lange mit 2%iger Natronlauge gewaschen, bis die Lauge auch nach längerem Schütteln vollständig farblos bleibt.

Auf diese Weise können noch Gehalte von Hundertstelprozenten an Cadmium im Zink direkt bestimmt werden.

Bemerkung. **Genauigkeit.** Bei der Bestimmung von 5,6 bis 33,3 γ Cadmium neben 30 bis 60 mg Zink bzw. 50 bis 100 mg eines der anderen genannten Metalle beträgt der Fehler der Beleganalysen fast immer weniger als 1 γ, meistens nur wenige Zehntelgamma.

2. Bestimmung des Cadmiums neben sehr viel Zink.

Bei noch geringeren Cadmiumgehalten in Zink ist es jedoch unter den beschriebenen Bedingungen nicht mehr möglich, das Cadmium von dem sehr großen Zinküberschuß vollständig abzutrennen. Zwar gelingt es bei Verwendung 15%iger Lauge noch, bis zu etwa 0,005% Cadmium im Zink zu bestimmen; die Extraktion ist aber langwierig, weil beträchtliche Mengen Zink gemeinsam mit dem Cadmium extrahiert werden. Man verfährt dann so, daß man das Cadmium zunächst in einer Sulfidfällung anreichert und es in dem von der Hauptmenge des Zinks abgetrennten Niederschlag bestimmt.

***Arbeitsvorschrift von* Fischer *und* Leopoldi.** Um z. B. Cadmiumspuren in Feinzink zu bestimmen, löst man 25 g desselben in Salpetersäure, neutralisiert die Lösung mit Ammoniak und fällt mit verdünnter Natriumsulfidlösung in der in § 3, S. 279, Abschnitt f beschriebenen Weise.

Der Niederschlag wird abfiltriert, auf dem Filter mit verdünnter Salpetersäure gelöst und die Lösung auf ein kleines Volumen eingedampft. Sodann nimmt man mit destilliertem Wasser auf und füllt auf ein bestimmtes Volumen auf. Aus einem gemessenen Teil der Flüssigkeit (etwa 1 g Einwage entsprechend) extrahiert man zunächst in schwach saurer Lösung Spuren Kupfer und Silber durch kräftiges Schütteln mit Dithizonlösung. Wenn die Tetrachlorkohlenstoffschicht grün bleibt, wird die gereinigte Lösung neutralisiert, mit Natronlauge unter Zusatz von etwas Seignettesalz alkalisch gemacht und das Cadmium extrahiert.

Bemerkungen. Die Leistungsfähigkeit der Methode wird durch die nebenstehend angeführten Analysenresultate veranschaulicht (Tabelle 13). Hierbei wurde ein Feinzink, das nur verschwindend wenig (etwa 0,0001%) Cadmium enthielt, verwendet. Zu den gelösten Proben wurden bekannte Mengen Cadmium zugesetzt.

Tabelle 13.

Cadmium Gegeben (neben 25 g Zink) mg	%	Gefunden %
7,42	0,030	0,031
7,42	0,030	0,032
1,85	0,0074	0,0072
1,85	0,0074	0,0071
0,56	0,0022	0,0021
0,56	0,0022	0,0022

3. Bestimmung des Cadmiums neben viel Zinn.

Zur Bestimmung von Cadmiumspuren unter 0,01% in Zinn verflüchtigt man das Zinn als Tetrabromid, wobei die verunreinigenden Metallspuren zurückbleiben.

***Arbeitsvorschrift von* Fischer *und* Leopoldi.** 100 bis 250 mg Zinn werden mit 5 bis 10 cm³ eines Gemisches von Brom und Bromwasserstoffsäure (20 cm³ Brom: 100 cm³ 40%iger Bromwasserstoffsäure) auf dem Wasserbad zur Trockne abgeraucht. Man löst den Rückstand in warmer verdünnter Salzsäure, stumpft die Säure mit Natronlauge ab und entfernt zunächst die Kupferspuren durch Extraktion mit Dithizonlösung.

Nachdem man die Lösung unter Zusatz von etwas Tartrat alkalisch gemacht hat, bestimmt man in der früher beschriebenen Weise nach erfolgter Extraktion das Cadmium.

***Bemerkung*. Genauigkeit.** Bei den Beleganalysen von FISCHER und LEOPOLDI beträgt der Fehler bei Cadmiumgehalten von 0,0022 bis 0,012% höchstens $\pm$0,0002%.

4. Bestimmung des Cadmiums neben den Edelmetallen sowie neben Kupfer, Quecksilber, Nickel und Kobalt.

Die Bestimmung des Cadmiums neben den Edelmetallen sowie neben Kupfer, Quecksilber, Nickel und Kobalt gelingt nicht ohne vorherige Trennung. Wenn nur geringe Mengen (bis zu 100 γ) Gold, Silber, Palladium, Quecksilber oder Kupfer vorhanden sind, so können diese Metalle sehr leicht durch Extraktion der mit 1 bis 2% Mineralsäure angesäuerten Lösung mit Dithizonlösung entfernt werden, bevor man die Bestimmung des Cadmiums vornimmt.

Eine bequeme und saubere Trennung läßt sich auf Grund der von SPACU und DICK (a), (b), (c) beobachteten Tatsache ausführen, daß eine Anzahl von Schwermetallen sehr stabile, komplexe Pyridinrhodanide bildet, die sich in Tetrachlorkohlenstoff oder in Chloroform mehr oder weniger gut lösen. Cadmium läßt sich als Pyridinrhodanidkomplex, ebenso wie Nickel, Kobalt, Zink, Blei und 2wertiges Kupfer, aus schwach saurer Lösung extrahieren. Dagegen reagieren Silber, Quecksilber und 1wertiges Kupfer unter diesen Bedingungen nicht, so daß es möglich ist, das Cadmium von diesen Metallen zu trennen.

***Arbeitsvorschrift*.** Die schwach saure, Silber oder Quecksilber enthaltende Lösung wird im Scheidetrichter mit konzentrierter Ammoniumrhodanidlösung versetzt. Bei Anwesenheit von Silber verwendet man etwa so viel Rhodanid, daß ein zunächst ausfallender Niederschlag von Silberrhodanid wieder gelöst wird. Bei Anwesenheit von Quecksilber ist ein größerer Überschuß erforderlich (etwa 5 cm^3 Rhodanidlösung auf je 10 mg Quecksilber).

Die schwach saure Lösung wird dann mit so viel Natriumacetatlösung versetzt, daß blaues Kongopapier gerade rot gefärbt wird. Nunmehr extrahiert man anteilweise mit insgesamt 15 cm^3 Pyridin-Chloroform-Gemisch, trennt die Extrakte ab, vereinigt sie und wäscht sie 1mal mit dem etwa gleichen Volumen verdünnter Ammoniumrhodanidlösung. Bei Gegenwart von Quecksilber kann der Chloroformauszug von geringen Mengen noch mit extrahiertem Quecksilber schwach rosa gefärbt sein. Der Chloroformextrakt wird auf dem Wasserbad zur Trockne eingedampft und der Rückstand mit 3 cm^3 konzentrierter Salpetersäure abgeraucht. Dann nimmt man mit 2 bis 3 cm^3 1%iger Schwefelsäure auf, spült die Lösung mit destilliertem Wasser in einen kleinen Scheidetrichter und schüttelt mit Dithizonlösung. Etwa noch vorhandenes Silber, Quecksilber oder Kupfer stört. Man extrahiert weiter bis zur bleibenden Grünfärbung der Dithizonlösung und trennt sie dann ab. Die wäßrige Lösung verdünnt man mit destilliertem Wasser auf etwa 10 cm^3, versetzt sie mit 10 cm^3 10%iger Natronlauge und bestimmt das Cadmium in der beschriebenen Weise. Nachdem die alles Cadmium enthaltenden Extrakte 2mal mit 2%iger Natronlauge und 1mal mit Wasser gewaschen worden sind, werden sie zur Colorimetrierung vorbereitet (s. oben).

Wenn *Kupfer in großem Überschuß* vorhanden ist, führt dieser Weg nicht zum Ziel, da 2wertiges Kupfer wie Cadmium extrahiert wird. Man muß dann das 2wertige Metall vorher weitgehend in 1wertiges überführen. Man erreicht dies durch Behandeln mit schwefliger Säure. Die Acidität der sauren, kupferhaltigen Lösung stumpft man mit Sodalösung bis zum Auftreten einer Trübung ab, beseitigt letztere wieder mit einigen Tropfen schwefliger Säure und erwärmt bis zum Sieden. Hierauf setzt man (z. B. für 30 mg Kupfer) 5 bis 6 cm^3 schweflige Säure zu, kocht kurz auf und kühlt auf Zimmertemperatur ab. Nun ist das 2wertige Kupfer größtenteils zu 1wertigem reduziert. Man stumpft jetzt die Lösung, wie oben beschrieben, mit Natriumacetat ab und verfährt weiter wie im Falle der Abtrennung von Silber, Quecksilber usw. Der Zusatz von Ammoniumrhodanid ist so zu bemessen, daß der zuletzt ausfallende Niederschlag von KupferI-rhodanid wieder vollständig gelöst wird. Der pyridinhaltige Extrakt ist meist noch durch geringe Mengen Kupfer grünlich gefärbt. Diese Kupferreste werden in der oben erwähnten Weise vor Ausführung der Cadmiumbestimmung durch Extraktion mit Dithizon entfernt.

Bemerkungen. **I. Genauigkeit.** Bei den in den Beleganalysen bestimmten Cadmiummengen von 7,4 bis 29,6 γ beträgt der (meist positive) Fehler höchstens 1,2 γ, meistens aber nur 0,4 bis 0,6 γ.

II. Die Reagenzien. *Konzentrierte Ammoniumrhodanidlösung.* 25 g Ammoniumrhodanid löst man in 100 cm³ destilliertem Wasser. *Verdünnte Ammoniumrhodanidlösung.* 2 g Ammoniumrhodanid werden in 100 cm³ destilliertem Wasser gelöst. — *Pyridin-Chloroform-Gemisch.* 5 cm³ Pyridin werden mit 100 cm³ Chloroform gemischt. Die oben erwähnte *Natriumacetatlösung* soll 5%ig sein.

Die Reagenzien sollen möglichst rein sein. Ein Gehalt an Schwermetallspuren (außer Cadmium, Kobalt, Nickel und Palladium) stört jedoch nicht, da diese bei dem Trennungsverfahren von Cadmium getrennt werden.

Literatur.

FISCHER, H. u. G. LEOPOLDI: Mikrochim. A. 1, 30 (1937).
HELLER, K., G. KUHLA u. F. MACHEK: Mikrochemie 18, 193 (1935).
SANDELL, E. B.: Ind. eng. Chem. Anal. Edit. 11, 364 (1939). — SPACU, G. u. J. DICK: (a) Fr. 71, 97, 185, 442 (1927); (b) 72, 289 (1927); (c) 73, 279, 356 (1928).

§ 15. Bestimmung als Cadmiumoxyd.

CdO, Molekulargewicht 128,41.

Allgemeines.

Einzelne Cadmiumverbindungen, wie z. B. das Hydroxyd, Nitrat und Carbonat hinterlassen beim Glühen Cadmiumoxyd. Da das Cadmiumcarbonat praktisch unlöslich ist, kann man das Cadmium aus einer Lösung als Carbonat abscheiden und nach dem Glühen des getrockneten Niederschlags als Oxyd bestimmen.

Eigenschaften des Cadmiumoxyds. Cadmiumoxyd bildet je nach der Darstellungsweise ein bräunlichgelbes bis dunkelbraunes oder auch schwarzes Pulver. Beim Glühen von Cadmiumcarbonat erhält man amorphes braunes, beim Glühen von Cadmiumnitrat krystallines schwarzes Oxyd.

Das Cadmiumoxyd krystallisiert regulär. Die Dichte wurde von NEUMANN und WITTICH für sublimiertes Oxyd zu 7,28 bestimmt.

Verhalten beim Erhitzen. Cadmiumoxyd ist beim Erhitzen an der Luft sehr temperaturbeständig. Nach MIXTER (a), (b) ist bei amorphem, rotbraunem Oxyd erst bei 900 bis 1000° eine Gewichtsabnahme festzustellen. Die Geschwindigkeit des Gewichtsverlustes nimmt aber im gleichen Maße ab, in dem sich das Oxyd in eine dichtere, mehr krystalline Form umwandelt. Jedoch ist zu beachten, daß das Cadmiumoxyd sehr leicht reduziert wird (Flammengase, Filterkohle!), was bei der leichten Flüchtigkeit des Cadmiums zu Verlusten führen kann.

Bestimmungsverfahren.

Arbeitsvorschrift. Man fällt die Cadmiumsalzlösung bei Siedehitze mit einem geringen Überschuß von Kaliumcarbonat (nach BROWNING und JONES verwendet man eine 10%ige Lösung) und läßt dann bei Wasserbadtemperatur längere Zeit stehen. Nach völligem Absitzen wird der Niederschlag in einem Filtertiegel gesammelt und mit heißem Wasser ausgewaschen. Nach dem Trocknen glüht man ihn im elektrischen Ofen bis zur Gewichtskonstanz.

Bemerkungen. **I. Genauigkeit.** BROWNING und JONES erhielten bei Cadmiummengen von 0,1 bis 0,25 g Fehler von + 0,3 bis 0,4%. FLORA und auch GROSSMANN finden die Methode durchaus brauchbar. Letzterer führt die weniger guten Resultate, die MILLER und PAGE erhielten, auf die Verwendung von Natriumcarbonat bei der Fällung und von Papierfiltern bei der Filtration zurück. Zu niedrige Ergebnisse, die MUSPRATT erhielt, sind zweifellos auf reduzierende Einflüsse zurückzuführen.

II. Störung durch andere Stoffe. Die Lösung darf keine anderen Metalle enthalten, da diese ja fast alle als Carbonate gefällt werden. Auch überschüssige Alkalisalze wirken störend, weshalb die Fällung mit einem möglichst geringen Überschuß an Kaliumcarbonat vorgenommen werden soll. Natriumcarbonat ist für die Fällung durchaus ungeeignet.

III. Sonstige Arbeitsweisen. a) Arbeitsweise von CARNOT. Die Lösung, die keine Ammoniumsalze enthalten darf, wird in der Kälte mit Sodalösung schwach alkalisch gemacht. Hierauf setzt man langsam Ammoniak zu, bis sich der anfangs ausfallende Niederschlag wieder gelöst hat, füllt für je 0,3 bis 0,5 g Cadmium auf 150 bis 200 cm³ auf und erhitzt zum Kochen, bis die Flüssigkeit nicht mehr nach Ammoniak riecht. Man dekantiert schließlich, filtriert den Niederschlag ab und verfährt in der oben beschriebenen Weise weiter.

b) Arbeitsweise von GROSSMANN und SCHÜCK. Um die Gefahr des Einschlusses von Alkalicarbonat zu vermeiden, nimmt man die Fällung nach GROSSMANN und SCHÜCK mit Guanidincarbonat vor. Der feinkörnige Niederschlag setzt sich, nachdem man aufgekocht hat, nach kurzer Zeit gut ab, läßt sich bequem filtrieren und gibt beim Glühen reines Oxyd. Im Filtrat läßt sich mit Schwefelwasserstoff kein Cadmium mehr nachweisen. Die Analyse von Cadmiumsulfat, $3CdSO_4 \cdot 8H_2O$, gab 43,3 bzw. 43,45% Cadmium gegenüber dem berechneten Gehalt von 43,82%.

c) Arbeitsweise von SCHIRM. Nach SCHIRM läßt sich Cadmium in ähnlicher Weise wie Zink (vgl. das Kapitel „Zink", § 15) mit Trimethylphenylammoniumcarbonat abscheiden. Da das organische Fällungsmittel aber von den Niederschlägen eingeschlossen wird, dürfte die Methode für die Bestimmung des Cadmiums nicht sehr geeignet sein, da beim Glühen des Cadmiumniederschlags teilweise Reduktion eintritt und somit Cadmiumverluste zu befürchten sind.

Literatur.

BROWNING, PH. E. u. L. C. JONES: Z. anorg. Ch. **13**, 110 (1897).
CARNOT, A.: C. r. **166**, 245 (1918).
FLORA, C. P.: Am. J. Sci. [4] **20**, 456 (1905).
GROSSMANN, H.: Z. anorg. Ch. **33**, 149 (1903). — GROSSMANN, H. u. B. SCHÜCK: Ch. Z. **30**, 1205 (1906).
MILLER, E. H. u. R. W. PAGE: Z. anorg. Ch. **28**, 233 (1901). — MIXTER, W. G.: (a) Am. J. Sci. [4] **36**, 55 (1913); (b) Z. anorg. Ch. **83**, 112 (1913). — MUSPRATT, M.: J. Soc. chem. Ind. **13**, 211 (1894).
NEUMANN, B. u. E. WITTICH: Ch. Z. **25**, 561 (1901).
SCHIRM, E.: Ch. Z. **35**, 1177, 1193 (1911).

§ 16. Bestimmung unter Abscheidung als Cadmiummolybdat.

$CdMoO_4$, Molekulargewicht 272,36.

Allgemeines.

Die von WILEY vorgeschlagene *Methode beruht auf der Schwerlöslichkeit des Cadmiummolybdats.*

Eigenschaften des Cadmiummolybdats. Das Cadmiummolybdat bildet ein weißes, feinkrystallines Pulver, das beim Trocknen eine schwach rosa Färbung annimmt.

Löslichkeit. In Wasser und verdünnter Essigsäure ist es kaum löslich. Dagegen löst es sich in starken Säuren und in konzentrierten Laugen. Es kann ohne Zersetzung bei 120° getrocknet werden. Bei 500° wird es braun und verliert an Gewicht.

Bestimmungsverfahren.

A. Gewichtsanalytische Bestimmung.

Arbeitsvorschrift. Die Cadmiumsalzlösung wird zunächst mit Ammoniak eben alkalisch und sodann mit Essigsäure gerade sauer gemacht. Hierauf wird zum Sieden erhitzt und Ammoniummolybdatlösung (vgl. Bem. II) unter dauerndem Rühren tropfenweise zugesetzt. Man hüte sich jedoch, beim Umrühren die Gefäßwände mit dem Glasstab zu berühren, da sich sonst der Niederschlag an diesen Stellen sehr fest an die Gefäßwand ansetzt. Das Fällungsmittel wird in geringem Überschuß zugesetzt, den man nötigenfalls durch Tüpfeln mit dem weiter unten erwähnten Pyrogallolreagens (vgl. Bem. IV) feststellen kann. Nach beendeter Fällung erhitzt man noch so lange fast zum Sieden, bis die über dem Niederschlag stehende Flüssigkeit fast klar ist. Sodann läßt man noch wenigstens 2 Std. — besser über Nacht — stehen. Der Niederschlag wird schließlich in einem Filtertiegel gesammelt. Er wird mit warmem Wasser ausgewaschen und bei 120° bis zur Gewichtskonstanz getrocknet. Der Umrechnungsfaktor ist 0,4127.

Bemerkungen. **I. Genauigkeit.** Bei Verwendung von 0,1384 g Cadmium wurden als Mittelwert von 8 Bestimmungen 0,1379 g gefunden.

II. Das Fällungsmittel. 30 g Molybdäntrioxyd suspendiert man in 400 cm^3 Wasser, versetzt mit einigen Tropfen Phenolphthaleinlösung und gibt dann unter Umrühren Ammoniak bis zur Lösung des Molybdäntrioxyds zu. Sodann versetzt man mit Essigsäure, bis die Rotfärbung verschwindet und die Flüssigkeit gegen Lackmus sauer reagiert. Man filtriert und verdünnt auf 1 l.

III. Störung durch andere Stoffe. Außer Alkali- und Magnesiumsalzen dürfen keine anderen Metallsalze zugegen sein.

IV. Der Indicator. Als Indicator dient eine gesättigte Lösung von Pyrogallol in Chloroform, die mit dem Fällungsmittel eine tiefbraunc Färbung gibt.

B. Maßanalytische Bestimmung.

Arbeitsvorschrift. Die neutrale oder ganz schwach saure Cadmiumlösung wird mit Ammoniak versetzt, bis ein Niederschlag auszufallen beginnt. Sodann erhitzt man zum Sieden und löst den Niederschlag in möglichst wenig Essigsäure. Nunmehr titriert man mit der Molybdatlösung (vgl. Bem. II) und bringt von Zeit zu Zeit 1 Tropfen der Flüssigkeit auf einer Tüpfelplatte mit 1 Tropfen des Pyrogallolreagenses zusammen. Kurz vor dem Endpunkt erhält man hierbei eine ganz schwach gelbe Färbung, beim Endpunkt aber einen viel tieferen Farbton. Wenn der Endpunkt erreicht ist, erhitzt man ½ Min. zum Sieden, prüft dann nochmals mit Pyrogallollösung und setzt nötigenfalls noch etwas Molybdatlösung zu.

Bemerkungen. **I. Genauigkeit.** Bei der Bestimmung von 0,1378 g Cadmium wurden 0,1374 bis 0,1395 g gefunden.

II. Die Molybdatlösung. 7,4 g Molybdäntrioxyd bringt man in 100 cm^3 Wasser, fügt einige Tropfen Phenolphthaleinlösung und dann Ammoniak bis zur Lösung des Molybdäntrioxyds hinzu und neutralisiert hierauf mit Essigsäure. Nach dem Abkühlen verdünnt man auf 1 l. Die Lösung wird gegen reines metallisches Cadmium eingestellt. Man löst die eingewogene Probe in Salpetersäure, verdampft zur Trockne, nimmt mit Wasser auf und titriert in der oben beschriebenen Weise.

III. Störung durch andere Stoffe. Es gilt das in Abschnitt A, Bem. III Gesagte. Ammoniumsalze vergrößern die Löslichkeit des Cadmiummolybdats etwas. Diese Erhöhung der Löslichkeit ist aber so gering, daß sie bei der gewichtsanalytischen Methode kaum eine Rolle spielt. Wegen der Empfindlichkeit des Indicators macht sie sich aber bei der maßanalytischen Methode bemerkbar.

IV. Der Indicator. Vgl. Abschnitt A, Bem. IV.

V. Potentiometrische Titration mit Natriummolybdat. Cadmiumsalze liefern mit Natriummolybdat einen schwerlöslichen Niederschlag von Cadmiummolybdat. Da eine Molybdänelektrode konzentrationsrichtig auf Molybdat-Ion anspricht, kann man nach BRINTZINGER und JAHN diese Reaktion zur potentiometrischen Bestimmung des Cadmiums benutzen. Als Indicatorelektrode dient ein Molybdändraht, als Vergleichselektrode eine Normal-Kalomelelektrode. Als Nullinstrument verwenden BRINTZINGER und JAHN ein Galvanometer mit einer Empfindlichkeit von $2{,}4 \cdot 10^{-7}$ Ampere je Skalenteil. Die Titration wird bei 95° C ausgeführt. Bei der Titration von 35,52 mg Cadmium wurden 35,44 bis 35,55 mg gefunden.

Literatur.

BRINTZINGER, H. u. E. JAHN: Fr. **94**, 396 (1933).
WILEY, R. C.: Ind. eng. Chem. Anal. Edit. **3**, 14 (1931).

§ 17. Bestimmung unter Abscheidung als Cadmiumoxalat.

$CdC_2O_4 \cdot 3\,H_2O$, Molekulargewicht 254,48.

Allgemeines.

Bereits GIBBS sowie LEISON haben das Cadmium in der Weise bestimmt, daß sie eine Cadmiumsulfatlösung mit überschüssiger Oxalsäure unter Zusatz von reichlich Alkohol fällten. CLASSEN und später v. REISS haben die Fällung mit Kaliumoxalat bei Gegenwart von viel Essigsäure vorgenommen. Nach DICK eignen sich aber Alkalioxalate am wenigsten zur Fällung.

Eigenschaften des Cadmiumoxalats. Das Cadmiumoxalat bildet, in der Kälte gefällt, lanzettförmige Täfelchen, heiß gefällt, größere prismatische Krystalle.

Löslichkeit. Die Löslichkeit beträgt nach KOHLRAUSCH bei 18° 33,7 mg/l, berechnet für wasserfreies Salz.

Durch stärkeres Erhitzen wird das Cadmiumoxalat zersetzt, und zwar bei schnellem Erhitzen unter Abscheidung von Kohle, die reduzierend wirkt.

Bestimmungsverfahren.

A. Gewichtsanalytische Bestimmung.

***Arbeitsvorschrift von* DICK.** Die auf etwa 50 bis 100 cm³ verdünnte, neutrale Cadmiumsalzlösung versetzt man in der Kälte mit Ammoniumoxalatlösung in *geringem* Überschuß. Sodann fügt man das gleiche Volumen an verdünntem oder ein Drittel des Gesamtvolumens an 95%igem Alkohol zu und läßt absitzen. Nach etwa 15 Min. filtriert man die Flüssigkeit durch einen Porzellanfiltertiegel und bringt dann den Niederschlag mit einem Gemisch von gleichen Teilen Wasser und 95%igem Alkohol in den Tiegel. Man wäscht den Niederschlag zunächst 6- bis 8 mal mit einem Alkohol-Wasser-Gemisch (1 : 1), dann gründlich mit 95%igem Alkohol und endlich gut mit Äther aus. Nachdem der Äther abgesaugt ist, trocknet man 2 bis 3 Min. lang im Vakuum bei Zimmertemperatur. Vor der Wägung wischt man die Außenwände des Tiegels mit einem faserfreien Tuch ab. Der Umrechnungsfaktor beträgt 0,4418.

***Bemerkungen.* I. Genauigkeit.** Bei der Analyse von Cadmiumsulfat, $3\,CdSO_4 \cdot 8\,H_2O$, fand DICK 43,72 bis 43,87% Cadmium (der berechnete Gehalt beträgt 43,82%).

II. Vorbereitung des Filtertiegels. Der Filtertiegel wird durch Auswaschen mit Alkohol und Äther und Trocknen im Vakuum vorbereitet.

III. Störung durch Alkali- und Ammoniumsalze. In Anwesenheit von Alkali- und Ammoniumsalzen ist die Methode nicht anwendbar. Zwar stören geringe Mengen von Ammoniumnitrat, -sulfat und -acetat nicht; größere Mengen müssen jedoch zuvor entfernt werden. Ammoniumchlorid wirkt ziemlich lösend auf den Niederschlag. Da sich beim Fällen einer Cadmiumchloridlösung mit Ammoniumoxalat Ammoniumchlorid bilden würde, muß das Cadmiumchlorid zuvor in Nitrat oder Sulfat übergeführt werden.

B. Maßanalytische Bestimmung.

Die Vorschläge von GIBBS sowie LEISON, die in dem Niederschlag gebundene Oxalsäure durch Titration mit Kaliumpermanganat zu bestimmen bzw. mit überschüssigem Reagens zu fällen und dessen Überschuß zurückzutitrieren, seien lediglich erwähnt.

Nach MAYR und BURGER kann man so verfahren, daß man die Cadmiumnitratlösung mit überschüssiger 0,1 n Natriumoxalatlösung fällt und in einem aliquoten Teil des Filtrats das überschüssige Oxalat mit 0,1 n QuecksilberI-nitratlösung potentiometrisch titriert.

Als Titrationselektrode verwendet man eine amalgamierte Platinelektrode, als Vergleichselektrode die gesättigte Kalomelelektrode. Erstere spricht nach mehreren Titrationen nicht mehr an und muß dann neu amalgamiert werden.

Bemerkungen. **I. Genauigkeit.** Bei der Bestimmung von 0,1558 g Cadmium fanden MAYR und BURGER 0,1551 g.

II. Die QuecksilberI-nitratlösung. Das zu verwendende QuecksilberI-nitrat ist vor dem Gebrauch unbedingt auf Abwesenheit von QuecksilberII-salz zu prüfen. Zu diesem Zweck löst man 1 g in etwa 20 cm^3 Wasser, fügt 1 bis 2 Tropfen Salpetersäure (D 1,2) zu, fällt das 1wertige Quecksilber vollständig mit Salzsäure aus und versetzt das Filtrat mit frisch bereitetem Schwefelwasserstoffwasser, wobei sich nur eine Spur von Quecksilbersulfid abscheiden darf. 50 g des so geprüften Präparates versetzt man mit 10 cm^3 Salpetersäure (D 1,1), gibt die zum Lösen nötige Menge kalten Wassers zu, filtriert und bringt das Volumen auf etwa 2000 cm^3. Zwecks Erhöhung der Haltbarkeit wird der Lösung 1 Tropfen gereinigtes Quecksilber zugesetzt. Die Titerstellung erfolgt potentiometrisch mit Natriumoxalat.

Literatur.

CLASSEN, A.: B. **10**, 1315 (1877).
DICK, J.: Fr. **78**, 414 (1930).
GIBBS, W.: Am. J. Sci. [2] **44**, 213 (1867).
KOHLRAUSCH, F.: Ph. Ch. **64**, 165 (1908).
LEISON, W. G.: Chem. N. **21**, 210 (1870).
MAYR, C. u. G. BURGER: M. **56**, 113 (1930).
REISS, M. A. v.: B. **14**, 1172 (1881).

§ 18. Bestimmung unter Abscheidung als Cadmiumdipyridinchlorid.

$CdCl_2 \cdot 2\,C_5H_5N$, Molekulargewicht 341,52.

Allgemeines.

Die von KRAGEN angegebene *Methode beruht auf der Schwerlöslichkeit des Cadmiumdipyridinchlorids.*

Eigenschaften des Cadmiumdipyridinchlorids. Die Verbindung bildet weiße, seidenglänzende Nädelchen.

Beim Erwärmen zersetzt sie sich unter Abspaltung von Pyridin, wobei die Monopyridinverbindung entsteht. Bei 115 bis 120° ist dieser Übergang in 3 bis 4 Std. vollständig. Das Cadmiummonopyridinchlorid ist sehr beständig und ändert seine Zusammensetzung nicht, wenn es längere Zeit auf 130 bis 140° erwärmt wird.

Löslichkeit. Die Dipyridinverbindung ist in kaltem Wasser wenig, in siedendem unter teilweiser Zersetzung löslich. In Alkohol ist sie sehr schwer löslich, noch schwerer in Äther. Alkohol bewirkt nach MALATESTA und GERMAIN eine Zersetzung der Dipyridinverbindung in die Monopyridinverbindung.

Tabelle 14. Löslichkeit von Cadmiumdipyridinchlorid.

Lösungsmittel	Temperatur	gelöste Substanz (in g) in 100 g Lösungsmittel
Wasser	20°	0,2893
Alkohol (96% ig)	18°	0,0295
Äther	27°	0,0037
Gemisch aus 75% Alkohol u. 25% Äther	28°	0,0265
Gemisch aus 50% Alkohol u. 50% Äther	28°	0,0171

Bestimmungsverfahren.

A. Gewichtsanalytische Bestimmung.

Arbeitsvorschrift von **KRAGEN.** Die neutrale (nötigenfalls mit Lauge bzw. Salzsäure neutralisierte) Lösung, deren Cadmiumgehalt 1 bis 5% betragen soll, versetzt man mit 1 bis 5 cm³ einer gesättigten Natrium- oder Ammoniumchloridlösung, fügt die Hälfte des Volumens an Alkohol zu, erwärmt und fällt das Cadmium mit 1 bis 2,5 cm³ Pyridin. Nach 24 Std. wird der Niederschlag abgesaugt, wobei die im Fällungsgefäß verbliebenen Reste mit einem Teil des Filtrats herausgespült werden. Der Niederschlag wird zuerst mit einem Gemisch aus 75% Alkohol und 25% Äther und dann mit einem solchen aus gleichen Teilen Alkohol und Äther bis zum Schwinden der Chlorreaktion ausgewaschen. Meist genügen hierzu 100 bis 150 cm³ des Gemisches. Schließlich spült man mit ganz wenig Äther nach, den man absaugt. Man trocknet 3 bis 5 Std. bei 110 bis 120° bis zur Gewichtskonstanz und wägt als Cadmiummonopyridinchlorid. Der Umrechnungsfaktor ist 0,4284.

Bemerkung. **Genauigkeit.** Bei der Bestimmung von 0,1096 g Cadmium fand KRAGEN im Mittel 0,1091 g. Dementsprechend enthielten die Waschfiltrate geringe Mengen Cadmium.

B. Maßanalytische Bestimmung.

Die maßanalytische Bestimmung beruht auf der acidimetrischen Bestimmung des Pyridingehaltes der Dipyridinverbindung. Während es bei der gewichtsanalytischen Bestimmung keine Rolle spielt, wenn durch den größeren Alkoholzusatz die Dipyridinverbindung teilweise in die Monopyridinverbindung übergeht, darf bei der maßanalytischen Bestimmung nur so viel Alkohol zugesetzt werden, daß eine Bildung der Monopyridinverbindung nicht eintritt. Im übrigen hat die maßanalytische Bestimmung neben der rascheren Ausführbarkeit den Vorteil, daß der Niederschlag nicht mit dem Alkohol-Äther-Gemisch, in dem er ja in geringem Maße löslich ist, ausgewaschen werden muß.

Arbeitsvorschrift von **KRAGEN.** Die neutrale Cadmiumsalzlösung versetzt man mit 10 bis 20 cm³ gesättigter Natriumchloridlösung, fügt nicht mehr als ein Viertel des Volumens an Alkohol hinzu und fällt nach dem Erwärmen das Cadmium mit 1 bis 2 cm³ Pyridin. Nach 24 Std. wird der Niederschlag auf ein trockenes Filter oder in einen Filtertiegel abgesaugt und das Pyridin durch Waschen mit Äther entfernt. Zum Auswaschen verwendet man neutralen, wasserfreien Äther, von dem man im allgemeinen 75 bis 100 cm³ gebraucht. Es genügt, so lange auszuwaschen, bis 10 cm³ Äther, mit Wasser ausgeschüttelt und mit 1 Tropfen 0,1 n Salzsäure versetzt, mit Methylorange keine Gelbfärbung mehr geben. Nach dem Absaugen des Äthers wird der Niederschlag in 0,1 n Salzsäure gelöst, das Filter oder der Tiegel mit Wasser nachgewaschen und der Überschuß der Säure mit 0,1 n Kalilauge unter Verwendung von Patentblau als Indicator (vgl. Bem. II) zurücktitriert, nachdem die Flüssigkeit zuvor mit festem Natriumchlorid gesättigt wurde.

Bemerkungen. **I. Genauigkeit.** Bei Cadmiummengen von rund 0,09 bis 0,24 g betrugen die Abweichungen maximal + 1,2 bzw. — 1 mg.

II. Der Indicator. Man verwendet eine wäßrige 1%ige Lösung von Patentblau (Patentblau V. N. Superfein). Die gelbgrüne Farbe der sauren Lösung schlägt scharf nach Himmelblau um, wenn die Lösung bis zum Ende der Titration kochsalzgesättigt ist.

Literatur.

Kragen, S.: M. 37, 391 (1916).
Malatesta, G. u. A. Germain: Boll. chim. farm. 53, 225 (1914).

§ 19. Bestimmung unter Abscheidung mit Alkaliferrocyaniden.

Die Methoden beruhen auf der Schwerlöslichkeit der abgeschiedenen Cadmiumverbindungen.

A. Gewichtsanalytische Bestimmung.

Nach Luff erzeugt Kaliumferrocyanid in warmer, ammoniakalischer, ammoniumchloridhaltiger Cadmiumsalzlösung einen krystallinen, leicht filtrierbaren Niederschlag von der Zusammensetzung $Cd(NH_4)_2[Fe(CN)_6]$, der sich bei 100° unzersetzt trocknen läßt.

Arbeitsvorschrift. Die Cadmiumchlorid- oder Cadmiumnitratlösung soll bei einem Volumen von 100 cm³ 10 g Ammoniumchlorid bzw. 15 g Ammoniumnitrat und 20 cm³ Ammoniak (D 0,92 bis 0,93) enthalten. Die Lösung wird auf 80° erwärmt und die nötige Menge gepulvertes Kaliumferrocyanid nach und nach in kleinen Portionen eingetragen, bis ein geringer Überschuß vorhanden ist. Sodann digeriert man im bedeckten Gefäß 4 Std. lang bei 80° und filtriert schließlich durch einen Filtertiegel. Der Niederschlag wird mit kaltem, 2½ %igem Ammoniak ausgewaschen und bei 100 bis 110° bis zur Gewichtskonstanz getrocknet. Der Umrechnungsfaktor ist 0,3116.

***Bemerkungen.* I. Genauigkeit.** Für Chlorid- bzw. Nitratlösung zeigen die wenigen Beleganalysen sehr gute Werte. Bei Cadmiummengen von 0,0974 bis 0,1986 g betrug der Fehler nur + 0,1 mg. Bei Verwendung von Cadmiumsulfat (unter Zusatz von Ammoniumsulfat) waren die Resultate nicht gut; auch war in diesem Fall das Filtrat getrübt.

II. Behandlung saurer Lösungen. Saure Lösungen werden mit eingestellter Ammoniaklösung neutralisiert. Der Ammoniumsalzgehalt der zu fällenden Lösung ist dementsprechend zu berichtigen.

B. Maßanalytische Bestimmung.

Während Hedrich bei der potentiometrischen Titration des Cadmiums mit Kaliumferrocyanid beobachtet, daß der Potentialsprung nicht genau beim Molverhältnis $Cd : Fe(CN)_6 = 1 : 1$, sondern bei 1 : 0,965 eintritt, gibt Kundert an, daß sich Cadmiumsulfat in heißer, schwach saurer Lösung bei Gegenwart von Ammoniumchlorid gut mit Kaliumferrocyanid unter Verwendung von Uransalz als Indicator titrieren lasse. Eine Abhängigkeit der Zusammensetzung des Niederschlags von der Cadmiummenge konnte er nicht beobachten.

Nach Angabe von Treadwell und Chervet (a) soll bei der Titration mit Kaliumferrocyanid bei Gegenwart von Rubidium- oder Caesiumsalzen das Verhältnis von $Cd : Fe(CN)_6 = 1 : 1$ sein. Diese Angabe konnte aber Fr. Müller nicht bestätigen.

Nach Weil läßt sich Cadmium in ammoniakalischer, tartrathaltiger Lösung in der Hitze mit Kaliumferrocyanid titrieren, wobei die Verbindung $K_2CdFe(CN)_6$ entsteht.

***Arbeitsvorschrift von* Weil.** Die Cadmiumsulfatlösung wird mit 2 cm³ 10%iger EisenIII-chloridlösung kurz gekocht, mit 20 cm³ 40%iger Kaliumtartratlösung oder 30%iger Weinsäurelösung versetzt, stark ammoniakalisch gemacht und heiß mit eingestellter Kaliumferrocyanidlösung (vgl. Bem. II) titriert.

Bemerkungen. **I. Genauigkeit.** Für 0,25 g Cadmium wurden 29,05 bis 29,1 cm^3 der in Bem. II erwähnten Kaliumferrocyanidlösung verbraucht, gegenüber der berechneten Menge von 29,09 cm^3.

II. Die Kaliumferrocyanidlösung. Man verwendet eine Lösung mit genau 32,32 g $K_4Fe(CN)_6 \cdot 3\,H_2O$ im Liter. Die Einstellung erfolgt gegen reinstes Cadmium.

III. Die Endpunktsbestimmung. Die Bestimmung des Endpunkts erfolgt durch Tüpfeln gegen verdünnte Essigsäure (1 : 4). Gegen Ende der Titration werden die ursprünglich reingelben Tropfen fahlgelblich und geben im Augenblick der Beendigung der Titration mit Essigsäure eine bläulichgrüne Färbung. Ein weiterer Tropfen Ferrocyanidlösung ruft dann bereits eine starke Blaufärbung infolge Bildung von Berliner Blau hervor.

IV. Sonstige Arbeitsweisen. Potentiometrische Bestimmung. Wie schon erwähnt, tritt nach HEDRICH bei der potentiometrischen Bestimmung mit Kaliumferrocyanid der Potentialsprung bei dem Verhältnis $Cd : Fe(CN)_6 = 1 : 0{,}965$ auf, wenn die Konzentration der Cadmiumsulfatlösung größer als 0,01 n ist. Bei kleineren Konzentrationen erfolgt Annäherung an 1. — Führt man jedoch die Titration mit Natriumferrocyanid aus, so erfolgt der Sprung genau nach Beendigung der Reaktion $2\,Cd^{\cdot\cdot} + Fe(CN)_6'''' = Cd_2Fe(CN)_6$, wie von TREADWELL und CHERVET (a), (b), von FR. MÜLLER sowie von E. MÜLLER und PRÉE festgestellt wurde.

Arbeitsvorschrift. Die Lösungen, die keine freie Säure enthalten dürfen, werden zwecks besserer Potentialeinstellung bei 75° titriert. Als Indicatorelektrode verwendet man Platin. Nach MÜLLER und PRÉE ist ε_u (gefunden) bei 75° + 0,22 Volt. Die Genannten verbrauchten bei ihren Bestimmungen im Mittel 12,65 cm^3 Natriumferrocyanidlösung gegenüber einer theoretisch erforderlichen Menge von 12,62 cm^3. Die Ferrocyanidlösung wird mit Permanganat titriert, das nach SÖRENSEN gegen Natriumoxalat eingestellt wird.

Bemerkungen. Während sich Cadmium allein mit Natriumferrocyanid genau titrieren läßt, ist das nicht der Fall, wenn zugleich Zink vorhanden ist. Um Zink und Cadmium gleichzeitig zu bestimmen, bleibt nur die Möglichkeit, mit Kaliumferrocyanid zu titrieren und mit einem Umrechnungsfaktor für Cadmium entsprechend den Angaben von HEDRICH zu arbeiten. Voraussetzung ist dabei, daß die Menge des Cadmiums im Vergleich zu der des Zinks nicht zu klein ist.

Dagegen lassen sich Cadmium und Blei nebeneinander durch Titration mit Natriumferrocyanid bestimmen. Nach MÜLLER und PRÉE verfährt man folgendermaßen: Die möglichst neutrale Lösung titriert man bei 75° unter Gegenschaltung von 0,18 Volt (positiver Pol gegen die Indicatorelektrode) an Platin, bis das Galvanometer Stromlosigkeit anzeigt, und findet so die Summe von Cadmium und Blei, entsprechend der Gleichung

$$2\,Pb^{\cdot\cdot} + Fe(CN)_6'''' = Pb_2[Fe(CN)_6] \quad \text{bzw.} \quad 2\,Cd^{\cdot\cdot} + Fe(CN)_6'''' = Cd_2[Fe(CN)_6]\,.$$

Eine zweite Probe versetzt man zu 30% mit Alkohol, fällt das Blei mit Natriumsulfat und titriert nun bei 60° unter Gegenschaltung von 0,20 Volt an Platin mit Natriumferrocyanid, bis das Galvanometer Stromlosigkeit anzeigt, und findet so nach der zweiten oben angeführten Gleichung das Cadmium. Man erhält noch gute Werte, wenn die Menge des Bleis 1% der des Cadmiums und die des Cadmiums 6% der des Bleis beträgt.

Literatur.

HEDRICH, G.: Diss. Dresden 1919.
KUNDERT, A.: Chemist-Analyst **20**, 6 (1931).
LUFF, G.: Ch. Z. **49**, 513 (1925).
MÜLLER, E. u. W. PRÉE: Fr. **72**, 195 (1927). — MÜLLER, FR.: Z. anorg. Ch. **128**, 125 (1923).
TREADWELL, W. D. u. D. CHERVET: (a) Helv. **5**, 633 (1922); (b) **6**, 550 (1923).
WEIL, H.: Fr. **52**, 549 (1913).

§ 20. Polarographische Bestimmung.

Allgemeines.

Betreffs der allgemeinen Bemerkungen zur polarographischen Methode s. Kapitel „Zink“, § 18, S. 179.

Bestimmungsverfahren.

Nach SCHAIKIND ist die Wellenhöhe der polarographischen Kurve von Cadmium im Konzentrationsbereich $2{,}5 \cdot 10^{-6}$ bis $12{,}5 \cdot 10^{-5}$ g/cm³ in Lösungen von Kaliumchlorid, Natriumsulfat, Zinkchlorid und Zinksulfat eine lineare Funktion der Cadmiumkonzentration. Die Wellenhöhe des Cadmiums wird durch Konzentrationsänderungen von Kaliumchloridlösungen zwischen 0,1 und 2 Mol/l nicht beeinflußt. Mit abnehmender Konzentration der Zinksalze nehmen die Wellenhöhen zu. In gleichmolaren Grundelektrolyten ist die Wellenhöhe des Cadmiums in Kaliumchloridlösung größer als in Zinkchloridlösung, in dieser wieder größer als in Zinksulfatlösung.

Grundlösungen von HOHN (a) zur Bestimmung des Cadmiums. *Grundlösung 1:* 170 g Natriumnitrat, 200 cm³ Gelatinelösung, 1800 cm³ destilliertes Wasser.

Die Gelatinelösung bereitet man aus 20 g reinster Gelatine, indem man diese mit destilliertem Wasser quellen läßt, in der Hitze löst und die Lösung dann zum Liter auffüllt.

Grundlösung 2: (Geeignet zur Bestimmung kleinster Mengen Cadmium in Zink) Mischung aus 1800 cm³ konzentrierter Ammoniaklösung und 200 cm³ Tyloselösung, gesättigt mit Natriumsulfit. Der Sulfitzusatz gestattet das Arbeiten mit höchsten Galvanometerempfindlichkeiten, ohne daß ein Vertreiben der gelösten Luft nötig wäre.

Zur Bereitung der Tyloselösung verwendet man Tylose S (10%ige Paste, Viscositätszahl 100, KALLE & Co., *Wiesbaden-Biebrich*), indem man 200 g derselben mit kleinen Mengen kalten Wassers unter ausgiebigem Rühren bis zur Homogenisierung vermischt und den Wasserzusatz solange fortsetzt, bis man 1 l kolloide Lösung erhält. Keinesfalls darf erwärmt werden, da Methylcellulosen in der Wärme unlöslich werden.

Grundlösung von SUCHY (a), (b) zur Bestimmung des Cadmiums. Dieser Autor (s. weiter unten) verwendet als Grundlösung schwach alkalische Seignettesalzlösung.

1. Bestimmung von Cadmium in Zink nach SEITH und VOR DEM ESCHE.

Arbeitsvorschrift. 5 g Zink löst man in konzentrierter Salzsäure, verdampft die Salzsäure fast völlig und nimmt sodann mit destilliertem Wasser auf. Man füllt in einem Meßkolben auf 25 cm³ auf, so daß also je 10 cm³ der Lösung 2000 mg Zink enthalten. Die polarographische Aufnahme erfolgt ohne Zusatz von Kolloidlösungen, da die zu untersuchende Lösung eine sehr konzentrierte Elektrolytlösung darstellt, in der Kolloide ziemlich rasch ausflocken. — Bei gleichzeitiger Anwesenheit von Blei erhält man zwei Wellen, wovon die erste dem Blei, die zweite dem Cadmium entspricht. Es empfiehlt sich mehrere Polarogramme aufzunehmen, und zwar ohne und mit Zusatz bekannter Mengen Cadmium. Der Gehalt der Probe wird sodann aus der Differenz der Wellenhöhen berechnet.

Bemerkung. SEITH und VOR DEM ESCHE konnten noch Gehalte von 0,001% Cadmium quantitativ erfassen.

2. Bestimmung kleiner Mengen Kupfer, Blei und Cadmium in metallischem Zink.

Arbeitsvorschrift von* HOHN *(b). 5 g Zink werden in einem Bechergläschen mit etwa 25 cm³ konzentrierter Salzsäure übergossen; die Flüssigkeit wird ungefähr bis zur Hälfte eingedampft. Man gießt ab und behandelt den Rückstand nochmals mit frischer Salzsäure; nötigenfalls setzt man 1 Tropfen Salpetersäure zu. Die vereinigten Lösungen werden sodann auf dem Drahtnetz bei großer Flamme in einem Porzellantiegel eingekocht, wobei ein Verspritzen nicht zu befürchten ist. Nach kurzer Zeit trübt sich die Flüssigkeit, und der Tiegelinhalt erstarrt zu einer schwammig aufgetriebenen, schaumartigen Masse von großer Oberfläche. Noch bevor der Tiegelinhalt wieder zum Schmelzen kommt, entfernt man den Tiegel von der Flamme, läßt erkalten, spritzt einige Kubikzentimeter destilliertes Wasser auf die schaumige Masse, erwärmt nochmals kurz und gießt die so erhaltene klare Lösung in ein graduiertes Meßröhrchen. Man spült den Tiegel mit wenig Wasser nach, kühlt die Lösung unter der Wasserleitung ab und füllt genau auf 12 cm³ auf. Man polarographiert von 0 bis 0,8 Volt, wobei die Empfindlichkeit des Spiegelgalvanometers $^1/_{10}$ bis $^1/_{30}$ der Normalempfindlichkeit[1] beträgt. Kupfer, Blei und Cadmium liefern dabei gut voneinander abgesetzte Stufen.

Bemerkungen. Die Arbeitsvorschrift ist brauchbar bei Konzentrationen bis etwa 0,007% Kupfer, 0,003% Cadmium und 0,002% Blei.

Die bei der Spurenanalyse störend in Erscheinung tretenden Fremdwellen des Sauerstoffs werden bei dieser Arbeitsvorschrift dadurch vermieden, daß in ziemlich konzentrierter Lösung gearbeitet wird, in der der Luftsauerstoff so gut wie unlöslich ist. Höchst konzentrierte Zinkchloridlösungen sind so viscos, daß die Diffusionsgeschwindigkeit der Ionen und damit auch die Stufenhöhe stark absinkt. Bei einer Menge von rund 10 g Zinkchlorid in 12 cm³ Lösung ist die Löslichkeit des Sauerstoffs noch sehr gering, während die Viscosität keine Rolle mehr spielt; darum wurde diese Konzentration bei der obigen Vorschrift gewählt. Trotz der großen Löslichkeit des Zinkchlorids in Wasser braucht man zur Herstellung hochkonzentrierter Lösungen aus Schmelzkuchen unverhältnismäßig lange Zeit. Der Umstand, daß das Zinkchlorid bei obiger Vorschrift nicht in kompakter Form, sondern als poröse Masse erhalten wird, hat zur Folge, daß die Auflösung spielend leicht vonstatten geht. Es muß jedoch darauf geachtet werden, daß der Zinkchloridschwamm keinesfalls durch zu langes Erhitzen zum Schmelzen kommt. In diesem Stadium der Entwässerung ist auch die freie Säure mit Sicherheit vertrieben, die sonst die Analyse durch das Auftreten einer Wasserstoff-Fremdwelle unmöglich machen würde.

3. Bestimmung von Cadmium neben Kupfer, Blei und Zink in Zinkerzen.

***Arbeitsvorschrift von* Kraus *und* Novák.** Man löst 1 g des fein gepulverten Zinkerzes (z. B. Zinkblende) in einem 50 cm³-Meßkolben durch Kochen mit 10 cm³ konzentrierter Salzsäure unter Zugabe von 5 cm³ Salpetersäure völlig. Nach dem Erkalten gibt man etwa 10 Tropfen einer gesättigten Natriumsulfitlösung und 20 cm³ einer konzentrierten Ammoniaklösung zu, die auch 10 Tropfen der gesättigten Sulfitlösung enthält. Sodann wird etwa 1 cm³ einer 0,5%igen Gelatinelösung zugesetzt und die Lösung im Meßkolben mit 0,01 mol Natriumsulfitlösung bis zur Marke aufgefüllt. 5 cm³ dieser Lösung, in der jetzt alles Blei und Eisen gefällt ist, werden offen an der Luft polarographiert. Die Cadmiumwelle erscheint bei 0,6 Volt Spannung, vor ihr die Doppelwelle des Kupfers.

Wenn Zink ebenfalls zu bestimmen ist, muß die im 50 cm³-Kolben befindliche Lösung 100fach mit einer 2 n Ammoniak-Ammoniumchlorid-Lösung, die Natriumsulfit enthält, verdünnt werden.

Ist der Kupfergehalt ziemlich groß, oder soll der Bleigehalt bestimmt werden, so verfährt man wie folgt:

Man löst 1 g der Zinkblende in einem 50 cm³-Kolben durch Kochen mit 10 cm³ Salzsäure, wobei man nur eine geringe, zur völligen Lösung gerade nötige Menge Salpetersäure zusetzt. Nach dem Erkalten gibt man zu der Lösung etwa 0,2 g reinstes Aluminiumblech, wodurch alles 3wertige Eisen zu 2wertigem reduziert und das

[1] Die Normalempfindlichkeit beträgt etwa 10^{-8} Ampere für einen Ausschlag von 1 mm, wenn die Skala sich in 1 m Entfernung befindet. Die Schwingungsdauer ist etwa 5 Sek.

Kupfer metallisch abgeschieden wird. Wenn sich das Aluminium völlig gelöst hat, wird die Lösung mit ausgekochtem Wasser bis zur 50 cm^3-Marke aufgefüllt. Dann werden sofort 5 cm^3 der so erhaltenen Lösung nach Zusatz von 2 Tropfen 1%iger Gelatinelösung offen an der Luft polarographiert. Man erhält die Bleiwelle bei 0,45 Volt und die Cadmiumwelle bei 0,6 Volt Spannung.

4. Bestimmung von Cadmium neben Kupfer, Wismut und Blei.

Arbeitsvorschrift von SUCHY ***(a), (b).*** Die Lösung der Sulfide in Salpetersäure wird mit Alkalilauge oder Alkalicarbonat neutralisiert und 10%ige Seignettesalzlösung zugefügt. Sodann wird die Lösung in der üblichen Weise vom Luftsauerstoff befreit und polarographiert. Die Lösung wird mit der Seignettesalzlösung zweckmäßig soweit verdünnt, daß die Konzentration der Metalle kleiner als 10^{-3} mol ist. Man arbeitet mit großer Galvanometerempfindlichkeit. Man kann dabei so verfahren, daß man die verhältnismäßig konzentrierte Lösung der Nitrate aus einer Bürette zu der 10%igen Seignettesalzlösung zutropfen läßt, bis die Wellen deutlich genug erscheinen, um gut meßbar zu sein. Die Kathodenpotentiale sind in diesem Fall für Kupfer 0,14 Volt, Wismut 0,34 Volt, Blei 0,60 Volt und Cadmium 0,80 Volt. Auf diese Weise können 10^{-5} Grammäquivalente im Liter bestimmt werden, wobei 2 cm^3 (entsprechend 0,0012 mg Cadmium) zur Bestimmung genügen, die außerdem beliebig oft wiederholt werden kann.

Bemerkungen. **I. Genauigkeit.** Die Genauigkeit beträgt etwa 5%.

II. Einfluß der relativen Konzentrationen. Wenn die Menge der weniger edlen Bestandteile in der Reihenfolge Cu $<$ Bi $<$ Pb $<$ Cd zunimmt, kann die Analyse jederzeit ausgeführt werden, gleichgültig wie auch die Relativkonzentrationen sein mögen; wenn aber die edleren Bestandteile der Reihe vorwiegen, z. B. Kupfer über Wismut, Blei über Cadmium, dann können die weniger edlen Bestandteile nicht bestimmt werden, sofern ihre Konzentration nicht wenigstens 2% der Konzentration der edleren Bestandteile ausmacht.

III. Der Tartratzusatz. Der Tartratzusatz beseitigt die Koinzidenz durch die gleichzeitige Abscheidung von Kupfer und Wismut. Ähnlich wirkt Citrat.

5. Verhalten des Cadmiums in cyankalischer und ammoniakalischer Lösung.

Nach PINES schlägt sich das Cadmium aus den sauerstoff-freien Lösungen des komplexen Cyanids an der Quecksilbertropfkathode vollständig und reversibel nieder, gleichgültig wie groß der Überschuß an Kaliumcyanid ist. Der Autor findet folgende Werte (Tabelle 15):

Tabelle 15.

Konzentration der $CdCl_2$-Lösung mol	Konzentration der KCN-Lösung mol	Beobachtete Zersetzungsspannung Volt	Anodenpotential Volt	Potential der kathodischen Abscheidung Volt
10^{-2}	0,81	0,245	− 0,784	− 1,029
10^{-3}	0,81	0,280	− 0,777	− 1,057
10^{-3}	0,090	0,315	− 0,669	− 0,984
10^{-2}	0,090	0,290	− 0,643	− 0,933
10^{-3}	0,009	0,350	− 0,524	− 0,874
10^{-3}	—	0,650	+ 0,143	− 0,507

Auch aus ammoniakalischen, sauerstoff-freien Lösungen schlägt sich nach DOBRYSZYCKI das Cadmium an der Quecksilbertropfkathode vollständig und reversibel nieder, wobei die Größe des Ammoniaküberschusses ohne Bedeutung ist.

Schließlich sei noch erwähnt, daß HELLER, KUHLA und MACHEK die polarographische Methode mit dem Dithizonverfahren kombinieren, indem sie das Cadmium zunächst mit Dithizonlösung extrahieren (vgl. § 14, S. 300) und nach Verdampfung des Lösungsmittels und Zerstörung des Dithizons polarographisch bestimmen.

Literatur.

DOBRYSZYCKI, M.: Coll. Trav. chim. Tchécosl. **2**, 134 (1930).

HELLER, K., G. KUHLA u. F. MACHEK: Mikrochemie **18**, 193 (1935). — HOHN, H.: (a) Chemische Analysen mit dem Polarographen, S. 41ff. Berlin 1937; (b) Ch. Z. **62**, 77 (1938).

KRAUS, R. u. J. NOVÁK: Coll. Trav. chim. Tchécosl. **10**, 534 (1938).

PINES, I.: Coll. Trav. chim. Tchécosl. **1**, 387 (1929).

SCHAIKIND, S. P.: J. Chim. appl. (russ.) **13**, 455 (1940); durch C. **111 II**, 3522 (1940). — SEITH, W. u. W. VOR DEM ESCHE: Z. Metallkunde **33**, 81 (1941). — SUCHY, R.: (a) Coll. Trav. chim. Tchécosl. **3**, 354 (1931); (b) Chem. N. **143**, 213 (1931).

§ 21. Spektralanalytische Bestimmung.

Allgemeines.

Nach GERLACH und RIEDL wird Cadmium in dem meist gebrauchten Spektralgebiet bei Abreißbogenentladung am empfindlichsten mit Hilfe der Linie 3611 Å nachgewiesen. Dann folgen die Linien 3261 und 3466 Å, hierauf die Linie 3404 Å. Im kurzwelligen Spektralgebiet jedoch ist die Cadmiumlinie 2288 Å viel empfindlicher. Bei Anwesenheit von $8 \cdot 10^{-4}$ Gew.-% Cadmium ist diese Linie noch so stark, daß hier die Nachweisbarkeitsgrenze eine Zehnerpotenz tiefer liegen dürfte.

Im Abreißbogen mit 80 oder 120 Volt Spannung bei 4 bis 5 Ampere Kurzschlußstrom erscheint auch die Funkenlinie Cd II 2265,0 Å allerdings schwächer als die Bogenlinie 2288 Å. Unter der Voraussetzung, daß ein Spektrograph zur Verfügung steht, der genügend scharfe Linien gibt und hinreichende Dispersion hat, um die Cadmium-Funkenlinie 2265,0 Å von der benachbarten Zink-Funkenlinie 2265,5 Å zu trennen, ist auch der kondensierte Funken für den Nachweis von Cadmium empfindlich. Benutzt man einen kondensierten Funken und arbeitet man ohne Selbstinduktion mit einer Kapazität von 8000 cm, so ist die Cadmium-Funkenlinie 2265 Å die empfindlichste Nachweislinie für Spuren von Cadmium.

Betreffs sonstiger allgemeiner Bemerkungen vgl. das Kapitel „Zink“, § 19, S. 182.

BAIERSDORF gelang der Nachweis von Cadmium in Silber mit dem Verfahren der „Erhitzungsanalyse“ nach GERLACH und SCHWEITZER noch bei einer Konzentration von 10^{-7} bis 10^{-8} Gewichtsteilen Cadmium in 1 Gewichtsteil der zu untersuchenden Substanz.

Bestimmungsverfahren.

A. Bestimmung unter Verwendung metallischer Elektroden.

1. Bestimmung von Cadmium in Zink und Zinklegierungen.

a) Bestimmung von wenig Cadmium in Zink nach MÜLLER und SIEVERTS. Das Verfahren benutzt den Unterschied zwischen der Schwärzung einer Linie des Grundelements und einer Linie des zu bestimmenden Zusatzelements als Maß für die Konzentration des letzteren.

Arbeitsvorschrift. Zur Herstellung des elektrischen Funkens dient ein Funkenerzeuger nach FEUSSNER.

Elektrodenform: Als Elektroden verwendet man zylindrische Stäbe der Legierungen von 3 mm Durchmesser mit ebenen Endflächen und leicht abgerundeten Kanten.

Elektrodenabstand: 2 mm.

Zwischenabbildung: Die Zwischenabbildung wird scharf eingestellt für 2150 Å.

Spaltbreite: 0,1 mm.

Anregungsbedingungen: $^1/_5$ Kapazität, $^1/_{10}$ Selbstinduktion, Transformatorstufe 3. Die Funkenstrecke wird mit einer Quecksilberlampe bestrahlt.

Vorfunken: 10 Min.; nach dieser Zeit bleiben die Intensitätsverhältnisse mindestens 20 Min. lang konstant.

Belichten: 2 Min.

Linien: Zn 2064/Cd 2265.

Erprobter Bereich: 0,1 bis 0,6% Cadmium.

Bemerkungen. *I. Genauigkeit.* Die spektrographische Cadmiumbestimmung in einer Legierung ergab 0,215% gegenüber 0,208% bei der chemischen Analyse (nach der Methode der inneren Elektrolyse).

II. Die Linien. Obwohl als empfindlichste Cadmiumlinie häufig die Linie 2288 Å angegeben wird, besitzt unter den hier gewählten Bedingungen die Linie Cd 2265 Å eine höhere Absolut- und Konzentrationsempfindlichkeit. Außerdem ist bei ihrer Verwendung keine Störung durch das fast immer vorhandene Arsen zu befürchten. Die Linie Cd II 2265 Å wird mit der Linie Zn II 2064,2 Å zu einem Analysenpaar ergänzt.

III. Die Platten. Müller und Sieverts benutzen die phototechnische Platte A der Agfa. Für die Messung von Linien mit einer Wellenlänge kleiner als 2400 Å werden die Platten mit einer fluorescierenden Schicht überzogen.

Das Überziehen der Platten erfolgt zweckmäßig nach folgender Arbeitsvorschrift: Die Platte wird in einer 5%igen Lösung von gelber Vaseline in Trichloräthylen (technisches Produkt) gebadet. Man nimmt sie aus dem Bad, hält die Schmalseite nach unten und läßt den Überschuß ablaufen. Man erhält so auf der Platte eine sehr gleichmäßige Vaselineschicht. Die Platte wird dann 10 Std. waagerecht mit der Schichtseite nach unten aufgehängt, so daß die Luft von allen Seiten Zutritt hat. Vor dem Entwickeln wird die Vaseline sehr vorsichtig durch Baden der Platte in Petroläther entfernt.

Die Empfindlichkeit der sensibilisierten Platten ist für Licht der Wellenlängen unterhalb 2400 Å außerordentlich gesteigert. Es ist jedoch zu beachten, daß die Platten kurze Zeit nach dem Sensibilisieren für Licht unterhalb 2450 Å ganz unempfindlich sind. Erst im Laufe des Trockenprozesses erlangen sie ihre volle Empfindlichkeit, und zwar für größere Wellenlängen rascher als für kürzere. Hierfür genügen bei freier Aufstellung, wie oben erwähnt, 10 Std.

(Häufig wird die Sensibilisierung einfach in der Weise vorgenommen, daß man eine geringe Menge gelbe Vaseline auf der Schichtseite der Platte mit dem Handballen vorsichtig in möglichst dünner Schicht aufträgt.)

b) Bestimmung von Cadmium als Verunreinigung von Legierungen auf Feinzinkbasis nach Lueg und Wolbank. Bei der Arbeitsweise von Lueg und Wolbank, der die Methode von Winter zugrunde liegt, wird zur Bestimmung des Cadmiums die Schwärzung des Linienpaares Cd 2144 Å und Zn 2138 Å gemessen. Dabei ist zu beachten, daß die Zinkbezugslinie infolge Selbstabsorption zwei Maxima zeigt. Zur Analyse wird das der Cadmiumlinie zugekehrte Maximum gemessen.

Lueg und Wolbank verwenden den Quarzspektrographen Q 24 von Zeiss. Die Anregung der Spektren erfolgt unter Anwendung eines Funkenerzeugers nach der Resonanzschaltung (vgl. Scheibe und Schöntag).

Bedingungen für die Ausführung der Analyse:

Primärwiderstand R: 90 Ohm.
Primärstromstärke: 1,3 Ampere bei 220 Volt Netzspannung.
Selbstinduktion L: $0{,}1 \cdot 10^6$ cm.
Kapazität C: 8000 cm.
Elektrodenabstand: 4 mm.
Spaltbreite: 0,03 mm.
Zwischenblende: 4 mm.
Objektivblende: 1 : 11.
Vorfunkzeit: 1 Min. und 20 Sek.
Belichtungszeit: 40 Sek.

Die Belichtungsbedingungen gelten bei Verwendung von Agfa-Kontrastplatten. Die Platten werden 4 Min. lang in verdünnter (1 : 2) Agfa-Metol-Hydrochinon-Entwicklerlösung entwickelt.

Als *Elektroden* finden Rundstäbe von 5 mm Durchmesser Verwendung, die mit einer halbkugelförmigen Kuppe versehen sind. Hierdurch soll auch bei schief eingespannten Elektroden die Bevorzugung einer geometrisch ausgezeichneten Stelle (Kante oder dgl.) durch die Entladung vermieden werden. Für die *Herstellung der Proben* aus der Schmelze, z. B. auch der Eichlegierungen, verwenden LUEG und WOLBANK eine Kokille, die im Einguß aus einem schlecht wärmeleitenden Metall (Gußeisen) und in der eigentlichen Gießform aus einem Stoff möglichst hoher Wärmeleitfähigkeit (Kupfer) besteht. Die Ausführung der spektrographischen Analyse ist jedoch keineswegs an die Herstellung von Gußstäben gebunden. Aus fertigen Werkstücken oder Halbfabrikaten werden die Proben entweder mechanisch herausgearbeitet, oder es werden, wenn dies, wie z. B. bei dünnen Blechen, nicht möglich ist, nach Reinigung der Oberfläche Kuppen, die der gewünschten Elektrodenform entsprechen, eingedrückt.

c) Bestimmung von Cadmium in Zink nach SMITH. SMITH (a) benutzt den Spektrographen E 37 der Firma A. HILGER, *London*, und arbeitet sowohl mit dem Funken als auch mit dem Bogen.

Arbeitsvorschrift. *Elektrodenform.* Für die Funkenmethode können Drehspäne benutzt werden, bei der Bogenmethode verwendet man stabförmige Elektroden von $^1/_4$ Zoll (6,35 mm) Durchmesser. Die Testlegierungen werden ebenfalls in Stabform bereitet, indem genau abgewogene Mengen spektralreines Zink und Cadmium in Pyrexrohren zusammengeschmolzen werden, in denen man sie nach gutem Durchmischen erkalten läßt.

Elektrodenabstand: $^3/_{16}$ Zoll (4,762 mm) für Bogen oder Funken.

Für Funkenspektren wird ein sphärozylindrischer Kondensor verwendet, bei Bogenspektren ein sphärischer, der nur das Licht des mittleren Teiles des Bogens auf den Spalt wirft.

Spaltbreite: etwa 0,03 mm.

Anregungsbedingungen. α) Funkenspektrum. Ein Transformator mit einem Anschlußwert von $^1/_4$ Kilowatt, der, mit Wechselstrom von 150 Volt (50 Perioden) gespeist, eine Sekundärspannung von 15000 Volt liefert. Parallel mit der Funkenstrecke ist ein Kondensator für eine Leistungsaufnahme von $^1/_4$ Kilowatt mit einer Kapazität von 0,006 Mikrofarad geschaltet. Wenn es nötig ist, die „Luftlinien" aus dem Spektrum auszuschalten, dann wird eine Selbstinduktionsspule von etwa 0,001 Henry in Serie mit der Funkenstrecke geschaltet.

β) Bogenspektrum. Der Bogen wird unter Verwendung eines passenden Widerstandes mit Gleichstrom von 220 Volt Spannung betrieben, so daß er mit einer Stromstärke von 1,5 Ampere brennt.

Belichtung: 2 Min. bei Anwendung des Funkenspektrums; 30 Sek. bei Anwendung des Bogenspektrums.

Plattensorte und Entwicklung. Für Zink-Cadmium-Legierungen empfiehlt es sich, sensibilisierte Platten zu verwenden, die zweckmäßig mit Metol-Hydrochinon-Entwickler entwickelt werden.

Auswertung der Spektren. Eine angenähert quantitative Bestimmung von Verunreinigungen kann sehr rasch und bequem durch visuelle Beobachtung der Anwesenheit bzw. Intensität der fraglichen Linien ausgeführt werden. Sicherer ist es, die Methode der homologen Linienpaare zu verwenden, wobei die Intensität von Linien der Verunreinigung mit derjenigen von Linien des Hauptbestandteils der Legierung verglichen wird. Größere Genauigkeit liefert der Vergleich der Spektren mit denen der Proben von Testlegierungen. Die Zahl der nötigen Testlegierungen kann wesentlich reduziert werden, wenn das Spektrum erst nach der Methode von GERLACH und SCHWEITZER geprüft und dann neben den Spektren solcher Testlegierungen aufgenommen wird, die auf Grund der Voranalyse als geeignet ausgewählt werden. Wenn man Probe- und Testlegierungen in derselben Elektrodenform verwendet, um bei allen Spektren gleiche Intensität zu erhalten, dann können die Linien der Verunreinigungen in allen Spektren direkt verglichen werden. — Bei der Prüfung der Spektren sollte man sich zunächst davon überzeugen, ob die „letzten Linien" vorhanden sind. Wenn das nicht der Fall ist, sind weniger empfindliche Linien natürlich erst recht nicht vorhanden. Bei dieser Arbeitsweise beruht die Bestimmung also auf der visuellen Beobachtung der Intensitätsgleichheit gewisser Linienpaare und der Kenntnis der Prozentgehalte, bei denen gewisse Linien gerade noch sichtbar sind. Wegen geringer Unterschiede in der Belichtung und Entwicklung können gewisse Differenzen auftreten, andererseits können bei bestimmten Gehalten die Unterschiede beim visuellen Vergleich der Intensitäten nicht mehr erkennbar sein. Deshalb hält es SMITH (a) für besser, an Stelle eines genauen Prozentgehalts die untere und obere Grenze der möglichen Verunreinigung anzugeben.

Empfindliche Cadmiumlinien im Funkenspektrum:

2573,0 Å.
2312,88 Å. Erscheint sehr nahe bei Zn 2312,9 Å und wird dadurch leicht maskiert.
2288,0 Å.
2265,0 Å. Höchst empfindliche Linie; verdeckt durch Zn 2265,4 Å.
2194,6 Å.
2144,4 Å. Erscheint zwischen der starken Zn-Linie 2138,5 Å und der schwächeren Zn-Linie 2147,4 Å.

Von besonderer Wichtigkeit sind die beiden Cadmiumlinien 2144,4 Å und 2573,0 Å, da aus ihnen allein leicht folgende Cadmiumgehalte ermittelt werden können: 0,75%, 0,25%, 0,1%, 0,01% und 0,001%. Bei einem Gehalt von 0,25% Cadmium erscheint die Linie 2573,0 Å schwach zwischen zwei Zinklinien und ist bei einem Gehalt von 0,75% Cadmium etwa ebenso stark wie die beiden Zinklinien. Der Vergleich der relativen Intensitäten der Cadmiumlinie 2144,4 Å und der benachbarten Zinklinie 2147,4 Å ermöglicht die *Unterscheidung* der weiteren *Prozentgehalte* wie folgt:

0,001% Cadmium: Cd-Linie schwächer als die Zn-Linie.
0,01 % Cadmium: Beide Linien etwa von derselben Intensität, Cd-Linie eher etwas stärker als die Zn-Linie.
0,1 % Cadmium: Cd-Linie viel stärker als die Zn-Linie.

Empfindliche Cadmiumlinien im Bogenspektrum:

3610,5 Å.
3466,2 Å.
3403,6 Å.
3261,1 Å. Diese Cd-Linie ist für den Vergleich unbrauchbar, wenn Zinn anwesend ist, da sie sehr dicht bei Sn 3262,3 Å liegt, so daß kleinere Instrumente die beiden Linien nicht trennen.
2980,6 Å.
2880,8 Å.
2288,0 Å. Höchst empfindliche Linie.
2265,0 Å.
2144,4 Å. Erscheint nahe der starken Zn-Linie 2138,5 Å.

Prozentgehalte an Cadmium:

0,75% Cadmium: Cd 3261,1 Å und Zn 3035,8 Å besitzen etwa gleiche Intensität.
0,25% Cadmium: Cd 3403,6 Å und Zn 4629,9 Å besitzen etwa gleiche Intensität.
0,1 % Cadmium: Cd 3403,6 Å ist schwächer als Zn 4629,9 Å und Cd 3610,5 Å ist stärker als Zn 4629,9 Å.
0,05 % Cadmium: Cd 3610,5 Å und Zn 4629,9 Å besitzen etwa gleiche Intensität.
0,01 % Cadmium: Alle Linien mit Ausnahme von 2980,6 Å und 2880,5 Å sind schwach.
0,001% Cadmium: 2288,0 Å und 3261,1 Å sind die einzigen Linien; die letztere ist gerade noch sichtbar.

Methode des Hilfsspektrums. Die beiden Cadmiumlinien 2288,0 Å und 2265,0 Å liegen in einem Teil des Spektrums, der geeignete Vergleichslinien vermissen läßt. Als Hilfssubstanz wird Zinn benutzt und als Fixierungspaar Zn 2569,9 Å und

Sn 2571,6 Å verwendet. Die Intensitätsgleichheit wird dadurch erreicht, daß die Expositionszeit beim Zinkbogen 30 Sek. und beim Zinnbogen 3 Sek. beträgt.

Intensitätsgleichheit der folgenden Linienpaare wurde von SMITH (a) bei den in der nachfolgenden Tabelle 16 angegebenen Cadmiumgehalten beobachtet.

Tabelle 16.

Cadmiumlinie Å	Zinnlinie Å	Cadmiumgehalt %	Cadmiumlinie Å	Zinnlinie Å	Cadmiumgehalt %
2288,0	2429,5	0,75	2288,0	2334,8	0,05
3403,6	3655,8	0,75	2265,0	2251,2	0,05
2288,0	2317,2	0,25	2265,0	2282,3	0,01
3466,2	3655,8	0,25			
2265,0	2267,2	0,1	2288,0	2286,7	0,002

2. Bestimmung von Cadmium in Blei und Bleilegierungen.

a) Methode der Firma ZEISS. *Elektrodenform.* Man verwendet dachförmig zugespitzte Elektroden, deren schräge Endflächen sich in einem Winkel von 90° schneiden. Die hierdurch entstehende Kante wird abgestumpft, so daß der Funke auf eine Fläche von 1 × 5 mm einwirkt.

Elektrodenabstand: 4 mm.

Zwischenabbildung. Die Zwischenabbildung wird so eingestellt, daß auf der Zwischenblende ein scharfes Bild des Funkens für die benutzten Wellenlängen entsteht und der Spalt durch das Licht dieser Wellenlängen gleichmäßig beleuchtet wird.

Zwischenblende: 3,2 mm.

Spaltbreite: 0,05 mm.

Anregungsbedingungen: Funkenerzeuger nach FEUSSNER, Transformatorstufe 4, $^2/_5$ Kapazität, $^1/_{10}$ Selbstinduktion.

Vorfunken: 1 Min. *Belichtungszeit*: 1 bis 2 Min.

Linien: Pb 3220,5 Å/Cd 3403,7 Å.
Pb 2332,5 Å/Cd 2288,0 Å.

Erprobter Bereich: 0,001 bis 3% Cadmium.

Bemerkungen. Die Cadmiumlinie 2288,0 Å ist nur bei Gehalten unter 0,2% brauchbar, da sie bei höheren Gehalten Selbstumkehr zeigt. Bei Anwesenheit von Arsen kann die Arsenlinie 2288,1 Å stören, weshalb auf Arsen zu prüfen ist. Wenn die stärkste Arsenlinie 2349,8 Å fehlt, dann ist die betreffende Probe ausreichend frei von Arsen.

Bezüglich der ausführlichen Anleitungen betreffs apparativer, meßtechnischer und sonstiger hier in Betracht kommender Fragen muß auf die äußerst klar und anschaulich verfaßte Schrift Meß 266/III der Firma ZEISS verwiesen werden.

b) Bestimmung von Cadmium in Blei nach SEITH und HOFER. *Die Bestimmung beruht darauf, daß die Schwärzungen bestimmter Linien beider Legierungskomponenten mit Hilfe des Photometers verglichen werden.* Bei Einhaltung bestimmter Bedingungen liefert die Methode reproduzierbare Ergebnisse.

Bei Legierungen, die kleine Mengen Cadmium in Blei enthalten, kann die Methode der homologen Linienpaare nicht angewendet werden, da ein Mangel an vergleichbaren Linien auftritt, sobald eine gewisse Konzentration unterschritten wird. Wenn es ferner nicht möglich ist, die Proben zur Gewinnung vergleichbarer Linien mit einer Hilfssubstanz zu koppeln, so ist man gezwungen, die Analyse auf einem Vergleich der Intensitäten zweier Linien der beiden Komponenten, die nicht gleich sind, aufzubauen und aus dem Verhältnis der Schwärzungen auf die Konzentration zu schließen.

Die Schwärzungsverhältnisse sind jedoch nur reproduzierbar, wenn durch Festlegung der Plattensorte und Entwicklungsart dafür gesorgt ist, daß die Schwärzungskurve immer den gleichen Verlauf hat und man bei Ausführung der Analysen stets an der gleichen Stelle der Kurve arbeitet. Man hat demnach folgende Bedingungen einzuhalten:

Erstens müssen die Erregungsbedingungen so gewählt sein, daß die Linien des GERLACHschen Fixierungspaares (vgl. GERLACH und SCHWEITZER) gleich erscheinen. Zweitens müssen die absoluten Schwärzungen mindestens zweier verschiedener Linien der Hauptkomponente bestimmte Beträge aufweisen. (Diese beiden Linien sollen möglichst in der Nähe geeigneter Linien der Zusatzkomponente liegen, und die Intensitäten der Schwärzungen dieser Linien sollen ungefähr Grenzwerte der Intensitäten der zu vergleichenden Schwärzungen darstellen. Die Reproduzierbarkeit der Aufnahmen wird also nicht durch Festlegen der primären Versuchsbedingungen, wie Belichtungszeit, Intensität und Entwicklungsprozeß, erreicht, sondern durch Vorschrift von mindestens zwei absoluten Schwärzungen, die sich auf der auszuwertenden Platte vorfinden müssen. Nur auf diese Weise ist es möglich, die durch die Verschiedenheiten der Platten selbst ein und derselben Plattensorte auftretenden Störungen auszuschalten. Das Einhalten dieser Bedingungen ist bei einiger Übung durch Variation der Belichtungszeit und Entwicklungsdauer leicht zu erreichen, so daß sich rasch Verhältnisse finden lassen, unter denen die Schwärzungskurve in dem benutzten Bereich mit derjenigen der Testplatte übereinstimmt.)

Tabelle 17.

Atom-%	Cd in Pb	I	II
1/128	0,00781	0,135	—
1/64	0,0156	0,162	0,059 (2)
1/32	0,0313	0,230	0,138
1/16	0,0625	0,365	0,303
1/8	0,125	0,608	0,526
1/4	0,250	0,811	0,750
1/2	0,500	1,08	1,26 (3)
1	1,00	1,45	1,55 (3)

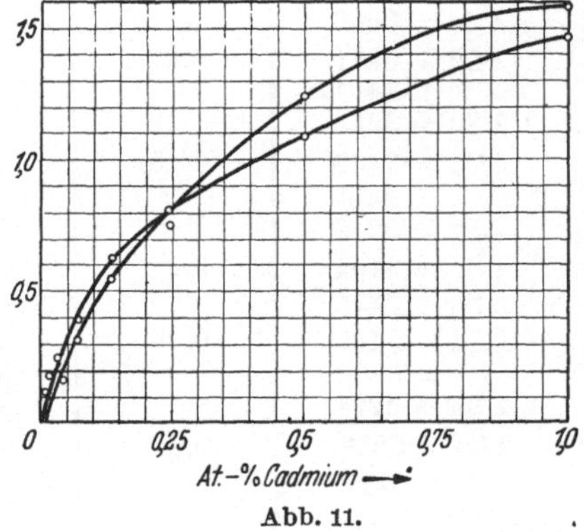

Abb. 11.

SEITH und HOFER verwenden einen ZEISS-Spektrographen für Chemiker mit Quarzoptik. Beim Vergleich der Linien, die nicht den gleichen Charakter hatten, wurde der Spalt so weit gewählt, daß sein monochromatisches Bild mindestens den ganzen Wellenlängenbereich der breitesten, zu untersuchenden Linie auf der Platte überdeckte. Die Schwärzungen wurden mit einem KOCHschen Mikrophotometer von KRÜSS unter Verwendung des Spaltes $^1/_{100}$ ausgemessen. Festgelegt wurden die absoluten Schwärzungen Pb 3573 Å mit 1,76 und Pb 3240 Å mit 0,70, in einem zweiten Fall Pb 3573 Å mit 1,64 und Pb 3240 Å mit 0,65. Zum Vergleich dienten die Cadmiumlinie 3404 Å und die Bleilinie 3221 Å. Die Konzentrationsabhängigkeit der Schwärzungen von Cd 3403,653 10 R 10 verglichen mit Pb 3220,54 4 1 als Einheit gibt Tabelle 17 wieder (vgl. auch Abb. 11).

Fixierungspaar: Pb 2562 Å = Pb 2657 Å.
Plattensorte: HERZOG, orthochrom, lichthoffrei.
Absolutschwärzung für I und II s. oben im Text.

3. Bestimmung von Cadmium in Zinn und Kupfer.

a) Bestimmung von Cadmium in Zinn nach SCHWEITZER mittels der Methode der homologen Linienpaare.

Die Entladungsbedingungen sind dadurch reproduzierbar, daß man Kapazität und Selbstinduktion so lange variiert, bis im Spektrum des Zinns die Intensitäten der Funkenlinie 3352 Å und der Bogenlinie 3331 Å annähernd gleich werden.

Tabelle 18.

Wellenlänge der Linien Å	Intensitätsgleich bei Gew.-% Cadmium	Linienabstand Δ	Bemerkungen
λ Cd = 3404 λ Sn = 3331	10	73	Kurz belichten — Fixpunkt scharf — äußerst invariant.
λ Cd = 3404 λ Sn = 3656	2	252	Fixpunkt scharf — ziemlich invariant.
λ Cd = 3404 λ Sn = 3142	1,5	262	Fixpunkt sehr scharf — äußerst invariant.
λ Cd = 3404 λ Sn = 3219	0,5	185	Lang belichten — Fixpunkt sehr scharf — äußerst invariant.
λ Cd = 3466 3468 λ Sn = 3656	0,3	189	Fixpunkt etwas unscharf — äußerst invariant.
λ Cd = 3611 3613 λ Sn = 3656	0,2	44	Fixpunkt etwas unscharf — sehr invariant.
λ Cd = 3466 3468 λ Sn = 3219	0,15	248	Lang belichten — Fixpunkt scharf — sehr invariant.
λ Cd = 3404 λ Sn = 3224	0,1	180	Lang belichten — Fixpunkt sehr scharf — äußerst invariant.
λ Cd = 3466 = 3468 λ Sn = 3224	0,05	243	Lang belichten — Fixpunkt scharf — sehr invariant.
λ Cd = 2288 λ Sn = 2282	0,01	6	Äußerst lang belichten — Fixpunkt etwas unscharf — Cd 2288 Å muß von Sn 2287 Å getrennt sein — sehr invariant.

In dem von SCHWEITZER benutzten Spektrographen wurden die Cadmiumlinien 3611 Å und 3613 Å bzw. 3466 Å und 3468 Å nicht mehr getrennt. Bei zu großem Auflösungsvermögen sind die Vergleichslinienpaare in der Tabelle, die als eine Komponente ein solches Multiplett enthalten, unbrauchbar. In diesem Falle müßten die Fixpunkte für jede Linie des Multipletts gesondert festgestellt werden.

b) Bestimmung von Cadmium in Zinn nach BRECKPOT (c). BRECKPOT verwendet zur Bestimmung von Cadmium in Zinn ebenfalls metallische Elektroden. Dieselben besitzen ebene Flächen und abgerundete Kanten. Die Elektroden werden so eingestellt, daß die ebenen Flächen in einem Abstand von 2,5 bis 3 mm genau parallel liegen, wobei die untere Elektrode den negativen Pol bildet. Der Bogen wird durch Berührung der Elektroden gezündet und mit einer konstanten Stromstärke von 1 Ampere bei einer Spannung von 25 bis 30 Volt betrieben. Die Spaltweite beträgt 0,01 bis 0,012 mm.

Tabelle 19.

Wellenlänge Å Cd	Sn	Cadmiumgehalt % 1	0,1	0,01	0,001
3610,51	3655,92	1	(0,25)		
3466,2	3655,92	0,6	(0,16)		
22,88,03	2282,4		4	2,25	0,6
2265,03	2267,3	1	0,4	(0,06)	
	2266		5	0,8	

Bei den in der vorstehenden Tabelle 19 angegebenen Konzentrationen bedeutet Angabe des Wertes in Klammern „Schätzung schwierig“.

Bemerkungen. Die Cd-Linie 2288,03 Å ist bis zu Cadmiumgehalten unterhalb 0,001% sichtbar, koinzidiert aber (im mittleren Spektrographen) mit der letzten As-Linie 2288,14 Å. Für Cadmiumkonzentrationen größer als 0,3% erscheint als nächste As-Linie die Linie 2349,84 Å. Die Sn-Linie 2266 Å (angenähert) wird von KAYSER nicht angegeben, scheint jedoch jür den Vergleich dienen zu können.

c) Bestimmung von Cadmium in Kupfer nach BRECKPOT und MEVIS. Die in Tabelle 20, S. 326 von BRECKPOT und MEVIS angegebenen Konzentrationen wurden durch visuelle Beobachtung ermittelt. Hierbei bedeutet Angabe des Wertes in Klammern „Schätzung schwierig" und ein Pluszeichen „Linie sichtbar". Die Dispersion des benutzten Spektrographen war die eines HILGER-Spektrographen E 315.

Bemerkungen. Als einzige meßbare Linie bei einem Gehalt von Tausendstelprozenten Cadmium ist die Linie 2288,03 Å zu verzeichnen. Sie koinzidiert jedoch mit der empfindlichsten As-Linie 2288,14 Å. Bei Anwesenheit von 0,01 % Cadmium ist außer der Linie 2288,03 Å auch die Linie 3261,03 Å gerade noch sichtbar. Bei Gegenwart von 0,1% Cadmium sind 6 Linien meßbar, bei Gegenwart von 0,3% 8 und bei Gegenwart von 1% Cadmium 11; jedoch ist dabei auf störende Koinzidenzen mit Eisen, Nickel und Kobalt zu achten.

B. Bestimmung von Cadmium in Zinklösungen bzw. -salzen.

a) Methode von SLAVIN zur Bestimmung von Cadmium in Zink. Zur Bestimmung von Cadmium in Zink benutzt SLAVIN die Methode von GERLACH und SCHWEITZER unter Verwendung des photometrischen Vergleichsverfahrens von SCHEIBE und NEUHÄUSSER (rotierender Sektor mit logarithmischer Randkurve). Er verwendet einen Quarzspektrographen hoher Dispersion (Modell E 383 der Firma A. HILGER, *London*). Der Bogen befindet sich 42 cm vom Spalt entfernt. Eine Doppelkonvexlinse aus Quarz wirft das Bild des Bogens auf das Prisma anstatt wie üblich auf den Spalt. Man erreicht dies durch weite Öffnung des Spaltes und Beobachtung des Bogenbildes durch die Plattenhalteröffnung. Um klare Aufnahmen zu erhalten, wird der mittlere Teil des Bogens ausgeblendet und benutzt. Wesentlich ist, daß der mit 300 Umdr./Min. rotierende Sektor sich möglichst nahe am Spalt befindet.

Bereitung der Proben. Wenn die Probe nicht schon als Lösung, sondern noch als Metall vorliegt, wird sie in Salpetersäure gelöst und mit Schwefelsäure zur Trockne abgeraucht. Desgleichen werden Salze in Sulfate übergeführt. Der trockene Rückstand wird in einem Achatmörser pulverisiert. Zu einer Aufnahme sind höchstens 50 mg erforderlich, aber aus Gründen der Handlichkeit verwendet man 0,5 g.

Die Elektroden. Man benutzt Rundstäbe aus ACHESON-Graphit[1] von $^1/_4$ Zoll (6,35 mm) Durchmesser. Die untere (positive) Elektrode wird, um Wärmeverluste zu vermeiden, kurz gehalten ($^1/_2$ bis $^3/_4$ Zoll, also 12,7 bis 19,05 mm) und durch Einbettung in einen Kohlemantel thermisch isoliert. Durch Erhöhung der Stromstärke auf 10 Ampere wird das Abreißen des Bogens vermieden. Die pulverisierte Probe wird in die Höhlung der unteren kurzen Elektrode gebracht. Die obere Elektrode besteht aus einem langen Graphitstab, der zwischen den einzelnen Aufnahmen nicht gewechselt wird, da erfahrungsgemäß eine Verunreinigung nicht eintritt. Die obere Elektrode dient so zugleich zur Fixierung der Stellung der unteren Elektrode, die nach jeder Aufnahme erneuert werden muß.

Anregungsbedingungen. Der Bogen wird unter Verwendung eines Widerstandes von 50 Ohm mit Gleichstrom von 250 Volt Spannung betrieben. Die Stromstärke

[1] Da heutzutage sehr reine Kohleelektroden im Handel zu haben sind, besteht keine zwingende Notwendigkeit zur Verwendung von Graphitelektroden mehr. So haben z. B. SCHEIBE und RIVAS mit sehr gutem Erfolg Spektralkohlen von RUHSTRAT (*Göttingen*) zur Untersuchung von Lösungen benutzt.

Tabelle 20.

Wellenlänge Å		Cadmiumgehalt %				Bemerkungen
Cd	Cu	1	0,1	0,01	0,001	
5085,82		+				Sehr schwach bei 1%, verschwindet bei 0,3%.
4799,91	4704,598 4651,17	2,5 0,16				Ein wenig rechts von einer schwachen Cu-Linie 4797,04 I 2,4794 2 u. Obwohl bei 1% sehr deutlich, doch bei 0,1% kaum mehr sichtbar.
4678,15	4704,598	1				Vorsicht vor Verwechslung mit Cu 4674,76 I 6 u (schwach). Koinzidiert mit Zn 4680,14 I 10 R (anwesend bei 1% Zink).
3612,87	3602,03	1				Die benachbarte Cu-Linie 3613,755 I 3 scheint durch Cadmium beeinflußt zu werden: bei 1% Cd ist sie schwach und kaum sichtbar neben der Cd-Linie, bei 0,1% Cd ist sie deutlich und die Cd-Linie kaum sichtbar. — Koinzidenz mit der starken Ni-Linie 3612,74 I 7, die bis halb 0,1% Ni sichtbar ist.
3610,51	3602,03 3530,388	(10) 0,65	0,65			Die schwache Cu-Linie 3609,3 I 2 wird durch 1% Cd verdeckt, bei 0,1% Cd ist sie gut zu erkennen und etwas schwächer als Cd 3610,51. Cu 3610,806 I 2 ist auf den Platten der Autoren abwesend oder sehr schwach. — Koinzidenz mit der empfindlichen Ni-Linie 3610,46 I 9, die bis zu 0,01% Ni sichtbar ist. — Cd 3610,51 und 3612,87 finden sich sehr nahe bei einer Graphitbande.
3467,65	3457,85	0,65	+			Keine störenden Koinzidenzen.
3466,20	3457,856 3450,335	1,6	(0,16) 1,6	(+)		Koinzidenzen: Fe I 3465,863 6 R, sichtbar bis unterhalb 0,1% Fe. Co I 3465,79 6 R. Fällt außerdem mit einer Graphitbande zusammen und mit der schwachen Cu-Linie 3465,4 I 2 u. Die Verwendung dieser Cd-Linie unterhalb 0,1% Cd ist nicht ratsam.
3403,65	3457,85	1	+			Zwischen den beiden schwachen Cu-Linien 3404,66 und 3402,222 I 3, die nicht stören. (Letzte Pd-Linie 3404,59 10 R).
3261,05	3290,54	(6)	1	+		Vorsicht vor Verwechslung mit Sn I 10 R 3262,33; sehr empfindliche Linie (0,01%). Die Linie 3261,05 ist bei 0,01% Cd sehr schwach. Koinzidenz Co 7 R 3260,81.
2980,62		+				Bei 1% schwach sichtbar zwischen den schwachen Cu-Linien 2982,77 I 2 u und 2978,38 I 2 u.
2880,78	2858,74	0,4				Schwach sichtbar bei 1%, kaum bei 0,3% Cd. Etwas links von der äußerst empfindlichen, fast immer vorhandenen Si-Linie 2881,58 I 10 R. (Cd 2881,2 I 4 R ist bei 1% nicht mehr sichtbar).
2288,03	2319,575 2303,134 2276,24		(0,4) 1,6	0,25 2,5 0,4	 0,4 (0,16)	Empfindlichste Cd-Linie. Selbstumkehr bei 1%. Nur unterhalb einiger Hundertstelprozente für quantitative Zwecke brauchbar. Koinzidenz mit As 2288, 14.
2265,05	2260,51	1,6	0,25			Linie zweiter Ordnung. — Die Fe-Linie 2265,047 5 ist bei 1% Fe nicht mehr zu sehen.
2144,39	2148,9	1	0,16			Linie zweiter Ordnung.

soll bei Verwendung von Kohleelektroden 5 Ampere, bei Verwendung von Graphitelektroden 10 Ampere betragen.

Plattensorte und Entwicklung. SLAVIN verwendet die EASTMAN-Platte 33 und den Entwickler D—11 von EASTMAN. Die Entwicklungszeit beträgt 4 Min. bei 18° C.

Die Linien. Für Mengen von 2 bis 90 mg Cadmium in 100 g Zink verwendet SLAVIN das Linienpaar Cd 3261 Å und Zn 3018 Å, für größere Cadmiummengen bis zu 500 mg in 100 g Zink die Linien Cd 3403 Å und Zn 3018 Å.

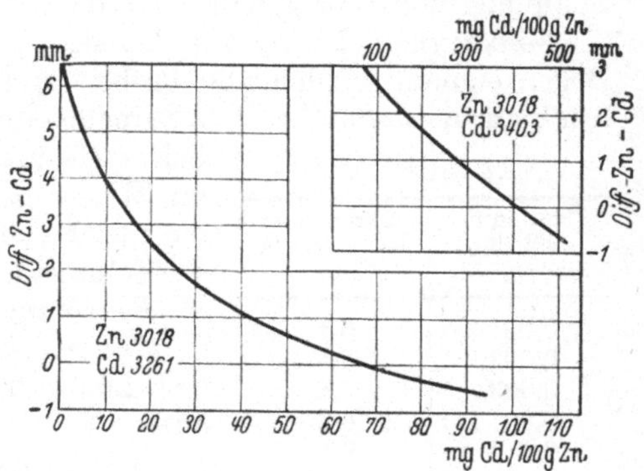

Abb. 12.

Die Eichkurven. Zur Aufstellung der Eichkurven (Abb. 12) geht man von reinem Zinksulfat aus, wobei „rein" Freisein von den Metallen der Schwefelwasserstoff- und Ammoniumsulfidgruppe bedeutet. Indem man von einer konzentrierten Zinksulfatlösung ausgeht, entfernt man zunächst die Schwefelwasserstoffmetalle durch Behandeln der Lösung mit einer kleinen Menge Zinkstaub bei Siedehitze. Zum Filtrat gibt man eine geringe Menge Mangansulfat und fällt dieses dann mit Kaliumpermanganat. Der voluminöse Niederschlag entfernt jegliche Spuren von Metallen der Ammoniumsulfidgruppe. Das überschüssige Kaliumpermanganat wird beseitigt, indem man die Lösung 1 bis 2 Tage stehen läßt. Das abgeschiedene Mangandioxyd wird abfiltriert. Von der so erhaltenen Lösung ausgehend, werden die Eichlösungen bereitet, indem man bekannte Mengen Cadmium zu bekannten Mengen Zinksulfat hinzufügt.

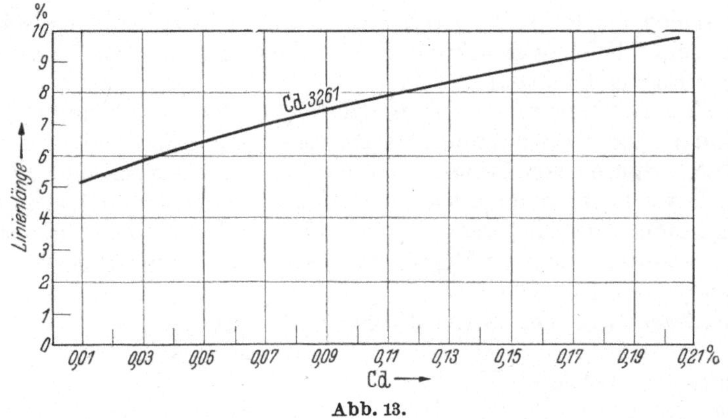

Abb. 13.

Bemerkung. *Genauigkeit.* Im allgemeinen beträgt der Fehler höchstens 10%, gelegentlich treten jedoch Abweichungen bis zu 20% auf.

b) Methode von SULLIVAN zur Bestimmung von Cadmium in Zink. SULLIVAN verwendet einen Gitterspektrographen mit rotierendem Sektor. Unter der Annahme, daß der Prozentgehalt des verunreinigenden Elements, sofern es sich um kleine Prozentgehalte handelt, der Intensität seiner charakteristischen Linien direkt proportional ist, und daß die Schwärzung der Platte sich logarithmisch mit der auffallenden Lichtmenge ändert, sollte die graphische Darstellung der Längen der Linien, die durch verschiedene Prozentgehalte hervorgerufen werden, in Abhängigkeit von den Prozentgehalten eine gerade Linie ergeben. Die tatsächlich gefundene Kurve weicht nur wenig von der geforderten Form ab (vgl. Abb. 13).

Die Elektroden. SULLIVAN verwendet Elektroden aus reinstem Graphit, die einen Durchmesser von etwa 0,6 cm besitzen. Die untere (positive) Elektrode erhält eine Bohrung, die die zu untersuchende Probe aufnimmt und einen Durchmesser von 0,39 cm und eine Tiefe von 0,6 cm besitzt. Der Abstand der Elektroden beträgt 1 cm.

Anregungsbedingungen. Der Bogen wird mit Gleichstrom von 220 Volt betrieben. Die Stromstärke soll 5 Ampere betragen. Wesentlich ist, daß Stromstärke und Spannung konstant gehalten werden.

Vorbereitung der Proben. Da sich Sulfate am besten für die Untersuchung im Bogen eignen, werden alle Proben zunächst in Sulfate übergeführt. Legierungen löst man zu diesem Zweck in Salpetersäure und raucht die Lösung mit konzentrierter Schwefelsäure ab. Der völlig trockene Rückstand wird im Mörser zerrieben und sorgfältig gemischt. Jeweils die gleiche Menge der gepulverten Proben wird in die Vertiefung der unteren Elektrode gebracht.

Tabelle 21.

Cadmiumgehalt %	Länge der Linie 3261 Å mm
0,001	5,1
0,002	5,5
0,003	5,8
0,007	6,8
0,012	8,0
0,020	9,8

Belichtung. Die Belichtungszeit beträgt 1 Min.

Prozentgehalte und Linienlänge. Die Messung der Linien nimmt SULLIVAN mit einer kleinen Millimeterskala unter Verwendung einer Lupe im diffusen, weißen Licht vor. Die Längenmessung der Linien soll so bis auf 0,2 mm genau sein.

Bemerkungen. *Genauigkeit und Anwendungsbereich.* Die Genauigkeit beträgt 10 bis 15%. Die Länge der Cadmiumlinie bei Anwesenheit von 0,001% Cadmium zeigt, daß noch geringere Gehalte nachgewiesen und bestimmt werden können.

c) Methode von NITCHIE zur Bestimmung von Cadmium in Zink. NITCHIE benutzt einen großen Quarzspektrographen (Objektivöffnung 70 mm, Brennweite 170 cm) und arbeitet im Bereich von 2350 Å bis 3400 Å mit gewöhnlichen Platten. Feines Korn der Emulsion erleichtert den Vergleich der Linienintensitäten; außerdem arbeiten solche Platten schleierfrei, was besonders beim Vergleich sehr schwacher Linien wesentlich ist. Aus bekannten Gründen wird nur das Licht des mittleren Teiles des Bogens benutzt.

Die Elektroden. NITCHIE verwendet Graphitelektroden von 8 mm Durchmesser und 50 mm Länge. Vor der Benutzung läßt man sie 1 oder 2 Min. mit 6 bis 8 Ampere brennen, wodurch Spuren von Verunreinigungen beseitigt werden und eine gewisse Porosität erzielt wird. Die obere Elektrode besitzt eine zentrale Bohrung, so daß ein Luftstrom hindurchgesaugt werden kann. Hierdurch wird einerseits das Wandern des Bogens unterbunden, andererseits werden die Dämpfe gezwungen, den Flammenbogen zu durchstreichen.

Anregungsbedingungen. Die Stromstärke beträgt 10 Ampere, die Spannung 60 Volt.

Die *Belichtungszeit* beträgt 3 Min.

Vorbereitung der Proben. Zur Analyse sind etwa 20 bis 50 mg Substanz nötig. Feste Proben löst man in Säure und füllt die Lösung auf ein bestimmtes Volumen auf. Die Lösungen sollen möglichst konzentriert sein. Wenn die Konzentration des zu bestimmenden Bestandteiles klein ist, soll das Volumen der Lösung ebenfalls klein sein. Ein gemessenes Volumen der Lösung, etwa 0,1 cm^3, läßt man aus einer Mikropipette in die Höhlung einer Elektrode tropfen, die sodann im Trockenofen getrocknet und als untere Elektrode benutzt wird.

Arbeitsweise. NITCHIE verfährt in der Weise, daß er die Intensität geeigneter Linien des zu bestimmenden Elements im Spektrum der unbekannten Probe mit der Intensität entsprechender Linien ähnlich zusammengesetzter Testproben vergleicht, deren Spektrum unter gleichen Bedingungen aufgenommen wird.

Zunächst wird eine Näherungsbestimmung ausgeführt, indem eine Aufnahme des Spektrums der Probe mit den vorher auf einer anderen Platte aufgenommenen

Spektren einer Reihe von Testlegierungen verglichen wird. Auf diese Weise werden zwei Testproben ermittelt, zwischen deren Werten derjenige der zu untersuchenden Probe liegt.

Bei der endgültigen Bestimmung werden 5 Spektren auf der gleichen Platte nebeneinander aufgenommen, und zwar zunächst das einer Testprobe, die — entsprechend dem Vorversuch — eine etwas höhere Cadmiumkonzentration als die unbekannte Probe besitzt. Dann folgt das Spektrum der unbekannten Probe, dann das Spektrum einer Testprobe mit etwa gleichem Cadmiumgehalt, dann wiederum das Spektrum der unbekannten Probe und schließlich das Spektrum einer Testprobe, die einen etwas geringeren Cadmiumgehalt aufweist, als er nach dem Vorversuch in der unbekannten Probe zu erwarten ist. Es empfiehlt sich, Testproben zu verwenden, die sich im Cadmiumgehalt um ein Vielfaches von zwei unterscheiden, also z. B. Proben mit 0,1, 0,05, 0,025% Cadmium usw. Es bringt keinen Vorteil, engere Intervalle zu verwenden.

Zweckmäßigerweise benutzt man bei diesen Aufnahmen eine ziemlich weite Spaltöffnung; sie darf jedoch nicht so weit sein, daß die zu beobachtenden Linien andere Linien des Spektrums überdecken. Der Gebrauch eines Mikrophotometers bringt keinen Vorteil, weil nicht näher definierte Fehler der Methode von derselben Größenordnung sind wie die Fehler der visuellen Bestimmung der Intensitäten.

Bemerkungen. *Genauigkeit.* Bei einer Konzentration der zu bestimmenden Substanz unter 0,5% weichen wiederholte Bestimmungen im allgemeinen um weniger als 10% vom mittleren Wert der zu bestimmenden Substanz bzw. von den Werten der chemischen Analyse ab. So ergab z. B. die spektrographische Prüfung der gleichen Probe durch zwei verschiedene Beobachter bei jeweils 6facher Ausführung im Mittel einen Gehalt von 0,039 bzw. 0,036% Cadmium.

C. Weitere spektralanalytische Verfahren.

1. Bestimmung von Cadmium in Lösungen.

Russanow und Alexejewa haben sich mit der Bestimmung von Cadmium in Lösungen beschäftigt und führen sie durch visuellen Vergleich der Intensität der Linien Cd 4799,91 Å und Mn 4823,50 Å aus. In dem Konzentrationsbereich von 0,03 bis 1% Cadmium erreichten sie eine Genauigkeit von $\pm$ 4,5%.

2. Bestimmung von Cadmium in Zinkoxyd.

Zur Bestimmung von Cadmium in Zinkoxyd verfährt Iwamura (a), (b) so, daß er sich aus dem zu untersuchenden Material tablettenförmige Elektroden formt. Zu diesem Zeck werden 30 g des zu untersuchenden Zinkoxyds nach und nach zu 35 cm^3 6 n Salzsäure zugefügt. Dann wird die Masse gemischt und zu Tabletten geformt, bevor sie erhärtet, und darauf im Trockenofen getrocknet. Die Tabletten haben einen Durchmesser von 3 cm und eine Dicke von 3 mm. Sie dienen als Elektroden bei einer unkondensierten Entladung (10 Kilovolt, $L = 62000$ cm). Kondensierte Entladung bringt keinen Vorteil, außerdem brechen die Elektroden leicht ab.

Die Aufnahme der Spektren erfolgt mit einem kleinen Quarzspektrographen und die Auswertung mit einem Registrierphotometer. Iwamura (a), (b) verwendet die Vergleichsmethode oder benutzt eine mit bekannten Proben ermittelte Schwärzungs-Konzentrations-Kurve zur quantitativen Bestimmung des Cadmiums. Der Meßfehler beträgt $\pm$ 6,5%, die Empfindlichkeitsgrenze $1{,}5 \cdot 10^{-6}$ Teile Cadmium in 1 Teil der zu untersuchenden Substanz. Die Methode wurde an Gemischen von Zinkoxyd mit Elementen studiert, die Linien in der Nähe der zur Analyse benutzten Cadmiumlinie (2288 Å) aufweisen. Geringe Mengen dieser Elemente haben keinen Einfluß auf die Zuverlässigkeit der Bestimmung.

3. Bestimmung von Cadmium in Gesteinen und Mineralien.

PREUSS verwendet zur Bestimmung des Cadmiums und anderer leicht flüchtiger Metalle in Gesteinen und Mineralien die fraktionierte Destillation aus einem Kohlerohrofen. In einem elektrisch geheizten Ofen aus einem gereinigten Kohlerohr kann die Substanz allmählich bis auf 2000° erhitzt werden. Die entweichenden Dämpfe werden durch ein Kohleröhrchen, das als Kathode dient, in den Lichtbogen geblasen. Die so erzielte Trennung der leichtflüchtigen Metalle von den Hauptbestandteilen ermöglicht die Anwendung größerer Substanzmengen (1 bis 3 g). Dadurch wird die Grenzkonzentration für den Nachweis dieser Metalle unter die Durchschnittskonzentration der Erdkruste verringert; die Metalle können in den meisten Gesteinen quantitativ bestimmt werden. Die Grenzkonzentration liegt für eine mittlere Nachweisgrenze von 0,03 γ bei etwa 0,000003%.

Die Gehaltsbestimmung erfolgt durch visuellen Vergleich mit Eichspektren, die mit künstlich hergestellten Eichmischungen erhalten werden. Die Eichmischungen enthalten, in Zehnerpotenzen abgestuft, die leichtflüchtigen Metalle als Oxyde in Mischung mit Kieselsäure oder künstlichem Albit.

Mit steigender Temperatur erscheinen die Linien etwa in der Reihenfolge Hg, Cd, Zn, Bi, As, Tl, Ge, Pb, Te, In, Sn, Ga, Pb.

Literatur.

BAIERSDORF, G.: Ber. Wien. Akad. Abt. IIa, **143**, 19 (1934). — BRECKPOT, R.: (a) Natuurwetensch. Tijdschr. **16**, 139 (1934); durch C. **106 I**, 598 (1935); (b) Ann. Soc. Sci. Bruxelles Sér. B **54**, 99 (1934); (c) Sér. I **57**, 129 (1937). — BRECKPOT, R. u. A. MEVIS: Ann. Soc. Sci. Bruxelles Sér. B **54**, 99 (1934).

GERLACH, W. u. E. RIEDL: Metallwirtsch. **12**, 401 (1933). — GERLACH, W. u. E. SCHWEITZER: Z. anorg. Ch. **173**, 92 (1928); Die chemische Emissionsspektralanalyse, S. 61ff. Leipzig 1930.

IWAMURA, A.: (a) Mem. Sci. Kyoto Univ. Ser. A **14**, 327 (1933); durch C. **104 I**, 2844 (1933); (b) Bl. chem. Soc. Japan **10**, 346 (1935); durch C. **107, I** 120 (1936).

KAYSER, H.: Tabelle der Hauptlinien der Linienspektren aller Elemente, 2. Aufl. Berlin 1926.

LUEG, G. u. F. WOLBANK: Metallwirtsch. **18**, 1027 (1939).

MÜLLER, W. u. A. SIEVERTS: Spectrochim. A. **1**, 332 (1940).

NITCHIE, C. C.: Ind. eng. Chem. Anal. Edit. **1**, 1 (1929).

PREUSS, E.: Z. angew. Mineralogie **3**, 8 (1940).

RUSSANOW, A. K. u. W. M. ALEXEJEWA: Betriebslab. **7**, 963 (1938); durch C. **111 II**, 3231 (1940).

SCHEIBE, G. u. A. NEUHÄUSSER: Angew. Ch. **41**, 1218 (1928). — SCHEIBE, G. u. A. RIVAS: Angew. Ch. **49**, 443 (1936). — SCHEIBE, G. u. A. SCHÖNTAG: Arch. Eisenhüttenw. **8**, 345, 533 (1935). — SCHWEITZER, E.: Z. anorg. Ch. **164**, 127 (1927). — SEITH, W. u. E. HOFER: Z. El. Ch. **40**, 313 (1934). — SLAVIN, M.: Eng. Min. J. **134**, 509 (1933). — SMITH, D. M.: (a) Trans. Faraday Soc. **26**, 101 (1930); (b) J. Inst. Met. **46**, 114 (1931). — SULLIVAN, H. M.: Ind. eng. Chem. Anal. Edit. **8**, 382 (1936).

WINTER, H.: Z. Metallkunde **29**, 341 (1937).

ZEISS, C.: Druckschrift Meß 266/III, A. V. VII. Jena 1938.

§ 22. Sonstige Verfahren.

A. Bestimmung des Cadmiums unter Verflüchtigung als Metall.

Die Bestimmung des Cadmiums unter Verflüchtigung kann in derselben Weise erfolgen wie die entsprechende Bestimmung des Zinks (vgl. das Kapitel „Zink“, § 12, S. 160).

Da die Verflüchtigungsbedingungen bei Zink und Cadmium ziemlich ähnlich sind, ist eine einwandfreie Trennung dieser beiden Metalle durch Verdampfungsanalyse nicht möglich, wohl aber eine Trennung des Cadmiums (bzw. des Zinks) von verschiedenen schwer flüchtigen Metallen, insbesondere von Kupfer.

Siedepunkte von Cadmium und Zink in Celsiusgraden bei verschiedenen Drucken.

	760 mm Hg	mm Hg	0,001 mm Hg
Cd	767°	392°	219°
Zn	906°	488°	296°

Nach TER MEULEN und RAVENSWAAY kann man das Cadmium in organischen Verbindungen durch Erhitzen derselben im Quarzrohr auf 788° als Metall abdestillieren und bestimmen. Arsen, Quecksilber und Zink stören. Bei Anwesenheit von Halogenen oder von Schwefel ist ein Zusatz von Calciumcarbonat erforderlich.

B. Bestimmung des Cadmiums unter Abscheidung mit Nitroprussidnatrium.

Nach FONZES-DIACON und CARQUET werden Cadmiumsalze durch Nitroprussidnatrium als Verbindung von der Formel $Cd[Fe(CN)_5NO]$ gefällt. Den ausgewaschenen Niederschlag löst man in etwas verdünntem Ammoniak und titriert mit eingestellter Natriumsulfidlösung bis zur Violettfärbung.

Man kann aber auch so vorgehen, daß man die Cadmiumlösung direkt mit Natriumsulfidlösung titriert, nachdem man ihr einige Tropfen Nitroprussidnatriumlösung als Indicator zugesetzt hat. Die Anwesentheit einfacher und komplexer Cyanide stört bei diesen Bestimmungen.

Nach TOMÍČEK und KUBÍK verfährt man so, daß man 10 cm³ etwa 0,05 n Cadmiumlösung mit verdünnter Schwefelsäure so ansäuert, daß die resultierende Lösung 0,05 n an Schwefelsäure ist. Nach Zugabe einer abgemessenen Menge einer 0,05 n Lösung von Nitroprussidnatrium setzt man noch Alkohol zu und läßt wenigstens 12 Std. stehen. Dann wird der Niederschlag abfiltriert und ein aliquoter Teil der klaren Lösung potentiometrisch mit 0,1 n Silbernitratlösung titriert.

C. Bestimmung des Cadmiums unter Abscheidung mit Tetraphenylarsoniumchlorid.

Allgemeines.

In salzsaurer, natriumchloridhaltiger Lösung gibt Cadmiumchlorid mit Tetraphenylarsoniumchlorid einen weißen, krystallinen Niederschlag von der Zusammensetzung $(C_6H_5)_4As\,CdCl_4$. Bei einer hinreichenden Konzentration an Natriumchlorid und genügendem Reagensüberschuß ist die Fällung quantitativ. In reinem Wasser ist der Niederschlag jedoch löslich.

Die von WILLARD und SMITH angegebene *Methode beruht nun darauf, daß das Cadmium in Form obiger Verbindung abgeschieden und im Filtrat der Reagensüberschuß mit Jod potentiometrisch bestimmt wird.* — Zinkchlorid, QuecksilberII-chlorid und ZinnIV-chlorid reagieren in ähnlicher Weise wie Cadmiumchlorid.

Bestimmungsverfahren.

Arbeitsvorschrift. **Abscheidung des Cadmiums.** Die Cadmiumchloridlösung, deren Volumen möglichst klein zu halten ist, soll nur so viel Salzsäure enthalten, daß deren Konzentration bei einem schließlichen Gesamtvolumen von 60 cm³ 3,5 oder besser 3 mol, bei hoher Konzentration an anderen Salzen sogar nur 2,5 mol ist. Dann gibt man einen Überschuß von Tetraphenylarsoniumchloridlösung zu, füllt nötigenfalls mit Wasser auf 60 cm³ auf und rührt lebhaft um. Man läßt 3 Std. stehen und filtriert sodann durch einen GOOCH-Tiegel. Der Niederschlag wird mit konzentrierter Natriumchloridlösung ausgewaschen.

Potentiometrische Bestimmung des Reagensüberschusses bzw. Titerstellung der Reagenslösung. Die Bestimmung der überschüssigen Reagensmenge in dem mit der Waschflüssigkeit vereinigten Filtrat bzw. die Titerstellung der Reagenslösung erfolgt durch potentiometrische Titration mit Jod-Jodkalium-Lösung nach folgender Gleichung: $(C_6H_5)_4As^{\cdot} + J_2 + J' = (C_6H_5)_4AsJ_3$ unter Bildung eines rostbraunen Niederschlags.

Zur *Titerstellung* mißt man 5 bis 10 cm³ der wäßrigen Tetraphenylarsoniumchloridlösung, die 0,01 bis 0,03 mol sein kann, genau ab und verdünnt mit Wasser oder gesättigter Kochsalzlösung auf etwa 100 cm³. Als Indicatorelektrode verwendet man einen blanken Platindraht, als Bezugselektrode eine Kalomelelektrode. Langsam und unter beständigem Rühren titriert man mit einer Jodlösung, die bezüglich ihrer Konzentration der Reagenslösung annähernd entspricht und außerdem 8 g Kaliumjodid im Liter enthält. Bei Zusatz der Jodlösung nimmt das Potential ständig bis zu einem Minimum ab. Wenn dieses erreicht ist, wird die Jodlösung tropfenweise zugesetzt, wobei man jeweils wartet, bis das Gleichgewicht sich einstellt. Sobald eine äquivalente Jodmenge zugesetzt ist, tritt ein plötzlicher, starker Potentialanstieg auf, der 25 bis 30 Millivolt bei Zusatz von 0,01 cm³ einer 0,02 n Jodlösung beträgt. In der Nähe des Endpunkts muß die Lösung völlig mit Kochsalz gesättigt werden, bevor die Titration beendet wird. Obwohl man gleich von Anfang an in kochsalzgesättigter Lösung arbeiten kann, ist es doch mehr zu empfehlen, die Sättigung erst kurz vor dem Endpunkt vorzunehmen. Bei der Titration soll eine Temperatur von 20 bis 30° eingehalten, jedenfalls eine solche von 40 bis 45° keinesfalls überschritten werden. Die Bestimmung dauert 20 bis 30 Min.

Auf diese Weise können 4 bis 100 mg Tetraphenylarsoniumchlorid bestimmt werden. Die optimale Konzentration an diesem Reagens beträgt 10 bis 50 mg in 100 cm³ Flüssigkeit.

Bemerkungen. **I. Genauigkeit.** Bei der Bestimmung von 0,4 bis 65 mg Cadmium beobachteten WILLARD und SMITH einen mittleren Fehler von $\pm$ 0,09 mg.

II. Das Reagens. Man verwendet eine 0,01 bis 0,03 mol wäßrige Lösung von Tetraphenylarsoniumchlorid. (Diese erhält man, indem man 5 bis 10 g der Verbindung in 1 l Wasser löst und den Gehalt der Lösung durch potentiometrische Bestimmung mit Jod ermittelt.) Bei der Cadmiumbestimmung benutzt man höchstens 9 bis 10 cm³ einer 0,015 mol Lösung wegen der beschränkten Löslichkeit des Reagenses in Natriumchloridlösung der oben angegebenen Konzentration.

III. Säure- und Salzkonzentration. Die Konzentration an Salzsäure soll nicht größer als 0,4 mol sein. Wenn viel andere Salze vorhanden sind, geht man mit der Natriumchloridkonzentration besser auf 2,5 mol herunter.

IV. Störung durch andere Stoffe. Die Bestimmung wird durch eine größere Zahl von Kationen und Anionen gestört. Die Störungen beruhen teils darauf, daß die Ionen mit dem Reagens ebenfalls schwer lösliche Niederschläge geben, teils darauf, daß sie die jodometrische Titration beeinträchtigen. Störend wirken Platin-, Gold-, Quecksilber-, Zinn-, Kupfer-, Kobalt-, Mangan-, EisenIII- und Zinksalze. Außerdem stören Bromid, Jodid, Rhodanid, Nitrat, Perchlorat, Perjodat, Perrhenat und Permanganat, sowie überhaupt alle Stoffe, die durch Reduktion oder Oxydation die nachfolgende jodometrische Bestimmung stören.

Auch organische Säuren können unter Umständen infolge von Komplexbildung störend wirken.

D. Bestimmung des Cadmiums unter Abscheidung mittels Brucins und Kaliumbromids.

Nach NIKITINA läßt sich die von MEURICE für qualitative Zwecke benutzte Fällung des Cadmiums mit Brucin auch zur quantitativen Bestimmung verwenden.

Arbeitsvorschrift. Zu der neutralen Cadmiumsulfatlösung gibt man eine 1%ige Lösung von Brucin in Schwefelsäure und 10%ige Kaliumbromidlösung hinzu. Beim Umrühren fällt ein weißer Niederschlag von der Zusammensetzung $[(CH_3O)_2C_{21}H_{20}O_2N_2]_2CdBr_2 \cdot 2\,HBr$ aus. Derselbe wird nach dem Abfiltrieren zunächst mit einem Gemisch von 40 cm³ 1%iger Brucinlösung, 30 cm³ 10%iger Kaliumbromidlösung und 80 cm³ Wasser, danach mit einer Mischung von Alkohol und Äther (1:7) ausgewaschen. Sodann wird der Niederschlag bei 130 bis 150° bis zur Gewichtskonstanz getrocknet. Der Umrechnungsfaktor beträgt 0,092.

Bemerkung. Magnesium, Aluminium, Mangan, Zink und Kupfer stören nicht.

E. Bestimmung des Cadmiums unter Abscheidung mittels Jodurotropins.

Nach EVRARD läßt sich das Cadmium durch Jodurotropin als Verbindung von der Formel $CdJ_2([CH_2)_6N_4C_3H_5J]_2$ abscheiden und bestimmen. Diese Verbindung soll bei Gegenwart von überschüssigem Jodurotropin oder in 95%igem Alkohol völlig unlöslich sein; außerdem soll die Gegenwart von Zink die Fällung des Cadmiums nicht stören.

Auf diese Methode soll jedoch nicht näher eingegangen werden, da HURD und EVANS durch eingehende Versuche die Unzulänglichkeit derselben festgestellt haben. An Hand von einigen hundert Analysen schließen sie, daß zwei Hauptursachen für die Fehler verantwortlich sind, nämlich einerseits die beträchtliche Löslichkeit des Niederschlags (in Wasser 1,4 mg/cm³; in Alkohol 0,62 mg/cm³), andererseits die Neigung des Niederschlags das Reagens und andere Salze hartnäckig zu adsorbieren. Außerdem neigt der Niederschlag nach der Erfahrung dieser Autoren zur Kolloidbildung, wenn kein überschüssiges Reagens vorliegt oder wenn keine anderen Elektrolyte vorhanden sind. Ferner zeigte sich, ebenfalls im Widerspruch zu EVRARD, daß die Fällung auch durch Anwesenheit von Zink gestört wird. Obwohl Zink für sich allein durch das Reagens nicht gefällt wird, tritt bei der Abscheidung des Cadmiums doch beträchtliche Mitfällung ein.

F. Bestimmung als Cadmiumhydrazinjodid.

$Cd(N_2H_4)_2J_2$, Molekulargewicht 430,34.

Arbeitsvorschrift von JÍLEK und KOHUT. Die warme, neutrale Cadmiumnitratlösung, die auf 100 cm³ höchstens 0,2 g Cadmium und allenfalls noch Alkalinitrate enthalten darf, versetzt man mit 10 cm³ 10%iger Kaliumjodidlösung und gibt tropfenweise verdünnte Hydrazinhydratlösung zu. Der Niederschlag wird nach dem Erkalten abgesaugt. Er wird zunächst mit einer wäßrigen Lösung, die 0,3% Kaliumjodid und 0,5% Hydrazinhydrat enthält, und dann mit 96%igem Alkohol ausgewaschen. Man trocknet ihn 1 Std. lang bei 110°.

Bemerkungen. **Bestimmung des Cadmiums neben Wismut.** Um nach dieser Methode Cadmium neben Wismut zu bestimmen, verfährt man wie folgt: Die Lösung, die bei einem Volumen von 150 cm³ je etwa 0,1 g der beiden Metalle enthalten kann, versetzt man mit Natriumtartrat (4 g Weinsäure mit Natronlauge neutralisiert) und Ammoniumnitrat (8 cm³ 1 n Lösung), neutralisiert mit Natronlauge gegen Phenolphthalein und gibt noch 1 cm³ 1 n Natronlauge im Überschuß zu. Nach Zusatz von 35 cm³ 10%iger Kaliumjodidlösung wird zum Sieden erhitzt und tropfenweise mit 30 cm³ verdünnter Hydrazinhydratlösung gefällt. Der Niederschlag wird nach dem Erkalten abgesaugt und wie oben weiter behandelt. Im Filtrat der Cadmiumfällung kann das Wismut in der üblichen Weise als Sulfid gefällt werden.

G. Alkalimetrische bzw. acidimetrische Bestimmung des Cadmiums.

a) Methode 1 von JELLINEK und KREBS. *Das Verfahren beruht darauf, daß das Cadmium mit überschüssiger eingestellter Natronlauge als Hydroxyd gefällt und die überschüssige Lauge unter Verwendung von Silberoxyd als Indicator mit Schwefelsäure zurücktitriert wird.*

Arbeitsvorschrift. Die saure Cadmiumsulfatlösung wird mit 2 Tropfen Methylorange versetzt und die zur Neutralisation nötige Menge 0,1 n Natronlauge festgestellt. In einer zweiten Probe wird in der Hitze mit einem gemessenen Überschuß der Lauge das Cadmium als Hydroxyd gefällt, indem man einige Minuten kocht und die Flüssigkeit dann abkühlt. Nach dem Erkalten werden 3 bis 5 Tropfen 1%ige Silbernitratlösung zugesetzt, die durch Bildung von Silberhydroxyd die Flüssigkeit schmutziggelb färben. Nunmehr wird mit 0,1 n Schwefelsäure titriert, bis der Umschlagspunkt erreicht ist. Als Vergleichsflüssigkeit ist eine Cadmiumsulfatlösung, die mit einem Überschuß von Natronlauge versetzt ist, heranzuziehen. Von der insgesamt benötigten Menge Natronlauge sind die bis zum Umschlag des Methylorange verbrauchte Menge und die zum Zurücktitrieren verbrauchte Menge Schwefelsäure abzuziehen. 1 cm^3 0,1 n Natronlauge entspricht 5,62 mg Cadmium.

Bemerkung. *Genauigkeit.* Die Genauigkeit beträgt — 0,2 bis + 0,25%.

b) Methode von Fialkow und Gorodisski. *Das Verfahren beruht darauf, daß das Cadmium mit Ammoniumcarbonat als Cadmiumcarbonat gefällt, nach dem Auswaschen der Niederschlag in eingestellter, überschüssiger Schwefelsäure gelöst und die überschüssige Säure mit Lauge zurücktitriert wird.*

Arbeitsvorschrift. Zu der Lösung, die neben Cadmium noch Zink und Kupfer enthalten kann, gibt man so lange gesättigte Ammoniumcarbonatlösung hinzu, bis die teilweise Auflösung des zunächst entstandenen Niederschlags aufhört und ein feinkörniger Niederschlag von Cadmiumcarbonat zurückbleibt. Dieser wird abfiltriert, zunächst mit 0,5 n, dann mit 0,1 n Ammoniumcarbonatlösung und schließlich mit Wasser ausgewaschen. Sodann wird der Niederschlag in einem Überschuß eingestellter Schwefelsäure gelöst, die Lösung aufgekocht und die überschüssige Säure unter Verwendung von Methylorange als Indicator mit Lauge zurücktitriert.

Bemerkung. *Genauigkeit.* Auf diese Weise sollen sich kleine Cadmiummengen neben verhältnismäßig großen Zink- und Kupfermengen mit einer Genauigkeit von ± 0,2 bis 0,3% bestimmen lassen.

c) Methode von v. Zombory und Pollák. *Das Verfahren beruht auf der Hydrolyse der Salze schwacher Säuren mit starken Basen.* Wird zu der neutralen Cadmiumsalzlösung das Alkalisalz einer schwachen Säure (Dinatriumphosphat) zugesetzt, dessen Säurerest mit dem Cadmium als unlösliches Salz ausfällt, so wird bei Anwesenheit eines geeigneten Indicators dieser so lange saure Reaktion anzeigen, als noch überschüssiges Cadmiumsalz vorhanden ist. Erst nach quantitativer Fällung desselben bringt 1 Tropfen überschüssiges Fällungsmittel eine alkalische Reaktion hervor, und der Indicator schlägt um.

Arbeitsvorschrift. Die neutrale Cadmiumsalzlösung wird mit einigen Tropfen Chlorphenolrotlösung versetzt und mit Dinatriumphosphatlösung titriert, wobei Dicadmiumphosphat ($CdHPO_4$) als voluminöser Niederschlag ausfällt. Im Äquivalenzpunkt schlägt die Farbe von Gelb nach Rot um.

Bemerkung. *Genauigkeit.* Für 10 cm^3 0,1 n Cadmiumsulfatlösung wurden im Mittel 10,06 cm^3 0,1 n Dinatriumphosphatlösung verbraucht.

d) Methode 2 von Jellinek und Krebs. *Das Verfahren beruht auf demselben Prinzip wie die vorstehend beschriebene Methode, nur wird zur Fällung des Cadmiums Natriumarsenit (Na_2HAsO_3) benutzt.*

Arbeitsvorschrift. Die saure Cadmiumlösung wird mit 2 Tropfen Methylorangelösung versetzt und mit 0,1 n Natronlauge neutralisiert, bis der Indicator deutlich nach Gelb umschlägt. Zu der neutralen Flüssigkeit gibt man 10 Tropfen Phenolphthaleinlösung und so lange 0,1 n Natriumarsenitlösung hinzu, bis die Flüssigkeit stark rot gefärbt ist. Nun erhitzt man 1 bis 2 Min. zum Sieden und titriert die Rotfärbung mit neutraler 0,1 n Cadmiumsulfatlösung weg.

Zur besseren Erkennung des Umschlages verwendet man eine Vergleichsflüssigkeit, die man erhält, indem man in der mit 0,1 n Natronlauge gegen Methylorange neutralisierten Lösung das Cadmium ohne Zusatz von Phenolphthalein mit 0,1 n

Natriumarsenitlösung fällt. Um genaue Resultate zu erhalten, muß man die Arsenitlösung in derselben Weise wie bei der Analysenvorschrift auf eine bekannte Cadmiumlösung einstellen. — Die zum Zurücktitrieren benötigte neutrale Cadmiumlösung wird am besten durch Abwägen und Auflösen einer bestimmten Menge analysenreinen Cadmiumsulfats (3 $CdSO_4 \cdot 8\,H_2O$) hergestellt.

Bemerkung. *Genauigkeit.* Der Fehler beträgt im Höchstfall ± 0,5%.

H. Bestimmung des Cadmiums durch jodometrische Titration nach Abscheidung als Arsenat.

***Arbeitsvorschrift von* Valentin.** In einem 100 cm^3-Kolben löst man 0,3 bis 0,5 g Natriumhydrogencarbonat in 50 cm^3 1%iger Kaliumarsenatlösung auf und setzt vorsichtig unter Umschwenken die neutrale Cadmiumsalzlösung zu, die bis 0,2 g Cadmium enthalten darf. Dann füllt man bis zur Marke auf und schüttelt gut durch. Nach einigen Minuten filtriert man. 50 cm^3 des Filtrats versetzt man in einer Glasflasche mit eingeschliffenem Stopfen mit 40 cm^3 25%iger Salzsäure sowie 1 g Kaliumjodid und titriert nach 15 Min. 1 cm^3 0,1 n Natriumthiosulfatlösung entspricht 8,43 mg Cadmium.

***Bemerkungen.* I. Genauigkeit.** Bei der Bestimmung von 0,0876 g Cadmium wurden 0,0873 bis 0,0885 g gefunden.

II. Die Arsenatlösung. Man verwendet eine 1%ige Lösung von Kaliummonoarsenat, KH_2AsO_4, deren Titer auf jodometrischem Wege ermittelt wird.

III. Behandlung saurer Lösungen. Saure Lösungen werden vorsichtig mit Natriumhydrogencarbonat in kleinen Anteilen versetzt, bis ein Niederschlag entsteht. Diesen löst man durch Zusatz von möglichst wenig Essigsäure und verfährt dann in der oben beschriebenen Weise weiter.

IV. Störung durch andere Stoffe. Die Cadmiumlösung darf natürlich keine Stoffe enthalten, die durch Arsenat ebenfalls gefällt werden. Ferner sind Lösungen, die freie Salzsäure oder Chloride enthalten, für die Bestimmung ungeeignet.

I. Konduktometrische Bestimmung des Cadmiums mit Kaliumferricyanid.

Kolthoff erwähnt, daß sich Cadmium durch konduktometrische Titration mit Kaliumferricyanid genau bestimmen läßt, wobei, im Gegensatz zur Umsetzung mit Kaliumferrocyanid, das normale Cadmiumsalz entsteht. Die Methode kann auch zur Bestimmung des Cadmiums neben Blei dienen, da Bleisalze mit Kaliumferricyanid keinen Niederschlag geben.

Literatur.

Barcelo, I.: An. Españ. **32**, 91 (1934).

Evrard, V.: Ann. Chim. anal. [2] **11**, 322 (1929).

Fialkow, J. u. W. Gorodisski: Allukrainian Acad. Sci. Mem. Inst. Chem. **1**, 61 (1934); durch C. **107 I**, 3373 (1936). — Fonzes-Diacon und Carquet: Bl. [3] **29**, 636 (1903).

Gysink, Th.: Chem. Age **26**, 459 (1932).

Hurd, L. C. u. R. V. Evans: Ind. eng. Chem. Anal. Edit. **5**, 16 (1933).

Jellinek, K. u. P. Krebs: Z. anorg. Ch. **130**, 263 (1923). — Jílek, A. u. B. Kohut: Chem. Listy **33**, 252 (1939); durch C. **111 II**, 3674 (1940).

Kolthoff, I. M.: Fr. **62**, 209 (1923).

Meurice, R.: Ann. Chim. anal. [2] **8**, 130 (1926).

Nikitina, J. I.: Betriebslab. **7**, 409 (1938); durch C. **110 II**, 1538 (1939).

Sarkar, P. B. u. B. K. Datta-Ray: J. Indian chem. Soc. **7**, 251 (1930); durch C. **101 II**, 3608 (1930).

Ter Meulen, H. u. H. J. Ravenswaay: R. **48**, 198 (1929). — Tomíček, O. u. J. Kubík: Chem. Listy **31**, 471 (1937); durch C. **109 I**, 2594 (1938).

Valentin, J.: Fr. **54**, 76 (1915).

Willard, H. H. u. G. M. Smith: Ind. eng. Chem. Anal. Edit. **11**, 186, 269 (1939).

Zombory, L. v. u. L. Pollák: Z. anorg. Ch. **217**, 237 (1934).

§ 23. Übersicht über die wichtigsten Trennungen.

A. Trennung des Cadmiums von den Alkalimetallen.

Die Trennung des Cadmiums von den Alkalimetallen kann durch Abscheidung als Cadmiumsulfid mittels Schwefelwasserstoffs (§ 3, S. 276) oder durch Elektrolyse (§ 2, S. 250) bewirkt werden.

Die Abtrennung des Cadmiums kann jedoch ebensogut mit einem der besprochenen komplexbildenden, meist organischen Reagenzien erfolgen, zumal dann, wenn es nur auf eine Bestimmung des Cadmiums ankommt, so daß ein Überschuß des Fällungsmittels in dem nach dem Abfiltrieren des Cadmiumniederschlags verbleibenden Filtrat belanglos ist.

B. Trennung des Cadmiums von Magnesium und den Erdalkalimetallen.

Die Trennung des Cadmiums von diesen Metallen kann im wesentlichen in derselben Weise erfolgen wie die Trennung von den Alkalimetallen.

C. Trennung des Cadmiums von den Metallen der Ammoniumsulfidgruppe.

Diese Trennung kann in der Weise ausgeführt werden, daß man das Cadmium in saurer Lösung mit Schwefelwasserstoff fällt (§ 3, S. 276).

1. Trennung des Cadmiums von Nickel, Kobalt, Zink, Eisen, Mangan, Chrom und Aluminium.

Die Trennung des Cadmiums von den genannten Metallen kann außer durch Schwefelwasserstoff-Fällung durch Elektrolyse bzw. durch Abscheidung als cadmiumjodwasserstoffsaures Naphthochinolin (§ 8, S. 292) oder als Cadmium-Thioharnstoff-Reineckat (§ 11, S. 298) erfolgen.

2. Trennung des Cadmiums von Eisen, Chrom und Aluminium.

Von diesen Metallen läßt sich Cadmium auch durch Fällung mit o-Oxychinolin trennen (§ 5, S. 285).

3. Trennung des Cadmiums von Beryllium.

a) Die Trennung des Cadmiums von Beryllium kann ebenfalls durch Abscheidung des Cadmiums als Sulfid mit Schwefelwasserstoff in saurer Lösung bewerkstelligt werden.

b) Nach Moser und List kann man jedoch auch zuerst das Beryllium durch Hydrolyse mit Ammoniumnitrat als dichtes, gut filtrierbares Berylliumhydroxyd abscheiden.

Die Arbeitsweisen a) und b) ergeben beide gute Resultate.

4. Trennung des Cadmiums von Gallium.

a) Arbeitsweise von Moser und Brukl (b). Nach Moser und Brukl ist es unstatthaft, die Trennung durch Fällung des Cadmiums mit Schwefelwasserstoff in saurer Lösung auszuführen, da hierbei stets Gallium mitfällt. Man verfährt so, daß man das Gallium mit Tannin abscheidet (vgl. Kapitel „Zink“, § 21, S. 213). In den vereinigten Filtraten fällt man das Cadmium mit Schwefelwasserstoff und filtriert das Cadmiumsulfid am besten in einen Glassintertiegel ab, löst es in konzentrierter Salpetersäure und dampft die Lösung im Porzellantiegel zur Trockne. Nach dem Verglühen der organischen Substanz raucht man mit Schwefelsäure ab und bestimmt das Cadmium als Sulfat.

b) Arbeitsweise von Ato. Nach Ato fällt man das Gallium in essigsaurer Lösung mit Camphersäure oder mit Natriumcamphorat. Es empfiehlt sich, vor der Fällung

2%ige Ammoniumnitratlösung zuzusetzen, wodurch das Anhaften des Niederschlags an den Gefäßwänden vermieden wird. Verwendet man zur Fällung Natriumcamphorat, dann muß der Niederschlag gut mit einer gesättigten Lösung von Camphersäure ausgewaschen werden. Der Niederschlag von Galliumcamphorat wird durch Glühen in GalliumIII-oxyd übergeführt.

5. Trennung des Cadmiums von Indium.

Die Trennung von Indium kann so ausgeführt werden, daß man das Cadmium in 0,6 n salzsaurer Lösung als Sulfid mit Schwefelwasserstoff fällt, wobei Indium quantitativ in das Filtrat übergeht.

Die von Bayer vorgeschlagene Trennung durch Fällung des Indiums mit Natriumhydrogensulfit als Sulfit ist nach Thiel unbrauchbar.

6. Trennung des Cadmiums von Titan, Zirkon, Thorium und Uran.

Von diesen Metallen kann das Cadmium am einfachsten durch Fällung als Sulfid mit Schwefelwasserstoff in saurer Lösung getrennt werden. — Man kann jedoch auch so verfahren, daß man die erwähnten Metalle vor dem Cadmium fällt, z. B. Titan und Zirkon in saurer Lösung mit Cupferron bzw. besonders Zirkon in salzsaurer Lösung mit Phenylarsinsäure (Rice, Fogg und James) usw.

D. Trennung des Cadmiums von den Metallen der Schwefelwasserstoff- und der Salzsäuregruppe.

1. Trennung des Cadmiums von Arsen.

a) Abscheidung des Cadmiums als Oxinat aus natronalkalischer, tartrathaltiger Lösung (§ 5, S. 285).

b) Abscheidung des Cadmiums als Cadmium-Thioharnstoff-Reineckat (§ 11, S. 298).

c) Elektrolytische Abscheidung des Cadmiums, wenn das Arsen als Alkaliarsenat vorliegt (§ 2, S. 259).

d) Destillation des Arsens im Kohlendioxydstrom aus stark salzsaurer Lösung bei Gegenwart von Hydrazinsulfat und Borax (bzw. Kaliumbromid). Dieses von verschiedenen Autoren bearbeitete und modifizierte Verfahren wird man besonders dann anwenden, wenn das Arsen zugleich noch von anderen Metallen getrennt werden soll (eine ausführliche Beschreibung der Methode geben u. a. H. Biltz und W. Biltz).

2. Trennung des Cadmiums von Antimon.

a) Abscheidung des Cadmiums als Oxinat aus natronalkalischer, tartrathaltiger Lösung (§ 5, S. 285).

b) Abscheidung des Cadmiums als cadmiumjodwasserstoffsaures Naphthochinolin (§ 8, S. 292).

c) Abscheidung des Cadmiums als Cadmium-Thioharnstoff-Reineckat (§ 11, S. 298).

d) Elektrolytische Abscheidung des Cadmiums, wenn das Antimon als Alkaliantimonat vorliegt (§ 2, S. 259).

e) Abscheidung des Antimons als Trisulfid mit Schwefelwasserstoff bei bestimmter Salzsäurekonzentration.

Nach Manchot, Grassl und Schneeberger verfährt man hierbei nach folgender Arbeitsvorschrift. In die auf dem kochenden Wasserbad befindliche Lösung, deren Gesamtvolumen bei einem Salzsäuregehalt von 8% und einer Höchstmenge von 0,3 bis 0,35 g Antimon 100 cm³ betragen soll, leitet man Schwefelwasserstoff ein und fällt das Antimon so als schwarzes Trisulfid. Wenn sich dasselbe abzusetzen beginnt, wird das Volumen durch Zugabe von heißem Wasser verdoppelt und noch 10 Min. lang Schwefelwasserstoff eingeleitet. Sodann wird heiß durch einen Filtertiegel filtriert, mit heißer, etwa 4,5%iger Salzsäure und dann mit heißem Wasser ausgewaschen. Im Filtrat wird das Cadmium als Sulfat bestimmt.

3. Trennung des Cadmiums von Zinn.

a) Abscheidung des Cadmiums als Oxinat aus natronalkalischer, tartrathaltiger Lösung (§ 5, S. 285).

b) Abscheidung des Cadmiums als cadmiumjodwasserstoffsaures Naphthochinolin (§ 8, S. 292).

c) Trennung durch Elektrolyse (§ 2, S. 259).

4. Trennung des Cadmiums von Silber.

a) Abscheidung des Silbers als Chlorid. Es empfiehlt sich, das Silberchlorid nach dem Abfiltrieren der überstehenden Flüssigkeit in Ammoniak zu lösen und es aus der verdünnten Lösung durch Zugabe von Salpetersäure und von 1 Tropfen Salzssäure wieder abzuscheiden. Man erhält das Silberchlorid so völlig frei von Cadmium.

b) Trennung durch Elektrolyse (§ 2, S. 260).

c) Abscheidung des Silbers als Metall mit unterphosphoriger Säure. Nach Moser und Kittl verfährt man folgendermaßen:

Arbeitsvorschrift. Die Lösung, die in bezug auf Silber-Ionen höchstens 0,05 n sein soll, wird auf dem Wasserbad erwärmt und das Silber mit überschüssiger unterphosphoriger Säure gefällt. Die Menge derselben ist ohne Bedeutung, jedoch soll wenigstens das Doppelte der theoretisch nötigen Menge angewendet werden. Man läßt so lange auf dem Wasserbad stehen, bis die über dem Niederschlag befindliche Flüssigkeit völlig klar geworden ist, was bei der angegebenen Konzentration 1/2 Std., bei verdünnteren Lösungen länger dauert. Die heiße Lösung wird dann durch einen Porzellanfiltertiegel filtriert und der Niederschlag mit heißem Wasser ausgewaschen, bis eine größere Menge des Filtrats 1/2 Tropfen 0,1 n Kaliumpermanganatlösung nicht mehr entfärbt. Der Silberniederschlag wird getrocknet und geglüht.

Das Filtrat wird mit Bromwasser oxydiert und das Cadmium als Cadmiumammoniumphosphat gefällt und als Pyrophosphat bestimmt.

5. Trennung des Cadmiums von Quecksilber.

a) Abscheidung des Cadmiums als Oxinat bei Gegenwart von Kaliumcyanid (§ 5, S. 285).

b) Trennung durch Elektrolyse (§ 2, S. 260).

c) Abscheidung des Cadmiums als Cadmiumdipyridinrhodanid (§ 10, S. 296).

d) Abscheidung des Quecksilbers als Sulfid mit Schwefelwasserstoff bei bestimmter Salzsäurekonzentration.

Nach Manchot, Grassl und Schneeberger soll die mit Schwefelwasserstoff zu fällende Lösung eine Salzsäurekonzentration von 19% besitzen. Die Umwandlung des zunächst ausfallenden Sulfochlorids in Quecksilbersulfid dauert einige Minuten. Das Ausspülen des Fällungsgefäßes und das Auswaschen des Niederschlags wird mit 19%iger Salzsäure vorgenommen. Das Cadmium wird im Filtrat als Sulfat bestimmt.

6. Trennung des Cadmiums von Kupfer.

a) Trennung durch Elektrolyse (§ 2, S. 261).

b) Abscheidung des Kupfers als Oxinat aus essigsaurer Lösung (§ 5, S. 285).

c) Abscheidung des Kupfers als Chinaldinat mit Natriumchinaldinat aus schwefelsaurer Lösung (§ 6, S. 286).

d) Abscheidung des Kupfers als Kupfer-Mercaptobenzthiazol-Komplex mit Mercaptobenzthiazol aus neutraler Lösung (§ 9, S. 293).

e) Abscheidung des Kupfers als KupferI-rhodanid.

Arbeitsvorschrift. Man versetzt die schwach schwefel- oder salzsaure Lösung, die keine oxydierenden Substanzen enthalten darf, im Überschuß mit schwefliger Säure und hierauf tropfenweise unter dauerndem Rühren in geringem Überschuß mit einer Lösung von Ammoniumrhodanid. Den weißen Niederschlag, der einen Stich ins Violette besitzt, läßt man einige Stunden absitzen, filtriert ihn dann in einen Filtertiegel ab und wäscht ihn zunächst mit kaltem, SO_2-haltigem, danach mit reinem Wasser, bis das Filtrat mit EisenIII-chlorid nur noch eine schwache Rötung gibt. Sodann wird der Niederschlag bei 110 bis 120° getrocknet und hierauf gewogen.

Die vereinigten Filtrate werden zur Oxydation der überschüssigen schwefligen Säure mit Bromwasser bis zur Gelbfärbung versetzt; das überschüssige Brom wird weggekocht und das Cadmium mit Schwefelwasserstoff gefällt und nach Überführung des Sulfids in Sulfat als solches bestimmt.

f) Trennung auf Grund der verschiedenen Säurelöslichkeit der beiden Sulfide.

Arbeitsvorschrift. Man versetzt die Lösung der beiden Metalle mit viel verdünnter Schwefelsäure (1:5) — auf 100 cm³ Lösung verwendet man 60 cm³ dieser Säure — erhitzt zum Sieden und leitet in die siedende Flüssigkeit etwa ¼ Std. lang Schwefelwasserstoff ein. Dann fügt man nochmals 50 cm³ Schwefelsäure (1:5) zu, kocht bis zum Verschwinden des Schwefelwasserstoffgeruchs, filtriert sofort heiß ab und wäscht den Niederschlag von KupferII-sulfid erst mit warmer verdünnter Schwefelsäure (1:5), dann mit Wasser bis zum Verschwinden der sauren Reaktion aus. Die Auswage erfolgt nach Überführung in KupferI-sulfid.

Zur Bestimmung des Cadmiums fällt man die vereinigten Filtrate in der Kälte mit Schwefelwasserstoff und verwandelt das Cadmiumsulfid in Cadmiumsulfat.

7. Trennung des Cadmiums von Blei.

a) Elektrolytische Abscheidung des Bleis als Dioxyd (§ 2, S. 260).

b) Abscheidung des Bleis als Sulfat.

8. Trennung des Cadmiums von Wismut.

a) Abscheidung des Cadmiums als Oxinat aus natronalkalischer, tartrathaltiger Lösung (§ 5, S. 285).

b) Trennung durch Elektrolyse (§ 2, S. 260).

9. Trennung des Cadmiums von Thallium.

a) Abscheidung des Thalliums als ThalliumI-chromat nach Moser und Brukl (a). (Betreffs Ausführung der Fällung vgl. das Kapitel „Zink", § 21, S. 218.) Im Filtrat fällt man das Cadmium nach Reduktion des überschüssigen Chromats als Sulfid.

b) Abscheidung des Thalliums als Thallium-Thionalid-Komplex mittels Thionalids nach Berg und Fahrenkamp.

Arbeitsvorschrift. Die Lösung der beiden Metalle wird für je 100 cm³ Gesamtvolumen mit 10 bis 25 cm³ 20%iger Natriumtartratlösung versetzt und mit 2 n Natronlauge gegen Phenolphthalein neutralisiert. Sodann wird so viel 20%ige Kaliumcyanidlösung zugesetzt, daß im Endvolumen (für etwa 0,2 g Cadmium in

100 cm³ Gesamtvolumen) etwa 7 bis 9% Kaliumcyanid vorhanden sind, wodurch das Cadmium genügend komplex gebunden ist, daß es nicht mitfällt.

10. Trennung des Cadmiums von Germanium.

Die Trennung kann durch Abdestillieren des Germaniums als GermaniumIV-chlorid aus der salzsauren Lösung im Chlorstrom nach BUCHANAN (a), (b) bzw. nach DENNIS und Mitarbeitern erfolgen.

11. Trennung des Cadmiums von Vanadin.

a) Abscheidung des Cadmiums als Sulfid mit Schwefelwasserstoff aus saurer Lösung.

b) Abscheidung des Cadmiums als Sulfid mit überschüssigem Ammoniumsulfid, wobei Vanadin als Sulfosalz in Lösung bleibt.

12. Trennung des Cadmiums von Molybdän.

a) Abscheidung des Cadmiums als Sulfid mit überschüssigem Ammoniumsulfid bzw. durch Behandeln der gemeinsam gefällten Sulfide mit Ammonium- oder Natriumsulfidlösung, wobei Molybdän als Sulfosalz in Lösung geht.

b) Trennung durch Elektrolyse (§ 2, S. 263).

c) Abscheidung des Molybdäns als Bleimolybdat. Nach IBBOTSON und BREARLEY beeinflußt Cadmium die Abscheidung des Molybdäns als Bleimolybdat nicht, wenn man die Fällung in Anwesenheit eines kleinen Überschusses von Essigsäure und Ammoniumacetat ausführt. Gegebenenfalls ist der Niederschlag in verdünnter Salzsäure zu lösen und die Fällung zu wiederholen. Wenn zugleich das Cadmium bestimmt werden soll, ist diese Arbeitsweise weniger vorteilhaft, da dasselbe dann wieder von dem im Überschuß zugesetzten Bleisalz getrennt werden muß.

13. Trennung des Cadmiums von Wolfram.

a) Abscheidung des Wolframs als Wolframsäure. Die Trennung wird am einfachsten ausgeführt, indem man das Wolfram als gelbe Wolframsäure abscheidet. Diese ist in verdünnten Säuren nicht völlig unlöslich; durch 1- oder höchstens 2maliges Einengen des Filtrats läßt sich aber das restliche Wolfram quantitativ erfassen.

b) Trennung durch Elektrolyse (§ 2, S. 263).

14. Trennung des Cadmiums von Gold, Palladium und Osmium.

Die Trennung des Cadmiums von Gold kann auf elektrolytischem Wege (§ 2, S. 263) oder nach JANNASCH und v. MAYER durch Fällung des Goldes mit Hydrazinsulfat oder (weniger gut) mit Hydroxylaminchlorhydrat aus salzsaurer Lösung ausgeführt werden.

Die Trennung des Cadmiums von Palladium kann nach JANNASCH und ROSTOCKY ebenfalls durch Fällung des Palladiums mit Hydrazinsulfat aus mineralsaurer Lösung erfolgen. Bemerkenswert ist, daß eine entsprechende Trennung von Platin nach JANNASCH und STEPHAN nicht möglich ist, da die vollständige Fällung des Platins mittels Hydrazinsalzen durch die Anwesenheit von Cadmium verhindert wird.

Die Trennung des Cadmiums von Osmium soll durch Elektrolyse in cyankalischem Elektrolyten ausführbar sein (§ 2, S. 263).

Bemerkungen zu § 23.

Schließlich sei noch darauf hingewiesen, daß die Bestimmung des Cadmiums neben anderen Metallen in vielen Fällen vorteilhaft mittels des Dithizonverfahrens (§ 14, S. 304) oder auf polarographischem (§ 20, S. 315) oder spektralanalytischem Wege erfolgt (§ 21, S. 318).

Literatur.

ATO, S.: Sci. Pap. Inst. Tôkyô **15**, 289 (1930/31); durch C. **102 II**, 1033 (1931).

BAYER, K. J.: A. **158**, 373 (1871). — BERG, R. u. E. S. FAHRENKAMP: Fr. **109**, 311 (1937). — BILTZ, H. u. W. BILTZ: Ausführung quantitativer Analysen, 3. Aufl., S. 332ff. Leipzig 1940. — BREARLEY, H.: (a) Chem. N. **78**, 203 (1898); (b) **79**, 214 (1899). — BUCHANAN, G. H.: (a) Ind. eng. Chem. **8**, 586 (1916); (b) **9**, 662 (1917).

DENNIS, L. M. u. J. A. BRIDGMAN: Am. Soc. **40**, 1556 (1918). — DENNIS, L. M. u. E. B. JOHNSON: Am. Soc. **45**, 1389 (1923). — DENNIS, L. M. u. J. PAPISH: (a) Am. Soc. **43**, 2140 (1921); (b) Z. anorg. Ch. **120**, 18 (1921).

IBBOTSON, F. u. H. BREARLEY: Chem. N. **81**, 269 (1900).

JANNASCH, P. u. O. v. MAYER: B. **38**, 2129 (1905). — JANNASCH, P. u. L. ROSTOCKY: B. **37**, 2441 (1904). — JANNASCH, P. u. C. STEPHAN: B. **37**, 1980 (1904).

MANCHOT, W., G. GRASSL u. A. SCHNEEBERGER: Fr. **67**, 177 (1925/26). — MOSER, L. u. A. BRUKL: (a) M. **47**, 717 (1926); (b) **50**, 189 (1928). — MOSER, L. u. TH. KITTL: Fr. **60**, 145 (1921). — MOSER, L. u. F. LIST: M. **51**, 181 (1929).

RICE, A. C., H. C. FOGG u. C. JAMES: Am. Soc. **48**, 895 (1926).

THIEL, A.: Z. anorg. Ch. **40**, 293 (1904).

Quecksilber.

Hg, Atomgewicht 200,61, Ordnungszahl 80.

Von E. **POHLAND**, Berlin und M. **LEHL-THALINGER**, Berlin.

Mit 19 Abbildungen.

Inhaltsübersicht.

Bestimmungsmöglichkeiten.

I. Für die **gewichtsanalytische Bestimmung** eignen sich besonders die folgenden Abscheidungsformen:

1. Metallisches Quecksilber: Reduktion auf trockenem Wege § 1, S. 367, Reduktion in Lösung § 1, S. 374, elektrolytische Fällung § 1, S. 404.
2. QuecksilberI-chlorid § 3, S. 438.
3. QuecksilberII-sulfid § 4, S. 470.

Von geringerer Bedeutung ist die Auswägung als

4. QuecksilberI-jodat (G. Spacu und P. Spacu) § 3, S. 446.
5. QuecksilberI-oxalat (Peters) § 3, S. 448.
6. QuecksilberII-bromid (Moldawski) § 4, S. 457.
7. QuecksilberII-jodid (Liversedge) § 4, S. 458.
8. Zink-QuecksilberII-rhodanid (Jamieson) § 4, S. 493.
9. Cupraen-Quecksilberjodid (Spacu und Suciu; Reimers) § 6, S. 504.
10. Quecksilberverbindung mit Pyridin und Ammoniumdichromat (Spacu und Dick) § 6, S. 507.
11. Quecksilber-Thionalid-Komplex (Berg und Roebling) § 6, S. 508.
12. QuecksilberII-Reineckat (Mahr) § 6, S. 513.

Außerdem wurden vorgeschlagen:

13. QuecksilberII-oxyd (Marignac) § 4, S. 452.
14. QuecksilberII-perjodat (Willard und Thompson) § 4, S. 469.
15. QuecksilberII-arsenat (Pretzfeld) § 4, S. 482.
16. Di-QuecksilberII-Ammoniumchromat (Litterscheid) § 4, S. 483.
17. QuecksilberI-Cupferron-Komplex (Pinkus und Katzenstein) § 6, S. 514.
18. QuecksilberII-anthranilat (Funk und Römer) § 6, S. 515.
19. Quecksilber-Propylendiamin-Komplex (G. Spacu und P. Spacu) § 6, S. 516.
20. Quecksilber-isonitroso-3-methyl-5-pyrazolon-Komplex (Hovorka und Sýkora) § 6, S. 521.

II. Die **maßanalytische Bestimmung** kann nach folgenden Verfahren ausgeführt werden:

Neutralisationsanalytisch.

1. Bestimmung der bei der Reduktion von QuecksilberII-chlorid mit Schwefeldioxyd freiwerdenden Säure mit Natronlauge (Vitali) § 3, S. 443.
2. Umsetzung von QuecksilberII-oxycyanid mit Natriumchlorid und anschließende Titration mit Salzsäure (Holdermann) § 4, S. 455.
3. Umsetzung von QuecksilberII-oxyd zu Kaliumquecksilberjodid und Titration des freiwerdenden Hydroxyds mit Salzsäure (Rupp und Mitarbeiter) § 4, S. 466.
4. Umsetzung von QuecksilberII-cyanid mit Thiosulfat und anschließende Titration des entstandenen Natriumcyanids mit Salzsäure (Rupp und Müller) § 4, S. 481.
5. Lösen von QuecksilberII-Ammoniumchromat in Kaliumjodid- oder Natriumthiosulfatlösung und Bestimmung des dabei freiwerdenden Alkalis (Augusti) § 4, S. 483.
6. Umsetzung von Quecksilbersalzen mit Cyanwasserstoffsäure und Bestimmung der dabei freiwerdenden Säure § 4, S. 484.
7. Bestimmung der zum Lösen der Quecksilber-Benzidin-Komplexverbindung nötigen Salzsäuremenge mit Soda (Barceló) § 6, S. 519.
8. Umsetzung der Verbindung $(C_3H_5O)(HgOH)$ mit Kaliumbromid und Bestimmung des freiwerdenden Alkalis (Billmann und Thaulow) § 6, S. 520.
9. Lösen von Quecksilbersalicylat in Lauge, deren Überschuß mit Schwefelsäure bestimmt wird (Vieböck und Brecher) § 6, S. 521.

Oxydimetrisch-reduktometrisch.

1. Reduktion zum Metall und Bestimmung des Überschusses des Reduktionsmittels § 1, S. 398.
2. Reduktion zum Metall mit anschließender jodometrischer Bestimmung des Quecksilbers § 1, S. 398.
3. Jodometrische Titration von QuecksilberI-chorid (HEMPEL; KOLB und FELDHOFEN) § 3, S. 440.
4. Titration von QuecksilberI-chlorid mit Permanganat (HEMPEL; RANDALL) § 3, S. 440.
5. Fällung des Quecksilbers als QuecksilberI-jodat und Titration des Überschusses an Kaliumjodat mit Kaliumjodid und Thiosulfat (RUPP; G. SPACU und P. SPACU) § 3, S. 447.
6. Fällung des QuecksilberI-oxalats mit Ammoniumoxalat im Überschuß und Bestimmung des Überschusses mit Kaliumpermanganatlösung (PETERS) § 3, S. 448.
7. Bestimmung der bei der Umsetzung von QuecksilberII-oxyd mit Kaliumjodid freiwerdenden Lauge (BILLMANN und THAULOW) § 4, S. 453.
8. Oxydation von QuecksilberI-chlorid mit Kaliumjodat in Gegenwart von Salzsäure und Chloroform § 4, S. 455.
9. Oxydation des mit EisenII-salz in den 1wertigen Zustand übergeführten Quecksilbers mit Kaliumpermanganat in Gegenwart von ZinnIV-chlorid (HASWELL) § 4, S. 456.
10. Umsetzung zu QuecksilberII-jodid und Bestimmung des verbrauchten Kaliumjodids durch die Blaufärbung von Stärke § 4, S. 459.
11. Oxydation des durch Reduktion erhaltenen QuecksilberI-chlorids mit Kaliumjodid und Jod, dessen Überschuß mit Thiosulfat (Stärke als Indicator) bestimmt wird § 4, S. 465.
12. Fällung des QuecksilberII-jodats mit überschüssigem Kaliumjodat und Bestimmung des Überschusses mit Kaliumjodid und Thiosulfat (RUPP) § 4, S. 468.
13. Titration des ausgefällten QuecksilberII-perjodats mit Kaliumjodid und Thiosulfat (WILLARD und THOMPSON) § 4, S. 469.
14. Fällung des Di-QuecksilberII-Ammoniumchromats mit Kaliumdichromat und jodometrische Bestimmung des überschüssigen Fällungsmittels (LITTERSCHEID) § 4, S. 483.
15. Bestimmung des gefällten Komplexes $ZnHg(SCN)_4$ mit Kaliumjodat in Gegenwart von Chloroform (JAMIESON) § 4, S. 493.
16. Jodometrische Bestimmung des Dichromats im Quecksilber-Pyridinchromat-Komplex (FURMAN und STATE) § 6, S. 508.
17. Titration des gefällten Quecksilber-Thionalid-Komplexes mit Jod und Thiosulfat (BERG und ROEBLING) § 6, S. 509.
18. Jodometrische Bestimmung des ausgefällten QuecksilberII-Reineckats (MAHR) § 6, S. 513.

Fällungsanalytisch.

1. Argentometrische Titration von QuecksilberI-chlorid (MOHR) § 3, S. 440.
2. Argentometrische Titration der nach der Gleichung $Hg_2Cl_2 + H_2S = Hg_2S + 2\,HCl$ entstandenen Salzsäure (KROUPA) § 3, S. 443.
3. Titration von QuecksilberII-phosphat mit Natriumchloridlösung (LIEBIG) § 4, S. 481.
4. Titration von QuecksilberII-cyanid in Gegenwart von Ammoniak und Kaliumjodid mit Silbernitrat § 4, S. 487.
5. Bestimmung der QuecksilberII-nitroprussiat-Verbindung mit Natriumchlorid (VOTOČEK und KAŠPÁREK) § 6, S. 501.

1. *Potentiometrische* Bestimmung:

a) als Metall mit TitanIII-chlorid, ChromII-chlorid, Vanadylsulfat (ZINTL und RIENÄCKER) § 1, S. 399ff.

b) als QuecksilberI-verbindung
mit Kaliumjodid (SCHWARZ und KANTOR) § 3, S. 445.
mit Kaliumjodat (G. SPACU und P. SPACU) § 3, S. 447.
mit Kaliumchromat (ATANASIU) § 3, S. 450.
mit Oxalsäure (MAYR und BURGER) § 3, S. 449.
mit CerIV-sulfat (WILLARD und YOUNG) § 3, S. 451.

c) als QuecksilberII-verbindung
mit Kaliumjodid (HILTNER und GITTEL) § 4, S. 460.
mit Kaliumjodat (SINGH und ILAHI) § 4, S. 469.
mit Ammoniumrhodanid (MÜLLER und BENDA) § 4, S. 492.
mit Cupraennitrat oder -sulfat (SPACU und MURGULESCU) § 6 S. 506.
mit Ammoniumdichromat und Pyridin unter Titration mit EisenII-sulfat (FURMAN und STATE) § 6, S. 508.
mit Tetraphenylarsoniumchlorid (WILLARD und SMITH) § 6, S. 521.

2. *Konduktometrische* Bestimmung:

a) als QuecksilberI-verbindung
als QuecksilberI-chlorid (TREADWELL und WEISS) § 3, S. 441.
als QuecksilberI-bromid (TREADWELL und WEISS) § 3, S. 444.

b) als QuecksilberII-verbindung
als QuecksilberII-oxyd (KOLTHOFF) § 4, S. 454.
als QuecksilberII-chlorid (WINKEL) § 4, S. 456.
als QuecksilberII-bromid (WINKEL) § 4, S. 458.
als QuecksilberII-sulfid (SCHORSTEIN) § 4, S. 479.
als QuecksilberII-oxalat (KOLTHOFF) § 4, S. 494.

Besondere Methoden.

Titration von QuecksilberII-salzen mit Ammoniumrhodanid (VOLHARD; RUPP und Mitarbeiter) § 4, S. 488.

Indirekte Titration von QuecksilberII-salzen mit Bleisulfid (TANANAEFF und PONOMARJEFF) § 4, S. 478.

Titration von QuecksilberII-salzen mit Cupraennitrat (SPACU und ARMEANU) § 6, S. 505.

Titration von QuecksilberII-salzen mit Dithizon (FISCHER und LEOPOLDI) § 6, S. 510.

Titration von QuecksilberI-chlorid mit Adsorptionsindicatoren (v. ZOMBORY) § 3, S. 441.

Titration von QuecksilberI-bromid mit Adsorptionsindicatoren (BURSTEIN; v. ZOMBORY) § 3, S. 444.

Titration von QuecksilberI-chlorid mit Diphenylcarbazid als Tüpfelindicator (ODDO) § 3, S. 442.

Titration mit Natriummolybdat als Tüpfelindicator (NAMIAS) § 3, S. 443.

Thermometrische Titration von QuecksilberI-salz mit Oxalsäure (MAYR und FISCH) § 3, S. 449.

Thermometrische Titration von QuecksilberII-salz mit Oxalatlösung (MAYR und FISCH) § 4, S. 494.

Titration des im Thionalidkomplex vorhandenen Quecksilbers nach der Filtrationsmethode (BERG und ROEBLING) § 6, S. 509.

Titration von Quecksilber mit Indo-oxin nach der Filtrationsmethode (BERG und BECKER) § 6, S. 518.

Photometrische Titration von Quecksilbersulfid (HIRANO) § 4, S. 480.

III. Mikrometrische Bestimmung (RAASCHOU; BOOTH, SCHREIBER und ZWICK; BODNÁR und SZÉP; STOCK und LUX) § 1, S. 421.

IV. Polarographische Bestimmung (SCHWARZ) § 1, S. 403.

V. Spektralanalytische Bestimmung § 2, S. 427.

VI. Photometrische Bestimmung (NORDLANDER) § 1, S. 425.

VII. Colorimetrische Bestimmung:

1. als QuecksilberII-jodid (STOCK und Mitarbeiter) § 4, S, 461.
2. als komplexe Ammonium-QuecksilberII-Verbindungen (VOGELENZANG) § 4, S. 468.
3. als QuecksilberII-sulfid (VIGNON) § 4, S. 479.
4. mit Diphenylcarbazid und Diphenylcarbazon (STOCK und POHLAND) § 6, S. 498.
5. mit Dithizon (FISCHER und LEOPOLDI) § 6, S. 511.
6. mit p-Dimethylamino-benzyliden-rhodanin (STRAFFORD und WYATT) § 6 S. 518.

VIII. Nephelometrische Bestimmung:

1. als Thionalidkomplex (BERG, FAHRENKAMP und ROEBLING) § 6, S. 509.
2. als QuecksilberII-Reineckat (SAUKOV) § 6, S. 514.
3. mit Cupferron (PINKUS und KATZENSTEIN) § 6, S. 514.
4. mit Strychnin (GOLSE und JEAN) § 6, S. 520.

IX. Bestimmung mit Hilfe der BETTENDORFschen Reaktion (KING und BROWN) § 4, S. 495.

Eignung der wichtigsten Verfahren.

Die am meisten angewendeten Bestimmungsmethoden sind die *Bestimmung als Metall, als QuecksilberI-chlorid* oder als *QuecksilberII-sulfid.* Die Bestimmung des Quecksilbers als Metall nach *Reduktion auf trockenem Wege* ist anderen Bestimmungsformen, vor allen Dingen bei der Analyse von Erzen, vorzuziehen, solange die zu bestimmende Quecksilbermenge nicht zu klein ist. Die *Reduktion auf nassem Wege* gibt bei **Quecksilbermengen von 1,0 bis 0,5 g in 100 cm³ Lösung** besonders genaue Werte; hierbei ist vor allen Dingen die Reduktion mit Formaldehyd mit anschließender jodometrischer Bestimmung des ausgefällten Quecksilbers gut durchführbar; in Gegenwart von Eisen oder Kupfer ist sie jedoch nicht anwendbar. Die Bestimmung als Sulfid ist genau, aber oft zeitraubend; sie erfordert die Trennung von allen andern anwesenden, mit Schwefelwasserstoff bzw. mit Ammoniumsulfid fällbaren Elementen. Die Anwesenheit von Jod stört dabei.

Die Bestimmung als QuecksilberI-chlorid gibt in der Regel etwas zu niedrige Werte, kann aber in der Hand eines geübten Analytikers zu sehr brauchbaren Ergebnissen führen.

Kann das Quecksilber in salpetersaurer oder schwefelsaurer Lösung erhalten werden, ohne daß Chlor hierzu benutzt werden müßte, so ist der *Titration mit Rhodanid* in der Regel der Vorzug zu geben, zumal das Quecksilber auch aus Lösungen bestimmt werden kann, in denen andere Schwermetalle vorhanden sind.

Die *Elektrolyse mit anschließender gewichtsanalytischer Bestimmung,* durch die das Quecksilber gleichzeitig von einer Reihe von Metallen getrennt werden kann, erfordert keine allzulange Durchführungszeit und liefert bei einwandfreiem Arbeiten wohl auch keine zu niedrigen Ergebnisse.

Die *elektrometrischen* Bestimmungsmethoden bieten die Möglichkeit, das Quecksilber in Gegenwart anderer Elemente zu bestimmen, die bei rein chemischen Methoden störend wirken. So kann Quecksilber ohne Schwierigkeit neben Kupfer und anderen Schwermetallen bestimmt werden. Bei Serienbestimmungen ist diese Bestimmungsweise besonders angebracht.

Die *colorimetrischen* Methoden erfordern in der Regel eine Trennung von Kupfer, Eisen oder Zink und haben zum Teil nur einen begrenzten Anwendungsbereich.

Bei **mikroanalytischen** Bestimmungen von sehr geringen Quecksilbermengen befriedigt die *mikrometrische* Bestimmung am meisten.

Aufschluß des Untersuchungsmaterials.

Die 1wertigen Verbindungen des Quecksilbers sind in Wasser unlöslich. Mit verdünnter Salpetersäure lassen sie sich meistens in Lösung bringen. Erwärmung ist dabei zu vermeiden, um den Übergang in den 2wertigen Zustand zu verhindern.

Die in Wasser unlöslichen QuecksilberII-verbindungen sind in der Regel in Salz- oder Salpetersäure löslich, einige auch in Ammoniumchlorid- oder Ammoniumnitratlösung. QuecksilberII-sulfid löst sich in Königswasser, in Brom-Salzsäure und in konzentrierter Schwefelsäure bei Anwesenheit von Permanganat. Man kann das Sulfid auch mit Salzsäure erwärmen und bis zur vollständigen Auflösung Salpetersäure oder Kaliumchlorat hinzufügen. Das in verdünnter Lauge suspendierte Sulfid kann durch Einleiten von Chlor unter mäßigem Erwärmen in Lösung gebracht werden.

Beim Eindampfen von QuecksilberII-chloridlösungen entweicht mit dem Wasserdampf auch QuecksilberII-chlorid. Diese Tatsache muß beim Auflösen von Quecksilberverbindungen in Betracht gezogen werden.

Die 2wertigen Quecksilberverbindungen neigen stärker zur Hydrolyse als die 1wertigen. So werden QuecksilberII-nitrat und -sulfat durch Wasser besonders in der Wärme in sich lösendes saures und ungelöst bleibendes basisches Salz zersetzt. Die löslichen Quecksilbersalze röten Lackmuslösung, QuecksilberII-chlorid jedoch nur schwach. Durch Zugabe von Kaliumchlorid wird die Dissoziation zurückgedrängt, die Rötung von Lackmus tritt nicht mehr auf.

Das 2wertige Chlorid und das Bromid sind in Alkohol leicht löslich; Brockman löst QuecksilberII-jodid in 5%iger Kaliumcyanidlösung.

Gilt es nur, das Quecksilber überhaupt in Lösung zu bringen, so erwärmt man nach C. R. Fresenius die Substanz am besten mit Salpetersäure und setzt nach einiger Zeit tropfenweise etwas Salzsäure zu. Man digeriert unter nicht zu starkem Erwärmen, bis eine völlig klare Lösung vorliegt, die alles Quecksilber als Oxyd oder Chlorid enthält. Erhitzen zum Sieden oder Abdampfen der Lösung ist wegen der dabei auftretenden QuecksilberII-chloridverluste sorgfältig zu vermeiden.

Für genaue Bestimmungen destilliert man nach Graumann das Quecksilber aus der eingewogenen Probe $^1/_2$ Std. lang im Chlorgasstrom bei 500° in ein Absorptionsgefäß mit großer Oberfläche über, das mit schwach salpetersaurem Wasser beschickt ist. Zuletzt leitet man einen Luftstrom durch die Apparatur, um das Chlor auch aus der Absorptionsflüssigkeit zu verjagen. Den Destillationsrückstand vereinigt man mit der Absorptionsflüssigkeit und bestimmt darin das Quecksilber.

Zur Bestimmung des Quecksilbers in Gesteinen werden nach Stock und Cucuel 20 bis 100 g des fein zerkleinerten Materials im Porzellanrohr in einem Luftstrom (40 l/Std.) langsam auf 800° erhitzt und mehrere Stunden auf dieser Temperatur gehalten. Die dabei abgegebenen Quecksilberdämpfe werden in einer mit flüssiger Luft gekühlten Vorlage kondensiert. Der größte Teil des gleichzeitig abdestillierenden Wassers sammelt sich vorher in einer Ausbuchtung des Glasrohres, das Porzellanrohr und Vorlage verbindet. Das Quecksilber wird anschließend in Chlorwasser gelöst und mikrometrisch bestimmt, s. S. 421. Bei der Apparatur sind Kork und Gummi zu vermeiden, mit Pizein gedichtete Kappen dienen als Verbindung. Materialien, die störende Destillate liefern, sind vorher mit Kaliumchlorat-Salzsäure zu behandeln.

Zur Zersetzung von Fahlerz kann das Material leicht im Chlorgasstrom aufgeschlossen werden.

Zur Bestimmung des Quecksilbers in Zinnober erhitzen VOTOČEK und KAŠPÁREK 0,3 g der fein gepulverten Substanz im KJELDAHL-Kolben mit einer Mischung von 1 Raumteil Salpetersäure (D 1,4) und 2 Raumteilen konzentrierter Schwefelsäure (D 1,84) 6 Std. lang bis zur vollständigen Entfärbung. JANNASCH und LEHNERT zersetzen den Zinnober durch Glühen im Sauerstoffstrom. Man erhitzt 0,5 bis 0,75 g des fein zerriebenen Minerals in der vorher gewogenen Verbrennungsröhre 20 bis 30 Min. lang im Sauerstoffstrom, wobei man das sich an den kälteren Teilen der Apparatur absetzende Quecksilber mit einer Flamme in die mit verdünnter Salpetersäure beschickte Vorlage treibt.

Man kann auch den Zinnober in wenig Königswasser lösen und in der so erhaltenen QuecksilberII-chloridlösung das Quecksilber bestimmen. RISING und LENHER lösen Zinnober in Bromwasserstoffsäure, neutralisieren mit Kalilauge und geben Kaliumcyanidlösung hinzu, bis der beim Neutralisieren entstandene Niederschlag eben wieder gelöst ist.

Zur Bestimmung von Quecksilber in Bleilegierungen wird die Legierung nach EVANS in einem Gemisch von Salpeter- und Citronensäure gelöst, um Antimon in Lösung zu halten. Anschließend fällt EVANS das Quecksilber durch Percolation über Kupfer aus der auf den entsprechenden Säuregehalt gebrachten Lösung.

Bei der Quecksilberbestimmung in Goldamalgam kann man das Quecksilber durch Kochen mit Salpetersäure ausziehen; Silberamalgam löst man in Salpetersäure, neutralisiert die Lösung mit Natronlauge, versetzt mit Kaliumcyanidlösung bis zur Wiederauflösung des entstandenen Niederschlags und erwärmt nach Ansäuern mit Salpetersäure. Nach dem Abfiltrieren des ausgefallenen Silbercyanids kann man das Quecksilber als Sulfid bestimmen. Die Bestimmung des Quecksilbergehalts aus dem Glühverlust des Amalgams führt zu mäßig genauen Ergebnissen.

Unedle Amalgame (wie etwa Kupferamalgam) erhitzt man in abgewogener Menge im Wasserstoffstrom. Kupferamalgam kann auch in Salpetersäure gelöst werden. Nach Abtrennung des Kupfers erfolgt die Quecksilberbestimmung.

Zur Bestimmung des Quecksilbers in amalgamiertem, bleihaltigem Zink kann man nach KUNDERT die Legierung unbedenklich in verdünnter Salzsäure lösen, da bei Anwesenheit genügend großer Bleimengen keine Quecksilberverluste eintreten.

Im Cadmiumamalgam bestimmt man das Quecksilber unmittelbar als QuecksilberI-chlorid nach Reduktion mit phosphoriger Säure. Quecksilberhaltige Lagermetalle werden zur Abscheidung von Zinn und Antimon in Salpetersäure gelöst. Im Filtrat bestimmt man das Quecksilber in schwefelsaurer Lösung als QuecksilberI-chlorid.

Eine vergleichende Untersuchung der Wirksamkeit einiger Oxydationsmittel, wie Permanganat in schwefelsaurer Lösung, EisenIII-salze oder Phosphormolybdänsäure gegenüber metallischem Quecksilber im Hinblick auf seine Bestimmung durch Formaldehyd usw., haben FLEURY und MARQUE durchgeführt.

Die Vorbehandlung organischen Materials ist ausführlich in § 8 besprochen.

Literatur.

BROCKMAN, F. G.: Am. J. Pharm. **101**, 596 (1929).
EVANS, B. S.: Analyst **58**, 450 (1933).
FLEURY, P. u. J. MARQUE: J. Pharm. Chim. [8] **11**, 150 (1930). — FRESENIUS, C. R.: Anleitung zur quantitativen chemischen Analyse, 6. Aufl., Bd. 1, S. 320. Braunschweig 1875.
GRAUMANN, A.: BERL-LUNGE, Bd. 2, 2. Teil, S. 1434. Berlin 1932.
JANNASCH, P. u. H. LEHNERT: Z. anorg. Ch. **12**, 129 (1896).
KUNDERT, A.: Chemist-Analyst **18**, Nr. 5, S. 6 (1929).
RISING, W. B. u. V. LENHER: Am. Soc. **18**, 96 (1896).
STOCK, A. u. F. CUCUEL: Naturwiss. **22**, 390 (1934).
VOTOČEK, E. u. L. KAŠPÁREK: Bl. [4] **33**, 110 (1923).

Bestimmungsmethoden.

1. Bestimmung unter Abscheidung als metallisches Quecksilber.

Allgemeines.

Der Schmelzpunkt des Quecksilbers liegt bei — 38,8°, der Siedepunkt bei 760 mm Druck bei 356,95°. Nach LANDOLT-BÖRNSTEIN (a) beträgt der Sättigungsdruck p bei der absoluten Temperatur T°:

T°	255	289,6	300,45	309,2	319,6	329,45	343,9
p (in mm)	$2{,}8\cdot10^{-5}$	$0{,}90\cdot10^{-3}$	$2{,}24\cdot10^{-3}$	$4{,}52\cdot10^{-3}$	$9{,}84\cdot10^{-3}$	$1{,}95\cdot10^{-2}$	$5{,}16\cdot10^{-2}$.

Nach WINKLER (a) verlieren 495,1 mg Quecksilber in 24 Std. im $CaCl_2$-Exsiccator 0,075 mg an Gewicht.

Da das Quecksilber nach STOCK und CUCUEL überall in Spuren verbreitet ist, *müssen bei Analysen sehr kleiner Quecksilbermengen die Reagenzien vorher sorgfältig auf Quecksilberfreiheit geprüft werden.* Auch Filtrierpapier nimmt bei längerem Stehen im Laboratorium Quecksilber auf. Vor der Verwendung zur Bestimmung kleinster Quecksilbermengen muß das zu benutzende Filter mit Chlorwasser von Quecksilber befreit werden [STOCK (a)].

Quecksilber bildet mit einer großen Anzahl von Metallen leicht Amalgame, so mit Gold, Silber, Zink, Cadmium, Zinn, Wismut und Blei. Fein verteiltes Kupfer wird ebenfalls leicht amalgamiert, Kupfer in kompakter Form amalgamiert sich jedoch schwer. Schwer werden auch Arsen, Antimon und Platin amalgamiert. Eisen, Nickel, Kobalt und Aluminium bilden keine Amalgame.

Reines Quecksilber wird bei gewöhnlicher Temperatur in trockener Luft nicht oxydiert, in feuchter Luft tritt eine allmähliche Bildung von QuecksilberI-oxyd ein.

Bei Berührung von Quecksilber mit Wasser und Luft gehen nach STOCK, GERSTNER und KÖHLE nicht unerhebliche Mengen durch Oxydation in Lösung. Bei Ausschluß von Sauerstoff nimmt das Wasser dagegen nur unbedeutende Quecksilbermengen auf, im Hochvakuum bei Zimmertemperatur 0,03 γ/cm³. Nach LANDOLT-BÖRNSTEIN (b) beträgt die Löslichkeit von Quecksilber in Wasser bei 30° 0,02 bis 0,03 γ/cm³ Lösung, bei 85° 0,3 γ/cm³ Lösung und bei 100° 0,6 γ/cm³ Lösung. Die Werte, die sich auf reinstes, luftfreies Wasser beziehen, erhöhen sich beträchtlich in Gegenwart von Luft.

In Kalilauge ist die Löslichkeit größer als in Wasser, es findet Oxydation zu 2wertigem Oxyd statt.

Unter Kaliumchloridlösungen führt die Oxydation nach STOCK, GERSTNER und KÖHLE zur Bildung von QuecksilberI-chlorid, bei langem Stehenbleiben unter Alkalichloridlösung an der Luft setzen sich meistens Salzkrusten ab.

Quecksilber ist in verdünnter Schwefelsäure unlöslich, in heißer konzentrierter Schwefelsäure löst sich das Metall unter Bildung von schwefliger Säure. Heiße Salpetersäure löst Quecksilber sehr leicht, ebenso Kaliumjodidlösung.

In konzentrierter Salzsäure ist Quecksilber nach MOSER und NIESSNER etwas löslich.

Reduktionsverfahren.

Vorbemerkung. Da in den meisten Fällen der Bestimmung des Quecksilbers als Metall eine Reduktion vorangeht, sollen die Reduktionsverfahren auch vor den Bestimmungsverfahren besprochen werden. Dabei läßt es sich nicht vermeiden, daß die sich an die Reduktion anschließende Bestimmung kurz angeführt wird. Insbesondere werden die maßanalytischen Bestimmungsmethoden jeweils im Anschluß an die Reduktionsverfahren gebracht.

A. Reduktion auf trockenem Wege.

Da die Quecksilberverbindungen sich beim Erhitzen zersetzen, kann das durch Erhitzen freiwerdende Quecksilber nach seiner Kondensation an einer kühlen Stelle durch Wägung bestimmt werden (MARIGNAC). Infolge der großen Flüchtigkeit der Verbindungen selber sind die Analysenwerte nur ungenau. Bessere Werte erreicht man durch Zugabe eines Reduktionsmittels. So trennen z. B. ERDMANN und MARCHAND bereits 1844 das Quecksilber aus seinen Verbindungen durch Erhitzen mit Kalk im Leuchtgasstrom ab. Im Hinblick auf die große Flüchtigkeit des Quecksilbers empfiehlt TÖPELMANN, die Abtrennung aus dem Analysengut durch Trockendestillation vorzunehmen.

Die Bestimmung des Quecksilbers durch Reduktion seiner Verbindungen auf trockenem Wege zum Metall ist für die Untersuchung quecksilberhaltiger Erze von großer Wichtigkeit. Als geeignete Reagenzien kommen hierfür in der Hauptsache Eisen, Calciumoxyd, Bleichromat, Kupfer bzw. Mischungen dieser Stoffe in Frage. Ferner werden Natriumcarbonat und Wasserstoff benutzt.

Die trockene Reduktion ist auf Erze und Mineralien anzuwenden und kann in Gegenwart der übrigen Metalle ausgeführt werden. Man erhält bei entsprechender Sorgfalt recht genaue Ergebnisse. Ein Nachteil der Methode liegt darin, daß die meisten Ausführungsvorschriften einen apparativen Aufwand erfordern.

Über die Reduktion organischer Verbindungen s. auch unter „Aufschließung im Verbrennungsrohr“, S. 530.

1. Reduktion mit Eisen.

Die bei der Verhüttung von Quecksilbererzen, insbesondere von Zinnober, meistens angewendete Bestimmungsmethode ist das Verfahren von ESCHKA, *bei dem man die zu untersuchenden Erze mit reinen Eisenfeilspänen reduziert und das verdampfte Quecksilber als Goldamalgam zur Wägung bringt.*

Bei Anwesenheit von Chloriden und Sulfaten versagt diese recht genaue Methode infolge der Flüchtigkeit der genannten Quecksilberverbindungen zum Teil. Man wendet dann die Methode des Aufschlusses im Kohlendioxydstrom an, s. S. 371.

Arbeitsvorschrift. Zur Ausführung der Bestimmung benutzt man nach GRAUMANN einen Meißner Porzellantiegel von höchstens 50 cm^3 Fassungsvermögen, der oben etwa 48 mm Durchmesser und einen plan geschliffenen Rand hat. Außerdem ist ein gut passender, gewölbter Deckel aus Feingold von etwa 10 g Gewicht erforderlich. In der Mitte muß der Deckel eine Vertiefung von 6 bis 8 mm haben, der überstehende Tiegelrand soll mindestens 5 mm breit sein.

Die Einwage des zu untersuchenden Erzes, die höchstens 0,15 bis 0,20 g Quecksilber enthalten darf, wird in dem Tiegel mit mindestens dem halben Gewicht fettfreien Eisenpulvers gemischt. Man kann auch gut ausgeglühten, fein gesiebten Eisen-Hammerschlag oder Kupferfeilspäne benutzen. Die Mischung wird mit einer dünnen Schicht Eisenpulver bedeckt und zum Binden etwa entweichenden Bitumens mit einer Schicht ausgeglühten Zinkoxyds überschichtet.

Der Tiegel wird in einen Ring aus Asbestpappe gestellt, so daß er zu zwei Dritteln über den Ring herausragt. Dadurch wird der obere Tiegelteil mit dem Golddeckel vor Hitze geschützt. Der Ring mit dem Tiegel wird auf einen Dreifuß gelegt. Den

Tiegel bedeckt man mit dem gewogenen Golddeckel und füllt die Vertiefung mit kaltem Wasser. Der Tiegelboden wird zuerst mit kleiner Flamme erhitzt. Allmählich steigert man die Temperatur, so daß der Tiegelboden nach 10 Min. schwache Rotglut zeigt, auf der er noch etwa 20 Min. gehalten wird. Das Kühlwasser im Golddeckel muß fortlaufend erneuert werden.

Nach dem Abkühlen des Tiegels nimmt man den Deckel vorsichtig ab, wäscht ihn mit Alkohol und trocknet ihn, ohne zu erwärmen, mit trockener Luft. Nach dem Wägen des Deckels mit dem Quecksilber kann das letztere durch schwaches Glühen wieder entfernt werden.

***Bemerkungen.* Ähnliche Arbeitsweisen.** Die Destillation kann auch nach BIEWEND in zwei Teile zerlegt werden: die Hauptmenge des Quecksilbers wird bei möglichst niedriger Temperatur abdestilliert, und anschließend wird der Rest des Metalls bei Rotglut auf einem zweiten Deckel kondensiert.

Das Verfahren eignet sich hauptsächlich für quecksilberärmere Erze mit einem Gehalt bis zu etwa 10%. FAINBERG benutzt diese Methode zur Bestimmung des Quecksilbers in eisen- und antimonhaltigen Quecksilbererzen. Er belegt den Boden eines Porzellantiegels mit einer 5 bis 6 mm dicken Bariumcarbonatschicht und verteilt darüber die mit der 4fachen Menge Eisenpulver vermischte Einwage. Darauf folgt eine 3 bis 4 mm dicke Schicht von Kupferspänen zur Aufnahme von Arsen und Antimon und schließlich eine 8 bis 10 mm dicke Magnesiumoxydschicht zum Schutz des Golddeckels vor der Wärme.

In etwas veränderter Form liegt diese Bestimmungsweise der Methode von WHITTON zugrunde. Die fein gepulverte Erzprobe wird in einem Stahltiegel mit Messingkühlschale mit Kalk oder Eisenfeilspänen oder einer Mischung von beidem erhitzt. Das Quecksilber kondensiert sich auf einem Silberblech (das sich unmittelbar unter dem Kühler befindet), aus dessen Gewichtszunahme man das Gewicht des Quecksilbers bestimmt. Die Bestimmungsdauer beträgt etwa 30 Min.

Unter Vermeidung jeglicher Hilfsmittel führt HEINZELMANN die Bestimmung in kleiner Abänderung durch:

Die fein zerriebene Erzprobe mit einem Gehalt von 0,02 bis 0,08 g Quecksilber wird in ein dünnwandiges Reagensglas (1,7 cm Durchmesser, 17 cm lang) eingefüllt. Auf keinen Fall nimmt man mehr als 3 g Erz. Ein Vorversuch gibt, falls erforderlich, Aufschluß über die anzuwendende Menge. Man mischt mit dem gleichen Volumteil pulverisiertem, gebranntem Kalk und überschichtet reiche Erze noch mit einer 3 bis 5 mm dicken Kalklage. In Gegenwart von freiem oder sulfidisch gebundenem Schwefel sowie von bituminösem Material nimmt man an Stelle des Kalks ein Gemenge von Kalk und reinen, fettfreien Eisenfeilspänen und überschichtet mit einer 5 mm dicken Lage von Eisenfeilspänen oder von der Kalk-Eisen-Mischung, der ausgeglühtes Kupferoxyd beigegeben sein kann. Außerdem kann man noch eine 3 bis 5 mm dicke Kupferoxydlage darübergeben. Unmittelbar daran schließt sich ein etwa 3 mm dicker Pfropfen aus langfaserigem Asbest an. Das Reagensglas wird mit einem Neigungswinkel von 5° gegen die Horizontale lose eingespannt. Man erhitzt das untere Ende, das die Analysensubstanz enthält, zuerst 2 bis 3 Min. mit der kleinen, gelben Flamme, dann 10 Min. mit einer etwa 5 cm hohen, blauen Flamme unter gelegentlichem Drehen des Rohres. 2 bis 3 cm über dem Asbestpfropfen bildet sich ein kaum sichtbarer Schleier von Quecksilber. Bei richtig geleitetem Verfahren bleibt die Mündung des Reagensglases auf eine Länge von 2 bis 3 cm frei von irgendwelchen Kondensationsprodukten. Nach vollendeter Sublimation schmilzt man den die Substanz enthaltenden Teil des Rohres in horizontaler Lage dicht über dem Asbest ab. Den Quecksilberbeschlag löst man in 1 cm³ tropfenweise, vorsichtig zugegebener konzentrierter Salpetersäure (D 1,48 bis 1,50). Die an sich schon schnell erfolgende Auflösung kann durch leichtes Erwärmen beschleunigt werden. Die mit 5 cm³ Wasser verdünnte Lösung wird in einen 100 cm³-ERLENMEYER-Kolben gebracht;

etwa vorhandene QuecksilberI-salze und salpetrige Säure werden mit 1 Tropfen 0,1 n Kaliumpermanganatlösung oxydiert, bis eine mindestens 3 Min. lang beständige Rötung vorhanden ist. Den Überschuß nimmt man mit sehr verdünnter EisenII-sulfat- oder Wasserstoffperoxydlösung zurück. Nach dem Neutralisieren mit 10%iger, chlorfreier Sodalösung soll ein unbedeutender Niederschlag von QuecksilberII-oxyd erscheinen, der mit einigen Tropfen verdünnter Salpetersäure in Lösung gebracht wird. Man führt die Bestimmung nach HEINZELMANN bei kleinen Mengen colorimetrisch als Sulfid durch, s. S. 479, oder titriert nach Zusatz von 1 cm^3 kalt gesättigter Eisenalaunlösung mit 0,05 n Kaliumrhodanidlösung nach VOLHARD, s. S. 488.

2. Reduktion mit Calciumoxyd.

Bei Untersuchungsmaterial mit Quecksilbermengen, die die nach der Methode von ESCHKA *bestimmbaren Größen überschreiten, oder bei Anwesenheit von Salzen, die sich unzersetzt verflüchtigen, erhitzt man die Substanz mit Ätzkalk im Verbrennungsrohr.* Hierbei werden Quecksilberverbindungen entsprechend der Gleichung:

$$HgX + CaO = CaX + Hg + O$$

abgebaut. Bereits ROSE (a) reduziert die Quecksilberverbindungen mit einer Schicht aus reinem, wasserfreiem Calciumoxyd und sammelt das gebildete Quecksilber unter Wasser. Nach TREADWELL ergaben Versuche, das Quecksilber unter Wasser zu kondensieren, immer Werte, die um 1 bis 2% zu niedrig waren. C. R. FRESENIUS bestimmt das entstandene Quecksilber durch Wägung.

***Arbeitsvorschrift von* TREADWELL.** Ein 50 cm langes, 1,5 cm weites, beiderseitig offenes Glasrohr wird mit einem Asbestpfropfen beschickt, dann mit einer 8 cm langen Schicht reinen Kalks, hierauf mit einer Mischung einer abgewogenen Menge der zu bestimmenden Substanz mit Kalk und endlich mit einer 30 cm langen Kalkschicht, die mit einem Asbestpfropfen abschließt. Das Ende der Röhre zieht man hinter dem zuletzt erwähnten Asbestpfropfen zu einer 4 mm weiten, rechtwinklig umgebogenen Spitze aus. Sie wird mittels eines Gummischlauches mit dem leeren, engeren Schenkel einer kleinen PÉLIGOT-Röhre verbunden. Der weitere Schenkel der PÉLIGOT-Röhre ist lose mit reinem Goldblatt angefüllt. Durch dieses Verbrennungsrohr wird $^1/_2$ Std. lang ein langsamer Leuchtgasstrom hindurchgeleitet. Kohlendioxyd ist weniger geeignet. Zunächst erhitzt man die 30 cm lange Kalkschicht bis zur schwachen Rotglut und schreitet dann mit dem Erhitzen weiter, bis das ganze Rohr schwach glüht. Der durch eine Waschflasche geleitete Leuchtgasstrom perlt während der ganzen Zeit mit einer Geschwindigkeit von etwa 3 bis 4 Blasen in der Sekunde hindurch.

Der größere Teil des Quecksilbers sammelt sich in dem leeren Teil der PÉLIGOT-Röhre, während nicht kondensierter Quecksilberdampf von dem Gold als Amalgam zurückgehalten wird. Ein geringer Teil des Quecksilbers kondensiert sich in der ausgezogenen Röhre. Nach dem Erkalten des Apparates schneidet man die Spitze rechts und links von den Quecksilbertropfen ab und wägt sie, erhitzt hierauf unter gleichzeitigem Durchleiten von Luft unter Einhaltung der notwendigen Vorsichtsmaßregeln und wägt nach dem Erkalten noch einmal. Die bei den beiden Wägungen erhaltene Gewichtsdifferenz ergibt die Quecksilbermenge, die in der engen Röhre enthalten war. Die PÉLIGOT-Röhre, die meistens feucht ist, trocknet man durch längeres Hindurchleiten von Luft und wägt alsdann.

***Bemerkungen.* I. Genauigkeit.** Die Resultate der Methode sind genau, nur bei der Bestimmung des Jodids verläuft die Reaktion nicht ganz glatt. WINTELER fand bei der Analyse von reinem QuecksilberII-chlorid an Stelle des theoretischen Wertes 73,85% als Ergebnis 73,81, 73,88 und 73,74%.

II. Ähnliche Methoden. α) Methode von CUMMING und MACLEOD. CUMMING und MACLEOD benutzen eine Reduktionsmischung aus Kalk und Eisenfeilspänen.

Arbeitsvorschrift. (Vgl. Abb. 1.) Ein 20 cm langes Glasrohr von 5 mm Durchmesser ist an dem einen Ende mit einer kleinen Kugel *A* verschlossen und hat zwischen der Mitte und dem anderen, offenen Ende *D* eine zweite Kugel *B*. Nachdem das Gefäß gereinigt, getrocknet und gewogen worden ist, wird die zu analysierende gepulverte Substanz mit Hilfe eines langrohrigen Trichters *C* in die Kugel *A* gebracht. Das Gefäß wird mit dem Inhalt noch einmal gewogen. Dann gibt man die Reduktionsmischung, Eisenfeilspäne und ungelöschten Kalk in gleichen Mengen, in die Kugel *A* und mischt durch vorsichtiges Drehen mit der Untersuchungssubstanz. Nun wird das Rohr noch in einer 8 cm langen Schicht mit einer Reduktionsmischung beschickt und durch einen Asbestpfropfen verschlossen. Das offene Ende des Glasrohrs zieht man zu einer dünnen Capillare aus und erhitzt die Kugel *A*. Das Quecksilber sammelt sich in der als Vorlage dienenden Kugel *B*, die mit feuchtem Filtrierpapier gekühlt wird. Durch eine Asbestscheibe *E* schützt man die Kugel vor Erhitzung. Um ein unzersetztes Verflüchtigen der Substanz zu vermeiden, erhitzt man zuerst das Glasrohr zwischen *A* und *E* schwach. Die Endcapillare befindet sich etwas unterhalb der Kugel *A*, so daß etwa im Rohr sich bildendes Quecksilber in die Kugel *B* fließt. Wenn alles Quecksilber überdestilliert ist, etwa nach 1 Std., wird das Glasrohr in der Mitte zwischen der Kugel *B* und dem Asbestpfropfen ausgezogen. Nun leitet man bis zur Gewichtskonstanz trockene Luft durch das Rohr mit dem Quecksilber und bestimmt das Gewicht. Nach Entfernung des Quecksilbers (die Hauptmenge wird ausgeschüttet, der Rest durch Erhitzen im Luftstrom, unter Wahrung der notwendigen Vorsicht wegen der Giftigkeit der Quecksilberdämpfe, entfernt) wird das leere, abgekühlte Rohr von neuem gewogen.

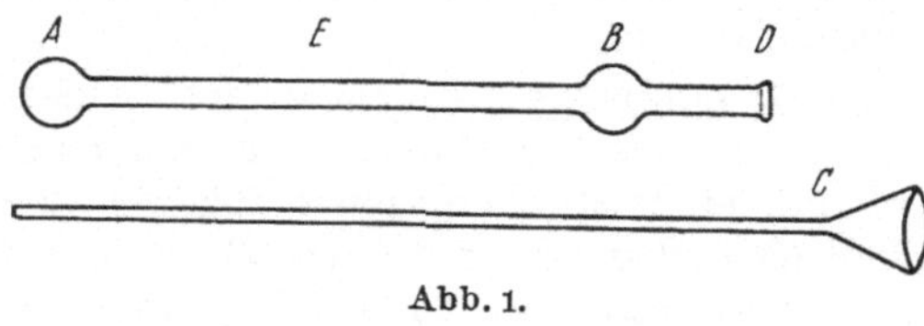

Abb. 1.

Bemerkungen. Bei einer Einwage von 0,8097 g QuecksilberII-chlorid wurden 73,57% gefunden, bei einer Einwage von 0,9950 g der gleichen Verbindung 73,94% an Stelle des theoretischen Wertes von 73,88%.

Bei der Bestimmung von stark schwefelhaltigem Material oder von QuecksilberII-sulfid benutzt man eine Mischung von 1 Teil Kalk, 2 Teilen reinen Eisenfeilspänen und 1 Teil gepulvertem Bleichromat. Zur Bestimmung von Quecksilber in einer Substanz unbekannter Zusammensetzung werden 0,5 bis 1 g des Materials mit 2,5 bis 3 g dieser Mischung, wie oben ausgeführt, erhitzt.

β) Methode von Strickler. Strickler beschreibt ein etwas abweichendes Verfahren, das die Bestimmung des Quecksilbers in Erzen mit mehr als 4% Schwefel auch in Gegenwart organischer Substanzen erlaubt. Als Grundlage des Verfahrens dienen die Affinität des Schwefels zum metallischen Silber und die Fähigkeit von Kupferoxyd, in der Hitze organische Substanz zu oxydieren.

Arbeitsvorschrift. 1 g Erz wird mit 5 bis 6 g Kupferoxyd und 2 g Calciumoxyd gemischt, in einen Tiegel gebracht und mit weiterem Kupferoxyd bedeckt. Bei Erzen mit mehr als 4% elementarem Schwefel setzt man der Mischung noch 2 bis 3 g Silberpulver zu und bedeckt abwechselnd mit einer Schicht von Kupferoxyd und Silberpulver. Man feuchtet den Tiegelinhalt mit einigen Tropfen Wasser an und glüht ihn. Die Quecksilberdämpfe werden von einem gewogenen Silberblech adsorbiert (s. die Methode von Whitton, S. 396), die Gewichtszunahme des gekühlten Bleches ergibt die Menge des zu bestimmenden Quecksilbers.

Das zur Reduktion zu benutzende Kupferoxyd wird durch Fällen von Kupfer aus schwefelsaurer Kupfersulfatlösung mittels eines Eisendrahtes und anschließendes, mehrstündiges Erhitzen im Eisentiegel dargestellt. Das Silberpulver bereitet man durch Reduktion von Silberchlorid mit Aluminium oder Zink.

3. Reduktion mit Bleichromat.

a) Verfahren von Raaschou. Raaschou verwendet als Reduktionsmittel für die Zersetzung von QuecksilberII-sulfid Bleichromat, da die Anwendung von Kalk hierbei Schwierigkeiten verursacht: Das von ihm benutzte Wägeröhrchen verstopft sich leicht, und der Kalk bewirkt nur eine unvollständige Zersetzung, wobei etwas unzersetztes QuecksilberII-sulfid sublimiert.

Arbeitsvorschrift. (Vgl. Abb. 2.) In ein kleines Wägerohr bringt man ein etwa erbsengroßes Stück Magnesit, anschließend einen Asbestpfropfen, dann den mit Bleichromat gemischten Sulfidniederschlag und schließlich noch einmal Bleichromat. Asbest und Bleichromat werden vorher ausgeglüht. Das Wägerohr befindet sich in einem äußeren Rohr, das am Ende des Innenrohres zu drei Capillaren ausgezogen ist, zwischen denen sich jeweils ein Stück des ursprünglichen Präparaterohrs (des äußeren Rohrs) befindet; die Apparatur ähnelt also einem Drei-Kugelkühler mit je 3,5 cm Abstand der Kugeln. Die erste Kugel, die als Sicherheitsvorrichtung gegen ein Zurücksteigen des Quecksilbers beim Zuschmelzen gedacht ist, wird gleichzeitig mit dem reinen Bleichromat vorgewärmt. Eine Asbestscheibe schützt die anderen Kugeln vor der Hitze. Allmählich erhitzt man auch die Substanz, und zwar so lange, bis keine Gasentwicklung mehr an einem gerade unter eine Wasseroberfläche eingetauchten, mit dem Präparaterohr durch einen Gummistopfen verbundenen, rechtwinklig gebogenen Glasrohr zu sehen ist. In der zweiten Kugel findet die Quecksilberkondensation statt. Die dritte Kugel wird mit Wasser gekühlt, um die letzten Spuren Quecksilber zur Kondensation zu bringen. Schließlich wird die Capillare abgeschmolzen. Über die anschließende mikrometrische Quecksilberbestimmung s. S. 421.

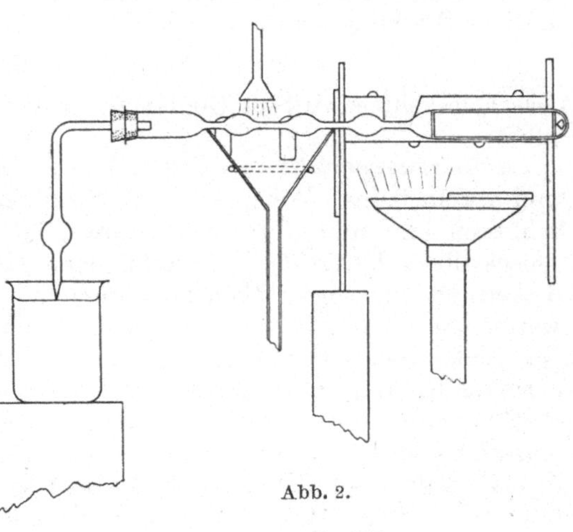

Abb. 2.

b) Verfahren von Booth, Schreiber und Zwick. Booth, Schreiber und Zwick reduzieren das mit Schwefelwasserstoff niedergeschlagene, mit Manganhydroxyd vermischte QuecksilberII-sulfid (s. S. 470) mit Bleichromat.

Arbeitsvorschrift. Das Hydroxyd-Sulfid-Gemisch wird mit 0,5 g bei 500° getrocknetem Bleichromat vermischt und in ein an einem Ende geschlossenes Rohr gebracht, das 0,2 g trockenen Magnesit enthält. Die Beschickung dieses Zersetzungsrohrs hat folgende Reihenfolge (vom geschlossenen Ende aus gesehen): Magnesit, Asbest, Bleichromat mit Substanz, gepulvertes Bleichromat, Bleichromat, Asbest, Soda, Glaswolle. Dieses Rohr wird in ein äußeres Zersetzungsrohr gebracht, das 10 cm vom offenen Ende entfernt eine Verjüngung hat, die zur Adsorption entwickelter Dämpfe mit Glaswolle und 0,2 g Phosphorpentoxyd angefüllt ist. Das offene Ende des äußeren Rohres ist zu einer langen Capillare ausgezogen.

Das Rohr wird so in den Verbrennungsofen gebracht, daß der den Magnesit enthaltende Teil aus dem Ofen nach hinten herausragt. Nun erhitzt man 2 Std. auf 350°, anschließend wird der Magnesit ebenfalls erhitzt, und zwar 2 Std. auf 520° bis 550°, um durch das sich entwickelnde Kohlendioxyd die letzten Spuren Quecksilber zu vertreiben. Das ausgezogene Rohrende wird zur Kondensation des Quecksilbers gekühlt. Nach dem Abkühlen wird die Capillare mit dem Quecksilber abgeschnitten und 2 Std. über Phosphorpentoxyd getrocknet. Über die anschließende mikrometrische Bestimmung s. S. 421.

4. Reduktion mit Kupfer.

Die Reduktion von QuecksilberII-oxyd mit metallischem Kupfer wird von ERDMANN und MARCHAND bereits 1844 zur Atomgewichtsbestimmung von Quecksilber und Schwefel benutzt, die Ausführung entspricht der Reduktion mit Kalk nach TREADWELL, s. S. 369, und wird in ähnlicher Form von KÖNIG 1857 zur Analyse technischen Calciumamalgams angewendet. ROSE (a) führt die Analyse von QuecksilberII-jodid ebenfalls mit Hilfe fein verteilten, metallischen Kupfers durch, das durch Reduktion von Kupferoxyd mit Wasserstoff hergestellt wird.

5. Reduktion mit Natriumcarbonat.

Bei Anwesenheit von QuecksilberI-chlorid und -oxychloriden neben anderen Quecksilberverbindungen stößt die Bestimmung des Gesamtquecksilbergehaltes durch Reduktion auf trockenem Wege infolge der Flüchtigkeit der genannten Verbindungen auf Schwierigkeiten. FAHEY führt darum das QuecksilberI-chlorid durch Erhitzen mit Natriumcarbonat auf 650° in Quecksilber über unter gleichzeitiger Bindung des Chlors als Natriumchlorid und Bestimmung mit Silbernitrat:

$$4\,HgCl + 2\,Na_2CO_3 = 4\,NaCl + 4\,Hg + 2\,CO_2 + O_2.$$

Das Quecksilber wird als Goldamalgam gebunden. Schwefel stört die Bestimmung nicht.

***Arbeitsvorschrift von* FAHEY.** Ein Rohr aus Pyrexglas von etwa 50 cm Länge und 0,8 cm lichter Weite wird auf der einen Seite mit einem Asbestpfropfen verschlossen und mit Untersuchungsmaterial gefüllt, dessen Menge sich nach dem Quecksilbergehalt richtet. Anschließend beschickt man mit einer etwa 2,5 cm dicken Schicht von trockenem, körnigem Natriumcarbonat. Die beiden Schichten werden durch Asbestwatte so getrennt, daß sie sich nicht berühren. Neben das Natriumcarbonat bringt man ein das Rohr in seiner lichten Weite ausfüllendes, gerolltes Goldblech von 6 bis 7 cm Länge. Auf der anderen Seite des Rohres wird über Schwefelsäure getrocknete Luft eingeleitet, die zuerst über das Untersuchungsmaterial, dann über das Natriumcarbonat und schließlich über das Goldblech streicht (4 bis 6 Luftblasen/Sek.). Das Rohr liegt so in einem 15 bis 25 cm langen, horizontalen, elektrischen Ofen, daß das Ende mit dem Goldblech etwa 15 cm vorsteht. Die Ofentemperatur, die mit einem Thermoelement bestimmt wird, wird auf 650° gebracht und 5 Min. konstant gehalten. Die gesamte Erhitzungszeit beträgt 30 bis 45 Min.

Das Quecksilber, das sich an der kühlen Gefäßwand außerhalb des Ofens kondensiert, wird durch vorsichtiges Erhitzen von dort vertrieben und amalgamiert dabei das Goldblech.

Nach dem Abkühlen bestimmt man das Gewicht des Goldblechs und erhitzt es, zunächst vorsichtig, dann stärker, zur Vertreibung des Quecksilbers. Nach dem Abkühlen wägt man wieder. Die Gewichtsdifferenz der beiden Wägungen ergibt den Gesamtquecksilbergehalt. Zur Bestimmung des entstandenen Natriumchlorids wird das Rohr an der Stelle, an der sich die Asbestwatte befindet, also zwischen Untersuchungsmaterial und Natriumcarbonatschicht, auseinandergeschnitten. Das Rohrstück mit der Natriumcarbonatschicht bringt man in ein 250 cm^3-Becherglas, löst den Inhalt in etwa 50 cm^3 Wasser und filtriert. Nun fällt man das Chlorid mit Silbernitrat. Aus der gefundenen Chlormenge berechnet man das ursprünglich vorhandene QuecksilberI-chlorid.

6. Reduktion mit Wasserstoff.

Eine Reihe von QuecksilberII-verbindungen, z. B. das Chlorid, das Bromid und das Jodid, vor allen Dingen jedoch das Sulfid, wird nach TER MEULEN bei genügend hoher Temperatur durch Wasserstoff reduziert. Da die Reduktion des Sulfids besonders leicht vor sich geht, stellt dieses Verfahren eine Möglichkeit zur schnellen und einfachen Bestimmung des Quecksilbers im Zinnober dar.

***Arbeitsvorschrift von* ter Meulen.** In einem Rohr aus durchsichtigem Quarz von etwa 45 cm Länge und 1 cm Durchmesser befindet sich ein mit der zu untersuchenden Substanz beschicktes Schiffchen. Hinter das Schiffchen bringt man eine dicke Schicht reiner Asbestwolle. Das Quarzrohr ist durch Schliff mit einem kleinen, mit Wasser gekühlten, ebenfalls aus Quarz bestehenden U-Rohr verbunden. Eine Asbestscheibe schützt letzteres beim Erhitzen. Schiffchen und Asbestwolle werden in einem Fletcher-Ofen erhitzt, während ein trockener, reiner Wasserstoffstrom durch das Rohr streicht. Man erhitzt so lange, bis das Quecksilber sich verflüchtigt und in dem gekühlten U-Rohr kondensiert hat. Das sich im Anfang in dem kälteren Teil des Quarzrohres absetzende Quecksilber wird durch vorsichtiges Erhitzen vertrieben. Vor dem Wägen leitet man einen trockenen Luftstrom durch das U-Rohr.

***Bemerkungen.* I. Überführung anorganischer Quecksilberverbindungen in das Sulfid.** Während die Reduktion des Sulfids schnell und vollständig vor sich geht, wird das Chlorid bedeutend langsamer reduziert. Beim Jodid läßt sich die Bestimmung ohne Verlust an unzersetzt entweichendem Jodid nicht durchführen. Am besten verwandelt man diese Verbindungen durch Zugabe von Natriumsulfid in Sulfid: Die fein gepulverte Substanz wird in dem Schiffchen mit einer gleichen Menge fein gepulverten Natriumsulfids gemischt, mit einigen Tropfen Wasser angefeuchtet, auf dem Wasserbad getrocknet und, wie oben beschrieben, analysiert. Um ein Umherspritzen kleiner Teile schmelzenden Natriumsulfids bei zu schnellem Erhitzen zu vermeiden, wickelt man das Schiffchen in einen kleinen Filtrierpapierzylinder.

Alle anorganischen Quecksilberverbindungen lassen sich auf diesem Wege bestimmen, da sie leicht in das Sulfid übergeführt werden können.

II. Genauigkeit. Ter Meulen gibt folgende Beleganalysen:

Analysierte Substanz	Gefundene Quecksilbermenge %	Berechnete Quecksilbermenge %
HgS	86,0	86,2
$HgCl_2$	73,5	73,7
	73,5	73,7
HgJ_2	43,9	44,1
	43,8	44,1

III. Anwendung der Methode zur Analyse organischer Quecksilberverbindungen. Die Bestimmungsmethode läßt sich auch auf organische Quecksilberverbindungen anwenden, wie beispielsweise auf die Analyse von Quecksilber- und Quecksilberoxydsalben. Die organischen Verbindungen werden nach der eben gegebenen Arbeitsvorschrift behandelt; enthält die Substanz Halogen, so wird Natriumsulfid hinzugefügt. Zum Entfernen etwa entstandener, fester Kohlenwasserstoffe, wie Naphthalin, die sich mit dem Quecksilber im U-Rohr absetzen würden, wäscht man mit etwa 10 cm^3 Petroleum. In den rechten Teil des U-Rohres bringt man einen Asbestpfropfen, der verhüten soll, daß kleine Quecksilberkugeln beim Hindurchleiten trockener Luft von dieser mitgerissen werden. Hierauf wird gewogen.

Ergebnisse der Analyse organischer Substanzen:

Analysierte Substanz	Gefundene Quecksilbermenge %	Berechnete Quecksilbermenge %
$(C_6H_5)_2Hg$	56,4	56,6
$(C_2H_5S)_2Hg$	62,0	62,1
$(CH_3)_2CH \cdot S \cdot HgCl$	64,5	64,5
$(CH_3)_2CH \cdot CH_2 \cdot S \cdot HgCl$	61,7	61,7
$(C_6H_3O_6)_2Hg_3 \cdot 1\frac{1}{2}H_2O$	61,9	62,0

B. Reduktion auf nassem Wege.

1. Reduktion mit unterphosphoriger bzw. phosphoriger Säure.

Die Methode beruht auf dem Verhalten schwach saurer QuecksilberI- und -II-salze gegen unterphosphorige Säure, die beim Erwärmen alles Quecksilber aus dem Quecksilbersalz als Metall abscheidet. Dieses wird dann entweder als Metall gewogen oder jodometrisch bestimmt.

WINKLER (a) benutzt in den meisten Fällen Calciumhypophosphit (nur falls Calciumsalze störend wirken, die Natrium- bzw. Kaliumverbindung) als am besten geeignetes Fällungsmittel. Die Fällung wird in salpetersaurer Lösung durchgeführt. Die Bestimmung ist bei nicht zu kleinen Quecksilbermengen in Anwesenheit von Blei, Zink und Cadmium durchführbar, nicht aber in Gegenwart von Kupfer und Silber. Alkalinitrate, auch Ammoniumnitrat, beeinflussen das Ergebnis nicht. Nach Versuchen von WINKLER (a) eignet sich das Verfahren am besten für Quecksilbermengen zwischen 1,0 und 0,5 g in 100 cm^3 Lösung.

***Arbeitsvorschrift von* WINKLER (a).** Man versetzt die salpetersaure Lösung, die zwischen 1,00 bis 0,05 g Quecksilber enthält, in einem 200 cm^3-Becherglas tropfenweise mit 10%iger Natronlauge bis zur gerade eintretenden Trübung, verdünnt dann auf 100 cm^3 und macht die Lösung mit 5 cm^3 10%iger Salpetersäure schwach sauer. Nachdem man zu der vollkommen klaren Lösung 10 cm^3 Calciumhypophosphitlösung hinzugefügt hat, erwärmt man das bedeckte Becherglas auf einer Asbestkochplatte mit sehr kleiner Flamme. Das Quecksilber wird als dunkelgraues Pulver abgeschieden und sammelt sich in kleinen, glänzenden Kügelchen am Boden des Becherglases. Es wird etwas Stickstoffdioxyd entwickelt. Man erwärmt bis zum Siedepunkt, vermeidet aber jegliches Kochen. Das bedeckte Becherglas bleibt über Nacht stehen. Anschließend bestimmt WINKLER (a) das Quecksilber durch Wägen als Metall, s. S. 395.

***Bemerkungen.* I. Genauigkeit.** Die Versuche, die von WINKLER (a) mit einer Lösung von reinstem Quecksilber in Salpetersäure durchgeführt wurden (1000 cm^3 enthielten 10,8318 g Quecksilber), ergaben stets etwas zu niedrige Werte, so daß mit einem Verbesserungswert von + 1,3 mg gearbeitet werden muß.

II. Die **Bestimmung von QuecksilberII-chlorid** läßt sich ebenfalls nach diesem Verfahren ausführen. Man versetzt 100 cm^3 der zu untersuchenden Lösung, die einen Quecksilbergehalt von etwa 0,50 bis 0,05 g haben soll, mit 10 cm^3 rauchender Salzsäure (D 1,18 bis 1,19). Nun fügt man 10 cm^3 Calciumhypophosphitlösung hinzu und erwärmt, wie bei der Bestimmung des Quecksilbers in salpetersaurer Lösung beschrieben worden ist. Zuerst scheidet sich ein voluminöser Niederschlag von QuecksilberI-chlorid ab, der sich beim Erwärmen des bedeckten Becherglases zersetzt; das Quecksilber sammelt sich in Kügelchen am Boden des Gefäßes. Das weitere Verfahren entspricht dem für die Anwendung von Salpetersäure beschriebenen.

III. Zur **Herstellung der Calciumhypophosphitlösung** übergießt man 10 g der käuflichen Verbindung $Ca(H_2PO_2)_2$ mit 90 cm^3 Wasser und erwärmt auf dem Dampfbad unter öfterem Umschwenken bis zur vollständigen Auflösung. Dann filtriert man durch einen kleinen Wattebausch und ergänzt das Filtrat auf 100 cm^3.

IV. Anwendung als Halbmikromethode. Die Methode kann nach WINKLER (b) als Halbmikroverfahren angewendet werden. Dazu wird die etwa 20 cm^3 betragende Lösung, die ungefähr 0,1 g Quecksilber enthält, mit 2 cm^3 Salpetersäure oder mit 5 cm^3 rauchender Salzsäure versetzt, je nachdem ob eine neutrale oder salzsaure Lösung vorliegt. In die Flüssigkeit streut man 0,2 g Calciumhypophosphit und erwärmt die Flüssigkeit mit sehr kleiner Flamme allmählich bis zum Aufkochen. Die Reduktion ist in etwa 10 Min. beendigt. Das Quecksilber wird auf einen kleinen Wattebausch gebracht und mit 10 cm^3 Wasser und anschließend mit 5 bis 6 cm^3 Weingeist gewaschen und 10 Min. lang getrocknet. Der Verbesserungswert beträgt + 0,5 mg.

V. Ähnliche Methoden. α) Methode von ROSENDAHL. Eine weitere Methode der Reduktion mit Hypophosphit — benutzt wird das Natriumsalz — gibt ROSENDAHL an zur Analyse von quecksilberhaltigen Erzen, Schlacken oder anderen Rückständen.

β) Methode von ROBINSON. Die von ROBINSON ausgearbeitete Methode — Fällung des Quecksilbers mit unterphosphoriger Säure, Filtrieren durch ein Filter mit Papierbrei und anschließende Jodtitration — gibt sowohl bei großen als auch bei kleinen Quecksilbermengen befriedigende Ergebnisse. Das Quecksilber ist auch in Gegenwart von Kupfer nach vorherigem Zufügen von Natriumchlorid bestimmbar.

Arbeitsvorschrift. Die Quecksilbersalzlösung wird in einem Kolben mit Glasstöpsel mit Wasser auf 200 cm^3 verdünnt und mit so viel Salzsäure versetzt, daß 5 cm^3 2n Salzsäure im Überschuß vorhanden sind. Nun fügt man 2 g Natriumchlorid und 0,010 g Papierbrei hinzu sowie 30 cm^3 unterphosphorige Säure vom spezifischen Gewicht 1,137. Durch das Hinzufügen des Papierbreies wird das Quecksilber beim Ausfällen an der Papieroberfläche festgehalten und ist infolge seiner feinen Verteilung sehr reaktionsfähig, so daß die Jodreaktion beschleunigt wird. Dies ist bei der Anwendung von 0,01 n Lösungen von großem Vorteil. Nachdem die Lösung über Nacht gestanden hat, erhitzt man sie 15 Min. auf dem Wasserbad; längeres Erhitzen und höhere Temperaturen bedingen Quecksilberverluste. Nach 20 Min. langem Stehen saugt man über Papierbrei ab und wäscht Flasche und Filter mit kaltem Wasser nach. Zur Herstellung des Papierbreies digeriert man Filtrierpapier mit 17%iger Salzsäure und wäscht bis zur Säurefreiheit aus. Quecksilber und Papierbrei werden wieder in die ursprüngliche Flasche gebracht und mit 100 cm^3 Wasser und 2 cm^3 30%iger Essigsäure versetzt. Dann fügt man mindestens doppelt soviel 0,01 n Jodlösung hinzu, wie der Quecksilbermenge entspricht, und 2 g Kaliumjodid. Unter öfterem Umschütteln läßt man $^1/_2$ Std. stehen, versetzt mit einem Überschuß an 0,01 n Thiosulfatlösung (1 cm^3 Überschuß genügt) und titriert mit 0,01 n Jodlösung auf schwache Blaufärbung in Gegenwart von Stärke als Indicator. 1 cm^3 0,01 n Jodlösung entspricht 0,0010 g Quecksilber. Durch einen Blindversuch wird die zur Hervorrufung der Blaufärbung in Gegenwart des Papierbreies notwendige Jodmenge festgestellt und von dem Analysenwert subtrahiert.

Bemerkungen. Bei der Untersuchung von QuecksilberII-chloridlösungen liegen die Ergebnisse immer etwas zu niedrig — bei Quecksilbermengen zwischen 0,002 und 0,030 g werden im Durchschnitt etwa 0,3 mg zu wenig gefunden — wohl infolge der Flüchtigkeit des Quecksilbers, die durch einen Überschuß an Salzsäure begünstigt wird. Bei Vorhandensein von etwa 0,01 g Quecksilber stellen 5 cm^3 0,2 n Salzsäure bei einem Gesamtvolumen von 100 bis 200 cm^3 die maximal zulässige Menge dar. Die Lösungen dürfen auch keinesfalls zu konzentriert sein. Die Gefahr der Quecksilberverflüchtigung wird durch das Erhitzen noch vergrößert, doch sind zur vollständigen Reduktion von QuecksilberI-chlorid Temperaturen von rund 80° erforderlich, die in kurzer Zeit erreicht werden müssen. ROBINSON erhitzte etwa 10 Min. bis zur Erreichung der Maximaltemperatur von 85°.

Während ein Überschuß an unterphosphoriger Säure bei Lösungen, die nur Quecksilber enthalten, keine Rolle spielt, ist er in Gegenwart von Kupfer, Eisen und anderen reduzierbaren Stoffen unbedingt notwendig, da sonst keine vollständige Ausfällung des Quecksilbers erfolgt. In Gegenwart der erwähnten Stoffe fallen die Ergebnisse andernfalls in der Regel um 0,5 mg zu niedrig aus.

In Anwesenheit von Aluminiumverbindungen muß ein Überschuß an Salzsäure vorhanden sein, um eine Ausfällung von Hydroxyd oder Phosphat zu verhindern.

Kupfer beeinflußt die Ergebnisse nicht, wenn man mit einer genügend sauren, mit Natriumchlorid versetzten Lösung arbeitet und die unterphosphorige Säure stark im Überschuß hält.

Über die Anwendung des Verfahrens bei Anwesenheit von organischen Substanzen s. S. 542, Abschnitt f).

γ) Methode von HOWARD. Bei der Bestimmung des Quecksilbers mit Hilfe der Reduktionswirkung der unterphosphorigen Säure geben die verschiedenen Verfahren, ebenso wie bei der Reduktion mit Calciumphosphat, infolge der Flüchtigkeit des Quecksilbers zu niedrige Werte. HOWARD, der die Reduktion mit unterphosphoriger Säure in der Wärme vornimmt und dann als metallisches Quecksilber wägt, sucht die Ergebnisse durch Benutzung einer großen Einwage (bis zu 5 g Substanz) zu verbessern. Wie sich aus dem Partialdruck berechnen läßt, ist die Flüchtigkeit des Quecksilbers bei 100° schon beträchtlich; die Ausführung der Reduktion in der Kälte ist leider unvollständig.

δ) Methode von MOSER und NIESSNER. Dem durch das Erhitzen verursachten Nachteil der erhöhten Flüchtigkeit des Quecksilbers läßt sich nach MOSER und NIESSNER leicht durch Aufsetzen eines etwa 35 bis 50 cm langen Steigrohres auf das Erhitzungsgefäß begegnen. Das Steigrohr wirkt als Luftkühler und muß durch Glasschliff eingesetzt sein, um Verbindungen mittels Gummirohrs zu vermeiden, da sonst der Schwefel des Gummis Quecksilber binden und so zu falschen Ergebnissen führen würde.

Arbeitsvorschrift. QuecksilberI-chlorid und -sulfat werden zur Bestimmung wegen ihrer Schwerlöslichkeit nur in Wasser aufgeschlämmt, QuecksilberII-nitrat wird ohne Säurezugabe reduziert, um die durch das sonst entstehende Königswasser ausgeübte lösende Wirkung auf Quecksilber zu vermeiden. Die Reduktion geht in dem Fall allerdings mit geringer Geschwindigkeit vor sich.

Es wird käufliche unterphosphorige Säure in 0,5 und 0,25 mol Lösung benutzt. Die Konzentration des Fällungsmittels hat keinen Einfluß auf das Ergebnis. Fett und Kieselsäure müssen unbedingt abwesend sein, da die Quecksilberkügelchen sonst nicht zusammenfließen.

Die von Salpetersäure freie QuecksilberII-chloridlösung wird mit einem Überschuß etwa 0,5 mol unterphosphoriger Säure unter Umschwenken auf dem Wasserbad erwärmt und mit 8 bis 10 cm³ konzentrierter Salzsäure versetzt, die die Bildung von schwerlöslichem QuecksilberI-chlorid und dadurch eine Verzögerung der Umsetzung verhindert. Bei Zugabe von zu wenig Salzsäure oder beim Vorliegen eines zu großen Flüssigkeitsvolumens beansprucht die Abscheidung längere Zeit. Quecksilber ist zwar in konzentrierter Salzsäure etwas löslich, doch kann man auch in Anwesenheit von unterphosphoriger Säure unbedenklich auf je 50 cm³ Lösung 10 cm³ Salzsäure vom spezifischen Gewicht 1,19 bei Wasserbadtemperatur zusetzen, ohne daß Quecksilber in Lösung geht. Der Niederschlag setzt sich in Form vieler Kügelchen ab. Ein Überzug des Quecksilbers mit einer grauen Haut deutet auf Mangel an unterphosphoriger Säure hin und kann durch nachträgliche Zugabe letzterer behoben werden. Die Menge der benutzten unterphosphorigen Säure wechselte zwischen 50 und 150 cm³. Das Quecksilber wird von MOSER und NIESSNER als Metall gewogen, s. S. 396.

Bemerkungen. *Genauigkeit.*

Angewendete Menge Quecksilber (g):	0,4978	0,6054	0,2018	0,4978	0,2018	0,0476	0,0238
Gefundene Menge Quecksilber (g):	0,4978	0,6048	0,2018	0,4975	0,2017	0,0473	0,0238

VI. Reduktion mit phosphoriger Säure. Über die Reduktion mit phosphoriger Säure schreibt ROSE (a): „Die Lösungen der Quecksilberverbindungen werden, wenn Salzsäure vorhanden ist, durch phosphorige Säure bei gewöhnlicher Temperatur nur zum 1wertigen Salz reduziert. Man kann die Temperatur bis 60° steigern, ohne daß ein Überschuß von phosphoriger Säure das QuecksilberI-chlorid zum Metall reduziert. Erst wenn diese Temperatur überschritten und bis zum Kochen gesteigert worden ist, findet, und dann besonders nur bei Gegenwart von freier Salzsäure oder Schwefelsäure, die Reduktion zum Metall statt. Es ist aber vorzuziehen, Quecksilber nur bis zum Chlorür zu reduzieren." ROSE benutzt die beim Zerfließen des Phosphors in feuchter Luft neben Phosphorsäure entstehende phosphorige Säure.

Bei der Reduktion des 2wertigen Jodids gelangen MOSER und NIESSNER in Übereinstimmung mit HOWARD stets nur zum QuecksilberI-jodid als Reduktionsprodukt.

2. Reduktion mit ZinnII-chlorid.

Die Reduktion der Quecksilberverbindungen mit ZinnII-chlorid gehört zu den ältesten Methoden der analytischen Chemie.

Allerdings wurde die Methode, die sowohl auf 1- als auch auf 2wertiges Quecksilber anzuwenden ist, wenig gebraucht; sie ergab in den meisten Fällen mehr oder weniger große Quecksilberverluste. So weist ROSE (b) auf die Schwierigkeiten hin, die besonders darin bestehen, daß man das reduzierte Metall oft sehr schwer zu größeren Metallkugeln vereinigen kann und es auch als schwarzes Pulver erhält, das Verunreinigungen einschließen kann. Jedenfalls erzielt man nur genaue Resultate, wenn man mit größter Vorsicht und Reinlichkeit arbeitet unter Benutzung von Gefäßen, die vollkommen von jeder Fetthaut frei sind.

Auch HOWARD stellt fest, daß ZinnII-chlorid kein zweckmäßiges Reduktionsmittel ist, da die Reduktion langsam verläuft und ungenaue Resultate ergibt.

Es treten nicht nur Quecksilberverluste infolge der Schwierigkeit des Filtrierens etwa vorhandener sehr kleiner Quecksilberteilchen auf, sondern auch infolge der Flüchtigkeit der Quecksilberverbindungen bei den zur Reduktion erforderlichen, erhöhten Temperaturen und teilweise auch beim Trocknen. So finden SCHUMACHER II und JUNG (a) sowie FARUP nach einem von JOLLES angegebenen Verfahren der Bestimmung des bei 70 bis 80° in salzsaurer Lösung mit ZinnII-chlorid ausgefällten, an körnigem Gold adsorbierten und aus der Gewichtszunahme bestimmten Quecksilbers zu niedrige Werte. Das Trocknen wird von JOLLES bei 40° durchgeführt.

a) Verfahren von SCHUMACHER II und JUNG (a). Arbeitsvorschrift. Die quecksilberhaltige Lösung, hier durch Behandlung von Harn mit Kaliumchlorat und Salzsäure erhalten, vgl. S. 535, wird erwärmt und die noch warme Lösung mit 10 bis 20 cm³ ZinnII-choridlösung versetzt. Nach der vollständigen Reduktion wird über Goldasbest, in dem noch freie Goldkörnchen verteilt sind, filtriert, mit verdünnter Salzsäure und anschließend mit Wasser ausgewaschen, dann 3mal mit Alkohol und 3mal mit Äther nachgespült. Das Röhrchen mit dem Goldasbest wird in einem trockenen Luftstrom bis zur Gewichtskonstanz getrocknet. Nachdem das Quecksilber durch starkes Glühen verdampft worden ist, wird eine zweite Wägung vorgenommen. Aus der Differenz der beiden Wägungen ergibt sich die Quecksilbermenge.

Bemerkungen. Diese Methode gibt nach FARUP gute Ergebnisse; für Serienbestimmungen ist sie jedoch zu zeitraubend, da in 24 Std. nur 3 bis 4 Analysen ausgeführt werden können.

b) Verfahren von FARUP. Arbeitsvorschrift. Etwa 1 l der zu untersuchenden Flüssigkeit (Harn) wird mit 3 bis 4 cm³ konzentrierter Salzsäure versetzt und in einem starkwandigen Kolben mit einem kurzen, aufgesetzten Kühler auf dem Wasserbad auf 70 bis 80° erwärmt. Anschließend wird nach Zugabe von 6 g Zinkstaub 2 Min. lang kräftig geschüttelt. Man filtriert durch eine an den Tiegel fest angesaugte Schicht von Asbest. Der Asbest wird nebst dem abfiltrierten Zinkstaub in den Kolben mit dem restlichen Zinkstaub zurückgebracht und der Tiegel mit 80 cm³ verdünnter Salzsäure (1:1) nachgespült. Nach Zugabe von 3 g Kaliumchlorat wird ein Kühler auf den Kolben aufgesetzt und der Kolbeninhalt auf dem Wasserbad zur vollständigen Auflösung gebracht. Die erkaltete Lösung filtriert man durch ein gehärtetes Filter in einen 200 cm^3-Kolben und erwärmt das Filtrat auf 60°. Nun versetzt man mit etwa 15 bis 20 cm^3 einer frisch bereiteten ZinnII-chloridlösung (durch Kochen von überschüssigem Zinn mit konzentrierter Salzsäure und Filtrieren durch ein gehärtetes Filter hergestellt), bis die grüne Chlorfarbe verschwindet. Das ausgefallene Quecksilber wird in ein mit einer 10 mm hohen Schicht von Goldasbest und etwas Seidenasbest beschicktes Filterröhrchen abfiltriert. Das Filtrat muß klar sein. Die Filterschicht wäscht man 3mal mit verdünnter Salzsäure, anschließend mit Wasser, Alkohol und zuletzt mit Äther aus, saugt 10 Min. lang ab und trocknet durch 25 bis 30 Min. langes Einleiten von trockener Luft. Die Gewichtszunahme des Rohres ergibt die Menge des adsorbierten Quecksilbers.

c) Verfahren von Willard und Boldyreff. Die beiden Autoren kommen zu dem Ergebnis, daß die Reduktion der Quecksilbersalze mit ZinnII-chlorid bei Anwendung eines großen Überschusses an ZinnII-chlorid in stark saurer Lösung quantitativ verläuft. Der Niederschlag wird dann in leicht filtrierbarer Form erhalten, und zwar sowohl aus reiner QuecksilberII-choridlösung als auch in Gegenwart von Eisen, Blei, Cadmium, Kupfer, Antimon, Wismut sowie von Nitrat und Sulfat.

Arbeitsvorschrift. Zu 50 cm^3 der kalten, neutralen Quecksilbersalzlösung fügt man 25 cm^3 konzentrierte Salzsäure und 5 cm^3 frisch filtrierte ZinnII-choridlösung, die 1,125 g $SnCl_2 \cdot 2\,H_2O$ je Kubikzentimeter, in Salzsäure (D 1,09) gelöst, enthält und über metallischem Zinn aufbewahrt wird, hinzu. Man rührt um und läßt absitzen oder zentrifugiert. Das Absitzen ist in der Regel in 30 Min. bis 1 Std. beendet. Man filtriert durch einen mit Aceton und trockener Luft getrockneten Filtertiegel, wäscht zur Vermeidung der Hydrolyse der Zinnsalze zuerst mit verdünnter Salzsäure (1:1), dann mit Wasser und Aceton aus. Man trocknet durch 5 Min. langes Hindurchsaugen von über Calciumchlorid getrockneter Luft und wägt. Der Flüchtigkeit des Quecksilbers ist durch eine Korrektur von + 1 mg Rechnung zu tragen.

d) Verfahren von Streng. Die Reduktion mittels ZinnII-chlorids mit anschließender titrimetrischer Bestimmung des Überschusses an ZinnII-chlorid wird schon von Streng im Jahre 1854 beschrieben.

Arbeitsvorschrift. Nach dem Lösen der Verbindung in Salzsäure wird eine empirisch auf Chromsalz eingestellte ZinnII-chloridlösung im Überschuß zugegeben. Durch Erwärmen erreicht man noch unterhalb des Siedepunkts vollständige Reduktion und Zusammenballen des metallischen Quecksilbers. Nach dem Filtrieren und Auswaschen wird der Überschuß an ZinnII-chloridlösung mit Kaliumdichromat in Gegenwart von Kaliumjodidlösung und Stärke bestimmt.

e) Verfahren von Dunnicliff und Suri. In etwas veränderter Weise führen Dunnicliff und Suri die Reduktion mit ZinnII-chlorid durch. Sie gehen von QuecksilberII-chlorid aus und reduzieren mit ZinnII-chlorid in Gegenwart von EisenIII-alaun. An Hand der Bestimmung des nicht reduzierten Eisenalauns mit TitanIII-chlorid schließen sie aus dem Verbrauch an ZinnII-chlorid auf die Menge des vorhandenen Quecksilbers.

Bromid wird durch Einleiten von Chlorgas in Chlorid übergeführt und der Überschuß an Chlor durch Erwärmen auf dem Wasserbad und durch Einleiten von kohlendioxydfreier Luft entfernt. Das in Königswasser gelöste Sulfid wird in Gegenwart eines Überschusses an Salzsäure auf dem Wasserbad zur Trockne eingedampft. Entsprechend dem Quecksilberverlust beim Eindampfen fallen allerdings die Ergebnisse um 1% zu niedrig aus.

Arbeitsvorschrift. An Lösungen werden gebraucht: eine unter Kohlendioxydatmosphäre aufbewahrte ZinnII-chloridlösung bekannten Gehalts, eine eingestellte TitanIII-chloridlösung und eine EisenIII-alaunlösung. Der Titer der Zinn- bzw. der Titanchloridlösung muß täglich neu bestimmt werden. Man mischt in einem Meßzylinder unter ständigem Einleiten von Kohlendioxyd gleiche Teile von ZinnII-chloridlösung und 25%iger Natriumtartratlösung. Die vorhandene Salzsäure wird mit einer berechneten Menge Natriumhydrogencarbonat neutralisiert und die Lösung auf 80 bis 90 cm³ verdünnt. Unter starkem Rühren wird, immer in Kohlendioxydatmosphäre, ein bekannter Überschuß an EisenIII-alaunlösung zugesetzt.

Das Verfahren wird wiederholt, nachdem man vor dem Verdünnen 10 cm³ der zu untersuchenden QuecksilberII-chloridlösung zugesetzt hat. Das abgeschiedene Quecksilber wird im Kohlendioxydstrom schnell in einen GOOCH-Tiegel abfiltriert, während das Filtrat in einer mit Kohlendioxyd gefüllten Bürette gesammelt wird. Als Filterschicht benutzt man eine doppelte Lage von Bariumsulfatfiltrierpapier und Asbest. Von dem Filtrat gibt man nun 10 cm³ zu einem Überschuß heißer, eingestellter EisenIII-alaunlösung. Die nicht zur Reduktion des QuecksilberII-salzes verbrauchte ZinnII-chloridlösung reduziert den EisenIII-alaun. Durch Zugabe von Salzsäure wird die Reduktion zu 2wertigem Eisen erleichtert. Der Überschuß an EisenIII-alaun wird mit TitanIII-chloridlösung bestimmt.

Bemerkungen. *I. Genauigkeit.* Nach den Beleganalysen schwankt der Fehler von — 0,22% bis + 0,55% bei Lösungen mit 34,002 bis 5,420 g QuecksilberII-chlorid im Liter.

II. Ersatz der TitanIII-chloridlösung durch Jodlösung. Die Quecksilberbestimmung kann auch mit Jodlösung durchgeführt werden. Das nach Ausfällen und Abfiltrieren des Quecksilbers in der Bürette gesammelte Filtrat wird mit einem bekannten Überschuß einer eingestellten Jodlösung versetzt, und zwar mit einer größeren Menge, als zur Oxydation des ZinnII-chlorids im Filtrat erforderlich ist. Der Überschuß wird, wie üblich, mit Thiosulfatlösung bestimmt. Die Genauigkeit dieser Methode entspricht der der Bestimmung mit TitanIII-chlorid.

III. Anwendungsbereich. Die beiden angegebenen Verfahren (Bestimmung mit TitanIII-chloridlösung bzw. mit Jodlösung) eignen sich am besten für QuecksilberII-chloridlösungen, deren Konzentration zwischen 0,125 n und 0,025 n liegt.

Über die Reduktion mit ZinnII-chlorid in Gegenwart von Kupfer s. S. 389.

3. Reduktion mit Kalium-ZinnII-chlorid.

RAGNO *empfiehlt zur Reduktion mit anschließender maßanalytischer Bestimmung Kalium-ZinnII-chlorid, das sich entsprechend der Gleichung umsetzt:*

$$HgCl_2 + K_2SnCl_4 \cdot 2\,H_2O = Hg + 2\,KCl + SnCl_4 + 2\,H_2O.$$

Das überschüssige Kalium-ZinnII-chlorid wird mit Permanganat zurücktitriert.

Arbeitsvorschrift. In einem 250 cm³ fassenden Becherglas fügt man zu 200 cm³ Wasser 10 cm³ konzentrierte Salzsäure und etwa 1 g Natriumhydrogencarbonat hinzu. Noch während der Kohlendioxydentwicklung löst man eine abgewogene Menge Kalium-ZinnII-chlorid, $K_2\,SnCl_4 \cdot 2\,H_2O$, unter Umrühren und schließlich eine abgewogene Menge der zu bestimmenden, QuecksilberII-chlorid enthaltenden Substanz. Die Reduktion zu Quecksilber geht schnell vor sich. Nachdem man einige Minuten stehen gelassen hat, titriert man den Überschuß an Kalium-ZinnII-chlorid mit 0,1 n Kaliumpermanganatlösung zurück.

4. Reduktion mit Zinnamalgam.

Nach TANANAJEW und DAWITASCHWILI *werden* durch Zinnamalgam sowohl 1- als auch 2wertige *Quecksilber-Ionen leicht zum Metall reduziert, das vom Amalgam aufgenommen wird.* Im ersten Fall scheidet sich dabei gleich das Metall ab, während bei der Reduktion des 2wertigen Quecksilbers sich zuerst das 1wertige Chlorid niederschlägt, das sich dann unter Reduktion zum Metall schwärzt. Die Bestimmung wurde sowohl bei QuecksilberII- als auch bei QuecksilberI-chlorid durchgeführt.

Die Reduktion wird in einer an Salzsäure 1 bis 2 n Lösung unter Erwärmen der Flüssigkeit auf 60 bis 70° unter gutem Durchschütteln ausgeführt und dauert etwa 5 Min. Längere Reduktionsdauer sowie ein höherer Säuregrad führen zu allmählich anwachsenden, zu hoch liegenden Ergebnissen infolge der Reaktion

$$2\,H^{\cdot} + Sn \rightarrow Sn^{\cdot\cdot} + H_2.$$

Die Reduktion in der Kälte erfordert längere Zeit, bis zu 30 Min. Auch QuecksilberI-chlorid wird trotz seiner geringen Löslichkeit in einer an Säure 2 n Lösung von Zinnamalgam in 5 Min. reduziert.

Das entstehende ZinnII-salz wird entweder mit Kaliumdichromat in Gegenwart von Diphenylamin oder mit Kaliumpermanganat titriert. Zur Reduktion benutzt man eine von SOMEYA entwickelte Apparatur und arbeitet in Kohlendioxydatmosphäre.

***Arbeitsvorschrift von* TANANAJEW *und* DAWITASCHWILI *unter Benutzung der Apparatur von* SOMEYA.** **Apparatur.** Das Reduktionsgefäß ist in Abb. 3 dargestellt. Es besteht aus dem Scheidetrichter A mit 10 cm³ Fassungsvermögen, der durch den Hahn a mit dem größeren Scheidetrichter B mit 150 bis 200 cm³ Fassungsvermögen verbunden ist. Dieser trägt ein durch den Hahn b abzuschließendes Gaseinlaßrohr D. C ist eine kleine Flasche von 15 bis 20 cm³ Inhalt, die mit dem Rohr des Scheidetrichters B durch einen Gummischlauch E verbunden ist, der durch den Quetschhahn e verschlossen werden kann.

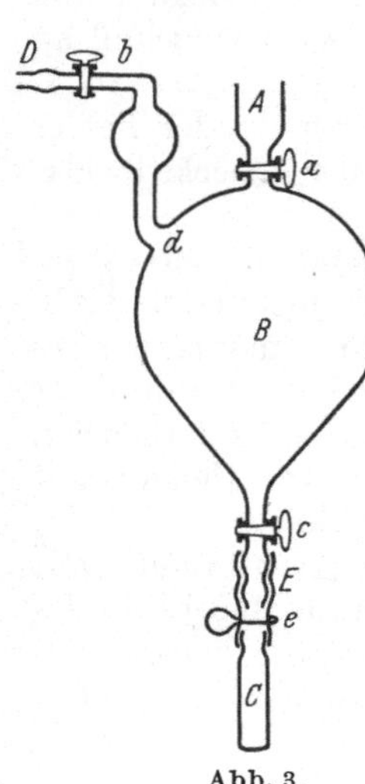

Abb. 3.

Arbeitsweise. Die Flasche C und der Gummischlauch E werden mit frisch ausgekochtem Wasser gefüllt. In den Scheidetrichter B gibt man etwa 1 cm³ Wasser. Der unten an dem Scheidetrichter B befindliche Hahn c und der Quetschhahn e werden geschlossen, nachdem man durch Zusammendrücken des Gummischlauches die Luftblasen aus E und C verdrängt hat. 100 bis 200 g Zinnamalgam werden mit der zu untersuchenden Substanz durch den Trichter A nach B gebracht. Durch Einleiten von Kohlendioxyd durch das Gaseinleitungsrohr D wird die Luft aus B entfernt. Darauf schließt man die Hähne und schüttelt gut durch. Nach vollständiger Reduktion wird der Hahn c geöffnet und der Gummischlauch E zusammengepreßt. Dadurch tritt das Amalgam zunächst in den Raum oberhalb des Hahns e und nach Öffnen von e in die kleine Flasche C, das Wasser füllt dann den Platz des Amalgams in B aus. Beim Hinaufsteigen wäscht das Wasser das Amalgam aus. Nachdem alles Amalgam von der Lösung getrennt ist, titriert man die Lösung in B. Man bringt zu diesem Zweck eine Kaliumdichromatlösung bekannten Gehalts (0,1 n) mit Hilfe des Trichters A nach B. Da das ursprünglich vorhandene Kohlendioxyd von dem Wasser gelöst und dadurch eine Druckverminderung in der Apparatur herbeigeführt wird, entsteht beim Einführen der Titrierlösung keine Schwierigkeit.

Bemerkungen. **I. Genauigkeit.** Beim Titrieren mit 0,1 n Kaliumdichromatlösung erhielten TANANAJEW und DAWITASCHWILI folgende Ergebnisse:

Angewendete Hg_2Cl_2-Menge (g)	0,3500	0,5000	0,6962	0,7000
Gefundene Hg_2Cl_2-Menge (g)	0,3496	0,4996	0,6966	0,6994
Angewendete Hg_2Cl_2-Menge (g)	0,2000	0,2361	0,3500	1,0000
Gefundene Hg_2Cl_2-Menge (g)	0,1988	0,2356	0,3474	1,0010

II. Zur Darstellung des Zinnamalgams löst man granuliertes Zinn unter Erwärmen in unter Salzsäure aufbewahrtem Quecksilber. Am geeignetsten ist 8%iges Amalgam.

5. Reduktion mit arseniger Säure bzw. mit Natriumarsenit.

Eine Quecksilbersalzlösung, die mit Natronlauge alkalisch gemacht und mit einer alkalischen Lösung von arseniger Säure versetzt wird, scheidet nach kurzem Erhitzen das Quecksilber als Metall aus. Diese Methode wurde 1889 zuerst von FEIT ausgearbeitet, vgl. dazu auch REICHARD. Liegt 1wertiges Quecksilber allein oder zusammen mit 2wertigem vor, so wird mit überschüssiger Salpetersäure in der Wärme oxydiert; die Gegenwart von Salpetersäure stört die Bestimmung nicht.

Aus der Menge der verbrauchten arsenigen Säure wird die vorhandene Quecksilbermenge berechnet.

a) Verfahren von FEIT bzw. von REINTHALER. Nach der von FEIT ausgearbeiteten Methode bekommt man stets zu hohe Ergebnisse. Diese Tatsache sucht REINTHALER durch die Annahme zu erklären, daß während der Bestimmung entweder eine Verflüchtigung oder eine Oxydation der arsenigen Säure stattfindet. Um eine Oxydation der bei der Bestimmung zu verwendenden arsenigen Säure durch den Luftsauerstoff zu verhindern, hält REINTHALER bei seinen Analysen den Sauerstoff durch Einleiten von Kohlendioxyd fern.

Arbeitsvorschrift von FEIT in der Ausführungsform von REINTHALER. Die in einem Kolben befindliche QuecksilberII-chlorid- oder -nitratlösung wird, nach Abstumpfen der freien Säure mit Natronlauge, mit einem Überschuß an $n/_{10}$ oder $n/_{15}$ Arsenitlösung versetzt. Ein weißer ArsenIII-niederschlag fällt aus. Man vertreibt die in dem Kolben befindliche Luft nun durch Einleiten von Kohlendioxyd, das man vorher durch eine mit Natriumhydrogencarbonatlösung beschickte Waschflasche leitet. Das zum Einleiten benutzte Rohr endet 2 oder 3 cm über der Flüssigkeitsoberfläche. Es ist in der Höhe der Kolbenöffnung zu einer Kugel aufgeblasen, die den Kolben verschließt und so die Benutzung eines Stopfens entbehrlich macht. Unter fortdauerndem Durchleiten eines schwachen Kohlendioxydstroms erwärmt man auf dem Wasserbad und schüttelt häufig um. Der zuerst gelbliche Niederschlag wird grünlichgrau und ballt sich dann zusammen. Die Reduktion geht um so schneller vor sich, je größer der Überschuß an arseniger Säure, je stärker ihre Konzentration und je besser die Durchmischung ist. Nach vollständiger Reduktion, die etwa $1/_2$ bis $1^1/_2$ Std. in Anspruch nimmt, liegt als Niederschlag ein schwärzlichgraues „fließendes" Pulver vor. Nach dem Abkühlen versetzt man die farblose Flüssigkeit mit überschüssiger $n/_{10}$ oder $n/_{15}$ Jodlösung und titriert mit Arsenitlösung zurück. Das als Kügelchen vorliegende Quecksilber stört dabei nicht.

Bemerkungen. Bei der Titration von 10 cm³ QuecksilberII-chloridlösung mit 0,1477 g Quecksilber wurden 0,1481, 0,1475 und 0,1477 g Quecksilber gefunden. Bei der Titration von 29,75 cm³ QuecksilberII-chloridlösung mit 0,4423 g Quecksilber betrug das Ergebnis 0,4426 g Quecksilber, in 40 cm³ QuecksilberII-chloridlösung mit 0,5912 g Quecksilber wurden 0,5911 g Quecksilber gefunden.

Das von REINTHALER modifizierte Verfahren von FEIT steht in bezug auf Genauigkeit keiner anderen Methode gleicher Art nach, wird aber hinsichtlich der Dauer und der Einfachheit von dem Verfahren von RUPP (s. S. 389) übertroffen.

Liegt eine Lösung vor, die neben der Quecksilberverbindung noch andere durch arsenige Säure reduzierbare Substanzen enthält, wie die beispielsweise durch Auflösung von QuecksilberII-sulfid in Königswasser erhaltene, so versetzt man die Lösung mit einem Überschuß an Natriumhydrogencarbonatlösung und dann mit Kaliumjodid bis zur Wiederauflösung des gebildeten QuecksilberII-jodids. Die durch ausgeschiedenes Jod gelbgefärbte Flüssigkeit wird durch Zusatz einiger Tropfen Natriumsulfitlösung oder einer Lösung von arseniger Säure entfärbt. Nach dem Zugeben von Stärkelösung setzt man tropfenweise verdünnte Jodlösung bis zur Blaufärbung zu und behandelt dann nach der oben angegebenen Methode.

Das Verfahren kann bei chlorhaltigen Substanzen, die mit Salpetersäure in Lösung gebracht oder oxydiert werden müssen, nicht benutzt werden. Das dabei in Freiheit gesetzte Chlor tritt mit der Lauge zu einem Chlorat zusammen und wirkt so oxydierend auf die arsenige Säure. Die Entfernung des Chlors oder der Stickoxyde auf dem Wasserbad bringt aber immer Quecksilberverluste mit sich.

b) Verfahren von v. Bruchhausen und Hanzlik. v. Bruchhausen und Hanzlik benutzen Natriumarsenit als Reduktionsmittel und Chloramin als Titerflüssigkeit, um die Verwendung der titerunbeständigen, vor Gebrauch stets wieder neu einzustellenden Jodlösung zu vermeiden.

Arbeitsvorschrift. 15 cm^3 etwa 0,1 n QuecksilberII-chloridlösung werden mit 30 cm^3 0,1 n Natriumarsenitlösung und 3 g Kaliumhydrogencarbonat versetzt und auf dem Drahtnetz 5 bis 6 Min. zum Sieden erhitzt. Die Lösung, die nun das Quecksilber als Metall enthält, wird unter der Wasserleitung schnell abgekühlt und nach Zugabe von 1 Tropfen Phenolphthalein mit 10%iger Salzsäure bis zum Verschwinden der Rotfärbung versetzt, also so lange, bis sich aus dem durch Kochen entstandenen Carbonat wieder Hydrogencarbonat gebildet hat:

$$K_2CO_3 + HCl = KHCO_3 + KCl.$$

Nach dem Zusatz von 0,1 g Kaliumjodid und Stärkelösung als Indicator wird der Überschuß an Natriumarsenit mit 0,1 n Chloraminlösung zurücktitriert. Die Blaufärbung muß einige Minuten bestehen bleiben.

Die Chloraminlösung hat einen sehr konstanten Titer im Gegensatz zu der bei dem Ruppschen Verfahren der Reduktion mit Formaldehyd als Titrierflüssigkeit benutzten Jodlösung. Zur Herstellung der 0,1 n Natriumarsenitlösung wird ArsenIII-oxyd aus Salzsäure umkrystallisiert und im Sauerstoffstrom sublimiert. 2,475 g davon löst man in 10 cm^3 10%iger Natronlauge, sättigt die Lösung mit Kohlendioxyd und verdünnt auf 500 cm^3. Der Arsenitüberschuß kann natürlich auch mit Jodlösung bestimmt werden oder mit Kaliumbromat in stark salzsaurer Lösung; hierbei wird aber leicht übertitriert.

6. Reduktion mit Wasserstoffperoxyd.

Beim Erwärmen einer wäßrigen, alkalischen Lösung von QuecksilberII-chlorid, -nitrat oder -cyanid auf dem Wasserbad mit einigen Kubikzentimetern 3%igem Wasserstoffperoxyd wird nach Kolb *in kurzer Zeit der gelbrote Oxydniederschlag zu metallischem Quecksilber reduziert.* Die Reduktion ist in 15 bis 20 Min. beendet. In ammoniakalischer Lösung verläuft sie nur unvollständig.

***Arbeitsvorschrift von* Kolthoff *und* Keijzer.** 25 cm^3 einer etwa 0,1 n QuecksilberII-chloridlösung werden in einem Erlenmeyer-Kolben mit Glasstopfen mit 10 cm^3 4 n Natronlauge und mit 5 cm^3 3%igem Wasserstoffperoxyd versetzt. Man erwärmt die Lösung unter ständigem Umschwenken 5 Min. lang auf dem siedenden Wasserbad. Zur Bestimmung säuert man mit 15 cm^3 4 n Schwefelsäure an, kocht auf und läßt 40 cm^3 0,1 n Jodlösung hinzufließen. Man schüttelt bis zur vollständigen Auflösung des Quecksilbers und titriert dann mit Thiosulfatlösung zurück.

***Bemerkungen.* Ähnliche Methoden.** Easley (a) sowie Easley und Brann, die die Reduktion von QuecksilberII-chlorid sowohl mit Wasserstoffperoxyd als auch mit Hydrazin anläßlich der Atomgewichtsbestimmung von Quecksilber durchführen, ermitteln die Quecksilbermenge anschließend durch Wägung, s. S. 396.

Nach Hönigschmid, Birckenbach und Steinheil ist für genaue Bestimmungen Hydrazin, das leichter halogenfrei erhalten werden kann, unbedingt als Reduktionsmittel dem Wasserstoffperoxyd vorzuziehen.

Kohn sucht die bei der Analyse von QuecksilberII-bromid, wie bei allen QuecksilberII-Halogen-Verbindungen, auftretende Schwierigkeit, daß das Halogen-Ion infolge der geringen elektrolytischen Dissoziation in Gegenwart von QuecksilberII-Ionen mit Silber nicht quantitativ ausgefällt werden kann, durch Reduktion zum metallischen Quecksilber zu überwinden. Als Reagens benutzt er ebenfalls Wasserstoffperoxyd.

Eine acidimetrische Bestimmungsmethode des QuecksilberII-chloridgehalts von Sublimatpastillen geben Rupp, Müller und Maiss an. Die quecksilberhaltige

Lösung wird zu alkalischem Wasserstoffperoxyd gegeben und schwach erwärmt. Die Reaktion wird durch folgende Gleichungen veranschaulicht:

$$HgCl_2 + 2\,NaOH = HgO + 2\,NaCl + H_2O,$$

$$HgO + H_2O_2 = Hg + H_2O + O_2.$$

Nach Beendigung der Reduktion titriert man den Überschuß der angewendeten 0,1 n Lauge mit 0,1 n Säure zurück. Als Indicator dient Methylrot. 1 Molekül QuecksilberII-chlorid entspricht 2 Molekülen Natriumhydroxyd. 0,01357 g QuecksilberII-chlorid entsprechen 1 cm³ 0,1 n Lauge.

7. Reduktion mit Hydrazin.

Aus alkalischen oder essigsauren Lösungen der QuecksilberII-salze wird nach EBLER *durch Hydrazinsalz allmählich alles Quecksilber als Metall gefällt.*

$$2\,HgCl_2 + N_2H_4 = 4\,HCl + 2\,Hg + N_2.$$

Das Metall wird gewichtsanalytisch bestimmt oder der Überschuß des Reduktionsmittels mit Jod zurücktitriert.

$$N_2H_4 \cdot H_2SO_4 + 4\,J = 4\,HJ + H_2SO_4 + N_2.$$

***Arbeitsvorschrift von* EBLER.** EBLER benutzt Hydrazinsulfat zur Reduktion, säuert einen Teil des Filtrats mit verdünnter Salzsäure schwach an und bestimmt den Überschuß an Hydrazin mit 0,1 n Jodlösung und mit Stärke als Indicator unter Zusatz von Kaliumhydrogencarbonat. Die zur Reduktion benutzte Hydrazinsulfatlösung ist vorher ebenso mit 0,1 n Jodlösung einzustellen.

***Bemerkungen.* I. Genauigkeit.**

Berechnete Quecksilbermenge (g) .	0,1528	0,1900	0,4413	0,0996
Gefundene Quecksilbermenge (g) .	0,1520	0,1880	0,4410	0,1010

II. Störungen durch Fremdstoffe. Die Genauigkeit der Bestimmung wird nur durch Kupfer, Silber und die seltenen Edelmetalle beeinflußt. Aus diesem Grund und auch wegen der Einfachheit und der kurzen Zeitdauer eignet sich das Verfahren daher zur Bestimmung des Quecksilbers bei der Analyse von Quecksilbererzen. Außer den genannten störenden Metallen ist nichts abzutrennen, auch nicht die Gangart.

Zur Entfernung von Silber und Kupfer wird die durch Behandlung mit Königswasser stark saure Lösung des Erzes mit konzentriertem Ammoniak gesättigt. Quecksilber, Silber und Kupfer gehen in Form komplexer Ammoniumverbindungen in die ammoniakalische Lösung. Silber und Quecksilber werden daraus durch überschüssige Hydrazinsulfatlösung ausgefällt, während Kupfer als farbloses, komplexes KupferI-Ammoniumsalz in Lösung bleibt. Der Niederschlag wird ausgewaschen, in Salpetersäure gelöst und das Silber durch vorsichtiges Abdampfen mit Salzsäure als Chlorid gefällt. Das Filtrat wird nun, wie oben beschrieben, ammoniakalisch gemacht; anschließend nimmt man die Fällung mit Hydrazinsulfat vor.

III. Ähnliche Methoden. α) Methode von STÜWE. STÜWE ändert das Verfahren von EBLER dahin ab, daß er die Reduktion in mit Natriumhydrogencarbonat alkalisch gemachter Lösung, die Rücktitration in essigsaurer, mit Natriumacetat gepufferter Lösung vornimmt.

Arbeitsvorschrift. Zu 10 cm³ der zu untersuchenden, etwa 2%igen QuecksilberII-chloridlösung gibt man in einem 100 cm³-Kolben eine genau abgemessene Menge (etwa 10 bis 15 cm³) einer 1%igen Hydrazinsulfatlösung und fügt eine Messerspitze Natriumhydrogencarbonat hinzu. Den Kolben stellt man bis zur Beendigung der Reaktion, die etwa 1/4 Std. dauert, in lauwarmes Wasser und schüttelt öfters um. Nach dem Abkühlen füllt man auf 100 cm³ auf, schüttelt wiederum um und filtriert das ausgeschiedene Quecksilber auf ein gehärtetes Filter ab. Zur Bestimmung werden etwa 50 cm³ abpipettiert und in einer 300 cm³ fassenden, mit einem Glasstopfen versehenen Flasche mit Essigsäure angesäuert. Man gibt noch einen kleinen Löffel voll Natriumacetat und eine genau bekannte Menge einer 0,1 n Jodlösung hinzu. Nach $^1/_4$ Std. wird der Jodüberschuß in Gegenwart von Stärke mit 0,1 n Thiosulfatlösung zurücktitriert.

β) Methode von RIMINI. RIMINI gibt einen etwas anderen Weg der Reduktion an.

Arbeitsvorschrift. Er benutzt eine konzentrierte Hydrazinsulfatlösung, deren Titer nicht bekannt zu sein braucht, neutralisiert sie gegen Methylorange, fügt einen bekannten Überschuß einer eingestellten Natronlauge hinzu und erhitzt nach Zusatz der zu untersuchenden Quecksilbersalzlösung, bis sich der Niederschlag gut zusammenballt. Man bringt auf ein bestimmtes Volumen und nimmt davon einen aliquoten Teil, der zur Titration dient, oder man filtriert, wäscht wiederholt aus und bestimmt dann die Alkalität des Filtrats mit eingestellter Säure. Nach der Gleichung

$$N_2H_4 \cdot H_2SO_4 + 2\,HgCl_2 + 5\,NaOH = 4\,NaCl + NaHSO_4 + Hg_2 + N_2 + 5\,H_2O$$

entsprechen 5 Moleküle Alkali 2 Molekülen QuecksilberII-chlorid.

γ) Methode von DUCCINI. DUCCINI bringt eine Modifikation des Verfahrens von RIMINI.

Arbeitsvorschrift. Zu der Lösung des Quecksilbersalzes fügt man einen starken Überschuß einer bei gewöhnlicher Temperatur gesättigten wäßrigen (etwa 3,5%igen) Hydrazinsulfatlösung und dann unter ständigem Rühren 10%ige Kalilauge bis zur alkalischen Reaktion hinzu. Das Quecksilber wird als fein verteiltes, graues Metall gefällt, während etwas Stickstoff entwickelt wird. Nach 6- bis 8stündigem Stehen dekantiert man durch ein kleines quantitatives Filter und wäscht den Niederschlag unter Dekantieren mit Salzsäure und anschließend mit Wasser aus. Schließlich bringt man den Niederschlag ebenfalls auf das Filter, wäscht mit Wasser, dann mit absolutem Alkohol und schließlich mit Äther aus und trocknet zuerst im Luftstrom und dann im Exsiccator.

Bemerkungen. Bei QuecksilberII-chlorid, -nitrat und dem QuecksilberII-Kaliumjodid-Doppelsalz wurden gute Ergebnisse erzielt, nicht jedoch bei QuecksilberII-cyanid. Dieses muß erst durch Erwärmen mit konzentrierter Salzsäure in Chlorid übergeführt werden. Der durchschnittliche Fehler der Bestimmung beträgt 0,10 bis 0,13%; er ist von gleicher Größenordnung wie der Fehler bei dem Verfahren von RIMINI. Zur genauen Durchführung benötigt man nach der Methode von DUCCINI etwa 0,25 bis 0,3 g Substanz, nach der von RIMINI jedoch mindestens 1 g. Die Bestimmung kann in Gegenwart bedeutender Mengen freier Säure vorgenommen werden.

δ) Methode von HÖNIGSCHMID, BIRCKENBACH und STEINHEIL. Ein sehr sorgfältig ausgearbeitetes Verfahren der Reduktion mit Hydrazin haben HÖNIGSCHMID, BIRCKENBACH und STEINHEIL zur Bestimmung des Atomgewichts von Quecksilber auf Grund der Analyse von QuecksilberII-chlorid mit Hilfe von Silbernitrat benutzt. Sie reduzierten reinstes Quecksilberchlorid und gaben dem Hydrazin als Reduktionsmittel den Vorzug vor Wasserstoffperoxyd. Den Quecksilbergehalt ermitteln sie indirekt durch Bestimmung des bei der Reduktion freigewordenen Chlors mit Silbernitrat.

Arbeitsvorschrift. Das QuecksilberII-chlorid wird in einem Rundkolben mit annähernd 100 cm³ Wasser und mit einem kleinen Überschuß an Ammoniak versetzt. Das QuecksilberII-chlorid verwandelt sich oberflächlich rasch in Präzipitat. Man fügt nun einen ganz geringen Überschuß an verdünnter, halogenfreier Hydrazinlösung hinzu. Eine starke Reduktion unter Stickstoffentwicklung beginnt, läßt aber in der Kälte sehr schnell nach. Beim Verlangsamen der Stickstoffentwicklung wird der Kolben bis zur vollständigen Reduktion unter häufigem Umschütteln auf dem Wasserbad erwärmt. Nach etwa zweitägigem Erhitzen ist die Reduktion vollkommen, das Quecksilber hat sich zu einem einzigen großen Tropfen vereinigt.

ε) Methode von WILLARD und BOLDYREFF. Arbeitsvorschrift. Zu der neutralen Lösung der abgewogenen Quecksilberverbindung fügt man auf je 50 cm³ 10 cm³ Ammoniak (D 0,90) und anschließend Hydrazinhydrat hinzu. Das Volumen der Lösung soll möglichst klein gehalten werden und 50 cm³ nicht übersteigen. Man rührt kräftig um, säuert mit konzentrierter Salzsäure an, macht von neuem mit Ammoniak alkalisch und erreicht so ein gutes Zusammenballen des grauen Pulvers zu Quecksilbertröpfchen. Der Niederschlag setzt sich unter diesen Bedingungen in 1 bis 2 Std. ab, er kann aber auch länger stehen. Nach dem Abfiltrieren wird zuerst mit kaltem Wasser, dann mit Aceton ausgewaschen und 5 Min. lang Luft durchgesaugt, die über Calciumchlorid getrocknet worden ist. Dabei verdampft etwas Quecksilber, so daß eine Erfahrungskorrektur von 1,3 mg zu dem Ergebnis hinzugefügt werden muß.

ζ) Methode von EASLEY und BRANN. Vgl. hierzu S. 382.

8. Reduktion durch ein Metall.

Als Reduktionsmittel zur Ausfällung des Quecksilbers aus seinen Verbindungen werden unedlere Metalle, wie Zink, Eisen, Kupfer, benutzt, die den Vorteil bieten, das reduzierte Quecksilbermetall in einer leicht filtrierbaren und verarbeitbaren Form als Amalgam zu fällen.

a) Reduktion mit Zink. Die Reduktion mit Zink wurde schon von LUDWIG und ZILLNER zur Bestimmung des Quecksilbers in tierischen Geweben benutzt. SCHUMACHER II und JUNG (b) führen die Reduktion mit Zinkspänen durch und setzen die Empfindlichkeitsgrenze bei ihrer Arbeitsweise auf 0,3 mg Quecksilber je Liter Lösung fest.

Die Reduktion mit Zinkfeile wird von FRANÇOIS (a) sowohl auf anorganische wie auf organische Quecksilberverbindungen angewendet, wie Phenylquecksilberacetat, Quecksilberdiphenyl, Äthylquecksilberchlorid sowie Äthylderivate des Antipyrinquecksilbers.

Arbeitsvorschrift. 0,5 bis 0,7 g der pulverisierten Substanz (organische Verbindungen werden zuvor mit 100 cm³ 95%igem Alkohol nahezu zum Sieden erhitzt) werden 3mal in Abständen von je 30 Min. mit 1 g Zinkfeile und 10 cm³ Schwefelsäure (98 g reine Säure im Liter) versetzt. Bei organischen Verbindungen nimmt man 10 cm³ verdünnte Salzsäure und erwärmt anschließend noch einmal 10 Min., um etwa abgeschiedene organische Substanzen in Lösung zu bringen. Nach 24 Std. wird die darüberstehende Flüssigkeit dekantiert und der Rückstand durch ein Filter gegossen. Dieses durchstößt man und spült den Inhalt mit 25 cm³ Salzsäure (1:1) in den Fällungskolben zurück. Nach weiteren 24 Std. ist der größte Teil des Zinks gelöst. Die über dem zurückbleibenden, blanken Amalgam stehende Flüssigkeit wird dekantiert. Man läßt das Amalgam 24 Std. mit rauchender Salzsäure stehen, wobei das Zink in Lösung geht und das Quecksilber als Kugel zurückbleibt. Die Flüssigkeit wird vorsichtig dekantiert und die Quecksilberkugel mit Wasser gewaschen. Nachdem das anhaftende Wasser vorsichtig mit Filtrierpapier entfernt worden ist, wird die anschließend über Schwefelsäure getrocknete Kugel gewogen.

Bemerkungen. Die Methode ist auf alle Quecksilberverbindungen, lösliche oder unlösliche, anwendbar, mit Ausnahme von Zinnober. Dieser muß vor der Bestimmung in QuecksilberII-sulfat übergeführt werden. Zu diesem Zweck läßt man den Zinnober (etwa 0,6 g) mit 10 cm³ einer Mischung von 50 cm³ Brom, 50 cm³ rauchender Bromwasserstoffsäure und 50 cm³ Wasser nach kräftigem Schütteln 24 Std. stehen. Zur Bromentfernung gibt man nach Hinzufügen von 30 cm³ Wasser 3mal in Abständen von 1/2 Std. 1 g Zinkspäne hinzu, ehe die oben angegebene Behandlung mit Zink und Schwefelsäure einsetzt. Über die Anwendung auf organische Verbindungen s. S. 537.

b) Reduktion mit Eisen. Die Reduktion von Quecksilberverbindungen mit Eisen wird schon von RUPP (a) bei der Bestimmung des Quecksilbergehalts von Sublimatlösungen angewendet. *Die Reduktion verläuft entsprechend der Gleichung:*

$$HgCl_2 + Fe = FeCl_2 + Hg.$$

Das entstehende EisenII-chlorid wird jodometrisch bestimmt. Doch kommt RUPP in seinen späteren Arbeiten nicht mehr auf dieses Verfahren zurück, so daß er es wohl zugunsten der Reduktion mit Formaldehyd mit anschließender jodometrischer Titration des entstandenen Quecksilbers, s. S. 389, aufgegeben hat.

c) Reduktion mit Kupfer. *Die Reduktion mit Kupfer ist die am meisten angewendete Reduktion mit Hilfe eines Metalls.* Die Methode hat infolge der guten Weiterverarbeitungsmöglichkeiten des sich bildenden Kupferamalgams auch die beste Durcharbeitung erfahren.

α) Methode von RICHARDS und SINGER. Arbeitsvorschrift. Eine Kupferdrahtspirale von etwa 1,5 mm Durchmesser wird in 15 cm³ der zu untersuchenden Quecksilbersalzlösung aufgehängt. Die Metalloberfläche muß vorher sorgfältig poliert und mit Alkali, Säure und Wasser gereinigt worden sein. Nach etwa 4 bis 5 Std. wird die Spirale aus der Lösung entfernt, mit Wasser und Alkohol gewaschen und im Exsiccator über Calciumchlorid getrocknet. Gleichzeitig wird in die Lösung eine zweite Kupferspirale gehängt, die 20 Std. in der Quecksilbersalzlösung bleibt und dann genau so behandelt wird wie die erste. Dabei nimmt die erste Spirale die Hauptmenge des Quecksilbers auf, während die zweite die letzten Spuren aus der Lösung fällt. Durch Rühren wird die zur Niederschlagsbildung erforderliche Zeit herabgesetzt. Das Quecksilber wird anschließend durch Erhitzen der beiden Spiralen im Wasserstoffstrom bestimmt, s. S. 373.

Bemerkungen. Das Verfahren eignet sich am besten für Nitrate, da sich bei Sulfaten leicht QuecksilberI-sulfat und basische Salze bilden.

Säureüberschuß ist im Hinblick auf das vorhandene Kupfer zu vermeiden.

Eine Verkürzung der Abscheidungszeit bezweckt GORDON mit der Benutzung rotierender Kupferspiralen. Er analysiert aber nur Mengen bis zu 0,005 g, da größere Quecksilbermengen die Anwendung unhandlicher Spiralen notwendig machen.

β) Methode von EVANS und CLARKE. Auf Grund eigener Untersuchungen kommen EVANS und CLARKE zu folgenden Erkenntnissen: Die Ausfällung muß aus kalter Lösung geschehen, da die Ergebnisse bei Verwendung heißer Lösungen immer zu niedrig ausfallen. Salzsäure wirkt infolge von Bildung des 1wertigen Chlorids störend, während Salpetersäure ohne Einfluß auf die Genauigkeit ist. Die Kupferoberfläche muß eine der auszufällenden Quecksilbermenge entsprechende Größe haben und in genügendem Kontakt, der durch Rühren begünstigt werden kann, mit der Fällungslösung stehen.

Diesen Forderungen suchen die beiden Autoren mit Hilfe eines Percolationsapparates (von EVANS) gerecht zu werden, in dem die kalte Quecksilberlösung solange wie erforderlich über Kupferpulver zirkuliert.

Arbeitsvorschrift. *Percolator von* EVANS. Der Percolator besteht, wie Abb. 4 zeigt, aus einem mit 3fach durchbohrtem Gummistopfen verschlossenen Glaskolben *A*. Durch den Stopfen führt das Rohr eines zylinderförmigen Scheidetrichters *B*, das ein wenig unter dem Stopfen endet. Eine durch die zweite Bohrung gehende Röhre *D* stellt die Verbindung mit der Außenluft her. Durch die dritte Bohrung wird das Rückführungsrohr *C* gesteckt, das vom Boden des Kolbens bis zum oberen Ende des Trichters *B* geht, dort umgebogen ist und durch die Bohrung eines anderen Gummistopfens in den Zylindertrichter führt. Der Stopfen des Zylindertrichters trägt ebenfalls noch zwei Bohrungen, die eine für einen kleinen Tropftrichter *E*, die andere für ein nach außen führendes Rohr *F*.

Zum Aufnehmen der Substanz wird ein kleines Filterröhrchen von etwa 5 cm

Länge und 0,6 cm Breite mit einem schwach verengten Ende, wie folgt, vorbereitet: In das verjüngte Ende preßt man eine Schicht Glaswolle, dann eine Schicht Kupferspäne, die mit verdünnter Salpetersäure und Wasser gewaschen worden sind. Das Filterröhrchen befestigt man am unteren Ende des Scheidetrichters *B* mit dem verjüngten Ende nach unten. Das freie durch den Verschlußstopfen des Trichters führende Glasrohr wird mit einer Saugpumpe verbunden, die zu percolierende Substanz durch den Tropftrichter in den Trichter *B* gegeben und der Hahn des Tropftrichters verschlossen. Die Flüssigkeit wird mit Hilfe einer am unteren Ausflußrohr angreifenden Saugpumpe durch das Filterröhrchen gesaugt. Die geöffnete Rückflußröhre ermöglicht einen Druckausgleich zwischen *A* und *B*. Steht die Flüssigkeit im Kolben *A* hoch genug, so wird sie durch das Rückflußrohr durch Anschließen des oberen Ausflußrohres an die Saugpumpe in den Trichter *B* zurückgeführt. Am unteren Ende des Scheidetrichters, sowie im Rückflußrohr, sind zur Sicherheit die Hähne *G* und *H* angebracht.

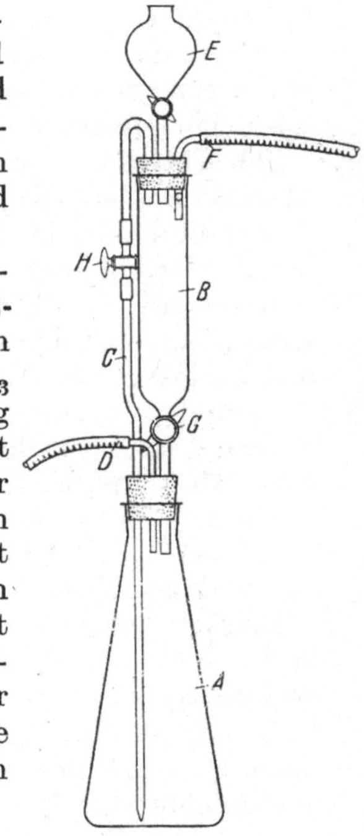

Abb. 4.

Arbeitsweise. Die zu untersuchende Lösung wird mit Salpeter- oder Schwefelsäure angesäuert (beträchtliche Mengen an Salzsäure sind zu entfernen) und mit Ammoniak neutralisiert. Dann bringt man die Lösung nach Zugabe von Salpetersäure (2 cm³ HNO_3 auf 100 cm³ Lösung) in den großen Trichter *B*. Die Abscheidung des Quecksilbers ist in 1½ bis 2 Std. beendet. Die Flüssigkeit wird am Schluß zur Vermeidung des Mitreißens von Quecksilber sehr vorsichtig in den Kolben filtriert und das Filterröhrchen 2mal durch hindurchfließendes Wasser gewaschen. Hierauf läßt man durch das Filterröhrchen 2- bis 3mal eine kleine Menge Aceton hindurchlaufen und stößt Filter und Kupfer mit einem Draht aus dem Filterröhrchen in einen Porzellantiegel, der zur vollständigen Entfernung des Acetons auf einer Asbestplatte oder einem Wasserbad einige Minuten schwach erwärmt wird. Die Bestimmung des Quecksilbers geschieht anschließend durch Destillation, s. S. 422.

Bemerkungen. Bei der Analyse von QuecksilberII-nitratlösung wurden folgende Ergebnisse erhalten:

Angewendete Quecksilbermenge (g)	0,0053	0,0106	0,0264	0,0528	0,0759	0,1056	0,5046
Hinzugefügte $Cu(NO_3)_2$-Menge (g)	5,0	5,0	5,0	5,0	5,0	5,0	5,0
Gefundene Quecksilbermenge (g)	0,0053	0,0107	0,0266	0,0525	0,0758	0,1050	0,5024

Versuche in schwefelsaurer Lösung gaben ebenfalls gute Resultate, während die Ergebnisse in salzsaurer Lösung, wohl infolge der Bildung von 1wertigem Chlorid, unbrauchbar waren.

Arsen, Antimon, Wismut werden, ebenso wie 2wertiges Kupfer, infolge der Anwesenheit von Salpetersäure nicht abgeschieden.

d) Reduktion mit Kupfer in Gegenwart von Oxalsäure. Wie bereits betont, verläuft die Abscheidung von Quecksilber auf blankem Kupfer nicht immer quantitativ. Das Kupfer wird in Gegenwart von Mineral- oder Essigsäure von Luftsauerstoff angegriffen. Die sich auf ihm abscheidenden, unlöslichen, basischen Verbindungen und KupferI-chlorid zersetzen sich bei der meistens anschließenden Destillation des Quecksilbers, wobei Chlor abgegeben wird. Die Zersetzungsprodukte mischen sich mit dem Quecksilber.

α) Methode von Stock und Heller. Die vorher erwähnten Störungen fallen nach Stock und Heller fort, wenn man die Reduktion mit Kupfer in kaliumcyanidhaltiger Lösung vornimmt oder die Analysenlösung vor der Untersuchung mit Ammoniumoxalat und Oxalsäure versetzt.

Arbeitsvorschrift. Man fällt das Quecksilber als Sulfid aus, suspendiert dieses in 3 cm³ Wasser, bringt es unter Einleiten von Chlor in Lösung, filtriert nach Vertreiben des Chlorüberschusses, wäscht mit 2 cm³ Wasser und versetzt mit 0,1 bis 0,2 g Ammoniumoxalat. Nun stellt man einen $^1/_2$ mm dicken, 16 cm langen Kupferdraht hinein, der mit Schmirgelpapier blank geputzt, mit Wasser gründlich abgespült und 2mal (auf 4 cm Länge) umgebogen worden ist. Er soll die Flüssigkeit der ganzen Länge nach durchsetzen. Nach 48 Std. ist alles Quecksilber ausgefällt, falls nicht mehr als 0,1 bis 0,2 mg vorliegen. Bei größerer Menge verwendet man zur Ausfällung mit Kupfer nur einen Teil der Analysensubstanz. Der amalgamierte Kupferdraht wird zum Auswaschen längere Zeit in Wasser eingetaucht. Dann trocknet man ihn in einem etwa 20 cm langen Wägeröhrchen, das am Boden Phosphorpentoxyd enthält. Über die Destillation des Quecksilbers und die eigentliche Bestimmung s. S. 525.

β) Methode von STOCK und ZIMMERMANN. Die quantitative Abscheidung des Quecksilbers auf Kupfer wird durch Temperaturerhöhung sehr beschleunigt. So dauert sie bei 50 bis 60° nach STOCK und ZIMMERMANN nur etwa halb so lang wie bei Zimmertemperatur, und zwar von 0,1 γ Quecksilber oder mehr etwa 24 Std., von 0,01 γ etwa 36 Std. Die Lösung wird mit dem Kupferdraht in eine mittels der Wasserstrahlpumpe evakuierte Glasröhre eingeschlossen, um Oxydation des Kupfers durch den Luftsauerstoff zu vermeiden.

Arbeitsvorschrift für die Ausfällung von weniger als 10 γ Quecksilber. 2 bis 3 cm³ der Lösung, die QuecksilberII-chlorid enthält, werden erforderlichenfalls durch Einleiten von Kohlendioxyd oder Luft von Chlor befreit und dann in einem 1 cm weiten Glasrohr mit reinem Ammoniumoxalat gesättigt. Nun biegt man einen 6 cm* langen, etwa 3 mm dicken, vorher ausgeglühten und in Methylalkoholdampf reduzierten Draht aus reinem Kupfer einmal um und stellt ihn in die Flüssigkeit. Er muß von der Lösung ganz bedeckt sein, aber bis fast an die Oberfläche reichen. Das Röhrchen wird nun ausgezogen, mit der Wasserstrahlpumpe evakuiert, abgeschmolzen und 24 bis 36 Std. lang auf 50 bis 60° erwärmt, je nach dem vermutlichen Quecksilbergehalt. Nach dem Öffnen des Rohres und nach vorsichtigem Herausnehmen des Drahtes wird letzterer 4mal je 5 Min. in Wasser gestellt und anschließend 2 bis 3 Std. lang in einem kleinen Gefäß bei gewöhnlicher Temperatur über Phosphorpentoxyd getrocknet. Über die weitere Verarbeitung dieser kleinen Quecksilbermengen s. unter „Destillation des elektrolytisch auf Kupfer abgeschiedenen Quecksilbers", S. 422.

e) Reduktion mit Kupfer und Eisen. Die Reduktion des QuecksilberII-chlorids durch Kupfer in Gegenwart von Ammoniumoxalat hat den Nachteil, daß zur quantitativen Abscheidung etwa 48 Std. gebraucht werden. Die Reduktionszeit kann nach BODNÁR und SZÉP wesentlich verkürzt werden durch die Benutzung von frisch gefälltem Kupfer. Dieses Kupfer wird in der QuecksilberII-chloridlösung durch die Einwirkung von Eisen auf Kupfersulfat gewonnen.

Arbeitsvorschrift von BODNÁR und SZÉP. 100 mg der QuecksilberII-chlorid enthaltenden Untersuchungslösung (0,1 cm³) füllt man in ein an einem Ende zugeschmolzenes Glasröhrchen von 6 cm Länge und 1,5 cm innerem Durchmesser mit einer Capillarpipette ein und wägt. Man fügt 5 bis 10 mg einer 0,5%igen Kupfersulfatlösung ebenfalls mittels einer Capillarpipette zu und nach 5 bis 10 Min. einen 0,3 bis 0,4 mm dicken Eisendraht, dessen Länge der Flüssigkeitshöhe entspricht und etwa 10 cm beträgt. Das Röhrchen wird zwecks gleichmäßiger Abscheidung des Quecksilbers und Kupfers 1 bis 2 Min. in der Längsachse zwischen den Fingern gedreht. Der Draht wird nun herausgenommen, das untere Ende mit dem abgeschiedenen Metall durch Eintauchen in Wasser, Alkohol und Äther gewaschen, ab-

*) Sind 10 γ Quecksilber vorhanden, so nimmt man einen Draht von doppelter Länge. Dabei ist aber die Abscheidung gelegentlich schon nicht mehr quantitativ. Bei 10 γ überschreitenden Mengen ist die elektrolytische Bestimmung vorzuziehen.

geschnitten und bei Zimmertemperatur über Calciumchlorid getrocknet. Es darf nur noch mit der Pinzette angefaßt werden. Falls mehr als 0,3 γ Quecksilber vorliegen, wird das Verfahren zur vollständigen Quecksilberabscheidung wiederholt.

Arbeitsvorschrift von MAJER. In einem Reagensrohr von 110 mm Länge und 8 bis 8,5 mm lichter Weite werden 5 cm^3 der zu untersuchenden chlorhaltigen Lösung mit 0,5 g Kaliumchlorid versetzt. Dann wird zur Herabsetzung des Chlorgehalts mittels einer Capillare 10 Min. lang gereinigte Luft durchgeleitet. Durch Zugabe von 1 Tropfen EisenII-sulfatlösung wird der Rest zerstört. Man fügt 1 Tropfen 1 n Schwefelsäure und 0,1 cm^3 0,5%ige Kupfersulfatlösung hinzu und erwärmt das Röhrchen auf dem Wasserbad auf 50 bis 60°, während durch eine Capillare ganz feine Blasen von Kohlendioxyd einströmen. Dadurch wird die Lösung sowohl gerührt als auch gegen den Luftsauerstoff geschützt. Nun bringt man einen Eisendraht von 110 mm Länge und 0,4 mm Durchmesser nach der üblichen Vorreinigung in die Lösung. Nach 30 Min. wird der Draht herausgenommen, die Lösung wieder mit 0,1 oder 0,05 cm^3 0,5%iger Kupfersulfatlösung versetzt und ein zweiter Draht ebenfalls 30 Min. lang hineingegeben. Das Verfahren wird mit einem dritten Draht wiederholt. Das auf den drei Drähten niedergeschlagene Metall wird 15 Min. zusammen getrocknet und gemeinsam weiterverarbeitet.

Bei kleinen Quecksilbermengen oder da, wo ein Fehler von 5 bis 10% gegenüber dem theoretischen Werte zulässig ist, genügen zwei Drähte. Die Abscheidung verläuft in $1^1/_2$ Std. praktisch quantitativ.

f) Reduktion mit ZinnII-chlorid in Gegenwart von Kupfer. RAASCHOU führt bei der Untersuchung von Mineralwasser die Reduktion in Gegenwart von ZinnII-chlorid und Kupfer durch. Dadurch vermeidet er eine unvollständige Ausfällung durch das Kupfer, erhält aber das metallische Quecksilber als Amalgam in einer leicht filtrierbaren Form, und überwindet so eine Schwierigkeit, die beim Ausfällen so kleiner Quecksilbermengen leicht auftritt. Die weitere Bestimmung geschieht mikrometrisch, s. S. 421.

9. Reduktion mit Formaldehyd.

Die Reduktion mit Formaldehyd mit anschließender jodometrischer Bestimmung des Quecksilbermetalls ist von RUPP (b) vorgeschlagen und zu einer sehr wichtigen Bestimmungsmethode des Quecksilbers ausgearbeitet worden. *Die Methode beruht auf der leichten Reduzierbarkeit von Kalium-QuecksilberII-jodid,* $K_2[HgJ_4]$, *in alkalischer Lösung durch Formaldehyd.* Die Reduktion verläuft bei gewöhnlicher Temperatur in $1^1/_2$ bis 2 Min.

Das zu untersuchende Quecksilbersalz wird durch Kaliumjodid in Gegenwart von Alkali in Kalium-QuecksilberII-jodid übergeführt. Das Verfahren ist besonders für Quecksilberchloridlösungen und andere Chlor-Ionen enthaltende Lösungen angebracht. Doch sind auch Sulfat und Nitrat des 2wertigen Quecksilbers damit zu bestimmen. QuecksilberI-salze werden durch Oxydation mit Bromwasser und anschließendes Vertreiben des Bromüberschusses in der Wärme in die 2wertigen Verbindungen übergeführt.

Außer durch die vielseitige Verwendbarkeit zeichnet sich die Methode durch ihre große Einfachheit und die Kürze der erforderlichen Zeit aus. Das Verfahren ist für wasserunlösliche Quecksilberoxydverbindungen brauchbar, gibt auch in verdünnten Lösungen gute Ergebnisse und ist besonders da von Bedeutung, wo die Titration mit Rhodanid infolge der Anwesenheit von Halogen und Cyanid nicht anzuwenden ist.

***Arbeitsvorschrift von* RUPP (b).** Die QuecksilberII-salzlösung — etwa 0,2 g Salz in 25 bis 50 cm^3 — wird mit 1 bis 2 g Kaliumjodid versetzt; der anfänglich entstehende Niederschlag von QuecksilberII-jodid wird als Komplexsalz $K_2[HgJ_4]$ gelöst. Die Lösung macht man mit Natron- oder Kalilauge alkalisch und setzt unter Schütteln eine Mischung von 2 bis 3 cm^3 reiner, 40%iger Formaldehydlösung mit

10 cm³ Wasser zu. Nach 30 bis 60 Sek. säuert man mit Essigsäure an, bis ein deutlicher Geruch danach auftritt, und fügt einen gemessenen Überschuß an 0,1 n Jodlösung hinzu, etwa 25 cm³. Die an sich schnell vor sich gehende Auflösung des durch Formaldehyd ausgefällten, fein verteilten Quecksilbers kann durch Schütteln noch beschleunigt werden. Sind alle Quecksilberspuren vom Boden des Gefäßes verschwunden, dann titriert man das überschüssige Jod mit 0,1 n Thiosulfatlösung zurück in Gegenwart von Stärke als Indicator.

Wichtig ist, daß während der Dauer der Reduktion häufig längere Zeit geschüttelt wird. Es kann sonst vorkommen, daß das zunächst ausfallende und rasch absitzende QuecksilberI-oxyd in der unten liegenden Schicht nicht mehr in Berührung mit dem Formaldehyd gerät und so nicht vollständig reduziert wird.

Bemerkungen. **I. Reduktionsbedingungen.** Ansäuern des Reduktionsgemisches mit Mineralsäure an Stelle von Essigsäure ist zu vermeiden, da die Ergebnisse sonst bedeutend zu niedrig ausfallen.

Allzu großer Überschuß an Eisessig und Formaldehyd ist nach REINTHALER zu verhüten, da die Schärfe des Titrationsumschlages dadurch beeinflußt wird.

Bei entsprechendem Gehalt an freier Salpetersäure kann es bei der Bestimmung von QuecksilberII-nitrat vorkommen, daß sich nach Zugabe von Kaliumjodid etwas Jod abscheidet. Dieses geht aber in der alkalischen Lösung in Jodid und Hypojodit über, das durch Formaldehyd ebenfalls reduziert wird. Der Vorgang hat also keinen Einfluß und braucht nicht beachtet zu werden.

Bei der Bestimmung von QuecksilberII-cyanid säuert man die Lösung nach Zusatz der Essigsäure und Auflösung des metallischen Quecksilbers mit etwas Schwefelsäure an, um das entstandene Jodcyan zu zerlegen.

QuecksilberI-verbindungen müssen oxydiert werden. Die Halogenide behandelt man mit Bromwasser und vertreibt den Überschuß an Brom durch Erwärmen. Sulfat oder Nitrat werden mit der entsprechenden Säure angesäuert und mit Permanganatlösung bis zur bleibenden Rötung versetzt. Spuren überschüssigen Permanganats zerstört man durch Jodid oder Formaldehyd. Bei Anwesenheit von salpetriger Säure wird ebenfalls oxydiert.

II. Anwendung der Methode. RUPP und LEHMANN wenden das Verfahren bei der Analyse von QuecksilberII-cyanid an. REIF benutzt es zur Bestimmung von Quecksilber in Acetylenessigsäure, nachdem er zuerst versucht hatte, das elektrolytisch gewonnene, sublimierte Quecksilber mit Jod zu titrieren. Das Quecksilberkondensat löst sich nicht in der Jodlösung, da es nur in sehr fein verteilter Form von Jodlösung angegriffen wird.

Die Reduktion der Quecksilberverbindungen mit Formaldehyd und anschließende jodometrische Bestimmung des Quecksilbers ist für die Bestimmung des Quecksilbers in medizinischen Präparaten von Wichtigkeit; so wendet RUPP (d) das Verfahren zur Analyse von Quecksilberpräzipitatsalbe, Sublimatpastillen und Sublimatverbandstoffen an. Vgl. dazu auch UTZ sowie ADANTI. Ebenso läßt sich nach RUPP (e) auch die Ermittlung des Gesamtquecksilbergehalts von Quecksilberoxycyanidpastillen durchführen.

III. Genauigkeit. REINTHALER, der die Methode von RUPP (b), (d) neben anderen Reduktionsmethoden einer Prüfung unterwirft, erhält mit ihr bei Innehaltung der gegebenen Vorschriften nur gute Ergebnisse. Besonders brauchbare Werte bekommt er bei Benutzung von $^{n}/_{15}$ Jodlösung. JAMIESON erhält mit der jodometrischen Methode von RUPP etwas zu niedrige Ergebnisse. KOLTHOFF nimmt an, daß kleine Fehler auf die Bildung von Kalomel zurückzuführen sind. Auch v. BRUCHHAUSEN und HANZLIK weisen darauf hin, daß die Methode nicht leicht auszuführen ist und nur in der Hand des geübten Analytikers gute Werte ergibt. Schwierigkeiten können dadurch auftreten, daß das Quecksilber zu kompakt ausfällt und nicht mehr reaktionsfähig ist. Durch Zugabe von Gummi arabicum kann man dem vorbeugen, doch scheint die Genauigkeit dabei zu leiden (v. BRUCHHAUSEN und HANZLIK). BRINDLE sucht die beim Auflösen des Quecksilbers in der Jodlösung möglichen Schwierigkeiten durch Zugabe von 5 cm³ einer Mischung von 2 Raumteilen Äther und 1 Raumteil Chloroform zu beheben; hierbei soll durch Minderung der Oberflächenspannung zwischen Quecksilber und wäßriger Lösung die Reaktion zwischen Quecksilber und Jod beschleunigt werden. In einem fein verteilten und dadurch reaktionsfähigen Zustand wird das Quecksilber nach BRINDLE und WATERHOUSE gefällt, wenn man der Reduktionslösung neben Formaldehyd Calciumchlorid zusetzt. Die manchmal ganz unbefriedigend ausfallenden Ergebnisse dieser theoretisch ausgezeichneten Methode führt FITZGIBBON ebenfalls darauf zurück, daß ein Teil des zum Metall reduzierten Quecksilbers sich zusammenballt und nicht mehr mit der Jodlösung reagiert.

IV. Ähnliche Methoden. α) Methode von FITZGIBBON. Durch Zugabe von Gelatine versucht dieser Autor, das Quecksilber in reaktionsfähigem Zustand zu erhalten.

Arbeitsvorschrift. Für die Erzielung zufriedenstellender Ergebnisse ist die Herstellung der Quecksilberlösung von großer Bedeutung. Einfache aliphatische Quecksilberhalogenide (z. B. höhere Alkyl-QuecksilberII-chloride) werden durch Erhitzen mit konzentrierter Schwefelsäure in QuecksilberII-sulfat umgewandelt. Durch Zugabe von Bromwasser mit anschließendem Vertreiben des Bromüberschusses durch Erhitzen bringt man etwa vorhandenes 1wertiges Quecksilber in die 2wertige Form. Leicht flüchtige und stabile Alkylverbindungen werden durch Einwirkung von reinem Brom abgebaut. Das entstehende Reaktionsgemisch erhitzt man vorsichtig mit Schwefelsäure in der üblichen Weise; etwa beim Erhitzen mit Schwefelsäure auftretende Schwarzfärbung der Lösung durch Kohle kann durch Zugabe einiger Tropfen konzentrierter Salpetersäure leicht aufgehellt werden.

Nach Zerstörung der organischen Substanz wird die Quecksilberlösung nötigenfalls filtriert. Das Filtrat versetzt man mit so viel Kaliumjodid, wie zur Bildung des löslichen Kalium-QuecksilberII-jodids nötig ist (etwa 1 g). Nun wird mit 5 n Natronlauge alkalisch gemacht, so daß ungefähr ein Überschuß von 5 cm³ davon vorhanden ist, und auf 60° erhitzt. Dann versetzt man die Lösung mit 2 cm³ frisch bereiteter, warmer, 2,5%iger Gelatinelösung und gibt unter kräftigem Rühren 3 bis 4 cm³ 40%ige Formaldehydlösung hinzu. Die Reduktion geht sehr schnell vor sich. Nach dem Abkühlen auf 20° säuert man mit einem Überschuß an Essigsäure an, versetzt mit 25 cm³ 0,1 n Jodlösung und rührt kräftig um. Der Überschuß an Jod wird mit 0,1 n Natriumthiosulfatlösung zurücktitriert. 1 cm³ 0,1 n Jodlösung entspricht 0,01003 g Quecksilber.

Bemerkungen. Alkalisulfat, -chlorid oder -nitrat sind auch in größeren Mengen ohne Einfluß auf den Analysengang, ebenso Cyanide. Die Methode kann auch auf die Bestimmung von Quecksilbercyanidverbindungen angewendet werden. Ebenso wie bei der Methode von RUPP (b) sollen KupferI-salze und Verbindungen, die durch Jod in essigsaurer Lösung oxydiert werden, nicht anwesend sein. Das Verfahren wurde von FITZGIBBON zur Analyse von QuecksilberII-chlorid, Äthyl-QuecksilberII-chlorid und Saatbeizen mit 30% Hydroxy-QuecksilberII-chlorophenol verwendet. Bei QuecksilberII-chlorid wurden an Stelle eines berechneten Quecksilbergehalts von 0,1252 g Quecksilber nur 0,1238 g gefunden; bei Äthyl-QuecksilberII-chlorid, das wegen seiner stabilen Kohlenstoff-Quecksilber-Bindung mit einem Gemisch aus 1 cm³ wasserfreiem Brom und 2 cm³ konzentrierter Schwefelsäure aufgeschlossen wurde, ergab die Bestimmung an Stelle des theoretischen Wertes von 75,67% bei einer Einwage von 0,303 g nur 75,14% und bei einer Einwage von 0,2014 g 75,70% Quecksilber. Bei Hydroxy-QuecksilberII-Chlorophenol wurden anstatt des berechneten Wertes von 17,40% nur 17,15% gefunden.

β) Methode von Jean. Um Schwierigkeiten bei der Ausfällung des Quecksilbers zu begegnen, fügt Jean zur Adsorption des reduzierten Quecksilbers eine Aufschlämmung von Calciumcarbonat zur Reduktionsmischung hinzu.

Arbeitsvorschrift. Eine Probe mit weniger als 0,005 g Quecksilber wird in einem großen Zentrifugierglas mit 1 cm^3 einer 40%igen Formaldehydlösung (Formalin) versetzt; man gibt 5 cm^3 Natronlauge und eine Suspension von 0,10 g Calciumcarbonat zur Adsorption des reduzierten Quecksilbers zu. Nach Entfernung des Überschusses an Formaldehyd und Alkali durch gründliches Auswaschen und Zentrifugieren wird das Calciumcarbonat mit einigen Tropfen Salzsäure und das Metall mit 0,02 n Jodlösung gelöst. Zum Vertreiben überschüssigen Jods erhitzt man etwa $^1/_2$ Std. lang auf dem Wasserbad. Quecksilber- und Alkalijodid werden durch Oxydation mit Permanganat oder Brom in Jodat übergeführt. Schließlich bestimmt man das durch Eisessig freiwerdende Jod der Quecksilberverbindung durch Titration mit Thiosulfat.

Wegen des Gehalts der Jodlösungen an Kaliumjodid ist immer ein Blindversuch notwendig.

γ) Methode von Muller. Eine weitere Modifikation des Verfahrens von Rupp (a) gibt Muller an. Er trennt das durch Formaldehyd abgeschiedene Quecksilber von der Fällungslösung, leitet in die letztere zur Vertreibung von Formaldehyddämpfen Luft ein und läßt das Quecksilber vor dem Abfiltrieren etwa 20 Std. stehen. Doch bedeuten diese Änderungsvorschläge keine Verbesserung des Verfahrens, zumal die Ergebnisse trotz aller Vorsichtsmaßregeln stets zu niedrig ausfallen, zum Teil den theoretischen Wert bedeutend unterschreiten.

δ) Methode von Rupp und Müller. Rhodanometrisch nicht ohne weiteres bestimmbare Jodquecksilberpräparate können nach Rupp und Müller durch ein dem oben beschriebenen Verfahren analoges Reduktionsverfahren zur rhodanometrischen Titration vorbereitet werden.

Arbeitsvorschrift. Das im Untersuchungsmaterial vorhandene Quecksilber wird durch Behandlung mit Kaliumjodidlösung gelöst und die Lösung mit Lauge stark alkalisch gemacht. Nötigenfalls wird filtriert. Nun versetzt man die erhaltene Lösung von Kalium-QuecksilberII-jodid unter Schütteln mit einigen Kubikzentimetern einer Lösung von 30- bis 35%igem Formaldehyd in 10 bis 15 cm^3 Wasser. Nachdem man 1 Min. kräftig geschüttelt hat, wird das Quecksilber auf ein Asbestpolster im Allihn-Rohr abgesaugt und mit Wasser ausgewaschen. Auf das Filter tröpfelt man einige Kubikzentimeter reine Salpetersäure (D 1,4), wäscht nach und verdünnt die Lösung mit Wasser auf etwa 50 cm^3. Mit einigen Tropfen Permanganatlösung wird entstandene salpetrige Säure zerstört und anschließend das Quecksilber mit 0,1 n Rhodanidlösung titriert. Sind jodbindende Substanzen nicht vorhanden, so kann man das Lösungsgemisch nach der Formaldehyd-Reduktion mit Essigsäure ansäuern und nach der oben erwähnten jodometrischen Methode von Rupp (d) bestimmen.

ε) Methode von Brindle und Waterhouse. Brindle und Waterhouse reduzieren das Quecksilber mit Formaldehyd in alkalischer Lösung. Nach dem Filtrieren und Waschen wird das Quecksilber in heißer Salpetersäure gelöst und nach Zugabe von Kaliumpermanganat mit Ammoniumrhodanid titriert.

10. Reduktion mit Äthanolamin.

Das Quecksilber wird aus seinen anorganischen und organischen Verbindungen sowie den pharmazeutischen Produkten nach Rauscher *beim Erhitzen mit Monoäthanolamin,* $NH_2 \cdot CH_2 \cdot CH_2OH$, *quantitativ zum Metall reduziert. Es kann anschließend entweder gewichtsanalytisch oder durch Titration mit Rhodanid bestimmt werden.*

Arbeitsvorschrift. Die zu untersuchende Probe, Quecksilbersalz, -oxyd oder Mercurochrom (Dibrom-hydroxy-QuecksilberII-fluorescein) wird in ein Digestionsgefäß gegeben, am besten in ein feuerfestes Reagensglas, dessen Boden zur Erleichterung der Quecksilberansammlung birnenförmig ausgeweitet ist. Man fügt 3 bis 5 cm³ Äthanolamin hinzu, setzt einen einfachen Rückflußkühler auf und erhitzt mit einem Mikrobrenner mindestens 5 Min. zum Sieden. Das Quecksilber wird in kurzer Zeit als Kugel auf dem Boden des Gefäßes sichtbar. Man kühlt nun schnell auf eine Temperatur unterhalb 100° ab und wäscht den Kühler mit Wasser aus. Nach Entfernung des Kühlers verdünnt man auf 15 bis 20 cm³. Mittels der von PREGL[1] zur Halogenbestimmung empfohlenen Mikrofiltrationsapparatur wird die Flüssigkeit abgesaugt und die Quecksilberkugel mehrmals mit kleinen Wassermengen ausgewaschen. Schließlich bringt man die Kugel durch leichtes Saugen in das Halogenmikrofilterrohr. Vorher wäscht man das Filterrohr in Wasser und getrocknetem Aceton, trocknet und wägt es. Nach dem Abfiltrieren wird die gebrauchte Saugflasche durch eine trockene ersetzt und 5 Min. lang ein trockener Luftstrom durch das Filterrohr geleitet. Anschließend wird gewogen.

Zur titrimetrischen Bestimmung löst man das gewaschene Quecksilber im Digestionsgefäß mit einigen Tropfen konzentrierter Salpetersäure und verdünnt mit mehreren Kubikzentimetern Wasser. Um die Anwesenheit von 1wertigem Quecksilber und salpetriger Säure zu vermeiden, wird tropfenweise Permanganat bis zur 5 Min. lang bleibenden Färbung zugegeben. Den Permanganatüberschuß zerstört man durch Wasserstoffperoxyd. Nach Zugabe von Salpetersäure (1:1) und EisenIII-alaun als Indicator nimmt RAUSCHER die Titration mit 0,02 bis 0,05 n Rhodanidlösung vor.

***Bemerkungen*. I. Untersuchung von Salben und organischen Verbindungen, die keinen Salzcharakter haben.** Bei der Untersuchung von Salben muß die Salbengrundlage gleich nach der Umsetzung in noch flüssigem Zustand zusammen mit dem Äthanolamin abgesaugt werden. Nachdem der Rest der Grundmasse durch heißes Dioxan entfernt worden ist, erfolgt die oben angegebene Weiterbehandlung.

Arbeitsvorschrift für organische Verbindungen, bei denen das Quecksilber direkt an Kohlenstoff gebunden ist. In vielen Fällen erreicht man das Ziel durch Erhitzen der Probe im Digestionsgefäß mit 3 bis 5 cm³ Äthanolamin und 2 bis 3 cm³ Dioxan. Von Zeit zu Zeit setzt man kleine Natriumstückchen hinzu, für Mikrobestimmungen im ganzen 0,2 g, für Makrobestimmungen entsprechend mehr. Das Quecksilber amalgamiert sich mit dem nicht umgesetzten Natrium und liegt nach etwa ½ Std. als kleine Kugel am Boden des Gefäßes. Die Flüssigkeit wird nun auf dem üblichen Wege entfernt und die Kugel mit Wasser gewaschen. Das Amalgam wird durch 5 Min. langes Kochen mit 5 cm³ Wasser völlig zersetzt und nach der ersten Arbeitsvorschrift weiterbehandelt.

II. Anwendungsbereich des Verfahrens. Die Methode ist für Mikro-, Halbmikro- und für Makrobestimmungen geeignet. RAUSCHER bestimmt nach der dargestellten Arbeitsweise Quecksilbermengen zwischen 3 und 370 mg.

III. Fehlerquelle. Nach SHUKIS und TALLMAN können nach der Methode von RAUSCHER Verluste durch das Hängenbleiben feiner Quecksilberteilchen an der Oberfläche des zur Reduktion benutzten Amins eintreten. Es wird daher vorgeschlagen, die ganze Analyse mit 100 bis 200 mg Probe in einem Zentrifugenröhrchen vorzunehmen, dessen unteres Ende 15 Min. lang zur Zersetzung der Quecksilberverbindung im Ölbad bei 170 bis 180° erhitzt wird. Durch anschließendes Zentrifugieren mit 2800 Umdrehungen je Minute werden die oben schwimmenden Quecksilberteilchen mit der am Boden liegenden Hauptmenge vereinigt.

Bei der Titration benutzt man wegen des beschränkten Volumens des Zentrifugenröhrchens 0,1 bis 0,2 n Rhodanidlösungen, die mit einer in 0,02 cm³ geteilten Mikrobürette abgemessen werden.

---

[1] PREGL, F. u. H. ROTH: Die quantitative organische Mikroanalyse, 4. Aufl. Berlin 1935.

11. Reduktion mit Ameisensäure.

Das in alkalischer Lösung mit Ameisensäure sich bildende QuecksilberII-formiat wird nach SPITZER *bei Wasserbadtemperatur zuerst zum 1wertigen Formiat und dann zum Metall reduziert entsprechend den Gleichungen:*

$$2\,(HCOO)_2Hg \rightarrow (HCOO)_2Hg_2 + HCOOH + CO_2$$
$$(HCOO)_2Hg_2 \rightarrow 2\,Hg + HCOOH + CO_2.$$

Arbeitsvorschrift. 10 cm³ der ungefähr 1% 2wertiges Quecksilber enthaltenden Lösung werden mit 1 n Natronlauge versetzt. Den sich bildenden Oxydniederschlag erhitzt man nach gründlichem Auswaschen mit 30%iger Ameisensäure 30 Min. lang auf dem kochenden Wasserbad. Das ausgefallene Quecksilber wird abfiltriert, ausgewaschen und mit einer bekannten Menge 0,1 n Jod-Jodkalium-Lösung versetzt. Den Jodüberschuß titriert man mit 1 n Natriumthiosulfatlösung.

12. Reduktion mit Glycerin.

Die von SCHTSCHIGOL (a), (b) *ausgearbeitete Reduktionsmethode beruht auf der Fähigkeit des Glycerins, das 1- und 2wertige Quecksilber-Ion in alkalischer Lösung zu metallischem Quecksilber zu reduzieren und es aus seinen Verbindungen auszufällen.* Glycerin geht dabei in Glycerinaldehyd über.

$$HgX_2 + 2\,NaOH = HgO + 2\,NaX + H_2O$$

$$HgO + \begin{matrix} CH_2OH \\ CHOH \\ CH_2OH \end{matrix} = Hg + H_2O + \begin{matrix} CH_2OH \\ CHOH \\ C{=}O \\ H \end{matrix}$$

Arbeitsvorschrift. Von der zu untersuchenden Substanz werden 0,2 bis 0,4 g in einem 200 cm³-ERLENMEYER-Kolben in Wasser, dem nötigenfalls Säure zugesetzt wird, gelöst. Dann gibt man 20 bis 30 cm³ 30%ige Natronlauge und 5 bis 10 cm³ Glycerin hinzu, erwärmt und hält 5 Min. im Sieden. Das Quecksilber scheidet sich als graues, feinkörniges Pulver ab. Man verdünnt die Lösung auf 100 cm³ und filtriert durch ein doppeltes Filter. Anschließend wird mit Wasser ausgewaschen, bis das Waschwasser halogenfrei ist und nicht mehr alkalisch reagiert. Der ausgewaschene Niederschlag wird in den Kolben zurückgebracht und mit 10 bis 15 cm³ heißer konzentrierter Salpetersäure (D 1,4) unter leichtem Erwärmen gelöst. Man verdünnt auf 50 cm³ und zerstört die Stickoxyde durch Permanganat. SCHTSCHIGOL (a), (b) titriert die abgekühlte Lösung mit 0,1 n Ammoniumrhodanidlösung in Gegenwart von EisenIII-Ammoniumsulfat als Indicator, s. S. 488.

Bestimmungsverfahren.

Vorbemerkung. Da in den meisten Fällen der Bestimmung des Quecksilbers als Metall eine Reduktion vorangeht, ist die Reduktion auch vorher besprochen worden. Dabei ließ es sich nicht vermeiden, daß die sich an die Reduktion anschließende Bestimmung kurz angeführt wurde.

Als Methoden der Bestimmung als Metall werden nur diejenigen Verfahren gebracht, bei denen das metallische Quecksilber die Grundlage bildet, wie bei der gewichtsanalytischen Bestimmung (direkte Wägung oder Bestimmung der durch das Quecksilber bedingten Gewichtszunahme oder Gewichtsabnahme eines anderen Stoffes) oder wie bei der mikrometrischen Bestimmung.

Den rein chemischen Bestimmungsmethoden schließen sich dann die elektroanalytische, photometrische und spektralanalytische Bestimmung an.

A. Gewichtsanalytische Bestimmung.

1. Direkte Wägung des durch chemische Reduktion erhaltenen Metalls.

Die einfachste Methode der Bestimmung des durch ein Reduktionsmittel aus seinen Verbindungen ausgefällten Quecksilbers ist die der direkten Wägung. Das ausfallende

Quecksilber erhitzt man mit der Lösung kurze Zeit auf dem Wasserbad, um das Zusammenfließen zu einer Kugel zu begünstigen, wäscht hierauf mit Wasser, entfernt anhaftendes Wasser durch vorsichtiges Betupfen mit Filtrierpapier, trocknet im Exsiccator und wägt anschließend.

Arbeitsvorschrift von **C. R. Fresenius.** Nach der Reduktion der Quecksilbersalzlösung mit ZinnII-chlorid (s. S. 377) gießt man nach längerem Stehenlassen die völlig klare Flüssigkeit von dem Quecksilbermetall ab, das sich im günstigen Fall zu einer Kugel gesammelt hat. Danach wäscht man das Quecksilber unter Dekantieren mit salzsäurehaltigem, dann mit reinem Wasser aus und bringt das Metall nach Abgießen des Wassers in einen gewogenen Porzellantiegel. Das anhaftende Wasser entfernt man vorsichtig mit Filtrierpapier und trocknet im Exsiccator mit Schwefelsäure bis zur Gewichtskonstanz. Wegen der Flüchtigkeit des Quecksilbers darf keine Wärme angewendet werden. Nach nochmaligem Wägen des Tiegels berechnet man das Gewicht des gefundenen Quecksilbers.

Bemerkungen. **I. Vorsichtsmaßregeln bei der Fällung.** Die bei der Fällung benutzten Geräte müssen einwandfrei sauber, vor allen Dingen fettfrei sein, da sonst die Vereinigung der Quecksilberkügelchen nicht gelingt. Nach Rose und Finkener kann man die kleinen Quecksilberkugeln noch nachträglich zur Vereinigung bringen, wenn man nach Entfernung der Lösung das Quecksilber mit Salzsäure erhitzt. Nach C. R. Fresenius gibt man zu den von der Lösung getrennten Quecksilberkügelchen mäßig verdünnte Salzsäure und einige Tropfen ZinnII-chloridlösung. Nach kurzem Erhitzen erfolgt meistens ein Zusammenfließen. Moser und Niessner schlagen vor, die Ausfällung des Quecksilbers in einem Rundkolben vorzunehmen, da dann die fein verteilten Kügelchen sich leicht zu einer einzigen Kugel vereinigen. Selbstverständlich muß aber Fett oder auch Kieselsäure unbedingt abwesend sein, da sonst kein Zusammenfließen erfolgt. Vom Erwärmen der quecksilberhaltigen Lösung ist aber, sowohl bei der Fällung als auch nachher, wie Duccini ausdrücklich betont, abzuraten, da sonst die Ergebnisse infolge der Flüchtigkeit des Quecksilbers mit Wasserdampf zu niedrig ausfallen.

II. Weiterbehandlung des ausgeschiedenen Quecksilbers. Winkler (c) benutzt zum Filtrieren einen Kelchtrichter, in den er einen etwa 0,3 g schweren Wattebausch gibt, den er mit salzsäurehaltigem, dann mit reinem Wasser auswäscht und zuletzt 3mal mit je 3 cm^3 reinem, absolutem Alkohol nachspült. Nun wird der Trichter durch Hindurchsaugen von über Calciumchlorid geleiteter Luft getrocknet und schließlich im Calciumchloridexsiccator aufbewahrt. Nachdem der Trichter am nächsten Tage gewogen worden ist, wird das ausgefällte Quecksilber mit Hilfe einer kleinen Federfahne auf den Wattebausch des Trichters gebracht, mit 50 cm^3 kaltem Wasser und 3mal mit je 3 cm^3 reinem Alkohol ausgewaschen. Das Trocknen und Wägen erfolgt in gleicher Weise wie das des leeren Trichters. Bei richtigem Arbeiten soll sich das Quecksilber als glänzende Kugel im Kelchtrichter befinden. Winkler (c) fügt allerdings den gefundenen Ergebnissen für Quecksilbermengen von 1,00 bis 0,05 g einen Verbesserungswert von 1,3 mg hinzu, falls von der salpetersauren Lösung ausgegangen wird; für die salzsaure Lösung beträgt der Verbesserungswert für Quecksilbermengen von 0,50 bis 0,05 g durchschnittlich + 1,5 mg. Die Reduktion führt Winkler (c) mit Calciumhypophosphit durch, s. S. 374.

Willard und Boldyreff filtrieren das durch Reduktion mit ZinnII-chlorid erhaltene Quecksilber in einen mit Aceton gewaschenen und mit trockener Luft getrockneten Filtertiegel ab, waschen mit Salzsäure (1:1) aus, um Hydrolyse der Zinnsalze zu vermeiden, anschließend daran mit Wasser und mit Aceton. Nach 5 Min. langem Durchsaugen von über Calciumchlorid getrockneter Luft wird gewogen. Es ist eine Verflüchtigungskorrektur von 0,1 mg hinzuzuaddieren.

Das von Willard und Boldyreff durch Reduktion mit Hydrazin erhaltene Quecksilber wird ebenfalls in einen Filtertiegel abfiltriert, zuerst mit kaltem Wasser, dann 5mal mit Aceton ausgewaschen und ebenfalls durch 5 Min. langes Hindurchsaugen von über Calciumchlorid geleiteter Luft getrocknet. Um der Verdampfung des Quecksilbers gerecht zu werden, ist ebenfalls eine Verflüchtigungskorrektur von 1,3 mg hinzuzufügen.

Easley, der die Reduktion mit Wasserstoffperoxyd vornimmt, s. S. 382, filtriert das zur Bildung einer einheitlichen Kugel 10 Min. auf dem Wasserbad erhitzte Quecksilber ab, wäscht es mit Wasser und dann mit Aceton aus. Die letzten Spuren Aceton entfernt er dadurch, daß er 1/2 Std. lang bei 30 bis 35° trockene Luft einleitet. Dann nimmt er die Wägung vor.

Moser und Niessner nehmen nach Reduktion mit unterphosphoriger Säure, s. S. 376, die Filtration durch Papier oder Asbest vor. Sie waschen das Filter mit verdünnter Salzsäure (1 : 5), hierauf mit Wasser, schließlich mit Alkohol und Äther, trocknen es bei 30° und wägen es im Wägeglas. Bei Anwendung eines Gooch-Tiegels wird der Asbest entsprechend vorbereitet. Das Quecksilber wird nach dem Abfiltrieren mit heißem Wasser, dann mit Alkohol und zuletzt mit Äther gewaschen. Durch einen schwachen Schlag auf den Trichter läßt es sich nach Moser und Niessner zu einer einzigen Kugel vereinigen. Nach 1/4 Std. trocknet man bei 30° und wägt dann.

2. Indirekte Bestimmung auf Grund der Gewichtsänderung einer Auffangvorrichtung bzw eines amalgamierten Metalls.

Genauer als durch direkte Wägung läßt sich das durch Reduktion erhaltene Quecksilber gewichtsanalytisch aus der Gewichtszunahme oder nach erfolgtem Abdestillieren aus der Gewichtsabnahme von Drähten, Blechen oder Gefäßen bestimmen.

a) Bestimmung der Gewichtsänderung der Auffangvorrichtung. Cumming und Macleod reduzieren die Quecksilberverbindung auf trockenem Wege mit Eisenfeilspänen und Kalk, s. S. 369f., und kondensieren den Quecksilberdampf in einer kugelförmigen Vorlage, die sie mit feuchtem Filtrierpapier kühlen. Die Vorlage wird nach Beendigung der Reduktion von der übrigen Apparatur getrennt, durch Hindurchleiten von trockener Luft getrocknet und nach Erreichen der Gewichtskonstanz gewogen. Anschließend schüttet man das Quecksilber aus, entfernt den letzten Rest durch Erhitzen im Luftstrom und wägt die Vorlage ein zweites Mal. Die Differenz der Wägungen ergibt die gesuchte Quecksilbermenge.

Ähnlich führt ter Meulen die Wägung nach Reduktion der Quecksilberverbindung im Wasserstoffstrom durch. Er sammelt das Quecksilber in einem wassergekühlten, kleinen U-Rohr aus Quarz, dessen Gewichtszunahme er nach dem Durchleiten eines trockenen Luftstromes bestimmt, s. S. 373.

b) Bestimmung der Gewichtsänderung des amalgamierten Metalls. α) Silber. Durch die Gewichtszunahme von Silberfolie, die an einer gekühlten Stelle das durch trockene Reduktion mit Kupferoxyd und Kalk bzw. mit Eisenfeilspänen und Kalk entstandene Quecksilber aufnimmt, bestimmen Strickler sowie Whitton die reduzierte Quecksilbermenge, s. S. 370.

β) Kupfer. Vielfache Anwendung hat die Abscheidung des Quecksilbers auf Kupferblech oder -draht gefunden, s. auch unter „Elektroanalyse". Da das Kupfer infolge seiner Stellung in der Spannungsreihe das Quecksilber aus seiner Lösung metallisch ausfällt, erübrigt sich die Zugabe eines Reduktionsmittels. So fällen Richards und Singer durch Einstellen von Kupferspiralen das Quecksilber aus seinen Lösungen aus, s. S. 386, waschen den amalgamierten Kupferdraht mit Wasser und Alkohol, trocknen ihn im Exsiccator über Calciumchlorid, wägen ihn und führen eine zweite Wägung nach Abdestillieren des Quecksilbers durch Erhitzen im Wasserstoffstrom durch. Der Gewichtsverlust ergibt die gesuchte Menge Quecksilber (vgl. auch die Reduktion mit Kupfer von Gordon, S. 386).

Klotz schlägt das Quecksilber bei 30 bis 40° auf in die neutrale Lösung eingelegtem Kupferblech nieder, wägt das amalgamierte Blech nach Auswaschen mit Wasser, absolutem Alkohol und Äther sowie 20 Min. langem Trocknen im Exsiccator, bringt das Quecksilber durch Erhitzen im Wasserstoffstrom zur Verflüchtigung und führt eine zweite Wägung durch. Er bestimmt auf diesem Wege noch Quecksilbermengen von 0,8 mg. Die Genauigkeit des Verfahrens ist natürlich nicht allzu groß. Auch kann sich beim Abdestillieren des Quecksilbers Kupferoxyd bilden und dadurch das Ergebnis dann zu hoch ausfallen.

γ) Platin. Evans und Clarke, s. S. 386, reduzieren durch Percolieren der Quecksilberlösung über Kupferspäne, die sie anschließend in einem Saugkolben 2- bis 3mal mit kleinen Mengen Aceton waschen und in einen Porzellantiegel bringen, der zur Entfernung allen Acetons einige Minuten auf einer Asbestplatte oder auf dem Dampfbad schwach erwärmt wird. Der Tiegel wird mit einem wassergekühlten Platindeckel bedeckt; bei schwachem Erhitzen auf Rotglut sublimiert das Quecksilber. 20 Min. genügen für Mengen bis 0,1 g. Nach dem Abkühlen hebt man den Deckel vorsichtig ab, trocknet im Exsiccator und wägt. Bei größeren Mengen Quecksilber ist es angebracht, durch eine zweite Sublimation auf Vollständigkeit zu prüfen.

Die störende Oxydbildung, die die Ergebnisse in Gegenwart von Kupfer fälschen kann, fällt zwar bei der Bestimmung des Quecksilbers auf Platin fort; doch bildet Platin kein Amalgam. Um dabei Verluste durch das Verdampfen von Quecksilber zu vermeiden, ist es bei kleineren Quecksilbermengen und genaueren Bestimmungen daher angebracht, das Trocknen in einer mit Quecksilberdampf gesättigten Atmosphäre vorzunehmen.

δ) Gold. Bei den meisten Bestimmungen wird das Quecksilber jedoch auf Gold niedergeschlagen, da einerseits die bei Kupfer störende Oxydbildung hier fortfällt, andererseits eine Amalgamierung stattfindet und damit eine Herabsetzung des Dampfdruckes, also eine Verringerung der Gefahr des Verdampfens von Quecksilber erreicht wird.

Nach der Reduktion mit ZinnII-chlorid filtrieren Schumacher II und Jung (a) das ausgefällte Quecksilber in ein Filterröhrchen ab, in dem neben Goldasbest noch feine Goldkörnchen verteilt sind. Man wäscht anschließend mit verdünnter Salzsäure und Wasser und spült schließlich 3mal mit Alkohol und 3mal mit Äther nach. Durch das Röhrchen leitet man bis zur Gewichtskonstanz einen trockenen Luftstrom und wägt. Nachdem das Quecksilber durch starkes Glühen verdampft worden ist, wird die zweite Wägung vorgenommen. Farup filtriert das bei der Reduktion von Quecksilbersalzen erhaltene Quecksilber bei etwa 40° in ein mit Seidenasbest und einer etwa 10 mm hohen Schicht von Goldasbest beschicktes Filterrohr ab, wäscht das Filter 3mal mit verdünnter Salzsäure, dann mit Wasser, Alkohol und Äther, saugt etwa 10 Min. gut ab und leitet 25 bis 30 Min. trockene Luft ein. Durch Wägung bestimmt er das Gewicht des Röhrchens vor und nach der Aufnahme des Quecksilbers.

Den zum Filtrieren nötigen Goldasbest stellen Schumacher II und Jung wie folgt her: Sie lösen chemisch reines Gold in Königswasser, dampfen ein und geben gereinigte Asbestfäden in die Lösung. Nach dem Abtropfen werden letztere im Tiegel auf dem Sandbad getrocknet. Nun wird in der Hitze Wasserstoff in den Tiegel eingeleitet; die Reduktion zu metallischem Gold ist in 15 Min. beendet. Zum Schluß wäscht man mit verdünnter Salzsäure und heißem Wasser aus und trocknet.

Nach dem Verfahren von Eschka wird das durch trockene Reduktion mit Eisenfeilspänen freigemachte Quecksilber auf dem konkaven, aus Gold bestehenden Tiegeldeckel bei ständiger Kühlung mit Wasser niedergeschlagen, s. S. 367. Nachdem die Reduktion beendet ist, wird der Golddeckel vorsichtig abgenommen, das Kühlwasser abgegossen und der Quecksilberspiegel mit Alkohol abgespült und

2 bis 3 Min. bei 100° getrocknet. Aus dem Gewicht des Deckels vor der Bestimmung und dem Gewicht des im Exsiccator vollständig erkalteten Deckels ergibt sich die gesuchte Quecksilbermenge. Zur Kontrolle kann auch der Gewichtsverlust bestimmt werden, der bei zuerst schwachem, dann allmählich stärker werdendem Erhitzen des amalgamierten Deckels entsteht.

JOLLES reduziert mit ZinnII-chlorid in Gegenwart von reinem, körnigem Gold, wäscht nach dem Abgießen der Flüssigkeit das Gold mehrmals mit Alkohol und schließlich mit Äther aus, trocknet bei 40° und nimmt die Wägung vor. Durch eine zweite Wägung nach Vertreibung des Quecksilbers erhält er die gesuchte Quecksilbermenge.

TREADWELL belädt bei der trockenen Reduktion mit Kalk reine Goldblätter in einem kleinen PÉLIGOT-Rohr mit dem Quecksilber, wägt, erhitzt dann unter gleichzeitigem Durchleiten von Luft und wägt ein zweites Mal. Ähnlich führt FAHEY die Bestimmung durch. Er bringt nach der Umsetzung von QuecksilberI-chlorid mit Soda das Quecksilber zur Amalgamierung mit einem im Verbrennungsrohr befindlichen, gerollten Goldblech, das er einmal nach erfolgter Abkühlung und anschließend nach erfolgter Wiederverdampfung des Quecksilbers wägt.

Der Hauptgrund für eine gewisse Unsicherheit der Bestimmung der Quecksilbermenge durch Gewichtsänderung ist darin zu suchen, daß letztere durchaus nicht nur durch Quecksilber, sondern auch durch Beimischung anderer flüchtiger Substanzen hervorgerufen werden kann. Derartige Verunreinigungen sind Cadmium bei der Destillation von Zink, KupferI-chlorid bei der Destillation von in salzsaurer Lösung amalgamiertem Kupfer und vor allen Dingen organische Substanzen.

B. Maßanalytische Bestimmung.

Die maßanalytischen Bestimmungsmethoden des Quecksilbers können im wesentlichen in drei Gruppen eingeteilt werden:

1. Das Quecksilbersalz, gleichgültig, ob die 1wertige oder die 2wertige Verbindung vorliegt oder ein Gemenge beider, wird zum Metall reduziert und dieses in Gegenwart des Reduktionsmittels durch Schütteln mit Jod-Jodkalium-Lösung in Kaliumquecksilberjodid übergeführt. Der Überschuß an Jodlösung wird mit Thiosulfat zurücktitriert. Die Wahl des Reduktionsmittels ist beschränkt, da es in der essigsauren Lösung nicht mit Jodlösung reagieren darf. Hierher gehört vor allen Dingen die Methode von RUPP (d) (s. S. 389), die in etwas veränderter Form von FITZGIBBON (s. S. 391) und unter Verwendung eines anderen Reduktionsmittels von KOLTHOFF und KEIJZER (s. S. 382) benutzt wird.

2. Bei Benutzung eines Reduktionsmittels, das mit Jodlösung reagiert, muß das ausgefällte Quecksilbermetall durch Dekantieren oder Filtrieren von dem Reduktionsmittel getrennt werden. Das Quecksilber wird nach dem Auswaschen ebenfalls jodometrisch bestimmt wie unter 1. Hierher gehören die Verfahren von ROBINSON (s. S. 375), SCHTSCHIGOL (s. S. 394) und von SPITZER (s. S. 394). Auch hier ist es gleichgültig, in welcher Oxydationsstufe das Quecksilber vorliegt.

3. Zur Reduktion des Quecksilbers aus seinen Verbindungen wird eine gemessene Menge eines Reduktionsmittels benutzt, deren Überschuß zurücktitriert wird. Die Methode kann natürlich nur auf QuecksilberI-verbindungen oder nur auf QuecksilberII-verbindungen angewendet werden. Unter diese Gruppe fallen die Verfahren von FEIT (s. S. 381), REICHARD (s. S. 381), EBLER (s. S. 383), v. BRUCHHAUSEN und HANZLIK (s. S. 382), STÜWE (s. S. 383), STRENG (s. S. 378), DUNNICLIFF und SURI (s. S. 378) sowie von RAGNO (s. S. 379).

Da sich in den meisten Fällen die Titration eng an die Reduktion anschließt, sind die maßanalytischen Bestimmungsverfahren jeweils im Anschluß an die Reduktionsmethoden behandelt worden.

C. Potentiometrische Bestimmung.

Vorbemerkung. *Die potentiometrischen Analysenmethoden, die infolge ihrer einfachen und schnellen Ausführung besonders da angebracht sind, wo es sich um eine Reihe von Analysen handelt oder um Serienbestimmungen, verdienen stärkste Beachtung. Außer den erwähnten Vorteilen bieten sie meistens die Möglichkeit, das zu untersuchende Element neben einer Anzahl von anderen Substanzen zu bestimmen, die bei den rein chemischen Methoden störend wirken.* So kann Quecksilber ohne Schwierigkeit neben Kupfer und anderen Schwermetallen bestimmt werden. Durch die Ersparnisse an Arbeitskraft macht sich in vielen Fällen die Anschaffung der Apparatur bezahlt.

Das Quecksilber kann durch potentiometrische Titration mit TitanIII-chlorid, ChromII-chlorid oder Vanadylsulfat als Reduktionsmittel bestimmt werden. Ist die Reduktion des Quecksilbers zum Metall vollständig, so sind die Quecksilber-Ionen aus der Lösung praktisch verschwunden und können nicht mehr potentialbestimmend wirken. Eine in der Lösung befindliche Indicatorelektrode nimmt sofort das Potential der in der Lösung vorhandenen, dem Quecksilber in der Spannungsreihe am nächsten liegenden, negativeren Ionen an. Bei der Titrationskurve, die die Abhängigkeit des Potentials von dem Volumen der hinzugefügten Titrationslösung zeigt, tritt am Äquivalenzpunkt ein starker Potentialabfall von dem positiveren zum weniger positiven bzw. negativen Potential auf. Die Auswertung des gezeichneten Diagramms ergibt die zur Reduktion verbrauchte Menge an Titerflüssigkeit und damit die zu bestimmende Quecksilbermenge.

Um die Bildung von Kalomel auszuschalten, wird in stark ammoniumchloridhaltiger Lösung gearbeitet und dadurch das Quecksilberpotential auf negativere Werte verschoben, so daß sofort metallisches Quecksilber ohne Bildung des 1wertigen Salzes ausfällt.

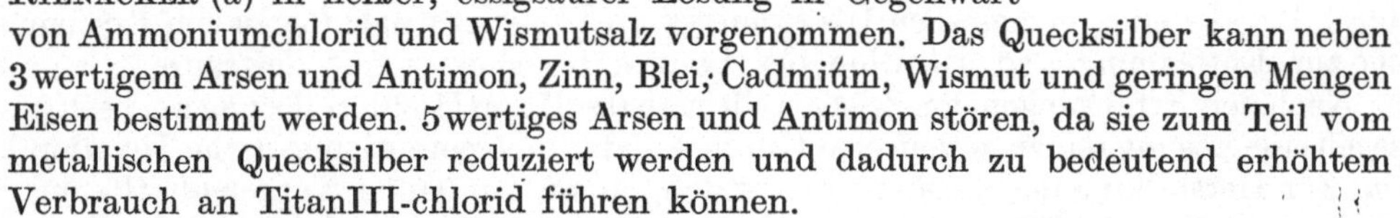

Abb. 5.

1. Titration mit TitanIII-chlorid.

Die Reduktion der QuecksilberII-verbindung zu metallischem Quecksilber mit TitanIII-chlorid wird nach ZINTL und RIENÄCKER (a) in heißer, essigsaurer Lösung in Gegenwart von Ammoniumchlorid und Wismutsalz vorgenommen. Das Quecksilber kann neben 3wertigem Arsen und Antimon, Zinn, Blei, Cadmium, Wismut und geringen Mengen Eisen bestimmt werden. 5wertiges Arsen und Antimon stören, da sie zum Teil vom metallischen Quecksilber reduziert werden und dadurch zu bedeutend erhöhtem Verbrauch an TitanIII-chlorid führen können.

***Arbeitsvorschrift von* Zintl *und* Rienäcker (a), (b). Apparatur** [nach ZINTL und RIENÄCKER (b); s. Abb. 5*]. Die Titration wird nach ZINTL und RIENÄCKER (a) in einem Becherglas ausgeführt, das auf einer elektrischen Heizplatte steht und mit einem 4fach durchbohrten Uhrglas bedeckt ist. Durch die mittlere Bohrung geht ein als Rührerführung dienendes Glasrohr *F*, das in einer Stativklammer befestigt ist. An dem Glasrohr *F* wird mittels eines Gummistopfens das Röhrchen *S* befestigt. Es dient zum Auffangen des durch den Gasstrom mitgerissenen Kondens-

*) Abb. 5 gibt die im wesentlichen gleiche, bei der Reduktion mit ChromII-chlorid benutzte Apparatur wieder. Sie unterscheidet sich von der oben für die Reduktion mit TitanIII-chlorid beschriebenen nur dadurch, daß der Deckel des Becherglases aus einer 4fach durchbohrten Flaschenkappe aus Gummi besteht, die vor der Verwendung mit verdünnter Schwefelsäure ausgekocht wird.

wassers. Der durch F führende Rührer wird durch einen kurzen, nicht zu elastischen Gummischlauch mit der Antriebswelle gekuppelt. Die drei exzentrischen Bohrungen des Deckels dienen zum Einführen der Bürettenspitze, des Hebers der Normalelektrode und eines T-förmigen Glasrohres, das als Einleitungsrohr für Kohlendioxyd und gleichzeitig als Träger der Indicatorelektrode dient. Diese besteht aus einem glatten, am oberen Ende in ein kurzes Glasrohr eingeschmolzenen und mit Stromzuführung versehenen Platindraht.

Als Bezugselektrode wird eine mit gesättigter Kaliumchloridlösung und festem Kaliumchlorid beschickte Kalomelzelle benutzt. Das in die Untersuchungslösung eintauchende Ende des Hebers ist zu einer Capillare ausgezogen und nach oben gebogen, um ein Ausfließen der schweren Kaliumchloridlösung und das Entstehen von Verlusten durch Eindringen der Untersuchungslösung zu verhindern. Ein seitlich am Heber angesetzter Hahn, der durch einen Gummischlauch mit einer Kaliumchlorid-Vorratsflasche in Verbindung steht, ermöglicht ein bequemes Ausspülen der Hebercapillare. Die beiden Hähne der Kalomelzelle müssen zur Vermeidung des störenden Auskrystallisierens von Kaliumchlorid an den Schliffen gut mit Vaseline eingefettet werden. Der im Heber selbst befindliche Hahn ist während der Titration natürlich geöffnet.

Die elektromotorische Kraft der Titrationskette wird durch Kompensation mit Hilfe eines einfachen Meßdrahtes und eines empfindlichen Zeigerinstruments, das als Nullinstrument dient, mit einer doppelseitigen Skala von je 30 Teilstrichen und einer Empfindlichkeit von $2{,}2 \cdot 10^{-7}$ Ampere je Skalenteil bestimmt. Eine Wippe dient zur Umkehr der Stromrichtung im Meßdraht beim Ändern der Richtung der elektromotorischen Kraft. Nach ZINTL und RIENÄCKER (c) sind andere Kompensationseinrichtungen zu unübersichtlich und zeitraubend; für rasche Bestimmungen ist das Capillarelektrometer vollkommen ungeeignet.

Herstellung der TitanIII-chloridlösung. Ausgangsprodukt ist die käufliche, etwa 15%ige TitanIII-chloridlösung, die gelegentlich eisenfrei in den Handel kommt, meistens aber beträchtliche Mengen an Eisen enthält. Durch Auskrystallisieren des TitanIII-chloridhexahydrates aus einer mit Chlorwasserstoff gesättigten Lösung erhält man ein vollkommen eisenfreies Produkt; die Ausbeute ist aber gering, sie beträgt auch nach längerer Krystallisationszeit nur etwa 30%.

Die 15%ige Lösung wird mit ausgekochtem Wasser auf das Zehnfache verdünnt, filtriert und zur Vermeidung einer hydrolytischen Abscheidung von Titansäure mit Salzsäure auf etwa 3% Säuregehalt gebracht. Da der Säuregehalt der käuflichen Titanlösung beträchtlich schwankt, wird er in jedem neuen Vorrat roh bestimmt durch Zugabe eines gemessenen Überschusses an Lauge mit nachfolgendem Kochen bis zur Entfärbung und Titration des Laugenüberschusses mit Salzsäure.

Nach den Erfahrungen von ZINTL stellt man die TitanIII-chloridlösung am besten gegen eine Lösung reinen, eisenfreien Kupfersulfats durch potentiometrische Titration ein. Zur Herstellung der dazu gut geeigneten, eisenfreien 0,05 n Kupfersulfatlösung wird reines Kupfersulfat in Wasser gelöst, mit einigen Tropfen Perhydrol und ein wenig destilliertem Ammoniak versetzt. Dabei fallen Kupfer und Eisen als Hydroxyde aus. Aus der schwefelsauren Lösung der Hydroxyde wird das Kupfer bei 2 Volt Spannung elektrolytisch auf Platin abgeschieden. Das Metall wird in destillierter Salpetersäure gelöst und durch Abrauchen mit Schwefelsäure im Platingefäß in Sulfat übergeführt. Nun krystallisiert man das Salz noch einmal um und löst eine roh abgewogene Menge in 5 l Wasser. Die genaue Titereinstellung erfolgt elektrolytisch.

Aufbewahrung und Haltbarkeit der TitanIII-chloridlösung. Die TitanIII-chloridlösung wird nach ihrer Einstellung in einer Wasserstoffatmosphäre aufbewahrt. Dazu dient die in Abb. 6 dargestellte Vorratsflasche mit angeschlossener Bürette in Verbindung mit einem Wasserstoff-Entwicklungsapparat. Die Bürette A wird durch Ansaugen der in C befindlichen Titrationslösung durch das BUNSEN-Ventil D bei geöffnetem Hahn E und geschlossenen Hähnen F und B gefüllt. Die Maßlösung steigt im Rohr G durch den Druck des bei H angeschlossenen Wasserstoffentwicklers und füllt die Bürette. E wird geschlossen, F geöffnet. Bei dieser Anordnung wird vermieden, daß die Titrationslösung vor ihrem Eintritt in die Bürette einen gefetteten Hahn passiert und Hahnfett mitnimmt.

Die unter Luftabschluß aufbewahrte TitanIII-choridlösung ändert ihren Wirkungswert in einigen Wochen nur um wenige Promille; es ist genug, wenn man jeden dritten Tag eine Titerkontrolle vornimmt. Die Haltbarkeit der TitanIII-chloridlösung ist in der Hauptsache durch die Abwesenheit von Sauerstoff bedingt. Ist die Lösung in der oben beschriebenen Vorratsflasche größtenteils verbraucht, so läßt sich eine schnelle Titerabnahme beobachten, da ihre oberen Schichten mit dem nun nicht mehr absolut von Sauerstoff freien Wasserstoff in Berührung stehen. Es ist daher ratsam, die Lösung nicht vollkommen aufzubrauchen.

Arbeitsweise [ZINTL und RIENÄCKER (a)]. Eine abgemessene Menge QuecksilberII-chloridlösung wird mit 2 g Weinsäure (zur Zurückdrängung hydrolytischer Spaltung des TitanIII-chlorids) und je nach der vorhandenen Säuremenge mit 3 bis 10 g Ammoniumacetat sowie mit 15 g Ammoniumchlorid und 5 bis 10 cm³ einer etwa 0,1 n Wismutchloridlösung versetzt. Danach verdünnt man auf 200 cm³. Zur Fernhaltung der Luft aus dem Titrationsgefäß leitet man durch das T-förmige Rohr Kohlendioxyd, das mit ChromII-chloridlösung gewaschen wird, aus einer Bombe ein. Den Luftsauerstoff entfernt man durch etwa 5 Min. langes Auskochen der Lösung unter Kohlendioxyd. Das Einleiten des Kohlendioxyds wird während der Titration, die nach erfolgter Abkühlung der Lösung durchgeführt wird, natürlich fortgesetzt. Der Endpunkt ist an einem gut ausgeprägten Potentialsprung zu erkennen mit einem Umschlagspotential von etwa — 80 Millivolt gegen die Kalomelelektrode mit gesättigter Kaliumchloridlösung gemessen.

Bemerkungen. Nach jeder Titration reinigt man den als Indicatorelektrode dienenden Platindraht mit Salpetersäure, schmirgelt ihn mit ganz feinem Schmirgelpapier ab und glüht ihn nach dem Abwaschen aus, da er sonst nach einigen Bestimmungen nicht mehr anspricht. Solange man die Elektrode nicht benutzt, bewahrt man sie unter 20%iger Salzsäure auf, spült sie vor der Titration mit Wasser ab und glüht sie aus.

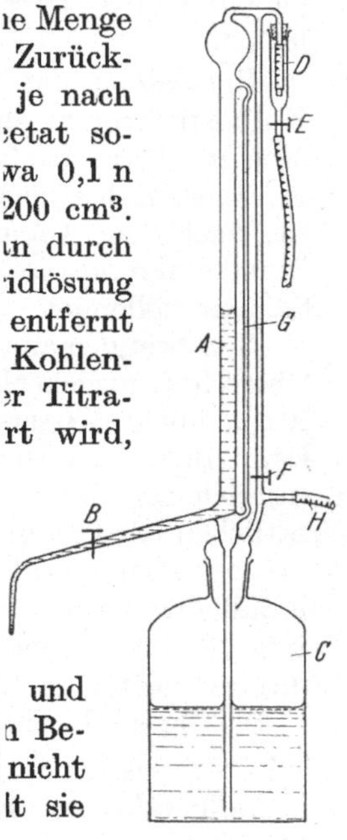

Abb. 6.

Anwesenheit von Salpetersäure stört die Bestimmung, ebenso von EisenIII-salz infolge der Reduktion zu EisenII-salz. In Gegenwart kleiner Eisenmengen ist die Bestimmung trotzdem ohne Trennung durchzuführen, wenn man das EisenIII-salz durch Zugabe von Natriumpyrophosphat maskiert. Bei Mengen von 0,006 g und mehr EisenIII in 200 cm³ Lösung versagt dieses Verfahren.

In Gegenwart von 2wertigem Kupfer läßt sich nur die Summe des Quecksilbers und Kupfers ermitteln. Da aber in salzsaurer Lösung Kupfer in Gegenwart von Quecksilber potentiometrisch bestimmbar ist, lassen sich auch die einzelnen Metalle nebeneinander bestimmen. Auch Quecksilber und Wismut sind gleichzeitig bestimmbar, s. unter Trennungen S. 565.

2. Titration mit ChromII-chlorid.

Die Verwendung von ChromII-chlorid als Titrationslösung hat trotz deren Unbeständigkeit in Gegenwart von Sauerstoff eine Reihe von Vorzügen vor der Verwendung von TitanIII-chlorid. Sie ermöglicht infolge der größeren Variationsfähigkeit der Versuchsbedingungen die Bestimmung des Quecksilbers neben den meisten Metallen der Schwefelwasserstoff- und Ammoniumsulfidgruppe. Kupfer kann neben Quecksilber in einer einzigen Titration bestimmt werden.

Nach den Messungen von GRUBE und SCHLECHT liegt das Normalpotential von ChromIII/ChromII in schwach saurer Lösung, gegen die Wasserstoffelektrode gemessen, bei rund — 0,4 Volt. ChromII-chlorid wirkt stärker reduzierend als TitanIII-chlorid. Dadurch wird der Titrationsbereich in 5%iger Salzsäure um etwa 300 Millivolt erweitert, die Einstellung geht auch mit größerer Geschwindigkeit vor sich.

Die ChromII-salze lassen sich leicht rein darstellen durch Reduktion von Dichromat mit Zink und Säure, Fällen des schwerlöslichen ChromII-acetats und anschließendes Auflösen des Niederschlags in Salz- oder Schwefelsäure. Die Darstellung eisenfreier TitanIII-chloridlösung ist umständlicher.

***Arbeitsvorschrift von* ZINTL *und* RIENÄCKER (a). Apparatur.** Die Apparatur entspricht der bei der potentiometrischen Titration mit TitanIII-chlorid beschriebenen.

Herstellung der ChromII-chloridlösung. Man kocht reines, umkrystallisiertes Kaliumdichromat mit konzentrierter Salzsäure bis zum Aufhören der Chlorentwicklung in einem Kolben, der durch einen Stopfen mit einem BUNSEN-Ventil zum Entweichen des Wasserstoffs und einem Heberrohr mit Glaswollefilter verschlossen ist. Nach dem Abkühlen versetzt man die Lösung mit reinem Zink. Nach einigen Stunden nimmt die Lösung eine rein blaue Farbe an, die Reduktion zum 2 wertigen Salz ist vollendet.

Nun bringt man die Lösung mit Hilfe von Wasserstoff durch den Heber in einen Überschuß ausgekochter Natriumacetatlösung. Das gefällte Chromacetat wird 7- bis 10 mal unter Wasserstoff durch Dekantieren mit ausgekochtem Wasser gewaschen. Dann fügt man zum Niederschlag eine zur vollständigen Auflösung nicht ganz ausreichende Menge 2%iger Salzsäure und drückt die Lösung nach dem Absitzen des restlichen Niederschlags mit Wasserstoff in die Vorratsflasche der Bürette (s. unter „Aufbewahrung und Haltbarkeit der ChromII-chloridlösung“). Dort verdünnt man sie mit der doppelten Menge an ausgekochtem Wasser. Schließlich gibt man noch einige Kubikzentimeter 2%ige Salzsäure hinzu, um etwa mitgerissene Reste von ChromII-acetat in Lösung zu bringen.

Die ChromII-chloridlösung wird gegen eine Standardkupfersulfatlösung potentiometrisch eingestellt, s. unter „Herstellung der TitanIII-chloridlösung“, S. 400.

Aufbewahrung und Haltbarkeit der ChromII-chloridlösung. Wie die TitanIII-chloridlösung wird auch die ChromII-chloridlösung nach ihrer Einstellung unter Wasserstoff aufbewahrt. Die Aufbewahrungsflasche sowie die Titrationsbürette sind bereits bei der Titration mit TitanIII-chlorid beschrieben worden, s. S. 399.

Wie bei der TitanIII-chloridlösung ist auch bei der ChromII-chloridlösung die Haltbarkeit im wesentlichen von der Abwesenheit von Sauerstoff abhängig. Eine rasche Titerabnahme tritt unter den beschriebenen Vorsichtsmaßregeln erst ein, wenn die Vorratsflasche größtenteils geleert ist, die Lösung also mit dem nicht mehr unbedingt von Sauerstoff freien Wasserstoff in Berührung kommt. Nach dem Einstellen soll man die Lösung daher nicht mehr durchschütteln und die Flasche nicht bis zum letzten Rest leeren. Der Titer ist alle drei Tage zu kontrollieren.

Arbeitsweise (Titration einer reinen QuecksilberII-salzlösung). Die Lösung wird mit so viel Salzsäure versetzt, daß sie in bezug auf Säure 3- bis 5%ig ist. Zum Fernhalten der Luft aus dem Titrationsgefäß leitet man durch das T-förmige Glasrohr aus einer Bombe Kohlendioxyd ein, das mit ChromII-chloridlösung gewaschen worden ist. Die Quecksilbersalzlösung wird 5 Min. lang unter Kohlendioxyd ausgekocht und in der Hitze mit ChromII-chloridlösung titriert bis zum Potentialsprung von etwa — 160 Millivolt. Die Indicatorelektrode wird vor jeder Bestimmung mit heißer Chromschwefelsäure gewaschen, mit Wasser abgespült und ausgeglüht.

Bemerkungen. Enthält die zu titrierende Lösung 5 % und mehr Salzsäure oder neben Salzsäure noch Chloride, so muß das Quecksilber in Gegenwart von Wismut, EisenIII oder KupferII bestimmt werden, s. S. 560, 565, 582. In essigsaurer Lösung ist die Anwesenheit einer größeren Chloridmenge sowie von Wismutsalz erforderlich, s. S. 565. Eisen oder Kupfer können hier Wismut nicht ersetzen, da sie in essigsaurer Lösung etwa gleichzeitig mit Quecksilber reduziert werden. Bei Gegenwart von Wismutchlorid ist der Potentialsprung kleiner, aber noch gut erkennbar, vgl. auch BRENNECKE. Durch Blei und Cadmium wird die Bestimmung nicht beeinflußt. Sie kann auch in Gegenwart von Gold durchgeführt werden. Bei Anwesenheit von 3wertigem Arsen führt die Quecksilberbestimmung nur zu richtigen Ergebnissen, wenn die ChromII-chloridlösung langsam und tropfenweise zugesetzt wird, andernfalls werden zu hohe Werte gefunden. 5wertiges Arsen, 3wertiges und 5wertiges Antimon sowie Silberchlorid stören die Quecksilbertitration, da sie gleichfalls mehr oder weniger reduziert werden.

Nach ZINTL und RIENÄCKER (c) erfolgt die Potentialeinstellung schnell mit guten Ergebnissen. Allerdings konnte BRENNECKE die günstigen Ergebnisse in 3- bis 4%iger Salzsäure ohne Chloridzusatz nicht bestätigen, auch nicht in Gegenwart von Wismutchlorid. Ohne Wismut betrugen die gefundenen Überwerte bis zu 3%. Bei Anwesenheit von 10, 20 oder auch 100 mg Wismut schwankten die stets positiven Fehler immer noch bis etwa 1,5%. Bei Zugabe von 15 g Ammoniumchlorid wurden auch keine besseren Ergebnisse erzielt, obwohl die Hauptmenge der Chromsalzlösung (benutzt wird hier ChromII-sulfatlösung an Stelle von ChromII-chloridlösung) rasch tropfend zugesetzt wurde.

3. Titration mit Vanadylsulfat.

Das 2wertige Quecksilber kann nach DEL FRESNO und DE LAFUENTE in stark alkalischer Lösung mit Vanadylsulfat potentiometrisch bestimmt werden.

$$HgCl_2 + 4\,KJ \rightleftarrows K_2[HgJ_4] + 2\,KCl$$

$$K_2[HgJ_4] + 2\,VOSO_4 + 8\,KOH \rightleftarrows 2\,KVO_3 + 4\,KJ + 2\,K_2SO_4 + 4\,H_2O + Hg.$$

Infolge der starken Oxydierbarkeit des 4wertigen Vanadins muß in einem geschlossenen Kolben unter Stickstoffatmosphäre gearbeitet werden.

Arbeitsvorschrift. Als Indicatorelektrode dient ein Platindraht von 1 mm Durchmesser und 25 cm Länge; Bezugselektrode ist die Normal-Kalomelelektrode. Zur Herstellung der 0,1 n Vanadylsulfatlösung werden 11,750 g reinstes Ammoniummetavanadat in 27 cm³ reiner Schwefelsäure vom spezifischen Gewicht 1,84 gelöst und auf 500 cm³ verdünnt. Man erhitzt die rosa gefärbte Lösung zum Sieden und leitet einen Schwefeldioxydstrom hindurch. Dann wird in die nun grüne Lösung bei gelindem Erhitzen zum Vertreiben des Schwefeldioxyds so lange Kohlendioxyd eingeleitet, bis das aus der Lösung herausströmende Gas eine mit verdünnter Schwefelsäure angesäuerte Kaliumpermanganatlösung nicht mehr entfärbt. Die etwa 0,1 n Lösung wird potentiometrisch gegen Permanganat eingestellt.

Um einen scharfen Potentialsprung zu erhalten, arbeitet man mit einer Natronlaugekonzentration zwischen 11,1 und 27,7%.

Die Titration geht bei gewöhnlicher Temperatur langsam vor sich, bei 80 bis 90° bedeutend schneller.

D. Polarographische Bestimmung.

Vorbemerkung. Die polarographische Bestimmung des Quecksilbers gelingt nach SCHWARZ bis zu kleinen Konzentrationen, besonders wenn man zur Entfernung gelösten Sauerstoffs Natriumsulfit zusetzt. Die Bestimmung wird in folgender Grundlösung durchgeführt: $^1/_2$ l Wasser, 20 g Kaliumjodid, 35 g krystallisiertes

Natriumacetat, 50 cm³ Tyloselösung. Beim Hinzufügen der QuecksilberI-salzlösung tritt folgende Reaktion ein:

$$2\,HgJ + 2\,KJ = K_2[HgJ_4] + Hg.$$

QuecksilberII-salze reagieren nach der Gleichung: $HgJ_2 + 2\,KJ = K_2[HgJ_4]$. Der Anstieg der Strom-Spannungs-Kurve beginnt bei Verwendung von Quecksilberelektroden bei beliebig kleiner Spannung und erreicht die dem Sättigungsstrom entsprechende Stufe in normaler Weise. Beim 1wertigen Quecksilber wird die Lösung infolge der eintretenden Metallabscheidung schwarz gefärbt, doch hat die Metallbildung keinen Einfluß auf die Bestimmung. Es kommt jedoch genau die halbe Quecksilbermenge zur Bestimmung, was bei der Auswertung zu berücksichtigen ist.

Die Anwesenheit von stark oxydierenden oder reduzierenden Stoffen sowie von Ammoniak stört die Bestimmung, ebenso die Gegenwart von Silber und 3wertigem Eisen.

Arbeitsvorschrift. 5 cm³ der schwach sauren Probelösung werden mit 5 cm³ der Grundlösung und 1 cm³ 1 mol Natriumsulfitlösung versetzt und polarographiert. Die Null-Linie wird mit der Grundlösung unter Sulfitzusatz, aber ohne Quecksilber, aufgenommen.

Die Tyloselösung bereitet man aus der bereits angeteigt käuflichen Substanz (Tylose S als 10%ige Paste, Viscositätszahl 100). 200 g werden mit kleinen Mengen kalten Wassers unter gutem Rühren bis zur Homogenisierung vermischt. Der Wasserzusatz wird so lange fortgesetzt, bis 1 l kolloide Lösung vorliegt. Erwärmen ist auf jeden Fall zu vermeiden, da Methylcellulose in der Wärme unlöslich wird.

E. Elektroanalytische Bestimmung.

Vorbemerkung. Quecksilber fällt, infolge seiner Stellung weit auf der positiven Seite der Spannungsreihe, aus allen Lösungen vor dem Wasserstoff aus. Außerdem hat der Wasserstoff an einer Quecksilberkathode eine sehr hohe Überspannung. *Quecksilber ist sowohl aus saurer als auch aus alkalischer Lösung einfacher und komplexer Salze schnell und quantitativ abzuscheiden.* In vielen Fällen wird allerdings ein etwas zu niedriger Wert gefunden. Ein Strom von 1 Ampere scheidet in 1 Sek. 2,072 mg Quecksilber ab.

Auf elektroanalytischem Wege läßt sich das Quecksilber recht einfach von einer Reihe von anderen Metallen trennen, s. S. 559, 564. Schwierigkeiten können dabei infolge der Amalgambildung auftreten, die sich hauptsächlich bei seiner Trennung von Kupfer, Silber und Gold bemerkbar macht.

Die Elektroden und ihre Behandlung. Als *Elektrodenmaterial* kommt bei der Quecksilberelektrolyse für die Anode meistens Platin, für die Kathode Platin, Gold, Kupfer, Messing oder Quecksilber selbst in Frage. Für Platin eignet sich die Form der Netze, Schalen und Tiegel, die letzteren nach CLASSEN schwach mattiert. Platin bildet mit dem Quecksilber oberflächlich eine Legierung. Beim Ablösen des Quecksilberbelages mit Salpetersäure wird etwas Platin gelöst; auf der Platinkathode bleibt außerdem ein dunkler Belag von Amalgam, der entweder mechanisch oder durch Schmelzen mit Kaliumhydrogensulfat entfernt werden muß. Diese Behandlung ist also mit einem Gewichtsverlust verbunden, den man durch Verkupfern, Versilbern oder Vergolden[1] der Platinelektrode, soweit die benutzten Bäder es zulassen, ver-

[1] Nach VERDINO ist Gold als Schutzmetall für die Platinelektrode vor der elektrolytischen Abscheidung des Quecksilbers als Amalgam unentbehrlich. *Das Vergolden wird folgendermaßen vorgenommen*: 50 mg reines Goldblech werden in Königswasser gelöst; die Lösung wird wiederholt unter Hinzufügen von Wasser zur Trockne eingedampft. Den hiernach erhaltenen Rückstand löst man in 5 cm³ Wasser und versetzt die Lösung mit 0,65 g reinem Kaliumcyanid. Dann elektrolysiert man sie bei 3,5 Volt Spannung und einer Temperatur von 55° 2 Std. lang, wobei die zu vergoldende Netzelektrode als Kathode dient.

meiden kann. Kleinere Quecksilbermengen können auch durch Ausglühen der Kathode beseitigt werden. Auf mattiertem Platin scheidet sich das Quecksilber bei vernünftigem Verhältnis zwischen Metallmenge und Elektrodengröße gleichmäßig in sehr kleinen Tröpfchen ab, aus salpetersaurer Lösung bei höheren Stromdichten als Spiegel, bei niedrigeren als lockere Tropfen.

Um den Gewichtsverlust beim Ablösen des Quecksilbers von den Platinnetzelektroden zu vermeiden, kann man auch Netzelektroden aus einer widerstandsfähigeren Platin-Iridium-Legierung benutzen. Für Mikroelektrolysen wird das Platin in Form der mit Glaskugeln versehenen Mikrodrahtnetzelektrode nach PREGL[1] oder auch in der einfachen Form einer Drahtelektrode benutzt, die zum Schutz ebenfalls mit einem Metallüberzug versehen werden kann.

Die Goldkathode kommt in der einfachen Form eines Bleches in Anwendung. Bei Verwendung von Schwefelsäure als Elektrolyt muß allerdings nach REIF, der den Quecksilbergehalt von Acetylenessigsäure auf elektroanalytischem Wege bestimmt, eine Erwärmung während der Elektrolyse vermieden werden, da sonst das Quecksilber an der Goldelektrode so fest haftet, daß die nachfolgende Sublimation darunter leidet. Für Mikroelektrolysen wird das Gold in Form eines Drahtes verwendet. PATAT zieht den Golddraht zur Reinigung durch die Spitze einer kleinen, nicht zu heißen Flamme. Er darf nur schwach glühen und schmilzt sehr leicht ab. Man kann ihn auch einfach in einem Glasröhrchen bis zum Erweichen des Glases erhitzen. LOMHOLT und CHRISTIANSEN reinigen die Elektrode mit kleinen Mengen Salpetersäure. JACQUEMAIN und DEVILLERS benutzen bei der Elektrolyse in chlorhaltiger Lösung eine Kathode aus Goldblech mit angenietetem Platindraht, da dieser als aus der Lösung herausragender Teil gegen Chlor beständig sein muß.

Die flüssige Quecksilberelektrode ist besonders für die Bestimmung von Quecksilber in saurer Chlorid- oder Nitratlösung geeignet, nicht dagegen für alkalische Lösungen. Sie hat den Nachteil, daß sich infolge des hohen Dampfdruckes ein Arbeiten bei erhöhter Temperatur verbietet; außerdem muß bei jeder Wägung auch das Gefäß mitgewogen werden.

Diesen Nachteilen suchen PAWECK und WEINER durch Benutzung einer während der Elektrolyse flüssigen und während des Wägens festen Elektrode zu entgehen. Als Material benutzen sie die unterhalb 100° schmelzenden, leichtflüssigen Legierungen des WOODschen Metalls (7 bis 8 Teile Wismut, 1 bis 2 Teile Cadmium, 4 Teile Blei, 2 Teile Zinn; Schmelzpunkt bei etwa 70°) und des LIPOWITZ-Metalls (15 Teile Wismut, 8 Teile Blei, 4 Teile Zinn, 4 Teile Cadmium; Schmelzpunkt bei etwa 60°).

Die Kupferkathode, in Draht- oder Netzform, kann ebenfalls versilbert werden: sie wird nach GUZMÁN und RANCAÑO als Kathode in eine Kaliumsilbercyanidlösung mit etwa 1 g Silber gehängt. Anodenflüssigkeit ist 1%ige Kaliumcyanidlösung, in der sich eine Kupferanode befindet.

Da der gebräuchliche Kupferdraht oft Zink enthält, das beim Erhitzen herausdestilliert, muß der Draht vor der Analyse nach STOCK und ZIMMERMANN durch Glühen in einem einseitig geschlossenen Glasrohr auf Reinheit geprüft werden. Vor der Benutzung wird er nach STOCK und LUX zuerst abgeschmirgelt, anschließend ausgeglüht, wieder abgeschmirgelt und mit reinem Filtrierpapier abgerieben.

Allgemeine Vorsichtsmaßregel. Da Quecksilber leicht flüchtig ist, sind die Elektrolysiergefäße durch gut schließende Uhrgläser oder Filter zu schützen. Das abgeschiedene Quecksilber muß selbstverständlich während der ganzen Dauer der Elektrolyse mit Flüssigkeit bedeckt sein, weil das freigelegte Quecksilber stark verdampft. Unter Innehaltung dieser Vorsichtsmaßregeln und beim Arbeiten bei Temperaturen unter 40° wird nach BINDSCHEDLER der Analysenfehler fast unmerklich.

[1] PREGL, F. u. H. ROTH: Die quantitative organische Mikroanalyse, 4. Aufl. Berlin 1935.

Auswaschen und Trocknen der Elektrode. Das Auswaschen geschieht stets ohne Stromunterbrechung, indem man den Elektrolyten abhebert und durch destilliertes Wasser ersetzt. Der Schluß der Elektrolyse soll nicht mit dem bei konstanter Spannung eintretenden Abfall der Stromstärke zusammenfallen; zur vollständigen Ausscheidung ist noch 10 bis 20 Min. weiter zu elektrolysieren. Die Wasserstoffentwicklung beginnt schon vor der quantitativen Ausfällung allen Quecksilbers: Die Beendigung der Reaktion kann nach CLASSEN entweder mit Ammoniak und Ammoniumsulfid erkannt werden oder durch Eintauchen von blankem Kupfer- oder Golddraht unter Berührung mit der Kathode. Man sieht an dem Draht, ob noch Quecksilber abgeschieden wird.

Die bei der Elektrolyse gefundenen Werte sind meistens etwas zu niedrig. Außer der etwaigen Unvollständigkeit der Abscheidung sind hierfür in der Hauptsache Verluste beim Auswaschen und Trocknen der Kathode verantwortlich zu machen. Solche treten leicht beim Abspritzen der Elektrode mit Alkohol und Äther infolge Loslösens des Quecksilbers auf. BÖTTGER empfiehlt, das Auswaschen mit gereinigtem Alkohol durchzuführen, und zwar die Elektroden nicht abzuspritzen, sondern sie nach möglichst vollständigem Abtropfenlassen des Wassers in einem Gefäß mit Alkohol zu baden. Die hierbei auftretenden Verluste können auf 0,1 bis 0,3 mg eingeschränkt werden. Taucht man die in Alkohol gewaschenen Elektroden noch in reinen Äther ein, so kann die Wägung schon nach 10 bis 15 Min. durchgeführt werden. BÖTTGER hat das Abschwimmen größerer Mengen Quecksilber nur dann beobachtet, wenn dieses auf einer bereits mit Quecksilber bedeckten Elektrode in saurer Lösung abgeschieden worden war.

Die in Alkohol und Äther gebadete Elektrode wird zur Verdunstung des Äthers 10 bis 15 Min. der freien Luft ausgesetzt; dabei ist nach BÖTTGER mit Quecksilberverlusten von 0,1 bis 0,2 mg zu rechnen. SCHLEICHER und KAISER waschen die Elektrode durch 2maliges Eintauchen in Aceton, hängen sie anschließend in die Waage und führen nach 10 Min. die Wägung durch. LIVERSEDGE, der das Eintauchen der Elektrode in wasserfreien Alkohol und wasserfreien Äther 2mal durchführt, vertreibt den Äther bei gewöhnlicher Temperatur durch 1 Min. langes Behandeln mit einem trockenen Luftstrom, beläßt die Elektrode hierauf 5 Min. im Exsiccator oder in der Waage und wägt dann. TUTUNDŽIĆ erhält gleich gute Resultate sowohl beim Auswaschen mit Alkohol als auch beim Auswaschen mit Aceton. Bei der Benutzung von Aceton ist die Trocknungszeit allerdings erheblich kürzer.

BORELLI, der die Bedingungen, unter denen das Quecksilber flüchtig ist, eingehend untersucht, schlägt vor, das Trocknen in einem Exsiccator mit Ätzkalk in Gegenwart eines Schälchens mit Quecksilber vorzunehmen, um die in Berührung mit der Kathode stehende Luft mit Quecksilber zu sättigen. In einem mit Schwefelsäure beschickten Exsiccator findet nach BORELLI eine fortgesetzte Quecksilberverdampfung statt. BÖTTGER stellt fest, daß beim Aufbewahren einer mit Quecksilber beladenen, vorher zum Verdampfen des Waschäthers 10 bis 15 Min. mit Luft behandelten Elektrode im Exsiccator innerhalb einiger Stunden kein merklicher Gewichtsverlust zu beobachten ist. Weitere Untersuchungen über die Flüchtigkeit des Quecksilbers hat GLASER ausgeführt. Nach seinen Angaben betragen die verflüchtigten Quecksilbermengen, je nach Herstellung der Quecksilberschicht, bei Zimmertemperatur 0,002 bis 0,009 mg je Stunde und Quadratzentimeter, wenn die Oberfläche gegen Luftzug geschützt ist. Beim Aufbewahren mehrerer Elektroden in ein und demselben Exsiccator müssen diese allerdings auf verschiedenen Uhrgläsern liegen; denn das Quecksilber fließt nach den am tiefsten gelegenen Stellen, also bei einer Berührung der Elektroden unter Umständen auch von einer Elektrode zur anderen. Nach LIVERSEDGE verlor eine mit dem abgeschiedenen Quecksilber gewogene Platinelektrode bei der Aufbewahrung in einem Schrank bei gewöhnlicher Temperatur in 2 Tagen 10 mg, in 3 Tagen 13 mg an Gewicht. E. F. SMITH, der den mit Alkohol und Äther ausgewaschenen Quecksilberbelag zur Entfernung der letzten Ätherspuren im Tiegel mit den Händen erwärmt, wägt nach 20 Min. langem Trocknen im Exsiccator. Er findet nach 24stündigem Stehen noch dieselben Ergebnisse. SAND, der die Trocknungszeit zu verkürzen sucht, hängt die Kathode in ein Glasrohr, durch das mit Quecksilberdampf gesättigte Luft 30 bis 60 Min. hindurchgesaugt wird. HERNLER und PFENINGBERGER, die Mikroelektrolysen von Quecksilbermengen von 1 bis 0,06 mg ausführen, stellen fest, daß sich erst bei Quecksilbermengen unter 0,1 mg kein schädlicher Einfluß des Alkohols mehr bemerkbar macht. Das Waschen mit Äther hingegen ist immer nachteilig. Zum Trocknen bringen HERNLER und PFENINGBERGER die wasserfeuchte Elektrode in einen mit Schwefelsäure beschickten Exsiccator, in dem ein Schälchen mit Quecksilber steht. Die Gewichtskonstanz tritt im Exsiccator oft erst nach 2 Std. ein Substanzmengen unter 0,1 mg werden mit Alkohol gewaschen und sind schon nach 10 Min. gewichtskonstant. Zur Vermeidung von Verlusten durch das Verdampfen soll die Wägung möglichst rasch ausgeführt werden.

PATAT trocknet den nach vollständiger Quecksilberabscheidung herausgenommenen Golddraht nach dem Eintauchen in Wasser 3 Std. lang über Phosphorpentoxyd oder etwa 24 Std. lang über mit konzentrierter Schwefelsäure getränktem Asbest im Wägegläschen im Exsiccator. Das Quecksilber haftet sehr fest an der Kathode. FISCHER und BODDAERT trocknen die mit absolutem Alkohol abgespülte Elektrode im Vakuumexsiccator.

Beim Erhitzen der quecksilberhaltigen Lösung ist Vorsicht geboten; chloridhaltige Lösungen dürfen wegen der Flüchtigkeit des Chlorids nicht über 45° erhitzt werden.

1. Bestimmung des Quecksilbers in salpetersaurer Lösung.

Die elektrolytische Abscheidung des Quecksilbers aus salpetersaurer Lösung hat wohl die weiteste Verbreitung gefunden. Die ursprünglich beträchtliche Dauer der Elektrolyse wurde durch die Anwendung der Elektrolytbewegung durch Rühren mittels eines Glasstabes oder mittels der rotierenden Elektroden, meistens der Anode, und auch durch Arbeiten bei erhöhter Temperatur beträchtlich herabgesetzt.

CLASSEN und LUDWIG erreichen mit ruhender Elektrode eine vollständige Quecksilberabscheidung erst in 12 bis 16 Std. bei gewöhnlicher Temperatur. SCHUMM elektrolysiert 18 Std. bei gewöhnlicher Temperatur, ZENGHELIS erhält bei 40 bis 50° eine quantitative Abscheidung in 45 bis 60 Min. ENOCH fällt 0,02 g Quecksilber aus 100 cm³ Lösung, die etwa 5 Vol.-% Salpetersäure enthält, mit einem Strom von 0,5 Ampere Stärke in 2 Std. E. F. SMITH hingegen braucht zur Elektrolyse von 25 cm³ QuecksilberII-nitratlösung mit 0,2560 g Quecksilber und 1 cm³ konzentrierter Salpetersäure (D 1,17) und einer gesamten Verdünnung auf 115 cm³ etwa 8 Min. Für die Fällung von 0,5 g Quecksilber werden etwa 10 Min. gebraucht. KOLLOCK und SMITH elektrolysieren 5 cm³ QuecksilberII-nitratlösung, die 0,3570 g Quecksilber enthält, mit 3 Ampere Stromstärke und einer Spannung von 5 bis 7 Volt unter Benutzung einer rotierenden Anode und einer Quecksilberkathode. Nach 3 Min. ist alles Quecksilber niedergeschlagen. Freie Salpetersäure scheint die Abscheidung zu verzögern.

Das Quecksilber wird aus Nitratlösungen nach SAND entweder in Form von Tropfen oder von Spiegeln niedergeschlagen. Bei niedrigem Kathodenpotential erscheinen die Tropfen, erst bei höherem bildet sich unter Wasserstoffabscheidung der Spiegel.

a) Bestimmung von größeren Quecksilbermengen (≥ 1 g).

GUZMÁN und RANCAÑO führen die Elektroanalyse von 1 g Quecksilber und mehr mit einer versilberten Kupferkathode durch. Das Quecksilber wird in einer zum

Lösen gerade hinreichenden Menge Salpetersäure (D 1,2) gelöst und die Lösung alsdann bei einer konstanten Stromstärke von 1,5 Ampere mit 1,7 bis 2,9 Volt Spannung elektrolysiert. Die Dauer der Bestimmung beträgt höchstens 1 Std.

b) Bestimmung von Quecksilbermengen von 0,2 g bis 0,2 mg.

Arbeitsvorschrift zur schnellelektrolytischen Bestimmung bei bewegtem Elektrolyten. SCHLEICHER und KAISER, die die Bedingungen für eine einwandfreie Elektrolyse im Hinblick auf ihre Verwendung in der Praxis untersuchen, schlagen das Arbeiten im Mengenbereich von 0,2 g bis 0,2 mg vor, je nach der gewünschten Genauigkeit. Sie arbeiten mit einer verkupferten Platindoppelnetzelektrode in einem 200 cm^3 fassenden Becherglas mit 150 cm^3 Elektrolytlösung, die 1 cm^3 konzentrierte Salpetersäure enthält. Bei gewöhnlicher Temperatur wird die Elektrolyse mit einer konstanten Stromstärke von 1 Ampere bei 3,5 Volt Spannung in 25 bis 30 Min. durchgeführt. Die Umdrehungsgeschwindigkeit der Anode beträgt 800 Umdr./Min.; die Dauer der Elektrolyse einschließlich der Vorbereitungen 45 bis 60 Min.

Bemerkungen. Die Genauigkeit beträgt 0,2 mg.

Stromstärke und Fällungsdauer kann man bei der Schnellelektrolyse in weiten Grenzen ändern, ebenso den Gehalt an Säure. So elektrolysiert EXNER, nachdem er den Elektrolyten bis zum Sieden erhitzt hat, dann aber keine äußere Hitze mehr zuführt, mit einer Stromstärke von 4 Ampere bei 11 bis 12 Volt Spannung. Bei 600 bis 800 Umdr./Min. der Anode fällt er 0,3 bis 0,6 g Quecksilber aus 125 cm^3 QuecksilberII-nitratlösung mit 1 cm^3 Salpetersäure (D 1,4) in 12 Min. SAND führt die Elektrolyse in 5 Min. durch bei einer Stromstärke von 9 Ampere und einer Spannung von 2,6 bis 3,7 Volt. Als Elektrolyt benutzt er etwa 85 cm^3 einer warmen QuecksilberII-nitratlösung mit einem Quecksilbergehalt von annähernd 0,6 g und 1 cm^3 konzentrierter Salpetersäure bei 800 Umdr./Min. E. F. SMITH führt eine Schnellfällung mit rotierender Anode (700 Umdr./Min.) bei einer Stromdichte, bezogen auf 100 cm^2 Elektrodenoberfläche, von $ND_{100} = 7$ Ampere bei 12 Volt Spannung in 7 Min. durch. Als Elektrolyten benutzt er eine mit 1 cm^3 konzentrierter Salpetersäure angesäuerte QuecksilberI-nitratlösung mit 0,5840 g Quecksilber. FISCHER und BODDAERT führen die Schnellelektrolyse von Chlorid- und Nitratlösungen bei Temperaturen zwischen 20 und 40° durch. Die Stromstärke soll ohne künstliche Abkühlung 4 Ampere/dm^2 bei einer Badspannung von 5,4 bis 6 Volt nicht übersteigen. Der Elektrolyt, 125 cm^3, enthält rund 0,2 g Quecksilber und 1 cm^3 Salpetersäure (D 1,4). Als Kathode wird eine Platinschale benutzt und als Anode eine mit der Tourenzahl 800 rotierende Scheibe. Die Elektrolyse gibt bei einer Dauer von 15 Min. gute Ergebnisse.

Abscheidung des Quecksilbers bei unbewegtem Elektrolyten. Nach CLASSEN fügt man zu der Lösung des Chlorids, Nitrats oder Sulfats 1 bis 2 Vol.-% Salpetersäure (D 1,36) und elektrolysiert bei gewöhnlicher Temperatur mit einer Stromdichte $ND_{100} = 1$ Ampere.

Nach BÖTTGER, der sowohl mit der Lösung des 1- als auch mit der des 2wertigen Nitrats arbeitet, säuert man die etwa 0,2 bis 0,3 g Quecksilber enthaltende Lösung mit Salpetersäure schwach an und hält die Stromstärke durch Spannungsregelung auf 1 Ampere. Im Anfang genügen etwa 1,8 Volt, doch folgt in kurzer Zeit ein Spannungsanstieg auf 3,0 bis 3,2 Volt. Die Elektrolyse ist nach etwa $^1/_2$ Std. beendet. Die Abweichungen bei der Abscheidung aus saurer Lösung, sowohl aus Nitratlösung als auch aus Chloridlösung, beide mit Salpetersäure angesäuert, betragen bei Benutzung einer versilberten Netzelektrode im Durchschnitt 0,4 mg.

Die Gegenwart größerer Mengen Chlor ist nach CLASSEN schädlich. Sind andere, bei Anwesenheit freier Säure nicht fällbare Metalle zugegen, so muß stark angesäuert werden, etwa bis auf 4 Vol.-% Salpetersäure. Bei Benutzung einer Platinschale wird dann mit höchstens 0,5 Ampere Stromstärke elektrolysiert.

PINKUS und KATZENSTEIN lösen das mit Cupferron gefällte Quecksilber (s. S. 514) nach dem Filtrieren und Auswaschen in heißer 1 n Salpetersäure und elektrolysieren die Lösung in der Nähe des Siedepunkts in einer Platinelektrolysierschale mit einem Strom von 2 bis 2,5 Ampere Stärke bei 4,5 bis 5 Volt Spannung unter Rühren mit einem rotierenden Glasrührer. Das in knapp 3 Std. niedergeschlagene Quecksilber wird in mit Quecksilberdampf gesättigter Atmosphäre im Calciumchloridexsiccator getrocknet.

c) *Mikroanalytische Bestimmung.*

Zur mikroanalytischen Quecksilberbestimmung in organischen Substanzen wird das Untersuchungsmaterial nach Aufschluß mit konzentrierter Salpetersäure in das Elektrolysiergefäß übergeführt (etwa 5 cm^3 Gesamtvolumen), nach VERDINO dann mit einer PREGLschen Platinnetzkathode mit Goldauflage etwa 40 Min. lang mit 3,5 Volt bei 40° elektrolysiert. Nach HERNLER und PFENINGBERGER ist es angebracht, die Kathode mit mindestens 1 mg Gold zu beladen, um die Möglickheit genügender Amalgamierung zu geben. Nach beendeter Elektrolyse wird ohne Stromunterbrechung mit 30 cm^3 Wasser ausgewaschen, dann das Gefäß leer gehebert und nun erst der Strom ausgeschaltet. Die Platinnetzkathode hat einen Durchmesser von 10 mm, eine Höhe von 12 mm und ist mit einem 50 mm langen Stiel versehen. Ihr Gewicht beträgt 1 g. Als Anode dient ein Platindraht, der an einem Ende zu einer 11 mm langen und 3 mm weiten Spirale zusammengedreht ist. Die Elektroden sind so befestigt, daß sie sowohl seitlich als auch in der Höhe verschiebbar sind. Als Elektrolysengefäß dient ein Probierröhrchen von 12 mm Durchmesser und etwa 40 mm Höhe.

Die Wägung wird mit einer mikrochemischen Waage ausgeführt.

Die Ergebnisse, die HERNLER und PFENINGBERGER erhielten, sind in der folgenden tabellarischen Übersicht zusammengestellt.

Gegebene Quecksilbermenge (mg) . .	1,016	1,016	0,200	0,100	0,100	0,060	0,060
Dauer der Elektrolyse (Min.)	40	60	40	50	50	50	50
Gefundene Quecksilbermenge (mg) . .	0,988	1,007	0,198	0,096	0,099	0,055	0,057

Benutzt wurde eine Auflösung von selbstgereinigtem Quecksilber in konzentrierter Salpetersäure, mit Wasser auf 1 l verdünnt. Die Spannung betrug 3 Volt.

Die kleinste bei obiger Arbeitsweise bestimmbare Menge Quecksilber beträgt etwa 50 γ.

HEINZE führt die Mikrobestimmung nach der Vorschrift für makroelektrolytische Schnellmethoden durch; er benutzt als bewegte Kathode einen 0,075 bis 0,1 mm starken Platin- oder Golddraht. Anode ist ein 0,25 mm starker Platindraht. Zehn Bestimmungen an einer Goldkathode in QuecksilberI-nitratlösungen mit $0{,}184_6$ bis $0{,}204_6$ mg Quecksilber ergeben Abweichungen von der angewendeten Menge von $+ 0{,}000_7$ bis $- 0{,}002_6$ mg Quecksilber. Bei vier Bestimmungen an einer Goldkathode in QuecksilberII-nitratlösungen mit $0{,}200_0$ mg Quecksilber betragen die Differenzen $+ 0{,}001_8$ bis $- 0{,}001_6$ mg. Bei einer Bestimmung der 2wertigen Verbindung an einer Platinkathode werden bei $0{,}200_0$ mg Einwage $0{,}195_6$ mg gefunden.

RIESENFELD und MÖLLER kommen bei der mikroelektrolytischen Bestimmung mit einem Platindraht von 0,02 mm Durchmesser als Kathode zu dem Ergebnis, daß sich 5 mg Quecksilber im Liter mit ½% Fehler bestimmen lassen. Sie führen diesen relativ großen Fehler darauf zurück, daß es bisher nicht gelungen ist, Elektroden konstanten Gewichts herzustellen. Das Gewicht der benutzten Elektrode schwankte infolge der verschiedenartigen Gasbeladung beträchtlich. Sie empfehlen, die zu untersuchende Lösung (QuecksilberII-chloridlösung, die in etwa 30 cm^3 73,4 mg Quecksilber enthält) nach Zusatz von 2 cm^3 2 n Salpetersäure bei 0° und 3 Volt Spannung bei einer Stromstärke von 10 Milliampere mindestens 6 Std. lang zu elektrolysieren.

Bestimmung in Gegenwart von Chlor-Ionen. Zur Bestimmung des Quecksilbers in organischem Material fällen LOMHOLT und CHRISTIANSEN das Quecksilber nach der Zerstörung der organischen Materie mit Schwefelwasserstoff und lösen das Sulfid nach dem Abfiltrieren in einem Gemisch von 2 cm³ 68%iger Salpetersäure und 1 cm³ 2,5%iger Salzsäure unter Erwärmen auf 120° im Glycerinbad (10 bis 15 Min. lang). Am besten beschränkt man die ganze Elektrolytflüssigkeit auf etwa 25 cm³, so daß sie in bezug auf Salzsäure 0,025 n ist. Über der am Boden des Gefäßes angeordneten Platinanode befindet sich die Goldkathode, eine dünne Goldplatte von 0,14 cm × 1,0 cm Ausmaß, die mit Sicherheit 5 mg Quecksilber aufnehmen kann und etwa 50 mg wiegt. Eine mechanische Rührung wird durch Hindurchblasen von Luft ersetzt. Wenn man die Quecksilber beladene Kathode sofort in Wasser gibt, ist ein Auswaschen ohne Stromunterbrechung bei den benutzten Säurekonzentrationen nicht nötig.

Zu große Mengen Salzsäure verhindern die Fällung fast vollständig. Bei Anwendung zu kleiner Mengen zum Lösen des Sulfidniederschlags besteht die Gefahr der unvollständigen Auflösung. Es kommt dann zur Bildung einer unlöslichen, weißen Anlagerungsverbindung aus Sulfid und Nitrat, die sich vom Filter nicht abhebt. Die Salpetersäurekonzentration braucht nicht ganz so genau eingehalten zu werden; man kann auf 25 cm³ Elektrolytflüssigkeit bis zu 4 cm³ 68%ige Salpetersäure verwenden. Die vollständige Ausfällung scheint dann allerdings etwas mehr Zeit zu beanspruchen. Eine gewisse obere Grenze ist natürlich auch durch die lösende Wirkung der Salpetersäure auf das Quecksilber gesetzt.

Bei gleichzeitiger Gegenwart von Nitrat- und Chlor-Ionen muß die Spannung 1,45 bis 1,5 Volt betragen. Die Quecksilberfällung setzt zwar schon bei 1,15 Volt ein, ist aber bei zu niedriger Spannung nicht immer vollständig. Bei 1,5 Volt können allerdings auch schon minimale Mengen Kupfer ausgefällt werden.

Bei der angegebenen Säurekonzentration ist die Ausfällung des Quecksilbers nach 4 bis 6 Std. schon fast vollständig. Zur Ausfällung des letzten Restes sind 18 bis 24 Std. erforderlich.

Nach der Wägung der bis zur Gewichtskonstanz getrockneten Elektrode wird diese in einem Jenaer Verbrennungsrohr im Wasserstoffstrom auf Rotglut erhitzt. Durch den Wasserstoff wird eine Oxydation etwa mitgefällten Kupfers vermieden. Der Gewichtsverlust entspricht der gesuchten Quecksilbermenge.

Bei erwarteten Quecksilbermengen von 0,48 bis 2,4 mg ergeben sich Quecksilberverluste von 0,0 bis 0,1 mg.

Bestimmung mit einer flüssigen Quecksilberkathode. Wie bereits erwähnt, haben die am meisten benutzten Platinelektroden den Nachteil, daß sie durch das elektrolytisch abgeschiedene Quecksilber angegriffen werden; das eigentlich notwendige Vergolden oder Versilbern nimmt aber stets eine gewisse Zeit in Anspruch. Diesen Schwierigkeiten geht man bei der Benutzung einer Quecksilberkathode aus dem Wege.

Dem in einem Gefäß befindlichen Quecksilber steht nach ALDERS und STÄHLER eine flache, 20 mm im Durchmesser große Spirale aus 2 mm starkem Platin-Iridium-Draht als Anode gegenüber. Diese Anode ist mit einem Rührstab verbunden, der durch einen Motor auf 400 bis 600 Umdrehungen/Min. gebracht wird.

Arbeitsvorschrift. Zur Vorbereitung wird das Gefäß mit reinstem Quecksilber beschickt, das die zur Stromzuführung im Boden angebrachten Platinspitzen gerade bedeckt. Nun wird vorsichtig mit Wasser, absolutem Alkohol und reinstem, absolutem Äther unter Umschwenken gespült. Die Reinheit der Waschflüssigkeiten ist zur Vermeidung von hautartigen Abscheidungen auf der Kathodenoberfläche sehr wichtig. Vor dem Wägen stellt man das Kölbchen 1/4 bis 1/2 Std. lang in den Vakuumexsiccator, nachdem man die Hauptmenge des Äthers durch kurzes Durchsaugen eines Luftstromes entfernt hat. Die Lösung des Quecksilbersalzes, des Chlorids oder Nitrats, wird nun in das auf einem stromzuführenden Kupferblech stehende Kölbchen gebracht, die Anode hineingesenkt und der Schutztrichter zum Verschließen des Kolbenhalses aufgesetzt. Man erwärmt vorsichtig und gibt so viel Salpetersäure hinzu, daß nach Einschaltung des Rührwerks und des Stroms bei einer Spannung von 5 bis 6 Volt die Stromstärke 3 bis 4 Ampere beträgt. Nach 10 Min. wird die über dem Quecksilber befindliche Flüssigkeit mit Ammoniumsulfidlösung auf Quecksilberfreiheit geprüft. Wird kein Quecksilber mehr gefunden, so elektrisiert man noch 5 Min. weiter. Nun wäscht man, wie üblich, bei Stromdurchgang unter Benutzung einer Pipette mit heißem Wasser bis zum Aufhören der Wasserstoffentwicklung, hierauf mit Alkohol und Äther aus. Das Trocknen erfolgt in gleicher Weise wie vor der ersten Wägung.

Bemerkungen. *I. Genauigkeit.* In einer QuecksilberII-chloridlösung wurden an Stelle der angewendeten 0,0855 g Quecksilber folgende Werte gefunden: 0,0859, 0,0850, 0,0854, 0,0859, 0,0853, 0,0859, 0,0854 g.

Die Ergebnisse der Analyse einer QuecksilberI-nitratlösung sind ebenso gut, vgl. dazu auch STOCK und STÄHLER.

II. Schutz der Anode gegen freiwerdendes Chlor. Nach E. F. SMITH muß man bei der Elektrolyse des QuecksilberII-chlorids den Elektrolyten zum Schutz der Anode vor freiwerdendem Chlor mit Toluol überschichten.

III. Ähnliche Methode. Eine etwas andere Form, die rotierende Quecksilberelektrode, benutzt TUTUNDŽIĆ zur Elektrolyse. Er versetzt 75 cm³ QuecksilberII-nitratlösung, die 0,1 bis 0,2 g Quecksilber enthalten, mit etwa 0,5 bis 1 cm³ konzentrierter Salpetersäure. Falls nötig, wird noch Wasser bis zur vollständigen Bedeckung der Anode hinzugefügt. Die Anfangsstromstärke von 0,15 bis 0,20 Ampere wird nach etwa 30 Min. auf 0,50 Ampere erhöht. Bei der erwähnten Quecksilbermenge dauert die vollständige Abscheidung etwa 75 bis 85 Min. Bei 4 Elektrolysen mit 0,1 bis 0,2 g Quecksilber beträgt der größte Bestimmungsfehler 0,2 mg oder 0,10%.

2. Bestimmung des Quecksilbers in schwefelsaurer Lösung.

Nach CLARKE bietet die Elektrolyse in schwefelsaurer Lösung keine Schwierigkeiten. Er säuert die QuecksilberII-chloridlösung leicht mit Schwefelsäure an und elektrolysiert sie im Platingefäß unter Verwendung einer Platinanode. Auch RÜDORFF gelangt bei der Elektrolyse in schwefelsaurer Lösung zu guten Ergebnissen. Dieselbe Erfahrung machen FISCHER und FUSSGÄNGER. Sie fällen 0,30 g Quecksilber, das als QuecksilberII-sulfat in 120 cm³ Lösung vorliegt, die 12 cm³ konzentrierte Schwefelsäure enthält, schnellelektrolytisch mit 800 Anodenumdrehungen bei 30 bis 40° und einer Stromstärke von 4,4 bis 4,2 Ampere bei 9,2 bis 9,6 Volt Spannung in 20 Min. aus.

PALME bestimmt das Quecksilber im Harn durch Elektrolyse in schwefelsaurer Lösung. Nach entsprechender Vorbehandlung (s. S. 537) wird die erhaltene Lösung von Quecksilber- und Kupfersulfat in einer mattierten Platinschale mit einer Stromdichte von 0,1 Ampere/dm² eine Nacht lang elektrolysiert. Das abgeschiedene Kupferamalgam wird mit Wasser, Alkohol und Äther gewaschen und nach dem Trocknen gewogen. Danach bedeckt man den Tiegel mit einem durchlöcherten Deckel aus Porzellan, Platin oder Nickel, läßt einen kräftigen Kohlendioxydstrom hineinblasen und erhitzt einige Minuten bis zur schwachen Rotglut. Der Gewichtsverlust gibt die gesuchte Quecksilbermenge an.

VERDINO führt eine mikroanalytische Bestimmung von Quecksilber in einer schwach schwefelsauren Lösung von Quecksilbersulfat durch. In 5 cm³ Lösung, die nach der Berechnung 2,477 mg Quecksilber enthalten, findet er als Durchschnittswert aus 5 Messungen 2,477 mg Quecksilber. Er elektrolysiert mit 3 Volt Spannung 25 Min. bei 40° und anschließend noch 5 Min. kalt.

Mit der Quecksilberkathode läßt sich die Bestimmung von Quecksilber nach ALDERS und STÄHLER ebensogut in schwefelsaurer Lösung durchführen wie in salpetersaurer, s. S. 410.

3. Bestimmung des Quecksilbers in Gegenwart von Salpeter- und Schwefelsäure.

Nach JÄNECKE wird das Quecksilber, das in einer Schwefelsäure und Salpetersäure enthaltenden Lösung vorliegt, durch eine 24stündige Elektrolyse auf einer Golddrahtkathode abgeschieden; Anode ist ein Platindraht. Das Verfahren wird zur Bestimmung von Quecksilber im Harn vorgeschlagen.

Wie bereits erwähnt, bietet das Arbeiten mit der Quecksilberkathode beim Vorliegen einer Lösung, die Salpetersäure und Schwefelsäure enthält, neben einer Reihe von Vorteilen auch Nachteile, s. S. 405. PAWECK und WEINER benutzen daher Kathoden aus leicht schmelzendem Metall, WOODschem Metall und LIPOWITZ-Metall, s. S. 405. Aus reiner Nitratlösung oder aus mit Salpetersäure angesäuerter Lösung ist aber dabei die Quecksilberabscheidung ungünstig; zum Teil bildet sich Quecksilberschwamm. Durch Zusatz von Schwefelsäure ist dieser Nachteil zu beheben.

***Arbeitsvorschrift von* PAWECK *und* WEINER. Vorbereitung der Elektrode.** 25 g der handelsüblichen Legierung werden durch Umschmelzen unter verdünnter Salzsäure gereinigt. Nach dem Blankwerden gießt man am Rande der Schale kaltes Wasser zu bis zum Erstarren der Legierung. Anschließend wird das Material mit Wasser, Alkohol und Äther gewaschen. Falls nötig, ist die Reinigung zu wiederholen. Man läßt im Trockenschrank kurze Zeit auf einem Uhrglas bei 50 bis 60° trocknen, im Exsiccator erkalten und wägt. Die Elektrode ist an der Oberfläche glänzend blank und an trockener Luft beständig.

Apparatur. Die feste Legierung wird an den Boden des Elektrolysengefäßes gebracht; durch einen eingeschmolzenen Platindraht wird die Stromzuführung vermittelt. Da beim Herausziehen des Drahtes aus der flüssigen Legierung immer ein Häutchen bleibt, muß der Draht mit der Kathode gewogen werden. Doch läßt man nach dem Herausziehen die Legierung erst erstarren. Als Anode befindet sich über der Legierung eine Platindrahtspirale von 1 mm Drahtstärke, die parallel zur Kathode angeordnet und ungefähr 1 cm von ihr entfernt ist. Das Rühren des Elektrolyten besorgt die ständige Gasentwicklung. Das Flüssigkeitsvolumen wird nicht zu groß gehalten, das Becherglas soll höchstens halbvoll sein. Es wird mit einem geteilten Uhrglas bedeckt.

Ausführung der Bestimmung. Die mit Salpetersäure oder Schwefelsäure ganz schwach angesäuerte QuecksilberII-salzlösung wird in dem Elektrolysengefäß mit 10 bis 15 cm^3 einer gesättigten Kaliumsulfatlösung versetzt und mit einem Strom von 3 Ampere Stärke elektrolysiert. Vor dem Einfüllen des Elektrolyten wird schon Spannung an die Elektroden gelegt und erst dann die 90 bis 100° heiße Lösung eingegossen. Die Kathode muß, solange Elektrolyt vorhanden ist, unter Spannung bleiben. Das Schmelzen der Kathode dauert einige Minuten. Bei der vorläufigen Stromstärke von 1 Ampere setzt sich ein kleiner Teil des Quecksilbers als Schwamm ab, doch löst er sich leicht in der später flüssigen Elektrode. Sobald der größere Teil der Legierung flüssig ist, stellt man den Strom auf 3 Ampere ein. Er liefert die zum Flüssigbleiben der Elektrode nötige Wärme, Außenheizung ist unnötig. Die Spannung beträgt etwa 7 Volt, die Elektrolysendauer 2 Std. Das Quecksilber wird von der Kathode ohne weiteres aufgenommen und verursacht nur eine geringe Schmelzpunktsänderung; es bildet mit dem Metall der Legierung im Anfang eine Verbindung, liegt also in gebundener, nicht flüchtiger Form vor. Erst wenn freies, der Legierung nur mechanisch beigemengtes Quecksilber auftritt, ist mit Flüchtigkeit zu rechnen. Ein und dieselbe Kathode darf also nicht zu oft benutzt werden. Bei Anwendung quecksilberreicher Elektroden fallen die Analysenergebnisse um 3 bis 4 mg zu niedrig aus.

Nach beendeter Elektrolyse wird der Elektrolyt während des Stromdurchgangs abgehebert und fortlaufend durch heißes Wasser ersetzt. Ist nur noch Wasser vorhanden, dann wird die Stromzuführung durch Herausziehen des Platindrahtes aus der Kathode unterbrochen und diese durch Zugabe von kaltem Wasser zum Erstarren gebracht. Nach dem Auswaschen mit Wasser, Alkohol und Äther wird bei 60° getrocknet und nach dem Erkalten im Exsiccator die Wägung vorgenommen.

Bemerkungen. Zur Bestimmung von QuecksilberI-verbindungen werden diese mit Wasserstoffperoxyd oxydiert, da dessen Überschuß sich leicht zerstören läßt. Die Analysenergebnisse, die die Verfasser anführen, stimmen gut mit den gegebenen Werten überein.

4. Bestimmung des Quecksilbers in salzsaurer oder in chloridhaltiger Lösung.

In salzsaurer oder chloridhaltiger Lösung ist die Ausfällung des Quecksilbers nicht einfach, da das an der Anode sich abscheidende Chlor die Platinanode angreift und Platin in Lösung bringt, so daß das Analysenergebnis durch Spuren abgeschiedenen Platins fehlerhaft wird.

Um diesen Schwierigkeiten aus dem Wege zu gehen, verwendet BUCHTALA bei der Bestimmung des Quecksilbers in Harn und Geweben eine Goldkathode und eine Anode aus Gaskohle. Es bilden sich zwar infolge des Angriffs des freiwerdenden Chlors staubförmige Kohleteilchen, die aber nicht in den übrigen Elektrolyten gelangen können, da sich die Kohleelektrode in einer Tonzelle befindet. KOLLOCK und SMITH empfehlen, die Elektrolytlösung zur Aufnahme anodisch abgeschiedenen Chlors bei der Schnellelektrolyse mit rotierender Anode mit Toluol zu überschichten. Sie benutzen eine Quecksilberkathode. Als Elektrolyt dient QuecksilberII-chloridlösung mit 0,2525 g Quecksilber. Er wird mit 10 cm^3 Toluol überschichtet und mit einem Strom von 1 bis 3 Ampere bei 10 bis 7,5 Volt 10 Min. lang elektrolysiert. KOLLOCK und SMITH fanden 0,2524, 0,2525 und 0,2524 g Quecksilber.

SCHLEICHER und KAISER empfehlen zur elektroanalytischen Bestimmung des Quecksilbers aus salzsaurer Lösung einen Mengenbereich von 0,2 g bis 0,2 mg, je nach der gewünschten prozentualen Genauigkeit. Sie arbeiten mit einer verkupferten oder versilberten Platindoppelnetzkathode in einem 150 cm^3 fassenden Becherglas mit einem Flüssigkeitsvolumen von 125 bis 150 cm^3. Der Elektrolyt enthält 15 cm^3 konzentrierte Salzsäure und 1 g Hydrazinsulfat. Die Stromstärke beträgt 1 Ampere bei 1,8 bis 2,2 Volt Spannung. Die bei Zimmertemperatur durchgeführte Fällung dauert 25 Min., die Rührgeschwindigkeit beträgt 800 Umdrehungen/Min. Einschließlich der Vorbereitungen ist mit einer gesamten Bestimmungsdauer von etwa 60 Min. zu rechnen. Die Genauigkeit beträgt $\pm$ 0,2 mg.

Zur Bestimmung kleinster Quecksilbermengen, s. unter „Mikrometrische Bestimmung", S. 422, schlägt man nach dem Verfahren von STOCK (b) das Quecksilber unmittelbar elektrolytisch aus der QuecksilberII-chloridlösung nieder. Als QuecksilberII-chlorid erhält man das Quecksilber sowohl durch Lösen von metallischem Quecksilber bei der Kondensation aus der Luft oder von Mineralien in Chlorwasser als auch durch Aufschluß organischer Substanzen wie Harn mit Chlor, bei Fleisch und Blut durch Behandlung mit Kaliumchlorat und Salzsäure, s. S. 533.

Arbeitsvorschrift von* STOCK *und* NEUENSCHWANDER-LEMMER *für Lösungen mit sehr kleinem Quecksilbergehalt. **Apparatur und Reagenzien.** Als Kathode dient eine Kupferspirale aus einem 0,5 mm dicken, 40 bis 50 cm langen Draht aus reinstem, beim Glühen keine flüchtigen Bestandteile zurücklassendem Kupfer, am besten reinstem Elektrolytkupfer. Der Draht wird nach dem Ausglühen mit feinem Schmirgelleinen gereinigt und mit Filtrierpapier abgewischt. Dann wird er über einem 0,6 mm dicken Stahldraht zu einer Spirale mit 20 bis 25 Windungen und etwa $3^1/_2$ cm Länge gedreht. Er wird mit reinem Aceton abgespült und nun nur noch mit einer ausgeglühten Pinzette angefaßt. Über das gerade Ende des Drahtes wird ein 10 cm langes, möglichst enges, starkwandiges Capillarrohr bis dicht an die Spirale geschoben. Als Anode dient ein 0,7 mm dicker, 13 cm langer Platindraht, dessen untere 4 cm zu einer waagerechten Schleife gebogen sind, die dicht über dem Becherboden liegt. Die Kathode wird genau senkrecht befestigt, das Ende der Spirale 1 cm oberhalb der Mitte der Anodenschleife. Das Capillarrohr taucht etwa $^1/_2$ cm in den Elektrolyten ein. Durch diese Elektrodenanordnung wird eine ständige Bespülung der Kathode mit schwach chlorhaltiger Lösung bewirkt und dadurch eine reine, dichte und gleichmäßige Abscheidung etwa vorhandenen Kupfers. Das als Elektrolysengefäß dienende Becherglas wird während der Elektrolyse sorgfältig mit einem durchgeschnittenen, mit Einkerbung für die Elektroden versehenen Uhrglas zugedeckt.

Die bei der Analyse benutzten Reagenzien einschließlich des destillierten Wassers sind vor der Analyse auf Quecksilberfreiheit zu untersuchen.

a) Bestimmung des Quecksilbers in QuecksilberII-chloridlösungen von höchstens 40 bis 50 cm³ Volumen. Die nicht mehr als 50 cm³ betragende Lösung von QuecksilberII-chlorid wird mit $^1/_2$ cm³ 40%iger Salzsäure und 5 mg Kupfer in Form von Kupfersulfat versetzt. Ist viel freies Chlor vorhanden, so wird bis zum Verschwinden starken Chlorgeruchs auf dem Wasserbad erwärmt. Ein kleiner Rest von Chlor ist nur nützlich. Die Elektrolysenspannung beträgt 4 Volt, die Ausfällung dauert etwa 18 Std. Die anfangs etwa 200 Milliampere betragende Stromstärke sinkt allmählich unter Nachlassen der Gasentwicklung. Nach Beendigung der Elektrolyse entfernt man das Becherglas vorsichtig, bringt die Kathode etwa 3 cm weiter aus dem Capillarrohr und taucht sie ohne Unterbrechung des Stromes in ein Becherglas mit destilliertem Wasser, in dem sie 1 Std. lang bleibt. Die Spirale wird danach mit einer ausgeglühten Schere dicht unterhalb des Capillarrohrs abgeschnitten. Aus dem obersten geraden Drahtstück biegt man ein Häkchen, spült die Spirale vorsichtig mit reinem Aceton ab und hängt sie mindestens 1 Std. lang in einen kleinen Calciumchlorid- oder Magnesiumchloridexsiccator. Über die weitere Bestimmung des abgeschiedenen Quecksilbers s. unter „Mikrometrische Bestimmung", S. 422.

Das Verfahren ist für Quecksilbermengen von 0,1 bis 1000 γ geeignet. Bei mehr als 200 γ ist die Metallabscheidung auf der Kathode wenig haltbar. Um einen festeren Überzug zu bekommen, fügt man vor Beginn der Elektrolyse dem Elektrolyten 0,75 g Ammoniumoxalat und 0,5 cm³ Salzsäure zu und löst unter schwachem Erwärmen. Die Kathode muß aber dann nach der Elektrolyse 2mal mit Wasser gewaschen werden.

b) Bestimmung des Quecksilbers in QuecksilberII-chloridlösungen mit einem 50 cm³ übersteigenden Volumen. Der Elektrolyse geht eine Anreicherung des Quecksilbers durch Schwefelwasserstoff-Fällung voraus. Liegen z. B. 500 cm³ einer QuecksilberII-chloridlösung vor, so versetzt man sie mit 50 cm³ konzentrierter Salzsäure und mit 5 mg Kupfer. In der Kälte wird $^1/_2$ Std. lang Schwefelwassersoff eingeleitet. Die Fällung läßt man über Nacht im bedeckten Gefäß stehen. Dann wird das Sulfid durch Zentrifugieren oder Filtrieren (Jenaer Glasfilter 3 G 4) von der Flüssigkeit getrennt und im Zentrifugenglas oder auf dem Filter mit 0,4 g Kaliumchlorat und 2 cm³ Salzsäure behandelt[1]. Ist nur noch ein kleiner, ganz heller Rückstand vor-

[1] Beim Lösen der Quecksilbersulfid-Kupfersulfid-Niederschläge ist nach STOCK (b) ein Reiben mit dem Glasstab zu vermeiden, damit die Gefäßwand nicht zerschrammt wird. Man schüttelt den Niederschlag mit Salzsäure (1 Teil konzentrierte Säure: 1 Teil Wasser) kräftig durch, setzt das Kaliumchlorat in kleinen Anteilen, Erwärmen und Zusammenballen des Schwefels vermeidend, unter dauerndem starken Schütteln zu und läßt über Nacht in der Kälte stehen, ehe zur Vertreibung des Chlors erhitzt wird. Der zurückbleibende Schwefel darf keine dunklen Teile mehr enthalten.

handen, so vertreibt man auf dem Wasserbad das Chlor, bis es nur noch schwach zu riechen ist, und filtriert die Lösung durch ein Glasfilter in das Elektrolysengefäß. Das weitere Verfahren entspricht dem für Lösungen kleinen Volumens angegebenen, nur unterbleibt der Salzsäurezusatz. Außerdem wird das Auswaschen der Kathode nach der Elektrolyse 2mal ausgeführt.

Arbeitsvorschrift von* Stock *und* Lux *für Lösungen mit einem Quecksilbergehalt von 0,1 γ bis herab zu 0,01 γ. Die das Quecksilber als Chlorid enthaltende, 10 bis 15 cm³ betragende Lösung kann von der Vorbehandlung noch kleine Mengen Chlor und Salzsäure enthalten. Die Lösung wird mit etwa 0,3 cm³ konzentrierter Salzsäure versetzt und in einem 20 cm³-Becherglas breiter Form elektrolysiert. Anode ist ein 0,5 mm starker, ausgeglühter, möglichst schon für Elektrolysen benutzter Platindraht, Kathode ein 25 cm langer, 0,5 mm starker Kupferdraht, der unten in einer waagerechten Windung endigt und oben von einem 1 mm weiten Capillarrohr umgeben ist, das 1 cm in den Elektrolyten eintaucht. Der Kupferdraht darf natürlich sowohl jetzt als auch nach Beendigung der Elektrolyse nur mit einer ausgeglühten Pinzette angefaßt werden. Über die Behandlung der Elektrode s. die Elektrolysenvorschrift von Stock und Neuenschwander-Lemmer, S. 413. Das Becherglas wird zugedeckt.

Die Elektrolyse wird mit 20 bis 80 Milliampere bei 4 Volt Spannung durchgeführt und dauert mindestens 6 Std., bei größeren Flüssigkeitsmengen als 10 cm³ entsprechend länger. Färbt sich die Kathode im Verlauf der ersten Stunde schwärzlich infolge Platinabscheidung (dunkelrote Färbung ist normal), so ist die Elektrolyse nach Zusatz von Kupfersulfat zu wiederholen, s. S. 414.

Nach Beendigung der Elektrolyse wird der Kupferdraht aus der Capillare vorsichtig nach unten geschoben, 2 bis 5 Min. behutsam in destilliertem Wasser gebadet, hierauf durch Auflegen auf eine saubere Glasplatte von anhaftendem Wasser befreit und das ursprünglich in der Capillare befindliche Stück Draht abgeschnitten. Der Rest wird zu einem schmalen, etwa 3 cm langen Bündel eingeknickt und in einem Petri-Schälchen auf einem Glasgestell über chemisch reinem Calciumchlorid 5 bis 15 Min. getrocknet. Über die anschließende mikrometrische Bestimmung s. S. 422.

Abscheidung aus Chloridlösung an einer Quecksilberkathode. Bei Abscheidung aus Chloridlösungen an der Quecksilberkathode sind Vorkehrungen zum Schutze der Anode und zum Binden des Chlors nach Böttger, Block und Michoff nicht nötig. Eine Gewichtsänderung der Anode findet bei Benutzung einer Quecksilberkathode nicht statt, während bei zahlreichen Versuchen mit Benutzung anderer Kathoden in 20 bis 30 Min. eine Abnahme des Anodengewichts um 0,1 bis 0,2 g festzustellen ist.

Easley (b) arbeitet zwecks Bestimmung des Atomgewichts von Quecksilber ebenfalls mit der flüssigen Quecksilberkathode und einer Platinanode. Er elektrolysiert kleine Mengen unaufgelösten QuecksilberII-chlorids enthaltende QuecksilberII-chloridlösungen (25 bis 30 cm³), die durch Zusatz einiger Tropfen gereinigter, verdünnter Salzsäure etwa 0,025 n in bezug auf Säure sind. Die Elektrolyse wird noch länger als bis zum Verschwinden der festen Phase, gewöhnlich 8 bis 10 Std. fortgesetzt, manchmal bis zu 48 Std. ausgedehnt. Die Stromstärke beträgt 0,05 bis 0,1 Ampere. Die Temperatur steigt nicht über 30°.

5. Bestimmung des Quecksilbers in phosphorsaurer Lösung.

***Arbeitsvorschrift von* Fernberger *und* Smith.** 25 cm³ QuecksilberII-chloridlösung mit etwa 0,1 g Quecksilber werden mit 30 cm³ Natriumphosphatlösung vom spezifischen Gewicht 1,038 und 5 cm³ Phosphorsäure vom spezifischen Gewicht 1,347 versetzt und auf 175 cm³ verdünnt. Die Elektrolyse wird mit einer Stromdichte $ND_{100} = 0,04$ Ampere bei 1,6 Volt Spannung bei 50° durchgeführt. Sie dauert etwa 4 Std.

Bemerkung. Fernberger und Smith finden bei 0,1159 g Einwage eine Auswage von 0,1162 g Quecksilber; sie benutzen die Methode auch zu Trennungen.

6. Bestimmung des Quecksilbers in oxalsaurer Lösung.

Steinschneider bestimmt 0,25 g Quecksilber mit einer Stromstärke von 6,0 bis 6,5 Ampere bei 18 bis 84° aus Ammoniumoxalatlösung in 10 bis 12 Min.

Stock und Heller geben eine elektrolytische Bestimmungsmethode von Quecksilbermengen bis herab zu 0,01 mg Quecksilber in oxalsaurer Lösung an.

***Arbeitsvorschrift von* Stock *und* Heller.** Das durch Behandeln mit Chlorwasser als Chlorid in Lösung gebrachte Quecksilber wird nach Vertreiben des Chlorüberschusses durch Kohlendioxyd mit 0,1 g Ammoniumoxalat und 1 cm^3 kalt gesättigter Oxalsäure versetzt und 24 Std. lang bei 4 Volt Klemmenspannung elektrolysiert. Als Kathode dient ein 6 cm langer, 0,1 g schwerer Golddraht, Anode ist ein Platindraht. Die gesuchte Quecksilbermenge ergibt sich aus der Gewichtszunahme der Kathode.

***Bemerkungen.* Ähnliche Methode.** Bei einer Nachprüfung der Methode von Stock und Heller findet Patat zu niedrige Resultate, es tritt auch Trübung der Elektrolytlösung auf. Beim Versetzen der trüben Lösung mit Salpeter- oder Schwefelsäure verschwindet die Trübung, und die Methode liefert dann gute Ergebnisse.

Methode von Patat. Kathode ist ein 6 bis 8 cm langer, 0,3 mm starker Golddraht von einem Gewicht von etwa 0,1 bis 0,15 g. Anode ist eine kleine Platindrahtspirale. Das Becherglas wird mit einem Uhrglas bedeckt. Um die Benetzung der Zuleitungsdrähte während der Elektrolyse zu vermeiden, sind die Elektroden knapp über dem Elektrolysengefäß umgebogen. Patat benutzt als Ausgangslösung eine Lösung von Quecksilber in Salpetersäure, die in bezug auf Säure etwa 0,1 n ist. Aber auch aus an Säure 2 n Lösung ist die Metallabscheidung noch gut, nur dunkler und poröser. Nach Zugabe von Ammoniumoxalat und Oxalsäure (s. Stock und Heller) wird bei 3 Volt Klemmenspannung mit 0,015 bis 0,080 Ampere elektrolysiert. In einem engen Elektrolysengefäß von 8 bis 20 cm^3 Fassungsvermögen sorgt die Gasentwicklung für hinreichendes Rühren.

Die Abscheidung dauert bei 0,025 Ampere und bei Zimmertemperatur mindestens 15 Std., gegen Schluß verläuft sie sehr langsam.

Die Genauigkeit hängt hauptsächlich von der Genauigkeit der Wägung ab und beträgt im besten Falle 0,002 mg.

Die hier beschriebenen Goldkathoden können bei einem 5 bis 6 cm tiefen Eintauchen in den Elektrolyten im Maximalfall 0,9 mg Quecksilber festhaftend tragen. Bei größeren Quecksilbermengen empfiehlt es sich, längere, spiralförmige Kathoden zu benutzen. Bei angewendeten Quecksilbermengen zwischen 0,176 bis 0,880 mg betragen die größten Abweichungen + 0,009 mg und — 0,003 mg.

7. Bestimmung des Quecksilbers in alkalischer Kalium-QuecksilberII-jodidlösung.

***Arbeitsvorschrift von* Liversedge.** Das abgewogene Untersuchungsmaterial wird in Wasser oder Säure gelöst und nach Liversedge mit so viel Kaliumjodid versetzt, daß sich die klare Lösung des Doppelsalzes $K_2[HgJ_4]$ bildet. Man macht mit Soda stark alkalisch, um die Bildung freien Jods an der Anode zu verhindern, und verdünnt auf 80 cm^3. Die Elektrolyse wird bei einer Stromstärke von 6 Ampere und einer Temperatur von etwa 80° durchgeführt, das Rühren durch die rotierende Anode (500 Umdrehungen/Min.) bewirkt. Nach höchstens 15 Min. ist kein Quecksilber mehr in der Lösung nachzuweisen. Es empfiehlt sich, die Stromstärke am Ende auf 3 Ampere herabzusetzen.

Bemerkungen. Bei der Elektrolyse von 1,225 g QuecksilberII-jodid wurden nach 10 bis 15 Min. bei Einhaltung der oben angegebenen Bedingungen hinsichtlich

Stromstärke, Temperatur und Umdrehungszahl der Anode als Ergebnis 0,5400 g Quecksilber, entsprechend 1,2230 g QuecksilberII-jodid, gefunden.

Das Verfahren, das vom Verfasser auf handelsübliches Quecksilberchlorid und -oxyd angewendet wurde, kann auch zur Analyse des Präparates „Hydrargyrum cum Creta", nach Entfernung des Calciums als Oxalat, benutzt werden.

8. Bestimmung des Quecksilbers in cyankalischer Lösung.

Die elektrolytische Abscheidung von Quecksilber aus Lösungen von Cyaniden wird bereits von Rüdorff empfohlen. Nach Sand wird Quecksilber aus Cyanidlösungen in feinen Tröpfchen gefällt, die an der Elektrode haften und daher quantitativer Bestimmung zugänglich sind.

a) Verfahren von Classen. Zur Erzielung guter Ergebnisse durch Elektrolyse in cyankalischer Lösung verfährt Classen folgendermaßen.

Arbeitsvorschrift. Zu einer bis etwa 0,5 g QuecksilberII-chlorid enthaltenden Lösung werden 3 g Kaliumcyanid hinzugefügt. Die klare Lösung enthält das Quecksilber als Komplexverbindung $K_2Hg(CN)_4$. Die Lösung wird auf 150 cm³ verdünnt und bei gewöhnlicher Temperatur mit 0,03 bis 0,1 Ampere Stromstärke elektrolysiert. Die Ausfällung ist nach etwa 15 Std. vollständig. Zur Prüfung kocht man eine Probe des Elektrolyten mit Salpetersäure bis zum Vertreiben der Blausäure und gibt nach dem Alkalischmachen mit Ammoniak 1 Tropfen Ammoniumsulfidlösung hinzu.

Bemerkung. Die Methode liefert nach Classen gute Ergebnisse.

b) Verfahren von E. F. Smith. E. F. Smith empfiehlt die Elektrolyse in cyankalischer Lösung sehr.

Er gibt zu der Quecksilbersalzlösung auf je 0,1 bis 0,2 g Metall 1 g reines Kaliumcyanid hinzu, verdünnt auf 100 cm³, erwärmt auf 65° und elektrolysiert mit einer Stromdichte $ND_{100} = 0{,}02$ bis 0,07 Ampere bei einer Spannung von 1,6 bis 3,2 Volt. 0,25 g Metall werden in 3 Std. als kompakter, grauer Niederschlag abgeschieden.

c) Verfahren von Böttger. Während Classen eine Schnellfällung des Quecksilbers in cyankalischer Lösung wegen der erforderlichen Anwendung höherer Stromdichten und Temperaturen, bei denen die Platinelektroden angegriffen werden, ablehnt, fällt Böttger QuecksilberII-chlorid aus cyankalischer Lösung quantitativ in 15 bis 25 Min. unter Benutzung einer versilberten Platinnetzkathode. Wie aus Untersuchungen von Glaser hervorgeht, wird Platin im Gegensatz zu Gold und Silber unter Wasserstoffentwicklung von Kaliumcyanid angegriffen. Diese Einwirkung beseitigt man durch Versilbern der Kathode.

Arbeitsvorschrift von Böttger. Auf je 100 cm³ Elektrolyt setzt man 0,5 bis 1 g Kaliumcyanid zu und elektrolysiert bei 3,5 bis 4 Volt mit 1 bis 0,5 Ampere Stromstärke. Nachdem die Stromstärke ihr Minimum erreicht hat, muß zur vollständigen Ausfällung noch etwa 8 bis 9 Min. weiter elektrolysiert werden.

Bemerkungen. Bei Zugabe von Kaliumcyanid kann die Lösung ohne merkliche Verluste auf 92° erhitzt werden, während in Chloridlösungen ohne Kaliumcyanidzusatz beim Erhitzen Verluste eintreten. Der Quecksilber-Cyan-Komplex ist weniger flüchtig als das Chlorid.

Bei der Abscheidung aus der Cyanidlösung sind die Abweichungen der Ergebnisse etwas größer als bei der Elektrolyse in salpetersaurer Lösung. Sie betragen für Quecksilbermengen von bis zu 0,5 g im Durchschnitt 0,6 mg.

Bedenken gegen die Anwendung der Cyanidmethode bestehen nach Böttger nur dann, wenn bei höherem Gehalt an Kaliumcyanid mit größeren Stromstärken gearbeitet werden muß. Die Ausfällung des Quecksilbers aus dem Elektrolyten geht bei Anwesenheit kleinerer Mengen Kaliumcyanid schneller vor sich.

9. Bestimmung des Quecksilbers in alkalisulfidhaltiger Lösung.

a) Verfahren von E. F. SMITH. Arbeitsvorschrift. E. F. SMITH arbeitet unter Benutzung einer rotierenden Elektrode. 25 cm³ QuecksilberII-chloridlösung mit 0,2603 g Quecksilber werden unter Zusatz von 10 cm³ Natriumsulfidlösung vom spezifischen Gewicht 1,17 auf 115 cm³ verdünnt und mit einer Stromdichte ND_{100} = 6 Ampere und 7 Volt Spannung elektrolysiert.

In 15 Min. werden 0,2602 g Quecksilber gefällt.

b) Verfahren von R. O SMITH. Die von E. F. SMITH durchgeführte Abscheidung des Quecksilbers aus einer Lösung mit Natriumsulfid wird von R. O. SMITH direkt für die Analyse von Quecksilbererzen, wie z. B. Zinnober, angewendet.

Arbeitsvorschrift. Das Quecksilber wird aus dem Erz durch Behandeln mit Natriumsulfid ausgezogen. Dazu wird eine gewogene Menge des Erzes mit 20 cm³ Natriumsulfidlösung vom spezifischen Gewicht 1,06 zum Sieden erhitzt. Das Unlösliche läßt man absitzen und gibt die Lösung durch ein Filter in einen gewogenen Platintiegel. Die Gangart wird ein zweites Mal mit 10 cm³ Natriumsulfidlösung behandelt. Nach dem Abfiltrieren wird das Filtrat mit dem ersten vereinigt. Das Auslaugen wird etwa 3mal wiederholt. Schließlich wird die Gangart mit heißem Wasser dekantiert und auf einem Filter ausgewaschen, bis das Waschwasser gegen Lackmus neutral reagiert. Die vereinigten Lösungen werden etwa 20 Min. ohne Erhitzen elektrolysiert. Die ganze Analyse des Erzes dauert etwa 1½ Std.

Bemerkung. R. O. SMITH konnte beim trocknen Aufschluß der Gangart mit Kalk kein Quecksilber mehr finden.

c) Verfahren von WAGENMANN. WAGENMANN empfiehlt die Methode besonders im Hinblick auf die Zeit- und Arbeitsersparnis, wenn Quecksilber als Sulfid im Analysengang vorliegt.

Arbeitsvorschrift. Das Quecksilbersulfid wird in Natriumsulfidlösung gelöst; für je 0,2 g Quecksilber werden 7 bis 10 g krystallisiertes Natriumsulfid gebraucht. Man füllt auf 100 cm³ auf und elektrolysiert bei ruhender Elektrode bei 30 bis 40° mit 2,4 Volt etwa 2 bis 3 Std. für je 0,2 g Quecksilber, schnellelektrolytisch bei derselben Temperatur und Spannung 20 Min. für je 0,3 g Quecksilber.

10. Bestimmung des Quecksilbers in ammoniakalischer Lösung.

Aus ammoniakalischer Lösung wird das Quecksilber nach SAND in feinen Tröpfchen gefällt, die an der Elektrode haften und quantitativ bestimmt werden können.

***Arbeitsvorschrift von* SAND.** Er erhitzt 85 cm³ QuecksilberII-nitratlösung mit einem Quecksilbergehalt von 0,45 g nach dem Zusatz von 10 cm³ Salpetersäure (D 1,4) und 20 cm³ konzentriertem Ammoniak fast bis zum Sieden. Die Elektrolyse wird mit 3 bis 0,2 Ampere Stromstärke bei 0,10 bis 0,50 Volt 6 Min. lang durchgeführt bei einer Anodenumdrehungszahl von 600 bis 800.

Bemerkung. An Stelle der angewendeten 0,4665 g Quecksilber wurden 0,4672 g gefunden.

***Arbeitsvorschrift von* WAGENMANN.** Die QuecksilberII-nitrat-, sulfat- oder -chloridlösung wird mit Ammoniak neutralisiert, mit weiteren 20 cm³ Ammoniak und einigen Grammen Ammoniumsulfat versetzt und elektrolysiert: in ruhendem Elektrolyten bei gewöhnlicher Temperatur 12 bis 14 Std. bei 2 Volt oder 2 bis 3 Std. bei 4 Volt Spannung, schnellelektrolytisch unter starker Bewegung der Flüssigkeit bei 40 bis 45° mit 2,4 Volt 20 Min. lang für je 0,3 g Quecksilber, nachdem man der Lösung 10 cm³ Salpetersäure (D 1,4) und 20 cm³ konzentriertes Ammoniak zugesetzt hat.

Bemerkung. Allzu große Mengen Chlorid wirken störend.

Arbeitsvorschrift von* OKÁČ *für die mikroelektrolytische Bestimmung. Das Quecksilber scheidet sich aus ammoniakalischen Lösungen, die durch Kohlendioxyd leitend gemacht werden, in Form eines glänzenden Überzuges auf der Kathode ab. Das während der Analyse gebildete, die Lösung leitend machende Ammoniumcarbonat verhindert die Zerlegung der gebildeten Komplexsalze und damit die Ausscheidung von weißem Präzipitat.

Apparatur[1]. Als Elektrolysengefäß dient, wie aus Abb. 7 ersichtlich, eine kleine Eprouvette *G* aus Jenaer Glas von 8 cm Höhe und 1,5 bis 1,8 cm Breite. In der oberen Hälfte ist seitwärts ein Röhrchen *B* eingeschmolzen, das durch einen Gummischlauch mit dem etwa 6 cm langen Abflußrohr *C* verbunden ist. Das Röhrchen *B* ist in der angegebenen Weise gebogen. Als Kathode wird eine Mikro-Drahtnetzkathode von PREGL mit Kugeln benutzt.

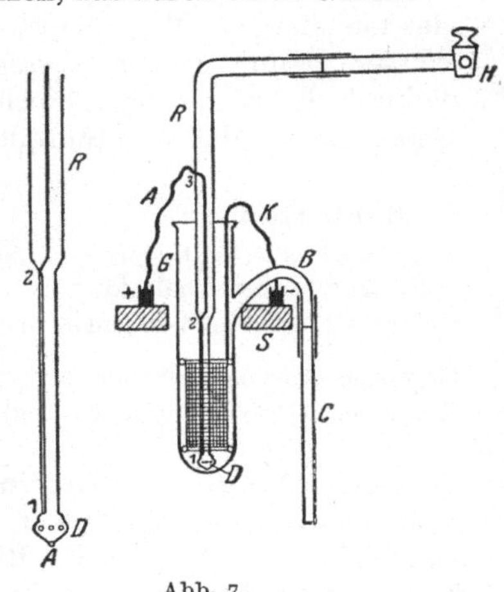

Abb. 7.

Anode *A* ist ein Platindraht von 0,5 mm Durchmesser, der an den Stellen *1, 2, 3* in die Röhre *R* so eingeschmolzen ist, daß er zwischen den Punkten *2* und *3* innen und zwischen *2* und *1* außen verläuft. Die Röhre *R* hat einen Durchmesser von 5 bis 6 mm und ist (4 bis 5 cm vom Ende) zu einer Capillare (1,5 bis 2 mm) verengt, an deren Oberfläche die Anode liegt. Das untere Ende der Capillare trägt eine birnenförmige Erweiterung *D*, die in einer horizontalen Ebene sechs feine Öffnungen hat und eine Öffnung weiter unten am tiefsten Punkt der Capillare. Der obere Teil des Rohres *R* ist rechtwinklig gebogen und fest mit einem Dreiwegehahn *H* verbunden, der durch eine Klemme in unveränderlicher Höhe im Hilfsstativ gehalten wird. Der Dreiwegehahn ist einerseits mit einem KIPPschen Apparat, andererseits mit einer Flasche *W* mit destilliertem Wasser verbunden (s. Abb. 8). Das Elektrolysengefäß *G* läßt sich an einem PREGLschen Stativ *S* beliebig verschieben.

Ist die zu analysierende Lösung vorbereitet, so bringt man das Gefäß *G* mit der Kathode unter die feststehende Anode und hebt es[2], so daß die Anode die Achse der Drahtnetzelektrode bildet und bis zum Boden des Gefäßes reicht. Nach Beendigung der Elektrolyse und nach dem Auswaschen der Kathode wird durch Senken von *G* der Strom ausgeschaltet.

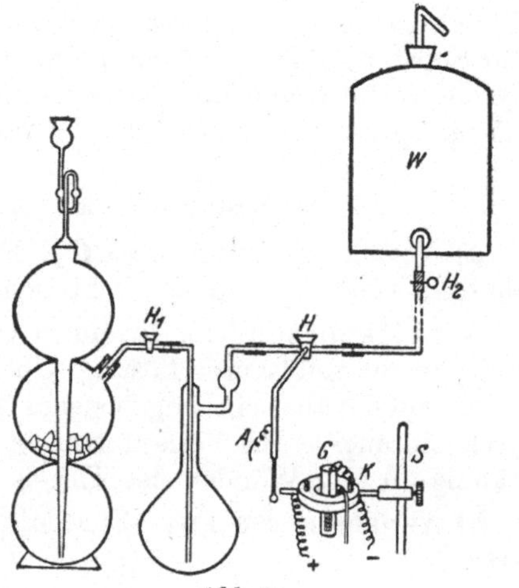

Abb. 8.

Die Flüssigkeit wird durch das bis auf den Boden des Gefäßes eingeleitete Kohlendioxyd genügend gerührt.

Neue Elektrolysengefäße müssen mit Chrom-Schwefelsäure ausgekocht, dann mit Wasser gewaschen, in konzentriertem Ammoniak zum Sieden erhitzt und 24 Std. liegengelassen werden. Am Schluß spült man sie mit Wasser aus.

Arbeitsweise. Zu Quecksilberchlorid- oder -nitratlösung wird im Elektrolysengefäß 1 cm³ konzentriertes Ammoniak gegeben. Die Wände werden mit Wasser abgespült; dabei wird das Gefäß bis zur Bedeckung der Kathode (5 bis 6 cm³) aufgefüllt. Man leitet einen mäßigen Kohlendioxydstrom ein. Der entstandene Niederschlag löst sich bald; man kann das Lösen auch durch Zugabe von 0,5 cm³ konzentrierter Salpetersäure beschleunigen. Nun erst wird ein elektrischer Strom von 20 bis 100 Milliampere Stärke (0,1 bis 0,5 Ampere/dm²) bei 2,4 bis 2,5 Volt je nach Kon-

[1] Die Apparatur ist in der Arbeit von A. OKÁČ, Fr. 88, 109, 110 (1932) beschrieben.
[2] Sinngemäß muß es hier „es" anstatt wie in der Originalarbeit [Fr. 88, 110 (1932)] „sie" heißen.

zentration des Quecksilbers eingeschaltet. Die Lösung kann 0,5 bis 15 mg Quecksilber in 6 cm³ enthalten. Nach Abscheidung des Quecksilbers sinkt der Strom auf 0,1 bis 0,5 Milliampere. Die Elektrolyse dauert 10 Min. 2 bis 3 Min. vor Beendigung derselben spült man die Wände des Gefäßes mit einem dünnen Wasserstrahl ab. Das Wasser wird durch den Dreiwegehahn zugeführt und seitlich in einem Becherglas aufgefangen. Man reinigt ohne Stromunterbrechung mit etwa 120 bis 150 cm³ Wasser. Dann wird die Wasserzufuhr abgesperrt, das Kathodengefäß gesenkt und dadurch der Strom unterbrochen. Man nimmt die Kathode heraus und glüht das Ende, das in das Kontaktquecksilber eingetaucht war.

Bemerkungen.

Gegebene Quecksilbermenge (mg), als QuecksilberII-chlorid · · · ·	14,28	8,57	5,71	2,63	1,58	1,05	0,53
Gefundene Quecksilbermenge (mg)	14,26	8,56	5,69	2,61	1,56	1,03	0,52

Gegebene Quecksilbermenge (mg), als QuecksilberII-nitrat ·	5,22	4,18	2,10	1,04
Gefundene Quecksilbermenge (mg) · · · · · · · · · · ·	5,23	4,18	2,10	1,02

Anwendungen der Bestimmung in ammoniakalischer Lösung. Die Elektrolyse in ammoniakalischer Lösung findet verschiedentliche Anwendung, so empfehlen VORTMANN sowie RÜDORFF die Abscheidung aus QuecksilberII-chloridlösung in Gegenwart überschüssigen Ammoniaks und einer kleinen Menge Weinsäure, BRAND sowie RÜDORFF die Abscheidung aus ammoniakalischer Lösung in Gegenwart von Natriumpyrophosphatlösung. ILLARI wendet diese Bestimmung auf die Analyse von chlorhaltigen organischen Substanzen an. Bei den durch Elektrolyse in konzentrierter Salpetersäure oxydierten Substanzen wird das Quecksilber kathodisch abgeschieden und dann gewogen, das Halogen als Gas in Kalilauge aufgefangen. Zur Substanz fügt man 5 cm³ Salpetersäure (D 1,4), 10 cm³ kalt gesättigte Natriumpyrophosphatlösung und 10 cm³ Ammoniak (D 0,91) hinzu und elektrolysiert mit 1,5 bis 2 Ampere Stromstärke. Vor der Halogenbestimmung wird stark angesäuert.

11. Bestimmung des Quecksilbers durch innere Elektrolyse.

a) Verfahren von FRANÇOIS (b). Eine Methode zur elektrolytischen Bestimmung ohne Anwendung äußerer elektrischer Energie gibt FRANÇOIS (b) an.

Arbeitsvorschrift. In einem Platintiegel befindet sich das Quecksilber als Jodid in schwefelsaurer Lösung. Über den offenen Tiegel wird ein Metalldraht gehängt und darüber ein umgebogenes Zinkblech, dessen unteres Ende in den Elektrolyten eintaucht. Im Verlauf einiger Stunden scheidet sich das Quecksilber vollständig an den Wänden des Tiegels ab, während Zink natürlich in Lösung geht.

b) Verfahren von FIFE. Eine Mikrobestimmung durch innere Elektrolyse gibt FIFE an.

Arbeitsvorschrift. Geringe Mengen Quecksilber werden in Gegenwart von Kupfer und Zink bestimmt. Die Kathode besteht dabei aus Platin, die Anode aus Kupfer. Anoden- und Kathodenraum sind durch eine semipermeable Wand getrennt. Zur Elektrolyse wird das Element kurz geschlossen. Der Anolyt enthält auf 100 cm³ eine etwa 5 g Kupfer entsprechende Menge Kupfersulfat und 2 cm³ 96%ige Schwefelsäure, der Katholyt in 300 cm³ Volumen das zu bestimmende Quecksilber als Nitrat, 6 cm³ 96%ige Schwefelsäure und außerdem Kupfersulfat oder Zinksulfat. Es können auch beide Sulfate vorliegen mit einer Metallmenge von etwa 5 g. An Stelle der Sulfate können auch die Nitrate benutzt werden; die Schwefelsäure wird dann durch dieselbe Menge konzentrierte Salpetersäure ersetzt.

Die Elektrolyse wird bei 60° durchgeführt und dauert 30 bis 40 Min. Es werden Mengen zwischen 0,7 und 7 mg Quecksilber bestimmt.

F. Mikrometrische Bestimmung.

Vorbemerkung. *Sämtliche Fehlermöglichkeiten, die bei den gewichtsanalytischen, maßanalytischen und colorimetrischen Methoden durch Anwesenheit von anderen Metallen hervorgerufen werden, fallen bei der mikrometrischen Bestimmung des Quecksilbers durch Ausmessen der Quecksilberkugel fort.*

RAASCHOU wendet das Bestimmungsverfahren zum erstenmal an.

***Arbeitsvorschrift von* RAASCHOU.** Man fällt das Quecksilber mit Kupfer zusammen als Sulfid, s. S. 472, zersetzt das Quecksilbersulfid mit Bleichromat und Magnesit in der Hitze und destilliert das Quecksilber in eine Capillare. Durch Erhitzen des Quecksilbers in der Capillare mit Salzsäure und öfteres Drehen des Röhrchens wird das Quecksilber zu einer oder mehreren Kugeln vereinigt. Man bringt das Quecksilber nach Abbrechen des Röhrchens auf ein Uhrglas und bestimmt den Durchmesser der Quecksilberkugeln unter dem Mikroskop mittels eines Mikrometerokulars.

***Bemerkungen.* I. Anwendungsbereich und Genauigkeit.** Die Bestimmung wurde für Quecksilbermengen von 400 bis 40 γ durchgeführt mit einer Genauigkeit von 10 bis 40%.

II. Störung durch Verunreinigungen des Quecksilberdestillats. Da das Quecksilberdestillat meistens nicht frei von Verunreinigungen ist (z. B. von Schwefel,

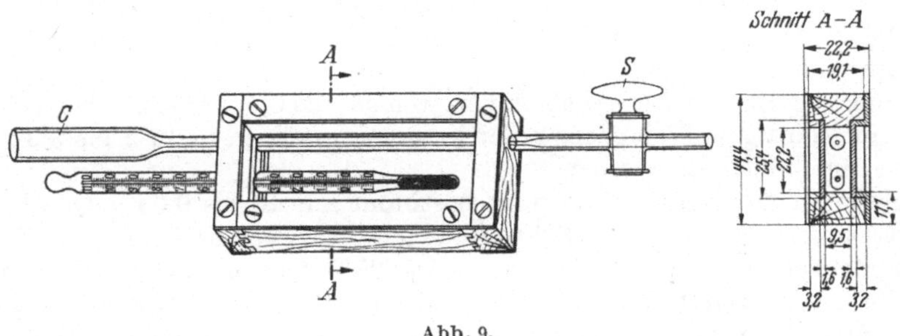

Abb. 9.

organischen Substanzen, von letzteren hauptsächlich nicht bei Harnanalysen), ist das Vereinigen des Quecksilbers zu mehreren meßbaren Kugeln oft sehr schwierig. Daher kann die unmittelbare Überführung des Sulfids in meßbare Quecksilbertropfen nicht empfohlen werden.

III. Ähnliche Methoden. α) Methode von BOOTH, SCHREIBER und ZWICK. Diese Autoren suchen die Schwierigkeit der Bestimmung als Kugel dadurch zu umgehen, daß sie das Quecksilber durch Längenmessung in einer sehr feinen Capillare bestimmen, und zwar Mengen von 0,3 bis 5 mg.

Arbeitsvorschrift. BOOTH, SCHREIBER und ZWICK führen die Fällung in Gegenwart von Manganhydroxyd als Quecksilbersulfid durch (s. S. 472) und reduzieren mit Bleichromat und Magnesit (s. S. 371). Das Rohrstück mit dem Quecksilberdestillat wird 2 Std. lang über Phosphorpentoxyd getrocknet. Die Messung geschieht in dem in Abb. 9 dargestellten Apparat.

Die Meßbürette besteht aus einer Capillare von etwa 50 cm Länge und 0,272 mm Weite, mit einem Hahn *S* an einem Ende und einem kurzen Rohr *C* von 8 mm innerem Durchmesser am andern Ende. Die Bürette wird mit konstant siedender Salzsäure gefüllt. Das Quecksilber wird bei geöffnetem Hahn durch die weitere Glasröhre eingeführt und der Hahn wieder geschlossen. Die Länge des Quecksilberfadens wird mit einem Komparator gemessen. Die Bürette wird, um die Genauigkeit der Ablesung zu sichern, in ein Medium von gleichem Brechungsexponenten in das Bürettenglas gegeben.

Bemerkung. Bei 10 Bestimmungen von Quecksilbermengen zwischen 4,21 und 0,27 mg ergaben sich Fehler von —0,3 bis +0,1 mg.

Stock und Zimmermann gaben den Weg, das Quecksilber in enge Capillaren hineinzuzentrifugieren und dann zu messen, wieder auf, da es ihnen nicht gelang, Quecksilbermengen unter 1 γ restlos zu vereinigen.

β) Methode von Bodnár und Szép. Bodnár und Szép bestimmen Quecksilbermengen zwischen 10 γ und 0,04 γ Quecksilber auf einem ähnlichen Wege wie Raaschou durch mikrometrische Messung des Durchmessers der Quecksilberkugeln.

Arbeitsvorschrift. Die Abscheidung des Quecksilbers aus QuecksilberII-chloridlösung (0,1 cm³ kann dazu benutzt werden) geschieht durch einen Eisendraht in Gegenwart von Kupfer in wenigen Minuten, s. S. 388. Die gewaschenen und getrockneten Eisendrähte mit dem Quecksilber und Kupfer werden in einem staubfreien, sehr sorgfältig mit Wasser, Alkohol und Äther gereinigten Glasröhrchen bis zum Schmelzen des Glases erhitzt. Das Röhrchen hat eine Länge von etwa 15 cm, ist 1 mm weit und hat eine Wandstärke von 0,2 mm. In der Mitte ist es zu einer Capillare von 4 cm Länge und 0,2 mm Weite ausgezogen. Durch Kühlen mit nassem Filtrierpapier wird das Quecksilber in der Capillare kondensiert. Nachdem die Capillare an einem Ende, ungefähr 2 cm von dem breiten Teile des Destillationsrohrs entfernt, zugeschmolzen worden ist, vereinigt man das Quecksilber unter Alkohol durch Zentrifugieren mit einer Handzentrifuge. Das Tröpfchen wird mit dem Alkohol auf ein Objektglas gebracht und unter einem mit Mikrometereinrichtung versehenen Mikroskop gemessen.

Bemerkungen. Bei Anwesenheit von weniger als 0,5 γ Quecksilber gelingt die Bildung eines einzigen Tröpfchens nicht immer; es müssen dann 2 bis 3 Tröpfchen mikrometrisch bestimmt werden.

Bei größeren Mengen — Raaschou bestimmt nur 10 bis 0,04 γ Quecksilber in 0,1 cm³ Lösung — betragen die Schwankungen der Ergebnisse nur etwa 0,1 γ, die kleinsten Mengen lassen sich noch mit etwa 25% Genauigkeit bestimmen.

Das Verfahren von Bodnár und Szép ist insofern nicht überall anwendbar, als bei quantitativem Verlauf der Abscheidung nur 0,1 cm³ Lösung zur Abscheidung des Quecksilbers benutzt werden kann. Bei größeren Flüssigkeitsmengen treten infolge der Bildung von Eisenhydroxyden Störungen auf. Die in der Praxis vorkommenden Untersuchungen beziehen sich aber meistens auf eine größere Flüssigkeitsmenge von mindestens 10 bis 20 cm³ und auf weniger als 4 γ Quecksilber in 10 cm³.

γ) Methode von Stock und Lux. Stock und Lux ändern das Verfahren von Bodnár und Szép in der Weise ab, daß nach der modifizierten Methode Mengen von 2000 bis 0,01 γ Quecksilber in 10 bis 20 cm³ Flüssigkeitsvolumen ermittelt werden können. Mengen über 2000 γ lassen sich so nicht bestimmen, da dann der Quecksilbertropfen nicht mehr kugelförmig ist. Das Quecksilber wird in solchen Fällen aus salzsaurer Lösung elektrolytisch auf einem Kupferdraht abgeschieden und hierauf abdestilliert. Über die Abscheidung des Quecksilbers durch Elektrolyse s. S. 415.

Arbeitsvorschrift. Die Abscheidung des Quecksilbers aus der Chloridlösung geschieht, wie bereits erwähnt, elektrolytisch aus salzsaurer Lösung, s. S. 414.

Destillation des elektrolytisch auf Kupfer abgeschiedenen Quecksilbers. Zum Abdestillieren des Quecksilbers wird ein 2 bis $2^1/_2$ mm weites Rohr von 3,5 mm Außendurchmesser und 20 cm Länge benutzt. Eine zu hohe Temperatur bei der Destillation ist zu vermeiden, da das Destillat sonst weniger rein wird und sich schwerer vereinigt. Daher ist schwer schmelzbares Glas nicht erforderlich.

Zur Reinigung erhitzt man am besten gleich eine größere Anzahl der Röhrchen in einem Becherglas 10 Min. in Chromschwefelsäure. Danach spült man die Röhrchen in heißem Wasser gründlich aus und behandelt sie schließlich 2 Std. lang mit heißer verdünnter Lauge[1]. Dann läßt man durch die Röhrchen einige Stunden Wasserdampf strömen und bewahrt sie vor Staub geschützt auf. Vor der Benutzung spült man das Röhrchen mit destilliertem Wasser aus und trocknet es durch Hindurchleiten von mit über Calciumchlorid getrockneter Luft. Dazu legt man es auf ein in Abb. 10 dargestelltes Gestell aus Eisen- oder Nickeldraht. Durch einen kurzen Gummischlauch verbindet man das rechte Ende des Röhrchens mit einem Calciumchloridrohr, leitet Luft hindurch und erhitzt vorsichtig von rechts nach links, bis das Rohr trocken ist und schließlich das Glas erweicht. Der Gummischlauch darf dabei aber nicht heiß werden. Nach dem Erkalten schneidet man rechts 2 cm ab, ohne dabei Gummi- oder Glasteilchen in das Röhrchen zu bringen. Etwa 11 cm vom linken Ende entfernt zieht man letzteres zu einer nicht zu dünnwandigen Capillare von 4 bis 5 cm Länge und 0,3 bis 1 mm Weite aus und biegt das rechte Ende nach unten um. Die bei der Analyse benutzten Reagenzien, einschließlich des destillierten Wassers, sind vor der Analyse auf Quecksilberfreiheit zu prüfen.

Der sorgfältig getrocknete Kupferdraht (s. S. 415) mit dem Quecksilber wird vorsichtig, unter möglichster Vermeidung einer Berührung mit den Gefäßwänden, mit einer Pinzette und einem ausgeglühten und abgeschmirgelten Eisen- oder Nickeldraht bis etwa an die Verengung des Glasröhrchens geschoben. Ungefähr 2 cm vom Kupferdraht entfernt wird das Röhrchen mit einer Stichflamme abgeschmolzen. Der Kupferdraht darf dabei nicht heiß werden. Dann läßt man den Draht bis an das zugeschmolzene Ende gleiten und bringt das Röhrchen auf das Gestell. Die rechte Hälfte der Capillare wird mit einem Streifen Filtrierpapier bedeckt und mit fließendem Wasser gekühlt. Das Rohrstück mit dem Kupferdraht wird zuerst langsam, an der Capillare beginnend, erwärmt und dann einige Minuten mit einem Handgebläse bis fast zum Zusammenfallen des Glases erhitzt. Der Draht soll beim Erhitzen gleichmäßig glühen. Zum Schluß wird die Temperatur so weit gesteigert, daß der Draht blasenfrei in das Glas einschmilzt und das Rohr bis zur Capillare zusammenfällt. Die Capillare wird bis etwa 1 cm vor der Kühlstelle zusammengeschmolzen und überflüssiges Glas entfernt.

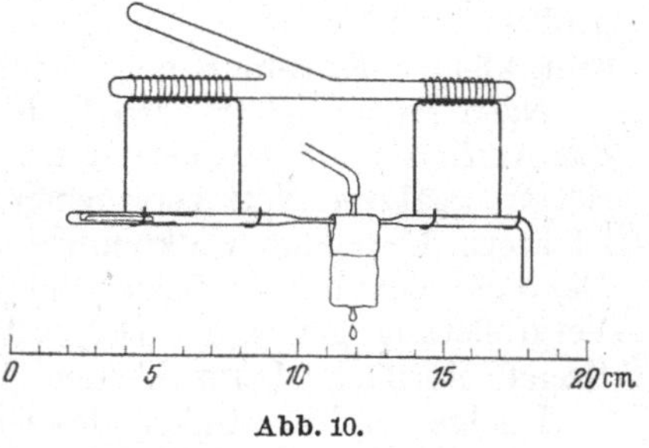

Abb. 10.

Ausmessen der Quecksilberkügelchen. Das Röhrchen mit dem Quecksilber wird unter einer binokularen Lupe mit etwa 15facher Vergrößerung auf schwarzem Untergrund bei hellem Licht geprüft. Ist außer Quecksilber und etwas kondensiertem Wasser[2] auch rotes oder gelbes Quecksilberoxyd zu sehen, so wurde das Rohrstück bis zur Capillare nicht warm genug gehalten. Bei kleinen Quecksilbermengen ist die Bestimmung dann unzuverlässig. Durch Klopfen mit einem Glasstab vereinigt man das Quecksilber unter der Lupe zu größeren Tropfen. Man verkürzt das umgebogene Glasende vorsichtig auf 1 cm und füllt mit einer Capillarpipette etwa 0,1 cm³ durch Zentrifugieren vom Staub befreiten Alkohol hinein und zentrifugiert mit der Handzentrifuge. Anstatt in eine Zentrifugierhülse steckt man das Röhrchen dabei in einen Kork. Die Vereinigung zu einer Kugel, die schon bei An-

[1] Allerdings kann nach STOCK und NEUENSCHWANDER-LEMMER auf die Vorbehandlung des Rohres mit Alkali verzichtet werden.

[2] MAJER nimmt an, daß das sich bildende Wasserkondensat die Vereinigung der Quecksilbertröpfchen begünstigt und gleichzeitig die Capillare wie eine Art Stöpsel verschließt und eine Verflüchtigung des Quecksilbers verhindert. Um eine genügende Menge kondensiertes Wasser zu bekommen, trocknet er den mit Quecksilber beladenen Kupferdraht nicht länger als 15 Min. und benutzt bei der Destillation eine Capillare von 0,1 mm lichter Weite und etwa 8 cm Länge. Bei größerer Weite vereinigt sich das Kondenswasser oft nicht zu einem zusammenhängenden Säulchen.

wesenheit von 2 γ Quecksilber mit bloßem Auge erkennbar ist, tritt meistens sofort ein. Andernfalls erhitzt man das Röhrchen unter Klopfen im Wasserbad. Läßt sich die Vereinigung durchaus nicht herbeiführen, so müssen mehrere Kügelchen ausgemessen werden.

Das Ende der Capillare wird nun vorsichtig abgeschnitten. Mit der Öffnung tupft man leicht auf einen ebenen Objektträger, so daß das Kügelchen auf diesen fällt. Bei kleinen Mengen Quecksilber ist es angebracht, die Stelle auf dem Objektträger zu kennzeichnen. Nach dem Verdunsten des Alkohols wird der Objektträger unter ein Mikroskop mit Mikrometereinrichtung gebracht und der Durchmesser der Quecksilberkugel bestimmt. Das Gewicht des Quecksilbers (in γ) berechnet sich aus dem Kugeldurchmesser d (in μ)

$$\text{zu } \frac{7{,}096}{10^6}\, d^3.$$

Bei einer größeren Anzahl von Messungen vereinfacht sich die Ausrechnung durch Benutzung des graphischen Verfahrens unter Anwendung von Logarithmenpapier.

Bemerkungen. Zum Aufsuchen und Einstellen des Tropfens ist 65fache Vergrößerung gut geeignet, ebenso zum Messen größerer Kugeln. Zum Mikrometrieren sehr kleiner Kugeln benutzt man am besten 360fache Vergrößerung.

Nach Majer ist für den Fall, daß drei oder vier Quecksilberkugeln vorliegen, das Auffinden und Ausmessen der Kugeln durch Benutzung eines mit einem numerierten, geätzten Netz versehenen Objektträgers (Jörgensensches Deckglas) zu erleichtern. Es genügt vollkommen, wenn die Seite des Quadratfeldes 2 mm groß ist. Das Feld wird mit 130facher Vergrößerung durchsucht und bei 190 bzw. 360facher Vergrößerung gemessen. Der mittlere Fehler beim Ausmessen mehrerer kleiner Kugeln ist nach Majer kleiner als beim Ausmessen einer einzigen großen Kugel.

Infolge der Flüchtigkeit des Quecksilbers treten bei der Kondensation Verluste von etwa 0,02 γ ein, die bei Quecksilbermengen über 0,2 γ keine Rolle spielen. Bei kleineren Quecksilbermengen müssen diese Verluste durch Tiefkühlung der Capillare vermieden werden. Die Capillare wird durch einen Streifen Kupfer- oder Aluminiumblech gekühlt, dessen Ende in flüssige Luft oder in einen Kohlendioxyd-Aceton-Brei eintaucht. Sie darf aber nicht enger als 1 mm sein, damit sie nicht durch Eis verstopft wird. Nach dem Auftauen sind bei einiger Übung mit einer 15fach vergrößernden Lupe noch 0,002 γ Quecksilber zu erkennen.

Die Genauigkeit der Bestimmung ist aus den mit QuecksilberII-chloridlösungen bekannten Gehaltes gewonnenen Ergebnissen erkennbar:

Angewendete Quecksilbermenge (in γ):	1000	500	100	10,0	5,0	1,0	0,5
Gefundene Quecksilbermenge (in γ):	1000	490	101	9,9	5,0	1,0	0,5

Die Werte sind das Mittel aus mehreren Bestimmungen. Bei mehr als 0,5 γ Quecksilber beträgt die Streuung durchschnittlich $+ 2\%$.

Die Ergebnisse der nächsten Aufstellung — Bestimmung von Quecksilbermengen von weniger als 0,1 γ — wurden bei Anwendung einer tiefgekühlten Capillare gewonnen:

Angewendete Quecksilbermenge (in γ):	0,06	0,04	0,02	0,01
Gefundene Quecksilbermenge (in γ):	$0{,}06_2$	$0{,}03_7$	$0{,}02_1$	$0{,}00_9$

Weitere Vorsichtsmaßregeln, die bei der Destillation allerkleinster Quecksilbermengen zu beachten sind, geben Stock, Lux, Cucuel und Köhle an.

Vor der Destillation und mikrometrischen Bestimmung wird das Quecksilber elektrolytisch aus Chloridlösungen gefällt, s. S. 413. Der Elektrolyse geht bei verdünnten Lösungen mit einem Volumen, das größer ist als 50 cm³, eine Anreicherung des Quecksilbers durch Fällung als Sulfid in Gegenwart von Kupfer voraus, s. S. 414. Nicht als Chlorid vorliegendes Quecksilber wird mit Chlor behandelt, s. S. 413; organische Substanzen sind vor der Bestimmung aufzuschließen, s. S. 532.

G. Photometrische Bestimmung.

Die photometrische Bestimmung des Quecksilbers beruht auf der von Quecksilberdampf auf Selensulfid verursachten Schwärzung. Der Schwärzungsgrad ist der Quecksilberkonzentration direkt proportional und außerdem von der Reaktionszeit, der Temperatur und der Geschwindigkeit des hindurchströmenden Gases abhängig. Die Schwärzung wird mit den Schwärzungen einer durch Einwirkung bekannter Quecksilbermengen hergestellten Skala verglichen (NORDLANDER).

Arbeitsvorschrift. **Herstellung des aktiven Selensulfids.** Eine AluminiumIII-chloridlösung, die etwa 100 mg Aluminium im Liter enthält, wird bei Zimmertemperatur in einer Flasche mit Schwefelwasserstoff gesättigt. Während des Einleitens wird allmählich eine 1 n Lösung seleniger Säure hinzugegeben. Der Schwefelwasserstoff muß aber im Überschuß bleiben.

Der entstandene Niederschlag wird nach dem Abfiltrieren und Auswaschen getrocknet. Das feine gelbe Pulver kann auf dem Wasserbad vollständig getrocknet werden, ohne daß sich die Farbe ändert. Durch kurze Belichtung mit starkem Sonnenlicht wird das Sulfid leicht rötlich gefärbt, gewinnt im Dunkeln jedoch die ursprüngliche Farbe wieder zurück. Langes Belichten bewirkt eine bleibende, rote bis rötlich-violette Färbung. Durch Reiben wird das Sulfid stark elektrisch.

Das Selensulfid wird durch leichtes Reiben mit einem Baumwollpfropfen auf glattes und dichtes Papier aufgetragen, bis eine einheitliche gelbe Oberfläche entstanden ist. Als Unterlage können auch Holz, Glas, Celluloid oder Metalle, wie Blei, genommen werden.

Arbeitsweise. Die mit Quecksilber bei 60 bis 70° gesättigte Luft wird zur Einwirkung auf das Selensulfidpapier gebracht. Die mit Quecksilber beladene Luft strömt durch ein in einem Wasserbad befindliches Glasrohrsystem und nimmt dabei die Temperatur des Bades an. Sie wird durch ein Baumwollfilter filtriert und gelangt nun durch eine Glasrohrschlange, die sich in einem zweiten Wasserbad von höherer Temperatur als das erste befindet. Schließlich trifft die Luft in dem eigentlichen Reaktionsgefäß auf das Selensulfidpapier, das auf einem Diaphragma beweglich angebracht ist.

Die Geschwindigkeit des hindurchströmenden Gasstroms wird gemessen. Durch Änderung der Temperatur des ersten Wasserbades kann die Konzentration des Quecksilbers in der Luft beeinflußt werden. Die bei 60 bis 70° gesättigte Luft gibt bei niedrigerer Temperatur einen Teil des Quecksilbers wieder ab. Die Reaktionstemperatur kann durch Änderung der Temperatur des zweiten Wasserbades beeinflußt werden.

Die Reaktion findet nur in Gegenwart von Feuchtigkeit statt; mit über Phosphorpentoxyd getrockneter Luft tritt selbst bei hohen Temperaturen keine Reaktion ein.

Zum Vergleich wird eine verschiedenen Quecksilberkonzentrationen entsprechende Farbenskala unter Variation der Reaktionszeit hergestellt.

Bemerkungen. Bei einer Geschwindigkeit von 1 m/Sek. kann bei 70° nach 4 Min. Reaktionszeit eine Quecksilberkonzentration von $1:4\cdot 10^6$ leicht festgestellt werden.

Die Reaktion tritt auch bei — 15° ein. Bei Steigerung der Reaktionstemperatur und Herabsetzung der Reaktionszeit kann man auch größere Quecksilbermengen auf diesem Wege bestimmen. Nach MÜLLER und PRINGSHEIM lassen sich nach dieser Methode Quecksilbermengen von 5 bis 500 γ/m^3 bestimmen.

Die Reaktion ist infolge des geringen Dampfdruckes der übrigen Metalle spezifisch für Quecksilber; letzteres muß aber in flüssigem oder gasförmigem Zustand vorliegen, mit Quecksilber-Ionen in Lösung tritt keine Reaktion ein.

Literatur.

ADANTI, G.: Boll. chim. farm. **55**, 553 (1916). — ALDERS, H. u. A. STÄHLER: B. **42**, 2685 (1909).

BIEWEND, R.: Berg- u. hüttenm. Z. **61**, 441 (1902); durch Berl-Lunge, Bd. 2, 2. Teil, S. 1437. Berlin 1932. — BINDSCHEDLER, E.: Z. El. Ch. **8**, 329 (1902). — BODNÁR, J. u. E. SZÉP: Bio. Z. **205**, 219 (1929). — BÖTTGER, W.: Z. El. Ch. **26**, 445 (1920). — BÖTTGER, W., N. BLOCK u. M. MICHOFF: Fr. **93**, 401 (1933). — BOOTH, H. S., N. E. SCHREIBER u. K. G. ZWICK: Am. Soc. **48**, 1815 (1926). — BORELLI, V.: G. **37 I**, 425 (1907). — BRAND, A.: Fr. **28**, 581 (1889). — BRENNECKE, E.: ChromII-salzlösungen als maßanalytische Reduktionsmittel, in der Sammlung „Die chemische Analyse", Bd. 33: Neuere maßanalytische Methoden, S. 107. Stuttgart 1935. — BRINDLE, H.: Quart. J. Pharm. Pharmacol. **5**, 432 (1932). — BRINDLE, H. u. C. E. WATERHOUSE: Quart. J. Pharm. Pharmacol. **9**, 519 (1936). — BRUCHHAUSEN, F. v. u. E. HANZLIK: Apoth. Z. **40**, 1115 (1925). — BUCHTALA, H.: H. **83**, 249 (1913).

CLARKE, F. W.: B. **11**, 1409 (1878). — CLASSEN, A.: Quantitative Analyse durch Elektrolyse, 7. Aufl., umgearbeitet von A. CLASSEN u. H. DANNEEL, S. 62, 168. Berlin 1927. — CLASSEN, A. u. R. LUDWIG: B. **19**, 323 (1886); vgl. auch SMITH, E. F. u. E. B. KNERR: Am. Chem. J. **8**, 206 (1886). — CUMMING, A. C. u. J. MACLEOD: Soc. **103**, 513 (1913).

DUCCINI, C.: G. **43 II**, 693 (1913). — DUNNICLIFF, H. B. u. H. D. SURI: Analyst **54**, 405 (1929).

EASLEY, C. W.: (a) Am. Soc. **31**, 1207 (1909); (b) **32**, 1117 (1910). — EASLEY, C. W. u. B. F. BRANN: Am. Soc. **34**, 137 (1912). — EBLER, E.: Z. anorg. Ch. **47**, 377 (1905). — ENOCH, C.: Z. öffentl. Ch. **13**, 307 (1907). — ERDMANN, O. L. u. R. F. MARCHAND: J. pr. **31**, 385 (1844). — ESCHKA, A.: Öst. Z. Berg- u. Hüttenw. **1872**, No. 9; durch Fr. **11**, 344 (1872). — EVANS, B. S.: Analyst **51**, 229 (1926). — EVANS, B. S. u. S. G. CLARKE: Analyst **51**, 224 (1926). — EXNER, F. F.: Am. Soc. **25**, 896 (1903).

FAHEY, J. J.: Ind. eng. Chem. Anal. Edit. **9**, 477 (1937). — FAINBERG, S. J.: Betriebslab. **1932**, No. 4, 30; durch C. **105 II**, 3013 (1934). — FARUP, P.: Arch. exp. Pathol. **44**, 272 (1900). — FEIT, W.: Fr. **28**, 318 (1889). — FERNBERGER, H. M. u. E. F. SMITH: Am. Soc. **21**, 1001 (1899). — FIFE, J. G.: Analyst **63**, 650 (1938). — FISCHER, A. u. R. J. BODDAERT: Z. El. Ch. **10**, 945 (1904). — FISCHER. A., u. T. FUSSGÄNGER: Vgl. A. FISCHER, Ch. Z. **31**, 25 (1907); vgl. auch A. FISCHER u. A. SCHLEICHER, „Die chemische Analyse", Bd. 4 u. 5: Elektroanalytische Schnellmethoden, 2. Aufl., S. 152. Stuttgart 1926. — FITZGIBBON, M.: Analyst **62**, 654 (1937). — FRANÇOIS, M.: (a) C. r. **166**, 950 (1918); J. Pharm. Chim. [7] **21**, 85 (1920); (b) A. Ch. [9] **12**, 178 (1919). — FRESENIUS, C. R.: Anleitung zur quantitativen chemischen Analyse, 6. Aufl., Bd. 1, S. 323. Braunschweig 1875. — FRESNO, C. DEL u. E. DE LAFUENTE: G. **68**, 619 (1938).

GLASER, F.: Z. El. Ch. **9**, 11 (1903). — GORDON, H. B.: Analyst **45**, 41 (1920). — GRAUMANN, A.: Berl-Lunge, Bd. 2, 2. Teil, S. 1436. Berlin 1932. — GRUBE, G. u. L. SCHLECHT: Z. El. Ch. **32**, 178 (1926). — GUZMÁN, J. u. A. RANCAÑO: Ann. Españ. **31**, 348 (1933).

HEINZE, R.: Angew. Ch. **27**, 237 (1914). — HEINZELMANN, A.: Ch. Z. **45**, 657 (1921). — HERNLER, F. u. R. PFENINGBERGER: Mikrochemie **21**, 116 (1936/37). — HÖNIGSCHMID, O., L. BIRCKENBACH u. M. STEINHEIL: B. **56**, 1212 (1923). — HOWARD, B. F.: J. Soc. chem. Ind. **23**, 151 (1904).

ILLARI, G.: Ann. Chim. applic. **22**, 261 (1932); vgl. auch G. **62**, 1166 (1932).

JACQUEMAIN, M. R. u. G. DEVILLERS: Bl. [5] **5**, 1338 (1938). — JÄNECKE, E.: Fr. **43**, 547 (1904). — JAMIESON, G. S.: Am. J. Sci. [4] **33**, 349 (1912). — JEAN, M.: Bl. Soc. Pharm. Bordeaux **69**, 176 (1931). — JOLLES, A.: M. **16**, 684 (1895).

KLOTZ, A.: H. **92**, 286 (1914). — KÖNIG, C. R.: J. pr. **70**, 64 (1857). — KÖSZEGI, D. u. N. TOMORI: Fr. **100**, 257 (1935); P. C. H. **75**, 532 (1934). — KOHN, M.: Z. anorg. Ch. **59**, 108, 271 (1908). — KOLB, A.: Ch. Z. **25**, 21 (1901). — KOLLOCK, L. G. u. E. F. SMITH: Am. Soc. **27**, 1527 (1905). — KOLTHOFF, I. M.: Die Maßanalyse, 2. Aufl., Bd. 2. Berlin 1931. — KOLTHOFF, I. M. u. J. KEIJZER: Pharm. Weekbl. **57**, 913 (1920).

LANDOLT-BÖRNSTEIN: (a) Physikalisch-Chemische Tabellen, 3. Ergänzungsbd., 3. Teil, S. 2432. Berlin 1936; (b) ebenda, 1. Teil, S. 497. Berlin 1935. — LIVERSEDGE, S. G.: Quart. J. Pharm. Pharmacol. **2**, 243 (1929). — LOMHOLT. S. u. J. A. CHRISTIANSEN: Bio. Z. **81**, 356 (1917). — LUDWIG, E. u. E. ZILLNER: Wien. klin. Wchschr. **1889**, Nr. 45; **1890**, Nr. 28—32; durch Fr. **30**, 258 (1891).

MAJER, V.: Mikrochemie **11**, 21 (1932). — MARIGNAC, C.: A. **72**, 55 (1849); A. Ch. [3] **27**, 315 (1849). — MEULEN. H. TER: R. **45**, 368 (1926). — MOSER, L. u. M. NIESSNER: Fr. **63**, 240 (1923). — MÜLLER, K. u. P. PRINGSHEIM: Naturwiss. **18**, 364 (1930). — MULLER, J. A.: Bl. [4] **1**, 1169 (1907).

NORDLANDER, B. W.: Ind. eng. Chem. **19**, 518 (1927).

OKÁČ, A.: Fr. **89**, 106 (1932).

PALME, H.: H. **89**, 345 (1914). — PATAT, F.: Mikrochemie **11**, 16 (1932). — PAWECK, H. u. R. WEINER: Fr. **72**, 225 (1927). — PINKUS, A. u. M. KATZENSTEIN: Bl. Soc. chim. Belg. **39**, 179 (1930).

RAASCHOU, P. E.: Fr. **49**, 172 (1910). — RAGNO, M.: Ann. Chim. applic. **24**, 270 (1934). — RAUSCHER, W. H.: Ind. eng. Chem. Anal. Edit. **10**, 331 (1938). — REICHARD, C.: Fr. **37**, 749 (1898). — REIF, G.: Arb. Reichsgesundheitsamt **57**, 173 (1926). — REINTHALER, F.: Ch. Z. **35**, 593 (1911). — RICHARDS, T. W. u. S. K. SINGER: Am. Soc. **26**, 300 (1904). — RIESENFELD, E. H. u. H. F. MÖLLER: Z. El. Ch. **21**, 137 (1915). — RIMINI, E.: Atti Accad. Lincei [5] **15 II**, 320 (1906); [5] **12 II**, 376 (1903). — ROBINSON, R.: Analyst **54**, 145 (1929). — ROSE, H.: (a) Pogg. Ann. **110**, 129 (1860); (b) ebenda, sowie ROSE u. FINKENER a. a. O. — ROSE, H. u. R. FINKENER: Handbuch der analytischen Chemie, 6. Aufl., Bd. 2, S. 182. Leipzig 1871. — ROSENDAHL, R.: Ch. Z. **50**, 73 (1926). — RÜDORFF, F.: Angew. Ch. **5**, 3 (1892). — RUPP, E.: (a) Ar. **238**, 298 (1900); (b) B. **39**, 3702 (1906); vgl. auch Ar. **243**, 300 (1905); (c) Ar. **246**, 467 (1908); (d) Ch. Z. **32**, 1077 (1908); (e) Ar. **244**, 536 (1906). — RUPP, E. u. F. LEHMANN: Pharm. Z. **52**, 1020 (1907). — RUPP, E. u. K. MÜLLER: Fr. **67**, 20 (1925/26). — RUPP, E., K. MÜLLER u. P. MAISS: P. C. H. **67**, 529 (1926).

SAND, H. J. S.: Soc. **91**, 373 (1907). — SCHLEICHER, A. u. N. KAISER: Met. Erz. **28**, 402 (1931). — SCHTSCHIGOL, M.: (a) Fr. **96**, 330 (1934); (b) Chem. J. Ser. B **8**, 160 (1935); durch C. **106 II**, 2852 (1935). — SCHUMACHER II u. W. L. JUNG: (a) Fr. **39**, 12 (1900); (b) **41**, 461 (1902). — SCHUMM, O.: Fr. **44**, 73 (1905). — SCHWARZ, K.: Fr. **115**, 161 (1938/39). — SHUKIS, A. u. R. C. TALLMAN: Ind. eng. Chem. Anal. Edit. **12**, 123 (1940). — SMITH, E. F.: Quantitative Elektroanalyse. Deutsche Ausgabe (nach der 4. amerikanischen Aufl.) bearbeitet von A. STÄHLER, S. 89. Leipzig 1908. — SMITH, R. O.: Am. Soc. **27**, 1270 (1905). — SOMEYA, K.: Z. anorg. Ch. **138**, 293 (1924). — SPITZER, L.: Ann. Chim. applic. **27**, 566 (1937). — STEINSCHNEIDER, M.: Vgl. A. FISCHER, Ch. Z. **31**, 25 (1907). — STOCK, A.: (a) Z. anorg. Ch. **217**, 241 (1934); (b) B. **72**, 1844 (1939). — STOCK, A. u. F. CUCUEL: Naturwiss. **22**, 390 (1934). — STOCK, A., F. GERSTNER u. H. KÖHLE: Naturwiss. **20**, 954 (1932). — STOCK, A. u. R. HELLER: Angew. Ch. **39**, 466 (1926). — STOCK, A. u. H. LUX: Angew. Ch. **44**, 200 (1931). — STOCK, A., H. LUX, F. CUCUEL u. H. KÖHLE: Angew. Ch. **46**, 62 (1933). — STOCK, A. u. N. NEUENSCHWANDER-LEMMER: B. **71**, 550 (1938). — STOCK, A. u. A. STÄHLER: Praktikum der quantitativen anorganischen Analyse, 2. Aufl., S. 120. Berlin 1918. — STOCK, A. u. W. ZIMMERMANN: Angew. Ch. **41**, 546 (1928). — STRENG, A.: Pogg. Ann. **92**, 57 (1854). — STRICKLER, L. S.: Eng. Min. J. **126**, 539 (1928). — STÜWE, W.: Ch. Z. **38**, 320 (1914).

TANANAJEW, I. u. E. DAWITASCHWILI: Fr. **107**, 175 (1936). — TÖPELMANN, H.: Schnellanalyse durch Verdampfen auf trockenem Wege, in: Physikalische Methoden der analytischen Chemie, herausgegeben von W. BÖTTGER, 3. Teil, S. 95. Leipzig 1939. — TREADWELL, F. P.: Kurzes Lehrbuch der analytischen Chemie, 11. Aufl., Bd. 2, S. 141. Leipzig u. Wien 1923. — TUTUNDŽIĆ, P. S.: Z. anorg. Ch. **202**, 297 (1931).

UTZ, F.: P. C. H. **60**, 301 (1919).

VERDINO, A.: Mikrochemie **6**, 5 (1928). — VORTMANN, G.: B. **24**, 2749 (1891).

WAGENMANN, K.: Vgl. Berl-Lunge, Bd. 2, 2. Teil, S. 949. Berlin 1932. — WHITTON: Quicksilver Resources of California, Report of the State Mining Bureau of California 1918; durch HEINZELMANN a. a. O. — WILLARD, H. H. u. A. W. BOLDYREFF: Am. Soc. **52**, 569 (1930). — WINKLER, L. W.: (a) Fr. **64**, 262 (1924); (b) „Die chemische Analyse", Bd. 29: Ausgewählte Untersuchungsverfahren für das chemische Laboratorium, S. 126. Stuttgart 1931; (c) ebenda S. 125. — WINTELER: Vgl. TREADWELL a. a. O.

ZENGHELIS, C.: Fr. **43**, 544 (1904). — ZINTL, E.: Vgl. Berl-Lunge, Bd. 1, S. 459. Berlin 1931. — ZINTL, E. u. G. RIENÄCKER: (a) Z. anorg. Ch. **155**, 84 (1926); vgl. auch E. ZINTL u. H. WATTENBERG, B. **55**, 3366 (1922); (b) **161**, 376 (1927); (c) **161**, 385 (1927).

§ 2. Spektralanalytische Bestimmung.

Eine Aufzählung sämtlicher Linien des Linienspektrums des Quecksilbers findet sich in dem Tabellenwerk von KAYSER und RITSCHL.

A. Emissionsspektralanalyse.

1. Bestimmung in der Flamme.

Da Störungen im Flammenspektrum nicht vorkommen, ist die spektralanalytische Bestimmung in der Flamme eines der geeignetsten Analysenverfahren des Quecksilbers.

Im Mantel der Acetylen-Luft-Flamme ist Quecksilber nach LUNDEGARDH (a) auch in kleinen Konzentrationen bestimmbar. Zur Messung ist in der Flamme wie im Flammenfunken die Linie $\lambda = 2536{,}5$ Å am besten geeignet. Nach LUNDEGARDH (b) ist die Empfindlichkeit in der Flamme für Quecksilber in Lösungen allerdings klein, so daß in solchen Fällen die Bestimmung im Bogen oder Funken vorzuziehen ist.

2. Bestimmung im Lichtbogen.

Bestimmung in Gesteinen und Mineralien nach PREUSS. Die leicht flüchtigen Metalle werden durch fraktionierte Destillation aus den Gesteinen ausgetrieben und anschließend spektralanalytisch bestimmt. Der Quecksilberbestimmung stehen nach den Untersuchungen von STOCK und CUCUEL keine speziellen Schwierigkeiten im Wege, es sei denn, daß etwa zu große, entweichende Wassermengen stören.

Die fraktionierte Destillation wird nach PREUSS in einem Kohlerohrofen ausgeführt. Die Substanz liegt im Heizraum in der halbrunden Rinne eines gereinigten, aufgeschnittenen Kohlerohres und wird allmählich erhitzt. Die entwickelten Gase werden durch ein konisch angesetztes Kohleröhrchen, das als Kathode dient, direkt in den Lichtbogen geblasen. Der Abstand des Kohleröhrchens von der Anode beträgt etwa 1 cm.

Die leicht flüchtigen Metalle, neben Quecksilber also auch Zink, Cadmium, Indium, Thallium, Germanium, Zinn, Blei, Arsen, Antimon und Wismut, werden auf diesem Wege von den übrigen Bestandteilen der Mineralien getrennt, so daß man eine größere Substanzmenge zur Analyse benutzen kann, eine Menge bis zu etwa 10 g Substanz.

Für den Quecksilbernachweis ist es besonders günstig, daß die Hg-Linie $\lambda = 2536{,}52$ Å zwischen 2 Banden des Kohlebogens liegt. Ein erst bei höherer Temperatur des Ofens auftretendes Bandenspektrum fällt allerdings genau mit dieser Linie zusammen, kann aber leicht als solches erkannt werden. 0,1 γ Quecksilber kann noch nachgewiesen werden. Eine Photometrierung der Linien ergibt einen Fehler von $\pm$ 25%.

Die Analyse von Blenden führen PIÑA DE RUBIES und LÓPEZ DE AZCONA nach vorausgegangener, direkter, elektrothermischer Anreicherung im elektrischen Bogen ebenfalls mit 10 g Substanz durch.

PIÑA DE RUBIES und BARGUES suchen eine Methode aufzubauen, nach der sich der annähernde Prozentgehalt der Elemente einer zu untersuchenden Substanz aus der ersten zur qualitativen Bestimmung benutzten Aufnahme direkt abschätzen läßt.

KONISHI und TSUGE untersuchen das Emissionsspektrum von Quecksilber, das als Chlorid auf die untere Kohle- oder Graphitelektrode eines Bogens (10 Ampere, 60 Volt) gebracht wird. Sie stellen Abhängigkeit der Linienintensität von der Konzentration fest. Der Lichtbogen, der 5 mm lang ist, brennt zwischen Kohleelektroden. In die kleine Höhlung der unteren positiven Elektrode, die während des Brennens rotiert, wird 0,1 cm^3 der Lösung geträufelt.

Die Bogenempfindlichkeit, d. h. die kleinste Menge, die im Bogen bestimmt werden kann, liegt zwischen $100 \cdot 10^{-4}$ und $500 \cdot 10^{-4}$ mg Quecksilber.

VAN CALKER untersucht den Gehalt von Quecksilbersalzlösungen sowohl im Gleichstromdauerbogen als auch im Abreißbogen. Zum Nachweis dient die Quecksilber-Resonanzlinie $\lambda = 2537$ Å, als Spektrograph ein kleiner Quarzapparat von STEINHEIL mit großer Lichtstärke, etwa f:5. Die Lösungen kommen in die Lösungselektrode von GERLACH und SCHWEITZER (a). Auf der aus Messing hergestellten Lösungselektrode wird ein Platinteller befestigt; zur Vermeidung von Kriechströmen fettet man den Rand mit Vaseline ein. Das Material der oberen Elektrode hat keinen grundsätzlichen Einfluß, doch ist Iridium wegen seines hohen Schmelzpunkts günstig. Die Leitfähigkeit der stark verdünnten Quecksilberlösungen wird durch Zusatz von Natriumnitrat erhöht. Die Nitratkonzentration läßt sich ohne merkbaren Einfluß sehr variieren (von 3% bis zur Sättigung der Lösung). Die Versuche werden mit an Natriumnitrat 5%iger Lösung ausgeführt; enthält die Lösung mehr als 10% Natriumnitrat, so tritt starkes Sprühen im Funken auf.

Der Gleichstrom-Dauerbogen brennt, wenn die Lösung als Anode dient, mit 220 Volt, wobei die Stromstärke infolge des hohen Widerstandes des Lösungsbogens nur 1 Ampere beträgt. Nachteilig macht sich das sehr starke Auftreten der Linien der Gegenelektrode aus Iridium bemerkbar. Zum Quecksilbernachweis werden 4 cm³ $1 \cdot 10^{-4}$%iger Lösung benötigt, wovon 3 cm³ verdampft werden. Die Nachweisempfindlichkeit beträgt $4 \cdot 10^{-6}$ g $= 4\,\gamma$ Quecksilber, in der Lichtquelle $3 \cdot 10^{-6}$ g. Versuche mit dem Abreißbogen führen zu gleicher Empfindlichkeit.

Für die spektrographische Bestimmung des Quecksilbers im Blut geben GOLDMAN und ARMSTRONG eine verbesserte Technik an durch Verwendung der Graphit-Kohlebogen-Methode.

3. Bestimmung im Flammenbogen.

Eine Bestimmungsmethode des Quecksilbers mittels des Flammenbogens ist von PROBST entwickelt und bei der Quecksilberbestimmung im Harn erprobt worden. Hierbei tritt infolge Anwesenheit von Phosphaten eine Schwierigkeit auf, da eine Phosphorlinie gerade an der Stelle der stärksten Quecksilberlinie liegen soll. PROBST hat aus diesem Grunde die Wellenlänge des Phosphors durch Messungen mit einem Apparat großer Dispersion genau untersucht. An Stelle der in der Literatur angegebenen Gruppe von vier Linien des Phosphors von den Wellenlängen: 2534,8, 2536,4, 2554,0 und 2555,7 Å findet er: 2534,0 ± 0,1, 2535,5 ± 0,1, 2553,3 und 2555,1 Å, wovon die Linie 2535,5 Å wesentlich stärker ist als die anderen. Die empfindlichste Linie des Quecksilbers $\lambda = 2536{,}5$ Å hat demnach von der stärksten Phosphorlinie einen Abstand von etwa 1 Å, ist also noch deutlich von ihr getrennt. Im Flammenbogen wird Phosphor außerdem nur schwach angeregt. Neben nicht sehr starken Eisenlinien liegen im Spektrum in dem in Frage kommenden Gebiet keine anderen Linien.

Als Behälter für die zu untersuchende Flüssigkeit und zugleich als Elektrode verwendet man bei der spektralanalytischen Bestimmung die große Lösungselektrode von WA. GERLACH und WE. GERLACH (a), die einen leicht auswechselbaren Platinaufsatz zur Aufnahme der Flüssigkeit trägt. Vor jeder Analyse wird der Aufsatz zum Reinigen durch Ausglühen in einer Alkoholflamme abgenommen. Zur Vermeidung einer Temperatursteigerung der Flüssigkeit bis zum Siedepunkt muß die Flüssigkeitselektrode gekühlt werden.

Als Gegenelektrode dient ein 1,5 bis 2 mm dicker, kurz zugespitzter Platin-Iridium-Draht.

Aus den unter den verschiedensten Bedingungen gemachten Aufnahmen von Quecksilberlösungen verschiedenster Konzentration ergibt sich, daß Konzentrationen von 10^{-5} Gew.-% Quecksilber oder weniger nicht mehr zu erkennen sind, während bei $5 \cdot 10^{-5}$% Quecksilber eine schwache, aber scharfe Linie auftritt und bei einer 10^{-4}%igen Lösung die Linie sehr deutlich zu erkennen ist.

Durch Einengen des zu untersuchenden Harns mittels eines Vakuumdestillierapparates bei 30 bis 40° auf den sechsten Teil des ursprünglich vorhandenen Volumens, bei 100 cm³ also auf etwa 16 cm³, erhält PROBST die 6fache Empfindlichkeit und hat trotzdem genügend Lösung für 3 bis 4 Aufnahmen.

Auch WA. GERLACH und WE. GERLACH (b) haben bei der Quecksilberbestimmung im Harn sehr gute Erfahrungen mit der Flammenbogenmethode gemacht. In einigen Fällen erhielten sie eine Verstärkung der Quecksilberlinien durch Zugabe einiger Tropfen Salzsäure. Es ist daher empfehlenswert, bei der Bestimmung auf alle Fälle etwas Salzsäure zuzusetzen. Die kleinste nachweisbare Quecksilbermenge beträgt in konzentriertem Harn unter den angegebenen Bedingungen 10^{-5} Gew.-%. Die quantitative Bestimmung kann durch Zugabe von Kupfer ausgeführt werden. In vielen Fällen dürfte es aber genügen, aus der Intensität der Quecksilberlinien die Größenordnung der Quecksilberkonzentration zu bestimmen, deren Schätzung bei den geringsten Konzentrationen auf eine Zehnerpotenz sicher ist. Die quantitative Bestimmung des Quecksilbers ist nach WA. GERLACH und WE. GERLACH (b) von gleicher Empfindlichkeit wie andere spektralanalytische Methoden. HILGER scheidet beispielsweise das Quecksilber aus 10 cm^3 Urin in 10 bis 15 Min. elektrolytisch bei 0,2 Ampere Stromstärke an einer kleinen Goldelektrode ab, die in ein Vakuumrohr gebracht und dann spektroskopiert wird. Es ist so möglich, in 1000 cm^3 Urin 1 γ Quecksilber nachzuweisen. Doch kann diese Empfindlichkeit auch ohne die vorherige elektrolytische Abscheidung annähernd erreicht werden.

4. Bestimmung im Funken.

GROMANN bestimmt den Quecksilbergehalt von Sulfidproben quantitativ mittels der Funkenstrecke. Als Lösungsmittel benutzt er Königswasser. Die Empfindlichkeit wird bei einer 0,05%igen Quecksilbersulfid-Königswasser-Lösung durch Zusatz von 200 mg Kupfersulfid je Kubikzentimeter auf das Anderthalbfache, bei einer 0,01%igen Lösung auf das Dreifache gesteigert. Die Kupferlinie $\lambda = 2618{,}4$ Å hat besondere Bedeutung, weil man mit ihrer Schwärzungsintensität die Konzentration von Lösungen annähernd bestimmen kann, ohne irgendwelche Vergleichsaufnahmen mit Normallösungen machen zu müssen. Die Empfindlichkeit beträgt $1{,}5 \cdot 10^{-6}$ g bei einem Fehler von $\pm$ 10%, wenn der Quecksilbergehalt sich zwischen 0,01 und 0,4% hält. Die kleinste, spektralanalytisch erfaßbare Konzentration beträgt 0,0004% Quecksilber.

Vor der spektralanalytischen Bestimmung kann das Quecksilber auch angereichert werden. Zur Anreicherung auf elektrolytischem Wege benutzt VAN CALKER handelsüblichen, lackierten, 0,7 mm dicken Kupferdraht, auf dessen durch Abkneifen von dem Isoliermaterial befreiter Spitze das Quecksilber niedergeschlagen wird. Es erwies sich als günstig, zu je 1 cm^3 der zu elektrolysierenden Lösung 1 Tropfen konzentrierte Salpetersäure zuzugeben. Die Abscheidung kann auch ohne Anlegen einer äußeren Spannung rein auf Grund der Spannungsreihe vorgenommen werden.

Der Quecksilberbelag wird in 20 Sek. im kondensierten Funken verdampft. Man macht zunächst eine Spektralaufnahme von dem emaillierten Kupferdraht, entfernt dann, ohne sonst etwas zu ändern, eine der beiden Elektroden, bringt an ihre Stelle das als Kathode zu verwendende Stück Kupferdraht und macht wiederum eine Aufnahme. Auf diese Weise lassen sich bis zu $1 \cdot 10^{-10}$ g Quecksilber erfassen, vgl. dazu auch SEITH und RUTHARDT.

Der normale kondensierte Funken zeigt nach den Untersuchungen von VAN CALKER nur geringe Empfindlichkeit, und zwar ohne Unterschied, ob ein 50 Perioden-Wechselstrom-Funken oder die Entladung eines durch unterbrochenen Gleichstrom betriebenen Induktoriums verwendet wird.

Zum Quecksilbernachweis werden 4 cm^3 $5 \cdot 10^{-4}$%ige Lösung benötigt, von denen 2 cm^3 verdampft werden. Die Nachweisempfindlichkeit beträgt $2 \cdot 10^{-5}$ g = 20 γ Quecksilber, in der Lichtquelle $1 \cdot 10^{-5}$ g.

ROHNER benutzt zum spektralanalytischen Nachweis und zugleich zur Anreicherung die Dithizonate. Die extraktive Isolierung gestaltet sich folgendermaßen: die Untersuchungssubstanz wird in Lösung gebracht und mit einer Lösung von 100 mg Dithizon auf 100 cm^3 Tetrachlorkohlenstoff in einem Scheidetrichter durchgeschüttelt. Es werden immer nur kleine Mengen der Dithizonlösung dazu benutzt, die vor Zugabe einer neuen Menge abgelassen werden. Der Endpunkt der Extraktion ist leicht am völligen Umschlagen der grünen Dithizonlösung in die Farbe der entsprechenden Dithizonatverbindung, Gelbrot bis Violett, zu erkennen.

Auf diesem Weg untersucht ROHNER eine Pyritprobe, die spektralanalytisch auf Quecksilberfreiheit geprüft worden ist und der er 0,01 bis 0,02% Quecksilber in abgestuften Mengen zusetzt. Die Untersuchungssubstanz (10 g Pyrit) wird in Salpetersäure gelöst und die saure Lösung direkt extrahiert. Als Vergleichselement wird vorher Gold in der Form des Chlorids zugegeben. Zur Extraktion sind etwa 9 bis 12 cm^3 Dithizonlösung erforderlich. Durch geeignete Regulierung der Reaktion, wie z. B. der Stärke der Acidität der Lösung, kann durch die Extraktion zugleich eine Trennung von Elementen, die die Bestimmung stören, erreicht werden. Die so erhaltene Lösung wird im kondensierten Funken spektroskopiert. Die anregende elektrische Entladung wird zur Zerstäubung der Lösung herangezogen, die ja nicht ionisiert ist. Die Analysenlösung befindet sich in einer kleinen Bürette, die oben einen Hahn trägt, der die Luftzufuhr und damit den Lösungsabfluß reguliert. Die Lösung tropft kontinuierlich bei springendem Funken auf die untere Elektrode, so daß die Funkenentladung für Zerstäubung des Tropfens sorgt. Die Tropfgeschwindigkeit wird so geregelt, daß der einzelne Tropfen in der Zwischenzeit nicht zur vollständigen Zerstäubung kommt. ROHNER benutzt etwa 60 Mikrotropfen je Minute, das entspricht in der regulären Funkzeit von 60 bis 90 Min. knapp 1 cm^3 Lösung. Als Elektrodenmaterial kommen Kupfer und Platin zur Verwendung. Die Kupferelektroden haben eine Länge von 25 mm und einen Durchmesser von 8 mm. Die obere Elektrode läuft spitz zu, die untere ist schwach hohl ausgedreht. Für jede Aufnahme ist ein neues Paar Elektroden erforderlich. Die gebrauchten Elektroden werden durch Abdrehen auf der Drehbank und durch Einlegen in Salzsäure gereinigt. Das Elektrodenpaar aus spektralanalytisch reinem Platin in Form von 25 mm langen Stabelektroden mit 2 mm Durchmesser wird nach jeder Aufnahme in Salzsäure ausgekocht, jedoch nicht geglüht.

Die Zugabe von Gold als Vergleichs-Ion gestattet die quantitative Auswertung der Diagramme nach der Methode der Vergleichsspektren. Die Intensitäten der Quecksilberlinie 2536,5 Å und der Goldlinie 2676 Å werden in den aufgenommenen Spektren mit einem lichtelektrischen Photometer bestimmt. Die Messungen zeitigten die folgenden, tabellarisch zusammengestellten Ergebnisse:

Gegebene Quecksilbermenge (in γ):	375		440		615	
Gefundene Quecksilbermenge (in γ):	384	400	426	436	596	587

Nach SANNIÉ und POREMSKI ändert sich die meistens angegebene Spektrallinie des Quecksilbers $\lambda = 2536{,}52$ Å wenig mit der Konzentration; die günstigste Linie des 2wertigen Quecksilbers ist 2847,7 Å; die Linie 2967,28 Å des 1wertigen Quecksilbers ist schwächer, während die QuecksilberI-Linie 3650,15 Å stark genug ist, aber in einem zu dunklen Bereich liegt.

Unter Benutzung der Hochfrequenzfunkenanregung führen GERLACH und SCHWEITZER (b) die spektralanalytische Bestimmung des Quecksilbers in Lösungen durch nach voraufgegangener chemischer Anreicherung. Das Quecksilber wird aus der zu untersuchenden Lösung nach Zusatz von etwa 20 mg Kupfersulfat mit Schwefelwasserstoff gefällt und auf ein gewöhnliches glattes Filter so abfiltriert, daß der Rückstand etwa eine kreisförmige Fläche von 3 bis 4 cm Durchmesser bedeckt. Das Filter mit dem schwarzen Rückstand von Quecksilber- und Kupfersulfid wird mit etwas Wasser auf eine Glasplatte gebracht und mit einem Glasstab punktweise mit verdünntem Königswasser befeuchtet. An den schwarzen Stellen reagiert der Niederschlag sofort und färbt das Filter grün unter Chloridbildung. Nach Eintrocknen des Filters wiederholt man das Abtupfen mit Königswasser und bringt das Filter noch in feuchtem Zustand in die Funkenstrecke.

Während der Aufnahme wird die Glasplatte mit dem Filter kontinuierlich verschoben, bis die ganze Filterfläche abgefunkt ist.

SCHLEICHER und BRECHT-BERGEN bringen den Niederschlag auf das auf der Glasplatte befindliche Filter oder tränken es mit einer kleinen Menge der zu untersuchenden Flüssigkeit und geben einige Tropfen heiße Gelatine- oder Gelatine-Agar-Agar-Lösung (4 Gewichtsteile Gelatine mit 1 Gewichtsteil Agar-Agar) hinzu, lassen erstarren und verkohlen die feste Masse nebst dem eingeschlossenen Filter gleichmäßig im Funken. Nach kurzem Abfunken liegt dann die Kombination Metall- bzw. Kohle- und „Kohleelektrode“ vor.

Die Auswertung der Platte führen GERLACH und SCHWEITZER (b) nach dem Vergleichsverfahren durch. Auf Analysen- und Eichplatte vergleicht man die Quecksilberlinie 2537 Å mit den benachbarten Kupferlinien. Am besten wählt man einigermaßen homologe Linien wie die Kupferlinien 2618, 2548, 2520, 2502, 2492 Å.

Mit dem von GERLACH und SCHWEITZER (b) angewendeten Spektrographen mit dem Öffnungsverhältnis 1:10 sind noch weniger als 4 γ Quecksilber deutlich nachweisbar. Die erreichte Genauigkeit ist kleiner als bei der quantitativen Bestimmung von homogenen Metallstücken. Beim Einhalten der gegebenen Bedingungen beträgt die Genauigkeit etwa $\pm$ 25%. Bei den außerordentlich kleinen Quecksilbermengen genügt diese Genauigkeit aber in den meisten Fällen; denn die Genauigkeit ist wohl hinreichend, wenn der Quecksilbergehalt von 1 l Lösung mit 10 $\gamma \pm 3 \gamma$ angegeben wird.

Größere Empfindlichkeit und Genauigkeit läßt sich bei Bestimmungen erreichen, denen eine elektrolytische Quecksilberabscheidung vorausgegangen ist. Das Quecksilber wird auf einer 0,01 mm dicken, sehr reinen Zinnfolie abgeschieden. So schlagen GERLACH und SCHWEITZER (b) das Quecksilber aus einer Lösung von 10 γ Quecksilber (als Acetat) in 10 cm³ Wasser auf einer Zinnfolie von 4 mg in 4stündiger Elektrolyse nieder. Die Abscheidungszeit kann infolge der großen Oberfläche ohne Anwendung zu hoher Stromdichten ziemlich kurz gehalten werden. Das Quecksilber diffundiert schnell in das Innere der Zinnfolie und verteilt sich im Zinn in wenigen Minuten ganz gleichmäßig.

Nach Beendigung der Elektrolyse wird die Zinnfolie auf eine große, dünne Glasplatte gelegt und in der Hochfrequenzfunkenstrecke unter dauerndem Verschieben der Glasplatte abgefunkt.

Sollen sehr kleine Quecksilbermengen nachgewiesen werden, so nimmt man zur elektrolytischen Abscheidung eine kleinere Folie, um die man, um die Kapazität der Funkenstrecke nicht zu stark zu verkleinern, einen Zinnring klebt, der die Folie an einigen Stellen berührt.

Zur quantitativen Auswertung der Analysenspektrogramme stellt man sich ein für allemal Eichsubstanzen her, Legierungen von Zinn mit 1, 0,3, 0,1 bis 0,001% Quecksilber und vergleicht deren Spektrogramme, die unter unveränderten Bedingungen aufgenommen werden, mit den Analysenspektrogrammen.

Die Empfindlichkeit des Verfahrens ist außerordentlich groß. Die quantitativ bestimmbare Quecksilbermenge liegt noch unter $7 \cdot 10^{-8}$ g $= 0,07\ \gamma$.

Nach VAN CALKER wird mit der Hochfrequenzfunkenanregung keine größere Empfindlichkeit erreicht als mit dem kondensierten Funken.

Mit dem kondensierten 500 Perioden-Wechselstrom-Funken erhält man nach VAN CALKER noch bei 10^{-5}%iger Lösung eine deutliche Schwärzung der Quecksilberlinie. Doch ist die Empfindlichkeitsgrenze bei diesen Konzentrationen wegen der möglichen Verunreinigung der Luft mit Quecksilber nicht angebbar.

Einen systematischen Trennungsgang mit spektralanalytischer Bestimmung geben SCHLEICHER und BRECHT-BERGEN an. Aus der Mischung von 32 Elementen werden zunächst die in Salzsäure unlöslichen Silicium-, Wolfram-, Titan- und Tantaloxyde als erste Gruppe abgetrennt. Im Filtrat wird die zweite Gruppe — Silber (unter Umständen Nachweis bei der ersten Gruppe), Zinn, Arsen, Antimon, Blei, Quecksilber, Wismut, Cadmium, Kupfer und Molybdän — mit Schwefelwasserstoff gefällt. Zum Schluß werden Eisen, Aluminium und Chrom als Hydroxyde mit Ammoniak abgeschieden. Die im Filtrat zurückbleibenden übrigen Elemente werden teils im sichtbaren, teils im ultravioletten Bereich untersucht.

Die spektrographische Untersuchung wird unter Benutzung der Hochfrequenzfunkenanregung durchgeführt, s. S. 431. Die Erfassungsgrenze auf diesem Wege beträgt 1,0 γ für die Quecksilberlinie 2536,5 Å.

5. Bestimmung in Lösungen mittels der Flammen-Funken-Methode.

LUNDEGÅRDH und PHILIPSON bestimmen den Quecksilbergehalt von Lösungen mit der von ihnen ausgearbeiteten Flammen-Funken-Methode. Gemessen wird die Transparenz geeigneter Linien in Abhängigkeit von der Konzentration, d. h. der Quotient aus der photometrisch ermittelten Untergrundschwärzung in der Umgebung der untersuchten Linie und der Dichte (Schwärzung) dieser Linie selbst.

Die mit zerstäubter, quecksilberhaltiger Lösung beladene Luft wird seitlich in einen mit Acetylen oder Wasserstoff gespeisten Brenner eingeleitet. In dem Flammenkegel springt zwischen zwei Metallelektroden, am besten 5 mm starken Kupferelektroden, die von außen an die Flamme gelegt werden, ein kondensierter Funke über. Eine zu starke Erhitzung der Elektroden ist zu vermeiden, da dadurch eine Änderung der Entladungsbedingungen und damit eine Unsicherheit der quantitativen Auswertung der Spektrogramme herbeigeführt wird. Durch eine geeignete Vorrichtung wird aus diesem Grunde der Primärstrom in Abständen von etwa $^1/_4$ Std. unterbrochen. Mit Hilfe der Aufnahmen von Lösungen bekannten Quecksilbergehalts, denen eine gegebene Menge Alkali, z. B. 0,05 Mol/l Natrium, zugefügt wird, damit die Leitfähigkeit der Flamme immer dieselbe bleibt, stellt man sich eine Eichkurve her, die die Abhängigkeit der Transparenz der Quecksilberlinie 2536,5 Å von der Konzentration der Lösung darstellt. Unter Innehaltung der gleichen Versuchsbedingungen, also auch des Alkalizusatzes, wird aus der Transparenz der Quecksilbergehalt von Lösungen unbekannten Quecksilbergehalts an Hand der Eichkurve ermittelt.

Quecksilber kann unter den angegebenen Bedingungen mittels der Linie $\lambda = 2536{,}5$ Å bis zu einer Mindestkonzentration von 0,0002 Mol/l Ausgangslösung quantitativ bestimmt werden; man erhält eine ausgezeichnete Transparenzkurve. Bestimmungen in phosphorhaltigen Lösungen führen zu keinem Ergebnis. LUNDEGÅRDH (a) rechnet mit einem mittleren Fehler einer Einzelbestimmung von 1 bis 2%.

SAUKOV bringt zur Untersuchung von russischen Baryten auf ihren Quecksilbergehalt 1 bis 3 g gepulvertes Material in ein Untersuchungsrohr aus Quarz. Nach dem Evakuieren beobachtet er die Luminescenz mit einem Spektroskop. Das Quecksilber verdampft beim Erhitzen schnell, die grüne Linie $\lambda = 5460{,}724$ Å ist gut sichtbar. Durch einen erfahrenen Beobachter kann auf diesem Wege aus der Intensität der Spektren der Quecksilbergehalt von Mineralien bis auf $1 \cdot 10^{-6}$% geschätzt werden.

B. Absorptionsspektralanalyse.

Quecksilberdampf absorbiert die Resonanzlinie des Quecksilbers $\lambda = 2537$ Å selektiv. Das Auftreten dieser Absorption ist also ein Kennzeichen für das Vorhandensein von Quecksilberdampf im Strahlengang.

Als primäre Lichtquelle benutzen MÜLLER und PRINGSHEIM eine wassergekühlte Quarz-Quecksilberlampe. Mittels einer Quarzlinse werden die Strahlen auf ein hochevakuiertes Gefäß, das in einem Ansatzrohr 1 Tropfen Quecksilber enthält, geworfen; dort werden die der Resonanzlinie angehörenden Strahlen absorbiert. Das auftretende Resonanzlicht wird durch Linsen parallel gerichtet, durch das auf einem Schlitten auswechselbar angebrachte Absorptionsrohr geschickt und mit einer Linse auf einer Photozelle abgebildet. Die Photoströme werden mit einem Elektrometer gemessen. Zur genauen Messung wird vor der Lampe eine zweite Photozelle angeordnet, deren Strahlengang ebenfalls parallel gerichtet wird. Durch eine im Strahlengang befindliche Blende mit Noniuseinteilung kann die Belichtungsstärke dieser zweiten Photozelle geändert werden. Die Kathode der im Gang der zu untersuchenden Strahlen befindlichen Photozelle sowie die Anode der Vergleichsphotozelle sind mit einem Elektrometer verbunden, während die anderen Elektroden mit der Batterie verbunden sind. Bei Gleichheit der Photoströme zeigt das Instrument also keinen

Ausschlag. Das kann leicht durch Änderung der Vorspannung der Zelle erreicht werden.

Bei der Messung bringt man ein dauernd von Quecksilber freizuhaltendes Vergleichsabsorptionsrohr in den Strahlengang und gleicht bei geöffneter Blende die Photoströme aus. Nach Einschaltung des zu untersuchenden Absorptionsrohres mit dem Quecksilberdampf sinkt der Strom der entsprechenden Photozelle. Durch Verkleinerung der Blende wird die Stromgleichheit der beiden Zellen wieder hergestellt. Das Verhältnis der gemessenen Intensitäten ist an der Blende ablesbar. Der Quecksilbergehalt wird aus den von den Verfassern aufgestellten Eichkurven ermittelt.

Allerdings bewirken noch andere Substanzen, wie Benzol und viele seiner Derivate, eine entsprechende Lichtabsorption wie Quecksilber. Der Quecksilberdampf jedoch zeigt eine scharfe Selektivität in bezug auf die Resonanzstrahlung, die zur Unterscheidung des Quecksilberdampfes von absorbierenden organischen Substanzen in einer Zusatzmessung herangezogen werden kann.

Bei einer Länge des Absorptionsrohres von 50 cm und einem Durchmesser von 7 cm liegt der Meßbereich zwischen 3,9 und 1050 γ Quecksilber/cm^3. Doch kann der Meßbereich durch Änderung der Länge des Absorptionsrohres nach oben und unten erweitert werden.

Das Verfahren, das zwar eine kostspielige Apparatur erfordert, ist wegen der Einfachheit der Ausführung und der Schnelligkeit da zu empfehlen, wo es sich um eine größere Anzahl laufender Bestimmungen handelt, besonders auch für die Analyse quecksilberhaltiger Luft. Nach STOCK und CUCUEL versagt es für Quecksilbergehalte von weniger als 5 γ Quecksilber/cm^3.

C. Röntgenspektralanalyse.

Das Quecksilber gibt wie die übrigen Elemente charakteristische Röntgen-Absorptions- und -Emissionsspektren. Da die Stärke der Schwärzung der Photoplatte durch verschiedene Faktoren stark beeinflußt werden kann, darf daraus nicht unmittelbar auf die vorhandenen Mengen Quecksilber geschlossen werden. Untersuchungen, mit Hilfe der Röntgenstrahlen Quecksilber quantitativ zu bestimmen, liegen zur Zeit noch nicht vor.

Literatur.

CALKER, J. VAN: Fr. **105**, 396 (1936).

GERLACH, WA. u. WE. GERLACH: (a) Die chemische Emissionsspektralanalyse, Bd. 2, S. 8. Leipzig 1933; (b) ebenda S. 115. — GERLACH, W. u. E. SCHWEITZER: (a) Die chemische Emissionsspektralanalyse, S. 33. Leipzig 1930; (b) Z. anorg. Ch. **195**, 255 (1931). — GOLDMAN, F. H. u. D. W. ARMSTRONG: Publ. Health Rep. **51**, 1201 (1936). — GROMANN, F.: Z. anorg. Ch. **180**, 257 (1929).

HILGER, A.: Durch WA. GERLACH u. WE. GERLACH a. a. O., S. 118.

KAYSER, H. u. R. RITSCHL: Tabellen der Hauptlinien der Linienspektren, 2. Aufl. Berlin 1939. — KONISHI, K. u. T. TSUGE: Bl. agric. chem. Soc. Japan **12**, 216 (1936); engl. Referat S. 36.

LUNDEGÅRDH, H.: (a) Metallwirtschaft **17**, 1222 (1938); (b) Die quantitative Spektralanalyse der Elemente, 2. Teil, S. 68. Jena 1934. — LUNDEGÅRDH, H. u. T. PHILIPSON: Lantbruks-Högskol. Ann. **5**, 249 (1938).

MÜLLER, K. u. P. PRINGSHEIM: Naturwiss. **18**, 364 (1930); vgl. auch MÜLLER, K.: Z. Phys. **65**, 739 (1930).

PIÑA DE RUBIES, S. u. M. A. BARGUES: Z. anorg. Ch. **215**, 205 (1933). — PIÑA DE RUBIES, S. u. J. M. LÓPEZ DE AZCONA: An. Españ. **34**, 307 (1936); durch C. **107 II**, 1585 (1936). — PREUSS, E.: Z. angew. Mineral. **3**, 8 (1940). — PROBST, R.: Arch. exp. Pathol. **169**, 118 (1933).

ROHNER, F.: Helv. **21**, 23 (1938).

SANNIÉ, C. u. V. POREMSKI: Bl. [5] **6**, 1401 (1939). — SAUKOV, A. A.: C. R. Acad. URSS **22** (N. S. 7), 254 (1939). — SCHLEICHER, A. u. N. BRECHT-BERGEN: Fr. **101**, 321 (1935). — SEITH, W. u. K. RUTHARDT: Chemische Spektralanalyse, S. 86. Berlin 1938. — STOCK, A. u. F. CUCUEL: Naturwiss. **22**, 390 (1934).

§ 3. Bestimmung als QuecksilberI-verbindung.

Reduktionsverfahren.

Reduktion der 2wertigen Quecksilberverbindungen zu 1wertigen.

1. Reduktion mit phosphoriger Säure.

a) Methode von Rose. Die in Lösung befindlichen QuecksilberII-salze werden nach Rose bei gewöhnlicher Temperatur in Gegenwart von Salzsäure durch phosphorige Säure nur bis zu 1wertigen Verbindungen reduziert. Die Temperatur kann sogar bis 60° gesteigert werden, ohne daß Metallbildung eintritt. Erst in der Nähe des Siedepunktes findet, besonders in Gegenwart von freier Salzsäure oder Schwefelsäure, Reduktion zum Metall statt.

Arbeitsvorschrift. Die QuecksilberII-salzlösung wird mit Salzsäure und überschüssiger phosphoriger Säure versetzt und 12 Std. lang kalt oder bei gelinder Wärme stehengelassen; jedenfalls darf die Temperatur nicht über 60° steigen. Die Lösung darf auch Salpetersäure enthalten, muß dann aber stark verdünnt werden. Das vollständig als 1wertiges Chlorid abgeschiedene Quecksilber wird abfiltriert und bestimmt, s. S. 438.

b) Methode von Winkler (a). Nach Winkler (a) ist die von Treadwell vorgeschlagene Reduktion von salzsauren, stark verdünnten QuecksilberII-salzlösungen mit überschüssiger phosphoriger Säure bei Zimmertemperatur nach 12 Std. nicht vollständig. Winkler (a) hält ein Erwärmen der Flüssigkeit auf 60 bis 70° für erforderlich. Das Ergebnis wird auch durch die Anwesenheit von viel freier Salzsäure und einer größeren Menge Alkalichlorid ungünstig beeinflußt. Die Reduktion und damit auch die Bestimmung als QuecksilberI-chlorid erfolgt am besten aus schwefelsaurer Lösung.

Arbeitsvorschrift. Zur *Herstellung des Fällungsmittels* löst man 10 cm^3 PhosphorIII-chlorid in 200 cm^3 Wasser, verdünnt auf 250 cm^3 und filtriert durch einen Wattebausch. Diese Lösung enthält Salzsäure und phosphorige Säure, ist also gleichzeitig Fällungs- und Reduktionsmittel.

Arbeitsweise. 100 cm^3 der zu untersuchenden QuecksilberII-chloridlösung, mit einem Gehalt von 0,50 bis 0,01 g Quecksilber, säuert man mit 5 cm^3 annähernd 50%iger Schwefelsäure (3 Raumteile Wasser und 2 Raumteile konzentrierte Schwefelsäure) an. Nun fügt man 5 cm^3 (bei großen Quecksilbermengen 10 cm^3) des Fällungsmittels hinzu und erwärmt sofort in einem bedeckten Becherglas auf dem Dampfbad. Hat man eine Quecksilbersulfatlösung zu untersuchen, so verfährt man ebenso, nur unterläßt man den Zusatz von Schwefelsäure.

Je nach dem Quecksilbergehalt tritt in 5 bis 10 Min. Trübung der Lösung ein. Unter Umrühren erwärmt man weiter, bis die über dem Niederschlag stehende Flüssigkeit klar geworden ist und sich nach weiteren 1 bis 2 Min. nicht mehr trübt. Bei gut geheiztem Dampfbad erreicht man diesen Punkt in etwa 25 Min. Zur Verhütung der Reduktion zu metallischem Quecksilber ist zu langes Erwärmen zu vermeiden. Läßt man den Niederschlag beim Erwärmen auf dem Dampfbad, ohne aufzurühren, 1 Min. auf dem Boden des Becherglases sitzen, so tritt Braunfärbung ein. Bei richtigem Arbeiten erhält man einen schneeweißen, krystallinischen Niederschlag; die darüberstehende Flüssigkeit ist vollkommen klar und quecksilberfrei. Über die Bestimmung des gefällten QuecksilberI-chlorids s. S. 438.

Bemerkung zur Reduktion mit phosphoriger Säure. Die Reduktion mit phosphoriger Säure hat den Nachteil, daß zur vollständigen Ausfällung etwa 12 Std. benötigt werden.

2. Reduktion mit unterphosphoriger Säure in Gegenwart von Wasserstoffperoxyd.

Methode von Vanino und Treubert. Um bei der Reduktion mit unterphosphoriger Säure eine durch die geringsten Spuren überschüssiger unterphosphoriger

Säure hervorgerufene Reduktion bis zum Metall zu vermeiden, wird nach VANINO und TREUBERT der QuecksilberII-salzlösung zuerst Wasserstoffperoxyd zugesetzt und dann vorsichtig die unterphosphorige Säure. Der sich sofort bildende Niederschlag wird nach vollständigem Absitzen auf einem Filter gesammelt und bestimmt, s. S. 439. Bei QuecksilberII-nitratlösung ist ein größerer Zusatz von Wasserstoffperoxyd erforderlich als bei einer Chloridlösung. So benötigt eine 6%ige QuecksilberII-nitratlösung für je 10 cm³ ungefähr 30 cm³ Wasserstoffperoxyd, während eine gleichprozentige QuecksilberII-chloridlösung nur 10 cm³ Wasserstoffperoxyd erfordert.

Bemerkungen. Bei der Nachprüfung der Methode von VANINO und TREUBERT gelangt CATTELAIN sowohl bei QuecksilberII-chlorid- als auch -nitrat- und -sulfatlösungen zu fast theoretischen Ergebnissen. Dies bestätigen auch die Untersuchungen von WENGER und CIMERMAN. Um bei der Reduktion des QuecksilberII-cyanids die Reduktion zum Metall zu vermeiden, muß ersteres vor der Reduktion mit einem großen Überschuß an Kaliumpermanganat in ammoniakalischer Lösung zu Cyanat oxydiert werden. Die durch die anschließende Reduktion mit unterphosphoriger Säure entstehenden Zersetzungsprodukte des Cyanats, Kohlendioxyd und Ammoniak, stören die Umsetzung nicht.

3. Reduktion mit Wasserstoffperoxyd.

Die Reduktion von 2wertigen Quecksilberverbindungen mit Wasserstoffperoxyd findet nach KOLB in neutraler oder ganz schwach saurer Lösung statt, die dabei freiwerdende Säure wird durch Zugabe von Ammoniumtartrat oder Seignettesalz neutralisiert; Glycerin begünstigt die Reduktion.

***Arbeitsvorschrift von* KOLB *und* FELDHOFEN.** 25 cm³ der zu untersuchenden QuecksilberII-chloridlösung werden mit 10 cm³ 2 n Salzsäure und 25 cm³ 10%iger Weinsäure gemischt, dann mit etwa 3,8 cm³ konzentriertem Ammoniak neutralisiert und mit Weinsäure von neuem schwach angesäuert. Man wärmt die Flüssigkeit vor und gibt zunächst 10 cm³ 3%ige Wasserstoffperoxydlösung und nach einiger Zeit je 5 cm³ davon zu, so daß im ganzen in etwa 45 Min. 25 bis 30 cm³ zugesetzt werden. Nach der letzten Zugabe bleibt die Mischung noch 15 Min. auf dem Wasserbad, um dann mit dem gleichen Volumen Wasser verdünnt zu werden. Das gefällte QuecksilberI-chlorid wird abfiltriert.

Bemerkungen. Die Bestimmung von Quecksilber ist nach BECKURTS (a) auch bei Gegenwart von Arsen, Antimon, Zinn, Cadmium und Wismut möglich, nicht dagegen bei Anwesenheit von Kupfer und Blei. Ist Wismut vorhanden, so setzt man im ganzen 50 cm³ Perhydrol zu und dehnt die Reaktionsdauer auf 3 Std. aus.

KOLTHOFF und KEIJZER reduzieren mit Wasserstoffperoxyd in natronalkalischer Lösung und bestimmen hierauf den Quecksilbergehalt durch Jodtitration, s. S. 440.

ANGELETTI benutzt die Reduktion mit Wasserstoffperoxyd mit anschließender gewichtsanalytischer Bestimmung des entstandenen QuecksilberI-chlorids (s. S. 438) zur Bestimmung des Quecksilbergehalts im Quecksilberoxycyanid.

4. Reduktion mit EisenII-sulfat in alkalischer Lösung.

Nach HEMPEL (a), (b) wird die salz-, salpeter- oder schwefelsaure QuecksilberII-chloridlösung mit EisenII-sulfat in Gegenwart von Natronlauge geschüttelt. Das EisenIII-oxyd wird durch Zusatz von verdünnter Schwefelsäure gelöst, das entstandene QuecksilberI-chlorid läßt sich abfiltrieren und zur Wägung bringen.

5. Reduktion mit Oxalsäure.

Das in Lösung befindliche QuecksilberII-chlorid wird nach AKIYAMA durch Oxalsäure in Gegenwart geringer Mengen Kaliumpermanganat zum 1wertigen Chlorid reduziert. Bei zu hoher Acidität der Lösung findet nur geringe oder gar keine QuecksilberI-chloridabscheidung statt.

Arbeitsvorschrift. Etwa 0,1 g QuecksilberII-chlorid wird in wenig heißem Wasser gelöst. Diese Lösung versetzt man mit 2 cm^3 0,1 n Essigsäure, 20 cm^3 0,1 n Oxalsäure und 1,7 cm^3 0,1 n Kaliumpermanganatlösung. Mit destilliertem Wasser wird das Gesamtvolumen auf 60 cm^3 gebracht. Nach 15 Min. langem Erwärmen auf dem Wasserbad auf 85° ist das Quecksilber als QuecksilberI-chlorid abgeschieden. AKIYAMA bestimmt das QuecksilberI-chlorid im Anschluß an die Abscheidung jodometrisch, s. S. 440.

Bestimmungsverfahren.

I. Bestimmung als QuecksilberI-chlorid.

Hg_2Cl_2, Molekulargewicht 472,1.

Allgemeines.

Das Bestimmumgsverfahren beruht auf der Schwerlöslichkeit von QuecksilberI-chlorid in Wasser. QuecksilberII-chlorid ist in Wasser löslich. Die Chloride der übrigen Schwermetalle sind, abgesehen von BleiII-chlorid, in Wasser leicht löslich. *Das abgeschiedene QuecksilberI-chlorid wird entweder als solches gewogen oder titrimetrisch ermittelt.* Die gewichtsanalytische Bestimmung liefert im allgemeinen etwas zu niedrige Werte, wohl infolge der Löslichkeit der Verbindung in Gegenwart von Chlor-Ionen. Doch ist das Verfahren wegen seiner Einfachheit und schnellen Durchführbarkeit zu empfehlen. Der Nachteil der titrimetrischen Bestimmung liegt darin, daß der Niederschlag in den meisten Fällen vor der eigentlichen Titration abfiltriert und ausgewaschen werden muß. Über die Eignung der konduktometrischen Titration s. S. 441. Die im Abschnitt „Weitere Titrationsmethoden“, s. S. 442, zusammengestellten Verfahren haben nur einen begrenzten Anwendungsbereich, da sie eine von Nebenbestandteilen verhältnismäßig freie QuecksilberI-chloridlösung voraussetzen.

Eigenschaften des QuecksilberI-chlorids. Das QuecksilberI-chlorid nimmt bei der Behandlung mit Ammoniak infolge der Bildung von weißem Präzipitat $NH_2 \cdot HgCl$, und fein verteiltem Metall eine schwarze Färbung an. Dieser Schwarzfärbung verdankt das QuecksilberI-chlorid seinen Beinamen Kalomel.

Das auf nassem Wege durch Fällung erhaltene QuecksilberI-chlorid ist ein schweres, gelblichweißes Pulver. Ist der Säuregehalt der Lösung gering, dann erfolgt das Absetzen des QuecksilberI-chlorids langsam, manchmal läuft das Filtrat sogar trübe durch das Filter. Weitere Salzsäurezugabe kann diesem Übelstand abhelfen. Das QuecksilberI-chlorid hat nach LANDOLT-BÖRNSTEIN (a) ein spezifisches Gewicht $s_{15/4} = 7{,}148$, $s_{25/4} = 7{,}152$. Der Schmelzpunkt liegt bei 525 bis 543° [LANDOLT-BÖRNSTEIN (d)]. Die Verbindung färbt sich wie die anderen QuecksilberI-halogenide im Licht infolge Quecksilberabscheidung dunkel. Das QuecksilberI-chlorid sublimiert beim Erhitzen unmittelbar, ohne zu schmelzen, in gelblichweißen Krystallkrusten, vgl. dazu auch den Abschnitt „Bemerkungen hinsichtlich der Weiterbehandlung des Niederschlags nach dem Abfiltrieren“, S. 439. Das QuecksilberI-chlorid ist, wie röntgenographische Untersuchungen zeigen und worauf eine Reihe von Eigenschaften hinweist, als doppelmolekular anzusprechen. In Gegenwart von Chloriden, namentlich von Kochsalz oder Salmiak, zerfällt QuecksilberII-chlorid besonders in der Wärme in Metall und 2wertiges Chlorid.

Löslichkeit. Die von KOHLRAUSCH aus Leitfähigkeitsmessungen bestimmte Löslichkeit bei verschiedenen Temperaturen ist aus der folgenden Zusammenstellung zu erkennen:

Temperatur	0,5°	18°	24,6°	43°
Löslichkeit	$1{,}4 \cdot 10^{-4}$	$2{,}1 \cdot 10^{-4}$	$2{,}8 \cdot 10^{-4}$	$7{,}0 \cdot 10^{-4}$

Die Werte sind dem Tabellenwerk von LANDOLT-BÖRNSTEIN (c) entnommen. Sie geben die Menge des in Wasser gelösten Stoffes in Gewichtsprozenten wieder, also die Gramme wasserfreier Substanz in 100 g Lösung.

Der Fehler der Werte kann nach den Angaben von KOHLRAUSCH reichlich 50% betragen.

Bei Gegenwart von Chlor-Ionen ist die Löslichkeit größer als in reinem Wasser und ändert sich bei mäßigen Konzentrationen mit der Größe der hinzugefügten Menge. So beträgt, wie oben angegeben, die Löslichkeit in reinem Wasser bei 24,6° 2,8 mg in 1 l Lösung, in an Natriumchlorid 1 n Wasser (58,45 g NaCl in 1 l Lösung) nach RICHARDS und ARCHIBALD bei 25° 41 mg in 1 l Lösung und in an Salzsäure 0,83 n Wasser (30,266 g HCl in 1 l Lösung) bei 25° 34 mg in 1 l Lösung. TREADWELL und WEISS finden bei der elektrometrischen Titration die Löslichkeit des QuecksilberI-chlorids in schwach mit Schwefelsäure angesäuertem Wasser zu $5 \cdot 10^{-6}$ Mol/l (1,18 mg/l).

Die Verbindung ist schwer löslich in Alkohol und Äther und unlöslich in Aceton. Von kochendem Wasser wird QuecksilberI-chlorid allmählich zersetzt. Verdünnte Salzsäure löst das Salz bei gewöhnlicher Temperatur kaum, beim Erhitzen allmählich unter Bildung von 2wertigem Chlorid. Durch kochende konzentrierte Salzsäure wird QuecksilberI-chlorid schnell zersetzt. Kochende Salpetersäure und Königswasser lösen das QuecksilberI-chlorid schon in der Kälte. Durch Natriumchlorid- und Ammoniumchloridlösungen wird QuecksilberI-chlorid in der Kälte etwas, in der Hitze stärker in Metall und 2wertiges Chlorid zersetzt (C. R. FRESENIUS). In heißen QuecksilberI- und QuecksilberII-nitratlösungen löst sich die Verbindung und scheidet sich beim Erkalten krystallinisch und vollständig aus (DEBRAY). Konzentrierte Natriumchloridlösung wirkt auf QuecksilberI-chlorid unter Bildung von kleinen Mengen QuecksilberII-chlorid ein, ebenso wirken Salzsäure und in geringen Mengen Bariumchlorid und Calciumchloridlösung, wohl infolge Bildung des komplexen Ions $[HgCl_4]''$ (RICHARDS und ARCHIBALD).

A. Gewichtsanalytische Bestimmung.

Vorbemerkung. *Die Methode beruht darauf, daß das QuecksilberI-chlorid in Wasser praktisch unlöslich ist.* Diese Wägungsform des Quecksilbers wurde schon von ROSE vorgeschlagen. Da Chloridlösungen unter Bildung kleiner Mengen QuecksilberII-chlorid lösend einwirken (s. unter „Löslichkeit“), kann die genaue quantitative Bestimmung eines QuecksilberI-salzes durch Fällen mit einem löslichen Chlorid kaum erwartet werden, sobald der geringste Überschuß an Chlorid vorhanden ist (RICHARDS und ARCHIBALD).

***Arbeitsvorschrift von* C. R. FRESENIUS.** Zu der nur QuecksilberI-salze enthaltenden Lösung wird nach C. R. FRESENIUS in der Kälte so lange Natriumchloridlösung zugesetzt, bis kein Niederschlag mehr entsteht. Nachdem der Niederschlag sich abgesetzt hat, wird er auf ein gewogenes Filter abfiltriert, bei 100° getrocknet und hierauf gewogen.

Bemerkungen. Die Resultate sind genau. Enthält die QuecksilberI-salzlösung größere Mengen freier Salpetersäure, so empfiehlt es sich, diese zunächst mit Soda abzustumpfen.

Überführung der QuecksilberII-salze in QuecksilberI-chlorid und anschließende Bestimmung. Liegt eine QuecksilberII-salzlösung vor oder ein Lösungsgemisch von 1- und 2wertigem Quecksilbersalz, so wird zunächst die 2wertige Verbindung zur 1wertigen reduziert, s. S. 435. Falls sich nicht schon während der Reduktion QuecksilberI-chlorid gebildet hat, wird das nun vorliegende QuecksilberI-salz durch Zusatz von Natriumchlorid in das Chlorid übergeführt.

WINKLER (a), (b) hat gefunden, daß die Bestimmung des Quecksilbers als QuecksilberI-chlorid am besten aus schwefelsaurer Lösung erfolgt. Er benutzt als Fällungs- und Reduktionsmittel eine Lösung von PhosphorIII-chlorid, s. S. 435. WINKLER (a), (b) verfährt folgendermaßen:

Bei praktischen Untersuchungen, bei denen meistens die 1wertigen Verbindungen neben den 2wertigen vorliegen, wird alles Quecksilber in QuecksilberII-sulfat umgewandelt: Man gibt 5 cm³ konzentrierte Salpetersäure und 5 cm³ 50%ige Schwefelsäure hinzu, engt auf dem Wasserbad in einer Glasschale ein und erwärmt bis zum Verschwinden des Geruches nach Salpetersäure weiter. Den Rückstand löst man in 25 cm³ warmem Wasser, spült die Schale mit 75 cm³ Wasser aus und reduziert mit phosphoriger Säure, s. S. 435. Beim Eindampfen der salpetersauren Lösung mit Schwefelsäure auf dem Wasserbad entstehen keine Quecksilberverluste.

Nach der Reduktion wird das die Lösung und den Niederschlag enthaltende Becherglas zugedeckt und im Dunkeln aufbewahrt. Am nächsten Tag wird durch ein Glasfilter filtriert und der Niederschlag mit 50 cm³ kaltem Wasser ausgewaschen, wobei die letzten Anteile des Waschwassers abgesaugt werden. Dann wird der Niederschlag 3mal mit je 3 cm³ gereinigtem Alkohol bedeckt und endlich durch Hindurchsaugen von über Calciumchlorid geleiteter Luft 10 bis 15 Min. lang getrocknet. Der Niederschlag kann sogleich gewogen werden. Genauer arbeitet man jedoch, wenn man den Kelchtrichter mit dem Niederschlag in einen mit Calciumchlorid beschickten Exsiccator bringt und die Wägung am anderen Tag vornimmt. Wie Versuche ergeben haben, ist bei Niederschlagsmengen zwischen 0,60 und 0,01 g der Mittelwert des Analysenergebnisses um 1,11 mg kleiner als der entsprechend aus bekannten Lösungen berechnete Wert, daher muß ein Verbesserungswert von 1,1 mg berücksichtigt werden.

Alkalisulfate stören auch in reichlichen Mengen nicht. Die Gegenwart von Magnesium-, Zink-, Cadmium-, Mangan-, Aluminium- oder Kupfer-Ionen hat auf die Genauigkeit der Bestimmung keinen Einfluß.

Die Bestimmung als QuecksilberI-chlorid führt nach WINKLER (a), (b) bei Quecksilbermengen von 0,5 bis 0,1 g zu genauen Ergebnissen. Besonders wenn neben Quecksilber auch Kupfer anwesend ist, die Bestimmung als Metall also nicht ausgeführt werden kann, ist dieses Verfahren gut brauchbar.

Nach TREADWELL sind die nach dieser Methode erhaltenen Resultate stets um 0,4% zu niedrig, aber immerhin ist die Methode ihrer Einfachheit wegen zu empfehlen.

Das Verfahren kann auch nach WINKLER (a), (b) als Halbmikroverfahren für Mengen zwischen 40 und 10 mg Quecksilber in 20 cm³ Lösung angewendet werden.

Bemerkungen hinsichtlich der Weiterbehandlung des Niederschlags nach dem Abfiltrieren. Über die Weiterbehandlung des nach dem Abfiltrieren erhaltenen Niederschlags von QuecksilberI-chlorid gehen die Angaben auseinander. Während ROSE, der wohl die Bestimmung des Quecksilbers als QuecksilberI-chlorid zuerst durchgeführt hat, ebenso wie TREADWELL, ein Auswaschen mit heißem Wasser empfiehlt, waschen VANINO und TREUBERT den Niederschlag sorgfältig bis zur neutralen Reaktion der ablaufenden Flüssigkeit mit kaltem Wasser aus. Das Trocknen des Niederschlags wird von ROSE, von C. R. FRESENIUS, von VANINO und TREUBERT und von CATTELAIN bei 100° durchgeführt, TREADWELL empfiehlt eine Temperatur von 105° zum Trocknen. WINKLER (a), (b) findet ein genaueres Ergebnis, wenn er das Trocknen bei Zimmertemperatur entweder mit Hilfe von Alkohol und Äther oder in einem Exsiccator mit Calciumchlorid vornimmt (s. Arbeitsvorschrift). HULETT läßt das QuecksilberI-chlorid in einem Vakuumexsiccator etwa 12 bis 14 Std. lang trocknen und erhält im Gegensatz zu dem Trocknen bei 110° vollständige Gewichtskonstanz.

B. Maßanalytische Bestimmung.

1. Jodometrische Titration.

***Arbeitsvorschrift von* HEMPEL (c).** Das durch Reduktion mit EisenII-sulfat erhaltene QuecksilberI-chlorid (s. S. 436) wird nach dem Abfiltrieren und Auswaschen mit einer Jod-Jodkaliumlösung, die an Jod 0,1 n ist, bis zum Verschwinden des entstehenden Niederschlags geschüttelt. Die braunrote, die Verbindung $K_2[HgJ_4]$ enthaltende Flüssigkeit wird mit 0,1 n Thiosulfatlösung bis zum Verschwinden der Färbung versetzt; der Überschuß an Thiosulfat wird nach Zusatz von Stärke mit Jodlösung bestimmt.

Bemerkung. Die Resultate sind gut.

***Arbeitsvorschrift von* KOLB *und* FELDHOFEN.** Der durch Reduktion mit Wasserstoffperoxyd (s. S. 436) erhaltene, gut ausgewaschene, feuchte Niederschlag von QuecksilberI-chlorid wird samt Filter in einem Stöpselglas mit einer abgemessenen Menge 0,1 n Jodlösung und 10 cm³ 10%iger Kaliumjodidlösung geschüttelt und stehengelassen. Nach kurzer Zeit wird der Überschuß der Jodlösung mit Thiosulfat zurücktitriert. Nach der Gleichung

$$Hg_2Cl_2 + J_2 + 6\,KJ = 2\,K_2[HgJ_4] + 2\,KCl$$

entspricht 1 cm³ verbrauchte 0,1 n Jodlösung 0,02712 g $HgCl_2$. Man titriert zuletzt am besten mit 0,01 n Thiosulfatlösung, um die verbrauchte Jodlösung möglichst genau zu ermitteln.

Bemerkungen. BECKURTS (b) benutzt diese Methode zur Wertbestimmung des Quecksilberchloridverbandstoffs. Er entzieht dem Verbandstoff das QuecksilberII-chlorid mittels Kochsalzlösung und reduziert es mit EisenII-sulfat in alkalischer Lösung (s. unter Reduktion mit EisenII-sulfat in alkalischer Lösung, S. 436) zu Kalomel, das er anschließend jodometrisch bestimmt.

2. Argentometrische Titration.

Lösliche QuecksilberI-salze bilden mit Natriumchlorid einen weißen, unlöslichen Niederschlag, der sich nicht zusammenballt. Man fällt mit einem gemessenen Überschuß von eingestellter Natriumchloridlösung und bestimmt den Überschuß mit eingestellter Silbernitratlösung nach vorherigem Zusatz von Kaliumchromat.

***Arbeitsvorschrift von* MOHR.** Das QuecksilberI-salz wird in Lösung gebracht, bei neutralen Salzen fügt man etwas Salpetersäure hinzu. Die Lösung wird mit einem geringen Überschuß von Natriumchloridlösung versetzt, das entstandene QuecksilberI-chlorid abfiltriert und sorgfältig ausgewaschen. Das durch den Salpetersäurezusatz saure Filtrat wird mit Kaliumchromat versetzt und die rote Farbe des entstandenen Dichromats durch tropfenweise Zugabe von Sodalösung in Gelb übergeführt. Nun wird so lange Silbernitratlösung zugegeben, bis die entstehende rote Fällung von Silberchromat beim Schütteln nicht mehr verschwindet. Man zieht die der verbrauchten Silbernitratlösung entsprechende Menge Natriumchloridlösung von der zur Fällung benutzten Menge ab und berechnet aus der Differenz das Quecksilber.

3. Titration mit Kaliumpermanganat.

***Arbeitsvorschrift von* HEMPEL (a).** Das nach § 3, S. 436 durch Reduktion mit EisenII-sulfat gewonnene QuecksilberI-chlorid wird nach dem Auswaschen mit einem Überschuß an verdünnter Schwefelsäure und eingestellter Kaliumpermanganatlösung in einem Glas heftig geschüttelt. Der Überschuß an Permanganat wird durch Oxalsäure weggenommen, die überschüssige Oxalsäure mit Permanganat zurücktitriert. Man subtrahiert von dem auf Oxalsäure umgerechneten Gesamtverbrauch an Permanganat die Anzahl der verbrauchten Kubikzentimeter Oxalsäure und bringt dann für je 1 Äquivalent Oxalsäure 2 Äquivalente Quecksilber in Rechnung.

Bemerkungen. Ein ähnliches Verfahren gibt auch HASWELL an, wohl ohne Kenntnis der Arbeiten von HEMPEL.

Nach RANDALL lassen sich QuecksilberI-nitrat und -sulfat direkt mit Permanganat oxydieren. Es genügt praktisch, so lange Permanganat zuzusetzen, bis die durch Mangandioxyd braungefärbte Lösung deutliche Rotfärbung zeigt. EisenII-sulfatlösung bekannten Gehalts kann sofort hinzugefügt werden. Der Endpunkt der Titration wird mit einigen Tropfen Permanganatlösung festgestellt. Das EisenII-sulfat kann nach RANDALL in Gegenwart von wenigstens 3% Salpetersäure noch richtig titriert werden, bei stärkerer Acidität fallen die Resultate zu niedrig aus.

4. Konduktometrische Titration.

a) Verfahren von TREADWELL und WEISS. Nach diesen beiden Autoren läßt sich der Gehalt an QuecksilberI-Ionen auch durch konduktometrische Titration mit Natriumchlorid bestimmen.

Arbeitsvorschrift. Als Elektroden dienen elektrolytisch mit Quecksilber überzogene Platindrähte, die von einer Suspension frisch gefällten QuecksilberI-chlorids in schwach mit Schwefelsäure angesäuertem Wasser umgeben sind. Es wird eine gemessene Menge QuecksilberI-nitratlösung zugesetzt, die mit 0,1 n Natriumchloridlösung bis zum Verschwinden der Klemmenspannung titriert wird.

Bemerkungen. Der Spannungsabfall erfolgt merklich steil. Der praktische Wert der Titration wird aber nach TREADWELL und WEISS beeinträchtigt durch den Umstand, daß das vorhandene QuecksilberII-salz an der Elektrode Gelegenheit hat, QuecksilberI-salz zu bilden nach der Gleichung

$$Hg^{\cdot\cdot} + Hg = 2\,Hg^{\cdot}.$$

Wenn auch dieser Vorgang bei stark verdünnten Lösungen im Zeitraum einer Titration kaum merklich eintreten wird, bedingt doch diese Reaktion eine erhebliche Unsicherheit der Methode. Versuche der konduktometrischen Titration von QuecksilberI-nitratlösung unter Anwendung von 0,1 n Kaliumchloridlösung als Indicator führen BEHREND zu Ergebnissen mit einer Genauigkeit von 0,5%.

b) Verfahren von MICHALSKI (a). MICHALSKI (a) trifft die Anordnung bei der konduktometrischen Titration so, daß die beiden Elektroden am Endpunkt der Titration, d. h. wenn die QuecksilberI-Ionen ausgeschieden sind, gleiches Potential haben, ein entsprechend geschaltetes Galvanometer also keinen Ausschlag mehr gibt.

Arbeitsvorschrift. Er benutzt zwei Platindrahtelektroden, von denen eine in die zu untersuchende QuecksilberI-salzlösung, die andere in eine Lösung von 0,656 g Jod in 1 l 0,04 n Kaliumjodidlösung eintaucht. Das Potential der letztgenannten Elektrode ist gleich dem einer Platinelektrode in gesättigter QuecksilberI-chloridlösung. Durch die reduzierende Wirkung des QuecksilberI-salzes wird die Anode, durch die oxydierende Wirkung des Jods die Kathode depolarisiert. Der anfängliche Ausschlag des Galvanometers nimmt beim allmählichen Hinzufügen von Kaliumchloridlösung infolge der Ausfällung der QuecksilberI-Ionen ab. Beim Äquivalenzpunkt bleibt das Galvanometer in der Ruhelage, um bei weiterem Hinzufügen von Kaliumchlorid in entgegengesetzter Richtung auszuschlagen.

Bemerkungen. Das Verfahren ist besonders für verdünnte Lösungen geeignet. Allgemeine Bemerkungen über die Durchführbarkeit der Titration von 1- und 2wertigen Quecksilber-Ionen mit Quecksilberelektroden finden sich in einer Arbeit von KOLTHOFF und VERZYL.

5. Titration unter Verwendung von Adsorptionsindicatoren.

Wie v. ZOMBORY angibt, läßt sich das QuecksilberI-Ion nach der Methode von FAJANS[1] mit Kaliumchloridlösung titrimetrisch unter Verwendung eines Adsorp-

[1] FAJANS, K.: Adsorptionsindicatoren für Fällungstitrationen, in der Sammlung „Die chemische Analyse“, Bd. 33: Neuere maßanalytische Methoden, S. 161ff. Stuttgart 1935.

tionsindicators, z. B. Bromphenolblau, bestimmen. Zu einer Bromphenolblaulösung kann man QuecksilberI-salzlösung hinzufügen, ohne daß eine Farbänderung der ursprünglich rötlichgelben Lösung eintritt. Gibt man nun zu der Lösung 1 Tropfen 0,1 n Kaliumchloridlösung hinzu, so fällt der entstehende Niederschlag von QuecksilberI-chlorid infolge der Adsorption einer QuecksilberI-Farbstoff-Verbindung mit lila Farbe aus. Bei einem geringen Überschuß an Chlorid über den Äquivalenzpunkt hinaus schlägt der Farbton jedoch sogleich scharf zu dem ursprünglichen Farbton der Lösung, also wieder in Gelb um.

Als Indicator kommt nach v. ZOMBORY hauptsächlich Bromphenolblau in Frage. Bei Verwendung von Bromkresolpurpur ist der Farbumschlag bei Benutzung von Kaliumchloridlösung als Maßflüssigkeit unscharf. Zur Herstellung der Indicatorlösung löst man 0,5 g Farbstoff in warmem Wasser, filtriert und füllt auf 100 cm^3 auf. Nach v. ZOMBORY und POLLÁK lassen sich auch Chlorphenolrot und Bromkresolgrün als Adsorptionsindicatoren bei der Quecksilbertitration verwenden. Zur Herstellung der Indicatorlösung wird 0,1 g des Farbstoffes in 100 cm^3 20%igem Alkohol gelöst. Doch ist der Farbumschlag mit den beiden letztgenannten Indicatoren nicht allzu scharf, er ist aber immerhin gut zu erkennen. Auch KOLTHOFF und LARSON bestätigen, daß der Farbumschlag bei Verwendung von Bromphenolblau am besten ist.

***Arbeitsvorschrift von* v. ZOMBORY *und* POLLÁK.** Zu der zu untersuchenden QuecksilberI-salzlösung gibt man 5 bis 10 Tropfen des Indicators und einen Überschuß an Kaliumchloridlösung hinzu, der mit eingestellter QuecksilberI-nitratlösung zurücktitriert wird. Der entstehende Niederschlag von QuecksilberI-chlorid ist gelb gefärbt, beim Äquivalenzpunkt schlägt die Farbe in Lila um.

6. Weitere Titrationsmethoden.

a) Verfahren von ODDO. (Diphenylcarbazid als Tüpfelindicator.) QuecksilberI-verbindungen geben mit Diphenylcarbazid in saurer Lösung einen violetten bis blauen Niederschlag eines komplexen QuecksilberI-diphenylcarbazons, das vermutlich folgender Formel entspricht:

$$OC\begin{cases} NHg\cdot NHg\cdot C_6H_5 \\ N = NC_6H_5 \end{cases}$$

Diese Reaktion benutzt ODDO zur quantitativen Bestimmung mit Diphenylcarbazid als Tüpfelindicator. Das Diphenylcarbazid wird in Eisessig gelöst, und mit dieser Lösung werden Filtrierpapierstreifen getränkt.

Arbeitsvorschrift. Zu der verdünnten, durch Neutralisation mit Soda zum größten Teil von Salpetersäure befreiten QuecksilberI-nitratlösung fügt man in kleinen Anteilen 0,1 n Natriumchloridlösung hinzu. Die dadurch bewirkte Ausfällung von QuecksilberI-chlorid ist vollständig, wenn das Diphenylcarbazidpapier durch 1 Tropfen der über der Fällung stehenden Flüssigkeit nicht mehr gefärbt wird. Ist dieser Punkt erreicht, so bewirkt das Hinzufügen von 1 Tropfen Quecksilbersalzlösung bei einer weiteren Tüpfelprobe eine empfindliche schwache Blaufärbung, die auf Zusatz von 1 Tropfen Natriumchloridlösung verschwindet.

Bemerkungen. Die Ergebnisse sind in Tabelle 1 (S. 443) zusammengestellt. Wie aus der Tabelle 1 hervorgeht, liegen die Ergebnisse zu niedrig, wohl weil als Endpunkt der Bestimmung der Umschlag des Indicators von Tiefblau nach Blaßblau genommen wurde und nicht das vollständige Verschwinden der Farbe.

Die Methode läßt sich auch zur Bestimmung von QuecksilberI-salz neben QuecksilberII-verbindungen benutzen, s. S. 497.

Über die weitere Anwendung von Diphenylcarbazid zur colorimetrischen Quecksilberbestimmung s. S. 498.

Tabelle 1.

Untersuchte QuecksilberI-nitratlösung cm³	Berechneter Gehalt an Quecksilber g	Verbrauch an 0,1 n NaCl-Lösung cm³	Gefundene Quecksilbermenge g
7,20	0,1562	7,28	0,1448
10,20	0,2213	10,48	0,2085
27,90	0,6054	29,88	0,5946
20,00	0,4340	21,20	0,4218
21,51	0,4667	22,94	0,4565
23,00	0,4991	24,58	0,4891
30,01	0,6512	31,89	0,6346

b) Verfahren von Namias. (Natriummolybdat als Indicator.) Eine maßanalytische Bestimmung des Quecksilbers mit Natriummolybdat als Indicator gibt Namias an. Das Quecksilber muß als 2wertiges Chlorid vorhanden sein bzw. in diese Verbindung übergeführt werden. Das QuecksilberII-chlorid wird dann so lange mit ZinnII-chloridlösung versetzt, bis alles Quecksilber in den 1wertigen Zustand übergeführt ist. Sobald der geringste Überschuß an ZinnII-chlorid in der Lösung vorhanden ist, wird ein mit Natriummolybdat getränktes Filtrierpapier beim Betupfen mit der Lösung blau.

Arbeitsvorschrift. Zur *Bereitung der ZinnII-chloridlösung* löst man 2 bis 3 g reines Zinn in Salzsäure und verdünnt die Lösung auf 1 l. Der Titer kann entweder mit Jodlösung, genauer jedoch mit einer Lösung von 0,2 bis 0,4 g reinem QuecksilberII-chlorid in 50 cm³ Wasser, das 0,5 cm³ Salzsäure enthält, ermittelt werden.

Herstellung des Indicators. Der Indicator wird durch Lösen von Natriummolybdat, hergestellt durch Mischen kleiner Mengen Molybdänsäure mit Natriumcarbonatlösung, bereitet. Mit der frisch bereiteten Indicatorlösung wird Filtrierpapier befeuchtet.

c) Verfahren von Vitali. Das 2wertige Quecksilber kann nach Vitali mit Hilfe von schwefliger Säure zur 1wertigen Verbindung reduziert und ausgefällt werden.

Arbeitsvorschrift. Die QuecksilberII-chloridlösung, die keine Säure enthalten darf oder deren Säuregehalt bekannt sein muß, wird mit schwefliger Säure in hinreichender Menge versetzt. Die Mischung wird solange auf 60 bis 70° erwärmt, bis 1 Tropfen davon durch Schwefelwasserstoff nicht mehr gebräunt wird. Man filtriert, wäscht aus, vereinigt Filtrat und Waschwasser und erwärmt wieder, um überschüssiges Schwefeldioxyd zu vertreiben, bis ein mit Jodstärkekleister bestrichener Papierstreifen durch 1 Tropfen der Flüssigkeit nicht mehr gebläut wird. Schließlich wird mit 0,1 n oder 0,2 n Natronlauge titriert.

Der Berechnung liegt folgende Gleichung zugrunde:

$$2\,HgCl_2 + 2\,H_2O + SO_2 = Hg_2Cl_2 + 2\,HCl + H_2SO_4\,.$$

Bei der Titration der Säure mit Natronlauge entsprechen 2 Moleküle Natriumhydroxyd 1 Atom Quecksilber.

Bemerkung. Die schweflige Säure muß frei von Schwefelsäure sein, eine Bedingung, die schwer einzuhalten ist und die praktische Anwendung der Methode schwierig gestaltet.

d) Verfahren von Kroupa. Eine andere Bestimmungsmethode führt Kroupa aus durch Zersetzung von frisch gefälltem QuecksilberI-chlorid mittels Schwefelwasserstoffs entsprechend der Gleichung:

$$Hg_2Cl_2 + H_2S = Hg_2S + 2\,HCl\,.$$

Das Chlor der entstandenen Salzsäure wird nach Mohr bestimmt.

Arbeitsvorschrift. Das vorhandene QuecksilberI-salz bzw. das mit EisenII-sulfat (s. S. 436) reduzierte QuecksilberII-salz wird, falls kein Chlorid vorhanden ist, mittels Natriumchlorids als Chlorid gefällt, abfiltriert und chlorfrei gewaschen.

Das Filter mit der Fällung digeriert man in einem Becherglas einige Minuten mit Schwefelwasserstoffwasser, neutralisiert die gebildete Salzsäure mit einem Überschuß an Bariumcarbonat, nimmt einen Überschuß an Schwefelwasserstoff mit Zinkacetat weg, das man vorsichtig tropfenweise zusetzt, bis kein Schwefelwasserstoffgeruch mehr wahrnehmbar ist. Der Gesamtniederschlag wird abfiltriert und gut ausgewaschen. In dem Filtrat wird dann das Chlor bestimmt.

Bemerkungen. Die Beleganalysen über die Bestimmung von Quecksilber in zinnoberhaltigen Erzen und von metallischem Quecksilber sind zufriedenstellend. Nachteilig ist die Notwendigkeit der doppelten Filtration.

II. Bestimmung als QuecksilberI-bromid.

Hg_2Br_2, Molekulargewicht 561,0.

Allgemeines.

Eigenschaften des QuecksilberI-bromids. Sublimiertes QuecksilberI-bromid ist eine weiße, faserige Masse, gefälltes Bromid ein weißes Krystallpulver. Aus Lösungen des Pulvers in heißer QuecksilberI-nitratlösung wird das Bromid in Form von weißen, perlmutterglänzenden, tetragonalen Blättchen gewonnen. Das spezifische Gewicht ist $s = 7{,}307$ [LANDOLT-BÖRNSTEIN (a)]. Das Bromid sublimiert bei 340 bis 350°.

Löslichkeit. QuecksilberI-bromid ist schwer löslich in Wasser, Alkohol und Äther, löslich aber in Schwefelsäure. In schwefelsauren Lösungen ist es nach ABEL sehr schwach dissoziiert. Bei 25° beträgt die Löslichkeit nach LANDOLT-BÖRNSTEIN (b) $7 \cdot 10^{-8}$ Mol/l (entsprechend $3{,}9 \cdot 10^{-6}$ g wasserfreier Substanz in 100 g Lösung), während TREADWELL und WEISS durch potentiometrische Titration in schwefelsäurehaltigem Wasser eine Löslichkeit von $0{,}9 \cdot 10^{-6}$ Mol/l finden.

Maßanalytische Bestimmung.

1. Konduktometrische Titration.

Eine konduktometrische Titration des QuecksilberI-Ions läßt sich nach TREADWELL und WEISS auch mit Brom-Ionen durchführen, der Spannungsabfall ist steiler als bei der entsprechenden Chloridtitration. Als Elektroden dienen elektrolytisch mit Quecksilber überzogene Platindrähte, die von einer Suspension von frisch gefälltem QuecksilberI-bromid in schwach mit Schwefelsäure angesäuertem Wasser umgeben sind. Titriert wird mit einer 0,1 n Kaliumbromidlösung.

2. Titration unter Verwendung von Adsorptionsindicatoren.

Mit Kaliumbromid läßt sich die titrimetrische Bestimmung des QuecksilberI-Ions mit Adsorptionsindicatoren ebenso durchführen wie mit Kaliumchlorid, s. S. 441. Als Indicatoren können nach BURSTEIN alizarinsulfosaures Natrium, nach v. ZOMBORY Bromphenolblau und Bromkresolpurpur und nach v. ZOMBORY und POLLÁK Chlorphenolrot und Bromkresolgrün angewendet werden.

***Arbeitsvorschrift von* v. ZOMBORY *und* POLLÁK. Herstellung der Indicatorlösung.** 1 g alizarinsulfosaures Natrium wird in 250 g Wasser gelöst.

0,5 g Bromphenolblau oder 0,75 g Bromkresolpurpur werden in warmem Wasser gelöst; man filtriert und verdünnt auf 100 cm³. 0,1 g Chlorphenolrot oder Bromkresolgrün wird in 100 cm³ 20%igem Alkohol gelöst. Der Farbumschlag von Gelb nach Violett ist in allen Fällen gut ausgeprägt.

Arbeitsweise. Zu der zu untersuchenden QuecksilberI-salzlösung gibt man 5 bis 10 Tropfen des Indicators und einen Überschuß an Kaliumbromidlösung hinzu. Der Überschuß wird mit eingestellter QuecksilberI-nitratlösung zurücktitriert. Der entstehende Niederschlag von QuecksilberI-bromid ist gelb gefärbt, beim Äquivalenzpunkt schlägt die Farbe in Lila um.

III. Bestimmung als QuecksilberI-jodid.

Hg_2J_2, Molekulargewicht 655,0.

Allgemeines.

Eigenschaften des QuecksilberI-jodids. QuecksilberI-jodid wird aus QuecksilberI-salzlösungen durch Kaliumjodid als gelbes Pulver ausgefällt, das besonders in Gegenwart überschüssigen Kaliumjodids schnell in QuecksilberII-jodid und Metall zerfällt und nur bei Luftabschluß beständig ist. In reinstem Zustand ist das Jodid lebhaft gelb gefärbt. Das spezifische Gewicht ist nach LANDOLT-BÖRNSTEIN (a) $s = 7{,}70$. Der Schmelzpunkt liegt bei 290°, der Siedepunkt bei 310° [LANDOLT-BÖRNSTEIN (b)].

Löslichkeit. QuecksilberI-jodid ist in Wasser und Alkohol sehr schwer löslich. Bei 25° beträgt die Löslichkeit in Wasser $2 \cdot 10^{-8}$ g in 100 g Lösung, also $3 \cdot 10^{-10}$ Mol/l [LANDOLT-BÖRNSTEIN (c)].

Nach KOLTHOFF und VERZYL ist QuecksilberI-jodid zwar erhältlich, zerfällt aber leicht in Quecksilber und QuecksilberII-jodid, besonders wenn sich ein Überschuß an Jodid in der Lösung befindet, da QuecksilberII-jodid sehr stabile Komplexe mit Jodiden bildet.

A. Maßanalytische Bestimmung.

Potentiometrische Titration.

Eine potentiometrische Titration des QuecksilberI-Ions mit Jodid soll nach BEHREND und nach TREADWELL und WEISS nicht möglich sein, da Komplexbildung auftreten soll, ehe die einfache QuecksilberI-jodidfällung beendet ist.

a) Methode von MICHALSKI (b). Der Autor gibt eine potentiometrische Bestimmungsmethode von 1wertigem Quecksilber neben 2wertigem an.

Um Ausscheidung von metallischem Quecksilber zu vermeiden, wird die zu untersuchende Lösung der Jod-Jodkalium-Lösung zugesetzt und die Mischung stark umgerührt. Der Äquivalenzpunkt wird potentiometrisch bestimmt. Es muß stets ein kleiner Überschuß an Jod-Ionen in der Lösung vorhanden sein. Die eintretende Trübung der Lösung durch QuecksilberI-jodid wird jeweils durch Zugabe von 0,5 bis 0,1 g Kaliumjodid aufgehoben. Bei einer 0,05 bis 0,1 n Lösung darf die gesamte Quecksilberkonzentration in 100 cm³ Endvolumen 0,2 g nicht übersteigen, da durch die sonst zu hohe HgJ_4-Ionen-Konzentration das Gleichgewicht zugunsten der QuecksilberII-Ionen verschoben wird. Andernfalls ist entsprechend zu verdünnen.

Die Titration wird durch Gegenwart von Ammonium-, Calcium-, Magnesium-, Nickel-, Zink-, ManganII-, ChromIII-, Aluminium-, Silber-, BleiII-, WismutIII-Ionen oder durch verdünnte Salpetersäure, Schwefelsäure oder Salzsäure nicht gestört.

b) Methode von SCHWARZ und KANTOR. Zur potentiometrischen Bestimmung als QuecksilberI-jodid muß das Quecksilbersalz in einer einheitlichen Wertigkeitsstufe als 2wertige Verbindung vorliegen. Durch Schütteln mit metallischem Quecksilber führt man diese in 1wertiges Quecksilber über. Die Reduktion mit metallischem Quecksilber verläuft bei Entfernung der entstandenen QuecksilberI-Ionen vollständig. Man fällt sie als QuecksilberI-jodid aus.

Arbeitsvorschrift. Als Indicatorelektrode (s. Abb. 11) dient ein in ein Glasrohr eingeschmolzener, amalgamierter Platindraht, der mit 1,5 Volt Spannung in etwa 0,5%iger, schwach angesäuerter QuecksilberI-nitratlösung 10 Min. lang elektrolytisch amalgamiert worden ist. Der Draht taucht seiner ganzen Länge nach in den Elektrolyten ein. Die Elektrode dient gleichzeitig als Rührvorrichtung. Die Bezugselektrode befindet sich in 0,01 n Silbernitratlösung, der capillare Heber ist mit 0,01 n Ammoniumperchloratlösung gefüllt. Titriergefäß ist ein 15 cm³ fassendes

Becherglas oder ein Porzellantiegel. Die Vergleichslösung wird aus einer hahnlosen Mikrobürette zugegeben.

1 cm^3 der zu untersuchenden Lösung wird in einem Schüttelkolben von ungefähr 30 cm^3 Inhalt mit 2 bis 3 cm^3 Wasser verdünnt, mit 1 Tropfen Quecksilber von 0,3 bis 0,5 g versetzt und 1 Min. lang kräftig geschüttelt. Die reduzierte Lösung wird unter mehrmaligem Nachspülen mit höchstens 7 cm^3 Wasser in das Titriergefäß dekantiert.

Um die erforderliche Wasserstoff-Ionen-Konzentration zu erreichen, fügt man 4 bis 6 Tropfen 20%ige Perchlorsäure hinzu. Man rührt einige Minuten mit dem Mikrorührer, läßt nach Einstellung eines konstanten Potentials Kaliumjodidlösung hinzufließen und nimmt die Potentialkurve auf. Die erforderliche Kaliumjodidlösung wird immer wieder frisch bereitet durch entsprechendes Verdünnen von 0,1 n Lösung. Die Konzentration der Kaliumjodidlösung wird so gewählt, daß etwa 100 mm^3 der jeweils vorliegenden Quecksilbermenge äquivalent sind.

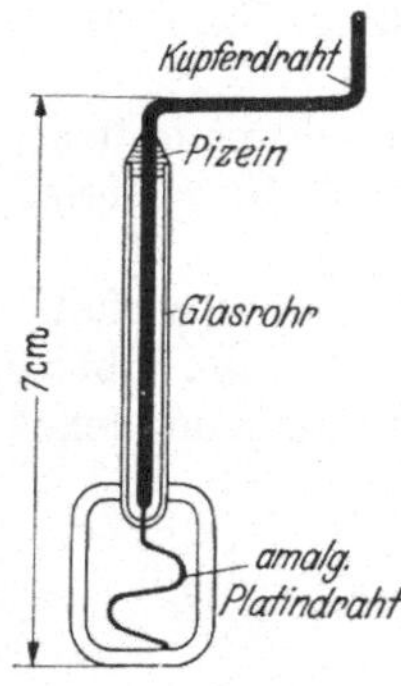

Abb. 11.

Der Potentialsprung ist auch in verdünnten Lösungen deutlich ausgeprägt.

Bemerkungen. Bei der Titration von Quecksilbermengen unter 10 γ ist ein Reduzieren im Schüttelkolben unnötig, zur Reduktion genügt das Quecksilber der Elektrode.

Bei der Titration von Lösungen mit etwa 1 γ Quecksilber treten bei Verwendung frisch amalgamierter Elektroden im Anfang zu hohe Werte auf, erst nach mehrmaligem Gebrauch der Elektrode werden die Ergebnisse richtig.

Außer dem Nitrat kann auch das Chlorid titriert werden. Die Potentialkurven sind zwar etwas flacher, die Genauigkeit ist jedoch die gleiche.

Das Verfahren gibt bei Quecksilbermengen von 1 bis 1000 γ in 10 cm^3 Lösung einen Fehler von 1 bis 3%.

B. Colorimetrische Bestimmung.

Über die colorimetrische Bestimmung nach Bouilloux s. unter „Colorimetrische Bestimmung", S. 464.

IV. Bestimmung als QuecksilberI-jodat.

$Hg_2(JO_3)_2$, Molekulargewicht 751,06.

Allgemeines.

Jodsäure und lösliche Jodate fällen aus QuecksilberI-nitratlösung weißes, in Wasser fast unlösliches QuecksilberI-jodat, das sich bei 250° vollständig zersetzt.

A. Gewichtsanalytische Bestimmung.

***Arbeitsvorschrift von* G. Spacu *und* P. Spacu (a).** Eine heiße, neutrale oder schwach salpetersaure Lösung von QuecksilberI-salz wird tropfenweise unter ständigem Rühren mit einem Überschuß von Kaliumjodatlösung (0,35 g für je 100 cm^3) versetzt. Aus warmer, mäßig konzentrierter Lösung scheidet sich das QuecksilberI-jodat in Form feiner, perlmutterfarbig glänzender Nadeln ab. Nach dem vollständigen Erkalten (1 bis 1½ Std.) filtriert man den Niederschlag in einen Porzellanfiltertiegel ab, wäscht mit Wasser, 96%igem Alkohol und Äther aus und trocknet im Vakuum. Die Quecksilbermenge wird aus dem gewogenen Niederschlag nach der Formel

$$\% \, Hg = \frac{F \cdot a \cdot 100}{e}$$

berechnet, in der a die Auswage, e die Einwage und $F = 0{,}5342$ ist. — Die Flüssigkeitsmenge wurde bei den Bestimmungen zwischen 60 und 80 cm³ gehalten.

Bemerkung. Wie aus einer der Arbeit beigefügten Tabelle zu entnehmen ist, wurden die Bestimmungen mit Quecksilbermengen von etwa 60 mg und einem absoluten Fehler von 0,02 bis 0,09 mg durchgeführt.

B. Maßanalytische Bestimmung.

1. Titration mit Natriumthiosulfat.

Das Quecksilber wird, wie RUPP *angibt, mit einem bekannten Überschuß an Kaliumjodat gefällt. Im Filtrat wird die noch vorhandene Menge Jodat titrimetrisch mit Kaliumjodid und Thiosulfat bestimmt.* Das QuecksilberI-jodat wird nach einigem Stehen krystallin; durch Zusatz von Salpetersäure oder durch Erwärmen kann dieser Vorgang beschleunigt werden. Die Bestimmung ist auch in schwefelsaurer Lösung möglich.

***Arbeitsvorschrift von* G. SPACU *und* P. SPACU (a).** Die heiße, neutrale oder schwach salpetersaure QuecksilberI-nitratlösung wird mit einem gemessenen Überschuß an Jodat (von 18 bis 35 mg für 10 cm³ Lösung) versetzt. Die sich aus der heißen Lösung abscheidenden, nadelförmigen Krystalle sammeln sich nach Umrühren am Boden des Gefäßes. Nach etwa 1 Std. wird filtriert; Gefäß und Niederschlag werden sorgfältig ausgewaschen. Dem Filtrat setzt man nun 0,5 bis 1 g Kaliumjodid, 0,5 cm³ 2 n Salzsäure oder Schwefelsäure und einige Tropfen Stärkelösung zu und titriert das freigewordene Jod mit 0,1 n Thiosulfatlösung. Das Quecksilber wird nach folgender Formel berechnet:

$$\text{g Hg} = 0{,}9374\,(\text{n} - 0{,}281 \cdot \text{T} \cdot \text{c}),$$

wobei n die Menge des zur Fällung zugesetzten Kaliumjodats in Grammen, T den Titer der Thiosulfatlösung in Grammen Jod und c die Anzahl der Kubikzentimeter der angewendeten Thiosulfatlösung bedeutet.

Bemerkungen. Da 1 Äquivalent Jodat bei Zusatz von Kaliumjodid und Säure 6 Äquivalente Jod frei macht, die 1 Äquivalent Quecksilber entsprechen, ist die Genauigkeit der Quecksilberbestimmung gut. Der absolute Fehler schwankt nach den Arbeiten von G. SPACU und P. SPACU (a) zwischen ± 0,01 und ± 0,1 mg Quecksilber bei etwa 30 mg Quecksilber.

2. Potentiometrische Titration.

Die potentiometrische Titration beruht auf der Reaktion;

$$Hg_2(NO_3)_2 + 2\,KJO_3 = Hg_2(JO_3)_2 + 2\,KNO_3\,.$$

Da QuecksilberI-jodat ein hinreichend kleines Löslichkeitsprodukt besitzt, ist die potentiometrische Bestimmung möglich.

Die Titration wird von G. SPACU und P. SPACU (b) mit einer Kompensationsanordnung verfolgt, die die Ablesung der Potentiale bis auf einige Zehntelmillivolt gestattet.

***Arbeitsvorschrift von* G. SPACU *und* P. SPACU (b).** Die Autoren arbeiten mit 0,1 n QuecksilberI-nitratlösung, die frei von 2wertigem Salz ist und deren Titer sie elektrolytisch bestimmen. Als Reagens dient 0,1 n Kaliumjodatlösung, deren Titer maßanalytisch mit Thiosulfat ermittelt worden ist. Da der Potentialsprung in wäßriger Lösung nur klein ist, wird mit 30% Alkohol enthaltender Titerlösung gearbeitet. Eine Alkoholkonzentration über 35% hinaus erwies sich als unzweckmäßig, da sie Passivität der Indicatorelektrode verursachte. Das Volumen der zu titrierenden Lösung wird auf 90 cm³ gehalten (10 cm³ QuecksilberI-nitratlösung und 80 cm³ 30%iger Alkohol). Indicatorelektrode ist ein amalgamierter Platindraht; gemessen wird gegen die Normal-Kalomelelektrode. Das Anfangspotential beträgt + 0,445 bis + 0,447 Volt. Die Jodatlösung wird langsam zur Quecksilbersalzlösung hinzugegeben. — Die Potentiale während der Titration stellen sich schnell ein, es ist aber empfehlenswert, nach jedem Hinzufügen des Reagenses 3 bis 6 Min. zu warten, um Potentialschwankungen zu vermeiden. Im allgemeinen beträgt die Dauer der Titration höchstens 1 Std. Starkes Umrühren der Lösung ist unnötig, da der perlmutterfarbige Niederschlag von QuecksilberI-jodat krystallinisch ist und keine Fremdstoffe adsorbiert.

Bemerkungen. Bei großen Verdünnungen tritt in der alkoholischen Lösung Passivität der Indicatorelektrode auf; das auf der Platinelektrode niedergeschlagene Quecksilber geht teilweise in Lösung. Das Auftreten dieser Passivität erfolgt ganz in der Nähe des Äquivalenzpunktes, so daß der Potentialsprung nicht mehr wahrgenommen werden kann. Für 0,1 n Lösungen gibt die Methode gute Resultate. Der Sprung (250 bis 300 Millivolt) ist deutlich zu beobachten, wenn man 0,1 cm³ des erwähnten Reagenses benutzt; der Äquivalenzpunkt läßt sich gut bestimmen.

V. Bestimmung als QuecksilberI-oxalat.

$Hg_2C_2O_4$, Molekulargewicht 489,24.

Allgemeines.

Eigenschaften des QuecksilberI-oxalats. QuecksilberI-oxalat ist ein krystallines, weißes, in Wasser, Alkohol und Äther unlösliches Salz. Nach Schäfer und Abegg ist es auch im Oxalatüberschuß nicht merklich löslich. Bei längerem Kochen mit Wasser zersetzt es sich zu QuecksilberII-oxalat und metallischem Quecksilber. Durch Stoß oder Schlag explodiert es heftig.

A. Gewichtsanalytische Bestimmung.

***Arbeitsvorschrift von* Peters.** Eine von 2wertigem Salz freie QuecksilberI-nitratlösung, die etwa 12 g metallisches Quecksilber im Liter enthält, wird in der Kälte mit einer gegen 0,1 n Permanganatlösung eingestellten Ammoniumoxalatlösung gefällt, der Niederschlag auf einem gewogenen Asbestfilter gesammelt, 2- bis 3mal mit kaltem Wasser gewaschen und dann über Schwefelsäure bis zur Gewichtskonstanz getrocknet. Bei Anwesenheit von 0,12 bis 0,22 g Quecksilber wird die Gewichtskonstanz des Oxalats nach etwa 15 Std. erreicht; für ungefähr 0,3 g Quecksilber beträgt die Trockendauer etwa 2 Tage. Trocknen des Niederschlags bei 100° oder höherer Temperatur ist wegen der dabei eintretenden Zersetzung nicht möglich.

Bemerkungen. Nach G. Spacu und P. Spacu (a) ist die Bestimmung des Quecksilbers als QuecksilberI-oxalat genauer als die als QuecksilberI-chlorid. Der mit der Bestimmung verbundene Nachteil der langen Trockendauer könnte wahrscheinlich durch Auswaschen mit Alkohol und Äther und anschließendes Trocknen im Vakuum beseitigt werden.

B. Maßanalytische Bestimmung.

1. Titration mit Kaliumpermanganat.

***Arbeitsvorschrift von* Peters.** Die Fällung des Oxalats geschieht, wie unter der gewichtsanalytischen Bestimmung angegeben. Der auf Asbest abfiltrierte Niederschlag wird 1- oder 2mal mit kaltem Wasser ausgewaschen; im Filtrat wird dann die überschüssige Oxalsäure mit Permanganat bestimmt.

Bemerkungen. Salpetersäure in nicht zu großen Mengen [bis zu 5 cm³ Salpetersäure (D 1,15) auf etwa 0,11 g Quecksilber in der Nitratlösung] hat auf die Genauigkeit der Methode keinen schädlichen Einfluß. Ebensowenig schaden die Salze des 2wertigen Quecksilbers. QuecksilberI-oxalat ist unlöslich in verdünnter kalter Salpetersäure, QuecksilberII-oxalat dagegen löslich (Peters).

2. Potentiometrische Titration.

***Arbeitsvorschrift von* MAYR *und* BURGER.** Ein Teil einer Lösung, die durch Auflösen von QuecksilberI-nitrat (MERCK, „Zur Analyse") unter Zugabe von etwas Quecksilber bereitet worden ist, wird auf 300 cm^3 verdünnt (ungefähr 0,2 bis 0,3 g Quecksilber entsprechend). Eine amalgamierte Platinelektrode bildet die Kathode. Als Bezugselektrode dient eine gesättigte Kalomelelektrode, als Maßflüssigkeit 0,1 n Ammoniumoxalatlösung.

Die Indicatorelektrode ist mit der Titrationselektrode durch einen mit gesättigter Kaliumsulfatlösung gefüllten Heber leitend verbunden. Die Titrationselektrode spricht nach mehreren Titrationen nicht mehr an und muß neu amalgamiert werden. Die Messung wird nach der POGGENDORFschen Kompensationsschaltung durchgeführt. Die Titration läßt sich auch nach der Methode des gegengeschalteten Umschlagspotentials vornehmen.

Bemerkungen. Die potentiometrisch gefundenen Quecksilberwerte bleiben hinter den elektrolytisch gefundenen stets um einige Zehntelmilligramme zurück, da durch die potentiometrische Bestimmung nur die QuecksilberI-Ionen erfaßt werden, bei der Elektrolyse aber auch die in Lösung befindlichen QuecksilberII-Ionen. Geringe, dem Gleichgewicht zwischen 1- und 2wertigen Ionen entsprechende Mengen an QuecksilberII-Ionen beeinflussen den Umschlagspunkt bei der potentiometrischen Titration nicht, bei größeren Mengen an 2wertigen Ionen wird der Potentialsprung undeutlicher, bis endlich bei einem Gehalt von ungefähr 1% an QuecksilberII-Ionen, auf den Gesamtquecksilbergehalt berechnet, kein Sprung mehr zu beobachten ist. Ebenso findet eine Abnahme und Verschiebung des Potentialsprungs statt beim Abstumpfen der Mineralsäure durch Zusatz von Natriumacetat bis zum Umschlagspunkt von Methylorange, eine Erscheinung, die wahrscheinlich mit eintretender Hydrolyse zusammenhängt. Setzt man nun zu dieser durch Natriumacetat abgestumpften Lösung auf ein Volumen von 300 cm^3 annähernd 1 cm^3 Salpetersäure (D 1,2) zu, so erhält man ausgeprägte Potentialsprünge. Größere Säurekonzentrationen jedoch führen zur Verflachung der Titrationskurve, schließlich zum Verschwinden des Wendepunkts. In ähnlicher Weise wirkt ein größerer Zusatz eines Neutralsalzes, doch kann man bei einem Zusatz von 3 g Natriumnitrat auf 300 cm^3 den Potentialsprung noch deutlich erkennen.

Gestützt auf diese Quecksilberbestimmung führen MAYR und BURGER die indirekte Bestimmung von Chrom durch auf Grund der Reaktionsgleichung:

$$K_2CrO_4 + Hg_2(NO_3)_2 = 2\,KNO_3 + Hg_2CrO_4,$$

wobei der Überschuß der zugesetzten, bekannten Quecksilbermenge potentiometrisch bestimmt wird.

3. Thermometrische Titration.

Der Verlauf von Reaktionen kann nach MAYR *und* FISCH *auch mit Hilfe der dabei auftretenden Temperaturänderungen beobachtet werden. Die beobachteten Temperaturen werden als Ordinaten, die zugesetzten Mengen an Titrationsflüssigkeit als Abszissen in ein Koordinatensystem eingetragen. Diese Reaktionskurven zeigen Knickpunkte, aus deren Lage man auf die sich abspielenden Vorgänge schließen kann.* Auf diesem Wege läßt sich sowohl QuecksilberI-salz als auch QuecksilberII-salz mit Oxalsäure titrieren.

***Arbeitsvorschrift von* MAYR *und* FISCH. Apparatur.** Die Titerlösung befindet sich in einer Glasbürette, die zur thermischen Isolierung ihrer ganzen Länge nach von einem mit Wasser gefüllten Glasmantel umgeben ist. Im oberen Teil des Mantels befindet sich ein in Zehntelgrade eingeteiltes Thermometer. Der untere Teil der Bürette und auch der auf 10 cm verlängerte Hahngriff sind mit Asbestpapier und Asbestschnur isoliert. Die zu titrierende Lösung befindet sich in einem zylindrischen DEWAR-Gefäß von 165 cm^3 Inhalt. Es taucht zur besseren Isolierung in ein größeres, genau passendes, zweites DEWAR-Gefäß ein. Das kleinere DEWAR-Gefäß ist mit einem Korkstopfen verschlossen, durch den Bohrungen für den Rührer, die Ausflußspitze der Bürette und das BECKMANN-Thermometer führen. Das BECKMANN-Thermometer reicht fast bis zum Boden des DEWAR-Gefäßes. Vor Beginn der Titration muß die Flüssigkeit die Quecksilberkugel des BECKMANN-Thermometers bereits ganz umgeben. Das Thermometer wird auf einen Temperaturbereich von 16 bis 20° eingestellt. Der Arbeitsraum soll möglichst konstante Temperatur haben.

Arbeitsweise. Nach Füllung der Bürette wird die zu titrierende Lösung in das innere Gefäß gebracht und, falls erforderlich, mit auf die entsprechende Temperatur abgekühltem Wasser verdünnt. Das Gefäß wird verschlossen und das Rührwerk eingeschaltet. Nach Erreichung der Temperaturkonstanz gibt man schnell 1 cm³ Titerlösung hinzu und beobachtet die Temperaturdifferenz (Maximum nach etwa $^3/_4$ Min.). Nach 1 Min. fügt man weitere Titerlösung hinzu, liest ab und fährt so fort, bis das Ende der Reaktion sich durch eine starke Abnahme der Temperaturdifferenz bemerkbar macht. Man fügt nun noch 3mal je 1 cm³ Titerlösung hinzu.

Treten bei Zugabe von je 1 cm³ große Temperaturdifferenzen auf (0,04 bis 0,06°), so gibt man in der Minute nur $^1/_2$ cm³ Titerlösung zu. Auch in Fällen, bei denen bei Zusatz von 3 cm³ Titerlösung die Titration schon beendet ist, arbeitet man am besten nur mit Mengen von $^1/_2$ cm³. Die einzelnen Temperaturdifferenzen sollen nicht unter 0,02° herabsinken.

Zum Titrieren wird meistens 0,5 oder 0,2 n Titerlösung benutzt.

Bemerkungen. Zur Verwendung kam eine schwach salpetersaure 0,2 n QuecksilberII-nitratlösung, deren Gehalt an Quecksilber elektrolytisch festgestellt worden war. Die für 20 cm³ dieser Lösung thermometrisch durchgeführte Titration ergab für 1 cm³ verwendeter Ammoniumoxalatlösung einen Quecksilberwert von 0,10599 g. Mit der auf diese Weise eingestellten Ammoniumoxalatlösung wird die Quecksilbersalzlösung nun titriert. Bei der thermometrischen Titration wurden 0,8882 g Quecksilber in 20 cm³ Lösung gefunden, während die elektrolytische Bestimmung 0,8886 g Quecksilber ergab.

Da sowohl das 1wertige als auch das 2wertige Quecksilber mit Ammoniumoxalat einen krystallinischen Niederschlag bildet und die Temperaturdifferenz bei Zugabe von 1 cm³ 0,5 n Oxalatlösung rund 0,01° beträgt, kann der Gehalt an 1wertigen und 2wertigen Quecksilber-Ionen nebeneinander festgestellt werden. Er läßt sich aus den auftretenden zwei Knickpunkten bestimmen. Natürlich muß so lange titriert werden, bis sich die Richtung der Kurven mit Sicherheit erkennen läßt.

VI. Bestimmung unter Abscheidung als QuecksilberI-dichromat.

Maßanalytische Bestimmung.

Potentiometrische Titration.

Nach ATANASIU läßt sich 1wertiges Quecksilber mit Kaliumchromat potentiometrisch bestimmen. Indicatorelektrode ist ein Platindraht, als Bezugselektrode dient die Kalomelelektrode, die durch einen mit 1 n Kaliumnitratlösung gefüllten Heber mit dem Titrationsgefäß verbunden ist. Die Titration wird bei 70° mit 0,1 mol Kaliumchromatlösung durchgeführt. Die zu bestimmende Lösung — ATANASIU benutzte 0,1 mol QuecksilberI-nitratlösung — wird zur Verhinderung der Hydrolyse und der Bildung von basischem Salz mit einigen Tropfen Salpetersäure angesäuert. Infolge der kleinen Menge Säure verhält sich das Chromat nach ATANASIU wie Kaliumdichromat und bildet ein rotbraunes QuecksilberI-dichromat:

$$2\,Hg^{\cdot} + 2\,CrO_4'' + 2\,H^{\cdot} = Hg_2Cr_2O_7 + H_2O\,.$$

Natrium-, Kalium- und Calcium-Ionen haben keinen Einfluß.

Da der Potentialabfall in 30%igem Alkohol sehr scharf ist, wird am besten in alkoholischer Lösung gearbeitet.

VII. Indirekte Bestimmung nach Oxydation mit CerIV-sulfat.

Maßanalytische Bestimmung.

Potentiometrische Titration.

QuecksilberI-salze werden nach WILLARD und YOUNG durch Erhitzen mit einem großen Überschuß an CerIV-sulfat in 15 bis 60 Min. vollständig oxydiert. Der Überschuß des Oxydationsmittels wird nach dem Abkühlen mit eingestellter EisenII-salzlösung zurücktitriert.

***Arbeitsvorschrift von* WILLARD *und* YOUNG.** Je 100 cm³ QuecksilberI-salzlösung mit 0,03 bis 0,09 g Quecksilber werden mit 10 cm³ Schwefelsäure vom spezifischen Gewicht 1,5 oder mit 5 cm³ 70%iger Überchlorsäure angesäuert. Die Lösung wird mit 25 bis 50 cm³ 0,1 n CerIV-sulfatlösung versetzt, auf 200 cm³ verdünnt und 30 bis 60 Min. bis fast an den Siedepunkt erhitzt. Man läßt auf 30 bis 35° abkühlen und titriert potentiometrisch mit frisch eingestellter EisenII-salzlösung zurück.

Bemerkungen. Die Anwesenheit von viel Salpetersäure stört die Bestimmung; so verursachen 5 cm³ Salpetersäure vom spezifischen Gewicht 1,42 einen Fehler von 0,6 mg Quecksilber.

Die Ergebnisse sind auch bei einem Überschuß an QuecksilberII-salz gut. Beträgt aber die Gesamtmenge an 1- und 2wertigem Quecksilber über 0,3 g, so muß ein Blindversuch mit der entsprechenden Menge QuecksilberII-salz gemacht werden, da QuecksilberII-Ionen in größeren Mengen eine schwache Zersetzung der CerIV-sulfatlösung verursachen. Für die oben angegebene Menge beträgt die Korrektur 0,07 bis 0,21 cm³ 0,1 n CerIV-sulfatlösung.

Die EisenII-sulfatlösung wird potentiometrisch gegen geeichte CerIV-sulfatlösung eingestellt, die CerIV-sulfatlösung gegen Natriumoxalat. Nähere Angaben über Herstellung und Einstellung der CerIV-sulfatlösung gibt FURMAN.

Literatur.

ABEL, E.: Z. anorg. Ch. **26**, 361 (1901). — AKIYAMA, T.: J. pharm. Soc. Japan **55**, 24 (1935). — ANGELETTI, A.: Ann. Chim. applic. **23**, 38 (1933). — ATANASIU, J. A.: J. Chim. phys. **23**, 501 (1926).

BECKURTS, H.: (a) Die Methoden der Maßanalyse, 2. Aufl., S. 519. Braunschweig 1931; (b) P. C. H. **30**, 277 (1889). — BEHREND, R.: Ph. Ch. **11**, 466, 486 (1893). — BURSTEIN, R.: Z. anorg. Ch. **168**, 325 (1928).

CATTELAIN, E.: Ann. Chim. anal. [2] **12**, 257 (1930); Bl. [4] **47**, 1406 (1930).

DEBRAY, H.: C. r. **70**, 995 (1870).

FRESENIUS, C. R.: Anleitung zur quantitativen chemischen Analyse, 6. Aufl., Bd. 1, S. 182, 321. Braunschweig 1875. — FURMAN, N. H.: CerIV-sulfat als maßanalytisches Oxydationsmittel, in der Sammlung „Die chemische Analyse", Bd. 33: Neuere maßanalytische Methoden, S. 22. Stuttgart 1935.

HASWELL, A.: Repert. anal. Chem. **2**, 84 (1882); durch Fr. **22**, 430 (1883). — HEMPEL, C. W.: (a) A. **107**, 97 (1858); (b) **110**, 176 (1859); (c) **110**, 178 (1859). — HULETT, G. A.: Ph. Ch. **49**, 500 (1904).

KOHLRAUSCH, F.: Ph. Ch. **64**, 150 (1908). — KOLB, A.: Ch. Z. **25**, 21 (1901). — KOLB, A. u. A. FELDHOFEN: Angew. Ch. **20**, 1977 (1907). — KOLTHOFF, I. M. u. J. KEIJZER: Pharm. Weekbl. **57**, 913 (1920). — KOLTHOFF, I. M. u. W. D. LARSON: Am. Soc. **56**, 1881 (1934). — KOLTHOFF, I. M. u. E. J. A. H. VERZYL: R. **42**, 1055 (1923). — KROUPA, G.: Öst. Z. Berg- u. Hüttenw. **31**, 604 (1883); durch Repert. anal. Chem. **3**, 381 (1883).

LANDOLT-BÖRNSTEIN: (a) Physikalisch-Chemische Tabellen, Hauptwerk, Bd. 1, S. 305. Berlin 1923; (b) ebenda S. 353; (c) ebenda S. 657; (d) 2. Ergänzungsbd., S. 240. Berlin 1931.

MAYR, C. u. G. BURGER: M. **53/54**, 493 (1929). — MAYR, C. u. J. FISCH: Fr. **76**, 418 (1929). — MICHALSKI, E.: (a) Roczniki Chem. **17**, 83 (1937); durch C. **108 II**, 1237 (1937); (b) Roczniki Chem. **17**, 578 (1937); durch C. **109 II**, 129 (1938). — MOHR, F.: Lehrbuch der chemisch-analytischen Titriermethode, 4. Aufl., S. 436. Braunschweig 1874.

NAMIAS, R.: G. **21 II**, 361 (1891).

ODDO, B.: G. **39 I**, 666 (1909).

PETERS, C. A.: Z. anorg. Ch. **24**, 408 (1900); Am. J. Sci. [4] **9**, 401 (1900).

RANDALL, D. L.: Am. J. Sci. [4] **23**, 137 (1907); übersetzt in Z. anorg. Ch. **53**, 78 (1907). — RICHARDS, T. W. u. E. H. ARCHIBALD: Ph. Ch. **40**, 385 (1902). — ROSE, H.: Pogg. Ann. **110**, 129 (1860); vgl. H. ROSE u. R. FINKENER, Handbuch der analytischen Chemie, 6. Aufl., Bd. 2, S. 185, Leipzig 1871. — RUPP, E.: Ar. **241**, 440 (1903).

SCHÄFER, H. u. R. ABEGG: Z. anorg. Ch. **45**, 299 (1905). — SCHWARZ, K. u. T. KANTOR: Mikrochemie **13**, 225 (1933). — SPACU, G. u. P. SPACU: (a) Fr. **96**, 30 (1934); (b) **96**, 188 (1934).

TREADWELL, F. P.: Kurzes Lehrbuch der analytischen Chemie, 11. Aufl., Bd. 2, S. 140. Leipzig u. Wien 1923. — TREADWELL, W. D. u. L. WEISS: Helv. **2**, 680 (1919).

VANINO, L. u. F. TREUBERT: B. **30**, 1999 (1897). — VITALI, D.: Boll. chim. farm. **33**, 257 (1894); durch BECKURTS (a), S. 311.

WENGER, P. u. C. CIMERMAN: Helv. **14**, 718 (1931). — WILLARD, H. H. u. P. YOUNG: Am. Soc. **52**, 557 (1930). — WINKLER, L. W.: (a) Fr. **64**, 262 (1924): (b) „Die chemische Analyse", Bd. 29: Ausgewählte Untersuchungsverfahren für das chemische Laboratorium, S. 124. Stuttgart 1931.

ZOMBORY, L. v.: Z. anorg. Ch. **184**, 237 (1929). — ZOMBORY, L. v. u. L. POLLÁK: Z. anorg. Ch. **215**, 255 (1933).

§ 4. Bestimmung als QuecksilberII-verbindung.

I. Bestimmung als QuecksilberII-oxyd.

HgO, Molekulargewicht 216,61.

Allgemeines.

Eigenschaften des QuecksilberII-oxyds. Das QuecksilberII-oxyd tritt in zwei Formen, einer krystallinischen, roten und einer amorphen, gelben auf, die nach den Ergebnissen der Röntgenuntersuchung im Strukturaufbau identisch sind und sich nur durch die Korngröße unterscheiden. Die gelbe Form hat die kleinere Korngröße, dementsprechend die größere Löslichkeit. Das rote Oxyd wird beim Erhitzen violettschwarz, erhält beim Abkühlen aber seine ursprüngliche rote Farbe wieder. QuecksilberII-oxyd wird im Sonnenlicht allmählich dunkel und zerfällt dabei zum Teil in Quecksilber und Sauerstoff. Beim Erhitzen auf 400° tritt eine quantitative Zersetzung ein. Durch Reduktionsmittel und organische Substanzen wird es zum Metall reduziert.

Die Löslichkeit in Wasser beträgt nach LANDOLT-BÖRNSTEIN (a) für die rote Form bei 30° 42,4 γ/cm^3 Wasser. Nach LANDOLT-BÖRNSTEIN (b) beträgt die Löslichkeit bei 25° von grobkörnigem, rotem QuecksilberII-oxyd $5{,}00 \cdot 10^{-3}$ g in 100 g Wasser und von feinstkörnigem, rotem $15{,}00 \cdot 10^{-3}$ g in 100 g Wasser. Das spezifische Gewicht der Verbindung ist nach LANDOLT-BÖRNSTEIN (c) im Mittel 11,14. — Nach STOCK, GERSTNER und KÖHLE beträgt die Löslichkeit des QuecksilberII-oxyds bei 30° in Wasser 43 γ/cm^3, in 5%iger Kalilauge 57 γ/cm^3 und in 10%iger Kalilauge 145 γ/cm^3. Die größere Löslichkeit in Lauge ist wohl auf Salz-(Mercurat-)bildung zurückzuführen. Die Lösungen geben Quecksilberdampf ab, und zwar die alkalische schneller und in größerem Maße als die rein wäßrige.

Die wäßrige Lösung des QuecksilberII-oxyds zeigt äußerst schwache, jedoch noch erkennbare alkalische Reaktion, man muß also das Vorhandensein geringer Mengen von Hydroxyl-Ionen annehmen.

In Säuren ist das Oxyd leicht zu den entsprechenden Salzen löslich. Mit Chlor liefert es in Gegenwart von Wasser unterchlorige Säure. QuecksilberII-oxyd ist ein gutes Oxydationsmittel für viele organische Substanzen.

A. Gewichtsanalytische Bestimmung.

Die Bestimmung des Quecksilbers als Oxyd wird erstmalig von MARIGNAC bei der Analyse von salpetersauren Quecksilbersalzen durchgeführt. Er erhitzt das Nitrat bis zur vollständigen Umwandlung in Oxyd und berechnet aus dem Gewicht des QuecksilberII-oxyds die entsprechende Quecksilbermenge. Um Quecksilberverluste zu vermeiden, nimmt er die Umsetzung in einer Glasröhre vor, deren eines, zur Spitze ausgezogenes Ende in Wasser taucht. Das andere Ende des Rohres steht mit einem Gasometer in Verbindung, aus dem ein schwacher Strom trockener

Luft während der ganzen Erhitzungszeit eingeleitet wird. Erkennt man an der Farbänderung die annähernd vollständige Zersetzung des QuecksilberII-salzes, so stellt man den Luftstrom von Zeit zu Zeit ab, um festzustellen, ob noch gasförmige Produkte entweichen. Auf diese Weise erreicht man leicht die vollständige Zersetzung des Salzes, ohne die erforderliche Temperatur wesentlich zu übersteigen.

Die Methode ist infolge ihres begrenzten Anwendungsbereiches von geringer praktischer Bedeutung.

B. Maßanalytische Bestimmung.

Eine direkte alkalimetrische Bestimmung von QuecksilberII-oxyd ist nicht durchführbar. Löst man das Oxyd in Normalsäure, um es mit Lauge zurückzutitrieren, so zeigt sich, daß die QuecksilberII-oxydabscheidung vor der neutralen Reaktion eintritt.

1. Jodometrische Titration.

Verfahren von Bilmann und Thaulow (a). Die beiden Autoren geben eine indirekte Bestimmungsmethode an. Sie fällen das QuecksilberII-salz als Oxyd und bestimmen dieses anschließend jodometrisch entsprechend der Gleichung:

$$HgO + 2\,KJ + H_2O = HgJ_2 + 2\,KOH.$$

Arbeitsvorschrift. Eine verdünnte QuecksilberII-nitrat- oder -sulfatlösung wird mit einem Überschuß der entsprechenden Säure versetzt. Es darf weder Halogen noch Kohlendioxyd vorhanden sein. Nach Hinzufügen einiger Tropfen Phenolphthaleinlösung gibt man reine Natronlauge bis zur stark alkalischen Reaktion hinzu, um Verunreinigung des ausfallenden gelben Oxyds durch basische Salze zu vermeiden. Nun versetzt man bis zum Umschlag der roten Farbe des Phenolphthaleins mit einigen Tropfen verdünnter Schwefelsäure und dann mit einigen Grammen Kaliumjodid und verschließt das Titriergefäß. Das Quecksilberoxyd löst sich in Kaliumjodidlösung als Kaliumquecksilberjodid und macht eine entsprechende Menge Kaliumhydroxyd frei. Da QuecksilberII-oxyd gegen Phenolphthalein neutral ist, kann die Lauge mit einer Säure bekannten Titers bestimmt werden.

Bemerkungen. Auf diesem Wege ist natürlich auch das QuecksilberII-oxyd selbst zu bestimmen. Man löst es zu diesem Zweck in Salpeter- oder Schwefelsäure.

Bilmann und Thaulow (a) finden bei Einwagen von zwischen 0,6142 und 0,3551 g QuecksilberII-oxyd Abweichungen zwischen 0,0016 und 0,0002 g.

2. Titration des bei der Umsetzung des QuecksilberII-cyanids mit Natriumhypobromit entstehenden Natriumbromids mit Silbernitrat.

Verfahren von Golse. Eine weitere indirekte Titrationsmethode des Quecksilbers als Oxyd mit Silbernitratlösung benutzt Golse zur Bestimmung von QuecksilberII-cyanid. Das Cyanid setzt sich mit Natriumhypobromit zum 2wertigen Oxyd um:

$$Hg(CN)_2 + 2\,NaOBr + 2\,NaOH = HgO + 2\,NaOCN + 2\,NaBr + H_2O.$$

Zur Bestimmung des Quecksilbers in Quecksilberoxyd wird die Cyanidmethode von Denigès (s. S. 460) angewendet. Überschüssiges Hypobromit wird mit einem Überschuß an Ammoniak reduziert:

$$3\,NaOBr + 2\,NH_3 = 3\,NaBr + 3\,H_2O + N_2\,.$$

Arbeitsvorschrift. 20 cm³ einer etwa 1% QuecksilberII-cyanid enthaltenden Lösung werden mit 20 cm³ Hypobromitlauge 1 Min. lang oxydiert. Dann fügt man 2 cm³ Ammoniaklösung hinzu und erhitzt auf dem Wasserbad bis zum Aufhören der Stickstoffentwicklung. Nach dem Abkühlen löst man den Niederschlag in 10 cm³ 0,1 n Kaliumcyanidlösung und gibt 10 cm³ Ammoniak, 0,5 cm³ 20%ige Kaliumjodidlösung und 40 bis 50 cm³ destilliertes Wasser hinzu. Schließlich wird mit 0,1 n $AgNO_3$-Lösung bis zur bleibenden Trübung titriert. Angenommen, es seien hierfür n cm^3 verbraucht worden, so ergibt sich folgende Berechnung: Ist 10 — n größer als 5,5, so findet man das in der Probe enthaltene Quecksilber nach der Formel:

$$Hg\ (\text{in g}) = [1{,}04\ (10 - n) - 0{,}45] \cdot 0{,}020\ ,$$

ist 10 — n kleiner als 5,5, so erfolgt die Berechnung nach der Formel:

$$Hg\ (\text{in g}) = 0{,}96\ (10 - n) \cdot 0{,}020\ .$$

3. Konduktometrische Titration.

Durch Ausfällen von QuecksilberII-oxyd kann die Leitfähigkeit von quecksilbersalzhaltigen Lösungen bis auf ein Minimum herabgesetzt und so zur Bestimmung des Gehalts der Lösungen an Quecksilber herangezogen werden.

Nach KOLTHOFF (a) wird aus QuecksilberII-chloridlösung durch Lauge neben QuecksilberII-oxyd auch ein kleiner Teil an basischem Salz gefällt. Doch ist diese Menge so unbedeutend, daß die bei der konduktometrischen Titration auftretende Unsicherheit sehr gering ist, sie beträgt etwa 1%.

Die Ergebnisse der konduktometrischen Bestimmung von QuecksilberII-chlorid mit Lauge können dadurch verbessert werden, daß man die QuecksilberII-chloridlösung zu einer abgemessenen Menge Lauge hinzufließen läßt. Doch darf man, um gute Werte zu bekommen, nicht mit zu stark verdünnten Laugen arbeiten (nicht verdünnter als 0,01 n).

Die konduktometrische Bestimmung ist infolge der schnell erreichten Einstellung der Leitfähigkeit in kurzer Zeit auszuführen.

II. Bestimmung als QuecksilberII-chlorid.

$HgCl_2$, Molekulargewicht 271,52.

Allgemeines.

Eigenschaften des QuecksilberII-chlorids. QuecksilberII-chlorid krystallisiert in farblosen, glänzenden, rhombisch-bipyramidalen Prismen. Durch Sublimation wird es als weiße, krystallinische Masse erhalten, die beim Zerreiben ein rein weißes Pulver gibt. Es ist geruchlos und hat einen widerlichen Metallgeschmack. Es ist außerordentlich giftig (letale Dosis 0,2 bis 0,4 g). Das 2wertige Chlorid sublimiert leichter als das 1wertige; es ist auch mit Wasserdampf flüchtig. Nach LANDOLT-BÖRNSTEIN (d) liegt der Schmelzpunkt bei 277°. Die Verbindung siedet unzersetzt bei 301 bis 307°. Die Dichte beträgt nach LANDOLT-BÖRNSTEIN (e) $s_{25°/4°} = 5{,}440$.

Die Löslichkeit (angegeben in Grammen wasserfreier Substanz in 100 g Lösung) ist in Abhängigkeit von der Temperatur in der folgenden Zusammenstellung wiedergegeben [LANDOLT-BÖRNSTEIN (f)]:

15°	20°	25°	30°	70°
$5{,}42_6$	$6{,}16_7$	$6{,}73_2$	7,55	19,12.

In Salzsäure ist QuecksilberII-chlorid leichter löslich als in Wasser, noch leichter in Salmiaklösung. 100 Teile Methylalkohol lösen bei 19,5° 9 Teile QuecksilberII-chlorid, bei 25° 66,9 Teile, 100 Teile Äthylalkohol bei 25° 49,5 Teile.

In der wäßrigen Lösung tritt geringe elektrolytische und hydrolytische Dissoziation ein unter teilweiser Bildung komplexer $[HgCl_4]''$-Ionen. Das elektrische Leitvermögen der wäßrigen Lösungen bleibt weit hinter dem der meisten Chloridlösungen zurück. QuecksilberII-chloridkrystallpulver wird bei gewöhnlicher Temperatur von Schwefelsäure nicht angegriffen, beim Erhitzen siedet mit der Schwefelsäure das Chlorid fort und setzt sich an den oberen, kühlen Wänden des Gefäßes krystallisiert ab. Die wäßrige Lösung ist unbeständig gegen Licht, allmählich scheidet sich QuecksilberI-chlorid ab. Organische Substanzen wie Fett, Gummi, Kork wirken ebenfalls zersetzend, durch Natriumchlorid oder Salzsäure kann die Zersetzung verzögert werden. ZinnII-chlorid, phosphorige Säure, Oxalsäure und Oxalate reduzieren das 2wertige Chlorid zum 1wertigen Chlorid bzw. zum Metall.

Beim Erhitzen der wäßrigen Lösung verflüchtigt sich das QuecksilberII-chlorid. STOCK, LUX, CUCUEL und KÖHLE haben gefunden, daß sich der Quecksilbergehalt einer Lösung bei Zimmertemperatur schon beim Durchleiten von Kohlendioxyd oder Luft, nicht aber von Chlor, verringert. Versuche in äußerst verdünnten Lösungen haben nach STOCK und NEUENSCHWANDER-LEMMER ergeben, daß das Salz beim Erhitzen rein wäßriger Lösungen sich sehr schnell verflüchtigt, während es in salzsaurer Lösung, wohl infolge Komplexbildung, nicht flüchtig ist. Die Anwesenheit von Chlor oder Kaliumchlorat stört dabei nicht. Der Gehalt an Quecksilber nimmt auch merklich ab beim Stehen sehr verdünnter QuecksilberII-chloridlösungen in Glas- oder Quarzgefäßen.

Silbernitratlösung fällt entsprechend der geringen elektrolytischen Dissoziation der QuecksilberII-chloridlösung nur einen Teil des Chlors als Silberchlorid. Mit Ammoniakwasser scheidet sich das weiße, unschmelzbare Präzipitat, $NH_2 \cdot HgCl$, ab. Alkalilaugen im Überschuß fällen gelbes QuecksilberII-oxyd. In Gegenwart von Alkalichloriden kann man mit Natronlauge alkalisch machen, ohne daß eine Fällung eintritt. Schwefelwasserstoff im Überschuß fällt schwarzes QuecksilberII-sulfid, im Unterschuß aber gelbes, bald weiß werdendes Sulfochlorid. Alkalibromid, -jodid und -cyanid scheiden die entsprechenden QuecksilberII-verbindungen aus.

A. Gewichtsanalytische Bestimmung.

Beim Abdampfen einer QuecksilberII-chloridlösung auf dem Wasserbad entweicht mit den Wasserdämpfen auch QuecksilberII-chlorid. Die von VOHL vorgeschlagene Methode, die quecksilberhaltige Substanz in Gegenwart überschüssiger Schwefelsäure zur Trockne einzudampfen, gibt daher ganz falsche Ergebnisse [vgl. dazu C. R. FRESENIUS (a) sowie GARNIER].

B. Maßanalytische Bestimmung.

1. Acidimetrische Titration.

HOLDERMANN bestimmt den Gehalt von QuecksilberII-oxycyanid an QuecksilberII-oxyd durch Titration der mit Natriumchlorid versetzten Lösung mit 0,1 n Salzsäure:

$$Hg(CN)_2 \cdot HgO + 2\,H^{\cdot} + 2\,Cl' = Hg(CN)_2 + HgCl_2 + H_2O\,.$$

***Arbeitsvorschrift von* HOLDERMANN.** 0,5 g reines QuecksilberII-oxycyanid löst man in 50 cm³ Wasser auf dem Wasserbad, versetzt die Lösung mit Natriumchlorid und titriert nach dem Erkalten unter Zusatz von Methylorange mit 0,1 n Salzsäure bis zum Farbumschlag.

Bemerkung. Über die vollständige Bestimmung von QuecksilberII-oxycyanid s. unter „Bestimmung als Kalium-QuecksilberII-jodid", S. 464.

2. Titration mit Kaliumjodat.

a) Verfahren von JAMIESON (a). Eine weitere Titrationsmethode benutzt nach JAMIESON (a) die Oxydation von QuecksilberI-chlorid durch Kaliumjodat in Gegenwart von Salzsäure und Chloroform. Die Titration verläuft entsprechend der Gleichung:

$$2\,Hg_2Cl_2 + KJO_3 + 6\,HCl = 4\,HgCl_2 + KCl + JCl + 3\,H_2O\,.$$

Für die Versuche wurde reines, bei 130 bis 135° getrocknetes und pulverisiertes QuecksilberI-chlorid benutzt.

Arbeitsvorschrift. Die als Titrationslösung dienende Kaliumjodatlösung wird mit reinem, sublimiertem Jod eingestellt in Gegenwart von Salzsäure und Chloroform. Die Titration wird in einem Glaskolben mit 250 cm³ Fassungsvermögen in Gegenwart von 20 cm³ Wasser, 30 cm³ konzentrierter Salzsäure und 6 cm³ Chloroform durchgeführt. Während des Hinzufügens der Jodatlösung wird der Kolben ab und zu geschüttelt.

Bemerkungen. Die Resultate der Methode sind gut. Da viele organische Substanzen die Titration nicht stören, ist sie auf Kalomelpräparate anwendbar.

b) Verfahren von Lang. Als Ausgangsprodukte können natürlich auch QuecksilberII-verbindungen genommen werden, die mit phosphoriger Säure zur 1wertigen Verbindung reduziert (s. S. 435) oder nach Lang folgendermaßen behandelt werden:

Arbeitsvorschrift. Die neutrale QuecksilberII-salzlösung wird mit 4 cm³ Formaldehyd und 10 cm³ 5 n Kalilauge zur Abscheidung von elementarem Quecksilber versetzt. Das Reaktionsgemisch soll höchstens 50 cm³ betragen. Man rührt um und gibt nach 10 Min. 15 bis 20 cm³ halbkonzentrierte Salzsäure und 10 cm³ Chlorjod hinzu. Das Quecksilber wird sofort zur 2wertigen Verbindung oxydiert. Nach 1 Min. versetzt man mit 80 cm³ konzentrierter Salzsäure und 5 cm³ Chloroform und titriert, wie oben angegeben, mit Jodat. 1 cm³ 0,25 mol Jodatlösung entspricht $\frac{200,6}{2 \cdot 10^4}$ g Quecksilber.

c) Verfahren von Brockman. Zur Gehaltsbestimmung von QuecksilberII-jodid führt Brockman eine ähnliche Titration durch, die auf der für alle löslichen Jodide gültigen Umsetzung beruht:

$$5\,KJ + KJO_3 + 6\,HCl = 6\,KCl + 3\,H_2O + 3\,J_2 \text{ und}$$
$$2\,J_2 + KJO_3 + 6\,HCl = KCl + 5\,JCl + 3\,H_2O\,.$$

Die Reaktion ist auf QuecksilberII-jodid anwendbar, doch muß man lang und kräftig schütteln, um es in Lösung zu bringen. Einfacher ist es, die Löslichkeit durch Zusatz von Kaliumcyanid, das mit Kaliumjodat nicht reagiert, zu erhöhen.

Arbeitsvorschrift. Man löst 5 g über Schwefelsäure getrocknetes QuecksilberII-jodid in einem 100 cm³-Erlenmeyer-Kolben in 50 cm³ 5%iger Kaliumcyanidlösung und 40 cm³ Wasser, schüttelt leicht bis zur Auflösung und füllt auf 100 cm³ mit Wasser auf. Dann versetzt man 10 cm³ der Lösung mit etwa der Hälfte der berechneten Menge 0,2 n Kaliumjodatlösung (etwa 13 cm³), gibt 20 cm³ Salzsäure und 5 cm³ Chloroform hinzu und titriert in einer 125 cm³ fassenden Stöpselflasche unter kräftigem Umschütteln mit Kaliumjodat bis zur Entfärbung des Chloroforms.

Bemerkungen. 12 Beleganalysen ergaben im Mittel einen Reinheitsgrad von 99,55%, die größten Abweichungen davon betrugen +0,3 und —0,2%. Jeder Kubikzentimeter 0,2 n Kaliumjodatlösung enthält 0,01070 g Kaliumjodat und entspricht 0,02272 g QuecksilberII-jodid.

3. Titration mit Kaliumpermanganat

QuecksilberII-verbindungen werden, wie Haswell angibt, nach Reduktion mit EisenII-sulfat in alkalischer Lösung und nach Oxydation des überschüssigen EisenII-salzes in saurer Lösung in Gegenwart von ZinnIV-chloridlösung mit Permanganat titriert.

***Arbeitsvorschrift von* Haswell.** Zur Titration versetzt man eine bekannte Menge QuecksilberII-chloridlösung mit einer abgemessenen Menge einer auf Permanganat eingestellten und mit Schwefelsäure angesäuerten EisenII-sulfatlösung im Überschuß, macht mit Kalilauge stark alkalisch, schüttelt einige Sekunden um, säuert mit Schwefelsäure stark an und schüttelt so lange weiter, bis die ursprünglich schwarzbraune Fällung die reinweiße Farbe des QuecksilberI-chlorids zeigt. Das restliche EisenII-salz wird mit Permanganat bis zur Rosafärbung der Flüssigkeit titriert. Nach Zusatz einiger Tropfen ZinnIV-chloridlösung wird mit Kaliumpermanganatlösung wieder bis zur nochmaligen Rosafärbung titriert.

4. Konduktometrische Titration.

Die konduktometrische Titration dissoziierender QuecksilberII-salze läßt sich mit Natriumchloridlösung leicht durchführen. Die Titrationskurven zeigen dabei einen stark abfallenden und, nach Überschreitung des Äquivalenzpunkts, einen steil ansteigenden Ast. Diese Kurvenform erklärt sich daraus, daß die durch Hydrolyse der dissoziierenden QuecksilberII-salze vorhandenen Wasserstoff-Ionen im Verlauf der Titration verschwinden, da $HgCl_2$-Lösungen nicht hydrolysiert sind. Die Reaktion verläuft in gleicher Weise bei der Anwesenheit von nicht zu viel überschüssiger Säure; es wurde maximal das Fünffache des Äquivalentes der Quecksilbermenge angewendet. Die Titration ist besonders geeignet zur Bestimmung mittlerer Konzentrationen von 1 bis 20 mg Quecksilber in 50 cm^3 Lösung. Sie ist aber auch einwandfrei durchzuführen bis zu Konzentrationen von 50 γ Quecksilber in 10 cm^3 Lösung. Die Genauigkeit beträgt unter den gewählten Bedingungen etwa $\pm$ 1%.

Silbersalze dürfen ebensowenig vorhanden sein wie große Mengen von ThalliumI- und Bleisalzen. Jedoch stören Cadmium-, Zink- und Kupfernitrat in salpetersaurer Lösung die Bestimmung nicht, ebensowenig alle Kationen, die in wäßriger Lösung keine oder nur lose gebundene Halogenidkomplexe bilden.

Die Titration eignet sich besonders zur Bestimmung von Quecksilber in Amalgamen. Die Legierung wird dabei in einer geringen Menge konzentrierter Salpetersäure gelöst, ein geringer Überschuß an Säure braucht nicht entfernt zu werden (WINKEL).

Untersuchungen über das sich in Lösungen in Gegenwart von Quecksilber einstellende Gleichgewicht zwischen QuecksilberI- und QuecksilberII-Ionen und die daraus erkennbaren Schwierigkeiten der Titration von QuecksilberII-salzen mit Chloriden unter Benutzung einer Quecksilberelektrode teilen KOLTHOFF und VERZYL mit.

III. Bestimmung als QuecksilberII-bromid.

$HgBr_2$, Molekulargewicht 360,44.

Allgemeines.

Eigenschaften des QuecksilberII-bromids. QuecksilberII-bromid scheidet sich aus alkoholischer Lösung in weißen, rhombischen Prismen ab, aus wäßriger Lösung in Blättchen. Der Schmelzpunkt liegt zwischen 238 und 241,5° [LANDOLT-BÖRNSTEIN (g)], der Siedepunkt bei 320°. Das spezifische Gewicht ist nach LANDOLT-BÖRNSTEIN (h) $s_{20°/4°} = 6{,}053$.

Die Löslichkeit beträgt nach LANDOLT-BÖRNSTEIN (i) (ausgedrückt in Grammen wasserfreier Substanz in 100 g Lösung) bei den angegebenen Temperaturen:

25°	33,5°	55,5°	78,0°	96,5°
$0{,}61_4$	$0{,}68_5$	1,46	2,52	4,34

In 100 g gesättigter alkoholischer Lösung sind bei 0° 13,2 g enthalten, bei 25° 16,53 g, bei 50° 22,63 g.

Das Bromid ist auch in Äther, Aceton und Methylacetat löslich. Die wäßrige Lösung scheidet im Sonnenlicht QuecksilberI-bromid ab.

A. Gewichtsanalytische Bestimmung.

Aus quecksilberhaltiger Luft kann das Quecksilber nach MOLDAWSKI durch die Einwirkung von Bromgas in Quecksilberbromid übergeführt werden, das in Wasser absorbiert wird. Das hierfür konstruierte Absorptionsgefäß mit Glasfilter gestattet bei einer Flüssigkeitsmenge von 4 bis 5 cm^3, die Luft mit einer Geschwindigkeit von 600 l/Std. durchzusaugen. Bis zu einer Geschwindigkeit von 360 l/Std. wird das Quecksilber vollständig zurückgehalten. Die Methode gestattet die Bestimmung von 0,0005 bis 0,001 mg Quecksilber in 1 m^3 Luft. Für die Bestimmung von 0,001 mg Quecksilber in 1 m^3 Luft genügt 3stündiges Durchsaugen der Luft durch den Absorptionsapparat. Das Quecksilberbromid kann im Vakuumexsiccator über Natriumhydroxyd ohne Verlust getrocknet werden.

B. Maßanalytische Bestimmung.

Konduktometrische Titration.

Die konduktometrische Titration von dissoziierenden QuecksilberII-salzen läßt sich nach WINKEL leicht mit Natriumbromidlösung durchführen (vgl. dazu die analoge Bestimmung als QuecksilberII-chlorid, S. 456). Untersuchungen über das sich in Lösungen in Gegenwart von Quecksilber einstellende Gleichgewicht zwischen QuecksilberI- und QuecksilberII-Ionen und die daraus erkennbaren Schwierigkeiten der Titration von QuecksilberII-salzen mit Bromiden unter Benutzung einer Quecksilberelektrode teilen KOLTHOFF und VERZYL mit.

IV. Bestimmung als QuecksilberII-jodid.

HgJ_2, Molekulargewicht 454,4.

Allgemeines.

Eigenschaften des QuecksilberII-jodids. QuecksilberII-jodid tritt in roter und gelber Modifikation auf. Die rote ist bei Zimmertemperatur stabil, sie bildet tetragonale Krystalle, die bei 127° nach LANDOLT-BÖRNSTEIN (k) in gelbe, rhombische Krystalle übergehen, welche bei 257° schmelzen und bei 350° unzersetzt sieden [LANDOLT-BÖRNSTEIN (g)]. Aus dem Dampf und aus der Schmelze bildet sich beim Abkühlen zuerst die gelbe Form, die dann unterhalb des Umwandlungspunktes allmählich in die rote Form übergeht. Die Dichte beträgt nach LANDOLT-BÖRNSTEIN (l) für die rote Form: $D_{127°/4°} = 6{,}226$, für die gelbe Form: $D_{127°/4°} = 6{,}094$.

Die Löslichkeit beträgt für die rote Form nach LANDOLT-BÖRNSTEIN (m) bei 17,5° $4 \cdot 10^{-3}$ g wasserfreie Substanz, bei 25° etwa $6 \cdot 10^{-3}$ g in 100 g Wasser. Die Löslichkeit beträgt bei 25° 2,18 g in 100 g Äthylalkohol und 3,17 g in 100 g Methylalkohol [LANDOLT-BÖRNSTEIN (q)]. Gegen verdünnte Alkalilaugen und gegen Silbernitratlösung zeigt das Jodid keine Quecksilber- und keine Halogen-Ionen-Reaktion. Kaliumjodidlösung löst zu dem blaßgelblichen Komplexsalz $K_2[HgJ_4]$. QuecksilberII-jodid löst sich in heißer Salzsäure und Salpetersäure, auch in QuecksilberII-nitratlösung. In vielen organischen Lösungsmitteln findet, besonders bei Belichtung, eine langsame Zersetzung unter Jodausscheidung und Bildung von QuecksilberI-jodid statt.

A. Gewichtsanalytische Bestimmung.

Die Bestimmung beruht auf der Löslichkeit von QuecksilberII-jodid in Äther, in dem es sich im Verhältnis 1: 70 löst, während es in Wasser fast unlöslich ist. Um die Methode zuverlässig zu machen, muß die Lösungswirkung eines etwaigen Überschusses an Kaliumjodid auf ein Minimum zurückgeführt werden. Das wird erreicht durch Hinzufügen kleiner Mengen von Phosphorsäure oder Citronensäure.

***Arbeitsvorschrift von* LIVERSEDGE.** Etwa 25 cm³ der zu untersuchenden Lösung werden in einen Scheidetrichter pipettiert und nötigenfalls verdünnt. LIVERSEDGE benutzt für die Untersuchungen dabei QuecksilberII-chloridlösungen. In den Scheidetrichter wird vorsichtig tropfenweise eine 5%ige Kaliumjodidlösung zugesetzt, bis weiterer Zusatz keine Fällung mehr hervorruft; starker Überschuß ist nach Möglichkeit zu vermeiden. Nach Hinzufügen einiger Tropfen Phosphorsäure ($D = 1{,}750$) wird das entstandene Jodid unter kräftigem Umschütteln mit 50 cm³ Äther extrahiert, die untere wäßrige Schicht abgelassen und von neuem mit 50 cm³ Äther ausgeschüttelt. Die Ätherextraktion wird 3mal wiederholt. Nach Vereinigung der ätherischen Auszüge wird 3mal mit geringen Mengen destilliertem Wasser ausgewaschen und schließlich der Äther im ERLENMEYER-Kolben abdestilliert. Der Rückstand wird im Trockenschrank getrocknet. Durch Durchleiten von trockner, filtrierter Luft durch den ERLENMEYER-Kolben kann der Prozeß beschleunigt werden, so daß in 1 Std. der Niederschlag vollständig getrocknet sein kann. Wird das Jodid längere Zeit im Trockenschrank gelassen, z. B. etwa 5 Std., so fängt es an sich zu verflüchtigen. Aus der gewogenen Jodidmenge berechnet man die vorhandene QuecksilberII-chloridmenge durch Multiplikation mit dem Faktor 0,597.

***Bemerkungen.* I. Genauigkeit.** Die von LIVERSEDGE gefundenen Resultate sind aus der folgenden Tabelle 2 ersichtlich:

Tabelle 2.

Angewendete Menge QuecksilberII-chlorid g/100 cm³ Lösung	Gefundene Menge QuecksilberII-chlorid g/100 cm³ Lösung
0,1290	0,1296
0,8936	0,8736
0,2485	0,2445
0,1140	0,1000
2,9450	2,9208
0,1000	0,1008
1,0000	1,0010
0,0320	0,0309

II. Mikromethode von PJANKOW. Zur gewichtsanalytischen Mikrobestimmung geringerer Mengen Quecksilber aus der Luft empfiehlt PJANKOW, die Quecksilberdampf enthaltende Luft durch eine Spirale mit kleinen Jodkryställchen durchzusaugen. Das Quecksilber verbindet sich mit dem Jod und wird als Jodid an den Wänden der Spirale abgesetzt. Es wird nun in 2 bis 3 cm³ Äther gelöst, nach dem Filtrieren bis fast zur Trockne eingedampft, darauf bei 40° im Trockenschrank getrocknet und alsdann gewogen.

B. Maßanalytische Bestimmung.

1. Jodometrische Titration.

a) Verfahren von CARNOT. *Die* von CARNOT vorgeschlagene titrimetrische *Bestimmung von QuecksilberII-jodid beruht auf dessen Unlöslichkeit in salpetersaurer, von Alkalijodid freier Lösung.* Die zum Ansäuern zu verwendende Salpetersäure muß etwas Untersalpetersäure enthalten (man setzt sie zu diesem Zweck einige Zeit dem Licht aus), damit sich beim Titrieren mit Kaliumjodidlösung ein Überschuß des letzteren durch Bildung von freiem Jod zu erkennen gibt. Das Quecksilber muß als Oxyd oder als Chlorid vorhanden sein.

Arbeitsvorschrift. 100 bis 150 cm³ der zu untersuchenden Lösung oder ihrer Verdünnung werden mit etwa 10 cm³ Salpetersäure und etwas Stärkekleister versetzt. Unter beständigem Umrühren gibt man aus der Bürette 0,1 n Kaliumjodidlösung hinzu. Sobald das Quecksilber vollständig als unlösliches Jodid abgeschieden ist, bewirkt der geringste Überschuß an Kaliumjodidlösung in Gegenwart der Untersalpetersäure enthaltenden Salpetersäure die Bildung von freiem Jod und damit die Blaufärbung der Stärke. Beim Eintreten einer bleibenden Färbung ist der Endpunkt der Reaktion erreicht. Es ist vorteilhaft, durch einen Vorversuch den Quecksilbergehalt erst annähernd festzustellen und im Hauptversuch fast die ganze Kaliumjodidmenge auf einmal zuzugeben und erst dann mit Stärkekleister und Salpetersäure zu versetzen und zu titrieren.

Bemerkungen. Bei Anwesenheit von freier Salzsäure oder von beträchtlichen Mengen Alkalichlorid ist die Methode nicht anwendbar. Bestimmt wurden 2 bis 100 mg Quecksilber; die Methode gab befriedigende Ergebnisse.

b) Verfahren von KORENMAN. *Die* von KORENMAN als Mikromethode durchgeführte *Bestimmung des Quecksilbers beruht auf der durch Bildung von QuecksilberII-jodid hervorgerufenen Entfärbung von Jodstärkelösung durch hinzugefügte QuecksilberII-salze.*

Arbeitsvorschrift. *Reagenzien.* Als Titerlösung dient eine 0,1 n Kaliumjodidlösung bzw. eine durch Verdünnen daraus hergestellte 0,01 n Lösung, deren Titer nach MOHR ermittelt wird. Ferner werden gebraucht: 0,5%ige Stärkelösung und 0,5%ige alkoholische Jodlösung.

Arbeitsweise. In ein Probierröhrchen bringt man 3 cm³ einer annähernd 0,01 n Kaliumjodidlösung und gibt 1 cm³ Stärkelösung und 2 bis 3 Tropfen Jodlösung dazu. Dann wird mit der zu analysierenden neutralen oder schwach sauren Probelösung bis zum Verschwinden der Blaufärbung aus der Mikrobürette titriert, d. h. bis alles Jodid als QuecksilberII-jodid gebunden ist. Da reine Jodlösungen auch einen geringen Jodidgehalt aufweisen, muß dieser Wert in einem Blindversuch mit 0,01 n $HgCl_2$-Lösung festgestellt und von dem Titrationswerte abgezogen werden.

Bemerkungen. Die Anwesenheit von Blei-, Kupfer- und Cadmiumsalzen stört die Titration nicht. Die Versuchsergebnisse sind in der nebenstehenden Tabelle 3 zusammengestellt:

Tabelle 3.

Quecksilbermenge (mg/cm³) Angewendet	Gefunden	Fehler %
1,605	1,622	1,06
1,203	1,218	1,24
0,60	0,60	0
0,20	0,219	9,5
0,10	0,10	0
0,200*	0,192	4,0
0,200**	0,185	7,5
0,200***	0,194	3,0
0,200†	0,198	1,0
0,200††	0,196	2,0

* Bei Gegenwart von 2 mg $Pb^{\cdot\cdot}$/cm³.
** Bei Gegenwart von 20 mg $Pb^{\cdot\cdot}$/cm³.
*** Bei Gegenwart von 2,5 mg $Cu^{\cdot\cdot}$/cm³.
† Bei Gegenwart von 5 mg $Cu^{\cdot\cdot}$/cm³.
†† Bei Gegenwart von 8 mg $Cd^{\cdot\cdot}$/cm³.

c) Verfahren von DENIGÈS (a). Eine Schnellmethode zur Bestimmung des Quecksilbers als Jodid in QuecksilberII-cyanid und -chlorid gibt DENIGÈS (a) an.

Arbeitsvorschrift. *Reagenslösung.* Zur Fällung des Jodids dient eine gesättigte Lösung von QuecksilberII-chlorid, die so lange mit einer Lösung von 13,55 g QuecksilberII-chlorid und 36 g Kaliumjodid im Liter versetzt wird, bis ein geringer, aber bleibender Niederschlag entsteht, der nach Schütteln mit etwas Talkum abfiltriert wird.

Arbeitsweise. 20 cm³ einer wäßrigen Lösung mit 0,2, 0,4, 0,5, 1, 2 und 2,5 g QuecksilberII-chlorid bzw. 0,2, 0,4, 1, 2 und 4 g QuecksilberII-cyanid werden mit je 20 Tropfen der im vorigen Abschnitt erwähnten Reagenslösung und 10 Tropfen Salzsäure versetzt und unter Umschwenken mit Thiosulfat titriert. Sobald der Niederschlag stark abgenommen hat, verlangsamt man den Zusatz von Thiosulfat auf 1 Tropfen in der Sekunde und titriert bis zur vollständigen Klärung, d. h. bis bei Anwesenheit größerer Mengen Quecksilber die Lösung nur noch ganz schwach gelbliche Färbung aufweist. Der beim Vorliegen größerer Mengen Quecksilber als QuecksilberII-chlorid etwa bleibende unlösliche Rückstand kann dadurch vermieden werden, daß der nach Zusatz der Reagenslösung anfangs auftretende rote Niederschlag durch tropfenweise Zugabe von 10%iger Kaliumcyanidlösung gelöst wird. Bei Gegenwart von Cyanid lassen sich demnach bedeutend höhere Mengen an Chlorid titrieren. Hier sowohl als auch bei der Titration von QuecksilberII-cyanid ist der Thiosulfatverbrauch zur Korrektur bei Anwendung von 0,1 n Lösung um 0,25 cm³, bei der Chloridtitration ohne Cyanid um 0,15 cm³ zu vermindern.

Bemerkung. Diese Schnellmethode wird von DENIGÈS (a) auch auf die Bestimmung von Quecksilber im Urin angewendet.

2. Potentiometrische Titration.

Für die potentiometrische Bestimmung des 2wertigen Quecksilbers ist die Titration mit Kaliumjodidlösung gut geeignet.

a) Verfahren von HILTNER und GITTEL. HILTNER und GITTEL arbeiten mit der Silberjodidelektrode, die als Indicatorelektrode die Silberelektrode und zugleich die Jodelektrode ersetzt. Als Vergleichselektrode wird eine mit Kaliumsulfat- oder Ammoniumnitratlösung gefüllte, stabilisierte Silberelektrode oder eine AntimonIII-oxydelektrode benutzt. Am Ende der Reaktion

$$Hg^{\cdot\cdot} + 2\,J' = HgJ_2$$

tritt ein großer Potentialsprung auf. Die bei weiterem Kaliumjodidzusatz auftretende Bildung des Kalium-QuecksilberII-jodids wird nur durch einen flachen Potentialsprung angezeigt. Es wird daher nur bis zum ersten Potentialsprung titriert.

Arbeitsvorschrift. Zu dem Quecksilbersulfidniederschlag gibt man tropfenweise eine Mischung von 20 cm³ konzentrierter Salpetersäure und etwa 3 cm³ (nicht mehr) konzentrierter Salzsäure. Nach der vollständigen Auflösung verdünnt man mit Wasser, fügt zur Lösung 5 g Harnstoff hinzu, kocht auf, läßt nun wieder abkühlen und stumpft mit 30 cm³ 2 n Natriumacetatlösung ab. Schließlich titriert man mit Kaliumjodidlösung bekannten Titers unter Verwendung der Silberjodidelektrode als Indicatorelektrode.

Bemerkungen. Beim Lösen des Sulfidniederschlags darf die angegebene Salzsäuremenge nicht überschritten werden, da die Chlor-Ionen sonst den Potentialsprung bei der Quecksilbertitration zu sehr verkleinern. Die nach der Methode erhaltenen Ergebnisse sind in der nebenstehenden Tabelle 4 auszugsweise wiedergegeben.

Tabelle 4.

0,1 n KJ-Lösung cm³	Quecksilbermenge	
	Gefunden g	Gegeben g
21,25	0,2123	0,2118
21,23	0,2121	0,2118
10,6	0,1059	0,1059
42,43	0,4239	0,4236

Treadwell und Weiss benutzen bei der potentiometrischen Titration des Quecksilbers als Jodid einen amalgamierten Platindraht als Indicatorelektrode und eine Kalomelelektrode als Bezugselektrode.

b) Verfahren von Maricq. Nach Maricq ist die potentiometrische Titration mit Kaliumjodid (er titriert QuecksilberII-nitrat in salpetersaurer Lösung) auf Konzentrationen an Quecksilbersalz von 0,1 n bis 0,001 n anzuwenden und wird durch die Anwesenheit verhältnismäßig großer Mengen an Salpetersäure, Schwefelsäure, Chloriden, Phosphaten und Acetaten wenig beeinflußt. Die 0,1 n Kaliumjodidlösung wird nach Volhard oder potentiometrisch mit Silbernitrat eingestellt. Der gefundene Wert soll im letzteren Fall unabhängig von der Konzentration mit dem Faktor 0,994 korrigiert werden.

c) Verfahren von Kolthoff und Verzyl. Nach Kolthoff und Verzyl kann man den Quecksilbergehalt von QuecksilberII-chloridlösungen potentiometrisch mit Jodid an der Quecksilberelektrode (elektrolytisch amalgamierter Draht) bestimmen. Doch kann man die Lösung wegen der Reduktion zu Kalomel an der Quecksilberelektrode nicht unmittelbar titrieren. Man versetzt daher mit einem Jodidüberschuß und titriert den Überschuß mit einer QuecksilberII-chloridlösung bekannten Gehalts zurück. Die Ergebnisse sind auch bei verdünnten Lösungen genau. Zur Bestimmung läßt sich nach Kolthoff (b) auch eine Jodelektrode (Platindraht, der in die mit 2 bis 10 Tropfen frischer, 10%iger Jodtinktur versetzte Titrationslösung taucht) bei Zimmertemperatur anwenden.

3. Konduktometrische Titration.

Die von Winkel durchgeführten Versuche der konduktometrischen Titration dissoziierender QuecksilberII-salze mit Kaliumjodid schlugen fehl, da sich dabei Niederschläge wechselnder Zusammensetzung ausschieden.

C. Colorimetrische Bestimmung.

Zum Nachweis sehr kleiner Quecksilbermengen wird nach Stock und Heller sowie nach Stock und Zimmermann das in eine Capillare destillierte Quecksilber (s S. 422) in einem Reagensrohr mit einigen Jodkrystallen 1 bis 2 Std. lang stehengelassen. Der sich bildende, leuchtend rote Jodidbeschlag ist noch bei 0,007 γ Quecksilber unter der Lupe zu beobachten. Aus der Dicke des Jodidbeschlages kann allerdings die Quecksilbermenge nur annähernd geschätzt werden. Der Beschlag verflüchtigt sich in einigen Stunden, bei der Aufbewahrung über Jod ist er noch nach 24 Std. zu sehen. Unter besonderen Vorsichtsmaßregeln kann man den ringförmigen Beschlag mit einem entsprechend aus bekannten Quecksilbermengen hergestellten vergleichen (CUCUEL).

a) Verfahren von COSTEANU. *Eine mikrochemische, sehr schnell auszuführende Methode zur annähernden Bestimmung des Quecksilbergehalts beruht nach* COSTEANU *auf der Bildung einer Färbung, die ein mit einer Lösung eines 1- oder 2wertigen Quecksilbersalzes getränktes Filtrierpapier beim Auftragen 1 Tropfens Jodwasserstoffsäure zeigt. Die so erhaltenen Farbflecke vergleicht man mit den bei einer Vergleichsreihe mit Quecksilberlösungen bekannten Gehalts entstandenen. Aus der Gleichheit der Intensität der Farbe kann man auf gleichen Quecksilbergehalt und gleiche Wertigkeitsstufe schließen.*

Arbeitsvorschrift. Zur *Herstellung der Vergleichslösung* werden 5,240 g chemisch reines QuecksilberII-chlorid in 1 l Wasser gelöst. Aus dieser Lösung, die 4 mg Quecksilber/cm³ enthält, werden durch Verdünnen Lösungen mit 3 mg/cm³, 2 mg/cm³, 1 mg/cm³ und 0,5 mg/cm³ hergestellt. Mit jeder dieser Vergleichslösungen wird ein Stück Filtrierpapier gleichmäßig und gut getränkt und dann getrocknet.

Zur *Herstellung des Reagenses* leitet man in ein Gemisch von gepulvertem Jod in Wasser unter häufigem Rühren Schwefelwasserstoff ein. Nach dem Verschwinden des Jods wird der Schwefel abfiltriert. Den Überschuß an Schwefelwasserstoff vertreibt man durch Erwärmen. Die Lösung soll mit Bleisalzlösungen einen gelben Niederschlag geben; ein schwarzer Niederschlag zeigt an, daß noch nicht aller Schwefelwasserstoff entfernt worden ist. Durch Luft wird das Reagens unter Jodabscheidung zersetzt, kann aber leicht durch Behandlung mit Schwefelwasserstoff regeneriert werden.

Arbeitsweise. Mit einem Tropfröhrchen wird je 1 Tropfen des Reagenses auf jeden der 5 oben hergestellten Streifen Filtrierpapier gebracht. Mit der zu untersuchenden Lösung wird ein Stück Filtrierpapier sorgfältig und gut getränkt. Nach dem Trocknen bringt man ebenfalls 1 Tropfen des Reagenses darauf und vergleicht mit den Farbflecken der Vergleichsreihen. Die mit QuecksilberII-verbindungen erzeugten Flecke zeigen rotgelbe, die mit QuecksilberI-verbindungen erhaltenen grüngelbliche Ränder, so daß auch die 1- und 2wertigen Verbindungen voneinander zu unterscheiden sind.

Aus der Oberfläche des getränkten Papiers, dem Volumen der Tränklösung und der Oberfläche des Farbfleckes läßt sich berechnen, daß die noch einen erkennbaren Farbfleck ergebende Flüssigkeitsmenge 0,005 mg Quecksilber enthalten muß. Es sind also noch 0,005 mg Quecksilber auf diesem Wege nachweis- und bestimmbar.

b) Verfahren von SCHEWKET. Eine schnelle Bestimmung des Quecksilbers in QuecksilberII-salzen auf colorimetrischem Wege beschreibt SCHEWKET.

Arbeitsvorschrift. 10 cm³ einer 1,5%igen Kaliumjodidlösung und 10 cm³ 0,1 n Natronlauge werden in einem 100 cm³-Becherglas tropfenweise mit einer Sublimatlösung bekannten Gehalts versetzt, bis eine beständige, gelbe Färbung entsteht. In ein anderes Becherglas bringt man ebenfalls 10 cm³ 1,5%ige Kaliumjodidlösung und 10 cm³ 0,1 n Natronlauge. Gleichzeitig bereitet man aus dem zu untersuchenden QuecksilberII-salz unter Zusatz von 0,2 g Ammoniumchlorid auf 100 cm³ Lösung eine 0,5%ige Lösung. Davon läßt man in das zweite Becherglas so viel zufließen, daß die Färbung in den beiden Gläsern gleich ist (auf weißes Papier stellen!). Die in dem zweiten Versuch verbrauchte Menge der zu untersuchenden QuecksilberII-salzlösung entspricht dann der im ersten Versuch angewendeten Menge der eingestellten Sublimatlösung.

c) Verfahren von Delauney. Sind häufige Bestimmungen kleiner Quecksilbermengen (bis herab zu 0,0033 mg Quecksilber) durchzuführen, so kann dies nach Delauney durch Vergleich von Quecksilberjodidringen in einer dafür konstruierten Apparatur geschehen. Das zu bestimmende Quecksilber (auf Goldelektroden oder auf feinen Messingspiralen niedergeschlagen) wird in eine Röhre aus schwer schmelzbarem Glas sublimiert, durch Überleiten von Joddämpfen in das Jodid übergeführt und an einer kälteren Stelle niedergeschlagen. Die entstehenden Ringe werden mit unter gleichen Bedingungen aus bekannten Quecksilbermengen hergestellten verglichen. Enthält jeder Eichring ein Siebtel weniger als der vorausgehende, so lassen sich die Unterschiede noch genau beobachten. Mengen von 0,1 mg lassen sich gut erkennen, solche von 0,01 mg noch vor schwarzem Papier; in zu Halbcapillaren ausgezogenen Rohrenden ließen sich noch 0,0033 mg Quecksilber feststellen.

Arbeitsvorschrift: *Apparatur.* Der amalgamierte Gegenstand wird in die Mitte eines schwer schmelzbaren Glases von 50 cm Länge und 6 mm innerem Durchmesser gebracht. Das Rohr ist, ähnlich wie in einem Verbrennungsofen, horizontal über drei Gruppen von Brennern angebracht, liegt auf drei nicht zusammenhängenden, mit Asbest umkleideten Nickelschiffchen und ist mit leichten Nickeldeckeln zugedeckt. Jeder der drei Teile hat eine Länge von 10 cm und kann also einzeln geheizt werden. Der amalgamierte Gegenstand befindet sich im mittleren Teil. Auf der einen Seite wird ein langsamer Luftstrom zugeführt, der je nach Bedarf mit Joddämpfen beladen werden kann. Zu diesem Zweck wird er durch ein Jodkrystalle enthaltendes Rohr, das in ein Wasserbad von 95° taucht, geleitet.

Arbeitsweise. Der Vorgang vollzieht sich in drei Arbeitsstufen.

1. Arbeitsstufe. Der erste Teil des Rohres wird bis auf dunkle Rotglut erhitzt, während ein kalter Luftstrom langsam durch das Rohr streicht. Etwas später wird auch der zweite Teil des Rohres erhitzt. Das Quecksilber destilliert ab und setzt sich in dem kalten, dritten Teil des Rohres ab. Nach etwa 4 bis 5 Min. bricht man das Erhitzen ab und läßt erkalten.

2. Arbeitsstufe. Der dritte Teil des Rohres wird leicht erhitzt unter gleichzeitiger Zuführung von mit Jod beladener, warmer Luft. Nach der vollständigen Umsetzung des Quecksilbers vertreibt man etwa 5 bis 6 Min. lang den Jodüberschuß mit frischer Luft ohne Temperaturänderung. Man läßt unter Durchleiten eines schwachen Luftstroms erkalten.

3. Arbeitsstufe. Der dritte Teil des Rohres wird etwas stärker erhitzt (auf 135 bis 140°). Dabei sublimiert das Quecksilberjodid in den kalten, nicht umkleideten, restlichen Teil des Glasrohres und schlägt sich dort als regelmäßig abnehmender, gelber Ring nieder, der eine Breite von bis zu 3 cm erreicht. Nach dem Erkalten wird das Jodid rot, manchmal auch erst am nächsten Tag. Das äußerste Ende des Rohres soll mindestens 12 cm vom dritten Teil entfernt sein, um, falls der Jodidniederschlag unregelmäßig ist, ein neues Niederschlagen in der Wärme zu erlauben. Dann wickelt man ein Kupferblech von 2 cm Länge um das Rohr und erhitzt leicht.

Der austretende Luftstrom wird zur Prüfung auf mitgerissenes Jod durch eine mit Kaliumjodidlösung oder Alkohol gefüllte Waschflasche geleitet.

d) Verfahren von Peregud und Kusmina. *Eine weitere, colorimetrische Nachweismethode kleiner Quecksilbermengen (z. B. zum Nachweis des Quecksilbers im Speichel) beruht nach* Peregud *und* Kusmina *auf der Gelbrosa- bis Orangefärbung einer Suspension von Speichel in Kupfersulfat- und Natriumsulfitlösung durch QuecksilberII-jodid. Die Färbung wird mit einer Kontrollskala verglichen.*

Arbeitsvorschrift. Zur Tagesmenge des Speichels gibt man in einem 100 cm³-Kjeldahl-Kolben 1 bis 3 cm³ Schwefelsäure (D 1,84), erhitzt und verbrennt bis zur Entfärbung. Zum Rückstand setzt man 10 cm³ Wasser zu und spült die Lösung in ein Schälchen über. Man neutralisiert sie mit 25%igem Ammoniak, vertreibt überschüssiges Ammoniak durch Erhitzen, löst den Schaleninhalt in wenig heißem Wasser und spült die Lösung in einen ERLENMEYER-Kolben über. Nun wird Jodlösung (1 g Jod + 12 g Kaliumjodid in 100 g Wasser) zugesetzt (auf 3 cm^3 Lösung etwa 1 cm^3 Jodlösung), so daß die Endverdünnung etwa 0,25%, bezogen auf das Jod, beträgt. Zur Bestimmung des gebildeten QuecksilberII-jodids schüttelt man in einem farblosen Reagensglas 0,5 cm^3 10%ige Kupfersulfatlösung und 0,5 cm^3 Natriumsulfitlösung (37,8 g Natriumsulfit, $Na_2SO_3 \cdot 7\,H_2O$, in 100 g Wasser), setzt 4 cm^3 der zu analysierenden Lösung zu und schüttelt 2 Min. Die gebildete Suspension ist im Blindversuch weiß, sie färbt sich bei Anwesenheit von Quecksilber gelbrosa bis orange. Die Farbe wird mit der einer Kontrollskala verglichen, die auf folgende Weise hergestellt wird: In eine Reihe von Reagensgläsern gibt man, beginnend mit dem zweiten Glas, 0,1, 0,3, 0,5, 0,7 usw. cm^3 Quecksilberstandardlösung (2,5 g J_2 + 30 g KJ auf 1000 cm^3 $HgCl_2$-Lösung vom Titer 0,1 mg Hg) und füllt mit einer Lösung von 0,25 g J_2 + 3 g KJ in 100 cm^3 Wasser auf 4 cm^3 auf. In das erste Reagensglas gibt man 4 cm^3 der Jodlösung. Eine zweite Reihe von Reagensgläsern wird mit je 0,5 cm^3 der Kupfersulfat- und 0,5 cm^3 der Natriumsulfitlösung versetzt. Nach dem Schütteln gibt man in jedes Glas den Inhalt des entsprechenden Glases der ersten Reihe hinzu und schüttelt 2 Min. Das erste Glas enthält eine dicke weiße Suspension, die weiteren Lösungen sind in zunehmendem Maße gelbrosa gefärbt. Findet man keine mit der zu untersuchenden Lösung übereinstimmende Färbung der Gläser der Kontrollskala, so muß eine weitere Kontrollskala mit entsprechenden Quecksilbergehalten bereitet werden.

Bemerkungen. WAGNER zieht diese auf der Bildung der roten Verbindung $CuJ \cdot HgJ_2$ beruhende Methode auch für die Bestimmung des Quecksilbers im Harn heran. Als Jodlösung benutzt er eine Lösung von 2,5 g Jod und 30 g Kaliumjodid in 1 l Wasser.

e) Verfahren von BOUILLOUX. *Eine colorimetrische Mikrobestimmung gibt* BOUILLOUX *an, die auf der bei Einwirkung von QuecksilberI-salz oder QuecksilberII-salz auf den QuecksilberII-jodid-tetramethyl-thionin-Komplex auftretenden Blaufärbung beruht. Das Farbstoffjodomercurat ist in Wasser und stark verdünnten Säuren unlöslich, die freiwerdende Farbe färbt die Lösung stark blau.*

Arbeitsvorschrift. Zur Herstellung eines reinen Jodomercurats des Methylenblaus fällt man es aus 1%iger Methylenblaulösung mit überschüssigem Kaliumquecksilberjodid und behandelt den Niederschlag nach gründlichem Auswaschen zur Entfernung adsorbierter Spuren des Fällungsmittels mit einer sehr verdünnten Methylenblaulösung, bis das Filtrat eine schwache Färbung aufweist. Anschließend wäscht man mit etwas Essigsäure enthaltendem Wasser und dekantiert 2- bis 3mal mit 40- bis 50%iger Essigsäure. Das Reagens bewahrt man als Suspension in mit etwas Essigsäure versetztem Wasser auf.

Zu 3 bis 4 cm^3 der neutralisierten Analysenlösung gibt man 1 Tropfen Essigsäure und 5 Tropfen einer einige Prozente des Reagenses enthaltenden Lösung hinzu. Nach gutem Durchschütteln läßt man absitzen. Zum Farbvergleich benutzt man eine Reihe von Standardlösungen bekannter Quecksilberkonzentrationen.

Bemerkung. Die Empfindlichkeit soll für QuecksilberII-salze bis zu 10^{-6} g/cm^3 betragen, für QuecksilberI-salze ist sie etwas geringer.

V. Bestimmung als Kalium-QuecksilberII-jodid.

$K_2[HgJ_4]$, Molekulargewicht 798,48.

Allgemeines.

Die blaßgelbe Komplexverbindung $K_2[HgJ_4]$ ist in Wasser und Alkohol löslich; sie ist ein bekanntes Reagens auf Alkaloide, mit denen sie zahlreiche charakteristische Niederschläge gibt.

Maßanalytische Bestimmung.

1. Jodometrische Titration.

Die älteste Methode der jodometrischen Quecksilberbestimmung ist von HEMPEL angegeben worden. *Sie beruht auf der Oxydation des QuecksilberI-chlorids* (s. S. 440) *durch Jod in Gegenwart von Kaliumjodid, entsprechend der Gleichung:*

$$2\,HgCl + 6\,KJ + J_2 = 2\,K_2[HgJ_4] + 2\,KCl.$$

***Arbeitsvorschrift von* HEMPEL.** Das durch Reduktion erhaltene QuecksilberI-chlorid spült man nach dem Auswaschen in einen Kolben, versetzt mit einer genügenden Menge Kaliumjodid und 0,1 n Jodlösung (auf 1 g QuecksilberI-chlorid etwa 2,5 g Kaliumjodid und 100 cm³ 0,1 n Jodlösung) und schüttelt im verschlossenen Kolben so lange, bis der Niederschlag sich wieder aufgelöst hat. Der Überschuß an Jod wird mit 0,1 n Thiosulfatlösung unter Verwendung von Stärke als Indicator zurücktitriert. 1 cm³ Jodlösung entspricht 0,02006 g Quecksilber. Da ein Unterschied von 0,05 cm³ 0,1 n Jodlösung schon eine erhebliche Abweichung in der Quecksilbermenge bedingt, empfiehlt es sich, den letzten Rest des Jods mit 0,01 n Thiosulfatlösung zu titrieren.

***Bemerkungen.* I. Genauigkeit.** Die Methode ist sehr genau, wenn das vollständige Lösen des QuecksilberI-chlorids in Jodlösung mit der entsprechenden Vorsicht durchgeführt wird.

II. Anwendung der Methode. α) CELSI und DE CELSI benutzten die Methode zur Bestimmung des Quecksilbers in Kalomel und QuecksilberI-jodid.

β) Bestimmung des Quecksilbers in gefälltem QuecksilberII-sulfid nach DENNER. Eine Anwendung des Verfahrens auf gefälltes QuecksilberII-sulfid gibt DENNER an:

Arbeitsvorschrift. Das QuecksilberII-sulfid wird in einer Stöpselflasche mit etwas Schwefelkohlenstoff übergossen und mit überschüssiger 0,1 n Jodlösung geschüttelt:

$$HgS + J_2 + 2\,KJ = K_2[HgJ_4] + S\,.$$

Der Schwefelkohlenstoff wird zum Lösen des ausgeschiedenen Schwefels hinzugefügt, damit der Schwefel nicht QuecksilberII-sulfid einhüllt und so die vollständige Zersetzung verhindert. Der Überschuß an Jodlösung wird mit Thiosulfat zurücktitriert.

γ) Bestimmung des Quecksilbers in Quecksilbersalicylat nach VIEBÖCK und BRECHER. Eine weitere Anwendung dieser Methode geben VIEBÖCK und BRECHER zur Bestimmung des Quecksilbers im Quecksilbersalicylat an. Doch erhält man nur befriedigende Werte, wenn man bei genügend großer Säure- und Kaliumjodidkonzentration arbeitet.

Arbeitsvorschrift. 0,4 g Substanz werden in einem Kolben mit einer wäßrigen Suspension von etwa gleichen Mengen Natriumhydrogencarbonat und Borax geschüttelt. Nach einigen Minuten wird durch Hinzufügen von 1 g Kaliumjodid Auflösung erreicht. Nun gibt man 24 bis 25 cm³ 0,1 n Jodlösung zu, säuert mit einigen Kubikzentimetern konzentrierter Essigsäure an und titriert das überschüssige Jod mit 0,1 n Thiosulfatlösung zurück.

Bemerkung. Über weitere Bestimmungen von Quecksilbersalicylat s. S. 521.

δ) Weitere Untersuchungen über die jodometrische Bestimmung des Quecksilbers in organischen Verbindungen, insbesondere in Quecksilbersalicylat. Nach OPIEŃSKA-BLAUTH lassen *Untersuchungen über die jodometrische Bestimmung des Quecksilbers in organischen Verbindungen* erkennen, daß die Substitution des Quecksilbers in den Verbindungen von ihrer Löslichkeit in Alkali und Kaliumjodid sowie vom Bau der Verbindung selbst abhängig ist. Fast für jede Verbindung müssen gesonderte Titrationsbedingungen ermittelt werden. Selbst bei Quecksilbersalicylat gelangt OPIEŃSKA-BLAUTH zu keinen sicheren

Ergebnissen. Auch RUPP (a) findet bei der Titration von Quecksilbersalicylat mit 0,1 n Jodlösung mit anschließender Rücktitration des überschüssigen Jods mit Thiosulfat zu niedrige Werte. RUPP und NÖLL empfehlen daher die titrimetrische Bestimmung mit der Rhodanmethode (s. S. 488), nach vorausgegangenem Aufschluß des Salicylats oder des Succinimids mit Kaliumsulfat und konzentrierter Schwefelsäure (s. S. 548).

ε) Methode von PERSONNE. Eine von PERSONNE angegebene Titrationsmethode zur Bestimmung 2wertigen Quecksilbers, die auf der Fällung von rotem QuecksilberII-jodid durch geringen Überschuß an QuecksilberII-salz beruht, führt wegen des zu früh erfolgenden Farbumschlags zu falschen Ergebnissen.

2. Indirekte alkalimetrische Titration.

Die Auflösung von QuecksilberII-jodid in überschüssiger Kaliumjodidlösung zu dem Komplex $K_2[HgJ_4]$ benutzten RUPP und LEHMANN (a) sowie RUPP und SCHIRMER zur Quecksilberbestimmung in QuecksilberI-chlorid und in QuecksilberII-oxyd. Eine direkte titrimetrische Bestimmung des Oxyds ist nicht durchführbar, da beim Lösen in Säure infolge des hydrolytischen Zerfalls der Quecksilbersalze neutrale Reaktion der Lösung erst eintritt, wenn sich bereits Abscheidung von QuecksilberII-oxyd bemerkbar macht. Daher wird das Oxyd mit Kaliumjodidlösung und QuecksilberII-jodid zu dem löslichen Kalium-QuecksilberII-jodid umgesetzt, wobei eine äquivalente Menge an Kaliumoxyd als Hydroxyd in Lösung geht:

$$HgO + 4\,KJ = K_2[HgJ_4] + K_2O\,.$$

Bei der anschließenden Titration mit 0,1 n Salzsäure ist nicht Phenolphthalein als Indicator, sondern Methylorange zu verwenden. Die Methode wurde sowohl bei rotem als auch bei gelbem Oxyd durchgeführt. Die rote Form löst sich in der Kaliumjodidlösung bedeutend schneller als die gelbe. Bei gelbem Oxyd wurden 99,4 bis 99,8% des berechneten Wertes gefunden, bei rotem 99,5%. Das benutzte Kaliumjodid muß natürlich vollkommen neutral sein.

a) Verfahren von RUPP und SCHIRMER. Arbeitsvorschrift zur Bestimmung des Quecksilbers in QuecksilberII-oxyd und in QuecksilberII-oxyd enthaltendem, neutralem, gegen Alkalien indifferentem Untersuchungsmaterial. Eine geeignete Substanzmenge (0,05 bis 0,5 g QuecksilberII-oxyd entsprechend) wird mit einer Lösung von etwa 2 bis 3 g Kaliumjodid in 10 bis 20 cm³ Wasser 10 bis 15 Min. lang geschüttelt. Ist alles Oxyd in Lösung übergeführt, so setzt man zur Lösung 2 Tropfen 0,2%ige Methylorangelösung hinzu und titriert mit 0,1 n Salzsäure auf Umschlag von Gelb nach Rot. 1 cm³ 0,1 n Salzsäure entspricht 0,0108 g Oxyd.

b) Verfahren von BIILMANN und THAULOW (b). Arbeitsvorschrift. Die halogen- und kohlensäurefreie Lösung (von QuecksilberII-nitrat oder -sulfat) wird mit Säure im Überschuß und mit einigen Tropfen Phenolphthalein versetzt. Danach wird eine Lösung von Natriumhydroxyd bis zur stark alkalischen Reaktion hinzugefügt, um das Quecksilberoxyd am Mitreißen basischer Salze zu verhindern. Darauf säuert man mit verdünnter Schwefelsäure an, bis die rote Farbe verschwindet. Man fügt dann einige Gramme Kaliumjodid hinzu; das anfangs ausfallende Oxyd löst sich als Komplexsalz. Die dabei freiwerdende Menge Kaliumhydroxyd wird titrimetrisch bestimmt. BIILMANN und THAULOW (b) benutzen zur Titration 0,2 n Schwefelsäure; die Quecksilbersalzlösung wurde durch Lösen von QuecksilberII-oxyd in verschieden großen Mengen Schwefelsäure oder Salpetersäure hergestellt.

Bemerkungen. Bei den in der folgenden Tabelle 5 angegebenen drei ersten Analysen wurde das Oxyd in Salpetersäure gelöst, bei den beiden letzten in Schwefelsäure. Das benutzte Oxyd war, wie Rückstände beim Erhitzen zeigten, nicht rein, daher ist in der zweiten Spalte der korrigierte Wert angegeben.

c) Verfahren von Rupp und Lehmann (a). (Bestimmung des Quecksilbergehalts in weißem Präzipitat.) Das weiße Präzipitat setzt sich mit Kaliumjodid um, wie aus der folgenden Gleichung ersichtlich:

Tabelle 5.

Angewendete QuecksilberII-oxydmenge		Gefundene QuecksilberII-oxydmenge g
Einwage g	Korrigierte Einwage g	
0,3551	0,3548	0,3551
0,6142	0,6137	0,6153
0,4978	0,4974	0,4976
0,5840	0,5835	0,5843
0,5031	0,5027	0,5030

$$2\,Hg(NH_2)Cl + 8\,KJ + 2\,H_2O = 2\,K_2[HgJ_4] + 2\,KCl + 2\,NH_3 + 2\,KOH\,.$$

Das abgespaltene Ammoniak und die Kalilauge werden, wie oben angegeben, mit Salzsäure und Methylorange titriert. Aus obiger Gleichung ergibt sich, daß 1 Atom Quecksilber 2 Molekülen Salzsäure entspricht; 0,01258 g Präzipitat entsprechen 1 cm^3 0,1 n Salzsäure.

Arbeitsvorschrift. 0,2 bis 0,3 g fein geriebenes Präzipitat werden mit etwa 50 cm^3 Wasser in eine Glasstöpselflasche gespült, mit 2 bis 3 g Kaliumjodid versetzt und etwa 3 bis 10 Min. lang geschüttelt. Nach dem vollständigen Lösen versetzt man mit 1 bis 2 Tropfen alkoholischer 0,2%iger Methylorangelösung und titriert mit 0,1 n Salzsäure auf den Umschlag in einen rosa Farbton. 1 cm^3 0,1 n Salzsäure entspricht 0,01259 g $Hg(NH_2)Cl$.

Bemerkungen. *Anwendungen des Verfahrens.* Dieses Verfahren von Rupp und Lehmann (a) wird von Škramovský und Úzel auf die Analyse von Sublimatpastillen angewendet. Um Störungen durch das in diesen enthaltene Eosin zu vermeiden, kann als Indicator Bromkresolgrün oder Kongorot verwendet werden; bei Benutzung von Methylorange muß das Eosin zuvor mit Kaliumchlorat zerstört werden. Die Umsetzung mit Jodid wird über das Amidosalz durchgeführt, das bei Gegenwart von Alkalichlorid durch Ammoniak und Alkalihydroxyd ausgefällt wird. Nach kurzem Erhitzen wird in der Kälte das überschüssige Ammoniak mit verdünnter Säure neutralisiert und nach Zusatz von Kaliumjodidlösung mit Salzsäure oder Schwefelsäure titriert. Metallisches Quecksilber oder QuecksilberI-salz wird vor der Bestimmung mit Königswasser in QuecksilberII-salz übergeführt.

Da nach Rupp (a) die Bildungstendenz des QuecksilberII-jodids noch größer ist als die des QuecksilberII-cyanids, so daß durch Kaliumjodid das Cyanid ohne Schwierigkeit in Jodid übergeführt wird, läßt sich diese Methode auch zur Bestimmung des QuecksilberII-cyanids verwenden.

$$Hg(CN)_2 + 4\,KJ = K_2[HgJ_4] + 2\,KCN\,.$$

Das entstehende Cyanid wird, wie oben beschrieben, bestimmt.

Das Verfahren läßt sich ebenfalls zur vollständigen Bestimmung von QuecksilberII-oxycyanid anwenden (vgl. dazu auch die Arbeit von Tagliavini). Über die Bestimmung der Oxydkomponente dieser Verbindung s. S. 466. Der vollständigen Bestimmung liegen die beiden Gleichungen zugrunde:

$$Hg(CN)_2 \cdot HgO + 2\,H^{\cdot} + 2\,Cl' = Hg(CN)_2 + HgCl_2 + H_2O$$

und

$$Hg(CN)_2 + 4\,J' = [HgJ_4]'' + 2\,CN'.$$

Die Gesamtquecksilbermenge kann auch nach der Reduktion zum Metall jodometrisch bestimmt werden, s. S. 389.

Rupp (b) verfährt folgendermaßen: 0,3 g Quecksilberoxycyanid werden mit 0,5 g Natriumchlorid zusammen in 50 cm^3 warmem Wasser aufgelöst, nach dem Erkalten mit 1 bis 2 Tropfen 0,2%iger Methylorangelösung versetzt und mit 0,1 n Salzsäure bis zum Umschlag von Gelb nach Orangerot titriert (Bestimmung der Oxydkomponente). Nach Zusatz von 1,5 bis 2 g Kaliumjodid und Verdünnen mit 100 bis 125 cm^3 Wasser wird die hellgelbe Lösung wiederum mit 0,1 n Salzsäure bis zum Farbumschlag nach Orangerot titriert.

Auf Quecksilberoxydpastillen ist jedoch dieses Verfahren nicht ohne weiteres übertragbar, da diese noch Natriumhydrogencarbonat enthalten, das auch Säure verbraucht. Nach dem Vorschlag von RUPP (c) wird die Lösung zunächst neutralisiert (Methylorange als Indicator), dann, wie beschrieben, die Oxydkomponente mit Salzsäure und die Cyanidkomponente mit Kaliumjodid und Salzsäure bestimmt. Der Gesamtquecksilbergehalt läßt sich jodometrisch nach Reduktion mit Formaldehyd ermitteln, s. unter Bestimmung als Metall S. 389.

Über die Untersuchung der offizinellen roten Quecksilbersalbe, der gelben Augensalbe und der mit Öl angeriebenen Quecksilbersalbe s. S. 548f.

VI. Bestimmung als komplexe Ammonium-QuecksilberII-verbindungen.

Colorimetrische und diaphanometrische Bestimmung.

Versuche, die NESSLERsche Reaktion als spezifische Reaktion zum Nachweis und zur Bestimmung von Quecksilber zu verwerten, ergaben nach VOGELENZANG, daß die kleinste Konzentration an Jodid, durch die die Bildung des HgJ_3'-Ions bedingt ist, wenigstens dem Dreifachen der Quecksilberkonzentration entsprechen muß, daß nach der anderen Seite hin aber ein Höchstwert für das Verhältnis zwischen Jodid und Quecksilber besteht, oberhalb dessen die Reaktion nicht mehr eintritt. Das Verhältnis muß zwischen 3 und 16 liegen. Die Alkalikonzentration muß 0,02 n sein. Ein Überschuß an Ammoniumchlorid ist ohne Einfluß auf das Ergebnis. Die Empfindlichkeitsgrenze liegt bei 2 mg Quecksilber je Liter. Die Reaktion ist für colorimetrische Bestimmungen, z. B. bei der Untersuchung von QuecksilberI-chlorid, geeignet. Durch Vorproben mit wechselnden Mengen Jodid muß zunächst die günstigste Konzentration dieses Reagenses ermittelt werden.

Zur diaphanometrischen Bestimmung mit NESSLERS Reagens versetzen RANGIER und RABUSSIER die durch Aufschließung von biologischem Material mit Königswasser und Kaliumchlorat erhaltene Lösung (s. S. 534) mit 4 g Tricalciumphosphat und neutralisieren die saure Lösung mit Natronlauge. Das zu Metall reduzierte Quecksilber wird nach dem Auswaschen in Salzsäure gelöst und mit destilliertem Wasser verdünnt. Nach dem Hinzufügen von 3 cm³ 5%iger Cadmiumsulfatlösung werden die Metalle mit Schwefelwasserstoff gefällt und nach 24 Std. langem Absitzen mehrmals durch Dekantieren und Zentrifugieren gewaschen. Zu der anschließenden diaphanometrischen Bestimmung wird das Sulfid in einem Gemisch von Salz- und Salpetersäure gelöst und nach dem Abkühlen mit Natronlauge neutralisiert. Zu der schwach mit Salzsäure angesäuerten, abgekühlten Lösung werden 2 Tropfen 20%ige Kaliumjodidlösung und 1,5 cm³ Natronlauge gegeben. Die von dem ausgefallenen Cadmiumhydroxyd getrennte Lösung wird mit 5 Tropfen Ammoniak versetzt und mit einer auf demselben Wege hergestellten Vergleichsskala mit bekannten Mengen QuecksilberII-chlorid verglichen.

VII. Bestimmung unter Abscheidung als QuecksilberII-jodat.

$Hg(JO_3)_2$, Molekulargewicht 375,53.

Allgemeines.

QuecksilberII-jodat ist ein weißes, amorphes; fast unlösliches Pulver.

Maßanalytische Bestimmung.

1. Titration des Jodatüberschusses.

Das QuecksilberII-salz wird nach RUPP (e) *mit einem bekannten Überschuß von Kaliumjodat gefällt und in einem Teil des Filtrats die verbliebene Alkalijodatmenge titrimetrisch mit Kaliumjodid und Thiosulfat bestimmt.*

Arbeitsvorschrift. Man fällt mit einer gemessenen Menge Jodatlösung bekannten Gehalts (benutzt wurde eine etwa 2%ige Lösung) in mäßig salpetersaurer oder schwefelsaurer Lösung und ergänzt das Volumen auf 50 cm³. Etwa vorhandenes Bariumjodat wird durch mehrmaliges Filtrieren durch ein doppeltes Filter entfernt. Nach eintägigem Stehen in kühlem Raum bestimmt man in 25 cm³ Filtrat den Jodatüberschuß mit Kaliumjodid und 0,1 n Thiosulfatlösung mit Stärkelösung als Indicator.

Bemerkungen. Zu den quantitativen Untersuchungen wurde eine schwach saure Lösung von Quecksilberoxyd in Salpetersäure mit 0,2535 g Quecksilberoxyd in 10 cm³ angewendet. Da QuecksilberII-chloridlösungen sich mit Alkalijodat nicht umsetzen, dürfen Chloride nicht vorhanden sein.

2. Potentiometrische Titration.

QuecksilberII-salzlösungen lassen sich in Gegenwart konzentrierter Salzsäure potentiometrisch mit Kaliumjodat titrieren. Der Potentialsprung im Äquivalenzpunkt ist sehr deutlich (SINGH und ILAHI).

Arbeitsvorschrift. Die Elektrode, blankes Platinblech, wird in die zu titrierende Lösung eingetaucht und mit einer Agar-Agar-Brücke mit einer gesättigten Kalomellösung verbunden. Die Zelle wird im Wasserbad auf einer konstanten Temperatur von 10° gehalten. Im Titrationsgefäß wird die Quecksilbersalzlösung mit konzentrierter Salzsäure angesäuert, so daß sie an letzterer mindestens 4 n ist. Während des Titrierens muß ständig gerührt werden.

VIII. Bestimmung unter Abscheidung als QuecksilberII-perjodat.

$Hg_5(JO_6)_2$, Molekulargewicht 1448,89.

Gewichtsanalytische bzw. maßanalytische Bestimmung.

Das Quecksilberperjodat ist bei 100° erheblich in Wasser löslich. Bei Temperaturen unter 50° kann die Löslichkeit jedoch praktisch vernachlässigt werden.

Die Fällung des Quecksilbers als Perjodat wird nach WILLARD und THOMPSON entweder in salpetersaurer oder in schwefelsaurer Lösung vorgenommen.

Arbeitsvorschrift. 150 cm³ der zu untersuchenden, verdünnten QuecksilberII-nitrat- oder -sulfatlösung werden angesäuert, mit Salpetersäure höchstens 0,15 und mit Schwefelsäure höchstens 0,1 n gemacht. Man erhitzt zum Sieden und gibt unter Rühren eine Lösung von 2 g Natrium- bzw. Kaliumperjodat in 50 cm³ Wasser hinzu. Nach dem Abkühlen filtriert man den Niederschlag ab und wäscht ihn mit warmem Wasser.

Zur gewichtsanalytischen Bestimmung wird der Niederschlag 2 bis 3 Std. lang bei 100° getrocknet und anschließend gewogen.

Zur maßanalytischen Bestimmung behandelt man den Niederschlag mit 2 bis 3 g festem Kaliumjodid und 10 bis 15 cm³ Wasser unter Rühren bis zur Auflösung. Die Lösung wird mit 10 cm³ 2 n Salzsäure versetzt, das freiwerdende Jod mit 0,1 n Thiosulfatlösung in Gegenwart von Stärke titriert. Man kann den Niederschlag auch durch Behandlung mit einer abgemessenen Menge eingestellter Arsenitlösung und konzentrierter Salzsäure lösen. Der Arsenitüberschuß wird mit 0,1 n Kaliumjodatlösung bis zum Eintreten einer hellbraunen Färbung titriert. Dann setzt man nach Hinzufügen von 4 bis 5 cm³ Chloroform die Titration unter Umschütteln fort bis zur Entfärbung des Chloroforms.

Bemerkungen. Liegt Chloridlösung zur Bestimmung vor, so fällt man das Quecksilber als Metall oder Sulfid und führt dieses in Nitrat oder Sulfat über.

Die Methode ist schnell durchzuführen, der Endpunkt der maßanalytischen Bestimmung ist scharf. Nicht zu große Mengen an Aluminium, Zink, Cadmium, Nickel,

Kupfer, Calcium und Magnesium können anwesend sein. Halogenide verhindern die vollständige Ausfällung. Eisen stört infolge Ausfällung als Perjodat.

Bei der gewichtsanalytischen Bestimmung von Quecksilbermengen zwischen 0,0497 und 0,6313 g lagen die Fehler zwischen + 0,3 und — 0,3 mg. Bei der maßanalytischen Bestimmung von 0,3645 und 0,2071 g betrugen die Fehler + 0,1 bzw. — 0,1 mg.

IX. Bestimmung unter Abscheidung als QuecksilberII-sulfid.

HgS, Molekulargewicht 232,7.

Allgemeines.

Eigenschaften des QuecksilberII-sulfids. QuecksilberII-sulfid tritt in zwei Modifikationen auf, einer stabilen, leuchtend roten und einer labilen, schwarzen Form, die in der Natur als Zinnober und als der seltener auftretende Metacinnabarit krystallisiert vorkommen. Die beiden Formen sind enantiotrop; der Umwandlungspunkt liegt nach LANDOLT-BÖRNSTEIN (n) bei 386° ± 2°. Unterhalb des Umwandlungspunktes ist der Zinnober stabil. Der Schmelzpunkt (unter Druck) liegt bei etwa 1450°, der Sublimationspunkt (bei 760 mm) bei 580° [LANDOLT-BÖRNSTEIN(m)].

An der Luft erhitzt, verbrennt der Schwefel des QuecksilberII-sulfids mit blauer Flamme zu Schwefeldioxyd, während das Quecksilber verdampft. Beim Erhitzen auf 250° wird die rote Form bräunlich, bei etwa 320° schwarz, beim Abkühlen nimmt sie die rote Farbe wieder an.

Das spezifische Gewicht der schwarzen Form ist $s_{18,3°/4°} = 7,6242$ [LANDOLT-BÖRNSTEIN (c)].

Löslichkeit. QuecksilberII-sulfid ist in Wasser sehr schwer löslich. Von Königswasser wird es unter Schwefelabscheidung als QuecksilberII-salz gelöst. In Alkalisulfidlösungen ist es ziemlich leicht löslich, insbesondere löst sich die schwarze Form leicht unter Bildung von Komplexsalzen, wie z. B. $K_2HgS_2 \cdot 5\,H_2O$.

Das chemische Verhalten beider Formen ist gleich, die schwarze ist die reaktionsfähigere.

In den Fällen, in denen die gebräuchlichste Quecksilberbestimmungsmethode, die Titration mit Ammoniumrhodanid, s. S. 488, nicht angewendet werden kann — z. B. beim Vorliegen von QuecksilberII-chlorid oder -jodid, die in Wasser und in Säuren schwer löslich sind und deren Halogenbestandteil die Rhodantitration stört (s. S. 488) — wird die Bestimmung am zweckmäßigsten gewichts- bzw. maßanalytisch als Sulfid, als Kalium-QuecksilberII-jodid oder elektrolytisch als Metall vorgenommen.

Falls durch die Anwesenheit von Jod bei der quantitativen Sulfidausfällung Schwierigkeiten auftreten sollten, empfehlen JOHNS, PETERSON und HIXON, das gefällte Sulfid in Kaliumhydrogensulfidlösung aufzulösen und durch Zugabe von Ammoniumnitrat wieder zur Ausfällung zu bringen. So war bei der Analyse einer 0,025 mol QuecksilberII-jodidlösung die erste Sulfidausfällung um etwa 4% zu schwer. Nach der Wiederausfällung stimmte der gefundene Wert auf 0,1% mit dem berechneten überein, sowohl bei der Bestimmung des Quecksilbers in QuecksilberII-jodid selbst als auch bei der in Methylquecksilberjodid.

A. Gewichtsanalytische Bestimmung.

1. Bestimmung unter Fällung mit Schwefelwasserstoff aus saurer Lösung.

Vorbemerkung. Aus der schwach salzsauren, hinlänglich verdünnten QuecksilberII-salzlösung wird das Quecksilbersulfid mit klarem, gesättigtem Schwefelwasserstoffwasser ausgefällt, bei größeren Mengen durch Einleiten von Schwefelwasserstoffgas. Nach Absitzenlassen wird filtriert, nach C. R. FRESENIUS (b) mit kaltem Wasser rasch ausgewaschen, bei 100° bis zur Gewichtskonstanz getrocknet und hierauf gewogen. Die Resultate sind nach C. R. FRESENIUS sehr befriedigend.

Um einen gut filtrierbaren Niederschlag zu bekommen, geben WEGELIUS und KILPI nach dem Fällen mit Schwefelwasserstoff verdünnte Salzsäure hinzu, lassen 1 Std. lang stehen, filtrieren durch einen GOOCH-Tiegel und waschen mehrmals mit ganz schwach salzsaurem Wasser nach. Durch das nochmalige Hinzufügen von Salzsäure ballt sich der Niederschlag in leicht filtrierbarer Form zusammen, während durch das Waschen mit reinem Wasser die Kolloidbildung begünstigt zu werden scheint. TREADWELL empfiehlt Auswaschen mit heißem Wasser. HÄUSLER, der das Filterstäbchen benutzt, wäscht den Niederschlag mit schwefelwasserstoffhaltigem und anschließend mit reinem Wasser aus.

Das Trocknen wird von TREADWELL bei 105 bis 110° vorgenommen, von WEGELIUS und KILPI, ebenso von H. BILTZ und W. BILTZ bei 110°, von HÄUSLER bei 115°.

Etwa ausfallender Schwefel kann nach LÖWE durch Erwärmen des Sulfids mit einer mäßig konzentrierten Natriumsulfitlösung entfernt werden, Spuren von Natriumsulfit scheinen die Umsetzung zu begünstigen. C. R. FRESENIUS schlägt zur Entfernung nicht zu großer Schwefelmengen eine wiederholte Behandlung des ausgewaschenen und getrockneten Niederschlags mit reinem Schwefelkohlenstoff vor, so lange, bis einige Tropfen des ablaufenden Schwefelkohlenstoffs beim Verdunsten auf einem Uhrglas keinen Rückstand mehr hinterlassen. Über die Entfernung des Schwefels s. auch S. 475.

a) Verfahren von SCHULEK und BOLDIZSÁR. SCHULEK und BOLDIZSÁR, die nach Prüfung mehrerer Quecksilberbestimmungsformen das Sulfid als am geeignetsten erachten, verfahren folgendermaßen.

Arbeitsvorschrift. Die Untersuchungssubstanz mit höchstens 0,20 g Quecksilber wird in einem 100 cm³ fassenden ERLENMEYER-Kolben in Lösung gebracht und, falls erforderlich, mit 10%igem Ammoniak annähernd neutralisiert. Man säuert mit 10 bis 25 cm³ 10%iger Salzsäure an und verdünnt mit Wasser auf etwa 50 cm³. In dem Reaktionsgemisch wird noch 1 g Aluminiumchlorid gelöst. Man erwärmt bis zum Sieden und fällt das Quecksilber durch Einleiten von Schwefelwasserstoff. Den Kolben schützt man während dieser Zeit vor Lichteinwirkung. Nach der Sättigung mit Schwefelwasserstoff wird der Kolben mit einem Korkstopfen verschlossen und 12 Std. ins Dunkle gestellt. Beim Filtrieren gießt man zuerst die klare Lösung durch das Filter und entfernt diese dann gleich, anschließend wird der aufgerührte Niederschlag in den Filtertrichter gegossen. Man wäscht den Niederschlag mit 50 cm³ heißem Wasser in Anteilen von je 5 cm³. Während des Auswaschens muß mit einem kleinen Glasstab gut gerührt werden. Der fest abgesaugte Niederschlag wird unter Aufrühren 2mal mit 5 cm³ Alkohol übergossen und dann 10 Min. lang abgesaugt. Unter gutem Aufrühren gießt man hierauf 5 cm³ frisch destillierten Schwefelkohlenstoff in den Trichter und läßt abtropfen, ohne zu saugen. Die Behandlung mit Schwefelkohlenstoff wird noch 1mal wiederholt. Man saugt 10 Min. lang einen kräftigen Luftstrom durch den Niederschlag und bedeckt ihn dann unter Abspülen der Trichterwand mit etwa 5 cm³ 96%igem, von Kalilauge abdestilliertem Alkohol. Dabei rührt man mit einem am Ende plattgedrückten Glasstäbchen gut auf. Der Alkohol wird scharf abgesaugt. Sorgfältiges Auswaschen mit Alkohol ist besonders wichtig, da der Niederschlag sonst als schlammartige Masse schwer zu trocknen ist. Die Behandlung mit Alkohol wird 2mal wiederholt. Nun leitet man 15 Min. lang einen kräftigen Luftstrom durch den Niederschlag. Zur Vermeidung schneller Druckänderungen befindet sich zwischen Saugflasche und Pumpe ein Hahnrohr.

Nach dem Hindurchleiten von Luft ist der Niederschlag nach 15 Min. schon gewichtskonstant geworden, so daß nach 2 Std. langem Trocknen bei 130° kaum eine Änderung eintritt.

Zum Trocknen wird die Luft durch eine Gaswaschflasche mit einem Verteiler aus Sinterglas geleitet, die neben etwas festem Kaliumchlorid eine gesättigte Lösung desselben enthält. Etwa erstarrte Lösung wird in warmem Wasser wieder benutzbar gemacht.

Zum Filtrieren benutzen SCHULEK und BOLDIZSÁR poröse Filter aus Sinterglas (G 3), die unten etwas breiter sind als oben. Nach dem Gebrauch werden sie mit Wasser gewaschen, mit einem Leinentuch abgetrocknet und auf die Saugflasche gebracht. Man läßt 5 cm³ 20%ige Brom-Salzsäure (mit 3% Brom) durch das Filter ohne Saugen abtropfen und wäscht mit heißem Wasser nach. Vor Gebrauch wird das Filter durch 15 Min. langes Hindurchsaugen von Luft getrocknet und nach 5 bis 10 Min. langem Stehen im Wägegläschen gewogen.

Bemerkung. SANDILANDS wendet die Fällung mit Schwefelwasserstoff auch zur Bestimmung von QuecksilberII-jodid an, das er in kalter Thiosulfatlösung bis zur Auflösung schüttelt und nach dem Verdünnen der Lösung mit angesäuertem Wasser mit Schwefelwasserstoff fällt.

b) Bestimmung des Quecksilbers in Lösungen mit sehr kleinem Quecksilbergehalt. Um den Quecksilbergehalt von Mineralwässern mit weniger als 2 mg Quecksilber im Liter und von Harn zu bestimmen, fällen RAASCHOU sowie LOMHOLT und CHRISTIANSEN das Quecksilber aus der salzsauren Lösung als Sulfid. Durch Zusatz von Zink-, Cadmium- oder Kupfersalz zu der zu fällenden Lösung wird die ausfallende Niederschlagsmenge vergrößert und dadurch die geringe Menge an Quecksilbersulfid in gut filtrierbarer Form zum Ausfallen gebracht. Nach BOOTH, SCHREIBER und ZWICK vergrößert das mitausfallende Kupfersulfid nicht nur die Niederschlagsmenge, sondern wirkt auch absorbierend auf das in verdünnten Lösungen kolloid vorhandene Quecksilber. Sie selber benutzen zur Fällungsbegünstigung Manganhydroxyd, da es wirksamer ist.

Arbeitsvorschrift von STOCK, LUX, CUCUEL und KÖHLE. Die Fällung erfolgt aus einer Lösung, die je 100 cm³ etwa 10 cm³ konzentrierte Salzsäure enthalten soll. Außerdem wird die Lösung mit einer 20 mg Kupfer entsprechenden Menge Kupfersulfat versetzt. Man leitet zuerst einige Minuten Schwefelwasserstoff in der Kälte ein, dann unter Erwärmen auf dem Wasserbad bis zum Absitzen des Niederschlags. Auch beim Abkühlen wird noch Schwefelwasserstoff eingeleitet. Das Gefäß bleibt verschlossen über Nacht stehen, Dann wird durch ein dickes Filter dekantiert und das Filter zu der Hauptmenge des Gemisches von Quecksilber- und Kupfersulfid zurückgebracht. Filter und Niederschlag versetzt man mit 20 cm³ Wasser, füllt das Gefäß mit Chlorgas und läßt es verschlossen unter häufigem Umschütteln stehen, bis alles Sulfid gelöst ist. Das Chlorgas wird abgegossen und die blaue Lösung durch Filtrieren von etwaigen Verunreinigungen befreit. Man säuert mit Salzsäure an und behandelt noch einmal mit Schwefelwasserstoff, wie oben beschrieben. Der Niederschlag wird auf ein kleines Filter abfiltriert. Zu der anschließenden mikrometrischen Bestimmung wird das Filter mit dem Niederschlag wieder in das Fällungsgefäß zurückgebracht, der Niederschlag mit 5 bis 10 cm³ Wasser aufgeschlämmt und wie oben durch Einwirkung von Chlor in Lösung gebracht. Nachdem die Lösung durch ein ganz kleines Filter in ein 20 cm³ Becherglas filtriert worden ist, kann sie elektrolysiert werden, s. S. 415.

Bemerkungen. Bei der Fällung des Sulfids aus der salpetersauren Lösung können erhebliche Verluste dadurch auftreten, daß das Sulfid in besonders fein verteilter, schwer filtrierbarer Form ausgefällt oder, falls kein Schwefelwasserstoffüberschuß vorhanden ist, oxydiert wird. Um diesen Verlusten vorzubeugen, läßt man den Sulfidniederschlag über Nacht unter Schwefelwasserstoffdruck stehen, damit er dicht wird. Die Chlorierung wird mit gasförmigem Chlor vorgenommen. Zu diesem Zweck leitet man langsam Chlor durch das feuchte Sulfid, das in wenigen Minuten in das Chlorid übergeht.

2. Bestimmung unter Fällung mit Schwefelwasserstoff aus alkalischer Lösung.

Vorbemerkung. Wie bereits erwähnt, besteht bei der Methode der Quecksilberausfällung aus saurer Lösung immer die Möglichkeit, daß Schwefel mit abgeschieden wird. Außerdem dauert das Trocknen meistens einige Stunden, ein Nachteil, der sich bei technischen Bestimmungen erheblich bemerkbar macht. Bei der Nachprüfung der Genauigkeit der Bestimmung finden FENIMORE und WAGNER, daß ein unreines, zu schweres Produkt entsteht. Der Fehler wächst in Gegenwart von überschüssigen Salzen und von Jodiden und scheint einerseits auf der Bildung von Zwischenprodukten bei der Umsetzung zu QuecksilberII-sulfid zu beruhen, andererseits auf der Fähigkeit des Sulfids, andere Moleküle mitzufällen und zu adsorbieren. Bei der Fällung von Quecksilbersulfid mit Schwefelwasserstoff aus sauren, oxydierende Stoffe enthaltenden Lösungen scheidet sich reichlich Schwefel ab, der auch durch Schwefelkohlenstoff nicht vollständig entfernt werden kann. Nun liegt aber meistens eine starke salpetersaure Lösung vor, sei es durch voraufgegangene Auflösung der Probe in Königswasser oder durch Zersetzung organischen Materials nach CARIUS (s. S. 531) oder durch Oxydation von QuecksilberI-salzen. Da man die Salpetersäure wegen der Flüchtigkeit der meistens vorhandenen QuecksilberII-halogenide nicht durch Eindampfen verjagen kann, ist es im allgemeinen am zweckmäßigsten, wenn man die Lösung alkalisch macht und die Fällung nach VOLHARD (a) vornimmt.

Eine stark salz- oder salpetersaure QuecksilberII-chloridlösung kann ammoniakalisch gemacht werden, ohne daß ein Niederschlag entsteht, da das aus QuecksilberII-chloridlösungen durch Ammoniak gefällte weiße Präzipitat in heißer Ammoniumchloridlösung löslich ist. Es ist möglich, aus dieser ammoniakalischen Lösung QuecksilberII-sulfid ohne Beimengungen von Schwefel zu fällen, und zwar quantitativ, da das Sulfid in kalter Ammoniumsulfidlösung nur wenig löslich, in heißer ganz unlöslich ist.

***Arbeitsvorschrift von* H. BILTZ *und* W. BILTZ.** Die QuecksilberII-salzlösung wird erforderlichenfalls verdünnt (QuecksilberI-salzlösung muß durch Erhitzen mit konzentrierter Salpetersäure oxydiert werden), mit 5 bis 10 cm^3 konzentrierter Salzsäure angesäuert und mit konzentriertem Ammoniak übersättigt. Sollte sich hierbei ein dauernder Niederschlag bilden, so wird durch weitere Zugabe von Salzsäure und auch von Ammoniak die Ammoniumsalzkonzentration erhöht. Die klare Lösung wird zum Sieden erhitzt und sofort mit Schwefelwasserstoff behandelt. Nach 5 bis 10 Min. hat sich das QuecksilberII-sulfid vollkommen frei von überschüssigem Schwefel in gut filtrierbarer Form abgesetzt. Es wird in einen GOOCH-Tiegel abfiltriert, mit heißem Wasser, Alkohol und Äther gewaschen, dann einige Minuten bei 105° getrocknet und hierauf gewogen.

Bemerkungen. H. BILTZ und W. BILTZ empfehlen, das Trocknen bei etwa 110° im Aluminiumtrockenschrank oder mit einem Toluolkocher vorzunehmen. Als Versuchsergebnisse mit einer salzsauren Quecksilberlösung mit 0,1500 g Quecksilber finden sie: 0,1501 g, 0,1501 g, 0,1502 g, 0,1501 g und 0,1503 g.

Nach FENIMORE und WAGNER liefert das Verfahren von VOLHARD (a) in Lösungen, die ausschließlich Quecksilbersalz enthalten, genaue Ergebnisse. Die Gegenwart anderer Salze, vor allem von Jodiden, verursacht zu hohe Werte. In diesem Fall kann man durch Behandeln mit Natriumhydrogensulfid und Wiederfällen des Sulfids die Fehler beseitigen.

Bestimmung in Gegenwart von Jod. In etwas abgeänderter Form führt ELLMAN die Bestimmung bei der Analyse von QuecksilberII-jodid durch. Er löst das Jodid in 20%iger Kaliumjodidlösung und sättigt diese Lösung mit Schwefelwasserstoff. Das Quecksilber fällt quantitativ als Sulfid aus; es wird schwefelfrei gewaschen, getrocknet und gewogen.

DUNNING und FARINHOLT entfernen das Jod und führen dann die Quecksilberbestimmung durch.

Arbeitsvorschrift von DUNNING und FARINHOLT. Die jodhaltige (organische) Verbindung wird mit konzentrierter Schwefelsäure in Gegenwart von Permanganat aufgeschlossen und die erhaltene Lösung nach dem Abkühlen durch Zugabe von Oxalsäure oder Ammoniumoxalat entfärbt. Man verdünnt, gibt 2 g Kaliumnitrit hinzu und erhitzt zum Sieden. Nach dem Zusatz von 2 g Kaliumbromid wird noch einmal erhitzt, abgekühlt und die Mischung in einen Scheidetrichter gegeben. Man schüttelt 2 bis 3 Min. mit Chloroform aus, um freies Brom zu entfernen. Nach der Zugabe von 1 cm^3 Phenol schüttelt man mit Chloroform oder Tetrachlorkohlenstoff, bis alles Jod entfernt ist und das Chloroform farblos bleibt. Nun wird filtriert, das Filtrat auf 80° erhitzt und das Quecksilber mit Schwefelwasserstoff gefällt.

Arbeitsvorschrift von TABERN und SHELBERG. Die beiden Autoren fällen bei Anwesenheit von Jod alles Quecksilber mit Aluminiumpulver unter vorsichtigem Erhitzen als Metall aus. Letzteres wird nach dem Abfiltrieren in konzentrierter Salpetersäure in Gegenwart von Bromwasser gelöst. Am Schluß wird zur vollständigen Auflösung 1 Tropfen flüssiges Brom zugegeben. Der Bromüberschuß wird durch Erwärmen entfernt; nach dem Abfiltrieren entfärbt man die Lösung durch Zugabe von Natriumhydrogensulfat und fällt das Quecksilber mit Schwefelwasserstoff.

3. Bestimmung unter Fällung mit Ammoniumsulfid aus alkalischer Lösung.

Die allgemein anwendbare und zuverlässige Methode beruht auf dem Verhalten von QuecksilberII-sulfid gegen Alkalisulfide und gegen Ammoniumsulfid. Das QuecksilberII-sulfid ist unlöslich in Ammoniumsulfid- und sauren Natriumsulfid- oder Kaliumsulfidlösungen, leicht löslich dagegen in alkalischen Natriumsulfid- oder Kaliumsulfidlösungen.

***Arbeitsvorschrift von* VOLHARD (a).** Die saure QuecksilberII-salzlösung wird mit reiner Soda annähernd neutralisiert und dann mit einem geringen Überschuß frisch bereiteten Ammoniumsulfids versetzt. Dann wird unter Umschwenken, reinste Natronlauge zugesetzt (frei von Silber, Aluminiumoxyd und Kieselsäure) bis die dunkle Flüssigkeit sich aufzuhellen beginnt. Man erhitzt bis zum Sieden und fügt wieder Natronlauge hinzu, bis zur vollständigen Klärung der Flüssigkeit. Die nun das Quecksilber als Sulfosalz, $Hg(NaS)_2$, enthaltende Lösung wird mit Ammoniumnitrat versetzt und gekocht, bis das Ammoniak nahezu vertrieben ist, und in der Wärme absitzen gelassen. Das Sulfosalz ist beim Kochen zerstört worden entsprechend der Gleichung:

$$Hg{<}^{SNa}_{SNa} + 2\,NH_4NO_3 = 2\,NaNO_3 + (NH_4)_2S + HgS\,.$$

Nach dem Abfiltrieren in einen GOOCH-Tiegel wäscht man so lange durch Dekantieren mit heißem Wasser aus, bis das Waschwasser mit Silbernitratlösung nicht mehr reagiert. Dann wird der Niederschlag in einen Tiegel gebracht, bei 110° (CLASSEN trocknet bei 100°) getrocknet und gewogen.

***Bemerkungen.* I. Genauigkeit.** Als Beleganalysen gibt VOLHARD (a) die in der Tabelle 6 zusammengestellten Werte an.

Tabelle 6.

Gegeben $HgCl_2$ g	Gefunden HgS g	Aus der Auswage berechnete $HgCl_2$-Menge g
0,5126	0,4392	0,5124
0,6124	0,5243	0,6110
0,5402	0,4628	0,5400

II. Verkürzung der Analysendauer. Verkürzung der benötigten Zeit erreicht man sowohl bei dem Schwefelwasserstoff- als auch bei dem Ammoniumsulfidverfahren nach Dick dadurch, daß man das Trocknen im Trockenschrank durch Trocknen im Vakuum ersetzt. Er wäscht den filtrierten Niederschlag zuerst mit heißem, dann 1- bis 2mal mit kaltem Wasser, dann 5- bis 6mal mit Alkohol und schließlich mit Äther aus, saugt gut ab, läßt 5 bis 10 Min. an der Wasserstrahlpumpe oder ebensolange im Vakuum stehen und wägt. Die Bestimmung ist in $^1/_2$ Std. ausführbar.

Die Ergebnisse, die den durch Trocknen bei 105 bis 110° erhaltenen keineswegs nachstehen, sind aus der nebenstehenden Tabelle 7 ersichtlich.

Tabelle 7.

Gegeben $HgCl_2$ g	Gefunden HgS g	Aus der Auswage berechnete $HgCl_2$-Menge g
0,4134	0,3548	0,4140
0,2033	0,1744	0,2035
0,1661	0,1423	0,1660
0,1680	0,1441	0,1681
0,1864	0,1597	0,1863

III. Abänderungen der Methode. α) McBride ändert die von Volhard (a) angegebene Methode in der Weise ab, daß er vor dem Auswaschen mit heißem Wasser 2- oder 3mal mit Schwefelwasserstoffwasser auswäscht; ohne diese Vorsichtsmaßregel werden sonst die Ergebnisse zu hoch. Nach dem Auswaschen wird die Fällung im Gooch-Tiegel $1^1/_2$ Std. lang bei 115° getrocknet. Außer dieser Trocknungszeit erfordert die Bestimmungsmethode nach Abwägen des Materials weniger als 20 Min. Die Genauigkeit ließ nichts zu wünschen übrig.

β) Reinders wendet das Verfahren in etwas abgeänderter Form zur Analyse von QuecksilberII-bromid und -jodid an: Man löst 0,5 bis 1 g der Probe in 10 cm³ 30%iger Thiosulfatlösung. Wenn sich alles gelöst hat, verdünnt man mit Wasser auf 50 bis 60 cm³, fügt Ammoniumsulfid hinzu und kocht 5 Min. Nach dem Abfiltrieren wird der Niederschlag 2- bis 3mal mit verdünnter Ammoniumchloridlösung und zum Schluß mit heißem Wasser und Alkohol gewaschen und bei 100° getrocknet. Der Fehler ist nicht größer als 0,1%.

γ) Griffith und Ramanuskas empfehlen die Methode auch zur Bestimmung des Quecksilbers in Quecksilbersalicylat.

IV. Entfernung des Schwefels. α) Methode von Volhard (a). Hat man nach Ausfällung des Sulfids so anhaltend gekocht, daß eine Verunreinigung des Niederschlags durch Schwefel befürchtet werden kann, so setzt man etwas Thiosulfat hinzu, hält kurze Zeit im Sieden und filtriert erst dann.

Bemerkung. *Genauigkeit.* Rauschenbach fand nach dieser Methode der Schwefelentfernung bei der Analyse des reinen, mit Salpetersäure versetzten QuecksilberII-chlorids im Mittel von 2 Versuchen 73,80% Quecksilber anstatt der berechneten Menge von 73,85%.

β) Methode von Treadwell. Noch besser läßt sich nach Treadwell der Niederschlag durch Extraktion mit Schwefelkohlenstoff schwefelfrei machen (vgl. auch die früheren Angaben S. 471). Das Sulfid wird mit dem Schwefel in einen Gooch-Tiegel abfiltriert, vollständig mit Wasser und 3mal mit Alkohol ausgewaschen. Dann stellt man den Tiegel auf einem Dreifuß aus Glas in ein Becherglas, das etwas Schwefelkohlenstoff enthält, setzt das Becherglas auf ein mit heißem Wasser gefülltes Gefäß und bedeckt es mit einem Rundkolben, der kaltes Wasser enthält und als Rückflußkühler wirkt. Nach etwa $^1/_2$ Std. ist die Extraktion des Schwefels beendigt. Hierauf entfernt man den noch im Niederschlag gebliebenen Schwefelkohlenstoff, indem man 1mal mit Alkohol und dann mit Äther wäscht. Durch gelindes Erwärmen vertreibt man den Äther, trocknet bei 110° und wägt alsdann.

Bemerkung. *Genauigkeit.* Rauschenbach fand bei der Analyse reinen QuecksilberII-chlorids nach der soeben beschriebenen Methode im Mittel von 8 Versuchen 73,79% Quecksilber anstatt 73,85% und im Mittel von 8 weiteren Versuchen, bei denen der Schwefel nicht entfernt wurde, 74,17%.

γ) Methode von CALEY und BURFORD. CALEY und BURFORD suchen den Nachteil der Bestimmung des Quecksilbers als Sulfid, der in der Mitfällung von Schwefel besteht und dessen Entfernung auf dem eben geschilderten Weg nicht immer einfach ist, dadurch zu überwinden, daß sie das Sulfid durch Jodwasserstoffsäure aus dem Niederschlag herauslösen, entsprechend der Gleichung:

$$HgS + 4\,HJ \rightleftarrows H_2[HgJ_4] + H_2S\,.$$

Um eine etwaige Reaktion mit Schwefel zu vermeiden, wird in der Kälte gearbeitet. Zur Auflösung verwendet man die konstant siedende Jodwasserstoffsäure, die man mit etwas unterphosphoriger Säure (von MERCK) versetzt, um Jodausscheidung und dadurch hervorgerufenen Schwefelverlust zu vermeiden.

Arbeitsvorschrift. Der Quecksilbersulfidniederschlag wird in einem gewogenen Glas- oder Porzellanfiltertiegel gesammelt, mit kaltem Wasser gewaschen, bei 110° getrocknet und alsdann gewogen. Je Gramm Niederschlag gibt man etwa 5 cm³ der Jodwasserstoffsäure zu, verrührt mit einem Glasstab, bis alle schwarzen Sulfidanteile gelöst sind, und saugt vorsichtig ab. Der zurückbleibende Schwefel wird 3- bis 4mal mit 5 cm³ (5- bis 10%iger) Jodwasserstoffsäure und schließlich mit kaltem Wasser ausgewaschen. Dann wird der Tiegel etwa 2 Std. lang im Vakuumexsiccator getrocknet und zum zweitenmal gewogen.

Anwendung und Genauigkeit der Methode. Die Differenz zwischen den beiden Wägungen ergibt das Gewicht an reinem QuecksilberII-sulfid.

Bemerkungen. Die Methode ist auch zur Analyse von technischem QuecksilberII-sulfid, das immer Schwefel enthält, zu verwenden. Die Analysenergebnisse, die mit synthetischen Mischungen von Sulfid und Schwefel erzielt wurden, sind aus folgender Tabelle 8 zu ersehen.

Tabelle 8.

Gegebene QuecksilberII-sulfidmenge g	Gegebene Schwefelmenge g	Gefundene Schwefelmenge g	Fehler g
0,0865	0,4220	0,4221	+ 0,0001
0,1717	0,0822	0,0821	— 0,0001
0,2099	0,0802	0,0801	— 0,0001
0,3895	0,0052	0,0055	+ 0,0003

Die Methode gibt zuverlässige Ergebnisse.

4. Bestimmung unter Fällung mit Natriumthiosulfat aus salzsaurer Lösung.

Der Fällung mit Natriumthiosulfat liegt die Gleichung zugrunde:

$$HgCl_2 + Na_2S_2O_3 + H_2O = HgS + 2\,NaCl + H_2SO_4\,.$$

Die Fällung erfolgt besonders schnell aus QuecksilberII-cyanidlösung, wenn man die Thiosulfatlösung bei Siedetemperatur in die salzsaure Lösung gibt.

***Arbeitsvorschrift von* CATTELAIN.** 10 cm³ der etwa 0,1 n QuecksilberII-cyanidlösung werden mit 10 cm³ Wasser verdünnt und mit einigen Tropfen 25%iger Salzsäure versetzt. Man erhitzt bis zum Beginn des Siedens, gibt tropfenweise 2 cm³ 50%ige Thiosulfatlösung hinzu und hält 1/4 Std. lang bei schwachem Sieden. Nun fügt man 2 cm³ neutrale 20%ige Natriumsulfitlösung hinzu und erhitzt nochmals 1/4 Std. unter mehrmaligem Umschütteln. Nach dem Abfiltrieren des Niederschlags in einen vorher gewogenen GOOCH-Tiegel wird mit heißem Wasser ausgewaschen und 1 Std. lang bei 100° getrocknet.

Bemerkung. Die Analyse ergab den theoretischen Wert.

B. Maßanalytische Bestimmung.

1. Jodometrische Titration.

a) Verfahren von Broun, Kayser und Sfiras. Zur Bestimmung kleiner Quecksilbermengen in organischen Geweben und Flüssigkeiten fällt man nach Broun, Kayser und Sfiras das Quecksilber nach dem Aufschluß der Substanz mit konzentrierter Salzsäure und Kaliumchlorat (s. S. 535) oder mit konzentrierter Salzsäure, Manganchlorid und Salpetersäure als QuecksilberII-sulfid, bringt den Niederschlag mit Bromwasser in Lösung, reduziert mit Formaldehydlösung, oxydiert in Gegenwart von QuecksilberII-jodid mit angesäuerter Jodatlösung und titriert schließlich mit Thiosulfatlösung.

Arbeitsvorschrift. In die nach dem Aufschließen der organischen Substanz erhaltene Lösung wird nach dem Abkühlen und Filtrieren wenigstens 1 Std. lang Schwefelwasserstoff eingeleitet. Dann werden einige Kubikzentimeter einer 10%igen Bariumsulfatsuspension hinzugefügt. Über Nacht setzen sich das Sulfid und der Schwefel mit dem Bariumsulfat zusammen klar ab. Nach dem Dekantieren wird der Niederschlag in einen Glasfiltertiegel abfiltriert, 2mal mit Wasser ausgewaschen und in eine Krystallisierschale gebracht. Das Filter wird mit wenigen Kubikzentimetern einer folgendermaßen zusammengesetzten Waschflüssigkeit ausgewaschen; sie besteht aus gleichen Teilen einer Lösung von 8,5 cm³ Brom, 50 g Kaliumbromid und 82 cm³ Wasser und einer Lösung von 55 cm³ Natronlauge, 0,20 g Kaliumjodid mit Wasser auf 100 cm³ aufgefüllt. Nach 1 Std. wird die entstandene Lösung in ein Zentrifugierglas filtriert, mit 1 cm³ einer 10%igen Bariumsulfatsuspension und mit 2 bis 3 cm³ 40%iger Formaldehydlösung versetzt und 3 Min. auf dem Wasserbad erhitzt. Bei Anwesenheit von Quecksilber ist das Bariumsulfat am unteren Ende des Zentrifugiergefäßes mit fein verteiltem, grauem Quecksilber bedeckt. Der Niederschlag wird 2mal mit Wasser ausgewaschen und jedesmal anschließend zentrifugiert.

Zu dem Niederschlag gibt man genau 1 cm³ einer sauren Jodatlösung (1,783 g Kaliumjodat in 5%iger Schwefelsäure zu 1 l gelöst), 1 cm³ Quecksilbersalzlösung (3,60 g QuecksilberII-jodid + 12 g Natriumjodid mit Wasser auf 100 cm³ aufgefüllt) und 2 bis 3 cm³ Wasser hinzu. Nach einigen Minuten wird nach Zusatz von Stärke mit 0,01 n Thiosulfatlösung aus einer Mikrobürette bis zur Entfärbung titriert. Die Anzahl der verbrauchten Kubikzentimeter Thiosulfatlösung wird von den bei einem entsprechenden Blindversuch verbrauchten abgezogen; aus der Differenz wird das Quecksilber berechnet nach der einfachen Beziehung: $Hg + 2J = HgJ_2$. 2 Grammatome Jod entsprechen 2 Grammolekülen Thiosulfat, oder 1 Grammäquivalent Quecksilber entspricht 2 Grammäquivalenten Natriumthiosulfat, demnach 1 cm³ 0,01 n Thiosulfatlösung 1 mg Quecksilber.

Bemerkung. *Anwendungsbereich und Genauigkeit.* Nach dieser Methode lassen sich Quecksilbermengen zwischen 0,5 und 20 mg auf 3 bis 5% genau bestimmen.

b) Verfahren von Jean. Eine etwas andere Bestimmungsmethode für weniger als 0,1 g Quecksilber je Liter gibt Jean an. Das Quecksilber wird durch Kochen mit Thiosulfat als Sulfid gefällt und an Calciumcarbonat adsorbiert. Nach der Auflösung des Niederschlags wird das Quecksilber jodometrisch bestimmt.

Arbeitsvorschrift. Die QuecksilberII-salz enthaltende Lösung wird in einem Kolben von etwa 1½ l Fassungsvermögen mit 0,5 g Calciumcarbonat und 5 cm³ Salzsäure zum Sieden erhitzt. Sobald die Lösung ins Kochen kommt, fällt man das Quecksilber mit 5 cm³ 10%iger Thiosulfatlösung als schwarzes QuecksilberII-sulfid aus. Dann wird die Lösung mit konzentrierter Sodalösung neutralisiert. Der gebildete Calciumcarbonatniederschlag adsorbiert das kolloidale QuecksilberII-sulfid. Die siedende Flüssigkeit wird in einem Becherglas von 1½ l Fassungsvermögen erkalten gelassen. Nach etwa 2 Std. hat sich der Niederschlag vollständig abgesetzt, die klar darüber stehende Flüssigkeit kann leicht abgegossen werden. Der Niederschlag wird in einen GOOCH-Tiegel oder in einen Glasfiltertiegel abfiltriert. Der GOOCH-Tiegel wird zu diesem Zweck mit Asbest ausgelegt, mit der Siebplatte und außerdem noch mit zwei Scheiben Filtrierpapier bedeckt. Nun wird eine wäßrige Aufschlämmung von Calciumcarbonat hineingegeben (bei einer Filterplatte von 23 mm Durchmesser benötigt man 0,25 g, bei einer solchen von 30 mm Durchmesser 0,50 g). Nach $^1/_4$ Std. hat sich das Calciumcarbonat am Boden des Tiegels festgesetzt. Man saugt nun an der Wasserstrahlpumpe trocken.

Der aus Sulfid und Carbonat bestehende Niederschlag wird abfiltriert, mit Wasser ausgewaschen, durch Durchsaugen von Luft und dann im Schwefelsäureexsiccator in der Kälte 12 Std. lang getrocknet. Zur Bestimmung des Quecksilbers löst man den Niederschlag in einem 20 cm^3-ERLENMEYER-Kolben in 4 bis 5 cm^3 Salzsäure und 5 cm^3 frischem Bromwasser und bestimmt, nach Reduktion mit Formaldehyd, nach RUPP das Quecksilber jodometrisch, s. S. 389.

c) Verfahren von ELLMAN. Zur Bestimmung des Reinheitsgrades von QuecksilberII-jodid wendet ELLMAN die jodometrische Methode an; er bringt das Sulfid mit Kaliumjodid in Lösung.

Arbeitsvorschrift. Man löst etwa 0,5 g QuecksilberII-jodid, das vorher bis zur Gewichtskonstanz im Exsiccator über Schwefelsäure getrocknet worden ist, in etwa 10 cm^3 20%iger Kaliumjodidlösung. Dann wird mit destilliertem Wasser auf 50 cm^3 aufgefüllt und mit Schwefelwasserstoff gesättigt. Nach dem Absitzen des Niederschlags wird filtriert und mit kaltem Wasser so lange ausgewaschen, bis das Waschwasser Kupferacetatpapier nicht mehr färbt. Man bringt Filter und Niederschlag in einen 250 cm^3-Kolben, fügt 10 cm^3 20%ige Kaliumjodidlösung und 30 cm^3 0,1 n Jodlösung hinzu und verschließt den Kolben mit einem paraffinierten Kork. Durch diesen Kork führt ein Glasrohr in einen 50 cm^3-Kolben, der 10 cm^3 10%ige Kaliumjodidlösung enthält. Die 250 cm^3-Flasche wird auf dem Wasserbad etwa $^1/_2$ Std. unter mehrmaligem Umschütteln erhitzt, bis keine schwarzen Teilchen mehr sichtbar sind. Nach dem Abkühlen werden Rohr und Kork mit der Kaliumjodidlösung aus dem kleinen Kolben gewaschen; der Inhalt der beiden Flaschen wird mit 0,1 n Natriumthiosulfatlösung in Gegenwart von Stärke titriert.

Bemerkungen. Die Konzentration der QuecksilberII-jodidlösung muß eingehalten werden. Ist die Lösung zu konzentriert, so wird nicht alles Quecksilber gefällt; ist sie zu verdünnt, so geht das QuecksilberII-sulfid kolloid in Lösung.

2. Indirekte Titration mit Bleisulfid.

Zwischen der festen Phase des in Wasser unlöslichen Bleisulfids und dem schwach dissoziierten Elektrolyten QuecksilberII-chlorid tritt eine Reaktion ein, entsprechend der Gleichung:

$$HgCl_2 + PbS = HgS + PbCl_2 .$$

Die Reaktionsgeschwindigkeit ist sowohl von der Menge des Bleisulfids als auch von der Temperatur und der Einwirkungsdauer abhängig. Durch viele Veruche stellten TANANAEFF und PONOMARJEFF fest, daß bei einer 15 Min. langen Einwirkung von 25 cm^3 einer annähernd 0,1 n QuecksilberII-chloridlösung auf 25 cm^3 einer wäßrigen Aufschlämmung von Bleisulfid in der Siedehitze eine quantitative Umsetzung vorliegt. Das entstandene BleiII-chlorid kann in Gegenwart von Phenolphthalein mit Soda titriert werden; der schwarze Niederschlag der Sulfide muß allerdings vorher abfiltriert werden, da er sonst die Rosafärbung verdeckt.

Arbeitsvorschrift. 25 cm^3 einer annähernd 0,1 n QuecksilberII-chloridlösung versetzt man in einem 250 cm^3-ERLENMEYER-Kolben mit 25 cm^3 einer wäßrigen Aufschlämmung von Bleisulfid und kocht 15 Min. Der schwarze Niederschlag wird abfiltriert und 3- bis 4mal mit kleinen Mengen heißen Wassers ausgewaschen (das Filtrieren und Auswaschen dauert etwa 5 Min.). Das mit dem Waschwasser vereinigte

Filtrat wird bis zum Sieden erhitzt, mit 5 cm³ Phenolphthaleinlösung versetzt und mit 0,1 n Sodalösung bis zum Auftreten einer Rosafärbung titriert. Bleibt die Färbung beim Kochen bestehen, so ist die Titration beendet, andernfalls setzt man weitere Sodalösung zu. Durch einen Blindversuch muß unbedingt die zur Rosafärbung der quecksilberfreien Lösung nötige Sodamenge festgestellt werden.

Die Ausführung der Bestimmung dauert etwa 25 Min.

Bemerkungen. **I. Herstellung des Bleisulfids.** Das Bleisulfid wird durch Einleiten von Schwefelwasserstoff in eine etwa 0,5 n Lösung von Bleiacetat, die mit Salzsäure angesäuert wird, hergestellt. Dazu löst man 95 g Bleiacetat in 1 l Wasser und säuert die Lösung mit 10 cm³ Salzsäure (D 1,19) an. In die fast bis zum Sieden erhitzte Lösung wird dann Schwefelwasserstoff eingeleitet, bis mit Natriumsulfid kein Blei mehr nachzuweisen ist. Nach dem Absetzen des Niederschlags wird dekantiert und mit Wasser so lange ausgewaschen, bis im Waschwasser mit Natriumplumbat keine Reaktion auf Schwefelwasserstoff mehr festzustellen ist. Das ausgewaschene Bleisulfid wird in einer Stöpselflasche mit so viel Wasser versetzt, wie das Volumen des Niederschlags beträgt. Vor Entnahme der zur Analyse notwendigen Menge muß gründlich geschüttelt werden, damit das ursprüngliche Verhältnis zwischen Wasser und Sulfid auch in der entnommenen Flüssigkeit erhalten bleibt.

II. Genauigkeit. Bei QuecksilberII-chloridmengen zwischen 0,27200 und 0,40821 g bewegt sich der Analysenfehler zwischen 0,04 und 0,42%. Im Mittel ergaben die Bestimmungen von TANANAEFF und PONOMARJEFF einen Wert von 99,75% der Theorie.

3. Konduktometrische Titration.

Stark verdünntes Schwefelwasserstoffwasser ist nach Versuchen von SCHORSTEIN zur konduktometrischen Mikrobestimmung von Quecksilber geeignet. Liegt ein Quecksilbernitrat vor, so entsteht bei der Bestimmung freie Salpetersäure. Diese ruft eine starke Leitfähigkeitszunahme hervor, der Reagensüberschuß hat keinen beträchtlichen Einfluß auf die Leitfähigkeit. Die Kurvenform ist für die Bestimmung kleiner Mengen günstig. Die Bestimmung wurde mit 0,015 mg Quecksilber als kleinster Menge ausgeführt.

C. Colorimetrische Bestimmung.

Vorbemerkung. In sehr verdünnten QuecksilberII-salzlösungen entsteht bei der Behandlung mit Schwefelwasserstoff zunächst kein Niederschlag. Das sich bildende Sulfid bleibt kolloidal in Lösung und färbt diese braun. Die Farbtiefe ist der Konzentration der Quecksilbersalzlösung direkt proportional und kann durch Vergleich mit den Färbungen von Salzlösungen mit bekanntem Quecksilbergehalt zur Bestimmung sehr kleiner Quecksilbermengen benutzt werden. VIGNON hat bereits 1893 die Untersuchung von mit Quecksilberpräparaten behandelten Weinreben in dieser Weise ausgeführt. RAASCHOU bestätigt die Eignung der Methode von VIGNON zur Bestimmung kleiner Quecksilbermengen; man muß nur dafür sorgen, daß keine anderen, durch Schwefelwasserstoff in salzsaurer Lösung fällbaren Metalle vorhanden sind, und muß bei der Fällung Schwefelabscheidung vermeiden. JOLLES wendet die colorimetrische Methode auf die Bestimmung des Quecksilbers im Harn an. Da die colorimetrische Bestimmung schnell ausführbar und auf kleine Quecksilbermengen anzuwenden ist, spielt sie bei der Bestimmung des Quecksilbergehaltes in organischen Verbindungen eine bedeutende Rolle.

a) Verfahren von KOHN-ABREST. Durch Vergleich mit einer selbst hergestellten Farbenskala bestimmt KOHN-ABREST den Quecksilbergehalt toxikologischer Lösungen.

Arbeitsvorschrift. Nach der Zerstörung der organischen Substanz und anschließender Weiterbehandlung wird das erhaltene QuecksilberII-jodid in 1 cm³ einer wäßrigen, 1%igen Kaliumjodidlösung gelöst und die Lösung in ein Reagensglas gebracht, dessen unteres Ende zylindrisch verengt ist. Man fügt 1 cm³ schwach ammoniakalische Gummilösung (das Ammoniak soll etwa frei vorhandenes Jod binden) und 1 cm³ Schwefelwasserstoffwasser hinzu, verschließt, schüttelt durch und beobachtet die Braunfärbung der Flüssigkeit. Man stellt sich in Gefäßen gleicher Form eine Reihe von Vergleichslösungen her aus Lösungen bekannten Quecksilbergehalts und gleichen Mengen von Gummi- und Schwefelwasserstofflösung. Durch Vergleich der Färbung der zu untersuchenden Lösung mit den Färbungen der Vergleichslösungen findet man die gesuchte Quecksilbermenge.

Bemerkung. Die kolloidalen Vergleichslösungen sind infolge des als Schutzkolloid zugesetzten Gummis sehr lange haltbar, so daß man sie immer wieder benutzen kann.

b) Verfahren von Procter und Seymour-Jones. Die beiden Autoren führen die colorimetrische Bestimmung mit Hilfe eines Eintauchcolorimeters durch. Um eine Fällung des QuecksilbersII-sulfids zu verhindern, fügen sie Ameisensäure oder Citronensäure zu der quecksilberhaltigen Lösung hinzu. Die zu untersuchende Quecksilbersalzlösung wird mit Ameisensäure angesäuert, so daß sie an letzterer 1%ig ist, und mit gasförmigem Schwefelwasserstoff gesättigt. Dann wird sie in den Tauchzylinder des Colorimeters gebracht und mit einer mit Schwefelwasserstoff gesättigten, wäßrigen Standardlösung mit 0,01 Gew.-% QuecksilberII-chlorid und 1 Gew.-% Ameisensäure verglichen. Aus dem Vergleich der beiden Färbungen ergibt sich die Konzentration der zu untersuchenden Lösung. Auf diesem Weg läßt sich noch 1 Teil QuecksilberII-sulfid in 10^5 Teilen Wasser bestimmen.

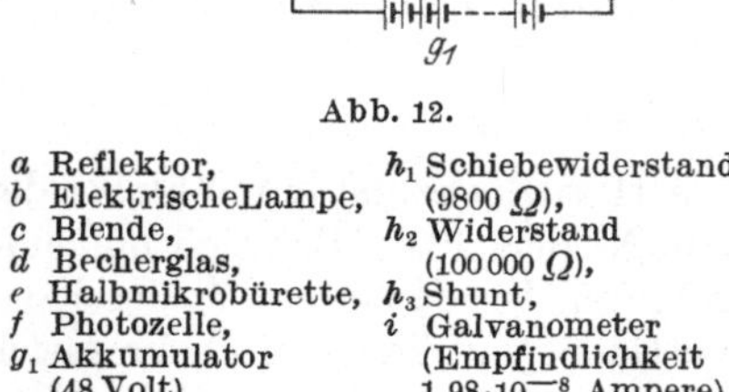

Abb. 12.

a Reflektor, *b* Elektrische Lampe, *c* Blende, *d* Becherglas, *e* Halbmikrobürette, *f* Photozelle, g_1 Akkumulator (48 Volt), g_2 Akkumulator (2 Volt), h_1 Schiebewiderstand (9800 Ω), h_2 Widerstand (100000 Ω), h_3 Shunt, *i* Galvanometer (Empfindlichkeit $1{,}98 \cdot 10^{-8}$ Ampere).

D. Photometrische Bestimmung.

Hirano bestimmt kleine Quecksilbermengen photometrisch unter Benutzung einer Kupferoxyd-Photozelle.

***Arbeitsvorschrift.* Apparatur.** Die dabei benutzte Apparatur ist aus Abb. 12 erkenntlich.

Arbeitsweise. Die Untersuchungslösung wird in einem 150 bis 200 cm³-Becherglas mit einer Lösung von Gummi arabicum als Schutzkolloid und mit 5 bis 10 cm³ 0,2 n Kaliumcyanidlösung versetzt und dann mit einer 0,01 n oder einer 0,001 n Natriumsulfidlösung photometrisch unter Zuhilfenahme einer Kupferoxydzelle

Tabelle 9.

$HgCl_2$-Lösung cm³		Zusatz an 1%iger Gummilösung cm³	0,2 n KCN-Lösung cm³	Gefunden (durch Titration) g	Berechnet g
1,00	0,01 n Lösung	5	10	0,0020	0,0020
4,97	0,01 n Lösung	10	5	0,0103	0,0100
9,98	0,01 n Lösung	10	5	0,0208	0,0201
1,00	0,001 n Lösung	10	5	0,00020	0,00020
1,98	0,001 n Lösung	10	10	0,00041	0,00040
9,98	0,001 n Lösung	10	10	0,00219	0,00201

titriert. Zum Schutz gegen äußere Einflüsse wird die Natriumsulfidlösung in einer braunen Mikrobürette aufbewahrt und an der Oberfläche mit flüssigem Paraffin abgedeckt. Sie wird photometrisch gegen Wismutchloridlösung oder besser gegen QuecksilberII-chloridlösung eingestellt.

Bemerkungen. Kupfer und Arsen stören die Bestimmung nicht. Die Genauigkeit geht aus der Tabelle 9 (S. 480) hervor:

X. Bestimmung als QuecksilberII-thiosulfatkomplex.

Die Bestimmung als QuecksilberII-thiosulfatkomplex kommt vor allem bei der Analyse des QuecksilberII-cyanids in Frage, das in wäßriger Lösung vollkommen undissoziiert ist und darum auch nicht wie normales Cyanid mit Säure titriert werden kann. Eine indirekte titrimetrische Bestimmung kann aber nach RUPP und MÜLLER (a) mit Natriumthiosulfat ausgeführt werden. *Die dabei sich abspielende Umsetzung wird durch folgende Gleichung wiedergegeben:*

$$Hg(CN)_2 + 2\,Na_2S_2O_3 = \left[Hg\begin{matrix} S_2O_3 \\ S_2O_3 \end{matrix}\right]Na_2 + 2\,NaCN\,.$$

Das bei der Bildung des Thiosulfatkomplexes abgespaltene Natriumcyanid wird in Gegenwart von Methylorange oder 0,1%iger Dimethylaminoazobenzollösung mit 0,1 n Salzsäure titriert.

Überschuß an Natriumthiosulfat schadet bei der Bestimmung nichts. Saure oder alkalische Lösungen sind vor der Untersuchung zu neutralisieren.

Zur Gehaltsbestimmung des offizinellen QuecksiberII-cyanidpräparates löst man genau 0,2 g Substanz mit 1 bis 1,5 g reinem Natriumthiosulfat zusammen in etwa 30 cm³ Wasser, setzt 2 Tropfen 0,1%ige Methylorangelösung hinzu und titriert mit 0,1 n Salzsäure.

RÂY und DAS-GUPTA wenden das Verfahren auf die Bestimmung von QuecksilberII-oxyd an.

$$HgO + 2\,Na_2S_2O_3 + H_2O = Na_2[Hg\,(S_2O_3)_2] + 2\,NaOH\,.$$

Bei zu großem Überschuß an Thiosulfat fällt das Ergebnis etwas zu hoch aus.

Bei der Analyse von gelbem und rotem QuecksilberII-oxyd sowie von QuecksilberII-amidochlorid (unschmelzbarem Präzipitat) verfahren SCHORN und MCCRONE folgendermaßen: 0,3 bis 0,5 g Substanz werden mit annähernd dem Zehnfachen ihres Gewichtes an Natriumthiosulfat behandelt. Nach vollständiger Auflösung wird mit Säure (Methylorange als Indicator) titriert.

Die titrimetrische Bestimmung des Quecksilbers mit Thiosulfat unter Fällung als Sulfid oder Sulfid-Doppelsalz kommt, wie NORTON jun. angibt und UTZ bestätigt, infolge der nicht quantitativen Fällbarkeit der Verbindungen und ihrer Löslichkeit in Thiosulfatlösung nicht in Frage.

XI. Bestimmung als QuecksilberII-phosphat.

$Hg_3(PO_4)_2$, Molekulargewicht 791,79.

Allgemeines.

QuecksilberII-phosphat ist ein weißer, krystallinischer Niederschlag, der in geringem Maße in heißem Wasser löslich ist.

Maßanalytische Bestimmung.

Vorbemerkung. LIEBIG beobachtete, daß sich QuecksilberII-nitrat und QuecksilberII-chlorid gegen Natriumphosphat verschieden verhalten: aus Nitratlösungen fällt ein anfangs flockiger, später krystallinisch werdender, weißer Niederschlag von QuecksilberII-phosphat aus, während in Chloridlösungen die Fällung vollständig unterbleibt. Natriumchlorid bringt den Niederschlag, solange er noch nicht krystallinisch ist, leicht in Lösung unter Bildung von Natriumphosphat und QuecksilberII-chlorid. Aus der zum Lösen erforderlichen Menge an Chlorid (1 Äquivalent Natriumchlorid entspricht 1 Äquivalent Quecksilber) läßt sich die Menge des vorhandenen Quecksilbers berechnen. Die zu bestimmende QuecksilberII-lösung muß frei von Halogenverbindungen und von anderen Metallen und darf nicht zu stark sauer sein; nach Zusatz von 3 bis 4 cm^3 einer gesättigten Natriumphosphatlösung auf 10 cm^3 Quecksilberlösung soll diese nicht mehr sauer reagieren. Die Verdünnung der Lösung ist so zu wählen, daß in 10 cm^3 Lösung nicht mehr als etwa 0,18 bis 0,2 g QuecksilberII-oxyd enthalten sind. Bei höherem Quecksilbergehalt ist der Versuch mit entsprechend verdünnter Lösung zu wiederholen.

Arbeitsvorschrift. Durch einen Vorversuch wird die Quecksilbermenge annähernd ermittelt und, falls erforderlich, die Lösung noch verdünnt. Im ersten Teil des Hauptversuches werden 10 cm^3 der zu untersuchenden Lösung in einem Becherglas mit 3 bis 4 cm^3 gesättigter Natriumphosphatlösung versetzt und sofort mit 0,1 n Natriumchloridlösung bis zum Verschwinden des Niederschlags titriert. Im zweiten Teil des Hauptversuches wird nun die ermittelte Menge der Natriumchloridlösung abgemessen, mit 3 bis 4 cm^3 Natriumphosphatlösung versetzt und mit der zu untersuchenden Quecksilbersalzlösung bis zum Eintreten eines bleibenden Niederschlags titriert. Ein recht genaues Ergebnis wird als arithmetisches Mittel aus den Ergebnissen der beiden Teilversuche gefunden.

Bemerkung. Die Methode hat den Mangel, daß man nicht in ausgesprochen sauren Lösungen titrieren kann, da das QuecksilberII-phosphat in Salpetersäure löslich ist.

XII. Bestimmung als QuecksilberII-arsenat.

$Hg_3(AsO_4)_2$, Molekulargewicht 878,65.

Allgemeines.

QuecksilberII-arsenat ist ein schweres, citronengelbes Pulver, das in geringen Mengen in heißem Wasser löslich ist. Da der Prozentgehalt an Quecksilber im Arsenat kleiner ist als im Sulfid, kommt einem Experimentierfehler bei der Bestimmung geringere Bedeutung zu. Doch wird das Arsenat im Gegensatz zum Sulfid nicht aus Chloridlösungen gefällt. Geringe Menge an freier Salpetersäure hingegen beeinflußt die Genauigkeit nicht.

Gewichtsanalytische Bestimmung.

***Arbeitsvorschrift von* Pretzfeld.** Zu etwa 15 cm^3 der kalten QuecksilberII-nitratlösung werden in einem 100 cm^3-Kolben ungefähr 20 cm^3 einer gesättigten Natriumarsenatlösung hinzugegeben, so daß diese im Überschuß vorhanden ist. Es bildet sich sofort ein schwerer, gelblichweißer Niederschlag von QuecksilberII-arsenat, der sich schnell absetzt. Zur vollständigen Ausscheidung läßt man am besten die Lösung mit dem Niederschlag etwa 5 Std. stehen, filtriert dann ab, wäscht mit kaltem Wasser, trocknet bei 95 bis 100° und wägt.

Bemerkung. Wenger und Cimerman können bei einer Nachprüfung des Verfahrens von Pretzfeld die Ergebnisse nicht bestätigen.

XIII. Bestimmung als Di-QuecksilberII-Ammoniumchromat.

$(NHg_2)_2CrO_4 \cdot 2\,H_2O$, Molekulargewicht 982,50.

Allgemeines.

Eigenschaften des Di-QuecksilberII-Ammoniumchromats. Das Di-QuecksilberII-Ammoniumchromat ist eine citronengelbe, in Wasser praktisch unlösliche Verbindung, die sich in 25%iger Salzsäure in der Wärme leicht löst. Beim Kochen mit konzentrierter Schwefelsäure bzw. Salpetersäure tritt teilweiser Zerfall unter Quecksilberabscheidung ein. Bei Anwesenheit von Ammoniumsalzen ist das Salz in 10%igem Ammoniak löslich. In Gegenwart größerer Mengen von Ammoniumsalzen werden die QuecksilberII-salze nicht oder nur unvollständig durch ammoniakalische Chromatlösung gefällt. Der aus natrium- oder ammoniumchloridhaltigen Lösungen ausfallende Niederschlag ist manchmal nicht gelb, sondern weiß.

A. Gewichtsanalytische Bestimmung.

***Arbeitsvorschrift von* Litterscheid.** *Die Umsetzung wird durch die Gleichung wiedergegeben:*

$$4\,Hg^{\cdot\cdot} + CrO_4'' + 8\,NH_4OH \rightarrow (NHg_2)_2CrO_4\cdot 2\,H_2O + 6\,NH_4^{\cdot} + 6\,H_2O\,.$$

20 oder 40 cm³ einer 2,5%igen QuecksilberII-chloridlösung werden in einem Becherglas mit einem beliebigen Überschuß an Kaliumdichromatlösung (2%ig oder 10%ig) gemischt und unter kräftigem Umrühren mit einem beträchtlichen Ammoniaküberschuß versetzt. Nach längerem Stehen (am besten etwa 6 Std.) wird der Niederschlag abfiltriert, mit schwach ammoniakalischem Wasser ausgewaschen und bei 100° bis zur Gewichtskonstanz getrocknet.

Bemerkungen. Bei der Bestimmung des Quecksilbergehalts von 20 cm³ einer 2,5%igen QuecksilberII-chloridlösung, also einer Quecksilbermenge von 0,3693 g, fand Litterscheid 0,3672, 0,3693, 0,3681 und 0,3674 g, bei der Bestimmung des Gehalts von 40 cm³ der gleichen Lösung mit 0,7386 g Quecksilber wurden 0,7362 g gefunden. Die Differenz der Auswage gegenüber der berechneten Quecksilbermenge beträgt demnach —0,24 bis —0,42%.

B. Maßanalytische Bestimmung.

1. Acidimetrische Titration.

***Arbeitsvorschrift von* Augusti.** Die QuecksilberII-salzlösung wird in einem Zentrifugierglas mit einigen Kubikzentimetern Kaliumchromat- oder -dichromatlösung versetzt. Dann wird tropfenweise 10%ige Natronlauge bis zur deutlich alkalischen Reaktion zugegeben. Man kann auch gleich tropfenweise ammoniakalische Kaliumchromatlösung zusetzen bis zur vollständigen Ausfällung der gelben Verbindung. Nach einigen Minuten wird zentrifugiert, dekantiert und einige Male sorgfältig mit Wasser in gleicher Weise ausgewaschen. Die Verbindung wird nun in konzentrierter Kaliumjodid- oder Natriumthiosulfatlösung gelöst entsprechend den Gleichungen:

$$(NHg_2)_2CrO_4\cdot 2\,H_2O + 16\,KJ + 6\,H_2O \rightarrow 4\,K_2[HgJ_4] + (NH_4)_2CrO_4 + 8\,KOH$$

bzw.

$$(NHg_2)_2CrO_4\cdot 2\,H_2O + 8\,Na_2S_2O_3 + 6\,H_2O \rightarrow 4\,Na_2[Hg(S_2O_3)_2] + (NH_4)_2CrO_4 + 8\,NaOH\,.$$

Das gebildete Alkali wird mit eingestellter Oxalsäure oder Mineralsäure titriert. Die Bestimmung erfordert etwa 45 bis 50 Min.

Bemerkungen. Liegt 1wertiges Quecksilber in der zu bestimmenden Verbindung vor, dann wird das Salz vor der Fällung mit Chromat zur 2wertigen Verbindung oxydiert.

Die in den Beleganalysen von Augusti gefundenen Werte liegen im Mittel um etwa 0,30 bis 0,35% unter den theoretisch berechneten Werten.

2. Jodometrische Titration.

***Arbeitsvorschrift von* Litterscheid.** Die 2,5%ige QuecksilberII-chloridlösung wird in einem 100 oder 200 cm³-Kolben mit einer bekannten Menge Kaliumdichromatlösung im Überschuß geschüttelt (4,9 g/l). Dann wird unter stetigem Schütteln tropfenweise mit 10%igem Ammoniak bis zur deutlich alkalischen Reaktion versetzt und der Kolben bis zur Marke mit Wasser gefüllt. Der Überschuß an

Dichromat wird nach 3- bis 6stündigem Stehen jodometrisch bestimmt. Nach Ansäuern mit 20%iger Schwefelsäure wird die Lösung mit Kaliumjodid versetzt. Nach 10 bis 15 Min. wird das ausgeschiedene Jod mit 0,1 n Thiosulfatlösung in Gegenwart von Stärke titriert. Bei Gegenwart von Ammonium- oder Alkalichloriden versagt diese von LITTERSCHEID angegebene Methode.

Bemerkungen. Die jodometrische Titration ergibt Werte, die um —0,18 bis +0,09% von den berechneten abweichen. LITTERSCHEID hat sowohl das gewichtsanalytische als auch das jodometrische Bestimmungsverfahren zur Analyse von Sublimatpastillen angewendet.

XIV. Bestimmung unter Abscheidung als QuecksilberII-cyanid.

$Hg(CN)_2$, Molekulargewicht 252,6.

Allgemeines.

Eigenschaften des QuecksilberII-cyanids. QuecksilberII-cyanid krystallisiert in farblosen, quadratischen Säulen, die geruchlos, aber von ekelhaftem, metallischem Geschmack und sehr giftig sind.

Löslichkeit. Die Verbindung ist in Wasser leicht löslich. Nach LANDOLT-BÖRNSTEIN (o) beträgt die Löslichkeit bei —0,45° 7,41 g Substanz in 100 g Wasser, bei 20° 93,0 g je Liter, bei 25° 0,44 Mol je Liter. Die Löslichkeit in Äthylalkohol beträgt bei 25° 9,57 g, in Methylalkohol 31,9 g in 100 g wasserfreiem Alkohol [LANDOLT-BÖRNSTEIN (p)].

Beim Erhitzen zersetzt sich das Salz in Quecksilber und Cyangas, das sich zum Teil zu festem Paracyan polymerisiert. Ein Teil läßt sich unzersetzt verflüchtigen.

Die wäßrige Lösung hat ein geringes elektrisches Leitvermögen, ist also nur schwach dissoziiert. Von mäßig starken Kalilaugen wird QuecksilberII-cyanid nicht gefällt, verdünnte Silbernitratlösung gibt nur allmählich eine schwache Trübung von weißem, unlöslichem Silbercyanid.

Die wäßrige Lösung kann noch beträchtliche Mengen QuecksilberII-oxyd lösen, wodurch deutlich alkalisch reagierende Flüssigkeiten entstehen, aus denen QuecksilberII-oxycyanid isoliert werden kann.

Maßanalytische Bestimmung.

1. Acidimetrische bzw. alkalimetrische Titration.

Reines QuecksilberII-chlorid zeigt ebenso wie Cyanwasserstoff in Lösung keine saure Reaktion gegen Methylorange. Beim Mischen beider Lösungen aber bildet sich das sehr schwach dissoziierte QuecksilberII-cyanid und eine äquivalente Menge freier Salzsäure entsprechend der Gleichung:

$$HgCl_2 + 2\,HCN \rightleftarrows Hg(CN)_2 + 2\,HCl\,.$$

Die freiwerdende Säure wird durch Titration bestimmt. Diese von ANDREWS zuerst ausgeführte Methode gibt nach KOLTHOFF und KEIJZER sehr gute Ergebnisse. Während ANDREWS als Indicator bei der Säuretitration Paranitrophenollösung benutzt, nehmen KOLTHOFF und KEIJZER Methylorange.

Arbeitsvorschrift von KOLTHOFF und KEIJZER für die indirekte Titration. Die Quecksilbersalzlösung, die frei von überschüssiger Säure sein muß, wird mit einem geringen Überschuß an Cyanwasserstoffsäure versetzt. Die dadurch freiwerdende Salzsäure kann gleich mit Natronlauge in Gegenwart von Methylorange titriert werden. Nach dem eingetretenen Farbumschlag fügt man noch ein wenig Cyanwasserstoffsäure hinzu, um zu prüfen, ob genügend davon vorhanden war. Bleibt der Farbton beständig, so ist der Endpunkt der Titration erreicht.

Bemerkungen. **I. Bereitung der Cyanwasserstoffsäure.** Die Cyanwasserstoffsäure wird durch Neutralisation von Kaliumcyanidlösung mit Salzsäure in Gegenwart von Dimethylgelb hergestellt. Die Cyanwasserstoffsäurelösung kann nicht lange aufbewahrt werden, da sie saure Reaktion annimmt, z. B. durch Bildung von Oxycyansäure. Das zur Bereitung benutzte Kaliumcyanid muß natürlich auch cyanatfrei sein.

II. Prüfung auf Neutralität der Quecksilbersalzlösung. Zur Prüfung auf Neutralität der zu untersuchenden Quecksilbersalzlösung wird diese mit Alkalichlorid im Überschuß und mit Methylorange versetzt. Bei Abwesenheit von freier Säure ist nach Zusatz von Natriumchlorid die Reaktion gegen Methylorange neutral.

III. Anwendung der Methode zur Analyse von Sublimatpastillen. Das acidimetrische Verfahren kann auch zur Analyse von Sublimatpastillen verwendet werden. Der Anilinfarbstoff in der Sublimatlösung wird durch 1 bis 2 Tropfen 0,1 n Brom- oder Chlorwasser zerstört. Spuren überschüssigen Broms werden durch 1 Tropfen Phenollösung unschädlich gemacht. Dann wird die Neutralität der Lösung geprüft und hierauf, wie angegeben, titriert.

IV. Ähnliche Arbeitsmethoden. α) Indirektes Titrationsverfahren von Rupp (f). Dieser Autor titriert die QuecksilberII-salze mit Kaliumcyanid entweder durch direkte Messung der zugegebenen Kaliumcyanidmenge oder durch Bestimmung des Kaliumcyanidüberschusses mit Salzsäure.

Arbeitsvorschrift. Die säurefreie Quecksilbersalzlösung wird mit einem Überschuß einer Kaliumcyanidlösung bekannten Titers (0,25 bis 0,50 n) versetzt; dieser Überschuß wird nach Zugabe von Methylorange mit Salzsäure zurücktitriert. Schwefelsäure als Titriersäure liefert dieselben Ergebnisse. Die Quecksilbersalzlösung muß natürlich unbedingt säurefrei sein. Quecksilberchloridlösungen, die infolge hydrolytischer Dissoziation sauer, bei Gegenwart von Alkalichlorid dagegen neutral wirken, werden mit einem Kalium- oder Natriumchloridzusatz versehen und dann mit Lackmus oder Phenolphthalein auf Neutralität geprüft bzw. mit verdünnter Lauge neutralisiert. Nach Zusatz von Phenolphthalein wird Kaliumcyanid zugegeben. Bei Überschuß an Kaliumcyanid tritt intensive Rotfärbung auf. Wird nun mit Salzsäure (Methylorange als Indicator) zurücktitriert, so ist das stark säureempfindliche Phenolphthalein durch den entstehenden Cyanwasserstoff schon entfärbt, ehe das Methylorange zum Rotumschlag kommt.

Bemerkungen. Als Indicator kann man nach Rupp und Maiss neben Methylorange auch Dimethylaminoazobenzol und 0,1%ige Methylrotlösung verwenden, da diese Indicatoren gegen so schwache Säuren wie Cyanwasserstoffsäure unempfindlich sind. Bei Anwendung von Methylrot als Indicator können auch Sublimatpastillen untersucht werden, da der blaustichige Umschlag des Methylrots sich nach einer Beobachtung an der Vorprobe ganz gut von dem gelbstichigen Eosinrot unterscheidet.

Nach Zugabe von Alkalichloridlösung können nach dieser Methode auch QuecksilberII-nitratlösungen und -sulfatlösungen analysiert werden.

β) Indirektes Titrationsverfahren von Bauer. Nach Bauer bietet bei dieser Methode die Bestimmung des Neutralitätspunktes solche Schwierigkeiten, daß nur recht ungenaue Resultate erhalten werden können. Er verwendet zur Rücktitration des Kaliumcyanids Silbernitrat. Diese wird in ammoniakalischer Lösung unter Zusatz von Kaliumjodid ausgeführt. Sobald alles Kaliumcyanid durch Silbernitrat in das lösliche Kaliumsilbercyanid übergeführt ist, erzeugt der geringste Überschuß an Silbernitrat eine Trübung von Silberjodid.

Arbeitsvorschrift. Man schließt die organischen Quecksilberverbindungen (s. S. 545) mit konzentrierter Schwefelsäure und Wasserstoffperoxyd auf, entfernt die Carosche Säure durch Kochen der Lösung mit konzentriertem Ammoniak, kühlt ab und versetzt mit 10 cm³ einer etwa 0,2 n Kaliumcyanidlösung. Nach Hinzufügen von 5 Tropfen einer 10%igen Kaliumjodidlösung wird der Überschuß an Kaliumcyanid mit 0,05 n Silbernitratlösung zurücktitriert. Das Auftreten einer Trübung von Silberjodid zeigt das Ende der Titration an.

Bemerkungen. *I. Einstellung der Kaliumcyanidlösung.* Der täglich neu festzustellende Titer der Kaliumcyanidlösung wird folgendermaßen bestimmt: 10 cm^3 Kaliumcyanidlösung werden abpipettiert, mit etwa 30 cm^3 Wasser verdünnt, mit einigen Tropfen Ammoniak und 5 Tropfen einer 10%igen Kaliumjodidlösung versetzt und mit 0,05 n Silbernitratlösung titriert.

II. Genauigkeit. Bei den Beleganalysen findet BAUER bei Quecksilberdiphenyl 56,48% Quecksilber an Stelle der berechneten 56,50%, bei Quecksilberbenzoat 45,23% an Stelle der berechneten 45,25% und bei Quecksilberbisnitrophenol 42,08% an Stelle der berechneten 42,02%.

γ) Direktes Titrationsverfahren von RUPP (f).

Arbeitsvorschrift. Die säurefreie QuecksilberII-salzlösung wird mit 5 bis 10 Tropfen einer 1%igen alkoholischen Phenolphthaleinlösung versetzt und mit 0,5 n Kaliumcyanidlösung titriert. Infolge der starken Hydrolyse schlägt das Phenolphthalein bei Zugabe des ersten Tropfens überschüssigen Alkalicyanids bei nicht zu großer Verdünnung mit Schärfe um wie bei freiem Alkali.

Bemerkungen. *I. Anwendungsbereich.* In stark alkalichloridhaltigen Lösungen ist der Neutralisationspunkt, infolge der Zurückdrängung der Dissoziation des Kaliumcyanids, weniger genau; daher bestimmt man neutralisierte, d. h. mit Alkalichlorid versetzte QuecksilberII-nitrat- und -sulfatlösungen auf dem indirekten Weg. Für Sublimatlösungen sind beide Verfahren durchaus gleichwertig. Infolge der schnellen und einfachen Ausführung dürfte sich die direkte Titration besonders für technische Bestimmungen eignen.

II. Einstellung der Kaliumcyanidlösung. Die Kaliumcyanidlösung wird entweder in Gegenwart von Methylorange auf 0,5 bzw. 0,25 n Salzsäure eingestellt oder auf QuecksilberII-chlorid. Dazu wird aus 33,87 g umkrystallisiertem, vollkommen klar löslichem Sublimat 1 Liter einer 0,25 n Lösung hergestellt. 25 bzw. 50 cm^3 davon werden mit 5 bzw. 10 Tropfen Phenolphthalein versetzt und mit der annähernd 0,25 bzw. 0,5 n Kaliumcyanidlösung auf Rot titriert.

δ) Direkte Titration verdünnter Quecksilbersalzlösungen ($\leq$ 0,1 n) nach MORAWITZ. Wie RUPP (f) bereits andeutete und MORAWITZ durch seine Untersuchungen näher darlegte, ist die direkte Titrationsmethode bei geringeren Konzentrationen (0,1 n und geringer) nicht brauchbar, wohl infolge des in verdünnten Lösungen zu langsamen Verlaufes der Reaktion:

$$HgCl_2 + 2\,KCN = Hg(CN)_2 + 2\,KCl\,.$$

Die Geschwindigkeit der Reaktion wird durch Zugabe geringer Mengen Säure beschleunigt.

Arbeitsvorschrift. Titrierflüssigkeit ist eine durch Zusatz von Bariumchlorid carbonatfrei gemachte Kaliumcyanidlösung, die mittels eines Gummiballs unter Luftabschluß durch Kohlendioxyd in die Bürette gepumpt wird. Als Indicator und zugleich als Katalysator dient eine etwa 0,02 n Salzsäure, die mit p-Nitrophenol gesättigt ist. 100 Tropfen dieser Lösung werden allein titriert, so daß sich daraus die Korrektur für die beim Versuch zu benutzenden 10 Tropfen bestimmen läßt.

Die neutrale Quecksilbersalzlösung wird mit 10 Tropfen der Indicatorlösung versetzt und mit Kaliumcyanidlösung titriert.

Bemerkungen. Die Genauigkeit des Verfahrens ergibt sich aus zwei der angeführten Beispiele. Eingewogen wurden 0,1252 g bzw. 0,3104 g QuecksilberII-chlorid, gefunden wurden 0,1254 g bzw. 0,3103 g.

Nach MORAWITZ sollen auch größere Mengen Natriumchlorid die Genauigkeit nicht beeinflussen.

ε) Direktes Titrationsverfahren von JELLINEK und KREBS. In etwas anderer Form führen JELLINEK und KREBS die acidimetrische Quecksilberbestimmung durch.

Arbeitsvorschrift. Sie titrieren QuecksilberII-chloridlösung in der Hitze unter Zusatz von 5 Tropfen Phenolphthaleinlösung mit 0,1 n Kaliumcyanidlösung bis zur eintretenden Rosafärbung.

Bemerkungen. Bei der Titration wurde ein Minderverbrauch an Kaliumcyanid von 3% festgestellt, der aber nach RUPP, WEGNER und MAISS auf Verunreinigungen des Kaliumcyanids zurückzuführen sein dürfte. Nach JELLINEK und CZERWINSKI ist die Reaktion zwischen QuecksilberII-chlorid und Kaliumcyanid beim Umschlagspunkt des Phenolphthaleins in der Siedehitze vollständig. Bei der Titration in der Kälte soll Phenolphthalein als Indicator jedoch unzweckmäßig sein, da der Kohlendioxydgehalt des Wassers stört.

ζ) Direktes Titrationsverfahren von HANNAY bzw. von TUSON und NEISON sowie von JONES. Eine Titrationsmethode zur annähernden Quecksilberbestimmung gibt HANNAY an, die von TUSON und NEISON und von JONES ausgebaut worden ist. In neutralen Quecksilbersalzlösungen wird durch Ammoniak eine Trübung hervorgerufen, die beim Hinzufügen von Kaliumcyanidlösung wieder verschwindet. Aus der verbrauchten Kaliumcyanidmenge kann die Quecksilbermenge ermittelt werden.

Arbeitsvorschrift von JONES. Die QuecksilberII-chloridlösung (etwa 0,1 g Quecksilber in 1 cm^3 Lösung) wird tropfenweise mit stark verdünnter Ammoniaklösung versetzt, bis Lackmus nur noch ganz schwach saure Reaktion zeigt oder bis eine schwache Trübung eintritt. Dann wird mit Kaliumcyanidlösung (7 g Kaliumcyanid in 1 l Lösung) bis zum Verschwinden der Trübung titriert. Aus der verbrauchten Menge wird auf das vorhandene Quecksilber geschlossen. Der genaue Titer der Kaliumcyanidlösung wird durch Titration gegen Quecksilberlösung bekannten Gehalts bestimmt.

2. Argentometrische Titration.

Vorbemerkung. *Bei der Fällung einer QuecksilberII-salzlösung mit Kaliumcyanid bildet sich QuecksilberII-cyanid, das mit Kaliumcyanidüberschuß ein Doppelsalz bildet:*

$$4\,KCN + HgCl_2 = 2\,KCl + Hg(CN)_2 \cdot 2\,KCN\,.$$

Wird dann eine Mischung von Ammoniak, Kaliumjodid und Silbernitrat hinzugefügt, so verläuft die Reaktion weiter:

$$Hg(CN)_2 \cdot 2\,KCN + AgNO_3 = Hg(CN)_2 + AgCN \cdot KCN + KNO_3\,.$$

Ist die doppelte Umsetzung vollständig, so entsteht bei Zusatz des ersten Tropfens überschüssiger QuecksilberII-salzlösung eine Trübung von schwer löslichem QuecksilberII-jodid. Auf diese Reaktion gründet DENIGÈS (b) eine titrimetrische Quecksilberbestimmung, die COLOMBIER sowie PROČKE weiter ausbauen. EURY gelingt es, diese Methode so zu vervollkommnen, daß die von DENIGÈS (b) sowie von COLOMBIER zur Behebung der Ungenauigkeit der Ergebnisse eingeführte Korrektur in Fortfall kommen kann.

***Arbeitsvorschrift von* EURY. Reagenzien.** Benutzt werden 0,05 n Silbernitratlösung, eine genau äquivalente Kaliumcyanid- und 10%ige Kaliumjodidlösung.

Arbeitsweise. In ein Zylindergefäß gibt man 20 cm^3 Kaliumcyanidlösung, 10 cm^3 Ammoniak, 1 cm^3 Kaliumjodidlösung und etwa 7 cm^3 Wasser. Dann wird das zu untersuchende Quecksilbersalz hinzugefügt. Da bei größeren Quecksilbermengen die im Augenblick des Versetzens mit Kaliumcyanid entstehende Trübung unter gewöhnlichen Bedingungen nicht mehr verschwindet, worauf wohl die Notwendigkeit der Anbringung von Korrekturfaktoren bei den früheren Versuchen zurückzuführen ist, sind die Konzentrationsverhältnisse sehr wichtig für das Gelingen der Bestimmung. Verschwindet beim Schütteln die Trübung in den gemischten Lösungen nicht, so ist ein zweiter Versuch mit größerer Kaliumcyanidmenge (etwa 30 bis 40 cm^3) nötig. Die klare Lösung titriert man mit Silbernitratlösung (n cm^3) bis zur bleibenden Trübung.

Ist n größer als 0,6, so macht man einen weiteren Versuch mit einer anderen Kaliumcyanidmenge (c'), die sich aus der Beziehung ergibt:

$$c' = c - n.$$

Die nun verbrauchte Anzahl Kubikzentimeter $AgNO_3$-Lösung (n') soll größer sein als 0,10 und kleiner als 0,6. Ist n' kleiner oder gleich 0,10, so muß ein weiterer Versuch ausgeführt werden mit einer Cyanidmenge von c' + 0,10 cm³. Ist n' jedoch größer als 0,6, so muß ein Kaliumcyanidwert genommen werden, der kleiner ist als c'. Ein Überschuß an Kaliumjodidlösung ist unbedingt zu vermeiden. Die Berechnung der Quecksilbermenge ergibt sich aus der Beziehung, daß 1 cm³ 0,05 n Silbernitratlösung einer Quecksilbermenge von 0,01 g entspricht.

XV. Bestimmung als QuecksilberII-KobaltIII-cyanid.

$Hg_3[Co(CN)_6]_2$, Molekulargewicht 1031,93.

Versuche, QuecksilberII-Ionen potentiometrisch mit Kalium-KobaltIII-cyanid, $K_3[Co(CN)_6]$, oder dem entsprechenden Natrium- oder Lithiumsalz beziehungsweise der freien Säure zu bestimmen, zeigen, daß die Potentialeinstellung bei der Titration mit dem Kaliumsalz sehr langsam, beim Arbeiten mit dem Natrium- oder Lithiumsalz jedoch schneller erfolgt. Bei der Titration mit der freien KobaltIII-Cyanwasserstoffsäure erfolgt die Potentialeinstellung sofort; der Potentialsprung ist scharf und entspricht dem Übergang in das Neutralsalz (Czaporowski und Wiercinski).

XVI. Bestimmung unter Abscheidung als QuecksilberII-rhodanid.

$Hg(SCN)_2$, Molekulargewicht 316,77.

Allgemeines.

Eigenschaften des QuecksilberII-rhodanids. QuecksilberII-rhodanid bildet beim Auskrystallisieren aus kochendem Wasser oder aus Alkohol farblose Nadeln oder ein weißes, krystallinisches Pulver, das nicht zerfließlich ist. 1000 cm³ der gesättigten wäßrigen Lösung enthalten bei 25° 0,096 g Rhodanid. In kochendem Wasser ist es etwas leichter löslich, ziemlich leicht löslich in Alkohol, ein wenig löslich in Äther. Das Salz ist sehr wenig dissoziiert, die Leitfähigkeit der gesättigten Lösung dementsprechend sehr klein. QuecksilberII-rhodanid besitzt große Neigung zur Komplexsalzbildung.

Maßanalytische Bestimmung.

1. Titration mit Rhodanid.

Vorbemerkung. Wie bereits Volhard (b) in seinen Arbeiten angibt, ist das Verhalten der QuecksilberII-salze gegen Rhodanide dem der Silbersalze analog. Eine mit EisenIII-salz versetzte Ammoniumrhodanidlösung wird durch QuecksilberII-nitrat ebenso schnell entfärbt wie durch Silbernitrat.

Die Methode eignet sich zur Bestimmung des Quecksilbers in Zinnober und anderen schwer zerstörbaren Quecksilberverbindungen, die man entweder mit Schwefelsäure und Kaliumnitrat oder auch mit Schwefelsäure und Permanganat aufschließt, s. S. 537. Eisen, Kupfer, Arsen, Antimon und Zinn stören nicht, so daß auch silberfreie Fahlerze analysiert werden können.

Das Analysenmaterial muß absolut halogenfrei sein. Chlor-Ionen führen zur Bildung von Sublimat, das sich mit den Rhodan-Ionen nur unvollkommen umsetzt und einen undeutlichen Endumschlag der Titration hervorruft. Jodquecksilberpräparate können aus demselben Grunde nicht nach diesem Verfahren analysiert werden, man kann sie z. B. durch Reduktion zum Metall ermitteln.

Die Bestimmung von Quecksilber durch Titration mit Rhodanid ist überall da empfehlenswert, wo das Quecksilber als Nitrat vorliegt oder in dieses übergeführt werden kann. Auch QuecksilberII-sulfat in schwefel- oder salpetersaurer Lösung läßt sich nach diesem Verfahren bestimmen.

Obwohl VOLHARD (b) bei den Quecksilberbestimmungen auf diesem Wege nur angenäherte Ergebnisse erzielt wegen des zu früh eintretenden Farbumschlags — nach KOLTHOFF (c) ist die Genauigkeit nicht größer als etwa 0,3%, wohl infolge Komplexsalzbildung — kommen RUPP und KRAUSS auf einem wenig geänderten Wege zu scharfen Ergebnissen. In der Untersuchungslösung muß nur ein Überschuß an Salpetersäure vorhanden sein.

***Arbeitsvorschrift von* RUPP *und* KRAUSS.** 10 cm³ der zu untersuchenden salpetersauren Lösung, die eine etwa 0,25 g QuecksilberII-oxyd entsprechende Menge Quecksilber enthalten, werden mit 50 cm³ Wasser verdünnt, mit 2 cm³ einer 10%igen EisenIII-Ammoniumalaunlösung und mit einer zur vollständigen Entfärbung hinreichenden Menge etwa 30%iger Salpetersäure versetzt. Dann wird mit 0,1 n Ammoniumrhodanidlösung bis zur bleibenden, schwach hellbraunen Färbung titriert. In konzentrierten Lösungen tritt ein farbloser Niederschlag von QuecksilberII-rhodanid auf.

***Bemerkungen.* I. Genauigkeit.** Auf diesem Wege fanden RUPP und KRAUSS 99,80 bis 100,03% der eingewogenen Quecksilbermenge. Beim Arbeiten nach den ursprünglichen Angaben von VOLHARD (b) in möglichst neutraler oder stark verdünnter Lösung war der Farbumschlag weniger gut erkennbar, und sie fanden 99,40 bis 99,61% der angewendeten Quecksilbermenge. Bei der Titration nach dem indirekten Verfahren von COHN (s. S. 491) erhielten sie 100%. KNOX, der die Genauigkeit des von RUPP und KRAUSS angegebenen Verfahrens einer Prüfung unterzieht, kommt beim Vergleich der hierdurch ermittelten Werte mit den gewichtsanalytisch nach dem Sulfidverfahren gefundenen zu ausgezeichnet übereinstimmenden Ergebnissen bei Verwendung von reinen, von QuecksilberI-salz freien QuecksilberII-salzlösungen.

II. Störung durch andere Stoffe. Bedingung für eine einwandfreie Titration ist absolutes Freisein der Untersuchungslösung von Chlor-Ionen, von salpetriger Säure und von QuecksilberI-salz, von letzterem, da es sich mit Alkalirhodanid zu metallischem Quecksilber und QuecksilberII-rhodanid umsetzt. Die Anwesenheit von QuecksilberI-Ionen ist an der grauschwarzen Trübung des Titrationsgemisches zu erkennen. Sind geringe Mengen eines QuecksilberI-salzes oder von salpetriger Säure anwesend (wenn Quecksilber oder seine Legierungen in Salpetersäure gelöst worden sind), so wird die Lösung so lange mit Kaliumpermanganat versetzt, bis eine 5 Min. lang bleibende Rötung bzw. Abscheidung von Mangandioxyd auftritt. Den Überschuß an Permanganat nimmt man dann bei gewöhnlicher Temperatur mit einer kleinen Menge an EisenII-sulfat weg und titriert schließlich dessen geringen Überschuß zurück.

III. Anwendungsbereich. Durch die rhodanometrische Titration von RUPP und KRAUSS kann Quecksilber in Lösungen, die andere Schwermetalle enthalten, bestimmt werden. Die Methode ist also besonders geeignet zur Bestimmung von Quecksilber in den Handelssorten und in Legierungen. Außer QuecksilberII-nitrat ist auch das QuecksilberII-sulfat in schwefelsaurer und salpetersaurer Lösung titrierbar. Daher ist die Methode auch zur Bestimmung des Quecksilbergehalts von organischen Verbindungen geeignet, s. S. 548.

Über die Anwendung der Titration mit Rhodanid auf die Analyse von Hydrargyrum praecipitatum album s. RUPP (h), auf die Gehaltsbestimmung von Unguentum Hydrargyri cinereum s. RUPP und LEHMANN (b) sowie RECK, von galenischen Präparaten wie Quecksilberpflaster, Quecksilber- und Quecksilberoxydsalbe s. RUPP (i).

IV. Bestimmung des Quecksilbergehalts von schwer zerstörbaren Quecksilberverbindungen. Zur rhodanometrischen Bestimmung des Quecksilbers in schwer zerstörbaren Quecksilberverbindungen (z. B. in Zinnober, in Cyan- und Arylderivaten und in pharmazeutischen Präparaten) geben RUPP und MÜLLER (b) folgende Wege an:

Arbeitsvorschrift 1. Eine bis zu 0,3 g Quecksilber enthaltende, fein gepulverte Substanzmenge wird mit 1 g reinem Kaliumnitrat und 5 cm³ konzentrierter Schwefelsäure in einem schräg eingespannten Reagensglas, das durch einen mit einem etwa 50 cm langen Steigrohr (um das flüchtige Quecksilbersalz zurückzuhalten) versehenen Kork verschlossen ist, bis zur vollständigen Auflösung (etwa 15 Min.) zum gelinden Sieden erhitzt. Nach dem Erkalten gießt man die Lösung mit etwa 50 cm³ Wasser in einen Titrierbecher um, wobei gleichzeitig der Kork und das Steigrohrinnere nachgespült werden. Zur Entfernung etwa vorhandener salpetriger Säure wird nun tropfenweise Permanganatlösung (etwa 1 : 100) bis zur bleibenden Rötung hinzugefügt. Ein Körnchen EisenII-sulfat bringt diese wieder zum Verschwinden (Überschuß vermeiden). Hierauf versetzt man mit einigen Kubikzentimetern EisenIII-alaunlösung und titriert mit 0,1 n Rhodanidlösung auf Rostbraun. 1 cm³ 0,1 n Rhodanidlösung entspricht 0,01003 g Quecksilber bzw. 0,01163 g Sulfid.

Bemerkungen. Größere Mengen an QuecksilberI-sulfat können eine teilweise Reduktion des 2wertigen Sulfats zum 1wertigen Salz verursachen; beim Titrieren fällt dann nicht mehr farbloses, sondern graugefärbtes Quecksilberrhodanid aus. Selbstverständlich ist Halogenfreiheit nötig.

Arbeitsvorschrift 2. 0,2 g des zerriebenen Präparates verteilt man auf dem Boden eines trockenen Titrierbechers, beträufelt mit 50 Tropfen Wasser (2 bis 3 cm³, nicht mehr) und vermischt unter Schütteln mit 1,5 g allerfeinst gepulvertem Kaliumpermanganat, so daß der Boden des Bechers mit einem homogenen Brei bedeckt ist. Nun läßt man unter gelindem Umschwenken aus einer Pipette 5 cm³ konzentrierte Schwefelsäure hinzufließen, zuerst nur tropfenweise, bis die erste, heftige, aber ungefährliche Einwirkung vorüber ist, dann in freilaufendem Strahl. Etwa vorhandene geringe Mengen gasförmigen Cyanwasserstoffs vertreibt man aus dem Becher durch Abblasen und läßt 15 bis 20 Min. in der Kälte stehen. Darauf verdünnt man mit 50 cm³ Wasser und versetzt messerspitzenweise mit reinem EisenII-sulfatpulver. bis die Permanganatfärbung zerstört ist, und titriert ohne weiteren Indicatorzusatz mit 0,1 n Rhodanidlösung auf Umschlag in Rostbraun.

Bemerkungen. Die folgende Tabelle 10 zeigt die Ergebnisse einer Versuchsreihe mit Zinnober, der nach der Kontrollanalyse 68,05% QuecksilberII-sulfid enthielt.

Tabelle 10.

Gegebene Zinnobermenge g	Aufgelöst mit	Lösungszeit	Gefundener Verbrauch an 0,1 n Rhodanidlösung cm³	Berechneter Verbrauch an 0,1 n Rhodanidlösung cm³
0,2	1,5 g $KMnO_4$ + H_2SO_4	etwa 30 Min.	11,6 —11,7	11,7
0,3	1,5 g $KMnO_4$ + H_2SO_4	etwa 35 Min.	17,45—17,6	17,55
0,2	1 g KNO_3 + H_2SO_4	12—15 Min.	11,6 —11,7	11,7
0,3	1 g KNO_3 + H_2SO_4	15 Min.	17,5 —17,6	17,55

V. Arbeitsweise von ACTON. ACTON wendet die Titration mit Kaliumrhodanid zur Bestimmung von QuecksilberII-jodid an. Er reduziert die alkalische Jodidlösung unter Erwärmen mit Formalin (s. S. 389), löst nach dem Dekantieren und Auswaschen das gefällte Quecksilber in Salpetersäure und titriert anschließend mit 0,1 n Kaliumrhodanidlösung.

Bemerkungen. Die Sulfide von Eisen, Kupfer, Arsen, Antimon und Zinn verursachen, wie aus Versuchsreihen von TOMICEK hervorgeht, keine merkliche

Störung der rhodanometrischen Quecksilberbestimmung, so daß auch in Fahlerzen — Silberfreiheit vorausgesetzt — die Bestimmung durchgeführt werden kann.

VI. Schnellmethode von Locke. 1 g Untersuchungsmaterial wird in einem 250 cm³-Erlenmeyer-Kolben mit 25 cm³ konzentrierter Salpetersäure versetzt und bis zur Entfernung der braunen Dämpfe gekocht. Nach dem Abkühlen wird filtriert und mit 0,1 n Kaliumrhodanidlösung gegen EisenIII-Ammoniumalaun bis zur Hell-Orangefärbung titriert. — Soll mit größerer Genauigkeit gearbeitet werden, so vergrößert man die Einwage, verdünnt die Lösung auf 500 cm³ und titriert einen entsprechenden Teil davon. Die Kaliumrhodanidlösung wird am besten gegen QuecksilberII-oxyd eingestellt.

VII. Bestimmung des 1wertigen Quecksilbers nach Rupp (g). Nach Rupp (g) läßt sich auch das 1wertige Quecksilbersalz rhodanometrisch bestimmen, wenn es durch Erhitzen mit überschüssiger Salpetersäure zuerst in die 2wertige Verbindung übergeführt wird.

Arbeitsvorschrift. 10 cm³ QuecksilberI-nitratlösung werden auf dem Wasserbad mit 10 cm³ konzentrierter Salpetersäure in einem gut schließenden und zugebundenen Stöpselglas $^1/_2$ Std. lang erhitzt. Nach dem Erkalten wird zum Entfernen der gebildeten salpetrigen Säure $^1/_2$ Std. lang Luft hindurchgeleitet. Die Titrationsproben dürfen nicht zu sehr verdünnt sein, da die Umsetzung sonst zu langsam vor sich geht. Nach dem Hindurchsaugen der Luft versetzt man die Flüssigkeit mit 2 cm³ einer gesättigten oder 5 cm³ einer 10%igen EisenIII-alaunlösung und entfärbt sie schließlich mit Salpetersäure. Nun wird mit 0,1 n Rhodanidlösung titriert.

VIII. Temperaturabhängigkeit der Rhodanid-Ionen-Konzentration in QuecksilberII-rhodanidlösung. Obwohl QuecksilberII-rhodanid zu den schwach dissoziierten Verbindungen gehört, ist nach Kolthoff (c) die Rhodan-Ionen-Konzentration in einer gesättigten QuecksilberII-rhodanidlösung schon so groß, daß auf Zusatz von Salpetersäure und EisenIII-Ammoniumalaun eine, wenn auch schwache, so doch deutliche Rotbraunfärbung auftritt, besonders bei Temperaturen über 20°. Durch genauere Untersuchungen findet Kolthoff (c) eine starke Temperaturabhängigkeit der Rhodan-Ionen-Konzentration in QuecksilberII-rhodanidlösungen. Bei 30° zeigt der Indicator schon eine sehr starke Färbung, während er bei 12° kaum gefärbt wird. Titrationen unter 15° ergeben also einen recht exakten Farbumschlag des Indicators und damit einen genauen Endpunkt der Titration. Wird bei Temperaturen über 15° gearbeitet, so erhält man auch dabei eine genaue Endpunktsbestimmung der Titration, wenn man eine bei der herrschenden Temperatur gesättigte QuecksilberII-rhodanidlösung als Vergleichsflüssigkeit benutzt. Chlor-Ionen wirken dabei wie bei der Bestimmung nach Rupp und Krauss störend, da QuecksilberII-chlorid sehr schwach dissoziiert ist und nur unvollständig in Rhodanid umgesetzt wird. Brom-Ionen üben dieselbe Wirkung in verstärktem Maße aus. Die Säurekonzentration der Lösung dagegen hat nach Kolthoff (c) im Gegensatz zu Volhard (b) kaum Einfluß auf das Ergebnis.

IX. Indirekte Titrationsmethode von Cohn. Um die durch einen etwa zu frühen Umschlag des Indicators hervorgerufene Unsicherheit der Bestimmung zu umgehen, empfiehlt Cohn ein indirektes Bestimmungsverfahren.

Arbeitsvorschrift. Die QuecksilberII-salzlösung wird mit einem gemessenen Überschuß an 0,1 n Ammoniumrhodanidlösung versetzt. Nach Zusatz von EisenIII-alaun und Salpetersäure gibt man 0,1 n Silbernitratlösung im Überschuß hinzu. Schließlich wird der Überschuß an Silbernitrat mit 0,1 n Ammoniumrhodanidlösung zurücktitriert. Dadurch erhält man einen ebenso scharfen Farbumschlag wie bei der Silbertitration nach Volhard. Der Endpunkt der Titration ist erreicht, wenn der lichtbraune Farbton beim Durchschütteln der Lösung einige Minuten bestehen bleibt.

Bemerkungen. Selbstverständlich dürfen keine Chloride vorhanden sein. Die Methode führt zu guten Ergebnissen. Einige sind in Tabelle 11 zusammengestellt. Die Beleganalysen wurden an einer QuecksilberII-salzlösung ausgeführt, die nach gewichtsanalytischer Bestimmung 0,0426 g Quecksilber in 5 cm³ Lösung enthielt.

Tabelle 11.

Angewendete QuecksilberII-salzlösung cm³	Zugefügt		Differenz (verbrauchte 0,1 n NH_4SCN-Lösung) cm³	Hieraus sich ergebender Hg-Gehalt in 5 cm³-Lösung g
	0,1 n NH_4SCN-Lösung cm³	0,1 n $AgNO_3$-Lösung cm³		
5	25	20,80	4,20	0,0420
10	25	16,45	8,55	0,0427
10	25	16,50	8,50	0,0425
10	29,25	20,70	8,55	0,0427

Die Methode kann wegen der Rücktitration mit Silbernitrat nicht auf QuecksilberII-chlorid oder salzsaure Lösungen angewendet werden.

2. Potentiometrische Titration.

Der potentiometrischen Titration liegt ebenfalls die Reaktion zugrunde:

$$Hg^{\cdot\cdot} + 2\,SCN' = Hg(SCN)_2\,.$$

***Arbeitsvorschrift von* Müller *und* Benda.** Das zu bestimmende Quecksilber wird in heißer, starker Salpetersäure gelöst; die Stickoxyde werden mit Kaliumpermanganat, das im Überschuß bis zur bleibenden Rotfärbung zugesetzt wird, oxydiert. Überschüssiges Permanganat wird durch Zugabe von EisenII-sulfat entfärbt (gleichzeitig bildet sich das als Indicator zu verwendende EisenIII-salz). Dann wird mit 0,1 n Ammoniumrhodanidlösung potentiometrisch auf die übliche Weise titriert. Das Potential einer in die zu untersuchende Lösung eintauchenden Quecksilberelektrode wird gegen eine Normal-Kalomelelektrode gemessen.

Das Rhodanid wird mit Silbernitrat und dieses mit einer bekannten Menge Natriumchlorid eingestellt.

Bemerkungen. Bei den Versuchen, die Müller und Benda in stark saurer und in neutraler Lösung durchführten, wurde während der potentiometrischen Titration der Umschlagspunkt des durch Hinzufügen des EisenII-salzes gebildeten Indicators beobachtet. Der auf potentiometrischem Wege gefundene Umschlagspunkt liegt dem theoretisch berechneten näher als der Umschlagspunkt des Indicators.

Der beim Verschwinden der Quecksilber-Ionen auftretende Potentialsprung ist bei stark sauren Lösungen besser ausgeprägt als bei schwach sauren. Anwesende QuecksilberI-Ionen machen die Ergebnisse ungenau, daher muß erst deren Oxydation mit Permanganat erfolgen. Halogen-Ionen stören, da sie mit Quecksilber-Ionen zu fast undissoziierten Quecksilberhalogeniden zusammentreten, die von Ammoniumrhodanid nur sehr schwer zersetzt werden. Der undeutliche Umschlag in schwach sauren, fast neutralen Lösungen dürfte auf Hydrolyse zurückzuführen sein, die durch Säureüberschuß (Zugabe von Salpetersäure) zurückzudrängen ist.

XVII. Bestimmung als Zink-QuecksilberII-rhodanid.

$ZnHg(SCN)_4$, Molekulargewicht 498,30.

Allgemeines.

Die Methode beruht auf der Eigenschaft des QuecksilberII-rhodanids, mit Zinksalzen eine schwerlösliche Komplexverbindung von der Formel $ZnHg(SCN)_4$ *zu bilden. Die Bestimmung kann sowohl gewichtsanalytisch als auch maßanalytisch erfolgen.*

Eigenschaften des Zink-QuecksilberII-rhodanids. Die Verbindung ist eine weiße, krystalline Substanz. Bei 15° lösen sich in 1000 g Wasser 2,4 g des Salzes (Robertson). Durch Zink-Ionen wird die Löslichkeit erheblich herabgesetzt, man arbeite t daher bei der Bestimmung mit einem Überschuß an Zinksalz. In Halogenidlösungen nimmt die Löslichkeit mit zunehmender Halogenidkonzentration zu, am stärksten in Natriumjodidlösungen. Nach CUVELIER und BOSCH erfolgt die Fällung quantitativ, wenn man vom QuecksilberII-nitrat ausgeht. Kobalt, Kupfer, Wismut und Nickel werden teilweise mitgefällt.

A. Gewichtsanalytische Bestimmung.

Arbeitsvorschrift von* JAMIESON *(b). Zur quantitativen Fällung benutzt der Autor ein Reagens, das 39 g Ammoniumrhodanid und 29 g Zinksulfat im Liter enthält. Vor der Hinzufügung des Reagenses sind saure Lösungen (bis 5% an Säure können vorhanden sein) durch Zugabe von Natronlauge zu neutralisieren. (Ammoniumsalze in größerer Menge wirken lösend auf den Niederschlag.) Gemessene Mengen der zu untersuchenden Lösung — JAMIESON (b) prüfte die Methode mit QuecksilberII-chloridlösungen — behandelt man in Bechergläsern mit 25 cm^3 des Reagenses und verdünnt auf 75 cm^3. Zur Erleichterung der Krystallabscheidung wird mit einem Glasstab an der Gefäßwand gerieben; nach 5 Min. wird gründlich umgerührt und 1 Std. lang oder länger stehengelassen[1]. Der Niederschlag wird in einen GOOCH-Tiegel abfiltriert und 4- bis 5mal mit einer Lösung von 5 cm^3 Reagens in 450 cm^3 Wasser gewaschen. Dann wird 1 Std. lang bei 102 bis 108° getrocknet und hierauf gewogen. Durch Multiplikation des Niederschlagsgewichts mit 0,40258 erhält man das Gewicht des Quecksilbers.

Bemerkungen. Die Genauigkeit der Methode ist aus der folgenden Zusammenstellung der Ergebnisse ersichtlich:

Quecksilbergehalt der Einwage (in g)	0,0402	0,1239	0,1328	0,1118	0,1451	0,1209	0,1360
Quecksilbergehalt der Auswage (in g)	0,0405	0,1240	0,1327	0,1120	0,1451	0,1211	0,1362

Die Methode wurde von JAMIESON (b) auf die Quecksilberbestimmung in gelbem Quecksilberoxyd, in Quecksilbercyanidtabletten, basischem QuecksilberII-salicylat und in weißem, unschmelzbarem Präzipitat angewendet.

Auf ähnlichem Wege führt COHN die Fällung des Zink-QuecksilberII-rhodanids durch; in dem erhaltenen Niederschlag sucht er nach Veraschung das Zink durch Glühen mit reinem Quecksilberoxyd in Zinkoxyd überzuführen. Aus der Zinkoxydauswage will er auf die in der Verbindung vorliegende Menge Quecksilber schließen.

Bei der Nachprüfung des Verfahrens gelangen WENGER und CIMERMAN zu guten Ergebnissen.

B. Maßanalytische Bestimmung.

1. Titration mit Kaliumjodat.

Der Vorgang wird durch die Gleichung

$$ZnHg(SCN)_4 + 6\,KJO_3 + 12\,HCl = HgSO_4 + ZnSO_4 + 2\,H_2SO_4 + 4\,HCN + 6\,JCl + 6\,KCl + 2\,H_2O$$

dargestellt.

Arbeitsvorschrift von* JAMIESON *(b). Bei der maßanalytischen Bestimmung wird die Fällung wie bei der gewichtsanalytischen Bestimmung durchgeführt. Nach 1stündigem Stehen wird der Niederschlag unter gelindem Saugen in einen GOOCH-Tiegel abfiltriert. Das Gefäß wird mit einer Lösung, die 10 cm^3 Reagens auf 450 cm^3 Wasser enthält, ausgewaschen; das Filter wird 4mal mit derselben Lösung gewaschen. Das Filter wird gefaltet und vorsichtig in eine Stöpselflasche gebracht. Man fügt eine abgekühlte Mischung von 35 cm^3 konzentrierter Salzsäure und 10 cm^3 Wasser mit 7 cm^3 Chloroform hinzu und titriert gleich mit Kaliumjodat. Zuerst gibt man das Jodat schnell hinzu unter öfterem Umschütteln.

[1] WENGER und CIMERMAN empfehlen ein Stehenlassen von 3 bis 4 Std.

Ist das freigemachte Jod wieder verschwunden, so wird das verschlossene Gefäß ½ Min. gründlich geschüttelt. Dann wird unter häufigem Umschütteln langsam weitertitriert, bis die Jodfärbung des Chloroforms verschwunden ist. Sind mehr als 60 cm³ Kaliumjodatlösung nötig, so werden vor der Titration 10 bis 15 cm³ mehr an konzentrierter Salzsäure zugegeben; vgl. dazu das analoge Verfahren bei der Bestimmung von 1wertigem Quecksilber als QuecksilberII-chlorid, S. 455.

2. Titration mit Silbernitrat.

***Arbeitsvorschrift von* Robertson.** Man gibt zu einer etwa 0,04 g 2wertiges Quecksilber enthaltenden Lösung (kein Chlorid wegen der zu benutzenden Silbernitratlösung) 10 cm³ 0,1 n Ammoniumrhodanidlösung und einen Überschuß an Zinksulfat hinzu. Der entstandene Niederschlag wird abfiltriert und mehrmals mit verdünnter Zinksulfatlösung ausgewaschen. Dann fügt man 10 cm³ 0,1 n Silbernitratlösung hinzu und titriert den Überschuß an Silber wie üblich mit 0,1 n Ammoniumrhodanidlösung in Gegenwart von EisenIII-sulfat.

Bei kleinen Quecksilbermengen arbeitet man besser mit 0,05 n Lösungen. Die Bestimmung ist in knapp 5 Min. durchzuführen.

Bemerkung. Da ein Überschuß an Salpetersäure keinen Einfluß auf die Genauigkeit hat, ist die Methode auch auf die Analyse von Salzen des 1wertigen Quecksilbers anzuwenden, die mit Salpetersäure gekocht werden, ehe man die Lösung verdünnt.

XVIII. Bestimmung als QuecksilberII-oxalat.

HgC_2O_4, Molekulargewicht 288,63.

Allgemeines.

Eigenschaften des QuecksilberII-oxalats. QuecksilberII-oxalat ist ein in kaltem Wasser unlösliches Krystallpulver, das auch in heißem Wasser noch schwer löslich ist. Es zerfällt bei 162 bis 167° glatt in Kohlendioxyd und QuecksilberI-oxalat. Bei Stoß und Schlag explodiert es heftig. Das Salz und seine Komplexe sind labile, durch Belichtung zerstörbare Gebilde. Das Kation $Hg^{\cdot\cdot}$ oxydiert das Anion C_2O_4'' zu Kohlendioxyd und reduziert sich selbst dabei zum QuecksilberI-Ion. Diese Reaktion erreicht durch Belichtung eine meßbare Geschwindigkeit und wird im Ederschen Photometer angewendet.

Maßanalytische Bestimmung.

1. Konduktometrische Titration.

Die konduktometrische Bestimmung des 2wertigen Quecksilbers ist nach Kolthoff (d) mit Lithiumoxalat durchführbar, gelingt aber nur in gut dissoziierten QuecksilberII-salzlösungen.

2. Thermometrische Titration.

Wie bereits bei der Bestimmung des Quecksilbers als QuecksilberI-oxalat beschrieben, kann der Verlauf von Reaktionen auch mit Hilfe der dabei auftretenden Temperatursteigerungen beobachtet werden, s. S. 449. Alle näheren Angaben über die Versuchsanordnung und die Auswertung der Ergebnisse sind bei der Bestimmung als QuecksilberI-oxalat, S. 449, ausführlich angegeben.

Die Titration des 2wertigen Quecksilbers wurde von Mayr und Fisch mit einer ungefähr 0,2 n QuecksilberII-nitratlösung durchgeführt.

***Arbeitsvorschrift von* Mayr *und* Fisch.** Zur thermometrischen Titration werden 20 bzw. 40 cm³ Nitratlösung auf ein Volumen von 60 cm³ gebracht; nach Unterkühlung um 1,0 bis 1,4° wird titriert. Die mittlere Temperaturdifferenz betrug bei dem Versuch von Mayr und Fisch für je 1 cm³ hinzugefügter Oxalatlösung 0,040°, bei QuecksilberI-salzen 0,050°. Der mittlere Verbrauch an Ammoniumoxalatlösung für 20 cm³ QuecksilberII-nitratlösung betrug 6,19 cm³, so daß 1 cm³ der verwendeten Ammoniumoxalatlösung 0,05024 g Quecksilber entsprach. Wie bereits erwähnt, können auf diesem Wege QuecksilberI-Ionen neben QuecksilberII-Ionen bestimmt werden, s. S. 450.

XIX. Bestimmung mit Hilfe der BETTENDORF*schen Reaktion.*

Unter bestimmten Versuchsbedingungen kann die Ausfällung von Arsenmetall aus salzsaurer Arseniklösung durch ZinnII-chlorid (BETTENDORFsche Reaktion) durch das als Induktor wirkende QuecksilberII-chlorid beschleunigt werden. KING und BROWN wollen durch diese Reaktion die Konzentration des Induktors QuecksilberII-chlorid bestimmen.

***Arbeitsvorschrift von* KING *und* BROWN.** In 10 cm³ einer 10^{-5} mol Lösung von Arsenik in konzentrierter Salzsäure erscheint die schwach braun gefärbte Arsensuspension in ungefähr 10 Min. Gibt man zu dieser Arseniklösung außer der gesättigten ZinnII-chloridlösung noch so viel QuecksilberII-chlorid hinzu, daß die Lösung daran 10^{-5} mol ist, so tritt die Arsenfärbung sofort auf. Bei einer nur 10^{-7} mol Arsenikkonzentration zeigt sich die Färbung beim Zusatz von QuecksilberII-chloridlösung erst in 1 Min.

Bemerkungen. Die für das Auftreten und die Entwicklung der Arsensuspension erforderliche Zeit ist eine Funktion der in der Lösung vorhandenen Konzentration an QuecksilberII-chlorid. Diese Tatsache ist nach KING und BROWN zur Bestimmung von QuecksilberII-chloridkonzentrationen bis herab zu $2 \cdot 10^{-8}$ mol anzuwenden.

Literatur.

ACTON, M. G.: Am. J. Pharm. **102**, 159 (1930). — ANDREWS, L. W.: Am. Chem. J. **30**, 187 (1903); durch Fr. **46**, 444 (1907). — AUGUSTI, S.: G. **65**, 689 (1935).

BAUER, H.: B. **54**, 2079 (1921). — BILMANN, E. u. K. THAULOW: (a) Bl. [4] **29**, 587 (1921); (b) ebenda, vgl. auch E. BILMANN: Medd. Nobelinst. **5**, No. 12, 10 (1919). — BILTZ, H. u. W. BILTZ: Ausführung quantitativer Analysen, 3. Aufl., S. 100. Leipzig 1940. — BOOTH, H. S., N. E. SCHREIBER u. K. G. ZWICK: Am. Soc. **48**, 1815 (1926). — BOUILLOUX, G.: Bl. [5] **7**, 184 (1940). — BROCKMAN, F. G.: Am. J. Pharm. **101**, 596 (1929). — BROUN, D., F. KAYSER u. J. SFIRAS: Bl. Soc. Chim. biol. **12**, 504 (1930).

CALEY, E. R. u. M. G. BURFORD: Ind. eng. Chem. Anal. Edit. **8**, 43 (1936). — CARNOT, A.: C. r. **109**, 177 (1889). — CATTELAIN, E.: J. Pharm. Chim. [8] **22**, 454 (1935). — CELSI, S. A. u. M. N. A. DE CELSI: An. Farm. Bioquim. **10**, 112 (1939). — CLASSEN, A.: Handbuch der analytischen Chemie, 8. u. 9. Aufl., 2. Teil, S. 343. Stuttgart 1924. — COHN, R.: B. **34**, 3502 (1901). — COLOMBIER, L.: J. Pharm. Chim. [8] **10**, 15 (1929). — COSTEANU, N. D.: Mikrochim. A. **3**, 136 (1938). — CUCUEL, F.: Mikrochemie **13**, 321 (1933). — CUVELIER, B. V. J. u. F. BOSCH: Natuurwetensch. Tijdschr. **18**, 9 (1936). — CZAPOROWSKI, L. u. J. WIERCIŃSKI: Roczniki Chem. **11**, 95 (1931); durch C. **102 I**, 2366 (1931).

DELAUNEY, A.: Ann. Falsific. **25**, 409 (1932). — DENIGÈS, G.: (a) Bl. Soc. Pharm. Bordeaux **72**, 5 (1934); (b) Bl. [3] **15**, 862 (1896). — DENNER: P. C. H. **29**, 207 (1888); durch H. BECKURTS, Die Methoden der Maßanalyse, 2. Aufl., S. 412. Braunschweig 1931. — DICK, J.: Fr. **77**, 352 (1929). — DUNNING, F. u. L. H. FARINHOLT: Am. Soc. **51**, 804 (1929).

ELLMAN, S.: Am. J. Pharm. **97**, 672 (1925). — EURY, J.: Bl. Sci. pharmacol. **37**, 599 (1930).

FENIMORE, E. P. u. E. C. WAGNER: Am. Soc. **53**, 2453 (1931). — FRESENIUS, C. R.: (a) Anleitung zur quantitativen chemischen Analyse, 6. Aufl., Bd. 1, S. 322. Braunschweig 1875; (b) ebenda S. 325.

GARNIER, L.: J. Pharm. Chim. [7] **3**, 13 (1911). — GOLSE, J.: Bl. Soc. Pharm. Bordeaux **66**, 212 (1928). — GRIFFITH, I. u. P. P. RAMANUSKAS: Am. J. Pharm. **99**, 242 (1927).

HÄUSLER, H.: Fr. **64**, 370 (1924). — HANNAY, J. B.: Soc. **26**, 565 (1873). — HASWELL, A.: Repert. anal. Chem. **2**, 84 (1882). — HEMPEL, C. W.: A. **110**, 176 (1859). — HILTNER, W. u. W. GITTEL: Fr. **101**, 28 (1935). — HIRANO, SHIZO: J. Soc. chem. Ind. Japan (Suppl.) **38**, 646 B (1935). — HOLDERMANN, K.: Ar. **243**, 604 (1905).

JAMIESON, G. S.: (a) Chem. N. **105**, 256 (1912); Am. J. Sci. [4] **33**, 349 (1912); (b) J. ind. eng. Chem. **11**, 296 (1919). — JEAN, M.: Bl. Soc. Pharm. Bordeaux **68**, 102 (1930). — JELLINEK, K. u. J. CZERWINSKI: Z. anorg. Ch. **149**, 359 (1925). — JELLINEK, K. u. P. KREBS: Z. anorg. Ch. **130**, 318 (1923). — JOHNS, I. B., W. D. PETERSON u. R. M. HIXON: Am. Soc. **52**, 2820 (1930). — JOLLES, A.: Fr. **39**, 230 (1900). — JONES, C.: Soc. **61**, 364 (1892).

KING, W. B. u. F. E. BROWN: Ind. eng. Chem. Anal. Edit. 5, 168 (1933). —KNOX, J.: Soc. 95, 1768 (1909). — KOHN-ABREST, E.: Ann. Chim. anal. [2] 7, 353 (1925). — KOLTHOFF, I. M.: (a) Z. anorg. Ch. 112, 179 (1920); (b) R. 41, 172 (1922); (c) Die Maßanalyse, 2. Aufl., Bd. 2, S. 252, 276. Berlin 1931; (d) Konduktometrische Titrationen, S. 80 (Tabelle). Dresden u. Leipzig 1923. — KOLTHOFF, I. M. u. J. KEIJZER: Pharm. Weekbl. 57, 913 (1920). — KOLTHOFF, I. M. u. E. J. A. H. VERZYL: R. 42, 1055 (1923). — KORENMAN, I. M.: Mikrochemie 14, 181 (1933/34).

LANDOLT-BÖRNSTEIN: (a) Physikalisch-Chemische Tabellen, 3. Ergänzungsbd., S. 498. Berlin 1935; (b) Hauptwerk, Bd. 1, S. 657. Berlin 1923; (c) ebenda S. 306; (d) ebenda S. 352; (e) 1. Ergänzungsbd., S. 178. Berlin 1927; (f) 2. Ergänzungsbd., S. 350. Berlin 1931; (g) 1. Ergänzungsbd., S. 193. Berlin 1927; (h) Hauptwerk, Bd. 1, S. 305. Berlin 1923; (i) 1. Ergänzungsbd., S. 252. Berlin 1927; (k) 3. Ergänzungsbd., S. 326. Berlin 1935; (l) ebenda S. 301; (m) Hauptwerk, Bd. 1, S. 353. Berlin 1923; (n) 2. Ergänzungsbd., S. 240. Berlin 1931; (o) Hauptwerk, Bd. 1, S. 656. Berlin 1923; (p) ebenda S. 727; (q) ebenda S. 728. — LANG, R.: Jodat- und Bromatmethoden mit Einschluß der Bromometrie nach MANCHOT, in der Sammlung „Die chemische Analyse", Bd. 33: Neuere maßanalytische Methoden, S. 66. Stuttgart 1935. — LIEBIG, J.: A. 85, 307 (1853). — LITTERSCHEID, F. M.: Ar. 241, 306 (1903). — LIVERSEDGE, S. G.: Analyst 33, 217 (1908). — LOCKE, J. F.: Chemist-Analyst 1925, No. 44, 5. — LÖWE, J.: J. pr. 77 73 (1859). — LOMHOLT, S. u. J. A. CHRISTIANSEN: Bio. Z. 81, 356 (1917).

MCBRIDE, R. S.: J. Phys. Chem. 14, 189 (1910). — MARICQ, L.: Bl. Soc. chim. Belg. 37, 241 (1928). — MARIGNAC, C.: A. 72, 61 (1849). — MAYR, C. u. J. FISCH: Fr. 76, 418 (1929). — MOLDAWSKI, B. L.: Chem. J. Ser. B 3, 955 (1930); durch C. 102 I, 1644 (1931); vgl. auch Fr. 87, 372 (1932). — MORAWITZ, H.: Z. anorg. Ch. 60, 456 (1908). — MÜLLER, R. u. O. BENDA: Z. anorg. Ch. 134, 102 (1924).

NORTON jun., J. T.: Z. anorg. Ch. 24, 411 (1900); Am. J. Sci. [4] 10, 48 (1900).

OPIEŃSKA-BLAUTH, J.: Przemysl Chem. 17, 14 (1933).

PEREGUD, J. u. J. KUSMINA: Laboratoriumspraxis (russ.) 12, No. 5, 36 (1937); durch C. 108 II, 2876 (1937). — PERSONNE, J.: J. Pharm. Chim. 43, 477 (1863); durch Fr. 2, 381 (1863). — PJANKOW, W. A.: Chem. J. Ser. B 9, 580 (1936); durch C. 108 I, 3523 (1937). — PRETZFELD, C. J.: Am. Soc. 25, 198 (1903). — PROČKE, O.: Coll. Trav. chim. Tchécosl. 2, 593 (1930). — PROCTER, H. R. u. R. A. SEYMOUR-JONES: J. Soc. chem. Ind. 30, 404 (1911).

RAASCHOU, P. E.: Fr. 49, 172 (1910). — RANGIER, M. u. H. RABUSSIER: C. r. Soc. Biol. 119, 1052 (1935). — RAUSCHENBACH, H.: Vgl. TREADWELL a. a. O., S. 138. — RÂY, P. u. J. DAS-GUPTA: J. Indian chem. Soc. 5, 483 (1928). — RECK, H.: Ch. Z. 48, 285 (1924). — REINDERS, W.: Ph. Ch. 32, 498 (1900). — ROBERTSON, P. W.: Chem. N. 95, 253 (1907). — RUPP, E.: (a) Ar. 239, 114 (1901). (b) Ch. Z. 32, 1078 (1908); (c) Pharm. Z. 53, 435 (1908); (d) Ar. 246, 467 (1908); (e) 241, 438 (1903); (f) Ch. Z. 32, 1077 (1908); (g) Ar. 241, 444 (1903); (h) 241, 447 (1903); (i) 244, 536 (1906). — RUPP, E. u. L. KRAUSS: B. 35, 2015 (1902); vgl. auch E. RUPP, Ch. Z. 32, 1077 (1908). — RUPP, E. u. F. LEHMANN: (a) Pharm. Z. 52, 1014 (1907); (b) Apoth. Z. 23, 590 (1908). — RUPP, E. u. P. MAISS: Apoth. Z. 40, 474 (1925). — RUPP, E. u. K. MÜLLER: (a) Apoth. Z. 40, 539 (1925); (b) Fr. 67, 20 (1925/26); vgl. auch E. RUPP, Ar. 261, 201 (1923). — RUPP, E. u. P. NÖLL: Ar. 243, 1 (1905). — RUPP, E. u. W. F. SCHIRMER: Pharm. Z. 53, 928 (1908). — RUPP, E., W. WEGNER u. P. MAISS: Z. anorg. Ch. 144, 313 (1925).

SANDILANDS, J.: Pharm. J. 116, 357 (1926); Analyst 65, 13 (1940). — SCHEWKET, Ö.: Bio. Z. 224, 327 (1930). — SCHORN, E. J. u. R. M. MCCRONE: Pharm. J. and Pharmacist 128, 187 (1932). — SCHORSTEIN, H.: Vgl. G. JANDER u. O. PFUNDT, in der Sammlung „Die chemische Analyse", Bd. 26: Leitfähigkeitstitrationen und Leitfähigkeitsmessungen, S. 78. Stuttgart 1934. — SCHULEK, E. u. I. BOLDIZSÁR: Fr. 120, 410 (1940). — SINGH, B. u. I. ILAHI: J. Indian chem. Soc. 13, 717 (1936). — ŠKRAMOVSKÝ, S. u. R. UZEL: Časopis českoslov. Lékárn. 14, 33 (1934); durch C. 105 II, 642 (1934). — STAEHLER, A. u. W. SCHARFENBERG: B. 38, 3867 (1905). — STOCK, A., F. GERSTNER u. H. KÖHLE: Naturwiss. 20, 954 (1932). — STOCK, A. u. R. HELLER: Angew. Ch. 39, 461 (1926). — STOCK, A., H. LUX, F. CUCUEL u. H. KÖHLE: Angew. Ch. 46, 62 (1933). — STOCK, A. u. N. NEUENSCHWANDER-LEMMER: B. 71, 550 (1938). — STOCK, A. u. W. ZIMMERMANN: Angew. Ch. 41, 546 (1928).

TABERN, D. L. u. E. F. SHELBERG: Ind. eng. Chem. Anal. Edit. 4, 401 (1932). — TAGLIAVINI, A.: Boll. chim. farm. 56, 297 (1917). — TANANAEFF, N. A. u. W. D. PONOMARJEFF: Fr. 101, 185 (1935). — TOMICEK, O.: Ch. Z. 49, 281 (1925). — TREADWELL, F. P.: Kurzes Lehrbuch der analytischen Chemie, 11. Aufl., Bd. 2, S. 138. Leipzig u. Wien 1923. — TREADWELL, W. D. u. L. WEISS: Helv. 2, 680 (1919). — TUSON, R. V. u. E. NEISON: Soc. 32 II, 679 (1877).

UTZ: Apoth. Z. 15, 720 (1900).

VIEBÖCK, F. u. C. BRECHER: Ar. 269, 398 (1931). — VIGNON, L.: C. r. 116, 584 (1893). — VOGELENZANG, E. H.: Pharm. Weekbl. 66, 65 (1929). — VOHL, H.: A. 94, 220 (1855). — VOLHARD, J. (a) A. 255, 255 (1889); (b) 190, 57 (1878).

WAGNER, G. F.: Laboratoriumspraxis (russ.) 14, Nr. 9/10, 22 (1939); durch C. 111 I, 2993 (1940). — WEGELIUS, H. u. S. KILPI: Z. anorg. Ch. 61, 413 (1909). — WENGER, P. u. C. CIMERMAN: Helv. 14, 718 (1931). — WILLARD, H. H. u. J. J. THOMPSON: Ind. eng. Chem. Anal. Edit. 3, 398 (1931). — WINKEL, A.: Angew. Ch. 50, 53 (1937).

§ 5. Bestimmung von 1- und 2wertigem Quecksilber nebeneinander.

Zur Bestimmung von 1- und 2wertigem Quecksilber nebeneinander fällt ODDO das 1wertige Quecksilber mit einem Überschuß einer Natriumchloridlösung bekannten Titers unter Benutzung von Diphenylcarbazid als Tüpfelindicator, s. S. 442. Das ausgefällte QuecksilberI-chlorid wird abfiltriert, aus dem Filtrat das 2wertige Quecksilber durch Schwefelwasserstoff ausgefällt und als Sulfid bestimmt. Aus dem hierbei erhaltenen Filtrat wird aller Schwefelwasserstoff durch Erhitzen vertrieben und schließlich der Überschuß der angewendeten Natriumchloridlösung mit QuecksilberI-nitratlösung bekannten Titers bestimmt.

HULETT schlägt ebenfalls vor, das 1wertige Quecksilber als Chlorid zu bestimmen, 2wertiges Quecksilber kann dann elektrolytisch ermittelt werden.

Die Tatsache, daß QuecksilberI-oxalat in kalter verdünnter Salpetersäure unlöslich ist, während QuecksilberII-oxalat in Lösung geht, benutzt PETERS zu einer Bestimmungsmethode von 1- und 2wertigem Quecksilber nebeneinander.

5 cm³ Salpetersäure (D 1,15) verhindern die Fällung von etwa 10 bis 20 mg 2wertigem Quecksilber, doch spielt der vorhandene Oxalatüberschuß auch eine Rolle.

Das 1wertige Quecksilber wird bei Gegenwart von 2wertigem Quecksilber nach Zugabe von Salpetersäure in der Kälte mit Oxalat gefällt und der Oxalatüberschuß titrimetrisch bestimmt, s. S. 448. Der Überschuß an Ammoniumoxalat soll bei einer 0,1 n Lösung nicht mehr als 1 bis 2 cm³ betragen.

Sowohl das 1wertige als auch das 2wertige Quecksilber wird nach RUPP mit Jodat gefällt. Der Alkalijodatüberschuß bei der Bestimmung wird nach Zugabe von Kaliumjodid in bekannter Weise mit Thiosulfat gemessen. 1 Äquivalent 1wertigem Quecksilber entsprechen 6 Äquivalente Jod, 1 Äquivalent 2wertigem Quecksilber 12 Äquivalente.

Die Gesamtsumme des vorhandenen Quecksilbers bestimmt man nach Oxydation mit Salpetersäure titrimetrisch mit Rhodanid, s. S. 488. Aus der Differenz zwischen dem auf Thiosulfat umgerechneten Rhodanidverbrauch und dem nach Oxydation erhaltenen Thiosulfatverbrauch ergibt sich die auf die vorhandenen QuecksilberI-Ionen entfallende Thiosulfatmenge.

***Arbeitsvorschrift von* RUPP. a) Summenbestimmung von QuecksilberI- und QuecksilberII-Ion.** Je 5 cm³ einer mäßig salpetersauren QuecksilberI-nitratlösung (enthaltend 0,0906 g QuecksilberI) und QuecksilberII-nitratlösung (enthaltend 0,1172 g QuecksilberII) werden mit 25 cm³ Kaliumjodatlösung bekannten Titers versetzt. Das Volumen wird auf 100 cm³ ergänzt. Nach etwa 3 Std. wird in 50 cm³ des nun quecksilberfreien Filtrats der Überschuß an Jodat mit 0,1 n Thiosulfatlösung bestimmt.

b) Summenbestimmung als QuecksilberII-Ion. Je 5 cm³ der unter a) angegebenen QuecksilberI- und QuecksilberII-nitratlösung spült man mit 20 cm³ Wasser und etwa 10 cm³ konzentrierter Salpetersäure in ein Stöpselglas von 125 cm³ Inhalt, erhitzt $^1/_2$ Std. auf dem Wasserbad, verdrängt etwa entstandene salpetrige Säure nach dem Erkalten durch Einleiten von Luft und titriert schließlich das gesamte, jetzt als QuecksilberII-salz vorliegende Quecksilber mit 0,1 n Rhodanidlösung.

Literatur.

HULETT, G. A.: Ph. Ch. **49**, 500 (1904).
ODDO, B. G. **39 I**, 666 (1909).
PETERS, C. A.: Z. anorg. Ch. **24**, 402 (1900); Am. J. Sci. [4] **9**, 401 (1900).
RUPP, E.: Ar. **241**, 444 (1903).

§ 6. Bestimmung als organische Quecksilberverbindung.

I. Bestimmung des Quecksilbers mit Diphenylcarbazid bzw. Diphenylcarbazon.

Colorimetrische Bestimmung.

Zur colorimetrischen Bestimmung sehr kleiner Quecksilbermengen empfehlen Stock und Pohland die von Cazeneuve zuerst zum Nachweis von Quecksilber benutzte und von Ménière auf die quantitative Bestimmung von Quecksilberdampf angewendete Reaktion mit Diphenylcarbazid. Böttger und Heinze bestimmen nach diesem Verfahren kleine Quecksilbermengen in starker Verdünnung.

a) Verfahren von Stock und Pohland. Die von Stock und Pohland ausgearbeitete Schnellmethode zur annähernden Bestimmung sehr kleiner Quecksilbergehalte mit den einfachsten Mitteln beruht auf der Blauviolettfärbung neutraler QuecksilberII-salzlösungen durch Zusatz einer alkoholischen Lösung von Diphenylcarbazid, $OC(NH \cdot NH \cdot C_6H_5)_2$. Man kann so noch $5 \cdot 10^{-4}$ mg Quecksilber (als QuecksilberII-chlorid) in 2 cm³ Lösung, d. h. 1 Teil Quecksilber in $4 \cdot 10^6$ Teilen Wasser erkennen.

Arbeitsvorschrift. *Reagens.* Als Reagens dient eine gesättigte alkoholische Lösung des aus Alkohol umkrystallisierten Diphenylcarbazids. Die Lösung ist farblos oder schwach gelb gefärbt. Laird und Smith, die die besten Bedingungen für die Bestimmung mit Diphenylcarbazid festzulegen versuchen, weisen darauf hin, daß die Reagenslösung jeden Tag neu bereitet werden muß.

Arbeitsweise. Die zu untersuchende, neutrale, wäßrige Lösung (schwach saure Lösungen werden mit kalt gesättigter Natriumacetatlösung versetzt; in alkalischen oder stärker sauren Lösungen ist die Bestimmung unmöglich) wird in einem kleinen Reagensglas (0,8 cm weit, 5 cm lang) auf 2 cm³ verdünnt und mit 4 Tropfen Carbazidlösung versetzt. Ihre Farbe wird unter Abschirmung des direkten Lichtes gegen eine weiße Papierunterlage mit der Farbe von ebenso behandelten, frisch hergestellten Lösungen bekannten Quecksilbergehalts verglichen, die in 2 cm³ 0,01, 0,008, 0,006, 0,004, 0,002, 0,001 und 0,0005 mg enthalten. Die Farbstufen lassen sich gut voneinander unterscheiden. Die kolloidalen Lösungen entfärben sich im Licht nach einiger Zeit unter Niederschlagsbildung.

Bemerkungen. Enthält die zu analysierende Lösung mehr als $^1/_{100}$ mg Quecksilber, so muß sie vor der colorimetrischen Untersuchung entsprechend verdünnt werden.

Die Genauigkeit des Verfahrens geht aus nachstehenden Beleganalysen hervor:

Vorhandene Quecksilbermenge (in mg):									
1	$^1/_{10}$	$^5/_{100}$	$^2/_{100}$	$^1/_{100}$	$^8/_{1000}$	$^6/_{1000}$	$^4/_{1000}$	$^2/_{1000}$	$^1/_{1000}$
Gefundene Quecksilbermenge (in mg):									
$^9/_{10}$	$^9/_{100}$—$^1/_{10}$	$^5/_{100}$	$^2/_{100}$	$^1/_{100}$	$^7/_{1000}$	$^6/_{1000}$	$^4/_{1000}$—$^5/_{1000}$	$^2/_{1000}$	$^1/_{1000}$

Die Reaktion wird durch eine ganze Reihe von Metall-Ionen gestört, so durch Zink-, Eisen-, Kobalt-, Nickel-, Blei-, Kupfer-, Silber- und Gold-Ionen; große Mengen von Cyan-, Brom-, Jod- und Chlor-Ionen stören ebenfalls. Praktisch ist dies ohne Bedeutung, da man das Quecksilber gewöhnlich erst als Metall ausfällt, destilliert, in wenig Chlor- oder Bromwasser[1] löst und überschüssiges Halogen durch Einleiten von Luft (nicht Kohlendioxyd, da dieses die Empfindlichkeit der Farbreaktion herabsetzt) vertreibt; auch Jodide sind nach dem Lösen in Chlorwasser analog zu behandeln.

Nach Laird und Smith soll das Verhältnis zwischen Diphenylcarbazid und Quecksilber 2 : 1 betragen. Das Maximum der Farbintensität tritt etwa 15 Min. nach Zugabe des Reagenses auf.

---

[1] Diese kleinen, in den wenigen Tropfen Chlor- oder Bromwasser vorhandenen Halogenmengen stören nicht.

b) Verfahren von Stock und Zimmermann (a), (b). Da nicht das Carbazid selbst mit Quecksilber die blaue Verbindung liefert, sondern das durch Oxydation leicht sich bildende Diphenylcarbazon, $CO(NH \cdot NH \cdot C_6H_5)(H:N \cdot C_6H_5)$, verwenden Stock und Zimmermann (a), (b) beim Ausbau des oben angegebenen Verfahrens Diphenylcarbazon.

Arbeitsvorschrift. *Reagens.* Als Reagenslösung dient die kalt gesättigte, tiefrote, gut haltbare, alkoholische Lösung von Diphenylcarbazon, das sich aus dem käuflichen, farblosen Diphenylcarbazon durch Kochen mit alkoholischer Kalilauge, Fällen mit Schwefelsäure und Umkrystallisieren aus Benzol leicht in Form beständiger roter Krystalle darstellen läßt.

Arbeitsweise. Das Quecksilber, das im Lauf des Analysenganges auf Kupfer abgeschieden und von diesem abdestilliert worden ist (s. § 1, S. 422) wird in einem möglichst engen Rohr mit $^1/_4$ cm^3 Wasser überschichtet. Man leitet einige Chlorbläschen ein und verdrängt nach dem Lösen des Quecksilbers den Chlorüberschuß sofort durch Hindurchleiten von Luft. Zum Lösen sind etwa 10 Min. nötig. (Das Quecksilberdestillat muß mit der Lupe sichtbar sein, also mehr als 0,05 γ wiegen.) Dann wird die Lösung aus der Verengung herausgeblasen und diese mit einigen Tropfen Wasser nachgespült. Zum Vertreiben des Chlorüberschusses leitet man noch 2 bis 3 Std. lang Luft durch eine Capillare in die Flüssigkeit ein.

Die mit 1 Tropfen Harnstofflösung versetzte Quecksilberlösung (hinsichtlich des p_H-Wertes vgl. Bem. II) wird in einem 0,5 cm^3 fassenden Colorimetertauchgefäß auf 0,5 cm^3 verdünnt und nach Zugabe 1 Tropfens Carbazonlösung bei gelbem Licht colorimetriert. Benutzt wird ein Mikrocolorimeter nach Duboscq. Zur Vergleichslösung, die je nach der Menge des zu bestimmenden Quecksilbers 0,1 oder 0,5 γ Quecksilber in 0,5 cm^3 enthält, gibt man Harnstoff und Carbazon unmittelbar vor der Messung hinzu. Wegen der Unbeständigkeit der Färbung muß die Bestimmung in 10 Min. durchgeführt sein.

Bemerkungen. *I. Genauigkeit und Anwendungsbereich.*

Angewendete Quecksilbermenge (in γ)	1	0,4	0,5	0,05	0,04
Gefundene Quecksilbermenge (in γ)	0,95	0,4	0,5	0,06	0,04
Quecksilbermenge in 0,5 cm^3 der Vergleichslösung (in γ)	0,5	0,5	0,1	0,1	0,1

Die Methode erlaubt die Bestimmung von Quecksilbermengen, die 0,05 γ und mehr betragen.

II. p_H-Wert der Quecksilberlösung. Am günstigsten ist nach Stock und Zimmermann (a) genau neutrale Reaktion, nach Laird und Smith ein p_H-Wert zwischen 3,5 und 4,5, am besten $p_H = 4,0 \pm 0,3$. Bei Quecksilbermengen über 0,5 γ kann eine schwach saure Lösung nach dem Vorschlag von Stock und Pohland durch Zugabe einiger Tropfen einer kalt gesättigten Natriumacetatlösung neutralisiert werden; bei kleinsten Quecksilbermengen bewährt sich die Zugabe von 1 Tropfen einer kalt gesättigten Harnstofflösung. Die Blaufärbung bleibt dann etwa $^1/_4$ Std. bestehen, die Lösung ist also colorimetrierbar. Laird und Smith erreichen die genaue Einstellung des p_H-Wertes durch Titration mit verdünnter Essigsäure oder mit Natriumacetatlösung, entweder potentiometrisch mit einer Glaselektrode oder mit Bromphenolblau als Indicator. Die Elektrolytkonzentration soll jedoch zur Vermeidung vorzeitigen Ausflockens höchstens 0,003 n sein. Die bei der colorimetrischen Bestimmung durch die Anwesenheit von Ammoniumsalzen hervorgerufenen Schwierigkeiten werden nach Majer durch wiederholtes Auflösen des Quecksilberbeschlags in Chlorwasser und entsprechende Weiterbehandlung (s. oben) beseitigt. Weitere Untersuchungen über die Abhängigkeit der Reaktion vom p_H-Wert des Reaktionsmediums in Gegenwart von Schwermetallen hat Alexejew durchgeführt.

III. Ähnliche Methode. Thilenius und Winzer chlorieren das Quecksilber nicht wie Stock und Zimmermann (a), (b) in wäßriger Lösung, sondern im trockenen

Chlorgas, um die Bildung von Salzsäure und die durch diese geringen Säurespuren hervorgerufene Ausflockung der kolloiden blauen Quecksilberadditionsverbindung des Diphenylcarbazons zu vermeiden. Die Chlor-Ionen-Konzentration darf nach LAIRD und SMITH 3,5 mg/l nicht überschreiten, die Lösung an Chlor-Ionen also höchstens 0,0001 n sein, und zwar ist es gleichgültig, ob die Ionen aus der Säure selbst oder aus dem Salz stammen.

Arbeitsvorschrift. Das Quecksilber wird von einem 0,1 mm dicken Draht aus Feingold aufgenommen. Das mit Quecksilber beladene Ende des Drahtes wird in ein einseitig geschlossenes und etwa 4 cm vor dem Ende ausgezogenes, etwa 6 mm weites Röhrchen aus SCHOTTschem Fiolaxglas eingeführt, die Drahtspitze abgeschnitten und in den geschlossenen Teil *a* (Abb. 13) gebracht. Nun wird das Röhrchen 4 cm vor der ersten Verengung ausgezogen und die entstandene feine Capillare in etwa 5 cm Entfernung von *b* abgeschnitten. Durch Erhitzen des geschlossenen Rohrendes wird das Quecksilber in den zwischen den Verengungen liegenden, gekühlten Teil überdestilliert. Alsdann wird der geschlossene Teil, in dem sich der Golddraht befindet, kurz abgeschnitten. Der das Quecksilber enthaltende, jetzt beiderseits offene Rohrteil wird mit seiner Capillare in das Anschlußrohr einer Chlorzuleitung eingeführt. Man leitet 20 bis 30 Blasen mit konzentrierter Schwefelsäure gewaschenes Chlor durch das Röhrchen, schmilzt zunächst das eine freie Ende und, nach Entfernung der Chlorzuleitung, auch das andere Ende mit der Sparflamme zu. Dieses Rohr, die Mikrobombe, wird in einem Kupferblock mit geeigneter Bohrung und Verschlußkappe seiner ganzen Länge nach 15 Min. lang auf 250° erhitzt. Die Chlorierung erfolgt fast augenblicklich. Nun wird die Mikrobombe so weit aus dem Block herausgenommen, daß die Capillare herausragt und mit Fließpapier und Wasser gekühlt werden kann. In dieser Stellung wird 3 Std.* lang bei 250 bis 300° erhitzt. Das QuecksilberII-chlorid setzt sich in der Kühlzone in großen einheitlichen Krystallen ab. Nach dem völligen Erkalten wird die Mikrobombe am rückwärtigen, capillaren Ende geöffnet, mit der Wasserstrahlpumpe verbunden und evakuiert. Dann läßt man Luft einströmen, evakuiert wieder und wiederholt diese Entfernung des Chlors 3mal. Durch Erhitzen der äußersten Spitze der Capillare wird das dort befindliche QuecksilberII-chlorid höher in den Schenkel hineinsublimiert und hierauf die äußerste Spitze abgeschnitten. Das QuecksilberII-chlorid löst man durch Aufsaugen einer gemessenen Menge Wasser, versetzt die Lösung mit 1 Tropfen Diphenylcarbazonlösung (konzentrierte alkoholische Lösung mit Alkali auf das Vierfache verdünnt) und colorimetriert mit einem Kompensationscolorimeter. Die Vergleichslösungen werden aus reinem Quecksilberchlorid hergestellt. Die Verdünnung der Analysenlösung wird bei größeren Quecksilbermengen möglichst so gewählt, daß diese etwa 8 bis 12 γ/cm³ enthält.

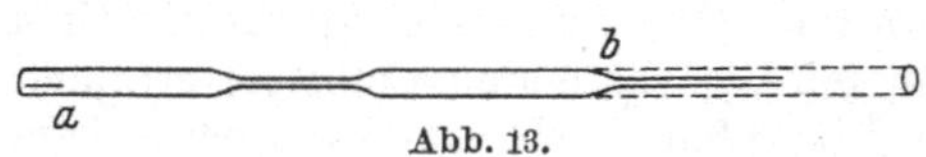

Abb. 13.

Bemerkungen.

Angewendete Quecksilbermenge (in γ):												
45,1	22,1	18,0	12,2	8,6	6,7	5,9	4,0	3,4	1,28	1,20	0,80	0,76
Gefundene Quecksilbermenge (in γ):												
43,1	22,0	17,2	12,8	6,9	6,7	6,0	4,0	3,4	1,10	1,15	0,70	0,66

Da die Bildung von Salzsäure bei der trockenen Chlorierung vermieden wird, ist letztere trotz des großen Zeitaufwandes für Quecksilbermengen unter 0,5 γ wegen der Abwesenheit von Salzsäure zu empfehlen; bei größeren Quecksilbermengen ist die nasse Chlorierung einfacher.

* STOCK und ZIMMERMANN (a), (b) empfehlen eine noch etwas längere Sublimationszeit für das QuecksilberII-chlorid.

Bemerkungen zur colorimetrischen Bestimmung mit Diphenylcarbazid bzw. Diphenylcarbazon.

Die colorimetrische Bestimmung liefert, wie STOCK und LUX betonen, mit Sicherheit richtige Ergebnisse in reinen Chloridlösungen, die 0,2 γ Quecksilber und mehr enthalten. Bei 0,05 γ wird die Bestimmung unter allen Umständen unzuverlässig. Zwischen der Quecksilberkonzentration der Analysenlösung und der der Vergleichslösung darf der Unterschied nur gering sein.

Einer allgemeinen Anwendbarkeit des Verfahrens (z. B. zur medizinisch wichtigen Bestimmung des Quecksilbers im Harn) stehen Schwierigkeiten im Wege. Die Färbung wird schon durch geringe Mengen Säure, Lauge und auch durch gewisse Salze beeinflußt. Außerdem muß die Bestimmung wegen der Unbeständigkeit der violetten Farbe schnell und daher von einem geübten Analytiker ausgeführt werden.

Wie bereits erwähnt, hat die colorimetrische Methode den Nachteil, daß das Carbazon auch mit anderen Schwermetallen starke Färbungen gibt. Man kann die colorimetrische Methode aber als rasch und bequem durchführbares Verfahren bei der Untersuchung reiner Lösungen und bei Analysen lediglich informatorischen Charakters anwenden. Die Methode wird durch das mikrometrische Verfahren bedeutend übertroffen (s. S. 421).

II. Bestimmung unter Abscheidung als QuecksilberII-nitroprussiat.

Allgemeines.

QuecksilberII-nitroprussiat scheidet sich aus verdünnten Lösungen von QuecksilberII-nitrat bei Abwesenheit von Chlor-Ionen als deutliche weiße Trübung oder als Niederschlag aus. Durch Hinzufügen von Natriumchloridlösung wird der Niederschlag ähnlich wie die QuecksilberII-phosphatverbindung (s. S. 482) wieder zur Auflösung gebracht. QuecksilberII-nitroprussiat ist in Wasser und in verdünnter Salpetersäure unlöslich.

Bei der Bestimmung nach VOTOČEK und KAŠPÁREK ermittelt man die zur Auflösung der gebildeten QuecksilberII-nitroprussiatverbindung erforderliche Natriumchloridlösung bekannten Titers und berechnet daraus die Quecksilbermenge. Da sich dabei aber neben der Reaktion

$$Hg^{\cdot\cdot} + 2\,Cl' = HgCl_2$$

auch zum kleinen Teil die Reaktion

$$Hg^{\cdot\cdot} + Cl' = HgCl^{\cdot}$$

abspielt, ist bei der Berechnung ein empirisch ermittelter Faktor zu berücksichtigen. Wird mit 0,1 n NaCl-Lösung titriert, so ist nach VOTOČEK die Anzahl der verbrauchten Kubikzentimeter NaCl-Lösung mit dem Faktor 0,010124 zu multiplizieren. Falls es sich um eine größere Anzahl von Bestimmungen handelt, läßt sich mit einer 0,1 n QuecksilberII-nitratlösung der Titer der Kochsalzlösung gegenüber QuecksilberII-Ionen auf 0,1 n oder einen anderen Wirkungswert einstellen.

Die Titration wird von Kationen, die eine lösliche Nitroprussiatverbindung bilden, wie den Alkali- und Erdalkalimetallen, Blei, Zink, Aluminium, 3wertigem Chrom, 3wertigem Eisen und 2wertigem Mangan, nicht beeinflußt. Auf diesem Wege kann man sowohl Nitrate als auch Sulfate, Sulfide und nach den Arbeiten von IONESCO-MATIU und POPESCO auch QuecksilberI-chlorid, Sublimatpastillen und unschmelzbares weißes Präzipitat bestimmen.

Die Titration selbst verlangt völlige Abwesenheit von Chlor-Ionen.

Bestimmungsverfahren.

Maßanalytische Bestimmung.

Arbeitsvorschrift von* VOTOČEK *und* KAŠPÁREK *zur Bestimmung des Quecksilbers in reinem QuecksilberII-sulfid. Das Sulfid wird mit einer Mischung von 1 Volumteil konzentrierter Salpetersäure (D 1,4) auf zwei Volumteile konzentrierte Schwefelsäure (D 1,84) in einem KJELDAHL-Kolben erhitzt. Für je 0,25 g Sulfid werden 50 cm³ der Mischung genommen. Ist Weißfärbung des Niederschlags eingetreten, so wird nach weiterem 10 Min. langen Erhitzen der Inhalt des Kolbens in Wasser geschüttet. Bei vollständiger Oxydation des Schwefels liegt nun eine klare Flüssigkeit vor. Die in der wäßrigen Lösung immer enthaltenen Spuren von salpetriger Säure stören die Titration und werden mit Permanganat oxydiert. Der Überschuß an Permanganat (kenntlich an der Rosafärbung) wird durch eine gerade hinreichende Menge Oxalsäure zerstört. Man füllt in einem Meßkolben auf ein bestimmtes Volumen auf und titriert mit 0,1 n Natriumchloridlösung nach Zugabe von Natriumnitroprussiatlösung bis zum Verschwinden der Trübung.

Bemerkungen. Nach diesem Verfahren wurden 1,1004 g QuecksilberII-sulfid untersucht. Die Endlösung wurde auf 1 l aufgefüllt. Drei Titrationen, die mit je 100 cm³ durchgeführt wurden, ergaben 0,09522 g, 0,09562 g und 0,09552 g Quecksilber an Stelle des theoretischen Wertes von 0,09488 g. Die Titration von 200 cm³ derselben Lösung lieferte den Wert 0,19099 g an Stelle des berechneten Wertes von 0,19088 g Quecksilber.

Nach IONESCO-MATIU können alle Quecksilberverbindungen mit Natriumnitroprussiat bestimmt werden, sie müssen dazu aber auf jeden Fall in das QuecksilberII-sulfat übergeführt werden. Halogene muß man vor der Bestimmung vertreiben, da sie falsche Ergebnisse verursachen. Organo-Quecksilberverbindungen sind vor der Bestimmung durch eine Mischung von Salpeter- und Schwefelsäure aufzuschließen.

Arbeitsvorschrift von* IONESCO-MATIU *und* POPESCO *zur Bestimmung des Quecksilbers in QuecksilberI-chlorid. Man löst 1 g QuecksilberI-chlorid in der Hitze in 20 cm³ Königswasser, versetzt die Lösung in einem Meßkolben mit 50 cm³ 1%iger Silbernitratlösung und füllt mit Wasser auf 100 cm³ auf. Nach dem Filtrieren gibt man zu 1 cm³ des Filtrats in einem Zentrifugiergefäß 1 cm³ 40%ige Natriumhydroxydlösung hinzu. Das als Oxyd ausgefällte Quecksilber wird abfiltriert, 3mal mit Wasser unter anschließendem Zentrifugieren gewaschen und dann in 10 cm³ konzentrierter Schwefelsäure gelöst. Man spült die Lösung in einen 200 cm³-ERLENMEYER-Kolben über und verdünnt mit Wasser auf etwa 100 cm³. Zur klaren Lösung fügt man 12 Tropfen einer 10%igen Natriumnitroprussiatlösung hinzu und titriert mit 0,1 n Natriumchloridlösung bis zum Verschwinden der Trübung. Der empirisch gefundene Faktor für das 1wertige Chlorid beträgt 0,011921, es entspricht also 1 cm³ 0,1 n Natriumchloridlösung 0,0119 g QuecksilberI-chlorid. Bei sehr kleinen Mengen wird mit 0,05 n Natriumchloridlösung titriert; 1 cm³ entspricht 0,0059 g QuecksilberI-chlorid.

Arbeitsvorschrift von* IONESCO-MATIU *und* POPESCO *zur Bestimmung des Quecksilbers in QuecksilberII-chlorid. Man löst 1 g QuecksilberII-chlorid in der Wärme in 100 cm³ Wasser. Aus einem abgemessenen Teil wird das Quecksilber als Oxyd mit 40%iger Natronlauge gefällt. Man verfährt dann weiter wie bei der Analyse des 1wertigen Chlorids; Sublimatpastillen werden ebenso behandelt.

Arbeitsvorschrift von* IONESCO-MATIU *und* POPESCO *zur Bestimmung des Quecksilbers in unschmelzbarem weißen Präzipitat, in QuecksilberI-jodid, in QuecksilberII-jodid, in QuecksilberII-oxyd, in Quecksilberoxydsalbe, in Quecksilbersalbe und in Quecksilberöl. 1 g unschmelzbares weißes Präzipitat wird in 10 cm³ konzentrierter Salpetersäure gelöst und die Lösung mit Wasser auf 100 cm³ verdünnt. In 10 cm³ der Lösung fällt man im Zentrifugierglas das Quecksilber als Sulfid mit Ammoniumsulfid, wäscht den Niederschlag mit Wasser und löst ihn in 10 cm³ einer Mischung von 1 Teil konzentrierter

Salpetersäure mit 2 Teilen konzentrierter Schwefelsäure. Nun wird die Lösung mit Wasser auf 100 cm³ verdünnt und zur Zerstörung der nitrosen Gase mit 2%iger Permanganatlösung bis zur Rosafärbung versetzt. Dann titriert man wie bei der Bestimmung des QuecksilberI-chlorids. 1 cm³ 0,1 n Natriumchloridlösung entspricht 0,0127 g unschmelzbarem, weißem Präzipitat.

Entsprechend werden QuecksilberI-jodid und QuecksilberII-jodid titriert. Nur behandelt man hierbei 0,05 bis 0,1 g Substanz mit einer Mischung von 1 Teil reiner, konzentrierter Salpetersäure und 2 Teilen reiner, konzentrierter Schwefelsäure und füllt, wenn keine Joddämpfe mehr entweichen, mit Wasser auf 100 cm³ auf. 1 cm³ 0,1 n Natriumchloridlösung entspricht 0,0165 g QuecksilberI-jodid und 0,0229 g QuecksilberII-jodid.

Von QuecksilberII-oxyd werden 0,05 g in 5 cm³ Schwefelsäure gelöst; die Lösung wird auf 100 cm³ verdünnt und, wie angegeben, titriert. 1 cm³ 0,1 n Natriumchloridlösung entspricht 0,0109 g QuecksilberII-oxyd.

Bei der Bestimmung des Quecksilbers in Quecksilberoxydsalbe wird die Substanz erst im Zentrifugierrohr bis zum Lösen des Fettes mit Äther ausgeschüttelt. Ebenso verfährt man bei der Untersuchung von Quecksilbersalbe und Quecksilberöl. Der Rückstand wird dabei mit heißem Wasser ausgewaschen, in einer Schwefelsäure-Salpetersäure-Mischung gelöst und das Quecksilber schließlich als Sulfat nach der angegebenen Vorschrift bestimmt.

Arbeitsvorschrift von* IONESCO-MATIU *und* ICHIM *zur Bestimmung des Quecksilbers in Quecksilberacetat. Bei Quecksilberacetat kann nach IONESCO-MATIU und ICHIM bei kleinen Mengen die Bestimmung durch direkte Fällung mit Natriumnitroprussiat ausgeführt werden, bei größeren Mengen ist die Zerstörung der organischen Substanz durch Schwefelsäure-Salpetersäure-Mischung angebracht.

Arbeitsvorschrift von* IONESCO-MATIU *und* CARALE *zur Bestimmung des Quecksilbers in Quecksilbercyanid und -oxycyanid. Einige Hundertstelgramme der Substanz erhitzt man schwach mit 20 cm³ Schwefelsäure (bei Cyanid 10, bei Oxycyanid 20 Min.), gießt die Lösung in 120 cm³ destilliertes Wasser, versetzt mit stark verdünnter Permanganatlösung bis zur Rosafärbung, dann mit 15 Tropfen Natriumnitroprussiatlösung und titriert schließlich mit 0,1 n Natriumchloridlösung. 1 cm³ Natriumchloridlösung entspricht 0,0127483 g Cyanid oder 0,0118718 g Oxycyanid.

Arbeitsvorschrift von* IONESCO-MATIU *und* ICHIM *zur Bestimmung des Quecksilbergehalts von „Mercurochrom 220“. Bei dem von WHITE beschriebenen „Mercurochrom 220“ (Dibromhydroxy-QuecksilberII-fluorescein) erfolgt die Zerstörung des Komplexes nach IONESCO-MATIU und ICHIM durch 45 Min. langes Erhitzen mit 1 g Permanganat und 20 cm³ konzentrierter Schwefelsäure. Die sich schließlich bildende klare Lösung wird auf 100 cm³ verdünnt, mit einigen Tropfen 2%iger Permanganatlösung bis zur bleibenden Färbung behandelt und anschließend titriert.

Bemerkungen hinsichtlich der Anwendung der Quecksilberbestimmung mit Natriumnitroprussiat.

IONESCO-MATIU führt mit dieser Methode auch die Bestimmung des Quecksilbergehalts von Kupfer-, Zink-, Blei-, Zinn- und Wismutamalgam sowie von organischen Verbindungen, wie Quecksilberbenzoat, -lactat, -salicylat und -tannat, durch.

Eine Anwendung des Natriumnitroprussiatverfahrens auf die Bestimmung des Quecksilberoxydgehalts und des Gesamtquecksilbergehalts in Quecksilberoxycyanidpastillen behandelt BORDEIANU.

III. Bestimmung unter Abscheidung als Cupraen-Quecksilberjodid (Kupferdiäthylendiaminquecksilberjodid).

$[HgJ_4][Cu(NH_2 \cdot CH_2 \cdot CH_2 \cdot NH_2)_2]$, Molekulargewicht 891,9.

Allgemeines.

Versetzt man eine neutrale oder schwach ammoniakalische Quecksilbersalzlösung in der Kälte mit überschüssigem Kaliumjodid und überschüssigem Kupferdiäthylendiaminnitrat, $[Cu\,en_2](NO_3)_2 \cdot 2\,H_2O$*, — abgekürzt Cupraennitrat genannt — so bildet sich sofort ein krystallinischer, dunkelblau-violett gefärbter Niederschlag von der Zusammensetzung $[HgJ_4][Cu\,en_2]$. Die Verbindung ist unlöslich in Kaliumjodatlösung, in Cupraennitratlösung sowie in 95%igem Alkohol und in Äther. Die Anwendung dieser hochmolekularen Komplexverbindung mit geringem Quecksilbergehalt und ihre Unlöslichkeit in den Waschflüssigkeiten führen zu genauen Ergebnissen, die auch durch geringen Überschuß an Ammoniak nicht beeinflußt werden. Die Methode ist auch in Anwesenheit größerer Mengen Ammoniumchlorid und -nitrat und in saurer Lösung anwendbar. Das Quecksilber muß in 2wertiger Form vorliegen, andernfalls muß es vor der Bestimmung mit Königswasser oxydiert werden; nach Abstumpfen der Säure mit Ammoniak wird dann das freie Chlor mit Schwefeldioxyd oder Kaliumhydrogensulfit entfernt. Ionen der Alkalimetalle, Erdalkalimetalle, des Magnesiums sowie Jodide, Chloride, Bromide, Rhodanide stören nicht, zumindest nicht, wenn sie in kleinen Mengen vorliegen. Cyanide hingegen dürfen infolge ihrer Neigung zur Komplexsalzbildung nicht anwesend sein.

Bestimmungsverfahren.

A. Gewichtsanalytische Bestimmung.

Das von SPACU und SUCIU (a) als Schnellmethode zur Bestimmung von Quecksilber und von SPACU und SUCIU (b) zur mikrochemischen Bestimmung ausgearbeitete Verfahren ist von REIMERS nachgeprüft und mit ins einzelne gehender Ausführungsvorschrift versehen worden.

***Arbeitsvorschrift von* REIMERS. Reagenzien.** (1) 2 n Kaliumjodidlösung (33 g in 100 cm^3). — (2) 0,5 mol Kupfersulfatlösung (12,5 g $CuSO_4 \cdot 5\,H_2O$ in 100 cm^3). — (3) 0,5 mol Äthylendiaminlösung. Zur Herstellung werden 20 g Äthylendiaminhydrat mit knapp 480 cm^3 Wasser vermischt. Die Konzentration der so erhaltenen Lösung wird durch Titrieren mit 1 n Salzsäure in Gegenwart von Methylrot als Indicator bestimmt und auf 0,5 mol verdünnt.

Zur *Herstellung der Diäthylendiamino-KupferII-sulfat-Lösung* (als $Cu\,en_2$-Reagens bezeichnet) werden 20 cm^3 der Lösung (2) mit 80 cm^3 der Lösung (3) und mit 100 cm^3 Wasser vermischt. Das Reagens wird also 0,05 mol in bezug auf Kupfer und 0,2 mol in bezug auf Äthylendiamin. 0,1 g Quecksilber ($5 \cdot 10^{-4}$ Mole) verbraucht 1 cm^3 2 n Kaliumjodidlösung und 10 cm^3 $Cu\,en_2$-Reagenslösung.

Arbeitsweise. Die Lösung, die ungefähr 0,2 g QuecksilberII-salz enthält und deren Volumen 100 bis 200 cm^3 betragen darf, wird mit so viel 2 n Kaliumjodidlösung vermischt, daß die Flüssigkeit wenigstens einen Überschuß von 0,5% Kaliumjodid enthält. Nun wird bis annähernd zum Sieden erhitzt und eine so große Menge kochendes $Cu\,en_2$-Reagens zugegeben, daß die Lösung auf je 100 cm^3 Flüssigkeit 10 cm^3 Reagens im Überschuß enthält. Nach dem Abkühlen in kaltem Wasser unter Umrühren wird durch einen Porzellanfiltertiegel dekantiert und der Niederschlag mit Waschwasser, das 3 cm^3 2 n Kaliumjodidlösung und 100 cm^3 $Cu\,en_2$-Reagens im Liter enthält, gewaschen. Nun gibt man 3- bis 4mal eine kleine Menge Alkohol am Rand des Tiegels zu und ebenso 3- bis 4mal Äther. Nachdem der Tiegel

* „en" ist eine Abkürzung für Äthylendiamin, $NH_2 \cdot CH_2 \cdot CH_2 \cdot NH_2$.

von außen sorgfältig abgetrocknet worden ist, wird er 10 Min. lang in den Vakuumexsiccator gebracht und schließlich gewogen. Das Gewicht des Niederschlags, mit 0,2249 multipliziert, ergibt das Gewicht des Quecksilbers im Niederschlag.

Bemerkungen. Die Methode ist bei reinen QuecksilberII-chlorid-, QuecksilberII-sulfat- und QuecksilberII-nitratlösungen anwendbar. Ist die zu untersuchende Lösung sauer, so muß sie vor der Ausfällung mit Ammoniak schwach alkalisch gemacht werden. Anschließend fügt man einen größeren Überschuß an Kaliumjodid hinzu zur Vermeidung der Bildung komplexer Ammine, erhitzt und fällt, wie oben beschrieben. Die Lösung darf nach dem Ausfällen nicht zu schnell abgekühlt werden, da sonst Ammoniumsalze von dem Niederschlag eingeschlossen werden. Die Ergebnisse sind ebenso zufriedenstellend wie die in neutralen Quecksilbersalzlösungen erzielten.

Das Reagens ist nicht allzulange Zeit haltbar. Ein 2 Monate altes Reagens gibt weniger genaue Werte als frisch bereitetes. Die unvermischte Äthylendiaminlösung ändert sich in diesem Zeitraum nicht.

Eine 0,1%ige QuecksilberII-chloridlösung kann mit einer Genauigkeit von etwa 0,1% bestimmt werden, bei weiterer Verdünnung nimmt die Genauigkeit ab. Am günstigsten ist nach Reimers die Bestimmung von Quecksilberkonzentrationen zwischen 0,5% und 0,05%. Spacu und Suciu (b) haben Quecksilbermengen zwischen 1,6 und 12 mg bestimmt.

Das Quecksilber läßt sich auf diesem Wege neben Kupfer bestimmen.

B. Maßanalytische Bestimmung.

Wird eine QuecksilberII-salzlösung mit einer Lösung von Cupraennitrat titriert, so wird nach Spacu und Armeanu die Lösung durch den ersten überschüssigen Tropfen violett gefärbt. Der Endpunkt ist noch schärfer zu erkennen, wenn man auf überschüssiges Reagens durch Tüpfeln mit Rubeanwasserstoffsäure prüft. (Näheres s. in der Arbeitsvorschrift von Spacu und Armeanu.) Die Cupraennitratlösung wird durch Lösen von 1 Mol Kupfernitrat in Wasser und Hinzufügen von 2 Molen Diäthylendiamin hergestellt. Der Gehalt der Lösung läßt sich entweder elektrolytisch oder durch Titration einer bekannten QuecksilberII-chloridmenge bestimmen.

***Arbeitsvorschrift von* Spacu *und* Armeanu.** Zur konzentrierten neutralen oder neutralisierten QuecksilberII-salzlösung (Chlorid, Sulfat, Nitrat) gibt man Kaliumjodid bis zur Bildung des Tetrajodids hinzu und dann noch einen Überschuß von 1 bis 2 g für etwa 0,3 g QuecksilberII-chlorid in 20 bis 25 cm^3 Lösung. Nun wird mit der Cupraennitratlösung titriert. Der sich bei Zugabe jedes Tropfens sofort bildende, sehr feine, violette Niederschlag setzt sich schnell ab. Der erste Tropfen überschüssigen Reagenses färbt die darüberstehende Flüssigkeit violett. Dies kann man bei schnellen Testanalysen als Endpunkt benutzen. Die Färbung läßt sich besser beobachten, wenn die darüberstehende Flüssigkeit nach Hinzufügen einiger Tropfen einer wäßrigen Bariumsulfatsuspension einige Sekunden mit einer einfachen Handzentrifuge zentrifugiert wird. Auf dem Boden des Gefäßes bildet sich eine weiße Schicht, auf der man die Blaufärbung der Lösung gut beobachten kann.

Empfindlicher ist die Tüpfelreaktion auf Kupfer mit Rubeanwasserstoffsäure. Ein Tropfen der klaren, niederschlagsfreien Lösung wird auf Filtrierpapier in die Mitte eines Tropfens einer alkoholischen Rubeanwasserstoffsäurelösung gebracht. Bei Anwesenheit von Kupfer bildet sich an der Berührungsstelle eine braungrüne Färbung. 0,3 γ Kupfer lassen sich in einem Tropfen nachweisen. Ist kein überschüssiges Kupferreagens in der untersuchten Flüssigkeit, so gibt man diese aus dem Zentrifugiergefäß wieder in den Titrationsbecher und zentrifugiert nach weiterer Zugabe eines Tropfens des Reagenses von neuem. Am besten macht man eine angenäherte Vorbestimmung, ohne zu zentrifugieren, damit beim Hauptversuch das Reagens gleich auf 0,1 bis 0,2 cm³ genau zugegeben werden kann.

Bemerkungen.

Eingewogene $HgCl_2$-Menge (in g):				0,1500	0,1500	0,2008	0,2000	0,2000	
Gefundene $HgCl_2$-Menge (in g):				0,1496	0,1499	0,2002	0,2000	0,1998	
Eingewogene $HgCl_2$-Menge (in g):	0,3200	0,2500	0,2200	0,2000	0,2000	0,3300	0,2500	0,2500	0,3000
Gefundene $HgCl_2$-Menge (in g):	0,3200	0,2500	0,2197	0,1995	0,1998	0,3298	0,2502	0,2502	0,2999

Für die ersten vier Versuche wurde eine Cupraennitratlösung mit 1,4278 g Kupfer in 1000 cm³ benutzt, für die übrigen eine solche mit 1,9020 g Kupfer auf 1000 cm³.

Potentiometrische Bestimmung.

Nach SPACU und MURGULESCU kann das Quecksilber außer in löslichen QuecksilberII-salzen auch in QuecksilberII-jodid potentiometrisch bestimmt werden. Die Löslichkeitsbestimmung der Verbindung $[HgJ_4][Cu\,en_2]$ aus Kettenmessungen zeigt, daß diese nicht vollkommen unlöslich ist. Ein großer Potentialsprung ist bei der potentiometrischen Titration daher nicht zu erwarten.

***Arbeitsvorschrift von* SPACU *und* MURGULESCU.** Als **Reagens** dient eine 0,1 mol Lösung von Cupraennitrat[1] oder -sulfat[2].

Arbeitsweise. Das zu analysierende QuecksilberII-salz wird in Wasser gelöst und die Lösung mit Kaliumjodidlösung versetzt, bis der zuerst entstandene Niederschlag von Kalium-QuecksilberII-jodid sich wieder gelöst hat. QuecksilberII-jodid versetzt man mit Wasser und dann mit Krystallen von Kaliumjodid.

In die das Komplex-Ion $[HgJ_4]''$ enthaltende Lösung taucht man einen amalgamierten Platindraht als Indicatorelektrode ein und mißt das Anfangspotential der Titrationselektrode. Die Titration ist scharf, wenn man von einem Anfangspotential von —0,250 bis 0,300 Volt, gegen die Normal-Kalomelelektrode gemessen, ausgeht. Deshalb setzt man zur HgJ_4''-Lösung noch Kaliumjodid hinzu, bis die Elektrode die gewünschte Spannung erreicht hat, und titriert wie üblich mit der angegebenen Reagenslösung. Die Potentiale stellen sich während der Titration schnell ein, nach jedem Reagenszusatz muß 2 bis 3 Min. gewartet werden.

Bemerkungen. Die genannten Autoren geben folgende Beleganalysen an: Verbrauch an Cupraennitratlösung (angegeben in Kubikzentimetern 0,1 mol Lösung)

Gefunden:	9,327	9,324	9,325	9,775	13,15	13,075	6,60
Berechnet:	9,327	9,327	9,327	9,762	13,13	13,13	6,565

IV. Bestimmung des Quecksilbers mit Pyridin und Ammoniumdichromat.

$[HgPy_2]Cr_2O_7$*, Molekulargewicht 574,7.

Allgemeines.

Versetzt man eine wäßrige Quecksilbersalzlösung mit Ammoniumdichromat und Pyridin, so erhält man sofort einen orangegelben, aus feinen Prismen bestehenden Niederschlag der Zusammensetzung $[HgPy_2]Cr_2O_7$*, der nach kräftigem Rühren

[1] Cupraennitrat, $[Cu\,en_2](NO_3)_2 \cdot 2\,H_2O$, wird in Form von sechsseitigen, glitzernden, dunkelblauen, in Wasser leicht mit dunkelblau-violetter Farbe löslichen Blättchen, nach GROSSMANN und SCHÜCK durch Zusatz von 2 Mol Äthylendiamin zu einer stark konzentrierten Kupfernitratlösung erhalten.

[2] Zur Darstellung von Cupraensulfat, $[Cu\,en_2]SO_4 \cdot 2\,H_2O$, versetzt man nach WERNER, SPRUCK, MEGERLE und PASTOR eine konzentrierte Kupfersulfatlösung mit Äthylendiaminmonohydrat, bis ein hellblaues Krystallmehl $[Cu\,en_3]SO_4$ ausfällt, das sich in viel Wasser mit rotblauer Farbe löst. Durch Versetzen dieser Lösung mit absolutem Alkohol fällt die violette, fein krystalline Verbindung $[Cu\,en_2]SO_4 \cdot 2\,H_2O$ aus, die mit Alkohol gewaschen und dann getrocknet wird. Sie ist in Wasser sehr leicht löslich.

* „Py" ist eine Abkürzung für Pyridin.

in einigen Minuten grobkrystallin wird. Die Komplexverbindung ist unlöslich in pyridin- und dichromathaltiger wäßriger Lösung, in wasserhaltigem und in absolutem Alkohol sowie in Äther.

Die von SPACU und DICK ausgearbeitete Bestimmung soll in verdünnten Quecksilbersalzlösungen durchgeführt werden. Anwesenheit kleiner Mengen von Ammoniumsalzen hat keinen Einfluß. Größere Mengen Ammoniumnitrat, -sulfat und -acetat erhöhen die Löslichkeit des Niederschlags, ohne die Ergebnisse unbrauchbar zu machen. Zur Entfernung des Ammoniumchlorids verdampft man die Lösung zur Trockne, nimmt den Rückstand mit etwas Wasser auf, versetzt mit Salpetersäure und wiederholt dieses Verfahren mehrmals. In Anwesenheit größerer Mengen von Ammoniumsalzen wird die Zusammensetzung des Waschwassers abgeändert: Man löst in 1 l Wasser 5 cm³ Pyridin und 10 g Ammoniumdichromat.

QuecksilberII-nitratlösung wird, zur Verhinderung etwaiger Ausfällung von QuecksilberII-dichromat, mit einer Lösung von 2 g Ammoniumdichromat und 1 cm³ Pyridin in 10 cm³ Wasser versetzt.

Schwach saure Lösungen können mit Pyridin neutralisiert werden. Stark saure Lösungen dampft man zur Trockne ein, nimmt den Rückstand mit Wasser auf und führt in der Lösung die Fällung nach der Arbeitsvorschrift durch.

Die Bestimmung ist in Abwesenheit von Chloriden und größeren Mengen an Ammoniumsalzen durchzuführen.

Bestimmungsverfahren.

A. Gewichtsanalytische Bestimmung.

***Arbeitsvorschrift von* SPACU *und* DICK.** Etwa 150 cm³ verdünnte Quecksilbersalzlösung (mit maximal 0,3 g Quecksilber) werden mit 2 g geriebenem Ammoniumdichromat und nach dessen Auflösung mit 1 cm³ Pyridin versetzt. Größerer Dichromatüberschuß schadet keineswegs, während größere Mengen an Pyridin lösend auf den Niederschlag einwirken. Die beim Hinzufügen des Pyridins sich sofort bildende, orangegelbe Komplexverbindung wird nach kräftigem Umrühren und 5 bis 10 Min. langem Stehen grob krystallinisch und kann in einen Glas- oder Porzellanfiltertiegel abfiltriert werden. Sie wird 4- bis 5mal mit Wasser ausgewaschen, das auf 1 l 0,5 g Ammoniumdichromat und 0,5 cm³ Pyridin enthält. Anschließend wird 6- bis 8mal mit 2 bis 3 cm³ 80%igem Alkohol (durch Mischen von 88 cm³ 95%igem Alkohol und 12 cm³ Wasser hergestellt), dann 2- bis 3mal mit absolutem Alkohol, der auf je 10 cm³ 1 Tropfen Pyridin enthält, und endlich mit Äther ausgewaschen. Nachdem der Niederschlag gut abgesaugt und wenige Minuten lang im Vakuumexsiccator getrocknet worden ist, wird er gewogen.

Das vorhandene Quecksilber in Prozenten berechnet sich nach der Formel:

$$\text{Hg}\% = \frac{a \cdot 0{,}34904 \cdot 100}{s},$$

in der s die Einwage und a das Gewicht des Quecksilber-Pyridin-Komplexes bedeuten.

Bemerkungen. Bei einem angewendeten Quecksilbergehalt von 73,88% wurden Werte zwischen 73,96% und 73,81% gefunden.

FURMAN und STATE, die das von SPACU und DICK ausgearbeitete Verfahren einer Prüfung unterwerfen, kommen in der Regel zu etwas zu niedrigen Werten, wohl infolge der spurenweisen Löslichkeit der Quecksilberverbindung in 80%igem und absolutem Alkohol. Da die Löslichkeit in Aceton geringer ist als in Alkohol, Aceton aber Ammoniumdichromat ebenso gut entfernt wie Alkohol, außerdem aber noch beträchtlich flüchtiger ist, so daß das Nachwaschen mit Äther unnötig wird, schlagen FURMAN und STATE ein Auswaschen mit Aceton vor.

Nach dem Waschen mit dem Ammoniumdichromat und Pyridin enthaltenden Wasser wäscht man den Niederschlag 6- bis 8mal mit gewöhnlichem Aceton aus, saugt anschließend 5 Min. lang Luft hindurch, trocknet 10 bis 15 Min. im Vakuumexsiccator und bestimmt das Quecksilber durch Wägung oder durch Titration.

B. Maßanalytische Bestimmung.

Das Dichromat im Quecksilber-Pyridin-Dichromat-Komplex kann man nach FURMAN und STATE entweder jodometrisch titrieren, indem man das Dichromat durch Kaliumjodid reduziert und das freigemachte Jod mit Thiosulfat zurücktitriert, oder mit EisenII-sulfat sowohl potentiometrisch als auch mit Diphenylamin als Indicator bestimmen:

Zur jodometrischen Bestimmung und zur potentiometrischen Titration unter Verwendung von EisenII-sulfat wird der Niederschlag allmählich in 50 cm³ 1,2 n Salzsäure gelöst, zur Bestimmung unter Verwendung von Diphenylamin als Indicator in 2,4 n Salzsäure.

V. Bestimmung unter Abscheidung als Quecksilber-Thionalid-Komplex.

$Hg(C_{12}H_{10}ONS)_2$, Molekulargewicht 632,6.

Allgemeines.

Die von BERG und ROEBLING angegebene Methode beruht auf der Fällung des Quecksilbers durch Thioglykolsäure-β-aminonaphthalid, [Naphthalinring]—NH·CO·CH_2SH, abgekürzt als Thionalid bezeichnet. Das hohe Molekulargewicht der Verbindung bedingt einen sehr günstigen Umrechnungsfaktor bei der Quecksilberberechnung. Die Quecksilberbestimmung kann in Gegenwart von Blei, Cadmium, Zink, Mangan, Kobalt, Nickel, Eisen, Aluminium, Chrom, Magnesium, Thallium und der Erdalkali- und Alkalimetalle durchgeführt werden. In Gegenwart von 0,5 bis 1,5 g dieser Metalle lassen sich noch 0,025 bis 0,100 g Quecksilber mit 0,03% Genauigkeit bestimmen. Oxydationsmittel stören die Bestimmung, da sie das Thionalid zu dem schwer löslichen Dithionalid oxydieren. Auch EisenIII-salz oxydiert Thionalid, während verdünnte Salpetersäure indifferent ist. Zur Entfernung der Oxydationsmittel wird die zu untersuchende Lösung mit der entsprechenden Menge Hydroxylaminsalz aufgekocht, nachdem man vorher eine der Quecksilbermenge äquivalente Menge Chlorid zugesetzt hat. Durch diese Überführung des Quecksilbersalzes in Chlorid wird die sonst eintretende Reduktion des Quecksilbersulfats bzw. -nitrats vermieden. Die dadurch vorhandene Menge Chlorid ist ohne Einfluß auf die Genauigkeit.

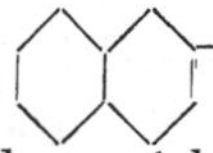

Bestimmungsverfahren.

A. Gewichtsanalytische Bestimmung.

***Arbeitsvorschrift von* BERG *und* ROEBLING.** Als **Reagenslösung** dient eine 1%ige Lösung von Thionalid in Alkohol oder in Eisessig.

Die **Fällung** geschieht aus verdünnt schwefel- oder salzsaurer Lösung. Die Säurekonzentration soll nicht größer als 0,5 n sein. Liegt eine salpetersaure Quecksilbersalzlösung vor, so wird das Quecksilber durch Zugabe einer ihm mindestens äquivalenten Menge eines Chlorids in QuecksilberII-chlorid übergeführt. Ist die zu untersuchende Lösung mehr als 0,1 n in bezug auf Chlor-Ionen, so werden oft zu hohe Ergebnisse gefunden.

Die 150 bis 250 cm³ betragende Quecksilbersalzlösung wird zum Sieden erhitzt, bei Anwesenheit von Oxydationsmitteln mit Chlorid versetzt und mit Hydroxylamin reduziert. Dann wird eine alkoholische oder eisessigsaure Reagenslösung hinzugefügt.

Die Reagensmenge soll etwa das Dreifache der zu erwartenden Quecksilbermenge ausmachen, die Konzentration des organischen Lösungsmittels soll 10 bis 15% des Endvolumens betragen. So fällt man z. B. 0,05 g Quecksilber in 150 cm³ mit 25 cm³ einer Reagenslösung, die etwa 0,15 bis 0,2 g Thionalid enthält. Der Niederschlag, der sich beim Umrühren gut zusammenballt, wird sofort heiß in einen mit heißem Wasser vorgewärmten Glasfiltertiegel (um etwaiges Ausfallen des Reagenses zu verhindern) abfiltriert. Dann wird er mit heißem Wasser säure- und reagensfrei gewaschen. Zur Erkennung der Reagensfreiheit wird das jeweilige Filtrat mit 2 bis 3 Tropfen einer 0,1 n Kaliumjodidlösung versetzt. Nach dem Abkühlen auf Zimmertemperatur darf die Probe nach 5 Min. keine Trübung, sondern höchstens eine ganz schwache Opalescenz, infolge Bildung schwer löslichen Dithionalids, aufweisen. Der bei 105° getrocknete Niederschlag enthält 31,74% Quecksilber und hat die Zusammensetzung $Hg(C_{12}H_{10}ONS)_2$.

B. Maßanalytische Bestimmung.

1. Jodometrische Titration.

Die Fällung der Quecksilberverbindung erfolgt, wie in Abschnitt A beschrieben. Den gewaschenen Niederschlag bringt man nach BERG und ROEBLING in das zur Fällung verwendete Gefäß zurück. Der Titration liegt die Gleichung zugrunde:

$$2\,C_{10}H_7NHCOCH_2SH + J_2 = C_{10}H_7NHCOCH_2S{-}SH_2COCHNH_7C_{10} + 2\,HJ\,.$$

***Arbeitsvorschrift von* BERG *und* ROEBLING.** Den Niederschlag schlämmt man mit 50 cm³ Eisessig und 4 bis 5 cm³ 5 n Schwefelsäure auf und gibt etwa 0,1 g Kaliumjodid und 10 cm³ einer etwa 1 n Rhodanidlösung hinzu. Man versetzt darauf mit einem Überschuß an 0,02 n Jodlösung, verdünnt mit Wasser und titriert den Jodüberschuß mit 0,02 n Natriumthiosulfatlösung gegen Stärke als Indicator zurück. 1 cm³ der Titrationslösung entspricht 0,00201 g Quecksilber.

2. Titration nach der Filtrationsmethode.

***Arbeitsvorschrift von* BERG *und* ROEBLING.** Zur maßanalytischen Bestimmung nach der Filtrationsmethode benutzt man eine 1%ige Lösung des Reagenses in Eisessig. Die empirische Einstellung des Reagenses auf eine Quecksilbersalzlösung wird wie folgt durchgeführt: Die mineralsaure Quecksilbersalzlösung bekannten Gehalts wird auf etwa 80 bis 90° erhitzt und so lange aus einer Bürette mit der Reagenslösung versetzt, bis eine abfiltrierte Probe auf weiteren Zusatz eines Tropfens der Reagenslösung keine Trübung mehr zeigt. In einer Vortitration bestimmt man den annähernden Verbrauch, in einer weiteren Titration den genauen Titer der Reagenslösung. In der Nähe des Äquivalenzpunktes gießt man die Lösung mehrere Male durch dasselbe Filter, da andernfalls durch Adsorption der wenigen vorhandenen Metall-Ionen an dem Filter Fehler entstehen können.

Die Bestimmung des Quecksilbers in der zu untersuchenden Lösung wird auf dieselbe Weise durchgeführt wie die Titereinstellung.

C. Nephelometrische Bestimmung.

***Arbeitsvorschrift von* BERG, FAHRENKAMP *und* ROEBLING.** Als **Reagens** dient eine 1%ige Lösung von Thionalid in Eisessig.

Arbeitsweise. Die zu untersuchende Lösung (15 cm³ Gesamtvolumen) wird nach Zugabe von 5 Tropfen 2 n Schwefelsäure zum Sieden erhitzt und gleich anschließend mit 3 Tropfen Reagenslösung versetzt. Gleichzeitig setzt man unter denselben Bedingungen eine Lösung bekannten Quecksilbergehalts an, deren Konzentration der der zu untersuchenden Lösung etwa entspricht. Nach 2 bis 3 Std., bei sehr kleinen Mengen nach 5 bis 6 Std., werden die entstandenen Trübungen im Nephelometer verglichen.

Bemerkungen. BERG, FAHRENKAMP und ROEBLING benutzen ein Nephelometer nach KLEINMANN[1] und nehmen jeweils den Mittelwert aus 5 Messungen.

Die Autoren geben folgende Ergebnisse an:

Gegebene Quecksilbermenge (in mg):	0,1500	0,1000	0,0500	0,0250	0,0025	0,0012	0,0050
Gefundene Quecksilbermenge (in mg):	0,1480	0,0950	0,0504	0,0240	0,0024	0,0013	0,0050

D. Colorimetrische Bestimmung.

Nach BERG, FAHRENKAMP und ROEBLING läßt sich das Quecksilber auch colorimetrisch mit Thionalid bestimmen. Sie arbeiten dabei nach einer für die Cadmiumbestimmung ausgearbeiteten Methode mit dem Unterschied, daß nicht mit Aceton, sondern mit heißem Wasser ausgewaschen wird und die Niederschläge in Pyridin gelöst werden.

VI. Bestimmung des Quecksilbers mit Dithizon.

Allgemeines.

Das Diphenylthiocarbazon, $C\begin{array}{l}-N=N-C_6H_5\\ =S\\ -NH-NH-C_6H_5\end{array}$, — abgekürzt Dithizon genannt — bildet nach FISCHER und LEOPOLDI mit Schwermetallen stabile Komplexverbindungen. Ähnlich dem Silber und Kupfer reagiert 2wertiges Quecksilber je nach dem p_H-Wert der zu prüfenden Lösung mit Dithizon unter verschiedener Färbung der Lösung.

Das Quecksilber kann direkt neben allen anderen Metallen bestimmt werden, außer neben Silber, Gold, Palladium und Platin. Die maßanalytische Bestimmung ist nach REITH und VAN DIJK zur Bestimmung von Quecksilbermengen von 20 γ und mehr anzuwenden, die Mischfarbencolorimetrie zur Bestimmung von Mengen von 0,3 bis 20 γ.

Wegen der geringen Haltbarkeit der Quecksilberdithizonatlösung empfehlen WÖLBLING und STEIGER die Verwendung angesäuerter Dichromatlösungen gleicher Farbtiefe als Vergleichslösung.

Zur colorimetrischen Bestimmung vgl. auch WASSERMANN und SSUPRUNOWITSCH

Bestimmungsverfahren.

A. Maßanalytische Bestimmung.

Die maßanalytische Bestimmung mit Dithizon geschieht nach FISCHER und LEOPOLDI auf indirektem Wege, da die Bindung der letzten Mengen des zu bestimmenden Quecksilbers als Dithizonat nur mehr langsam erfolgt. Das Quecksilber wird durch eine Lösung von Dithizon in Tetrachlorkohlenstoff als orangegelbes Dithizonat in die Tetrachlorkohlenstoffschicht übergeführt. Der Überschuß an Dithizon wird an eine bekannte Silbermenge gebunden. Aus dem Verbrauch an Dithizon läßt sich das Quecksilber bestimmen. In saurer Lösung bindet 1 Atom Quecksilber 2 Moleküle Dithizon.

***Arbeitsvorschrift von* FISCHER *und* LEOPOLDI.** Als **Reagenslösung** dient die grüne Lösung von 2 bis 4 mg Dithizon in 100 cm³ reinstem Tetrachlorkohlenstoff. Das handelsübliche Dithizon wird am besten vorher gereinigt. Man kann die Reagenslösung vorrätig halten und bewahrt sie am zweckmäßigsten in einer braunen Glasflasche mit eingeschliffenem Stopfen unter einer Schicht etwa 1%iger Schwefelsäure auf. Vor Beginn der Titration wird der Vorratsflasche eine ausreichende Menge

---

[1] Hinsichtlich der Beschreibung des Instrumentes vgl. Bio. Z. **137**, 144 (1923).

Dithizonlösung entnommen, im Scheidetrichter von der Säureschicht getrennt und durch ein trockenes Papierfilter in eine kleine braune Flasche filtriert, aus der die Reagenslösung nach Bedarf in die Bürette gegeben wird. Man ermittelt den Titer mit einer Silbernitratlösung bekannten Gehalts.

Arbeitsweise. Zur Untersuchung werden etwa 10 bis 20 cm³ QuecksilberII-sulfat- oder -nitratlösung (0,5 bis 5 γ Hg/cm³, etwa 1 n in bezug auf Säure) in einem Scheidetrichter mit etwa 5 cm³ grüner Reagenslösung unter kräftigem Umschütteln extrahiert. Die grüne Tetrachlorkohlenstoffschicht färbt sich so lange orangegelb, wie noch freies Quecksilber vorhanden ist. Die Lösung kann merkliche Mengen Salpetersäure (frei von salpetriger Säure) und Schwefelsäure aufweisen. Die Quecksilberdithizonatlösung wird etwa $^1/_2$ bis 1 Min. stehengelassen und dann von der wäßrigen Lösung abgetrennt und in einer Flasche gesammelt. Das Verfahren wird so lange wiederholt, bis alles Quecksilber aus der wäßrigen Lösung extrahiert ist; bei weiterem Zusatz von Dithizonlösung bleibt dann auch nach längerem Schütteln (etwa $^1/_2$ Min.) eine deutliche Grünfärbung bestehen. Der Verbrauch an Dithizonlösung wird festgestellt. Zur Bestimmung des Dithizonüberschusses versetzt man mit einer bekannten Menge Silbernitratlösung und titriert nach kräftigem Durchschütteln den Silberüberschuß mit Dithizonlösung zurück.

Bemerkungen. Es sind Quecksilbermengen zwischen 112,6 und 4,4 γ auf diese Weise bestimmt worden.

Die Bestimmung läßt sich maßanalytisch auch in Gegenwart von Kupfer durchführen. Man extrahiert so lange, bis im Anschluß an die Orangefärbung des Quecksilbers deutlich die violette Farbe des Kupfers zu sehen ist.

Im Gegensatz zum Diphenylcarbazid tritt die Reaktion nach Wölbling und Steiger mit Dithizon selbst in salzsaurer Sublimatlösung ein.

Die Verluste bei Quecksilbermengen zwischen 5 und 100 γ betragen bei der Bestimmung mit Dithizon nach Reith und van Dijk etwa 5 bis 10%.

B. Colorimetrische Bestimmung.

***Arbeitsvorschrift von* Fischer *und* Leopoldi.** Zur colorimetrischen Bestimmung wird die Extraktion des Quecksilbers genau so durchgeführt, wie in Abschnitt A beschrieben worden ist. Nur dient als *Reagenslösung* eine Lösung von etwa 6 mg Dithizon in 100 cm³ (nach Wölbling und Steiger 6 mg Dithizon im Liter) reinsten Tetrachlorkohlenstoffs. Nach der vollständigen Extraktion wird zur sauberen Abtrennung der Dithizonlösung von der wäßrigen Schicht mit einer kleinen Menge reinen Tetrachlorkohlenstoffs nachgespült. Diese gibt man zu der Quecksilberdithizonatlösung hinzu. Der Reagensüberschuß wird durch Auswaschen der Quecksilberdithizonatlösung mit 5 cm³ verdünnter Ammoniaklösung (1 Volumteil konzentrierte Ammoniaklösung auf 1000 Volumteile Wasser) im Scheidetrichter entfernt. Da das überschüssige Dithizon dabei in die wäßrige Schicht übergeht, soll also möglichst Entfärbung der Tetrachlorkohlenstoffschicht eintreten.

Die gereinigte Quecksilberdithizonatlösung wird 2mal mit einer schwach schwefelsauren 1%igen Kaliumjodidlösung ausgewaschen; dabei schlägt die Orangefarbe in Grün um. Man entfernt die der Tetrachlorkohlenstoffschicht anhaftenden Reste von Kaliumjodidlösung durch Waschen mit destilliertem Wasser und verdünnter schwefliger Säure.

Eine Quecksilberlösung bekannten Gehalts wird in gleicher Weise wie die zu untersuchende Lösung zur Colorimetrierung vorbereitet. Bei sehr verdünnten Quecksilbersalzlösungen, die in wenigen Stunden ihren Titer ändern, erhält man leicht zu niedrige Werte. Man geht daher am besten von einer stärkeren Quecksilbersalzlösung aus (mit z. B. 0,3 mg Hg/cm³) und verdünnt einen entsprechenden Teil davon vor dem Ansetzen der Vergleichslösung in geeigneter Weise. Die stärkere

Quecksilbersalzlösung ist bei Aufbewahrung in einer braunen Glasflasche längere Zeit haltbar.

Bemerkungen. Die Bestimmung des Quecksilbers kann ohne weiteres neben den meisten Metallen ausgeführt werden, mit Ausnahme von Silber, Gold, Palladium und 2wertigem Platin.

Die Autoren teilen folgende Analysenergebnisse mit:

Angewendete Quecksilbermenge (in γ):								
101,3	101,3	101,3	56,3	56,3	56,3	11,3	11,3	11,3
Gefundene Quecksilbermenge (in γ):								
100,1	102,0	100,0	56,0	55,0	57,5	9,5	11,0	9,6

Bei der Bestimmung sehr kleiner Quecksilbermengen, etwa zwischen 0,3 γ und 10 γ, soll man den Reagensüberschuß nicht durch Auswaschen mit Ammoniak entfernen, sondern die Tetrachlorkohlenstoffschicht, die eine Mischfarbe zwischen Orange und Grün zeigt, mit einer entsprechend hergestellten Lösung vergleichen, der man bis zur Farbgleichheit aus einer Mikrobürette Quecksilbersalz bekannten Titers zusetzt.

Arbeitsvorschrift von* Bleyer, Nagel *und* Schwaibold *für die Bestimmung des Quecksilbers durch Mischfarbencolorimetrie. **Lösungen.** Als *Reagens* wird eine Lösung von 3 mg Dithizon in 100 cm³ thiophenfreiem Tetrachlorkohlenstoff verwendet. Von Zeit zu Zeit wird eine Probe der Reagenslösung durch Durchschütteln mit 0,5%iger Ammoniumsalzlösung auf Abwesenheit von braunen Oxydationsprodukten geprüft. Bei Braunfärbung muß die ganze Tetrachlorkohlenstofflösung durch Durchschütteln mit Ammoniak gereinigt werden.

Zur *Herstellung der Vergleichslösung* werden 135,3 mg QuecksilberII-chlorid in 100 cm³ Tetrachlorkohlenstoff gelöst. Vor Gebrauch wird die Lösung im Verhältnis 1 : 1000 verdünnt, so daß sie 1 γ Quecksilber/cm³ enthält.

Die grüne Dithizonlösung befindet sich in einer Bürette, die verdünnte Quecksilbersalzlösung in einer zweiten. Um eine gut vergleichbare Mischfarbe zu erhalten, darf man nur wenig mehr an Dithizonlösung zusetzen, als der Umsetzung sämtlichen Quecksilbers entspricht.

Arbeitsweise. Die zu untersuchende Probe wird in ein sorgfältig gereinigtes, graduiertes Vergleichsglas gegeben und mit 0,5%iger Schwefelsäure auf 10 cm³ aufgefüllt. Man gibt nach und nach kleine Dithizonmengen hinzu und schüttelt nach jedem Zusatz 10 bis 30 Sek. lang kräftig. Die Farbe des Quecksilberkomplexes ist orangegelb, die nach vollständiger Umsetzung des Quecksilbers auftretende Mischfarbe grüngelb. In ein weiteres Vergleichsglas gibt man dieselbe Dithizonmenge und fügt etwa 10 cm³ 0,5%ige Schwefelsäure hinzu. Nun wird mit der eingestellten Quecksilbersalzlösung auf dieselbe Mischfarbe titriert. Die Bestimmung gelingt gut, wenn man vor Erreichung der Mischfarbe den Verbrauch feststellt, bei dem gerade noch ein Farbunterschied erkennbar ist, und nach Durchgang durch die Farbgleichheit bei erneutem Farbunterschied wiederum die Zahl der verbrauchten Kubikzentimeter abliest und das Mittel aus den beiden Werten nimmt.

Bemerkungen. Die Bestimmung, die zur Untersuchung homöopathischer Zubereitungen angewendet wird, ist nur bis zu dem Verdünnungsgrad D 5 möglich, Verdünnungen bis D 4 werden durch entsprechenden Wasserzusatz auf den Verdünnungsgrad D 5 gebracht. Bei Verreibungen ist eine genaue Bestimmung nur bis D 4 möglich.

Die Störung der Bestimmung durch einen etwa vorhandenen Kupfergehalt des zur Herstellung der Präparate verwendeten Milchzuckers kann ausgeschaltet werden: Quecksilber reagiert in Anwesenheit größerer Kaliumjodidmengen nicht mit Dithizon. Man kann daher in einer Vorbestimmung durch Zusatz von 1%iger Kaliumjodidlösung die vorhandene Kupfermenge des Milchzuckers bestimmen und durch Zusatz einer gleichen Menge Kupfer zur Vergleichslösung die Störung ausschalten.

VII. Bestimmung unter Abscheidung als QuecksilberII-Reineckat.

$Hg[Cr(CNS)_4(NH_3)_2]_2$, Molekulargewicht 837,2.

Allgemeines.

Ammonium-tetrarhodanato-diammin-chromiat, $NH_4[Cr(CNS)_4(NH_3)_2]$, (REINECKEs Salz) ist schwer löslich und gibt in saurer Lösung außer mit Quecksilber nur noch mit Gold, Silber und Thallium einen Niederschlag. Daher ist das Quecksilber neben allen praktisch in Frage kommenden Elementen durch 1malige Fällung zu bestimmen (MAHR, vgl. auch KRUPENIO). Die Fällung erfolgt aus salzsaurer Lösung als QuecksilberII-Reineckat.

Bestimmungsverfahren.

A. Gewichtsanalytische Bestimmung.

***Arbeitsvorschrift von* MAHR.** Die Lösung des QuecksilberII-salzes, die in mäßigen Mengen Salpetersäure, Schwefelsäure, Essigsäure oder Weinsäure enthalten darf, wird etwa 0,5 n an Salzsäure gemacht und fast bis zum Sieden erhitzt. Zur Vermeidung von Quecksilberverlusten durch Verflüchtigung mit den Wasserdämpfen wird das Becherglas mit einem mit kaltem Wasser gefüllten Rundkolben bedeckt. In je 100 cm³ Flüssigkeit können je 20 mg Quecksilber vorhanden sein; größere Mengen als 50 mg Quecksilber sind unhandlich zu verarbeiten und daher möglichst zu vermeiden. In die heiße Lösung gibt man tropfenweise eine frisch bereitete, mit Salzsäure angesäuerte und filtrierte REINECKE-Salzlösung (je 50 mg Salz für 10 mg Quecksilber).

2 bis 3 Min. nach dem Ausfällen des blaßroten Niederschlags nimmt man das Becherglas vom Wasserbad, läßt den Niederschlag 5 Min. lang absitzen und filtriert bei etwa 60° durch einen Glasfiltertiegel oder einen Glassintertrichter. Der Niederschlag wird mit heißem Wasser gut ausgewaschen, mit Alkohol nachgewaschen und im Trockenschrank bei 105 bis 110° 1½ Std. lang getrocknet und hierauf gewogen.

Bemerkungen. Bei größeren Quecksilbermengen fallen die so gewonnenen Ergebnisse manchmal um ½ bis 1% zu hoch aus.

Hat man mehr als 50 mg Quecksilber zu bestimmen, so filtriert man den Niederschlag in einen Porzellanfiltertiegel oder auf ein Papierfilter ab und verglüht ihn zu ChromIII-oxyd. Da 152,02 mg ChromIII-oxyd einer Quecksilbermenge von 200,61 mg entsprechen, muß die Auswage sehr sorgfältig gemacht werden. Der Autor, der Quecksilbermengen zwischen 10 und 100 mg analysiert, beobachtet Analysenfehler zwischen etwa —0,58 und +0,50 mg Quecksilber.

B. Maßanalytische Bestimmung.

***Arbeitsvorschrift von* MAHR.** Die Fällung wird in gleicher Weise wie bei der gewichtsanalytischen Bestimmung ausgeführt. Nach dem Auswaschen des Niederschlags mit heißem Wasser vertauscht man den das Filtrat enthaltenden Kolben mit einem 300 bis 400 cm³ fassenden ERLENMEYER-Kolben, gibt 0,2 bis 0,3 g festes Kaliumcyanid auf den Niederschlag und wirbelt durch Aufspritzen von heißem Wasser Cyanid und Niederschlag auf, wobei der Niederschlag in Lösung geht. Nach dem Absaugen wäscht man nach und gibt zum Lösen etwa ausgeschiedenen Chromhydroxyds 2 cm³ heiße, 1 n Salzsäure auf die Filterplatte. Nach vollständigem Auswaschen füllt man die Lösung der Substanz auf 100 bis 250 cm³ auf, gibt auf je 100 cm³ Lösung 3 cm³ konzentrierte Schwefelsäure hinzu und versetzt mit 2 bis 3 g Kaliumbromat. Bei größeren Quecksilbermengen fügt man 2 Tropfen einer 10%igen Nickelnitratlösung hinzu. Zur Oxydation des Chroms wird nun 15 Min. lang gekocht und hierauf das verdampfte Wasser wieder nachgefüllt. Nach dem

Zusatz von 5 bis 7 g festem Ammoniumsulfat und 5 bis 6 cm^3 1 n Salzsäure wird zur Zerstörung des Bromats 20 Min. lang gekocht. Die Vertreibung des Broms kann durch Einleiten von Kohlendioxyd beschleunigt werden. Treten keine Bromdämpfe mehr auf oder wird Kaliumjodidstärkepapier nicht mehr gebläut, so läßt man abkühlen, versetzt mit 2 bis 3 g Kaliumjodid und titriert das ausgeschiedene Jod in Gegenwart von Stärkelösung mit 0,1 n bzw. 0,05 n Thiosulfatlösung zurück. 1 cm^3 0,1 n Thiosulfatlösung entspricht 3,3435 mg Quecksilber.

Bemerkung. Da 1 Atom Quecksilber 6 Atomen Jod entspricht, sind auch *kleine Quecksilbermengen* noch genau zu bestimmen.

C. Nephelometrische Bestimmung.

***Arbeitsvorschrift von* Saukov.** Die zu untersuchende QuecksilberII-nitratlösung, deren ungefährer Quecksilbergehalt durch Fällen mit Reineckes Salz bestimmt wird, versetzt man in einem Meßrohr mit 3 Tropfen einer frisch bereiteten wäßrigen Lösung von Reineckes Salz. Ebenso verfährt man mit Quecksilberlösungen von bekannter, ungefähr gleicher Konzentration. Nach 3 bis 5 Min. langem Schütteln tritt Trübung ein; die Trübungen der zu untersuchenden Lösung und der Vergleichslösungen werden im Nephelometer verglichen. Die Fehlergrenze liegt bei ± 10%.

Die zum nephelometrischen Vergleich dienende, trübe Lösung bleibt mehr als 1 Std. lang in bezug auf ihr optisches Verhalten konstant.

VIII. Bestimmung unter Abscheidung als QuecksilberI-Cupferron-Komplex.

$C_6H_5N(NO)OHg$, Molekulargewicht 337,6.

Allgemeines.

QuecksilberI-Ionen werden nach Pinkus und Katzenstein quantitativ durch Cupferron, Nitrosophenylhydroxylaminammonium, $C_6H_5-N\begin{cases}NO\\ONH_4\end{cases}$, in nicht zu saurer Lösung als weißer, schwerer Niederschlag gefällt, der sich leicht zusammenballt. Bei gewöhnlicher Temperatur wird die Quecksilberverbindung von Essigsäure oder 1 n Salzsäure schwach, von 1 n Salpetersäure etwas stärker angegriffen.

2wertiges Quecksilber muß vor der Fällung erst zu 1wertigem reduziert werden, s. S. 435.

Bestimmungsverfahren.

A. Gewichtsanalytische Bestimmung.

***Arbeitsvorschrift von* Pinkus *und* Katzenstein.** Die zu analysierende Lösung, etwa 100 cm^3 mit 0,2 bis 0,3 g Quecksilber als QuecksilberI-nitrat und mit nicht mehr als 0,5 Molen freier Salpetersäure im Liter, wird durch tropfenweise Zugabe einer frisch bereiteten, 5%igen Cupferronlösung unter Rühren gefällt. Für je 0,1 g Quecksilber nimmt man 2,5 cm^3 des Fällungsmittels, also mehr als 50% Überschuß. Der Niederschlag wird sofort abfiltriert. Man wäscht schnell mit ungefähr 150 cm^3 0,5%iger Cupferronlösung aus, saugt ab und löst den Niederschlag auf dem Filter in 1 n warmer Salpetersäure. Gewöhnlich genügen 150 bis 200 cm^3 Säure, um den gesamten Niederschlag vom Filter zu entfernen. Die erhaltene Lösung wird in einem gewogenen Platintiegel gesammelt; das Quecksilber wird elektrolytisch bestimmt, s. S. 409.

B. Nephelometrische Bestimmung.

In verdünnten QuecksilberI-salzlösungen, die etwas Gelatine enthalten, bildet sich nach Pinkus und Katzenstein mit Cupferron ein Hydrosol (vgl. auch Grant).

***Arbeitsvorschrift von* Pinkus *und* Katzenstein.** 25 cm³ der schwach sauren QuecksilberI-salzlösung mit höchstens 1 mg Metall je Liter versetzt man mit 1 cm³ 5%iger Cupferronlösung. Sind mehr als $2,5 \cdot 10^{-4}$ g Quecksilber/l enthalten, so fügt man vorher 1 cm³ 1%ige Gelatinelösung hinzu. Mit QuecksilberI-nitratlösung bekannten Titers stellt man sich unter Hinzufügen der entsprechenden Zusätze eine Vergleichslösung ähnlicher Konzentration her und vergleicht sie im Nephelometer mit der zu untersuchenden Lösung.

Bemerkungen. Silber und Blei stören die Bestimmung nicht. Die Bestimmung ist auf 1 bis 2% genau; sie ist noch bei der Verdünnung von $5 \cdot 10^{-6}$ g Quecksilber/l anzuwenden; in den zur Untersuchung benutzten 25 cm³ der Quecksilbersalzlösung sind dabei $1,3 \cdot 10^{-7}$ g Quecksilber enthalten.

IX. Bestimmung als QuecksilberII-anthranilat.

$Hg(C_7H_6O_2N)_2$, Molekulargewicht 472,6.

Allgemeines.

QuecksilberII-anthranilat bildet beim Ausfällen aus QuecksilberII-nitratlösungen farblose Nadeln, beim Abscheiden aus QuecksilberII-chloridlösungen vier- oder sechsseitige Blättchen.

Die durch Anthranilsäure in QuecksilberII-salzlösungen hervorgerufene Fällung ist nach Funk und Römer bei Anwesenheit von Alkali- oder Ammoniumchlorid nicht vollständig. Schon durch die geringen Alkalichloridmengen, die bei der Fällung aus QuecksilberII-chloridlösung entstehen, wird ein deutlicher Fehler verursacht. Auch Stehenlassen der Fällung bewirkt fehlerhafte Resultate. Beim Ausführen der Fällung in der Hitze werden die Ergebnisse viel zu niedrig.

0,042 mg Quecksilber (als QuecksilberII-nitrat) in 5 cm³ Flüssigkeit geben mit 0,5 cm³ des 10%igen Reagenses noch eine deutliche Trübung; die Empfindlichkeit ist demnach 1:120000.

Bestimmungsverfahren.

A. Gewichtsanalytische Bestimmung.

***Arbeitsvorschrift von* Funk *und* Römer.** Zur **Herstellung des Reagenses** wird die technische Anthranilsäure unter Entfärbung mit Tierkohle durch mehrfaches Umkrystallisieren aus Wasser einerseits und aus Alkohol andererseits soweit gereinigt, daß ein farbloses Präparat vorliegt. Nun wird eine etwa 3%ige Lösung des Natriumsalzes der Anthranilsäure hergestellt, indem man 3 g der gereinigten Säure in etwa 22 cm³ 1 n Natronlauge löst. Durch Prüfen mit Lackmuspapier überzeugt man sich, daß die Lösung zum Schluß nicht mehr alkalisch, sondern schwach sauer ist; falls nötig, setzt man noch etwas Säure zu. Nun wird filtriert und die farblose oder ganz schwach gelblich gefärbte Lösung auf 100 cm³ verdünnt. Durch Licht wird die Lösung gelb und schließlich braun und ist nicht mehr zu benutzen; im Dunkeln aufbewahrt, hält sie sich wochenlang.

Arbeitsweise. Die QuecksilberII-nitratlösung, die ohne freie Säure sein soll, wird für je 0,1 g Quecksilber auf 200 cm³ verdünnt und in der Kälte mit 10 cm³ der 3%igen Reagenslösung versetzt.

Man läßt 1 Min. bis höchstens 2 Min. stehen; der Niederschlag setzt sich schnell ab. Dann wird durch einen Porzellanfiltertiegel filtriert, ohne den Niederschlag ganz bis zur Trockne abzusaugen. Man wäscht mit einer Waschflüssigkeit, die man durch Verdünnen des 3%igen Reagenses auf das Zwanzigfache erhält, aus und schließlich noch einige Male mit Alkohol nach. Der Niederschlag wird ½ Std. bei 105 bis 110° getrocknet. Das Gewicht ist nach 1maligem Trocknen konstant. Durch Multiplikation der Auswage mit 0,42437 erhält man die gesuchte Quecksilbermenge.

Bemerkungen. FUNK und RÖMER benutzen zur Bestimmung eine von QuecksilberI-salz freie Lösung von reinem Quecksilber in konzentrierter Salpetersäure, die auf 1 cm³ Lösung 5,0799 mg Quecksilber enthält. Sie geben folgende Beleganalysen an:

Gegebene Quecksilbermenge (in mg):							
25,40	25,40	25,40	50,80	50,80	50,80	101,60	127,00
Gefundene Quecksilbermenge (in mg):							
25,38	25,46	25,34	50,84	50,67	50,88	101,50	127,06

B. Maßanalytische Bestimmung.

Versuche, eine maßanalytische Bestimmung mit Anthranilsäure durchzuführen, ergaben zu hohe Werte (FUNK und RÖMER).

X. *Bestimmung des Quecksilbers mit Kupferdipropylendiaminsulfat und Kaliumjodid.*

$[HgJ_4]Cu(CH_3\cdot CHNH_2\cdot CH_2NH_2)_2$, Molekulargewicht 846,0.

Allgemeines.

Die Methode, die sich durch Schnelligkeit der Ausführung (Dauer der Bestimmung etwa 1 Std.) auszeichnet und infolge des hohen Molekulargewichts der Komplexverbindung mit geringem Quecksilbergehalt zu recht genauen Ergebnissen führt, beruht auf der Bildung der fein krystallinen, dunkelblau-violetten Quecksilber-Propylen-Komplexverbindung. Diese ist im Überschuß des Fällungsmittels, in Kaliumjodid, in 95%igem Alkohol und in Äther unlöslich.

Die Methode ist allgemein anwendbar, auch in saurer Lösung sowie in Gegenwart von Kupfer, Kobalt, Chrom, Nickel und Zink.

Bestimmungsverfahren.

Gewichtsanalytische Bestimmung.

a) Verfahren von G. SPACU und P. SPACU. Arbeitsvorschrift. Als *Reagens* dient eine Lösung von Kupfersulfat ($CuSO_4\cdot 5\,H_2O$) und Propylendiamin im Verhältnis 1 : 2. Die Lösung wird jeweils kurz vor der Benutzung hergestellt.

Arbeitsweise. Die neutrale oder schwach ammoniakalische QuecksilberII-salzlösung (zwischen 100 und 200 cm³) wird mit einem Überschuß an Kaliumjodid versetzt, bis fast zum Sieden erhitzt und die kochende Reagenslösung hinzugegeben. Beim Abkühlen scheiden sich allmählich schöne, tafelförmige, dunkelblau-violett gefärbte, große Krystalle ab. Nach vollständigem Erkalten wird der Niederschlag in einen Porzellanfiltertiegel abfiltriert, 3- bis 6mal mit Wasser, das 0,1% Kaliumjodid und 0,1% Reagenslösung enthält, ausgewaschen, hierauf 3- bis 4mal mit je 2 cm³ 96%igem Alkohol und schließlich 2- bis 4mal mit je 2 cm³ Äther nachgewaschen. Man trocknet 10 Min. lang im Vakuumexsiccator und wägt.

Aus dem Gewicht des gewogenen Niederschlags ergibt sich der Quecksilbergehalt in Prozenten:

$$\%\,Hg = \frac{0{,}2181\cdot a\cdot 100}{e},$$

wobei e die Einwage des Quecksilbersalzes und a die Auswage bedeutet.

Bemerkungen. An Stelle des theoretischen Wertes von 73,88% wurde bei QuecksilberII-chloridmengen zwischen 0,0833 und 0,2010 g Werte zwischen 73,80 und 73,95% gefunden.

Auch bei Anwesenheit größerer Ammoniumchlorid- und Ammoniumnitratmengen ist die Methode anwendbar. Bei sauren Lösungen wird mit Ammoniak bis zur schwach alkalischen Reaktion in Gegenwart eines Indicators neutralisiert; ein kleiner Ammoniaküberschuß beeinflußt die Genauigkeit nicht. Dann fügt man einen größeren Überschuß an Kaliumjodid hinzu (etwa 2%), erhitzt zum Sieden und verfährt wie oben.

Nach dem Ausfällen muß die Lösung zur Vermeidung der Einschließung von Ammoniumsalzen schnell abgekühlt werden. Die Ergebnisse sind ebenso zufriedenstellend wie bei neutralen Quecksilbersalzlösungen.

b) Verfahren von SANDIN und MARGOLIS zur Bestimmung des Quecksilbers in jodhaltigen organischen Verbindungen. Arbeitsvorschrift. Die *Reagenslösung* wird durch Auflösen von 2,5 g krystallisiertem Kupfersulfat in Wasser und Versetzen mit 2 g einer käuflichen, wäßrigen, 70- bis 75%igen Lösung von Propylendiamin, am besten jedesmal vor Gebrauch, hergestellt.

Arbeitsweise. Die Einwage der organischen Substanz mit mindestens 0,3 g Quecksilber wird in einem Bombenrohr (entsprechend der Halogenbestimmung von CARIUS) mit 3 cm³ rauchender Salpetersäure versetzt, erhitzt und abgekühlt. Um Quecksilberverlusten vorzubeugen, wird die Bombe nachträglich am capillaren Ende schwach erhitzt. Nach vorsichtigem Öffnen des Rohrs fügt man 20 cm³ Wasser, 15 cm³ konzentriertes Ammoniakwasser und einen Überschuß an festem Kaliumjodid hinzu, um alles QuecksilberII-jodid in Lösung zu bringen. Nach sorgfältigem Auswaschen des Bombenrohres soll das Gesamtvolumen nicht mehr als 200 cm³ betragen. Die hellgelbe Flüssigkeit — falls sie durch freies Jod dunkel gefärbt ist, muß sie durch Zusatz reiner, verdünnter Natronlauge entfärbt werden — wird in der Siedehitze mit einem Überschuß an heißer Reagenslösung versetzt. Den entstandenen, blauen Niederschlag filtriert man nach mehrstündigem Stehen in Eiswasser in einen GOOCH-Tiegel ab. Er wird 3- bis 4mal mit Wasser, das 0,1% Kaliumjodid und 0,1% Reagenslösung enthält, ausgewaschen, anschließend 3- bis 4mal mit je 2 cm³ 96%igem Alkohol und 2- bis 4mal mit je 2 cm³ Äther nachgewaschen, im Vakuumexsiccator getrocknet und hierauf gewogen. Der Niederschlag enthält 21,81% Quecksilber.

Bemerkungen. Die Ergebnisse sind in Tabelle 12 zusammengestellt.

Tabelle 12.

	Berechnete oder gegebene Quecksilbermenge %	Gefundene Quecksilbermenge %
QuecksilberII-chlorid	73,88	73,90
Tolyl-QuecksilberII-jodid	47,93	47,90
Chlor-QuecksilberII-Phenol	60,66	60,50
p-QuecksilberII-Ditolyl	52,07	52,04
Phenyl-QuecksilberII-chlorid	56,14	56,03
Phenyl-QuecksilberII-nitrat	62,80	62,87

XI. Bestimmung des Quecksilbers mit Indo-oxin.

Allgemeines.

Das Chinolinchinon-(5,8)-8-[oxychinolyl-(5)-imid]-(5),

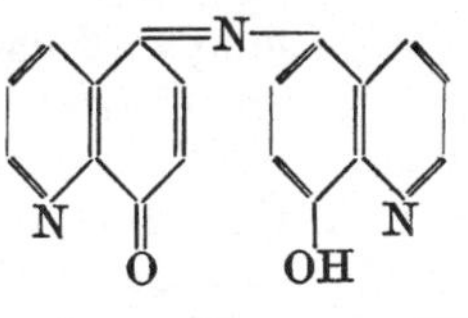

abgekürzt Indo-oxin genannt, ein rotbraunes Krystallpulver[1], das organische Lösungsmittel rot bzw. rotviolett färbt, bildet nach BERG und BECKER mit einer Anzahl von Metallen in essigsaurer oder ammoniakalischer Lösung blau bis blaugrün gefärbte Niederschläge von teilweise ausgesprochener Schwerlöslichkeit. So kann man in essigsaurer, acetathaltiger Lösung noch 1 mg QuecksilberII-Ion in 1700 cm³, also 0,6 γ/cm³, nachweisen.

[1] Herstellung und Vertrieb durch die Firma SCHERING A.G., *Berlin*.

Da das Fällungsmittel ein Farbstoff ist, sein Überschuß also an der Färbung des Filtrats erkannt werden kann, wird die Bestimmung nach der Filtrationsmethode durchgeführt.

Halogenide hindern die Fällung, müssen also abwesend sein.

Bestimmungsverfahren.

Maßanalytische Bestimmung nach der Filtrationsmethode.

***Arbeitsvorschrift von* Berg *und* Becker.** 50 cm^3 der zu untersuchenden Lösung, die 0,5 bis 2,5 mg Quecksilber enthalten können, werden mit 2 cm^3 2 n Essigsäure und 5 bis 10 cm^3 konzentrierter Natriumacetatlösung versetzt. In der Kälte titriert man mit einer alkoholischen, 0,05%igen Indo-oxinlösung (hergestellt durch Lösen der berechneten Menge unter Erwärmen und nötigenfalls Filtrieren) bis zur Rosafärbung des Filtrats. Da blaues bzw. blaugrünes QuecksilberII-indo-oxinat entsteht, ist die Rosafärbung nicht ohne weiteres zu beobachten. Nach jeder Zugabe von Indo-oxin wird eine kleine Analysenprobe durch ein quantitatives Mikrofilter filtriert. Qualitative Filter sind nicht zu verwenden, da die darin enthaltenen Metallspuren mit dem indo-oxinhaltigen Filtrat Metallkomplexe bilden. Um exakte Werte zu erhalten, macht man eine Vorprobe.

Am besten wird auf die Färbung einer filtrierten Probe einer metallfreien Lösung obiger Acidität titriert, die 0,1 cm^3 der 0,05%igen alkoholischen Indo-oxinlösung in 50 cm^3 enthält. Da also mindestens ein Überschuß von 0,1 cm^3 der Indo-oxinlösung nötig ist, um ein rosa gefärbtes Filtrat zu bekommen, zieht man diese Menge von dem Titrationsvolumen ab.

Der genaue Gehalt der 0,05%igen Indo-oxinlösung muß mit einer QuecksilberII-salzlösung bekannten Gehalts ermittelt werden.

Bemerkungen. Die Ergebnisse sind in der folgenden Übersicht zusammengestellt.

Gegebene Quecksilbermenge (in mg):	0,600	0,700	1,460	1,770	2,050	2,430
Verbrauch an Indo-oxinlösung (in cm^3):	3,80	4,70	9,60	11,50	13,20	15,80
Gefundene Quecksilbermenge (in mg):	0,585	0,724	1,478	1,771	2,033	2,433

XII. Bestimmung des Quecksilbers mit p-Dimethylamino-benzyliden-rhodanin.

Allgemeines.

Durch Zusatz von p-Dimethylamino-benzyliden-rhodanin,

```
HN———CO
 |     |
SC     C = CH<=====>N(CH3)2 ,
  \   /
   S
```

zu der salpetersauren Quecksilbersalzlösung wird nach Heller und Krumholz eine ziegelrote Färbung, bei größeren Quecksilbermengen ein Niederschlag erzeugt. Diese Tatsache wird von Strafford und Wyatt zur Bestimmung des bei der Beizung von Saatgut mit quecksilberhaltigen Beizmitteln aufgenommenen Quecksilbers angewendet. Über die Vorbehandlung und den Aufschluß der organischen Materie s. S. 543.

Bestimmungsverfahren.

Colorimetrische Bestimmung.

***Arbeitsvorschrift von* Strafford *und* Wyatt. Lösungen.** Die *Reagenslösung* wird durch Schütteln von 0,04 g p-Dimethylamino-benzyliden-rhodanin mit 200 cm^3 Alkohol hergestellt. Sie wird über Nacht stehengelassen und dann filtriert. Als

Standardlösung benutzt man eine QuecksilberII-nitratlösung, die durch Lösen von 0,5 g reinem, trockenem Quecksilber in 5 cm³ konzentrierter Salpetersäure unter Zusatz von Wasser hergestellt wird. Die Lösung wird zur Vertreibung nitroser Gase gekocht und auf 1 l verdünnt, so daß 1 cm³ der Lösung 0,0001 g Quecksilber enthält.

Die *Herstellung der Vergleichslösung* geschieht folgendermaßen: Zu einer bekannten Menge der Standard-QuecksilberII-nitratlösung fügt man in einem 100 cm³-Meßzylinder 5 cm³ 1 n Salpetersäure hinzu und, falls man organische Materie nach dem von STRAFFORD und WYATT angegebenen Verfahren abgebaut hat, 1 cm³ 0,04 mol KupferII-nitratlösung, verdünnt auf 95 cm³, mischt durch, versetzt mit 3 cm³ Reagenslösung und füllt auf 100 cm³ auf.

Arbeitsweise. Nach dem Aufschluß der organischen Quecksilberverbindung wird das Quecksilber elektrolytisch niedergeschlagen (s. S. 404). Man übergießt die Kathode in einem Reagensglas mit Hilfe einer Pipette mit 5 cm³ 1 n Salpetersäure, erhitzt sie 15 Min. lang zum Sieden und bringt die Lösung nach dem Abkühlen in einen Meßzylinder. Reagensglas und Elektrode werden mit destilliertem Wasser nachgewaschen. Die Lösung wird auf 95 cm³ verdünnt, durchgeschüttelt und mit 3 cm³ Reagenslösung versetzt. Man füllt auf 100 cm³ auf und schüttelt wieder.

Bemerkungen. Die besten Farbabstufungen werden bei dieser Bestimmungsweise mit Quecksilbermengen von 0,01 bis 0,20 mg Quecksilber in 100 cm³ Lösung erreicht. Überschreitet der Quecksilberbetrag 0,2 mg, so führt man die Bestimmung mit einem Teil der Lösung durch. Um die infolge der leichten Ausflockung der Kolloide eintretenden Ungenauigkeiten zu vermeiden, sollen die Farben in der Vergleichs- und der Untersuchungslösung gleichzeitig erzeugt und anschließend bestimmt werden. Sulfat- oder Halogen-Ionen müssen auf jeden Fall abwesend sein.

Neben Quecksilber geben noch Silber, 1wertiges Kupfer, Gold, Platin und Palladium unter den gleichen Bedingungen eine Fällung.

XIII. Bestimmung unter Abscheidung als Quecksilber-Benzidin-Komplex.

Allgemeines.

Benzidin bildet mit QuecksilberII-chloridlösungen ein gelbes, krystallinisches, luftbeständiges, in Wasser und organischen Lösungsmitteln unlösliches Pulver, das in Essigsäure praktisch unlöslich, in Salzsäure löslich ist.

Bestimmungsverfahren.

Maßanalytische Bestimmung.'

Die Anregung von HERZOG, diese Quecksilber-Benzidin-Komplexverbindung zur quantitativen Bestimmung von QuecksilberII-Ionen zu benutzen, wird von BARCELÓ aufgenommen. Er baut darauf eine indirekte maßanalytische Bestimmungsmethode auf.

***Arbeitsvorschrift von* BARCELÓ.** Eine etwa 2% QuecksilberII-Ion enthaltende Lösung wird bei gewöhnlicher oder erhöhter Temperatur mit einer Lösung von 4 g Benzidin, 10 cm³ Essigsäure und 10 cm³ Wasser in 1 l warmem Wasser von 70° versetzt. Der Niederschlag wird mit Wasser ausgewaschen und in annähernd 1 n Salzsäure gelöst. Dann wird in der Lösung Benzidinsulfat mit etwa 1 n Natriumsulfatlösung gefällt. Nach dem Abkühlen filtriert man und titriert mit 0,1 n Sodalösung gegen Phenolphthalein als Indicator. 1 cm³ 0,1 n Sodalösung entspricht 0,01357 g QuecksilberII-chlorid bzw. 0,01002 g Quecksilber.

Bemerkung. Der durchschnittliche Fehler beträgt annähernd 0,4%.

XIV. Bestimmung des Quecksilbers mit Strychnin.

$HgJ_2 \cdot C_{21}H_{22}N_2O_2 \cdot HJ$, Molekulargewicht 688,6.

Allgemeines.

Die von GOLSE und JEAN ausgearbeitete nephelometrische Bestimmung beruht auf dem Vergleich der durch Alkaloide, wie Strychnin, in QuecksilberII-jodatlösungen hervorgerufenen Trübung.

Bestimmungsverfahren.

Nephelometrische Bestimmung.

***Arbeitsvorschrift von* GOLSE *und* JEAN.** 1 cm^3 der zu untersuchenden Lösung, die mindestens 2 mg Quecksilber im Liter enthalten soll, wird mit 0,1 cm^3 einer 0,5%igen Kaliumjodidlösung und mit 0,1 cm^3 einer 2,5%igen Strychninsulfatlösung versetzt. Die entstehende Trübung vergleicht man mit der in einer Lösung bekannten Quecksilbergehalts auf demselben Weg hervorgerufenen Trübung.

Bei verdünnteren Lösungen (mit etwa 0,2 mg Quecksilber/l) muß die Lösung zuerst konzentriert werden. 25 cm^3 der zu untersuchenden Lösung werden mit 1 cm^3 einer Lösung von 1 g ArsenIII-oxyd und 5 cm^3 1 n Natronlauge im Liter versetzt. Dann fällt man mit einer salzsauren Lösung von unterphosphoriger Säure Arsen und Quecksilber aus. Der unter Zentrifugieren gut ausgewaschene Niederschlag wird durch 1 Tropfen Brom in Lösung gebracht. Nun fügt man 0,1 cm^3 einer Phenolphthaleinlösung (0,01 g Phenolphthalein und 1 cm^3 Natronlauge in 100 cm^3 Wasser), 1 Tropfen 1 n Natronlauge und 0,01 n Schwefelsäure bis zur Entfärbung des Indicators und außerdem noch einen Überschuß von 0,1 cm^3 Schwefelsäure hinzu. Mit Wasser wird auf 1 cm^3 aufgefüllt und die Bestimmung nach der oben angegebenen Vorschrift durchgeführt. Die Vergleichslösung muß in derselben Weise behandelt werden wie die zu untersuchende Lösung.

Bemerkung. Weitere Untersuchungen über die Anwendbarkeit dieser Methode s. bei SSINJAKOVA.

XV. Bestimmung des Quecksilbers mit Allylalkohol.

Allgemeines.

Mit Allylalkohol setzt sich nach BILLMANN und THAULOW 2wertiges Quecksilber entsprechend der Gleichung um:

$$C_3H_5OH + HgX_2 = (C_3H_5O)HgX + HX.$$

Die Konstitution der Organo-Quecksilberverbindung ist nicht genau bekannt, auf jeden Fall aber von ausgesprochen komplexer Natur. Die entsprechende Base, $(C_3H_5O)(HgOH)$, die man aus dem Komplexsalz mit Natronlauge erhält, ist so schwach, daß sie Phenolphthalein nicht färbt. Durch Hinzufügen von Kaliumbromid zu der komplexen Base tritt die Umsetzung ein:

$$(C_3H_5O)(HgOH) + KBr = (C_3H_5O)HgBr + KOH.$$

Die Menge des freigemachten Alkalis entspricht der Quecksilbermenge der Ausgangslösung.

Bestimmungsverfahren.

Maßanalytische Bestimmung.

***Arbeitsvorschrift von* BILLMANN *und* THAULOW.** Die genau gewogene Substanzmenge wird in etwa 5 n Schwefelsäure oder Salpetersäure gelöst und die Lösung mit kohlendioxydfreiem Wasser verdünnt. Man fügt 2 bis 3 cm^3 Allylalkohol und einige Tropfen Phenolphthaleinlösung hinzu. Nachdem man mit etwa 0,2 n Natronlauge eben alkalisch gemacht hat, wird mit etwa 0,2 n Schwefelsäure genau neutralisiert. Nach dem Hinzufügen von 5 g Kaliumbromid zur neutralen Lösung tritt erneute Rotfärbung auf infolge der oben beschriebenen Bildung von Kaliumhydroxyd. Das freigewordene Alkali wird titriert. 1 Atom Quecksilber entspricht 1 Molekül Kaliumhydroxyd.

Bemerkungen. Für die Bestimmung ist unbedingte Freiheit von Kohlendioxyd und von Halogen-Ionen erforderlich.

Bei Mengen an QuecksilberII-oxyd zwischen 0,6781 und 0,5728 g fanden BILLMANN und THAULOW Fehler zwischen —0,0007 und +0,0009 g.

XVI. Bestimmung des Quecksilbers als Salz des Isonitroso-3-methyl-5-pyrazolons.

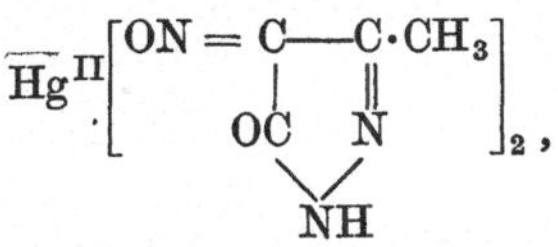

$$\overline{Hg}^{II}\left[\begin{array}{c} ON = C — C \cdot CH_3 \\ \quad | \qquad \| \\ OC \quad N \\ \diagdown\ \diagup \\ NH \end{array}\right]_2, \text{ Molekulargewicht } 453{,}6.$$

Nach HOVORKA und SÝKORA gibt eine 1%ige Lösung von Isonitroso-3-methyl-5-pyrazolon in 50%igem Alkohol mit QuecksilberI-nitratlösung einen orangefarbenen Niederschlag, wobei in einer mit 10%iger Natriumacetatlösung abgestumpften Lösung die Fällung quantitativ wird. Aus QuecksilberII-nitrat- und QuecksilberII-perchloratlösungen fällt ein dunklerer, rot-orangefarbener Niederschlag, der in nicht zu saurer Lösung fast quantitativ wird. In QuecksilberII-chloridlösungen dagegen entsteht ein Niederschlag nur nach Zugabe von Natriumacetat; die Fällung ist jedoch unvollständig und von hellerer Farbe als die aus Nitrat- und Perchloratlösung. Ein Abtrennen des im Anfang kolloiden Niederschlags der Chloridlösung ist schwierig.

Der Niederschlag aus QuecksilberI-salzlösung verträgt eine geringe Acidität von Salpetersäure oder Essigsäure; er färbt sich im Licht unter Zerfall allmählich grau. Aus QuecksilberII-salzlösungen kann nur in essigsaurer Lösung gefällt werden.

XVII. Bestimmung des Quecksilbers unter Abscheidung mit Tetraphenylarsoniumchlorid.

Indirekte potentiometrische Bestimmung.

Nach WILLARD und SMITH soll Tetraphenylarsoniumchlorid als analytisches Fällungsmittel für QuecksilberII-salze in Frage kommen. Der Überschuß des Fällungsmittels kann potentiometrisch bestimmt werden.

XVIII. Bestimmung des Quecksilbers als Verbindung der Salicylsäure.

Nach VIEBÖCK und BRECHER kann Quecksilbersalicylat mit Thymolphthalein als Indicator titriert werden. Man löst die Substanz in einem Laugenüberschuß und titriert letzteren mit Schwefelsäure zurück. (Salzsäure ist ungeeignet.) Das entstehende Kaliumsalz der Hydroxy-QuecksilberII-salicylsäure zeigt gegen Thymolphthalein keine alkalische Reaktion. Man kann übrigens auch ohne Indicator arbeiten und bis zur ersten Trübung durch Wiederausfallen der Verbindung titrieren. Bei Gegenwart von dimerkurierter Salicylsäure ist die Anwendung des Indicators nicht möglich, da die entsprechende Base Thymolphthalein bläut.

Die bei der Titration mitbestimmte Salicylat-Salicylsäure macht eine zweite Titration notwendig, bei der nur das Quecksilber bestimmt wird. Auf Zusatz von Natriumthiosulfat oder Kaliumjodid wird entsprechend der Gleichung:

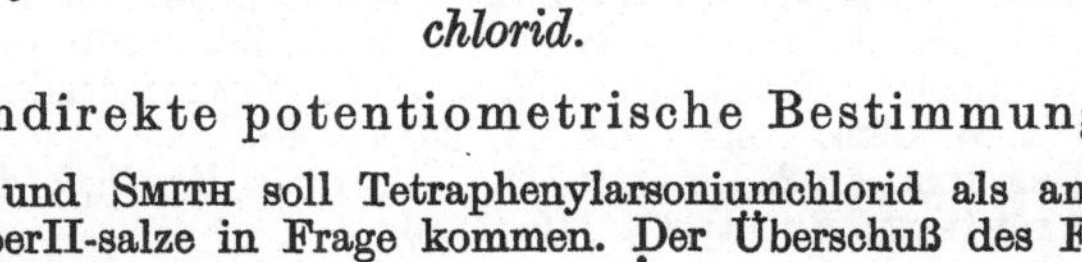

$$C_6H_3(COONa)(OH)(HgOH) + Na_2S_2O_3 = C_6H_3(COONa)(OH)(HgS \cdot SO_3Na) + NaOH$$

1 Äquivalent Lauge frei, das man in Gegenwart von Phenolphthalein titrieren kann; während der ganzen Titration muß gut geschüttelt werden.

Über die Bestimmung von Quecksilbersalicylat s. auch § 4, V, S. 465.

Literatur.

ALEXEJEW, R. I.: Betriebslab. **6**, 955 (1937); durch C. **109 I**, 949 (1938).

BARCELÓ, J.: An. Españ. **30**, 71 (1932); durch C. **103 I**, 2070 (1932); An. Españ. **32**, 91 (1934); durch C. **105 II**, 1960 (1934). — BERG, R.: Fr. **115**, 204 (1938/39). — BERG, R. u. E. BECKER: Fr. **119**, 81 (1940). — BERG, R., E. S. FAHRENKAMP u. W. ROEBLING: Mikrochemie, MOLISCH-Festschr., S. 42. 1936. — BERG, R. u. W. ROEBLING: Angew. Ch. **48**, 597 (1935); B. **68**, 403 (1935). — BILLMANN, E. u. K. THAULOW: Bl. [4] **29**, 587 (1921). — BLEYER, B., G. NAGEL u. J. SCHWAIBOLD: Scientia pharmaceutica **10**, 121 (1939). — BÖTTGER, W. u. R. HEINZE: Z. El. Ch. **22**, 69 (1916). — BORDEIANU, C. V.: Ar. **271**, 149, 209 (1933); Ann. sci. Univ. Jassy **20**, 129 (1934/35).

CAZENEUVE, P.: C. r. **130**, 1561 (1900).

FISCHER, H. u. G. LEOPOLDI: Fr. **103**, 241 (1935). — FUNK, H. u. F. RÖMER: Fr. **101**, 85 (1935). — FURMAN, N. H. u. H. M. STATE: Ind. eng. Chem. Anal. Edit. **8**, 467 (1936).

GOLSE, J. u. M. JEAN: Bl. Soc. Pharm. Bordeaux **69**, 168 (1931). — GRANT, J.: Metal Ind. **46**, 457 (1935). — GROSSMANN, H. u. B. SCHÜCK: Z. anorg. Ch. **50**, 15 (1906).

HELLER, K. u. P. KRUMHOLZ: Mikrochemie **7**, 213 (1929). — HERZOG, W.: Ch. Z. **50**, 642 (1926). — HOVORKA, V. u. V. SÝKORA: Coll. Trav. Chim. Tchécosl. **11**, 124 (1939).

IONESCO-MATIU, A.: Bl. Soc. Chim. biol. **16**, 970 (1934). — IONESCO-MATIU, A. u. A. CARALE: J. Pharm. Chim. [8] **8**, 258 (1928); Bl. Soc. România **10**, 127 (1928). — IONESCO-MATIU, A. u. C. ICHIM: J. Pharm. Chim. [8] **28**, 417 (1938). — IONESCO-MATIU, A. u. A. POPESCO: Ann. Chim. anal. [2] **11**, 225 (1929).

KRUPENIO, N. S.: Betriebslab. **7**, 161 (1938); durch C. **109 II**, 364 (1938).

LAIRD, F. W. u. A. SMITH: Ind. eng. Chem. Anal. Edit. **10**, 576 (1938).

MAHR, C.: Fr. **104**, 241 (1936). — MAJER, V.: Fr. **87**, 352 (1932). — MÉNIÈRE, P.: C. r. **146**, 754 (1908).

PINKUS, A. u. M. KATZENSTEIN: Bl. Soc. chim. Belg. **39**, 179 (1930).

REIMERS, F.: Ar. **272**, 546 (1934). — REITH, J. F. u. C. P. VAN DIJK: Chem. Weekbl. **37**, 186 (1940).

SANDIN, R. B. u. E. T. MARGOLIS: Ind. eng. Chem. Anal. Edit. **7**, 293 (1935). — SAUKOV, A. A.: C. r. Acad. URSS [N. S.] **20**, 373 (1938); durch C. **110 I**, 2835 (1939). — SPACU, G. u. V. ARMEANU: Bl. Soc. Stiinte Cluj **7**, 621 (1933/34). — SPACU, G. u. J. DICK: Fr. **76**, 273 (1929). — SPACU, G. u. I. G. MURGULESCU: Fr. **96**, 109 (1934). — SPACU, G. u. P. SPACU: Fr. **89**, 187 (1932). — SPACU, G. u. G. SUCIU: (a) Fr. **77**, 334 (1929); (b) **78**, 244 (1929). — SSINJAKOVA, S. J.: Fr. **100**, 190 (1935). — STOCK, A. u. H. LUX: Angew. Ch. **44**, 200 (1931). — STOCK, A. u. E. POHLAND: Angew. Ch. **39**, 791 (1926). — STOCK, A. u. W. ZIMMERMANN: (a) Angew. Ch. **41**, 546 (1928); (b) **42**, 429 (1929). — STRAFFORD, N. u. P. F. WYATT: Analyst **61**, 528 (1936).

THILENIUS, R. u. R. WINZER: Angew. Ch. **42**, 284 (1929).

VIEBÖCK, F. u. C. BRECHER: Ar. **269**, 398 (1931). — VOTOČEK, E.: Ch. Z. **42**, 257, 271 (1918). — VOTOČEK, E. u. L. KAŠPÁREK: Bl. [4] **33**, 110 (1923).

WASSERMANN, J. S. u. I. B. SSUPRUNOWITSCH: Ukrain. chem. J. **9**, 330 (1934); durch C. **106 II**, 3268 (1935). — WERNER, A., W. SPRUCK, W. MEGERLE u. J. PASTOR: Z. anorg. Ch. **21**, 233 (1899). — WHITE, E. C.: Am. Soc. **42**, 2355 (1920). — WILLARD, H. H. u. G. M. SMITH: Ind. eng. Chem. Anal. Edit. **11**, 186 (1939). — WÖLBLING, H. u. B. STEIGER: Angew. Ch. **46**, 279 (1933).

§ 7. Bestimmung des Quecksilbergehalts von Luft.

Die Bestimmung des Quecksilbergehalts der Luft ist im Hinblick auf die gesundheitlichen Schädigungen, die der Aufenthalt in quecksilberhaltiger Luft mit sich bringt, von großer Wichtigkeit. *Eine allen Anforderungen entsprechende Bestimmungsmethode muß nach* STOCK *und* CUCUEL *Quecksilbermengen mindestens bis zu 1 γ/m³ herab erfassen können.*

A. Spektralanalytische Bestimmung.

Die auf der selektiven Absorption des Quecksilberdampfes beruhende Bestimmung ist in § 2, S. 427 eingehend besprochen worden.

***Arbeitsvorschrift von* VAN CALKER.** Zur spektralanalytischen Bestimmung des Quecksilbers in der Zimmerluft saugt man diese in langsamem Strom mittels einer Wasserstrahlpumpe 100 Std. lang durch 100 cm³ destilliertes Wasser, das mit spektralanalytisch auf Quecksilberfreiheit geprüfter Salpetersäure angesäuert worden ist. Insgesamt werden 250 l Luft hindurchgesaugt. Das angesäuerte Wasser wird zur Trockne eingedampft, der Rückstand in 3 cm³ Wasser mit 1 Tropfen

Salzsäure gelöst, die Lösung elektrolysiert und das abgeschiedene Quecksilber nach dem auf S. 430 beschriebenen Verfahren im kondensierten Funken spektralanalytisch bestimmt.

Bemerkung. Es muß allerdings dahingestellt bleiben, ob tatsächlich alles Quecksilber durch das angesäuerte Wasser absorbiert wird, s. dazu auch die Bestimmung nach Absorption in verdünnter Salpetersäure, s. unten.

B. Photometrische Bestimmung.

Über ein Verfahren zur photometrischen Bestimmung des Quecksilbers, das natürlich auch zur Bestimmung des Quecksilberdampfes der Luft verwendet werden kann, s. § 1, S. 425; vgl. dazu auch einen Überblick über die Anwendung in technischen Apparaten bei BIGGS.

Nach STOCK und CUCUEL wird das zur photometrischen Bestimmung dienende Selensulfidpapier nur bei einer Quecksilberkonzentration von mehr als 150 γ/m^3 Quecksilber geschwärzt, so daß es zur eigentlichen Quecksilberbestimmung in der Luft — bei 20° mit Quecksilber gesättigte Luft enthält 14 γ Quecksilber im Kubikmeter — nicht in Frage kommt.

C. Bestimmung auf chemischem Wege nach vorangegangener Anreicherung.

Der chemischen Bestimmung muß eine Anreicherung des Quecksilbers vorausgehen. Im wesentlichen sind hierfür drei Wege vorgeschlagen worden:

1. Anreicherung durch Adsorption an Blattgold.
2. Anreicherung durch Absorption mittels eines Oxydationsmittels in wäßriger Lösung.
3. Anreicherung durch Kondensation des Quecksilberdampfes unter Kühlung mit flüssiger Luft, flüssigem Stickstoff oder mit einem Gemisch von festem Kohlendioxyd und Äther.

1. Anreicherung des Quecksilbers durch Adsorption an Blattgold.

Die Adsorption des Quecksilbers an Gold ist wohl der älteste Versuch zur quantitativen Bestimmung von Quecksilber in quecksilberhaltiger Luft. Bezüglich der Literatur sei auf die Zusammenstellung von CUCUEL verwiesen. Zwar wird die Methode noch von JORDAN und BARROWS und ebenso von TURNER zur angenäherten Bestimmung der Quecksilberkonzentration der Luft benutzt, doch zeigen die Untersuchungen von NORDLANDER, daß die Methode nicht brauchbar ist, da ein bedeutender Teil des Quecksilbers nicht adsorbiert wird. STOCK und CUCUEL lehnen nach ihren Versuchsergebnissen die Adsorption des Quecksilbers an Gold ebenfalls ab. Golddrahtnetz adsorbiert nicht vollständig, Blattgold nur genügend bei sehr kleinen Strömungsgeschwindigkeiten; es muß über 900° erhitzt werden, damit das aufgenommene Quecksilber wieder abgegeben wird. Goldasbest hält sogar bei dieser Temperatur noch Quecksilber zurück. MAJER arbeitet bei der Untersuchung der Adsorption des Quecksilbers an Gold mit drei hintereinander geschalteten, mit Blattgold angefüllten Adsorptionsrohren. Aus einer filtrierten, künstlich mit Quecksilber beladenen Luft wird die Hauptmenge im ersten Adsorptionsrohr zurückgehalten, während bei Laboratoriumsluft die Hauptmenge des Quecksilbers im dritten Rohr adsorbiert wird. In dem ersten und zweiten Rohr scheint das Gold wohl durch Verunreinigungen der Luft an der Quecksilberaufnahme behindert zu werden. Das aus den beiden ersten Rohren abdestillierte Quecksilber ist schmutzig, während das aus dem dritten Rohr blanke, große Tropfen bildet. Da die Luft aber nicht ohne Quecksilberverluste filtriert werden kann, muß die Adsorptionsmethode abgelehnt werden.

2. Anreicherung des Quecksilbers durch Absorption mittels eines Oxydationsmittels in wäßriger Lösung.

Die Anwendung von Salpetersäure nach MÉNIÈRE bietet Schwierigkeiten wegen des beim Eindampfen der Säure auftretenden Quecksilberverlustes, während das Verfahren von TURNER, das Quecksilber mit verdünntem Königswasser zu binden, nach NORDLANDER ebenfalls unzuverlässige Ergebnisse gibt.

Als weitere Absorptionsflüssigkeit wird von GOLDMAN eine Alkohol-Wasser-Mischung empfohlen, aus der nach Zerstören der organischen Substanzen mit Schwefelsäure und Kaliumpermanganat das Quecksilber nach Zusatz von Kupfersulfat mit Schwefelwasserstoff gefällt wird. PLISSETZKAJA wendet als Absorptionslösung eine Auflösung von 2,5 g Jod und 30 g Kaliumjodid in 1 l Wasser an. Zu 1 cm³ dieser Lösung werden nach der Beladung mit Quecksilberdampf 0,75 cm³ einer Lösung aus 1 Teil Kupferchloridlösung (7 g $CuCl_2 \cdot 2\,H_2O$ in 100 cm³ Wasser), 4 Teilen 2,5 n Natriumsulfitlösung (aus $Na_2SO_3 \cdot 7\,H_2O$ bereitet) und 1,5 Teilen Natriumhydrogencarbonatlösung (80 g Salz in 1 l Wasser) hinzugegeben. Man schüttelt sorgfältig um, läßt 5 bis 10 Min. bis zur Bildung des $CuJ \cdot HgJ_2$-Salzes stehen und colorimetriert anschließend.

Bei der von KUSJATINA ausgearbeiteten Methode wird angesäuerte Kaliumpermanganatlösung als Absorbens benutzt. Die Reaktion verläuft entsprechend der Gleichung:

$$2\,KMnO_4 + 8\,H_2SO_4 + 5\,Hg = K_2SO_4 + 2\,MnSO_4 + 5\,HgSO_4 + 8\,H_2O\,.$$

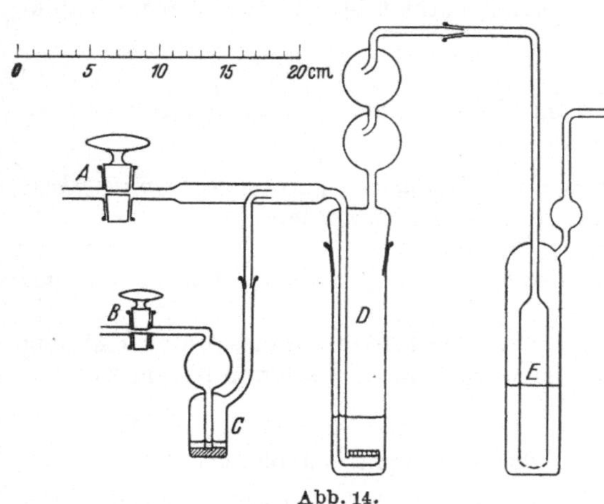

Abb. 14.

Das Quecksilber wird, nach Zerstörung des überschüssigen Permanganats mit Oxalsäure, colorimetrisch als Dithizonat bestimmt. Ein weiteres Verfahren, das aber einen stark eingeschränkten Anwendungsbereich hat, beruht nach BLOMQUIST in der Verwendung von Chlor als Oxydationsmittel und von Wasser als Absorptionsmittel. Der zu untersuchende Raum wird mit Chlor vergast, anschließend leitet man einen Teil der Luft in die angesäuerte Absorptionslösung.

MOLDAWSKI geht von Brom als Oxydationsmittel aus, nimmt das gebildete Quecksilberbromid mit Wasser auf und bestimmt es nach dem Trocknen im Vakuumexsiccator über Natriumhydroxyd colorimetrisch mit Diphenylcarbazid.

***Arbeitsvorschrift von* MOLDAWSKI *in der Ausführungsform von* STOCK *und* CUCUEL.** Die zur Bestimmung erforderliche Apparatur ist in Abb. 14 dargestellt. *A* und *B* sind zwei Hähne, *C* ist ein kleiner, mit 2 cm³ Brom und 2 cm³ Wasser beschickter Blasenzähler, *D* eine etwa 30 cm³ Wasser enthaltende Glasfilter-Gaswaschflasche und *E* eine Gaswaschflasche, in der der überschüssige Bromdampf von Natronlauge absorbiert wird. An die Gaswaschflasche *E* schließen sich Gasuhr und Saugvorrichtung an. Ein Hahn vor der letzteren gestattet die Regelung der Strömungsgeschwindigkeit. Die Hähne *A* und *B* werden so eingestellt, daß die Hauptmenge der angesaugten Luft (60 bis 100 l/Std.) durch Hahn *A* und nur ein kleiner Teil durch den Blasenzähler *C* (1 bis 2 Blasen/Sek.) geht. Die bromhaltige Luft mischt sich dann dem Hauptluftstrom bei. Das Wasser in *D* muß dauernd gelb gefärbt sein, um Quecksilberverluste zu vermeiden. Nachdem einige hundert Liter durch denApparat gegangen sind, wird der Inhalt der Waschflasche *D* in ein Becherglas gegeben und erstere mit wenig Wasser nachgespült. Das Volumen der Flüssigkeit soll im ganzen höchstens 40 bis 50 cm³ betragen. Die Hauptmenge des freien Broms wird durch 10 Min. langes Erhitzen auf dem Wasserbad vertrieben. Dann elektrolysiert man die mit Salzsäure angesäuerte Lösung und bestimmt hierauf das Quecksilber mikrometrisch.

Bemerkung. Nach dieser umgearbeiteten Methode von MOLDAWSKI können nach STOCK und CUCUEL Quecksilbermengen in Luft bis herab zu der Größenordnung von 0,01 γ/m^3 bestimmt werden.

3. Anreicherung des Quecksilbers durch Kondensation des Quecksilberdampfes unter Kühlung mittels flüssiger Luft, flüssigem Stickstoff oder einer Mischung von festem Kohlendioxyd und Äther.

***Arbeitsvorschrift von* STOCK *und* HELLER *bzw. von* STOCK *und* CUCUEL.** (Kühlung mit flüssiger Luft.) **Apparatur.** Zum Kondensieren des Quecksilbers benutzt man ein möglichst dünnwandiges Doppel-U-Rohr von etwa 25 cm Höhe (vgl. Abb. 15). Der erste und der dritte Schenkel sind 20 mm, der zweite und der vierte 10 mm weit. Auf der einen Seite steht das U-Rohr mit einer Gasuhr und einer Saugvorrichtung in Verbindung, auf der anderen Seite läuft es in ein mindestens 30 cm langes, nach unten umgebogenes Rohr aus, durch das die Luft zuströmt. Das Rohr muß so lang sein, um ein Ansaugen der verdunstenden flüssigen Luft aus dem DEWAR-Gefäß zu vermeiden (vgl. Abb. 15).

Arbeitsweise. Es werden 300 bis 500 l Luft mit einer Geschwindigkeit von etwa 60 l/Std. hindurchgesaugt. Gegen Schluß bringt man an das zu diesem Zweck nach unten gebogene Ende des Ansaugrohrs ein Gefäß mit 50 cm³ Chlorgas und läßt dieses langsam mit der Luft ansaugen und im U-Rohr kondensieren. Nun entfernt man die flüssige Luft aus dem DEWAR-Gefäß, schiebt das entleerte Gefäß aber wieder über das Rohr und läßt es allmählich auf Zimmertemperatur kommen. Das aus der Luft kondensierte Kohlendioxyd siedet langsam fort, das Eis schmilzt zu Wasser, nimmt Chlor auf und löst das Quecksilber als Chlorid. Das U-Rohr wird 3mal mit je 5 cm³ Chlorwasser ausgeschüttelt und die erhaltene Flüssigkeit in einem Becherglas gesammelt. Das Quecksilber bestimmt man am besten nach elektrolytischer Abscheidung (s. S. 416) mikrometrisch (s. S. 422).

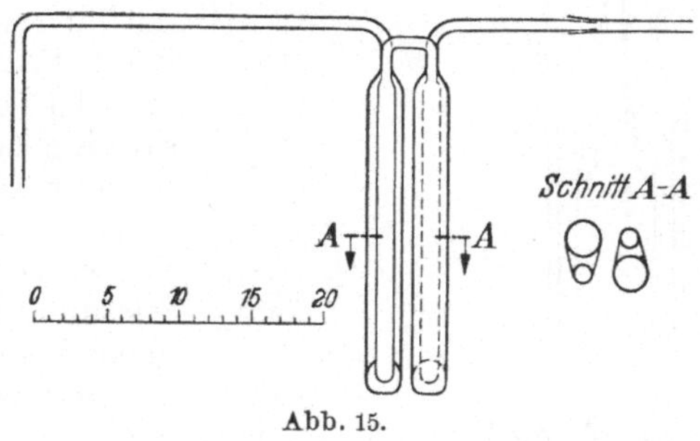

Abb. 15.

Bemerkungen. Einen auf dieser Methode beruhenden Apparat zur Untersuchung von Luft auf Quecksilberdämpfe gibt BUSS an.

Bei dieser Arbeitsweise wird alles in der Luft vorhandene Quecksilber erfaßt, Verluste durch Verdampfen können bei einwandfreiem Arbeiten nicht entstehen. Bei hohem Kohlendioxydgehalt der Luft ist besonders auf langsame Verdampfung des Kondensats zu achten, um Quecksilberverluste durch stürmisch verdampfendes Kohlendioxyd zu vermeiden. Die Autoren empfehlen, das Kondensationsrohr in diesem Fall in ein Kohlendioxyd-Aceton-Bad zu bringen, wo es erst sehr langsam Zimmertemperatur erreicht.

MAJER verwendet zur Kondensation des Quecksilbers mit flüssiger Luft zwei gewöhnliche U-Rohre von 20 mm lichter Weite, mit denen sich bei einer Strömungsgeschwindigkeit von 15 bis 45 l/Std. eine vollständige Zurückhaltung des Quecksilbers erreichen läßt. Weitere Angaben finden sich bei ALEXEJEWSKI.

***Arbeitsvorschrift von* STOCK *und* CUCUEL.** (Kühlung mit flüssigem Stickstoff.) Die Kondensation wird von STOCK und CUCUEL auch unter Kühlung mittels flüssigen Stickstoffs durchgeführt. Infolge der vollständigen Kondensation der atmosphärischen Luft sind dabei sowohl Gasuhr als auch Saugvorrichtung entbehrlich. Die Versuchsanordnung ist aus Abb. 16 zu erkennen. Das Kondensationsgefäß *A* faßt bis zur Marke *B* 325 cm³. Diesem Volumen an flüssiger Luft entsprechen 250 l gasförmige Luft von 20° bei Normaldruck. Durch ein enges Ansatzrohr und einen Schliff ist *A* mit dem am Ende nach unten gebogenen Luft-Ansaugrohr *C* verbunden. Sobald das Kondensationsgefäß *A* in den flüssigen Stickstoff gestellt wird, verflüssigt sich die durch das Rohr *C* zuströmende Luft. Von Zeit zu Zeit hält man unter das Ende des Ansaugrohres *C* ein Gefäß mit etwa 20 cm³ Chlorgas, das mit der Luft kondensiert wird und später das Quecksilber in Chlorid überführt. Nach einigen Stunden ist die Marke *B* von der flüssigen Luft erreicht; man entfernt den flüssigen Stickstoff, läßt die flüssige Luft nach Entleerung des DEWAR-Gefäßes verdampfen und verfährt weiter, wie bei der Kondensation mit flüssiger Luft beschrieben worden ist.

Bemerkung. Mit Hilfe dieser Methode fanden STOCK und CUCUEL in Übereinstimmung mit ihren früheren Feststellungen des Quecksilbergehalts von Regenwasser, daß die atmosphärische Luft einen gewissen, an der Grenze der Nachweisbarkeit liegenden Quecksilbergehalt hat.

***Arbeitsvorschrift von* FRASER.** (Kühlung mit einer Mischung von festem Kohlendioxyd und Äther.) Bei der Untersuchung von durch Tiere ausgeatmeter Luft, wobei das Ausatmen schnell geschieht und außerdem die Befürchtung der Blockierung des Kondensationsgefäßes mit dem reichlich vorhandenen Wasserdampf besteht, empfiehlt FRASER die Verwendung eines in der horizontalen Länge etwa 65 cm betragenden Kondensationsgefäßes, das am engen Ende von etwa 1,5 cm innerem Durchmesser eine Spirale mit 3 Windungen trägt. Das weitere Ende hat einen inneren Durchmesser von etwa 6 cm. Die Kühlung wird mit einer Mischung von festem Kohlendioxyd und Äther vorgenommen, die bis zu —84° C erreichen läßt.

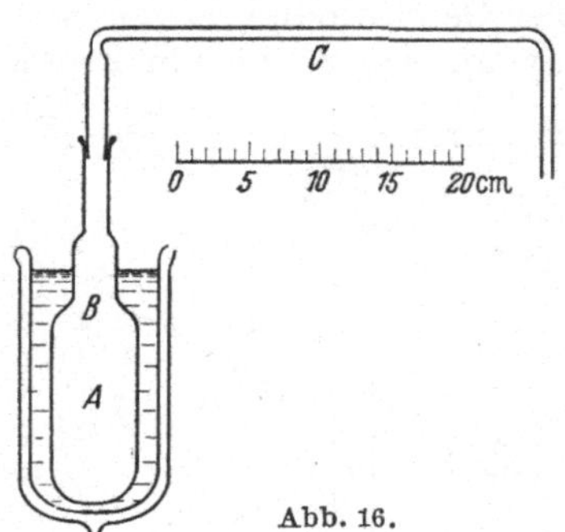

Abb. 16.

Bemerkung. Nach STOCK ist bei der Analyse von Atemluft das in den ersten gekühlten Gefäßen kondensierte Wasser, das schon geringe Anteile von vermutlich als QuecksilberII-chlorid niedergeschlagenem Quecksilber enthält, mit zu berücksichtigen.

Literatur.

ALEXEJEWSKI, E. W.: Chem. J. Ser. B 4, 411 (1931); durch C. **102 II**, 2906 (1931).

BIGGS, L. R.: J. ind. Hyg. **20**, 161 (1938). — BLOMQUIST, A.: Ber. Dtsch. pharm. Ges. **23**, 29 (1913). — BUSS, A.: Ch. Fabr. **1**, 503 (1928).

CALKER, J. VAN: Fr. **105**, 396 (1936). — CUCUEL, F.: Mikrochemie **13**, 321 (1933).

FRASER, A. M.: J. ind. Hyg. **16**, 67 (1934).

GOLDMAN, F. H.: Publ. Health Rep. **52**, 221 (1937).

JORDAN, L. u. W. P. BARROWS: Ind. eng. Chem. **16**, 898 (1924).

KUSJATINA, N. S.: Betriebslab. **8**, 174 (1939); durch C. **111 II**, 3229 (1940).

MAJER, V.: Coll. Trav. chim. Tchécosl. **8**, 339 (1936). — MÉNIÈRE, P.: C. r. **146**, 754 (1908). — MOLDAWSKI, B. L.: Chem. J. Ser. B **3**, 955 (1930); durch C. **102 I**, 1644 (1931).

NORDLANDER, B. W.: Ind. eng. Chem. **19**, 522 (1927).

PLISSETZKAJA, S.: Laboratoriumspraxis **14**, No. 12, 25 (1939); durch C. **111 II**, 2511 (1940).

STOCK, A.: B. **72**, 1844 (1939). — STOCK, A. u. F. CUCUEL: B. **67**, 122 (1934). — STOCK, A. u. R. HELLER: Angew. Ch. **39**, 466 (1926).

TURNER: Publ. Health Rep. **39**, 329 (1924).

§ 8. Vorbehandlung organischen Materials.

Die Bestimmung des Quecksilbers in seinen organischen Verbindungen ist von großer Wichtigkeit wegen des vielseitigen Gebrauches dieser Verbindungen in der Medizin und wegen der Gefährlichkeit der Quecksilbererkrankungen.

A. Isolierung des Quecksilbers aus den Quecksilberpräparaten.

Quecksilberamidochlorid, QuecksilberII-chlorid und QuecksilberII-oxyd, die mit anorganischen Substanzen wie Talkum oder Bolus vermengt sind, werden nach SCHULEK und FLODERER mit 5%iger Salzsäure ausgezogen. Bei QuecksilberI-chlorid nimmt man das Ausziehen mit bromhaltiger Salzsäure vor, am besten im Zentrifugengefäß. Bei Streupulvern, die Quecksilberamidochlorid, QuecksilberII-oxyd oder QuecksilberI-chlorid neben basischem Wismutnitrat und Zinkoxyd sowie Talkum enthalten, wird das Quecksilber in der Weise ausgezogen, daß man 5 g des Pulvers im Zentrifugengefäß mit etwas Bromwasser enthaltender, 5%iger Salzsäure kräftig schüttelt und alsdann zentrifugiert. Nach dem Abgießen der überstehenden Flüssigkeit wird der Auszug wiederholt, bis in einem kleinen Teil der Flüssigkeit nach Zugeben von etwas Hydrazinsulfat mit Schwefelwasserstoff kein Niederschlag mehr entsteht. Zu den vereinigten Auszügen gibt man nun nach SCHULEK und FLODERER im Meßzylinder so viel konzentrierte Salzsäure, daß die Flüssigkeit an Chlorwasserstoffsäure 20%ig wird. Nach Zusatz von etwas Hydrazinsulfat wird Schwefelwasserstoff eingeleitet. Der Niederschlag wird unter Dekantieren und Zentrifugieren mit 20%iger Salzsäure gewaschen, in 10 cm³ Bromwasser gelöst, mit 10 cm³ Wasser und einer Messerspitze Hydrazinsulfat versetzt und das Quecksilber ein zweites Mal mit Schwefelwasserstoff gefällt.

Liegt QuecksilberI-chlorid mit Zuckerpulver vermengt vor, so wird die Substanz nach SCHULEK und FLODERER in wenig Bromwasser gelöst und nach Zugabe von Hydrazinsulfat mit Schwefelwasserstoff behandelt. Zum Herauslösen von QuecksilberII-jodid wird Kaliumjodidlösung verwendet und anschließend die Sulfidfällung vorgenommen.

Zur Gehaltsbestimmung von gelber Quecksilberoxydsalbe löst SCHWENKE diese in einer genügenden Menge Äther, fügt 20 cm³ Salpetersäure hinzu und trennt die beiden Schichten im Scheidetrichter. Die saure Lösung wird in einen Meßkolben gegeben und in ihr das Quecksilber bestimmt.

Nach ALLPORT werden 5,0 g gelbe oder 1,0 g rote Quecksilberoxydsalbe in ein trockenes Becherglas von 250 cm³ Inhalt gegeben, mit 100 cm³ einer Mischung von 18,0 g Benzol, 2,0 g Eisessig und 5,0 g 90%igem Alkohol übergossen und auf dem Wasserbad bis zur vollständigen Auflösung erwärmt. In die klare Lösung wird Schwefelwasserstoff eingeleitet. Nach etwa 10 Min. ist das Quecksilber quantitativ und in körniger Form ausgefallen und kann gewichtsanalytisch bestimmt werden.

Dieses Verfahren ist auch zur Quecksilberbestimmung in der weißen Präzipitatsalbe anwendbar: 2,5 g der 5%igen oder 1,5 g der 10%igen Präzipitatsalbe werden in einem 250 cm³ fassenden Becherglas unter Erwärmen auf 70° auf dem Wasserbad in 100 cm³ einer Mischung von 9,0 g Benzol, 10,0 g Eisessig und 1 g 90%igem Alkohol gelöst; anschließend wird das Sulfid gefällt.

Zur Bestimmung des Quecksilbergehalts von Quecksilberjodidtabletten behandelt ROE eine 60 bis 120 mg QuecksilberII-jodid entsprechende Menge der fein gepulverten und gut gemischten Probe in einem 300 cm³ fassenden ERLENMEYER-Kolben mit Glasstopfen mit einer Mischung von 30 cm³ konzentrierter Salzsäure, 20 cm³ Wasser und 5 cm³ Chloroform unter Schütteln bis zur Auflösung des Jodids. Anschließend titriert er mit Kaliumjodatlösung (3 g, getrocknet bei 120°, zu 1 l gelöst; 1 cm³ entspricht 0,00637 g HgJ_2) unter kräftigem Schütteln bis zur Entfärbung des Chloroforms. Die Methode eignet sich nach Entfernung der Salbengrundlage mit Äther und Chloroform auch zur Untersuchung der Kalomelsalben.

Zur Bestimmung des Quecksilbergehalts der grauen Quecksilbersalbe behandelt man nach L. W. WINKLER (b) 1 g der Salbe in einer 100 cm³ fassenden, breiten Glasstöpselflasche mit 5 cm³ Tetrachlorkohlenstoff unter gelindem Erwärmen bis zum Auflösen. Nun gibt man 10 cm³ 50%ige Salpetersäure zu und schwenkt behutsam um. Nach 1 bis 2 Min. wird mit 25 cm³ Wasser verdünnt und tropfenweise Kaliumpermanganatlösung zugegeben, bis die Lösung nach kräftigem Umschütteln rot gefärbt bleibt. Anschließend titriert L. W. WINKLER (b) mit Ammoniumrhodanid. Bei Quecksilberpflaster verfährt man ebenso, nur nimmt man zum Lösen 10 cm³ warmen Tetrachlorkohlenstoff.

Da die Bestimmung des Quecksilbers in Ölbereitungen von Organo-Quecksilberverbindungen unter Zerstörung der organischen Verbindung unpraktisch ist, weil mit zu großen Substanzmengen gearbeitet werden muß, schlagen MOORE und SHELBERG folgende Methode vor: der Versuch wurde mit 100 g einer 0,04%igen Bereitung von 4-Nitro-anhydro-hydroxy-QuecksilberII-o-kresol in Mineralöl ausgeführt. Man verdünnt mit 100 cm³ Petroläther, versetzt mit 150 cm³ konzentrierter Salzsäure und schüttelt 2 Std. lang heftig in einer Flasche. Man gibt die Mischung in den Scheidetrichter, wäscht die Flasche 3mal mit je 10 cm³ Wasser nach und gibt das Waschwasser auch in den Scheidetrichter. Die Säureschicht filtriert man durch nasses Filtrierpapier in den Kolben, wäscht Trichter und Filter 3mal mit je 10 cm³ Wasser und gibt das Waschwasser ebenfalls in den Kolben. Anschließend neutralisiert man mit gasförmigem Ammoniak, säuert mit Salzsäure an und fällt das Quecksilber als Sulfid. Die Methode kann nur bei Verbindungen angewendet werden, deren Quecksilber durch konzentrierte Salzsäure vollständig abgetrennt wird.

Da viele organische Quecksilberpräparate auch ohne vorangegangene Zerstörung der organischen Substanz das Quecksilber bei Behandlung mit Hypophosphit in saurer Lösung metallisch abscheiden, schlägt L. W. WINKLER (a) folgenden Weg ein: In einem 200 cm³ fassenden Becherglas werden etwa 2 g „Pastilli Hydrargyri cyanati" mit 100 cm³ Wasser und 10 cm³ rauchender Salzsäure versetzt; das Glas wird sofort mit einem Uhrglas bedeckt. Wenn die Kohlendioxydentwicklung aufgehört hat, versetzt man mit 2 g Calciumhypophosphit und erwärmt schwach bis zur vollständigen Quecksilberabscheidung. Die weitere Bestimmung wird, wie S. 374 beschrieben, ausgeführt.

Falls zum Färben der Pastillen ein unzweckmäßiger Farbstoff, z. B. Anilinblau, genommen worden ist, gelangt das Quecksilber mehr pulverförmig zur Abscheidung und ist schwer filtrierbar. L. W. WINKLER (a) führt ebenso auch die Bestimmung von krystallisiertem QuecksilberII-cyanid durch. Von QuecksilberII-salicylat löst man 0,5 bis 0,6 g in 5 cm³ 0,1 n Natronlauge, verdünnt die Lösung mit Wasser auf 100 cm³ und gibt hierauf eine Lösung von 1 g Calciumhypophosphit in einem Gemisch von 10 cm³ Wasser und 10 cm³ rauchender Salzsäure hinzu; es wird dann weiter verfahren wie oben. Bei mit Eosin gefärbten Sublimatpastillen löst man etwa 2 g Substanz in einem Gemisch von 50 cm³ Wasser und 5 cm³ rauchender Salzsäure und seiht durch einen Wattebausch; der größere Teil des Farbstoffs wird dabei abgetrennt. Man wäscht mit einem Gemenge von 50 cm³ Wasser und 5 cm³ rauchender Salzsäure, streut in die blaßgelbe Flüssigkeit 2 g Calciumhypophosphit und bestimmt weiter, wie oben angegeben.

WEISSMANN, der eine Literaturzusammenstellung über die Bestimmung des Quecksilbers in Präparaten bringt, bestimmt nach der von L. W. WINKLER (a) angegebenen Methode das Quecksilber in QuecksilberII-salicylat, -benzoat, -phenolat, -sozojodolat, -tannat und in Zinnober. Die Endbestimmung des ausgefällten Quecksilbers führt er allerdings nach Auflösung in konzentrierter Salpetersäure rhodanometrisch durch.

Als Schnellmethode zur Bestimmung von Quecksilber in Pflanzenschutzmitteln benutzen WESSEL und KESSLER zur Isolierung die Eigenschaft des QuecksilberII-chlorids, mit Kaliumjodid ein Doppelsalz zu bilden. Dadurch ist es möglich, das QuecksilberII-chlorid von den in Alkalien unlöslichen Stoffen, dem Calciumarsenat, dem KupferI-oxyd und den Füllstoffen zu trennen. 2 bis 3 g Substanz, 0,1 bis 0,12 g Quecksilber entsprechend, werden im Kolben mit 7 cm³ 20%iger Kaliumjodidlösung und 2 Tropfen 30%iger Natronlauge 10 Min. lang geschüttelt. Nach Auflösen, Filtrieren und Auswaschen des Filters mit Wasser (auf Vollständigkeit mit Schwefelwasserstoff prüfen!) wird das Filtrat in einer 20 cm³ fassenden Glasschliff-Flasche mit 10 cm³ 30%iger Natronlauge und 10 cm³ 35- bis 40%igem Formaldehyd versetzt und geschüttelt. Die weitere Bestimmung geschieht nach RUPP, s. S. 389.

Für Mixturen, die Quecksilberchlorid neben pflanzlichen Aufgüssen enthalten, wie Mixtura Hydrargyrum et Potassium jodatum N. F. oder Colombo- oder Gentiana-Aufgüsse empfehlen MUNDY und RIX folgende Methode: Etwa 150 cm³ der annähernd 25% QuecksilberII-chlorid enthaltenden Mischung läßt man nach Zugabe von etwa 7% Kaliumjodid auf dem Wasserbad eintrocknen, verhindert dabei aber das Hinwegstreichen der Wasserdämpfe über die Schale. Dann läßt man mit 20 cm³ Wasser und 3 cm³ Salzsäure über Nacht stehen, filtriert, wäscht mit 70 cm³ Wasser aus, macht mit Ammoniak alkalisch und dann mit Salszäure eben sauer, sättigt mit Schwefelwasserstoff, erwärmt 20 Min. auf dem Wasserbad, sättigt nochmals mit Schwefelwasserstoff und bestimmt anschließend das gefällte Sulfid gewichtsanalytisch.

Die Anwesenheit von 7% Kaliumjodid verhindert Quecksilberverluste beim Eindampfen.

ENOCH schlägt vor, das Quecksilber aus dem Harn zusammen mit den Phosphaten durch kurzes Erhitzen der mit Natriumhydroxyd schwach alkalisch gemachten Lösung zu fällen und nach Lösen des Niederschlags in Salpetersäure elektrolytisch zu bestimmen.

ILLARI empfiehlt bei *Anwesenheit von Halogen* folgende Arbeitsweise: Die organische Substanz wird durch Elektrolyse in konzentrierter Salpetersäure (D 1,4) oxydiert; in der so erhaltenen Lösung bestimmt man das Quecksilber nach kathodischer Abscheidung durch Wägung. Die Elektrolyse erfolgt mit 125 Volt Spannung und 0,5 Ampere Stromstärke und kann als beendigt angesehen werden, wenn die Flüssigkeit nach etwa 1 bis 4 Std. klar erscheint. Bei Chlorverbindungen wird die Oxydation zweckmäßigerweise in alkalischer Lösung [5 cm³ Salpetersäure (D 1,4) + 10 cm³ kalt gesättigte Natriumpyrophosphatlösung + 10 cm³ Ammoniak (D 0,91)] mit einem Strom von 1,5 bis 2,0 Ampere Stärke vorgenommen. Vor der Halogenbestimmung säuert man mit Salpetersäure an. Jodverbindungen können sowohl in saurer als auch in alkalischer Lösung oxydiert werden.

Als Elektrolysiergefäß dient nach ILLARI ein unten zugeschmolzenes Rohr (1,6 cm weit, 5 cm hoch) mit eingeschmolzenen Elektroden.

Zur Analyse von Salben, die Quecksilber oder Quecksilberverbindungen in einer Fett- oder Paraffinsalbengrundlage unverändert und nicht verbunden mit dem verseifbaren Teil der Salbengrundlage enthalten, wird nach HEADING eine Probe in einem trockenen Zentrifugierröhrchen gewogen. Bei gelinder Wärme löst man die Salbengrundlage in 5 cm³ Xylol oder Leichtpetroleum, zentrifugiert und pipettiert die Flüssigkeit soweit wie möglich ab. Das Ausziehen wird 2mal wiederholt; dann setzt man, ohne abzupipettieren, 5 cm³ 90%igen Alkohol zu und zentrifugiert, bis beide Flüssigkeiten frei von Quecksilber bzw. Quecksilberverbindungen sind. Die Bestimmung geschieht nach einem geeigneten Verfahren.

Die starke Quecksilbernitratsalbe kocht HEADING mit Zinkstaub in 50%iger Kalilauge unter Rühren und Ersatz des verdampfenden Wassers 25 Min. lang, verdünnt darauf mit Wasser und reduziert mit Formaldehyd. Das gebildete Zinkamalgam wird ausgewaschen und das Quecksilber rhodanometrisch bestimmt.

HAMPSHIRE und PAGE zerstören die Salbengrundlage der starken Quecksilbernitratsalbe durch Erhitzen mit rauchender Salpeter- und Schwefelsäure: 5 g Salbe werden mit 35 cm³ Schwefelsäure im KJELDAHL-Kolben erwärmt, allmählich mit 5 cm³ rauchender Salpetersäure versetzt und bis nahe zum Sieden erhitzt; der Salpetersäurezusatz wird wiederholt, bis die Flüssigkeit fast farblos wird. Anschließend bestimmen HAMPSHIRE und PAGE das Quecksilber rhodanometrisch nach Zerstörung des Überschusses an Salpetersäure mit Permanganat und Wasserstoffperoxyd.

B. Aufschließung organischer Quecksilberverbindungen und organischen Materials.

Allgemeines.

Liegt organisch gebundenes Quecksilber vor, so kann in den meisten Fällen eine quantitative Bestimmung nur einwandfrei durchgeführt werden nach voraufgegangener Aufschließung der organischen Verbindung. Wegen der Flüchtigkeit des Quecksilbers ist dabei die bei der Bestimmung der meisten anderen Metalle übliche Veraschung der Verbindung nicht anwendbar.

Die Bestimmung des Quecksilbergehalts organischer Materialien macht eine gründliche Aufschließung erforderlich, da das Quecksilber nur schwer abgegeben wird. In welcher Form das Quecksilber in organischen Materialien gebunden vorliegt, ist meistens nicht bekannt; wahrscheinlich handelt es sich um eine Bindung an Eiweiß. Eine gründliche Behandlung des fein zerkleinerten Materials mit Chlor und Wasser bringt nach den Feststellungen von STOCK, CUCUEL und KÖHLE das Metall nur unvollkommen in Lösung. Bei Harnbestimmungen genügt allerdings nach STOCK und NEUENSCHWANDER-LEMMER eine Behandlung mit Chlor zum Aufschließen, während Fleisch, Blut usw. am besten mit Kaliumchlorat-Salzsäure oxydiert werden. Da Fett auch diesen Angriffen widersteht, muß man es einer besonderen aufschließenden Behandlung unterwerfen. Da die in diesen Substanzen vorliegenden Quecksilberkonzentrationen meist so klein sind, daß sie unter der Empfindlichkeitsgrenze der besten Reagenzien liegen, muß dem Aufschluß eine Anreicherung des Quecksilbers folgen. Man versetzt die Lösung mit 10 bis 20 mg Kupfer als Sulfat, fällt das Quecksilber zusammen mit dem Kupfer als Sulfid und löst den Niederschlag in Chlorwasser, s. S. 414.

Aufschließungsverfahren.

1. Aufschließung im Verbrennungsrohr.

Die von MEIXNER und KRÖCKER angegebene mikroanalytische Quecksilberbestimmung beruht auf der Verbrennung der organischen Substanz bei Gegenwart von Calciumoxyd und anschließendem Auffangen des abgeschiedenen elementaren Quecksilbers in einem mit Gold gefüllten Röhrchen.

***Arbeitsvorschrift von* MEIXNER *und* KRÖCKER.** Ein Stickstoffverbrennungsrohr wird in seinem unteren Teil in einer Länge von etwa 12 cm mit Calciumoxyd gefüllt und getrocknet. Ist alles Wasser ausgetrieben, so bringt man in den Eingang des Rohres die in einem Porzellanschiffchen abgewogene Substanz. Über das verjüngte Ende wird ein kleines, mit Gold gefülltes Röhrchen gegeben. Beim Verbrennen der Substanz, das unter lebhaftem Luftdurchleiten durchgeführt wird, geht der Quecksilberdampf durch die lose Schicht glühenden Kalkes, an der die letzten Reste der organischen Substanz verbrannt und von der etwa gebildetes Chlor und schweflige Säure gebunden werden, und kondensiert sich an den kalten, verjüngten Stellen des Verbrennungsrohres. Von hier wird das Quecksilber durch Erwärmen mit einem kleinen Flämmchen in das gekühlte Goldröhrchen übergetrieben; letzteres wird abgenommen, für etwa $^1/_2$ Std. in ein calciumchloridhaltiges Schliffgläschen gebracht und dann gewogen.

Bemerkungen. **I. Anwendungsbereich.** Auf diesem Wege kann die Quecksilberbestimmung in Verbindungen, die Chlor und Schwefel enthalten, durchgeführt werden. Auch Luft- und Harnuntersuchungen lassen sich so ausführen, wenn man das nach STOCK erhaltene, mit Quecksilber überzogene Stück Kupferdraht in die Apparatur bringt.

II. Abänderungen der Methode. Eine Erweiterung der Methode von MEIXNER und KRÖCKER für den Fall der *Gegenwart von Chlor, Brom, Jod, Stickstoff und Schwefel* hat BOËTIUS ausgearbeitet. Hierbei wird zur Füllung anstatt Calciumoxyd Bleioxyd verwendet, das man in ein Schiffchen aus Supremaxglas gibt, da das Bleioxyd gewöhnliches Glas angreifen würde. Bei *Gegenwart von Jod* genügt das Bleioxyd allerdings nicht, sondern es muß durch eine Schicht von gekörnten Tonscherben, die mit Silbernitrat getränkt, getrocknet und geglüht worden sind, ergänzt werden. Für die *Zurückhaltung höherer Stickstoffoxyde bei Verbrennung stickstoffhaltiger Substanzen* läßt sich metallisches Kupfer, das auch von HERNLER bei der gleichzeitigen Bestimmung von Quecksilber und Stickstoff benutzt wird, mit Erfolg anwenden. Da in diesem Fall in sauerstoff-freier Atmosphäre unter Anwendung einer oxydierenden Rohrfüllung gearbeitet werden muß, so ersetzt man das Bleioxyd durch Bleichromat, das den Schwefel sowie die Hauptmenge des Chlors und Broms bindet, während der Rest Chlor und Brom sowie das Jod von den Silber-Tonscherben zurückgehalten werden.

Hinsichtlich der bei mikroanalytischem Arbeiten sehr wichtigen Einzelheiten der Arbeitsvorschrift — es handelt sich größenordnungsmäßig um Quecksilbermengen von 1 mg Quecksilber — sei auf die ausführliche Beschreibung in der Originalarbeit hingewiesen.

RUTGERS verbrennt zur Mikrobestimmung von Quecksilber in organischen Verbindungen die Substanz im offenen Rohr in einem mit Königswasserdämpfen beladenen Sauerstoffstrom, führt so das Quecksilber in Chlorid über, das er elektrolytisch nach VERDINO, s. S. 409, bestimmt.

KLUGE, TSCHUBEL und ZITEK schließen die Substanz durch Verbrennen mit Kupferoxyd im DENNSTEDT-Rohr auf.

2. Aufschließung mit Salpetersäure nach CARIUS.

Bei Anwendung dieses Verfahrens findet eine vollständige Oxydation der organischen Substanz statt. Verdampfungsverluste an Quecksilber treten infolge der Verwendung eines geschlossenen Rohres nicht auf. *Das Verfahren eignet sich aber nach* STOCK, CUCUEL *und* KÖHLE *nur zur Zerstörung von Zehntelgrammen Substanz, so daß es für solche Quecksilberbestimmungen, bei denen größere Mengen organischen Materials, etwa 50 bis 100 g, aufgeschlossen werden sollen, nicht anwendbar ist.*

Aufschließung organischer Substanzen bei Anwesenheit größerer Mengen Halogen. Die Zerlegung der organischen Substanz in der Bombe mit konzentrierter Salpetersäure ist bei Anwesenheit größerer Mengen Halogen, vor allen Dingen Jod, empfehlenswert.

Arbeitsvorschrift von VERDINO. Nach VERDINO genügen für eine Substanzmenge von 3 bis 8 mg 10 Tropfen konzentrierte Salpetersäure (D 1,41). Das Abwägen der Substanz erfolgt in der für Mikrobestimmungen bekannten Weise in einer offenen Schmelzpunktscapillare aus Hartglas. Man erhitzt 2 Std. lang auf 270 bis 280°. Nach dem Erkalten wird der am ausgezogenen Ende der Bombe kondensierte Flüssigkeitstropfen durch vorsichtiges Erwärmen zurückgetrieben und die Bombe erst nach erneutem Erkalten auf dem üblichen Wege geöffnet. Die weitere Bestimmung führt VERDINO auf elektrolytischem Wege durch.

Arbeitsvorschrift von SANDIN und MARGOLIS. Die beiden Autoren, die den Aufschluß mit Salpetersäure ebenfalls für organische, jodhaltige Verbindungen anwenden, wägen mindestens 0,3 g Substanz in das feuerfeste Wägerohr ein und bringen 3 cm^3 rauchende Salpetersäure in die Bombe. Das weitere Verfahren entspricht dem einer Halogenbestimmung. Nach dem Erhitzen und nach anschließendem Abkühlen erhitzt man das capillare Ende des Rohres zunächst schwach in der Flamme, öffnet das Rohr und gibt zu dem Inhalt 20 cm^3 Wasser und 15 cm^3 konzentriertes Ammoniak hinzu sowie einen Überschuß an festem Kaliumjodid zum Lösen des QuecksilberII-jodids. Nach dem Auswaschen der Bombe soll das Gesamtvolumen 200 cm^3 nicht übersteigen. Die durch freies Jod verursachte Braunfärbung wird durch Hinzufügen verdünnter Natronlauge aufgehellt. Anschließend nehmen SANDIN und MARGOLIS die Fällung mit Kupfersulfat-Propylendiamin in der Siedehitze vor, s. S. 517.

3. Aufschließung mit Wasserstoff.

Über die Reduktion organischer Quecksilberverbindungen mit Wasserstoff s. § 1, S. 373, Bem. III.

4. Aufschließung mit Chlor.

Nach STOCK, CUCUEL und KÖHLE wird durch Chlorbehandlung nur bei leicht zerteilbarem Material wie Rüben oder Niere, Lunge usw. der größere Teil des Quecksilbers in Lösung gebracht. Auch nach tagelanger Einwirkung blieben bei der Aufschließung von Fleisch, Brot und Kartoffeln Rückstände von 60 bis 70% des angewendeten Gewichts. Die Rückstände enthielten noch viel Quecksilber, bei tierischen Produkten manchmal die Hauptmenge des überhaupt vorhandenen. *Im allgemeinen ist der Chloraufschluß demnach unbrauchbar, er ist allerdings für die Harnanalyse durchaus zu empfehlen.* Eine Vorbehandlung des Harns ist notwendig, da sich ohne Aufschluß sogar dem Harn in Form von QuecksilberII-chlorid zugesetztes Quecksilber nur zum Teil mit Schwefelwasserstoff ausfällen läßt.

Bestimmungen des Quecksilbers in dünnen Flüssigkeiten, z. B. Wein, Harn usw. Arbeitsvorschrift von STOCK und NEUENSCHWANDER-LEMMER. 500 cm^3 (oder weniger) der zu untersuchenden Flüssigkeit werden im ERLENMEYER-Kolben mit 50 cm^3 (oder entsprechend weniger) konzentrierter Salzsäure und 5 mg Kupfer versetzt. Sammel- und Versandgefäße sind sehr sorgfältig mit Chlorwasser auszuspülen. Man leitet bei 40 bis 45° (zur Vermeidung von Chlorstickstoffbildung, vgl. „Bemerkungen") etwa $^3/_4$ bis 1 Std. lang einen kräftigen Chlorstrom ein, bis hellgelbe Färbung auftritt. Nun läßt man unter öfterem Umschütteln 1 Std. lang bei Zimmertemperatur stehen und erwärmt anschließend den bedeckten Kolben auf dem Wasserbad bis zur Dunkelfärbung der Lösung. Nach dem Abkühlen behandelt man $^1/_4$ Std. lang in der Kälte mit Chlor bis zur Hellgelbfärbung, läßt mindestens 1 Std. stehen und erhitzt hierauf im anfangs bedeckten, später offenen Kolben bis zur Chlorfreiheit. (Prüfung mit Jodstärkepapier.) Die Lösung nimmt dunkelrote Färbung an. In die erkaltete Lösung leitet man $^1/_2$ Std. lang Schwefelwasserstoff ein, läßt den bedeckten Kolben über Nacht stehen, zentrifugiert oder filtriert den Niederschlag ab und behandelt ihn unter Zerteilung mit einem Glasstab mit 5 cm^3 Salzsäure und 0,75 g Kaliumchlorat, bis er vollständig hell geworden ist. Das Chlor wird auf dem Wasserbad vertrieben; nach dem Filtrieren wird das Filtrat auf 120 bis 150 cm^3 verdünnt und mit 10 cm^3 Salzsäure versetzt. Durch 15 Min. langes Einleiten von Schwefelwasserstoff wird das Sulfid gefällt. Nach 2stündigem Stehen zentrifugiert man, wäscht den Niederschlag, behandelt ihn mit 2 cm^3 Salzsäure und 0,4 g Kaliumchlorat, vertreibt das Chlor, filtriert, verdünnt das Filtrat und elektrolysiert.

Bemerkungen. Nimmt man die erste Chlorbehandlung des Harns bei zu tiefer Temperatur vor, so können sich, infolge der Bildung größerer Chlorstickstoffmengen, Explosionen ereignen, sobald das Gefäß auf das Wasserbad kommt. Es empfiehlt sich immer, die Flüssigkeit während des ersten Erwärmens etwas zu bewegen.

Daß das Verfahren genau arbeitet, zeigen zwei Analysen von STOCK, CUCUEL und KÖHLE, bei welchen eine Hälfte einer Harnprobe unmittelbar, die andere nach Zusetzen von 1,0 γ Quecksilber (als Sublimat) zur Untersuchung kam. In der einen Probe wurden 1,31 γ Quecksilber gefunden, in der anderen 0,42 γ. Die Differenz betrug also 0,9 γ anstatt 1,0 γ.

5. Aufschließung mit Kaliumchlorat und Salzsäure.

Dieses dem Chlorverfahren in bezug auf Wirksamkeit bedeutend überlegene Aufschlußverfahren wird bei toxikologischen Untersuchungen oft angewendet. In den meisten Fällen genügt es den Anforderungen, obwohl ein Teil des vorhandenen Quecksilbers nicht erfaßt wird.

a) Aufschließung verschiedener organischer Materialien. α) Methode von STOCK, CUCUEL und KÖHLE. Nach diesen Autoren werden stark wasserhaltige Substanzen, wie Kartoffeln, Rüben, Früchte, größtenteils zerstört, wenn man von Anfang an unter Rückflußkühlung kräftig kocht. So wurden 100 g Tomaten von 100 g 40%iger Salzsäure und 5 g Kaliumchlorat bis auf etwa 20% gelöst. Auch Brot ist weitgehend aufzuschließen. Da es mit Säure stark unter Aufschäumen aufquillt, wird in einem großen Kolben unter langsamem Hinzufügen der Säure aufgeschlossen. Die Erwärmung setzt erst ein, wenn die Reaktion bei Zimmertemperatur aufgehört hat. 50 g Brot, die mit 10 g Chlorat und 100 cm³ Säure 5 Std. lang gekocht wurden, hinterließen 15% Rückstand. Stärke- und cellulosehaltiges Pflanzenmaterial (Kartoffeln, Rüben, Früchte) wird weniger leicht angegriffen. Am besten erhitzt man es zuerst einige Stunden lang allein mit der Säure, wobei teilweise Verzuckerung eintritt, und gibt dann erst das Chlorat zu. Bei 50 bis 100 g Analysensubstanz kommt man in der Regel mit insgesamt 5 bis 10 g Kaliumchlorat und 100 bis 200 cm³ konzentrierter Salzsäure aus. Bei der Behandlung von Fleisch bleibt mehr Rückstand. Auch Fett wird nicht zerstört. Man mischt das zerkleinerte Fleisch sehr gut mit dem Chlorat und fügt dann erst Salzsäure zu. Von je 50 g Hackfleisch, die mit 5 bis 10 g Chlorat und 50 bis 100 cm³ Salzsäure behandelt wurden, zuletzt unter mehrstündigem Kochen am Rückflußkühler, blieben durchschnittlich 40% ungelöst.

Auch Stuhl läßt sich nach diesem Verfahren aufschließen. Die Menge des Rückstandes ist meist beträchtlich. Dementsprechend wird auch Quecksilber zurückgehalten. Doch wird praktisch die Differenz meistens nicht von Belang sein.

Ähnlich wie Fleisch und Stuhl lassen sich nach STOCK, CUCUEL und KÖHLE u. a. Blut und Milch analysieren. Feste Materialien sind zuerst möglichst fein zu zerkleinern. Zu trockene Stoffe werden vor dem Zusatz von Kaliumchlorat angefeuchtet.

Bei den folgenden Analysen wurde das Ausgangsmaterial mit wechselnden Mengen Quecksilber versetzt. Für jede Analyse gelangten 100 g Substanz, 5 g Kaliumchlorat und 100 cm³ Salzsäure zur Anwendung.

	Milch				Rinderblut		Rüben
Zugesetzte Quecksilbermenge (in γ)	0,5	0,5	1,0	10,0	50	400	10
Gefundene Quecksilbermenge (in γ)	0,47	0,47	0,95	8,8	50	397	11

Wie eine größere Anzahl von Analysen zeigt, übersteigt auch im ungünstigsten Fall die Menge des im Rückstand gebliebenen Quecksilbers 10% nicht wesentlich. Das Aufschließungsverfahren mit Kaliumchlorat-Salzsäure ist nach STOCK, CUCUEL und KÖHLE für die Quecksilberbestimmung von organischem Material den anderen Verfahren vorzuziehen. Die Reagenzien sind auch genügend quecksilberfrei zu erhalten. Die Erhöhung der Wirksamkeit des Chorataufschlusses nach FRIEDMANN durch Vorbehandlung des organischen Materials mit alkalischer Hypochloritlösung hat nach STOCK, CUCUEL und KÖHLE keine große Bedeutung, da dadurch auch die Gefahr der Einführung von Quecksilber durch die Reagenzien vergrößert wird.

β) Methode von RANGIER und RABUSSIER. Die Autoren verwenden zur Zerstörung der organischen Substanz Kaliumchlorat in Gegenwart von Königswasser. Die Zerstörung dauert einige Tage. Jeden zweiten oder dritten Tag fügt man 2 g Kaliumchlorat oder etwas Königswasser hinzu. Zur Vervollständigung der Zerstörung läßt man die Mischung nach Zugabe einer volumengleichen Menge Wasser 5 bis 6 Std. am Rückflußkühler kochen. Anschließend wird das Quecksilber in Gegenwart von Tricalciumphosphat gefällt und nach dem Auswaschen in Salzsäure gelöst, in Gegenwart von Cadmiumsulfat als Sulfid gefällt und schließlich diaphanometrisch mit NESSLERS Reagens bestimmt, s. S. 468.

b) Aufschließung von Organen (Bestimmung des Quecksilbergehalts in menschlicher Niere oder ähnlichem, organischem Material, auch in Blut usw.). Arbeitsvorschrift von STOCK und NEUENSCHWANDER-LEMMER. Etwa 30 g klein geschnittene Substanz werden in einem ERLENMEYER-Kolben mit trockenem Kaliumchlorat gut gemengt und mit konzentrierter Salzsäure behandelt. Auf je 10 g Substanz nimmt man 3 g Kaliumchlorat und 20 cm³ Salzsäure. Am 1., 2. und 3. Tage fügt man je 1 g Kaliumchlorat und 5 cm³ Salzsäure hinzu, läßt jedesmal im bedeckten Gefäß über Nacht stehen und zerkleinert das immer weiter zerfallende Material mit dem Glasspatel. Am 4. Tag setzt man die letzten 5 cm³ Salzsäure zu und läßt nochmals einige Stunden stehen. Die Substanz muß, von schwer angreifbarem Fett abgesehen, völlig zu Pulver zerfallen sein. Ist der Aufschluß weit genug gediehen, so setzt man etwa 20 cm³ Wasser zu und erwärmt ¹/₂ Std. lang auf dem Wasserbad im bedeckten und anschließend im offenen Gefäß bis zur Chlorvertreibung[1]. Der Rückstand wird zentrifugiert, mehrere Male mit angesäuertem Wasser gewaschen, mit Salzsäure (etwa 1 Teil konzentrierte Säure auf 10 Teile Lösung) und mit 5 mg Kupfer versetzt und in der erhaltenen Lösung die Fällung mit Schwefelwasserstoff vorgenommen.

Bemerkungen. Einen dem soeben geschilderten ähnlichen Weg für die Aufschließung von Organen hat KOHN-ABREST eingeschlagen. Bereits aus dem Jahr 1905 liegt von SCHUMM eine Veröffentlichung über die Bestimmung des Quecksilbers in Organen nach erfolgtem Aufschluß mit Kaliumchlorat-Salzsäure vor. REITH und VAN DIJK benutzen zu Mikrobestimmungen von Quecksilber in biologischem Material bei chronischen Vergiftungen und zur Untersuchung homöopathischer Heilmittel ebenfalls die Zerstörung des Materials mit Kaliumchlorat-Salzsäure; sie beseitigen den Chlorüberschuß mit Hydroxylamin und schließen eine Bestimmung des als Sulfid gefällten Quecksilbers mit Dithizon an, s. S. 510.

c) Aufschließung von Geweben und von Fett. Die Schwierigkeiten, die, wie bereits erwähnt, in dem nicht vollständigen Aufschluß der Gewebe und vor allen Dingen des Fettes liegen, sucht CAMBAR folgendermaßen auszuschalten:

Arbeitsvorschrift von CAMBAR. 100 g des fein zerteilten Gewebes werden in einem langhalsigen Literkolben mit 80 cm³ konzentrierter Salpetersäure 3 bis 4 Std. lang unter häufigem Schütteln stehengelassen, mit 4 cm³ konzentrierter Schwefelsäure versetzt und am Rückflußkühler leicht erhitzt. Nach 2 Std. wird durch ein Baumwollfilter filtriert. Zurückbleibende Fettreste kocht man 2mal mit 10 bis 15 cm³ Wasser auf und filtriert alsdann. Die vereinigten Filtrate werden mit Natronlauge neutralisiert, mit 50 cm³ Salzsäure und 2 bis 3 g Kaliumchlorat versetzt, am Rückflußkühler bis zum schwachen Sieden erhitzt und unter öfterem Schütteln ab und zu mit Kaliumchlorat (insgesamt 1 bis 2 g) versetzt. Nach 1¹/₂ bis 2 Std.

[1] Nach STOCK kommt es bei der Chlorvertreibung darauf an, daß die Flüssigkeit genügend Säure (mindestens 5% Salzsäure) enthält und nicht zu weit eingedampft wird. Nötigenfalls ist verdunstetes Wasser zu ersetzen.

ist die Flüssigkeit hellgelb gefärbt. Nach dem Erkalten wird filtriert und das mit dem Waschwasser vereinigte Filtrat genau neutralisiert. In der aufgeschlossenen Lösung wird das Quecksilber mit Cadmium zusammen als Sulfid gefällt und von CAMBAR anschließend nephelometrisch mit Kaliumjodid bestimmt.

d) Aufschließung von Harn. Von einer Reihe von Forschern wird der Kaliumchlorat-Salzsäure-Aufschluß auch auf die Bestimmung des Quecksilbers im Harn angewendet, so von SCHUMACHER II und JUNG, von HEINZELMANN, von RAASCHOU und von JÄNECKE, auf deren Arbeiten hier nicht näher eingegangen werden kann.

Arbeitsvorschrift von KLOTZ. Zu 500 cm³ Harn gibt man 20 g Kaliumchlorat, 40 cm³ Salzsäure (D 1,19) und etwa 0,01 g Osmiumdioxyd und dampft auf dem Wasserbad zur Trockne ein. Den Rückstand nimmt man mit 100 cm³ absolutem Alkohol auf, versetzt mit 60 cm³ Äther, filtriert, dampft wieder ein, nimmt mit Wasser auf und fällt das Quecksilber durch Kupfer aus.

Arbeitsvorschrift von BUCHTALA. Dem Harn setzt man 10% konzentrierte Salzsäure zu und gibt dann portionsweise Kaliumchlorat hinzu, bis die Flüssigkeit beim Eindampfen auf dem Wasserbad lichtgelb bleibt (2 bis 3 g/l). Das Reaktionsgemisch wird filtriert, das Filtrat in einem Becherglas gesammelt und anschließend der Elektrolyse unterworfen.

Arbeitsvorschrift von BROUN, KAYSER und SPIRAS. Der Harn wird mit 10% seines Volumens an Salzsäure und mit 1% an Kaliumchlorat versetzt und am Rückflußkühler langsam zum Sieden erwärmt. Die Zerstörung ist nach etwa 1/2 Std. vollständig. Der Überschuß an Chlor wird durch einen Schwefeldioxydstrom vertrieben.

Arbeitsvorschrift von CAMBAR. Dieser Autor erhitzt 200 cm³ Harn in einem langhalsigen Kolben mit 20 cm³ konzentrierter Salzsäure (bei Pflanzenfressern mit 40 cm³) und 2 g Kaliumchlorat am Rückflußkühler. Nach und nach werden durch das Kühlrohr noch 1 bis 1,5 g Kaliumchlorat zugegeben. Nach 1 1/2 bis 2 Std. ist die Umsetzung beendet, man filtriert die erkaltete Lösung, wäscht mit Wasser und behandelt die klare Flüssigkeit ebenso, wie S. 534 unter c) angegeben worden ist.

e) Aufschließung organischer QuecksilberII-verbindungen. Arbeitsvorschrift von JACQUEMAIN und DEVILLERS. 0,015 bis 0,03 g der Substanz versetzt man in einem 50 cm³-Kolben mit 8 bis 10 cm³ Salzsäure, verschließt den Kolben mit einem kleinen Trichter, stellt den Kolben in ein kochendes Wasserbad und gibt allmählich Kaliumchlorat hinzu (1 g innerhalb 2 Std.). Dann wird verdünnt, 1/2 Std. weiter erwärmt, filtriert und auf 120 cm³ verdünnt. Die anschließende Bestimmung des Quecksilbers wird von JACQUEMAIN und DEVILLERS elektrolytisch durchgeführt.

f) Aufschließung von mit Sublimat konserviertem Holz. Das Holz wird nach einer Mitteilung aus dem Laboratorium der RÜTGERSWERKE A.-G. mit Salzsäure unter Zusatz von Natriumchlorat ausgekocht, das herausgelöste QuecksilberII-chlorid mit ZinnII-chlorid zu Quecksilber reduziert und dieses anschließend nach der Auflösung in Salpetersäure titrimetrisch bestimmt.

Arbeitsvorschrift. 100 g des zu etwa Streichholzgröße zerkleinerten Holzes werden in einem ERLENMEYER-Kolben am Rückflußkühler mit 500 cm³ 12,5%iger Salzsäure und 40 cm³ 20%iger Natriumchloratlösung 1 Std. lang gekocht. Die heiße Lösung wird in einen 2 l fassenden ERLENMEYER-Kolben filtriert. Das Holz gibt man in den ursprünglichen Kolben zurück und kocht es nochmals 1 Std. mit 500 cm³ 2,5%iger Salzsäure und 30 cm³ 20%iger Natriumchloratlösung. Nach dem Abgießen kocht man eine weitere Stunde mit 400 cm³ 2,5%iger Salzsäure und 20 cm³ 20%iger Natriumchloratlösung. Die dabei erhaltenen Lösungen werden vereinigt und bis zum Aufhören der Chlorentwicklung und bis sie eine hellgelbe Farbe annehmen am Rückflußkühler mit 50 cm³ 20%iger Natriumchloratlösung gekocht.

Die Lösung wird sofort in ein Becherglas filtriert und heiß mit etwas Kieselgur und etwa 10 cm³ 10%iger ZinnII-chloridlösung unter Umrühren versetzt. Das nach etwa 10 Min. vollständig ausgefallene Quecksilber wird nach dem Lösen in konzentrierter Salpetersäure mit Ammoniumrhodanid titrimetrisch bestimmt.

6. Aufschließung mit Schwefelsäure und Persulfat.

a) Aufschließung von Nahrungsmitteln (z. B. Hackfleisch, Brot, Rüben). Arbeitsvorschrift von STOCK, CUCUEL und KÖHLE. 50 g Substanz werden in 100 cm³ 10%iger Schwefelsäure aufgeschlämmt und mit 5 g Ammoniumpersulfat versetzt. Die Flüssigkeit wird mehrere Stunden auf dem Wasserbad unter allmählicher Zugabe weiterer 10 g Persulfat erhitzt.

Bemerkungen. Bei Fleisch und Brot blieben etwa 25%, bei Rüben etwa 5% Rückstand. Ähnlich war das Ergebnis, wenn das Persulfat, bei sonst gleicher Arbeitsweise, durch dasselbe Gewicht Permanganat ersetzt wurde. Hierbei trat ein die weitere Analyse störender, dunkler Niederschlag von Mangandioxyd auf.

Obgleich der Aufschluß mit Schwefelsäure und Persulfat bzw. Schwefelsäure und Permanganat, hinsichtlich des letzteren vgl. S. 537, eine weitergehende Aufschließung ermöglicht als die bereits besprochenen Verfahren, bietet er nach STOCK, CUCUEL und KÖHLE keinen Vorteil gegenüber dem Chlorataufschluß, zumal die käufliche Schwefelsäure immer einen verhältnismäßig hohen Quecksilbergehalt hat.

b) Aufschließung von Harn. Arbeitsvorschrift von DURET. Die aufzuschließende Substanz (100 cm³ Harn) wird in einem großen Kolben mit destilliertem Wasser, mit 10 cm³ Schwefelsäure und 10 bis 20 g Ammoniumpersulfat versetzt und vorsichtig zum Sieden gebracht. Hat die Gasentwicklung nachgelassen, so fügt man von neuem 10 bis 20 g Persulfat hinzu. Das wird wiederholt, bis der Rückstand farblos ist. Nach dem Abkühlen löst man die gebildete krystalline Masse in Wasser und führt die Quecksilberbestimmung durch.

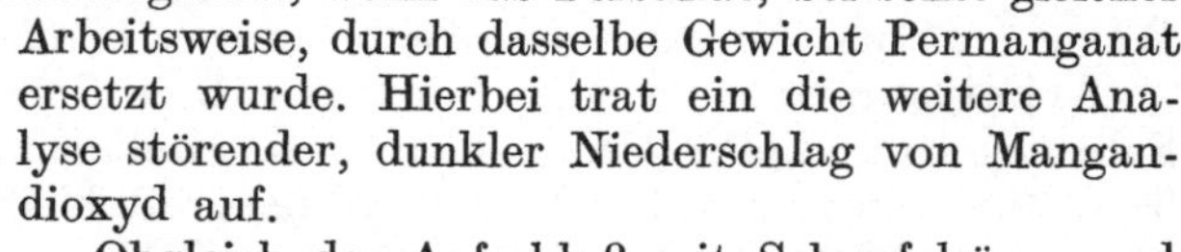

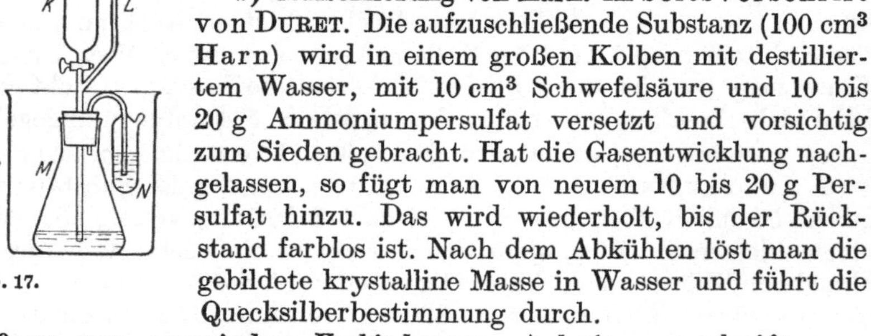

Abb. 17.

c) Aufschließung von organischen Verbindungen. Arbeitsvorschrift von FENIMORE und WAGNER. *Apparatur.* Die beiden Autoren benutzen zur Aufschließung die in Abb. 17 dargestellte Apparatur, die bei *f* an eine Anlage zur Erzeugung eines gleichmäßigen Stromes von trockenem Chlorwasserstoffgas angeschlossen ist. Der Scheidetrichter *F* faßt 25 cm³, der Kolben *G* 100 cm³. *H* und *I* sind Schliffverbindungen. Das Gefäß *K* mit dem Steigrohr *L* faßt 6 bis 7 cm³, die Vorlage *M*, die in einen Becher *O* mit kaltem Wasser eingetaucht ist, 150 cm³. Die Vorlage wird mit 20 cm³, der Tropfenzähler *N* mit 5 cm³ Wasser gefüllt.

Arbeitsweise. Die Substanz (nicht mehr als 0,15 g Quecksilber enthaltend) wird in ein Glasröhrchen eingewogen und im Kolben *G* in 4 bis 5 cm³ rauchender Schwefelsäure gelöst. Nach dem Abkühlen gibt man 10 g Ammoniumpersulfat und danach 15 cm³ konzentrierte Schwefelsäure so hinzu, daß der Schliff *H* gleichzeitig abgespült wird. Nun setzt man die Apparatur zusammen und füllt in den Scheidetrichter *F* 5 cm³ konzentrierte Schwefelsäure ein. Man erwärmt den Aufschlußkolben *G* vorsichtig, bis die Oxydation einsetzt, und reguliert diese durch Erwärmen und Abkühlen. Ist sie beendet, so wird der Hahn des Scheidetrichters *F* geöffnet und ein Chlorwasserstoffgasstrom (2 bis 3 Blasen/Sek.) eingeleitet. Der Kolben wird gleichzeitig stark erhitzt, so daß die Schwefelsäure überdestilliert, die das QuecksilberII-chlorid mitführt. Haben sich im Gefäß *K* 5 bis 6 cm³ Flüssigkeit angesammelt, so wird unterbrochen und die Apparatur bei *I* auseinandergenommen.

Bei nicht jodhaltigen Substanzen läßt man unter Kühlung die Säure aus dem Gefäß *K* in die Vorlage *M* tropfen und spült mit Wasser nach. Die Lösung wird mehrere Male durch Einblasen von Luft in den Tropfenzähler *N* aus der Vorlage *M* in das Gefäß *K* gedrückt und zurückgeführt. Dann löst man die Vorlage *M* und spült von den anderen Apparaturteilen sorgfältig alles Quecksilbersalz mit Wasser hinein. Die beim Aufschluß entstandene schweflige Säure wird durch Zugabe von Bromwasser oxydiert. Anschließend wird mit gesättigter Natronlauge unter Kühlen bis zum Verschwinden der gelben Farbe neutralisiert, mit Salzsäure eben angesäuert und noch mit einem Überschuß von 5 cm³ 6 n Salzsäure versetzt. FENIMORE und WAGNER bestimmen das Quecksilber nach Fällung als Zink-QuecksilberII-rhodanid mit JAMIESONS Reagens titrimetrisch mit Kaliumjodatlösung, s. S. 493.

Bei jodhaltigen Substanzen wird folgendermaßen verfahren: Nachdem der Inhalt aus dem Gefäß *K* in die Vorlage *M* entleert worden ist, führt man bei *I* 10 cm³ 10%ige Kaliumjodidlösung ein, drückt die Flüssigkeit aus der Vorlage *M* in den Apparaturteil *IKL* und läßt sie dort, bis alles QuecksilberII-jodid gelöst ist. Zur Entleerung der Apparatur verfährt man, wie oben beschrieben. Die schweflige Säure wird mit starker Jod-Jodkalium-Lösung oxydiert; dann wird 1 g Zinkstaub, in Wasser suspendiert, langsam zugegeben und der Kolben zugedeckt. Beim Nachlassen der Wasserstoffentwicklung filtriert man das Amalgam, überschüssiges Zink und einen geringen, braunen Niederschlag (wahrscheinlich QuecksilberII-sulfid) in einen Glasfiltertiegel ab und wäscht gut mit Wasser aus. Der Tiegel samt Inhalt wird in einem bedeckten Becherglas mit 25 cm³ 6 n Salzsäure vorsichtig erwärmt (nicht gekocht!), bis das Amalgam zu einer moosartigen Masse zusammengesintert ist. Nach dem Absaugen der Säure werden Filtertiegel und Amalgam gut mit Wasser ausgewaschen. Der Amalgamklumpen wird in die Vorlage *M* gebracht und diese unter den Filtertiegel gestellt. Letzterer wird nun mit einigen Kubikzentimetern starken Bromwassers (nicht saugen!) und dann mit ungefähr 2 cm³ heißer konzentrierter Salpetersäure behandelt. Hierbei löst sich etwas Amalgam und ebenso die geringe Menge durch Reduktion entstandenen Quecksilbers. Nach 1 Min. wird die Flüssigkeit abgesaugt und der Filtertiegel nacheinander mit einigen Anteilen heißer konzentrierter Salpetersäure (Gesamtverbrauch ungefähr 5 cm³) und schließlich 2mal mit etwas Wasser (1 bis 2 cm³) ausgewaschen. Die Vorlage wird erwärmt, bis das Amalgam sich gelöst hat, die Lösung auf 25 cm³ verdünnt und abgekühlt. Man gibt nun Bromwasser zu, bis die Farbe bestehen bleibt.

Anschließend wird die Lösung mit starker Natronlauge neutralisiert, mit 2 cm³ 6 n Salzsäure angesäuert, abgekühlt, auf 50 cm³ verdünnt und das Quecksilber als Zink-QuecksilberII-rhodanid gefällt.

Die Hauptmasse des Amalgams wird vorher entfernt und mit der Spülflüssigkeit bis zum Lösen erwärmt. Anschließend erwärmt man mit starker Natronlauge und neutralisiert mit höchstens 2 cm³ 6 n Salzsäure, kühlt ab und verdünnt.

7. Aufschließung mit Schwefelsäure und Permanganat.

a) Aufschließung von Harn, Faeces und von Organen. Arbeitsvorschrift von PALME. Zur Zerstörung der organischen Substanz (Harn) mit Schwefelsäure und Permanganat verfährt PALME folgendermaßen: 1 l Harn wird mit 50 bis 75 g konzentrierter Schwefelsäure versetzt und bis in die Nähe des Siedepunktes erhitzt. Nun gibt man kleine Mengen gepulvertes Kaliumpermanganat hinzu. Ungelöstes Mangandioxydhydrat wird durch Zusatz von Oxalsäure oder Wasserstoffperoxyd (15%ig) entfernt, dessen Überschuß durch Erhitzen zerstört wird. PALME führt die Bestimmung nach besonderer Vorbereitung der Lösung elektrolytisch durch.

Arbeitsvorschrift von LOMHOLT und CHRISTIANSEN. Aufschließung von Harn. 1 l Harn wird in einem 2 l-Rundkolben mit 25 bis 30 g krystallisiertem Kaliumpermanganat und vorsichtig mit 100 cm³ konzentrierter Schwefelsäure in kleinen Mengen versetzt. Die Flüssigkeit läßt man etwa 2 Std. schwach kochen, setzt noch einige Gramme Permanganat zu und kocht weitere 20 bis 30 Min.; nach beendigter Reduktion ist die Flüssigkeit wasserklar.

Aufschließung von Faeces und Organen. Zu der in feiner Verteilung vorliegenden Substanz wird in einer offenen Schale im Verlauf mehrerer Stunden reine, rauchende Salpetersäure in kleinen Teilen zugesetzt. Dann läßt man wenigstens 24 Std. stehen. In einem geräumigen Rundkolben kocht man 3 bis 4 Std. unter nochmaligem Zusatz einer kleinen Menge Salpetersäure. $^1/_2$ l Säure genügt meistens für eine Faecesmenge von etwa 200 g. Außerdem werden noch 20 cm³ 25%ige Salzsäure zugesetzt. Die Flüssigkeit wird abgekühlt, meistens scheidet sich dabei eine stearinartige Fettschicht aus, und in der Kälte durch ein gehärtetes Filter filtriert. Das klare, gelbliche Filtrat wird, wie bei Harn beschrieben, mit Kaliumpermanganat behandelt. Jedoch sind hier stark variierende Mengen an Permanganat erforderlich (bei Blutanalysen nur ganz wenig). Nachdem mehrere Stunden mit einem Überschuß an Permanganat gekocht worden ist, reduziert man den abgeschiedenen Braunstein mit Oxalsäure. Anschließend fällen LOMHOLT und CHRISTIANSEN das Quecksilber zusammen mit Kupfer als Sulfid.

Bemerkungen. BOOTH, SCHREIBER und ZWICK schlagen eine kleine Abänderung der von LOMHOLT und CHRISTIANSEN angegebenen Methode vor, um das nach Zugabe von Permanganat beim Hinzufügen von Schwefelsäure auftretende Aufbrausen zu vermeiden. Sie geben die Schwefelsäure zuerst hinzu, erhitzen die Mischung zum Sieden und fügen nach langsamem Abkühlen das Permanganat in Tabletten von je 1 g Gewicht hinzu. Zu großer Permanganatüberschuß ist zu vermeiden. Die Mischung wird gekocht und die Oxydation fortgesetzt, bis kein organischer Geruch mehr wahrzunehmen ist. Durch vorsichtigen Zusatz einiger Tropfen Wasserstoffperoxyd reduziert man die kleinen Mengen abgesetzten ManganIV-oxyds zum Sulfat, das in Lösung bleibt, und setzt das Kochen zur Zerstörung des Wasserstoffperoxydüberschusses kurze Zeit fort.

MØLLER, der die Methode von LOMHOLT und CHRISTIANSEN ebenfalls einer Nachprüfung unterwirft, kommt mit ihr zu guten Ergebnissen.

FRASER arbeitet beim Aufschluß von Harn ebenfalls mit der von LOMHOLT und CHRISTIANSEN angegebenen Methode. Er bestimmt anschließend das als Sulfid in Gegenwart von Kupfer gefällte Quecksilber entweder elektrolytisch oder mikrometrisch.

b) Aufschließung von „Mercurochrom 220"*. Arbeitsvorschrift von CORRAN und RYMILL. 0,5 g Substanz werden in 50 cm³ Wasser gelöst und mit 10 cm³ 40%iger Natronlauge und 2 bis 3 g Kaliumpermanganat 15 Min. gelinde gekocht. Der erkalteten Flüssigkeit wird die kalte Mischung von 10 cm³ konzentrierter Schwefelsäure und 200 cm³ Wasser und allmählich in der Kälte unter ständigem Umrühren ein geringer Überschuß an 3%igem Wasserstoffperoxyd zugesetzt. Nachdem man einen Überschuß an Permanganat hinzugegeben hat, wird 10 Min. lang gelinde gekocht und durch tropfenweise Zugabe von Oxalsäure Entfärbung der Lösung erreicht.

c) Aufschließung von Quecksilbersalicylat. Arbeitsvorschrift von RUPP und NÖLL. 0,3 g des Präparats werden mit 4 g Kaliumsulfat und 5 cm³ konzentrierter Schwefelsäure in ein etwa 150 cm³ fassendes Kochkölbchen gebracht. Der Kolben

* Hinsichtlich der Zusammensetzung von „Mercurochrom 220" vgl. S. 503.

ist durch einen einfach durchbohrten Korkstopfen verschlossen, der ein 40 bis 50 cm langes Steigrohr trägt, das sich am oberen Ende trichterförmig erweitert. Man erhitzt in geneigter Stellung zu schwachem Sieden, bis die Mischung wasserklar ist. Durch das Trichterrohr gibt man 5 bis 10 cm³ konzentrierte Schwefelsäure und nach Entfernung des Steigrohrs sofort 0,1 bis 0,2 g Kaliumpermanganat zu. Es wird bis zum Verschwinden der Permanganatfarbe erhitzt. Nach dem Abkühlen und Verdünnen bestimmen RUPP und NÖLL den Quecksilbergehalt titrimetrisch mit Ammoniumrhodanid.

Bemerkung. Das Verfahren kann auch auf Quecksilbersuccinimid angewendet werden.

d) Aufschließung organischer Quecksilberverbindungen in Gegenwart von Jod. DUNNING und FARINHOLT untersuchten Quecksilberderivate von Halogenverbindungen des Resorcinsulfonphthaleins.

Arbeitsvorschrift von DUNNING und FARINHOLT. 0,3 bis 0,5 g der zu untersuchenden Substanz werden im KJELDAHL-Kolben mit 25 cm³ konzentrierter Schwefelsäure versetzt und bis zum Lösen der Substanz erhitzt. Dann wird langsam gepulvertes Kaliumpermanganat zugegeben bis zur Zersetzung der Verbindung. Man kühlt die Mischung, verdünnt sie mit Wasser auf 50 cm³, entfärbt sie mit Oxalsäure oder Ammoniumoxalat und verdünnt mit Wasser auf 400 cm³. Falls sich ein Niederschlag bildet, wird bis zum Auflösen desselben erhitzt. Nach dem Abkühlen fügt man 5 g Kaliumnitrit hinzu und erhitzt zum Sieden. Nun setzt man etwa 2 g Kaliumbromid zu und erhitzt wieder zum Sieden. Nach dem Abkühlen schüttelt man zur Entfernung freien Broms 2- bis 3mal im Scheidetrichter mit Chloroform aus. Nach Zugabe von 1 cm³ Phenol wird zur Entfernung allen Jods mit Chloroform oder Tetrachlorkohlenstoff ausgeschüttelt. Ab und zu kann dabei etwas Phenol zugegeben werden. In der wäßrigen Lösung kann das Quecksilber nach vorangegangenem Filtrieren als Sulfid mit Schwefelwasserstoff gefällt werden.

Bemerkung. Die beiden Autoren erhalten nach dieser Methode gute Resultate.

8. Aufschließung mit Kaliumpermanganat und Salpetersäure.

a) Aufschließung von aromatischen Verbindungen. Zu guten Ergebnissen führt nach VOTOČEK und KAŠPÁREK der Aufschluß von aromatischen Verbindungen — z. B. von Quecksilberrhodanid, -diäthyl, -diphenyl, -benzoat und -chinolat — mit Salpetersäure und Kaliumpermanganat.

Arbeitsvorschrift von VOTOČEK und KAŠPÁREK. Auf 1 g Substanz werden 15 bis 30 cm³ konzentrierte Salpetersäure zugegeben. Anschließend wird auf dem Wasserbad erhitzt und mit kleinen Mengen gepulvertem Kaliumpermanganat versetzt. Man hört mit dem Permanganatzusatz auf, wenn die Flüssigkeit mindestens 3 Min. die Farbe behält (etwa das Fünf- bis Sechsfache des Gewichtes der zu analysierenden Substanz ist erforderlich). Nach dem Abkühlen wird durch Hinzufügen von 10%iger Nitritlösung alles Mangan in Lösung gebracht. Salpetrige Säure wird mit Schwefelsäure und Permanganat entfernt und der Permanganatüberschuß durch Oxalsäure zerstört.

Bemerkungen. Nach diesem Verfahren bestimmt BORDEIANU das Quecksilber in Quecksilberoxyd- und Quecksilberoxycyanidpastillen.

b) Aufschließung von Gemüse. W. O. WINKLER benutzt die Methode zum Aufschließen von Gemüse.

Arbeitsvorschrift von W. O. WINKLER. 150 bis 200 g Lattich versetzt man im Digestionskolben mit 50 cm³ Salpetersäure und 300 cm³ Wasser, kocht unter Kühlung 25 Min. lang bei Verwendung einer Spezialapparatur, filtriert nach dem Abkühlen und gibt 10 bis 12 g Kaliumpermanganat in jeweils kleinen Mengen hinzu. Dann erhitzt man unter Kühlung nochmals 10 bis 15 Min. Nach dem erneuten Abkühlen versetzt man mit 7 bis 8 g Kaliumpermanganat, kocht 15 Min., versetzt nach erneutem Abkühlen mit 5 bis 6 g Kaliumpermanganat und etwa 20 cm³ Salpetersäure und erhitzt wieder. Dies führt man so lange fort, bis die purpurne Farbe des Permanganats beim Erhitzen auf 70° erhalten bleibt. Nach dem endgültigen Abkühlen versetzt man mit Wasserstoffperoxyd und mit 0,5 g krystallisiertem Hydroxylaminsulfat oder -chlorid. Anschließend bestimmt W. O. WINKLER das Quecksilber titrimetrisch mit Dithizon, s. S. 510.

c) Aufschließung von mit Sublimat konserviertem Holz. WATERMAN, KOCH und MCMAHON wenden den Aufschluß mit Salpetersäure und Permanganat auf die Analyse von konserviertem Holz an.

Arbeitsvorschrift von WATERMAN, KOCH und MCMAHON. Zu dem zu Sägemehl geraspelten Holz (5 bis 10 g) gibt man ein Oxydationsgemisch von 150 cm³ Wasser, 50 cm³ konzentrierter Salpetersäure und 1 g Kaliumpermanganat. Diese Aufschwemmung wird 2 Std. lang mit 1 Ampere Stromstärke an rotierenden Platinelektroden elektrolysiert. Man wäscht am Schluß die Kathode ohne Stromunterbrechung aus. Hierauf wird das Quecksilber in 30 cm³ konzentrierter Salpetersäure bei 40 bis 50° gelöst und nach dem Verdünnen der Lösung rhodanometrisch bestimmt. Zur Sicherheit unterwirft man die Sägespäne einer zweiten Elektrolyse.

Bemerkung. Nach HULETT ist die Oxydation mit Permanganat in Gegenwart von rauchender Salpetersäure der in Gegenwart von konzentrierter Schwefelsäure vorzuziehen, da sie sauberer ist.

9. Aufschließung mit Schwefelsäure und Salpetersäure.

Vorbemerkung. Nach STOCK, CUCUEL und KÖHLE ist dieses Verfahren dem Chloratverfahren nicht überlegen. Es verwendet außer Schwefelsäure Salpetersäure, deren Quecksilbergehalt selbst bei den besten käuflichen Sorten denjenigen der Schwefelsäure noch übertrifft. Stark wasserhaltige Substanzen werden von einem Gemisch gleicher Teile konzentrierter Schwefelsäure und Salpetersäure schon bei schwachem Erwärmen vollständig aufgeschlossen. Weniger befriedigend verläuft die Einwirkung bei Brot, Fleisch usw. Bei dem nicht zu vermeidenden Erhitzen scheidet sich Kohle ab, die nur mit großen Mengen rauchender Salpetersäure in Lösung zu bringen ist. Behandelt man das Material zuerst mit verdünnter Schwefelsäure, so wird zwar die Kohlebildung vermieden, doch bleibt nachher bei der Oxydation mit Salpetersäure mehr Rückstand. Bei Anwesenheit größerer Mengen von Halogen, vor allen Dingen Jod, gibt der Aufschluß mit konzentrierter Schwefel- und Salpetersäure nach VERDINO fehlerhafte Ergebnisse.

a) Aufschließung von galenischen Präparaten. Arbeitsvorschrift von WASTENSON. 0,3 bis 0,5 g Substanz werden im KJELDAHL-Kolben mit 10 cm³ konzentrierter Schwefelsäure und 3 cm³ konzentrierter Salpetersäure (D 1,4) erhitzt, bis keine rotgelben Gase mehr entweichen, sondern sich Schwefelsäuredämpfe im Kolben bilden. Nach dem Erkalten wird nach Zusatz von 25 cm³ Wasser abgedampft und nach erneutem Erkalten mit 25 cm³ Wasser verdünnt und mit Ammoniumrhodanid titriert. Die Erhitzungszeit beträgt $^1/_2$ bis $^3/_4$ Std.

b) Aufschließung von Organen. Arbeitsvorschrift von MØLLER. *Apparatur.* Der Autor führt den Aufschluß in einem dickwandigen Veraschungskolben aus widerstandsfähigem Glas durch. Als Kühlvorrichtung dient ein winklig gebogenes Rohr mit 10 mm äußerem Durchmesser, dessen absteigender Schenkel mit einer großen, etwa 200 cm³ fassenden Erweiterung versehen ist. Das Kühlrohr ist mittels Schliff in den Kolben eingesetzt. Ein ERLENMEYER-Kolben von 200 cm³ Fassungsvermögen dient als Vorlage. Diese wird zur vollkommenen Kühlung dauernd von Kühlwasser umflossen. In den Vorlagekolben taucht das Ende des Kühlrohrs ein, das während des Zerstörungsprozesses von dem kalten Destillat abgeschlossen wird.

Arbeitsweise. Das Untersuchungsmaterial (Leber, Lunge) bringt man mit 15 cm³ konzentrierter Schwefelsäure für je 100 g Substanz in den Kolben, setzt dann das Kühlrohr auf und erhitzt im Luftbad. Sobald die ersten weißen Schwefelsäuredämpfe auftreten, unterbricht man die Erwärmung und gibt das abdestillierte Wasser in einen gewöhnlichen Rundkolben, wo es, wie Harn, mit Kaliumpermanganat und Schwefelsäure behandelt wird. Die Substanz, die als schwarze, breiige Flüssigkeit im Veraschungskolben zurückbleibt, wird langsam und gleichmäßig in der Kälte tropfenweise mit rauchender Salpetersäure versetzt. Nach dem Ablauf der heftigen Reaktion setzt man noch etwas Salpetersäure hinzu und erhitzt. Nach erfolgtem Überdestillieren der Salpetersäure treten weiße Schwefelsäuredämpfe auf. In diesem Augenblick wird die abdestillierte Säure in den Kolben zurückgegossen und die Veraschung nach Zusatz von 10 cm^3 freier Säure fortgesetzt. Nach beendeter Zerstörung ist der Kolbeninhalt schwach gelb gefärbt. Das Destillat wird aus der Vorlage in den Veraschungskolben gegeben und alles gut ausgespült. Nach Neutralisation der Salpetersäure mit Ammoniak in Gegenwart von Bromphenolblau als Indicator und nach Vereinigung mit dem Produkt des Permanganataufschlusses wird die Quecksilberbestimmung vorgenommen.

Bemerkung. Bei Aufschlüssen von Substanzen mit 0,5 mg nicht übersteigenden Quecksilbermengen wird ein mittlerer, durch Verflüchtigung hervorgerufener Fehler von etwa 5% im allgemeinen nicht überschritten.

c) Aufschließung von Eingeweiden. Arbeitsvorschrift von Newcomb, Naidu und Varadachar. Die Substanz wird mit konzentrierter Salpetersäure behandelt, bis der Kolbeninhalt einheitlich gelb gefärbt ist. Nun wird der Destillationskolben mit der Absorptionsapparatur verbunden und die Saugpumpe angestellt. Man gibt vorsichtig Schwefelsäure durch das Einleitungsrohr zu und erwärmt mäßig bis zum Auftreten von weißen Dämpfen. Zur Vermeidung von Verkohlung versetzt man ab und zu mit einigen Tropfen konzentrierter Salpetersäure.

Der Destillierkolben steht mit einem zur Hälfte mit konzentrierter Salzsäure gefüllten Erlenmeyer-Kolben in Verbindung, außerdem durch einen Ansatzstutzen mit einem wassergekühlten Absorptionskolben, der seinerseits mit einem Kaliapparat und einem Péligot-Rohr in Verbindung steht. Das Péligot-Rohr ist an die Wasserstrahlpumpe angeschlossen, der Absorptionskolben wird durch Wasser gekühlt. Die Absorptionsgefäße sind sämtlich mit Wasser beschickt.

Die vereinigten Absorptionsflüssigkeiten werden filtriert, mit Kaliumpermanganatlösung bis zur Rosafärbung versetzt, mit Oxalsäure entfärbt und mit Schwefelwasserstoff gesättigt. Den Niederschlag, der etwa einem Drittel des vorhandenen Quecksilbers entspricht, löst man nach gründlichem Waschen mit Wasser in Bromwasser. Man filtriert und hebt die filtrierte Lösung nebst den entsprechenden Waschwässern auf. Die Absorptionsgefäße werden von neuem mit Wasser gefüllt, die Salzsäureflasche wird dieses Mal angeschlossen, und nach Einstellen von Saugen und Erhitzen wird die Destillation 3 Std. lang wiederholt. Die Lösungen des Absorptionskolbens und der Flaschen werden vereinigt und mit Schwefelwasserstoff gefällt. Der Schwefelwasserstoffniederschlag wird wieder in Bromwasser gelöst, die erhaltene Lösung mit der ersten Lösung vereinigt und bromfrei gekocht. Die genannten Autoren bestimmen das Quecksilber hierauf nach Ansäuern mit Salzsäure gewichtsanalytisch als Sulfid.

d) Mikrobestimmung des Quecksilbers in organischen Geweben und Flüssigkeiten (z. B. in Harn). Arbeitsvorschrift von Llacer. Der Autor läßt ein Gemisch von Schwefelsäure und Salpetersäure in der Wärme unter Zugabe von Kaliumpermanganat auf die Substanz einwirken. Die Quecksilberbestimmung erfolgt colorimetrisch mit Dithizon.

Bemerkung. Young und Taylor nehmen den Aufschluß von Harn, Geweben und Fäkalien ebenfalls mit konzentrierter Schwefelsäure und Salpetersäure vor in Gegenwart von Kaliumpermanganat.

e) Aufschließung von Saatgutbeizmitteln. Arbeitsvorschrift von Stettbacher. In einem 750 cm^3 fassenden Kolben gibt man zu 3 g Substanz 3 g Kaliumnitrat und 60 cm^3 konzentrierte Schwefelsäure hinzu. Nach kräftigem Schütteln wird erst mäßig erwärmt, dann, nach Anbringung eines schräg gestellten Rückflußkühlers, bis zum Sieden erhitzt. In 15 bis 20 Std. ist der Aufschluß beendet und das Gemisch farblos geworden. In dem aufgeschlossenen, verdünnten Gemisch wird die Quecksilberbestimmung vorgenommen.

f) Bestimmung des Quecksilbers in Gegenwart organischer Verbindungen. Arbeitsvorschrift von ROBINSON. 0,2 bis 0,5 g Substanz werden in einen KJELDAHL-Kolben gebracht, der mit zwei Waschflaschen verbunden ist, und mit 10 cm^3 konzentrierter Schwefelsäure unter gelegentlichem Zusetzen eines Kaliumnitratkrystalls in einem Paraffinbad auf 130 bis 150° erhitzt. Nach vollständiger Zerstörung der organischen Substanz und nach Verschwinden des Geruches nach Schwefeldioxyd vereinigt man den Inhalt des Kolbens mit dem der Waschflasche, filtriert die unlöslichen Bestandteile ab und neutralisiert das Filtrat mit Natronlauge, während die Temperatur auf 50° gehalten wird. Nach dem Ansäuern mit Salzsäure — die Lösung soll einen Überschuß von 3 cm^3 0,2 n Salzsäure enthalten — und nach Hinzufügen von 2 g Natriumchlorid und etwa 0,01 g Papierbrei wird auf 200 cm^3 verdünnt und das Quecksilber nach dem Abkühlen mit unterphosphoriger Säure ausgefällt, s. S. 376.

g) Bestimmung kleiner Quecksilbermengen in organischen Verbindungen. Arbeitsvorschrift von KOSCHKIN. 0,1 bis 0,5 g der Substanz versetzt man im KJELDAHL-Kolben mit 1 bis 2 g Natriumnitrat und 5 bis 8 cm^3 konzentrierter Schwefelsäure und erhitzt am Rückflußkühler zu schwachem Sieden. Nach 10 bis 20 Min. ist die Flüssigkeit vollständig aufgehellt. Bei sehr geringen Mengen Quecksilber in schwer zersetzbaren Substanzen wird durch den Kühler tropfenweise rauchende Salpetersäure zugegeben. Die Lösung wird mit Wasser verdünnt und im Meßkolben aufgefüllt. 1 bis 5 cm^3 davon werden mit so viel Wasser verdünnt, daß in 1 cm^3 ungefähr 0,05 mg Quecksilber enthalten sind. Nach Zugabe von 3 bis 4 Tropfen einer alkoholischen 0,5%igen Jodlösung und 1,5 bis 2 cm^3 einer 0,5%igen Stärkelösung titriert KOSCHKIN das Quecksilber mit Kaliumjodidlösung.

10. Aufschließung mit Salpetersäure und Wasserstoffperoxyd bzw. Schwefelsäure und Wasserstoffperoxyd.

a) Aufschließung von Nahrungsmitteln. Nach STOCK, CUCUEL und KÖHLE ist die Wirkung dieses Oxydationsmittels ausgezeichnet und übertrifft diejenige der übrigen Aufschlußverfahren. Sie verfahren folgendermaßen.

Arbeitsvorschrift von STOCK, CUCUEL und KÖHLE. 50 g Fleisch werden in einem mit aufgeschliffenem Rückflußkühler versehenen 1 l-Rundkolben mit 30 cm^3 reinster konzentrierter Salpetersäure versetzt. Man erwärmt das Gemisch unter kräftigem Schütteln vorsichtig mit kleiner Flamme, bis die Reaktion unter Entwicklung brauner Gase einsetzt, worauf man mit Erhitzen aufhört. Nachdem die Reaktion nach etwa 1 Std. nachgelassen hat, gibt man zu der braunen Flüssigkeit 2 cm^3 Perhydrol oder die entsprechende Menge 10%iges Wasserstoffperoxyd zu. Unter starkem Schäumen färbt sich die Lösung gelb. $^1/_2$stündiges Kochen beendet den Aufschluß. Es soll eine klare Lösung entstanden sein, auf der das nicht oxydierte Fett als wasserhelle Schicht schwimmt. Nötigenfalls setzt man noch 10 bis 20 cm^3 Salpetersäure und 1 bis 2 cm^3 Perhydrol hinzu und kocht, bis nur das reine Fett übrigbleibt. Es erstarrt beim Abkühlen und wird abfiltriert.

50 g Brot werden im Kühlerkolben zur Abschwächung der Salpetersäurereaktion mit 20 cm^3 Wasser angefeuchtet und mit 30 cm^3 konzentrierter Salpetersäure versetzt. Die Reaktion tritt ohne Wärmezuführung ein. Nach Zugeben von 2 cm^3 Perhydrol und nach Aufhören des hierbei erfolgenden Schäumens erhitzt man, bis eine vollständig klare Lösung vorliegt.

Von Kartoffeln, Rüben, Früchten usw. versetzt man 50 g im Kühlerkolben mit 50 cm³ Salpetersäure, leitet die Reaktion durch vorsichtiges Erwärmen ein, fügt nach 1 Std. 2 cm³ Perhydrol hinzu und kocht ½ Std. lang, wonach die Substanz in der Regel so vollständig zerstört ist, daß sich ein Filtrieren erübrigt.

In allen Fällen wird die erhaltene Lösung, bevor man sie zur Quecksilberbestimmung mit Kupfersulfat versetzt und mit Schwefelwasserstoff behandelt, von den Stickstoffoxyden befreit. Man erwärmt die Lösung auf dem Wasserbad, bis kein Gas mehr entweicht, gibt unter dauerndem Erhitzen kleine Mengen Harnstoff hinzu, solange noch Stickstoff entsteht, und verdünnt schließlich auf etwa 500 cm³.

Bemerkungen. Die bei der Aufschließung in großer Menge entwickelten Gase führen etwas Quecksilber mit sich, doch sind die dadurch verursachten Verluste nicht beträchtlich; die Quecksilberverluste betragen nur einige Hundertstel der vorhandenen Quecksilbermenge.

Handelt es sich um die Bestimmung von sehr kleinen Quecksilbermengen, so darf man den Quecksilbergehalt der benutzten Mengen Salpetersäure, Perhydrol und Harnstoff nicht vernachlässigen.

Gegenüber dem Vorteil der weitgehenden Aufschließung hat das Salpetersäure-Wasserstoffperoxyd-Verfahren den Nachteil, daß es mehr Überwachung und Arbeit erfordert als das Chloratverfahren, was bei Serienanalysen ins Gewicht fällt, und daß der Quecksilbergehalt der Reagenzien einerseits, das Mitgehen von Quecksilber mit den Stickstoffoxyden andererseits Unsicherheiten in die Analysen hineinbringen.

b) Aufschließung von gebeiztem Getreide, von Haferflocken und von anderen organischen Substanzen. Arbeitsvorschrift von STRAFFORD und WYATT. Die Autoren, die das aufgeschlossene, in Gegenwart von Kupfer mit Schwefelwasserstoff gefällte und samt Filter in konzentrierter Schwefel- und Salpetersäure gelöste Quecksilber nach elektrolytischer Ausfällung colorimetrisch mit p-Dimethylaminobenzyliden-rhodanin bestimmen, s. S. 518, geben zu 5 bis 8 g der genannten organischen Substanzen im trockenen KJELDAHL-Kolben, der durch ein Kühlrohr mit einer eisgekühlten Vorlage mit 40 cm³ 5 mol Natriumhydroxydlösung verbunden ist, 10 bis 15 cm³ konzentrierte Schwefelsäure. Eine zweite Vorlage, die mit der ersten über ein Kühlrohr verbunden ist, enthält 25 cm³ Wasser, 1 cm³ 0,04 mol Kupfersulfatlösung und 0,05 g Papierbrei und wird ständig von Schwefelwasserstoff (2 bis 4 Blasen/Sek.) durchströmt. Man erhitzt den Kolben und gibt in regelmäßigen Zeitabschnitten 1 bis 2 cm³ Wasserstoffperoxyd hinzu, das sich in einem an den KJELDAHL-Kolben seitlich angeschmolzenen Hahntrichter befindet. Im ganzen wird mit 80 bis 120 cm³ Perhydrol versetzt. Nach vollständiger Zerstörung der organischen Substanz fügt man durch den Trichter vorsichtig 30 bis 40 cm³ Wasser hinzu und kocht 15 Min. lang zur Zerstörung des Überschusses an Wasserstoffperoxyd. Die Apparatur wird auseinandergenommen, ohne daß man den Schwefelwasserstoffstrom unterbricht. Die Flüssigkeit der eisgekühlten Vorlage wird mit der des KJELDAHL-Kolbens und den beim Auswaschen erhaltenen Waschwässern vereinigt. Aus diesen Lösungen wird das Quecksilber mit Schwefelwasserstoff gefällt.

c) Aufschließung von Präparaten und pflanzlichen Bestandteilen, wie Pflanzenpulvern, Harzen, Balsamen, Wachsen oder anderen Quecksilber enthaltenden organischen Verbindungen. SCHULEK und FLODERER gelangen unter Benutzung von Schwefelsäure und Wasserstoffperoxyd ebenfalls zu guten Ergebnissen; mit Rücksicht auf die Quecksilberverluste empfehlen sie kurze Dauer des Aufschlusses unter Benutzung eines langhalsigen Zerstörungskolbens.

Arbeitsvorschrift von SCHULEK und FLODERER. α) *Behandlung von Verbindungen und Gemengen, die weder Halogen noch Cyanid, Cyanat oder Rhodanid enthalten:* Eine 0,10 g Quecksilber entsprechende Menge Substanz wird in eine Zigarettenhülse eingewogen und in einen 100 cm³ fassenden KJELDAHL-Kolben gebracht. Man versetzt mit 6 cm³ konzentrierter Schwefelsäure und fügt eine Glasperle als Siedeauslöser hinzu. Dann träufelt man in den schräg gestellten Kolben 4 bis 5 cm³ 30%iges Wasserstoffperoxyd vorsichtig ein. Beim Nachlassen der Reaktion wird der Kolbeninhalt erwärmt. Tritt Bräunung ein, so gibt man noch 1 bis 2 cm³ Wasserstoffperoxyd hinzu. Man erhitzt bis zum Auftreten von Schwefelsäuredämpfen, im ganzen etwa 4 bis 5 Min. Zur abgekühlten Flüssigkeit gibt man 30 cm³ Wasser und dann 5 cm³ salpetersaure 10%ige EisenIII-nitratlösung als Indicator hinzu. Bis zur dauernden Rosafärbung versetzt man mit 0,1 n $KMnO_4$-Lösung, entfernt den Überschuß mit Wasserstoffperoxyd und titriert die abgekühlte Lösung mit 0,1 n Kaliumrhodanidlösung.

β) *Behandlung von Salben und Suspensionen mit metallischem Quecksilber oder mit Quecksilberoxyd.* Es wird ebenfalls eine 0,1 g Quecksilber entsprechende Substanzmenge in einem Kolben mit Rückflußkühler so lange unter Zusatz von 10 cm³ 30%iger Salpetersäure erwärmt, bis alles Quecksilber gelöst ist. Die Salbengrundlage erstarrt beim Abkühlen, eine ölige Fettgrundlage trennt man durch Ausschütteln mit etwa 30 cm³ Petroläther im Scheidetrichter ab. Die Petrolätherschicht wird 4mal mit je 10 cm³ salpetersaurem Wasser ausgewaschen. Der weitere Aufschluß erfolgt nach dem oben angegebenen Verfahren.

γ) *Behandlung von mit Gelatine verfertigten Kugeln bzw. Zäpfchen, die das Quecksilber meistens als Cyanid oder Oxycyanid enthalten.* Nach dem Homogenisieren erhält man etwa 20 g Substanz mit 50 cm³ 10%iger Salzsäure am Rückflußkühler mit angeschliffenem Kolben ¼ Std. lang in lebhaftem Sieden, verdünnt mit Wasser auf das doppelte Volumen, fällt das Quecksilber mit Schwefelwasserstoff, filtriert, wäscht den Niederschlag chlorfrei und schließt ihn alsdann naß mit Schwefelsäure und Wasserstoffperoxyd auf.

δ) *Behandlung von QuecksilberI-chlorid oder anderen Quecksilberverbindungen neben Pflanzenstoffen, Harzen, Fettkörpern.* Eine 0,05 bis 0,10 g Quecksilber entsprechende Substanzmenge, jedoch nicht mehr als 1 bis 2 g Substanz, wird sorgfältig pulverisiert und in einen 250 cm³ fassenden KJELDAHL-Kolben eingewogen. Man versetzt mit 5 bis 10 cm³ konzentrierter Schwefelsäure und gibt Glasperlen zu. Der angeschmolzene, kleine Hahntrichter wird mit 30%igem Wasserstoffperoxyd gefüllt, der Schliff des Kolbens mit konzentrierter Schwefelsäure angefeuchtet und die Apparatur zusammengestellt. In den als Vorlage dienenden, 100 cm³ fassenden ERLENMEYER-Kolben gibt man 10 bis 15 cm³ Wasser und läßt das Kühlrohr dort eintauchen. Das Wasserstoffperoxyd wird vorsichtig zugegeben. Schließlich erwärmt man bis zur Entwicklung von Schwefelsäuredämpfen. Die Zerstörung dauert gewöhnlich ½ Std. Man läßt die in der Regel trübe Flüssigkeit mit etwas Brom ½ bis 1 Std. lang stehen, um überschüssiges Wasserstoffperoxyd zu zersetzen. Einen weiteren Überschuß zerstört man mit Hydrazinsulfat. Dann schüttelt man 3mal mit je 10 cm³ Chloroform aus. Die Chloroformauszüge werden 2mal mit je 5 cm³ Wasser ausgewaschen, das man zur Hauptmenge der Flüssigkeit gibt. Die weitere Bestimmung wird von SCHULEK und FLODERER unter Fällung als Sulfid durchgeführt.

d) Aufschließung organischer Quecksilberverbindungen. Arbeitsvorschrift von TABERN und SHELBERG.

α) *Verfahren in Abwesenheit von Jod.* Das Material (etwa 0,1 g Quecksilber entsprechend) wird in einem KJELDAHL-Kolben mit 7 bis 10 cm³ rauchender Schwefelsäure unter schwachem Erwärmen gelöst. Bei leicht zerstörbaren Verbindungen genügt gewöhnliche Schwefelsäure. Man gibt tropfenweise Perhydrol unter leichtem Schütteln bis zur Gelbfärbung der Lösung zu und setzt das Erwärmen bis zum Entweichen von Schwefelsäuredämpfen fort. Die erforderliche Menge Perhydrol liegt in der Regel zwischen 1 und 5 cm³. Bei Anwesenheit von Chlor und Brom ist zu starkes Erwärmen wegen der Flüchtigkeit des Quecksilbers zu vermeiden. Die Reaktion ist vollständig, wenn die Sauerstoffentwicklung aufgehört hat. Die wasserhelle Flüssigkeit wird mit Wasser verdünnt, das Quecksilber als Sulfid gefällt.

β) Verfahren in Gegenwart von Jod. Der Abbau wird in einem 200 cm³ fassenden Kolben mit spiralförmigem Rückflußkühler vorgenommen, durch welchen auch die Wasserstoffperoxydzugabe erfolgt. Während der Oxydation tritt Färbung der Lösung durch Jod auf. Der Kühler wird am Schluß mehrmals mit Wasser ausgewaschen; man gibt etwas mehr Wasserstoffperoxyd zu als bei der Bestimmung in Abwesenheit von Jod.

Zu der aufgeschlossenen, verdünnten Lösung gibt man 0,1 bis 0,2 g Aluminiumpulver, das beim Erwärmen heftig unter Abscheidung von schwarzem Quecksilber reagiert. Man setzt das schwache Erwärmen zur vollständigen Quecksilberausfällung etwa 15 bis 30 Min. fort, ein kleiner Aluminiumüberschuß bleibt unverändert. Nach dem Abkühlen und Filtrieren versetzt man am Rückflußkühler mit 2 cm³ konzentrierter Salpetersäure und 3 bis 5 cm³ Bromwasser. Nach der Hauptreaktion wird noch 1 Tropfen flüssiges Brom zur vollständigen Quecksilberauflösung zugegeben. Zur Bromentfernung wird erwärmt, anschließend filtriert, sorgfältig mit verdünnter Natriumhydrogensulfatlösung entfärbt und Schwefelwasserstoff eingeleitet.

Arbeitsvorschrift von Bauer. Ein weithalsiger Jenaer Glaskolben mit 0,2 bis 0,3 g Substanz wird mit einem doppelt durchbohrten Gummistopfen verschlossen, dessen eine Bohrung einen kleinen Tropftrichter trägt, während die andere Bohrung zum Anschluß eines Péligot-Rohres dient. Die Größe des Péligot-Rohres, das zum Auffangen flüchtiger Quecksilberverbindungen dient, ist so gewählt, daß durch Eingießen von 5 cm³ Wasser ein genügender Abschluß erzielt wird. Durch den Tropftrichter gibt man 10 cm³ konzentrierte Schwefelsäure hinzu, bei wäßriger Substanzlösung nimmt man am besten rauchende Säure. Unter fortwährendem Umschwenken läßt man nun langsam durch den Tropftrichter 3 bis 5 cm³ 30%iges Wasserstoffperoxyd zutropfen und erwärmt mit kleiner Bunsen-Flamme. Man fährt mit Erhitzen und Wasserstoffperoxydzugabe so lange fort, bis eine wasserhelle Lösung entstanden ist, was bereits nach wenigen Minuten der Fall ist. Der Inhalt des Kolbens und des Péligot-Rohres wird mit wenig Wasser in ein kleines Becherglas gespült. Zur weiteren Bestimmung versetzt Bauer die Flüssigkeit mit konzentriertem Ammoniak (etwa 20 bis 25 cm³) bis zur deutlich alkalischen Reaktion, erhitzt in dem bedeckten Becherglas zum Sieden und läßt 3 Min. kochen. Die abgekühlte Lösung versetzt er mit 10 cm³ einer etwa 0,2 n Kaliumcyanidlösung, fügt 5 Tropfen 10%ige Kaliumjodidlösung als Indicator zu und titriert den Überschuß an Kaliumcyanid mit 0,05 n Silbernitratlösung zurück, s. S. 485.

Bemerkung. Bauer benutzte als Untersuchungsmaterial Quecksilberdiphenyl, Quecksilberbenzoat und Quecksilberbisnitrophenol.

Arbeitsvorschrift von Wöber. In einen etwa 200 cm³ fassenden Erlenmeyer-Kolben werden 0,2 bis 0,5 g pulverisierte Substanz eingewogen und mit 5 cm³ konzentrierter Schwefelsäure unter kräftigem Schütteln versetzt. Durch die eine Bohrung des den Kolben verschließenden Stopfens führt ein kleiner Tropftrichter, durch die andere ein gebogenes Glasrohr, das mit einer etwa 20 cm³ fassenden gekühlten Péligot-Röhre verbunden ist. In den Tropftrichter gibt man 0,5 bis 1 cm³ Perhydrol, in das Péligot-Rohr etwa 5 cm³ destilliertes Wasser. Man erwärmt auf 50 bis 60° und gibt nach Entfernung des Brenners unter Umschwenken langsam tropfenweise Perhydrol zu. Hat die Hauptreaktion nachgelassen, so wird weiter erhitzt, bis sich in dem gekühlten Péligot-Rohr weiße Schwefelsäuredämpfe zeigen und der Kolbeninhalt entfärbt ist. Nach dem Abkühlen versetzt man unter Umschwenken mit 10 cm³ Wasser und gibt zu der gut gekühlten Mischung etwa 1 g Natriumchlorid zu, um schwer lösliche, basische Salze in Lösung zu bringen. Zur Zerstörung der Peroxymonoschwefelsäure neutralisiert man mit Natronlauge (D 1,3), verbindet den Kolben mit der übrigen Apparatur und erhitzt 10 Min. mit kleiner Flamme zum Sieden. Den Inhalt von Kolben und PÉLIGOT-Rohr verdünnt man nach dem Abkühlen auf 100 cm³.

Die weitere Bestimmung führt WÖBER nach RUPP durch Ausfällen des Quecksilbers mit Formaldehyd und anschließende jodometrische Bestimmung aus, s. S. 389.

11. Aufschließung von Fett.

Nach STOCK, CUCUEL und KÖHLE setzt das in organischem Material enthaltene Fett sämtlichen Aufschlußverfahren hartnäckigen Widerstand entgegen. Als beste Aufschlußmethode hat sich eine Verbrennung des Fetts mit anschließender Kondensation der Verbrennungsgase mit flüssiger Luft bewährt.

Arbeitsvorschrift. Zur Verbrennung benutzen STOCK, CUCUEL und KÖHLE eine kleine, röhrenförmige Lampe A (Abb. 18) aus schwer schmelzbarem Glas (Durchmesser im mittleren Teil 15 mm). Die Lampe faßt, halb gefüllt, etwa 5 bis 6 g Fett. In ihrer 2 mm weiten Spitze trägt sie einen aus zusammengeflochtenen Asbestfäden hergestellten Docht B. Mittels der Schraubvorrichtung C kann sie gekippt werden, so daß die Flammenhöhe geregelt und alles Fett in den Docht gebracht und verbrannt werden kann. Die Verbrennungsgase werden unter schwachem Saugen mit einer Wasserstrahlpumpe (Strömungsgeschwindigkeit etwa 50 l Luft/Std.) durch den Trichter D dem mit flüssiger Luft gekühlten Kondensationsrohr E zugeführt. Selbstverständlich ist in einem möglichst quecksilberfreien Raum zu arbeiten.

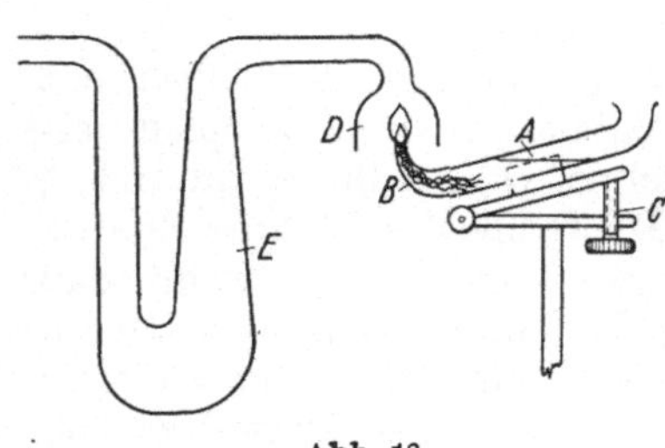

Abb. 18.

Bemerkungen. Die meisten Fette verbrannten bei den Bestimmungen von STOCK, CUCUEL und KÖHLE ruhig und gleichmäßig, indem sie, einmal zum Schmelzen gebracht, durch die Hitze der Flamme flüssig blieben. Nötigenfalls wurde durch schwaches Erwärmen nachgeholfen. Die Verbrennung einzelner Fettsorten, auch des nach Aufschließung von Fleisch bleibenden Fettrückstandes, machte Schwierigkeiten, weil die Flamme rußte und sich am Docht Kohle ansetzte. In solchen Fällen wurde das Fett im gleichen Volumen Benzin gelöst und die Lösung verbrannt. Die Verwendung eines besonders langen Dochts ist dabei zu empfehlen, damit die Spitze abgeschnitten werden kann, sobald sie verrußt ist.

Nach diesem Verfahren läßt sich der Quecksilbergehalt auch von Fetten hinreichend genau bestimmen. Das Fett, das beim Aufschließen von quecksilberhaltigem, tierischem Material zurückblieb, enthält immer nur wenig Quecksilber, so daß man bei der praktischen Analyse gewöhnlich auf den Aufschluß zurückbleibenden Fettes verzichten kann.

12. Weitere Aufschließungsverfahren.

a) Bestimmung des Quecksilbers in QuecksilberII-chlorid bei Gegenwart organischer Substanz. Arbeitsvorschrift von SANDILANDS. Die abgewogene Substanz wird mit der 2- bis 4fachen Menge entwässerter Jodsäure in einem Verbrennungsrohr, das zur Hälfte mit einem Wasserkühler umgeben ist, versetzt. Unter Durchleiten eines Luftstroms wird erhitzt und das Quecksilber in Jodid übergeführt. Nach Beendigung der Reaktion löst man das QuecksilberII-jodid nach Hinzufügen einiger Natriumthiosulfatkrystalle durch einige Kubikzentimeter Wasser. Anschließend bestimmt SANDILANDS das Quecksilber als Sulfid, s. S. 472.

b) Aufschließung organischer Quecksilberverbindungen. Arbeitsvorschrift von WHITMORE und SOBATZKI. 0,1 bis 0,2 g der organischen Quecksilberverbindung, auch von Organo-QuecksilberII-halogeniden, mischt man mit 1 g Kaliumjodid und versetzt die Mischung in einem 100 cm³ fassenden ERLENMEYER-Kolben mit 2 cm³ Chloroform, 25 cm³ Wasser und 25 cm³ einer etwa 0,1 n Jodlösung. Man erhitzt etwa 15 bis 30 Min. am Rückflußkühler. Unterdessen werden 25 cm³ der benutzten Jodlösung mit etwa 0,05 n Thiosulfatlösung titriert. Der Inhalt des Reaktionskolbens wird nach dem Abkühlen mit 2 Tropfen konzentrierter Salzsäure angesäuert und ebenfalls mit Thiosulfat titriert.

c) Aufschließung einfacher aliphatischer Quecksilberhalogenide. Arbeitsvorschrift von FITZGIBBON. Der Autor schließt einfache aliphatische Quecksilberhalogenide, wie die höheren Alkyl-QuecksilberII-chloride, durch Erhitzen mit konzentrierter Schwefelsäure auf, die die genannten Verbindungen in QuecksilberII-sulfat überführt. Etwa auftretende Reaktionsprodukte können durch nachträglichen Zusatz von Bromwasser, dessen Überschuß durch Kochen entfernt werden muß, oxydiert werden. Leicht flüchtige und stabile Alkylverbindungen werden nach FITZGIBBON sicherer durch reines Brom zersetzt. Das entstandene Reaktionsgemisch wird in der üblichen Weise mit Schwefelsäure erhitzt. Die Verkohlungen, die beim Erwärmen aromatischer Verbindungen mit Schwefelsäure auftreten, können durch einige Tropfen konzentrierte Salpetersäure beseitigt werden.

Bemerkung. Als Beispiele werden der Aufschluß von Äthyl-QuecksilberII-chlorid und die Analyse des Saatbeizmittels „Semesan“ mit 30% Hydroxy-QuecksilberII-chlorophenol angeführt.

d) Aufschließung von Organo-Quecksilberhalogen- und Organo-Quecksilbernitratverbindungen. Arbeitsvorschrift von JOHNS, PETERSON und HIXON. Eine 0,25 g QuecksilberII-sulfid entsprechende Probemenge wird mit 100 cm³ Wasser bedeckt und mit 5 cm³ Brom behandelt. Man erwärmt langsam und entfernt schließlich den Bromüberschuß durch Kochen. Die letzten Spuren Brom zerstört man mit saurem Natriumsulfit. Ölige Bromierungsprodukte entfernt man durch Filtrieren über ein Papierfilter.

e) Aufschließung organischer, auch halogenhaltiger Quecksilberverbindungen. Arbeitsvorschrift von KHARASCH und FLENNER. 0,2 g der organischen, auch halogenhaltigen Quecksilberverbindung werden in einem 250 cm³ fassenden ERLENMEYER-Kolben mit 20 cm³ Eisessig und 3 cm³ Brom behandelt. Nach 12- bis 24stündigem Stehen werden 5 cm³ Salzsäure und Zinkstaub nach und nach in kleinen Mengen zugegeben, um eine Temperatursteigerung über 40° zu vermeiden. Sobald die Bromfarbe verschwunden ist, wird ein leichter Überschuß an Zink zugegeben und die Mischung 2 Std. oder länger der Umsetzung überlassen. Vor dem Filtrieren gibt man eine kleine Menge Silicagel zu, um etwas vorhandenes kolloides Quecksilber zurückzuhalten. Die Asbestplatte des GOOCH-Tiegels wird vorher ebenfalls mit Silicagel bedeckt. Der Rückstand wird durch Dekantieren mit Wasser halogenfrei gewaschen und das Waschwasser ebenfalls filtriert. Der Gesamtrückstand wird im ERLENMEYER-Kolben in Salpetersäure gelöst und anschließend das Quecksilber mit Kaliumrhodanid bestimmt.

f) Aufschließung von QuecksilberII-salicylat. Arbeitsvorschrift von MURRAY. 0,5 g Substanz werden in einem 150 cm³ fassenden Becherglas in 10 cm³ 10%iger Natronlauge unter gelindem Erwärmen gelöst. Nach Zusatz von 10 cm³ 10%iger Natriumsulfidlösung wird gekocht. Das Erhitzen wird unterbrochen und die heiße Lösung mit 10%iger Salzsäure neutralisiert und außerdem mit einem Überschuß von 5 cm³ Salzsäure versetzt. Die heiße Flüssigkeit wird filtriert, mit Wasser chlorfrei gewaschen, anschließend 2mal mit je 5 cm³ Alkohol und einer Alkohol-Äther-Mischung (1 : 1) behandelt, bis das mit Wasser auf 15 cm³ verdünnte Filtrat mit einem Tropfen EisenIII-chloridlösung keine Salicylsäurereaktion mehr gibt. Hierauf wird

3mal mit je 5 cm^3 Tetrachlorkohlenstoff gewaschen und das Sulfid gewichtsanalytisch ermittelt.

g) Aufschließung von Quecksilbersalicylat oder -succinimid. Arbeitsvorschrift von RUPP. Man versetzt 0,3 g Quecksilbersalicylat oder-succinimid in einem etwa 150 cm^3 fassenden Kochkolben, der durch einen einfach durchbohrten Stopfen mit einem 40 bis 50 cm langen Steigrohr verschlossen ist, mit 4 g Kaliumsulfat und 5 cm^3 konzentrierter Schwefelsäure. Man erhitzt, bis die Mischung wasserklar ist, und versetzt von neuem mit 5 bis 10 cm^3 konzentrierter Schwefelsäure. Nach Entfernung des Steigrohrs gibt man als Oxydationsmittel einige Körnchen Kaliumpermanganat (0,1 bis 0,2 g) zu und erhitzt einige Minuten zur Entfernung der Rotfärbung. Die Aufschlußmethode hat jedoch den Nachteil, daß sie nur langsam, oft überhaupt nicht, zum Ziele führt. Auch können bei sehr flüchtigen Substanzen geringe Mengen Quecksilber durch das Steigrohr entweichen.

h) Bestimmung des freien Quecksilbers in Handelsprodukten und Salben. Arbeitsvorschrift von DUNNICLIFF und LAL. Die Autoren lösen die Salbe durch Schütteln mit Äther, waschen den Rückstand durch Dekantieren und behandeln ihn mit Bromwasser. Das entstandene QuecksilberII-bromid wird abfiltriert. Nach der Vertreibung überschüssigen Broms auf dem Wasserbad wird das Quecksilberbromid in Alkohol gelöst und das Quecksilber nach dem Verdünnen der Lösung als Sulfid bestimmt. Bei grauem Quecksilberpulver wird der nach Behandeln mit verdünnter Salzsäure entstandene Rückstand ebenfalls nach der oben gegebenen Vorschrift verarbeitet. Zur Bestimmung des freien Quecksilbers in Knallquecksilber behandeln DUNNICLIFF und LAL die Substanz mit einem Überschuß an Kaliumcyanid, filtrieren den Rückstand ab, behandeln das Quecksilber mit Bromwasser und bestimmen es anschließend als Sulfid.

i) Aufschließung von Quecksilbersalben, -suspensionen u. dgl. Bei Salben ist es oft nach SCHULEK und FLODERER auch vorteilhaft, diese zum Aufschluß der Quecksilberverbindung in einem mit angeschliffenem Rückflußkühler versehenen Kolben mit verdünnter Salpetersäure (gegebenenfalls mit Salzsäure) zu kochen. In der abgekühlten Flüssigkeit erstarrt die Salbengrundlage, die quecksilberhaltige Lösung kann abgegossen werden. Bei mehrmaliger Wiederholung ist nach SCHULEK und FLODERER das Quecksilber vollkommen aus der Salbe entfernt. Bei Quecksilber in öliger Suspension kann das abgekühlte Reaktionsgemenge in einen Scheidetrichter übergeführt, ein organisches Lösungsmittel zugegeben und das Quecksilbersalz mit angesäuertem Wasser mehrmals ausgeschüttelt werden.

Es hängt immer von der Zusammensetzung des Gemisches ab, welche Säure zum Herauslösen gebraucht wird. In allen Fällen, in denen ionisierbares, also nicht organisch gebundenes Quecksilber ausgeschlossen ist, wird Salpetersäure benutzt. Beim Isolieren geringer Mengen in Gelatinekugeln oder Gelatinesuppositorien als Quecksilberoxycyanid gebundenen Quecksilbers wird nach SCHULEK und FLODERER die Masse am Rückflußkühler mit Salzsäure gekocht. Die Gelatine wird dadurch zu einer einfachen Aminosäure abgebaut. Das Quecksilber läßt sich dann als gut filtrierbares Sulfid abscheiden. Liegt das Quecksilber als 1wertige Verbindung vor, so wird die salzsaure Lösung mit wenig Bromwasser behandelt, anschließend etwas Hydrazinsulfat zugegeben und dann erst die Sulfidfällung vorgenommen.

Um den bei der Behandlung von Quecksilbersalben mit konzentrierter Salpetersäure durch Einschluß von QuecksilberII-nitrat in dem Fettkuchen entstehenden Fehler zu vermeiden, schlägt VIEBÖCK folgenden Weg vor: Etwa 1 g Salbe wird bei gelinder Wärme mit 5 cm^3 konzentrierter Salpetersäure behandelt. Sobald alles Quecksilber verschwunden ist, verdünnt man mit 20 cm^3 Wasser und schüttelt die Lösung, bis sich die nitrosen Gase weitgehend gelöst haben. Der Lösung setzt man so lange 0,1 n Permanganatlösung zu, bis die Farbe nunmehr allmählich verschwindet. Dann erwärmt man auf 60°. Die warme Lösung wird mit 1 Krystall (0,5 bis 1 g) EisenIII-nitrat versetzt und mit 0,1 n Ammoniumrhodanidlösung auf deutlichen Umschlag titriert. Nun läßt man gut abkühlen und beendet die Titration. Durch die

Ausführung in der Wärme bleibt die Fettmasse die ganze Zeit über geschmolzen. Die Titration muß jedoch in der Kälte zu Ende geführt werden, weil sonst durch die in der Wärme eintretende Hydrolyse des Quecksilberrhodanids ein Fehler von etwa 1% entsteht.

Ähnlich wie VIEBÖCK gehen BEARDSLEY und STYLES bei der Bestimmung des Quecksilbergehalts von „Hydrargyrum cum Creta" vor.

k) Aufschließung einer citronengelben Salbe, die neben den Bestandteilen der Salbengrundlage und QuecksilberII-nitrat wahrscheinlich etwas Quecksilberoleat, -palmitat und -stearat enthält. Arbeitsvorschrift von WRIGHT. 5 g Salbe werden mit 50 cm³ einer Mischung aus 1 Teil Überchlorsäure (D 1,615), 2 Teilen rauchender Salpetersäure (D 1,49) und 2 Teilen Wasser versetzt. Unter Rückflußkühlung mit einem angeschliffenen Kühler erhitzt man bis zur Auflösung, filtriert, wäscht mit Wasser nach und bringt das Filtrat auf 100 cm³ Volumen. Zur weiteren Quecksilberbestimmung titriert WRIGHT 20 cm³ der Lösung mit Rhodanid.

l) Aufschließung von Gewebe, Blut und Leber. BROUN, KAYSER und SFIRAS schließen Gewebe, Blut, Leber mit einem Salzsäure-Salpetersäure-Gemisch auf. Die zerteilten Gewebe werden mit der Hälfte ihres Gewichts an Salzsäure und mit etwas ManganII-chlorid zum Katalysieren der Reaktion versetzt. Nun erhitzt man am Rückflußkühler und gibt während des Siedens Salpetersäure von 36° Bé zu. Der Aufschluß dauert 2 bis 4 Std.

m) Bestimmung von Quecksilber und Kupfer in Unterwasserölfarben. Arbeitsvorschrift von SELENETZKI. Die gewogene Substanz wird mit einem Gemisch von Schwefelsäure und ChromVI-oxyd am Rückflußkühler gekocht; Quecksilber und Kupfer werden nach Fällung mit Schwefelwasserstoff und Behandeln des erhaltenen Sulfidniederschlags mit Salpetersäure in der nun vorliegenden Lösung gewichtsanalytisch bestimmt.

n) Aufschließung von kyanisiertem Holz. Arbeitsvorschrift von SCURTI und DROGOUL. 20 g zu Streichholzgröße zerkleinertes Holz bringt man in einen Glaskolben, gibt zur besseren Verteilung 10 g Sand zu und übergießt mit 125 bis 150 cm³ 10%iger Salzsäure. Der Kolben wird mit einem mit Kugelrohr versehenen Rückflußkühler verbunden. Dann läßt man 2 Std. kochen. Nach dem Abkühlen saugt man den Kolbeninhalt ab. Das Holzmaterial zerreibt man im Mörser und wäscht es unter Dekantieren und Filtrieren. Falls nötig, wird nochmals Sand zugesetzt. Der Rückstand wird im Kolben erneut 2 Std. mit der gleichen Menge Salzsäure erhitzt, abgekühlt, filtriert und ausgewaschen. Filtrat und Waschwasser fällt man mit Schwefelwasserstoff, filtriert den Niederschlag ab und wäscht ihn aus. Falls teerige Substanzen zugegen sein sollten, entfernt man sie durch Auswaschen mit heißer 30%iger Lösung von Krystallsoda, bis die Flüssigkeit klar abläuft, und wäscht dann erneut mit heißem Wasser und zuletzt mit Alkohol und Schwefelkohlenstoff. SCURTI und DROGOUL nehmen die Bestimmung alsdann gewichtsanalytisch als Sulfid vor.

Bemerkung. Die Resultate zeigen befriedigende Übereinstimmung sowohl bei der Untersuchung von Sägespänen als auch bei der von Holzklötzchen aus Tannen- und Fichtenholz.

Literatur.

ALLPORT, U.: Quart. J. Pharm. Pharmacol. **1**, Nr. 1 (1928); durch P. C. H. **69**, 745 (1928); vgl. auch Fr. **77**, 393 (1929).

BAUER, H.: B. **54**, 2079 (1921). — BEARDSLEY, W. J. u. B. H. STYLES: Quart. J. Pharm. Pharmacol. **7**, 541 (1934). — BOËTIUS, M.: J. pr. [N. F.] **151**, 279 (1938). — BOOTH, H. S., N. E. SCHREIBER u. K. G. ZWICK: Am. Soc. **48**, 1815 (1926). — BORDEIANU, C. V.: Ar. **271**, 149, 209 (1933); Ann. sci. Univ. Jassy **20**, 129 (1934/35). — BROUN, D., F. KAYSER u. J. SFIRAS: Bl. Soc. Chim. biol. **12**, 504 (1930). — BUCHTALA, H.: H. **83**, 249 (1913).

CAMBAR, R.: Bl. Soc. Pharm. Bordeaux **78**, 21 (1940). — CORRAN, R. F. u. F. E. RYMILL: Quart. J. Pharm. Pharmacol. **8**, 340 (1935).

DUNNICLIFF, H. B. u. K. LAL: Analyst 52, 329 (1927). — DUNNING, F. u. L. H. FARINHOLT: Am. Soc. 51, 804 (1929). — DURET, P.: C. r. 167, 129 (1918).
ENOCH, C.: Z. öffentl. Ch. 13, 307 (1907).
FENIMORE, E. P. u. E. C. WAGNER: Am. Soc. 53, 2468 (1931); vgl. auch Fr. 94, 367 (1933). — FITZGIBBON, M.: Analyst 62, 654 (1937). — FRASER, A.M.: J. Ind. Hyg. 16, 67 (1934). — FRIEDMANN, A.: H. 92, 46 (1914).
HAMPSHIRE, C. H. u. G. R. PAGE: Quart. J. Pharm. Pharmacol. 8, 75 (1935). — HEADING, W. R.: Quart. J. Pharm. Pharmacol. 7, 406, 413 (1934). — HEINZELMANN, A.: Ch. Z. 35, 721 (1911). — HERNLER, F.: Mikrochemie, PREGL-Festschr., S. 154. 1929. — HULETT, G. A.: Ph. Ch. 49, 500 (1904).
ILLARI, G.: Ann. Chim. applic. 22, 261 (1932).
JACQUEMAIN, M. R. u. G. DEVILLERS: Bl. [5] 5, 1338 (1938). — JÄNECKE, E.: Fr. 43, 547 (1904). — JOHNS, I. B., W. D. PETERSON u. R. M. HIXON: Am. Soc. 52, 2820 (1930).
KHARASCH, M. S. u. A. L. FLENNER: Am. Soc. 54, 686 (1932). — KLOTZ, A.: H. 92, 286 (1914). — KLUGE, H., H. TSCHUBEL u. A. ZITEK: Z. Lebensm. 76, 321 (1938). — KOHN-ABREST, E.: Ann. Chim. anal. [2] 7, 353 (1925). — KOSCHKIN, N. W.: Betriebslab. 8, 677 (1939); durch C. 111 II, 3372 (1940).
LLACER, A. J.: An. Argentina 27, 49 (1939). — LOMHOLT, S. u. J. A. CHRISTIANSEN: Bio. Z. 81, 356 (1917).
MEIXNER, A. u. F. KRÖCKER: Mikrochemie 5, 131 (1927). — MØLLER, K. O.: Bio. Z. 223, 379 (1930). — MOORE, E. E. u. E. F. SHELBERG: Ind. eng. Chem. Anal. Edit. 4, 226 (1932). — MUNDY, L. M. u. C. W. S. RIX: Quart. J. Pharm. Pharmacol. 5, 438 (1932). — MURRAY, A. F.: Am. J. Pharm. 98, 639 (1926).
NEWCOMB, C., S. R. NAIDU u. K. S. VARADACHAR: Analyst 60, 732 (1935).
PALME, H.: H. 89, 345 (1914).
RAASCHOU, P. E.: Fr. 49, 172 (1910). — RANGIER, M. u. H. RABUSSIER: C. r. Soc. Biol. 119, 1052 (1935). — REITH, J. F. u. C. P. VAN DIJK: Chem. Weekbl. 37, 186 (1940); Pharm. Weekbl. 77, 865 (1940). — ROBINSON, R.: Analyst 54, 145 (1929). — ROE, R. S.: J. Assoc. offic. agric. Chem. 13, 311 (1930). — RÜTGERSWERKE A.-G., Berlin, Mitteilungen aus dem Laboratorium für Holzkonservierung: Ch. Z. 56, 730 (1932). — RUPP, E.: Ar. 239, 114 (1901). — RUPP, E. u. P. NÖLL: Ar. 243, 1 (1905). — RUTGERS, J. J.: C. r. 190, 746 (1930).
SANDILANDS, J.: Analyst 65, 13 (1940). — SANDIN, R. B. u. E. T. MARGOLIS: Ind. eng. Chem. Anal. Edit. 7, 293 (1935). — SCHULEK, E. u. S. FLODERER: Fr. 96, 388 (1934). — SCHUMACHER II u. W. JUNG: Fr. 41, 461 (1902). — SCHUMM, O.: Fr. 44, 73 (1905). — SCHWENKE, B.: P. C. H. 76, 548 (1935). — SCURTI, F. u. G. DROGOUL: Ind. chimica 9, 448 (1934). — SELENETZKI, B. P.: Betriebslab. 8, 215 (1940); durch C. 111 II, 829 (1940). — STETTBACHER, A.: Techn. u. Ind. u. Schweizer Ch. Z. 1924, 242. — STOCK, A.: B. 72, 1844 (1939). — STOCK, A., F. CUCUEL u. H. KÖHLE: Angew. Ch. 46, 187 (1933). — STOCK, A. u. N. NEUENSCHWANDER-LEMMER: B. 71, 550 (1938). — STRAFFORD, N. u. P. F. WYATT: Analyst 61, 528 (1936).
TABERN, D. L. u. E. F. SHELBERG: Ind. eng. Chem. Anal. Edit. 4, 401 (1932).
VERDINO, A.: Mikrochemie 6, 5 (1928). — VIEBÖCK, F.: Pharm. Presse 37, wissenschaft. prakt. Heft S. 47 (1932). — VOTOČEK, E. u. L. KAŠPÁREK: Bl. [4] 33, 110 (1923).
WASTENSON, H.: Pharm. Post 50, 125 (1917). — WATERMAN, R. E., F. C. KOCH u. W. MCMAHON: Ind. eng. Chem. Anal. Edit. 6, 409 (1934). — WEISSMANN, G.: P. C. H. 72, 561 (1931). — WESSEL, F. u. M. KESSLER: Ch. Z. 55, 318 (1931). — WHITMORE, F. C. u. R. J. SOBATZKI: Am. Soc. 55, 1128 (1933). — WINKLER, L. W.: (a) P. C. H. 69, 81 (1928); (b) 72, 609 (1931). — WINKLER, W. O.: J. Assoc. offic. agric. Chem. 18, 638 (1935). — WÖBER, A.: Angew. Ch. 33 I, 63 (1920). — WRIGHT, T. G.: J. Am. pharm. Assoc. 24, 102 (1935).
YOUNG, A. G. u. F. H. L. TAYLOR: J. biol. Chem. 84, 377 (1929).

Trennungsmethoden.

A. Trennung des Quecksilbers von den Elementen der Salzsäuregruppe.

1. Trennung des Quecksilbers von Silber.

a) Indirekte Bestimmung durch Titration. In einer Lösung von Silbernitrat und QuecksilberII-nitrat läßt sich die Summe der Metalle titrimetrisch mit Rhodanidlösung nach RUPP und KRAUSS genau bestimmen. Die Titration des Silbers mit Natriumchloridlösung liefert zu geringe Werte (BUTTLE und HEWITT; KNOX). Deshalb muß entweder das Silber gewichtsanalytisch als Chlorid (ROSE; KNOX) oder das Quecksilber durch jodometrische Titration bestimmt werden (RUPP und LEHMANN).

Arbeitsgang. Zu 10 cm³ einer QuecksilberII-nitratlösung, die in 1000 cm³ eine 25,3529 g Quecksilberoxyd entsprechende Menge Quecksilber enthält, 10 cm³ 0,1 n Silbernitratlösung und 30 cm³ Wasser werden 2 cm³ kalt gesättigte Eisenalaunlösung und etwa 30%ige Salpetersäure bis zur Entfärbung gegeben. Dann wird in der üblichen Weise nach RUPP und KRAUSS mit 0,1 n Rhodanidlösung titriert, s. S. 489. Zur Titration des Quecksilbers im Silber-Quecksilber-Gemisch muß eine chlorfreie Lösung vorliegen. Das 0,1 bis 0,2 g Quecksilber enthaltende Gemisch wird mit einer Lösung von 2 g Kaliumjodid auf 1 g Natriumhydroxyd vermischt und auf 100 cm³ aufgefüllt. Nach Abfiltrieren des ausgeschiedenen Silberjodids werden 50 cm³ der Quecksilberjodid-Kaliumjodid-Lösung mit einem Gemisch von 15 cm³ verdünnter Natronlauge, 3 cm³ 35%iger Formaldehydlösung und 10 cm³ Wasser behandelt. Nach Ansäuern mit 10 cm³ Eisessig wird das ausgeschiedene Quecksilber durch 25 bis 50 cm³ 0,1 n Jodlösung in Lösung gebracht und das überschüssige Jod nach RUPP und LEHMANN mit 0,1 n Thiosulfatlösung zurücktitriert. Zur gewichtsanalytischen Bestimmung des Silbers in Gegenwart von Quecksilber wird die Lösung der Nitrate tropfenweise unter Rühren mit überschüssiger Salzsäure versetzt, erwärmt und nach dem Abkühlen das Silberchlorid in einen GOOCH-Tiegel abfiltriert und mit verdünnter Salpetersäure ausgewaschen.

Genauigkeit. Bei Anwendung von 0,1079 g Silber wurden nach RUPP und KRAUSS 0,1080 g Silber wiedergefunden, bei Anwendung von 0,1145 bis 0,1720 g Quecksilber wurden nach RUPP und LEHMANN Differenzen von 0 bis +0,0003 g Quecksilber gefunden.

b) Herauslösen des Quecksilbers aus den Sulfiden. Unter Herauslösen des Quecksilbers aus einem Gemisch der Sulfide mit Kaliumthiocarbonat bestimmt ROSENBLADT den Gehalt der untersuchten Lösung an Quecksilber, POLSTORFF und BÜLOW benutzen zum gleichen Zweck alkalische Kaliumsulfidlösung.

Arbeitsvorschrift von ROSENBLADT. Aus den gemeinsam gefällten Sulfiden von QuecksilberII und Silber wird durch 30 cm³ orangefarbene Kaliumthiocarbonatlösung — hergestellt durch mehrtägiges Schütteln von 1 Teil Schwefel mit 2 Teilen Schwefelkohlenstoff und 15 Teilen Kalilauge (D 1,13) — unter Kochen das Quecksilbersulfid herausgelöst, das vom Silbersulfid durch Filtration getrennt und im Filtrat durch Kohlendioxyd erneut gefällt wird. Nach Abfiltrieren des QuecksilberII-sulfids und Entfernen des Schwefels mittels Schwefelkohlenstoffs kann das bei 101° getrocknete Sulfid gewogen werden.

Genauigkeit. Angewendet wurden 1,116 g QuecksilberII-sulfid, gefunden 1,1159 g.

Arbeitsvorschrift von POLSTORFF und BÜLOW. Etwa 0,3 g einer Mischung von QuecksilberII-sulfid und Silbersulfid versetzt man mit 10 cm³ 15%iger Kalilauge und der äquivalenten Menge Kaliumsulfid und verdünnt das Gemisch auf 300 cm³ Flüssigkeit. Nach Aufkochen und Absetzen des Silbersulfids wird letzteres abfiltriert und nach dem Lösen in chlorfreier Salpetersäure als Silberchlorid bestimmt. Im Filtrat wird das durch Zugabe von Ammoniumchlorid gefällte Quecksilbersulfid durch salzsaure Kaliumchloratlösung gelöst und nach Filtration das Quecksilber im Filtrat durch Schwefelwasserstoff gefällt und als Sulfid bestimmt, s. S. 470.

Genauigkeit. Bei Anwendung von 0,12 bis 0,16 g Silbernitrat und 0,09 bis 0,21 g QuecksilberII-chlorid wurden Differenzen von —0,0002 bis +0,00005 g QuecksilberII-chlorid und —0,0001 bis +0,0002 g Silbernitrat gefunden.

c) Abscheidung des Quecksilbers als organische Verbindung. Die Trennung des Quecksilbers von Silber kann nach PINKUS und KATZENSTEIN auch mit Cupferron erfolgen, das aus salpetersaurer, Silber- und QuecksilberII-nitrat enthaltender Lösung nur das Quecksilber fällt.

Arbeitsvorschrift. Eine Lösung, die 0,34 g Silbernitrat und 0,2 g QuecksilberI-nitrat enthält, versetzt man mit 0,5 g 1mol Salpetersäure und gibt tropfenweise frisch bereitete Cupferronlösung zu. Für je 0,1 g Quecksilber werden 2,5 cm³ des Reagenses gebraucht. Das gefällte Salz wird sofort abfiltriert, mit 0,5%iger Cupferronlösung ausgewaschen und nach dem Lösen in Salpetersäure das Quecksilber nach S. 514 bestimmt. Im Filtrat kann Silber direkt als Chlorid gefällt und als solches bestimmt werden.

Genauigkeit. Die gefundenen Werte weichen von den berechneten Werten von 0,2094 g Quecksilber und 0,2836 g Silberchlorid um —0,0003 bis —0,0007 g Quecksilber und —0,0012 bis +0,0006 g Silberchlorid ab.

d) Indirekte Bestimmung durch Elektrolyse. Trennung nach gemeinsamer elektrolytischer Abscheidung der beiden Metalle. Die elektrolytische Trennung des Quecksilbers von Silber ist nicht durchzuführen, da das Quecksilber in den meisten Lösungen bei derselben Spannung niedergeschlagen wird wie das Silber. Man schlägt daher die Metalle gemeinsam nieder, löst die abgeschiedenen Metalle in Salpetersäure und trennt sie dann. SAND verfährt folgendermaßen.

Arbeitsvorschrift. Die mit etwa 1,5 g Quecksilber plattierte Kathode wird gewogen. Als Elektrolytflüssigkeit dient die siedende Lösung der Quecksilber- und Silbersalze, die 1 cm³ konzentrierte Salpetersäure und 18 g Weinsäure enthält. Die gemeinsame Abscheidung der Metalle dauert bei einer Stromstärke zwischen 5 und 0,2 Ampere etwa 14 Min. Nachdem die Elektrode erneut gewogen worden ist, werden die Metalle in 20 cm³ konzentrierter Salpetersäure in der Siedehitze gelöst. Man macht mit Natronlauge schwach alkalisch, säuert mit Salpetersäure schwach an und fügt bis zum Klarwerden Kaliumcyanidlösung hinzu. Man erwärmt schwach, läßt das durch Salpetersäure ausgefällte Silber absitzen und filtriert. Das Filtrierpapier mit dem Silbercyanid wird in eine Lösung mit 3,5 g Kaliumcyanid gegeben und das gelöste Silber daraus bei 80° mit einem Strom von 3 Ampere Stärke abgeschieden. Während der Elektrolyse wird langsam gerührt.

2. Trennung des Quecksilbers von Blei.

a) Abdestillieren des Quecksilbers. STRECKER und CONRADT trennen Quecksilber und Blei durch Abdestillieren des Quecksilbers aus einer stark sauren Lösung unter Mitwirkung von Bromwasserstoff.

Arbeitsvorschrift. Eine Lösung, die etwa 0,5 g QuecksilberII-chlorid und 0,5 g Bleinitrat enthält, wird in einer Apparatur, bei der Destillierkolben, Kühler und Vorlage durch Schliff miteinander verbunden sind, mit 10 cm³ konzentrierter Schwefelsäure versetzt. Beim Erhitzen auf 170° unter Zutropfenlassen eines Gemisches von 100 cm³ konzentrierter Salzsäure, 100 cm³ Wasser und 10 cm³ Bromwasserstoffsäure (D 1,43) ist nach 1 Std. sämtliches Quecksilber in die Vorlage überdestilliert. Zur Vermeidung des Stoßens durch ausgefallenes Bleisulfat muß durch einen seitlichen Ansatz am Tropftrichter ein Kohlendioxydstrom durch die destillierende Flüssigkeit geleitet werden. Bei Anwendung von Phosphorsäure anstatt Schwefelsäure wird an Stelle des Kohlendioxydstroms ein Luftstrom durch die Flüssigkeit geleitet.

Genauigkeit. Bei Anwendung von 0,3 g Quecksilber und 0,17 bis 0,31 g Blei wurden Differenzen von +0,0002 bis +0,0005 g Quecksilber und —0,0001 bis —0,0007 g Blei gefunden.

b) Reduktion des Quecksilbersalzes zum Metall. α) *Durch unterphosphorige Säure.* Die Trennung von Quecksilber und Blei, die als Nitrate vorliegen, kann nach MOSER und NIESSNER durch Reduktion des QuecksilberII-nitrats zum Metall mit unterphosphoriger Säure vorgenommen werden.

Arbeitsvorschrift. Die Quecksilber- und Bleisalze enthaltende Probe bringt man unter Zusatz einiger Tropfen konzentrierter Salpetersäure in Lösung und reduziert durch einen großen Überschuß 0,5 mol unterphosphoriger Säure das QuecksilberII-nitrat zum Metall. Das Fällen und Bestimmen des Quecksilbers wird, wie auf S. 376 angegeben, vorgenommen. Im wäßrigen Filtrat kann das Blei als Sulfid gefällt und als Sulfat bestimmt werden.

Genauigkeit. Bei Anwendung von 0,06 bis 0,90 g Quecksilber und 0,26 bis 0,56 g Blei wurden Differenzen von —0,0008 bis —0,0003 g Quecksilber und —0,0001 g Blei gefunden.

β) Durch Hydroxylamin. Nach JANNASCH und DEVIN (b) erfolgt die Abscheidung des Quecksilbers als Metall quantitativ aus ammoniumtartrathaltiger Lösung des QuecksilberII-chlorids und des Bleinitrats mit Hydroxylamin.

Arbeitsvorschrift. Zu etwa 50 cm³ einer schwach salzsauren wäßrigen Lösung, die ungefähr 0,3 g QuecksilberII-chlorid und 0,6 g Bleinitrat enthält, gibt man 2 g Weinsäure und nach deren Lösung 20 cm³ konzentriertes Ammoniakwasser und 20 cm³ 10%ige Hydroxylaminchlorhydratlösung hinzu. Beim Erwärmen scheidet sich das Quecksilber metallisch ab und kann durch Abfiltrieren von der alles Blei enthaltenden Lösung von diesem quantitativ getrennt werden. Zur Bestimmung des Quecksilbers als Sulfid, s. S. 470, muß zunächst mit rauchender Salpetersäure die organische Filtersubstanz zerstört werden. JANNASCH und DEVIN (b) bestimmen das Blei als Sulfid in schwach salzsaurer Lösung oder als Sulfat.

Genauigkeit. Die gefundene Quecksilbermenge betrug 29,15% gegenüber dem theoretischen Wert von 29,20%, die gefundene Menge Blei 38,57% gegenüber dem theoretischen Wert von 38,64%.

c) Reduktion zum QuecksilberI-salz. v. USLAR hat für die von ROSE vorgeschlagene Trennung des Quecksilbers von Blei durch Reduktion des QuecksilberII-salzes mit phosphoriger Säure zu QuecksilberI-chlorid folgende Arbeitsweise ausgearbeitet.

Arbeitsvorschrift. Die auf 45° erwärmte Lösung von Bleinitrat und QuecksilberII-chlorid wird mit 25 cm³ 25%iger Salpetersäure und für je 0,1 g QuecksilberII-chlorid mit 5 cm³ 20%iger phosphoriger Säure versetzt. Nach 5stündigem Stehen unter zeitweiligem Umrühren wird das QuecksilberI-chlorid abfiltriert und nach Oxydation zum QuecksilberII-salz mit Kaliumchlorat in salzsaurer Lösung das Quecksilber als Sulfid gefällt und nach S. 470 bestimmt. Die das Blei enthaltende, vom QuecksilberII-chlorid abfiltrierte Flüssigkeit wird mit Ammoniak neutralisiert und das Blei nach dem Ansäuern mit Salpetersäure als Sulfid gefällt und als Sulfat bestimmt.

Genauigkeit. Bei Anwendung von 0,3066 g QuecksilberII-chlorid und 0,3507 g Bleinitrat wurden 0,3062 g QuecksilberII-chlorid und 0,3509 g Bleinitrat gefunden.

d) Abscheidung des Quecksilbers als Sulfid. Aus einer an Salzsäure 18%igen Lösung, die Quecksilber- und Bleisalz enthält, läßt sich das Quecksilber durch Schwefelwasserstoff nach MANCHOT, GRASSL und SCHNEEBERGER als QuecksilberII-sulfid ausfällen und so quantitativ vom Blei trennen. Der Quecksilbersulfidniederschlag wird zunächst mit 18%iger Salzsäure, dann mit Wasser gewaschen. Im Filtrat kann das Blei als Sulfat bestimmt werden.

Genauigkeit. Bei Anwendung von 0,1 g Quecksilber und 0,08 bis 0,21 g Blei wurden Differenzen von —0,0012 bis +0,0017 g Quecksilber und —0,0008 bis +0,0007 g Blei gefunden.

e) Abscheidung des Bleis. Durch Abscheidung des Bleis als Bleichromat aus stark alkalichloridhaltiger Lösung trennen FUNK und SCHORMÜLLER Quecksilber und Blei. Im Filtrat kann das Quecksilber als Sulfid gefällt werden.

α) Als Chromat. Arbeitsvorschrift. Die essigsaure Lösung von QuecksilberII- und Bleisalz wird mit 50 cm³ einer 5%igen Natriumchloridlösung versetzt und zum Sieden erhitzt. Dann wird das Blei mit 5 cm³ einer 5%igen Kaliumdichromatlösung gefällt und mit 1- bis 2%iger Essigsäure kalt ausgewaschen. Im Filtrat, das mit Salzsäure angesäuert, mit 5 bis 10 cm³ Alkohol versetzt und bis zur völligen Reduktion des Dichromats erhitzt wird, kann das Quecksilber nach dem Erkalten als Sulfid gefällt werden. Liegt QuecksilberI-salz vor, so wird zunächst in der mit Natriumchlorid versetzten Lösung das QuecksilberI-salz durch Bromwasser zu QuecksilberII-salz oxydiert und dann die Lösung mit Essigsäure versetzt.

Genauigkeit. Bei Anwendung von 0,05 bis 0,5 g Blei und 0,05 bis 0,5 g Quecksilber wurden Differenzen von +0,0009 g Quecksilber und —0,0006 bis +0,0008 g Blei gefunden.

β) *Als Dioxydhydrat.* Durch Abscheidung des Bleis als Dioxydhydrat mit Wasserstoffperoxyd in alkalischer Lösung trennen JANNASCH und v. CLOEDT Quecksilber und Blei. Im Filtrat kann das Quecksilber als Sulfid bestimmt werden.

Arbeitsvorschrift. Die salpetersaure Lösung von QuecksilberII- und Bleisalz wird langsam in eine Lösung von 25 cm³ konzentriertem Ammoniakwasser, 50 cm³ Wasser und 25 cm³ reinem und möglichst frisch hergestelltem 3- bis 4%igen Wasserstoffperoxyd gegossen. Nach 1 Std., während der wiederholt gerührt werden muß, wird der Bleidioxydhydratniederschlag nach Auswaschen mit kaltem Wasser auf dem Filter mittels Salpetersäure bei Zusatz von Wasserstoffperoxyd gelöst und das Blei erneut wie oben gefällt. Im Filtrat der Fällungen kann das Quecksilber, nach Vertreiben des Ammoniaks durch Eindampfen, in der üblichen Weise mit Schwefelwasserstoff als Sulfid, s. S. 470, bestimmt werden.

Genauigkeit. Bei Anwendung von 0,3952 g Bleinitrat und 0,3714 g QuecksilberII-oxyd wurden 0,3967 g Bleinitrat und 0,3738 g QuecksilberII-oxyd gefunden.

γ) *Als Carbonat.* Durch Abscheidung des Bleis als Carbonat aus pyridinhaltiger Lösung können nach JÍLEK und KOŤA das Blei und Quecksilber quantitativ getrennt werden. Im Filtrat erfolgt die Fällung des Quecksilbers als Sulfid.

Arbeitsvorschrift. Die mit Pyridin gegen Phenolphthalein als Indicator genau neutralisierte Lösung des QuecksilberII- und Bleinitrats mit 0,2 g Quecksilber und 0,2 g Blei wird mit 1 bis 2 Tropfen einer 10%igen Pyridinlösung versetzt. Nach 45 Min. langem Einleiten von Kohlendioxyd bleibt die Mischung einige Zeit stehen, dann wird erneut kurz Kohlendioxyd durchgeleitet. Der nach etwa 3 Std. in einen GOOCH-Tiegel abfiltrierte Niederschlag von Bleicarbonat wird mit kohlendioxydhaltigem Wasser gewaschen und nach dem Trocknen bei 120° zu Bleioxyd zersetzt. Im Filtrat kann das Quecksilber direkt als Sulfid gefällt werden.

Genauigkeit. Bei Anwendung von 0,04 bis 0,2 g Blei und 0,02 bis 0,2 g Quecksilber wurden Differenzen von ±0,0002 g Blei und ±0,0006 g Quecksilber gefunden.

δ) *Als Sulfat.* ROSE trennt das Quecksilber von Blei durch Abscheidung des Bleis als Sulfat bei Gegenwart eines Überschusses an Schwefelsäure. Der Lösung der Salze wurde zur besseren Abscheidung des Bleisulfats $^1/_6$ ihres Volumens an Alkohol zugefügt. Es wurden 1,127 g anstatt 1,126 g Bleisulfat gefunden.

f) Herauslösen des Quecksilbers aus den Sulfiden. Durch Herauslösen des Quecksilbers aus einem Gemisch der Sulfide mit Kaliumthiocarbonat bestimmt ROSENBLADT den Gehalt der untersuchten Lösung an Quecksilber. POLSTORFF und BÜLOW benutzen zum gleichen Zweck alkalische Kaliumsulfidlösung.

Arbeitsvorschrift von ROSENBLADT. Aus den gemeinsam gefällten Sulfiden von Quecksilber und Blei wird durch 30 cm³ orangefarbene Kaliumthiocarbonatlösung — hergestellt durch mehrtägiges Schütteln von 1 Teil Schwefel mit 2 Teilen Schwefelkohlenstoff und 15 Teilen Kalilauge (D 1,13) — unter $^1/_2$stündigem Kochen das Quecksilbersulfid herausgelöst. Das hierbei verdampfende Wasser ist zu ergänzen. Das Bleisulfid wird abfiltriert und QuecksilberII-sulfid erneut durch Ansäuern gefällt. Nach Abfiltrieren des QuecksilberII-sulfids und Entfernen des Schwefels durch Schwefelkohlenstoff kann das bei 101° getrocknete Sulfid gewogen werden.

Arbeitsvorschrift von POLSTORFF und BÜLOW. Etwa 0,3 g einer Mischung von Quecksilber- und Bleisulfid werden mit 10 cm^3 15%iger Kalilauge und der äquivalenten Menge Kaliumsulfid versetzt und auf 300 cm^3 Flüssigkeit verdünnt. Nach dem Aufkochen und Absetzen des Bleisulfids wird letzteres abfiltriert und nach Überführung in Sulfat als solches bestimmt. Im Filtrat wird das Quecksilbersulfid durch Zugabe von Ammoniumchlorid wieder ausgefällt, nach dem Auswaschen in der Kälte bis zur Entfärbung mit salzsaurer Kaliumchloratlösung behandelt und das Gemisch bis zum Verschwinden des Chlorgeruchs auf dem Wasserbad erwärmt. Im Filtrat wird Quecksilber als Sulfid erneut abgeschieden und als solches bestimmt, s. S. 470.

Genauigkeit. Bei Anwendung von 0,14 bis 0,17 g QuecksilberII-chlorid und 0,14 bis 0,22 g Bleinitrat wurden Differenzen von —0,0007 bis +0,0003 g QuecksilberII-chlorid und —0,0005 bis +0,0002 g Bleinitrat gefunden.

g) Abscheidung des Quecksilbers als organische Verbindung. α) *Durch Cupraennitrat.* Nach SPACU und SUCIU können Quecksilber und Blei getrennt werden durch Abscheidung des Quecksilbers mit Kaliumjodid und Cupraennitrat, während Blei durch Seignettesalz in Lösung gehalten wird.

Arbeitsvorschrift. Zu einer warmen Lösung von QuecksilberII-chlorid und Bleinitrat gibt man zunächst 5 g Seignettesalz und konzentriertes Ammoniakwasser bis zur Lösung des entstandenen Niederschlags und bis zum Auftreten einer deutlich alkalischen Reaktion und danach eine Lösung von 5 g Kaliumjodid hinzu. Nach dem Erhitzen zum Sieden wird Cupraennitrat im Überschuß zugesetzt. Über die Herstellung des Reagenses s. S. 506. Beim Erkalten scheidet sich die Verbindung $(HgJ_4)(Cu\,en_2)$ in prismatischen Krystallen ab[1]. Das Abfiltrieren des Niederschlags in einen Porzellanfiltertiegel wird am besten gleich nach Abkühlen der Mischung auf 15° vorgenommen. Der Niederschlag wird mehrmals mit einer Flüssigkeit ausgewaschen, die 1% Kaliumjodid und etwas Cupraennitrat enthält und nicht über 15° warm ist, danach mit etwas Alkohol und Äther behandelt.

Bemerkungen. Bei Anwendung von 0,10 bis 0,14 g QuecksilberII-chlorid und 0,3 bis 1,0 g Blei wurden Werte von 73,85 bis 74,00% Quecksilber gegenüber dem theoretischen Wert von 73,88% Quecksilber gefunden.

Die Fällung des Quecksilbers nach dieser Methode als Komplexverbindung $(HgJ_4)(Cu\,en_2)$ in schwach ammoniakalischer tartrathaltiger Lösung läßt sich auch noch in Gegenwart von Aluminium, Eisen, Mangan, Kobalt, Nickel, Zink, Kupfer und Wismut ausführen.

β) *Durch Cupferron.* Durch Abscheidung des Quecksilbers mit Cupferron aus salpetersaurer Lösung des QuecksilberI- und Bleinitrats trennen PINKUS und KATZENSTEIN das Quecksilber von Blei. Das Blei kann im Filtrat als Sulfat bestimmt werden.

Arbeitsvorschrift. Eine Lösung von QuecksilberI-nitrat mit etwa 0,25 g Quecksilber, 0,2 g Bleinitrat und 0,5 mol Salpetersäure wird mit einer frisch bereiteten 5%igen Cupferronlösung tropfenweise versetzt. Für je 0,1 g Quecksilber werden 2,5 cm^3 Reagens gebraucht. Die Flüssigkeit muß hierbei stark, am besten mechanisch, gerührt werden. Das gefällte Salz wird sofort abfiltriert und mit 0,5%iger Cupferronlösung gewaschen. PINKUS und KATZENSTEIN bestimmen das Quecksilber nach dem Lösen der Fällung in Salpetersäure nach der auf S. 514 angegebenen Methode. In dem mit etwas Schwefelsäure versetzten und auf ein kleines Volumen eingedampften Filtrat kann Blei als Sulfat bestimmt werden.

Genauigkeit. Die gefundenen Werte zeigten gegenüber den berechneten Werten von 0,2523 g Quecksilber und 0,2285 g Bleisulfat Differenzen von —0,0003 bis +0,0007 g Quecksilber und —0,0009 bis +0,0008 g Bleisulfat.

---

[1] Hinsichtlich der Abkürzung „en" in der Formel $(HgJ_4)(Cu\,en_2)$ vgl. S. 504.

γ) Durch Thionalid. Nach BERG und ROEBLING kann die Trennung des Quecksilbers von Blei durch Abscheidung des Quecksilbers als Quecksilber-Thionalid-Komplex $Hg(C_{12}H_{10}ONS)_2$ aus mineralsaurer Lösung erfolgen. Die Fällung läßt sich auch in Gegenwart von Cadmium-, Zink-, Aluminium-, Chrom-, Mangan-, Nickel-, Kobalt-, Calcium-, Barium- und Magnesiumsalzen ausführen.

Genauigkeit. Es wurden von der angewendeten Menge um —0,0001 bis +0,0006 g abweichende Werte für Quecksilber gefunden. Über die Arbeitsweise vgl. S. 508.

h) Trennung durch Elektrolyse. Die elektrolytische Abscheidung des Bleis erfolgt anodisch als Bleidioxyd *aus stark salpetersaurer Lösung.* In einer Lösung, der 15 bis 20% Salpetersäure (D 1,35 bis 1,38) zugesetzt sind, können Blei und Quecksilber elektrolytisch getrennt werden. Ist der Gehalt an Salpetersäure zu gering, so blättert nach HEIDENREICH das Bleidioxyd ab. SMITH (c) gibt folgende Arbeitsvorschrift. Zu der Lösung der beiden Metalle gibt man 25 bis 30 cm³ Salpetersäure (D 1,3) und verdünnt mit Wasser auf 175 cm³. Man elektrolysiert 4 Std. lang mit einer Stromdichte ND_{100} = 0,13 bis 0,18 Ampere und 2 Volt Spannung bei 30°. Das Blei wird anodisch als Dioxyd und das Quecksilber gleichzeitig kathodisch als Metall abgeschieden. Als Anode dient eine Schale.

3. Trennung des Quecksilbers von Thallium.

a) Abscheidung des Thalliums als ThalliumI-chromat. Die Trennung von QuecksilberII und ThalliumI oder ThalliumIII kann nach MOSER und BRUKL durch Abscheidung des Thalliums als ThalliumI-chromat aus schwach ammoniakalischer, kaliumcyanidhaltiger Lösung erfolgen.

Arbeitsvorschrift. Die Quecksilber und Thallium enthaltende Lösung wird schwach ammoniakalisch gemacht und bis zum Lösen des Niederschlags mit Kaliumcyanid versetzt, wodurch gleichzeitig vorhandenes ThalliumIII-salz zu ThalliumI-salz reduziert wird. Die Lösung versetzt man für je 0,1 g Quecksilber mit 2 g Sulfosalicylsäure, macht ammoniakalisch und gibt alsdann 2 g festes Natriumthiosulfat hinzu. Nach Erwärmen der Lösung auf 30° und dem Wiederabkühlen wird das Thallium durch Alkalichromat gefällt. Das Filtrat säuert man mit Schwefelsäure an und versetzt es mit viel Natriumthiosulfat, kocht die Mischung und filtriert QuecksilberII-sulfid und Schwefel ab. Nach dem Trocknen wird der Schwefel durch Schwefelkohlenstoff ausgezogen.

Genauigkeit. Bei Anwendung von 0,06 bis 0,63 g Thallium und 0,16 bis 0,83 g Quecksilber wurden Differenzen von —0,0006 bis +0,0005 g Thallium und —0,0009 bis +0,0010 g Quecksilber gefunden.

b) Abscheidung des Talliums als organische Verbindung. Nach BERG und FAHRENKAMP lassen sich Quecksilber und Thallium quantitativ durch Abscheidung des Thalliums mit in Aceton gelöstem Thionalid ($C_{10}H_7NH \cdot CO \cdot CH_2SH$) in stark natriumtartrathaltiger, natronalkalischer Lösung trennen. Hinsichtlich Einzelheiten vgl. dieses Handbuch, III. Teil, Band III, Kapitel „Thallium“.

B. Trennung des Quecksilbers von den Elementen der Schwefelwasserstoffgruppe.

1. Trennung des Quecksilbers von Kupfer.

a) Abdestillieren des Quecksilbers. *α) Aus Lösung.* STRECKER und CONRADT trennen Quecksilber und Kupfer durch Abdestillieren des Quecksilbers aus einer stark sauren Lösung unter Mitwirkung von Bromwasserstoff.

Arbeitsvorschrift. Eine Lösung, die 0,5 g QuecksilberII-chlorid und 0,25 g Kupfersulfat enthält, wird in einer Apparatur, bei der Destillierkolben, Kühler und Vorlage durch Schliff miteinander verbunden sind, mit 10 cm³ konzentrierter Schwefelsäure oder Phosphorsäure versetzt. Beim Erhitzen auf 170° unter Zutropfenlassen eines Gemisches aus 50 cm³ konzentrierter Salzsäure, 50 cm³ Wasser und

5 cm^3 Bromwasserstoff (D 1,43) ist nach 1 Std. sämtliches Quecksilber in die Vorlage überdestilliert.

Genauigkeit. Bei Anwendung von 0,4 g Quecksilber und 0,06 bis 0,13 g Kupfer wurden Differenzen von —0,0002 bis +0,0006 g Quecksilber und —0,0001 g Kupfer gefunden.

β) Durch Glühen der Sulfide. JANNASCH trennt Quecksilber von Kupfer durch Glühen der Sulfide im Sauerstoffstrom, wobei das Quecksilber in metallischer Form erhalten wird.

Arbeitsvorschrift. In einem Rohr werden im Sauerstoffstrom die gemeinsam gefällten Sulfide von Quecksilber und Kupfer samt dem Filter vorsichtig geglüht. Während das Quecksilber in einem mit verdünnter Salpetersäure und Bromwasser gefüllten Vorlagegefäß aufgefangen wird, bleibt das Kupfer als Oxyd zurück. Man löst letzteres in warmer Salpeter- oder Salzsäure, fällt durch Natronlauge und bestimmt das Kupfer als Kupferoxyd. Nach Eindampfen der Vorlageflüssigkeit bis fast zur Trockne wird mit viel Wasser und Salzsäure aufgenommen und das Quecksilber mit Schwefelwasserstoff als Sulfid gefällt und als solches bestimmt, s. S. 470.

Genauigkeit. Bei Anwendung von 0,5 g Kupfersulfat und 0,2 g QuecksilberII-chlorid wurden Werte gefunden, die für das Kupfer um 0,09 bis 0,12%, für das Quecksilber um 0,10 bis 0,15% von den berechneten abwichen.

b) Reduktion des Quecksilbersalzes zum Metall. Nach JANNASCH und DEVIN (a) kann die Trennung von Quecksilber und Kupfer durch Reduktion der QuecksilberII-salze in stark ammoniumtartrathaltiger Lösung zu Quecksilbermetall mit Hydroxylamin erfolgen, während Kupfer in Lösung bleibt.

Arbeitsvorschrift. Eine 0,3 g QuecksilberII-chlorid, 0,3 g Kupfersulfat und 1 g Weinsäure enthaltende wäßrige Lösung wird mit 25 cm^3 konzentriertem Ammoniakwasser und 20 cm^3 einer 10%igen Lösung von Hydroxylaminchlorhydrat versetzt. Beim Erwärmen scheidet sich das Quecksilber metallisch ab und kann durch Abfiltrieren von der das Kupfersalz enthaltenden Flüssigkeit getrennt werden. Zur Bestimmung des Quecksilbers als Sulfid, s. S. 470, muß zunächst die organische Filtersubstanz mit rauchender Salpetersäure zerstört werden. Das Kupfer bestimmen JANNASCH und DEVIN (a) als Kupferoxyd nach Fällung als KupferI-rhodanid aus salzsaurer, mit etwas Bromwasser versetzter Lösung.

Genauigkeit. Die gefundene Quecksilbermenge betrug 39,91% der angewendeten Substanzmenge gegenüber dem theoretischen Wert von 39,98%, die gefundene Menge Kupfer 14,65% gegenüber dem theoretischen Wert von 14,58%.

c) Reduktion zum QuecksilberI-salz. Die von ROSE vorgeschlagene Trennung von Quecksilber und Kupfer durch Reduktion des QuecksilberII-salzes mit phosphoriger Säure zu QuecksilberI-chlorid führt v. USLAR folgendermaßen aus:

Arbeitsvorschrift. Die auf 45° erwärmte, saure Lösung des Kupfer- und Quecksilbersalzes, der entweder 15 cm^3 25%ige Salzsäure oder 25 cm^3 25%ige Salpetersäure für je 0,1 g QuecksilberII-chlorid zugegeben worden sind, wird mit 5 cm^3 20%iger phosphoriger Säure versetzt und 5 bis 6 Std. lang unter zeitweiligem Umrühren bei gleicher Temperatur stehengelassen. Nach Abfiltrieren des QuecksilberI-chlorids wird das Kupfer im Filtrat nach einer der üblichen Methoden bestimmt. Das QuecksilberI-chlorid wird mit Kaliumchlorat zu QuecksilberII-chlorid oxydiert, dieses in Salzsäure gelöst und das Quecksilber durch Schwefelwasserstoff als Sulfid gefällt.

Genauigkeit. Bei Anwendung von 0,17 bis 0,21 g QuecksilberII-chlorid und 0,19 bis 0,20 g KupferII-oxyd wurden Differenzen von —0,0002 bis —0,0004 g QuecksilberII-chlorid und +0,0004 g KupferII-oxyd gefunden.

d) Abscheidung des Quecksilbers als Sulfid. Nach HAIDLEN und C. R. FRESENIUS erfolgt aus stark cyanidhaltiger, nach FUNCKE aus stark ammoniakhaltiger

Lösung der Quecksilber- und Kupfersalze durch Schwefelwasserstoff nur die Abscheidung des Quecksilbers.

Genauigkeit. PRETZFELD findet beim Arbeiten nach der Methode von HAIDLEN und C. R. FRESENIUS bei Anwendung von 0,16 g Quecksilber und 0,05 bis 0,3 g Kupfer Werte, die um —0,0008 bis +0,0001 g Quecksilber von dem theoretischen Werte abweichen.

e) Abscheidung des Kupfers als KupferI-salz. Eine Arbeitsvorschrift für die von RIVOT vorgeschlagene Trennung durch Reduktion der KupferII-salze zu schwerlöslichem KupferI-salz und der Bestimmung als KupferII-rhodanid hat KRAUSS zur Bestimmung von Quecksilber neben Kupfer in Pflanzenschutzmitteln ausgearbeitet.

Arbeitsvorschrift. Zur fast neutralen bis je 0,15 g Quecksilber und Kupfer enthaltenden Lösung gibt man 50 cm³ einer Lösung, die in 1 l 53,5 g Ammoniumchlorid und 3 g Hydroxylaminsulfat enthält, hinzu und erhitzt bis zur Entfärbung. Durch Zugabe von 30 cm³ einer 0,1 n Ammoniumrhodanidlösung wird alles KupferI-salz gefällt. Das das Quecksilber enthaltende Filtrat wird mit 25 cm³ 25%iger Salzsäure und zur Oxydation mit 10 cm³ einer 5 cm³ Brom auf 50 cm³ Natronlauge enthaltenden Lösung versetzt und, nachdem überschüssiges Brom durch Hydrogensulfat oder Erwärmen der alkalischen Lösung entfernt ist, wieder angesäuert. In dieser Lösung bestimmt KRAUSS das Quecksilber als Sulfid, vgl. S. 470.

Genauigkeit. Für Mischungen von Kupfersulfatlösungen (Kupfergehalt 0,015 bis 0,15 g) mit Quecksilberchloridlösungen (Quecksilbergehalt 0,015 bis 0,15 g) traten Differenzen von bis zu ± 0,002 g KupferI-rhodanid bzw. QuecksilberII-sulfid zwischen dem theoretischen und dem gefundenen Wert auf.

f) Herauslösen des Quecksilbers aus den Sulfiden. Durch Herauslösen des Quecksilbers aus einem Gemisch der Sulfide mit Kaliumthiocarbonat bestimmt ROSENBLADT den Gehalt der untersuchten Lösung an Quecksilber, während POLSTORFF und BÜLOW alkalische Kaliumsulfidlösung benutzen.

Arbeitsvorschrift von ROSENBLADT. Bei mehrtägigem Schütteln von 1 Teil Schwefel mit 2 Teilen Schwefelkohlenstoff und 15 Teilen Kalilauge (D 1,13) bildet sich eine orange gefärbte Kaliumthiocarbonatlösung. Werden die gemeinsam gefällten Sulfide von Quecksilber und Kupfer mit 30 cm³ dieser Kaliumthiocarbonatlösung gekocht, so löst sich das gesamte Quecksilbersulfid. Das Kupfersulfid wird abfiltriert und im Filtrat durch Einleiten von Kohlendioxyd das Quecksilbersulfid erneut gefällt. Nach Abfiltrieren des Niederschlags und Entfernen des Schwefels mit Schwefelkohlenstoff kann das bei 101° getrocknete Quecksilbersulfid gewogen werden.

Genauigkeit. Der gefundene Wert betrug 1,1162 g QuecksilberII-sulfid, angewendet wurden 0,1160 g.

Arbeitsvorschrift von POLSTORFF und BÜLOW. 0,3 g einer Mischung von Quecksilber- und Kupfersulfid versetzt man mit 10 cm³ 15%iger Kalilauge und der äquivalenten Menge Kaliumsulfid und verdünnt das Gemisch auf 300 cm³. Nach Aufkochen und Absetzen des KupferII-sulfids wird letzteres abfiltriert, in Salpetersäure gelöst, das KupferII-sulfid erneut gefällt und als KupferI-sulfid bestimmt. Im Filtrat wird das durch Zugabe von Ammoniumchlorid gefällte Quecksilbersulfid durch salzsaure Kaliumchloratlösung gelöst und nach Filtration im Filtrat das Quecksilber durch Schwefelwasserstoff als QuecksilberII-sulfid gefällt und als solches bestimmt, s. S. 470.

Genauigkeit. Bei Anwendung von 0,09 bis 0,17 g QuecksilberII-chlorid und 0,17 bis 0,25 g Kupfersulfat ($CuSO_4 \cdot 5\,H_2O$) finden die Autoren Differenzen von + 0,0003 g QuecksilberII-chlorid und + 0,0008 g Kupfersulfat.

g) Abscheidung eines der beiden Metalle als organische Verbindung. α) *Abscheidung des Kupfers durch ein Rhodanid-Pyridin-Gemisch.* Die Trennung des Quecksilbers von Kupfer kann nach SPACU (a) durch Abscheidung des Kupfers mit Kalium-

und Ammoniumrhodanid in Anwesenheit von Pyridin als grüner Niederschlag der Zusammensetzung $(CuPy_2)(SCN)_2$ erfolgen, der bei Zimmertemperatur in Wasser schwer löslich ist. QuecksilberII-Ionen bilden unter gleichen Bedingungen ein wasserlösliches Salz der Zusammensetzung $[HgCl_2(SCN)_2]K_2$.

Arbeitsvorschrift. Die kupfer- und quecksilberhaltige, neutrale, verdünnte Lösung wird in der Hitze langsam mit überschüssigem Pyridin bis zur deutlichen Blaufärbung versetzt. Bei Vorliegen einer sauren Lösung muß zur Trockne eingedampft und der Rückstand mit Wasser aufgenommen werden. Erst dann wird Pyridin zur heißen Lösung hinzugegeben. Auf Zugabe von festem Ammoniumrhodanid, etwa der 10fachen Menge des angewendeten Kupfersulfats und QuecksilberII-chlorids, scheidet sich das Kupfer als grüner flockiger Niederschlag quantitativ ab. Bei Anwendung einer heißen Lösung von Ammoniumrhodanid bildet sich ein sehr feinpulveriger Niederschlag, der leicht durch das Filter läuft. Die Waschflüssigkeit soll auf 1 l Wasser etwa 5 cm^3 Pyridin und 5 g Ammoniumrhodanid enthalten. Das Kupfer kann als Oxyd und das im Filtrat gelöste Quecksilber in salzsaurer Lösung als Sulfid, s. S. 470, bestimmt werden.

Genauigkeit. Bei Anwendung von Lösungen mit 0,10 bis 0,37 g Kupfersulfat und 0,10 bis 0,35 g QuecksilberII-chlorid wurden gegenüber dem theoretischen Wert von 25,45% Kupfer bzw. 73,88% Quecksilber Werte von 25,42 bis 25,59% Kupfer bzw. 75,55 bis 74,05% Quecksilber gefunden.

β) Abscheidung des Quecksilbers durch Benzidin. Nach Barceló können Quecksilber und Kupfer beim Vorliegen als Chloride durch Abscheidung des Quecksilbers als Quecksilber-Benzidin-chlorid in essigsaurer Lösung getrennt werden. Im Filtrat kann das Kupfer nach Entfernen des Benzidins als Benzidinsulfat elektrolytisch oder als Kupferoxyd bestimmt werden. Über die Bestimmung des Quecksilbers s. S. 519.

γ) Abscheidung des Kupfers durch Natriumnitroprussiat. Votoček schlägt zur Trennung von Quecksilber und Kupfer die Abscheidung des Kupfers als KupferII-nitroprussiat aus natriumchloridhaltiger Lösung vor. Eine genaue Arbeitsvorschrift geben Votoček und Pazourek.

Arbeitsvorschrift. Die an Kupfersulfat sowie an QuecksilberII-nitrat 0,1 n Lösung wird mit überschüssiger 0,1 n Natriumchloridlösung, und zwar mit maximal dem Zehnfachen der Menge, die zur vollständigen Bindung der QuecksilberII-Ionen als QuecksilberII-chlorid nötig ist, versetzt. Nach Zugabe von so viel schwefelsaurer Natriumnitroprussiatlösung, daß auf 1 Mol Kupfersalz 2 bis 3 Mole Natriumnitroprussiat kommen, wird die Flüssigkeit mit dem sich bildenden Niederschlag von KupferII-nitroprussiat 2 bis 3 Std. geschüttelt. Das abfiltrierte KupferII-nitroprussiat muß zur quantitativen Bestimmung so lange gewaschen werden, bis sich im Filtrat keine Sulfat-Ionen mehr nachweisen lassen. Das Quecksilber wird als Sulfid, s. S. 470, oder nach der von Votoček und Kašpárek ausgearbeiteten Titrationsmethode, s. S. 501, bestimmt. Die Titration muß gleich nach der Filtration vorgenommen werden, bevor eine Zersetzung des Natriumnitroprussiats stattfindet. Die Bestimmung als Sulfid, die allerdings bei geringen Quecksilbermengen versagt, ist genauer als die Titration, doch kann letztere einfacher und schneller ausgeführt werden.

δ) Gemeinsame Abscheidung des Quecksilbers und des Kupfers als Quecksilber-Kupfer-dipropylendiamin-Komplexsalz. Über eine Bestimmung des Quecksilbers neben Kupfer als schwer lösliches Quecksilber-Kupfer-dipropylendiamin-Komplexsalz, $(HgJ_4)(Cu\,pn_2)$*, nach G. Spacu und P. Spacu s. S. 516.

h) Trennung durch Elektrolyse. *α) In salpetersaurer Lösung.* Nach Böttger macht die elektrolytische Trennung des Quecksilbers von Kupfer keine Schwierig-

* „pn" ist eine Abkürzung für „Propylendiamin".

keiten, einerlei, ob das 1- oder 2wertige Quecksilbersalz vorliegt, falls es sich um eine Lösung der Nitrate handelt. Die Elektrolytlösung wird mit 1 bis 3 cm³ Salpetersäure (D 1,4) und mit 3 cm³ Alkohol auf je 80 cm³ Gesamtvolumen versetzt und 20 bis 30 Min. mit einer Spannung von 1,4 Volt elektrolysiert. Nach Bestimmung der Gewichtszunahme der Kathode wird das abgeschiedene Metall in Salpetersäure gelöst und zur Erlangung eines kupferfreien Niederschlags nach den angeführten Bedingungen noch einmal elektrolytisch abgeschieden.

Schwierigkeiten treten auf, sobald neben QuecksilberII-Ionen noch Chlor-Ionen vorhanden sind. Wegen der abnormen Dissoziationsverhältnisse des QuecksilberII-chlorids reicht die Spannung von 1,4 Volt, die zur Vermeidung der Kupferabscheidung nicht überschritten werden darf, dann nicht zur vollständigen Abscheidung des Quecksilbers aus. In diesem Falle ist es besser, die beiden Metalle bei etwas höherer Spannung gemeinsam zur Abscheidung zu bringen, den Niederschlag in Salpetersäure zu lösen und die Trennung nach obiger Vorschrift durchzuführen. Zur gemeinsamen Abscheidung werden je 80 cm³ des Elektrolyten mit 4 cm³ Salpetersäure und 3 cm³ Alkohol versetzt und im Anfang mit 2,2 Volt Spannung bei 3 Ampere Stromstärke elektrolysiert; die Spannung wird dann auf 2,4 Volt erhöht.

Durch Schnellelektrolyse läßt sich nach SAND das Quecksilber vom Kupfer in etwa 6 Min. in salpetersaurer Lösung trennen unter Benutzung einer rotierenden Netzelektrode und einer Hilfselektrode. Zur Trennung von etwa 0,58 g Quecksilber von rund 0,25 g Kupfer wurde mit einer Anfangsstromstärke von 10 Ampere gearbeitet, die gegen das Ende der Elektrolyse auf etwa 0,2 Ampere abfiel. Das Kathodenpotential wurde auf 0,15 Volt gehalten, die Zahl der Umdrehungen der Netzelektrode betrug etwa 600 in der Minute, die Temperatur 100°.

Nach BRAND gelingt die Trennung von Quecksilber und Kupfer leicht, wenn man von einer Lösung ihrer Pyrophosphate in Salpetersäure ausgeht.

Unter Benutzung der flüssigen Quecksilberkathode führt BAUMANN die Trennung von QuecksilberI- und QuecksilberII-nitrat von Kupfernitrat durch. Bei etwa 0,25 g Quecksilber und 0,20 g Kupfer in 20 bis 30 cm³ salpetersaurer Lösung erfordert die Abscheidung des Quecksilbers bei Zimmertemperatur unter Benutzung von 1,2 bis 1,4 Volt Spannung und 0,8 bis 0,005 Ampere Stromstärke und 200 bis 300 Anodenumdrehungen/Min. etwa 75 Min.

β) In alkalicyanidhaltiger Lösung. Nach BÖTTGER erreicht man eine zufriedenstellende elektrolytische Trennung von QuecksilberII-chlorid und Kupfersulfat (er geht von den Metallgewichten im Verhältnis 1 : 3, 1 : 1 und 4 : 1 aus), wenn man dem Elektrolyten auf 0,5 g Quecksilber je 2 bis 5 cm³ konzentriertes Ammoniak und 5 g Kaliumcyanid zusetzt. Man beginnt die Elektrolyse mit etwa 2,9 Volt Spannung. Die nicht mehr als 3 Ampere betragende Stromstärke fällt rasch ab, man steigert die Spannung entsprechend auf 3 Volt. Man führt die Elektrolyse noch 5 bis 10 Min. nach dem raschen Abfall der Stromstärke weiter; die Gesamtdauer beläuft sich auf etwa 20 Min. In der Regel bleiben etwa 0,4 bis 0,6 mg Quecksilber in Lösung, so daß der Kupferwert um diesen Betrag zu hoch ausfällt.

Nach SMITH (e) fügt man zu der Lösung, die etwa 0,12 g Quecksilber und dieselbe Menge Kupfer enthält, nach Verdünnen auf 125 cm³ 2 bis 3 g Kaliumcyanid hinzu und elektrolysiert 2¹/₂ bis 3 Std. bei 65° mit 2,5 Volt Spannung und 0,06 bis 0,08 Ampere Stromstärke.

i) Potentiometrische Trennung. Sowohl Quecksilber als auch Kupfer kann mit ChromII-chloridlösung potentiometrisch titriert werden, s. S. 401. Doch ist nach ZINTL und RIENÄCKER (b) die Bestimmung beider Metalle auch in einer Operation möglich, jedoch nur in stark chloridhaltigen Lösungen, da andernfalls die Reduktionskurve des Quecksilbers infolge schwächerer Komplexbildung so verschoben wird, daß zwischen Kupfer und Quecksilber kein Sprung mehr auftritt. Zur Ausbildung eines guten Potentialsprungs zwischen Quecksilber und Kupfer muß die

Lösung 5% Salzsäure, mindestens 1,5% Natriumchlorid oder die entsprechende Menge eines anderen Chlorids enthalten.

Vor der Titration muß der Luftsauerstoff aus der zu untersuchenden Lösung entfernt werden. (Über Versuchsanordnung und Herstellung der ChromII-chloridlösung s. S. 402.) Dies geschieht entweder durch Auskochen unter Kohlendioxyd oder durch die Vorreduktion: Man versetzt die heiße Lösung im Titrationsgefäß in einer Kohlendioxydatmosphäre mit etwa 5 cm³ ChromII-chloridlösung. Es bildet sich 1wertiges Kupfersalz, das den vorhandenen Luftsauerstoff verbraucht. Nach kurzer Zeit wird mit etwas überschüssiger Bromat- oder Permanganatlösung unter potentiometrischer Kontrolle wieder oxydiert und anschließend die titrimetrische Bestimmung mit ChromII-chlorid vorgenommen.

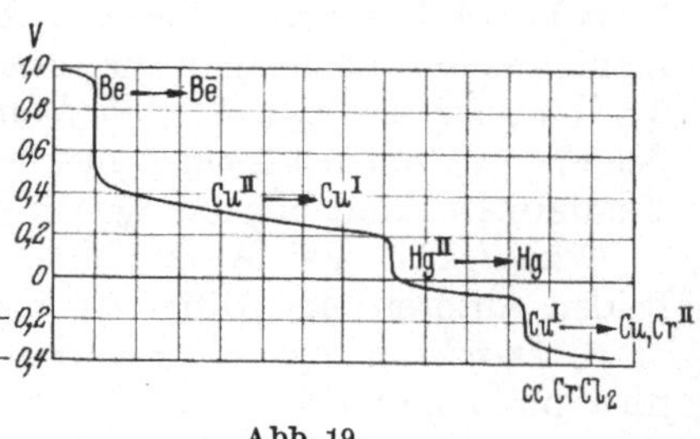

Abb. 19.

Die Kurve in Abb. 19 gibt ein Bild des Spannungsverlaufs nach der Vorreduktion. Drei Potentialsprünge bei 700, 100 und —200 Millivolt geben den Beginn der Reduktion des KupferII-salzes und den Anfang und das Ende der Quecksilberfällung an. Die zwischen dem ersten und dem zweiten Potentialsprung verbrauchte Titrationslösung entspricht dem Kupfer, die zwischen dem zweiten und dritten Sprung verbrauchte dem Quecksilber. Nach dem dritten Sprung setzt sich das KupferI-salz mit dem ChromII-salz zu metallischem Kupfer und Chrom III-salz ins Gleichgewicht.

Wird auf die Ermittlung des Kupfers kein Wert gelegt, so kann die Vorreduktion unterbleiben, da das zuerst entstehende KupferI-salz den gelösten Luftsauerstoff verbraucht.

2. Trennung des Quecksilbers von Kupfer und Silber.

Zur Trennung werden nach Ebler zunächst Silber und Quecksilber durch Ausfällen mittels überschüssigen Hydrazinsulfats aus der stark ammoniakalischen Lösung als Metalle abgeschieden. Aus der salpetersauren Lösung von Quecksilber und Silber wird letzteres durch Kochen mit Salzsäure als Chlorid gefällt. Ebler bestimmt das im Filtrat befindliche Quecksilber nach Fällen mit Hydrazinsulfat aus ammoniakalischer Lösung nach S. 383.

3. Trennung des Quecksilbers von Wismut.

a) Reduktion des Quecksilbersalzes zum Metall. Durch Hydroxylamin in stark ammoniumtartrathaltiger Lösung erfolgt nach Jannasch und Devin (b) Reduktion des QuecksilberII-salzes zu elementarem Quecksilber, während Wismutsalz in Lösung bleibt.

Arbeitsgang. In 3 cm³ Salzsäure auf 100 cm³ Wasser werden 1 g Weinsäure sowie 0,3 g QuecksilberII-chlorid und 0,3 g Wismutoxyd gelöst. Diese Lösung wird mit 25 cm³ konzentriertem Ammoniakwasser sowie 20 cm³ einer 10%igen Lösung von Hydroxylaminchlorhydrat versetzt. Beim Erwärmen scheidet sich alles Quecksilber als Metall ab. Durch Filtrieren wird die das gesamte Wismut enthaltende Lösung von Quecksilber quantitativ getrennt. Zur Bestimmung des Quecksilbers als Sulfid, s. S. 470, muß die organische Filtersubstanz erst durch rauchende Salpetersäure zerstört werden. Das Wismut bestimmen Jannasch und Devin (b) durch Fällen als Sulfid aus salzsaurer Lösung, Lösen des Niederschlags in Bromwasser und Wasserstoffperoxyd und erneutes Fällen als Peroxydhydrat und Wägen als Oxyd.

Genauigkeit. Die gefundene Quecksilbermenge beträgt nach den Angaben der Autoren 35,63% der angewendeten Substanzmenge gegenüber dem theoretischen

Wert von 35,75%, der gefundene Wismutoxydgehalt 51,40% gegenüber dem theoretischen Wert von 51,58%.

b) Reduktion zum QuecksilberI-salz. α) *Durch Perhydrol.* Durch Perhydrol erfolgt nach KOLB und FELDHOFEN in weinsaurer Lösung Reduktion des QuecksilberII-chlorids zu schwerlöslichem QuecksilberI-chlorid, während Wismutsalz in Lösung bleibt.

Arbeitsgang. Zu einer Lösung von 0,13 g QuecksilberII-chlorid werden 10 cm³ 2 n Salzsäure, 25 cm³ 10%ige Weinsäurelösung und 10 cm³ einer 2%igen Lösung von basischem Wismutnitrat gegeben. Nach dem Neutralisieren mit konzentriertem Ammoniakwasser macht man die Lösung schwach weinsauer und gibt im Verlauf von 3 Std. 50 cm³ Perhydrol in der Wärme zu. In dem das gesamte Wismut enthaltenden Filtrat kann dieses nach einer der üblichen Methoden bestimmt werden. KOLB und FELDHOFEN ermitteln das Quecksilber nach der auf S. 440 angegebenen Methode.

Genauigkeit. Bei Anwendung von 0,1234 g QuecksilberII-chlorid finden die beiden Autoren eine Differenz von 0,0001 g QuecksilberII-chlorid.

β) *Durch unterphosphorige Säure und Wasserstoffperoxyd.* Auch mit unterphosphoriger Säure in Mischung mit Wasserstoffperoxyd in schwach salzsaurer Lösung gelingt nach VANINO und TREUBERT die Reduktion von QuecksilberII-chlorid zu unlöslichem QuecksilberI-chlorid. Wismutsalz bleibt hierbei in Lösung.

Arbeitsvorschrift. Die schwach salzsaure QuecksilberII- und Wismutsalz enthaltende Lösung wird im Überschuß mit einer Lösung versetzt, die auf 1 cm³ Wasserstoffperoxyd 1 Tropfen unterphosphorige Säure enthält. Nach 1 Std. wird das gefällte QuecksilberI-chlorid abfiltriert, rasch mit verdünnter Salzsäure und Wasser gewaschen und bei 105° getrocknet. Im Filtrat kann, nach Entfernung der Salzsäure und des Wasserstoffperoxyds durch Erwärmen mit Natronlauge, das Wismut durch unterphosphorige Säure gefällt werden.

Genauigkeit. Bei Anwendung von 1,03 g QuecksilberII-chlorid und 0,79 g Wismutoxychlorid finden VANINO und TREUBERT anstatt 0,8986 g Quecksilber 0,8977 bis 0,8998 g und anstatt 0,6371 g Wismut 0,6364 bis 0,6379 g.

γ) *Durch phosphorige Säure.* Eine Trennung von Quecksilber und Wismut durch Kombination der Methoden von ROSE, Fällung des Quecksilbers durch Reduktion des QuecksilberII-chlorids mit phosphoriger Säure zu schwerlöslichem QuecksilberI-chlorid, und von POLSTORFF und BÜLOW, Fällen des Wismuts durch Kaliumhydroxyd enthaltende Kaliumsulfidlösung, hat v. USLAR ausgearbeitet.

Arbeitsvorschrift. Die auf 45° erwärmte, 20 bis 25 cm³ 25%ige Salzsäure enthaltende Lösung des QuecksilberII-chlorids und des Wismutsalzes wird mit 5 cm³ 20%iger phosphoriger Säure für je 0,1 g QuecksilberII-chlorid versetzt und 5 bis 6 Std. unter zeitweiligem Umrühren bei gleicher Temperatur stehengelassen. Der mit Salzsäure ausgewaschene QuecksilberI-chloridniederschlag wird durch Oxydation mittels Kaliumchlorids in salzsaurer Lösung oxydiert und das Quecksilber mit Schwefelwasserstoff als Sulfid gefällt und als solches bestimmt, s. S. 470. Beim Behandeln des Niederschlags mit kaliumhydroxydhaltiger Kaliumsulfidlösung löst sich das Quecksilbersulfid, während Reste von Wismutsulfid ungelöst zurückbleiben, die mit dem das Wismut enthaltenden Filtrat vom QuecksilberI-chloridniederschlag vereinigt werden. Man bringt das noch ungelöste Wismutsulfid mit konzentrierter Salpetersäure in Lösung, dampft ein, fällt das Wismut als Carbonat, glüht zu Oxyd und bestimmt es als solches.

Genauigkeit. Bei Anwendung von 0,19 bis 0,27 g QuecksilberII-chlorid und 0,19 bis 0,25 g WismutIII-oxyd betragen die Differenzen —0,0002 g bis +0,0003 g QuecksilberII-chlorid und —0,0004 bis +0,0007 g WismutIII-oxyd.

c) Abscheidung des Quecksilbers als Sulfid. Aus einer stark salzsauren Quecksilber- und Wismutsalz enthaltenden Lösung erfolgt durch Schwefelwasserstoff nach MANCHOT, GRASSL und SCHNEEBERGER sowie nach SCHULEK und FLODERER nur die Abscheidung des Quecksilbers als Sulfid.

Arbeitsvorschrift von SCHULEK und FLODERER. Bei 8 bis 9° wird durch Schwefelwasserstoff aus einer 20% Salzsäure enthaltenden Lösung, in der neben Quecksilber höchstens 4% Wismut vorliegen, das Quecksilber als Sulfid gefällt. Der Niederschlag wird durch Dekantieren mit 20%iger Salzsäure gewaschen. Zur Bestimmung des Quecksilbers wird der Sulfidniederschlag in wenig Bromwasser gelöst, überschüssiges Brom durch Hydrazinsulfat beseitigt und das Quecksilber erneut in gut auswaschbarer Form durch Schwefelwasserstoff gefällt und nach S. 470 bestimmt.

Genauigkeit. Bei Anwendung von 0,082 g QuecksilberII-chlorid und 0,4 g basischem Wismutnitrat beträgt nach den Angaben der Autoren die Differenz zwischen den gefundenen Werten und der Einwage bis 0,0003 g QuecksilberII-chlorid.

d) Abscheidung des Wismuts. α) *Als Phosphat.* Phosphorsäure oder Natriumphosphat bewirken in saurer Lösung von Quecksilber- und Wismutsalzen die quantitative Abscheidung des Wismuts als Wismutphosphat ($BiPO_4$). Arbeitsvorschriften für diese Methode sind von SENDHOFF, von STÄHLER und SCHARFENBERG, von SALKOWSKI sowie von STÄHLER ausgearbeitet worden.

Arbeitsvorschrift von SENDHOFF. Die salpetersaure Lösung, die etwa 0,3 g Wismutnitrat und etwa 0,3 g QuecksilberII-chlorid enthält, wird bis zum Ausscheiden von basischem Wismutnitrat verdünnt und der entstehende Niederschlag in einigen Tropfen Salzsäure gelöst. Aus der kochenden Lösung wird das Wismut durch 5 cm³ Phosphorsäure langsam als Phosphat gefällt. Vom schnell sich absetzenden Niederschlag wird die Lösung durch einen GOOCH-Tiegel dekantiert und der Niederschlag 3mal mit einer heißen Mischung von 25 cm³ Salpetersäure, 200 cm³ Wasser und 5 g Ammoniumnitrat im GOOCH-Tiegel gewaschen. Der Niederschlag wird getrocknet, geglüht und als Wismutphosphat gewogen. Das auf 400 cm³ eingeengte Filtrat wird mit Ammoniak neutralisiert, mit Salzsäure schwach angesäuert und das Quecksilber durch Einleiten von Schwefelwasserstoff als Sulfid gefällt, s. S. 470.

Genauigkeit. Bei Anwendung von 0,28 bis 0,84 g QuecksilberII-chlorid und 0,08 bis 0,63 g Wismutnitrat zeigten die gefundenen Werte für den Prozentgehalt gegenüber den berechneten Werten Abweichungen von —0,13 bis +0,03% für Quecksilber und von —0,27 bis —0,07% für Wismut.

β) *Als Wismutperoxydhydrat.* JANNASCH und v. CLOEDT trennen das Quecksilber von Wismut durch Abscheidung des letzteren als Wismutperoxydhydrat mit Wasserstoffperoxyd in alkalischer Lösung.

Arbeitsvorschrift. Die salpetersaure Lösung des QuecksilberII- und Wismutsalzes wird langsam zu einer Lösung aus 25 cm³ konzentriertem Ammoniakwasser, 50 g Wasser und 25 cm³ 3- bis 4%igem, reinem und möglichst frisch bereitetem Wasserstoffperoxyd gegeben. Das ausgeschiedene Wismutperoxyd wird auf dem Filter in verdünnter Salpetersäure gelöst, erneut wie oben gefällt und als Wismutoxyd, Bi_2O_3, bestimmt. Im Filtrat der Fällungen kann das Quecksilber nach Vertreiben des Ammoniaks durch Eindampfen in der üblichen Weise mit Schwefelwasserstoff, s. S. 470, bestimmt werden.

Genauigkeit. Bei Anwendung von 0,4047 g Wismut und 0,3834 g QuecksilberII-oxyd wurden 0,4062 g Wismut und 0,3826 g QuecksilberII-oxyd gefunden.

e) Herauslösen des Quecksilbers aus den Sulfiden. ROSENBLADT trennt das Quecksilber von Wismut auf Grund der Löslichkeit des QuecksilberII-sulfids in Kaliumthiocarbonatlösung, POLSTORFF und BÜLOW verwenden zum gleichen Zweck alkalische Kaliumsulfidlösung.

Arbeitsvorschrift von ROSENBLADT. Die gemeinsam gefällten Sulfide von Quecksilber und Wismut werden mit 30 cm³ der bei mehrtägigem Schütteln von 1 Teil Schwefel mit 2 Teilen Schwefelkohlenstoff und 15 Teilen Kalilauge (D 1,13) sich bildenden, orange gefärbten Flüssigkeit, Kaliumthiocarbonatlösung, gekocht.

Hierbei wird das gesamte QuecksilberII-sulfid herausgelöst. Man filtriert vom Wismutsulfid ab und fällt im Filtrat durch Einleiten von Schwefelwasserstoff erneut QuecksilberII-sulfid. Nach Abfiltrieren des Niederschlags und Entfernen des Schwefels mit Schwefelkohlenstoff kann das bei 101° getrocknete QuecksilberII-sulfid gewogen werden.

Genauigkeit. Angewendet wurden 0,116 g QuecksilberII-sulfid, gefunden wurden 0,1158 g.

Arbeitsvorschrift von POLSTORFF und BÜLOW. 0,3 g einer Mischung von QuecksilberII-sulfid und Wismutsulfid werden mit 10 cm³ 15%iger Kalilauge und der äquivalenten Menge Kaliumsulfid versetzt; das Gemisch wird auf 300 cm³ Volumen verdünnt. Nach Aufkochen und Absetzen des Wismutsulfids filtriert man letzteres ab, löst es in Salpetersäure, fällt das Wismut als Carbonat und bestimmt es als Wismutoxyd. Im Filtrat wird das durch Zugabe von Ammoniumchlorid gefällte QuecksilberII-sulfid durch salzsaure Kaliumchloratlösung gelöst und nach Filtration im Filtrat durch Schwefelwasserstoff das QuecksilberII-sulfid erneut gefällt und als solches bestimmt, s. S. 470.

Genauigkeit. Bei Anwendung von 0,11 bis 0,25 g QuecksilberII-chlorid und 0,10 bis 0,28 g Wismutoxyd wurden Differenzen von —0,0001 bis +0,0002 g QuecksilberII-chlorid und von —0,0005 bis +0,0001 g Wismutoxyd erhalten.

f) Abscheidung des Quecksilbers als organische Verbindung. Quecksilber kann nach SPACU und SUCIU von Wismut getrennt werden durch Abscheidung des Quecksilbers mit Kaliumjodid und Cupraennitrat, $(Cu\,en_2)(NO_3)_2 \cdot 2\,H_2O$, während Wismut durch Seignettesalz in Lösung gehalten wird.

Arbeitsvorschrift. Die QuecksilberII-chlorid und Wismutnitrat enthaltende, gegebenenfalls salzsauer gemachte Lösung wird mit 5 g Seignettesalz und 5 g Kaliumjodid versetzt und erwärmt. Zur rötlichgelben Lösung wird Ammoniak bis zur Entfärbung gegeben, die Lösung zum Sieden gebracht und mit einer heißen Lösung von Cupraennitrat im Überschuß versetzt. Beim Erkalten scheidet sich das Quecksilber als Komplexverbindung $(HgJ_4)(Cu\,en_2)$ in prismatischen Krystallen aus. Der Niederschlag wird am besten nach 1 Std. in einen Porzellanfiltertiegel abfiltriert und mehrmals mit einer 1% Kaliumjodid und etwas Cupraennitrat enthaltenden, nicht über 15° warmen Waschflüssigkeit, danach mit etwas Alkohol und Äther gewaschen. Über die Herstellung des Reagenses s. S. 506.

Genauigkeit. Bei Anwendung von 0,09 bis 0,19 g QuecksilberII-chlorid und 0,5 bis 1 g Wismut wurden Werte von 73,71 bis 73,97% Quecksilber gegenüber dem theoretischen Wert von 73,88% gefunden.

g) Trennung durch Elektrolyse. Eine Trennung *in salpetersaurer Lösung* ist sowohl nach CLASSEN und LUDWIG als auch nach SMITH und MOYER nicht durchzuführen, da die beiden Metalle gleichzeitig ausgeschieden werden.

BUCKMINSTER und SMITH dagegen verfahren folgendermaßen: Der die beiden Metalle Quecksilber und Wismut enthaltende Elektrolyt von etwa 75 cm³ Volumen wird mit 10 cm³ Salpetersäure (D 1,4) versetzt. Man elektrolysiert bei 50° mit 1,3 Volt Spannung unter Anwendung einer mit 250 Umdrehungen/Min. rotierenden Telleranode. Die Stromstärke sinkt bis auf etwa 0,002 Ampere. Die den oben angegebenen Betrag übersteigende Menge Salpetersäure verhindert die Abtrennung der letzten Spuren Quecksilber. BUCKMINSTER und SMITH arbeiten mit Mengen von etwa 0,1200 g Quecksilber und 0,100 bzw. 0,200 g Wismut.

Nach FREUDENBERG (a) läßt sich die Trennung durchführen, wenn man der Lösung der Nitrate beider Metalle einige Kubikzentimeter Salpetersäure (D 1,2) und 2 bis 4 g Ammoniumnitrat zusetzt. Als Kathode wird eine Platinschale von etwa 100 cm³ Inhalt benutzt. Die Spannung beträgt 1,3 Volt, die Abscheidung des Quecksilbers dauert eine Nacht. Das Wismut läßt sich anschließend nach Abdampfen der Lösung und Glühen des Rückstands als Oxyd bestimmen.

Nach SAND kann Wismut wie Kupfer von Quecksilber in saurer Lösung getrennt werden, s. S. 560.

Unter Benutzung der flüssigen Quecksilberkathode führt BAUMANN die Trennung von QuecksilberI- und QuecksilberII-nitrat von Wismutnitrat durch. Mit einer Spannung von 1,2 bis 1,4 Volt elektrolysiert er bei 0,7 bis 0,004 Ampere Stromstärke Quecksilbermengen zwischen 0,18 und 0,38 g in Gegenwart von 0,15 bis 0,39 g Wismut. Die mit Salpetersäure angesäuerte Elektrolytlösung beträgt 20 bis 50 cm^3 und enthält 1 bis 2,5 cm^3 Salpetersäure (D 1,4). Der Elektrolyt wird durch die mit 100 bis 150 Umdrehungen/Min. rotierende Anode langsam bewegt. Nach 85 bis 165 Min. ist das Quecksilber bei Zimmertemperatur abgeschieden. Das Wismut kann anschließend nach Neutralisation der Säure mit Natronlauge mit 2 Volt Spannung niedergeschlagen werden.

h) Potentiometrische Trennung. Quecksilber und Wismut können sowohl mit TitanIII-chlorid- (s. S. 399) als auch mit ChromII-chloridlösung (s. S. 401) potentiometrisch titriert werden. Die Bestimmung beider Metalle läßt sich in einer Operation durchführen. Über die Apparatur und die Herstellung der erforderlichen Titrationslösungen s. S. 399ff. Zur Durchführung der Titration mit TitanIII-chloridlösung versetzt man die Chloridlösungen beider Metalle nach ZINTL und RIENÄCKER (a) mit 15 g Ammoniumchlorid, 3 g Weinsäure und 8 g Ammoniumacetat, verdünnt auf 200 cm^3, kocht in einer Kohlendioxydatmosphäre und titriert anschließend. Der erste Wendepunkt der Kurve bedeutet das Ende der Quecksilberfällung, der zweite mit einem Umschlagspotential von etwa —400 Millivolt gegen die gesättigte Kalomelelektrode den Endpunkt der Wismutfällung.

Die Titration mit ChromII-chlorid kann nach ZINTL und RIENÄCKER (b) sowohl in salzsaurer als auch in essigsaurer Lösung erfolgen, im ersten Fall auch bei Anwesenheit größerer Mengen Salzsäure und Chlorid. Auch in essigsaurer Lösung muß Chlorid zugesetzt werden, da sonst zuerst Kalomel ausfällt. Benutzt werden 15 g Ammoniumchlorid auf 200 cm^3 Lösung.

Der Endpunkt der Quecksilberfällung wird auch hier durch einen Potentialsprung angezeigt, der gleichzeitig die beginnende Reduktion des Wismutsalzes kennzeichnet. Die Titration wird in der Hitze ausgeführt, nachdem gelöste Luft durch Auskochen entfernt worden ist.

4. Trennung des Quecksilbers von Cadmium.

a) Abdestillieren des Quecksilbers. STRECKER und CONRADT trennen Quecksilber von Cadmium durch Abdestillieren des Quecksilbers aus einer stark sauren Lösung unter Mitwirkung von Bromwasserstoff.

Arbeitsvorschrift. Die Lösung von QuecksilberII-chlorid und Cadmiumnitrat, die etwa 0,2 g Quecksilber und 0,4 g Cadmium enthält, wird in einer Apparatur, bei der Destillierkolben, Kühler und Vorlage durch Schliff miteinander verbunden sind, unter Kühlung mit 10 cm^3 konzentrierter Schwefelsäure versetzt. Beim Erhitzen auf 170° unter Zutropfenlassen eines Gemisches von 50 cm^3 Salzsäure, 50 cm^3 Wasser und 5 cm^3 Bromwasserstoffsäure (D 1,43) ist nach etwa 40 Min. sämtliches Quecksilber in die Vorlage überdestilliert. Während der Destillation wird durch einen seitlichen Ansatz ein Luftstrom durch die Apparatur gesaugt.

Genauigkeit. Bei Anwendung von 0,2 g Quecksilber und 0,4 g Cadmium wurden Differenzen von +0,0005 g Quecksilber und —0,0002 g Cadmium gefunden.

b) Reduktion des Quecksilbers zum Metall. α) *Durch Hydroxylamin.* Nach JANNASCH und DEVIN (c) kann die Trennung des Quecksilbers von Cadmium durch quantitative Abscheidung des Quecksilbers als Metall aus stark ammoniumcitrathaltiger Lösung mit Hydroxylamin erfolgen.

Arbeitsvorschrift. Zu etwa 50 cm^3 einer schwach salzsauren, wäßrigen Lösung von 0,3 g QuecksilberII-chlorid und 0,3 g Cadmiumsulfat setzt man 1 g Weinsäure und, wenn diese sich gelöst hat, 25 cm³ konzentriertes Ammoniakwasser und 20 cm³ einer 10%igen Lösung von Hydroxylaminchlorhydrat hinzu. Beim Erwärmen scheidet sich alles Quecksilber als Metall ab. Die das gesamte Cadmium enthaltende Lösung wird abfiltriert. Zur Bestimmung des Quecksilbers als Sulfid, s. S. 470, muß erst die organische Filtersubstanz durch rauchende Salpetersäure zerstört werden. JANNASCH und DEVIN (c) bestimmen das Cadmium nach dem Fällen als Sulfid und erneutem Lösen in Königswasser durch Abscheidung als Carbonat.

Genauigkeit. Die gefundene Menge Quecksilber betrug 39,36% der angewendeten Substanzmenge gegenüber dem theoretischen Wert von 39,70%, die gefundene Menge Cadmiumoxyd 22,88% gegenüber 23,11% der Theorie.

β) *Durch unterphosphorige Säure.* MOSER und NIESSNER nehmen die Trennung des Quecksilbers von Cadmium durch Reduktion des QuecksilberII-salzes mit unterphosphoriger Säure zum Metall vor, vgl. S. 376, und bestimmen das Cadmium im wäßrigen Filtrat als Pyrophosphat.

Genauigkeit. Bei Anwendung von 0,06 bis 0,30 g Quecksilber und 0,35 bis 0,49 g Cadmium wurden Differenzen von —0,0005 g Quecksilber und von —0,0001 g Cadmium gefunden.

c) Reduktion zum QuecksilberI-chlorid. α) *Durch phosphorige Säure.* Die von ROSE vorgeschlagene Trennung von Quecksilber und Cadmium durch Reduktion des QuecksilberII-salzes zu QuecksilberI-chlorid mit phosphoriger Säure führt v. USLAR in folgender Weise durch:

Arbeitsvorschrift. Die auf 45° erwärmte saure Lösung des QuecksilberII- und Cadmiumsalzes, der entweder 15 cm³ 25%ige Salzsäure oder 25 cm³ 25%ige Salpetersäure zugesetzt werden, wird mit so viel 20%iger phosphoriger Säure versetzt, daß auf 0,1 g QuecksilberII-chlorid 5 cm³ Säure kommen. Die Flüssigkeit wird 5 Std. lang unter zeitweiligem Umrühren bei gleicher Temperatur stehengelassen. Nach Abfiltrieren des schwerlöslichen QuecksilberI-chlorids wird das Cadmium nach einer der üblichen Methoden bestimmt. Das QuecksilberI-chlorid wird mittels Kaliumchlorats zu QuecksilberII-chlorid oxydiert, dieses in Salzsäure gelöst und das Quecksilber als Sulfid gefällt.

Genauigkeit. Bei Anwendung von 0,18 bis 0,40 g QuecksilberII-chlorid und 0,19 bis 0,35 g Cadmiumoxyd wurden Differenzen von —0,0001 bis 0,0005 g QuecksilberII-chlorid und von +0,0004 bis —0,0006 g Cadmiumoxyd gefunden.

β) *Durch Perhydrol.* Durch Perhydrol erfolgt nach KOLB und FELDHOFEN in weinsaurer Lösung Reduktion des QuecksilberII-chlorids zu schwerlöslichem QuecksilberI-chlorid, während das Cadmiumsalz in Lösung bleibt.

Arbeitsgang. Zu einer Lösung, die 0,13 g QuecksilberII-chlorid enthält, werden 10 cm³ 2 n Salzsäure, 25 cm³ 10%ige Weinsäurelösung und 20 cm³ 2%ige Cadmiumchloridlösung hinzugegeben. Nach dem Neutralisieren mit konzentriertem Ammoniakwasser wird die Lösung schwach weinsauer gemacht und in der Wärme durch 30 cm³ Perhydrol das QuecksilberI-chlorid ausgefällt. 1stündiges Erhitzen vervollständigt die Fällung. In dem das gesamte Cadmium enthaltenden Filtrat kann dieses nach einer der üblichen Methoden bestimmt werden. KOLB und FELDHOFEN bestimmen das Quecksilber nach der auf S. 440 beschriebenen Methode.

Genauigkeit. Bei Anwendung von 0,1234 g QuecksilberII-chlorid wurde eine Differenz von —0,0001 g gefunden.

d) Abscheidung des Quecksilbers als Sulfid. Die Trennung des Quecksilbers von Cadmium auf Grund der verschiedenen Löslichkeiten der Sulfide ist nach FEIGL nicht möglich, da sich beim Einleiten von Schwefelwasserstoff in die Lösungen der beiden Salze Mischsulfide mit besonderen Eigenschaften bilden. MANCHOT, GRASSL und SCHNEEBERGER führen jedoch eine weitgehende Trennung in der Weise aus, daß sie das Quecksilber aus einer Lösung von Quecksilber- und Cadmiumsalzen in 19,3%iger Salzsäure mit Schwefelwasserstoff fällen. Der Niederschlag muß zunächst mit der gleichen Salzsäure, dann mit heißem Wasser ausgewaschen werden.

Genauigkeit. Bei Anwendung von 0,09 bis 0,15 g Quecksilber und 0,11 bis 0,15 g Cadmium wurden nach dieser Methode nur Differenzen von —0,0014 bis +0,0007 g Quecksilber und —0,0010 bis +0,0014 g Cadmium gefunden.

e) Abscheidung eines der beiden Metalle als organische Verbindung. α) *Abscheidung des Quecksilbers durch Cupferron.* Durch Abscheidung des Quecksilbers mit Cupferron aus salpetersaurer Lösung des QuecksilberI- und des Cadmiumnitrats trennen PINKUS und KATZENSTEIN das Quecksilber von Cadmium.

Arbeitsvorschrift. Die Lösung, die QuecksilberI- und Cadmiumnitrat enthält, und zwar etwa 0,25 g Quecksilber und 0,25 g Cadmium, versetzt man mit 0,5 g 1 n Salpetersäure und gibt tropfenweise eine frisch zubereitete 5%ige Lösung von Cupferron zu. Für je 0,1 g Quecksilber werden 2,5 cm³ des Reagenses gebraucht. Das gefällte Salz wird sofort abfiltriert, mit 0,5%iger Cupferronlösung gewaschen und nach dem Lösen in Salpetersäure nach S. 514 bestimmt. Das Cadmium kann im Filtrat direkt elektrolytisch bestimmt werden.

Genauigkeit. Die gefundenen Werte wichen von den auf 0,2523 g Quecksilber und 0,2345 g Cadmium berechneten um —0,0001 bis +0,0007 g Quecksilber und um —0,0003 bis +0,0008 g Cadmium ab.

β) *Abscheidung des Cadmiums durch Oxychinolin.* Zur Trennung von Cadmium und Quecksilber kann nach BERG (a) das verschiedene Verhalten der Cyanide gegen Oxychinolin benutzt werden, da Quecksilbercyanid in schwach essigsaurer Lösung im Gegensatz zum Cadmiumcyanid kein schwerlösliches Oxychinolat bildet.

Arbeitsvorschrift. Eine frisch bereitete, alkoholische, 2%ige Lösung oder eine 4% Aceton enthaltende Lösung von o-Oxychinolin wird tropfenweise zu der die Metallsalze enthaltenden Lösung hinzugegeben. Das Auftreten einer gelben Farbe zeigt bereits einen Überschuß des Fällungsmittels an. Nach dem Erwärmen wird der das Cadmium enthaltende Niederschlag abfiltriert, mit heißem sowie kaltem Wasser gewaschen, getrocknet und gewogen. Im Filtrat kann das Quecksilber als Sulfid bestimmt werden, s. S. 470.

γ) *Abscheidung des Cadmiums durch ein Rhodanid-Pyridin-Gemisch.* Nach FEIGL eignet sich besonders gut ein Rhodanid-Pyridin-Gemisch zur Trennung von Quecksilber und Cadmium, da Cadmium hierdurch quantitativ als Komplex $(CdPy_2)(CNS)_2$ gefällt wird, während Quecksilber als komplexe Rhodanidverbindung in Lösung verbleibt. Eine Arbeitsmethode wurde hierfür von ROTTER ausgearbeitet.

Arbeitsvorschrift. Zu der Cadmiumsulfat und QuecksilberII-chlorid enthaltenden neutralen Lösung wird überschüssiges Ammoniumrhodanid hinzugegeben und die Lösung etwas erwärmt. Durch Zusatz von Pyridin wird Cadmium gefällt. Nach 1stündigem Stehen ist die Fällung vollständig. Die Hauptmenge der über dem Niederschlag stehenden Lösung dekantiert man ab und achtet beim folgenden Filtrieren darauf, daß das Filter erst mit der ammoniumrhodanid- und pyridinhaltigen Waschflüssigkeit benetzt wird, da sonst etwas von dem Niederschlag durch das Filter läuft. Der Niederschlag, der noch geringe Mengen Quecksilbersalz enthält, wird in wenig verdünnter Salzsäure gelöst, die Lösung mit Ammoniak bis zum Auftreten des Pyridingeruchs neutralisiert und Cadmium erneut durch Zugabe von Ammoniumrhodanid und Pyridin gefällt. Das Cadmium kann nach Zerstören der organischen Substanz als Sulfat bestimmt werden. Im Filtrat wird Quecksilber als Sulfid bestimmt, s. S. 470.

Genauigkeit. Bei Anwendung von 0,1346 bis 0,5384 g Cadmium und 0,1158 bis 0,4632 g Quecksilber wurden als Differenz gegenüber dem vorhandenen Gehalt —0,0008 bis +0,0002 g Cadmium und —0,0010 bis +0,0006 g Quecksilber gefunden.

f) Trennung durch Elektrolyse. Die elektrolytische Trennung des Quecksilbers von Cadmium läßt sich sowohl in saurer als auch in cyankalischer Lösung durchführen.

α) *In schwefelsaurer Lösung.* Nach CLASSEN (a) erwärmt man den auf 125 cm^3 verdünnten, quecksilberhaltigen Elektrolyten, dem 1 cm^3 konzentrierte Schwefelsäure zugefügt wird, auf 65° und fällt das Quecksilber dann mit 3,5 Volt Spannung und einer Stromdichte $ND_{100} = 0,5$ Ampere. Der Niederschlag in der Schale wird ohne Stromunterbrechung ausgewaschen. In der durch Eindampfen konzentrierten Lösung wird das Cadmium bestimmt.

β) *In salpetersaurer Lösung.* Über die Trennung in salpetersaurer Lösung vgl. CLASSEN und LUDWIG, ferner SMITH (d) sowie RÜDORFF.

γ) *In cyankalischer Lösung.* Nach KOLLOCK verdünnt man die beide Metalle enthaltende Lösung auf 125 cm^3 und versetzt sie mit 2,5 g reinem Kaliumcyanid. Das Quecksilber wird bei 65° mit 1,7 Volt Spannung und einer Stromdichte $ND_{100} = 0,018$ Ampere gefällt. Die Abscheidung dauert etwa 7 Std. Anschließend schlägt man das Cadmium bei höherer Stromdichte nieder.

Genauigkeit. Bei einer Stromdichte von über 0,02 Ampere wird Cadmium mitgefällt, ebenso bei einer unter 65° liegenden Temperatur.

5. Trennung des Quecksilbers von Arsen.

a) Abdestillieren des Quecksilbers. JANNASCH trennt das Quecksilber von Arsen durch Glühen der Oxyde im Sauerstoffstrom bei Gegenwart von Magnesiumoxyd, wobei Quecksilber quantitativ überdestilliert, während Arsen vollkommen zurückbleibt.

Arbeitsvorschrift. Das etwa 0,3 g QuecksilberII-oxyd, 0,2 g ArsenIII-oxyd und 0,6 g Magnesiumoxyd enthaltende Gemisch wird im Sauerstoffstrom vorsichtig geglüht. Während das Quecksilber in Vorlagen mit verdünnter Salpetersäure und 15 cm^3 Wasserstoffperoxyd übergetrieben wird, bleibt das Arsen quantitativ zurück. Nach Einengen der Vorlageflüssigkeit bis zur Entfernung der Salpetersäure und erneutem Verdünnen mit Wasser wird Quecksilber durch Schwefelwasserstoff als Sulfid gefällt, s. S. 470. Der das Arsen enthaltende, nicht flüchtige Rückstand wird in 5 cm^3 konzentrierter Salzsäure gelöst und nach Zugabe von 3 g Citronensäure das Arsen durch überschüssiges konzentriertes Ammoniakwasser als Magnesiumammoniumarsenat gefällt.

Genauigkeit. Bei Anwendung von 0,32 bis 0,36 g QuecksilberII-oxyd und 0,19 g ArsenIII-oxyd wurden Werte gefunden, die für Quecksilber um —0,05 bis +0,19%, für ArsenIII-oxyd um +0,03 bis +0,05% von den berechneten Werten abweichen.

b) Reduktion des Quecksilbersalzes zum Metall. Nach JANNASCH und DEVIN (c) kann die Trennung des Quecksilbers von Arsen durch Reduktion des QuecksilberII-salzes in stark citrathaltiger Lösung zum Metall erfolgen.

Arbeitsgang. 0,4 g QuecksilberII-chlorid und 0,3 g fein zerriebene arsenige Säure werden in Salpetersäure, die durch Verdünnen von 5 cm^3 konzentrierter Salpetersäure mit 25 cm^3 Wasser hergestellt worden ist, in der Hitze gelöst; die Lösung wird mit 50 cm^3 Wasser verdünnt und mit 2 g Weinsäure versetzt. Nach dem Lösen der Weinsäure werden 30 cm^3 Ammoniakwasser und 20 cm^3 einer 10%igen Lösung von Hydroxylaminchlorhydrat zugegeben. Beim Erwärmen scheidet sich das Quecksilber metallisch ab und kann durch Abfiltrieren der alles Arsen enthaltenden Lösung von diesem quantitativ getrennt werden. Zur Bestimmung des Quecksilbers als Sulfid (s. S. 470) muß zunächst die organische Filtersubstanz durch rauchende Salpetersäure zerstört werden. JANNASCH und DEVIN (c) bestimmen im Filtrat, dessen Volumen nicht über 150 cm^3 betragen soll, das Arsen durch Fällen mit Magnesiumchlorid.

Genauigkeit. Die gefundene Quecksilbermenge betrug 45,14% der angewendeten Substanzmenge gegenüber dem theoretischen Wert von 45,20%, die gefundene Menge ArsenIII-oxyd 38,78% gegenüber dem theoretischen Wert von 38,82%.

c) Reduktion zum QuecksilberI-salz. α) *Durch phosphorige Säure.* Die von ROSE vorgeschlagene Trennung des Quecksilbers von Arsen durch Reduktion des QuecksilberII-chlorids mit phosphoriger Säure zu schwerlöslichem QuecksilberI-chlorid führt v. USLAR folgendermaßen aus:

Arbeitsvorschrift. Die auf 45° erwärmte Lösung von QuecksilberII- und Arsensalz wird mit 20 cm³ 25%iger Salzsäure oder 25 cm³ 25%iger Salpetersäure und für je 0,1 g QuecksilberII-chlorid mit 5 cm³ 20%iger phosphoriger Säure versetzt. Nach 5stündigem Stehen unter zeitweiligem Umrühren wird QuecksilberI-chlorid abfiltriert. Es wird mittels Kaliumchlorats zu QuecksilberII-chlorid oxydiert, dieses in Salzsäure gelöst und das Quecksilber mittels Schwefelwasserstoffs als Sulfid gefällt und als solches bestimmt, s. S. 470. Im Filtrat des QuecksilberII-chlorids wird Arsen als Sulfid gefällt und als Magnesiumpyroarsenat bestimmt.

Genauigkeit. Bei Anwendung von 0,18 bis 0,27 g QuecksilberII-chlorid und 0,14 bis 0,17 g ArsenIII-oxyd wurden Differenzen von —0,0004 bis +0,0003 g QuecksilberII-chlorid und —0,0003 bis +0,0004 g ArsenIII-oxyd gefunden.

β) *Durch Perhydrol.* Durch Perhydrol erfolgt nach KOLB und FELDHOFEN in weinsaurer Lösung Reduktion des QuecksilberII-chlorids zu schwerlöslichem QuecksilberI-chlorid, während Arsen in Lösung bleibt.

Arbeitsgang. Zu einer Lösung, die 0,13 g QuecksilberII-chlorid enthält, werden 10 cm³ 2 n Salzsäure, 25 cm³ 10%ige Weinsäurelösung und 20 cm³ 2%ige Kaliumarsenatlösung hinzugegeben. Nach dem Neutralisieren mit konzentriertem Ammoniakwasser wird die Lösung schwach weinsauer gemacht und das QuecksilberI-chlorid in der Wärme langsam durch 30 cm³ Perhydrol ausgefällt. 1stündiges Erhitzen vervollständigt die Ausfällung. In dem das gesamte Arsen enthaltenden Filtrat kann dieses nach einer der üblichen Methoden bestimmt werden. KOLB und FELDHOFEN bestimmen das Quecksilber nach der S. 440 beschriebenen Methode.

Genauigkeit. Bei Anwendung von 0,1234 g QuecksilberII-chlorid wurde eine Differenz von —0,0001 bis +0,00026 g gefunden.

d) Herauslösen des Arsens aus den Sulfiden. Eine Trennung von Quecksi l Arsen kann durch Herauslösen des Arsensulfids aus dem Gemisch der gemeinsam gefällten Sulfide bewirkt werden. WENGER und SCHILT benutzen hierfür Ammoniak oder Hydrogencarbonat, WENGER und CIMERMAN ammoniakalisches Ammoniumsulfid, während POLSTORFF und BÜLOW alkalische Kaliumsulfidlösung anwenden.

Arbeitsvorschrift von WENGER und CIMERMAN sowie von WENGER und SCHILT. Durch Einleiten von Schwefelwasserstoff in die salzsaure Lösung von QuecksilberII- und Arsensalz werden Quecksilber und Arsen als Sulfide gefällt. Durch frisch bereitetes ammoniakalisches Ammoniumsulfid wird das Arsensulfid herausgelöst. Zur Vermeidung der Bildung von kolloidalem QuecksilberII-sulfid wird beim Filtrieren etwas Ammoniumchlorid zugesetzt. Nach Entfernen von freiem Schwefel durch Schwefelkohlenstoff kann das Sulfid gewogen werden. Das Arsen wird im Filtrat als Magnesiumammoniumarsenat bestimmt:

Genauigkeit. Bei Anwendung von 2%igen Lösungen der Salze wurden anstatt 100% 100,40 bis 100,55% gefunden.

e) Abscheidung des Quecksilbers als Sulfid. Aus kaliumcyanid- und weinsäurehaltiger Lösung erfolgt nach PRETZFELD durch Schwefelwasserstoff aus einer Lösung von Quecksilber- und Arsensalzen nur Abscheidung des Quecksilbers als Sulfid.

Genauigkeit. Bei Anwendung von 0,13 bis 0,18 g Quecksilber und 0,05 bis 0,3 g Arsen wurden Differenzen von —0,0007 bis +0,0005 g Quecksilber gefunden.

f) Abscheidung des Arsens durch Magnesiamischung. Mit Magnesiamischung wird aus einer Quecksilber- und Arsensalz enthaltenden Lösung in Gegenwart von Ammoniak, Kaliumcyanid und Alkohol die Abscheidung des Arsens nach HAACK als schwerlösliches Salz bewirkt und so eine quantitative Trennung von Quecksilber erreicht.

Arbeitsvorschrift. Die QuecksilberII-salze oder zu QuecksilberII-salzen oxydierte QuecksilberI-salze und Natriumarsenat enthaltende, salzsaure Lösung wird mit Ammoniak übersättigt. Nach dem Lösen des Niederschlags durch stärkere Kaliumcyanidlösung wird die Lösung mit $^1/_3$ ihres Volumens an Ammoniakwasser und absolutem Alkohol versetzt und das Arsen durch Magnesiamischung nach der üblichen Methode gefällt. Im Filtrat wird nach schwachem Ansäuern das Quecksilber mittels Schwefelwasserstoffs als Sulfid gefällt und als solches bestimmt, s. S. 470.

Genauigkeit. Bei Anwendung von 0,47 bis 0,58 g Dinatriumarsenat, $Na_2HAsO_4 \cdot 7H_2O$ und 0,62 bis 0,79 g QuecksilberII-chlorid wurden Werte gefunden, die von den berechneten um —0,07 bis +0,04% ArsenV-oxyd und —0,07 bis +0,01% Quecksilber abwichen.

g) Abdestillieren des ArsenIII-chlorids. Nach JANNASCH und SEIDEL, ferner TARUGI sowie STRECKER und RIEDEMANN kann die Trennung des Quecksilbers von Arsen durch Abdestillieren des flüchtigen ArsenIII-chlorids erfolgen.

α) *Nach Reduktion des ArsenV-salzes mit Hydrazinsulfat in saurer Lösung.* JANNASCH und SEIDEL reduzieren die Arsensäure mit Hydrazinsulfat in salzsaurer Lösung und destillieren das sich bildende ArsenIII-chlorid ab.

Arbeitsvorschrift. Die 0,25 bis 0,60 g ArsenIII-oxyd und 0,24 bis 0,29 g QuecksilberII-chlorid enthaltende Probe wird im Destillationskolben mit 3 g Hydrazinsulfat, 1 g Kaliumbromid und 100 cm³ Salzsäure (D 1,19) versetzt. Durch 1stündiges Kochen wird ArsenIII-chlorid unter Zwischenschaltung eines Kühlers in ein mit 300 cm³ Wasser gefülltes Vorlagegefäß übergetrieben. Beim Vorliegen von mehr als 0,3 g ArsenIII-oxyd wird nach Zugabe weiterer Salzsäure nochmals destilliert. Im Destillat wird Arsen titrimetrisch mit Kaliumbromatlösung bestimmt. Das Quecksilber kann in der zurückgebliebenen, stark verdünnten, kalten Flüssigkeit direkt als Sulfid gefällt und bestimmt werden, vgl. S. 470.

Genauigkeit. Bei Anwendung von 0,24 bis 0,29 g QuecksilberII-chlorid und 0,25 bis 0,60 g ArsenIII-oxyd wurden Abweichungen von —0,0001 bis +0,0009 g QuecksilberII-chlorid und +0,0005 bis +0,0010 g ArsenIII-oxyd gefunden.

β) *Nach Reduktion des ArsenV-salzes mit Hydrazinsulfat in alkalischer Lösung.* TARUGI geht von stark alkalischer Lösung aus, reduziert mit Hydrazinsulfat und destilliert ArsenIII-chlorid mit überschüssiger konzentrierter Salzsäure über.

Genauigkeit. Anstatt der angewendeten 0,075 g Arsen fand er 0,0735 g in der Vorlage.

γ) *Nach Reduktion des ArsenV-salzes mit Thionylchlorid.* STRECKER und RIEDEMANN wenden als Reduktionsmittel Thionylchlorid an.

Arbeitsvorschrift. Zu einer stark salzsauren Lösung, die etwa 0,1 g QuecksilberII-chlorid, 0,15 g Kaliumarsenat (KH_2AsO_4) und 1,5 g Kaliumbromid enthält, werden während des Erhitzens 10 cm³ Thionylchlorid tropfenweise zugegeben. Hierbei destilliert ArsenIII-chlorid in eine Vorlage über. Im Rückstand kann dann das Quecksilber mit Schwefelwasserstoff als Sulfid bestimmt werden, s. S. 470. Aus dem Destillat wird das Schwefeldioxyd durch Erhitzen im Kohlendioxydstrom vertrieben, der Schwefel abfiltriert und das Arsen im Filtrat durch Schwefelwasserstoff als ArsenIII-sulfid gefällt.

Genauigkeit. Bei Anwendung von 0,07 g Quecksilber und 0,06 g Arsen wurden Abweichungen bis zu +0,0002 g Quecksilber und +0,0004 g Arsen gefunden.

h) Trennung durch Elektrolyse. α) *In ammoniakalischer Tartratlösung.* Quecksilber läßt sich von Arsen in ammoniakalischer Tartratlösung ohne Schwierigkeiten trennen. Die Lösung, die etwa 0,1 g Quecksilber und 0,1 g Arsen enthält, wird nach SCHMUCKER mit 5 g Weinsäure und 15 bis 20 cm³ 10%igem Ammoniak versetzt und auf 175 cm³ verdünnt. Bei 60° wird mit 1,7 Volt Spannung bei einer

Stromdichte $ND_{100} = 0{,}05$ Ampere etwa 6 Std. lang elektrolysiert. Enthält die zu elektrolysierende Lösung neben Arsen auch noch Antimon und Zinn (auch je etwa 0,1 g), so setzt man 8 g Weinsäure und 30 cm³ Ammoniak zu und elektrolysiert etwa 16 Std.

β) *In cyankalischer Lösung.* Nach FREUDENBERG (a), (b) kann das Quecksilber von Arsen auch in cyankalischer Lösung auf elektrolytischem Wege getrennt werden. Nach SMITH (c) gibt man zu der beide Metalle (etwa 0,5 g im ganzen) enthaltenden Lösung 3 g reines Kaliumcyanid zu, verdünnt auf 200 cm³ und elektrolysiert mit einer Stromdichte $ND_{100} = 0{,}015$ Ampere und 2,3 bis 3,5 Volt Spannung bei 65° 5 Std. lang. Über die Elektrolyse in Alkalisulfidlösung vgl. SMITH (d).

γ) *In salpetersaurer Lösung.* FREUDENBERG (a), (b) führt die elektrolytische Trennung auch in salpetersaurer Lösung durch mit etwa 1,7 bis 1,8 Volt Spannung.

Unter Benutzung der flüssigen Quecksilberkathode und einer mit 400 bis 600 Umdrehungen/Min. rotierenden Platin-Iridium-Anode führen ALDERS und STÄHLER die elektrolytische Trennung in salpetersaurer Lösung durch. Zu der 100 cm³ betragenden Lösung wird 1 cm³ konzentrierte Salpetersäure hinzugegeben und dann mit einer Stromdichte $ND_{100} = 5$ Ampere bei 5½ bis 5 Volt Spannung elektrolysiert. Nach 15 Min. wird die Säure mit Natronlauge abgestumpft, man elektrolysiert noch 5 Min. weiter und wäscht wie üblich aus. Das Arsen kann aus der verbliebenen Flüssigkeit als Magnesiumammoniumarsenat abgeschieden und als Magnesiumpyroarsenat bestimmt werden.

6. Trennung des Quecksilbers von Kupfer und Arsen.

a) Reduktion zum QuecksilberI-salz. Nach FOERSTER erfolgt die Trennung des 2wertigen Quecksilbers von Kupfer und Arsen durch Reduktion der QuecksilberII-salze mit Hypophosphitlösung zu schwerlöslichem QuecksilberI-chlorid.

Arbeitsvorschrift. Zu der kupfer- und arsenhaltigen Lösung werden 5 g Natriumchlorid, 15 cm³ 10 Vol.-%ige Salzsäure und nach Verdünnen auf 150 cm³ Volumen 14 cm³ 10 Vol.-%ige Wasserstoffperoxydlösung hinzugegeben. Durch Zusatz von 0,1 n Hypophosphitlösung, der in kleinen Portionen erfolgen muß, wird QuecksilberI-chlorid quantitativ abgeschieden, das nach dem Abfiltrieren in einen GOOCH-Tiegel in Königswasser gelöst wird, worauf man das Quecksilber am besten durch argentometrische Titration nach s. S. 440 bestimmt. In dem von Quecksilber befreiten Filtrat befinden sich das gesamte Kupfer und Arsen und können nach einer der üblichen Methoden bestimmt werden.

Genauigkeit. Angewendet wurden 0,213 g Quecksilber, 0,872 g Kupfer und 0,166 g Arsen, gefunden wurden 0,210 g Quecksilber, 0,874 g Kupfer und 0,165 bis 0,168 g Arsen.

b) Herauslösen des Quecksilbers über das Jodid. WESSEL und KESSLER nehmen die Trennung des QuecksilberII-chlorids von Calciumarsenat und KupferI-oxyd durch Schütteln mit 20%iger schwach alkalischer Kaliumjodidlösung vor, wodurch nur QuecksilberII-chlorid nach erfolgter Umsetzung gelöst wird. Die abzutrennende Quecksilbermenge soll 0,1 g nicht übersteigen.

7. Trennung des Quecksilbers von Antimon.

a) Abdestillieren des Quecksilbers. Quecksilber kann von Antimon nach JANNASCH durch Behandeln der Sulfide mit konzentrierter Salpetersäure und Glühen des Eindampfrückstands im Sauerstoffstrom getrennt werden.

Arbeitsvorschrift. Die gemeinsam gefällten und abfiltrierten Sulfide löst man samt Filter in rauchender Salpetersäure und vertreibt die überschüssige Säure durch Erhitzen auf 100° im trockenen Luftstrom. Nach abermaligem Behandeln mit rauchender Salpetersäure und Entfernen der überschüssigen Säure wird das

Gemisch in dem für die Trennung vorgesehenen Rohr mit konzentrierter Salpetersäure, dann mit rauchender Salpetersäure behandelt und im Luftstrom bei bis 180° steigender Temperatur getrocknet. Durch vorsichtiges Glühen des Gemisches im Sauerstoffstrom wird das Quecksilber in eine mit verdünnter Salpetersäure gefüllte Vorlage überdestilliert. Im Rohr kann nach langsamem Abkühlen AntimonIII,V-oxyd direkt gewogen werden. Nach Einengen der Vorlagenflüssigkeit zur Entfernung der Salpetersäure und erneutem Verdünnen mit Wasser wird das Quecksilber als Sulfid gefällt, s. S. 470.

Genauigkeit. Bei Anwendung von 0,57 bis 0,74 g Kaliumantimonyltartrat, $KSbOC_4H_4O_6 \cdot 0{,}5\,H_2O$ und 0,21 bis 0,30 g QuecksilberII-oxyd wichen die Werte für Quecksilber um —0,08 bis —0,12%, die Werte für AntimonIII, V-oxyd um —0,02 bis +0,05% von den berechneten ab.

b) Reduktion des Quecksilbersalzes zum Metall. Durch Reduktion von QuecksilberII-salz zum Metall mit Hydroxylamin in stark ammoniumtartrathaltiger Lösung trennen JANNASCH und DEVIN (d) Antimon und Quecksilber.

Arbeitsgang. 0,2 g QuecksilberII-chlorid und 0,4 g Antimon werden in 5 cm³ Königswasser gelöst; man verdünnt die Lösung mit 50 cm³ Wasser und fügt 2 g Weinsäure hinzu. Nach dem Lösen der Weinsäure werden 30 cm³ konzentriertes Ammoniakwasser und 20 cm³ 10%ige Hydroxylaminchlorhydratlösung zugegeben. Beim Erwärmen scheidet sich alles Quecksilber als Metall ab. Das Quecksilber wird auf ein quantitatives Filter abfiltriert und so von der das gesamte Antimon enthaltenden Lösung getrennt. Zur Bestimmung des Quecksilbers als Sulfid, s. S. 470, muß die organische Filtersubstanz durch rauchende Salpetersäure zerstört werden. Im ammoniumtartrathaltigen Filtrat kann Antimonsulfid nach Ansäuern mit Salzsäure durch Schwefelwasserstoff quantitativ gefällt werden.

Genauigkeit. Die gefundene Quecksilbermenge betrug 23,37% der angewendeten Substanzmenge gegenüber dem theoretischen Wert von 23,35%, die gefundene Menge AntimonIII, V-oxyd 86,50% gegenüber dem theoretischen Wert von 86,64%.

c) Reduktion zum QuecksilberI-salz. α) *Durch phosphorige Säure.* Die von ROSE vorgeschlagene Trennung des Quecksilbers von Antimon durch Reduktion des QuecksilberII-salzes mit phosphoriger Säure zu schwerlöslichem QuecksilberI-chlorid nimmt v. USLAR in folgender Weise vor:

Arbeitsgang. Eine Lösung von AntimonIII-oxyd in Königswasser wird fast bis zur Trockne eingedampft und dann mit 1,5 g Weinsäure, 0,2 g QuecksilberII-chlorid und 25 cm³ 25%iger Salpetersäure versetzt. Zur auf 150 cm³ aufgefüllten Lösung werden nach Erwärmen für je 0,1 g QuecksilberII-chlorid 5 cm³ 20%ige Phosphorsäure gegeben. Nach 5stündigem Stehen unter zeitweiligem Umrühren wird das schwerlösliche QuecksilberII-chlorid abfiltriert und nach Oxydation durch Kaliumchlorat in salzsaurer Lösung das Quecksilber als Sulfid gefällt und bestimmt, s. S. 470. Im Filtrat des QuecksilberI-chlorids wird das Antimon als AntimonV-sulfid gefällt und nach einer der üblichen Methoden bestimmt.

Genauigkeit. Bei Anwendung von 0,1920 g QuecksilberII-chlorid und 0,2003 g AntimonIII-oxyd wurden 0,1918 g QuecksilberII-chlorid und 0,2006 g AntimonIII-oxyd gefunden.

β) *Durch Perhydrol.* KOLB und FELDHOFEN nehmen die Reduktion von QuecksilberII-chlorid zu schwerlöslichem QuecksilberI-chlorid mit Perhydrol in weinsaurer Lösung vor und bewirken so die Trennung des Quecksilbers von Antimon.

Arbeitsgang. Zu einer Lösung von 0,13 g QuecksilberII-chlorid werden 10 cm³ 2 n Salzsäure, 25 cm³ 10%ige Weinsäurelösung und 20 cm³ 2%ige Kaliumpyroantimonatlösung hinzugegeben. Nach dem Neutralisieren mit konzentriertem Ammoniakwasser wird die Lösung erneut schwach weinsauer gemacht und das QuecksilberI-chlorid in der Wärme durch 30 cm³ Perhydrol ausgefällt. 1stündiges Erhitzen vervollständigt die Fällung. In dem das gesamte Antimon enthaltenden Filtrat kann Antimon nach einem der üblichen Verfahren bestimmt werden. KOLB und FELDHOFEN bestimmen das Quecksilber nach der S. 440 beschriebenen Methode.

Genauigkeit. Bei Anwendung von 0,1234 g QuecksilberII-chlorid trat eine Differenz von 0,0001 g QuecksilberII-chlorid zwischen dem berechneten und dem gefundenen Wert auf.

d) Abscheidung des Quecksilbers als Sulfid. Durch Ausfällen des Quecksilbers aus einer Lösung von Quecksilber- und Antimonsulfid in alkalischer Kaliumsulfidlösung mit Ammoniumchlorid als QuecksilberII-sulfid trennen POLSTORFF und BÜLOW Quecksilber und Antimon.

Arbeitsvorschrift. 0,3 g einer Mischung von Quecksilber- und Antimonsulfid werden in 10 cm³ 15%iger Kalilauge und der äquivalenten Menge Kaliumsulfid gelöst. Die Lösung wird etwas verdünnt und aus ihr durch Ammoniumchlorid das Quecksilber als QuecksilberII-sulfid gefällt. Nach dem Lösen des QuecksilberII-sulfids in salzsaurer Kaliumchloratlösung wird nach Filtration im Filtrat das Quecksilber erneut als Sulfid gefällt und als solches bestimmt, s. S. 470. Im ammoniumchloridhaltigen Filtrat wird Antimon als Sulfid gefällt und die Hauptmenge als Sulfid gewogen. Dem Filter anhaftende Reste von Antimonsulfid werden in Ammoniumsulfid gelöst und nach Eindampfen und Oxydation als Oxyd Sb_2O_4 bestimmt.

Genauigkeit. Bei Anwendung von 0,17 bis 0,27 g QuecksilberII-chlorid und 0,1 bis 0,2 g AntimonIII-oxyd wurden Differenzen von —0,0001 bis +0,0002 g QuecksilberII-chlorid und +0,0001 bis +0,0004 g AntimonIII-oxyd gefunden.

e) Trennung durch Elektrolyse. Quecksilber läßt sich nach SCHMUCKER von Antimon unter denselben Bedingungen elektrolytisch trennen wie von Arsen, s. S. 570.

Nach MACCAY und FURMAN kann Quecksilber von 5wertigem Antimon *in fluorwasserstoffsaurer Lösung* auf elektrolytischem Wege getrennt werden. Man löst in einer Mischung von 25 bis 50 cm³ Salpetersäure und 5 cm³ 48%iger Fluorwasserstoffsäure und elektrolysiert mit einer Spannung von 3 Volt.

8. Trennung des Quecksilbers von Kupfer und Antimon.

Quecksilber kann nach PRETZFELD von Kupfer und Antimon durch Fällen des Quecksilbers als Sulfid in kaliumcyanid- und weinsäurehaltiger Lösung getrennt werden.

Arbeitsvorschrift. Zu einer Lösung, die 0,2 g Quecksilber, 0,1 bis 0,3 g Kupfer und 0,1 bis 0,3 g Antimon enthält, fügt man 30 cm³ einer gesättigten Weinsäurelösung hinzu. Dann wird zur kochenden Lösung überschüssiges Kaliumcyanid in kleinen Portionen gegeben, bis sich die anfangs entstehende Fällung wieder gelöst hat. Durch Sättigen der Lösung mit Schwefelwasserstoff wird alles Quecksilber als Sulfid gefällt; PRETZFELD bestimmt nach Abfiltrieren und Lösen dieses Niederschlags das Quecksilber elektrolytisch, s. S. 404.

Genauigkeit. Bei Anwendung von 0,13 bis 0,20 g Quecksilber, 0,1 bis 0,3 g Kupfer und 0,1 bis 0,3 g Antimon wurden Differenzen von —0,0010 bis +0,0005 g Quecksilber gefunden.

9. Trennung des Quecksilbers von Kupfer, Arsen und Antimon.

PRETZFELD nimmt die Trennung des Quecksilbers von Kupfer, Arsen und Antimon ähnlich wie die des Quecksilbers von Kupfer und Antimon durch Fällen des Quecksilbers als Sulfid aus kaliumcyanid- und weinsäurehaltiger Lösung vor.

Genauigkeit. Bei Anwendung von 0,15 g Quecksilber, 0,005 g Kupfer, 0,05 g Arsen und 0,05 g Antimon wurden Differenzen bis zu +0,0003 g Quecksilber gefunden.

10. Trennung des Quecksilbers von Zinn.

a) Abdestillieren des Quecksilbers. Von Zinn kann Quecksilber nach JANNASCH und LEHNERT durch Glühen der Sulfide im Sauerstoffstrom getrennt werden.

Arbeitsvorschrift. In einem Rohr werden im Sauerstoffstrom die gemeinsam gefällten und abfiltrierten Sulfide von Quecksilber und Zinn samt dem Filter vorsichtig geglüht. Während das Quecksilber in einem mit verdünnter Salpetersäure gefüllten Vorlagegefäß aufgefangen wird, bleibt das Zinn als Oxyd zurück und kann direkt gewogen werden. Nach Einengen der Vorlageflüssigkeit zur Entfernung der Salpetersäure und erneutem Verdünnen mit Wasser wird Quecksilber als Sulfid nach S. 470 gefällt.

Genauigkeit. Bei Anwendung von 0,3 g Zinnammoniumchlorid, $SnCl_4(NH_4Cl)_2$, und 0,6 g QuecksilberII-chlorid wichen die gefundenen Werte um + 0,0018 g ZinnIV-oxyd und —0,0016 g QuecksilberII-sulfid von den berechneten Werten ab.

b) Reduktion des Quecksilbersalzes zum Metall. JANNASCH und DEVIN (d) trennen das Quecksilber von Zinn durch Reduktion des QuecksilberII-salzes zum Metall in stark ammoniumcitrathaltiger Lösung mit Hydroxylamin.

Arbeitsgang. 0,3 g QuecksilberII-chlorid und 0,3 g Zinnammoniumchlorid werden in verdünnter Salzsäure, die aus 5 cm³ konzentrierter Salzsäure und 25 cm³ Wasser hergestellt ist, unter Erwärmen gelöst und 3 g Weinsäure zugegeben. Diese Lösung wird mit 30 cm³ konzentriertem Ammoniakwasser und 20 cm³ 10%iger Hydroxylaminchlorhydratlösung versetzt. Beim Erwärmen scheidet sich alles Quecksilber metallisch ab; man filtriert durch ein quantitatives Filter von der das gesamte Zinn enthaltenden Lösung ab. Zur Bestimmung des Quecksilbers als Sulfid, s. S. 470, muß zunächst die organische Filtersubstanz durch rauchende Salpetersäure zerstört werden. JANNASCH und DEVIN (d) fällen im ammoniumcitrathaltigen Filtrat das Zinn als Zinnsulfid.

Genauigkeit. Die gefundene Quecksilbermenge betrug 38,75% der angewendeten Substanzmenge gegenüber dem theoretischen Wert von 38,99%, die gefundene Menge ZinnIV-oxyd 20,66% gegenüber dem theoretischen Wert von 20,71%.

c) Reduktion zum QuecksilberI-salz. Mit Perhydrol führen KOLB und FELDHOFEN in weinsaurer Lösung von QuecksilberII-chlorid und ZinnIV-chlorid die Reduktion des QuecksilberII-chlorids zu schwerlöslichem QuecksilberI-chlorid durch und bewirken so die Trennung des Quecksilbers von Zinn.

Arbeitsgang. Zu einer Lösung von 0,13 g QuecksilberII-chlorid werden 10 cm³ 2 n Salzsäure, 25 cm³ 10%ige Weinsäurelösung und 20 cm³ 2%ige ZinnIV-chloridlösung gegeben. Nach dem Neutralisieren mit konzentriertem Ammoniakwasser wird die Lösung erneut schwach weinsauer gemacht und in der Wärme langsam das QuecksilberI-chlorid durch 30 cm³ Perhydrol ausgefällt. 1stündiges Erhitzen vervollständigt die Fällung. In dem das gesamte Zinn enthaltenden Filtrat kann dieses nach einem der üblichen Verfahren bestimmt werden. KOLB und FELDHOFEN bestimmen das Quecksilber nach der S. 440 beschriebenen Methode.

Genauigkeit. Bei Anwendung von 0,1234 g QuecksilberII-chlorid wurden 0,12339 g gefunden.

d) Trennung durch Elektrolyse. Quecksilber läßt sich nach SCHMUCKER von Zinn unter denselben Bedingungen elektrolytisch trennen wie von Arsen, s. S. 570.

Nach MACCAY und FURMAN kann Quecksilber von 4wertigem Zinn elektrolytisch *in fluorwasserstoffsaurer Lösung* getrennt werden, vgl. die Trennung des Quecksilbers von Antimon, S. 573.

11. Trennung des Quecksilbers von Arsen, Antimon und Zinn.

HILTNER und GITTEL trennen Quecksilber von Arsen, Antimon und Zinn durch Fällen des Quecksilbers als Sulfid aus der sulfalkalischen Lösung. Zur Fällung wird die Lösung mit Wasserstoffperoxyd gekocht.

Arbeitsvorschrift. Zur sulfalkalischen Lösung von Quecksilber, Arsen, Antimon und Zinn wird eine konzentrierte Natriumtartratlösung und langsam 30%iges Wasserstoffperoxyd gegeben. Nach dem Kochen der Mischung bis zum Aufhören der Sauerstoffentwicklung wird diese mit einer Lösung von 1 g Natriumoxalat versetzt und erneut bis zum Aufhören der Sauerstoff- und Kohlendioxydentwicklung gekocht. Der in einen Glasfrittentiegel abfiltrierte Niederschlag wird mit schwach alkalischer, etwas tartrathaltiger Lösung gewaschen und kann nach einer der üblichen Methoden bestimmt werden. HILTNER und GITTEL verwenden hierzu die potentiometrische Titration mit Kaliumjodidlösung, vgl. S. 460.

Genauigkeit. Bei Anwendung von 0,1 bis 0,4 g Quecksilber betrug die Differenz der gefundenen Werte gegenüber den berechneten nur 0,0001 g Quecksilber.

12. Trennung des Quecksilbers von Gold.

Sowohl Quecksilber als auch Gold können nach ZINTL und RIENÄCKER (b) mit ChromII-chloridlösung potentiometrisch bestimmt werden, s. S. 401. Doch ist die Bestimmung auch in einer Operation möglich. Goldsalze werden in salzsaurer Lösung vor Beginn der Quecksilbertitration zu Metall reduziert. Der Anfang der Quecksilberfällung wird durch einen großen Potentialsprung angezeigt.

13. Trennung des Quecksilbers von Platin.

Die elektrolytische Trennung des Quecksilbers von Platin wird nach KOLLOCK *in cyankalischer Lösung* durchgeführt. Man elektrolysiert eine etwa 0,14 g Quecksilber und 0,025 bis 0,1 g Platin enthaltende Lösung nach dem Zusatz von 3 g Kaliumcyanid und nach Verdünnen auf 125 cm³ mit 0,04 bis 0,05 Ampere und 2,1 Volt Spannung bei 65 bis 75° etwa 4 Std. lang.

14. Trennung des Quecksilbers von Palladium.

a) Abscheidung des Quecksilbers als Sulfid. Aus der Kaliumthiocarbonatlösung der Sulfide von Quecksilber und Palladium fällt Kohlendioxyd nach ROSENBLADT nur das Quecksilber als Sulfid.

Arbeitsgang. Die Sulfide von Quecksilber und Palladium werden in 30 cm³ Kaliumthiocarbonatlösung, einer orangegefärbten Flüssigkeit, die sich bei mehrtägigem Schütteln von 1 Teil Schwefel mit 2 Teilen Schwefelkohlenstoff und 15 Teilen Kalilauge (D 1,13) bildet, durch Kochen vollständig gelöst. Beim Durchleiten von Kohlendioxyd durch die Lösung wird das Quecksilber quantitativ als Sulfid abgeschieden, das nach Abfiltrieren und Entfernen des Schwefels mittels Schwefelkohlenstoffs und Trocknen bei 101° als Sulfid gewogen wird. Im Filtrat wird das Palladium durch Salzsäure als Sulfid gefällt und nach einer der üblichen Methoden bestimmt.

Genauigkeit. Angewendet wurden 0,10 g Palladium und 0,116 g QuecksilberII-sulfid, gefunden wurden 0,0999 g Palladium und 0,1159 g QuecksilberII-sulfid.

b) Abscheidung des Palladiums als organische Verbindung. Nach HANUŠ, JÍLEK und LUKAS kann Palladium von Quecksilber quantitativ durch Abscheidung des Palladiums mit Benzoylmethylglyoxim in heißer salzsaurer Lösung getrennt werden. Die Filtration soll erst nach 24stündigem Stehen der Mischung vorgenommen werden.

c) Trennung durch Elektrolyse. Die elektrolytische Trennung des Quecksilbers von Palladium soll sich nach SMITH (f) sowie nach SMITH und FRANKEL *in cyankalischer Lösung* durchführen lassen. Eine auf 200 cm³ verdünnte Lösung von etwa 0,1 bis 0,2 g Quecksilber und 0,10 g Palladium wird mit 3 g Kaliumcyanid versetzt und mit einer Stromdichte $ND_{100} = 0{,}04$ bis 0,05 Ampere und 2,1 Volt Spannung bei 65 bis 75° etwa 4 Std. lang elektrolysiert.

15. Trennung des Quecksilbers von Osmium.

Nach SMITH (f) läßt sich die elektrolytische Trennung des Quecksilbers von Osmium *in cyankalischer Lösung* durchführen entsprechend den für die Trennung des Quecksilbers von Arsen in cyankalischer Lösung gegebenen Vorschriften, s. S. 571. Doch dürfen nicht mehr als 1,5 g Kaliumcyanid auf je 0,2 g Metall benutzt werden.

16. Trennung des Quecksilbers von Molybdän.

a) Reduktion zum QuecksilberI-salz. In einer stark ammoniumcitrat- oder ammoniumtartrathaltigen Lösung von QuecksilberII-chlorid und Ammoniummolybdat kann Quecksilber von Molybdän durch Reduktion des QuecksilberII-chlorids zum Metall getrennt werden. Als Reduktionsmittel benutzen JANNASCH und BETTGES Hydrazin, JANNASCH und ALFFERS (a) Hydroxylamin.

Arbeitsgang von JANNASCH und BETTGES. 0,2g MolybdänVI-oxyd(MoO_3) löst man in Ammoniakwasser unter Zugabe einiger Tropfen Natronlauge, vertreibt überschüssiges Ammoniak und gibt 2 bis 3 g Wein- oder Citronensäure und eine 0,3 g QuecksilberII-chlorid enthaltende Lösung hinzu. Eine hierbei auftretende Fällung wird mit wenig Salzsäure gelöst. Nach Erwärmen auf 80° wird das QuecksilberII-chlorid durch Zugabe einer Lösung von 2 g Hydrazinsulfat in 30 bis 45 cm^3 konzentriertem Ammoniakwasser zum Metall reduziert. Unter Umrühren wird das Gemisch noch $^1/_4$ Std. erwärmt. Das nach 4 Std. abfiltrierte Quecksilber wird mitsamt dem Filter in stärkster rauchender Salpetersäure oxydiert und nach dem Eindampfen zur Trockne als Sulfid, s. S. 470, bestimmt. Im Filtrat kann direkt Molybdän als Sulfid bestimmt werden.

Genauigkeit. Bei Anwendung von 0,29 bis 0,37 g QuecksilberII-chlorid und 0,21 bis 0,27 g MolybdänVI-oxyd wurden Werte gefunden, die bei dem Quecksilber um 0,06 bis 0,15% und bei dem MolybdänVI-oxyd um 0,08 bis 0,18% unter dem theoretischen Wert lagen.

Arbeitsvorschrift von JANNASCH und ALFFERS (a). Die etwa 0,3 g QuecksilberII-chlorid und etwa 0,3 g Ammoniummolybdat enthaltende, schwach salzsaure Lösung wird mit 3 bis 4 g Weinsäure oder Citronensäure versetzt. Nach Erwärmen auf 70° wird das Quecksilber durch 3 g Hydroxylamin in 30 bis 40 cm^3 Ammoniakwasser als Metall gefällt. Niederschlag und Filtrat werden wie oben weiter behandelt.

Genauigkeit. Die gefundene Quecksilbermenge betrug 41,24% der angewendeten Substanz gegenüber dem theoretischen Wert von 41,37%, die gefundene Menge Molybdänsäure 35,77% gegenüber dem theoretischen Wert von 35,81%.

b) Trennung durch Elektrolyse. Die Trennung des Quecksilbers von Molybdän soll sich nach SMITH und FRANKEL auch elektrolytisch durchführen lassen: Zu der etwa 0,5 g Metall (Quecksilber und Molybdän) enthaltenden Lösung fügt man 3 g Kaliumcyanid hinzu, verdünnt auf 200 cm^3 und elektrolysiert mit einer Stromdichte $ND_{100} = 0{,}015$ Ampere und 2,3 bis 3,5 Volt Spannung 5 Std. lang bei 65°.

17. Trennung des Quecksilbers von Selen.

a) Reduktion des Quecksilbersalzes zum Metall. GEILMANN und WRIGGE trennen Quecksilber und Selen durch Reduktion des Quecksilbersalzes mit Hydrochinon in alkalischer Lösung zum Metall.

Arbeitsvorschrift. Eine Probe des zu untersuchenden Quecksilberselenids mit etwa 0,1 bis 0,2 g Selen wird durch Lösen in konzentrierter Salpetersäure, Eindampfen der Lösung und Aufnehmen des Rückstands mit 60 cm^3 Wasser in neutrales Selenit übergeführt. Zu dieser Lösung müssen je Mol Quecksilber $1^1/_2$ Mole

Silber in Form eines Salzes hinzugegeben werden, um bei der Reduktion Quecksilberverluste durch Verdampfen zu vermeiden. Die trübe Lösung wird dann mit 15 cm³ einer Lösung, die 15 g Hydrochinon und 80 g Natriumsulfit auf 500 cm³ Wasser enthält, und 15 cm³ einer Lösung von 100 g Natriumhydroxyd auf 500 cm³ Wasser versetzt, 5 Min. gekocht und $^1/_2$ Std. auf dem Wasserbad stehengelassen, wobei sich Quecksilber und Silber als Amalgam quantitativ abscheiden. Der durch mehrmaliges Dekantieren mit heißem Wasser gewaschene Niederschlag wird auf ein Blaubandfilter abfiltriert. Nach dem Lösen in Salpetersäure kann das Quecksilber als Sulfid, s. S. 470, bestimmt werden. In dem vom Amalgam getrennten und stark salzsauer gemachten Filtrat wird Selen durch schweflige Säure als rotes Selen gefällt, das durch Kochen in graues übergeführt und als solches bestimmt werden kann.

Genauigkeit. Bei Anwendung von 0,1 g Quecksilber und 0,2 g Selen betrug die Differenz der gefundenen Werte gegenüber den vorhandenen Mengen nur 0,0001 g Quecksilber und 0,0001 g Selen.

b) Trennung durch Elektrolyse. Die elektrolytische Trennung des Quecksilbers von Selen läßt sich nach SMITH (a) *in cyankalischer Lösung* durchführen. Eine etwa 0,13 g Quecksilber und 0,25 g Natriumselenat enthaltende Lösung wird mit 1 g Kaliumcyanid versetzt und auf 150 cm³ verdünnt. Die Elektrolyse wird bei 60° mit einer Stromdichte $ND_{100} = 0{,}03$ Ampere bei 3 Volt Spannung 5 bis 6 Std. lang vorgenommen.

Die elektrolytische Trennung soll nach SMITH (a) auch *in salpetersaurer Lösung* möglich sein. Man versetzt die Lösung mit 1 cm³ Salpetersäure (D 1,43), verdünnt auf 150 cm³ und elektrolysiert bei 60° 3 Std. lang mit einer Stromdichte von 0,015 Ampere bei 1,25 bis 2 Volt Spannung.

18. Trennung des Quecksilbers von Tellur.

a) Abscheidung des Quecksilbers als Sulfid. Quecksilber kann von Tellur nach BRUKL und MAXYMOWICZ durch Abscheidung des Quecksilbers als Sulfid in schwach ammoniakalischer Lösung mit Natriumsulfid in Gegenwart von Ammoniumchlorid getrennt werden.

Arbeitsvorschrift. Die QuecksilberII- und Tellursalz enthaltende Lösung wird schwach alkalisch gemacht und der sich bildende Niederschlag durch Natriumsulfid gerade wieder gelöst. Die zum Sieden erhitzte Lösung wird mit so viel Ammoniumchlorid versetzt, daß alles Quecksilber als Sulfid gefällt wird und sich freies Ammoniumsulfid bildet. Nach erneutem Erhitzen zum Sieden wird das quantitativ abgeschiedene Quecksilbersulfid in einen GOOCH-Tiegel abfiltriert und so von dem alles Tellur enthaltenden Filtrat getrennt und zuerst mit farblosem Ammoniumsulfid, dann mit Wasser, Alkohol und Äther gewaschen. Nach Entfernen des beigemengten Schwefels durch Schwefelkohlenstoff wird der Niederschlag getrocknet und gewogen. Im Filtrat kann Tellur durch überschüssiges Natriumsulfit gefällt werden.

Genauigkeit. Die gefundenen QuecksilberII-sulfid- und Tellurwerte wichen von den berechneten um —0,0019 bis +0,0004 g QuecksilberII-sulfid und um —0,0009 bis +0,0008 g Tellur ab.

b) Trennung durch Elektrolyse. Die elektrolytische Trennung des Quecksilbers von Tellur läßt sich nach SMITH (a) zwar nicht in cyankalischer, jedoch *in salpetersaurer Lösung* ausführen. Eine etwa 0,13 g Quecksilber und 0,25 g Natriumtellurat enthaltende Lösung wird mit 3 cm³ Salpetersäure (D 1,43) versetzt und auf 150 cm³ verdünnt. Die Elektrolyse wird bei 60° mit einer Stromdichte $ND_{100} = 0{,}04$ bis 0,05 Ampere bei 2 bis 2,25 Volt Spannung etwa 5 Std. lang durchgeführt.

19. Trennung des Quecksilbers von Wolfram.

a) Reduktion des Quecksilbersalzes zum Metall. Quecksilber und Wolfram können durch Reduktion des QuecksilberII-salzes zum Metall getrennt werden. JANNASCH und BETTGES benutzen als Reduktionsmittel ammoniakalische Hydrazinsulfatlösung, JANNASCH und ALFFERS (b) Hydroxylamin in Gegenwart von Ammoniumtartrat oder Ammoniumcitrat.

Arbeitsgang von JANNASCH und BETTGES. 0,2 g WolframVI-oxyd werden in konzentriertem Ammoniakwasser gelöst; überschüssiges Ammoniak wird durch Erwärmen vertrieben und QuecksilberII-chloridlösung zugesetzt. Ein etwa auftretender Niederschlag wird durch wenig Salzsäure gelöst. Nach Erwärmen der Lösung auf 80° wird das QuecksilberII-chlorid durch eine Lösung von 2 g Hydrazinsulfat in 30 bis 40 cm³ Ammoniakwasser zum Metall reduziert. Das nach 4 Std. abfiltrierte Quecksilber wird samt dem Filter in stärkster rauchender Salpetersäure oxydiert und nach dem Eindampfen zur Trockne als Sulfid, s. S. 470, bestimmt. Im Filtrat kann nach Zerstören des überschüssigen Hydrazinsulfats durch rauchende Salpetersäure Wolfram als WolframVI-oxyd bestimmt werden.

Genauigkeit. Bei Anwendung von 0,29 bis 0,31 g QuecksilberII-chlorid und 0,28 bis 0,35 g WolframVI-oxyd wurden Werte gefunden, die beim Quecksilber um 0,07 bis 0,12% und beim WolframVI-oxyd um 0,05 bis 0,12% unter den theoretischen Werten lagen.

Arbeitsgang von JANNASCH und ALFFERS (b). Etwa 0,3 g QuecksilberII-chlorid und etwa 0,3 g Natriumwolframat werden in 50 cm³ schwach salzsäurehaltigem Wasser gelöst und 5 g Weinsäure oder Citronensäure zugegeben. Wird anstatt Natriumwolframat WolframVI-oxyd angewendet, so muß dieses durch überschüssiges Ammoniak mit einigen Tropfen Natronlauge in Lösung gebracht werden. Das hierbei ausfallende Quecksilberpräzipitat löst sich bei Zugabe der Weinsäure. In der Wärme wird dann das Quecksilber in stark ammoniakalischer Lösung durch 3 bis 5 g Hydroxylamin als Metall gefällt. Niederschlag und Filtrat werden wie oben weiter behandelt.

Genauigkeit. Die gefundene Menge Quecksilber betrug 36,15% der angewendeten Substanzmenge gegenüber dem theoretischen Wert von 36,37%, die gefundene Menge WolframVI-oxyd 57,09% gegenüber 57,27% der Theorie.

b) Trennung durch Elektrolyse. Die elektrolytische Trennung des Quecksilbers von Wolfram soll sich nach SMITH (h) unter denselben Bedingungen ausführen lassen wie die Trennung von Arsen *in cyankalischer Lösung*, s. S. 571.

C. Trennung des Quecksilbers von den Elementen der Ammoniumsulfidgruppe.

1. Trennung des Quecksilbers von Zink.

a) Reduktion des Quecksilbersalzes zum Metall. Durch Reduktion von Quecksilbersalz zum Metall mit phosphoriger Säure trennen MOSER und NIESSNER Quecksilber von Zink. Über die Bestimmung des Quecksilbers s. S. 376. Im Filtrat kann Zink als Pyrophosphat quantitativ bestimmt werden.

Genauigkeit. Bei Anwendung von 0,06 bis 0,30 g Quecksilber und 0,27 bis 0,34 g Zink wurden Differenzen von —0,0002 g Quecksilber und —0,0002 g Zink gefunden.

b) Abscheidung des Zinks. α) *Als Zinkphosphat.* Durch Abscheidung des Zinks als Phosphat aus stark ammoniumnitrathaltiger Lösung trennen ARTMANN und HARTMANN Quecksilber und Zink.

Arbeitsvorschrift. Zu der schwach salpetersauren Lösung des Zink- und QuecksilberII-salzes wird die 15fache Menge des vorhandenen Quecksilbersalzes an Ammoniumnitrat zugegeben, die Lösung ammoniakalisch gemacht und mit 10 cm³ einer 3 n Ammoniumphosphatlösung versetzt. Nach Erwärmen auf 60°

wird mit 5 n Salpetersäure neutralisiert, zum Sieden erhitzt und $^1/_2$ Std. auf dem Wasserbad stehengelassen. Der in einen GOOCH-Tiegel abfiltrierte. Niederschlag muß, wenn die vorliegende Quecksilbermenge größer als die anwesende Zinkmenge ist, noch einmal in Salpetersäure gelöst und erneut nach obiger Vorschrift gefällt werden. Der Niederschlag wird zuerst mit 1%iger Ammoniumphosphatlösung, dann mit Wasser gewaschen. Im Filtrat wird das Quecksilber als Sulfid, s. S. 470, bestimmt.

Genauigkeit. Bei Anwendung von 0,004 bis 0,3 g Quecksilber und 0,005 bis 0,05 g Zink wurden Differenzen bis —0,003 g Quecksilber und +0,003 g Zink gefunden.

β) *Als Zinkoxychinolat.* Nach BERG (b) kann Quecksilber von Zink auch durch Abscheidung des Zinks als schwerlösliches Zinkoxychinolat in Kaliumcyanid, Natriumtartrat und Natronlauge enthaltender Lösung getrennt werden.

Arbeitsvorschrift. Eine Lösung der Salze, die 0,2 g Quecksilber und 0,004 bis 0,06 g Zink enthält, wird mit 10 cm³ 0,2 n Kaliumcyanidlösung und 3 g Weinsäure versetzt, mit Natronlauge neutralisiert und auf 100 cm³ verdünnt. Nachdem zur Lösung noch ein Überschuß von 15 cm³ 2 n Natronlauge gegeben worden ist, wird das Zink mit einer frisch bereiteten, 2%igen, alkoholischen Oxychinolinlösung in der Kälte gefällt und die Mischung auf 60° erwärmt. Nach dem Erkalten wird das Zinkoxychinolat abfiltriert, das Quecksilber im Filtrat als Sulfid und das Zink nach dem Lösen des Oxychinolats in 2 n Salzsäure durch bromometrische Titration des Oxychinolins bestimmt.

c) Trennung durch Elektrolyse. α) *In salpeter- oder schwefelsaurer Lösung.* Die elektrolytische Trennung des Quecksilbers von Zink soll sich nach SMITH (h) sowohl in salpeter- als auch in schwefelsaurer Lösung durchführen lassen, vgl. auch RÜDORFF.

β) *In cyankalischer Lösung.* Nach HEIDENREICH läßt sich die Trennung leicht in cyankalischer Lösung ausführen; das erhaltene Quecksilber erweist sich als zinkfrei. KOLLOCK benutzt dazu eine Lösung mit etwa 0,12 g Quecksilber und 0,1 bis 0,2 g Zink, der er 1,5 bis 2,0 g Kaliumcyanid zusetzt und sie auf 125 cm³ verdünnt. Bei 50 bis 60° elektrolysiert er mit einer Stromdichte ND_{100} = 0,025 bis 0,05 Ampere bei 2,5 bis 3,0 Volt etwa 4 Std. lang.

γ) *In phosphorsaurer Lösung.* FERNBERGER und SMITH führen die elektrolytische Trennung in phosphorsaurer Lösung durch. Eine etwa 0,12 g Quecksilber als Chlorid und 0,10 g Zink als Sulfat enthaltende Lösung wird mit 60 cm³ Dinatriumphosphatlösung (D 1,038) und 10 cm³ Phosphorsäure (D 1,347) versetzt und auf 175 cm³ verdünnt. Man elektrolysiert bei 60° 4 bis 5 Std. lang mit einer Stromdichte ND_{100} = 0,01 Ampere bei 1,5 Volt Spannung.

2. Trennung des Quecksilbers von Aluminium.

a) Reduktion des Quecksilbersalzes zum Metall. Quecksilber und Aluminium können nach JANNASCH und ALFFERS (b) durch Reduktion des QuecksilberII-chlorids in stark ammoniumoxalathaltiger Lösung mit Hydroxylamin zum Metall getrennt werden.

Arbeitsgang. 0,4 g QuecksilberII-chlorid und 0,3 g Aluminiumammoniumalaun werden in Salzsäure, die durch Verdünnen von 1 cm³ konzentrierter Salzsäure mit 50 cm³ Wasser hergestellt ist, gelöst und 3 g Oxalsäure zugegeben; die Lösung wird auf 70 bis 80° erwärmt. Durch Zugabe einer Lösung von 4 g Hydroxylaminchlorhydrat auf 40 cm³ konzentriertes Ammoniakwasser wird das Quecksilber als Metall gefällt. Das Quecksilber wird durch Abfiltrieren auf ein quantitatives Filter von der alles Aluminium enthaltenden Lösung getrennt. Zur Bestimmung des Quecksilbers als Sulfid, s. S. 470, muß die organische Filtersubstanz durch rauchende Salpetersäure zerstört werden. Im Filtrat kann durch Eindampfen und Glühen das Aluminium direkt als Aluminiumoxyd bestimmt werden.

Genauigkeit. Die gefundene Quecksilbermenge betrug 40,26% der angewendeten Substanzmenge gegenüber dem theoretischen Wert von 40,34%, die gefundene Menge Aluminiumoxyd 5,08% gegenüber 5,10% der Theorie.

b) Trennung durch Elektrolyse. α) *In salpetersaurer Lösung.* Die elektrolytische Trennung des Quecksilbers von Aluminium läßt sich nach CLASSEN und LUDWIG in salpetersaurer Lösung durchführen; vgl. auch SMITH und KNERR. Nach SMITH (b) versetzt man die auf 125 cm^3 verdünnte Lösung beider Salze mit 3 cm^3 konzentrierter Salpetersäure, erwärmt auf 70° und elektrolysiert mit einer Stromdichte $ND_{100} = 0{,}06$ Ampere bei 2 Volt Spannung 2 Std. lang. Anschließend wird ohne Stromunterbrechung ausgewaschen.

β) *In schwefelsaurer Lösung.* Die elektrolytische Trennung läßt sich nach SMITH (b) auch in schwefelsaurer Lösung durchführen. Zu der auf 125 cm^3 verdünnten Salzlösung wird 1 cm^3 Schwefelsäure hinzugegeben und das Quecksilber bei 65° mit einer Stromdichte $ND_{100} = 0{,}4$ bis 0,6 Ampere bei 3,5 Volt Spannung in 1 Std. ausgefällt.

3. Trennung des Quecksilbers von Eisen.

a) Abdestillieren des Quecksilbers. STRECKER und CONRADT trennen Quecksilber und Eisen durch Abdestillieren des Quecksilbers aus einer stark sauren Lösung unter Mitwirkung von Bromwasserstoff.

Arbeitsvorschrift. Eine Lösung, die etwa 0,4 g QuecksilberII-chlorid und etwa 0,3 g Eisenammoniumsulfat, $Fe(NH_4)_2 \cdot (SO_4)_2 \cdot 6\,H_2O$, enthält, wird in einer Apparatur, bei der Destillierkolben, Kühler und Vorlage durch Schliff miteinander verbunden sind, mit 10 cm^3 konzentrierter Schwefelsäure versetzt. Beim Erhitzen auf 170° unter Zutropfenlassen eines Gemisches von 50 cm^3 konzentrierter Salzsäure, 60 cm^3 Wasser und 10 cm^3 Bromwasserstoffsäure (D 1,43) ist nach 45 Min. sämtliches Quecksilber in die Vorlage überdestilliert.

Genauigkeit. Bei Anwendung von 0,3 g Quecksilber und 0,05 g Eisen wurden Differenzen von +0,0003 g Quecksilber und +0,0001 g Eisen gefunden.

b) Reduktion des Quecksilbersalzes zum Metall. In einer Lösung von QuecksilberII-chlorid und EisenIII-chlorid kann nach MOSER und NIESSNER durch Reduktion des QuecksilberII-chlorids zum Metall mit unterphosphoriger Säure das Quecksilber quantitativ vom Eisen getrennt werden.

Arbeitsvorschrift. Die QuecksilberII-chlorid und EisenIII-chlorid enthaltende Lösung wird mit überschüssiger, etwa 0,5 mol unterphosphoriger Säure versetzt; zur erwärmten Lösung werden 8 bis 10 cm^3 konzentrierte Salzsäure hinzugegeben. Nach der Abscheidung des Metalls wird das Quecksilber abfiltriert, mit verdünnter Salzsäure und heißem Wasser gewaschen und, wie auf S. 376 beschrieben, weiterbehandelt. Zur maßanalytischen Bestimmung des Eisens in dem wäßrigen Filtrat muß die unterphosphorige Säure mit Bromwasser vorher oxydiert werden.

Genauigkeit. Bei Anwendung von 0,10 bis 0,25 g Quecksilber und 0,06 bis 0,84 g Eisen wurden Differenzen von —0,0007 bis —0,0003 g Quecksilber und —0,0003 bis +0,0001 g Eisen gefunden.

c) Abscheidung des Eisens. α) *Durch Pyridin.* Bei der Bestimmung kleiner Eisenmengen in unreinem, metallischem Quecksilber läßt sich nach CASTIGLIONI die Trennung besonders rasch und gut durch Pyridin erreichen. Hierbei scheidet sich nur das Eisen in Form von Hydroxyd ab. Die Methode versagt jedoch bei Anwesenheit von Chlor-Ionen, weil sich hierbei die schwerlösliche Verbindung $C_6H_5N \cdot HCl \cdot 2\,HgCl_2$ bildet. Nach SPACU (b) wird jedoch durch Alkalirhodanid diese Verbindung unter Bildung des leicht löslichen Komplexes $\left[Hg^{Cl_2}_{(SCN)_2}\right]K_2$ gelöst.

Arbeitsvorschrift von CASTIGLIONI. 50 g metallisches Quecksilber werden durch 80 cm^3 Salpetersäure (D 1,32) gelöst; die Lösung wird vorsichtig bis zum Sieden erhitzt und in der Wärme überschüssiges Pyridin hinzugefügt. Bei längerem Stehen wird sämtliches Eisen als Hydroxyd ausgefällt; die überstehende Lösung wird farblos. Das durch einen Porzellanfiltertiegel vom Quecksilber getrennte Eisen kann nach den üblichen Methoden gewichtsanalytisch oder colorimetrisch bestimmt werden.

In 100 cm^3 einer 0,0002% Eisen enthaltenden Lösung konnte das Eisen noch gut bestimmt werden.

Arbeitsvorschrift von SPACU (b). 100 cm^3 einer Lösung, die 0,2 bis 0,6 g QuecksilberII-chlorid und 2 bis 4 g Eisenammoniumsulfat enthält, werden mit Ammoniumrhodanid bis zur Dunkelrotfärbung der Lösung versetzt. Zur Lösung gibt man tropfenweise Pyridin bis zur Gelbbraunfärbung zu, fügt weitere 4 Tropfen Pyridin hinzu und erhitzt die Mischung bis fast zum Sieden. Nach mehrmaligem Dekantieren wird das ausgefällte Eisenhydroxyd auf ein quantitatives Filter abfiltriert und als EisenIII-oxyd bestimmt. Im Filtrat wird das Quecksilber als Sulfid aus salzsaurer Lösung gefällt und nach S. 470 bestimmt. Beim Vorliegen einer salpetersauren Lösung wird diese zur Trockne eingedampft, der Rückstand in Wasser aufgenommen und wie oben behandelt.

Genauigkeit. Bei Anwendung von 0,14 bis 0,43 g QuecksilberII-chlorid und 2,4 bis 4,8 g Eisenammoniumsulfat wurden Werte von 73,67 bis 74,12% Quecksilber gegenüber dem theoretischen Wert von 73,88% und 11,43 bis 11,64% Eisen gegenüber dem theoretischen Wert von 11,58% gefunden.

β) Durch Ammoniak. KRAUS trennt geringe Mengen Eisen von Quecksilber durch fraktionierte Fällung des Eisens mit Ammoniak.

Arbeitsvorschrift. 50 g etwas Eisen enthaltendes Quecksilber löst man kalt in 50 cm^3 70%iger Salpetersäure, versetzt darauf zum Lösen von metallischem Eisen mit 50 cm^3 konzentrierter Salzsäure und erwärmt auf dem Wasserbad. Zur Beseitigung von Stickoxyden und Nitrosylchlorid fügt man unter weiterem Erhitzen 30 g Ammoniumchlorid und zur Beseitigung von Chlor tropfenweise konzentriertes Ammoniakwasser hinzu. Durch Zugabe von 25 cm^3 konzentrierter Salzsäure entsteht wieder eine klare, jetzt stickoxyd- und chlorfreie Lösung. Die Lösung wird nun mit heißem Wasser auf 500 cm^3 verdünnt. Durch konzentriertes Ammoniakwasser, gegebenenfalls, bei sehr geringen Eisenmengen, nach Zugabe von 10 cm^3 einer 10 g Kaliumaluminiumsulfat auf 100 cm^3 Wasser enthaltenden Lösung, bildet sich zunächst ein weißer Quecksilbersalzniederschlag, der sich rasch wieder löst, dann fällt Eisen als Hydroxyd aus. Die Fällung ist beim Umschlagspunkt von Methylorange quantitativ.

d) Abscheidung des Quecksilbers als organische Verbindung. Durch Abscheidung des Quecksilbers als Quecksilber-Thionalid-Komplex in mineralsaurer Lösung trennen BERG und ROEBLING das Quecksilber von Eisen.

Arbeitsvorschrift. In einer Lösung von QuecksilberII- und EisenIII-salz mit einem Gehalt von 0,05 bis 0,10 g Quecksilber und 0,3 bis 0,4 g Eisen wird zunächst das EisenIII-salz mittels Hydroxylaminsulfats zu EisenII-salz reduziert. Liegt das Quecksilbersalz als Nitrat oder Sulfat vor, so muß die dem Quecksilber äquivalente Menge Alkalichlorid hinzugefügt werden, damit sich das gegen Hydroxylaminsulfat beständige QuecksilberII-chlorid bilden kann. Diese Lösung wird bei 80 bis 85° mit einer 0,15 bis 0,3 g Thionalid ($C_{10}H_7NH \cdot COCH_2 \cdot SH$) enthaltenden, alkoholischen oder eisessigsauren Lösung versetzt. Der Niederschlag wird noch heiß in einen warmen Filtertiegel abfiltriert und mit heißem Wasser gewaschen. Der Niederschlag hat die Zusammensetzung $Hg(C_{12}H_{10}ONS)_2$ und enthält 31,7% Quecksilber. Im Filtrat kann das Eisen nach einer der üblichen Methoden bestimmt werden.

Genauigkeit. Bei Anwendung von 0,05 bis 0,1 g Quecksilber und 0,3 bis 0,4 g Eisen wurden Differenzen von ±0,0002 g Quecksilber gefunden.

e) Trennung durch Elektrolyse. α) *In salpetersaurer Lösung.* Die elektrolytische Trennung des Quecksilbers von Eisen läßt sich nach CLASSEN und LUDWIG in salpetersaurer Lösung durchführen; man arbeitet unter den für die Trennung des Quecksilbers von Aluminium in salpetersaurer Lösung angegebenen Bedingungen.

β) *In schwefelsaurer Lösung.* Nach RÜDORFF läßt sich die Trennung auch in schwefelsaurer Lösung durchführen; die Bedingungen entsprechen den für die Trennung des Quecksilbers von Aluminium in schwefelsaurer Lösung gegebenen.

γ) *In cyankalischer Lösung.* Nach KOLLOCK ist die Trennung auch in cyankalischer Lösung durchzuführen, allerdings muß das Eisen vor der Trennung in den 2wertigen Zustand übergeführt werden.

f) Potentiometrische Trennung. Sowohl Quecksilber als auch Eisen kann nach ZINTL und RIENÄCKER (b) mit ChromII-chloridlösung potentiometrisch bestimmt werden, s. S. 401. Die Bestimmung beider Metalle ist aber auch in einer Operation möglich, jedoch nur in salzsaurer Lösung. Größere Mengen Salzsäure oder Chlorid sind ohne Einfluß auf das Ergebnis. Die Titrationskurve zeigt zwei Wendepunkte. Der erste entspricht der vollendeten Reduktion des 3wertigen Eisens zum 2wertigen (bei etwa 150 Millivolt), der zweite ist der Endpunkt der Quecksilberfällung (bei etwa —200 Millivolt). Dieser Umschlagspunkt ändert seine Lage ein wenig mit der Chloridkonzentration. Die zwischen den beiden Sprüngen verbrauchte Maßlösung entspricht der vorhandenen Quecksilbermenge.

4. Trennung des Quecksilbers von Kupfer, Zink und Eisen.

ROBINSON trennt Quecksilber von Kupfer, Zink und Eisen durch Abscheidung des Quecksilbers mit überschüssiger unterphosphoriger Säure in Gegenwart von Natriumchlorid. Zur Bestimmung von 0,01 g Quecksilber in Gegenwart von 0,05 g Eisen und 0,03 g Zink werden 2 g Natriumchlorid und 30 cm³ unterphosphorige Säure gebraucht.

Genauigkeit. Anstatt 0,01 g Quecksilber wurden 0,0098 g gefunden.

5. Trennung des Quecksilbers von Chrom.

a) Reduktion des Quecksilbersalzes zum Metall. Quecksilber und Chrom können nach JANNASCH und ALFFERS (c) durch Reduktion des QuecksilberII-salzes zum Metall in stark ammoniumoxalathaltiger Lösung mit Hydroxylamin getrennt werden.

Arbeitsgang. 0,3 g QuecksilberII-chlorid und 0,3 g Kaliumdichromat werden in 50 cm³ schwach salzsäurehaltigem Wasser gelöst; zur 80° warmen Lösung werden 3 g Oxalsäure gegeben. Durch Zusatz einer Lösung von 5 g Hydroxylamin in 40 cm³ Ammoniak wird das Quecksilber als Metall gefällt. Das Quecksilber wird auf einem quantitatives Filter abfiltriert und so von der alles Chrom enthaltenden Lösung getrennt. Zur Bestimmung des Quecksilbers als Sulfid, s. S. 470, muß die organische Filtersubstanz durch rauchende Salpetersäure zerstört werden. Im Filtrat bestimmen JANNASCH und ALFFERS (c) das Chrom als ChromIII-oxyd.

Genauigkeit. Die gefundene Quecksilbermenge betrug 35,10% der angewendeten Substanzmenge gegenüber dem theoretischen Wert von 35,26%, die gefundene Menge ChromIII-oxyd 26,94% gegenüber dem theoretischen Wert von 26,98%.

b) Trennung durch Elektrolyse. Die elektrolytische Trennung des Quecksilbers von Chrom läßt sich nach CLASSEN und LUDWIG in *salpetersaurer Lösung* durchführen; man verfährt wie bei der entsprechenden Trennung des Quecksilbers von Aluminium, s. S. 580.

6. Trennung des Quecksilbers von Uran.

a) Reduktion des Quecksilbersalzes zum Metall. JANNASCH und ALFFERS (e) trennen Quecksilber und Uran durch Reduktion des QuecksilberII-salzes zum Metall in stark ammoniumoxalathaltiger Lösung mit Hydroxylamin.

Arbeitsgang. 0,2 g QuecksilberII-chlorid und 0,3 g Urannitrat werden in 50 cm³ schwach salzsäurehaltigem Wasser gelöst und 3 g Oxalsäure hinzugefügt. Durch Zugabe einer Lösung von Hydroxylamin in konzentriertem Ammoniakwasser wird das Quecksilber in der Wärme als Metall gefällt. Nach ½stündigem Stehen auf dem Wasserbad wird das Quecksilber durch Abfiltrieren auf ein quantitatives Filter von der alles Uran enthaltenden Lösung getrennt. Zur Bestimmung des Quecksilbers als Sulfid, s. S. 470, muß die organische Filtersubstanz durch rauchende Salpetersäure zerstört werden. Im Filtrat bestimmen JANNASCH und ALFFERS (e) das Uran durch Eindampfen, Glühen und Reduzieren des Rückstands im Wasserstoffstrom als UranIV-oxyd.

Genauigkeit. Die gefundene Quecksilbermenge betrug 31,48% der angewendeten Substanzmenge gegenüber dem theoretischen Wert von 31,61%, die gefundene Menge UranIV-oxyd betrug 30,78% gegenüber dem theoretischen Wert von 30,84%.

b) Trennung durch Elektrolyse. Die elektrolytische Trennung des Quecksilbers von Uran soll sich nach CLASSEN und LUDWIG *in salpetersaurer Lösung* entsprechend den für die Trennung des Quecksilbers von Aluminium gegebenen Vorschriften (s. S. 580) durchführen lassen. Nach SMITH (g) ist es wahrscheinlich, daß sich sowohl die bei Aluminium angegebene Methode der Trennung in salpetersaurer als auch die in schwefelsaurer Lösung auf die Trennung des Quecksilbers von Uran anwenden läßt.

7. Trennung des Quecksilbers von Mangan.

a) Reduktion des Quecksilbersalzes zum Metall. Quecksilber und Mangan können nach JANNASCH und ALFFERS (c) durch Reduktion des QuecksilberII-salzes zum Metall in stark ammoniumoxalathaltiger Lösung mit Hydroxylamin voneinander getrennt werden.

Arbeitsgang. 0,2 g QuecksilberII-chlorid, 0,8 g ManganII-chlorid und 4 g Oxalsäure werden in 50 cm³ schwach salzsäurehaltigem Wasser gelöst. Durch Zugabe von stark ammoniakhaltiger Hydroxylaminlösung wird das Quecksilber als Metall gefällt. Das Quecksilber wird auf ein quantitatives Filter abfiltriert und dadurch von der alles Mangan enthaltenden Lösung getrennt. Zur Bestimmung des Quecksilbers als Sulfid, s. S. 470, muß die organische Filtersubstanz durch rauchende Salpetersäure zerstört werden. Im Filtrat wird das Mangan durch reichlichen Zusatz von Ammoniak und Wasserstoffperoxyd in der Wärme als ManganIV-oxydhydrat gefällt und als ManganII, III-oxyd bestimmt.

Genauigkeit. Die gefundene Quecksilbermenge betrug 14,46% der angewendeten Substanzmenge gegenüber dem theoretischen Wert von 14,61%, das gefundene ManganII, III-oxyd 30,89% gegenüber dem theoretischen Wert von 30,91%.

b) Reduktion zum QuecksilberI-salz. Die von JANNASCH und ALFFERS (c) vorgeschlagene Trennung in citrat- oder tartrathaltiger Lösung bei Gegenwart von viel Ammoniak und Wasserstoffperoxyd ist nach KOLB unzweckmäßig, da QuecksilberII-chlorid durch Wasserstoffperoxyd in Gegenwart von Seignettesalz zu QuecksilberI-chlorid reduziert wird.

c) Abscheidung des Mangans als ManganIV-oxydhydrat. Durch Abscheidung des Mangans als ManganIV-oxydhydrat mit Wasserstoffperoxyd in alkalischer Lösung trennen JANNASCH und v. CLOEDT Quecksilber von Mangan.

Arbeitsvorschrift. Die salpetersaure Lösung von QuecksilberII- und Mangansalz wird langsam in eine Lösung von 30 cm³ konzentriertem Ammoniakwasser,

50 cm³ Wasser und 30 cm³ reinem, möglichst frischem, 3- bis 4%igem Wasserstoffperoxyd gegossen. Nach ½stündigem Erwärmen auf dem Wasserbad wird der Niederschlag von ManganIV-oxydhydrat abfiltriert, mit einer Mischung von Ammoniak, Wasser und Wasserstoffperoxyd, darauf mit warmem Wasser ausgewaschen und das Mangan als ManganII, III-oxyd bestimmt. Im Filtrat kann das Quecksilber nach Vertreiben des Ammoniaks durch Eindampfen in der üblichen Weise mit Schwefelwasserstoff als Sulfid, s. S. 470, bestimmt werden.

Genauigkeit. Bei Anwendung von 0,4028 g Manganammoniumsulfat und 0,2947 g QuecksilberII-oxyd wurden 0,4009 g Manganammoniumsulfat und 0,2937 g QuecksilberII-oxyd gefunden.

d) Abscheidung des Quecksilbers als organische Verbindung. Durch Abscheidung des Quecksilbers mit Cupferron aus salpetersaurer Lösung trennen PINKUS und KATZENSTEIN das Quecksilber von Mangan.

Arbeitsvorschrift. Die Lösung, die QuecksilberI-nitrat (entsprechend 0,25 g Quecksilber) und Mangannitrat (entsprechend 0,2586 g ManganII, III-oxyd) enthält, versetzt man mit 0,5 g 1 n Salpetersäure und gibt eine frisch zubereitete, 5%ige Cupferronlösung tropfenweise zu. Für je 0,1 g Quecksilber werden 2,5 cm³ des Reagenses gebraucht. Das gefällte Salz wird sofort abfiltriert und mit 0,5%iger Cupferronlösung ausgewaschen und nach dem Lösen in Salpetersäure das Quecksilber nach S. 514 bestimmt. Das im Filtrat befindliche Mangan kann durch Fällen mit Ammoniumcarbonat und Glühen als ManganII, III-oxyd ermittelt werden.

Genauigkeit. Die gefundenen Werte wichen von den auf 0,2523 g Quecksilber und 0,2586 g ManganII, III-oxyd berechneten um —0,0003 bis —0,0009 g Quecksilber und um —0,0001 bis +0,0004 g Mangan II, III-oxyd ab.

e) Trennung durch Elektrolyse. Nach CLASSEN und LUDWIG läßt sich die elektrolytische Trennung des Quecksilbers von Mangan *in salpetersaurer Lösung* durchführen. RÜDORFF empfiehlt *einen schwefelsauren Elektrolyten.* Man erhält in schwefelsaurer Lösung das Quecksilber als Metall an der Kathode und das Mangan als ManganIV-oxyd an der Anodenschale. Jedoch haftet nach CLASSEN (b) das Mangan nicht immer genügend fest, besonders nicht, wenn mehr als 0,06 g Mangan vorhanden sind. Auch Quecksilber darf nicht in größeren Mengen vorhanden sein, oder man muß zur Verwendung von Drahtnetzelektroden greifen. Nach NEUMANN säuert man die Lösung mit 10 Tropfen konzentrierter Schwefelsäure an und elektrolysiert mit einer Stromdichte $ND_{100} = 0,4$ bis 0,6 Ampere bei 4 Volt Spannung.

BRAND empfiehlt, die elektrolytische Trennung des Quecksilbers von Mangan *in einer mit Natriumpyrophosphat und Ammoniak versetzten Metallsalzlösung* vorzunehmen.

8. Trennung des Quecksilbers von Nickel.

a) Reduktion des Quecksilbers zum Metall. Quecksilber kann von Nickel nach JANNASCH und ALFFERS (e) durch Reduktion des QuecksilberII-salzes zum Metall in stark ammoniumcitrat- oder ammoniumtartrathaltiger Lösung mit Hydroxylamin getrennt werden.

Arbeitsgang. 0,4 g QuecksilberII-chlorid, 0,7 g Nickelammoniumsulfat, $Ni(NH_4)_2(SO_4)_2 \cdot 6\,H_2O$, und 5 g Weinsäure oder Citronensäure werden in 40 cm³ Wasser unter Hinzufügung von 1 cm³ Salzsäure gelöst. Durch Zugabe einer Lösung von 4 g Hydroxylamin in 40 cm³ Wasser wird das Quecksilber in der Wärme als Metall gefällt. Dann wird das Quecksilber von der alles Nickel enthaltenden Lösung durch Abfiltrieren auf ein quantitatives Filter getrennt. Zur Bestimmung des Quecksilbers als Sulfid, s. S. 470, muß die organische Filtersubstanz durch rauchende Salpetersäure zerstört werden. JANNASCH und ALFFERS (e) fällen das Nickel im Filtrat als Sulfid, lösen den Niederschlag, fällen dann als Hydroxyd und bestimmen endlich das Nickel als Metall.

Genauigkeit. Die gefundene Quecksilbermenge betrug 26,07% der angewendeten Substanz gegenüber dem theoretischen Wert von 26,02%, die gefundene Nickelmenge 9,63% gegenüber dem theoretischen Wert von 9,64%.

b) Abscheidung des Quecksilbers als organische Verbindung. PINKUS und KATZENSTEIN trennen Quecksilber von Nickel durch Abscheidung des Quecksilbers aus salpetersaurer Lösung mit Cupferron.

Arbeitsvorschrift. Die Lösung, die QuecksilberI-nitrat (entsprechend 0,25 g Quecksilber) und Nickelnitrat (entsprechend einem Gehalt von 0,2880 g Nickeldimethylglyoxim) enthält, versetzt man mit 0,5 g 1 n Salpetersäure und gibt eine frisch zubereitete Lösung von Cupferron tropfenweise zu. Für je 0,1 g Quecksilber werden 2,5 cm³ des Reagenses gebraucht. Das gefällte Salz wird sofort abfiltriert, mit 0,5%iger Cupferronlösung ausgewaschen und nach dem Lösen in Salpetersäure nach S. 514 bestimmt. Das Nickel kann im Filtrat direkt als Nickeldimethylglyoxim ermittelt werden.

Genauigkeit. Die gefundenen Werte wichen von den auf 0,2523 g Quecksilber und 0,2882 g Nickeldimethylglyoxim berechneten um —0,0009 bis +0,0003 g Quecksilber und um —0,0007 bis +0,0010 g Nickeldimethylglyoxim ab.

c) Trennung durch Elektrolyse. α) *In salpetersaurer oder schwefelsaurer Lösung.* Die elektrolytische Trennung des Quecksilbers von Nickel läßt sich nach CLASSEN und LUDWIG in salpetersaurer Lösung durchführen, entsprechend den für die Trennung des Quecksilbers von Aluminium gegebenen Vorschriften und nach RÜDORFF in schwefelsaurer Lösung, ebenfalls nach den für die Trennung des Quecksilbers von Aluminium gegebenen Vorschriften, s. S. 580. Nach BUCKMINSTER und SMITH läßt sich die Trennung aber auch als Schnellelektrolyse sowohl in schwefel- als auch in salpetersaurer Lösung ausführen. Man elektrolysiert eine mit 0,1 cm³ konzentrierter Schwefelsäure angesäuerte Lösung mit etwa 0,14 g Quecksilber und 0,28 g Nickel mit einer Stromdichte von 0,3 Ampere bei 2,9 Volt Spannung etwa 35 Min. lang, bzw. eine Lösung mit 0,25 g Quecksilber und 0,14 g Nickel, die 3 cm³ Salpetersäure (D 1,4) enthält, mit 0,3 Ampere Stromdichte und 1 Volt Spannung etwa 30 Min. bei rotierender Platinspiralanode. Kathode ist ein Platinteller.

β) *In phosphorsaurer Lösung.* BUCKMINSTER und SMITH erhalten auch bei der elektrolytischen Trennung des Quecksilbers von Nickel in phosphorsaurer Lösung gute Ergebnisse.

γ) *In cyankalischer Lösung.* HEIDENREICH sowie KOLLOCK führen die Trennung in cyankalischer Lösung durch. Die auf 125 cm³ verdünnte, etwa 0,12 g Quecksilber und 0,1 bis 1,0 g Nickel enthaltende Lösung wird mit 2 bis 2,5 g Kaliumcyanid versetzt und mit einer Stromdichte ND_{100} = 0,04 Ampere bei 1,7 bis 2,2 Volt Spannung bei 65° etwa 4 Std. lang elektrolysiert.

9. Trennung des Quecksilbers von Kobalt.

a) Reduktion des Quecksilbersalzes zum Metall. JANNASCH und ALFFERS (d) trennen Quecksilber und Kobalt durch Reduktion des QuecksilberII-salzes zum Metall in stark ammoniumtartrathaltiger Lösung mit Hydroxylamin.

Arbeitsgang. 0,3 g QuecksilberII-chlorid, 0,5 g Kobaltammoniumsulfat, $Co(NH_4)_2(SO_4)_2 \cdot 6\,H_2O$, und 5 g Weinsäure werden in 50 cm³ schwach salzsäurehaltigem Wasser gelöst. Nach Erwärmen wird durch Zugabe einer Lösung von 4 g Hydroxylamin in 40 cm³ Ammoniak das Quecksilber als Metall gefällt. Die Trennung vom Filtrat, das das gesamte Kobalt enthält, durch Abfiltrieren des Quecksilbers auf ein quantitatives Filter muß nach 1/2 Std. geschehen, da bei längerem Stehen Kobaltspuren mitgerissen werden können. Zur Bestimmung des Quecksilbers als Sulfid, s. S. 470, muß die organische Filtersubstanz durch rauchende Salpetersäure zerstört werden. Im Filtrat bestimmen JANNASCH und ALFFERS (d) das Kobalt als Sulfid.

Genauigkeit. Die gefundene Quecksilbermenge betrug 27,06% der angewendeten Substanzmenge gegenüber dem theoretischen Wert von 27,16%, die gefundene Kobaltmenge 9,39% gegenüber dem theoretischen Wert von 9,41%.

b) Trennung durch Elektrolyse. *α) In salpetersaurer Lösung.* Die elektrolytische Trennung des Quecksilbers von Kobalt wird nach CLASSEN und LUDWIG sowie RÜDORFF am geeignetsten in salpetersaurer Lösung vorgenommen, entsprechend den bei der Trennung des Quecksilbers von Aluminium gegebenen Vorschriften, s. S. 580.

β) In cyankalischer Lösung. KOLLOCK nimmt die Trennung in cyankalischer Lösung folgendermaßen vor: Die etwa 0,12 g Quecksilber und 0,1 g Kobalt enthaltende Lösung wird auf 100 cm³ verdünnt, mit 2 g Kaliumcyanid versetzt und bei 65° 5 Std. lang mit einer Stromdichte von 0,025 bis 0,03 Ampere bei 2,06 bis 2,9 Volt Spannung elektrolysiert. Zu großer Überschuß an Kaliumcyanid übt einen verzögernden Einfluß auf die Quecksilberfällung aus.

D. Trennung des Quecksilbers von den Elementen der Erdalkaligruppe.

Trennung des Quecksilbers von Barium.

STRECKER und CONRADT nehmen die Trennung des Quecksilbers von Barium durch Abdestillieren des Quecksilbers vor.

Arbeitsvorschrift. Zu dem Barium- und QuecksilberII-chlorid enthaltenden Gemisch gibt man in einer Apparatur, bei der Destillierkolben, Kühler und Vorlage durch Schliff miteinander verbunden sind, 10 cm³ konzentrierte Schwefelsäure oder 10 cm³ Phosphorsäure zu. Beim Erhitzen auf 170° unter Zutropfenlassen eines Gemisches von 50 cm³ konzentrierter Salzsäure, 60 cm³ Wasser und 10 cm³ Bromwasserstoffsäure (D 1,43) ist nach 45 Min. sämtliches Quecksilber überdestilliert.

Genauigkeit. Bei Anwendung von 0,2 bis 0,3 g Quecksilber und 0,12 bis 0,17 g Barium wurden Differenzen von —0,0003 bis +0,0004 g Quecksilber und —0,0005 bis +0,0004 g Barium gefunden.

E. Trennung des Quecksilbers von Jod.

Da die Bestimmung von Quecksilber als QuecksilberII-sulfid neben Jod ungenaue Werte gibt, scheiden WEGELIUS und KILPI das Jod durch frischgefälltes Silberchlorid unter Erwärmen als Silberjodid ab und bestimmen im Filtrat das Quecksilber als Sulfid.

Genauigkeit. Bei Anwendung von 0,1 bis 0,2 g QuecksilberII-jodid wichen die gefundenen Werte nur um —0,02 bis +0,16% von dem theoretischen Wert ab.

Literatur.

ALDERS, H. u. A. STÄHLER: B. **42**, 2685 (1909). — ARTMANN, P. u. W. HARTMANN: Fr. **62**, 17 (1923).

BARCELÓ, J.: An. Españ. **32**, 91 (1934); durch C. **105 II**, 1960 (1934). — BAUMANN, P.: Z. anorg. Ch. **74**, 315 (1912). — BERG, R.: (a) Fr. **71**, 327 (1927); (b) **71**, 171 (1927). — BERG, R. u. E. S. FAHRENKAMP: Fr. **109**, 305 (1937). — BERG, R. u. W. ROEBLING: Angew. Ch. **48**, 597 (1935). — BÖTTGER, W.: Angew. Ch. **34**, 120 (1921). — BRAND, A.: Fr. **28**, 581 (1889). — BRUKL, A. u. W. MAXYMOWICZ: Fr. **68**, 14 (1926). — BUCKMINSTER, I. H. u. E. F. SMITH: Am. Soc. **32**, 1471 (1910). — BUTTLE, B. H. u. J. T. HEWITT: Soc. **93**, 1405 (1908).

CASTIGLIONI, A.: Fr. **114**, 257 (1938). — CLASSEN, A.: (a) Quantitative Analyse durch Elektrolyse, 7. Aufl., S. 183. Berlin 1927; (b) ebenda, S. 292. — CLASSEN, A. u. R. LUDWIG: B. **19**, 323 (1886).

EBLER, E.: Z. anorg. Ch. **47**, 371 (1905).

Feigl, F.: Durch Rotter a. a. O. — Fernberger, H. M. u. E. F. Smith: Am. Soc. **21**, 1001 (1899). — Foerster, M.: Ann. Chim. anal. [2] **13**, 225 (1931). — Freudenberg, H.: (a) Ph. Ch. **12**, 97 (1893); (b) B. **25**, 2492 (1892). — Funcke, E.: Diss. Bern 1896. — Funk, H. u. J. Schormüller: Fr. **82**, 361 (1930).

Geilmann, W. u. Fr. W. Wrigge: Z. anorg. Ch. **210**, 357 (1933).

Haack, K.: A. **262**, 181 (1891). — Haidlen, J. u. C. R. Fresenius: A. **43**, 144 (1842). — Hanuš, J., A. Jílek u. J. Lukas: Chem. N. **132**, 1 (1926). — Heidenreich, M.: B. **29**, 1585 (1896). — Hiltner, W. u. W. Gittel: Fr. **101**, 28 (1935).

Jannasch, P.: Z. anorg. Ch. **12**, 359 (1896). — Jannasch, P. u. F. Alffers: (a) B. **31**, 2381 (1898); (b) **31**, 2382 (1898); (c) **31**, 2383 (1898); (d) **31**, 2384 (1898); (e) **31**, 2385 (1898). — Jannasch, P. u. W. Bettges: B. **37**, 2219 (1904). — Jannasch, P. u. E. v. Cloedt: B. **28**, 994 (1895). — Jannasch, P. u. G. Devin: (a) B. **31**, 2377 (1898); (b) **31**, 2378 (1898); (c) **31**, 2379 (1898); (d) **31**, 2380 (1898). — Jannasch, P. u. H. Lehnert: Z. anorg. Ch. **12**, 132 (1896). — Jannasch, P. u. T. Seidel: J. pr. **199**, 133 (1915). — Jílek, A. u. J. Koťa: Coll. Trav. chim. Tchécosl. **6**, 101 (1934); durch C. **105 II**, 642 (1934).

Knox, J.: Soc. **95**, 1768 (1909). — Kolb, A.: Ch. Z. **25**, 21 (1901). — Kolb, A. u. A. Feldhofen: Angew. Ch. **20**, 1977 (1907). — Kollock, L. G.: Am. Soc. **21**, 911 (1899). — Kraus, R.: Angew. Ch. **50**, 597 (1937). — Krauss, J.: Angew. Ch. **40**, 354 (1927).

Mac Cay, W. u. N. H. Furman: Am. Soc. **38**, 640 (1916). — Manchot, W., G. Grassl u. A. Schneeberger: Fr. **67**, 177 (1925/26). — Moser, L. u. A. Brukl: M. **47**, 721 (1926). — Moser, L. u. M. Niessner: Fr. **63**, 240 (1923).

Neumann, G.: Durch Classen a. a. O.

Pinkus, A. u. M. Katzenstein: Bl. Soc. chim. Belg. **39**, 179 (1930). — Polstorff, K. u. K. Bülow: Ar. **229**, 292 (1891). — Pretzfeld, Ch. J.: Am. Soc. **25**, 198 (1903).

Rivot, L. F.: Durch F. P. Treadwell, Kurzes Lehrbuch der analytischen Chemie, 11. Aufl., Bd. 2, S. 166. Leipzig u. Wien 1923. — Robinson, R.: Analyst **54**, 145 (1929). — Rose, H.; Pogg. Ann. **110**, 529 (1860). — Rosenbladt, Th.: Fr. **26**, 15 (1887). — Rotter, G.: Fr. **64**, 102 (1924). — Rüdorff, F.: Angew. Ch. **7**, 388 (1894). — Rupp, E. u. L. Krauss: B. **35**, 2015 (1902). — Rupp, E. u. F. Lehmann: Ch. Z. **34**, 229 (1910).

Salkowski, H.: B. **38**, 3943 (1905). — Sand, H. J. S.: Soc. **91**, 373 (1907). — Schmucker, S. C.: Z. anorg. Ch. **5**, 199 (1894). — Schulek, E. u. St. Floderer: F. **96**, 388 (1934). — Sendhoff, B.: Diss. Münster i. W. 1904. — Smith, E. F.: (a) Am. Soc. **25**, 897 (1903); (b) Quantitative Elektroanalyse. Deutsche Ausgabe (nach der 4. amerikanischen Aufl.) bearbeitet von A. Stähler, S. 210. Leipzig 1908; (c) ebenda, S. 211; (d) ebenda, S. 212; (e) ebenda, S. 214; (f) ebenda, S. 215; (g) ebenda, S. 217; (h) ebenda S. 218. — Smith, E. F. u. L. K. Frankel: Am. Chem. J. **12**, 428 (1890). — Smith, E. F. u. E. B. Knerr: Am. Chem. J. **8**, 209 (1886). — Smith, E. F. u. J. B. Moyer: Z. anorg. Ch. **4**, 96 (1893). — Spacu, G.: (a) Fr. **67**, 27 (1925/26); (b) **67**, 147 (1925/26). — Spacu, G. u. P. Spacu: Fr. **89**, 187 (1932). — Spacu, G. u. G. Suciu: Fr. **92**, 247 (1933). — Stähler, A.: Ch. Z. **31**, 615 (1907). — Stähler, A. u. W. Scharfenberg: B. **38**, 3862 (1905). — Strecker, W. u. K. Conradt: B. **53**, 2113 (1920). — Strecker, W. u. A. Riedemann: B. **52**, 1943 (1919).

Tarugi, N.: G. **52 II**, 323 (1922).

Uslar, C. v.: Fr. **34**, 391 (1895).

Vanino, L. u. F. Treubert: B. **31**, 129 (1898). — Votoček, E.: Ch. Z. **42**, 271 (1918). — Votoček, E. u. J. Pazourek: Ch. Z. **42**, 475 (1918).

Wegelius, H. u. S. Kilpi: Z. anorg. Ch. **61**, 413 (1909). — Wenger, P. u. Ch. Cimerman: Helv. **14**, 719 (1931). — Wenger, P. u. M. Schilt: Helv. **7**, 907 (1924). — Wessel, F. u. M. Kessler: Ch. Z. **55**, 318 (1931).

Zintl, E. u. G. Rienäcker: (a) Z. anorg. Ch. **155**, 84 (1926); (b) **161**, 385 (1927).